*Déjà parus dans la collection Archives*

Billard (Roland), Jarry (Isabelle) (sous la dir.), *Hommage à Théodore Monod, naturaliste d'exception*, Paris : Muséum national d'Histoire naturelle, 1997, 183 p.
ISBN 2-85653-509-7 / Épuisé / *Out of print*

Roque (Georges), Bodo (Bernard), Viénot (Françoise) (sous la dir.), *Michel-Eugène Chevreul : un savant des couleurs !*, Paris : Muséum national d'Histoire naturelle, 1997, 277 p.
ISBN 2-85653-503-8 / Épuisé / *Out of print*

Blanckaert (Claude), Cohen (Claudine), Corsi (Pietro), Fischer (Jean-Louis) (sous la dir.), *Le Muséum au premier siècle de son histoire*, Paris : Muséum national d'Histoire naturelle, 1997, 687 p.
ISBN 2-85653-516-X / 45,12 € TTC

Jaussaud (Philippe), *Pharmaciens au Muséum : chimistes et naturalistes*, Paris : Muséum national d'Histoire naturelle, 1998, 259 p.
ISBN 2-85653-519-4 / 28,20 € TTC

Dayrat (Benoît), *Les Botanistes et la flore de France : trois siècles de découvertes*, Paris : Muséum national d'Histoire naturelle, 2003, 690 p.
ISBN 2-85653-548-8 / 45 € TTC

Schmitt (Stéphane), *Histoire d'une question anatomique : la répétition des parties*, Paris : Muséum national d'Histoire naturelle, 2004, 700 p.
ISBN 2-85653-556-9 / 42 € TTC

Jaussaud (Philippe), Brygoo (Édouard-Raoul), *Du Jardin au Muséum en 516 biographies*, Paris : Muséum national d'Histoire naturelle, 2004, 632 p.
ISBN 2-85653-565-8 / 39 € TTC

Spary (Emma C.), *Le Jardin d'utopie : l'histoire naturelle en France de l'Ancien Régime à la Révolution* [trad. de l'anglais par Dabbak Claude], Paris : Muséum national d'Histoire naturelle, 2005, 407 p.
ISBN 2-85653-566-6 / 39 € TTC

Hureau (Jean-Claude), Escudier (Denis), *Théodore Monod : 90 années de publications*, Paris : Muséum national d'Histoire naturelle, 2005, 357 p.
ISBN 2-85653-576-3 / 35 € TTC

Cambefort (Yves), *Des Coléoptères, des collections & des hommes*, Paris : Muséum national d'Histoire naturelle, 2006, 375 p.
ISBN 2-85653-594-3 / 39 € TTC

ISBN : 978-2-85653-601-8

# Buffon illustré

## les gravures de l'*Histoire naturelle* (1749-1767)

Thierry Hoquet

# Sommaire

# Avertissement

Ce travail n'a pas pour objet d'évaluer l'exactitude scientifique ni même la qualité esthétique des gravures présentées. Ce n'est ni en zoologiste, ni en esthète que nous les approchons. Pas plus nous ne prétendons donner l'histoire complète des éléments empruntés à la tradition iconographique ou nous n'entreprenons ici la biographie de Jacques de Sève dont nul n'a jamais rien dit d'assuré. L'objet de cet ouvrage est, comme sa composition, double. D'une part, ce livre constitue un corpus iconographique, qui met à la disposition des lecteurs l'ensemble des planches illustrant la première série de l'*Histoire naturelle générale et particulière* (édition princeps, 1749-1767, quinze volumes in-4°). Par là, il s'agit de rendre l'iconographie disponible pour de nouvelles recherches sur l'*Histoire naturelle*. On peut espérer que ce corpus, exhaustif mais restreint aux quinze premiers volumes, rendu maniable par sa réunion en un volume unique, suscitera de nombreux travaux. D'autre part, l'introduction que nous proposons présente une tentative d'interprétation de ce corpus et fournit quelques clefs épistémologiques pour penser la relation entre la science de Buffon et son illustration[1].

Devant traiter des planches de la première série de l'*Histoire naturelle*, nous commencerons par en décrire les principales caractéristiques : leur type, leur allure générale et ce que l'on sait des graveurs qui s'en sont occupé. Chemin faisant, nous regarderons leurs décors, commenterons leur style ou leur absence de couleurs. Puis nous entreprendrons de questionner l'évidence : nous sommes face à un ouvrage qui s'intitule *Histoire naturelle générale et particulière* et qui contient de nombreuses planches. Face à ce fait, nous poserons trois questions :

• la question de la présence : pourquoi des planches dans un ouvrage d'histoire naturelle ?

• la question de la modalité : parmi toutes les planches possibles (un éléphant debout plutôt que couché, de profil plutôt que de face, dont la trompe aurait pu être relevée mais qui ne l'est pas), pourquoi donc celles-ci plutôt que d'autres ? Finalement il nous

1. Cet ouvrage s'inscrit dans le prolongement de deux articles, dont nous réutilisons certains éléments : "Une Animalité en pièces. Spécimens empaillés et bocaux d'organes dans les planches de l'*Histoire naturelle* de Buffon (1749-1767)", *in Animalités*, n° spécial de la *Revue d'esthétique*, n° 40, 2001, pp. 15-23 ; "La Comparaison des formes. Ordre et méthode dans l'*Histoire naturelle* de Buffon", *Corpus, Revue de philosophie*, n° 43, 2003, pp. 355-416. Nous avons également exploité certains résultats consignés dans notre thèse (*Buffon : histoire naturelle et philosophie*, thèse de doctorat [Markovits Francine, dir.], Nanterre : Université de Paris-X, 2002), éléments non repris dans le livre tiré de ce travail (*Buffon : histoire naturelle et philosophie*, Paris : H. Champion, 2005, 809 p. [Les Dix-huitièmes siècles ; 92]).

faut demander : que représentent véritablement les planches de l'*Histoire naturelle* ?

• la question de l'organisation : pourquoi ces planches sont-elles présentées dans cet ordre ? L'impression générale est celle d'un désordre. Doit-on s'en tenir là ?

Ces trois questions nous conduiront à explorer différentes pistes. La présence de planches dans un ouvrage d'histoire naturelle invite à réfléchir sur le parallèle entre histoire naturelle et histoire civile. Que fait-on dans un livre d'histoire (naturelle) ? On observe, on compte des espèces, on établit leurs noms : à ces différentes tâches, l'illustration apporte-t-elle, et de quelle manière, sa contribution ?

Ensuite, le choix de telles ou telles planches dans l'ouvrage – en particulier, le fait qu'un grand nombre de gravures présente des pièces anatomiques – nous invite à réfléchir sur le projet de l'*Histoire naturelle* (s'agit-il d'une anatomie comparée ?) et par là, sur la relation de l'ouvrage au Cabinet du roi, dont il contient la description. Nous traiterons ce point par une comparaison avec les *Mémoires pour servir à l'histoire naturelle* dirigés par Claude Perrault. Puis nous reprendrons la question souvent commentée de l'opposition de Buffon à Carl Linnaeus ou Linné à partir de la question de l'illustration : pourquoi Linné se passe-t-il d'illustrations ? pourquoi Buffon y recourt-il ? Autrement dit : comment l'illustration permet-elle une relecture de l'anti-linnéisme de Buffon ?

Enfin, ayant établi pourquoi il fallait des planches et pourquoi on a choisi d'y représenter tel élément plutôt que tel autre, nous tenterons de comprendre ce qui les organise. Y a-t-il un ordre déterminé des planches de l'*Histoire naturelle* ? Y a-t-il une "méthode" (au sens de système général de classification) dans l'*Histoire naturelle* ?

Il ne nous restera plus alors qu'à analyser comment l'illustration peut éclairer différents problèmes classiques d'histoire naturelle et en particulier, tenter de comprendre la série des planches qui conduit, au sein d'une espèce, du spécimen en pied à son squelette, en passant par la série égrenée des organes.

À travers ces différentes questions, nous essaierons de penser l'*Histoire naturelle* comme un projet collectif et unifié : nous tenterons de voir comment le travail de l'illustrateur Jacques de Sève peut renforcer le projet philosophique, historique et anatomique de Buffon et Daubenton.

Toutes nos références renvoient à l'édition princeps de l'*Histoire naturelle générale et particulière* (Paris : impr. royale, 1749-1789, 36 volumes), dont le texte est désormais consultable sur le site www.buffon.cnrs.fr. Nous y renvoyons par la mention "IR" pour imprimerie royale, suivie de l'indication du tome (chiffres romains) et du numéro de la page (chiffres arabes). Nous donnons en annexe 1 une table qui indique, pour chaque volume, sa date de publication.

## L'illustration de l'*Histoire naturelle*

### ses caractères, ses artistes

Comment se présente le corpus des planches illustrant la première série de l'*Histoire naturelle* ? Un recensement opéré sur l'ensemble des volumes de l'*Histoire naturelle* indique que 1061 planches ornent les 36 volumes parus à l'Imprimerie royale entre 1749 et 1788[1]. Nous ne reproduisons ici que les 599 illustrations que contiennent les quinze premiers volumes de l'édition de l'Imprimerie royale (1749-1767) – soit 19 vignettes et 580 planches. Chaque volume contient entre 4 (pour le premier tome) et 59 (pour le tome XIII) planches.

Dans l'ensemble les trois premiers volumes qui constituent comme une vaste introduction théorique à l'histoire naturelle sont peu illustrés (les tomes I à III comptent respectivement 4, 8 et 17 planches). Le tome IV, qui contient encore des discours généraux (en particulier le *Discours sur la nature des animaux*) et ne décrit que trois espèces

1. Nissen (Claus), *Die zoologische Buchillustration. Ihre Bibliographie und Geschichte.* Band I: *Bibliographie*, Stuttgart : A. Hiersemann, 1969, p. 72. La description sommaire des volumes de l'édition originale est donnée par Heilbrun (Georges),"Essai de bibliographie : description sommaire de l'édition originale de "l'Histoire naturelle générale et particulière avec la description du Cabinet du Roy"", *in* Bertin (L.), *et al.*, *Buffon : trente lettres inédites de Buffon*, Paris : Muséum national d'histoire naturelle, 1952, pp. 233-236 (Les Grands naturalistes français ; 1). Tous les volumes sont parus à l'imprimerie royale, dirigée de 1735 à 1788 par Jacques Anisson, assisté par son fils, Étienne-Alexandre Anisson-Duperron, qui lui est associé à partir de 1765. Il n'y a à cela qu'une exception, lorsqu'en 1787, Buffon se brouille avec l'imprimerie royale : "MM. de l'Imprimerie royale m'ayant fait attendre pendant plus de deux ans, Monseigneur, l'impression de mes derniers volumes des Minéraux, je me déterminai, l'été dernier, à faire imprimer ailleurs qu'à l'Imprimerie royale le cinquième volume de ces mêmes *Minéraux*, qui traite de l'aimant et qui paraît déjà depuis plusieurs jours." (lettre de Buffon au ministre de la Maison du roi, 15 octobre 1787, Archives nationales, o$^{1}$610, 1$^{er}$ dossier, f$^{o}$ 112.) Alors que les livres sortis de l'Imprimerie royale n'avaient pas à solliciter le privilège (ils étaient donc soustraits à la censure préalable), le tome XXIX (tome V des *Minéraux*, contenant le *Traité de l'Aimant et de ses usages*) paraît avec privilège (mention qui n'apparaissait pas dans les autres volumes) parce que publié à l'Imprimerie des bâtiments du roi. *Cf.* Bassy (Alain-Marie), "À l'heure des grandes synthèses. L'œuvre de Buffon à l'imprimerie royale (1749 1789)", *in L'Art du livre à l'imprimerie nationale*, Paris : impr. nationale, 1973, pp. 171-189.

(le Cheval, l'Âne, le Bœuf), ne présente que 23 planches. Le tome V contient, outre la table de l'ordre des chiens, 52 planches (28 pour le Chien dont 21 planches figurent les différentes variétés). Puis du tome VI au tome XIV, chaque tome présente entre 40 et 59 planches.

Dans la première série, en général, chaque animal est représenté par un spécimen en pied, posé sur un socle. Puis suivent plusieurs gravures de pièces anatomiques. Enfin, la série se clôt par une présentation du squelette de l'animal, avec parfois un détail pris sur la forme du crâne ou la forme du pied.

Dans l'ensemble, le corpus gravé s'impose par son austérité. On est loin des "singeries" à la mode, comme celles, fameuses, attribuées à Christophe Huet (1694-1759), peintes pour le duc de Bourbon au château de Chantilly[2]. Il y a ici, dans le portrait du cheval, de l'âne et du bœuf, plus de sobriété et de ruralité, moins d'exotisme que dans les éléphants, lions, cerfs, autruches que Jean-Baptiste Huet (1745-1811) dessina, au milieu d'arabesques, pour la manufacture de Jouy. De même, la peinture que l'*Histoire naturelle* donne du cerf ou du lièvre se démarque de l'esprit des chasses, tel qu'illustré sous le pinceau des Oudry – Jean-Baptiste (1686-1755), puis son fils Jacques-Charles (1720-1778), tous deux peintres des chasses royales –, ou sous celui des Desportes – Alexandre-François (1661-1743) puis son fils Claude-François (1695-1774) et Nicolas (1718-1787), dit "le Neveu".

Notre analyse des illustrations présentes dans l'*Histoire naturelle* doit en réalité distinguer trois niveaux d'illustration : vignettes, animaux en pied et pièces anatomiques.

## Les vignettes

Chaque volume, et dans chaque volume, chaque grande partie, s'ouvre par une vignette dans le style plaisant de Boucher. La vignette qui ouvre le tome I présente une jeune fille (la Science) occupée à lire au milieu de bocaux d'alcool et de figures de géométrie. Le tome II montre des expériences à la bougie (au début de l'*Histoire de la génération des animaux*) et l'homme au milieu des animaux (au début de l'*Histoire naturelle de l'homme*). Au tome III, des Amours musardent dans le Cabinet du roi, où des poissons sont suspendus au plafond, et devant le cabinet de Bonnier de la Mosson. Par la suite, les Amours s'ébattront au milieu des animaux rassemblés dans le volume et présentés sans ordre.

2. Huet exécute dix grandes toiles, d'une hauteur de trois mètres, en 1734-1735, aujourd'hui conservées au Musée Condé.

## Les animaux en pied

Le premier des animaux gravés est le cheval gris et pommelé du tome IV. Cette gravure est singulière à plus d'un titre : d'abord on peut contraster le caractère léger et gambadant, presque primesautier, de ce cheval, eu égard aux poses très hiératiques des animaux qui suivront, bien posés sur leur socle ; ensuite sa signature étonne. Alors que la grande majorité des animaux présentés dans l'*Histoire naturelle* sont dessinés par Jacques de Sève, cette première gravure a été réalisée d'après un tableau de Jean-Baptiste Oudry, le peintre officiel de la Manufacture de Beauvais. Comment comprendre cette unique apparition d'Oudry, celui auquel son maître, Largillière, avait prédit qu'il ne serait jamais rien d'autre qu'un peintre de chiens[3] et qui devint l'auteur réputé des *Chasses de Louis XV*[4] ?

D'abord, on peut remarquer que le tableau d'Oudry subit un traitement qui l'inscrit immédiatement dans une perspective naturaliste : le corps du cheval est moucheté de lettres que le caractère tacheté de la robe contribue à dissimuler mais dont la fonction est très nette : elles sont des points de repère qui renvoient à la *Description du Cheval* donnée quelques pages plus haut par Daubenton. On comprend donc d'emblée que l'*Histoire naturelle* ne sera pas ou pas seulement un recueil agréable : l'illustration y a pour fonction de faire connaître l'anatomie comparée des animaux.

On peut également, soulignant la singularité de cette gravure, en donner une lecture politique. On soutiendra alors que la présence du cheval pommelé d'Oudry constitue une sorte de patronage ou de recommandation, à l'ouverture de l'*Histoire naturelle* : la référence à Oudry, peintre qui a su répondre aux goûts du groupe réuni autour de Marie Leczinska et du dauphin, semble défendre les goûts de la reine, en contrepoint aux fantaisies dans le style de Boucher, qui rattachent les vignettes à Mme de Pompadour,

3. *Cf.* Fontenay (abbé Louis-Abel de), *Dictionnaire des artistes*, [1er impr., Paris : Vincent, 1776], Genève : Minkoff, 1972, t. 1, p. 232.

4. *Cf.* Locquin (Jean), "Le Paysage en France au début du XVIIIe siècle et l'œuvre de Jean-Baptiste Oudry (1686-1755)", *Gazette des beaux-arts*, 2e semestre 1908, pp. 353-380, parle d'un "programme réaliste" élaboré par Oudry (p. 375) et mentionne l'existence d'un "parti flamand", dont Oudry est le chef artistique. Dans cette perspective, le manifeste du paysage moral dans le genre flamand fut "La Ferme", tableau peint en 1750, sur les indications du dauphin et que la reine copia pour l'offrir en étrennes au roi. Toujours selon Locquin (p. 376) : "Les tendances moralisatrices du mouvement réaliste n'échappèrent pas au clergé. Tous les abbés amateurs et critiques d'art de l'epoque, Gougenot, Garrigues de Froment, Raynal, Clément, Leblanc, exaltèrent à l'envi les mérites des paysages d'Oudry. Le père Laugier également." *Cf.* aussi Opperman (Hal), *J. B. Oudry : 1686-1755, exposition Galeries nationales du Grand Palais, Paris, 1er octobre 1982-3 janvier 1983*, Paris : Réunion des musées nationaux, 1982, 287 p. ; et Opperman (Hal), *J. B. Oudry : 1686-1755, Exhibition Kimbell Art Museum, Fort Worth, February 26-June 5, 1983], [The Nelson-Atkins Museum of Art, Kansas City, July 15-September 4]*, Fort Worth (Tex.) : Kimbell Art Museum, 1983, 222 p.

la maîtresse du roi[5]. Une fois acquitté ce droit d'entrée, qui place l'*Histoire naturelle* sous une double allégeance, l'ouvrage propose une longue série de dessins d'animaux en pied, qui seront signés principalement par Jacques de Sève.

Ce choix de ne donner qu'un seul individu connaît de rares restrictions. D'abord, pour les espèces qui présentent un grand nombre de variétés (le chien, le chat...), le nombre des gravures présentant le spécimen en pied peut être considérablement augmenté. Ensuite, une même espèce peut être représentée sous plusieurs attitudes[6]. Enfin, le dimorphisme sexuel peut impliquer que Buffon double parfois le spécimen mâle par un spécimen femelle. Ce qui intéresse Buffon, c'est moins d'enregistrer le dimorphisme sexuel que de le signaler afin d'éviter aux naturalistes des confusions, plusieurs ayant donné des noms différents au mâle et à la femelle. Buffon recommande donc de veiller à ne pas multiplier inutilement les espèces faute de connaître assez bien le mâle et la femelle.

On remarque que, pour certaines espèces, le texte donnant l'histoire (signé par Buffon) traite ensemble de plusieurs espèces qui entretiennent d'étroits rapports (par exemple, *Le Palmiste, le Barbaresque et le Suisse* au tome X ou *L'Élan et le Renne* au tome XII) ; en revanche, la description (signée Daubenton) donne, autant que possible, une description par espèce. Il est notable ici que la description suit l'histoire, mais que la gravure suit directement la description : s'il y a une histoire, mais plusieurs descriptions, il y aura aussi plusieurs planches de spécimens en pied[7]. L'illustration est donc clairement pensée comme un auxiliaire de la description plus que de l'histoire.

5. Cette lecture est proposée par Bassy (Alain-Marie), "À l'heure des grandes synthèses. L'œuvre de Buffon à l'Imprimerie royale (1749-1789)", art. cit., p. 179. Locquin (Jean), "Le Paysage en France au début du XVIIIe siècle et l'œuvre de Jean-Baptiste Oudry (1686-1755)", art. cit., p. 373 dresse une opposition entre les deux grands paysagistes français de l'époque : "Tandis que Boucher gagnait les faveurs de Mme de Pompadour et peignait pour lui plaire, Oudry répondait surtout aux tendances 'moralisantes' du petit groupe qui s'était formé autour de Marie Leczinska et du dauphin." Il est notable que l'on retrouve ces deux patronages (les vignettes à la Boucher et le cheval d'après Oudry) à l'ouverture de l'ouvrage de Buffon.

6. Cette multiplication des attitudes est surtout présente dans les volumes des *Suppléments*, notamment au tome VII (IR XXXVI). Par exemple, le Pithèque (pl. II à IV) est représenté dans "deux attitudes de mouvement, c'est-à-dire debout sur ses deux pieds de derrière, planches II et IV, et sur ses quatre pieds, planche III, dans laquelle il est aussi représenté en petit, assis, troisième attitude qu'il prend souvent lorsqu'il est en repos." De même, le Douc (pl. XXIII) : "Nous donnons ici (pl. XXIII) la figure du douc vu par derrière : nous avons donné la figure de cette guenon vue par devant, vol. XIV, pl. XLI. Cet animal est si singulièrement habillé, que nous avons cru devoir le représenter des deux faces."

7. *Cf.* par exemple *Le Pangolin et le Phatagin* (IR X, 180), dont Buffon fait l'histoire ensemble, donnent lieu à une double description (en IR X, 187 et IR X, 192) : chacun a par conséquent sa propre planche le représentant en pied (pls 34 et 35).

## Les pièces anatomiques et le squelette

Les premiers volumes de l'*Histoire naturelle* contiennent d'autres signatures que celle de De Sève, en particulier pour les pièces anatomiques. Plusieurs planches de quadrupèdes sont dues à Buvée dit "l'Amériquain" ; par exemple, au tome VI, le squelette du Chevreuil et la collection des bois bizarres de cette espèce (pl. 19-26 et 29-31) ; au tome VII, le squelette du Campagnol (pl. 48, avec un bel arbre effilé) ; au tome X, les planches 5 à 13 du Pécari, 22 à 24 du Polatouche ; au tome XI, l'ensemble des pièces anatomiques du Chameau et du Dromadaire, et leur squelette (pl. 10-21 et 23-24), la Brebis des Indes (pl. 36)...

Certaines planches, plus rares, illustrent des particularités conservées au Cabinet du roi : par exemple, la planche 8 du tome VI présente un chat monstrueux nouveau-né. Les planches d'animaux sur pieds sont en général accompagnées d'une gravure du squelette complet de l'animal, également posé sur un socle. On peut remarquer que le squelette du Putois, par exemple, se singularise, parce qu'il a la tête à droite et non à gauche comme tous les autres (IR VII, pl. 24).

Ces différents types d'illustration dessinent différentes lectures de l'*Histoire naturelle*. Un premier parcours mène d'un volume à l'autre, du gambadant cheval au mico vermillon (respectivement premier et dernier animaux illustrés). Un second parcours part des vignettes qui, à l'ouverture de chaque volume, présentent une série d'animaux désordonnés, et conduit de là aux différentes monographies consacrées à ces animaux. Un troisième parcours mène, à l'intérieur d'une espèce, de l'animal sur ses quatre pieds au spectacle articulé de son squelette. Ces différents niveaux prêtent à différentes interprétations. Montrant l'organe, la gravure prend une valeur didactique importante, isolant ce qui était caché dans l'intérieur de l'animal. Montrant l'animal sur pieds, la planche semble avoir un contenu informatif plus faible comme cela est manifeste pour les animaux domestiques : qui n'a vu un cheval, un porc, un chien ? On pourrait presque dire que l'illustration gagne alors en évocation et en familiarité ce qu'elle perd en information et en merveilleux ; mais la multiplication des variétés, copieusement représentées, vient réintroduire un sentiment d'étonnement et de curiosité : un chien, un chat ou un porc peuvent donc prendre tant de formes distinctes et bien établies ?

## Dessinateurs et graveurs

### Qui sont-ils ?

Le Département des estampes de la Bibliothèque nationale de France conserve sous les cotes Jb 23 à 23c quatre grands volumes sous le titre "Recueil des dessins originaux de De Sève et de Buvée pour les quadrupèdes". En regard de chaque dessin, se trouve une épreuve de la gravure de l'édition in-4° et une de celle de l'édition in-12. Hormis cela, les dessins originaux de De Sève semblent avoir presque entièrement disparu. Quatre dessins à l'encre de Chine pour des vignettes se trouvaient chez le Baron Portalis[8]. Selon Georges Heilbrun, le plus important recueil, 152 dessins d'animaux "exécutés d'après nature", se trouvait dans la Bibliothèque de Mirabeau, vendue en 1791[9].

L'équipe des dessinateurs se réduit à De Sève et Buvée l'Américain, sur lesquels nous ne savons rien. De la même manière, les historiens de l'Imprimerie nationale n'ont pu mettre à jour de fonds d'archives susceptibles d'éclairer l'histoire de la fabrication de l'ouvrage[10]. Jacques de Sève[11] a signé presque tous les dessins originaux (plus de mille planches et les 38 vignettes-bandeaux) illustrant l'*Histoire naturelle*. Quant à Buvée, les historiens de l'illustration doivent pour l'instant se borner à affirmer qu'il fut actif pendant la seconde moitié du XVIIIe siècle, qu'il collabora à l'*Histoire naturelle*, et que son surnom d'"Américain" semble indiquer qu'il fit un voyage outre-Atlantique. On conviendra que ce sont là fort peu de choses[12].

8. Portalis (Baron Roger), *Les Dessinateurs d'illustrations au XVIIIe siècle*, Paris : D. Morgand & C. Fatout, 1877, t. 2, p. 620.

9. Heilbrun (Georges), "Essai de bibliographie", *in* Bertin (L.), *et al.*, *Buffon : trente lettres inédites de Buffon*, *op. cit.*, p. 236.

10. *Cf.* Grinevald (Paul-Marie), "Les Éditions de l'*Histoire naturelle*", *in* Gayon (Jean) (sous la dir.), *Buffon 88 : Actes du colloque pour le bicentenaire de la mort de Buffon, Paris, Montbard, Dijon, 14-22 juin 1988*, Paris : Vrin ; Lyon : IIEE, 1992, pp. 631-637.

11. Comme le remarque le Baron Portalis (Roger), *Les Dessinateurs d'illustrations au XVIIIe siècle*, *op. cit.*, t. 2, p. 619 : "Le peintre et dessinateur de Sève ne paraît pas avoir beaucoup attiré l'attention des biographes, et les renseignements sont fort rares sur son compte." En particulier, ses dates de naissance et de mort sont inconnues. Le *Dictionnaire critique et documentaire des peintres* de E. Bénézit donne simplement : "Mort après 1790. [...] Il travaillait de 1742 à 1788." L'ouvrage de Thieme (Ulrich), Becker (Felix) (sous la dir.), *Allgemeines Lexikon der bildenden Künstler*, Leipzig : Seemann, 1924, t. 30, ne fait que reprendre les mêmes informations. L'index bio-bibliographique de l'*Allgemeines Künstlerlexikon* (München ; Lepizig : Saur, 2000) renvoie au Thieme et Becker. Selon Portalis, De Sève "paraît descendre de Gilbert et de Pierre de Sève, tous deux peintres de la manufacture des Gobelins, et qui seraient ses grand-père et père."

12. Exemplaire de cette ignorance des meilleurs historiens sur Buvée, la notice que Madeleine Pinault-Sørensen donne pour l'*Allgemeines Künstlerlexikon*, München ; Lepizig : Saur, 1997, t. 15, p. 394.

Les dessins sont gravés par une équipe nombreuse[13], au sein de laquelle on peut citer Basseporte[14], Defehrt[15], Baquoy[16], Baron[17], Haussard[18], Jardinier[19], Rousselet (veuve Tardieu)[20]... En comparaison, la liste des collaborateurs ayant contribué au *Spectacle de la Nature* de l'abbé Noël-Antoine Pluche est beaucoup plus modeste[21]. Quant à la liste des illustrateurs des œuvres de Linné, elle est encore plus brève : son œuvre ne comprend pour l'essentiel aucune gravure à part les quelques planches qui occupent des ouvrages spéciaux, frontispices pour des descriptions de jardins ou de cabinets[22]. Nous reviendrons plus loin sur les raisons de cette absence en confrontant Buffon à son rival Linné, mais le résultat de cette simple comparaison permet de prendre acte du fait que l'illustration constitue une composante essentielle de l'*Histoire naturelle*. La publication de l'ouvrage par l'imprimerie royale est souvent invoquée pour expliquer cette abondance de l'illustration comme un signe de la munificence du roi, car la gravure coûte cher.

13. La liste complète des 59 graveurs figure dans Nissen (Claus), *Die zoologische Buchillustration. Ihre Bibliographie und Geschichte*. Band I: *Bibliographie*, *op. cit.*, p. 72.

14. Madeleine-Françoise Basseporte (1701-1780) fut pastelliste et peintre pour la miniature au Jardin du roi (Aubriet fut son maître). Selon Roux (Marcel), *Inventaire du fonds français : graveurs du XVIII^e^ siècle*, Paris : Le Garrec, 1930, t. 2, p. 155, Basseporte a peu gravé, et seulement au début de sa carrière. Elle réalise pour Buffon la planche 9 du volume III.

15. A. J. Defehrt (1723-1774) a gravé quatorze planches de *l'Histoire naturelle*, réparties dans les tomes VI à VIII, ainsi que la planche VI du tome IX (les pièces anatomiques du lion) – *cf.* la liste complète dans Roux (Marcel), *Inventaire du fonds français...*, *op. cit.*, t. 8, pp. 497-498.

16. Jean-Charles Baquoy (1721-1777) a réalisé 108 planches pour la première série de l'*Histoire naturelle*. La liste complète en est donnée par Roux (Marcel), *Inventaire du fonds français...*, *op. cit.*, t. 1, pp. 445-453 et pp. 494-495 pour l'édition in-12°.

17. Claude Baron (1738-1770 ?), élève de Jacques-Philippe Le Bas. Roux (Marcel), *Inventaire du fonds français...*, *op. cit.*, t. 2, pp. 69-70, donne la liste des gravures réalisées pour l'*Histoire naturelle*.

18. Catherine Haussard, fille aînée de Jean Haussard (1679 ?-1749), active dans le troisième quart du XVIII^e^ siècle (*cf.* Roux (Marcel), *Inventaire du fonds français...*, *op. cit.*, t. 11, pp. 247-248).

19. Claude-Donat Jardinier (*c.* 1725-*c.* 1768) fut l'élève de J. Ph. Le Bas, N. Dupuis et Laurent Cars (*cf.* liste de ses gravures pour l'*Histoire naturelle*, dans Roux (Marcel), *Inventaire du fonds français...*, *op. cit.*, t. 12, pp. 96-99).

20. Marie-Anne Rousselet, fille d'Alexis-Étienne Rousselet, graveur en médailles. Elle fut unie à la famille Tardieu, grande famille de graveurs, en épousant Pierre-François (né en 1711). *Cf.* Portalis (Roger), Béraldi (Henri), *Les Graveurs du XVIII^e^ siècle*, Paris : Morgand & Fatout, 1882, t. 3, p. 587.

21. Selon Nissen (Claus), *Die zoologische Buchillustration. Ihre Bibliographie und Geschichte*. Band I: *Bibliographie*, *op. cit.*, p. 320, la liste des collaborateurs comprend seulement trois sources pour les dessins –Basseporte (qui fournit 9 frontispices et 203 planches), Oudry (dont un tableau est réutilisé) et Van Kessel. Il faut ajouter quatre graveurs : Back de Liège, J.P. Le Bas, P. Bourgoin et De Meuse.

22. Selon les recensions de Nissen, il faut compter en botanique les 36 planches de l'*Hortus Cliffortianus* de 1737 (dessinées par Georg Dyonisos Ehret et gravées par Jan Wandelaar) et, en zoologie, les 12 planches du *Museum Tessinianum* de 1753 et les 33 planches du *Museum S. R. M. Adolphi Friderici Regis Suecorum* de 1754 (notamment par J.E. Rehn). Les 12 planches de l'*Entomologia fauna Suecicae* sont liées à une édition posthume par C. de Villers (1789).

La qualité des artistes, comme la valeur de ces gravures, est discutée par les historiens de l'art. De Sève a comme peintre et dessinateur, une réputation incertaine : parfois loué comme l'un des meilleurs illustrateurs de son temps, connu pour un ensemble de vignettes réalisées pour les *Contes* de Perrault (1742), les *Fables* de La Fontaine (1746) et les *Œuvres* de Jean Racine (1760, 3 vols)[23] ; parfois au contraire, méprisé comme un artiste "sans génie, mais consciencieux"[24]. L'illustration pour sa part est jugée prestigieuse par certains spécialistes[25], et au contraire dévalorisée par certains esthètes pour son manque de caractère artistique qui semble dénoter le manque de génie des graveurs[26].

## Comment travaillent-ils ?

Le "dessin d'après nature" est une notion aussi floue que souvent invoquée. Ernst Gombrich a bien montré que l'expression "peint d'après nature" ne semble pas garantir une représentation faite effectivement "sur le terrain"[27]. On peut citer ici le cas rendu célèbre par Gombrich d'une baleine "*ritratto qui dal naturale appunto*" censée figurer un échouage survenu à Ancône en 1601, et qui reprend en fait une gravure hollandaise qui présentait les ailerons de la baleine comme de larges oreilles. Cela n'empêche pas qu'une baleine se soit effectivement échouée à Ancône en 1601, mais le dessin a été fait en copiant non la scène *in situ*, mais un modèle graphique. Le recours à l'observation de la baleine effectivement échouée a paru un détour inutile. Un autre cas fameux, celui du bois gravé du rhinocéros unicorne d'Albrecht Dürer, copié par toute l'Europe

23. Le Baron Portalis est très élogieux du style de De Sève (Portalis (Roger), *Les Dessinateurs d'illustrations au XVIII$^{e}$ siècle*, *op. cit.*, t. 2, p. 620) : "Il dessinait avec beaucoup de naturel et de fidélité les animaux...". Portalis réserve toutefois ses plus grands éloges pour l'illustration donnée par De Sève aux *Œuvres* de Racine (Jean) (Paris : impr. Le Breton, 1760, 3 vols in-4°).

24. Bassy (Alain-Marie), "À l'heure des grandes synthèses. L'œuvre de Buffon à l'Imprimerie royale (1749-1789)", art. cit., p. 176.

25. *Cf.* Nissen (Claus), *Die zoologische Buchillustration. Ihre Bibliographie und Geschichte.* Band II: *Geschichte*, Stuttgart : A. Hiersemann, 1978, p. 132 : "An der Vervielfältigung sind alle Pariser Kupferstecher der Zeit, die Rang und Namen hatten, beteiligt worden."

26. En particulier, Roux (Marcel), *Inventaire du fonds français...*, *op. cit.*, t. 2, p. 69, porte un jugement sévère sur l'œuvre de Baron : "Son œuvre est en effet bien peu séduisant. C'est de la gravure purement commerciale." De même, Pinault-Sørensen (Madeleine), Sørensen (Bent), "Recherches sur un graveur de l'*Encyclopédie* : Defehrt", *Recherches sur Diderot et l'Encyclopédie*, n° 15, octobre 1993, pp. 97-112, jugent Defehrt assez sévèrement (voir en particulier p. 112) : "Il n'est pas un graveur de très grand talent et il ne peut jamais se départir d'une certaine sécheresse. Ses qualités de précision sont particulièrement appréciables pour ces travaux de reproduction scientifique qui demandent en premier lieu une très grande fidélité. Un plus grand graveur n'aurait sans doute pas pu se plier à une telle discipline et aurait voulu donner un caractère artistique à ces représentations."

27. Gombrich (Ernst Hans), *L'Art et l'Illusion : psychologie de la représentation picturale*, [trad. de la 3$^{ème}$ éd. anglaise par Durand Guy], n$^{elle}$ éd. révisée, Paris : Gallimard, 1996, pp. 110-111.

savante, est éclairant[28]. La figure se caractérise notamment par la présence d'écailles et d'une armure de cuir, formant un caparaçon ou un tablier, presque une carapace. Plusieurs auteurs en font la critique, prétendant travailler sur le vif, sans toutefois parvenir complètement à détacher leurs figure de l'exemplaire caparaçonné de Dürer. Ainsi Parsons, souvent cité par Buffon, dénonce, dans les *Philosophical transactions* pour l'année 1743, l'influence de Dürer :

> La figure qu'a donnée de cet animal *Albert Dürer,* a induit en erreur la plupart des naturalistes qui ont écrit depuis lui ; car ils l'ont presque tous copié, et il y en a même beaucoup qui l'ont surpassé, en ornant les figures qu'ils ont données de cet animal avec des écailles et d'autres choses tirées de leur imagination. Enfin sa figure est si mal faite que je serais tenté de croire qu'il n'a jamais vu cet animal.[29]

Parsons pour sa part affirme bien haut peindre un rhinocéros mâle "qu'on faisait voir en 1739 dans *Eagle Street* près de *Red Lyon Square*" (pp. 240-241) :

> Je n'ai eu aucun égard dans ma description à celles qu'en ont données les autres auteurs ; mais je l'ai décrit simplement tel que je l'ai vu, non seulement dans l'endroit ci-dessus mentionné, mais encore longtemps après lorsqu'on le faisait voir auprès de *London-Spaw.*[30]

En particulier, Parsons s'en prend à la deuxième corne que Durer place sur le dos de l'animal. De même, l'*Histoire naturelle* de Buffon et Daubenton est réputée avoir donné une bonne image de cet animal, peinte d'après nature[31]. Cette affirmation s'appuie sur la circulation des spécimens de rhinocéros dans les ménageries européennes, en particulier sur le fait qu'un rhinocéros a été peint à la foire de Saint-Germain en 1749, puis qu'un second rhinocéros est présent à la Ménagerie de Versailles autour de 1770-1772[32]. De telles observations permettent aux auteurs de critiquer Dürer[33]. De la

28. *Cf. Albrecht Dürer : œuvre gravé : [exposition, Paris], Musée du Petit Palais, 4 avril-21 juillet 1996*, [catalogue réd. par Sophie Renouard de Bussierre], Paris : Paris musées, 1996, pp. 254-255.

29. Parsons (James), "Natural History of the Rhinoceros", *Philosophical Transactions,* nº 470, 1743, p. 523, trad. Demours (Pierre), "Lettre à M. Martin Folkes, Écuyer, Président de la Société Royale, contenant l'histoire du *Rhinocéros", in Transactions philosophiques de la Société royale de Londres de 1737 à 1744*, Paris : Briasson, 1759-1760, t. 7, pp. 237-254 ; ici, p. 237. La traduction de Demours ajoute une planche représentant l'animal d'après un tableau de Oudry.

30. *Idem*, p. 241

31. Roger (Jacques), *Buffon, un philosophe au Jardin du roi,* Paris : Fayard, 1989, p. 357.

32. *Cf.* Rookmaaker (L. C.), "Histoire du rhinocéros de Versailles (1770-1793)", *Revue d'histoire des sciences*, vol. 36, n° 3-4 , 1983, pp. 307-318.

33. Buffon (*Le Rhinocéros*, IR XI, 174) renvoie à Parsons, "où l'on voit aussi trois figures de cet animal, dont le mâle était à Londres en 1739, et la femelle en 1741" ainsi qu'à la traduction de Demours. Il renvoie également à la

même manière, James Bruce critique le grand succès de la planche de Dürer en 1790 : il déclare pour sa part travailler sur le vif, d'après un spécimen "pris à Tcherkin près du Ras-el-Feel, dans une chasse" : il se loue de donner "la première gravure d'un animal à double corne"[34].

De manière générale, quand on approche l'illustration naturaliste, il faut toujours se souvenir que les dessins d'animaux, quand bien même ils seraient décrits comme "pris sur le vif" ou "peints d'après nature", contiennent en fait des emprunts picturaux[35]. Dans le cas de la gravure du rhinocéros dans l'*Histoire naturelle*, il faut noter que Daubenton écrit très précisément : "Celui qui a servi de sujet pour cette description (pl. VII) était à Paris il y a douze ans" (*Description du rhinocéros*, IR XI, 198). Il ne dit en aucune manière qu'il a lui-même observé l'animal à la foire de Saint-Germain en 1749. En réalité, l'animal fut observé et la description (textuelle) fut faite d'après le spécimen, mais le dessin présenté dans l'*Histoire naturelle* est repris de la planche ajoutée par Demours, docteur en médecine et censeur royal, dans sa traduction du mémoire de Parsons. Cette gravure elle-même avait été réalisée d'après le tableau d'un rhinocéros peint par Jean-Baptiste Oudry[36].

Buffon et Daubenton font par ailleurs référence à plusieurs observations faites sur le vif. Certes, le Jardin du roi ne possède pas encore sa ménagerie propre, mais les

description contenue dans l'ouvrage de Edwards (George), *Gleanings of Natural History: Exhibiting Figures of Quadrupeds, Birds, Insects, Plants, etc., Most of Which Have Not, Till Now, been either Figured or Described*, Londres : Royal College of Physicians, 1758-64, 3 vols : "La figure est très bonne et a été faite d'après l'animal vivant en 1752 ; c'est le même Rhinocéros femelle que nous avons vu et fait dessiner à Paris en 1749."

34. Bruce (James), *Voyage en Nubie et en Abyssinie, entrepris pour découvrir les sources du Nil, pendant les années 1768, 1769, 1770, 1771, 1772 et 1773*, [trad. de l'anglais par Castera J. H.], Paris : Plassan, 1790-1792, 6 vols. La planche se trouve au tome VI (pl. 25), la description au tome V. Bruce précise : "Albert Dürer le rendit supérieurement ; et c'est pourtant d'après son tableau, qu'il s'est répandu dans toutes les parties du monde, tant de copies informes ou monstrueuses." Le remède est venu de Parsons, Edwards et Buffon, qui représentent encore toutefois des rhinocéros unicornes (t. V, p. 106).

35. Ainsi, les emprunts de Jean-Baptiste Oudry à Pieter Boel (1622-1674) ou Nicasius Bernaerts (1620-1678) ont été bien documentés. *Cf.* Schönfeld (Claudia), Hegner (Kristina), *Vermächtnis der Aufklärung: Jean-Baptiste Oudry, Jean-Antoine Houdon. Sammlung Staatliches Museum Schwerin*, Schwerin : Staatliches Museum, 2000, 207 p. ; plusieurs éléments sont repris dans Droguet (Vincent), Salmon (Xavier), Véron-Denise (Danièle), *Animaux d'Oudry. Collection des ducs de Mecklembourg-Schwerin*, Paris : Réunion des musées nationaux, 2003, voir en particulier les notices 66 (p. 168) et 81 (p. 194).

36. Demours l'indique dans un long *addendum* au mémoire de Parsons, texte que Buffon cite intégralement et avec grands éloges (IR XI, 179) : "Ces remarques sont judicieuses et pleines de sens, comme tout ce qu'écrit M. de Mours." Sur le tableau d'Oudry, actuellement conservé au Staatliches Museum de Schwerin (inv. G 1928), *cf.* Salmon (Xavier), "Le Peintre, le chirurgien, le duc et les animaux", *in* Droguet (Vincent), Salmon (Xavier), Véron-Denise (Danièle), *Animaux d'Oudry. Collection des ducs de Mecklembourg-Schwerin*, *op. cit.*, p. 141.

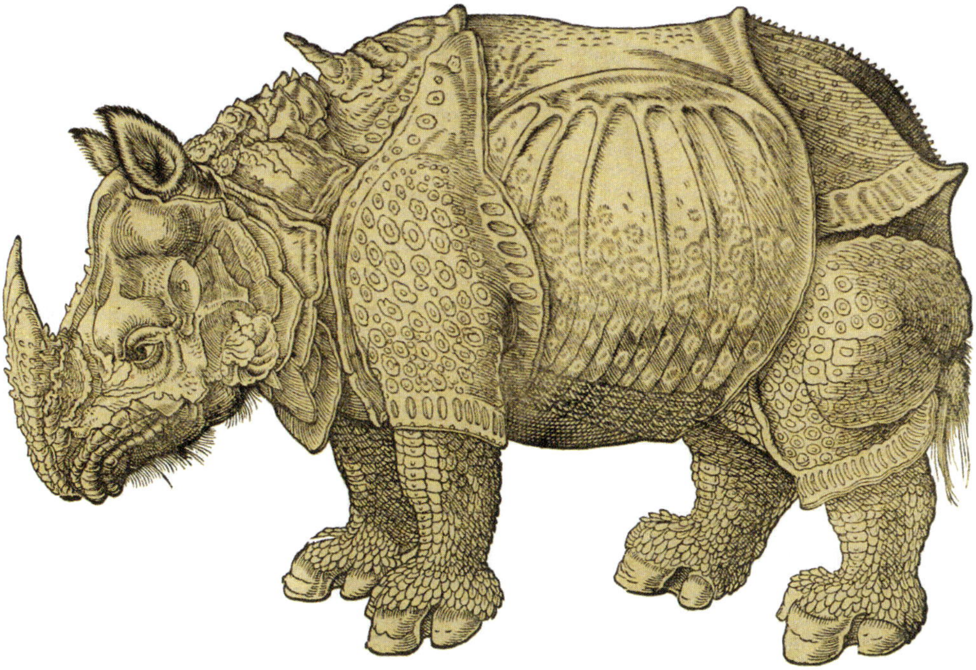

**FIG. 1**- Rhinocéros, issu de Gesner (Conrad), *Icones animalium quadrupedum viviparorum et oviparorum quae in historia animalium*, Zürich : C. Froschover, 1560, p. 60 (Bibliothèque centrale MNHN, D 12429).

naturalistes peuvent observer des bêtes à la foire Saint-Germain (un éléphant en 1773, un tigre en 1784[37]), à la Ménagerie du roi à Versailles (observés vivants comme la panthère ou le zébu arrivé en août 1761 et observé en 1763 ; ou disséqués après leur mort comme un spécimen d'axis en janvier 1761 ; ou vus sous la forme de restes desséchés comme l'épiderme de l'éléphant disséqué par Claude Perrault ou le squelette de lionne apporté de Trianon et conservé au Jardin du roi sous le numéro DCCCL). Les naturalistes disposent encore des animaux capturés dans le parc de Versailles (hérissons, belettes...) ou encore dans leurs ménageries personnelles (Buffon élève un castor, et à Montbard, un pécari qu'il essaie de croiser avec une truie...). Ainsi, pour le tome IX : le texte du *Lion* indique que plusieurs spécimens ont été observés en 1757 au Combat du Taureau[38] et les dessins de De Sève au Département des estampes portent la mention 1754 pour le mâle, et 1759 pour la femelle. Le tigre (pl. 9) est dessiné "d'après la peau empaillée" d'un tigre mort à la ménagerie de Versailles plusieurs années auparavant.

37. Buffon, *Addition à l'article de l'Éléphant* (supp. III, IR XXXII, 292) ; *Nouvelle addition à l'article du Tigre* (supp. VII, IR XXXVI, 227).
38. Daubenton (Louis Marie), *Description du lion* (IR IX, 27).

Son dessin dans le volume Jb23b du Département des estampes porte la mention "De Sève 1759", le squelette a été représenté par Buvée. "Les panthères de la ménagerie de Versailles" ont "été dessinées vivantes" (pls 11 et 12 ; "De Sève 1755"). Quant au jaguar, les naturalistes reconnaissent : "Nous n'avons pas vu cet animal vivant, mais on [Pagès, médecin du roi à Saint-Domingue] nous l'a envoyé bien entier et bien conservé dans une liqueur préparée, et c'est sur ce sujet que nous en avons fait le dessin et la description." (IR IX, 201 ; "De Sève 1758").

Toutefois, le dessin d'après nature est loin d'être la règle. En l'espace de trois ans (entre le 1er juin 1759 et le 1er juin 1762), De Sève semble ne s'être déplacé à la ménagerie de Versailles que pour quatorze dessins d'animaux[39]. Le cas sera différent pour les oiseaux, pour lesquels Buffon recommande de travailler, autant que possible, à partir des oiseaux vivants[40].

Les dessins de Jacques de Sève et de Buvée l'Américain sont exécutés d'après des sources diverses. La représentation des pièces anatomiques du cheval, premier animal étudié, peut s'appuyer sur de nombreuses sources iconographiques. Dans la tradition française, il faut souligner le travail de Héroard, avec sept cuivres de Jakob de Weert (1599), mais aussi aux ouvrages de Pierre de La Noüe (*La Cavalerie françoise et italienne*, 1620, ornée de 41 cuivres) et surtout de Carlo Ruini (*c.* 1530-1598), incontournable pour ce qui concerne l'anatomie du cheval[41]. On sait en outre qu'un squelette de cheval était conservé à l'Académie royale des sciences. Enfin, Edme Bouchardon (1698-1762) réalise 838 études dont soixante-neuf sont consacrées au cheval, qui contiennent des dessins du squelette ou des écorchés, précisément annotés par l'énumération des différents muscles et parties anatomiques[42].

39. *Cf.* "Mémoire des dessins qui ont été faits par S. De Sève et Buvée pour *L'Histoire naturelle générale et particulière, avec la description du Cabinet du roi*, depuis le 1er juin 1759 jusqu'au 1er juin 1762" (Bibliothèque centrale du Muséum national d'histoire naturelle, manuscrit 218, f°31 verso). Le texte indique, après la liste de deux vignettes et une liste de 43 dessins d'animaux : "Pour les frais de quatorze des dessins ci-dessus qui ont été faits à la Ménagerie de Versailles", un paiement de 84 livres, soit 6 livres par dessin. Suivent ensuite les dessins concernant les pièces anatomiques et les oiseaux.

40. Buffon, *Histoire naturelle des oiseaux* (IR XVI, p. x).

41. *Cf.* Ruini (Carlo), *Anatomia del cavallo, infermità e suoi rimedii, opera nuova*, [1ère éd. Bologna, 1598], 3ème éd., Venezia : G. Bindoni il Giovane, 1602 ; repris dans Jourdin (Jean), *La Vraye cognoissance du cheval, ses maladies et remèdes, avec l'anatomie du Ruyni*, Paris : T. de Ninville, 1647, 126 p. ; Jourdin (Jean), *Le Parfait cavalier, ou la Vraye connoissance du cheval, ses maladies et remèdes, avec l'anatomie du Ruyni*, Paris : L. Chamhoudry, 1655, 126 p. et Solleysel (Jacques de), *Le Parfait mareschal qui enseigne à connoistre la beauté, la bonté et les deffauts des chevaux, la manière de les conserver dans les fatigues des voyages... ensemble un traitté du haras*, Paris : G. Clousier, 1654, 504 p.

42. Sur la postérité de l'iconographie de Ruini, *cf.* Sørensen (Bent), "The Enduring Vitality of a Flayed Horse. Carlo Ruini, Bouchardon and Others", *Apollo*, mars 2002, pp. 30-39, qui complète les notices n° 74-75 de Pinault

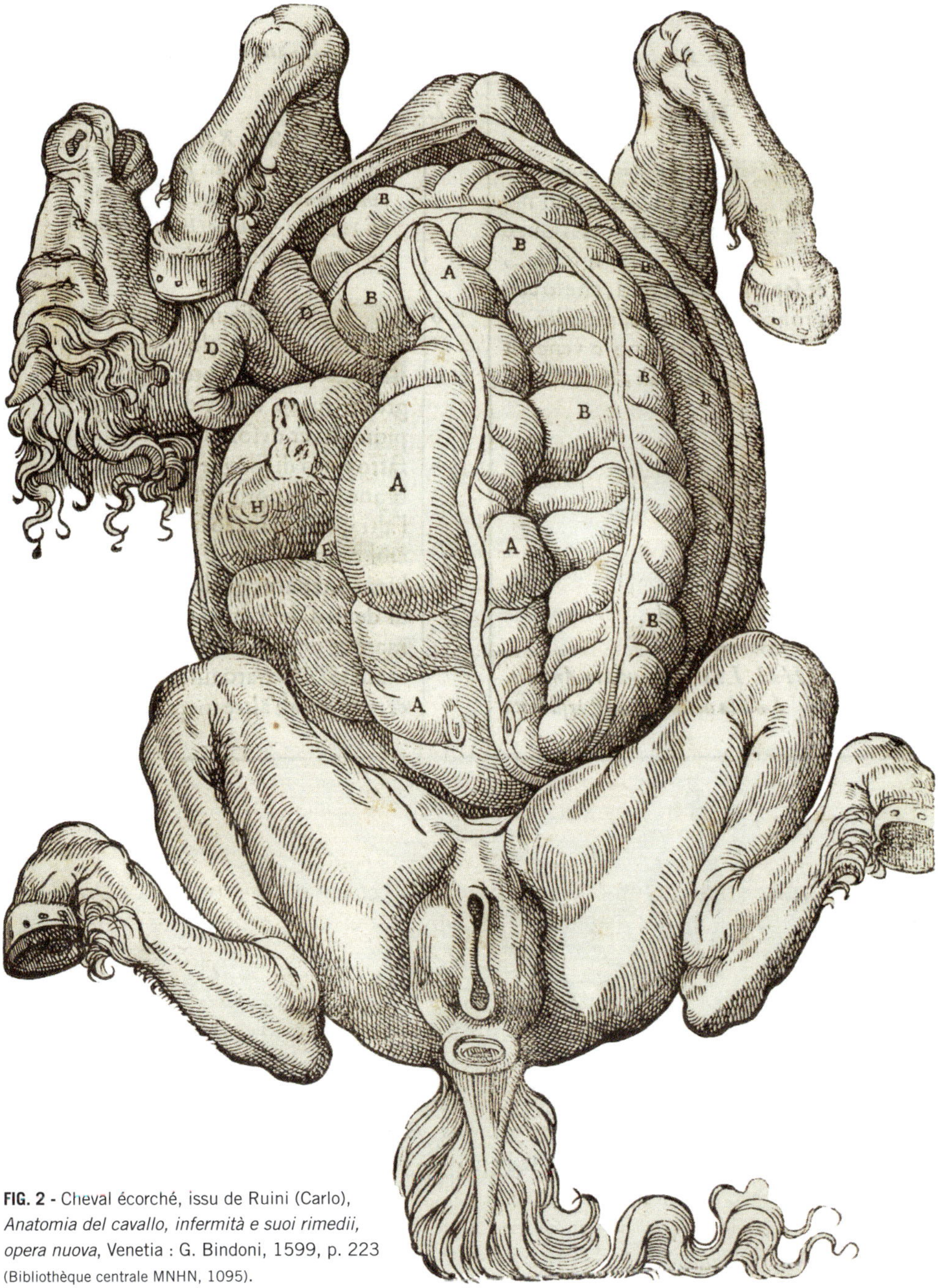


**FIG. 2 -** Cheval écorché, issu de Ruini (Carlo), *Anatomia del cavallo, infermità e suoi rimedii, opera nuova*, Venetia : G. Bindoni, 1599, p. 223 (Bibliothèque centrale MNHN, 1095).

Le cas de l'éléphant est résumé par une note de Daubenton :

> Cette figure a été dessinée d'après un modèle de l'éléphant dont l'Empereur des Turcs fit présent au roi de Naples, et qui a vécu longtemps dans la Capitale de ce royaume, où il est mort il y a quelques années. M. Sali, sculpteur, de l'Académie royale de peinture et de sculpture de Paris, modela cet éléphant à Naples en 1745 ; M. Soufflot, Contrôleur général des bâtiments du roi, à qui ce modèle appartient et qui a bien voulu nous le prêter, m'a assuré qu'il avait été fait avec beaucoup de soin et que l'on pouvait compter sur la justesse de ses proportions.[43]

Pour faire l'histoire du renne, Buffon reconnaît n'avoir pas pu avoir l'animal vivant. C'est Collinson, membre de la *Royal Society*, qui lui a fait parvenir le dessin du squelette de cet animal, qui est représenté sur la planche 12 du tome XII. Quant à l'élan, Buffon eut bien l'occasion d'en voir un "il y a environ quinze ans" (écrit-il en 1764)[44], mais l'animal resta si peu de jours à Paris que Buffon n'eut pas le temps de le faire dessiner et qu'il dut se borner à vérifier la description donnée dans les *Mémoires pour servir à l'histoire naturelle des animaux*. De même, il se plaint dans l'histoire des gazelles de cette abondance d'animaux (chèvres, gazelles, bubales, chevrotains, mazames), "tous différents entre eux, plusieurs absolument inconnus, les autres présentés pêle-mêle par les naturalistes, et tous pris les uns pour les autres par les voyageurs"[45]. À propos de l'hippopotame, Daubenton doit également rendre compte des lacunes et du défaut d'observation :

> Nous n'avons point vu d'hippopotame adulte. Cette description n'a pour sujet qu'un fœtus et des têtes décharnées d'hippopotames, qui sont au Cabinet du roi et les os des pieds qui nous ont été communiqués par M. Bernard de Jussieu. [46]

Ainsi la planche 3 du volume XII représente ce fœtus d'hippopotame couché sur une table près des instruments d'anatomie qui doivent servir à le disséquer. On aperçoit

(Madeleine), *Les Mots dans le dessin*, Paris : Réunion des musées nationaux, 1986, pp. 69-70.

43. Daubenton, *Description de l'éléphant* (IR XI, 94). L'étude du modèle de terre cuite exécuté *ad vivum* par Jacques François Joseph Saly (1717-1776) et sa circulation ont été analysées par Sørensen (Bent), "L'Éléphant de Jacques François Joseph Saly", *Gazette des beaux-arts*, octobre 1995, pp. 139-148.

44. Buffon, *L'Élan et le Renne* (IR XII, 109-110).

45. Buffon, *Les Gazelles* (IR XII, 220). La confusion des noms et des témoignages est ici encore compliquée par la recherche du "bézoard", cette pierre précieuse qu'une seule espèce est supposée produire. Buffon fait la critique du mythe (IR XII, 231) : "Si l'on consulte les autres naturalistes et les voyageurs, on serait tenté de croire que ce sont indistinctement les gazelles, les chèvres sauvages, les chèvres domestiques et même les moutons qui portent cette pierre [...]" et (IR XII, 248) : "De tous ces faits, on peut conclure qu'en général, les bézoards ne sont qu'un résidu de nourriture végétale [...]"

46. Daubenton, *Description de l'hippopotame* (IR XII, 50 et pl. 3).

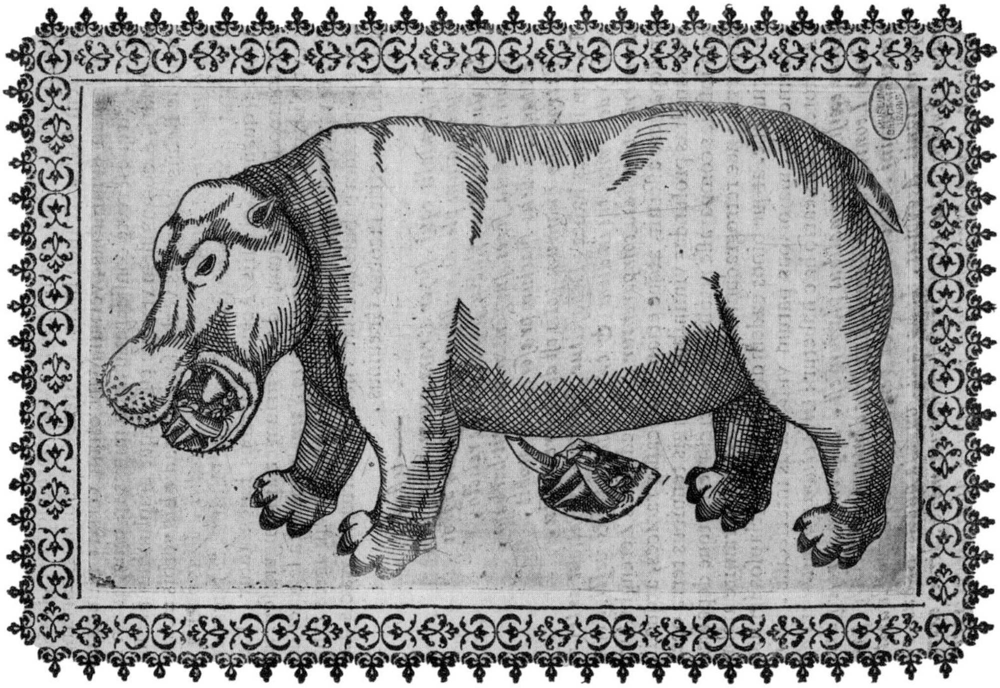

**FIG. 3** - Hippopotame, issu de Colonna (Fabio), *Aquatilium et terrestrium aliquot animalium...*, Romae : [s. n.], 1616, pl. XXX (Bibliothèque centrale MNHN, 1611).

à travers une fenêtre dans le lointain, un grand hippopotame, copié d'après la figure qu'en a donnée Fabio Colonna (1567-1650)[47]. Cette mise à distance a pour fonction de réduire les défauts de la gravure :

> Quoique cette figure [celle de Colonna] soit réputée pour une des meilleures qu'il y ait de l'hippopotame, elle me paraît très défectueuse ; la copie qui en a été faite dans notre planche IIIe n'étant pas l'objet principal de cette planche, et ne pouvant être vue que dans le lointain à cause de la présence du fœtus sur l'avant de la planche, ses défauts sont moins apparents et n'empêchent pas qu'elle ne puisse contribuer avec le fœtus à donner quelque idée de l'hippopotame adulte.[48]

Il faut remarquer ici la stratégie iconographique, qui consiste à représenter comme une vision éloignée une figure qui paraîtrait trop imprécise de près. Ainsi, l'hippopotame

47. *Cf.* Colonna (Fabio), *Aquatilium et terrestrium aliquot animalium : aliarumq[ue] naturalium rerum observationes*, [Rome]: [s.n.], [1616], p. 28 pour la description et pl. XXX pour la figure.
48. Daubenton, *Description de l'hippopotame* (IR XII, 50).

est présenté au second plan, sur les bords du fleuve Sénégal, ce qu'indique la silhouette singulière d'un baobab, dont Michel Adanson a donné la description dans les *Mémoires de l'Académie royale des sciences* de 1761[49]. Les *Suppléments* se chargeront de compléter ces lacunes, en particulier grâce à une description complète faite sur une peau bourrée conservée dans le Cabinet des curiosités naturelles de l'Université de Leyde, pièce unique dont Allamand fournit la description :

> Comme c'est vraisemblablement la seule curiosité de ce genre qui soit en Europe, je crois que tous ceux qui aiment l'histoire naturelle me sauront gré de la leur avoir fait connaître par la gravure, et d'en avoir enrichi le magnifique ouvrage de M. de Buffon. Ainsi la planche que nous ajoutons ici représente l'hippopotame mieux qu'il n'a été représenté jusqu'à présent, ou plutôt c'est la seule figure que l'on en ait, car dans toutes les autres qui ont été publiées, cet animal n'est pas reconnaissable, si l'on en excepte celle qui se trouve dans un livre hollandais où il est question du Léviathan dont il est parlé dans l'Écriture Sainte, et qui a été faite sur le même modèle que l'on a copié ici [...].[50]

## Caractères généraux d'une gravure d'animal en pied

Les gravures d'animaux en pied représentent les bêtes de profil, montées sur un piédestal, inscrites dans un décor de fantaisie, où l'on peut lire, comme le suggère Roland Barthes, la marque de l'homme dans la présence d'une ferme, d'une ruine, d'une statue[51]. Chaque bête et son squelette sont posés sur le même support, dans une pose identique. Le socle du bouquetin (IR XII, pl. 13) est même surélevé, présenté sur une sorte d'aplomb rocheux, qui mime l'habitat naturel de ces "chèvres sauvages". Le piédestal comme un banc de pierre masque le socle de l'objet naturalisé[52] : les animaux représentés sont des peaux bourrées ou des spécimens desséchés, mais ils réemploient aussi des peintures et des sculptures[53]. La présentation uniformisée et stylisée adoptée dans l'*Histoire naturelle* a pour fonction d'évacuer autant que possible le pittoresque. Les chauves-souris sont posées au sol sur le modèle des quadrupèdes, plutôt que pendues dans d'obscurs greniers. Surtout, on avait coutume de les

49. Adanson (Michel), "Description d'un arbre d'un nouveau genre, appelé Baobab, observé au Sénégal", *Mémoires de l'Académie royale des sciences*, vol. 63, 1761, pp. 218-243, en particulier, pl. II, fig. A, qui donne la physionomie générale de l'arbre.

50. Buffon, *Addition à l'article de l'Hippopotame* (supp. III, IR XXXII, 304).

51. Barthes (Roland), "Les Planches de l'Encyclopédie", *in Le Degré zéro de l'Écriture*, suivi de *Nouveaux essais critiques*, Paris : Le Seuil, 1972, pp. 89-105 (Points essais ; 35).

52. Nous analysons, sur le cas du lion, l'originalité des gravures de Buffon par rapport à d'autres corpus iconographiques, dans notre article "Une Animalité en pièces. Spécimens empaillés et bocaux d'organes dans les planches de l'*Histoire naturelle* de Buffon (1749-1767)", art. cit.

53. Par exemple, *L'Éléphant* (IR XI, 104) : "Le jeune éléphant desséché qui est au Cabinet du roi...".

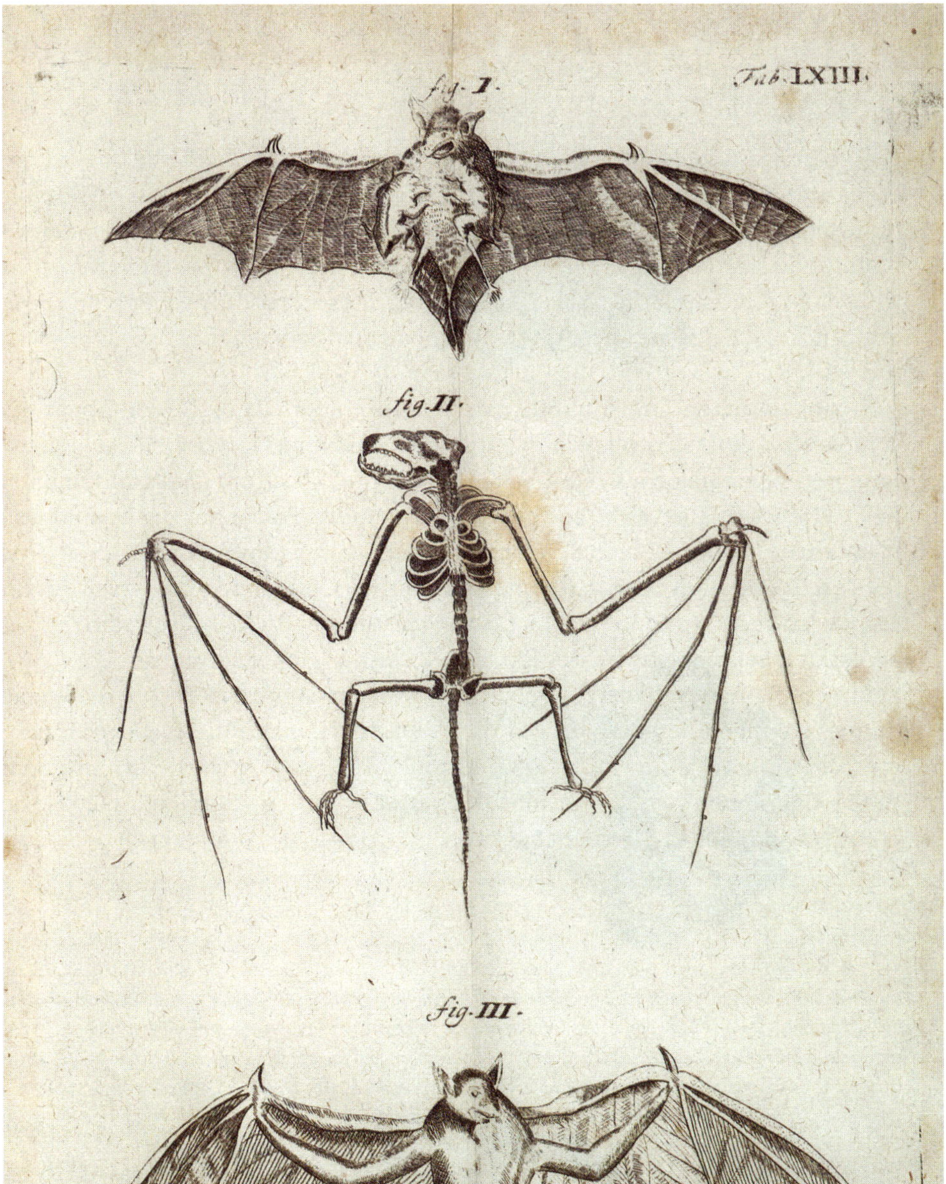


**FIG. 4** - Chauves-souris, issues de Valentini (Michel Bernard), *Amphiteatrum zootomicum...*, Francofurti : ex officina Zunaria, 1720, pl. LXIII (Bibliothèque centrale MNHN, 63794).

présenter à la fin des oiseaux, les "ailes" grand ouvertes, de même que les caméléons et les tortues terminaient les "quadrupèdes". À l'inverse, Buffon et Daubenton les réduisent à leur module de "quadrupèdes"[54]. Le chameau et le dromadaire sont dépouillés de leur bosse ; le hérisson, le cochon d'Inde, la taupe, créatures informes, se trouvent posées sur leurs quatre pattes et réduites au module général du corps animal qui court du cheval au mico, du quadrupède au quadrumane.

La singularité de l'illustration dans l'*Histoire naturelle* de Buffon apparaît si on la compare à d'autres corpus iconographiques animaliers. En amont de l'œuvre de Buffon, on trouve un corpus réputé mais dépassé, le *Theatrum universale omnium animalium* d'Henricus Ruysch[55]. Les gravures sont pour l'essentiel des réimpressions des planches de l'*Histoire naturelle des animaux* de Jan Jonston et une compilation de textes tirés de Gesner, Aldrovandi, Margraff et Mouffet. C'est donc un ouvrage qui hérite une grande partie de ses contenus des histoires naturelles du XVI^e^ siècle, auxquelles Buffon adressait le reproche d'être des fatras d'érudition, sans discrimination aucune concernant le contenu des matières. De fait, le *Theatrum* comprend encore des éléments mythiques, comme une figure du griffon. Pourtant, les naturalistes lui reconnaissent encore une certaine utilité vers 1740, surtout concernant la partie des poissons. Ainsi, l'abbé Pluche cite Ruysch à propos de la pêche, tout en restreignant le rôle accordé à cet ouvrage, celui-ci se bornant à éveiller la curiosité des débutants[56].

54. Daubenton, *Description des chauves-souris* (IR VIII, 121) : "Je suis surpris que des naturalistes qui ont dû les observer de près, aient méconnu les caractères de quadrupèdes qu'ont ces animaux et se soient mépris au point de les mettre au rang des oiseaux. Toutes les figures que nous avons des chauves-souris, même dans les livres d'histoire naturelle, les représentent avec les ailes étendues : n'avait-on jamais remarqué que ces ailes sont des jambes, lorsque l'animal est au repos, et qu'il a quatre jambes comme les autres quadrupèdes ?" On a un bon exemple du travers critiqué dans Valentini (Michel Bernard), *Amphiteatrum zootomicum*, [1ère éd. 1720], 2ème éd., Francofurti ad Moenum : Ex officina Zunneriana, 1742, *Pars altera*, p. 78.

55. Henricus Ruysch, médecin d'Amsterdam et botaniste, n'est connu que comme étant l'éditeur du *Theatrum omnium animalium*, paru en 2 volumes, in folio, en 1718. Il ne faut pas le confondre avec son père, Frederik Ruysch (1638-1731), anatomiste hollandais, grand collectionneur possesseur d'un Cabinet de curiosité réputé dans toute l'Europe, membre de la Société des curieux de la nature, de la Société royale de Londres et élu en 1727 membre de l'Académie des sciences de Paris.

56. Pluche (Noël-Antoine), *Le Spectacle de la nature, ou Entretiens sur les particularités de l'Histoire naturelle qui ont paru les plus propres à rendre les jeunes gens curieux et à leur former l'esprit*. T. 1 : *Ce qui regarde les animaux et les plantes*, Paris : Vve Estienne Desaint, 1732, p. 405 (Quatorzième entretien). Le chevalier mis en scène dans le Spectacle (personnage libertin et naturaliste débutant) dit aimer se reporter au *Theatrum* et s'émerveiller à chaque page. Mais le comte (le naturaliste confirmé, chasseur, pêcheur et observateur) n'aime pas l'ouvrage. Pluche n'accepte donc le *Theatrum* que dans la mesure où il permet d'éveiller la curiosité et qu'il éveille surtout le désir de voir de ses yeux. L'exemple qui est pris par le comte, c'est celui de la trompe d'un éléphant, dont il est dit qu'on pourrait l'observer et en tirer la matière de plusieurs conversations.

Le *Theatrum* de Ruysch se présente comme un tableau exhaustif de la Création, présentant poissons, insectes, crustacés, oiseaux et quadrupèdes. Ici se marque déjà une première différence : l'*Histoire naturelle générale et particulière* de Buffon et Daubenton, malgré son titre qui annonce un projet touchant l'ensemble des *naturalia* (et que visait d'ailleurs le prospectus initial) se borne à un ensemble d'animaux qui s'apparentent aux mammifères quadrupèdes.

Un deuxième point de comparaison concerne la position des animaux. Dans l'ouvrage de Ruysch, l'éléphant nous est montré de dos, de profil et de face. À l'inverse, dans l'*Histoire naturelle*, les animaux sont toujours de profil, à quelques rares exceptions près[57]. Cette unicité et cette uniformité de la figure de chaque animal est un point capital. La place de l'homme est également un élément problématique et révélateur. Ruysch représente l'animal en interaction directe avec l'homme. L'éléphant est monté par son maître. De même, les ours sont présentés luttant et muselés en tenue de combat. Bâtons et muselières indiquent partout la maîtrise de l'homme. On a affaire à des animaux domestiques, remplissant une fonction sociale. Buffon au contraire nous montre l'éléphant et l'ours, en apparence au moins, dépouillés de tout élément humain. Ainsi, là où Ruysch présente un corpus propre à éveiller la curiosité, Buffon standardise la forme du corps animal, dont il fait un module. Nous procèderons plus loin à une comparaison de l'ouvrage de Buffon et Daubenton avec une précédente entreprise académique, les *Mémoires pour servir à l'histoire naturelle des animaux* dirigés par Claude Perrault.

## L'absence de couleurs

Les gravures de l'*Histoire naturelle générale et particulière* sont en noir et blanc. Buffon reconnaît que l'usage des couleurs permettrait de donner "une description [...] plus parfaite et plus agréable qu'il ne serait possible de la faire par le discours"[58] ; mais ce recours n'est pas nécessaire pour les animaux dont traite la première série. Comme il le précise plus tard, lorsqu'il aborde l'histoire et les description des oiseaux :

> Dans les animaux quadrupèdes, un bon dessin rendu par une gravure noire suffit pour la connaissance distincte de chacun, parce que les couleurs des quadrupèdes n'étant qu'un petit nombre et assez uniformes, on peut aisément les dénommer et les indiquer par le discours.[59]

57. Au titre des exceptions, on peut compter la Loutre et le Mulot au tome VII (pl. XI) présentés l'un et l'autre, de profil et de face ; ou la deuxième planche du tome XII, complétant le profil du zèbre par deux portraits, l'un "vu par devant" et l'autre faisant voir "le dessus du cou, du dos et de la croupe".

58. Buffon, *Histoire naturelle des oiseaux*, *Plan de l'ouvrage* (IR XVI, p. ix).

59. *Ibid.*, pp. v-vj.

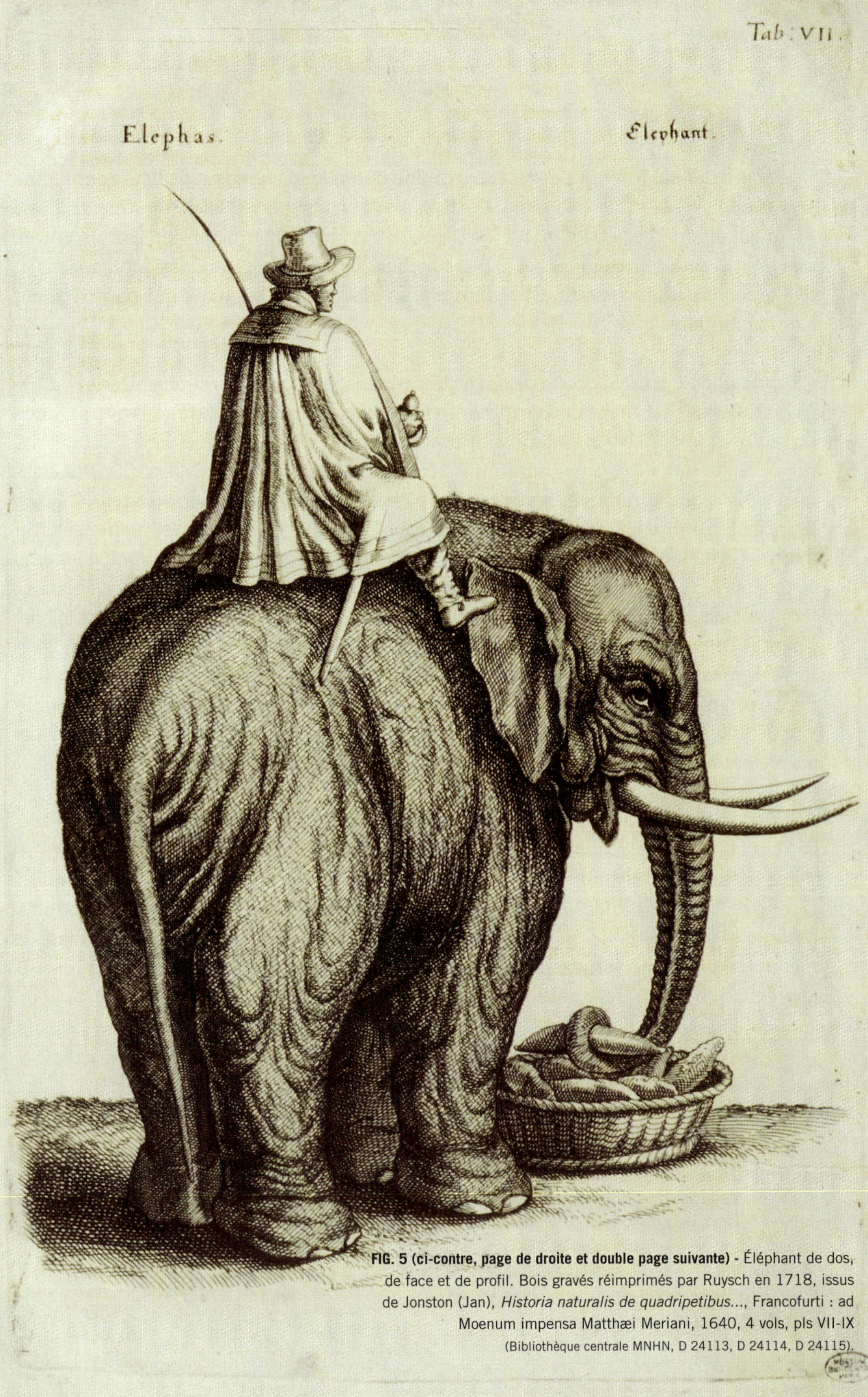


**FIG. 5 (ci-contre, page de droite et double page suivante) -** Éléphant de dos, de face et de profil. Bois gravés réimprimés par Ruysch en 1718, issus de Jonston (Jan), *Historia naturalis de quadripetibus...*, Francofurti : ad Moenum impensa Matthæi Meriani, 1640, 4 vols, pls VII-IX (Bibliothèque centrale MNHN, D 24113, D 24114, D 24115).

Elephas . Elephant .

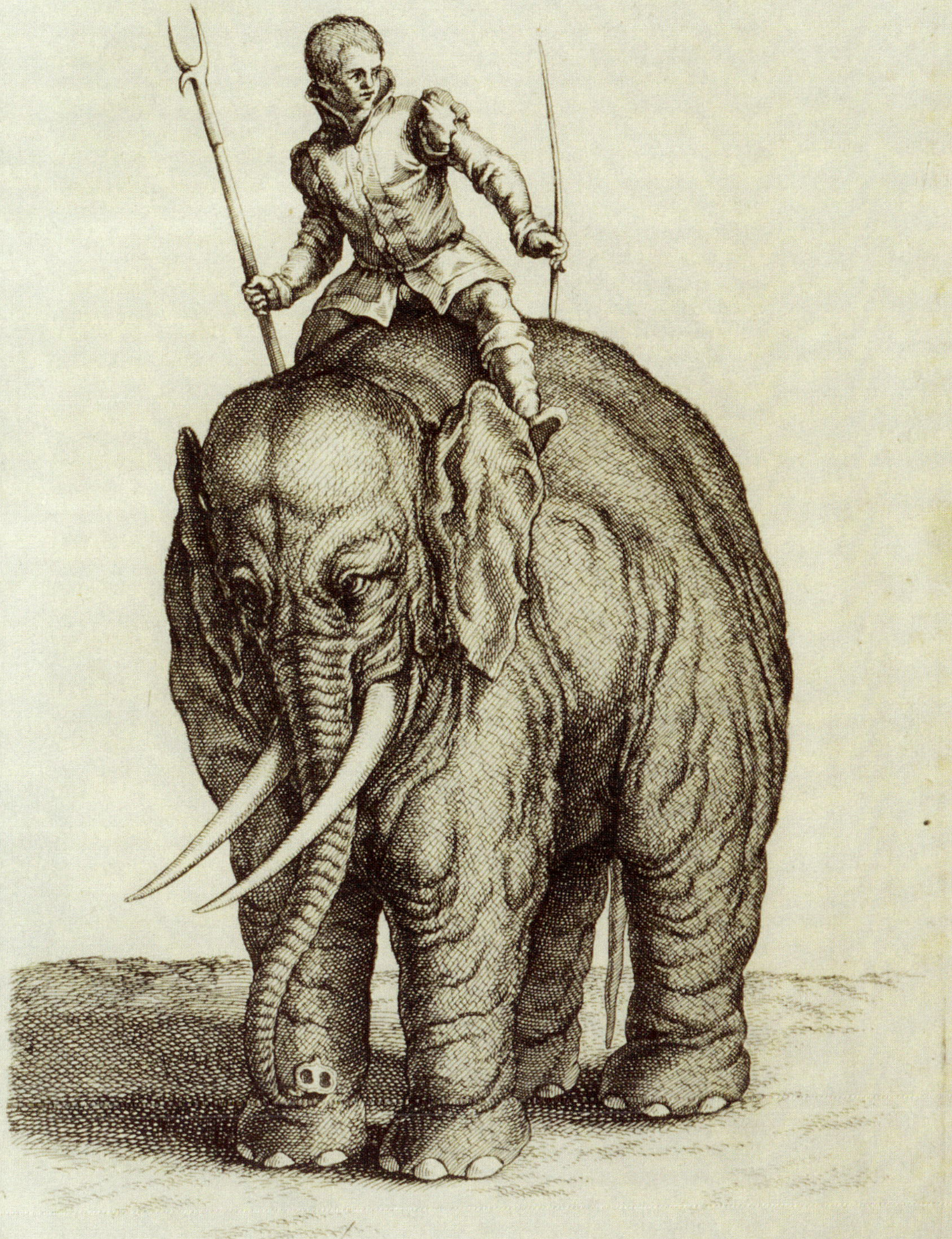

Elephas

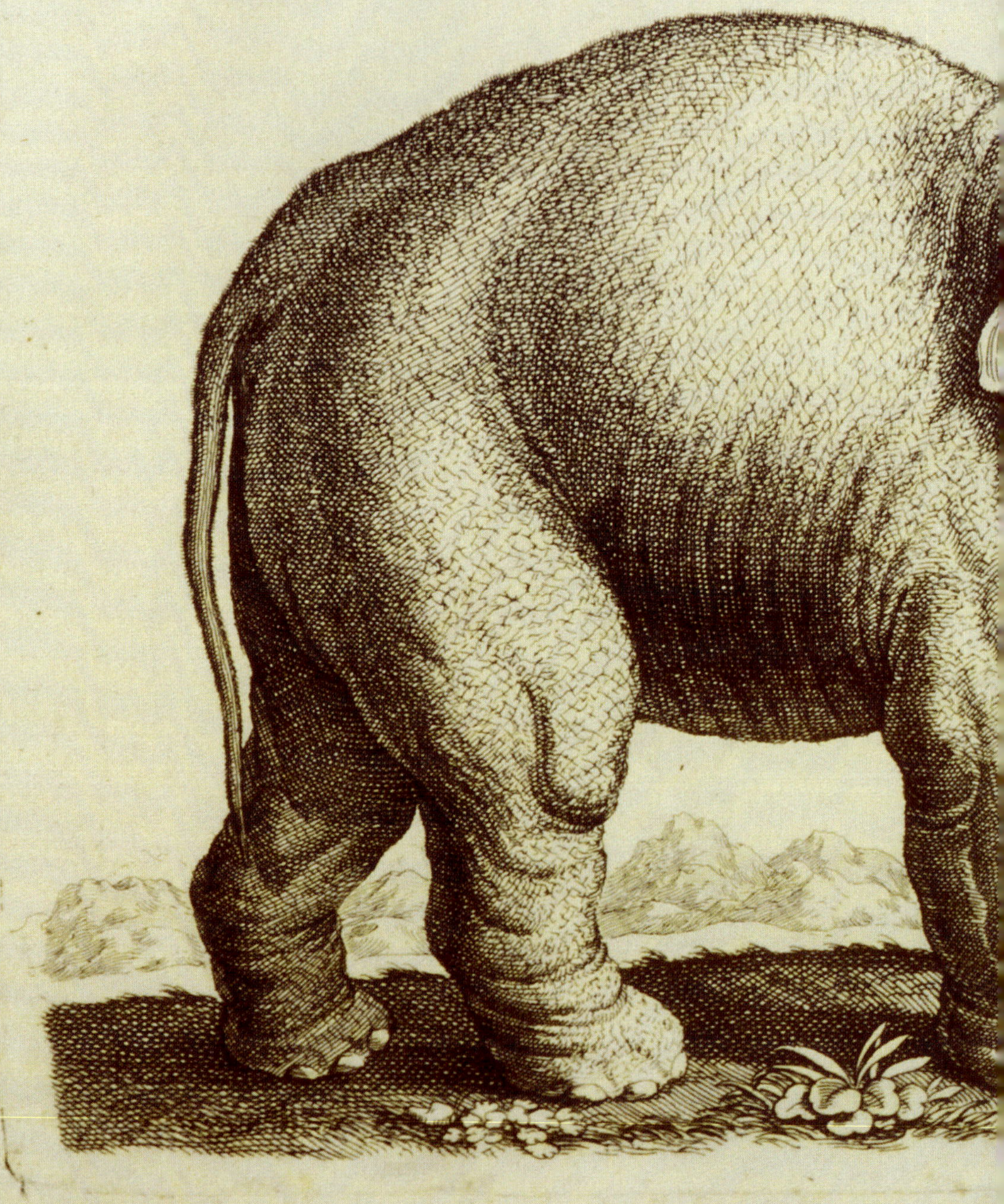

Elephant

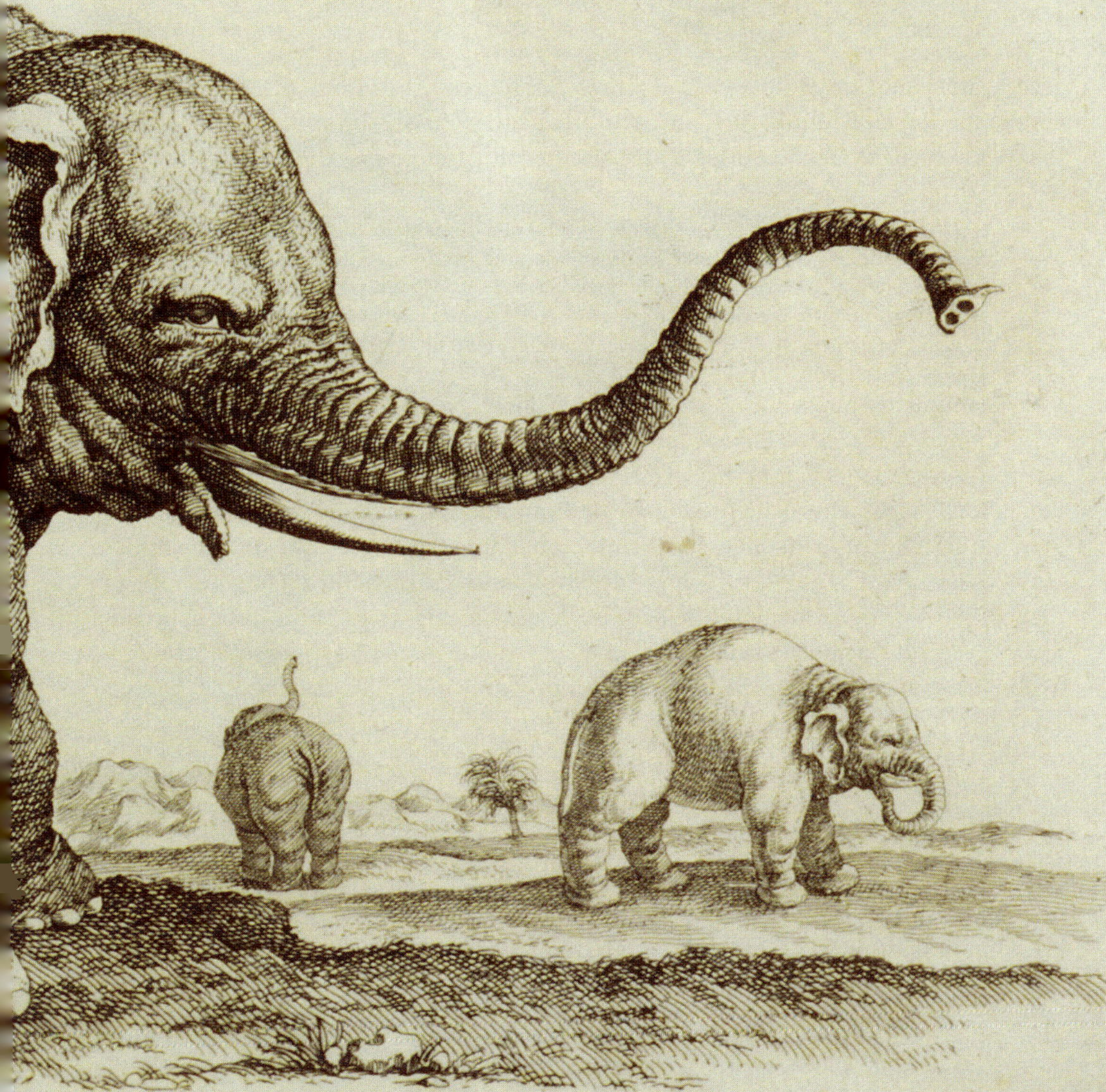

Tab: VIII

Ce caractère est essentiel : illustrée en noir et blanc, l'histoire des quadrupèdes pourrait être "tirée à un très grand nombre en France, sans compter les éditions étrangères"[60]. À l'inverse, l'histoire des oiseaux connaît deux éditions : une édition noir et blanc, où De Sève s'occupe toujours de la gravure, et une édition enluminée, réalisée par François-Nicolas Martinet (né en 1731), "ingénieur, dessinateur et graveur du Cabinet du roi", tirée à un petit nombre d'exemplaires (vraisemblablement pas plus de 450)[61].

C'est pourquoi on trouve chez d'autres naturalistes, Réaumur par exemple, une condamnation de l'enluminure, agréable à l'amateur mais peu profitable à la science. Réaumur en effet loue l'importance décisive de l'illustration :

> C'est surtout aux ouvrages dont l'objet est de faire connaître les formes du corps et des parties de divers insectes que les dessins sont nécessaires ; ils animent, pour ainsi dire, ces ouvrages. La vie semble manquer à ceux à qui ils manquent. Dans ce genre, un ouvrage qui n'est presque que de dessins sera toujours mieux reçu qu'un autre qui en serait totalement privé, quelque exact et détaillé qu'il fût d'ailleurs.[62]

Et Réaumur d'opposer ici le succès des planches de Maria-Sybilla Merian (1647-1717), tant des insectes d'Europe que de ceux de Surinam, à l'histoire des insectes donnée par le systématicien John Ray (1627-1705), absolument dénuée de figures et qui fut peu goûtée. Ainsi, dans la méthodologie de Réaumur, les termes *observation* et *observateur*, qui reviennent de manière incessante, sont couplés à la nécessité de l'illustration. Une fois observé, il faut rendre compte de ce qu'on a vu, c'est-à-dire : il faut peindre. On dispose alors de deux manières de peindre, le dessin et la description, dont le premier a sur le second l'avantage de la facilité et de la rapidité. Là où les mots sont fastidieux, le dessin est un secours précieux et un raccourci utile pour fixer l'attention et soutenir

60. *Ibid.*, p. vj.

61. L'édition Martinet des *Oiseaux* de Buffon paraît en 10 volumes, de 1771 à 1786. Cette édition contient 973 planches d'oiseaux gravées par Martinet et 35 planches d'insectes – soit 1008 au total. Elle est au format grand in-folio, afin, explique Buffon, que de nombreux oiseaux puissent être présentés "dans leur format réel" (IR XVI, p. ix). Les gravures paraissent sous forme de cahiers de 24 planches : chaque cahier coûtait 15 livres en petit papier et 24 livres en grand papier (d'après la lettre de Buffon à Richard de Ruffey, 20 janvier 1766, *in* Buffon [Georges-Louis Leclerc, comte de], *Correspondance générale [de] Buffon, recueillie et annotée par H. Nadault de Buffon*, Genève : Slatkine, 1971, vol. 1, lettre CIII). Les planches enluminées de Martinet ont été entreprises en 1765, sous la direction de Edmé-Louis Daubenton, fils du collaborateur de Buffon. Sur cet ouvrage, *cf.* Ronsil (René), *L'Art français dans le livre d'oiseaux : éléments d'une iconographie ornithologique française*, Paris : Muséum national d'Histoire naturelle, 1957, chapitre III, pp. 23-32 (Mémoires du Muséum, n^elle^ série A, Zoologie ; 15 [1]), qui souligne notamment les emprunts de cette série aux planches d'ornithologie de Salerne et Brisson.

62. Réaumur (René, Antoine, Ferchault), *Mémoires pour servir à l'histoire des insectes*. T. 1 : *Sur les chenilles et sur les papillons*, Paris : impr. royale, 1734, p. 52.

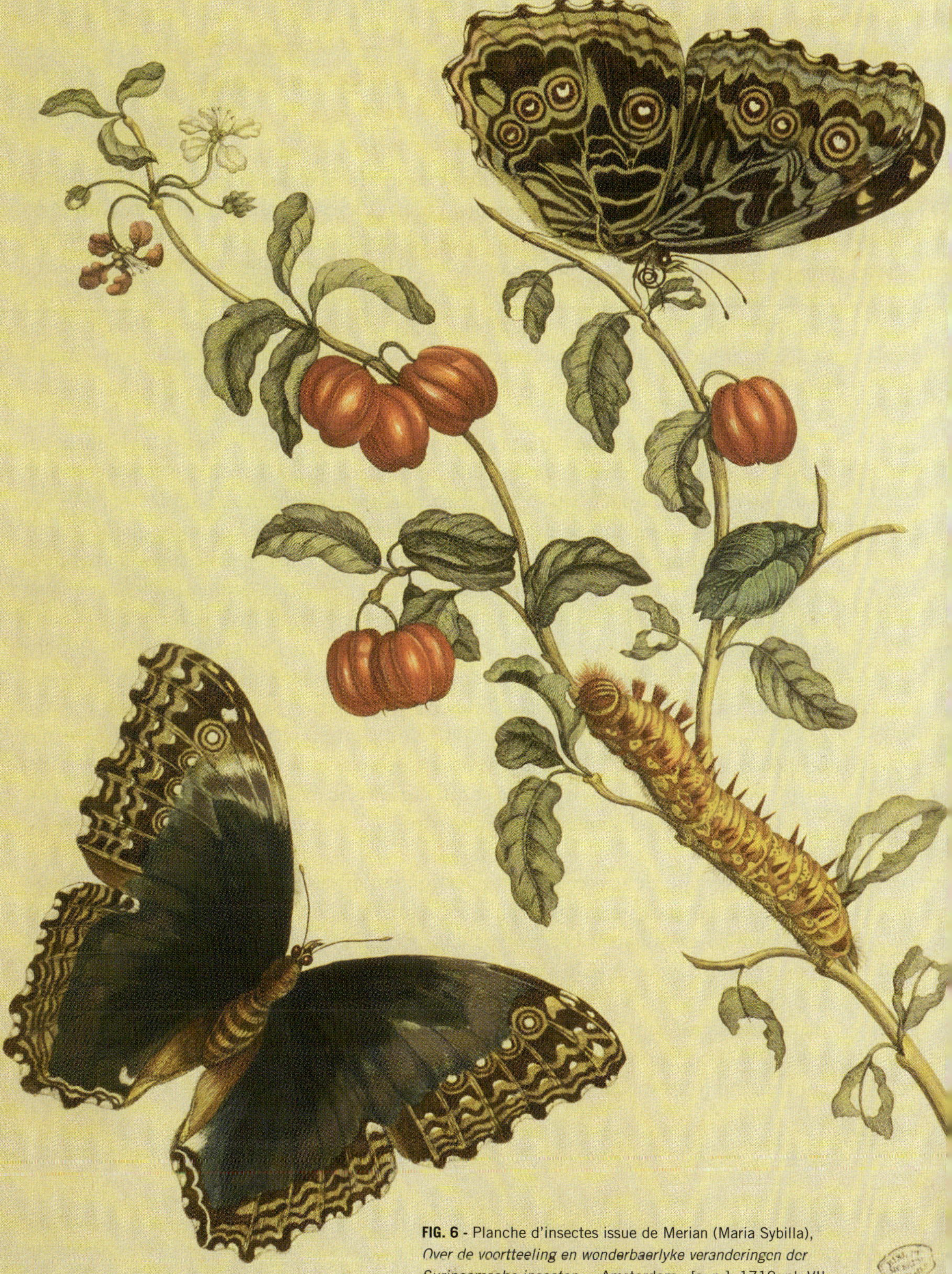

**FIG. 6** - Planche d'insectes issue de Merian (Maria Sybilla), *Over de voortteeling en wonderbaerlyke veranderingen der Surinaamsche insecten...*, Amsterdam : [s. n.], 1719, pl. VII (Bibliothèque centrale MNHN, D 11511).

l'imagination : "Il est difficile de peindre exactement par des descriptions les différentes formes, les différents arrangements, et les différentes proportions des parties de certains corps. Mais il est encore plus difficile de fixer l'attention à des descriptions, qui rarement peuvent être suffisamment exactes sans être longues. Les dessins disent bien plus vite ce qu'ils ont à dire : ils ne peuvent pourtant pas toujours représenter tout ce qu'on voudrait qu'ils représentassent, mais ils soutiennent toujours l'imagination, et avec leur secours on lit et on entend des descriptions qu'autrement on n'entendrait ni ne lirait."[63]

Toutefois, ce privilège de l'image sur le texte n'est pas absolu : "quelques lignes", si elles sont d'un bon auteur, comme Ray, permettent plus aisément de retrouver et de distinguer l'animal que ne le fait une gravure surtout enluminée. Simplement, l'image est plus immédiatement liée à l'imagination : le texte exige au contraire que le lecteur fournisse un effort de traduction. Il faut reconnaître que les planches égayent même si elles ne font pas toujours exactement connaître. Le problème tient ici principalement à ce que les peintres et les bons dessinateurs sont rares. Il faut aussi noter que la gravure appelle souvent, pour être utile et précise, les secours de l'enluminure, ce qui a pour effet d'augmenter de manière importante le coût du livre, sans toujours apporter une véritable plus-value intellectuelle. Ainsi l'éloge de Merian se retourne en une violente critique de ce type d'ouvrage : "ce qu'on retire d'avantage des enluminures n'est pas proportionné à leur prix."[64] Mieux vaut encore "n'avoir que de simples gravures, qui au moins ne nous trompent point et qui conservent des traits de ressemblance que l'application des couleurs fait souvent perdre"[65].

Ainsi, bien loin de vanter les beaux et coûteux livres d'images coloriées, Réaumur, pour sa part, préfère ne pas multiplier les figures et s'en tenir exclusivement aux gravures. Il souligne également la nécessité d'éviter autant que possible les intermédiaires : l'observateur devrait être dessinateur et le dessinateur devrait être le graveur[66]. Il faut autant que possible éviter le recours à "une main étrangère qu'on n'est pas maître d'avoir toujours auprès de soi". Et quand le talent manque à l'auteur (comme c'est le cas de Réaumur lui-même, incapable de réaliser lui-même ses dessins), il faut superviser l'ensemble du travail : "Un dessinateur a beau être intelligent, il lui est impossible

63. *Ibid.*

64. *Ibid.*, p. 53.

65. *Ibid.*, p. 54.

66. *Ibid.* : "Il conviendrait que tout observateur eût lui-même le talent de dessiner, pourvu qu'il ne s'y livrât pas trop, qu'il n'employât pas à des dessins le temps qu'il devrait donner à des recherches" et p. 55 : "Des dessins perdent souvent beaucoup dans la gravure, personne n'est plus propre à leur y conserver tout leur esprit que celui qui les a faits."

d'entrer dans les vues d'un auteur, si l'auteur ne conduit, pour ainsi dire, son pinceau. Le dessinateur sera frappé par certaines parties d'un objet qu'il cherchera à mettre plus en vue, et qui seront celles qu'il importe le moins de faire connaître."[67] Ainsi, l'auteur doit tout commander, tout guider et tout revoir : il doit être l'âme qui anime le dessin et qui en garantit l'authenticité, contre les fantaisies des peintres dont l'objet est seulement de "faire voir", quitte à tordre la nature et à présenter les animaux dans des attitudes contrefaites. Ainsi, le réalisme ne consiste pas à faire tout voir : la bonne illustration doit savoir sacrifier l'exhaustivité à l'autel du bon point de vue.

## Les éléments de décor et la nature des paysages représentés

La présence d'un paysage ou d'un décor n'est pas une nécessité de la gravure naturaliste. Si l'on considère par exemple le cas d'André Thévet (1516-1590), l'usage des décors varie : le toucan sans décor des *Singularités* se trouve assorti d'un paysage dans la *Cosmographie* (t. II, p. 938 b) ; de même son haüt (l'aï) voit son décor s'enrichir des *Singularités* à la *Cosmographie* (t. II, p. 941 a)[68]. L'*Histoire naturelle* manifeste sur ce point plus de constance et les éléments de décor forment un élément important du caractère de ses gravures.

Toutefois, il apparaît que le répertoire des décors ne correspond que rarement à l'animal. Le Loup est représenté devant les restes d'un mouton égorgé (IR VII, pl. 1), le Renard au milieu d'une basse-cour (IR VII, pl. 4) ou le Campagnol devant un champ de blé (IR VII, pl. 47). Mais le Doguin est sur le forum romain (IR V, pl. 44) ; le Hamster devant une cathédrale gothique (IR XIII, pl. 14) et le Fourmilier devant un imposant donjon crénelé (IR X, pl. 30) ; le Lori est devant une pagode chinoise (*Oiseaux*, VI, IR XXI, pl. 6, p. 134) qui rappelle celle de l'Éléphant. Si la Roussette et la Rougette (IR X, pl. 14 et pl. 17) sont dans des ruines indéterminées, nous pénétrons dans une église

67. *Ibid.*, pp. 55-56. Réaumur pour sa part s'adjoint d'abord l'aide d'un "jeune homme", qu'il a lui même formé et qu'il loge chez lui. Mais à la mort de celui-ci, il a recours à Philippe Simonneau (né en 1685), "fils d'un des premiers graveurs que nous ayons eu [Charles Louis Simonneau (1645-1728)], sur les traces duquel il s'efforce de marcher". Réaumur mentionne également "une personne du même sexe que celle à qui nous devons ceux des insectes de Surinam, mais qui jusqu'ici ne s'était amusée que rarement à de pareils ouvrages, et qui est si éloignée d'en vouloir tirer quelque gloire, qu'elle ne me permet pas de la nommer". Cette longue périphrase cache en fait Hélène Dumoustier de Marsigli que la correspondance nous permet d'identifier (*cf.* les lettres de Réaumur à Trembley, du 2 septembre et du 31 décembre 1751). Réaumur la choisira comme légataire universelle (1757). Plusieurs de ses dessins d'insectes (1734-1742) sont conservés à la Bibliothèque centrale du Muséum (manuscrit 1901) et aux Archives de l'Académie des sciences.

68. Thévet (André), *Les Singularités de la France antarctique, autrement nommée Amérique et de plusieurs terres et îles découvertes de notre temps*, [*facsimile* de l'éd. Paris : Héritiers de M. de La Porte, 1558], Paris : Le Temps, 1982, 76 p. ; Thévet (André), *Cosmographie universelle*, Paris : P. L'Huillier, 1575, 4 tomes en 2 vols.

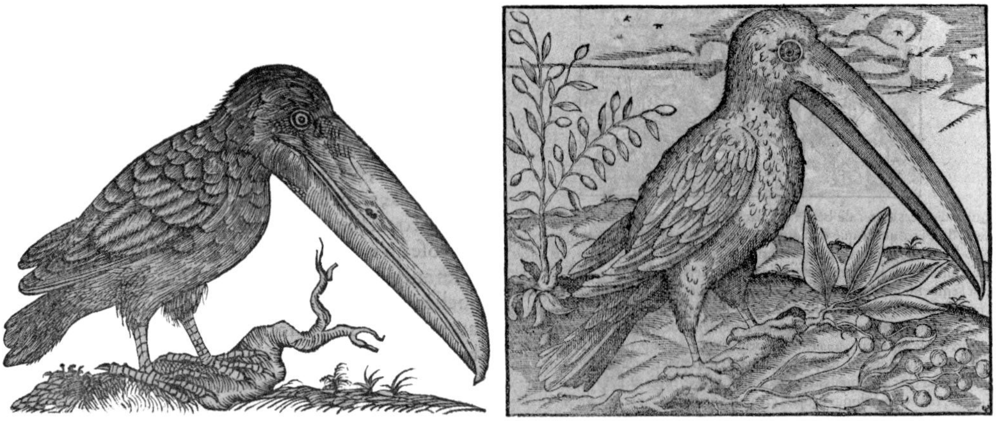

**FIG. 7** - Toucan sans décor et toucan assorti d'un paysage. La figure de gauche est issue de Thévet (André), *Les Singularités de la France antarctique, autrement nommée Amérique et de plusieurs terres et îles découvertes de notre temps*, Paris : Héritiers de M. de La Porte, 1558, p. 91 (Bibliothèque centrale MNHN, 24114), celle de droite provient de Thévet (André), *Cosmographie universelle*, Paris : P. l'Huillier, 1575, t. 2, p. 938 (BNF, G 453).

gothique aux imposantes travées avec les Chauves-souris étrangères (pl. 19) quand d'autres campent dans un décor de vieilles souches (pl. 20). La Mangouste est devant un sphinx et une pyramide (IR XIII, pl. 18, p. 162) ; de même, le Tamanoir, pris entre deux colonnes, est face à un sphinx étêté, pendant qu'un autre petit tamanoir, la queue relevée, est présenté en arrière-plan (IR X, pl. 29). Si le Kabassou de la planche 40 (IR X) semble être devant les ruines d'un temple égyptien, celui de la planche 41 semble se trouver devant un décor maya.

On peut éclairer cette dimension de l'illustration à l'aide de la distinction proposée par Roger de Piles (1635-1709), dans son *Cours de peinture par principes* (1708), entre deux styles de paysages : le style héroïque et le style pastoral ou champêtre.

> Le style héroïque est une composition d'objets qui dans leur genre tirent de l'art et de la nature tout ce que l'un et l'autre peuvent produire de grand et d'extraordinaire. Les sites en sont tout agréables et tout surprenants ; les fabriques n'y sont que temples, que pyramides, que sépultures antiques, qu'autels consacrés aux divinités, que maisons de plaisance d'une régulière architecture ; et si la nature n'y est pas exprimée comme le hasard nous la fait voir tous les jours, elle y est du moins représentée comme on s'imagine qu'elle devrait être. Ce style est une agréable illusion, et une espèce d'enchantement quand il part d'un beau génie et d'un bon esprit, comme était celui de Poussin, lui qui s'y est si bien exprimé. Mais ceux qui voudront suivre ce genre de peinture et n'auront pas le talent de soutenir le sublime qu'il demande courent souvent le risque de tomber dans le puéril.

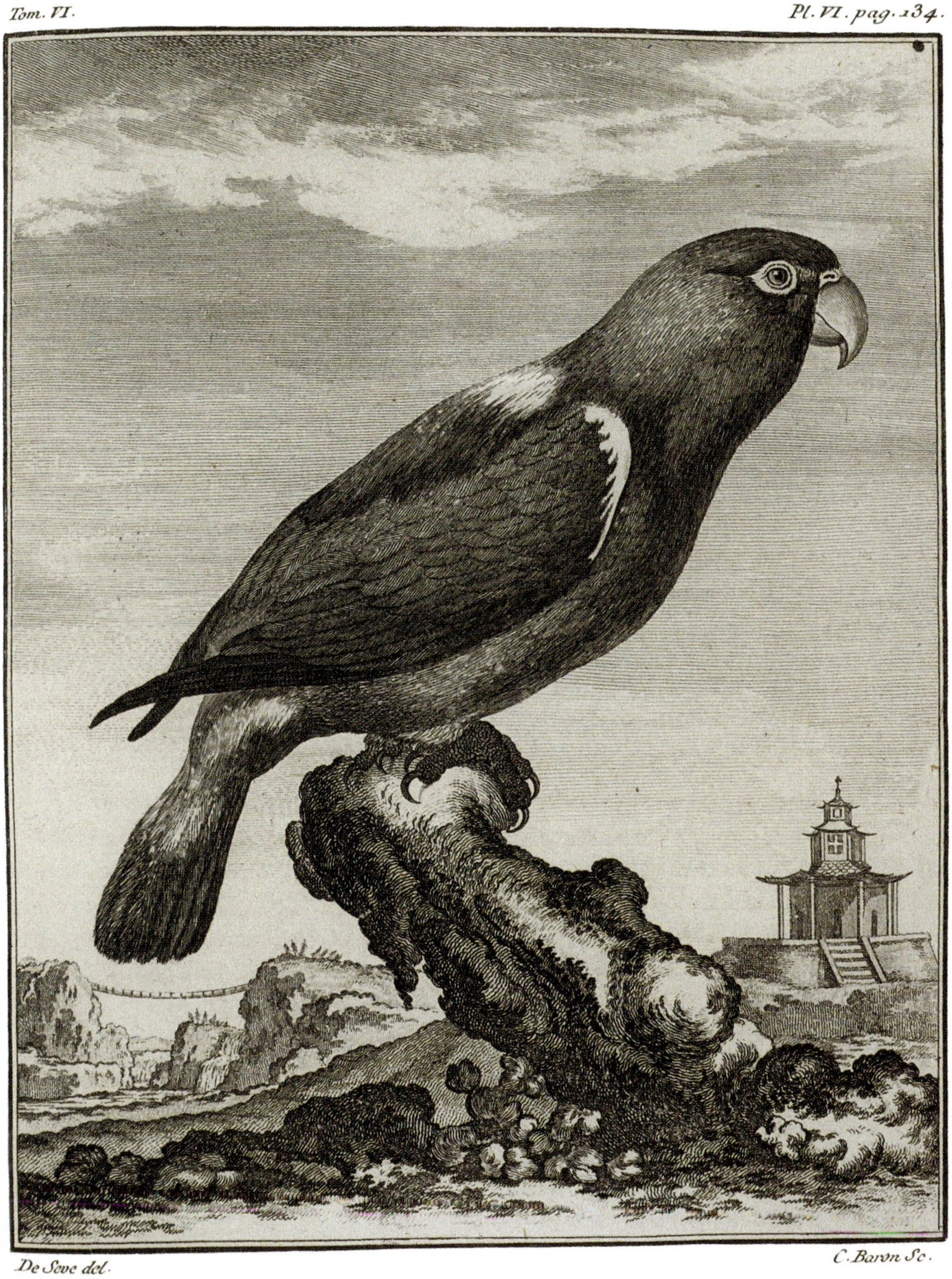


**FIG. 8** - Lori devant une pagode chinoise. Planche issue du tome XXI de l'*Histoire naturelle, générale et particulière* de Buffon (*Oiseaux*, vol. VI), Paris : impr. royale, 1779, pl. VI, p. 134 (Bibliothèque centrale MNHN, D 13788).

> Le style champêtre est une représentation des pays qui paraissent bien moins cultivés qu'abandonnés à la bizarrerie de la seule nature. Elle s'y fait voir toute simple, sans fard et sans artifice ; mais avec tous les ornements dont elle sait bien mieux se parer lorsqu'on la laisse dans sa liberté que quand l'art lui fait violence.
>
> Dans ce style, les sites souffrent toutes sortes de variétés : ils y sont quelquefois assez étendus pour y attirer les troupeaux des bergers, et quelquefois assez sauvages pour servir de retraite aux solitaires et de sûreté aux animaux sauvages.[69]

Piles note que les deux styles sont souvent joints. Or, si l'art du peintre consiste à réaliser entre eux un équilibre, on peut retrouver cette balance à l'échelle d'un volume en distribuant les deux styles dans différentes gravures. On pourrait ainsi à l'aide de cette typologie diviser les planches de l'*Histoire naturelle* en deux groupes. La planche dessinée d'après Oudry et gravée par Bacquoy serait exemplaire du style pastoral : on aperçoit le paysage entre les pattes d'un cheval pie, un animal du Perche. L'ensemble est rustique, emprunté aux maîtres flamands : un manoir à pigeonniers, un horizon limité par les montagnes. De Sève suivra le même modèle pour de nombreuses gravures, composant, derrière les animaux, un tableau charmant (par exemple, derrière l'âne ou le taureau). De même, si l'on analyse les planches contenues dans le tome X, se rattacheraient plutôt au style pastoral ou champêtre des planches comme celle du Desman (pl. 2), du Polatouche (pl. 21), du Palmiste (pl. 26) ou de l'Écureuil suisse (pl. 28). En revanche, on pourrait attribuer au style héroïque, l'Ondatra (pl. 1) et plusieurs chauves-souris –la Roussette (pl. 14), la Rougette (pl. 17), les Chauves-souris étrangères (pl. 18 et 19), le Tamanoir (pl. 29)[70], le Fourmilier (pl. 30), le Kabassou (pl. 40) ...

Cette distinction entre deux styles de paysage permet de donner un sens esthétique aux éléments architecturaux dont regorgent les planches ; ainsi la pyramide de Cestius à Rome, bien connue des ruinistes, qui se retrouve en arrière-plan de la Lionne (IR IX, pl. 2), de la Mangouste (IR XIII, pl. 19), de la Chèvre d'Angora (IR V, pl. 11), du Dromadaire (IR XI, pl. 9), du Chameau, (IR XI, pl. 22)[71]. Ces éléments ont tendance à resservir

69. Piles (Roger de), *Cours de peinture par principes*, [1ère éd. Paris : J. Estienne, 1708, 493 p.], Paris : Gallimard, 1989, pp. 99-100 (Tel ; 150). L'ouvrage fut constamment réédité au cours du XVIIIe siècle (notamment en 1767 et 1791).
70. La présence du décor antique donne à cette planche un caractère très différent de celle qui était présentée par Jacob-Theodor Klein dans son *Quadrupedum dispositio* de 1751. Dans l'ouvrage de Klein, l'animal est représenté dans un décor de jungle et l'attention se porte vers les fourmis qu'il est en train d'aspirer. Dans l'*Histoire naturelle*, ce sont les ruines qui attirent le regard et qui détournent l'attention de la présence des fourmis, devant le piédestal où est posé l'animal.
71. La pyramide de Cestius figure par exemple, sur un tableau de jeunesse de Giovanni Paolo Pannini (1691-1765), *Ruines d'architecture antique*, peint vers 1720, conservé au château de Fontainebleau (*cf.* Véron-Denise (Danièle), Droguet (Vincent), *Peintures pour un château. Cinquante tableaux (XVIe-XIXe siècle) des collections du château de Fon-*

d'une planche à l'autre. Par exemple, la pyramide du Pinche (IR XV, pl. 17) est reprise dans le Crocodile (*Serpents*, I, IR XXXVII, 1788, pl. 14, p. 188 par De Sève et Sticotti) et on retrouve une pyramide maya avec des escaliers dans le Tupinambis (*Serpents*, I, IR XXXVII, 251, pl. 17).

Certains emprunts sont manifestes[72] : le Manucode (*Oiseaux* III, IR XVIII, 164, pl. 13) est représenté devant un pont de bois, suspendu entre deux rochers, repris de l'illustration que Oudry, dans son édition des *Fables* de La Fontaine (Desaint et Saillant, 1755-1759), donne pour *L'Écrevisse et sa fille* (*Fables*, XII, 10). Le Todier (*Oiseaux* VII, IR XXII, 230, pl. XI) apparaît perché devant une chaumière et un escarpement de roches : De Sève emprunte également ce motif à Oudry, qui lui-même l'avait puisé dans les paysages flamands de Nicolaes Berchem (1620-1683) ou de Meindert Hobbema (1638-1709).

On peut noter également des éléments de décor, qui, faute d'avoir été identifiés par les historiens du livre, demeurent pour nous dans leur entière étrangeté. On citera en particulier la Panthère femelle (IR IX, pl. 12) : on y voit, au premier plan, une demi-colonne et une sorte de racine tortue, et derrière l'animal, un visage gravé sur un bas-relief, avec, dans le fond, une stèle et une silhouette drapée[73]. On retrouve une statue de forme similaire pour la Corine (IR XII, pl. 27). L'Ondatra se trouve devant un imposant pont-levis (IR X, pl. 1) quand le Desman se trouve dans la taïga devant des huttes et des pins étiques balayés par les vents (IR X, pl. 2). Sur d'autres planches, ce sont des éléments végétaux étranges qui occupent le premier plan, vers la gauche : une touffe d'herbe sur la gravure de la Lionne (IR IX, pl. 2) ou une souche d'arbre devant le squelette du Lion (IR IX, pl. 7). Visent-ils à masquer quelques repentirs ? D'autres créent un caractère rustique, comme les barrières de bois qui cèlent le socle du pécari (IR X, pl. 3).

*tainebleau*, Paris : Réunion des musées nationaux, 1998, p. 96, notice n° 39). On la trouvait déjà dans l'arrière-plan de la figure de la grande tortue des Indes, dans Perrault (Claude), *Mémoires pour servir à l'histoire naturelle des animaux*, Paris : impr. royale, 1676, face à la p. 192.

72. Ils sont indiqués par Bassy (Alain-Marie), "À l'heure des grandes synthèses. L'œuvre de Buffon à l'imprimerie royale (1749-1789)", art. cit., p. 187.

73. *Cf.* le catalogue de l'exposition *Dessin et sciences*, Paris : Musée du Louvre, Cabinet des dessins, 1984. La Panthère est présentée par Madeleine Pinault dans la notice 48 : cette notice n'apprend rien. On dirait aussi bien que cette silhouette n'est pas sans évoquer, pour le spectateur moderne, les effigies voilées et les "emballages" d'Olivier Brice. *Cf.* notamment *Olivier Brice. Antiques drapées 1973 : exposition galerie Villand & Galanis, Paris, novembre-décembre 1977*, Paris : Villand & Galanis, 1977, 35 p.

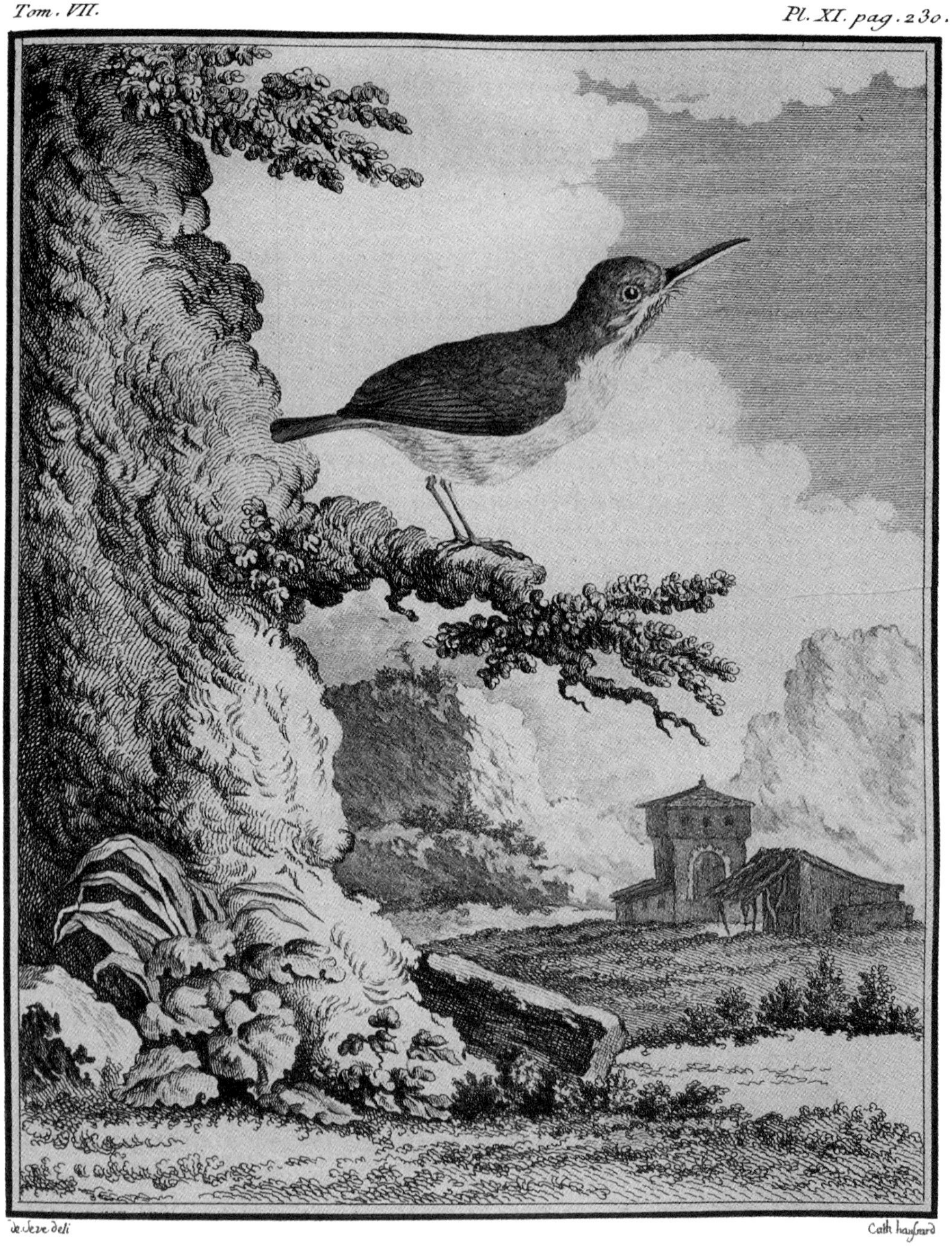


**FIG. 9** - Todier perché devant une chaumière et un escarpement de roches. Planche issue du tome XXII de l'*Histoire naturelle, générale et particulière* de Buffon (*Oiseaux*, vol. VII), Paris : impr. royale, 1780, pl. XI, p. 230 (Bibliothèque centrale MNHN, D 13861).

L'*Histoire naturelle* par ailleurs emprunte des gravures à d'autres ouvrages de référence. La gravure du Sarigue femelle (IR X, pl. 46, p. 334) est prise de l'imposant catalogue du Cabinet d'Albertus Seba, où l'animal était figuré sous le nom de philandre[74]. Sont également mises à contribution les gravures de l'édition hollandaise de l'*Histoire naturelle*, revue et commentée par Jean-Nicolas Sébastien Allamand (1713-1787)[75]. Tel est le cas, par exemple, du Gnou, au sujet duquel Buffon précise :

> Je dois avertir, pour l'instruction de mes lecteurs et pour la plus exacte connaissance de cet animal "gnou", que le dessin qu'il [Allamand] a fait graver dans l'édition d'Hollande de mon ouvrage et que je donne ici planche IX, me paraît plus conforme à la nature que celui de ma planche VIII ; les cornes surtout me semblent être mal représentées dans celle-ci, et l'espèce de ceinture de poils que l'animal porte autour du museau paraît factice.[76]

Le style de présentation des pièces anatomiques opère également de nombreux emprunts. Sébastien Leclerc présentait dans les mémoires de Perrault chaque bête surmontée d'un drap avec ses organes. De même, la planche 34 du tome IX de l'*Histoire naturelle*, gravée par Defehrt, combine deux dessins originaux différents[77] : le squelette de la Civette par Buvée est surmonté par un drap tendu représentant les "poches destinées à la sécrétion du parfum de la civette entre l'anus et la vulve" d'après un dessin original de De Sève. On retrouve ce procédé pour le squelette du Caïopollin (IR X, pl. 57). Le principe de l'écorché, pratiqué sur le cas de la patte de l'ours dans les *Mémoires* de Perrault, se retrouve appliqué au hérisson présenté sans ses épines (IR VIII, pl. 6) ou à la taupe, présentée sans sa fourrure (IR VIII, pl. 12).

## Des choix sont opérés

L'abondance de l'illustration ne doit pas nous faire oublier un point : que l'*Histoire naturelle* ne se borne pas à rassembler toutes les gravures possibles. On en a un exemple dans l'article consacré à *L'Unau et l'Aï* (IR XIII, 34). Sous ce nom, Buffon traite de l'*haü* de Thévet (ou "bête qui vit de vent") et de l'*aï sive ignavus* de Piso. Buffon donne

74. Seba (Albertus), *Locupletissimi rerum naturalium thesauri accurata descriptio*, Amsterdam : J. Wetstenium ; G. Smith ; Jansoninio-Waesbergios, 1734-1765, 4 vols. Pour la représentation de la femelle du philandre ou opossum du Brésil, *cf.* pl. 36, fig 2 et pl. 38, fig. 1 (p. 57), qui présentent les petits rentrant dans le sac ou la bourse (*sacco seu marsupio*) de la femelle.

75. *Histoire naturelle générale et particulière, avec la Description du Cabinet du roi, par MMrs de Buffon et Daubenton. Nouvelle édition (publiée avec des additions par J.-N.-S. Allamand)*, Amsterdam : J. H. Schneider, 1766-1785, 17 tomes en 10 vols.

76. Buffon (supp. VI, IR XXX, 99-100 ; 92, pl. 8 et 100, pl. 9).

77. Bibliothèque nationale de France (Estampes, Jb 23 b).

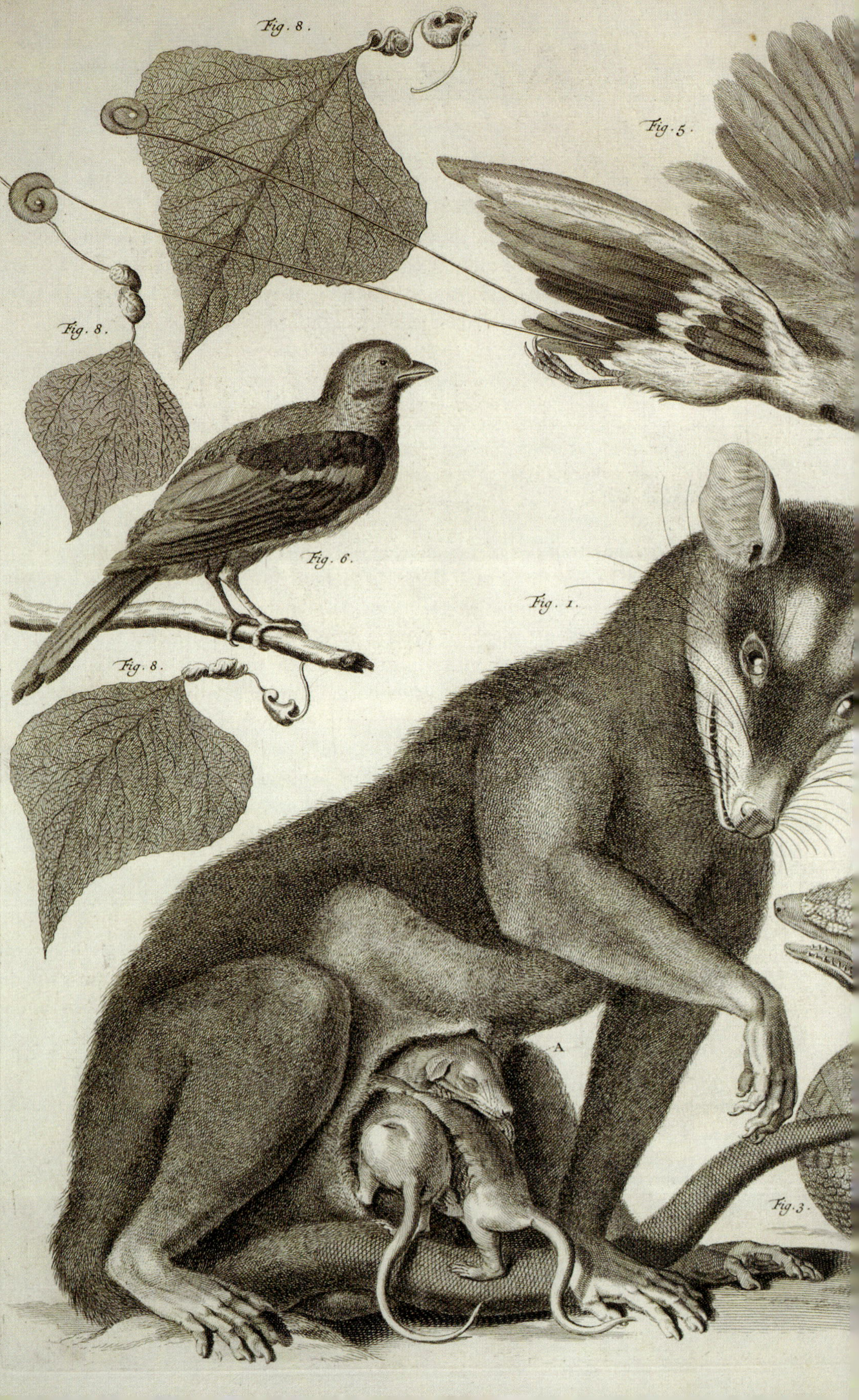
Fig. 8.
Fig. 5.
Fig. 8.
Fig. 6.
Fig. 1.
Fig. 8.
A
Fig. 3.

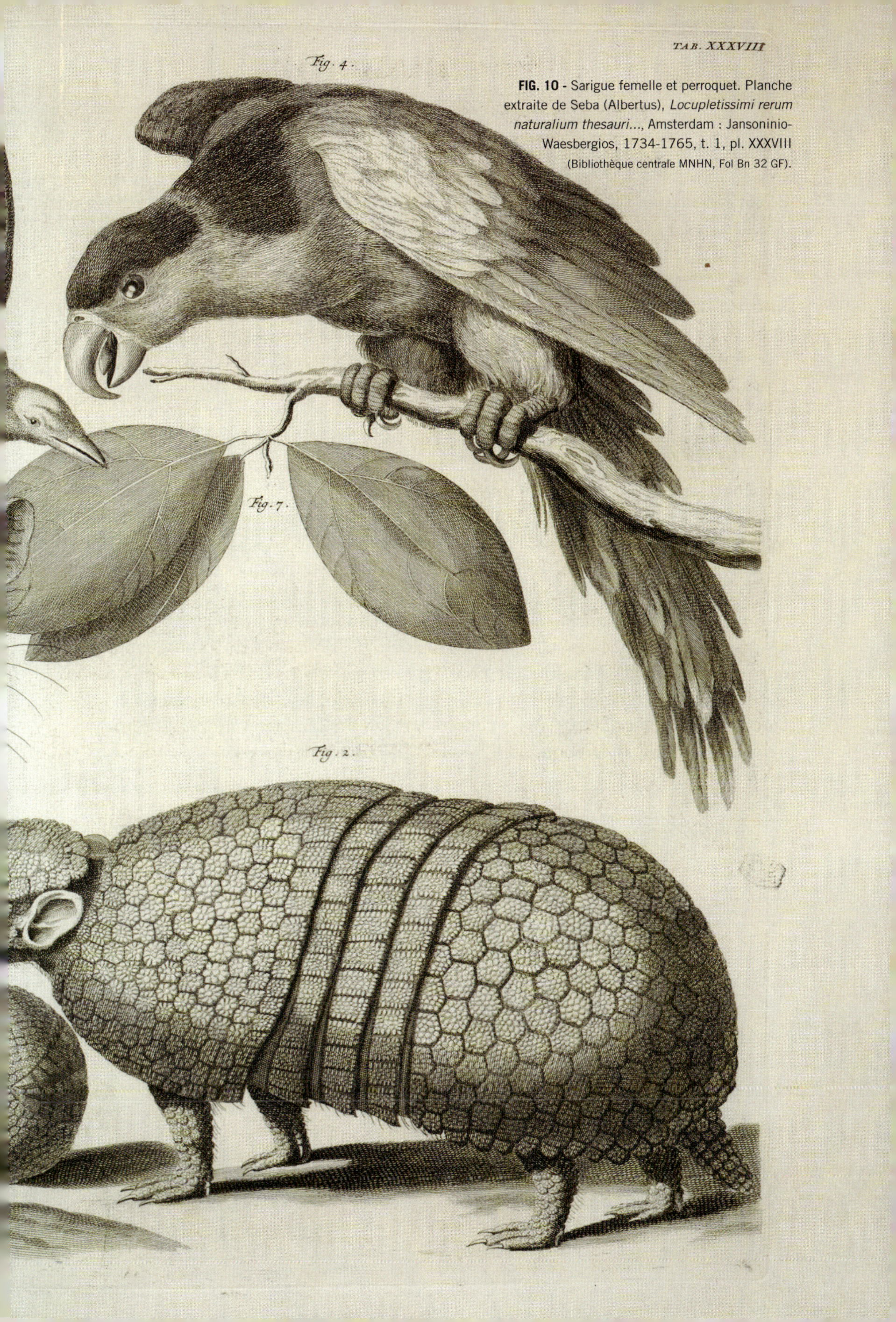


**FIG. 10** - Sarigue femelle et perroquet. Planche extraite de Seba (Albertus), *Locupletissimi rerum naturalium thesauri...*, Amsterdam : Jansoninio-Waesbergios, 1734-1765, t. 1, pl. XXXVIII (Bibliothèque centrale MNHN, Fol Bn 32 GF).

de cet animal une étude iconographique très précise : il rapporte la gravure de Pison à celle donnée par Clusius, tout en soulignant les deux apports du second : l'*aï repens minor* (petit aï rampant) de la page 321 et le squelette de la page 322, ainsi que l'aï dans un arbre présenté sur le frontispice de l'*Histoire des deux Indes*. Buffon cite aussi (IR XIII, 36) l'ouvrage de George Edwards[78], dont “la première figure n'est pas mauvaise, quoique faite d'après une peau bourrée”. Buffon a donc procédé à une étude très précise des différentes images qui étaient à sa disposition dans les différents ouvrages. Toutefois, étrangement, alors que la représentation du squelette de l'aï figure dans Piso[79], le texte de l'*Histoire naturelle* ne comprend ni le squelette de l'aï, ni celui de l'unau qui est pourtant possédé au cabinet (Pièce n° MCCXXV, “un squelette d'unau”, décrit IR XIII, 69 mais non figuré). Daubenton décrit deux spécimens, l'un qui vient de la ménagerie du marquis de Montmirail (et que Buffon évoque également dans l'histoire de l'espèce –IR XIII, 47-48) ; l'autre qui a été envoyé de Surinam en Hollande et qui est conservé dans de l'alcool. La gravure présente un unau au sol, un autre suspendu à un arbre, plusieurs jeunes aïs et un aï adulte qui s'étire, quelques pièces organiques qui correspondent aux possessions du Cabinet : les planches 2 et 3 représentent des estomacs d'unau, la planche 4 les parties de la génération d'une femelle. Cet écart entre les gravures présentées et celles qui auraient été possibles indique, nous semble-t-il, que, si l'illustration est importante pour l'*Histoire naturelle*, elle n'en constitue pas le cœur : l'objet de l'ouvrage n'est pas de donner un catalogue exhaustif d'images. Il nous faut donc entrer plus avant dans la compréhension des caractères propres de l'*Histoire naturelle* et de son illustration.

78. Edwards (George), *Gleanings of Natural History*..., *op. cit.*, part. II, pl. 310.

79. Piso (Gulielmo), *De Indiae utriusque re naturali et medica*, Amsterdam : L. et D. Elzevir, 1658, p. 321 (description de l'Aï) et p. 322 (son squelette).

## Pourquoi des planches dans un livre d'histoire naturelle ?

L'étude de l'illustration est une tendance importante de l'historiographie contemporaine : après s'être longtemps attachés exclusivement aux textes, les historiens des sciences, en collaboration avec les historiens de l'art et du livre, ont pris en compte le rôle des données visuelles dans la construction des savoirs scientifiques[1]. Leurs études ont montré comment, dans l'ordre des savoirs, les naturalistes ont affronté l'absence ou la rareté des données visuelles ; ils ont indiqué comment la carence de l'information a donné lieu à une intense circulation des bois, les planches étant copiées ou réutilisées par les imprimeurs d'un ouvrage à l'autre[2]. Nos analyses se sont nourries de cette abondante littérature, sans pour autant la prolonger. Nous avons consulté les correspondances et les archives répertoriées à ce jour. Mais si l'on a quelques éléments sur les relations de Buffon et de ses collaborateurs, notamment l'abbé Bexon, en revanche, son rapport aux dessinateurs, en particulier De Sève, demeure peu connu. Seuls quelques rares documents nous permettent d'évaluer la contribution de chacun à l'ouvrage final. Sans prétendre combler cette lacune, nous nous sommes plutôt consacrés à l'analyse d'éléments épistémologiques : quel pouvait être le rôle de l'illustration

1. On peut citer ici les travaux de Alpers (Svletana), *The Art of Describing: Dutch Art in the Seventeenth Century*, Chicago : University of Chicago Press, 1983, 273 p. ; Stafford (Barbara Maria), *Voyage into Substance: Art, Science, Nature, and the Illustrated Travel Account, 1760-1840*, Cambridge (Mass) : MIT Press, 1984, 645 p., ou Dance (S. Peter), *The Art of Natural History: Animal Illustrators and Their Work*, Woodstock, NY : Overlook, [1978], 224 p.

2. Madeleine Pinault-Sørensen a montré par son exploration érudite des fonds des bibliothèques patrimoniales, la richesse des collections de dessins naturalistes. Voir en particulier Pinault-Sørensen (Madeleine), *Le Peintre et l'histoire naturelle*, Paris : Flammarion, 1990, 286 p. Laurent Pinon a montré comment la circulation et la réutilisation des bois gravés permettait de rendre compte de la figure des illustrations zoologiques. *Cf.* Pinon (Laurent), *Les Livres de zoologie de la Renaissance : objets de mémoire et instruments d'observation (1460-1605)*, Thèse de doctorat en Histoire [Chaix Gérard, dir.], Tours : Université François Rabelais, 2000, en particulier, le chapitre 8, "L'Intervention des images" ; et Pinon (Laurent), *Livres de zoologie de la Renaissance : une anthologie (1450-1700)*, Paris : Klincksieck, 1995, 152 p. (Corpus iconographique de l'histoire du livre).

dans l'ouvrage, quels enseignements le lecteur de l'*Histoire naturelle* peut-il aujourd'hui en tirer pour éclairer le texte ? Notre travail présente des hypothèses de lecture, étayées autant que possible par la fréquentation assidue des volumes, textes et illustrations ensemble, Buffon unifié à Daubenton et De Sève au sein d'un même corps d'ouvrage[3]. Notre hypothèse est que la longue collaboration de Buffon, Daubenton et De Sève se traduit par une profonde unité de la série des quinze premiers volumes publiés sous le titre *Histoire naturelle générale et particulière*. Qu'on nous permette cette lecture, en attendant qu'un jour, d'heureux historiens découvrent ces archives qui aujourd'hui nous font tant défaut.

Notre essai propose de prendre au sérieux l'illustration de l'*Histoire naturelle*, quand celle-ci a été constamment maltraitée, supprimée, complétée, actualisée, réformée au fil des nombreuses éditions de l'ouvrage, selon les aléas des modes iconographiques et des progrès de l'information scientifique. Les gravures qui illustrent l'*Histoire naturelle* sont d'ordinaire considérées comme de "charmantes" illustrations, de plaisants à-côtés du texte. Ce sont des *hors d'œuvre*, des ornements ou des parures sans intérêt pour le propos intellectuel de l'ouvrage[4]. C'est le cas en particulier des vignettes où des *putti* s'ébattent au milieu d'une réunion de tous les animaux du volume. L'illustration n'aurait d'intérêt qu'en ce qu'elle serait le lieu où se manifesterait, dans sa plus grande clarté, l'intention de Buffon : celle de séduire le plus large public et d'envoûter par l'image ceux que le faste et la pompe du style n'auraient pas transportés. Cela a donné lieu, relativement aux illustrations naturalistes, à un double mouvement.

D'une part, l'illustration naturaliste a connu une grande vogue, reproduite à l'envi sur les couvertures des livres de poche, diffusée en cartes postales ou dans les magazines. L'illustration suit son cours, indépendant des textes scientifiques auxquels elle était primitivement associée. Ainsi arrachée par des bouquinistes peu scrupuleux aux cahiers qui la contenaient, ou découpée et agrandie par les lentilles photographiques, l'illustration devient une qualité flottante, dont les grands-mères apprécient la joliesse et qui décore les chambres d'enfants. Mais d'autre part, l'illustration de l'*Histoire naturelle* ayant

3. En ce sens, quand nous parlerons de "Buffon", il arrivera souvent que nous désignerons moins l'homme, Georges Louis Leclerc, comte de Buffon (1707-1788), que, par métonymie, l'ensemble du projet associé à son nom (la publication de l'*Histoire naturelle*).

4. On peut utiliser le concept de *parerga*, proposé par Kant (Emmanuel) au § 14 de la *Critique de la faculté de juger* [1ère éd. 1790], [trad. par Philonenko Alexis], Paris : J. Vrin, 1965, 308 p. (Bibliothèque des textes philosophiques) ; voir sur ce terme, l'analyse qu'en donne Derrida (Jacques), *La Vérité en peinture*, Paris : Flammarion, 1978, p. 14 (Champ philosophique ; 57). Rudwick (Martin S.), "The Emergence of a Visual Language for Geological Science, 1760-1840", *History of Science*, vol. 14, 1976, pp. 149-195, regrette que l'histoire des sciences néglige en général tous les éléments visuels, qu'elle considère comme purement décoratifs.

paru n'être qu'une donnée purement secondaire et accessoire, l'ouvrage lui-même a eu un avenir indépendamment de ses illustrations. Le texte de Buffon connut un succès considérable, qui n'était dû ni à la variété ou à la qualité de ses gravures, ni à l'exactitude de la science qu'il présentait. Son succès, Buffon le dut à la réputation de son style, qui assura sa postérité littéraire. Que l'illustration ait été jugée trop austère ou trop inexacte, elle a été tellement négligée que les nombreuses rééditions du texte ont complètement supprimé ou, pour le moins, systématiquement modifié les planches originales, au profit de représentations nouvelles, plus précises ou plus charmantes.

Ainsi, dès l'an VII (1798), l'édition Castel complète l'ouvrage de nouvelles planches, des eaux-fortes de Jacques-Eustache de Sève[5] : “On les a mises sur une échelle uniforme, afin d'éviter un défaut dont Buffon s'était plaint, et de conserver les proportions entre les divers animaux. Le public y trouvera plusieurs espèces nouvelles, qu'il était fâché de ne pas voir à côté de leur histoire.”[6] *Buffon lui-même l'aurait souhaité* : tel est donc l'argument qui sous-tend le propos des réformateurs de l'image. Mais surtout, si l'on se permet de réformer l'image, c'est qu'on la cantonne implicitement dans un statut hors-la-science. Or, il arrive que sur des cas précis, de tels remaniements confinent à la distorsion et renversent entièrement l'esprit de l'œuvre. Ainsi, quand, en l'an VIII (1799), l'édition de Pierre Bernard d'Héry ajoute une représentation de l'homme, absente du volume initial, on peut au moins s'interroger sur la portée de cette intrusion – nous y reviendrons.

Nos analyses nous conduiront, à l'inverse, à reconsidérer la place de l'illustration dans le projet général de l'*Histoire naturelle*.

## Les fonctions de l'image

L'image scientifique remplit plusieurs fonctions : elle a une charge affective, pouvant susciter dévotion, curiosité, émerveillement, ou plus généralement intérêt ; elle a une vocation pédagogique, facilitant l'accès des non-doctes au savoir ; elle a une fonction de représentation de la réalité. Elle permet la visualisation des données, dans une multitude

5. Jacques-Eustache de Sève (mort en 1830) est le fils de Jacques de Sève, le collaborateur de Buffon. E. Bénézit lui attribue comme date de naissance 1790 (Bénézit [Emmanuel], *Dictionnaire critique et documentaire des peintres, sculpteurs, dessinateurs et graveurs*. T. 9 : *Robbia-Styppax*, Paris : Gründ, 1976, 888 p.). Cette date est évidemment fautive puisque H. Herluison, *Actes d'état-civil d'artistes français, peintres, graveurs, architectes, etc. extraits des registres de l'hôtel de ville de Paris détruits dans l'incendie du 24 mai 1871*, Orléans : H. Herluison, 1873, p. 407 reproduit l'acte de mariage de Jacques-Eustache, en date du 28 janvier 1788, en présence de son père Jacques.

6. Castel (René Richard), *Histoire naturelle de Buffon classée par ordres, genres et espèces, d'après le système de Linné*, Paris : Crapelet-Déterville, an VII [1798], 26 vols ; t. 1, p. XXV.

de contextes : qu'il s'agisse du trophée rapporté des chasses royales, de la variété des curiosités accumulées dans un cabinet, ou de l'anatomie microscopique d'un insecte, l'illustration joue un rôle déterminant dans la fixation du savoir, la formation d'une culture iconographique ou l'éducation du regard.

La combinaison de ces éléments (plaisir et intérêt, diffusion des connaissances, fixation du réel, aiguisage de l'œil ou affinage des perceptions) fait le succès de l'histoire naturelle. En tous sens, les espèces nouvelles rapportées par les voyageurs *intéressent* : elles font irruption dans le monde ancien et ce qui était auparavant sans rapports entretient désormais des relations ; les espèces circulent et suscitent une abondante littérature, un appétit de voir et de savoir ; elles font l'objet de commerces, elles se voient revêtues de valeurs, marchandes, morales ou symboliques.

## La patte de l'homme : utilité et intérêt

L'étude de la Nature appartient aux études agréables, qui instruisent en divertissant et qui peuvent nourrir des connaissances pratiques. Alors que les mathématiques sont souvent condamnées comme arides et abstraites, les matières *historiques* (dont l'histoire naturelle) connaissent la faveur du public. Il faut dire que le succès de l'*Histoire naturelle* n'est pas seulement celui de Buffon, mais celui de toute une discipline qui se voit portée par un engouement sans égal. Les textes naturalistes connaissent un grand succès, sans que celui-ci soit dû à la qualité de ses illustrations, ni même, osent certains, à celui de sa qualité scientifique. Publier Buffon est avant tout une bonne affaire éditoriale, à défaut d'être un élément moteur du progrès des sciences naturelles[7]. Ce succès, très net tout au long du XIXe siècle, est en fait amorcé dès le XVIIIe siècle. Le *Spectacle de la nature* de l'abbé Noël-Antoine Pluche est un des best-sellers de l'époque[8]. Quant à Linné, dans son style aphoristique et technique, tout en définitions et en partitions, sans gravure ni ornement, il rencontra également un grand succès[9]. Les

7. *Cf.* La Harpe (Jean-François, de), "Correspondance littéraire adressée à ... l'Empereur de Russie depuis 1774 jusqu'à 1791", *in* La Harpe (Jean François de), *Œuvres de La Harpe,... accompagnées d'une notice sur sa vie et sur ses ouvrages*, Paris : Verdière, 1820-1821, t. 1, p. 72. La Harpe rappelle que Buffon et Voltaire "s'étaient brouillés pour des coquilles" avant de préciser : "Il est sûr que M. de Buffon a vendu les siennes fort cher : il a gagné deux cent mille écus avec son histoire naturelle. Tous les chefs-d'œuvre de Voltaire ne lui ont pas rapporté le demi-quart de cette somme." La fortune de Buffon est par ailleurs l'objet de constantes critiques : "Buffon jouit tant en charges qu'en revenus et pensions de plus de soixante mille livres de rente." (*idem*)

8. Pluche (Noël-Antoine), *Le Spectacle de la nature, ou Entretien sur les particularités de l'Histoire naturelle qui ont paru les plus propres à rendre les jeunes gens curieux et à leur former l'esprit*, Paris : Vve Estienne Desaint, 1732-1750, 9 vols. *Cf.* Mornet (Daniel), "Les Enseignements des bibliothèques privées (1750-1780)", *Revue d'histoire littéraire de la France*, vol. 17, 1910, pp. 449-496.

9. C'est ce qu'indique une lettre de Peter Collinson à Linné, datée du 16 avril 1647 : "Nous sommes véritablement

années 1730-1770 apparaissent comme le triomphe de l'histoire naturelle en général, qui dépasse largement le cas du seul Buffon, avec ou sans images.

Ainsi, les historiens des idées ont montré que le rapport du texte à l'illustration doit s'inscrire dans l'émergence d'une nouvelle "culture du regard", attachée à connaître et à discerner les existences[10]. Plus encore, on a pu souligner la liaison entre le travail des naturalistes (la nomination et classification du monde) avec un mouvement général d'appropriation : l'arche de Noé n'est pas un navire flottant, mais un coffre de recel[11]. Approprier, c'est fragmenter, diviser le monde en objets finis, assujettis à l'homme à proportion de leur discontinu. De cette séparation, vient la nécessité de nommer et classer les atomes ainsi isolés. C'est le temps de dresser des catalogues, des inventaires. Tous ces éléments s'incarnent parfaitement dans les planches de l'*Histoire naturelle*, où les espèces sont isolées, à part les unes des autres. Cette séparation se voit mise au carré en quelque sorte dans les tables anatomiques qui dissèquent les organes et disloquent les squelettes pour nommer chaque osselet du corps animal. L'homme s'affirme comme l'administrateur du vivant, régnant sur un monde d'objets-machines (animaux ou organes), entièrement assujettis. De chaque gravure, l'homme est manifestement absent, mais il se trouve toujours, secrètement, dans un coin[12] : dans l'*Histoire naturelle*, cette présence de l'homme est aisément perceptible, s'affirmant sans cesse dans le motif en apparence purement décoratif des ruines. L'*Histoire naturelle* est bien l'histoire d'une nature anthropisée.

Les usages humains ont, de longue date, tenu des liens très étroits avec l'illustration de l'histoire naturelle. La peinture animalière aux XVII^e^ et XVIII^e^ siècles s'apparente à l'opération de collecte et d'appropriation, et notamment à l'existence de ménageries : en témoigne l'œuvre de Pieter Boel (1622-1674), qui dessine les animaux sur le vif dans les ménageries de Louis XIV, notamment aux châteaux de Vincennes et de

passionnés de toutes les branches de l'histoire naturelle ; en Angleterre, elles font les meilleures ventes de livres." (publiée dans Smith (James Edward), *A Selection of Correspondence of Linnaeus and other Naturalists*, London : Longman *et al.*, 1821, t. 1, pp. 18-19). La Mettrie accusait Linné d'avoir multiplié les publications, à des fins pécuniaires (*cf.* La Mettrie (Julien, Offray de), *L'Ouvrage de Pénélope, ou Machiavel en médecine*, [texte revu par Francine Markovits], Paris : Fayard, 2002, p. 49 [Corpus des œuvres de philosophie en langue française]).

10. Gusdorf (Georges), *Les Sciences humaines et la pensée occidentale. 5 : Dieu, la nature, l'homme, au siècle des Lumières*, Paris : Payot, 1972, p. 257 (Bibliothèque scientifique).

11. Barthes (Roland), "Les Planches de l'Encyclopédie", *in Le Degré zéro de l'Écriture*, suivi de *Nouveaux essais critiques*, Paris : Le Seuil, 1972, p. 93 (Points essais ; 35) : "Mythiquement, la possession du monde n'a pas commencé à la Genèse, mais au Déluge, lorsque l'homme a été contraint de nommer chaque espèce d'animaux et de la loger, c'est-à-dire de la séparer de ses espèces voisines."

12. Ce que Barthes appelle adjoindre "le chiffre obsédant de l'homme" (*ibid.*, p. 95).

Versailles[13]. Elle a aussi des liens avec la peinture de chasse. Alexandre-François Desportes (1661-1742) peint les chiennes favorites de Louis XIV pour décorer des dessus de portes et les antichambres au château de Marly. Il est reçu à l'Académie en tant que peintre d'animaux. Dans ses nombreux tableaux de nature morte, entre des aiguières en or, des coupes de fruits, des brocards et des bas-reliefs mythologiques, gisent perdrix et gelinottes en attente de passer à l'office. Jean-Baptiste Oudry (1686-1755), sous Louis XV, remplace Bachelier pour représenter les trophées ou *massacres* du Roi (un massacre est un morceau de crâne orné des cornes). Oudry est également peintre ordinaire du Roi, professeur à l'Académie royale de peinture et sculpture et historien des chasses de Louis XV en forêt de Compiègne ; ses faisans dorés décorent les salons de Mme de Pompadour et il rencontre un grand succès dans les salons de 1753 avec *La Lice allaitant ses petits* (la lice est une chienne de chasse destinée à la reproduction). Cette tradition se poursuit avec les tableaux de Pierre-François Vitry (fils), comme le *Chien en arrêt sur des perdreaux* (1778) aujourd'hui conservé dans les collections du Musée de la chasse et de la nature, à Paris.

## Diffusion et collection

À ces peintures réservées à une élite, il faut ajouter le rôle déterminant du progrès des techniques de la gravure, en particulier, le fait que la taille-douce remplace la gravure sur bois[14]. Plus précisément, on peut relever, dans le développement des institutions scientifiques, un besoin général de dessin essentiel à la science des Lumières tardives[15].

13. *Cf.* Pinault-Sørensen (Madeleine), *Sur le vif : dessins d'animaux de Pieter Boel : exposition, Musée du Louvre, aile Sully, 14 septembre-17 décembre 2001*, Paris : Réunion des musées nationaux ; F. M. Ricci, 2001, 109 p. Cet ouvrage pose (p. 23) la question des rapports entre Boel et Sébastien Leclerc, qui dessine pour messieurs de l'Académie royale des sciences : en particulier, la tête de porc-épic semble empruntée à Boel (p. 72). Les dessins de Boel seront une source importante utilisée par Charles Le Brun. Cf. Montagu (Jennifer), "Le Brun animalier", *Art de France*, vol. 4, 1964, pp. 310-314. Toutefois, la postérité de Boel se trouve du côté de la peinture animalière, plutôt que de celle de la gravure anatomique.

14. Cette importance des bouleversements techniques a été soulignée par les historiens de l'estampe comme Adhémar (Jean), *L'Estampe française.* [I] : *Le Bois gravé en France jusqu'à la fin du XIX*e *siècle*, Paris : [s.n.], [1944] ou en philosophie par François Dagognet, philosophe toujours attentif au lien qui existe entre la structuration de la connaissance et les matériaux ou les techniques mises en œuvre (Dagognet [François], *Écriture et iconographie*, Paris : Vrin, 1973, p. 57 [Problèmes et controverses]). *Cf.* le volume de Melot (Michel) (sous la dir.), *L'Estampe*, Genève : Skira, 1981, 285 p. (Histoire d'un art).

15. Birembaut (Arthur), "Les Écoles gratuites de dessin", *in* Taton (René) (sous la dir.), *Enseignement et diffusion des sciences en France au XVIII*e *siècle*, 2ème éd., Paris : Hermann, 1986, pp. 441-476 (Histoire de la pensée) ; Dupront (Alphonse), *Qu'est-ce que les Lumières ?*, [préf. de Furet François], Paris : Gallimard, 1996, p. 42 (Folio histoire ; 76) : "La chose la plus réclamée dans les mémoires ou écrits divers concernant l'enseignement des arts mécaniques, une des premières tâches ou formes des écoles d'apprentissage qui s'ouvrent çà et là dans le royaume, c'est l'enseignement du dessin. À ce niveau de besoin commun, le dessin est devenu l'instrument d'une fixation des choses pour

Les tirages et les planches traduisent en noir et blanc et en grand nombre les couleurs bigarrées des toiles –ainsi, nous l'avons dit, l'*Histoire naturelle* emprunte à une toile de Jean-Baptiste Oudry le cheval en pied qui figure au tome IV.

On peut interpréter cette traduction de la peinture en gravure selon la théorie de la vision, en insistant sur le rôle de l'imagination dans la perception. Pour Louis-Sébastien Mercier, ce n'est pas la peinture en couleurs, mais bien plutôt le dessin, et plus encore l'écriture, qui sont susceptibles de faire naître le tableau d'une réalité naturelle dans notre esprit.

> Pour exprimer parfaitement les objets de la nature, il faut des idées intellectuelles, qui n'isolent point les objets, parce que la reproduction de ces mêmes objets et leur imitation parfaite ne sont qu'en nous ; lisez les belles pages de Buffon, et sentez une fois que ce n'est que dans la parole écrite que réside l'imitation au souverain degré du cheval, de l'âne, du lion, du chat, du colibri ; et fermez les yeux pour mieux voir ; toute la nature est en vous ; la peinture fait des cadres ridicules.
>
> Le simple dessin se rapprochant de l'écriture met plus en jeu l'imagination, l'exerce plus puissamment et l'emporte, par cela même, sur la toile aux couleurs. Les esquisses sont les délices de ceux qui pensent [...]

Et à propos de la représentation du Déluge par Poussin, il ajoute : "Et pourquoi avoir tenté de rendre ce qu'il n'appartient à la parole qu'exprimer ; pourquoi une imitation nécessairement imparfaite tandis que nous avons l'écriture, et en elle seule de quoi créer et peindre ces vastes objets dans notre pensée ?" [16] Mercier réfléchit donc sur la meilleure manière de faire naître des idées dans l'esprit du lecteur. Il lui paraît que la technique la plus explicite, la peinture, n'est souvent pas la plus satisfaisante : "que de gens s'imaginent peindre et qui ne font que peinturer les grands, beaux, ou les terribles objets de la nature [...]"

Épurées, les huiles encadrées des maîtres parlent plus à l'imagination et se trouvent donc susceptibles de susciter plus aisément des images. Les historiens ajoutent à cette interprétation "esthétique" du privilège de la gravure, des facteurs économiques. La

agir sur elles et le moyen de communication pour enseigner cette prise d'action commune sur l'univers. Entre l'art et la technique, il fait le pont, et le fait qu'on le réclame montre de toute évidence que l'art est en train de devenir technique, voie d'action et de puissance. L'œil et la main concourent dans le dessin à l'établissement d'une lecture des formes [...]".

16. Mercier (Louis-Sébastien), *Le Nouveau Paris*, [éd. établie sous la dir. de Bonnet Jean-Claude], Paris : Mercure de France, 1994, pp. 964-966.

peinture transformée en gravure devient reproductible et peut s'adresser à un vaste public. Par le moyen des planches en noir et blanc, les connaissances rayonnent, se diffusent, deviennent l'objet de collections et le centre d'un commerce lucratif. Les techniques de reproduction iconographiques nourrissent donc en retour la vogue de l'histoire naturelle.

Par la taille-douce, l'illustration zoologique devient un objet de collection, qui répond à la manie de collectionner "au naturel". Il y a les collections d'histoire naturelle – volières, jardins, *tulipomania* et conchyliologie ; il y a les cabinets de curiosité comme celui d'Ole Worm (1588-1654) ou de Ferrante Imperato (1550-1631) ; mais il y a aussi, depuis Cassiano dal Pozzo (1588-1657) et Nicolas-Claude Fabri de Peiresc (1580-1637), un goût pour les Musées de papier[17]. Il faut en outre souligner le lien indissociable qui unit les dessins d'histoire naturelle aux collections et aux cabinets. La collection des vélins du roi est exemplaire : commencée pour Gaston d'Orléans, le frère cadet de Louis XIII et constamment enrichie, elle constitue un fonds précieux d'illustration naturaliste. Des artistes de renom y ont contribué comme Nicolas Robert, Claude Aubriet, Madeleine Basseporte, Gérard Van Spaendonck, les frères Redouté pour la botanique ou Nicolas Maréchal pour la zoologie[18].

Monnaies et médailles forment ainsi le contexte dans lequel s'inscrit la collection des *naturalia*. L'historien du goût Krzysztof Pomian a soutenu l'idée d'une division entre les collections métalliques (monnaies et médailles) et les collections naturalistes[19] : les secondes succèderaient aux premières comme un effet de mode dont on pourrait dresser la chronologie, par un simple effet de substitution entre deux *sémiophores* (objets inutiles et simples "signes") en soi indifférents. Il nous semble au contraire qu'on doit manifester la profonde unité de ces deux univers[20]. Comme les monnaies et médailles

17. Le *Museo Cartaceo* de Cassiano dal Pozzo est aujourd'hui divisé entre la Bibliothèque royale du Château de Windsor, le British Museum, la Bibliothèque du Jardin botanique de Kew, la Bibliothèque de l'Institut de France et plusieurs collections privées. Les nombreux dessins manuscrits que Fabri de Peiresc a amassés sont en partie conservés à la Bibliothèque Inguimbertine à Carpentras.

18. *Cf.* Laissus (Yves), *Les Vélins du Muséum*, Paris : Palais de la découverte, [1967], 28 p. (Conférence au Palais de la Découverte à Paris, série D 111, 7 janvier 1967), ainsi que les volumes Robert (Nicolas), *Nicolas Robert et les vélins du Muséum d'histoire naturelle*, Paris : Henri Scrépel, 1980, 35 p. de pls et Raynal-Roques (Aline), *Les Peintres de fleurs : les vélins du Muséum*, [préf. de Ducreux Monique], Paris : Bibliothèque de l'Image, [1998], 131 p.

19. Pomian (Krzysztof), *Collectionneurs, amateurs et curieux : Paris-Venise, XVI^e^-XVIII^e^ siècle*, Paris : Gallimard, 1987, pp. 49-50 (Bibliothèque des histoires).

20. Ainsi, Réaumur lui-même se présente comme le Rollin de l'histoire des abeilles (Réaumur [René, Antoine, Ferchault], *Mémoires pour servir à l'histoire des insectes*. T. 5 : *Suite de l'histoire des mouches à deux ailes, et l'histoire l'histoire de plusieurs mouches à quatre ailes*, Paris impr. royale, 1740, p. 210). Il est en correspondance active avec des membres de l'Académie royale des inscriptions et belles-lettres, en particulier Louis-François de Fontenu (1667-

sont collectées pour écrire l'histoire civile, la succession des empires, la naissance et le déclin des civilisations, de même, les espèces minérales, végétales et animales, assemblées par les curieux, valent d'abord comme une manière de décrire la terre. Ici comme là, il s'agit bien de faire l'histoire, c'est-à-dire de témoigner après avoir vu, en s'autorisant de l'autopsie (je l'ai vu moi-même) ou du témoignage (des personnes fidèles me l'ont assuré)[21]. Monnaies, médailles, curiosités naturelles sont un langage : elles servent de monuments et d'annales pour reconstituer l'histoire des âges et des matières pour lesquels on ne dispose pas de sources écrites. La gravure d'histoire naturelle est à penser comme un mode de la preuve en histoire : elle constitue une manière d'assurer les faits par la confrontation des témoignages.

## Le Pline moderne

Ce parallèle entre histoire naturelle et histoire civile s'illustre dans les difficultés que le XVIII^e^ siècle rencontre pour traduire Pline. L'idée d'un *Pline moderne* implique une triple exigence : il devra savoir purger l'Ancien de ses erreurs ; il devra conserver et restituer dans notre langue ce que l'Ancien savait ; il devra en outre le compléter par l'ensemble des faits découverts par les Modernes. Qui pourra mériter ce titre et remplir cette triple tâche ? s'interroge Leibniz dans l'une de ses lettres à Rémond[22]. Il remarque que le père jésuite Jean Hardouin (1646-1729), chargé de commencer l'édition de l'*Histoire naturelle* de Pline *ad usum Delphini*, est fort savant et érudit, mais qu'il manque des connaissances naturalistes ; mieux vaudrait qu'un Claude Perrault ou, mieux encore, un Fontenelle s'en occupassent. Le Pline des Modernes devra posséder de bonnes capacités de raisonnement, des données philologiques permettant l'interprétation et la correction des leçons des différents manuscrits, mais en outre d'abondantes connaissances de faits, pour déterminer ce qui est ou non recevable dans le texte de l'Ancien.

1759), qu'il cite à plusieurs reprises (T. 6 : *Des abeilles maçonnes* : "M. l'Abbé de Fontenu, de l'Académie des belles-lettres, en qui le goût d'observer les phénomènes de la nature se concilie avec celui de l'érudition, me parla, il y a quelques années, du vol à reculons de ces mouches de nos appartements". C'est encore Fontenu "que ses travaux suivis pour l'Académie des inscriptions et belles-lettres dont il est membre, n'empêchent pas d'aimer la physique et de faire des expériences et des observations curieuses", qui est à l'origine du passage fameux sur les amours d'une poule et d'un lapin, repris dans l'*Art de faire éclore* de 1749.

21. De manière exemplaire, Albertus Seba, lorsqu'il donne la description de son cabinet, se donne pour projet de "communiquer de bonne foi, et dans un style laconique, ce que j'ai vu par moi-même ou ce qu'on m'a fidèlement rapporté". (Seba (Albertus), *Locupletissimi rerum naturalium thesauri accurata descriptio,* Amsterdam : J. Wetstenium ; G. Smith ; Jansoninio-Waesbergios, 1734-1765, t. 1, p. ****2 v.)

22. Leibniz, sixième lettre à Rémond, *in Esprit de Leibnitz, ou Recueil de pensées choisies,* Paris ; Lyon : J.P. Costard-J.M. Bruyset, 1772, t. 2, p. 321.

Cela revient à contester les compétences du père Hardouin, qui produit deux éditions de son texte. La première datée de 1685 lui donne une grande réputation parmi les savants[23]. Mais sa réputation est entachée par son système radical de critique historique. À la recherche de témoignages fiables pour écrire l'histoire, Hardouin jette la suspicion sur les manuscrits maintes fois copiés et recopiés dans les cloîtres et sur les médailles qu'il soupçonne forgées par les bénédictins. Quelques livres pourtant échappent au discrédit général de l'écrit : c'est, outre la Vulgate (qu'il considère comme la version originale et seule authentique de la Bible), Pline lui-même dont l'*Histoire naturelle* se trouve élevée au rang de pierre de touche. La question qui apparaît ici est bien de déterminer ce qui fait véritablement preuve en histoire : en particulier, l'ensemble des textes fait-il autorité, alors qu'ils sont souvent altérés, pleins de contradictions ? À quels faits recourir pour comprendre et illustrer ces monuments antiques que sont les *compendia* des Anciens ? Le pyrrhonisme historique de Hardouin provoqua un immense scandale, dont l'écho se prolonge jusqu'au temps de Buffon[24]. Il est représentatif des tensions qui existent entre histoire naturelle et histoire civile. On ne peut faire de l'histoire naturelle sans croiser différents registres de compétences, et en particulier historiques : la recherche des faits qui font preuve est intimement liée à la lecture des textes qui font autorité.

La difficulté reste entière tout au long du siècle. En 1763, le botaniste Michel Adanson ne sait quels commentateurs citer : “Les commentateurs les plus distingués de Pline sont Dalechamp en 1604, Saumaise en 1689, et Hardouin dont la nouvelle édition de 1741, *fol.*, imprimée à Bâle et soi-disant à Paris, passe pour la meilleure.”[25] Le texte latin édité par l'abbé Brotier donne une bonne édition de Pline et des notes utiles sur l'histoire, la géographie et la littérature, mais il est lacunaire pour l'histoire naturelle[26] ; la traduction française de Louis Poinsinet de Sivry est également l'œuvre d'un littéraire

23. Hardouin (Jean), *Caii Plinii Secundi Naturalis historiae libri XXXVII, interpretatione et notis illustravit Joannes Harduinus... in usum Serenissimi Delphini*, Paris : F. Muguet, 1685, 5 vols in 4° ; Hardouin (Jean), *Historiae naturalis libri XXXVII*, Paris : A.-U. Coustelier, 1723, 2 tomes en 3 vols in-fol.

24. *Cf.* par exemple Crevier (Jean-Baptiste, Louis), *Lettre d'un professeur de l'Université de Paris à Monsieur *** sur le Pline du P. Hardouin*, Paris : Chaubert, 1726, [96 p.] ; Griffet (Henri), *L'Insuffisance de la religion naturelle, prouvée par les vérités contenues dans les livres de l'Écriture sainte*, Liège : Bassompière, 1770 (le tome second contient une dissertation sur les *Nouveaux systèmes* du P. Hardouin, t. 2, ch. X, p. 190 et suiv.). Hardouin est également l'objet du texte de Fitz-James (François duc de, évêque de Soissons), *Mandement et instruction pastorale de Monseigneur l'évêque de Soissons, portant condamnation.* 1 : *Du commentaire latin du Fr. Hardouin, de la compagnie de Jésus sur le Nouveau Testament.* 2 : *Des trois parties de l'Histoire du Peuple de Dieu, par le P. Isaac-Joseph Berruyer...*, Paris : Desaint & Saillant, 1760.

25. Adanson (Michel), *Familles des plantes*, Paris : Vincent, 1763, t. 1, p. cxl.

26. *Caii Plinii Secundi Historiae naturalis Libri XXXVII, quos recensuit et notis illustravit Gabriel Brotier*, Paris : J. Barbou, 1779, 6 vols.

qui, pressé par son éditeur, a négligé de s'adjoindre les conseils avisés des naturalistes[27]. Ainsi, Chrétien-Guillaume Lamoignon de Malesherbes peut encore écrire en 1786 : "Ce qui fait que nous n'avons pas de bonne traduction de Pline est qu'il ne s'est pas encore trouvé d'auteur qui réunit au talent d'écrire les connaissances nécessaires sur toutes les matières dont Pline a parlé et il est difficile qu'un seul homme réunisse cette universalité de connaissances."[28]

Cette interdépendance intime de toutes les histoires (naturelle, civile, sacrée) a des implications sur la présence de planches gravées. L'illustration en effet est essentielle à l'exposition du savoir et à la présentation des preuves dans tous les ouvrages d'histoire. C'est exemplaire dans le travail du bénédictin Bernard de Montfaucon, *L'Antiquité expliquée et représentée en figures* (1719). Pour lui, "rien de plus important pour l'intelligence de l'histoire que de connaître la forme d'un grand nombre de choses qui entrent dans la suite de la narration ; des armes par exemple, quand il s'agit de guerre". Cette nécessité "d'avoir sous les yeux la représentation de toutes ces choses pour entrer dans la pensée des historiens et des autres auteurs", tient en particulier au fait que, trop souvent, ils n'en donnent que les noms, et que, s'ils en font quelquefois la description, le lecteur a bien de la peine à s'en former sur leur récit une idée distincte. Ainsi, l'indifférence à la réalité des choses devient la règle et le lecteur, "le plus souvent, aime mieux passer légèrement et n'entendre qu'à demi que de se tourmenter à chercher des choses, dont l'intelligence lui coûte tant de peine". À l'inverse, si l'historien fournit "la vraie peinture des choses, un coup d'œil fait plus que tous les commentaires"[29].

Il apparaît qu'en histoire, la démonstration n'est pas possible sur le même mode qu'en mathématiques. Ainsi, écartée du champ de la preuve par axiomes et théorèmes, l'histoire se trouve renvoyée à d'autres modes d'administration de la certitude[30]. La représentation graphique des preuves nécessaires en histoire traduit la collection de "monuments", c'est-à-dire des traces qui appuient et attestent la reconstitution historique

27. Poinsinet de Sivry est auteur de tragédies, sa traduction de l'*Histoire naturelle* est publiée à Paris : Vve Desaint, 1771-1782, 12 vols.

28. Malesherbes à Louis Gérard, 20 juin 1786. Louis Gérard, botaniste à Cotignac (Var) est l'auteur d'*Observations critiques sur la traduction de l'Histoire naturelle de Pline* (restées inédites), où il signale plus de quatre cents erreurs commises dans la traduction de Poinsinet de Sivry. Quelques extraits sont donnés par Teissier (O.), "Étude biographique de Louis Gérard, botaniste", *Bulletin de la Société des sciences, arts et belles-lettres de Toulon*, 1859, p. 88.

29. Montfaucon (Bernard de), *L'Antiquité expliquée et représentée en figures*, Paris : F. Delaulne, 1719, Prospectus, t. 1, p. 2.

30. *Cf.* Fréret (Nicolas), "Réflexions sur l'étude des anciennes histoires, et sur le degré de certitude de leurs preuves", *Mémoires de littérature tirés des registres de l'Académie royale des inscriptions et belles-lettres*, vol. 6, 1718-1725, pp. 146-189.

(monnaies, médailles, colonnes...). Ce concept de monuments, essentiel à la problématique de l'histoire civile[31], sera d'ailleurs mobilisé par Buffon à plusieurs reprises, depuis la dédicace au roi du premier volume de 1749, jusqu'au texte des *Époques de la nature* en 1778[32].

## Moïse physicien et la structure de la chenille selon Lyonet

Ce mode d'administration de la preuve, commun à l'histoire tant civile que naturelle, trouve son écho dans le champ de la théologie naturelle. Il est mobilisé en vue d'assurer les progrès de la foi dans un temps où il s'agit de démontrer l'existence de Dieu par les faits[33]. Ainsi, la critique du texte biblique n'ignore pas la peinture d'animaux.

C'est en particulier le cas de Johann Jacob Scheuchzer (1672-1733) dans son ouvrage, *Physica Sacra* ou *Physique sacrée*, publié simultanément en latin et en français et sous-titré *Histoire naturelle de la Bible*[34]. Ce texte procède en citant les versets de la Genèse et en les commentant en fonction des connaissances scientifiques en vigueur. La tentative n'est pas nouvelle et Scheuchzer reconnaît avoir beaucoup emprunté, notamment au *Hierozoicon* de Samuel Bochart[35]. Toutefois, Scheuchzer innove en ce que les gravures dont il émaille son texte sont un des éléments essentiels de l'ouvrage, au

31. *Cf.* Anselme (abbé), "Des monuments qui ont suppléé au défaut de l'écriture, et servi de mémoires aux premiers historiens", *Mémoires de littérature tirés des registres de l'Académie royale des inscriptions et belles-lettres*, vol. 4, 1711-1717, pp. 380-399 et vol. 6, 1718-1725, pp. 1-13.

32. La dédicace au roi en tête du tome 1 porte : "Sire, l'histoire et les monuments immortaliseront les qualités héroïques et les vertus pacifiques que l'Univers admire dans la personne de votre Majesté : cet ouvrage qui contient l'histoire de la nature, entrepris par vos ordres, consacrera à la postérité votre goût pour les sciences [...]". Les *Preuves de la théorie de la terre* se concluent en déplorant "le défaut des monuments historiques [qui] nous prive de la connaissance des faits" (IR I, 611) . De même, peut-on lire dans l'édition de Roger (Jacques), *Buffon,* Les Époques de la nature, *édition critique*, [réimpr. 1988], Paris : Muséum national d'Histoire naturelle, 1962, p. 1 (Mémoires du Muséum, série C sciences de la terre ; 10) : "Il faut fouiller les archives du monde, tirer des entrailles de la terre les vieux monuments, recueillir leurs débris et rassembler en un corps de preuves tous les indices des changements physiques qui peuvent nous faire remonter aux différents âges de la nature." L'historien a à charge de récolter les monuments : ainsi, l'intelligence des castors est présentée comme "peut-être le seul exemple qui subsiste comme un ancien monument de cette espèce d'intelligence des brutes" (IR VIII, 283).

33. Houtteville (Alexandre Claude François), *La Religion chrétienne prouvée par les faits*, [1ère éd. 1722], nelle éd., Paris : Le Mercier & Boudet, 1740, 3 vols.

34. Scheuchzer (Johann Jacob), *Physique sacrée, ou Histoire naturelle de la Bible*, Amsterdam : Schenk, 1732-1737, 8 vols.

35. Bochart (Samuel), *Hierozoicon, sive Bipartitum opus de animalibus Sacrae Scripturae*, [1ère éd. Londres : T. Roycrofi, 1663, 2 vols], 4ème éd., Lugduni Batavorum : C. Boutesteyn & S. Luchtmans, 1712, 2 vols. Les pages x à xxxiv du premier volume de la *Physique sacrée* donnent un *Catalogue des ouvrages cités*. Les emprunts couvrent le large éventail de la science chrétienne, de Saint Basile à John Woodward.

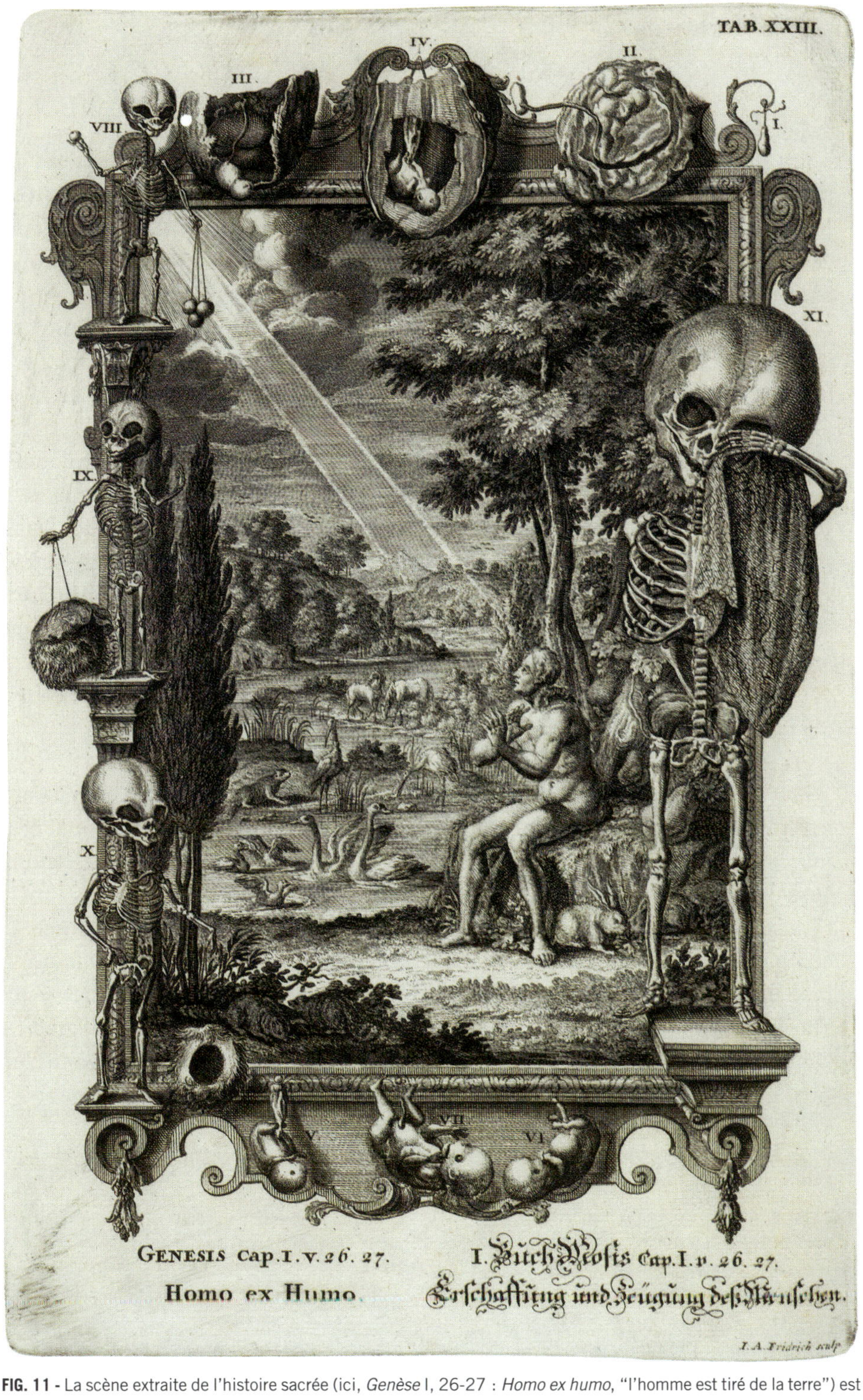


**FIG. 11 -** La scène extraite de l'histoire sacrée (ici, *Genèse* I, 26-27 : *Homo ex humo*, "l'homme est tiré de la terre") est représentée sur l'image centrale. Elle est accompagnée d'un cadre où figurent des gravures illustrant cette scène par des connaissances scientifiques contemporaines. Planche extraite de Scheuchzer (Johann Jacob), *Physique sacrée, ou Histoire naturelle de la Bible*, Amsterdam : Schenk, 1731-1737, pl. XXIII (Bibliothèque centrale MNHN, 7762-1).

point que le titre de la traduction allemande sera *KupferBibel*, la Bible de Cuivre. Le principe de l'illustration est d'une part, de figurer en de larges tableaux le verset de la Bible qu'il s'agit de commenter et, d'autre part, de donner, sur le cadre, les connaissances scientifiques correspondantes[36]. Un tel travail contribue à présenter Moïse comme le seul "vrai physicien" : le texte de la *Genèse* constitue l'autorité ultime en matière de connaissance de la nature. De plus, Buffon reproche à Scheuchzer d'avoir "entassé les images" et de donner un "ouvrage puéril", une physique faite "moins pour occuper les hommes que pour amuser les enfants"[37].

Cet usage théologique de l'illustration indique également que les planches ne s'en tiennent pas seulement aux objets nobles ou familiers qui occupaient la peinture de cour ou aux animaux exotiques des ménageries. En particulier, depuis les microscopistes Henry Power (1623-1668) et Robert Hooke (1635-1703), les insectes tiennent une place importante dans l'illustration naturaliste, représentés sur des planches célèbres : en particulier, l'œil à facettes de la mouche ou la puce, l'un et l'autre représentés en pleine page in-folio dans le *Micrographia* de Hooke ; ou bien les enchevêtrements complexes étagés en strates qui font le corps de la chenille de Pierre (ou Pieter) Lyonet (1708 ?-1789)[38].

Précisément, cette complexité des chenilles de Lyonet nous fait ici entrer dans les polémiques liées aux rapports entre observation, témoignage et figuration. D'abord, les insectes sont un lieu privilégié de l'illustration naturaliste, du fait que, selon l'expression de Power, le corps des insectes est comme une "sténographie de la Providence"[39]. Contre l'épicurisme qui admet la génération spontanée et l'émergence des corps par combinaison aléatoire des atomes, le corps de l'insecte apparaît comme un lieu où se manifeste l'ordre profond qui traverse la nature de part en part. Des textes comme la *Théologie des insectes* de Friedrich Christian Lesser (1692-1754) soulignent combien Dieu a varié les technologies dont il a doté ces créatures infimes : leurs instruments de prédation comme leurs manières de construire leurs habitations témoignent d'une large

36. Ainsi, sur la génération des oiseaux, les planches XIII et XIV reprennent les gravures de Malpighi sur l'œuf de poule, tandis que la planche XXIII portera sur la bordure le développement de "l'œuf" de l'homme.
37. Buffon, *Preuves de la Théorie de la Terre* (V, IR I, 197-198).
38. Lyonet (Pierre), *Traité anatomique de la chenille qui ronge le bois de saule*, La Haye : aux dépens de l'auteur, 1760, [591 p.].
39. Power (Henry), "The Preface to the Ingenious Reader", *in Experimental Philosophy in Three Books, Containing New Experiments Microscopical, Mercurial, Magnetical with some Deductions, and Probable Hypotheses Raised from Them, in Avouchment and Illustration of the now Famous Atomical Hypothesis*, London : printed by T. Roycroft, 1664, [f° b2 verso].

gamme de solutions et des méthodes[40]. Par là, c'est la liberté de Dieu qui s'exprime, dans la multiplicité des formes de sa Providence ; la régularité de la génération traduit au contraire l'infinie sagesse et l'économie divines. L'insecte prouve encore la toute-puissance divine par la finesse de son ingénierie – c'est ce qu'indique la comparaison célèbre que fait Hooke entre la perfection absolument lisse et polie de la surface du dard d'abeille et celle, accidentée, émoussée et imparfaite, de l'aiguille manufacturée, image qui sera reprise par l'abbé Pluche[41].

Chez Lyonet, l'anatomie de la chenille permet d'entrer dans la finesse du montage divin :

> Dans le moindre des objets animés, plus je l'examine, plus j'y trouve d'arrangements et d'intelligence. Tout y concourt à un but marqué. C'est une machine composée de diverses substances, formées par des sucs différemment préparés, cuits, distillés, élaborés dans son intérieur pour cet effet ; une machine où tout est en mouvement, qui se transporte d'un endroit à un autre ; qui veille à sa propre conservation ; qui sait trouver ce qui lui convient, éviter ce qui lui nuit ; qui tant qu'elle subsiste s'entretient, se monte, et se répare elle-même par son propre mécanisme, et dont l'espèce se conserve malgré la courte existence de ses individus, par une reproduction aussi incompréhensible qu'admirable. Tout ceci suppose un dessein manifeste, et un appareil pour l'exécuter, où tout est disposé de façon que le jeu différent du nombre prodigieux de ressorts nécessaires pour opérer tant de divers effets, quoique presque sans cesse en mouvement, agisse sans se croiser ni s'entre-détruire, bien qu'ils soient d'une délicatesse extrême et renfermés souvent dans l'espace d'un point presque imperceptible.[42]

Mais il est notable que l'architecture complexe de la chenille laisse perplexe les autres observateurs, qui soupçonnent Lyonet d'être un illusionniste. Finalement, la trop grande précision des dessins que Lyonet réalise lui-même semble se retourner contre lui, car cette profusion de détails semble fabuleuse :

> Fort bien, répliquera-t-on, peut-être ; mais qui nous garantira que vous n'êtes pas vous-même du nombre des auteurs que vous frondez, et que vous ne méritiez pas à votre tour

40. Lesser (Friedrich Christian), *Théologie des insectes, ou Démonstration des perfections de Dieu, dans tout ce qui concerne les insectes*, [trad. de l'allemand, avec des remarques, par Lyonnet M. P. ], Paris : Chaubert & Durand, 1745, 2 vols.

41. *Cf.* Pluche (Noël-Antoine), *Le Spectacle de la nature, ou Entretiens sur les particularités de l'Histoire naturelle qui ont paru les plus propres à rendre les jeunes gens curieux et à leur former l'esprit*. T. 1 : *Ce qui regarde les animaux et les plantes*, Paris : Vve Estienne Desaint, 1732, pp. 14-15 : "Dans tout ce que l'homme fait, vous ne verrez qu'inégalités, que crevasses, que rudesses. Tout s'y ressent des bornes de son industrie, et de la grossièreté des instruments qu'il emploie : tout y paraît fait avec la serpe, ou avec la truelle [...]".

42. Lyonet (Pierre), *Traité anatomique de la chenille qui ronge le bois de saule*, *op. cit.* , pp. xv-xvj.

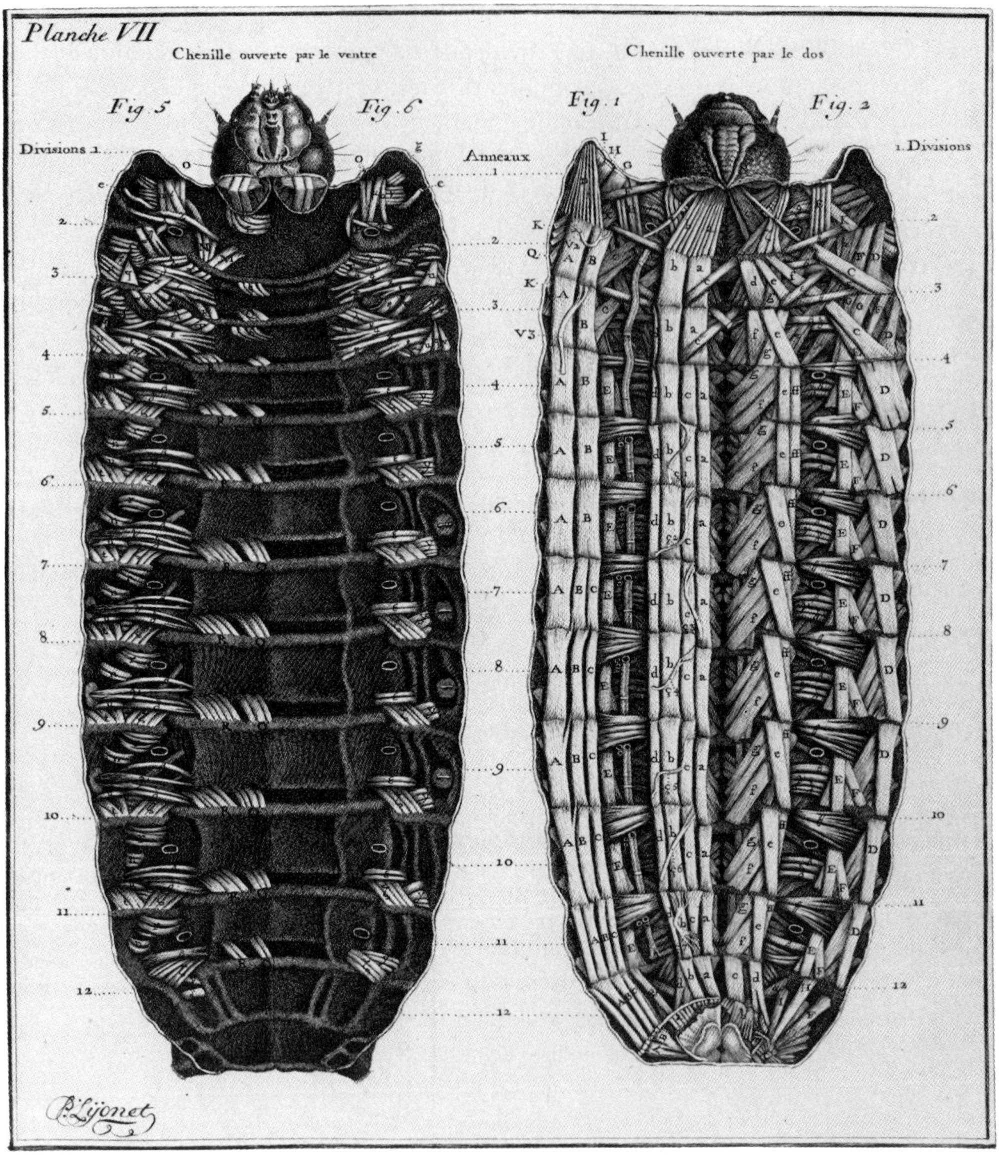


**FIG. 12** - Anatomie de la chenille. Planche extraite de Lyonet (Pierre), *Traité anatomique de la chenille qui ronge le bois de saule*, The Hague & Amsterdam : [s.n.], 1760, pl. VII (Bibliothèque centrale MNHN, P 3265).

> d'être envoyé à la Caverne de Montesinos, pour avoir forgé un roman anatomique, plus mauvais que ceux que vous blâmez, en ce qu'il est moins amusant : les apparences sont contre vous : Malpighi, et d'autres auteurs renommés, qui ont anatomisé des insectes, nous ont donné des figures extrêmement simples, et la plupart informes ; les vôtres fourmillent d'objets, et ne leur ressemblent point du tout ?[43]

Si Lyonet voit compliqué là où les autres naturalistes ont vu simple, c'est qu'il brode sur les données de l'observation. Sans douter de sa bonne foi, on le soupçonne de s'être fait illusion. En particulier, Lyonet raconte avoir dû vaincre l'incrédulité "du comte de Bentick et des professeurs Allamand de Leyde et Albinus d'Utrecht" :

> Je ne pus jamais les tirer de leurs doutes qu'en leur montrant les objets mêmes, qu'ils comparèrent au microscope avec les dessins que j'en avais faits. Convaincus par leurs propres yeux, ils me représentèrent, que pour être mieux cru, il serait bon que je rendisse témoins de mes procédés anatomiques des personnes éclairées et connues, que je pusse réclamer.[44]

Ainsi, l'observation méticuleuse et la finesse du dessin, le fait que ce soit l'observateur lui-même qui signe également le dessin et la gravure, tout cela ne suffit pas encore pour convaincre que ce que les planches présentent est bien réel. Il faut encore d'autres garanties, pour assurer que l'on a bien vu et bien peint ce qui est. Cela s'opère de différentes manières : en produisant des témoins dignes de foi, dont on peut s'autoriser (ici, Allamand et le comte de Bentick) ; en produisant les instruments mêmes qui ont permis de réaliser les observations proposées, c'est-à-dire en rendant d'autres capables de reproduire ce qui est présenté. À cet égard, Lyonet considère comme tout à fait déterminant le fait qu'il ait publié la description de son microscope et de ses instruments dans les mémoires de la Société hollandaise des sciences :

> un mémoire imprimé dans le troisième volume de ses Actes pag. 378, [...] contient la description du Microscope et des Instruments dont je me sers pour anatomiser les Insectes : j'y décris la façon dont on s'en doit servir, et je l'ai fait à dessein de mettre quiconque le voudra, à portée de me suivre pas à pas dans mes procédés, et de me confondre s'il trouve que j'aie cherché d'en imposer. Si j'avais eu cette intention, croit-on que j'eusse été assez inconsidéré pour faire une pareille démarche ?[45]

On pourrait soupçonner Lyonet d'accentuer les difficultés qu'il a à être cru : il ferait état de ses déboires comme pour souligner le caractère proprement incroyable des réalités qu'il présente dans son ouvrage ; non seulement ce qu'il donne à voir n'avait

43. *Ibid.*, p. xxi.
44. *Ibid.*, p. xxi.
45. *Ibid.*, p. xxii.

jamais été vu, mais il s'agit de telles merveilles que les naturalistes les mieux informés persistent à douter de la réalité de ce qu'ils voient et qu'ils doivent s'en réassurer par eux-mêmes. Mais il semble bien que Lyonet, bien loin de feindre cette question de l'autorité de ses gravures, s'y heurte de manière récurrente et s'emploie à la résoudre. En témoigne la deuxième édition de son texte, parue en 1762, où il adjoint à sa préface une longue "Lettre à M. Le Cat, professeur, démonstrateur royal en anatomie et chirurgie, des Académies de Paris, Londres, Madrid, Berlin, Lyon, des Académies impériales des curieux de la nature et de Saint-Pétersbourg, de l'Institut de Bologne et Secrétaire perpétuel de celle de Rouen, etc. contenant la description de l'instrument et des outils dont l'auteur s'est servi pour anatomiser à la loupe et au microscope, et la façon dont il en a fait usage pour déterminer la force de ses verres"[46]. Une planche additionnelle présente en outre les différents instruments.

Lyonet conclut donc par une profession d'humilité, qui place les capacités de l'ingéniosité humaine bien en-deçà de la complexité naturelle que nous révèle l'observation[47]. Ainsi, l'illustration apparaît particulièrement utile à la connaissance des objets et des formes vivantes dont la complexité est au-delà des possibilités du langage. Georges Cuvier (1769-1832) le soulignera : en histoire naturelle, "les formes deviennent si compliquées, qu'elles échappent à presque tous les termes que nous pouvons employer pour les décrire"[48]. Les dessins doivent suppléer à l'imprécision de la description et la description elle-même doit évoluer : en botanique par exemple, à partir des phrases anciennes, moquées par Jean-Jacques Rousseau, on peut tenter de former une langue idéographique ou hiéroglyphique, où les mots seraient déjà figuration[49]. Mais rien ne

46. Lyonet (Pierre), *Traité anatomique de la chenille, qui ronge le bois de saule, augmenté d'une explication abregée des planches, et d'une description de l'instrument et des outils dont l'utilisateur s'est servi, pour anatomiser à la loupe & au microscope, & pour déterminer la force de ses verres, suivant les règles de l'optique, & méchaniquement*, 2ème éd., La Haye : Gosse, 1762, pp. 1-24.

47. *Traité anatomique de la chenille qui ronge le bois de saule*, 1ère éd., *op. cit.*, p. xxij : "Que d'ailleurs les personnes qui pourraient avoir du penchant à me soupçonner d'artifice, réfléchissent, qu'en faisant tort à ma probité, elles feraient à mon esprit plus d'honneur qu'il ne mérite. Il faudrait avoir un génie bien plus créateur que ne l'ont ceux qui s'arrogent si hardiment ce fastueux titre, pour pouvoir imaginer un système anatomique nouveau, aussi étendu et détaillé que celui que je donne, et dont toutes les parties eussent une liaison aussi étroite les unes avec les autres."

48. *Cf.* Cuvier (Georges), "Sur les espèces d'animaux dont proviennent les ossements fossiles répandus dans la pierre à plâtre des environs de Paris, Ve Mémoire", *in Recherches sur les ossements fossiles de quadrupèdes...*, Paris : Déterville, 1812, t. 3, p. 16.

49. Pour la critique des "phrases", *cf.* Rousseau (Jean-Jacques), *Fragments pour un dictionnaire des termes d'usage en botanique, œuvres complètes*, Paris : Gallimard, 1969, t. 4, p. 1205 (La Pléiade). *Cf.* les différentes tentatives présentées par Alphonse de Candolle dans sa *Phytographie* : en particulier, celles de Bergeret (Jean-Pierre), *Phytonomatotechnie universelle, c'est-à-dire l'Art de donner aux plantes des noms tirés de leurs caractères, nouveau système au moyen duquel on peut de soi-même, sans le secours d'aucun livre, nommer toutes les plantes qui croissent sur la surface de notre globe,* Paris : l'auteur, 1783-1784, 3 vols et de Seringe (Nicolas-Charles), Guillard (Claude), *Essai de formules bota-*

vaut la présentation de la chose elle-même, pour connaître son allure, son aspect et l'ensemble de ses caractères. C'est pourquoi, le botaniste Philibert Commerson (1727-1773) propose la constitution d'herbiers de référence dans l'ensemble des grandes capitales européennes. Faute de pouvoir toujours produire l'objet lui-même, un dessin ou une gravure en tiennent lieu : c'est le cas des plantes grasses par exemple, dont les fleurs échappent aux herbiers ; c'est le cas également pour les animaux. On comprend ainsi qu'il s'agit là d'un faute de mieux dans la manière de transmettre le savoir : un correspondant enverra une gravure quand il ne pourra envoyer la bête elle-même ; le naturaliste à son tour fera dessiner la bête vive ou la peau fourrée afin de faire connaître à d'autres les monuments dont il dispose dans son cabinet.

Notre enquête sur les rapports entre l'*Histoire naturelle* et la nécessité de présenter des illustrations retrouve donc ici encore le cabinet. Cette fois, le cabinet vaut comme la concrétion d'un réseau de correspondants, sans qu'on puisse supposer de la part des conservateurs un plan d'acquisition systématique. L'aveu de Buffon à propos du tarsier est sur ce point exemplaire : "Nous avons eu cet animal par hasard et d'une personne qui n'a pu nous dire ni d'où il venait ni comment on l'appelait" (*Le Tarsier*, IR XIII, 87). La même incertitude plane sur de nombreuses pièces du Cabinet du roi, décrites par Daubenton : la pièce n° MCCXXXII présente "un très grand ongle qui paraît venir de l'unau ou de l'aï", c'est-à-dire qu'il a été donné pour tel, sans qu'on ait moyen de le vérifier (*Description de la partie du Cabinet qui a rapport à l'histoire naturelle de la Girafe, de l'Unau et de l'Aï*, IR XIII, 71). Nous l'avons déjà indiqué : les naturalistes décrivent et dessinent au hasard des passages dans les foires et les ménageries de Paris, ou en fonction des ventes des marchés hollandais (ainsi un surikate "acheté en Hollande", IR XIII, 72). Beaucoup de spécimens viennent de correspondants, parfois sans indication de provenance : "ces animaux qui nous ont été envoyés mâles et femelles sous le nom de *Rats de Surinam*" (*Le Phalanger*, IR XIII, 92), "cet animal qui nous a été envoyé d'Amérique, sous le nom d'*Écureuil orangé*" (*Le Coqualin*, IR XIII, 109). Le médecin de Cayenne J.-F. Artur (1708-1779) a procuré à Buffon un jeune aï ; M. de Bombarde a donné une peau du même animal et une peau de chat tigré[50], La Condamine a rapporté une autre peau de ses voyages[51], la marquise d'Aligny offre un tarsier desséché, l'abbé Nolin un

*niques représentant les caractères des plantes par des signes analytiques*, suivi d'*Un Vocabulaire organographique et d'une synonymie des organes*, Paris : J.-A. Mercklein, 1836, 128 p.

50. Sur la peau de chat tigrée, *cf.* Muséum, Manuscrit 218, fol. 134 et 135 : "Une peau de chat tigrée" : "Cette peau a été envoyée de Cayenne à M. de Bombarde qui l'a donnée au cabinet".

51. Daubenton, *Description du cabinet* (IR XIII, 70-71).

phalanger conservé dans l'esprit de vin[52]... Le Cabinet du roi doit en outre être pensé dans une constellation de cabinets d'histoire naturelle privés[53].

On peut risquer l'affirmation suivante relativement au texte de l'*Histoire naturelle* : si la première série (1749-1765) propose, en particulier dans ses premiers volumes, des théories générales qui donnent un système complet de physique, certains volumes plus tardifs, en particulier dans les *Oiseaux* et les *Suppléments* ne sont plus que des livres d'images, permettant de fixer et de diffuser la relation entre une forme et un nom. Cela nous est indiqué par la brièveté des notices. En particulier, le dernier volume des *Suppléments*, paru à titre posthume (en 1789), publié par le comte de Lacépède (1756-1825), présente une grande variété d'illustrations, les unes étant copiées, d'autres fixant l'image d'une peau bourrée[54].

L'illustration semble être la conclusion naturelle d'une démarche d'observation : d'une part, après avoir bien vu, on peut dessiner et graver ; d'autre part, la gravure diffusée tient lieu d'observation à celui qui n'a pas vu. Les planches montrent un animal à travers une technique permettant de la représenter. Mais l'image est également en un sens interprétation, et même démonstration. Dans sa forme et dans son organisation spatiale, l'image a le pouvoir de mettre en évidence des traits importants (sutures des os, etc.). Elle permet de comparer, en mettant en lumière des analogies et des dissemblances. Elle constitue une démarche active de construction d'un argument, elle est un élément dans une stratégie de la preuve[55]. Ainsi, l'image va au-delà du simple visible qu'il s'agirait de reproduire[56]. Elle s'émancipe de la problématique de la ressemblance au réel.

52. *Ibid.*, pp. 114-115.
53. *Cf.* Lamy (Édouard), *Les Cabinets d'histoire naturelle en France au XVIII^e^ siècle et le Cabinet du roi (1635-1793)*, Paris : l'auteur, 1930, qui est la source principale de Laissus (Yves), "Les Cabinets d'histoire naturelle", *in* Taton (René) (sous la dir.), *Enseignement et diffusion des sciences en France au XVIII^e^ siècle*, *op. cit.*, pp. 659-712.
54. Ainsi, le Lowando (pl. 10, p. 50 : "figure copiée d'une gravure enluminée"), la Guenon à nez blanc proéminent (pl. 18, p. 72 : "une peau assez bien conservée"), l'Alouatte (pl. 25, p. 87 : "Nous l'avons fait dessiner d'après une peau bourrée qui a été envoyée de Cayenne à M. Poissonier, médecin du roi"), le Loris de Bengale (pl. 26, p. 125 : "Nous avons fait copier la figure de celui-ci sur la gravure que M. Vosmaer en a donnée").
55. L'illustration ne fait pas que montrer, elle démontre, selon l'expression de Cohen (Claudine), "Stratégies de la preuve dans les *Recherches sur les ossements fossiles de quadrupèdes* de Cuvier", *in* Blanckaert (Claude), Cohen (Claudine), Corsi (Pietro), Fischer (Jean-Louis) (sous la dir.), *Le Muséum au premier siècle de son histoire,* Paris : Muséum national d'histoire naturelle, 1997, pp. 523-539 (Archives).
56. Les travaux de l'historien de l'art Ernst Hans Gombrich (1909-2001) ont joué ici un rôle déterminant. En particulier, Gombrich (Ernst Hans), *L'Art et l'Illusion* : *psychologie de la représentation picturale*, [trad. de la 3ème éd. anglaise par Durand Guy], nelle éd. révisée, Paris : Gallimard, 1996, 385 p.

Considérée par rapport à l'observation, la gravure comprend toujours le risque d'un écart. Dans l'*Histoire générale des animaux*, au chapitre VI, Buffon relate sa quarante-deuxième expérience et indique : "Aucun de ceux [les 'testicules' de lapines] que j'ai vus ne ressemble parfaitement à ce que Graaf a fait graver."[57] Ni extrémité pointue, ni corps glanduleux autour des vésicules lymphatiques : la gravure déçoit par rapport à l'observation que l'on peut faire. Peut-être faut-il souligner ici, outre les imperfections liées à l'observation elle-même et à l'opération de traduction de l'observé en gravé, que la gravure ne se borne pas à reproduire un visible. Ses fonctions épistémologiques vont au-delà. L'illustration zoologique doit donc être pensée comme un processus par lequel les planches permettent d'"*imaging the unseen*", c'est-à-dire à la fois d'imaginer et d'imager, de mettre en image ce qu'on ne peut pas voir[58]. Tous ces éléments nous indiquent assez que voir est une activité et non un simple enregistrement passif. Par là, l'image, dont on a vu qu'elle était récréation, est également recréation[59].

On peut donc interroger légitimement ce qui fait l'autorité d'un dessin. Certes, le dessin rend présent, soutient l'imagination et inscrit dans la réalité le produit d'une observation singulière. Toutefois, que faire des monstres marins ayant figures d'évêques et autres lions couverts d'écailles qui peuplent le *Des Monstres et prodiges* d'Ambroise Paré, tout à côté du "giraffe", du toucan et du caméléon ? Plus proche de Buffon encore, les *Principales merveilles de la nature, où l'on traite de la substance de la terre, de la mer*, ouvrage encore réédité avec la mention "Amsterdam, 1723", contient notamment une représentation du légendaire zoophyte de Tartarie, connu sous le nom de "agnus scythicus" et que l'article du même nom, signé par Diderot et publié au tome I de l'*Encyclopédie* (1751), achève de renvoyer à l'ordre des mythes : l'histoire naturelle, comme l'histoire civile, doit donc entreprendre un travail critique sur ses sources, pour déterminer, parmi les témoignages, lesquels sont dignes de foi. La science doit se défaire des mythes, mais composer aussi avec le goût pour l'étrange. À propos du *Blafard*, présenté dans les *Suppléments*, Buffon exprime les différentes conditions auxquelles doit sacrifier

57. Buffon, *Histoire générale des animaux* (IR II, 219-220).

58. Stafford (Barbara Maria), *Body Criticism: Imaging the Unseen in Enlightenment Art and Medicine*, London ; Cambridge (Mass) : MIT Press, 1991, 587 p.

59. Ce point a ouvert la voie à des critiques de l'idéologie (politique ou scientifique) que peut véhiculer l'illustration. Ainsi, Gould (Stephen Jay), *La Vie est belle : les surprises de l'évolution*, [trad. de l'américain par Blanc Marcel), Paris : Seuil, 1991, p. 23 (Science ouverte) a pu comparer les représentations du Schiste de Burgess et montrer que "nos images ne font qu'illustrer ce que nous défendons avec les mots", "les images ont un contenu idéologique intrinsèque" : "Bon nombre de nos illustrations matérialisent des concepts, tout en prétendant n'être que des descriptions neutres de la nature. Ce type d'images est le plus puissant agent de maintien de la conformité intellectuelle, puisque faire passer des idées pour des descriptions conduit à mettre le signe égal entre ce qui n'est qu'hypothèse et ce qui est fait objectif."

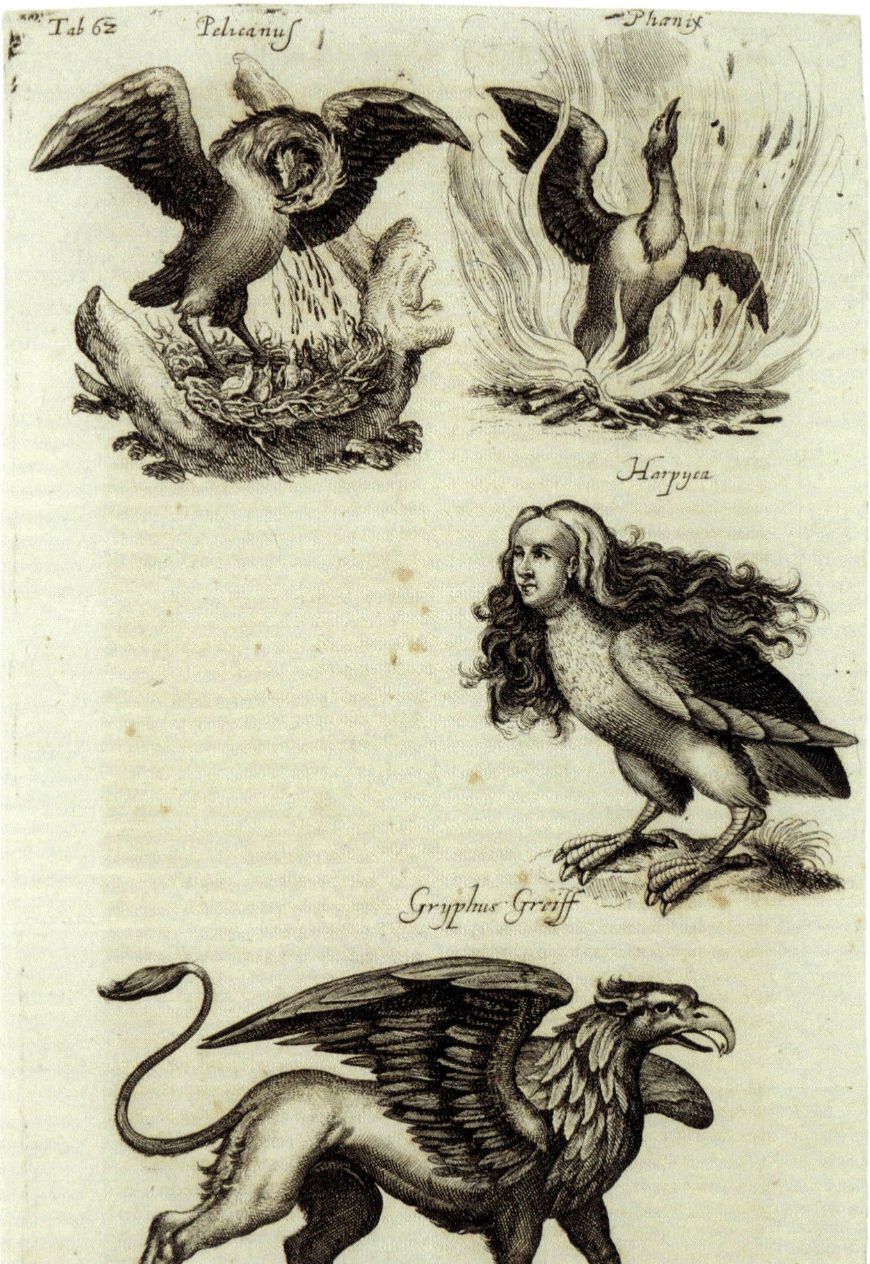


**FIG. 13 -** Monstres. Planche extraite de Jonston (Jan), *Historiae naturalis de avibus libri VI, cum aeneis figuris*, Francofurti ad Moenum, impensis M. Meriani : 1650-1653, pl. 62 (Bibliothèque centrale MNHN, D 10683).

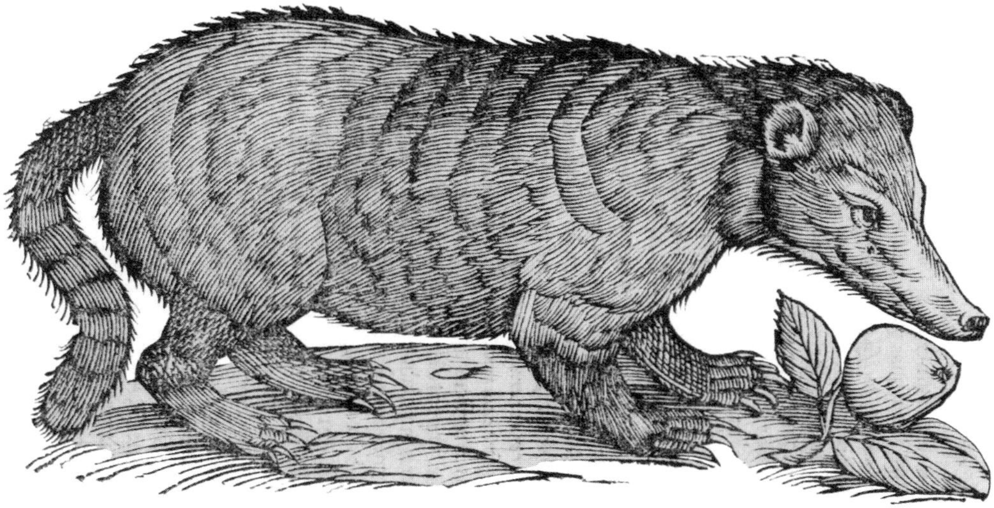

**FIG. 14** - Gravure d'un blaireau-cochon, issue de Aldrovandi (Ulisse), *De quadrupedibus digitatis viviparis libri tres...*, Bononiae, apud N. Thebaldinum : 1637, p. 267 (Bibliothèque centrale MNHN, Y 3109).

celui qui présente une "curiosité" : il précise que la planche donne "la figure d'un enfant que j'ai fait dessiner sous mes yeux et qui a été vu de tout Paris dans l'année 1774"[60]. Tous les éléments importent ici : d'une part, l'idée que l'original était placé "sous mes yeux", que ce fait, quoique incroyable, a été vu de "tout Paris" ; enfin, la date indiquée ("l'année 1774") inscrit le fait dans le présent. L'ensemble de ces fragments confère au dessin l'autorité qui lui est nécessaire et l'inscrit dans une rhétorique de la preuve.

En d'autres cas, la gravure peut être responsable d'avoir reproduit les chimères des nomenclateurs et de leur avoir donné corps. Ulisse Aldrovandi (1522-1605) mentionne ainsi un blaireau-cochon (*taxus suillus*), concaténation purement nominale qui a finalement produit *l'image* d'un blaireau auquel le graveur a fait un nez de cochon[61].

60. Buffon, *Sur les blafards et les nègres blancs* (supp. IV, IR XXXIII, 555). Le portrait donné page 571 est celui de Anne-Marie Hérig, jeune fille originaire de la Lorraine allemande, près de Trèves. Née en novembre 1770, elle est âgée de trois ans et demi lorsque Buffon l'observe en juin 1774. Son corps est couvert de poils, de taches et de loupes.

61. Buffon, *Le Coati* (IR VIII, 359-360). *Cf.* Aldrovandi (Ulisse), *De quadrupedibus digitatis viviparis libri tres et de quadrupedibus digitatis oviparis libri duo*, Bononiae : apud N. Thebaldinum, 1637, qui oppose les deux figures du taxus caninus et du taxus suillus (pp. 266-267). Brisson (Mathurin-Jacques), *Regnum animale in classes IX distributum, sive Synopsis Methodica sistens generalem animalium distributionem a D. Brisson [= Le Règne animal divisé en IX classes, ou Méthode contenant la division générale des animaux]*, Paris : C.-J.-B. Bauche, 1756, p. 263, demande si le blaireau-cochon ne serait pas le coati.

Buffon critique ces fantaisies qui obstruent le chemin vers la véritable physique : il soutient à l'inverse l'unicité de l'espèce du blaireau, et qu'il faut en finir avec la division des *blaireaux-chiens* et des *blaireaux-cochons*[62].

Il apparaît que les fonctions de l'illustration, dans un ouvrage intitulé *Histoire naturelle*, sont multiples et qu'elles conjoignent ou entremêlent au moins trois perspectives : scientifiques, esthétiques et culturelles. L'illustration produit un artefact qui est à la fois "art of fact"[63]. Effet d'une technique et produit de l'artiste, elle vise à produire un effet de réel. Elle a pour charge de fixer et de diffuser une certaine relation du nom et de la chose.

## Le nom et le nombre : une histoire des espèces

Entrons plus avant dans les relations entre histoire naturelle et illustration, à partir des caractéristiques propres de l'ouvrage intitulé *Histoire naturelle, générale et particulière*. La série de quinze volumes parue sous ce titre de 1749 à 1767 s'ouvre par un volume de considérations sur la *Manière dont il faut étudier et traiter l'histoire naturelle*, suivi d'une *Histoire et théorie de la terre* et d'un ensemble de dix-neuf *Preuves de la théorie de la terre*. Le tome II poursuit cette visée générale par une *Histoire générale des animaux* qui détaille les mécanismes de la génération considérés en général. Puis Buffon donne une *Histoire naturelle de l'homme* qui l'occupe aux tomes II et III, complétée par la *Description du Cabinet du roi* par Daubenton. Enfin, à partir du tome IV, après le *Discours sur la nature des animaux* par Buffon et un discours général *De la description des animaux* par Daubenton, l'*Histoire naturelle* déploie une série de monographies sur des bêtes, qui s'ouvre par le Cheval et se clôt par le Mico. La série de ces animaux non-humains peut être lue selon une triple division : celle des animaux domestiques et des animaux sauvages ; celle du familier (la faune locale, ou en un second sens, *domestique*) et de l'exotique ; celle de l'ancien et du nouveau mondes.

Surtout, le caractère important de ces volumes de l'*Histoire naturelle* est que, pour traiter de la série des mammifères quadrupèdes, l'ouvrage, par la voix de Buffon, refuse toute autre unité systématique que l'espèce. Buffon affirme d'abord que la nature ne connaît que des "individus", sans préciser ce dont il s'agit : les genres, les ordres et

62. Buffon, *Le Blaireau* (IR VII, 107-108).
63. Selon l'expression de D. P. Miller dans son introduction à Miller (David Philip), Reill (Peter Hanns) (sous la dir.), *Visions of Empire: Voyages, Botany and Representations of Nature*, Cambridge (UK) : Cambridge University Press, 1996, p. 9.

les classes n'existent que dans notre imagination[64] ; puis cette affirmation nominaliste se double de la thèse que les espèces peuvent être les vrais individus[65]. La première série de l'*Histoire naturelle* est donc bien une histoire naturelle des espèces : c'est ce niveau taxinomique fondamental qui scande et organise la distribution de l'ouvrage. Il importe donc à Buffon de déterminer quel est le nombre de ces animaux, dont on ne sait si l'on doit les appeler "quadrupèdes" ou "mammifères" – Buffon récusant les deux dénominations[66].

Chacune des espèces de ces "quadrupèdes" (animaux à quatre membres et à mamelles) manifeste une constance dans la forme que le naturaliste ne trouvera plus dans les espèces d'oiseaux, pour lesquels les difficultés s'accumulent : grand nombre d'espèces, grand nombre de variétés, différences de forme, de grandeur, de couleur entre les mâles et les femelles, entre les jeunes, les adultes et les vieux, celles produites par le climat, celles par la captivité, le transport, les migrations naturelles et forcées, "toutes les causes en un mot, de changement, d'altération, de dégénération"[67].

Buffon estime le nombre d'espèces des animaux dont il doit traiter à environ 200[68]. Ce nombre moyen se situe entre deux vices symétriques liés à l'application de méthodes : la réduction abusive qui conduit à des assimilations douteuses (ainsi, Linné ne décrit que 167 espèces) ; la prolifération, illustrée par Mathurin-Jacques Brisson (1723-1806) qui compte jusqu'à 260 espèces parmi lesquelles près de soixante ne sont que

64. Buffon, *De la manière* (IR I, 38).

65. *Cf.* Buffon, *Seconde vue* (IR XIII, p. j) : "Un individu, de quelque espèce qu'il soit, n'est rien dans l'univers ; cent individus, mille ne sont encore rien : les espèces sont les seuls êtres de la Nature ; être perpétuels, aussi anciens, aussi permanents qu'elle [...]".

66. Buffon utilise le terme usuel "quadrupède", dont il propose dans la *Nomenclature des singes* de retrancher les quadrumanes, les bipèdes, etc. *Cf.* notamment : "Sur environ deux cents espèces d'animaux qui peuplent la surface de la terre, et auxquelles on a donné le nom commun de quadrupèdes, il y a d'abord trente-cinq espèces de singes, babouins, guenons, sapajous, sagouins et makis, qu'on doit en retrancher, parce qu'ils sont quadrumanes [...]" (IR XIV, 16-19). Le terme de "mammifères" n'est jamais employé par Buffon, qui donne à plusieurs reprises la critique des méthodes qui divisent les quadrupèdes selon les dents et les mamelles. En particulier, *De la Manière* (IR I, 38), qui rappelle la thèse buffonienne (critiquée par Daubenton) selon laquelle "le cheval n'a point de mamelles". De même, *Le Sarigue* rappelle (IR X, 295, résultat important repris dans l'index général, IR XV, p. clxx) que "le nombre des mamelles varie dans plusieurs animaux, comme dans la chienne, qui en a quelquefois dix et d'autres fois neuf, huit ou sept ; dans la truie qui en a dix, onze ou douze ; dans la vache qui en a six, cinq ou quatre ; dans la chèvre et la brebis qui en ont quatre, trois ou deux, le rat qui en a dix ou huit, le furet qui en a trois à droite et quatre à gauche, et le sarigue qui en a cinq ou sept, etc.".

67. Buffon, *Discours sur la nature des Oiseaux* (*Oiseaux* I, IR XVI, p. iv) : "Pour connaître exactement tous les oiseaux, un seul individu de chaque espèce ne suffit pas, il en faut deux, un mâle et une femelle ; il en faudrait même trois ou quatre, car les jeunes oiseaux sont encore très différents des adultes et des vieux."

68. Buffon, *Animaux du Nouveau Monde* (IR IX, 86).

des variétés ou des formes mal établies. L'*Histoire naturelle* occupe donc cette tension entre réduction et prolifération – deux défauts que Buffon pointait dès son *Discours de la manière* comme "deux écueils également dangereux", condamnant à la fois ceux qui n'ont "aucune méthode" et ceux qui veulent "tout rapporter à un système particulier"[69]. Contre Linné, l'*Histoire naturelle* établit de nouvelles espèces, décrites à part : le Petit-gris dont la couleur est l'occasion d'une polémique avec Linné (n'est-ce qu'une variété ?)[70] ; le Palmiste, le Barbaresque et le Suisse, distingués en trois espèces alors que Ray les rassemblait[71]. À l'inverse, contre Brisson, Buffon s'emploie à démêler le lacis des sources et cherche les transferts à l'occasion desquels les noms s'autonomisent et deviennent créateurs d'espèces supposées séparées : ainsi, le Tamanoir, le Tamandua et le Fourmilier sont réduits à trois espèces là où Brisson en décrivait six[72]. Buffon établit de méticuleuses synonymies pour réduire ce nombre d'espèces, comme dans le chapitre de l'histoire naturelle consacré au Sarigue : "ces trois phrases, par lesquelles M. Brisson désigne, d'après Seba, trois espèces différentes, n'indiquent cependant que le même animal", ce qui est encore compliqué par le fait qu'on a donné des noms différents au mâle et à la femelle[73].

Quand il arrive que Buffon traite de plusieurs espèces ensemble, c'est alors pour démêler leurs histoires et attribuer à chacune ce qui lui revient en propre : « Ainsi le bœuf sauvage et le bœuf domestique, le bœuf de l'Europe, de l'Asie, de l'Afrique et de l'Amérique, le bonasus, l'aurochs, le bison et le zébu sont tous des animaux d'une seule et même espèce, qui selon les climats, les nourritures et les traitements différents ont subi toutes les variétés que nous venons d'exposer."[74]

69. Buffon, *De la Manière* (IR I, 22-23).
70. Buffon, *Le Petit-gris* (IR X, 119).
71. Buffon, *Le Palmiste, le Barbaresque et le Suisse* (IR X, 126).
72. Buffon, *Le Tamanoir, le Tamandua et le Fourmilier* (IR X, 150). Le texte de Brisson est assorti dans les pages suivantes d'une sévère condamnation de l'esprit des collectionneurs de cabinet : "En voilà plus qu'il n'en faut pour juger et l'ouvrage et l'auteur. Il est fâcheux que la plupart des gens qui ont des cabinets d'histoire naturelle, ne soient pas assez instruits, et que pour satisfaire leur petite vanité et faire valoir leur collection, ils entreprennent d'en publier des descriptions toujours remplies d'exagérations, d'erreurs et de bévues qui demandent plus de temps pour être réformées qu'il n'en a fallu pour les écrire."
73. Buffon, *Le Sarigue ou l'Opossum* (IR X, 279 et 299). Linné lui-même a trop multiplié ces espèces, faute d'avoir assez collationné les textes. Par exemple : "Didelphis. Linn. Syst. nat. edit. IV, pag. 64. – Didelphis mammis intra abdomen, edit. VI, pag. 10. – Marsupialis Didelphis mammis octo intra abdomen, edit. X, pag. 54. – Opossum. Didelphis caudâ semipilosâ, superciliorum regione pallidiore, mammis binis. Linn. Syst. nat. edit. X, pag. 55. Nota. Que ces deux phrases indicatives, par lesquelles M. Linnæus désigne deux espèces différentes, doivent cependant se rapporter à la même, comme nous le prouverons dans le texte." (IR X, 279).
74. Buffon, *Le Buffle, le Bonasus, l'Aurochs, le Bison et le Zébu* (IR XI, 325-326 et IR XI, 329-330) : "De tous les noms que nous avons mis à la tête de ce chapitre, lesquels pour les naturalistes, tant anciens que modernes, faisaient autant d'espèces distinctes et séparées, il ne nous reste donc que le buffle et le bœuf ; ces deux animaux quoiqu'as-

Cette histoire des espèces a une portée polémique par rapport aux classifications. Le faible nombre d'espèces de quadrupèdes fait argument en faveur des noms simples. Nul n'est ici besoin de méthodes puisque la connaissance des espèces ne demande à chacun "qu'un très médiocre usage de sa mémoire, puisqu'il ne s'agira que de retenir ces deux cents noms. À quoi sert-il donc d'avoir fait pour les quadrupèdes des classes, des genres, des méthodes en un mot, qui ne sont que des échafaudages qu'on a imaginés pour aider la mémoire dans la connaissance des plantes, dont le nombre est en effet trop grand, les différences trop petites, les espèces trop peu constantes, et le détail trop minutieux et trop indifférent pour ne pas les considérer par blocs, et en faire des tas ou des genres, en mettant ensemble celles qui paraissent se ressembler le plus ?"[75] Or, s'insurge Buffon, "il est arrivé qu'au lieu d'une liste de deux cents noms, à quoi se réduit toute la nomenclature des quadrupèdes, on a fait des dictionnaires d'un si grand nombre de termes et de phrases, qu'il faut plus de travail pour les débrouiller, qu'il n'en a fallu pour les composer. Pourquoi faire du jargon et des phrases lorsqu'on peut parler clair, en ne prononçant qu'un nom simple ? pourquoi changer toutes les acceptions des termes, sous le prétexte de faire des classes et des genres ?"

La méthode qui dissocie espèces et genres a des vertus pédagogiques et didactiques, qui sont peut-être utiles en botanique, mais elle n'a aucune pertinence quand il s'agit de connaître un si petit nombre d'espèces : un index ou une table, assortie de la gamme complète des gravures, tiendra lieu de toute méthode.

Il faut rappeler ici que le critère ultime incessamment rappelé par Buffon pour établir l'espèce, ce n'est pas la ressemblance ou la différence (critiquées sur le cas du chien) mais la production d'individus féconds, conçue en termes de lignée[76]. Cette définition permet –en tout cas dans le texte de 1755– de différencier chien, loup, renard et chacal (ou adive) comme différentes espèces. Des animaux qui se distinguent fortement en apparence (chameaux et dromadaires par exemple) sont en réalité de la même espèce puisqu'ils se croisent ; buffles et bœufs quoique fort semblables sont de deux espèces différentes parce qu'ils ne produisent pas ensemble (IR XI, 329). Une lettre de M. de

sez ressemblants, quoique domestiques, souvent sous le même toit et nourris dans les mêmes pâturages, quoiqu'à portée de se joindre, et même excités par leurs conducteurs, ont toujours refusé de s'unir ; ils ne produisent, ni ne s'accouplent ensemble : leur nature est plus éloignée que celle de l'âne ne l'est de celle du cheval."

75. Buffon, *Animaux communs aux deux continents* (IR IX, 122).

76. Sloan (Phillip R.), "From logical universals to historical individuals: Buffon's idea of biological species", *in* Fondation Singer-Polignac, *Histoire du concept d'espèce dans les sciences de la vie : colloque international, Paris, mai 1985*, Paris : Fondation Singer-Polignac, 1987, pp. 101-140 ; Gayon (Jean), "L'Individualité de l'espèce : une thèse transformiste ?", *in* Gayon (Jean) (sous la dir.), *Buffon 88 : Actes du colloque pour le bicentenaire de la mort de Buffon, Paris, Montbard, Dijon, 14-22 juin 1988*, Paris : Vrin ; Lyon : IIEE, 1992, pp. 475-489.

La Nux sur les bisons témoigne de l'interfécondité et donc de la communauté d'espèce entre Bœuf et Bison[77]. Par exemple, l'histoire naturelle du Chien se termine par des expériences de croisement avec le loup et le renard qui ont pour fonction de dénoncer l'artifice de la nomenclature linnéenne du *Systema Naturæ* (le renard, *canis cauda recta* ; le chien, *canis cauda sinistrorsum recurva* ; le loup, *canis cauda incurva*). En revanche, à l'intérieur d'une même espèce, Buffon ne rechigne pas à appeler le barbet, *canis aviarius aquaticus*, et l'épagneul, *canis aviarius terrestris*. Cela nous indique ce point important : que Buffon interprète le genre dans une dimension d'engendrement ; qu'il pose l'espèce comme un genre par rapport à ses variétés. L'identité générique doit être aussi génétique, traduire une parenté. L'identité de noms n'est pertinente qu'à ce prix.

Le lien entre différence spécifique et distribution des espèces dans les volumes est souligné par Buffon : "Comme il est très douteux qu'il [l'adive ou chacal] se mêle avec les chiens et qu'il puisse engendrer ou produire avec eux, nous en ferons l'histoire à part, comme nous ferons aussi celle du loup, celle du renard, et celle de tous les autres animaux qui, ne se mêlant point ensemble, font autant d'espèces distinctes et séparées."[78]

Cette importance de l'espèce comme filiation implique la secondarisation de l'anatomie et de l'histoire (la ressemblance physique) et leur soumission à la description du *naturel*. Comme Buffon le rappelle à l'article du *Chien* : c'est l'instinct et le naturel qui font le mieux connaître la nature des espèces car ils sont une autre manière de dire lesquelles s'accordent et lesquelles répugnent[79].

## L'enchevêtrement des noms

La question du nombre des espèces, croisée à celle de la méthode, pose donc la question de la manière dont on doit faire acquérir la connaissance et dont on peut garder mémoire d'un grand nombre d'informations. Elle se traduit donc nécessairement dans la question des noms de ces espèces. Buffon semble moins constater l'afflux de nouvelles formes que l'enchevêtrement des noms. Corrélativement, la tâche de l'histoire naturelle est donc multiple : d'abord, on croit retrouver, dans les formes nouvelles, les anciennes espèces, celles que l'on rencontre dans les textes d'Aristote, Pline ou Théophraste ; ensuite, de nouvelles espèces deviennent visibles, pour lesquelles on

77. "Le seul caractère qui différencie ou identifie les espèces est la faculté de produire des individus qui ont eux-mêmes celle de produire leurs semblables [...]" (citée IR IX, 65 et suiv.).
78. Buffon, *Le Chien* (IR V, 214).
79. *Ibid.*, p. 217.

n'a pas encore de noms ; enfin, on dispose de noms multiples mais qui à proprement parler ne disent rien. D'une part donc, des espèces réduites à n'être que des noms dont l'absence d'illustration et l'interruption d'une tradition nous ont fait perdre le sens – un abondant corpus de noms qu'il faut tenter d'identifier, orphelins de formes ; d'autre part, des formes nouvelles, orphelines de noms, ou dont les noms ne sont que des sons : ils n'éveillent aucune image dans l'esprit et il faut leur attacher un contenu.

La tâche du naturaliste comprend donc un important versant lexicographique : elle s'interroge sur le sens des noms anciens ; elle légifère sur le sens des noms modernes. L'histoire naturelle paraît n'être, par bien des aspects, qu'une philologie spécialisée, qui se fixe un programme classique d'identifications. Il s'agit de croiser deux listes de mots et de descriptions sommaires : celle, grecque ou latine, tirée des œuvres d'Aristote, Pline, Théophraste ou Élien, mais aussi de la Bible ; celle, écrite dans toutes les langues, anciennes ou vernaculaires, dans lesquelles se disent les témoignages des voyageurs. Le travail suit deux lignes contradictoires : la prolifération des nouveaux noms, savants ou communs, entraîne la multiplication des chimères et des espèces purement fantasmatiques, redoublements qu'il faut tenter de réduire ; la pauvreté des noms hérités du lexique ancien tend parfois à rapporter de nombreuses espèces à un même terme, d'où une confusion d'entités distinctes sous un terme unique dans lequel on trouve des assemblages hétéroclites[80]. Dans l'œuvre de Buffon, ces deux lignes se trouvent alternativement traitées : l'article *Buffle* tente de concilier l'abondance des noms avec le peu d'espèces[81] ; l'article *Chauves-souris* tente au contraire de dissocier plusieurs espèces là où elles sont réunies sous peu de noms[82].

Une confusion terrible règne dans les noms empruntés aux écrits naturalistes des Anciens, dont on mesure l'ampleur par la formule de Tournefort : "J'ai bien du mal de croire que les Anciens, s'ils pouvaient revenir au monde, reconnaîtraient les ouvrages qui courent aujourd'hui sous leur nom."[83] La confusion vient en particulier de la difficulté des herborisations qui rebute les botanistes et les conduit à ne collecter que les espèces qui se trouvent autour de chez eux : en réalité, ce n'est pas à Paris ou à Londres,

80. Ces préoccupations sont également celles des historiens civils : *cf.* par exemple [Mahudel], "Examen de divers monuments sur lesquels il y a des plantes que les antiquaires confondent presque toujours avec le Lotus d'Égypte", *Histoire de l'Académie royale des inscriptions et belles-lettres*, vol. 3, 1711-1717, pp. 169-174.

81. Buffon, *Le Buffle* (IR XI, 248-249).

82. Buffon, *Les Chauves-souris* (IR VIII, 118).

83. Tournefort (Joseph Pitton de), "Isagoge in Rem Herbariam", *in Institutiones rei herbariae*, 3ème éd., Paris : E. Typographia Regia, 1719, p. 38. Une traduction française de ce texte se trouve dans Becker G. (sous la dir.), *Tournefort*, Paris : Muséum national d'histoire naturelle, 1957, pp. 239-306 (ici, p. 273) (Les Grands naturalistes français ; 2).

mais bien plus sûrement en voyageant en Grèce ou au Levant, qu'on aurait des chances de trouver les plantes indiquées par Dioscoride ou Théophraste.

À ces identifications hâtives et souvent fautives, la gravure donne pourtant une influence pernicieuse en ce qu'elle leur assure la plus large diffusion : Tournefort note que les commentaires de Pietro Andrea Mattioli (1500-1577) sur la matière médicale de Dioscoride ont été diffusés à plus de 32 000 exemplaires[84]. Mais il ajoute aussitôt que Mattioli a trompé son monde et a plus diverti ou charmé par la beauté des images, qu'instruit véritablement. Les gravures de plantes données par Mattioli ont été dessinées d'après des plantes sèches qui lui avaient été envoyées et qu'il dit avoir fait tremper dans l'eau glacée, pour leur redonner leur port naturel ; Tournefort considère que ses peintures s'éloignent fort *a naturali statu*. De plus, certaines plantes ont été gravées de mémoire par le peintre qui en avait perdu les spécimens originaux. Pis encore : Mattioli a fait dessiner et graver des plantes d'après de simples descriptions de Dioscoride. Bartholomæus Maranta tente d'expliquer cette démarche : "S'il est permis d'ajouter aux statues mutilées par le temps un nez ou des oreilles d'un autre marbre, ou un autre membre, pour que leur ensemble paraisse plus beau, quoique nous ne sachions pas si nous avons attrapé la véritable ressemblance de ce membre, pourquoi ne serait-il pas également permis d'ajouter aux plantes quelque chose que nous ayons vu, mais que nous n'avons pas alors en mains, ou que nous n'ayons pas vu, mais en suivant la description de Dioscoride, pourvu que nous espérions en rendre la connaissance plus claire."[85]

La conséquence de tout cela est la perte ou le déplacement de nombreux noms anciens[86] : si la myrte, *Myrtus communis*, s'est conservée du grec au latin et jusqu'à la nomenclature actuelle, le plus souvent, la nomenclature scientifique ne s'applique pas exactement ou même pas du tout aux mêmes plantes que les noms grecs ou latins sur lesquels elle a été formée. Les noms anciens ont servi d'étiquettes, avec parfois d'étranges cheminements : ainsi, Pline (*Histoire naturelle*, XXVI, 164) donne uniquement la description de "la plante nommée *ophrys* qui ressemble au chou dentelé avec deux feuilles" et qui teint les sourcils en noir (d'où ce nom d'*ophrys*, en latin, *supercilium*) : il n'y a ici aucun rapport avec les orchidées du genre *Ophrys* L. De même, *opuntia* désigne

84. *Ibid.*, p. 32 (trad. p. 268).

85. *Ibid.*

86. De nombreux exemples très éclairants sont donnés dans Amigues (Suzanne), "Ambiguïtés et vicissitudes des noms de plantes de Théophraste à Linné", *in Études de botanique antique*, Paris : Diffusion de Boccard, 2002, en particulier pp. 351-362 (Mémoires de l'Académie des inscriptions et belles-lettres ; 25).

d'abord une lentille d'eau, dont on a donné le nom à une plante venue d'Amérique (la figue de Barbarie)...

De tels processus sont légions et les exégètes de la Bible se sont souvent demandé ce qu'était véritablement l'hysope qui marquait le terme des connaissances du roi Salomon[87] supposé avoir parlé de tous les arbres du cèdre à l'hysope (1 Rois, 4, 13). Les mêmes problèmes se retrouvent en zoologie, où l'histoire naturelle touche également à l'histoire sacrée[88]. De Claude Perrault à Buffon inclus, les académiciens français qui se consacrent à l'histoire naturelle doivent déterminer qui sont l'*alcé*, l'*iktis* ou le *caprea* des Anciens[89], mais aussi ce que sont *jaguar* et *haüt*, et si l'*armadillo* est le même que le *tatu* ou l'*encubertado*. Ces questions sont d'histoire naturelle, mais occupent aussi bien les maîtres de physique curieuse[90].

Face à la confusion des noms anciens, Buffon préconise l'usage des noms vernaculaires. Il rejette les dénominations composées et rend au "lézard écailleux" les noms de *pangolin* et de *phatagin*[91]. Il naturalise de nombreux noms indigènes (tamanoir, cabiai, coati, agouti, gibbon, ou jaguar) tout en reconnaissant la difficulté de certains d'entre eux (le chat-pard ou *tlacoosclotl*[92]). Il traduit des noms espagnols (l'encoubert pour *encuberto*[93]) ou italiens (la pipistrelle et la barbastrelle pour *pipistrello* et *barbastello*[94]). Mais lorsqu'une incertitude persiste, Buffon n'hésite pas à suspendre sa plume, donnant ainsi un article *Animal anonyme* au tome III des *Suppléments*.

87. *Cf.* Fée (Antoine-Laurent-Apollinaire), *Essai historique et critique sur la phytonymie ou nomenclature végétale,* [s.l.] : [s.n.], [1827].

88. Frey (Hermann Heinrich), *Therobiblia, Biblisch Thierbuch*, Leipzig : [s.n.], 1595, [1390 p.]. Bochart (Samuel), *Hierozoïcon, sive Bipertitum opus de animalibus Sacrae Scripturae. Pars prior agit libris quatuor de animalibus in genere et de quadrupedibus, viviparis et oviparis. Pars posterior agit libris sex de avibus, serpentibus, insectis, aquaticis et fabulosis animalibus, cum indice septuplici*, [1ère éd. Londres : T. Roycrofl, 1663], 4ème éd., Lugduni Batavorum : C. Boutesteyn & S. Luchtmans, 1712, 2 vols.

89. Par exemple, Buffon demande qui est l'*iktis* mangeur de miel, et le compare à l'hermine et au furet (IR VII, 213-214).

90. Schott (Gaspar), *Physica curiosa, sive Mirabilia naturae et artis libris XII comprehensa, quibus pleraque quae de angelis, daemonihus... rara, arcana curiosaque circumferuntur, ad veritatis trutinam expenduntur*, [1ère éd., Herbipoli : sumpt. J. A. Endteri et Wolffgangi jun. haeredum, 1662, 2 vols], 3ème éd., Herbipoli : sumpt. W. M. Endteri, 1697, 1389 p.

91. Buffon, *Le Pangolin et le Phatagin* (IR X, 180).

92. Sous le nom de chat-pard, c'est en réalité le *serval* qui a été écrit par l'Académie et c'est Montmirail qui a trouvé son vrai nom dans un récit de voyage. *Cf.* Buffon, *Le Serval*, (IR XIII, 233).

93. Buffon, *Les Tatous* (IR X, 204).

94. Buffon, *La Chauve-souris* (IR VIII, 119).

## Polémiques autour de "l'animal anonyme"

Buffon décrit ainsi "l'animal anonyme" :

> Nous donnons ici la figure d'un animal nouveau, c'est-à-dire inconnu à tous les naturalistes, dont le dessin a été fait par M. le chevalier Bruce, qui m'a permis de le faire copier ; cet animal dont nous ignorons le nom et que nous appellerons l'*Anonyme*, en attendant qu'on nous dise son nom, a quelques rapports avec le lièvre, et d'autres avec l'écureuil.[95]

La gravure, qui présente ce que Bruce publie par la suite sous le nom de Fennec, est le seul moyen de parler d'un animal qui n'a pas de nom, et dont le portrait vient d'entrer dans la littérature naturaliste. Face à cet animal, on peut chercher à savoir de quoi l'on parle et si Aristote ou Pline ont mentionné cet anonyme. Mais le cas du Fennec est éclairant pour penser la dimension essentielle de l'illustration dans le projet naturaliste. Bruce raconte que l'animal lui fut donné alors qu'il était consul-général britannique à Alger. Un soldat turc lui apprend alors que l'animal est plutôt familier des contrées de l'Arabie et qu'on en vend à La Mecque. Bruce conserve son fennec plusieurs mois, il observe ses mœurs, déclarant que l'animal vit dans les palmiers et se nourrit du fruit de cet arbre, et surtout, il en donne une peinture. Ce "portrait en couleur, de grandeur naturelle" est, selon lui, celui "d'après lequel on a esquissé toutes les mauvaises copies qui ont été publiées en Angleterre"[96]. À son départ d'Alger, Bruce offre l'animal au capitaine Cleveland, lequel le donne à Eric Skjöldebrand (né Brander) (1722-1814), consul de Suède à Alger.

À partir de là, s'ouvre une querelle de priorité : à qui appartient le fennec ? Les Suédois en ont réclamé la priorité et quasi la propriété. En particulier, Anders Sparrman (1748-1820), dans son *Voyage au Cap de Bonne Espérance*, indique que Skjöldebrand a publié une description de l'animal (zerda ou *Vulpes minimus sarensis*) dans les *Mémoires de l'Académie suédoise des sciences* en 1777[97]. Mais James Bruce repose la question : qui a véritablement introduit le Fennec dans la littérature naturaliste ? Est-ce celui (Skjöldebrand) qui en a publié une description obscure et mal connue ? Ou n'est-ce pas plutôt celui qui le premier, ayant longuement observé la bête, en a donné une peinture dont tous se sont par la suite servis ?

95. Buffon, *Animal anonyme* (supp. III, IR XXXII, 148).

96. Bruce (James), *Voyage en Nubie et en Abyssinie, entrepris pour découvrir les sources du Nil, pendant les années 176 8, 1769, 1770, 1771, 1772 et 1773*, [trad. de l'anglais par Castera J. H.], Paris : Hôtel de Thou, 1790-1791, t. 9, p. 263.

97. Sparrman (Anders), *A Voyage to the Cape of Good hope, towards the Antarctic Polar Circle, round the World and to the Country of the Hottentots and the Caffres, from the Year 1772-1776*, [trad. du suédois par Rudner J. & I.], [1ère éd. anglaise Londres : Robinson, 1785, 2 vols], nelle éd. par Forbes V. S, Cape Town : Van Riebeeck society, 1977, t. 2, p. 145 (Van Riebeeck society publications, 2nd series ; 7).

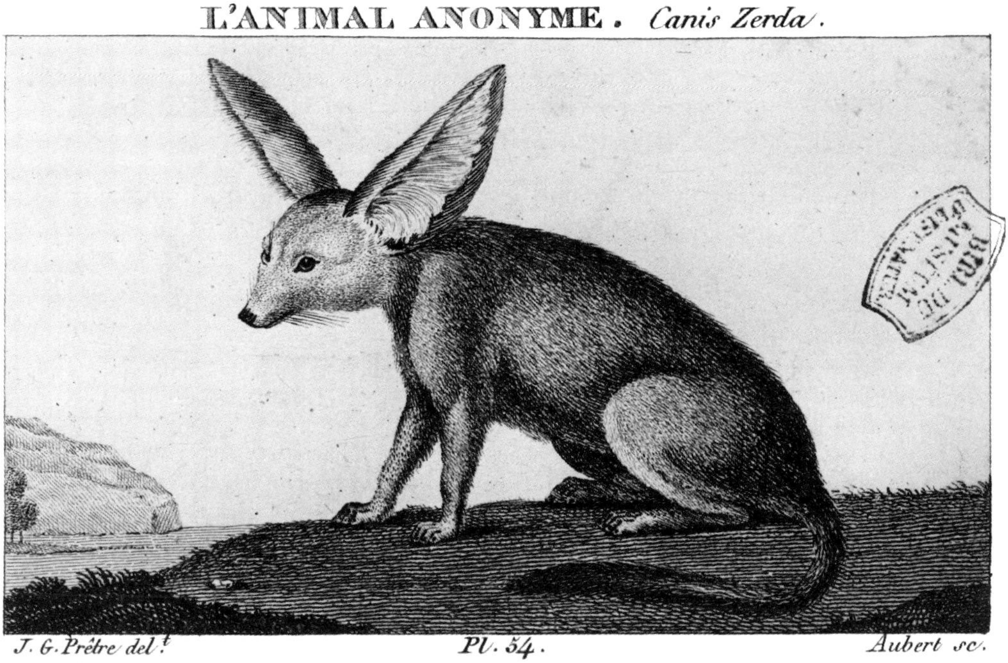


**FIG. 15** - Gravure extraite du troisième tome du supplément à l'*Histoire générale et particulière. Servant de suite à l'histoire des Animaux quadrupèdes*, Paris : impr Royale, 1776, pl. LIV (Bibliothèque centrale MNHN, P 5313).

Sur cette question, Bruce est très net : Skjöldebrand a peut-être écrit et publié un texte, mais il n'a jamais pu se résoudre à publier d'illustration, résistant même aux pressantes instances du secrétaire de l'Académie suédoise des sciences, Hendrik Nicander (1744-1815). Sparrman note le fait et l'explique ainsi : l'animal aurait échappé à Skjöldebrand avant qu'il ait pu procéder à quelques vérifications indispensables pour pouvoir publier le dessin. Mais Bruce propose une autre interprétation du fait : si Skjöldebrand (qu'il nomme Brander) n'a pas publié d'image, c'est qu'il savait s'être procuré la sienne par des voies peu recommandables. Bruce dénonce une petite malversation qui indique assez quelles rivalités entourent les images naturalistes : Skjöldebrand est en possession légitime de l'animal (on le lui a donné), mais il a séduit un jeune homme qui travaillait au service de Bruce pour qu'il fît une copie à l'huile du fameux dessin de Bruce :

> Cette copie était tellement calquée sur l'original qu'on ne pouvait s'y méprendre, et elle fut reconnue pour telle par les personnes les moins en état d'en juger[98]. La posture dans laquelle

98. Bruce vise ici Anders Sparrman qui écrivait en effet : "Il apparaît clairement que les deux images sont prises l'une de l'autre, ou bien l'une et l'autre du même unique dessin original." (Bruce [James], *Voyage en Nubie et en Abyssinie...*, *op. cit.*, t. 9, p. 145). Sparrman déclarait que les deux images avaient été faites par "le même peintre". Bruce ironise

> l'animal était placé, la largeur extraordinaire de ses pieds, le pli peu naturel de la queue, que j'avais ainsi disposée pour qu'on en pût voir le côté noir, la disposition des oreilles, tournées également de manière à pouvoir en connaître les détails et les décrire quand l'animal serait perdu, tout enfin était servilement copié sur mon dessin.[99]

Dans cette querelle, l'attitude retenue de Buffon est louée par Bruce (les deux hommes s'étaient rencontrés dès 1774[100]) :

> M. de Buffon, content du mérite de ses propres ouvrages, sans chercher à se faire honneur de quelques notions prises au hasard de côté et d'autre, déclare qu'il croit que le nom de cet animal est encore inconnu, et que tout ce qui le concerne est également ignoré. Si les autres auteurs qui en ont parlé avaient eu la même discrétion, peut-être l'histoire naturelle n'y aurait pas beaucoup perdu.[101]

Il apparaît que Buffon adopte une position exactement symétrique à celle des Suédois : alors que ceux-ci n'hésitent pas à nommer "renard" un animal dont ils ne peuvent publier une image qu'ils savent volée, Buffon préfère ne pas nommer l'animal et il se borne à en donner une image dont il a au préalable obtenu la peinture auprès de son auteur. Nous reviendrons sur cette opposition de Buffon aux Suédois : dans l'*Histoire naturelle*, de l'unicité de la figure à l'unicité du nom, l'espèce est établie fermement dans son réalisme, à l'inverse des méthodes linnéennes qui, par leurs caractères partiels, chargent la nomenclature et l'embrouillent, faisant du fennec un renard.

Le travail que se fixe l'*Histoire naturelle* consiste donc dans une description exacte, point central à partir duquel Buffon multiplie les conseils et les mises en garde : il faut "représenter naïvement et nettement les choses, sans les charger ni les diminuer, et sans y rien ajouter de son imagination"[102]. Par là, il faut refuser de briller et il faut au contraire prêter l'attention nécessaire pour "suivre les choses jusque dans les petits détails". Il faut éviter de donner "des ouvrages embarrassés d'une nombreuse et sèche nomenclature, de méthodes ennuyeuses et peu naturelles dont les auteurs croient se faire un mérite : rien de si rare que de trouver de l'exactitude dans les descriptions, de la nouveauté dans les faits, de la finesse dans les observations". Ces réflexions donnent le programme général qui sera tenu dans l'ensemble des monographies.

(pp. 266-267) : "Il semble à l'entendre qu'on trouve un peintre à Alger aussi aisément que si l'on était aux portes de Naples, ou de Rome. Ce sont de ces subterfuges qu'emploient des hommes non moins éloignés de la véritable science que d'une loyale et franche honnêteté."

99. Bruce (James), *Voyage en Nubie et en Abyssinie*..., *op. cit.*, t. 9, p. 264.

100. Sur le passage de James Bruce à Montbard, *cf.* lettre de Buffon au duc Louis-Alexandre de La Rochefoucauld, 1er juin 1774, parue dans la *Revue d'histoire littéraire de la France*, 6e année, n° 1, 15 janvier 1899, pp. 135-138.

101. Bruce (James), *Voyage en Nubie et en Abyssinie*..., *op. cit.*, t. 9, pp. 267-268.

102. Buffon, *De la Manière* (IR I, 25-26).

# Du particulier au général et du général au particulier

## un traité de physique ou un système de philosophie s'illustrent-ils ?

Dans notre effort pour expliquer la présence de planches dans l'*Histoire naturelle*, nous avons jusqu'ici mis en avant les rapports entre l'histoire naturelle et l'histoire civile : toute histoire est soumise à l'impératif de présentation du document ou de l'archive qui fonde son récit et l'illustration est ici pour les naturalistes un utile raccourci. Par ailleurs, l'illustration est, on l'a dit, un instrument précieux pour débrouiller la nomenclature et mener à bien la tâche de la dénomination. Ces caractères sont incontournables. Toutefois, nous devons à présent préciser quelle est la nature du projet développé par l'*Histoire naturelle*, et en particulier, le fait qu'elle prétende au statut de science à la fois *générale et particulière*. Jusqu'à présent, nous avons surtout souligné la dimension de particularité : la planche présente des objets ou des spécimens singuliers. Mais il ne faut pas négliger la part de généralité qui est essentielle à l'ouvrage.

La tradition baconienne, décisive pour le développement des sciences de la nature, est traversée par une opposition profonde entre l'histoire naturelle et la philosophie naturelle. La première est la collection de faits singuliers, de données brutes accumulées sans être nécessairement ordonnées, et qui tirent leur qualité notamment de ce caractère brut et non élaboré. La seconde constitue seule la véritable science de la nature : elle consiste en un système où les faits sont reliés les uns aux autres en un tout unifié et où, par de bonnes inductions, l'esprit s'élève au-dessus des cas particuliers et découvre la loi générale qui en rend raison. Face à cette dichotomie, l'ouvrage collectif intitulé *Histoire naturelle générale et particulière* occupe une position ambiguë. Par son titre même d'*Histoire naturelle*, il semble se rattacher explicitement au premier type de science : la collection éparse des faits assurés. N'est-ce pas cela que présente la succession en apparence incohérente des monographies ?

Selon une présentation classique, l'*Histoire naturelle* serait désordonnée, parce qu'elle n'est qu'un catalogue qui enregistre les pièces au fur et à mesure de leur récolte, ayant d'abord pour fonction la description des pièces assemblées dans le cabinet. Toutefois, on sait que Buffon a explicitement abandonné le projet d'un *Catalogue raisonné du cabinet du Jardin royal* pour celui d'une *Histoire naturelle générale et particulière*[1]. Cela montre assez la manière dont Buffon entend relire le terme : il investit la vieille coquille de l'histoire naturelle pour en faire le lieu d'une nouvelle physique des effets généraux. Ce point ne sera pas sans susciter la colère de ses contemporains qui s'estiment trompés par le titre[2].

Mais l'examen des volumes de l'*Histoire naturelle* fait bien comprendre que la description du Cabinet n'est pas au cœur de l'ouvrage. Si le premier volume donne une théorie de la terre suivie de dix-neuf articles de preuves, aucun de ceux-ci ne fait référence aux pièces du Cabinet : Buffon conclut même sur ce point en signalant "le défaut des monuments historiques". De même, la référence aux collections du Jardin du roi est absente du second volume, qui cite, à titre de preuves, de nouvelles expériences, mais pas de pièces du Cabinet[3]. Ce n'est qu'au tome III, que Daubenton intervient pour donner "la description de la partie du Cabinet qui a rapport à l'histoire naturelle de l'homme". Ici, il donne des recommandations pour bien tenir et organiser un cabinet : en particulier, il conseille de classer les pièces en fonction de leurs ressemblances et de leurs différences, c'est-à-dire selon le genre et l'espèce. Mais cet ordre de classement n'est pas générateur de celui de l'*Histoire naturelle*. Sans doute sous l'influence de Buffon, Daubenton relativise cette classification en la qualifiant d'arbitraire et recommande de suivre la marche de la Nature elle-même. Il souligne en outre que "la description du cabinet sera divisée en plusieurs articles, conformément aux divisions de l'*Histoire naturelle* et les différentes pièces seront rapportées immédiatement après les discours qui en auront traité"[4]. Ainsi, la *Description du cabinet* suit l'histoire naturelle de l'homme, commencée

1. Buffon à Jean Jalabert, 2 août 1745, cité dans Buffon (Georges-Louis Leclerc), *Œuvres philosophiques de Buffon*, [texte établi et présenté par Piveteau Jean, avec la collab. de Fréchet Maurice et Bruneau Charles], Paris : Presses universitaires de France, 1954, p. VIII. (Corpus général des philosophes français, Auteurs modernes ; 41 [1]).

2. Sur la déception causée par l'écart entre le titre de l'ouvrage, *Histoire naturelle*, et son contenu, *cf.* par exemple Grimm (Frederik Melchior), *Correspondance littéraire*, Paris : Garnier frères, 1877-1882, t. 1, p. 337 : "À tout prendre, ce livre ne répond pas à l'idée qu'on s'en est faite" ; Joseph-Adrien Lelarge de Lignac (1710-1762) note également le malentendu dans *Lettres à un Amériquain sur l'Histoire naturelle, générale et particulière de M. de Buffon*, Hambourg : [s.n.], 1751, lettre 1, t. 1, p. 1-2 : "Vous attendez avec impatience, Monsieur, l'histoire du cabinet du roi, vous comptiez y voir un catalogue raisonné de toutes les richesses que la Nature étale avec profusion dans tout l'univers. Ce cabinet est effectivement une histoire naturelle de votre goût. Vous n'en aurez pas la description, parce qu'elle ne paraît point encore : on n'en a que la préface en trois volumes in-4° et cette préface contient les songes philosophiques de M. de Buffon, auxquels M. Daubenton a ajouté quelques pièces anatomiques pour compléter le troisième volume" ; ou du même (*idem*, t. 1, p. 16) : "La physique [est] le vrai objet de la grande préface de l'histoire du cabinet du Roi [...]".

3. Buffon, *Expériences au sujet de la génération* (IR II, chapitre VI).

4. Daubenton, *Description du Cabinet du roi* (IR III, 12).

au volume II et à laquelle elle se rapporte. Elle n'est pas génératrice d'ordre pour l'*Histoire naturelle*, mais elle dépend, pour son ordre de présentation, de la succession des articles proposée par Buffon.

La lecture de l'ouvrage nous indique donc la véritable nature de son projet : sous ce titre d'*Histoire naturelle*, c'est en réalité une "vraie philosophie" que Buffon déclare donner. En particulier, il va tenter d'établir un certain nombre de faits généraux. Ainsi, l'*Histoire naturelle*, bien loin de s'en tenir aux faits individuels, s'élève au général et donne non une simple collection mais une véritable physique[5]. Or, ces deux versants ont des implications contradictoires relativement à l'illustration. D'une part, l'histoire, au sens où Hérodote en parle, est enquête et l'historien est celui qui sait pour avoir vu : dès lors, elle semble appeler l'illustration. Celui qui a vu peut ensuite représenter, pour transmettre les données assurées qu'il a collectées : la gravure est une manière de témoignage rendu public, le rapport fidèle de ce que l'on a vu, l'autorité transmise à ceux qui se voient privés de voir par eux-mêmes.

Mais d'autre part, la philosophie semble devoir s'en passer. Le caractère physique et philosophique de l'*Histoire naturelle* rend problématique la présence de l'illustration dans cet ouvrage. Quel sens en effet l'illustration peut-elle avoir quand Buffon se dit philosophe et physicien plutôt qu'historien ou descripteur ? Précisément, l'histoire et la philosophie s'opposent comme Louis-Sébastien Mercier dans son *Tableau de Paris* oppose le pinceau du peintre à la réflexion du philosophe : il y a illustrer et il y a juger ; il y a l'histoire qui observe et qui peint, et la philosophie qui s'élève à grandes enjambées et néglige les faits.

Un fait est exemplaire du partage des tâches entre les illustrateurs curieux et les physiciens généraux. Quand Nicolas-François et Geneviève Regnault publient leurs *Écarts de la nature*, ils donnent au public curieux une collection de "monstruosités rares et sûres", et non de ces "monstres merveilleux, enfants de l'imagination, que l'ignorance adopte et que la crédulité propage". Ils notent alors :

> On ne s'est point proposé dans cet ouvrage de remonter aux causes ; les vues de l'artiste ne tendent qu'à rendre les effets : c'est la tâche du philosophe d'interroger la nature sur les raisons qui l'écartent de sa route. Le pour et le contre occupent les savants depuis des siècles ; il était réservé au nôtre, et à l'illustre M. de Buffon qui l'honore, de décider la question.[6]

5. Sur ce point, nous nous permettons de renvoyer à notre ouvrage : Hoquet (Thierry), *Buffon : histoire naturelle et philosophie*, Paris : H. Champion, 2005, 809 p. (Les Dix-huitièmes siècles ; 92).

6. Regnault (Geneviève), Regnault (Nicolas-François), *Les Écarts de la nature, ou Recueil des principales monstruosités*

Ainsi un partage est clairement établi entre différentes "vues" : celles de l'artiste (Regnault) qui s'adressent au curieux et se bornent aux effets ; celles du philosophe (Buffon) qui visent à "remonter aux causes" (fût-ce sous la forme des effets généraux). C'est instaurer entre les *compendia* d'illustrations et les œuvres de physiciens un hiatus très net. Il y a les planches factuelles, qui peignent ceci ou cela, et la science du général, qui décide "du pour et du contre". On peut presque dire qu'en vertu de cette division, le physicien philosophe ne peut pas voir. Le thème est commun dans le discours sur les sciences de la nature vers 1750. En particulier, la figure de Démocrite incarne ces exigences contradictoires. Pour les uns (dont Claude Perrault), le philosophie d'Abdère est l'observateur méticuleux, qui a multiplié les voyages pour voir[7] ; pour d'autres (comme Pluche dans le frontispice de son *Histoire du ciel*[8]), il est l'aveugle qui philosophe, c'est-à-dire celui qui construit des systèmes sans fondement. Pierre Belon (1517-1564) exprime le point de vue de manière très claire dans son *Histoire de la nature des oiseaux* : "combien que les aveugles puissent philosopher et contempler les choses, les pensant en leurs esprits, si est-ce qu'il y a des choses en nature qu'il faut nécessairement avoir vues pour en avoir la science."[9] Ainsi, à suivre les oppositions classiques, le type de science donné par l'*Histoire naturelle* de Buffon (une science du général) ne devrait pas s'accompagner d'illustrations : les trois premiers tomes ne sont-ils pas moins richement illustrés que la suite de l'ouvrage ? Dès lors, pour rendre compte des nombreuses planches qui suivent, il faudrait les disjoindre du projet épistémologique de Buffon – par exemple, en les rattachant plutôt à l'emprise de Daubenton : il y aurait d'un côté les discours généraux, œuvre de Buffon, et de l'autre, les descriptions de Daubenton, accompagnées des planches de De Sève. Une telle dissociation du projet de l'*Histoire naturelle* entre les personnalités de Buffon et Daubenton par exemple, pose la question de la place de l'anatomie dans le projet général. D'un simple point de

*que la nature produit dans le genre animal, peintes d'après nature, gravées et mises au jour*, Paris : l'auteur, 1775, pp. 1-2. Cité par Curran (Andrew), Graille (Patrick), "Exhibiting the Monster: Nicolas-François and Geneviève Regnault's *Les Écarts de la nature*", *Eighteenth Century Life*, vol. 21, n° 2, 1997, pp. 16-17.

7. Cela n'empêche pas que Démocrite soit parfois sévèrement critiqué par Perrault : *cf.* par exemple, la fin de la "Description anatomique d'un caméléon", *in* Perrault (Claude), *Mémoires pour servir à l'histoire naturelle des animaux*, Paris : impr. royale, 1671, pp. 26-27 : "Pour ce qui est de l'expérience des vertus incroyables que la superstition des Anciens a attribuées au Caméléon, et dont Pline dit que Démocrite a fait un livre entier, elles sont si extravagantes au jugement même de Pline, que nous nous sommes rapportés à ce qu'il en pense : et sans éprouver si nous pourrions exciter des tempêtes avec sa tête, ou gagner des procès avec sa langue, ou arrêter des rivières avec sa queue et faire les autres merveilles que l'on dit que Démocrite a laissées par écrit, nous nous sommes contentés de faire les expériences qui semblaient avoir quelque probabilité [...]".

8. Pluche (Noël-Antoine), *Histoire du Ciel, où l'on recherche l'origine de l'idolâtrie et les méprises de la philosophie, sur la formation des corps célestes et de toute la nature*, 3ème éd., Paris : Frères Estienne, 1757, 2 vols.

9. Belon (Pierre), *L'Histoire de la nature des oiseaux, avec leurs descriptions et naïfs portraicts retirez du naturel*, Paris : G. Corrozet, 1555, livre 1, chapitre 1, p. 2.

vue statistique, on voit que l'anatomie occupe une grande place de l'illustration dans l'ouvrage (près de 57 %). Mais ces travaux anatomiques dévolus à Daubenton sont-ils revêtus de la même importance que les monographies de Buffon ?

La question de l'anatomie et de l'illustration, ainsi que celle du type de science proposé par l'*Histoire naturelle*, peut également être posée au moyen d'un détour par Julien-Jules Offray de La Mettrie (1709-1751). Dans son *Ouvrage de Pénélope*, La Mettrie persifle Fontenelle et la comparaison du corps humain à un navire ("comparaison aussi usée que celle de la montre")[10].

> Si le corps est un vaisseau, on a plus besoin d'une boussole pour le conduire et ne pas le laisser entraîner au gré des vents et des eaux, que de connaître tous les clous qui font la jonction des pièces avec la quille. L'anatomie fine fournit-elle cette boussole ? Trop de recherches, trop de minuties ; c'est la marque évidente de la petitesse de l'esprit. Sans doute, lorsque la marée porte, que le vent souffle en poupe et fait entrer les voiles bien tendues, on n'a pas de peine à conduire la barque : mais si les vents sont contraires, s'il faut faire des ris dans les voiles, si les mâts sont rompus, et qu'une terrible tempête jette le vaisseau fracassé dans des plages inconnues, à quoi sert la géographie de l'homme, et la plus exacte anatomie de la machine ? Disons vrai : vanité que presque toutes les connaissances du médecin.

Pour ne pas se laisser abuser par ce texte, il faut se souvenir que La Mettrie a fait la théorie du persiflage dans sa préface, et qu'en conséquence, il donne ici une défense de l'anatomie sous l'apparence d'une critique de ses minuties inutiles. L'anatomie est ce qui permet à la médecine de s'arracher au vice de l'imagination et La Mettrie déplore que les plus grands médecins aient négligé son importance dans la connaissance de la physique : en particulier, Hippocrate a affirmé que l'anatomie a moins de rapport à la médecine qu'à la peinture, *minus censeo ad artem medicam spectare, quam ad pictoriam*[11]. Si, comme La Mettrie, on défend l'anatomie, alors il faut abandonner l'image grandiose du corps-vaisseau pour se plonger dans l'examen et la peinture des clous et des planches qui le composent. Si au contraire le corps est un vaisseau, le médecin doit d'abord s'attacher à piloter ce vaisseau, l'anatomie est inutile et la science de l'homme tient toute dans la morale. La Mettrie nous révèle la portée de la comparaison du corps humain à un navire : elle induit une politique de la médecine, qu'elle détourne de la peinture du corps pour s'attacher d'abord à la connaissance de l'âme. Si la médecine doit conduire l'homme, elle doit prendre barre sur le corps : acquérir des connaissances opératoires et non plus seulement descriptives.

10. *Cf.* La Mettrie (Julien, Offray de), *L'Ouvrage de Pénélope, ou Machiavel en médecine*, [texte revu par Francine Markovits], Paris : Fayard, 2002, p. 39 (Corpus des œuvres de philosophie en langue française).
11. *Ibid.*, p. 33.

Les théoriciens du corps-navire méprisent l'observation anatomique dont ils déplorent la minutie. Ils s'attachent aux tempêtes qui menacent le vaisseau. Ils accuseront l'anatomiste d'être "un disséqueur de puces, de serpents, de papillons et d'insectes"[12]. Ce portrait d'un critique de l'anatomie n'est-il pas précisément celui de Buffon ? En effet, non seulement Buffon est inlassable à attaquer l'esprit de minutie des observateurs de mouches, mais il s'attache pour sa part à théoriser les déchirements dans lesquels l'âme humaine est prise : sa théorie de l'*Homo duplex*, mais aussi tout le *Discours sur la nature de l'homme*, sont une réflexion sur l'âme comme la lumière qui nous guide. Ainsi, Buffon fait la théorie du pilotage du corps humain, pas celle de sa description : cela l'éloigne encore d'un cran de l'anatomie et de l'attention aux détails du corps.

De fait, Buffon fustige en des pages célèbres ces savants dont l'attention est tout entière préoccupée de mouches, c'est-à-dire de petits détails. On pense souvent ici que cette critique s'adresse à Réaumur, mais comment ne pas songer aux planches du *Micrographia* de Robert Hooke, qui vont devenir un lieu commun de la théologie de la nature ? Buffon serait donc, contre les physico-théologiens, du côté des grandes visions, plutôt que des observations précises. Une fois encore, son projet d'une physique du général semble lui interdire de recourir à l'illustration.

Toutefois cette critique de l'objet de l'illustration n'est pas une critique de l'illustration en elle-même. En particulier, contre les Linnéens et leurs longues descriptions accumulant les caractères, Buffon recommande fermement l'usage de la gravure, qui présente, *uno intuitu*, la figure de l'espèce[13]. Il faut donc revenir ici à notre distinction entre différents niveaux de l'illustration, et en tirer une conséquence importante : dans les planches de l'*Histoire naturelle*, tout n'intéresse peut-être pas Buffon.

Il y a en réalité deux niveaux : celui des gravures des animaux en pied, auquel Buffon accorde une valeur et un intérêt épistémologique ; celui des détails anatomiques, qui n'intéressent Buffon qu'en tant qu'ils élaborent une théorie des fonctions du vivant (nutrition, génération, excrétion) et qu'ils servent de flèches lancées contre la classification linnéenne. Ces deux niveaux se distinguent comme, d'une part, celui de la stratégie générale de promotion d'une nouvelle science, charge que Buffon s'attribue, et, d'autre part, celui des escarmouches ponctuelles contre la systématique linnéenne, qui revient au bretteur Daubenton. Cette lecture fut souvent faite : les deux qualités (génie

12. Ce fut le cas de Harvey, cité *ibid.*, p. 35.
13. *Cf. infra* notre analyse de *La Girafe*, p. 118.

ardent, vues minutieuses) requises pour l'étude de l'histoire naturelle furent l'objet d'un partage du travail entre Buffon et Daubenton[14].

On peut pousser plus loin l'analyse et faire apparaître l'ambiguïté de la position de Buffon. Nous avons jusqu'ici tracé le tableau suivant. Avec La Mettrie, nous avons opposé les anatomistes (art de la peinture et du détail) et les moralistes (science de la navigation et du général). Aux premiers se rattache Daubenton avec son goût pour l'observation minutieuse des organes et ses planches anatomiques ; aux seconds, il faut rapporter Buffon, ses grandes vues de la nature et ses figures d'animaux en pied. L'un et l'autre points de vue s'inscrivent dans le cadre d'une polémique contre les méthodes linnéennes. Or, si l'on continue de suivre le texte de *L'Ouvrage de Pénélope*, il apparaît que Buffon, combattant les minuties pourrait finalement se trouver condamné à soutenir une science "linnéenne". En effet, parmi ceux qui rejettent l'anatomie comme appartenant à la peinture et constituant un ensemble de minuties inutiles à la science, La Mettrie place une grande part de la médecine hippocratique, mais surtout Jacob-Bénigne Winslow (1669-1770)[15]. Or, le Winslow de La Mettrie tient lieu du "petit Linnæus de l'anatomie", ce faux savant, qui "peut en imposer [...] par l'énumération de mille connaissances naturelles, et même par la seule pompe et longueur des mots de l'art ; sur quoi il est facile de briller et de varier à l'infini ses expressions, quand on a lu Winslow, le Multipliant des termes sans nécessité"[16].

Il apparaît alors que Buffon, dont l'anti-linnéisme est bien connu, se rattache pourtant à ce portrait du linnéisme médical, refusant la minutie de l'observation, l'art de l'illustration anatomique et multipliant la pompe verbale[17]. Il y aurait donc, à suivre la leçon de La Mettrie, plusieurs manières d'être (anti-)linnéen – ce qui complique encore notre tâche.

14. *Cf.* Farber (Paul Lawrence), "Buffon and Daubenton: Divergent Traditions within the *Histoire naturelle*", *Isis*, vol. 66, 1975, pp. 63-74. Cette opposition traduit bien une réalité, que nous tenterons toutefois de nuancer dans notre conclusion.

15. Jacob Winslow, petit-neveu de Niels Steensen, Danois, fut converti au catholicisme par Bossuet qui le baptisa sous le nom de Bénigne. Il est admis à l'Académie des sciences en qualité d'élève (1707) puis d'associé (1716) et de pensionnaire (1722). Il succède ensuite à Duverney à la chaire d'anatomie et de chirurgie du Jardin du roi.

16. La Mettrie (Julien, Offray de), *L'Ouvrage de Pénélope...*, *op. cit.*, pp. 41-42.

17. Buffon sera également accusé de multiplier les mots à l'envi. Cuvier, dans la notice qu'il rédige sur Buffon pour la *Biographie universelle* de Michaud, consacre une longue note à la critique du style de Buffon, citant Voltaire ("Dans un style ampoulé, parlez-nous de physique") et d'Alembert qui trouvait pompeuse la description du cheval ("La plus noble conquête que l'homme ait jamais faite..."). Cuvier rappelle que Rivarol a tenté de défendre Buffon en le mettant sur le même plan que Jean-Baptiste Rousseau qui écrivait, dans le goût de l'époque : "Des bords sacrés où naît l'aurore aux bords enflammés du couchant" – pour dire "de l'est à l'ouest". Pour Cuvier, un naturaliste prosateur ne doit pas s'autoriser les mêmes libertés stylistiques qu'un poète lyrique.

Comment résoudre ces difficultés ? Peut-être en considérant qu'elles naissent de ce que nous avons trop rapidement supposé l'univocité du terme "peinture". En particulier, nous avons admis l'identité de la peinture et de l'anatomie et nous les avons conjointes sous le terme d'"illustration". C'est cette identité, proposée par Hippocrate (c'est-à-dire par un opposant à l'anatomie) qu'il importe de critiquer d'abord. La Mettrie se moque des conseils que Winslow veut donner aux peintres d'anatomie :

> Il [Winslow] veut que le peintre soit assis sur un tabouret fort bas, et qu'il prenne diverses attitudes, selon qu'il faut voir les parties, tantôt en dessus, tantôt en dessous. Qu'arrive-t-il de là ? C'est que si l'on suivait les règles plaisantes de sa perspective, il y aurait tant de confusion dans les parties qu'on n'en pourrait distinguer aucune.[18]

Il importe avec La Mettrie de détacher l'anatomie de l'art des peintres. Autrement dit, il faut comprendre que la question de l'illustration dans les textes de médecine et d'histoire naturelle est moins un problème esthétique qu'une question épistémologique dont il importe de montrer tout l'intérêt pour la physique.

Le Linné médecin de La Mettrie est le tenant d'une science verbeuse qui joue sur les termes sans tenir compte de l'observation et de l'anatomie qu'il méprise en les qualifiant de minuties et en les assimilant à la peinture. Le Linné naturaliste de Buffon est le tenant d'une science verbeuse qui s'appuie sur une observation trop méticuleuse, accumulant les détails mais sans ordre : la dérive verbale de la science linnéenne est relayée par le vice de la minutie, qui ne voit pas les choses en grand. Ainsi, Buffon critique les minuties d'observations *et* la science verbeuse. À ces deux vices, il donne un seul nom : Linné. C'est cette tension qu'il faut analyser car elle fait toute l'ambiguïté, la difficulté et l'intérêt de la position de Buffon par rapport à l'illustration : la nécessité d'observer (et de représenter), sans pour cela verser dans les minuties d'observation. Pour Buffon, ce sont finalement deux manières d'être contre Linné.

La vraie physique telle que la souhaite Buffon doit à la fois admettre l'anatomie et la dépasser, rechercher le particulier et l'inclure dans une perspective plus générale. Nous allons éclairer cette thèse par une analyse de l'illustration. D'abord le statut généraliste de la science proposée par l'*Histoire naturelle* sera ici établi par une comparaison avec la série des *Mémoires* dirigés par Claude Perrault : on verra alors que l'ouvrage de Buffon et Daubenton dépasse la perspective strictement anatomique. Ensuite, la question de l'anti-linnéisme de Buffon, abordée plus haut à partir de la question des noms et du nombre des espèces, sera reprise dans une perspective iconographique. Il sera

18. La Mettrie (Julien, Offray de), *L'Ouvrage de Pénélope...*, *op. cit.*, p. 38.

frappant de constater que, sur chacun de ces points, on rencontre une concordance assez forte entre les trois composantes de l'*Histoire naturelle* : non seulement le projet exprimé par Buffon et les analyses anatomiques de Daubenton, mais aussi l'illustration mise en œuvre par De Sève.

## Buffon comparé à Claude Perrault : que nous disent les gravures d'animaux en pied ?

La comparaison de l'*Histoire naturelle, générale et particulière* avec les *Mémoires pour servir à l'histoire des animaux* nous aidera à comprendre à la fois la dette et l'originalité de la première par rapport aux seconds.

Chaque mémoire de Claude Perrault, comme chaque monographie de Buffon, représentent à la fois l'animal en pied, dans un décor naturel (avec parfois quelques éléments d'architecture, une végétation minimale, un ciel contrasté, des rochers) et un ensemble de pièces anatomiques. Il y a donc dans les deux ouvrages deux dimensions conjointes : le choix est fait de montrer une vue synthétique – l'animal qui coordonne et enveloppe les différentes pièces – et une vue analytique – la juxtaposition des organes, qui dépèce et désarticule la bête, qui la désenveloppe et expose les différents éléments que la bête en pied organisait dans l'intimité de son intérieur. Cette double dimension s'exprime dans le projet formulé par les *Mémoires* de produire la connaissance de l'intérieur qui manque à l'histoire naturelle, et donc de donner les premiers éléments d'une anatomie comparée. On la retrouve dans le projet de l'*Histoire naturelle* de 1749 qui prolonge ces travaux, les recherches de Daubenton nous faisant plonger dans l'intérieur des bêtes.

Dans la perspective traditionnelle d'une anatomie comparée, l'anatomie animale n'est qu'un détour vers une connaissance de l'anatomie de l'homme, détour rendu nécessaire par l'interdit pesant sur la dissection humaine. Or, les *Mémoires* se démarquent par rapport à cette conception :

> Quoique le recueil que l'on donne au public des dissections de toutes sortes d'animaux, dans lesquelles une infinité d'observations de cette nature sont contenues, ait principalement rapport à la connaissance du corps humain ; on a néanmoins encore eu une autre vue, qui est de l'employer à la composition d'une histoire naturelle des animaux, à laquelle toutes les descriptions particulières et détachées que ce recueil contient doivent servir de matière, et en attendant que l'histoire générale soit composée, donner

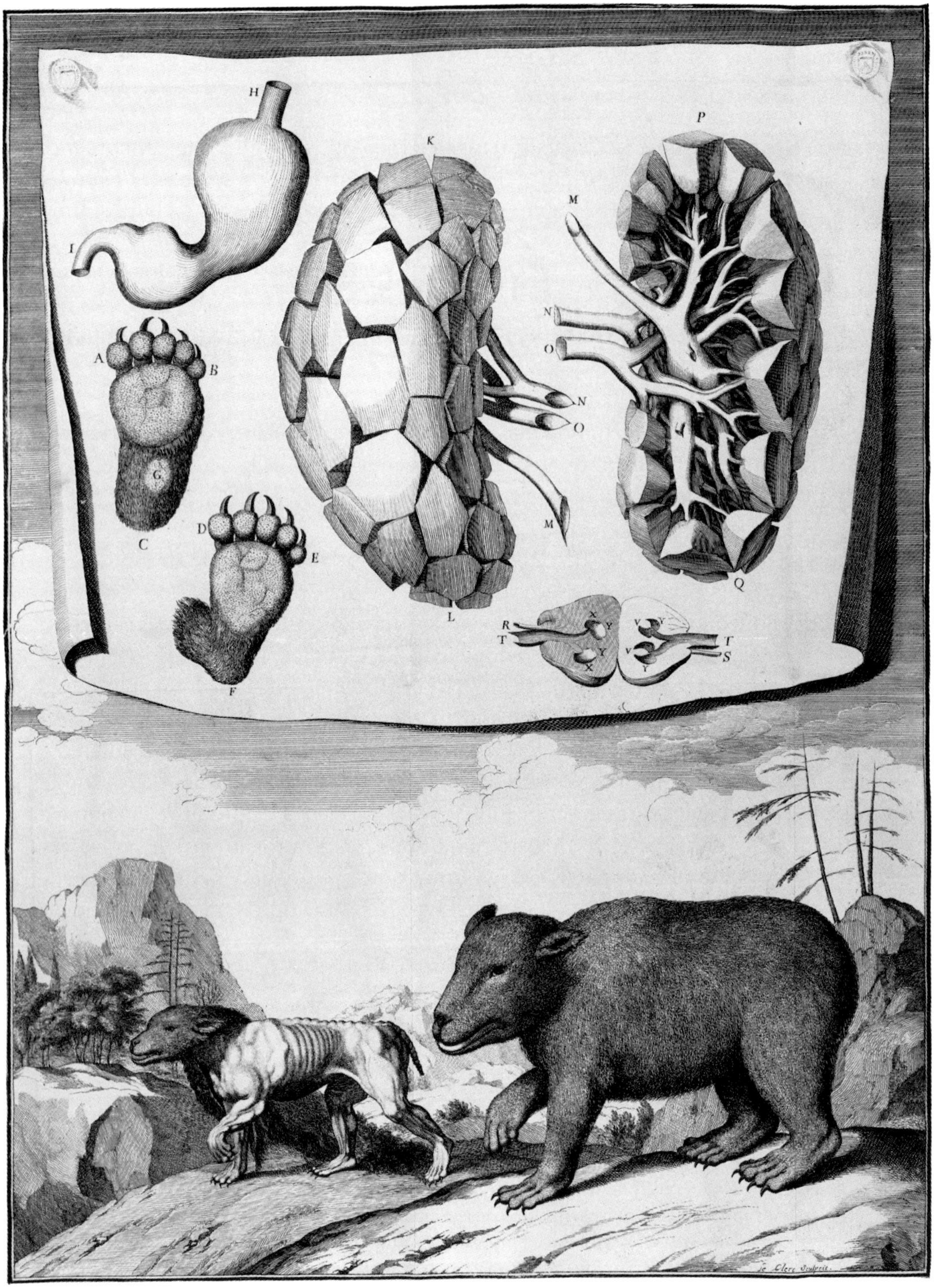


**FIG. 16 -** Description anatomique d'un ours. Gravure extraite de Perrault (Claude), *Description anatomique d'un caméléon, d'un castor, d'un dromadaire, d'un ours et d'une gazelle*, Paris : F. Léonard, 1669, p. 105 (Bibliothèque centrale MNHN, P 4311).

lieu à prendre toutes les précautions et toutes les mesures nécessaires à en bien dresser le plan et le dessein général.[19]

L'objectif ordinaire des dissections, celui d'une connaissance de l'homme par l'anatomie des animaux, est présenté de manière purement concessive. L'académicien note d'ailleurs que la connaissance de l'anatomie humaine en elle-même lui semble suffisamment bien avancée[20]. C'est pourquoi cet objectif traditionnel, qui consiste à faire servir l'analyse de l'animal à la connaissance de l'homme, est secondarisé par rapport à un objectif nouveau et d'inspiration baconienne, qui est la constitution d'une histoire naturelle. Dans cette perspective, les dissections réalisées n'ont pas à être ordonnées ou rattachées à une étude générale.

Le projet d'une anatomie comparée oriente le travail des descripteurs de l'Académie, dans la filiation du programme aristotélicien de comparaison. Tout l'œuvre d'Aristote est relu comme une distribution des animaux selon les ressemblances et les dissemblances[21]. Les *Mémoires* de Perrault se situent dans cette tradition en ce qu'ils se sont attachés à un domaine restreint : c'est ce qui appartient à la structure des animaux qui fait l'objet des mémoires, plutôt que "ce qui regarde leurs mœurs, leur nourriture, la manière dont on les prend, leurs propriétés pour la médecine". Ni éthologie, ni élevage, ni cynégétique, ni pharmacopée, les *Mémoires* s'offrent comme une anatomie. Perrault doit donc renoncer à l'abondance profuse des ouvrages de la Renaissance et Buffon reprend exactement la même orientation[22].

19. Nous citons les *Mémoires pour servir à l'Histoire naturelle des animaux* dans l'édition des *Mémoires de l'Académie royale des sciences*, Paris : Compagnie des Libraires, 1733, 3 vols ; ici, t. 1, p. iij.
20. *Ibid.*, p. xix : "Nous décrivons aussi toutes les parties du corps humain, quoiqu'il n'y ait pas tant de choses nouvelles à en dire, que de celles des autres animaux ; étant fort difficile d'ajouter quelque chose aux Anciens et aux Modernes qui ont traité cette matière avec toute l'exactitude imaginable, et avec un succès comparable à la grandeur et à la dignité du sujet."
21. *Ibid.*, p. v.
22. *Ibid.*, p. x : "Pour les autres usages qu'on leur attribue, dont tous les historiens naturels ont composé leurs volumes et dont nous n'avons parlé qu'en passant, et selon l'occasion que nous en offrait ce que nous observions dans nos sujets. Mais ce dessein de décrire principalement les parties a été encore restreint à celles du dedans, et c'est pour cela que nous avons appelé les descriptions que nous en faisons, anatomiques, bien qu'elles contiennent beaucoup de choses qui se peuvent voir sans dissection." Ce texte est à mettre en parallèle avec Buffon, *De la Manière d'étudier et de traiter l'histoire naturelle* (1749) (IR I, 26) : "Aldrovande, le plus laborieux et le plus savant de tous les naturalistes, a laissé, après un travail de soixante ans, des volumes immenses [...] : on les réduirait à la dixième partie si on en ôtait toutes les inutilités et toutes les choses étrangères à son sujet." Buffon qualifie d'"accablante" la prolixité d'Aldrovandi.

Dans ce plan général de l'anatomie comparée, il faut souligner le rôle de l'homme, non plus comme cause finale ou centre vers lequel toute la science converge, mais comme terme de comparaison, auquel on peut référer l'ensemble des connaissances que l'on prend de la Nature :

> Les animaux qui nous sont familiers sont décrits autrement. Car on compare la grandeur, la forme et la situation de leurs parties, tant les extérieures que les intérieures, à celles de l'homme, que nous établissons comme la règle des proportions de tous les animaux : non pas que nous estimions qu'il soit absolument mieux proportionné que la plus difforme de toutes les bêtes : parce que la perfection de chaque chose dépend du rapport qu'elle a à la fin pour laquelle elle est faite, et qu'il est vrai que les oreilles d'un âne et le groin d'un pourceau sont des parties aussi admirablement bien proportionnées pour les usages auxquels la nature les a destinées, que toutes celles du visage de l'homme le sont pour lui donner la majesté et la dignité du maître de tous les animaux. Mais il a fallu convenir d'une mesure et d'un module, de même que l'on fait en architecture : en considérant tout l'univers comme un grand et superbe édifice, qui a plusieurs appartements d'une structure différente, on a choisi les proportions du plus noble pour régler toutes les autres.[23]

Ainsi, quand on dit qu'un chien a la tête longue, le ventricule petit et la jambe "tout d'une venue", c'est par comparaison avec les mêmes parties dans l'homme. C'est la connaissance qu'on a prise de l'anatomie de l'homme qui nous permet de juger des spécificités de l'anatomie du chien et tout notre vocabulaire est orienté, en amont, par cette référence incontournable. L'anatomie comparée des académiciens prend l'homme comme module, non comme fin.

L'originalité des mémoires, c'est, selon le rédacteur même de la *Préface* aux *Mémoires*, une quête de l'intérieur de l'animal[24]. En particulier, Perrault distingue entre la description des animaux familiers et celle des animaux rares et étrangers dont on dépeint avec soin la forme extérieure aussi bien qu'intérieure. Si l'intérieur est tellement prioritaire, c'est qu'il permet de résoudre des contradictions. Prenons le cas du caméléon. En dépit de la grande diversité de forme qui existe entre cet animal et l'homme, Thomas Bartholin (1616-1680), qui a assisté à la dissection d'un caméléon faite à Rome par Domenico Panarolo[25], dit que les entrailles de cet animal sont semblables à celles de l'homme,

23. *Ibid.*, p. xviij.
24. *Ibid.*, p. x : "En effet, quoique nous ayons apporté un grand soin à décrire l'extérieur des animaux, notre principal dessein a été de rapporter et d'amasser toutes les remarques que nous avons faites sur les différentes particularités du dedans. Et nous ne nous sommes pas beaucoup arrêtés aux choses qui n'appartiennent pas directement à cette connaissance anatomique, parce qu'il n'y a guère que cette exacte description des parties internes qui manque à l'histoire naturelle."
25. Anatomiste, auteur d'un traité d'anatomie du caméléon dédié à Cassiano dal Pozzo, Panarolo (Domenico), *Il*

hormis qu'il n'a point de rate ni de vessie. Les académiciens ajoutent : "Nous y avons remarqué beaucoup d'autres différences."[26] Le caméléon permet en effet de dresser les premiers éléments d'une échelle de la distance des yeux[27]. La question est posée à partir de Pline : qu'a voulu dire l'auteur de l'*Histoire naturelle* quand, au livre VIII, il a écrit que les caméléons avaient les yeux "fort peu séparés l'un de l'autre", *tenui discrimine*[28] ? On pourrait croire que les yeux sont proches l'un de l'autre sur la face de l'animal. Or cela est réfuté non seulement par l'expérience, mais aussi par un principe énoncé par Aristote, au *Problème* X, 15 : "cette petite distance des yeux l'un de l'autre en la face étant propre à l'homme, de même que la grande est particulière au mouton"[29]. La faible distance évoqué n'est donc pas une distance faciale. Ce problème trouve sa solution à l'intérieur de l'animal : la courte distance dont parle Pline est celle qui sépare les deux globes oculaires, qui se jouxtent en effet l'un l'autre dans le crâne du caméléon et qui ne sont d'ailleurs séparés que par une membrane. Il semblerait que chaque problème d'interprétation de l'*Histoire naturelle* trouve sa solution à l'intérieur.

Surtout, Perrault soutient l'idée que la conformation intérieure de chaque individu est singulière et ne représente qu'elle-même. Cela a pour conséquence de retirer à la gravure tout statut d'exemplarité et de généralité. Dans la pensée de Perrault, cela est lié à une idéologie baconienne (l'histoire comme collection d'instances), un combat contre l'esprit de système (la philosophie trop hâtive, qui généralise avant l'heure) et à l'idée que la nature ne peut être réduite à nos idées : mieux vaut jeter à bas un système que contester une observation.

*Camaleonte esaminato*, Roma : F. Cavalli, 1645, 43 p. Le caméléon est décrit par Aristote, *Histoire des animaux*, [texte établi et trad. par Louis Pierre], Paris : Les Belles Lettres, 1964, t. 1, pp. 50-52 (Collection des université de France). *Cf.* Soury (J.), "Anatomie et vivisection du caméléon dans Aristote", *L'Intermédiaire des biologistes*, Paris : Schleicher, [s.d.].

26. Perrault (Claude), *Mémoires pour servir à l'histoire naturelle des animaux*, [éd. des *Mémoires de l'Académie royale des sciences*], *op. cit.*, t. 1, p. 48.

27. "Description anatomique de trois caméléons", *Ibid.*, t. 1, p. 64

28. Pline l'Ancien, *Histoire naturelle. Livre VIII*, [texte établi, trad. et commenté par A. Ernout], Paris : Société d'édition les Belles lettres, 1952, LI (33), p. 65, § 121 (Collection des Universités de France).

29. Aristote, *Problemes*. T. 1 : *sections I à X*, [texte établi et trad. par Louis Pierre], Paris : les Belles lettres, 1991, t. 1, p. 160, section X, 15 (Collection des universités de France, série grecque ; 344) : "Pourquoi l'homme est-il parmi les animaux celui qui a l'intervalle entre les yeux le plus petit conformément à sa taille ?". Panarolo (Domenico), *Il Camaleonte esaminato*, *op. cit.* marque également la différence de l'homme et du caméléon quand il donne une figure des globes oculaires et des nerfs optiques qui les lient au cerveau : "Il cervello dove nascono li nervi ottici divisi uno dall'altro, e non confusi, come nell'huomo." p. [43].

Cette attention soutenue à la particularité dans les *Mémoires* dirigés par Perrault est capitale. C'est elle par exemple qui explique certaines différences entre l'édition de 1671 et l'édition de 1676 de l'ouvrage :

> Quelques-unes des descriptions contenues dans ce volume ont déjà été données au public. On les a réimprimées avec les autres, à cause des particularités considérables qui y ont été ajoutées, et des nouvelles observations que la Compagnie a faites depuis sur quelques autres animaux de la même espèce que ces premiers, dont les descriptions ont déjà été imprimées. Elle a même différé cette édition plus longtemps qu'elle ne s'était proposé, afin de rendre les descriptions plus amples par les remarques que l'on a eu le moyen de faire sur un plus grand nombre de sujets que le temps a fournis : car elle a jugé qu'il était important de marquer autant qu'il serait possible les différences et les convenances qui se rencontrent souvent dans les animaux d'une même espèce, afin que ceux qui sont curieux de ces recherches, et qui n'y sont pas tout à fait exercés, soient moins surpris, quand ils s'y appliqueront, de ne pas rencontrer toujours les choses conformes à ce que nous avons trouvé dans nos dissections, où nous avons presque toujours découvert quelque chose de nouveau. Il est encore nécessaire d'être averti que presque tous les animaux dont nous donnons les descriptions, sont morts de maladie, et la plupart en hiver ; afin qu'ayant égard à cette particularité, qui peut apporter beaucoup de changement à la constitution ordinaire des parties, ce changement ne fasse point faire d'inductions qui puissent nuire à la connaissance de leur état naturel.[30]

Une telle prudence, qui prend en compte jusqu'aux causes de la mort de l'animal disséqué et qui n'a de cesse de souligner tous les écarts individuels à la description donnée, peut paraître extrême ; mais on retrouve exactement le même embarras dans la pensée d'Albrecht von Haller (1708-1777) :

> Il n'y a point d'homme qui par la structure intérieure de son corps ressemble à un autre, et par conséquent point d'enfant qui ressemble à son père. C'est l'anatomie qui m'a instruit d'une vérité si fâcheuse, qui n'a que trop multiplié mes travaux. Si les hommes se ressemblaient, on n'aurait besoin que d'une seule description et d'une seule représentation de la main, par exemple : si une fois ces dessins ressemblaient à l'original, ce serait pour toujours. Mais la Nature est bien éloignée d'une uniformité aussi avantageuse ; il n'y a jamais eu deux hommes dont tous les nerfs, toutes les artères, toutes les veines et même tous les muscles et les os n'aient été infiniment différents. Après avoir fait cinquante descriptions des artères du bras, de la tête ou du cœur, je les ai trouvées toutes les cinquante fois entièrement différentes.[31]

Buffon à l'inverse ne semble pas s'embarrasser de telles précisions. Quand le texte de Perrault intitulé "Description anatomique d'un Coati Mondi" (1671) devient en 1676

30. Avertissement à l'éd. de 1676 de Perrault (Claude), *Mémoires pour servir à l'histoire naturelle des animaux*, *op. cit.*
31. Haller (Albrecht von), *Réflexions sur le système de la génération de M. de Buffon*, Genève : Barrilot et fils, 1751, pp. 32-33.

"Description anatomique de deux coatis", il est notable que Buffon écrit "*le* Coati" et non "*un* Coati". De la même manière, on note un écart significatif entre le manuscrit intitulé *État des planches gravées qui entreront dans le septième volume de l'Hist. nat. du Cabinet du Roi*[32], qui prévoit plusieurs planches pour le rat ("Le Rat des champs et son squelette", "Le Rat domestique et son squelette"), et les illustrations véritablement contenues dans le tome VII, où l'on ne trouve plus la différence des deux variétés mais une seule planche, intitulée "Le Rat", qui présente l'animal et son squelette (IR VII, pl. 36). On comprend par là que l'*Histoire naturelle* entend donner la priorité au général, qu'elle ne se borne plus à accumuler les singularités et à en dresser un catalogue plus ou moins ordonné. L'animal que décrit Buffon n'est plus sujet à être dénombré alors que Perrault quantifie toujours le nombre d'individus décrits[33]. On ne s'étonnera pas que Perrault n'ose pas généraliser : lui-même avouait bonnement n'être pas philosophe dans un complément qu'il donnait à la préface de ses *Mémoires* pour l'édition de 1676. Mais il déclarait alors au Roi, qu'un jour, peut-être, s'élèverait "un Génie extraordinaire, qui se serve de nos Mémoires avec un succès qui égale celui des grands Politiques et des vaillants Capitaines"[34]. On peut penser que Buffon s'est proposé d'être ce Génie. Son travail recherche le général et remonte donc de l'individu à l'espèce. Ce mouvement est en quelque sorte analogue à celui qu'entreprenait en botanique Joseph Pitton de Tournefort. Celui-ci déclarait qu'on ne peut représenter l'espèce et que les figures ne présentent que des genres, alors que, pour Perrault, on ne peut observer et donc figurer que des individus. Buffon, affirmant que les genres ne sont rien et que les espèces sont les vrais individus de la Nature, propose de graver un seul spécimen qui vaut pour tous ceux de son "moule organique". Lorsque l'espèce connaît plusieurs variétés distinctes et stables, celles-ci ont également les honneurs de l'illustration. On pourrait ainsi contraster les tableaux de Jean-Baptiste Oudry qui peignent les chiens du roi (Misse, Turlu, Luttine, Lise ou Gredinet) et les planches de l'*Histoire naturelle* qui présentent le Doguin, le Chien d'Islande ou le Lévrier[35].

L'unicité de l'espèce "un seul lion" est pour Buffon une manière de trancher le débat sur le nombre d'espèces. Elle permet de départager les vices de conformation accidentels de la forme naturelle : les lions déformés ne forment pas une espèce à part (celle des "lions d'Asie") : leurs jambes torses sont simplement l'effet de la captivité et il faut

32. Bibliothèque centrale du Muséum national d'histoire naturelle, Ms. 218, f° 13.

33. Par exemple, Perrault (Claude), *Mémoires pour servir à l'histoire naturelle des animaux*, *op. cit.*, 1676, "Description anatomique de six porcs-épics et deux hérissons" (p. 112), "de deux sapajous et de deux autres guenons" (p. 121) ou "de huit autruches" (p. 167).

34. *Ibid.*, fin de la Préface (ajout de cette édition).

35. Droguet (Vincent), Salmon (Xavier), Véron-Denise (Danièle), *Animaux d'Oudry. Collection des ducs de Mecklembourg-Schwerin*, Paris : Réunion des musées nationaux, 2003, pp. 62-69, notices 11 à 16.

veiller à ne pas élever des caractères individuels en différences spécifiques[36]. La présentation d'un seul individu par espèce éclaire le point que, si Daubenton peint bien un individu particulier dont il nous dit d'où il venait et où il l'a vu, le texte de l'*Histoire naturelle*, par le moyen de la gravure, promeut cet individu au rang d'exemplaire de toute son espèce – général et non singulier ; véritablement typique.

Ainsi, si le caractère historique de l'*Histoire naturelle* éclairait la présence d'illustrations en général ou celle de planches anatomiques liées au Cabinet du roi, le fait cette fois que l'ouvrage présente une physique du général permet de comprendre ce que sont exactement les individus représentés par De Sève : les gravures d'un animal sur ses quatre pieds, posé sur son socle, figurent un véritable *spécimen*, c'est-à-dire un exemplaire du moule intérieur caractéristique de l'espèce. Elles montrent un individu, mais celui-ci est pris comme le représentant de toute son espèce.

À ce stade, on pourrait dire qu'il y a entre Buffon et Daubenton une divergence de point de vue, le premier embrassant dans ses histoires la cause du général, le second restant dans ses descriptions plus attentif à des particularités individuelles. Entre les deux pôles, l'illustration se prêterait à une double lecture : peinture d'un type si l'on est partisan de Buffon, peinture d'une singularité si l'on est lecteur de Daubenton, dans la tradition de Perrault. En fait, nous pouvons dépasser cette apparente ambiguïté dans la manière dont il faut lire les gravures d'animaux sur pieds, en considérant la théorie de la description donnée par Daubenton.

Pour Daubenton, la description est un tableau : "si les couleurs sont fausses et confuses, elles n'expriment aucune image vraie et terminée ; on ne voit qu'un nuage, on ne distingue rien." Si la description est un tableau, cela implique qu'on soit attentif au choix délicat des couleurs, c'est-à-dire des mots qui sont leur équivalent dans un texte. Il faut choisir des mots clairs et simples, "car les noms n'ont jamais manqué aux choses connues, et les langues sont assez riches pour qui sait écrire". Mais il faut aussi veiller à "la composition du tableau" ou "expression de la chose" (et non plus seulement la couleur) :

36. Buffon, *Le Lion* (IR IX, 28) : "On m'a aussi fait voir au Combat du taureau, un lion d'Asie qui avait à peu près les mêmes couleurs que celui d'Afrique, dont je viens de faire mention, mais il était plus bas et plus court." "Il y a eu au Combat du taureau, à ce que l'on m'a assuré, trois lions d'Asie, qui avaient chacun tous ces caractères ; mais je suis très porté à croire que la courbure des jambes de ces lions est plutôt un vice contracté dans leur prison qu'une conformation propre à tous les lions de l'Asie, comme nous avons vu des jambes torses à un cerf qui avait été renfermé pendant longtemps dans un petit enclos."

> Chaque objet se présente sous un aspect qui lui est particulier, par conséquent chaque objet doit être décrit d'une manière particulière pour que la description soit conforme à son sujet. Cependant, il y a quelques règles générales que l'on pourrait appliquer à toutes les descriptions, parce que les organes sont les mêmes dans tous les hommes, quoique les objets sur lesquels ils s'exercent soient différents.[37]

L'ordre naturel de la description consiste à commencer par la "figure totale de l'animal avant que de détailler les parties de son corps" ; puis de "décrire l'extérieur avant de passer à l'intérieur". Mais même pour la figure totale ou la description de l'extérieur, on peut trouver différentes manières. C'est là "*l'expression de la chose*" "qui doit varier dans les différents objets à proportion de la différence qui est entre eux" : "Que l'on compare un cheval et un cochon, un cerf et un rhinocéros, on verra aisément que le premier coup de pinceau ne doit pas être le même pour les uns et pour les autres."[38]

Ici intervient le concept de *physionomie*. C'est elle que le peintre d'histoire naturelle (le descripteur, le dessinateur ou le graveur) doit s'employer à rendre. Ici encore, Daubenton oppose deux parties dans la description : le portrait, qui concerne l'animal au repos, et le tableau d'histoire pour l'animal en mouvement. Le portrait présente "l'habitude du corps et les traits de l'animal" ; le tableau d'histoire, "les différentes attitudes qui lui sont propres" :

> Pour faire voir combien ces deux descriptions sont nécessaires et combien elles diffèrent l'une de l'autre, supposons que dans un tableau on représente, par exemple, un lion arrêté sur ses quatre pattes, la tête baissée, l'œil tranquille, la crinière pendante et la queue traînante ; et que dans un même tableau le même lion paraisse rugissant de colère, la tête levée, l'œil hagard, la gueule écumante, la queue menaçante, les pattes tendues, les griffes déployées, et tout le corps dans une attitude violente ; reconnaîtrions-nous dans ces deux tableaux le même animal, si on ne nous avait donné l'idée du lion dans l'état de repos avant que de l'avoir présenté dans les mouvements de sa fureur ? non, puisque nous ne voyons plus dans le visage d'un homme transporté de colère les traits naturels de sa physionomie.[39]

De même, poursuit Daubenton, il est facile de représenter le taureau ou le sanglier qui se défendent contre un dogue. Le taureau dégage alors une fierté, ou le sanglier une férocité, qui constitue chez eux un "état violent et forcé", alors qu'au naturel, le taureau est grossier et le sanglier stupide. Une telle distinction du portrait au tableau d'histoire se comprend si on met en rapport l'illustration de l'*Histoire naturelle* avec celle d'autres corpus iconographiques : nous avons déjà évoqué les peintures de vénerie, où les "bêtes

37. *Ibid*, pp. 121-122.
38. *Ibid.*, p. 122.
39. *Ibid.*, pp. 123-124.

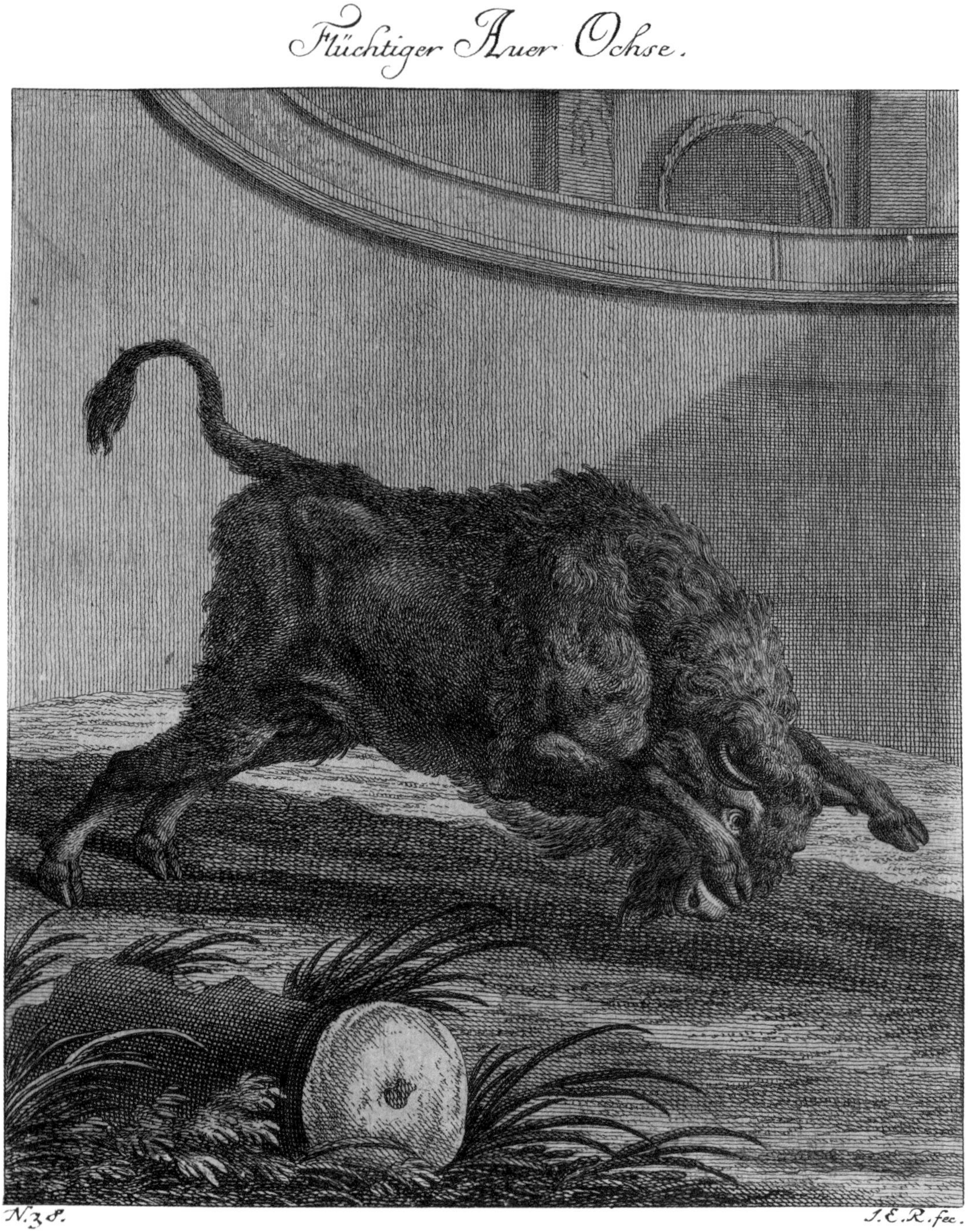


**FIG. 17** - Aurochs en mouvement. Une telle illustration constitue ce que Daubenton appelle un "tableau d'histoire", où l'animal est peint en mouvement et rempli de fureur. Il faut distinguer ce type de peinture animalière de celles, beaucoup plus difficiles à réaliser, que présente l'*Histoire naturelle* : des "portraits" d'animaux au repos, qui doivent rendre témoignage de la "physionomie" propre de chaque bête. Gravure extraite de Riedinger (Johann Elias), *Entwurf einiger Thiere : nach dem Leben gezeichnet, samt beygefügten Anmerkungen*, Augsbourg : J. E. Riedinger, 1738-1755, 7 part. en 1 vol., pl. 38 (Bibliothèque centrale MNHN, 1464).

noires" (les sangliers) sont représentées lancées, aux abois ou embarrassées dans les mailles d'un filet, et on pourrait faire référence ici à Frans Snyders (1579-1657) et surtout à Paul de Vos (1595-1678). Mais plusieurs recueils d'illustrations s'emploient également à présenter l'animal en situation : ainsi dans l'ouvrage des Riedinger, graveurs réputés qui peignent les passions des animaux dans un volume dédié à leur père[40] ; ou chez Jean-Baptiste Oudry, peignant des combats de bêtes comme la *Hyène attaquée par deux dogues* de 1739, qui renouvelle le genre en substituant des animaux exotiques aux traditionnels loups et sangliers[41]. Le même art de l'animal en mouvement fit le succès des sculptures d'Antoine-Louis Barye (1795-1875)[42]. Toutes ces représentations sont de l'ordre du tableau d'histoire. À l'inverse, Buffon et Daubenton présentent des portraits d'animaux au repos. Comment faire sentir la vie de l'animal si le lion ne rugit pas, si le serpent ne siffle pas ? L'animal au repos semble bien une machine sans lumière dans les yeux. Le défi lancé à l'illustrateur est, dans l'immobilité même, de traduire la physionomie des animaux : c'est-à-dire s'en tenir aux "passions produites par leur instinct et par leur tempérament, et qui peuvent être comparées à celles qui ne dépendent que de la partie animale de l'homme"[43].

La simple ressemblance ici ne fait pas tout. De nombreux artistes présentent "parfaitement les traits de la face d'un homme ou d'un animal, sans donner cependant le caractère de sa physionomie". Il est plus simple de faire un tableau (où la mise en scène permet d'exprimer les passions dominantes) que de "simples portraits tels qu'il faudrait les avoir pour accompagner la description des animaux considérés dans l'état de repos". "La finesse de ces portraits rendus au naturel échappe à la plupart des connaisseurs."[44] : le bon portrait doit faire sentir la finesse du renard, la timidité du chevreuil, l'imbécillité du cochon[45]... Aussi la bonne peinture est-elle d'emblée physique et morale.

40. Johann Elias Riedinger (1698-1767) est réputé comme le meilleur animalier allemand du XVIII$^{e}$ siècle. Il s'inspire de la manière de Philippe Ferdinand Hamilton (1664-1750) peintre de Bruxelles attiré à la cour de Vienne par l'empereur Charles VI. Ses fils Johann Jacob et Martin Elias lui dédient des *Représentations des animaux selon leur grande variété et leurs belles couleurs suivant des desseins originels* [sic], [= *Das... nach Original Zeichnungen geschilderte Thier-Reich*], Augsburg : [s.n.], [s.d.], 2 tomes en 1 vol.

41. *Cf.* Droguet (Vincent), Salmon (Xavier), Véron-Denise (Danièle), *Animaux d'Oudry. Collection des ducs de Mecklembourg-Schwerin*, *op. cit.*, p. 170, notice 67 p. 172, notice 68.

42. Barye est notamment célèbre pour un *Lion au serpent*, commandé par le roi en 1833 pour le jardin des Tuileries, où l'on vit l'allégorie de la monarchie se débattant contre la sédition après 1830.

43. Daubenton, *Description des animaux* (IR IV, 125).

44. *Ibid.*

45. *Cf.* par exemple, de Jean-Baptiste Oudry, "Léopard en colère" (1741) et "Femelle léopard dans une attitude tranquille" (1741), *in* Droguet (Vincent), Salmon (Xavier), Véron-Denise (Danièle), *Animaux d'Oudry. Collection des ducs de Mecklembourg-Schwerin*, *op. cit.*, p. 176, notices 70 et 71.

Ce dernier point permet de faire l'écart entre différentes sciences qui approchent l'animal dans son intérieur – anatomie et histoire naturelle, qui constituent deux types de description. Si l'anatomiste dissèque, le naturaliste observe. Si donc le premier se penche sur un seul individu (il "s'attache à l'individu qu'il a présent, il l'examine dans toutes ses parties, il le contemple si attentivement, qu'il le voit s'agrandir sous ses yeux ; à force de le détailler et de le diviser, il croit développer un monde entier."), le second s'attache tant à l'individu qu'à l'espèce ("il cherche dans les productions de la Nature des différences et des ressemblances" ; "ses limites sont aussi étendues que celles de la Nature. »). Ainsi, l'anatomiste crée un monde, où tout détail est bon tant qu'il est vrai ; il développe, c'est-à-dire il pratique l'art de l'analyse[46] ; il "particularise son sujet dans tous ses points et descend jusqu'aux plus grandes profondeurs de l'analyse pour le considérer dans ses premiers éléments". À l'inverse, la minutie nuit au naturaliste, que le détail superflu plonge dans l'obscurité et que son projet "attache à la nature tout entière". Le bon naturaliste "généralise toutes ses observations et s'élève assez pour reconnaître d'un coup d'œil les résultats généraux de la Nature"[47]. Ainsi, l'anatomie peut multiplier les détails à foison, alors que les descriptions des naturalistes "ont des limites que l'on ne peut passer sans se jeter dans l'obscurité ou dans la minutie, tout détail superflu est au-delà de ces limites, et l'on n'en peut jamais tirer aucune conséquence fondée"[48].

On retrouve donc le lien de l'histoire naturelle et de la généralité, s'exprimant dans la pratique de la comparaison, mise en avant aussi bien par Buffon que par Daubenton. De la comparaison mutuelle des animaux (et non de la recherche de l'exhaustivité) doivent résulter des connaissances sur chaque animal en particulier et des connaissances sur les animaux en général[49]. Comme "les descriptions doivent être comparées", de là vient la nécessité de les faire toutes sur le même plan.

46. Daubenton, *Description des animaux* (IR IV, 128) : "*tout se développe* aux yeux d'un habile anatomiste, *il sépare* les membranes les plus minces, il voit la direction des fibres les plus déliées, il suit les vaisseaux et les nerfs jusque dans leurs plus petites ramifications, il pénètre dans les cavités les plus secrètes, il observe l'intérieur des filtres les plus serrés, *il déploie* les organes des parties les plus solides [...]" (nous soulignons).

47. *Ibid.*, p. 129.

48. *Ibid.*

49. *Ibid.*, p. 132 : "Les anatomistes, trop longtemps occupés à détailler toutes les parties du corps humain, sont enfin parvenus à épuiser leur objet ; n'y ayant plus de choses importantes à décrire, ils se sont jetés dans des discussions frivoles ; ils ont employé plus d'adresse et de sagacité, pour apercevoir des choses imperceptibles, qu'il n'en aurait fallu pour faire des découvertes réelles ; Ce défaut de conduite vient d'une erreur qui a prévalu ; on a cru qu'il suffisait d'observer le corps humain pour découvrir tous ses organes et on a négligé toutes les lumières que l'on pouvait tirer de l'observation du corps des animaux : c'était mal raisonner, ou plutôt, on n'avait pas raisonné sur cette matière, on s'était contenté de regarder, sans chercher la bonne façon de voir."

On retrouve par là également la condamnation des nomenclatures qui sont insuffisantes. Celles-ci en effet ne sont que la description partielle de l'animal, qui ne retient que certaines parties. Toutefois, comme elles rapportent tous les animaux aux mêmes traits, elles permettent déjà un premier degré de comparaison : donc "c'est déjà un pas de fait, puisque ces descriptions sont méthodiques et peuvent être comparées"[50]. Ainsi, le corps des nomenclatures comporte déjà un certain nombre de descriptions, même si celles-ci manquent entre elles de l'uniformité du plan :

> Chacun a décrit son objet par l'endroit qui l'a le plus frappé et n'a considéré que l'objet même, sans se soucier de la comparaison que l'on en pourrait faire avec d'autres objets du même genre, de sorte que dans la description de certains animaux, il y a des parties qui sont très amplement détaillées, tandis qu'il n'est fait presque aucune mention de ces mêmes parties dans la description d'autres animaux.[51]

Perrault a commencé à faire des comparaisons, par exemple, entre le hérisson et le porc-épic, le loir et la marmotte. Pour Daubenton, il faut poursuivre ces comparaisons en vue de former un corps complet d'anatomie comparée, "abandonner ces détails, pour ne jamais perdre de vue les rapports généraux qui sont entre les différentes espèces d'animaux, les ressemblances et les différences essentielles qui se trouvent dans le mécanisme de leur corps"[52]. Le travail de description suit donc un plan, "le même pour tous les animaux, de sorte que la description de la souris est aussi étendue que celle du cheval, parce qu'en effet le corps de la souris est composé d'à peu près autant de viscères et d'os que celui du cheval, et qu'il faut les comparer tous les uns avec les autres." Cette préoccupation comparative de dégager des rapports communs oriente les naturalistes, lorsqu'ils observent ou lorsqu'ils lisent. Dans leurs lectures, ils entreprennent d'extraire "des descriptions des animaux étrangers déjà faites par différents auteurs, toutes les observations qui ont rapport à celles que [ils ont] faites sur les autres"[53]. Les descriptions méthodiques ne sont envisagées que comme un premier recueil ordonné d'observations suivies sur les différents animaux. Il apparaît ici que, même dans sa dimension anatomique, l'*Histoire naturelle* recherche la généralité, notamment grâce à un programme général de comparaison.

On peut encore éclairer ces points par la différence du concept de "naturel" à celui de "belle nature". Un manuscrit anonyme intitulé *Note sur la façon de dessiner un cheval*, conservé au Muséum d'Histoire naturelle de Paris apporte sur ce point de précieuses

50. *Ibid.*, p. 131.
51. *Ibid.*, pp. 133-134.
52. *Ibid.*, p. 137.
53. *Ibid.*, p. 140.

indications[54]. Ce texte décrit tout d'abord la manière dont procèdent les peintres pour impressionner favorablement leur spectateur. Leur méthode consiste à respecter très strictement un ensemble de proportions, quand bien même celles-ci ne se trouveraient pas dans la nature :

> Les écuyers ont pris pour modèle des proportions du corps des chevaux la longueur de la tête de cet animal prise en ligne droite depuis le toupet jusqu'au bout de la lèvre antérieure.
>
> Trois longueurs de la tête donnent la hauteur entière du cheval, à compter du toupet au sol sur lequel il repose, pourvu que la tête soit bien placée.
>
> Deux têtes et demie égalent la hauteur du corps, du sommet du garrot à terre ; la longueur de ce même corps, celle de l'avant-main et de l'arrière-main, prise ensemble de la pointe du bras à la pointe de la fesse inclusivement.
>
> Une tête entière donne la longueur de l'encolure du sommet du garrot à la partie postérieure de la nuque ; la hauteur des épaules jusqu'au sommet du coude au sommet du garrot, l'épaisseur du corps, du milieu du ventre au milieu du dos ; sa largeur d'un côté à l'autre [...]"
>
> Voilà les proportions de la belle nature convenues par les écuyers pour les chevaux comme celles de l'Apollon du Vatican et de la Vénus de Médicis pour les hommes et pour les femmes. Cependant, il n'y a aucun homme ni aucune femme ni aucun cheval qui ait les proportions de la belle nature.
>
> Un individu qui aurait toutes ces proportions est donc un être imaginaire, par conséquent la belle nature n'est pas la vraie nature qui est l'objet du naturaliste. Un dessinateur, un orateur, un poète qui veut embellir son sujet, prend toutes sortes de licences. Un dessinateur qui se propose de représenter un bel homme, réunit dans la figure qu'il en fait toutes les proportions de la belle nature : cette figure n'existe dans aucun individu de l'espèce humain. C'est un produit de l'art.
>
> Le dessinateur qui travaille pour des amateurs, des curieux, ne peut mieux leur plaire, qu'en leur montrant la belle nature : mais celui qui est employé pour l'histoire naturelle ne doit faire que de portraire au naturel, qui représentent les caractères des différentes races de l'espèce humaine ou d'espèces des animaux. Dessiner d'après nature, suivant l'expression de l'art, c'est représenter fidèlement l'objet que l'on a sous les yeux sans y rien changer par addition, par suppression, ni d'aucune autre manière.
>
> Des dessins faits avec cette exactitude sont les seuls qui méritent la confiance des naturalistes et qui puissent les guides dans leurs études, au défaut de la nature vivante.

Ce texte soutient bien, contre les techniques trompeuses des peintres, une conception du "dessin d'après nature" qui l'identifie à un "portrait au naturel". L'*Histoire naturelle* revendique ici une rupture avec l'idéal de la beauté classique et son exigence

54. *Notes d'histoire naturelle, quelques-unes sont de la main de Buffon. Notamment, dessins qui ont été faits par les sieurs De Sève et Buvée, pour les 5^e^ et 6^e^ vol. jusqu'au 1^er^ juin 1754* (Muséum d'histoire naturelle, Manuscrit 218, fol. 1-4).

de vérité dans la représentation. Il faut différencier l'art de l'anatomiste de celui du peintre : les gravures auxquelles nous avons affaire ne sont pas l'affaire des spécialistes d'esthétique. De manière très intéressante, le concept de "belle nature" est mobilisé à deux reprises dans l'*Histoire naturelle* : dans les sections consacrées à l'homme et au cheval.

L'*Histoire naturelle de l'homme* nous permet de penser de plusieurs manières ce qui pourrait être le discrédit de la "belle nature": d'abord la "belle nature" n'est pas le produit de la comparaison et n'est donc pas une connaissance ; ensuite, elle est simplement un "coup d'œil", œuvre de copie, d'imitation, et non de mesure exacte des individus réels ; enfin, la représentation se substitue à la Nature elle-même[55]. Toutefois, Buffon procède ensuite à une description de la "belle nature" de l'homme, dont il donne avec grands détails les proportions : cela peut éclairer le fait qu'il n'y a pas de gravure représentant l'homme dans l'*Histoire naturelle* (nous reviendrons sur ce fait dans notre dernier chapitre).

L'*Histoire naturelle du cheval* met le concept de "belle nature" en relation avec celui de "liberté de mouvement". La "belle nature" telle que Buffon l'entend n'est pas le produit de l'Art, mais celui de la Nature : c'est-à-dire qu'elle se trouve dans les chevaux sauvages, ceux de l'Amérique espagnole. Cela peut expliquer le choix du cheval dessiné d'après Oudry au tome IV : celui-ci ne respecte pas les proportions classiques de la "belle nature" des peintres, mais il est montré dans toute sa vivacité, sans selle ni cavalier, ce qui constitue la véritable "belle nature" selon les naturalistes[56].

55. Buffon, *Histoire naturelle de l'homme. De l'âge viril. Description de l'homme* (IR II, 546) : "Il a donc fallu des observations répétées pendant longtemps pour trouver un milieu entre ces différences, afin d'établir au juste les dimensions des parties du corps humain, et de donner une idée des proportions qui font ce que l'on appelle la belle Nature : ce n'est pas par la comparaison du corps d'un homme avec celui d'un autre homme, ou par des mesures actuellement prises sur un grand nombre de sujets, qu'on a pu acquérir cette connaissance, c'est par les efforts qu'on a faits pour imiter et copier exactement la Nature, c'est à l'art du dessin qu'on doit tout ce que l'on peut savoir en ce genre, le sentiment et le goût ont fait ce que la mécanique ne pouvait faire : on a quitté la règle et le compas pour s'en tenir au coup d'œil, on a réalisé sur le marbre toutes les formes, tous les contours de toutes les parties du corps humain, et on a mieux connu la Nature par la représentation que par la Nature même ; dès qu'il y a eu des statues, on a mieux jugé de leur perfection en les voyant, qu'en les mesurant. C'est par un grand exercice de l'art du dessin et par un sentiment exquis, que les grands Statuaires sont parvenus à faire sentir aux autres hommes les justes proportions des ouvrages de la Nature ; les Anciens ont fait de si belles statues, que d'un commun accord on les a regardées comme la représentation exacte du corps humain le plus parfait."
56. Buffon, *Le Cheval* (IR IV, 175).

## Buffon comparé à Linné : descriptions illustrées contre définitions lexicales ?

L'histoire des sciences a souvent souligné l'anti-linnéisme de Buffon[57]. Cette question, considérée sous l'angle qui nous intéresse ici, revient à demander ce que signifie la présence d'abondantes planches dans l'*Histoire naturelle* et leur quasi absence du corpus linnéen.

Linné dit peu de choses sur l'iconographie et nous avons déjà indiqué que son œuvre présente fort peu de gravures. Dans le *Fundamenta botanica*, il place parmi les "collecteurs" la catégorie des "ichniographes" qui "exprimèrent par des images les figures des végétaux"[58]. Il souligne alors que l'art de la gravure était inconnu des Anciens et qu'un herbier l'emporte de toutes façons sur toutes sortes de figures. Ainsi, la section des ichniographes est plus occupée de donner des conseils pour la réalisation d'un bon herbier (*necessarium omni botanico*, "nécessaire à tout botaniste") que de véritablement donner la théorie de l'illustration. Linné y revient cependant dans la section consacrée au "signalement des plantes" (*adumbrationes*) : une bonne figure doit respecter autant que possible la vraie grandeur de la plante et sa situation naturelle (ne pas représenter verticalement une plante qui est en réalité rampante). Il souligne surtout ici trois types de compétences requises : "un peintre, un graveur et un botaniste sont également nécessaires à la confection d'une bonne figure"[59]. Évidemment, les figures les meilleures seront réalisées par ceux qui réuniront ces trois qualités. Mais il semble manifeste que le projet linnéen ne se situe pas dans cette perspective. La science botanique en général est divisée en effet en deux grandes catégories : les collecteurs qui tentent de déterminer le nombre des espèces de plantes (catégorie à laquelle se rattachent les ichniographes) ; les méthodistes, qui tentent de disposer méthodiquement les végétaux et de les dénommer. Au sein de cette bipartition, Linné se range décidément du côté des seconds[60]. Dans la philosophie de Linné, il faut donc comprendre ensemble l'absence d'image et le parti pris systématique.

57. *Cf.* Sloan (Phillip Reid), "The Buffon-Linnaeus Controversy", *Isis*, vol. 67, 1976, pp. 356-375 ; Barsanti (Giulio), "Linné et Buffon : deux images différentes de la nature et de l'histoire naturelle", *Revue de synthèse*, vol. 105, n° 113-114, 1984, pp. 83-111, repris *in* Hoquet (Thierry) (sous la dir.), *Les Fondements de la botanique : Linné et la classification des plantes*, Paris : Vuibert, 2005, 290 p.

58. Traduction de Linné (Carl von), *Fundamenta botanica (1736)*, par Hoquet (T.), Dubos (G.), *in* Hoquet (Thierry) (sous la dir.), *Les Fondements de la botanique..., op. cit.*, p. 179 ; Linné (Carl von), *Philosophie botanique dans laquelle sont expliqués les fondements de la botanique, avec les définitions de ses parties, les exemples des termes, des observations sur les plus rares*, [trad. du latin par Quesné Fr.-A.], Paris : Cailleau ; Rouen : Leboucher le jeune, 1788, § 11, pp. 8-9.

59. Linné (Carl von), *Philosophie botanique..., op. cit.* ,§ 332, p. 312.

60. *Ibid.*, § 67-68, p. 30.

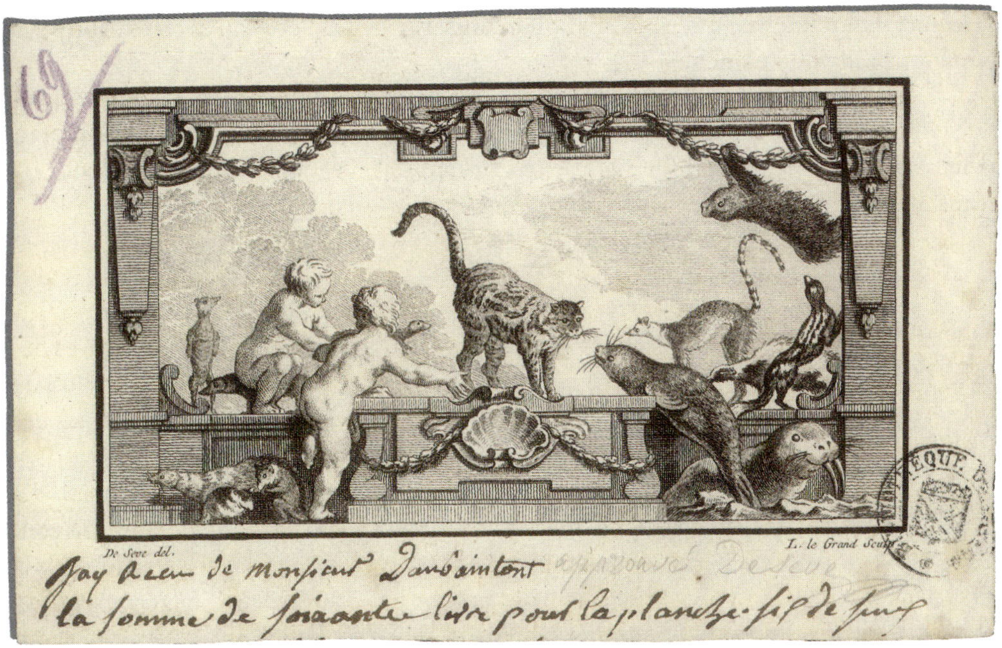




**FIG. 18** - Vignette ouvrant le tome XIII de l'*Histoire naturelle, générale et particulière...* Sur la gravure figure l'approbation manuscrite de De Sève qui déclare avoir reçu 60 livres pour cette planche (Médiathèque de l'agglomération troyenne, Ms 4° 3179).

De cette absence de planches gravées, une première lecture s'impose : celle qui passe par le coût des gravures et par l'opposition des situations institutionnelles de Buffon et de Linné. L'ouvrage serait richement illustré parce que Buffon bénéficie des largesses du Roi et d'un tirage à l'Imprimerie Royale. Concernant le coût du travail de gravure, on a quelques indications dans plusieurs *Mémoires des dessins qui ont été faits par les Sieurs De Sève et Buvée pour l'histoire naturelle générale et particulière.* Ces mémoires indiquent que chaque planche comme chaque vignette était payée 24 livres à De Sève ou Buvée, avec une exception toutefois pour le Léopard qui fut payé 36 livres[61]. Le dossier Buffon aux Archives de l'Académie française contient également un Ordre de dépense daté du 9 avril 1779, qui indique "bon pour la somme de 1548 livres", payables à Defehrt. La dépense engagée pour les dessins de De Sève et Buvée s'élève à 2232 livres pour la période qui court du 1er juin 1757 au 1er juin 1758 ; 2664 livres pour la période qui court du 1er juin 1759 au 1er juin 1762. La Médiathèque de l'Agglomération troyenne conserve en outre un exemplaire de la vignette qui ouvre le tome XIII de

61. Bibliothèque centrale du Muséum, manuscrit 218, f° 27-32 et en particulier le f° 31 pour le léopard.

l'*Histoire naturelle*, avec une approbation manuscrite de De Sève qui déclare avoir reçu 60 livres pour cette planche[62].

Ce qui nous reste de la correspondance de De Sève semble toutefois tempérer cette situation d'opulence. Elle indique clairement que, même pour l'*Histoire naturelle*, les coûts étaient mesurés :

> J'ai bien pensé, que laissant au choix de M. Panckoucke, de graver ou non l'ara bleu, qu'il ne le serait pas ; parce qu'il regarde l'épargne non seulement de la gravure, mais encore de l'impression. Il était cependant capital pour l'espèce. Quoiqu'il y ait plusieurs planches de perroquets, le public connaisseur sera surpris (quand le volume sera au jour) de ne pas trouver une des espèces de chaque famille comme un papegai et autres, après avoir eu dans le volume V cinq planches d'alouettes dont la plupart se ressemble à s'y tromper.[63]

Si la situation institutionnelle semble indiquer que l'équipe de Buffon n'avait pas à compter la dépense, en revanche, il est clair que Linné ne cesse de déplorer le coût de la gravure qui renchérit considérablement les livres. Dans la dissertation *Incrementa botanices*[64], Linné termine par trois pages (pp. 390-393) où il s'en prend au coût extrême des livres de botanique richement illustrés. La leçon qu'il en tire serait transposable aux livres de zoologie. On ne peut pas nier que les gravures sur cuivre sont bien meilleures que les gravures sur bois, en particulier en ce qu'elles permettent de rendre les plus petites parties de manière fort distincte. Mais les bois gravés suffisaient aux anciens botanistes (Brunfels, Fuchs, Clusius, jusqu'à Rudbeck inclus). Ils permettaient des représentations élégantes, même s'ils ne permettaient pas d'entrer trop dans le détail. Les bois circulaient d'un auteur à l'autre, ce qui diminuait encore les coûts[65].

62. Médiathèque de l'agglomération troyenne, cote Ms 4° 3179, pièce 69 : "Jay recu de monsieur Daubentont la somme de soixante livre pour la planche sis dessus".
63. De Sève à Buffon, 5 septembre 1779 (Muséum national d'Histoire naturelle, Manuscrit 863).
64. Linné (Carl von), "XLVII. Incrementa botanices... proposuit Jacobus Biuur,... 1753, junii 11", *in Amoenitates academicae, seu Dissertationes variae : physicae, medicae, botanicae [Upsaliae propositae, piso praeside], antehac seorsim editae, nunc collectae et auctae*. T. 3, Holmiae : sumtu L. Salvii, 1756, pp. 377-393. Le texte est traduit en anglais par Heller (John L.), "Linnaeus on Sumptuous Books", *Taxon*, vol. 25, n° 1, février 1976, pp. 33-52.
65. On peut noter ici, pour la singularité du fait, qu'en 1755, Henri-Louis Duhamel du Monceau (1700-1782) se félicite de réimprimer les planches en bois qui avaient servi pour les commentaires de Matthiole sur Dioscoride, à la fin du XVI^e^ siècle. *Cf.* Duhamel du Monceau (Henri-Louis), *Traité des arbres et arbustes qui se cultivent en France en pleine terre*, Paris : H. L. Guerin & L. F. Delatour, 1755, t. 1, p. x : "J'ai eu le bonheur de recouvrer presque toutes les planches de la belle édition latine du Matthiole de Valgrise : les imprimeurs de mon ouvrage ont fait graver avec soin celles qui y manquaient [...]"

L'objection majeure qu'émet Linné est celle du coût des livres, qui contraint les botanistes modestes à s'en passer. Linné qualifie les gravures sur cuivre de "coûteuse invention" (*pretiosissimum illud inventum*) : la gravure est devenue un luxe, et souvent une cause de ruine[66]. C'est tout particulièrement vrai pour les ouvrages enluminés comme la *Caroline* de Catesby, la *Centurie* de Martyn, le *Thesaurus* de Seba ou la *Phytanthozaiconographia* de Weinmann. "Si l'on en additionnait les prix, on aurait de quoi s'offrir une bibliothèque fort complète de tout autre discipline."[67] Linné lui-même devait les consulter les ouvrages qu'il ne possédait pas dans la bibliothèque du baron De Geer et à la bibliothèque royale. Dans une lettre à l'Académie royale de Suède, datée du 3 janvier 1765, il donne un état de ses réflexions sur les livres enluminés en histoire naturelle ; pour bien connaître, il faut étudier la synonymie puis se tourner vers les gravures :

> Je ne parle pas de ces vieilles figures illuminées qui faisaient toutes les feuilles de la même couleur de vert, et toutes les fleurs jaunes de la même teinte de jaune. Mais je pense aux insectes de Surinam de Merian, aux peintures de Seba [...] aux plantes d'Ehret, etc. dans lesquels les objets sont comme vivants, de même que le meilleur portraitiste dessine le visage humain [...] Toutes ces peintures sont si belles que le plus stupide Hottentot pourrait être béat d'admiration et d'amour pour de tels chefs-d'œuvre.
>
> Si je demande, de plus, ce qui a mené ce type de littérature à une telle élévation, je répondrais qu'on n'en est redevable qu'au seul mécénat. De riches Anglais ont financé le voyage de Catesby en Amérique, puis l'ont généreusement payé pour ses images. Roesel de même reçut le soutien d'un baron. Les planches d'Ehret lui rapportaient une guinée pièce et se vendaient comme des petits pains. La générosité de sa Majesté du Danemark nous a procuré les coquilles de Regenfuss. Quant à Edwards, il cite ses généreux mécènes dans sa préface. Les Anglais ont soutenu Edwards, les Allemands leur Roesel, les Danois leur Regenfuss, et tous avec raison.[68]

Linné loue la qualité extrême des gravures nouvelles, comparée à celles des premiers temps de la botanique, qu'il met ici en rapport avec le mécénat. Mais cet éloge apparent peut se retourner en critique : la botanique produit des livres que seuls les princes peuvent s'offrir. Pour éviter cet état de fait, Linné propose de se passer de planches et d'en revenir à une méthode de description purement verbale.

66. Sur le coût croissant de l'illustration, *cf.* Nissen (Claus), *Die botanische Buchillustration, ihre Geschichte und Bibliographie*, Stuttgart : Hiersemann, 1966, p. 69, qui renvoie aux actes d'un procès ayant eu lieu à Paris en 1620 : il y est mentionné qu'une gravure sur cuivre vaut alors six fois le prix d'une gravure sur bois.
67. Linné (Carl von), "XLVII. Incrementa botanices... proposuit Jacobus Biuur,... 1753, junii 11", art. cit., p. 392.
68. Svenson (Henrich Knuthe), "On the descriptive method of Linnaeus", *Rhodora*, vol. 47, n° 370, 1945, p. 369, qui cite Fries, *Bref och skrivelser av och till Karl von Linné*, vol. 2, n° 367, pp. 272-273.

Entre l'auteur qui se passe d'images (Linné) et celui qui en réclame (Buffon), on trouve donc une opposition qui se prête à plusieurs lectures. Un disciple de Roger Wolcott Sperry (1913-1994) en rendrait compte par l'opposition du cerveau gauche (qui accumule les définitions en concaténant un mot à un autre mot) et du cerveau droit (qui travaille à partir d'images). Le premier procèderait par définition et le second par description. Mais cette opposition des méthodes n'est pas neutre : l'une d'elle serait véritablement scientifique, quand l'autre donnerait une simple science populaire, à destination d'un public mondain non averti.

L'interprétation qu'en donne Oliver Goldsmith (1728-1774) semble accréditer cette idée, dans l'opposition qu'il forme entre deux types d'histoire naturelle[69]. Selon lui, il existe bien deux voies différentes ("two distinct and separate channels"[70]) : l'une d'elle conduit à la chose ("the one serving to lead us to the thing"), l'autre suppose la chose connue et conduit à l'histoire de la chose ("the other conveying the history of the thing, as supposing it already known"). Linné se range dans la première catégorie et sa critique n'est pas étrangère à un programme de réforme de la science botanique. Pour pouvoir s'éviter les gravures, il faut supposer une botanique ordonnée, où les planches d'herbiers sont aisément consultables et où les espèces sont rapportées à leurs genres. La systématique est un fil d'Ariane qui permet de conduire de la plante inconnue jusqu'à son nom dans les livres.

À l'inverse, l'illustration maintient dans une science empirique, qui invite à feuilleter les ouvrages de manière aléatoire. Elle reste dans le registre du familier et fait passer de l'image identifiée à sa description ou à son histoire. Cette lecture de Goldsmith peut accréditer l'idée que décrire en définissant est une science sérieuse alors que décrire en illustrant est une science populaire. Goldsmith s'inscrit explicitement dans la seconde piste, dans une conception buffonienne des sciences de la nature[71] : il critique

69. Goldsmith (Oliver), *An History of the Earth and Animated Nature*, London : Nourse, 1774, t. 1, p. i : "Natural history, considered in its utmost extent, comprehends two objects. First, that of discovering, ascertaining, and naming all the various productions of nature. Secondly, that of describing the properties, manners, and relations, which they bear to us, and to each other. The first, which is the most difficult part of this science, is systematical, dry, mechanical, and incomplete. The second is more amusing, exhibits new pictures to the imagination, and improves our relish for existence, by widening the prospect of nature around us."

70. *Ibid.*, p. viij.

71. Goldsmith soutient des propos contradictoires quant à l'influence de Buffon dans son ouvrage : d'un côté, il affirme : "In other respects, as far as this able philosopher has gone, I have taken him for my guide. The warmth of his style and the brilliancy of his imagination are inimitable" (Goldsmith [Oliver], *An History of the Earth and Animated Nature*, *op. cit.*, pp. x-xi) et reconnaît ainsi avoir beaucoup emprunté à Buffon. Mais d'un autre côté, il déclare l'avoir tellement amendé, qu'en définitive : "though my obligations to this writer are many, they extend but to the smallest part of the work, as he has hitherto compleated only the history of quadrupedes" (*ibid.*, pp. xii-xiii).

les nomenclatures qui nous conduisent de caractère en caractère (elles ne sont que des dictionnaires)[72] ; il s'écarte décidément de la voie des nomenclatures (qui conduit de l'animal au nom) et choisit celle des naturalistes (qui procède du nom aux mœurs)[73]. Ainsi, Goldsmith revendique un ouvrage léger : "Professed naturalists will, no doubt, find it superficial."[74]

Toutefois, si le projet de Goldsmith se réclame de Buffon, cela n'implique pourtant pas que Buffon s'inscrive dans la dichotomie dressée par sa postérité. En particulier, Buffon ne pratique en rien la description comme une science plaisante, basée sur la collection de curiosités. Si la description buffonienne est bien le contraire de l'aride science de dictionnaire qu'est le système des définitions linnéennes, elle n'est pas pour autant un catalogue de monstres ou de fossiles. Il faut comprendre sa spécificité. Symétriquement, la systématique linnéenne ne voit en rien garanti son statut de science "sérieuse" et ardue : bientôt, malgré son arsenal de définitions techniques, elle devient une science "pour les dames", et ce, en dépit de son impudeur[75].

## Le tout et les parties

Ainsi, il apparaît que sur la situation première (le coût de la gravure et le poids du mécénat), se greffent différents discours épistémologiques. Quand on a dit que Buffon pouvait s'offrir de belles et de nombreuses gravures, cela n'explique encore ni la valeur qu'il leur accorde, ni le rapport qu'elles entretiennent à son texte, ni surtout les choix qu'il a faits sur ce qu'il convenait de représenter sur les planches.

L'opposition des styles naturalistes de Linné et de Buffon permet de prendre en compte deux manières de remplir le programme de la description des vivants : celui qui définit et celui qui illustre. Ces deux manières n'impliquent pas les mêmes considérations. Linné classant, n'a pas à illustrer. De fait, les seules planches contenues dans

72. *Ibid.*, p. vj : "From hence it appears that a system may be considered as a dictionary in the study of nature."

73. *Ibid.*, p. ix : "It will fully answer my design if the reader, being already possest of the name of the animal, shall find here a short, though satisfactory history of its habitudes, its subsistence, its manners, its friendships and hostilities."

74. *Ibid.*, p. xiv.

75. C'est un thème très développé par l'histoire des sciences féministes qui y voit un processus de déshérence (*Cf.* Le Doeuff [Michèle], *Le Sexe du savoir*, Paris : Aubier, 1998, 378 p.) : ce qui n'est plus réputé digne de la science (masculine) est dévolu aux femmes ; tel fut le cas de l'intuition, qui devint, en un sens dégradé, "l'attribut des femmes" ; tel fut aussi le cas de la science linnéenne, qui devint "pour les dames" dès lors qu'elle fut dépassée par une science des structures et des rapports (la méthode naturelle). Dans le domaine anglo-saxon, *cf.* Shteir (Ann B.), *Cultivating Women, Cultivating Science: Flora's Daughters and Botany in England, 1760 to 1860*, Baltimore : John Hopkins University Press, 1996, 301 p.

ses ouvrages de systématique sont des schémas permettant d'identifier les différents ordres et classes de plantes en fonction des positions relatives des étamines et des pistils, et des différents genres d'animaux, en fonction du nombre de certaines parties (mamelles, ongles...).

Pour Linné, la description par voie de définition a un avantage sur la planche. On y sépare les caractères communs, ce qui les fait bien comprendre. La définition constitue une analyse alors que la planche présente tout d'un coup. Une planche ne permet pas de généralisation ni de déductions. À l'inverse, la planche gagne du temps. Une figure est parfois utile pour expliquer une forme difficile à décrire. Donc les deux procédés se secondent mutuellement.

Cela s'éclaire par les remarques de Buffon concernant le tout et les parties[76]. Il critique le concept de caractère en soulignant que la grande erreur des systèmes de classification est de "vouloir juger d'un tout par une seule de ses parties" : "Presque tous les nomenclateurs n'ont employé qu'une partie, comme les dents, les ongles ou ergots, pour ranger les animaux, les feuilles ou les fleurs pour distribuer les plantes, au lieu de se servir de toutes les parties, et de chercher les différences ou les ressemblances dans l'individu tout entier." Ainsi, il ne faut pas nous priver de ces moyens avantageux que la Nature nous offre pour la connaître : "se servir de toutes les parties des objets que nous considérons". Quand même les caractères constitueraient des parties constantes et invariables, "il ne faudrait pas pour cela réduire la connaissance des productions naturelles à celle de ses parties constantes qui ne donnent que des idées particulières et très imparfaites du tout". Buffon propose au contraire "une méthode instructive et naturelle", qui consiste à "mettre ensemble les choses qui se ressemblent et de séparer celles qui diffèrent les unes des autres". Les ressemblances et les différences doivent être prises "du tout ensemble" : la comparaison doit porter "sur la forme, sur la grandeur, sur le port extérieur, sur les différentes parties, sur leur nombre, sur position, sur la substance même de la chose"[77]. L'individu peut être ainsi reconnu "au premier coup d'œil" et n'avoir qu'un nom. Buffon rappelle qu'il faut "une bonne description & jamais de définitions" :

> Aussi faut-il bien se garder de juger la nature des êtres par un seul caractère, il se trouverait toujours incomplet & fautif ; souvent même deux & trois caractères, quelque généraux qu'ils puissent être, ne suffisent pas encore ; & ce n'est, comme nous l'avons dit & redit, que

76. Buffon, *De la Manière* (IR I, 20-21).
77. *Ibid.*, pp. 21-22.

> par la réunion de tous les attributs & par l'énumération de tous les caractères qu'on peut juger de la forme essentielle de chacune des productions de la Nature.[78]

On comprend qu'il y a un écart fondamental entre Buffon et Linné sur ce qu'il faut entendre par description. La description linnéenne est une définition, c'est-à-dire une analyse ou une énumération de caractères anatomiques. Elle se passe de l'illustration, sinon pour présenter les différentes pièces anatomiques qu'il s'agit d'identifier. La description buffonienne présente une synthèse coordonnée de toutes les informations que nous fournit la nature. Elle prend par excellence la forme d'une gravure représentant l'espèce. Cela s'éclaire par une distinction terminologique entre histoire et description.

## Histoire et description

"L'histoire et la description" doivent être autant que possible tenues ensemble et constituent la plus grande part de l'histoire naturelle. Ces tâches ont été différemment remplies par les prédécesseurs de Buffon. Selon lui, la plupart des ouvrages d'ornithologie "se réduisent à une simple nomenclature" et "ne contiennent que des descriptions", y joignant tout au plus "quelques faits historiques"[79].

Buffon, en soulignant l'importance de la description et de l'histoire, rappelle l'importance des faits contre l'imagination. On doit se souvenir qu'"un historien est fait pour décrire et non pour inventer, qu'il ne doit se permettre aucune supposition et qu'il ne peut faire usage de son imagination que pour combiner les observations, généraliser les faits, et en former un ensemble qui présente à l'esprit un ordre méthodique d'idées claires et de rapports suivis et vraisemblables."[80]

L'histoire touche à la description des habitudes naturelles ; elle procède "à force d'études et de comparaisons"[81]. La description doit comporter "la forme, la grandeur, le poids, des couleurs, les situations de repos et de mouvements, la position des parties, leurs rapports, leur figure, leur action et toutes les fonctions extérieures ; si l'on peut joindre à tout cela l'exposition des parties intérieures, la description n'en sera que

78. Buffon, *Les Tatous* (IR X, 201-202).

79. Buffon, *Histoire naturelle des oiseaux, Plan de l'ouvrage* (IR XVI, p. xj et p. xxiij) : "Les ouvrages anciens et nouveaux auxquels on a donné le titre d'*histoire des oiseaux*, ne contiennent presque rien d'historique."

80. Buffon, *Second discours. Histoire et theorie de la terre* (IR I, 68).

81. Buffon, *Histoire naturelle des oiseaux, Plan de l'ouvrage* (IR XVI, p. xij).

plus complète."[82] Ainsi l'histoire touche au naturel et la description au corps, intérieur et extérieur : si la première touche l'aspect moral, la seconde porte sur le physique ; si la première vise une éthologie, la seconde semble un autre nom pour une anatomie.

Dans le même temps, cela doit s'entendre avec deux restrictions. Buffon insiste sur le fait que "l'histoire doit suivre la description"[83] ; il rappelle l'union de "ces deux parties (l'histoire et la description) que l'on ne doit jamais séparer en histoire naturelle"[84]. Ainsi, l'histoire naturelle exclut un examen anatomique trop circonstancié : elle n'est pas réductible à une anatomie comparée (même si elle l'inclut). Ensuite, l'histoire "doit uniquement rouler sur les rapports que les choses naturelles ont entre elles et avec nous."[85] En particulier :

> L'histoire d'un animal doit être non pas l'histoire de l'individu, mais celle de l'espèce entière de ces animaux ; elle doit comprendre leur génération, le temps de la prégnation, celui de l'accouchement, le nombre des petits, les soins des pères et des mères, leur espèce d'éducation, leur instinct, les lieux de leur habitation, leur nourriture, la manière dont ils se la procurent, leurs mœurs, leurs ruses, leur chasse, et ensuite les services qu'ils peuvent nous rendre, et toutes les utilités ou les commodités que nous pouvons en tirer.

Ce passage qui place l'intérêt de Buffon au niveau de l'espèce et non de l'individu se comprend dans sa dimension critique par rapport aux singularités que vise l'histoire naturelle de Claude Perrault. Buffon rend explicite que les planches visent à alléger la partie relative à la description, en particulier, quand le langage est souvent contraint à des circonlocutions.

Daubenton appuie ici encore complètement ces orientations. Dans son discours *De la Description des animaux*, il distingue nettement observation et description et met cela en rapport avec les possibilités de l'illustration. L'observation est prise dans une dialectique entre savoir et ignorance. En effet, "chacun a une façon d'observer proportionnée à l'étendue de son savoir et de son esprit". De là, "plus on sait, plus on découvre en observant"[86]. De cette dépendance de l'observation par rapport aux connaissances dont chacun dispose (la situation de l'observateur), vient qu'il est impossible de fixer des guides à l'observateur :

82. Buffon, *De la Manière* (IR I, 29-30).
83. *Ibid.*, p. 30.
84. Buffon, *Histoire naturelle des oiseaux*, *Plan de l'ouvrage* (IR XVI, p. v).
85. Buffon, *De la Manière* (IR I, 30).
86. Daubenton, *Description des animaux* (IR IV, 113).

> Il n'y a par conséquent ni principes ni règles à établir pour guider l'observateur, les routes que l'on pourrait lui ouvrir ne seraient pas convenables à sa marche, il est obligé de rester d'abord dans celles où il se trouve placé et il ne peut s'en frayer de nouvelles qu'à mesure qu'il fait des progrès.[87]

À l'inverse, la description doit suivre une méthode, projet qui complète les tâtonnements de l'observation et le système des nomenclateurs. La nomenclature qui accumule les définitions accompagne les projets de distributions méthodiques : nommer une espèce, ou la définir par une phrase, c'est la distribuer dans un système d'ordres, de classes et de genres. Ainsi, une nomenclature combine plusieurs types de définitions de plus en plus générales : la phrase définit l'espèce, les caractères génériques donnent le genre, etc.

Ainsi Daubenton joue description contre définition, c'est-à-dire méthode de la nouvelle histoire naturelle contre nomenclatures linnéennes, connaissance du singulier contre universaux et catégories ; par là, il promeut aussi le doute contre l'assurance, le scepticisme essentiel à la science moderne contre un dogmatisme suranné qu'il rattache à la scolastique. L'état d'avancement de la science est proportionnel aux doutes que l'esprit émet sur sa réussite possible. Les nomenclateurs font obstacle à la science en ce qu'ils croient tout connaître et "veulent définir les différentes productions de la Nature avant que de les avoir bien décrites : c'est vouloir juger avant que d'avoir connu et vouloir apprendre aux autres ce que l'on ignore soi-même"[88]. La définition (et la nomenclature qui la résume) doit donc être soumise à la description complète du spécimen. Dents, mamelles et doigts n'offrent "qu'un tableau défectueux ou chimérique". Daubenton donne un exemple qui l'exprime très aisément, demandant :

> Quels sont les animaux qui diffèrent de bien d'autres pour les dents, qui en ont six incisives à chaque mâchoire, recourbées dans celles du dessus et dirigées en avant dans celle du dessous, qui ont les dents canines fort courtes et éloignées les unes des autres, et qui n'ont qu'une corne au pied et deux mamelles inguinales ? [le texte renvoie à Linné, *Systema naturæ*, 1748, p. 11] Un naturaliste répondra à l'instant, votre exposé est trop long des trois quarts, Aristote l'a dit en un mot : ce sont les solipèdes, c'est-à-dire les chevaux, les ânes, les mulets et les zèbres. Mais que penseront les gens qui veulent s'instruire ? Que feront-ils de ces dents, de cette corne, de ces mamelles, qui sont les seules choses qu'on leur présente ? Ils n'iront pas ouvrir la bouche de tous les animaux pour compter les dents ; d'ailleurs elles leur feraient méconnaître les femelles, qui n'en ont pas autant que les mâles, au moins dans la plupart des animaux dont il s'agit ici. Chercheront-ils les mamelles ? On n'en voit point dans le plus grand nombre des mâles et s'il y en a, elles ne sont pas placées dans l'endroit

87. *Ibid.*, pp. 113-114.
88. *Ibid.*, p. 115.

> indiqué, il ne leur reste donc que la troisième condition de l'énigme, savoir, quels sont les animaux qui n'ont qu'une corne à chaque pied ? Ce caractère est le seul des trois qui soit essentiel et constant. Mais en croira-t-on le méthodiste sur sa parole, après avoir été trompé sur les dents et sur les mamelles ? Faudra-t-il donc voir tous les animaux de l'univers pour s'assurer qu'il n'y a que les chevaux, les ânes, les mulets et les zèbres qui n'aient qu'une seule corne au pied ?[89]

La méthode de description doit donc être distinguée de ce qui est connu, depuis Georges Cuvier (1769-1832) et Thomas Henry Huxley (1825-1895), comme la "méthode de Zadig"[90], en référence au conte de Voltaire. Le fragment n'est pas toujours un indice qui permet de former de bonnes inductions : c'est parfois une pièce perdue dans le capharnaüm d'un cabinet, une curiosité éparse et à l'origine suspecte. L'os isolé, la dent, le poil, le pied ne permettent pas de remonter au tout : ils nous perdent dans un monde fabuleux, où il est aisé de former des chimères en hasardant des recompositions. La méthode des nomenclateurs linnéens est comme le sphinx, elle fabrique des énigmes où le bien connu, devenu méconnaissable, est désormais perdu. Surtout, la définition accable l'imagination en ce qu'elle ignore la dépendance des caractères et qu'elle noie dans des énumérations sans ordre. En émiettant les caractères, les nomenclateurs nous font perdre la vraie connaissance de l'animal. Nul n'a jamais eu de difficultés à reconnaître un cheval : mais nul ne l'a jamais reconnu par les dents ou le nombre des mamelles. Les nomenclateurs démembrent l'animal et dans ce tronçonnage, on ne sait plus rien reconnaître.

Daubenton appelle donc à quitter la voie des nomenclateurs : en particulier, la connaissance de l'extérieur doit se redoubler d'une connaissance de l'intérieur. Il faut

89. *Ibid.*, pp. 116-117 et plus bas : "Le cheval, l'âne et le mulet diffèrent par la queue ; celle du cheval est garnie de crins dans toute sa longueur, celle de l'âne et du mulet n'en a qu'à l'extrémité, et le zèbre a pour caractère distinctif les bandes transversales de différentes couleurs qui sont sur sa peau : voilà tout. Le méthodiste est satisfait, il ne prendra jamais un cheval pour un âne, dès qu'il en verra la queue. Mais quelle idée a-t-on des chevaux, parce qu'on connaîtra le nombre et la position de la moitié de leurs dents et de leurs mamelles, la figure de la corne de leurs pieds et l'arrangement des crins de leur queue ?"

90. *Cf.* Huxley (Thomas Henry), "On the method of Zadig. Retrospective prophecy as a function of science" (1880), repris *in* Huxley (Thomas Henry), *Collected Essays: 1893-1894*. T. 4 : *Science and Hebrew Tradition*, [*facsimile* de l'éd. de London : MacMillan, 1893], Hildesheim ; New York : Olms, 1970 (Anglistica & Americana ; 65) qui s'ouvre en citant Cuvier ("Discours sur les révolutions de la surface du globe", *Recherches sur les ossement fossiles*) : "Une marque plus sûre que toutes celles de Zadig." La méthode de Zadig permet d'abord de remonter du fragment à l'organisme complet, puis, à terme, de parler "avec autant de confiance des caractères des êtres vivants éteints de longue date, et dont aucune trace n'a été préservée, que Zadig l'a fait du chien de la reine et du cheval du roi" (p. 23). On voit ici que la prophétie rétrospective de Huxley dépasse la simple reconstitution du tout à partir de la partie mais ambitionne même de combler les manques des données géologiques : elle anticipe par là sur des traces fossiles que nous n'aurons peut-être jamais mais dont nous pourrions très bien nous passer.

faire l'inspection du dedans, où se trouve la raison des mouvements qui paraissent au dehors[91]. Les nomenclateurs ont le défaut de s'en tenir à "l'écorce",

> semblables à des voyageurs qui ne voudraient voir que les murs des villes ou les façades des palais, au lieu d'entrer dans l'intérieur et d'examiner en détail tous les chefs-d'œuvre de l'art qui y sont renfermés. N'imitons pas ces observateurs superficiels, approfondissons notre sujet dans tous ses points intéressants, mais gardons-nous des détails minutieux, qui nous jetteraient dans de vaines recherches, tandis qu'il y a tant de choses importantes à découvrir dans la Nature.[92]

Il convient au contraire de "perfectionner les connaissances de l'économie animale" – "c'est là l'objet que l'historien ne doit jamais perdre de vue, c'est la règle qui sert de guide à tout observateur intelligent". Voici donc le mot d'ordre qui ordonne les descriptions utiles. Une fois fixé ce but, cela va permettre de trancher entre ce qui mérite d'être retenu ou non. Il ne faut pas être comme ces "observateurs appesantis sur les détails" ; il ne faut pas non plus recourir à un jargon technique qui perd l'imagination.

Au terme de ce parcours, on peut opposer deux types de sciences de la nature. Celle de Linné est systématique et procède par définitions. Elle vise à classer les espèces et pour cela, elle recourt à différents niveaux taxonomiques, hiérarchisés entre eux (classes, ordres, genres, espèces, variétés...) Définir, c'est assigner, à partir d'une ou plusieurs parties, une position au tout dans un système. Celle de Buffon à l'inverse tente plutôt un inventaire et procède par description. Elle se concentre sur le niveau de l'espèce, et elle consacre à chacune d'entre elles une monographie qui doit la mettre en relation avec les autres. Décrire, c'est approcher un tout selon une variété de rapports particuliers. Cela débouche sur un tableau buffonien, qui se représente comme une trame : chaque espèce est comparée à un grand nombre d'autres espèces, dont elle se rapproche "sous certains rapports". Les exemples abondent. Dans le style linnéen, la musaraigne sera du genre *Mus*, suivie d'une différence spécifique (*Mus araneus, Mus caecus*) ; dans le style buffonien, la musaraigne échappe au genre des souris et est appelée à "remplir l'intervalle qui se trouve entre le rat et la taupe"[93]. De même, dans les anciennes nomenclatures, la marmotte est le "rat-ours" ; Buffon concède qu'elle "tient un peu de l'ours et un peu du rat pour la forme du corps", mais surtout il souligne : "Elle

91. Buffon (IR IV, 118-119) : "Reconnaître par l'inspection du dedans, le mécanisme des mouvements qui paraissent au dehors et les causes des appétits et des inclinations qui sont propres à chaque espèce d'animaux."
92. *Ibid.*, p. 119.
93. Buffon, *La Musaraigne* (IR VIII, 57). Buffon fait l'inventaire des rapports selon lesquels on peut rapprocher la musaraigne et la taupe : "La musaraigne, plus petite encore que la souris, ressemble à la taupe par le museau [...], par les yeux [...], par le nombre des doigts [...] etc."

a le nez, les lèvres et la forme de la tête comme le lièvre, le poil et les ongles du blaireau, les dents du castor, la moustache du chat, les yeux du loir, les pieds de l'ours, la queue courte et les oreilles tronquées."[94] Les grands animaux seront traités de même : le jaguar devient *Tigris americana* dans la disposition de Jacob Theodor Klein (1685-1759)[95] ou *Tigre de la Guyane* dans le *Voyage* de Renaud Des Marchais (16??-1728)[96] ; à l'inverse de la méthode des nomenclateurs, Buffon déclare que le jaguar n'est pas un tigre et qu'il faut le comparer à plusieurs autres animaux selon différents rapports[97].

## Comment peindre une girafe ?

Cette opposition de l'énumération (la liste des caractères qui définissent) et de la planche (la gravure qui soutient l'imagination et la description) peut encore être analysée à partir de l'exemple de la girafe. En effet, le tome XIII s'ouvre par une description de cet animal. Toutefois, la vignette qui le chapeaute ne présente pas l'animal : en son centre trône un ocelot, et autour de lui, on reconnaît un phoque, un morse, un unau, un maki, une mangouste... Mais de girafe, point. Est-ce simplement que sa figure longiligne ne se pliait pas à l'horizontalité du format des vignettes ? Pas plus l'histoire de cette espèce n'est-elle suivie d'une description anatomique et d'une gravure, pour laquelle il faudra attendre les *Suppléments* : d'abord dans le volume III (IR XXXII, pl. 64, p. 330), puis le volume VII (IR XXXVI, pl. 81 et 82, p. 345) qui donnent les gravures. Buffon reconnaît : "nous n'avions pu recueillir encore que des notions imparfaites, tant par rapport à sa conformation, qu'à ses habitudes."

C'est que Buffon rassemble et compare les témoignages[98] sur cet animal singulier, "un des premiers, des plus beaux, des plus grands animaux"[99] mais constate bien vite que les sources iconographiques manquent : Thévenot qui a vu l'animal en Éthiopie n'en a pas fourni de portrait. Buffon a bien reçu un dessin à l'Académie en 1764, mais il déplore : "Nous eussions bien désiré que le dessin eût été un peu mieux tracé, mais ce

94. Buffon, *La Marmotte* (IR VIII, 221).

95. Klein (Jacob Theodor), *Quadrupedum dispositio brevisque historia naturalis*, Lipsiae : apud J. Schmidt, 1751, section XXXIII, p. 80.

96. Sur les "tigres de Cayenne" ou "tigres de la Guyane", *cf.* Des Marchais (Renaud), *Voyage du chevalier Des Marchais, en Guinée, isles voisines et à Cayenne fait en 1725, 1726 et 1727, contenant une description très exacte et très étendue de ces païs, et du commerce qui s'y fait... par le R. P. Labat*, Paris : G. Saugrain, 1730, t. 3, pp. 298-299.

97. Buffon, *Le Jaguar* (IR IX, 201) : "Le jaguar ressemble à l'once par la grandeur du corps, par la forme de la plupart des taches dont sa robe est semée, et même par le naturel ; il est moins fier et moins féroce que le léopard et la panthère."

98. Buffon, *La Girafe* (IR XIII, 10) : "Je les trouve assez d'accord entre eux."

99. *Ibid.*, p. 1.

n'est qu'un croquis informe et dont on ne peut faire aucun usage."[100] Quant au linnéen Frédéric Hasselquist (1722-1752), il a bien donné une longue "description" de l'animal : Buffon n'y voit qu'une accumulation fastidieuse et désarticulée de « petits caractères équivoques, inutiles". Définition à la précision paradoxale puisque le voyageur n'a jamais vu l'animal[101] et qu'en dépit de sa méticulosité, sa description s'avère moins utile que celle des Anciens. Ainsi l'erreur de Hasselquist revient à celle commise par Mathioli : la peau isolée est à la zoologie ce que la plante séchée est à la botanique, elle fait perdre les proportions naturelles de l'animal et conduit souvent à négliger l'unité organique de son corps. La girafe est donc pour Buffon l'occasion d'affirmer son parti-pris pour l'iconographie contre le linnéisme :

> "C'est aux figures à suppléer à tous ces petits caractères et le discours doit être réservé pour les grands : un seul coup d'œil sur une figure en apprendrait plus qu'une pareille description, qui devient d'autant moins claire qu'elle est plus minutieuse, surtout n'étant point accompagnée de la figure qui seule peut soutenir l'idée principale de l'objet au milieu de tous ces traits variables, et de toutes ces petites images qui servent plutôt à l'obscurcir qu'à le représenter"[102].

Il faut "engager les voyageurs à se servir de leurs lumières, et à ne pas renoncer à leurs yeux pour prendre la lunette des autres ; il est nécessaire de les prémunir contre l'usage de pareilles méthodes, avec lesquelles on se dispense de raisonner, et on se croit d'autant plus savant que l'on a moins d'esprit"[103].

En particulier, en dépit de sa précision, "très longue, mais très sèche"[104], la description de Hasselquist ne donne pas même les éléments nécessaires à comprendre sa nature. Buffon recentre le problème sur les cornes de la girafe : tombent-elles tous les ans, et la girafe est alors à ranger parmi les cerfs et les animaux à bois ; ou bien sont-elles

100. *Ibid.*, pp. 9-10. On connaît notamment un dessin de girafe rapporté en France par François Savary, comte de Brèves (1560-1628). *Cf. Dessiner la nature : dessins et manuscrits des bibliothèques de France, XVII^e^-XVIII^e^-XIX^e^ siècles : [exposition présentée par la Fondation électricité de France à l'espace Electra, 19 septembre-27 octobre 1996]*, [catalogue par Pinault-Sørensen Madeleine], Paris : Fondation électricité de France, 1996, 95 p., notice n° 27.

101. Buffon, *La Girafe* (IR XIII, 8). La longue description donnée par Hasselquist se clôt par l'aveu suivant : "Descriptio antecedens juxta pellem animalis farctam ; animal vero nundum vidi." *Cf.* Hasselquist (Fredrik), *Iter palaestinum, eller Resa til Heliga Landet, förråttad ifrån år 1749 til 1752, Utgifven af Carl Linnaeus*, Stockholm : trykt på L. Salvii kästnad, 1757, 620 p. ; Hasselqvist (Fredrik), *Reise nach Palästina in den Jahren von 1749 bis 1752... herausgegeben von Carl Linnäus*, [trad. du suédois par Gadebusch T. H.], Rostock : J. C. Koppe, 1762, 606 p. ; Hasselquist (Frederic), *Voyages dans le Levant dans les années 1749, 50, 51 et 52, publiés par Charles Linnaeus*, [trad. de l'allemand par M. M. E., Paris : Saugrain le jeune, 1768, 203 p.

102. Buffon, *La Girafe* (IR XIII, 9).

103. *Ibid.*, p. 8.

104. *Ibid.*, p. 7. Le problème est repris p. 13.

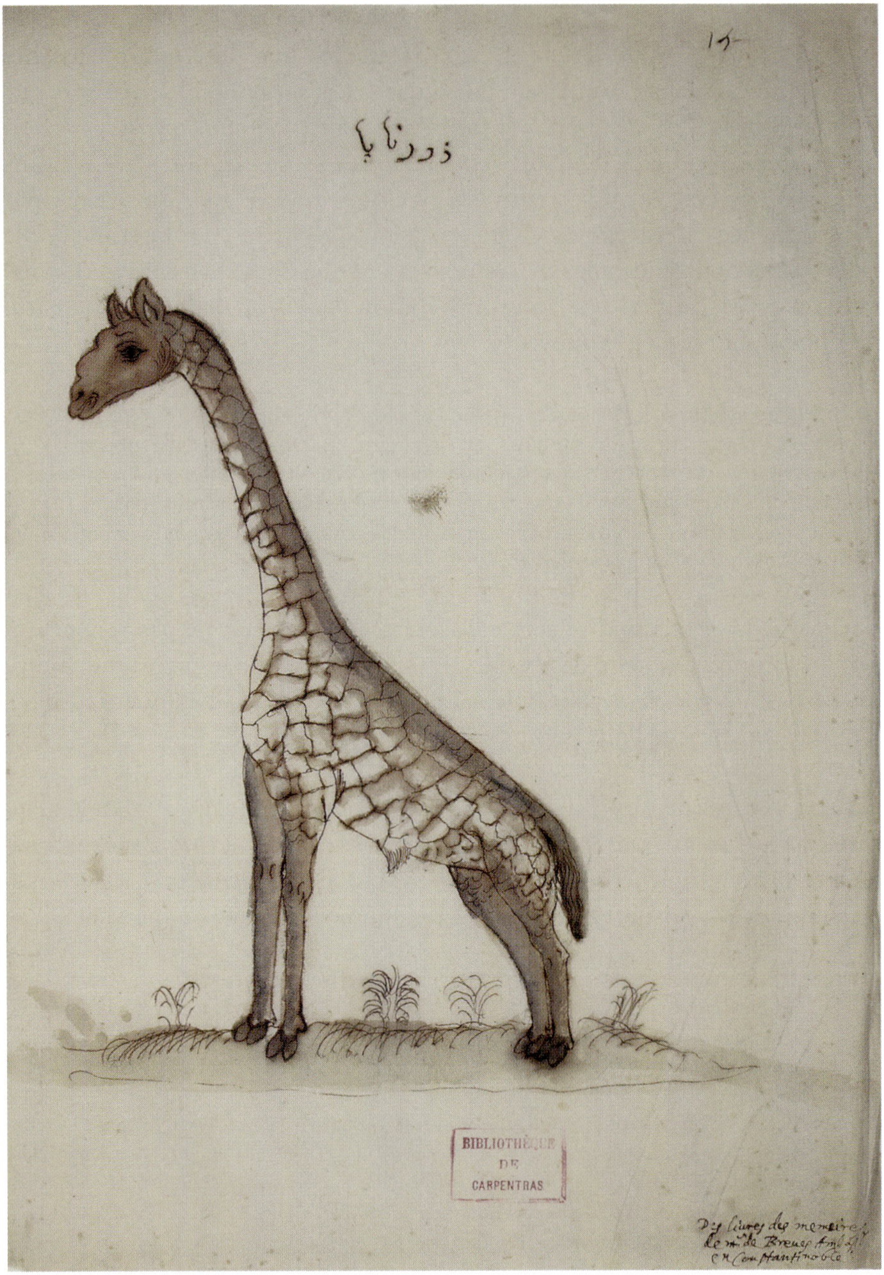

**FIG. 19 -** Dessin de girafe (plume, encre brune et lavis), issu du *Recueil de manuscrit ayant appartenu à Nicolas-Claude Fabri de Peireisc.* © Bibliothèque Inguimbertine, Carpentras, Ms 57, f° 55 v.

permanentes et il faut la rapprocher des bœufs et des chèvres ? Derrière cette question des cornes, c'est la classification linnéenne qui est visée : Hasselquist a inclus la girafe dans le genre *Cervus*, en adjoignant comme nom d'espèce l'adjectif *camelopardalis* par lequel les Anciens la désignaient. Un argument pèse en faveur des bois : c'est qu'ils sont des excroissances liées au superflu de matière organique, et donc faites d'une substance analogue à la nourriture de l'animal (or, la girafe se nourrit de "feuilles et de boutons d'arbres"). En revanche, si la girafe est bien un cerf, alors, ses bois devraient être divisés en branches ou en andouillers et être l'apanage des seuls mâles. Buffon ne peut que constater que la girafe ne remplit aucun de ces deux critères, alors que le premier point est toujours vérifié dans ce genre, et que le second y est une loi quasi générale. Ainsi, il faut conclure qu'à l'inverse, la girafe semble, comme les rhinocéros, bien porter des cornes, faites d'une seule tige, qui ne sont que des agglomérats de poils.

L'absence de gravure se retrouve paradoxalement pour le lama et le paco, alors que leur représentation est un classique des ouvrages d'histoire naturelle sur l'Amérique du Sud (on la trouve par exemple chez Marcgrave). Ici encore, Buffon note l'absence de témoignages, le lama semblant attaché à un terroir particulier :

> Depuis plus de deux siècles que les Espagnols restent dans ces vastes contrées, aucun de leurs auteurs ne nous [a] donné l'histoire détaillée et la description exacte de ces animaux dont on se sert tous les jours : ils prétendent à la vérité qu'on ne peut les transporter en Europe, ni même les descendre de leurs montagnes sans les perdre [...] : mais à Quito, à Lima [...] on aurait pu les dessiner, décrire et disséquer.[105]

Buffon est d'autant plus sévère qu'il croit au possible transport des lamas et des vigognes, qui réussiraient fort bien dans les Pyrénées[106].

Dans le cas de la girafe comme dans celui du lama, l'absence d'illustrations dans les premiers volumes de l'*Histoire naturelle* indique le parti pris de ne pas représenter d'animaux qui n'auraient pas été observés, au moins sous la forme d'une peau bourrée. Ces manques sont des indices de la rigueur avec laquelle Buffon et Daubenton traitent l'information disponible dans leurs sources. Pour la girafe, c'est finalement la garantie de l'excellent Allamand qui autorise Buffon à en donner un dessin[107]. La condamnation

105. Buffon, *Le Lama et le Paco* (IR XIII, 18).
106. *Ibid.*, pp. 31-32 : "J'imagine que ces animaux seraient une excellente acquisition pour l'Europe et produiraient plus de biens réels que tout le métal du nouveau monde qui n'a servi qu'à nous charger d'un point inutile [...]"
107. Buffon, *Nouvelle addition à l'article de la Girafe* (supp. VII, IR XXXVI, 345) : "M. Gordon, observateur très éclairé que nous avons cité plusieurs fois avec éloge [...] en a envoyé à M. Allamand un dessin que j'ai fait copier et graver."

du "fatras" aldrovandien dans le *Premier discours* n'est pas un vain mot et elle touche à la critique du texte comme à celle de l'image.

Ainsi, définition linnéenne et description buffonienne s'opposent comme la science de la classification et celle de leur comparaison. Toutes les deux mettent en relation les espèces : mais l'une procède à la mise en ordre en suivant un fil ; l'autre en tissant une trame. Il est temps à présent d'étudier précisément la manière dont Buffon organise la série des quinze premiers volumes de son *Histoire naturelle*, série difficile à qualifier puisque ni le terme d'*Histoire naturelle des quadrupèdes*, ni celui d'*Histoire naturelle des mammifères* ne peut lui convenir – ces termes étant l'un et l'autre récusés par Buffon et ne convenant de toutes façons pas au propos de l'ouvrage.

Les gravures d'animaux en pied suppléent dans l'*Histoire naturelle* à l'absence d'un ordre systématique. Elle indiquent que l'espèce est bien le point cardinal à partir duquel s'articule l'ouvrage. Mais qu'en est-il de l'ordre des espèces ? L'ordre des gravures peut-il éclairer le type de science proposé par Buffon ?

## D'une espèce à l'autre

### y a-t-il un ordre de l'*Histoire naturelle* ?[1]

L'ordre et l'illustration de l'*Histoire naturelle* ont eu un destin commun, au sens où pas plus l'un que l'autre n'a jamais fait problème. Lecteurs et éditeurs ont parcouru la succession des monographies de l'*Histoire naturelle* sans jamais leur supposer un quelconque principe organisateur. On pourrait dire qu'on a séparé Buffon de De Sève comme Panckoucke l'avait séparé de Daubenton ; et même qu'on a séparé Buffon de lui-même au nom des réorganisations, intercalations et actualisations nécessaires exigées par les nouvelles informations. C'est ce qu'attestent les rééditions successives qu'a connues l'ouvrage depuis le XVIII^e^ siècle, lesquelles se sont employées à en reclasser les articles pour en corriger l'arrangement et de même à en modifier les illustrations. Ces tentatives, qui expriment une volonté de rendre le livre *meilleur*, plus conforme à l'esprit et à l'intérêt des sciences naturelles que Buffon n'aurait pas toujours su comprendre, nous devons les écarter si nous voulons penser l'ouvrage tel qu'il se fit, c'est-à-dire tel qu'il fut pensé, organisé et illustré, *étant donné les informations qui étaient alors disponibles*. Qu'on ait su, par la suite, mieux dire ou mieux peindre, c'est-à-dire mieux connaître les espèces, cela ne doit pas intéresser celui qui veut comprendre cet objet en quinze volumes, qu'est la série intitulée *Histoire naturelle générale et particulière*. Ce destin commun des deux questions, nous invite ici à présenter la question de l'ordre dans la perspective de l'illustration. Puisque nous publions dans ce volume l'intégralité des planches de la première série de l'*Histoire naturelle*, il nous reste à savoir si cet ensemble n'est qu'une succession aléatoire ou si l'on peut identifier un ordre latent qui sous-tendrait l'ouvrage et dont l'illustration, à sa manière, témoignerait.

1. Cette section reprend de larges extraits de notre article Hoquet (Thierry), "La Comparaison des formes. Ordre et méthode dans l'*Histoire naturelle* de Buffon", *Corpus, Revue de philosophie*, n° 43, 2003, pp. 355-416.

## Catalogues et matériaux incomplets : l'ordre impossible

On peut tout d'abord relever quatre obstacles majeurs à la fiction d'un ordre dans l'ouvrage de Buffon : la proximité du modèle épistémologique proposé par l'histoire naturelle à l'idée de *collection* ; le caractère non exhaustif de l'information présentée ; la pluralité des niveaux de sens du texte de Buffon ; l'opposition de Buffon aux démarches de classification sur le mode linnéen et l'absence corrélative d'une telle "méthode" dans l'*Histoire naturelle*.

Nous avons déjà montré que la dimension historique de l'*Histoire naturelle* devait être complétée par une dimension philosophique (le souci du général), qui en faisait autre chose que le simple catalogue d'un cabinet d'histoire naturelle. Cela seul suffit à rendre caduques les deux premières objections, qui mettent en avant, pour expliquer le désordre apparent de l'ouvrage, le caractère parcellaire de l'information, l'incomplétude du monde que Buffon doit décrire et pour lequel on n'a pas encore rassemblé tous les faits. L'auteur de l'*Histoire naturelle* serait condamné par avance à un ordre aléatoire, qui s'infléchit en fonction des informations disponibles, qui tenterait une série provisoire, le temps d'un volume, mais se détournerait nécessairement de cette ligne initiale, devant l'afflux de nouvelles données d'observation. Nous l'avons signalé plus haut : un lion apparaît au Combat du taureau à Paris, un rhinocéros ou un zèbre à Versailles[2], ou bien le coaita du duc de Bouillon meurt[3], et chaque fois, il faudrait se rendre, obtempérer pour observer et décrire ce qui se donne, quand il se donne. Ainsi, s'expliquerait la structure matérielle des volumes de l'*Histoire naturelle* : si quinze volumes constituent le corpus initial, dont la parution s'étire de 1749 à 1767, ceux-ci ne forment pas le tout de l'ouvrage et à peine close, l'*Histoire naturelle* est à reprendre et à compléter ; le quinzième volume s'achève par une *Notice de quelques animaux dont il n'a pas été fait mention expresse dans le cours de cet ouvrage* ; commence ensuite la série des *Suppléments*, à la fois compléments et corrections, informations plus nouvelles et plus fines et repentirs sur les traits et les coups de pinceaux hâtifs du tableau brossé dans la hâte des volumes précédents[4]. L'ordre serait donc problématique, incertain, toujours révisable, parce que la littérature des voyages (dont l'histoire naturelle dépend pour

2. Un zèbre est à la Ménagerie de Versailles en 1761 (on essaie de le faire s'accoupler avec des ânesses). Buffon, *Le Zèbre* (IR XII, 3).

3. L'animal meurt en 1764. Buffon, *Le Coaita et l'exquima* (IR XV, 16).

4. Les analyses de Michèle Duchet, qui partent du problème de l'information des philosophes et de l'analyse de la diffusion du savoir (principalement anthropologique) par les récits et les collections de voyages, tendent à interpréter l'*Histoire naturelle* dans une telle perspective. *Cf.* Duchet (Michèle), *Anthropologie et histoire au siècle des Lumières*, [1ère éd. Paris : F. Maspero, 1971, 567 p.], Paris : A. Michel, 1995, 611 p. (Bibliothèque de l'évolution de l'humanité ; 16).

ses sources) est un genre soumis aux impératifs de la découverte et au culte de l'information nouvelle. Dès lors, l'histoire naturelle se trouve traversée, comme en écho, par le souci d'une information actuelle et riche en faits nouveaux et curieux, susceptibles d'attirer, de capturer et de captiver un public avide, qui ferait le succès de l'*Histoire naturelle* comme entreprise éditoriale.

Mais force est de constater que Buffon ne prétend en rien à l'exhaustivité et qu'il ne fait figurer certaines espèces, au demeurant douteuses, que pour ne pas se voir reprocher d'avoir négligé certains pans de la connaissance de la Nature[5]. Il procède *autant qu'il est en lui*, mais sans prétendre jamais donner le tout de la Nature. C'est une nouvelle fois dire combien il renonce à une *Histoire naturelle* qui serait inventaire exhaustif ou catalogue complet.

De plus, eussions-nous trouvé, au milieu de ces flux toujours neufs d'informations, un fil d'Ariane pour nous servir de guide, que nous n'eussions guère été plus avancés puisque Buffon prétend encore couper ce fil trop uniforme ou monotone par des réflexions générales sur l'ordre de la Nature[6]. C'est un nouvel obstacle capital à l'hypothèse d'un ordre : l'*Histoire naturelle* n'est pas un texte homogène mais une construction à plusieurs niveaux. Comme les *Mémoires pour servir à l'histoire des insectes* de Réaumur présentent à la fois des préfaces générales et des monographies sur les insectes, l'ouvrage de Buffon présente des textes de réflexions générales, qui viennent interrompre la succession propre des articles consacrés à chaque espèce (par exemple, les *Première* et *Seconde vues* qui ouvrent les tomes XII et XIII se singularisent par une pagination hors-texte)[7]. Ainsi compris, Buffon aurait produit un vaste corps d'ouvrage que rien ne vient ordonner.

5. Buffon, *Notices de quelques animaux dont il n'a pas été fait mention expresse dans le cours de cet ouvrage* (IR XV, 128) : "Ce n'est ni par l'utilité, ni par l'attrait du sujet, mais uniquement pour éviter le reproche de n'avoir pas dit dans un ouvrage aussi étendu tout ce que l'on croit savoir sur les animaux, que je me suis déterminé à ajouter les notices suivantes."

6. Buffon, *Avertissement* (IR XII, p. j) : "Comme les détails de l'histoire naturelle ne sont intéressants que pour ceux qui s'appliquent uniquement à cette science, et que dans une exposition aussi longue que celle de l'histoire particulière de tous les animaux, il règne nécessairement trop d'uniformité, nous avons cru que la plupart de nos lecteurs nous sauraient gré de couper de temps en temps le fil d'une méthode qui nous contraint, par des discours dans lesquels nous donnerons nos réflexions sur la Nature en général, et traiterons de ses effets en grand. Nous retournerons ensuite à nos détails avec plus de courage. Car j'avoue qu'il en faut pour s'occuper continuellement de petits objets, dont l'examen exige la plus froide patience et ne permet rien au génie."

7. Il faut bien voir qu'une histoire naturelle de type collection n'empêche pas la supposition d'un ordre quelconque. En particulier, Réaumur donne des mémoires successifs, mais il ne renonce pas à donner une forme de classification. C'est le caractère décousu de l'*Histoire naturelle* que Steven Toulmin et June Goodfield soulignent quand ils qualifient l'ouvrage de Buffon de "scientific Tristram Shandy", en référence à l'ouvrage fameux de Laurence Sterne.

Enfin, l'obstacle majeur à la perception d'un ordre de l'*Histoire naturelle* tient à ce que la question de l'ordre doit être distinguée de la question de la taxinomie et de la classification[8]. Buffon se tient en marge par rapport à l'idéal linnéen de classification rationnelle des vivants. La tâche administrative d'assignation de places aux nouvelles espèces lui semble vaine, et vouée à l'échec. Toutefois, cela ne signifie en rien qu'il abandonne toute prétention à ordonner les animaux qu'il présente.

## Par quoi commencer ? Quatre faits problématiques

Nous voudrions poser le problème de l'ordre à partir de quelques faits problématiques, dont nous rappellerons les interprétations classiques avant d'en proposer une nouvelle lecture. Chacun de ces faits intéresse l'ordre des textes, et par conséquent, il concerne l'ordre dans lequel apparaissent les gravures de la première série de l'*Histoire naturelle*.

### Premier fait : le cheval

Le premier animal décrit par Buffon est le cheval. Cette priorité semble due à la place incontournable qui lui revient dans l'économie domestique du XVIII^e^ siècle : le cheval vient d'abord, parce qu'il est l'animal sans lequel la société s'effondrerait, qu'il joue un rôle majeur dans le système de production. Il découle de là que Buffon, commençant par le cheval, aurait été occupé uniquement de l'utilité et aurait voulu plaire. Il aurait également été séduit par la "noblesse" de cet animal. Cette proposition, couplée à la fameuse critique de l'admiration des abeilles (selon laquelle une mouche ne doit pas tenir dans la tête d'un naturaliste plus de place qu'elle n'en tient dans la Nature) invite à lire l'ordre de l'histoire naturelle comme un ordre de dignité ontologique, où le premier

*Cf.* Toulmin (Stephen, Edelson), Goodfield (June), *The Discovery of Time*, London : Hutchinson & Co, [1965], p. 144 (The Ancestry of Science), où les auteurs précisent que l'ouvrage de Buffon fut "so read at times like a scientific *Tristram Shandy*".

8. La tentation de retrouver une classification d'esprit linnéen dans l'œuvre de Buffon a suscité une tentative malicieuse et séduisante de l'archéo-zoologue Poplin (François), "L'Évolutionnisme, noble conquête du cheval à travers Buffon", *in* Gayon (Jean) (sous la dir.), *Buffon 88 : Actes du colloque pour le bicentenaire de la mort de Buffon, Paris, Montbard, Dijon, 14-22 juin 1988*, Paris : Vrin ; Lyon : IIEE, 1992, pp. 463-474. Selon cet auteur, les animaux domestiques des tomes IV et V seraient ordonnés en fonction de leur nombre de doigts : d'abord le cheval et l'âne qui ne sont dotés que d'un doigt ; ensuite, le bœuf, la brebis et la chèvre, qui ont deux doigts ; le cochon, le sanglier et le chien, ayant chacun quatre doigts à chaque patte ; enfin, le chat, qui peut compter pour pentadactyle par sa main, serait rejeté en début du volume VI, juste avant les animaux sauvages. Quid toutefois de la place de l'homme : pourquoi l'homme n'est-il pas placé avec le chat ? et si Buffon souhaitait commencer par l'homme, pourquoi n'a-t-il pas suivi l'ordre inverse (allant des pentadactyles aux solipèdes) ?

rang est accordé au plus noble, au plus digne. Cela s'accorde bien avec la philosophie qu'on attribue à *Monsieur le comte*. Cela surtout s'articule avec le deuxième fait capital qu'il faut prendre en compte quand on explique l'ordre.

## Deuxième fait : l'homme

L'homme (IR II et III) précède immédiatement le cheval (IR IV). Ce point confirme et réfute le premier. Si Buffon se doit de commencer par ce qui est le plus noble, par les êtres placés le plus haut sur l'échelle ontologique qu'il dessine, alors il est naturel que l'homme soit placé tout à côté du cheval, au début de l'*Histoire naturelle*. Mais dans le même temps, la priorité de l'homme réfute celle du cheval et le renvoie à la seconde place. L'hypothèse d'un ordre de dignité ontologique s'appuie sur le fait que l'homme, maître de la création, précède immédiatement le cheval dans l'ordre des matières.

## Troisième fait : la terre et la génération des animaux

En réalité, l'homme lui-même n'est pas premier mais son histoire naturelle suit l'exposé de deux théories : l'histoire de la terre (complétée par une hypothèse sur la formation des planètes) et surtout la génération des animaux (qui compose les molécules organiques, les moules intérieurs et les forces pénétrantes). Un tel "incipit" indique que l'*Histoire naturelle* prend sur la nature la perspective du général, dessinant un cadre dans lequel chaque monographie particulière est appelée à faire sens. Lorsqu'il décrit des animaux, Buffon s'intéresse aux grandes fonctions du vivant. L'homme, le cheval ou le mico sont à considérer comme des cas particuliers où s'étudient nutrition, croissance, génération.

## Quatrième fait : deux divisions

Buffon procède à la description des animaux en procédant selon la division du domestique et de l'exotique et selon la division des deux faunes (de l'Ancien et du Nouveau Monde). Il dira de cette dernière division qu'elle a fonctionné comme une boussole pour son étude des quadrupèdes[9].

9. Buffon, *Histoire naturelle des oiseaux* I, *Plan de l'ouvrage* (IR XVI,p. xij) : "Nous avons au moins trouvé, dans les animaux quadrupèdes, des faits généraux et des points fixes, sur lesquels nous nous sommes fondés, pour faire leur histoire particulière : la division des animaux naturels et propres à chaque continent a souvent été notre boussole dans cette mer d'obscurité, qui semblait environner cette belle et première partie de l'histoire naturelle."

## Différentes hypothèses sur l'ordre de l'Histoire naturelle

Face à ces faits, les lecteurs de Buffon n'ont jamais totalement abandonné l'idée d'un ordre dans l'ouvrage. Simplement, ils la supposent toujours résolue en un mot : l'utilité. Buffon n'aurait pas négligé l'ordre, mais l'ordre qu'il propose ne serait pas scientifique. Ce serait un ordre moral : le grand seigneur de Montbard aurait tout ordonné à partir de lui et son *Histoire naturelle* ne serait qu'une hiérarchisation des animaux selon les rapports décroissants d'utilité qu'ils entretiennent aux yeux d'un aristocrate européen.

Trois principales lectures ont tenté de répondre affirmativement à la question de l'ordre et d'informer l'énorme matière des histoires singulières : la première recourt à l'argument d'une épistémologie réaliste, où l'ordre de la science devrait se calquer sur celui de son objet ; la seconde développe une conception subjectiviste de l'ordre, défini par l'intérêt des lecteurs et l'utilité des matières ; une troisième enfin conjoint les deux perspectives en proposant que ce soit à la noblesse, c'est-à-dire un ordre de dignités essentielles ou de valeurs incorporées, qu'il revienne de dicter les préséances au sein de l'*Histoire naturelle*.

### L'ordre de la Nature même ?

Un premier principe d'ordre serait à trouver dans la Nature même dont Buffon veut faire l'histoire. L'argument est fréquent. L'abbé Noël-Antoine Pluche en particulier nous rappelle notre devoir d'étudier la Nature comme accès à l'ordre fixé par la Providence[10]. Mais Buffon suit-il l'ordre de la Nature ? L'histoire naturelle doit-elle imiter cet ordre ?

Une telle interprétation, selon laquelle le livre de la Nature doit suivre l'ordre même de son objet, peut-elle s'appliquer à Buffon ? Il nous semble que sur ce point la réponse

10. Pluche (Noël-Antoine), *Le Spectacle de la nature, ou Entretiens sur les particularités de l'Histoire naturelle qui ont paru les plus propres à rendre les jeunes gens curieux et à leur former l'esprit*. T. 1 : *Ce qui regarde les animaux et les plantes*, Paris : Vve Estienne Desaint, 1732, 1ère partie. Il existe un lien intime entre spectacle et ordre de la Nature : "Dieu dont la sagesse et la science sont infinies, a rempli de leçons utiles pour le salut, le spectacle et l'ordre de la nature." (p. 332, Entretien XI). L'ordre est le propre de la sagesse et de la liberté ; il est refusé à la matière et au mécanisme aveugle. Les désordres introduits par l'invention humaine sont multiples et le Prieur se charge de les rappeler : "l'art de voler serait le plus grand malheur qui pourrait arriver à la société" et les bienfaits qu'on en pourrait tirer "ne seraient pas capables de compenser les désordres qui en naîtraient" (*cf.* pp. 289-291, Entretien X, "Art de voler impossible") ; de même, la pierre philosophale détruirait l'ordre providentiel (*cf.* T. 3 : *Ce qui regarde les dehors et l'intérieur de la terre*, 1735, p. 462, Entretien XXVI) : "Ce qu'elle nous a rendu précieux en nous le donnant avec discrétion, nous l'aurions rendu vil en le multipliant. Nous aurions dérangé l'ordre qu'elle a établi."

ne peut être que négative. Pour Buffon, de façon très nette, l'homme n'a aucune possibilité de retrouver et donc de produire un ordre naturel. Il y a un écart impossible à combler entre la marche de la Nature et celle de nos idées. Ce point rend définitivement impossible toute entreprise de se faire le traducteur de la Nature et d'en épouser les déroulements.

L'ordre suivi par Buffon ignore tout d'un quelconque ordre de la Nature qu'il faudrait imiter et la préséance de certaines espèces sur d'autres ne provient pas d'un respect d'une quelconque *scala naturæ*. La mention par Buffon d'*intermédiaires* intervient comme une critique des divisions dichotomiques plutôt que comme l'esquisse d'un réseau. Il s'agit de manifester l'inanité des divisions des classificateurs, leur caractère abstrait et non *réel*. La portée du texte est plus critique que positive. L'hypothèse d'un ordre du texte qui redoublerait l'ordre des perfections des créatures dérive en réalité du schéma utilitaire, mais en donne une version ontologique. Elle s'appuie en particulier sur le fait que l'*Histoire naturelle* commence par traiter du cheval, qui est décrit comme la plus noble conquête que l'homme ait jamais faite. L'hypothèse d'un ordre de la Nature a donc partie liée avec l'idée d'un ordre ontologique et hiérarchique des perfections.

## L'idée d'un ordre proxénète

Le *Dictionnaire* de Furetière définit le titre comme le *proxénète* du livre, c'est-à-dire ce qui le fait vendre. Par l'idée d'un ordre proxénète, nous entendons un opérateur d'ordre *a minima* : l'hypothèse selon laquelle Buffon aurait résolu de commencer par ce qui intéresse les lecteurs. Ainsi, Jacques Roger n'hésite pas à répondre, à la question "pourquoi commencer par le cheval", qu'un tel article est destiné à son public privilégié, celui des *gentlemen farmers*. En particulier, si Buffon traite plus longuement du cheval que du bœuf, c'est qu'il s'adresse à des maîtres et non à des fermiers[11]. L'argument va plus loin :

11. Le choix des matières vient en grande partie du public visé. Roger (Jacques), *Buffon, un philosophe au Jardin du roi*, Paris : Fayard, 1989, p. 354 : "Buffon n'oublie pas que ses lecteurs ne seront pas tous des naturalistes. Il s'adresse a un public cultivé, qui s'intéresse à la science et à la philosophie, mais aussi, plus ou moins consciemment, à une élite aristocratique qu'il imagine sur le modèle anglais des grands propriétaires terriens, passionnés de chevaux, de chasse, et soucieux de faire valoir leurs domaines. Les articles consacrés aux animaux domestiques comportent parfois de longs développements sur l'élevage, voire sur les maladies et les soins à donner au cheptel. Il est significatif que ces développements soient beaucoup plus longs et détaillés à propos du cheval, qui concerne directement le maître, qu'à propos du bœuf ou du mouton, qu'on abandonne plus facilement au régisseur ou au fermier."

> Souvent aussi, il indique comment on chasse un animal. À propos du cerf, il fait ainsi un éloge de la chasse à courre, qui scandalisera Grimm le philosophe, mais qui séduit sans doute les grands seigneurs à qui Buffon ne veut pas déplaire, et à qui en outre il n'est pas mécontent de démontrer sa familiarité avec ce noble passe-temps.[12]

Selon Jacques Roger, le choix des matières vient principalement de ce que Buffon vit dans un monde encore très proche de l'animal, avec des amitiés, des répulsions, des terreurs, etc[13].

> Ce n'est pas un hasard si Buffon a été un zoologiste, si ses projets d'écrire une botanique n'ont jamais abouti, s'il a abandonné à Lacépède les poissons et les reptiles. Il se passionne pour les animaux parce que ceux-ci parlent à sa sensibilité comme à son intelligence, et finalement parce qu'ils lui parlent de l'homme.[14]

Par là, plusieurs commentateurs soulignent l'importance de la catégorie d'*utilité* et supposent qu'elle joua un rôle déterminant dans la genèse de l'ordre des volumes[15]. L'ordre utilitaire se décline selon la préséance culinaire et les vertus symposiaques et on le trouve à l'œuvre dans les textes de Pierre Belon, Conrad Gesner et Olaüs Magnus[16]. Même sous les divisions en apparence neutres, la question économique de l'utilité transparaît souvent. Diviser les animaux en animaux domestiques, puis en animaux sauvages, regrouper le gibier parmi les espèces naturelles, est un moyen de faire passer

12. *Ibid.*, p. 355.

13. C'est d'ailleurs une opinion fréquemment exprimée sur Buffon, notamment par les anthropozoologues qui trouvent dans les textes de l'*Histoire naturelle* la traduction littéraire de mentalités populaires encore mal épurées. Par exemple, Bernard (Daniel), *L'Homme et le loup*, Paris : Berger-Levrault, 1981, 199 p. (Espace des hommes), donne, sous le titre "Mépriser celui qu'on craint", une citation de l'article *Loup*, assortie du commentaire suivant : "Sans doute pensez-vous qu'il s'agit-là d'une description vengeresse d'un quelconque bûcheron qui, un soir plus noir que de coutume, s'était fait arracher le fond de la culotte par « la bête ». Eh bien non ! C'est Buffon lui-même, encore considéré comme l'un des fondateurs de la zoologie moderne, qui raconte tous ces ragots sur le loup" (p. 129).

14. Roger (Jacques), *Buffon, un philosophe au Jardin du roi*, *op. cit.*, p. 377.

15. Par exemple, Licoppe (Christian), *La Formation de la pratique scientifique : le discours de l'expérience en France et en Angleterre, 1630-1820*, Paris : La Découverte, 1996, 346 p. (Textes à l'appui, série Anthropologie des sciences et des techniques), étudie l'insertion de la science de la Nature dans une demande publique (les travaux sur la résistance du bois commandés par Maurepas) et précise p. 225 : "Buffon a toujours revendiqué l'utilité comme moteur de ses recherches [...] C'est l'utilité [...] qui régit sans partage le plan de son grand-œuvre, la monumentale *Histoire naturelle* à rebours des systèmes antérieurs de classification que Buffon juge tous arbitraires. Le cheval, le chien et le bœuf doivent selon lui se voir marquer, du fait d'une utilité incomparablement plus grande, une nette préséance sur le dromadaire ou l'éléphant quant au rang et au luxe de détails intervenant dans leur description."

16. *Cf.* Delaunay (Paul), *La Zoologie au XVI^e siècle*, Paris : Hermann, 1963, chapitre XVIII, "La Taxinomie et ses modalités", pp. 191-200 (Histoire de la pensée / École pratique des hautes études ; 7).

des critères culturels et économiques pour des divisions ontologiques[17]. Cette analyse de l'ordre, utilitaire et prostitué, peut trouver, au-delà des considérations strictement éditoriales, de nombreuses confirmations dans le statut même de l'histoire naturelle, en particulier les liens qu'elle entretient avec la vénerie ou l'élevage. Toutes les lectures utilitaires peuvent en outre trouver leur principe dans le texte de Buffon et l'interprétation qui en est donnée par Flourens : "Il ne veut plus juger des choses que par les rapports d'utilité ou de familiarité qu'ils ont avec nous ; et sa grande raison pour cela, c'est «qu'il nous est plus facile, plus agréable et plus utile de considérer les choses par rapport à nous, que sous aucun autre point de vue.»"[18]

En réalité, tout lecteur de l'*Histoire naturelle* devra avouer qu'elle n'est ni un traité de vénerie, ni un art du maréchal-ferrant, ni un manuel d'élevage. Son objet n'est ni la récolte du musc, ni le traitement des laines ni la production de soie. Si l'utilité est explicitement prise en compte par Buffon comme par tous ses contemporains, elle n'est pas le cœur de son propos : elle n'est surtout pas la catégorie génératrice de l'ordre. Ainsi, Buffon commence par les animaux domestiques, mais cela n'inclut ni le chameau ni l'éléphant. Buffon dit que le chameau est un animal uniquement domestique, et ne traite pourtant son histoire naturelle qu'au volume XI. Cela contribue encore à invalider l'hypothèse d'un ordre utilitaire. Si l'utilité est une préoccupation présente et qui oriente une partie de la description, elle n'est toutefois pas le seul et unique principe recteur et ordonnateur des volumes. À travers la question de l'utilité de l'animal, c'est la question de la place de l'homme qui se pose.

## L'ordre de dignité décroissante et la centralité de l'homme

C'est surtout Jacques Roger qui développe cette conception d'un "ordre de dignité décroissante" à partir de l'homme[19]. Michèle Duchet, qui s'intéresse surtout à l'anthropologie de Buffon, reprend totalement à son compte ces analyses de Roger, et souligne à son tour la place centrale de l'homme dans l'*Histoire naturelle*. L'ouvrage serait régi par la double figure du *centre* et du *maximum*, l'homme valant à la fois comme le point fixe auquel tout se rapporte et incarnant en même temps la valeur maximale de perfection, le sommet de la Création. Ce centre même serait travaillé par un processus de concentration, ou de dépassement, le pôle central humain tendant vers l'homme

17. Burgat (Florence), *Animal, mon prochain*, Paris : Odile Jacob, 1997, p. 25 a analysé le rôle de l'économie et de la recherche de l'utilité dans la formation des divisions.

18. Flourens (Pierre), *Buffon, Histoire de ses travaux et de ses idées*, Paris : Paulin, 1844, p. 5.

19. *Cf.* Roger (Jacques), *Les Sciences de la vie dans la pensée française au XVIII$^{e}$ siècle*, [1$^{ère}$ ed. Paris : A. Colin, 1963, 843 p.], 2$^{ème}$ éd., Paris : Albin Michel, 1993, pp. 527-536, en particulier p. 531 (Évolution de l'humanité).

civilisé comme vers son centre. Selon Roger et Duchet, l'*Histoire naturelle* est ordonnée selon une logique du centre, valant comme le maximum de perfection, à la fois point de référence à quoi tout se rapporte et sommet d'une hiérarchie, l'extrême pointe d'une échelle ontologique qui se redouble en échelle de valeurs[20].

Si la supériorité maintes fois réitérée de l'homme est un fait, l'interpréter en termes de perfection ontologique ou d'utilité maximale est une erreur sur le sens qu'il faut accorder à la proximité du cheval et de l'homme. Notamment, si pour Buffon, un insecte ne doit pas tenir plus de place dans la tête d'un naturaliste qu'il n'en tient dans la Nature, si le respect de l'ordre des qualités ontologiques est un indicateur de valeur ou de dignité qui doit commander le choix des matières de l'histoire naturelle, comment expliquer la place accordée aux polypes ? ou le fait que Buffon ait écrit une *Histoire naturelle des minéraux* avant une *Histoire naturelle des végétaux* ou *des insectes*, que, de fait, il ne donnera jamais ? Cette question nous renvoie, de l'ordre ontologique, à l'ordre utilitaire.

Or l'un et l'autre sont défaillants et insuffisants à rendre compte de l'ordre de l'*Histoire naturelle*. Pour ne considérer que la série des quinze premiers volumes, à supposer l'ordre ontologique, comment expliquer que l'ouvrage se termine par la description et la nomenclature des singes et non par celles des paresseux dont il est dit qu'ils sont des "ébauches imparfaites, monstres par défaut"[21] ? De même, à supposer l'ordre utilitaire, l'*Histoire naturelle* ne devrait-elle pas se terminer par l'histoire du loup, dont Buffon écrit qu'il n'est *rien de bon* dans cet animal, à part peut-être sa peau qui fait de mauvaises fourrures[22] ?

20. Duchet (Michèle), *Anthropologie et histoire au siècle des Lumières*, *op. cit.*, p. 230 : "L'ordre suivi par Buffon dans l'*Histoire naturelle*, n'est ni spontané ni ingénu. Comme l'écrit M. Jacques Roger, c'est un "ordre de dignité décroissante", qui répond à un souci de fonder toute connaissance scientifique sur l'homme, "être unique et supérieur par essence", en qui la nature trouve sa fin, puisque tous les êtres qui la composent se soumettent à sa loi. Cet ordre implicite se retrouve dans le tableau des *Variétés dans l'espèce humaine*, où toutes les races gravitent autour d'un centre fixe." Elle poursuit, p. 235 : "Un « ordre de dignité décroissante » descend par degrés de l'homme, « être unique et supérieur » aux animaux domestiques qu'il a su apprivoiser et qui tirent de lui leur noblesse, aux animaux sauvages et carnassiers, soumis aux seules lois de la nature" et pp. 245-246 : "L'ordre qui va des *Animaux domestiques* aux *Animaux sauvages*, et de ceux-ci aux *Animaux carnassiers* est donc un ordre de dignité décroissante et l'homme est le créateur de cet ordre. Les espèces se « perfectionnent » ou se « dégradent » selon qu'elles vivent dans une nature brute ou améliorée par la main de l'homme."

21. Buffon, *L'Unau ou Aï* (IR XIII, 40).

22. Buffon, *Le Loup* (IR VII, 52) : "Il n'y a rien de bon dans cet animal que sa peau, on en fait des fourrures grossières [...] Sa chair est si mauvaise qu'elle répugne à tous les animaux [...] il est odieux, nuisible de son vivant, inutile après sa mort."

## "Considérer les choses par rapport à nous" : un ordre utile et familier

Tous ces arguments montrent la faillite des hypothèses hiérarchiques, tant ontologiques qu'utilitaires : l'essentiel, pour Buffon, est que "se perfectionner ou se vicier, est la même chose relativement à la Nature"[23]. La Nature est donc indifférente à nos catégories d'utile, de parfait ou de meilleur. Buffon rejette la fiction d'un ordre *ad hominem*. Pourtant, l'homme est bien au cœur de l'arrangement buffonien et il s'agit bien d'arranger *d'après nous*, selon l'expression du *De la Manière*, en usant des catégories de l'utile et du familier.

Pour débrouiller la difficile question de l'ordre, il importe de revenir au texte unique où Buffon explicite l'ordre selon lequel se déploie son ouvrage. La table des matières du tome XV nous en donne la référence : "Ordre dans lequel on doit considérer les productions de la Nature : IR I, 32-33". Il est vrai que cette explication unique est contenue dans le premier volume de l'ouvrage. Faut-il pour autant, comme le fait Flourens, assortir ce texte de commentaires méprisants[24] ? Le caractère unique de la référence peut indiquer un désintérêt de Buffon pour cette question : il nous semble au contraire que Buffon indique ici une fois pour toute la méthode qu'il va suivre dans l'ensemble des quinze premiers volumes, qu'il y formule un programme sur lequel il ne reviendra pas. Quelles sont les indications données par Buffon lui-même sur l'ordre ? Sur quoi se fonde et que signifie cette résolution hautement proclamée : "qu'à tout prendre il nous est plus facile, plus agréable et plus utile de considérer les choses par rapport à nous que sous aucun autre point de vue"[25] ?

Son parti pris semble être dans un premier temps résolument nominaliste. L'ordre est "purement arbitraire" et les méthodes sont comme des "signes dont on est convenu pour s'entendre"[26]. La liberté du naturaliste, relativement à l'ordre, apparaît entière et il conviendra de choisir ce qui offre la plus grande commodité. Toutefois, certaines raisons peuvent incliner notre choix et ce développement intervient dans le cadre d'une critique des classifications *arbitraires* et d'une recherche des divisions *réelles* des productions naturelles. C'est particulièrement net sur le cas de la botanique où Buffon, comme Tournefort, juge recevable la division arbres-herbes : il faut suivre ce qui est

23. Buffon, *De la Dégénération des Animaux* (IR XIV, 318).
24. Flourens (Pierre) (sous la dir.), *Œuvres complètes de Buffon, avec la nomenclature linnéenne et la classification de Cuvier*, Paris : Garnier frères, 1853-1855, 12 vols. *Cf.* t. 1, p. 17 : "C'est en effet l'*ordre* [Flourens souligne ironiquement] qu'il suit tant qu'il n'est pas naturaliste : dès qu'il est devenu naturaliste, il l'abandonne, il ne le suit plus pour les oiseaux, pour les singes, etc."
25. Buffon, *De la Manière* (IR I, 34).
26. *Ibid.*, p. 23.

communément reçu. Ainsi, dans l'*Histoire naturelle,* le lièvre suit le cerf ou, comme dans la scène de la Nativité, le bœuf côtoie l'âne[27].

Mais cela ne signifie pas que Buffon ne fait que reconduire un savoir populaire. Pour comprendre cette rencontre entre le texte de l'*Histoire naturelle* et certaines divisions ou associations culturellement ou ethnologiquement attestées, il faut retrouver leur raison commune : les bonnes divisions, celles qu'il faut suivre, sont décrites par Buffon dans leur lien avec l'histoire de nos idées. Buffon développe la fiction de l'homme neuf, héritée d'une longue tradition d'anatomie métaphysique des sensations, qui passe par la fabrication mécanique d'automates et la modélisation de l'homme sous forme de statue[28]. Il établit aussi que nous acquérons nos idées par un affermissement progressif de nos sensations. La dimension temporelle est ici déterminante. Ce qui se présente "successivement à ses yeux" et qui est encore confus, impossible à distinguer, en vient à "s'affermir peu à peu par des sensations réitérées des mêmes objets". Le réel pour Buffon, et corrélativement, les divisions réelles c'est-à-dire qui valent dans les choses, et non plus seulement les divisions arbitraires ou fictions, ne sont autre chose que l'idée stabilisée. Ce n'est qu'au terme d'un processus de visions et révisions répétées que se dégagent des idées fermement établies. Ici, l'idée n'a pas à être d'emblée claire et distincte ; elle a à devenir *générale*. Les idées s'affermissent par réitération de sensations, c'est-à-dire passent d'un statut strictement particulier à un niveau plus général, d'une sensation confuse à une distinction plus aisée ou plus nette.

Quels sont les concepts opératoires qui permettent d'établir l'ordre ? Buffon recommande de commencer par ce qui a le plus de rapports avec nous, donnant ainsi "le premier rang" aux "plus nécessaires" et "aux plus utiles". L'utilité semble donc prégnante mais seulement en tant qu'elle est soumise à un second concept : "il connaîtra toujours mieux ceux qui lui seront le plus *familiers*". Par ce mot ambigu, Buffon semble bien poser l'homme (et, au sein même de l'humanité, un certain type de l'homme) comme centre ordonnateur. Il faut noter que cette recommandation, *le familier*, autrement dit *le plus prochain*, est le contraire d'un argument finaliste et utilitaire. L'injonction de la proximité n'est pas à lire en termes de noblesse et celle-ci n'est pas comprise comme corollaire d'une utilité économique. Le plus prochain, c'est ce qui est sous la main,

27. C'est ce qui explique la popularité de Buffon auprès des ethnologues des classifications. *Cf.* notamment les travaux de Atran (Scott), *Fondements de l'histoire naturelle : pour une anthropologie de la science*, Bruxelles : Complexe ; Paris : Presses universitaires de France, 1986, 244 p. (Le Genre humain) et Atran (Scott) "The Common Sense Basis of Buffon's *Méthode naturelle*", *in* Gayon (Jean) (sous la dir.), *Buffon 88..., op. cit.*, pp. 223-240.
28. L'idée d'un homme neuf est reprise par Buffon dans un autre texte de 1749, le chapitre III de l'*Histoire naturelle de l'homme*, "Des sens en général", connu sous le titre de "Traité des Sens" (IR III, 352-370).

c'est-à-dire ce qui est d'ores et déjà soumis, ou susceptible d'être soumis à des processus, volontaires ou non, de vision et révision. L'utilité est donc soumise à l'idée de proximité et à son corrélat épistémologique, la *familiarité*, placée au cœur du dispositif de la connaissance. Le familier est ce qui a le plus de rapports avec le sujet, ce qui, par son *utilité* notamment mais non exclusivement, occupe le premier rang parmi les objets connus ou connaissables. Le texte de Buffon propose donc un ordre historique (c'est-à-dire relatif à l'origine et au développement de nos connaissances) et logique (relatif à nos idées, c'est-à-dire à nos manières de connaître), mais dans le même temps, et indissociablement, un ordre réel, en tant qu'il repose sur des visions et révisions, c'est-à-dire sur des caractères bien établis.

On s'aperçoit que le point de vue de Buffon sur les classifications est d'abord celui des divisions, de leur étendue et de leur validité, plus que celui de l'ordre selon lequel il faudrait traiter les créatures[29]. Les divisions, arbitraires en principe, trouvent un fondement réel par la fiction métaphysique de l'homme neuf, qui permet au naturaliste de présenter la genèse empirique de nos catégories. Si toutes les divisions se valent, le dispositif expérimental mis en place par Buffon accorde toutefois à certaines d'entre elles un statut privilégié. Concernant les objets de l'histoire naturelle, l'homme neuf, une fois expérimenté, en viendra à les juger "par les rapports qu'ils auront avec lui".

Ces rapports ou ces privilèges viennent de la considération de l'utilité et de la familiarité. Toutefois, ces deux axes ne sont pas équivalents et il apparaît que la catégorie de l'utilité est secondaire par rapport à la familiarité : en effet, l'ordre proposé est *local (ou familier) domestique/local sauvage* puis *exotique (ou étranger)*. Ainsi, il est notable que les deux animaux "exotiques" évoqués par le *De la Manière* à la suite des animaux sauvages de nos climats, soient l'éléphant et le dromadaire, deux animaux dont la domesticité conjoint les deux perspectives, l'utilité et la familiarité[30]. Il semble bien que si l'utilité détermine la "proportion" de l'étude, le degré ou l'intensité de l'intérêt qu'on portera à un objet, c'est la familiarité en revanche qui déterminera l'ordre des connaissances. En outre, ce privilège de la familiarité tient à ce que l'ordre d'*arrangement* (l'équivalent buffonien des classifications[31]) est un ordre qui relève de la généalogie

29. Il est éclairant à ce sujet que la première objection à laquelle Buffon se propose de répondre porte précisément sur la validité des divisions : "Je prévois qu'on pourra nous faire deux objections, la première, c'est que ces grandes divisions que nous regardons comme réelles, ne sont peut-être pas exactes, que par exemple, nous ne sommes pas sûrs qu'on puisse tirer une ligne de séparation entre le règne animal et le règne végétal [...]" (Buffon, *De la Manière* [IR I, 34]).

30. Toutefois, le dromadaire et l'éléphant ne seront traités qu'au tome XI, c'est-à-dire deux volumes après le lion et le tigre qui ouvrent la série des animaux exotiques.

31. On peut relever quelques occurrences d'arrangement dans le *De la Manière* (IR I, 8, 13, 41, 43).

des connaissances humaines. Il faut ordonner les connaissances en fonction de l'ordre dans lequel on les a acquises et du degré de généralité qu'on a chaque fois atteint.

Cette référence à l'utilité, de la part de Buffon, s'explique également par la référence aux Anciens. Si Bacon critique Aristote au nom de l'utilité, Buffon au contraire fait son éloge au nom de cette même utilité. Les Anciens, lus par Buffon, "tournaient toutes les sciences du côté de l'utilité et donnaient beaucoup moins que nous à la vaine curiosité : tout ce qui n'était pas intéressant pour la société, pour la santé, pour les arts, était négligé"[32]. L'affirmation de l'utilité joue contre les savoirs curieux ou de pure érudition, pourfendus par Buffon, et se double d'un jugement sur l'histoire de la discipline.

Buffon propose un entre-deux sur la question de l'utilité. D'un côté, contre la vaine curiosité[33], il loue le sens de l'utile des Anciens qui pratiquaient l'agriculture[34]. Mais d'un autre côté, Buffon souligne que la véritable utilité ne surgit pas nécessairement là où on pouvait l'escompter. Il dénonce la courte vue des Anciens : "Ils ne pensaient pas que l'on pût tirer aucun avantage de l'examen scrupuleux et de la description exacte de toutes les parties d'une plante ou d'un petit animal."[35] Ainsi, Buffon semble reléguer au second plan la question d'une recherche de l'utilité immédiate. Buffon déplore que "la philosophie est négligée"[36] et que les "*Arts* qu'on veut appeler scientifiques" ont pris sa place : il veut quant à lui donner une science pure, une science générale des effets généraux, d'où on puisse déduire l'ensemble des effets particuliers. Comme il le dit tout à fait clairement en conclusion à l'*Histoire du bœuf*, "l'histoire naturelle doit finir où commence l'histoire des arts"[37] et il faut distinguer les deux domaines du savoir.

L'exigence de l'utilité pas plus que l'éloge de la curiosité, l'une et l'autre essentielles au propos des théologiens de la Nature, ne doivent être pour Buffon le cœur du propos de l'*Histoire naturelle* comprise comme physique nouvelle. La quête de la pierre philosophale illustre ce point : il y a eu des recherches en apparence vaines, mais au cours desquelles on a pu faire d'importantes découvertes[38]. Ainsi, sur le problème des classifications : la méthode naturelle que l'on a cherchée était bel et bien impossible à achever ; mais la vanité de la recherche n'en a pas moins été fructueuse en résultats.

32. *Ibid.*, p. 50.
33. Buffon donne une critique très virulente des cabinets de curiosité. *Ibid.*, pp. 22-23.
34. Buffon, *Le Bœuf* (IR IV, 449) : "Les Anciens faisaient leurs délices de l'étude de l'agriculture, et mettaient leur gloire à labourer eux-mêmes, ou du moins à favoriser le laboureur, à épargner la peine du cultivateur et du bœuf..."
35. Buffon, *De la Manière* (IR I, 50).
36. *Ibid.*, p. 52.
37. Buffon, *Le Bœuf* (IR IV, 473).
38. Buffon, *De la Manière* (IR I, 14).

La préoccupation de l'utilité immédiate n'est pas du tout prioritaire dans l'*Histoire naturelle*. Ainsi, la question de l'ivoire est reléguée par Buffon dans ce second plan plus historique, moins physique ou moins philosophique qu'est la partie descriptive de Daubenton[39]. Buffon note bien, à propos des transformations du chien et du blé :

> L'homme peut donc non seulement faire servir à ses besoins, à son usage, tous les individus de l'Univers ; mais il peut encore, avec le temps, changer, modifier, et perfectionner les espèces ; c'est même le plus beau droit qu'il ait sur la Nature. Avoir transformé une herbe stérile en blé est une espèce de création dont cependant il ne doit pas s'enorgueillir [...].[40]

L'utilité des créatures est donc un point important, mais Buffon la relativise. L'utilité immédiate qu'on peut tirer des créatures de Dieu l'intéresse moins que le travail de transformation qu'on peut exercer sur celles-ci. Ainsi son objet est moins le moule que sa plasticité, moins l'essence initiale que le tableau de ses variations possibles. Au tableau des créatures de Dieu, il faut toujours ajouter celui des créations de l'homme, bien plus intéressant[41]. De même, la catégorie de familiarité ne signifie pas nécessairement "le plus prochain" : elle se pense plutôt par rapport à la logique de Buffon, qui appelle à "voir beaucoup et revoir souvent".

Plusieurs points marquent, de la part de Buffon, un rejet des considérations ontologiques : les nuances qu'il repèrent dans la Nature fonctionnent comme un trope sceptique visant à purger l'histoire naturelle des divisions mal établies, plus qu'à établir un ordre ou une carte de la Nature[42] ; la Nature d'ailleurs ne suit pas de plan, celui-ci n'est qu'une illusion ou une limitation liée au caractère étroit de nos idées. Cette relégation

39. Buffon, *L'Éléphant* (IR XI, 86) : "Nous n'avons rien dit de la production de son ivoire, parce que M. Daubenton nous paraît avoir épuisé ce sujet dans sa description des différentes parties de l'éléphant. On verra combien d'observations utiles et nouvelles il a fait sur la nature et la qualité de l'ivoire dans ses différents états [...]"

40. Buffon, *Le Chien* (IR V, 195).

41. Cela explique l'abandon d'un programme de classification morphologique (qui inventorie des caractères) à un programme généalogique.

42. Les tropes sceptiques peuvent s'annuler eux-mêmes, se supprimer dans le même temps qu'ils annulent ce dont on les dit ; ainsi, ils fonctionnent comme des purgatifs, qui éliminent les humeurs néfastes et s'emportent avec elles (Sextus Empiricus, *Esquisses pyrrhoniennes [= Hypotyposes pyrrhoniennes]*, [introd. trad. et commentaires par Pellegrin Pierre], Paris : Seuil, 1997, chapitre I, p. 28 [Points]). Sur le concept de *nuances*, *cf.* Buffon, *De la Manière* (IR I, 12-13) . "Il reconnaîtra que ces nuances imperceptibles sont le grand œuvre de la Nature ; il les trouvera ces nuances, non seulement dans les grandeurs et dans les formes, mais dans les mouvements, dans les générations, dans les successions de toutes espèces." et p. 20 : "Après cette exposition sincère des fondements sur lesquels on a bâti les différents systèmes de botanique, il est aisé de voir que le grand défaut de tout ceci est une erreur de métaphysique dans le principe même de ces méthodes. Cette erreur consiste à méconnaître la marche de la Nature qui se fait toujours par nuances et à vouloir juger d'un tout par une seule de ses parties."

de l'ontologique est dûment établie par Buffon : "Tout ce qui nous est possible, c'est d'apercevoir quelques effets particuliers, de les comparer, de les combiner, et enfin d'y reconnaître plutôt un ordre relatif à notre propre nature que convenable à l'existence des choses que nous considérons."[43]

Ayant analysé ce passage du *Discours de la Manière*, on n'a encore expliqué aucun des quatre faits précédemment rappelés, sinon d'une manière purement négative : on a pu montrer pourquoi la priorité du cheval n'est pas d'abord une priorité ontologique ou utilitaire, mais une priorité épistémologique, liée à l'ordre de nos connaissances. À partir de là, il faut revenir aux faits et penser la place de l'homme et du cheval par rapport au primat des réflexions sur la terre et la théorie des animaux en général.

## Du général au particulier : l'ordre appliqué

### Pourquoi commencer par la théorie de la terre ?

La question de l'ordre de l'*Histoire naturelle* invite à comprendre pourquoi, dès 1744, l'ouvrage commence par une *Théorie de la terre*, première achevée, première publiée, et à laquelle Buffon manifeste un intérêt constant. Nous proposons de considérer que c'est non seulement la terre qui est traitée en premier, mais également l'histoire générale des animaux sous l'aspect de la théorie de la génération ; enfin, ces deux éléments dépendent eux-mêmes du *Discours de la manière d'étudier et de traiter l'histoire naturelle*, où Buffon nous présente l'*Histoire et Théorie de la Terre*, la *Formation des planètes* et l'*Histoire de la génération* comme trois essais d'une nouvelle méthode[44]. Ainsi, les textes qui forment les premiers résultats de l'histoire naturelle apparaissent comme produisant un ensemble de faits très généraux, sans avoir d'autre lien avec la série des monographies, sinon celui qui rend prioritaire le plus général par rapport au plus particulier.

Si la terre ou la génération des animaux viennent avant les animaux pris un à un ou espèce par espèce, c'est simplement en raison du caractère de plus grande généralité des faits qui y sont présentés et des théories qui les exposent. C'est exactement de la même manière qu'il faut expliquer la place de l'homme et celle du cheval, au début des *Animaux*, comme celle des animaux les mieux connus, les plus étudiés, ceux que l'on a vu et revu le plus souvent et sur lesquels on a rassemblé les connaissances les

43. *Ibid.*, p. 12.
44. *Ibid.*, p. 62.

plus nombreuses et les mieux établies. Buffon trouve ici un précurseur en Aristote : "Il commence par l'homme et il le décrit le premier, plutôt parce qu'il est l'animal le mieux connu que parce qu'il est le plus parfait."[45] Cette hypothèse (c'est la généralité d'une théorie et la certitude d'une connaissance qui fait la priorité dans l'ordre d'exposition) se vérifie tout au long de la série et jusque dans le volume XV où Buffon s'oblige à parler, sous la contrainte d'exhaustivité, d'un certain nombre d'animaux sur lesquels il sait pourtant peu de choses. Cela permet en outre de jeter un nouveau regard sur la place des animaux domestiques dans l'*Histoire naturelle*.

## Priorité de la domestication comme modèle de transformation

Le concept même de *familiarité*, s'il traduit bien une proximité avec l'objet, définit en outre le *familier* comme l'objet de pratiques quotidiennes de la part de l'homme (ce qui est vu et revu). Les variations des formes animales, expérimentées par la rencontre du *familier*, montrent ce que peut un homme, au double sens de ce qu'il peut provoquer sur la nature (les animaux domestiques), mais aussi et d'abord de ce qu'il peut être (les *Variétés dans l'espèce humaine*). La question se pose de savoir comment l'homme peut modifier et la Nature et lui-même.

L'homme est en effet l'espèce la plus plastique et dont les variations mêmes illustrent au mieux l'influence du climat et la plasticité des moules intérieurs spécifiques. En ce sens, on rencontre ici l'impératif de commencer par des faits exemplaires : l'homme est partout le monstre de lui-même ; les animaux domestiques sont d'autres monstres de l'homme, produits par lui, fréquents, ordinaires, réglés donc normaux, *familiers*, c'est-à-dire mon(s)trant la puissance de l'homme comme opérateur principal de transformation. Les textes et les gravures sur les variétés de chiens, de béliers ou de porcs, nous montrent ultimement ce que peut un moule, c'est-à-dire ce que peut la nature contrainte par l'homme.

Le cas des animaux domestiques ne relève pas d'une logique différente : si Buffon semble peu s'intéresser aux monstres singuliers formés par inversion de configuration, redoublement ou défaut d'organes, il prête la plus grande attention aux animaux domestiques, illustration de la catégorie baconienne de la nature contrainte. Ce choix, pour être compris, doit être référé à la pédagogie de Buffon. En effet si les animaux domestiques sont à portée de la main, on n'a pas à attendre, à craindre ou à espérer, que d'autres témoignages, d'autres récits de voyageurs, nous les fassent mieux connaître. Ils sont là, sus, vus et révisables à merci, toujours offerts à nos regards et à nos études.

45. *Ibid.*, p. 46.

L'animal domestique s'offre comme un cas idéal : il est l'animal infiniment disponible que l'on pourra voir beaucoup et revoir souvent, celui par qui l'enfant acquerra ses premières idées et grâce auquel il pourra développer le goût de l'histoire naturelle. Cette démarche vise à étayer un fonds de notions, une collection de faits aisément vérifiables qui offriront ensuite l'assise solide de bons jugements et de vrais systèmes. Les premiers éléments doivent être fixes pour permettre la construction de vrais rapports, sur lesquels la comparaison permettra de dresser des analogies exactes, qui vaudront en histoire naturelle comme des proportions en mathématiques.

Les résultats précédemment dégagés de l'étude du passage du *Premier discours* (IR I, 31-34) permettent d'expliquer l'ordre des volumes I à IV : c'est un ordre d'acquisition des connaissances par vision et révision, qui propose d'abord les faits généraux, c'est-à-dire à la fois les faits les plus assurés et ceux dont vont dépendre ou auxquels vont se rattacher les faits plus particuliers contenus dans les monographies. La soumission d'une physique (l'histoire naturelle comme science des faits généraux) à une logique (l'acquisition des connaissances par comparaison et consolidation des rapports particuliers) implique la secondarisation de l'utile au familier, c'est-à-dire des usages aux degrés de connaissance. Reste à comprendre comment cela se traduit dans la série des volumes suivants, si cela a une incidence ou non dans l'ordre de l'*Histoire naturelle*.

## La série des volumes IV à XV

Nous avons rappelé que l'*Histoire naturelle* n'est pas conduite par des rapprochements génériques ou de ressemblance mais seulement par la notion d'espèce : celle-ci est définie non pas seulement par des considérations anatomiques (la description), mais également par une dimension morale (l'histoire). Ces deux critères (quelles formes conviennent ensemble et quels individus répugnent à se croiser) se conjoignent dans le critère de production d'une descendance féconde qui explique que toutes les races de chien fassent espèce et pas l'âne et le cheval.

Ces points établis, comprendre l'ordre de l'illustration dans l'*Histoire naturelle*, c'est tenter de comprendre ce qui ordonne les espèces. On remarque alors que Buffon nous contraint à une vision qu'on pourrait appeler, après Roland Barthes[46], *paradigmatique* : c'est-à-dire les espèces se succèdent sans que jamais Buffon ne tente d'en ordonner la série. Ce point est particulièrement net dans les seules présentations *syntagmatiques*,

46. Barthes (Roland), *Le Degré zéro de l'Écriture*, suivi de *Nouveaux essais critiques*, Paris : Le Seuil, 1972, 187 p. (Points essais ; 35).

les vignettes qui réunissent en tête de chaque volume les différentes espèces qui y sont traitées. Les animaux sont présentés dans le désordre, réunis au hasard, dans une telle confusion qu'apparaît l'inanité de toute explication de l'ordre en termes aussi bien ontologique qu'écologique. L'ordre, nous l'avons dit, procède du *local domestique* au *local sauvage*, ou du *familier utile* au *familier inutile*, puis à partir du tome IX, il distingue les faunes des deux Mondes. Que signifient ces divisions ?

## Les boussoles ou grandes divisions

L'écart du domestique à l'exotique semble d'abord géographique, opposant l'espèce indigène ou naturelle, à l'espèce exogène pour laquelle on interroge la possibilité de la naturaliser. De façon exemplaire, la division domestique/exotique recouvre la division de l'Ancien et du Nouveau Mondes, dont Buffon souligne à plusieurs reprises l'importance décisive[47]. Mais cette division géographique se double d'un ordre épistémologique de familiarité (le domestique est le plus connu, parce que vu et revu à volonté) et un ordre morphologique des variations (plus un animal est familier, plus sa forme est dégénérée par rapport à la race primitive, comme l'indiquent la couleur de l'homme ou la carte des chiens).

L'*Histoire naturelle* suit cet ordre : elle commence par l'homme, puis étudie les animaux domestiques qui sont d'un même mouvement, à la fois les mieux connus par lui et les plus directement sous son emprise, puis les animaux sauvages qui ne subissent l'action de l'homme qu'au second degré et qui, le fuyant toujours, sont donc moins connus. De même, elle présente les animaux de l'Ancien Continent, c'est-à-dire de pays à ancien peuplement, puis ceux du Nouveau Monde, au peuplement insuffisant, épars et nomade, et où par conséquent l'état brut de la Nature laissée en friches amoindrit les effets sensibles de l'action de l'homme.

L'ordre semble bien être un ordre décroissant de dégénérations et de variations. L'*Histoire naturelle* s'ouvre par le spectacle déroutant des *Variétés dans l'espèce humaine*, où il apparaît que l'homme semble extrêmement sujet à dégénérer. À l'inverse, les chats, qui ne sont pas comme les chiens sujets à dégénérer, seront traités à la fin des *Animaux domestiques*, juste avant le cas des animaux sauvages, faits pour un climat, par un climat, et ignorant le concept de dégénération[48].

47. Buffon, *De la Dégénération des Animaux* (IR XIV, 312) : "La grande division de la terre est celle des deux continents, elle est plus ancienne que tous nos monuments."

48. *Ibid.*, p. 326 : "Les animaux sauvages n'étant pas immédiatement soumis à l'empire de l'homme ne sont pas sujets à d'aussi grandes altérations que les animaux domestiques, leur nature paraît varier suivant les différents

Cette hypothèse se renforce si on interprète la domestication comme dégénération. Buffon clôt la série des animaux domestiques par le chat "à demi domestique", décrit comme celui qui "*fait la nuance* entre les animaux domestiques et les animaux sauvages". Terminer par le chat s'imposerait parce que, Buffon souligne ce point, c'est un "domestique infidèle qu'on ne garde que par nécessité", ou encore "on ne peut pas dire que les chats, quoique habitants de nos maisons, soient des animaux entièrement domestiques". Selon l'ordre de la domestication, le chat est le dernier. D'ailleurs, chats sauvages et chats domestiques ne forment qu'une seule espèce. Cette hypothèse en outre s'accorde avec les déclarations du *De la Manière* : la domestication, tout comme la dégénération qui la redouble, forment bien un ordre à partir de l'homme.

## L'interprétation anatomique de Daubenton

Daubenton réinterprète les indications de Buffon en fonction de données anatomiques. Commencer par l'homme et par le cheval ne recouvre qu'apparemment un ordre de perfections par lequel il ne faut pas se laisser abuser[49]. Daubenton nous propose une autre explication, fondée sur l'anatomie[50]. Si l'*Histoire naturelle* commence par l'homme, c'est que c'est l'animal, non le plus noble, mais le plus connu, celui que les anatomistes ont le plus étudié et qui servira de référence. De même, si le second animal décrit est le cheval, ce n'est pas plus en raison de sa noblesse, pourtant proclamée, mais c'est pour une raison anatomique : le cheval se situe, par rapport à l'homme, à l'autre extrémité du spectre des formes naturelles des quadrupèdes.

### • L'animal le mieux connu : données anatomiques et lexique

Le cheval est l'animal le plus connu. Comme l'homme, il a été l'objet d'attentions particulières de la part des anatomistes et des auteurs de traités : "De tous les animaux que nous avons à décrire, le cheval est le mieux connu, soit pour les parties extérieures de son corps, soit pour celles de l'intérieur ; il reçoit aussi de l'homme la plus belle éducation, tous ses mouvements, toutes ses allures sont dirigés par un art qui a ses principes."[51]

climats, mais nulle part elle n'est dégradée."

49. Daubenton, *Description du Cabinet du roi* (IR III, 11-12) : "Par rapport à la manière de placer et de présenter avantageusement les différentes pièces d'histoire naturelle, je crois que l'on a toujours à choisir ; il y en a plusieurs qui peuvent être aussi convenables les unes que les autres pour le même objet ; c'est au bon goût à servir de règle."

50. Daubenton, *Description du cheval* (IR IV, 258-367).

51. *Ibid.*, p. 258.

Les catégories buffoniennes de l'utile et du familier se reformulent chez Daubenton en celle de l'*animal le mieux connu*, c'est-à-dire celui qui dispose d'une bibliographie abondante, en particulier avec l'anatomie donnée par Ruini, dont on a déjà cité les nombreux disciples. Cette connaissance anatomique du cheval offre une deuxième raison de priorité, d'ordre sémantique celle-là : c'est qu'"en faisant tant de recherches et d'observations sur les chevaux, on a formé, pour ainsi dire, un langage particulier". La description du cheval inclut celle des usages linguistiques qui lui sont liés. Il s'agit de former sur le cheval un vocabulaire anatomique, lui-même appuyé sur un inventaire des dispositifs de dressage qui forment l'animal. Éperons, mors, manèges font partie intégrante de l'histoire naturelle du cheval.

Daubenton reprend totalement à son compte l'idéal aristotélicien d'économie dans la description. L'anatomiste souligne que le point du vocabulaire est d'autant plus important "que la plupart de ces termes serviront à la description de plusieurs autres animaux ; car on verra dans la suite qu'en les considérant tous par rapport à leurs différences ou à leurs ressemblances avec le corps humain, il se trouve que le cheval et les autres solipèdes sont ceux qui en diffèrent le plus, comme le singe et les autres animaux à cinq doigts sont ceux qui y ressemblent le plus"[52]. L'ordre de l'*Histoire naturelle* est donc, conformément aux indications d'Aristote, celui qui permet d'éviter les répétitions[53].

- Le spectre anatomique

Selon cet ordre, le cheval et le singe forment les deux extrémités dans la comparaison des animaux : on pourrait reformuler l'idée de Daubenton, en soutenant que le rapport anatomique homme-singe tend vers 1, alors que le rapport homme-cheval tend vers 0. Daubenton n'utilise pas l'image mathématique mais déclare que c'est bien là ce qui commande l'ordre de l'ouvrage :

> Le cheval et le singe seront donc les deux extrêmes dans la comparaison que nous ferons des animaux ; aussi nous commençons par l'histoire naturelle du cheval, et nous finirons par celle du singe, nous comparerons chaque animal au cheval ou au singe, selon qu'ils ressembleront plus à l'un ou à l'autre, et nous emploierons dans le premier cas les termes usités pour le cheval, et dans le second, ceux qui sont en usage dans le

52. *Ibid.*, p. 259.
53. Aristote, *Parties des animaux, Livre 1*, [trad. et notes par Le Blond J. M.], [introd. et mises à jour Pellegrin Pierre], Paris : Flammarion, 1995, p. 38, 1, 639 a 26-30 (GF-Flammarion) : "Si donc on examine isolément ce qui leur appartient, on sera forcé de se répéter souvent, autant de fois qu'il y a d'animaux d'espèce différente auxquels conviennent ces traits, lesquels, en eux-mêmes, ne comportent aucune différence."

> corps humain, puisque le singe est de tous les animaux celui dont le corps diffère le moins du corps de l'homme.[54]

Tout le vocabulaire concernant l'anatomie équine est défini au tome IV ; les termes de l'anatomie humaine l'ont été au tome III. Il faut noter que Daubenton ne donne pas une *Description de l'homme* comme il donne une *Description du cheval*, mais un certain nombre de termes anatomiques sont mis en place à l'occasion de la description des pièces du cabinet du Roi[55]. Le point du vocabulaire et celui de l'utilité sont liés par Daubenton :

> On pourrait juger au simple énoncé des termes dont nous avons fait mention que le cheval est un des animaux qui nous sont le plus utiles, puisque la plupart des parties de son corps et des variétés de ses couleurs ont des noms particuliers qui ne sont usités que pour lui. Une pareille attention pour le cheval n'a pu avoir d'autres motifs que notre propre intérêt.[56]

L'explication de l'ordre selon la catégorie du vocabulaire anatomique est pertinente en tant qu'elle rend compte, par des critères non hiérarchiques et non ontologiques, de la priorité accordée à l'homme et au cheval. Le cheval est premier non parce qu'il est le plus fidèle ami de l'homme (d'un point de vue anthropofinaliste). Sa priorité lui vient au contraire, de ce qu'il est le plus éloigné de l'homme du point de vue de sa forme. L'*Histoire naturelle* pose d'abord les deux termes extrêmes de la comparaison, avant de se déployer comme un spectre de comparaison, où chaque espèce prend sa place et trouve son identité par sa description selon une sémantique mise en place au début de l'ouvrage. La description de ces deux animaux fondamentaux permettra celle du lamantin, du desman, du papion et de l'oreillard.

Un ordre général, qui déploie des rapports morphologiques de 0 à 1, se manifeste dans l'*Histoire naturelle* par le passage progressif, des quadrupèdes aux quadrumanes et aux cétacés, traités dans les volumes XIV et XV. C'est ce que la *Nomenclature des singes* identifiait comme un plan commun d'organisation, que l'homme a découvert en pratiquant la comparaison :

54. Daubenton, *Description du cheval* (IR IV, 259-260).
55. Par exemple, Daubenton, *Description du cabinet,* n° CCCLXXVI et suiv. (IR III, 243) : l'oreille est composée de plusieurs osselets (le marteau, l'enclume, l'os lenticulaire de Celvius, l'étrier, le limaçon...) et de plusieurs muscles et filets nerveux (le moyen, la corde du tambour...). Ou bien, à propos de l'organe génital masculin : "Par dessous la pièce entière, on a représenté le coccyx, l'os sacrum, les ligaments sacro-sciatiques qui tiennent d'un côté à l'os sacrum et au coccyx, et de l'autre à l'épine et à la tubérosité de l'ischium, les apophyses épineuses des vertèbres des lombes, et de chaque côté de ces épines, une portion des muscles long-dorsal et sacro-lombaire [...]" (IR III, 253).
56. Daubenton, *Description du cheval* (IR IV, 279).

> Prenant son corps pour le module physique de tous les êtres vivants, et les ayant mesurés, sondés, comparés dans toutes leurs parties, il [l'homme] a vu que la forme de tout ce qui respire est à peu près la même ; qu'en disséquant le singe, on pouvait donner l'anatomie de l'homme ; qu'en prenant un autre animal, on trouvait toujours le même fond d'organisation, les mêmes sens, les mêmes viscères [...] ; il a trouvé dans tous un cœur, des veines et des artères ; dans tous, les mêmes organes de circulation, de respiration, de digestion, de nutrition, d'excrétion ; dans tous, une charpente solide, composée des mêmes pièces à peu près assemblées de la même manière ; et ce plan toujours le même, toujours suivi de l'homme au singe, du singe aux quadrupèdes, des quadrupèdes aux cétacés, aux oiseaux, aux poissons, aux reptiles, ce plan, dis-je, bien saisi par l'esprit humain, est un exemplaire fidèle de la Nature vivante, et la vue la plus simple et la plus générale sous laquelle on puisse la considérer.[57]

Comme l'indiquait déjà l'article *Âne* en 1753, ce n'est pas seulement l'âne et le cheval qu'il faut rapprocher, mais l'ensemble des formes animales qui semble traversées d'un même "dessein général" :

> L'on jugera si cette ressemblance cachée n'est pas plus merveilleuse que les différences apparentes, si cette conformité constante et ce dessein suivi de l'homme aux quadrupèdes, des quadrupèdes aux cétacés, des cétacés aux oiseaux, des oiseaux aux reptiles, des reptiles aux poissons, etc. dans lesquels les parties essentielles comme le cœur, les intestins, l'épine du dos, les sens, etc. se trouvent toujours, ne semblent pas indiquer qu'en créant les animaux, l'Être suprême n'a voulu employer qu'une idée, et la varier en même temps de toutes les manières possibles, afin que l'homme pût admirer également, et la magnificence de l'exécution, et la simplicité du dessein.[58]

On peut tirer ici les conséquences du problème de l'ordre sur la question de l'illustration. Cette variation du plan général traduite par le spectre anatomique de Daubenton se marque, dans les planches de l'*Histoire naturelle*, par le passage de formes strictement positionnées sur quatre pattes – le cheval (vol. IV), le lion (vol. IX), l'éléphant (vol. XI) ou la girafe (vol. XIII) – à des formes représentées en posture quasi verticale (les sapajous du tome XV – le coaita, le sajou). La gravure qui représente l'aï au tome XIII semble inaugurer dans l'ouvrage une tension vers le redressement : ces bras tendus ne sont-ils qu'un artifice employé par le dessinateur pour suggérer la longueur des membres antérieurs ? D'une manière assez surprenante, le volume est tout entier traversé d'une tension vers la verticalité, avec l'apparition de formes rebelles à la station quadrupède. En particulier, le gambadant tarsier (IR XIII, pl. 9), par la liberté de sa pose et l'instabilité de ses appuis, constitue une irruption saisissante et fugace de la verticalité dans l'ordre des gravures. Avant de revenir à la station quadrupède stricte

57. Buffon, *Nomenclature des singes* (IR XIV, 28).

58. Buffon, *L'Âne* (IR IV, 381).

avec la hiératique mangouste ou la chauve-souris fer-de-lance, les créatures quadrumanes interrompent la succession ordinaire des quadrupèdes. Les squelettes sont encore le plus souvent représentés à quatre pattes[59], mais ce n'est plus le cas pour le papion et l'aigrette. L'homme et le cheval permettent ce déploiement des formes tout au long de l'*Histoire naturelle* et servent de référence pour la comparaison des animaux que tente Buffon dans son œuvre.

Ainsi, la division des deux continents explique le passage des singes du tome XIV – singes, babouins, guenons de l'Ancien Monde – à ceux du tome XV – sapajous et sagouins du Nouveau[60]. Mais il faut également considérer que la différence entre ces différents genres ne se fonde pas seulement sur des écarts de taille mais repose sur des considérations anatomiques. La succession des singes dans les tomes XIV et XV traduit des rapports décroissants avec la forme de l'homme, et ce point est rappelé par Buffon avec insistance : si l'orang-outang est le premier singe, c'est qu'il est, de tous, celui qui ressemble le plus à l'homme[61] ; si les singes, babouins et guenons de l'Ancien Monde ont les cloisons du nez et les narines faites comme celles de l'homme, il en va autrement des sapajous et des sagouins[62].

L'ordre de l'*Histoire naturelle* se manifeste dans la succession des monographies et s'appuie sur des considérations contenues dans les descriptions de Daubenton et figurées dans les dessins de De Sève. Chaque fois, c'est un même projet cohérent mis en œuvre. Il faut donc, de ce point de vue, supposer une pluralité ou une dispersion de la fonction auteur, répartie ou instanciée, à différents degrés, dans les trois figures complémentaires, du génie philosophique qui saisit les rapports et les exprime vivement, de l'observateur-descripteur patient et méticuleux, et du peintre-illustrateur qui sait rendre ce qu'il voit.

L'ignorance des causes premières entraîne un cantonnement épistémique de Buffon à des effets généraux obtenus par comparaison et à la combinaison d'effets particuliers. Cette limitation se redouble, concernant l'ordre de l'*Histoire naturelle*, en une ignorance de l'ordre qui serait convenable à l'existence des choses. Tout ce qu'on peut atteindre est un ordre relatif, et cette relation s'établit par rapport à nous. À la logique des convenances et à la topique des voisinages ontologiques, Buffon substitue le système des

59. *Cf.* par exemple, la planche VII du *Sajou* (IR XV, 50) ou *Le Ouistiti* (IR XV, 106, pl. XV).
60. Buffon le réaffirme à l'ouverture de l'article *Les Sapajous et les Sagoins* (IR XV, 1) : "Nous passons actuellement d'un continent à l'autre."
61. Buffon, *Les Orangs-outangs, ou le Pongo et le Jocko* (IR XIV, 44).
62. Buffon, *Nomenclature des singes* (IR XIV, 14) et *Les Sapajous et les Sagoins* (IR XV, 2).

relations, sans que cela revienne à faire de l'homme le centre de l'*Histoire naturelle*. En dépit de la référence au naturel et à l'instinct, l'ordre des volumes n'est pas un ordre de perfections morales : c'est un ordre physique où l'on approche la dégradation des formes à partir de leurs apparentements en puissance.

Études de cas

## Comment l'illustration résout quelques problèmes classiques d'histoire naturelle

Nous supposons qu'indépendamment de ses qualités esthétiques, et de l'héritage commun qu'elle partage avec les autres corps de représentations anatomiques, l'illustration de l'*Histoire naturelle* peut nous éclairer, non seulement sur l'ordre suivi par Buffon, mais aussi sur la philosophie qu'il exprime dans son ouvrage.

### 1er cas : l'absence de l'homme

Parmi les espèces animales, l'homme est la première décrite et pourtant, Buffon n'en donne aucune gravure. Cette abstention sur une espèce bien connue doit être prise au sérieux : il serait fautif de prétendre y suppléer en introduisant des représentations des peuples humains, comme le feront plusieurs éditions ultérieures[1]. De façon très singulière, Buffon ne le fait pas et il faut, plutôt que de combler cette lacune, tenter d'en comprendre la signification.

Dans le corps des quinze premiers volumes, la seule gravure qui illustre l'homme se trouve au tome II et travaille sur l'expression des passions (t. II, pl. 8, commentée IR II, 532 sqq.). Il s'agit d'un emprunt à différentes gravures présentées par James Parsons, dans un texte de 1746 paru en 1747[2]. Le tome III complète l'histoire de cette

1. Ainsi, l'édition donnée par Jean Rostand (Buffon [Georges-Louis, Leclerc], *De l'homme : histoire naturelle*, [introd. de Rostand Jean], Paris : Vialetay, 1971, 339 p. [Prestige de l'Académie française]) emprunte ses illustrations à Gautier d'Agoty, Lavater ou aux gravures anonymes du Cabinet des Estampes.

2. *Cf.* Parsons (James), "Human physiognomy explain'd, in the Crounian Lectures on muscular motion for the year MDCCXLVI, read before the Royal society", *Philosophical Transactions*, n° 44 supp., 1746 [1747]. Selon Montagu (Jennifer), *The Expression of the Passions: the Origin and Influence of Charles Le Brun's "conférence sur l'expression générale et particulière"*, New Haven : Yale University Press, 1994, p. 101, Parsons donne une critique de Charles Le Brun, qu'il accuse d'avoir multiplié les erreurs faute d'une connaissance suffisante de l'anatomie.

espèce par des présentations de singularités de conformation (cas de transposition des viscères, t. III, pl. 8) ou des détails anatomiques (t. III, pl. 9). Ainsi, l'homme n'est représenté graphiquement que par une planche qui donne une loi générale de sa figure (l'expression des passions) et par la figuration de quelques singularités organiques ou monstruosités. Nulle Zemblienne au nez percé, nul Hottentot au "nez fort plat et fort large". Ce refus de fixer la figure des peuples (c'est-à-dire d'en représenter les variétés) est exemplaire : les *Variétés dans l'espèce humaine* ne sont l'objet d'aucune illustration. Les singularités même n'intéressent que très peu Buffon. Il donne peu de cyclopes, d'albinos et de siamois. Les *Suppléments* contiendront plus de telles singularités, sans pourtant revenir sur l'orientation fondamentale du texte : ils complètent simplement la galerie des monstruosités en insistant sur un problème spécifique (les taches de l'enfant-pie) en vue d'expliquer le problème général de la couleur de la peau.

Cette absence, quoique remarquable, a toujours été négligée. Cette indifférence à l'illustration a même des effets néfastes dans des ouvrages qui sont explicitement consacrés à ce thème. Ainsi Barbara Maria Stafford reproduit une illustration (l'enfant nègre-pie, communiqué par M. Taverne, subdélégué de Dunkerque) qu'elle donne comme extraite de *L'Histoire de l'homme* de 1749, alors que cette planche se trouve seulement au tome IV des *Suppléments* (1777, IR XXVIII, 568)[3]. Cette confusion a pour effet de placer au cœur même du projet de Buffon des illustrations qui n'en sont que des compléments secondaires et ultérieurs. À l'inverse, Buffon s'intéresse au général et non aux singularités, et les monstruosités ne sont essentielles à son propos qu'en tant qu'elles permettent de mettre en avant des lois générales de la variation – les facteurs qui altèrent la couleur de la peau ou ceux qui rendent compte des lois de la génération[4].

Quant aux illustrations ajoutées dans les éditions ultérieures de Buffon, elles peuvent poursuivre deux buts : d'une part, les gravures de l'homme et de la femme servent à christianiser l'*Histoire naturelle de l'homme* en donnant à l'ouverture du texte une représentation orthodoxe d'Adam et Ève (c'est particulièrement évident de la gravure proposée au tome II de l'édition Flourens, en 1853) ; d'autre part, elles servent à inscrire

3. Stafford (Barbara Maria), *Body Criticism...*, *op. cit.*, p. 320.

4. L'historien de la tératologie ne fera pas son miel de l'*Histoire naturelle*. Les monstres y sont globalement rares. Daubenton qui s'attache à donner la description du Cabinet est plus souvent amené à peindre des monstruosités : *cf.* par exemple, *Des os difformes* (IR III, 53), "squelettes de deux fœtus monstrueux unis par la tête" (IR III, 114), squelette d'un rachitique (IR III, 132), figuré sur la pl. 1, p. 76 ; exostoses et caries (IR III, 81 avec la pl. 2, p. 94) ; ankyloses (pl. 3, p. 111) ; fractures et calus (pl. 4) ; pièces d'anatomie injectées, desséchées, etc. (IR III, 133) ; enfant monstrueux par transposition des viscères (IR III, 204 et pl. 8). Buffon s'intéresse d'abord aux lois générales de la production des êtres et non aux singularités. Outre ces anomalies dans l'anatomie humaine, la part des monstres dans l'ouvrage se borne pour l'essentiel à un chaton monstrueux (IR VI, pl. 8).

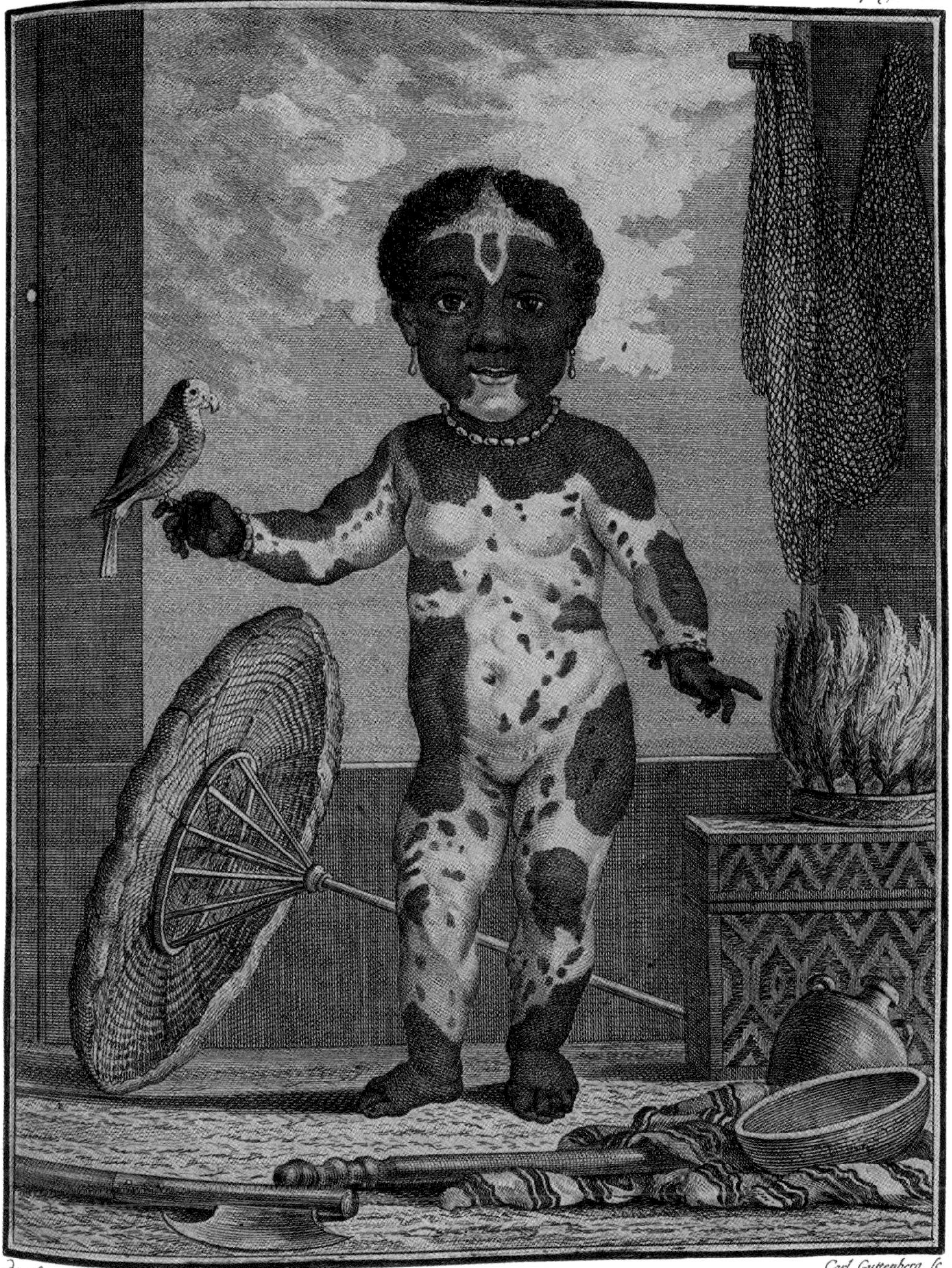


**FIG. 20** - L'enfant nègre-pie. Planche extraite du tome IV des *Suppléments* à l'*Histoire naturelle, générale et particulière, tome XXVIII*, Paris : impr. royale, 1777, pl. 2 p. 568 (Bibliothèque centrale MNHN, D 14 015).

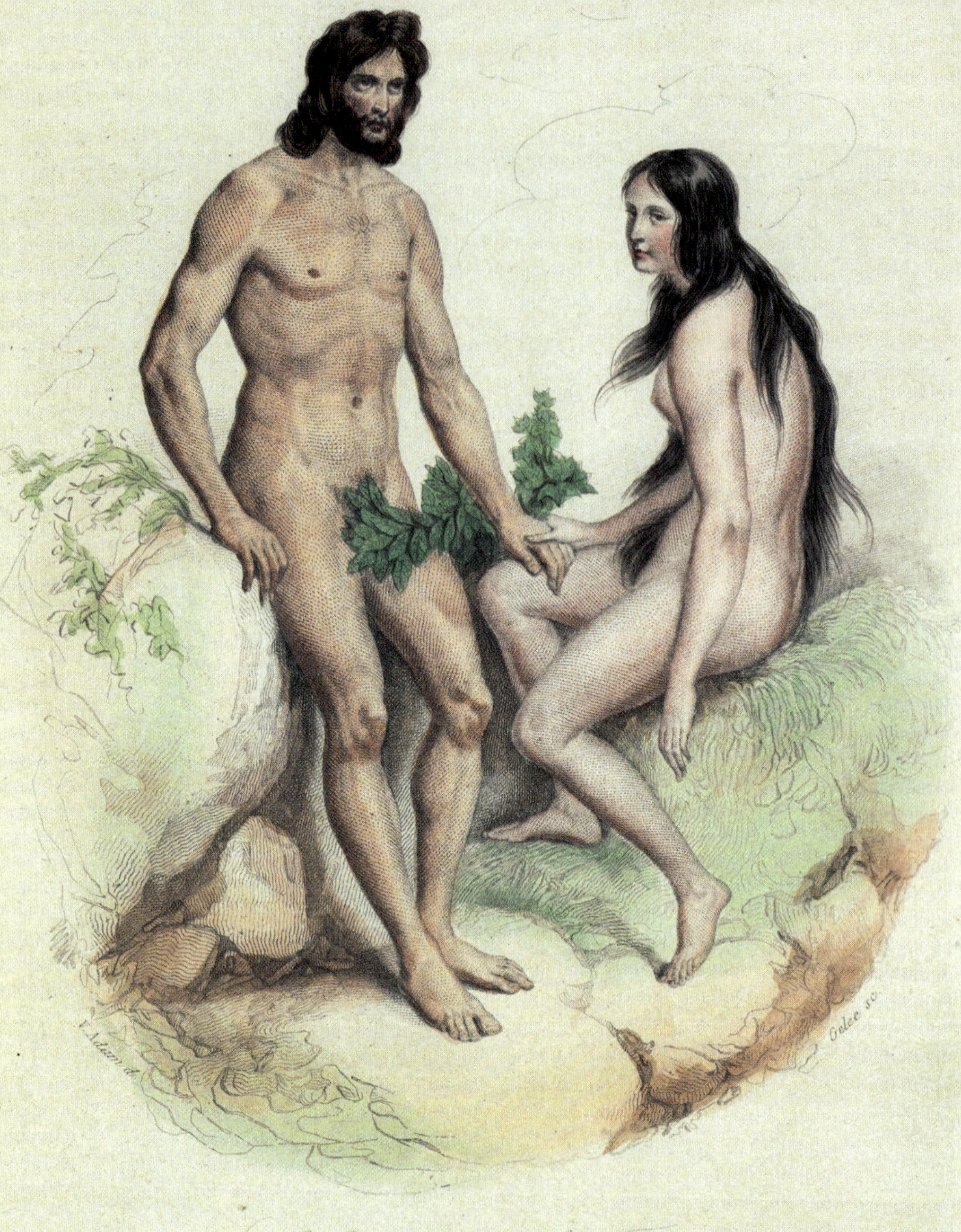




**FIG. 21 -** L'homme et la femme présentés en Adam et Ève. Planche extraite de l'édition Flourens des *Œuvres complètes de Buffon*, T. 2 : *L'Homme, les quadrupèdes*, Paris : Garnier Frères, 1853-1855, pl. face p. 1 (Bibliothèque centrale MNHN, 10 532-2).

Buffon dans la littérature des types raciaux. Que nous indique au contraire le refus obstiné de Buffon de représenter le “moule intérieur” de l'homme (les *Suppléments* ne reviendront pas sur ce point) alors que l'homme est une espèce bien connue et que le texte des *Variétés dans l'espèce humaine* regorge par ailleurs de visions marquantes, susceptibles d'êtres figurées ?

Tout d'abord, le refus de fixer les variétés dans des gravures indique leur réversibilité. L'hypothèse est célèbre : transportez des Hottentots au Danemark, ils perdront leur teinture et redeviendront blancs. Buffon n'est pas, comme certains l'ont affirmé, un “raciste”[5] : il croit à l'unité de l'espèce humaine et ne caractérise les peuples que par la description de leurs coutumes et de leurs mœurs. Toutefois, la réversibilité n'implique pas l'infigurabilité : pourquoi Buffon n'a-t-il pas tenté sur l'homme ce qu'il a entrepris sur le chien ? De surcroît, l'absence de gravures représentant les variations n'explique en rien l'absence de tout type humain. Buffon aurait pu représenter ce qui lui paraissait bien être la forme originelle de l'homme (l'homme blanc). Cette absence doit encore nous interroger : s'il n'y a pas d'exemplaire de l'homme, cela indique la place exceptionnelle de cette espèce dans la gent animale. Certes, selon l'expression très nette du *Premier discours*, l'homme doit se ranger parmi les animaux ; mais il n'en demeure pas moins qu'il occupe dans ce règne une place à part : il ne se représente pas, ni sur quatre pattes, ni même sur deux.

Il nous semble que l'illustration (son absence) est un indice fort suggestif du fait que Buffon accorde à l'âme de l'homme une place surnaturelle. Dès lors, les expressions du *Discours sur la nature des animaux*, où la place de l'âme dans l'homme est constamment réaffirmée, ne sont pas vides de sens. Pour Buffon, ce qui fait l'homme, c'est moins sa forme physique que son âme, et celle-ci ne se laisse pas saisir par la taille-douce des graveurs, sinon sous la forme classique depuis Charles Le Brun de l'expression des passions. Chaque homme est une individualité unique et impossible à représenter : ce n'est pas le masque de cuir et de laine qui compte sur la face du Hottentot, mais cette lueur insaisissable qui le sépare radicalement de tous les pongos et les jockos de la terre. En définitive, l'absence de planche représentant l'homme dans l'édition princeps est plus orthodoxe que les figurations anthropologiques d'Adam et Ève dont regorgent les éditions du XIX$^{e}$ siècle : en effet, l'absence de figure indique la spiritualité de l'homme et renforce le monogénisme, alors que les planches ouvrent au contraire la porte au discours des races et des différences irrésorbables – voire au polygénisme.

5. *Cf.* Delacampagne (Christian), *Une Histoire du racisme : des origines à nos jours*, Paris : Librairie générale française ; France culture, 2000, p. 150 (Références : histoire), à partir de Léon Poliakov.

Si l'homme est impossible à représenter, symétriquement, ce qui fonde l'exemplarité de l'individu animal, ce qui fait la capacité d'un seul spécimen à valoir pour tous ses congénères, c'est l'absence d'une âme personnelle. Comme Buffon l'indique très nettement dans sa polémique avec Condillac, s'il fallait accorder une âme à l'animal, ce serait seulement une âme par espèce. En effet, dans une espèce, tous les comportements sont uniformes et s'expliquent par le montage de la machine.

## 2e cas : que nous apprennent les vignettes en tête de chaque volume ?

Si Buffon n'expose pas explicitement l'ordre qu'il suit dans ses monographies, ce défaut se rattache à son parti-pris anti-classificatoire : nulle part il ne donne d'arbres généalogiques ou de tableaux systématiques de l'articulation des espèces. Si Buffon ne nous aide pas à décider l'ordre dans lequel va la Nature, il est pourtant un lieu où chaque espèce se trouve mise en relation avec d'autres animaux : c'est dans les vignettes décoratives en tête de chaque volume. Que se passe-t-il alors ? Les différentes espèces décrites dans un volume sont réunies en une scène imaginaire, interposées au milieu d'angelots. Les vignettes offrent donc la seule présentation syntagmatique, la seule tentative contenue dans l'Histoire naturelle de réunir les différentes espèces. Force est de constater que celle-ci est totalement artificielle : la scène où les animaux vivants sont rapprochés et enchaînés les uns aux autres, ne présente pas une situation réelle. Tout au plus s'y exprime-t-il parfois une dimension symbolique, comme dans le cas du neuvième volume de 1761 avec le lion dominateur placé comme au sommet des autres animaux.

Il faut en tirer les conséquences. Contrairement aux analyses qui lui attribuent une conception quasi écologique de l'histoire naturelle[6], Buffon ne présente pas un écosystème. L'ordre de procession des espèces n'est pas topique. Le lion ne suivra pas la gazelle, ni la girafe, ni l'éléphant et ceux-ci sont éclatés dans divers volumes. Ce point restreint la portée des pagodes, pyramides, et autres mentions architecturales : ce sont d'abord des signes de l'exotisme, qui remplissent une fonction onirique et esthétique. Les constructions, les motifs ruiniques ou la présence d'habitats trahissent surtout, nous l'indiquions dans notre première section, la patte de l'homme dans la Nature.

6. *Cf.* Martinez-Contreras (Jorge), "Des mœurs des singes : Buffon et ses contemporains", *in n* Gayon (Jean) (sous la dir.), *Buffon 88 : Actes du colloque pour le bicentenaire de la mort de Buffon, Paris, Montbard, Dijon, 14-22 juin 1988*, Paris : Vrin ; Lyon : IIEE, 1992, pp. 557-568.

Dès lors, il faut reconnaître que le mouvement qui va des animaux domestiques aux animaux sauvages familiers, puis aux sauvages exotiques, n'est pas un mouvement géographique, d'éloignement par rapport à un centre. Les animaux ne sont pas regroupés en fonction du continent où ils demeurent ; tout au plus, selon le degré de transformation que l'homme leur a fait subir : les animaux domestiques d'abord sont tous des monstres de l'homme, au sens où ils portent de part en part sa marque ; puis les animaux carnassiers sont moins sujets à l'action humaine ; les animaux du Nouveau Monde (qui marquent un certain abâtardissement) sont plus encore soustraits à cette action du fait de la nouveauté du peuplement de ce continent.

## 3e cas : la théorie de la terre et l'accord du texte à l'illustration

Nous avons formulé l'hypothèse de l'unité de l'*Histoire naturelle* dans les trois dimensions traitées par Buffon, Daubenton et De Sève[7]. Les adversaires de l'ouvrage en revanche donnent argument pour penser la description à part de l'histoire des espèces (jouant Daubenton contre Buffon – comme Condorcet) ou l'illustration à part du texte. C'est le cas notamment de Lelarge de Lignac qui essaie de montrer que l'ouvrage de Buffon n'est pas un tout unifié mais une collection de systèmes épars. Dissocier l'illustration et le texte, c'est déceler une incohérence dans l'ouvrage, c'est multiplier les voix qui parlent dans l'*Histoire naturelle* et troubler le sens qu'on pourrait en tirer : qui croire, si le texte dit quelque chose que l'image contredit ? En particulier, Lignac souligne le point suivant : quant au récit de la Création, Buffon aurait été inspiré de suivre la leçon du graveur et de montrer le doigt de Dieu effectivement à l'œuvre. Au lieu de quoi, le graveur nous montre bien Dieu, mais Buffon suppose une comète, ce qui marque leur désaccord :

> Avec quelle simplicité M. de Buffon les fabrique ! Les parties de différente densité sont portées plus vite ou plus lentement ; les voilà partagées en différents ordres. Ensuite les petites gouttes du même ordre de densité s'attirent mutuellement ; Saturne est créé, Jupiter, Mars, la Terre, Vénus, Mercure, tout est fait. Que ce procédé est simple !...
>
> Le graveur [l'illustrateur de l'*Histoire naturelle*] cependant n'a pas cru pouvoir se passer de Dieu pour rendre probable l'exécution d'une manœuvre si simple. Il représente le Père éternel dans la plus grande action, les bras étendus et dirigeant les différentes parties du torrent [issu du choc de la comète et du soleil] pour produire les différentes planètes : sous cette image, tout paraît possible. Mais l'auteur n'a pas profité de la leçon du graveur. *La bonne*

7. Roger (Jacques), *Buffon, un philosophe au Jardin du roi*, Paris : Fayard, 1989, p. 409 : "On ne peut pas opposer non plus la 'légèreté' de Buffon au 'sérieux' de Daubenton : en 1753, celui-ci avait fait une critique minutieuse des classifications, où il rejoignait toutes les positions de Buffon."

> *physique*, du moins celle de Buffon, ne permettant pas qu'on introduise le créateur quand il s'agit de fonder l'harmonie de l'univers. L'attraction, ce mot magique, suffira seule.[8]

En réalité, il n'y a pas une, mais deux gravures importantes qui ouvrent la théorie de la terre de Buffon dans le premier volume. La première, dessinée par Edmé Bouchardon (1698-1762) et gravée par le Genevois Pierre Soubeyran (1709-1775)[9]; la seconde, dessinée par Nicholas Blakey (?-1758), gravée par Fessard. Le dessin de Bouchardon représente (selon le bandeau du 5e volume in-12) le *Génie de la nature dans la contemplation de l'univers*. Ce jeune archange païen se tient devant les constellations du zodiaque : Balance, Scorpion, Sagittaire ; ses deux bras font eux-mêmes comme une balance dans le ciel. Cette image du Génie de la Nature a été critiquée de manière fort acerbe par Alphonse de Candolle, qui l'inscrit dans la lignée des représentations poétique qui font de "la Nature une sorte de déesse, qui veut ceci, ordonne cela, s'efforce de faire, est douée de prudence, vise à un but, etc. etc." : "La confusion de la poésie avec l'histoire naturelle était si grande dans le XVIIIe siècle, qu'on inventait des dessins pour l'exprimer." Le "Génie de la Nature dans la contemplation de l'univers" n'est qu'"un vertébré à six membres (deux ailes, deux bras et deux jambes) que Buffon aurait dû déclarer impossible"[10].

L'autre gravure est l'œuvre de N. Blakey, un Irlandais installé à Paris, moins connu que Bouchardon mais fort apprécié du public. Elle est réalisée d'après son dessin et montre Dieu le Père entouré de chérubins, donnant le branle initial à l'univers : les éléments, comètes et soleils, tourbillonnent de manière incandescente. L'édition in-12 commente : "Création de l'univers".

Les historiens du livre se sont plu à identifier des variations dans la position respective de ces gravures et ont construit à ce sujet une agréable petite machine. Selon Bassy (p. 176 ; repris fidèlement par Salvi, p. 80), une substitution s'opèrerait dans l'ordre des gravures, suite à la condamnation de la Faculté de Théologie en 1751.

Voici l'histoire : dans l'édition princeps, le Dieu de Blakey illustrerait le *Second discours* (*Histoire et théorie de la terre*) et le Génie de Bouchardon viendrait en seconde

8. Lelarge de Lignac (Joseph-Adrien), *Lettres à un Amériquain sur l'Histoire naturelle, générale et particulière de M. de Buffon*, *op. cit.*, t. 1, lettre 1, pp. 94-95.
9. Élève du peintre Gardelle, il fait ses études à Paris. Réaumur lui confie les dessins de *L'Art de faire éclore et d'élever en toute saison des oiseaux domestiques soit par le moyen de la chaleur du fumier, soit par le moyen de celle du feu ordinaire*, Paris : impr. royale, 1749, 2 vols. Soubeyran rentre à Genève en 1750 et il y fonde une école de dessin.
10. Candolle (Alphonse de), *La Phytographie, ou L'Art de décrire les végétaux considérés sous différents points de vue*, Paris : Masson, 1880, p. 215.

position, accompagnant les *Preuves de la théorie de la terre*. En revanche, dans la cinquième édition in-12 de 1752, les deux gravures seraient inversées : Dieu serait placé en tête des *Preuves* à la place du Génie, pendant que celui-ci serait déplacé en tête du *Second discours*. Selon Bassy, p. 178 : "Cette valse des premières illustrations de l'*Histoire naturelle* n'est pas indifférente." Le fait qu'on ait pris le soin de replacer ces deux gravures "prouve l'intérêt que les auteurs et les éditeurs ont pu leur porter". Plus encore, la date à laquelle s'opère la permutation ne serait pas indifférente à la polémique que mène Buffon avec la Faculté de théologie : "La gravure de Blakey, replacée en tête des *Preuves de la théorie de la terre*, n'est pas sans importance dans tout ce manège. Elle vient en effet renforcer, avec toute la puissance de l'image, le faux-semblant de Buffon, elle maintient dans les esprits, dès l'abord, la représentation, conforme aux Écritures, d'un Dieu créateur de l'Univers [...]"[11] Ainsi, la gravure présentant Dieu serait déplacée au début du texte de la *Formation des planètes*, en tête des *Preuves de la théorie de la terre*, afin de balancer, par un effet d'habile contrepoint, le passage souvent critiqué où Buffon affirme que "on doit, autant qu'on peut, en Physique s'abstenir d'avoir recours aux causes qui sont hors de la Nature" (IR I, 131). Claudia Salvi reprend très fidèlement cette thèse, sans apporter d'autres éléments à son appui (p. 80), se bornant à répéter : "Le changement respectif de place de deux gravures d'une édition à l'autre montre clairement que Buffon non seulement attachait une grande importance à celles-ci, mais encore qu'il comprenait parfaitement que l'image était susceptible de persuader en charmant avec une plus grande force qu'une argumentation écrite, et que, surtout, elle pouvait servir son art du 'double-jeu' dans lequel il passa maître."

Il est vrai qu'on peut remarquer des permutations entre les positions des deux gravures, dans les différentes éditions de l'*Histoire naturelle*. Toutefois, l'hypothèse que cette permutation suit des motifs stratégiques et même chronologiques nous semble difficile à étayer. On pourrait tout d'abord faire une objection de bon sens, et noter que l'on voit mal comment "rétrograder" Dieu de la charge d'ouvrir l'ouvrage et la *Théorie de la terre*, à celle de chapeauter seulement les preuves de cette théorie serait le signe d'une plus grande orthodoxie. Bassy lui-même avoue d'ailleurs que le Génie, qui aurait à charge d'ouvrir l'*Histoire naturelle* dans le second état, celui d'inversion stratégique et orthodoxe des gravures, peut aussi bien offrir une allégorie aux matérialistes – encore une fois, étrange gage offert aux théologiens que de placer cette image en tête de l'ouvrage !

11. Bassy (Alain-Marie), "À l'heure des grandes synthèses. L'œuvre de Buffon à l'Imprimerie royale (1749-1789)", art. cit., p. 178.

Mais d'autres arguments se trouvent dans l'examen des livres eux-mêmes. Il suffit pour cela de comparer deux exemplaires de l'édition *princeps* in-4°, conservés l'un au Muséum national d'histoire naturelle, l'autre à la Bibliothèque de l'Institut de France[12].

L'exemplaire conservé au Muséum correspond bien à ce que Bassy décrit comme le premier état de la gravure : face au *Second discours* (*Histoire et théorie de la terre*, page 65), on trouve bien le Dieu de Blakey alors que le début des *Preuves* (*Article I : De la formation des planètes*, page 127) s'ouvre par le Génie de la nature. Mais l'exemplaire de la Bibliothèque de l'Institut de France ne confirme pas qu'il s'agit là de l'état original de l'édition de 1749 : dans cet exemplaire, le Génie se trouve en tête du *Second discours* et Dieu en tête des *Preuves de la théorie de la terre* – ce qui correspond selon Bassy au second état ou si l'on veut à la disposition d'inversion stratégique des gravures dans l'ouvrage. Or les deux éditions portent sur la page de titre la mention "À Paris, de l'Imprimerie Royale, M. DCCXLIX". De même, les deux exemplaires ne se laissent pas distinguer par le fait qu'ils contiennent l'un et l'autre des errata en fin de volume, ce qui, selon le *Manuel du libraire* de Jacques-Charles Brunet, est un signe auquel on pourrait reconnaître la première édition.

En revanche, un indice nous invite à donner la préférence à l'édition de la Bibliothèque de l'Institut et à considérer que cet exemplaire ne comporte pas d'erreur dans la reliure. En effet, la gravure du Génie porte en haut à droite la mention "tome I, page 65" qui atteste bien qu'elle est à sa place en face du début de la *Théorie de la terre*, alors que les planches contenues dans l'exemplaire du Muséum sont dépourvues de telles indications.

L'édition in-12 porte-t-elle des inversions plus nettes ? Ici encore, un exemplaire du Muséum daté de 1769 semble correspondre au second état décrit par Bassy : face au *Second discours*, on trouve bien une copie du Génie et, face aux *Preuves*, une copie de Dieu, l'une et l'autre gravées par Bréant. La copie de Dieu est bien à sa place, avec une indication de page en haut à droite ("p. 185")[13]. Mais ici encore, il ne s'agit en rien d'une inversion.

12. *Histoire naturelle générale et particulière*, tome premier, édition in-4°. Paris : Imprimerie Royale, 1749. L'exemplaire conservé à la Bibliothèque centrale du Muséum d'histoire naturelle porte la cote 10515 (porte au verso de la page de titre un cachet "Huzard de l'Institut"). L'exemplaire de la Bibliothèque de l'Institut de France porte la cote 4°M224.

13. *Histoire naturelle, générale et particulière*, par M. de Buffon, n$^{elle}$ éd., in-12, Paris : impr. royale, 1769 (avec la mention : chez Panckoucke, Libraire, à l'hôtel de Thou, rue des Poitevins, quartier Saint-André des Arts"). Conservé à la Bibliothèque centrale du Muséum d'histoire naturelle, cote 10536.

Les gravures se trouvent déjà dans cette position dans l'exemplaire original de la troisième édition in-12 (daté de 1750). Celui-ci place très clairement le Génie de Bouchardon (légendé "Le Génie de la Nature dans la Contemplation de l'Univers") en face du *Second discours* (la gravure signée "Bouchardon inv." et "Baquoy sc." porte en haut à droite la mention "tome Ier page 93" qui indique sa position) ; et le Dieu de Blakey au début des *Preuves de la théorie de la terre* (signée "N. Blakey inv." et "Baquoy sc.", avec en haut à droite la mention "tome I^er page 185")[14]. On comprend donc bien que cet état n'est nullement le fait d'une inversion stratégique décidée après la condamnation de la Sorbonne.

Plus décisif peut-être, l'examen des volumes conservés au Cabinet des Estampes permet d'en finir avec cette ingénieuse et séduisante légende de la substitution stratégique des gravures. Le recueil conservé sous la cote Jb 23 s'ouvre bien par la gravure présentant le Génie de la Nature, alors que la gravure représentant Dieu, signée "Blakey londinens" est accompagnée de la mention : "Frontispice de la formation des planètes, tom. I, p. 127". Placée en tête des *Preuves de la théorie de la terre*, cette planche constitue bien un gage d'orthodoxie qui occulte le véritable message de Buffon : l'indépendance de la Nature et du Créateur. En exhibant Dieu au début de la *Formation des planètes*, elle autorise à chercher une cause naturelle et mécanique à l'impulsion.

La lecture proposée par Bassy, malgré tout son attrait, n'est donc pas attestée par l'examen des ouvrages. Elle a toutefois l'intérêt d'attirer notre attention sur la variation des positions selon les volumes (le volume du Muséum daté "Imprimerie Royale, 1749" est-il véritablement un exemplaire de l'édition *princeps* ? Les gravures en tout cas diffèrent de l'état original.), ainsi que sur l'identité des artistes ayant contribué aux planches des premiers volumes. Il est notable de trouver ici des noms prestigieux (Bouchardon, Blakey, mais aussi Oudry en tête du tome IV) que l'on ne retrouvera plus par la suite. Si l'on s'attache ici à l'identité de Bouchardon, sculpteur ordinaire du roi, on comprend que l'*Histoire naturelle* s'ouvre par la gravure de son Génie, et par une œuvre de cet artiste : c'est une manière de placer l'ouvrage sous la plus belle des recommandations et de lui attirer la faveur royale, juste après l'élogieuse dédicace de l'ouvrage à Sa Majesté, "l'exemple des héros et le modèle des rois".

14. L'exemplaire appartenant à la Bibliothèque de l'Institut de France (cote 8°M726*, tome I) est conservé à la Médiathèque d'Histoire des Sciences de La Villette. Cet exemplaire porte la signature manuscrite "Bque Gallois" et le cachet "Legs de M. Gallois".

## 4e cas : la série des organes

L'*Histoire naturelle* peut se lire en passant d'une espèce à l'autre, mais aussi, à l'intérieur d'une espèce, en passant d'un organe à l'autre. La question "pourquoi des organes dans l'*Histoire naturelle* ?" trouve sa réponse dans le projet de décrire des bocaux d'un cabinet. Mais il faut aussi comprendre pourquoi *tels* organes. Si les organes ont été prélevés et conservés à part, pourquoi ceux-ci ? quelles fonctions spécifiques dans la description non plus du Cabinet mais cette fois de l'animal, jouent-ils ? Quels principes ont orienté le scalpel du naturaliste puis le burin du graveur ?

L'étude des illustrations fait apparaître que le choix de différents organes peut être orienté par la volonté d'éclairer des débats particuliers concernant telle ou telle espèce, dont certains ne sont pas tranchés depuis Aristote. Les articles de l'*Histoire naturelle* constituent une série de monographies sur des problèmes classiques de physique. Il suffit pour s'en rendre compte de constater que les animaux sont des références constantes des ouvrages de physique, intervenant sur des problèmes spécifiques et qu'ils endossent d'une certaine façon. C'est en quelque sorte la tradition de la figure ou de l'emblème. Ainsi, dans la *Pseudodoxia epidemica* de Thomas Browne, le chapitre consacré au *Lièvre* traite en réalité de l'hermaphrodisme[15]. Des commentateurs se sont employés à retrouver les traces de ces croyances anciennes sous la forme d'un "impensé" présent dans les gravures (et le texte) de Buffon[16].

Ainsi, il apparaît que chaque espèce est un lieu, occupé par un certain nombre de problèmes classiques que les naturalistes doivent s'employer à résoudre. Nous supposons en conséquence que ce qui rend compte d'une partie des organes représentés sur les planches, c'est qu'ils proposent la solution de problèmes classiques, relatifs à chaque espèce. Ces problèmes sont de plusieurs types : certains d'entre eux peuvent

15. Browne (Thomas), *Pseudodoxia epidemica, ou Examen de nombreuses idées reçues et de vérités généralement admises*, [trad. de l'éd. originale en anglais, London : E. Dod, 1646, par Hoepffner Bernard avec la collab. de Goffaux Catherine], Paris : J. Corti, 2004, 963 p.

16. Le cas du lapin a été l'objet d'un article de François Poplin, où il analyse l'organisation du bestiaire ou "système culturel des animaux" et "l'image mentale des lagomorphes" (Poplin [François], "Que le lapin est la forme domestique du lièvre", *Études rurales*, n° 129-130, janvier-juin 1993, pp. 95-105). Il note à propos des gravures de lapin sauvage et de lapin domestique dans l'*Histoire naturelle* de Buffon : "Il y a chaque fois deux individus, ce qui satisfait à un principe de dédoublement très actif avec ces bêtes." Pour notre part, plutôt que d'associer une "structure binaire" au lapin, nous préférons constater que cette duplication des spécimens du type sur la gravure, pour n'être pas la règle générale, est tout de même assez répandue. Ainsi, on comptera, *Le Petit gris* (IR X, pl. XXV), *Le Palmiste* (*Ibid.*, pl. XXVI), *Le Barbaresque* (*Ibid.*, pl. XXVII), *Le Paca* (*Ibid.*, pl. XLIII). *Le Zèbre* comporte deux planches au tome XII.

occuper la littérature naturaliste depuis Aristote et Pline ; d'autres ont pu connaître une réactualisation dans les *Mémoires de l'Académie des sciences*.

Parmi ces problèmes classiques, on peut constater qu'en bien des cas d'espèces, l'illustration remplit un programme aristotélicien. Au tome XI, si la planche 1 (p. 142) représente l'éléphant sur ses quatre pieds, la planche 2 est immédiatement consacrée à un gros plan sur le pied de l'animal alors que la planche 3 se consacre à sa peau. Buffon écrit : "L'éléphant est encore singulier par la conformation des pieds et par la texture de la peau. Il n'est pas revêtu de poils comme les autres quadrupèdes."[17] Cet *encore* renvoie à une autre singularité de l'éléphant, et non des moindres : sa trompe, absente des gravures de Buffon[18].

Ces deux points (la priorité du pied et de la peau) peuvent s'expliquer par deux références à l'*Histoire des animaux* d'Aristote, où il affirme respectivement que "la région des doigts et des pieds est assez peu distincte" et que "l'éléphant est le moins velu des quadrupèdes", ayant souvent la peau dépourvue de poils[19].

De même, si les gravures représentant chaque animal sont en général en pleine page, on relève quelques exceptions : le hérisson représenté sans ses piquants (IR VIII, 54) et la taupe (IR VIII,108) représentée avec un écorché. L'écorché de la taupe est décrit page 89 et il s'explique par le désir de rendre visible les parties cachées par les poils. En cela, cette gravure remplit une fois encore un programme tracé dès Aristote qui conseillait d'enlever la peau de la taupe[20].

Cette technique de l'écorché, nous l'avons vu, avait déjà été pratiquée par Perrault à propos de l'ours (au tome I des *Mémoires*) "pour faire voir plus distinctement la forme de son corps"[21]. La difficulté principale en ce qui concerne l'ours est de rendre raison

17. Buffon, *L'Éléphant* (IR XI, 64).

18. La gravure de la trompe de l'éléphant se trouvera seulement en 1776 dans le tome III des *Suppléments* (IR XXXII, 296, pl. 60). Pluche estimait qu'on pourrait consacrer deux ou trois entretiens au seul examen de la trompe. Au chevalier qui voulait tout connaître, le comte répondait sobrement : "Mais nous ne voulons pas tout dire non plus, ni vous fatiguer par trop d'exactitude." (Pluche [Noël-Antoine], *Le Spectacle de la nature, ou Entretiens sur les particularités de l'Histoire naturelle qui ont paru les plus propres à rendre les jeunes gens curieux et à leur former l'esprit.* T. 1 : *Ce qui regarde les animaux et les plantes*, Paris : Desaint ; Estienne, 1732, p. 406, Entretien XIV).

19. Aristote, *Histoire des animaux,* [texte établi et trad. par Louis (Pierre)], Paris : Les Belles Lettres, 1964, t. 1, p. 34, note 5 , p. 38 et note 6 (Collection des université de France).

20. *Ibid.*, I, 9, t. 1, p. 17 et note 2.

21. Perrault (Claude), *Mémoires pour servir à l'Histoire naturelle des animaux*, [éd. des *Mémoires de l'Académie royale des sciences*], Paris : Compagnie des Libraires, 1733, t. 1, p. 81.

de sa forme[22], en particulier quand Pline avait parlé de ressemblances des pieds et des mains de l'ours avec ceux de l'homme[23]. Selon Pline, la ressemblance consiste dans la position des coudes et des genoux, qu'il dit être "au singe et en l'ours, comme en l'homme, et au contraire des autres animaux qui ont les genoux en arrière et les coudes en devant". Lors des dissections, le regard des académiciens semble ainsi orienté en amont par les contradictions de la littérature naturaliste des Anciens[24]. Cette science qu'est l'histoire naturelle apparaît comme un vaste programme aristotélico-plinien que les Modernes doivent remplir. Ce point est exemplaire sur l'examen du caméléon : la rareté de l'animal fait qu'il est surtout connu par des sources textuelles et place les académiciens en dépendance directe des Anciens[25]. Mais de même, la "description anatomique de deux chameaux" de Perrault offrait un vaste commentaire de la littérature naturaliste, la distinction entre chameau et dromadaire étant classique depuis Aristote et Pline[26].

On peut revenir sur le cas du cheval, premier animal décrit dans l'*Histoire naturelle*. On peut bien sûr dénier toute originalité à ces gravures, en les intégrant à la tradition des planches consacrées à l'anatomie du cheval et en les considérant comme de nouveaux avatars des gravures de l'anatomiste bolognais Carlo Ruini. Mais, quel que soit par ailleurs leur degré de nouveauté, il apparaît qu'elles sont insérées par les collaborateurs de l'*Histoire naturelle* en vue de mettre en place une physique de la génération. L'illustration en rend compte et l'analyse de la série qui mène de la bête en pied à son

22. "L'ours qui étant vu couvert de sa peau et de son poil paraît un animal difforme, se trouve avoir une figure qui approche de celle de l'homme quand il est dépouillé de sa peau : cette ressemblance est principalement dans la structure des cuisses, des jambes et des pieds", t. I, p. 83.
23. Pline l'Ancien, *Histoire naturelle. Livre XI*, [texte établi, trad. et commenté par A. Ernout], Paris : Société d'édition les Belles lettres, 1947, CII (45), p. 107, § 249 (Collection des Universités de France) : "Homini genua et cubita contraria, item ursis et simiarum generi, ob id minime pernicibus." ("Les genoux et les coudes des hommes se plient en sens contraire ; il en est de même chez les ours et les singes, ce qui les rend très peu rapides.")
24. Perrault (Claude), *Mémoires pour servir à l'histoire naturelle des animaux*, [éd. des *Mémoires de l'Académie royale des sciences*], *op. cit.*, t. 1, pp. 83-84 : "Mais la vérité est que tous les animaux ont ces parties tournées d'une même façon, quoi qu'en dise Aristote ; et que ce qui fait que l'on y trouve de la différence, vient de ce que l'on prend aux brutes les talons pour les genoux, et le poignet pour le coude, parce que le tarse qui consiste en un seul os, est tellement allongé aux brutes qui n'ont pas des pattes divisées en plusieurs doigts qu'il est pris pour la jambe et que le carpe qui n'a aussi qu'un os allongé de la même manière, est pris pour l'os de la jambe de devant. De sorte que la ressemblance des jambes de l'ours avec celles de l'homme consiste particulièrement en ce que l'ours a les cuisses fort longues en comparaison des autres brutes, qu'il a tous les os du tarse courts, et qu'il a cinq orteils de suite, et opposés au talon [...]"
25. *Ibid.*, t. I, *passim*, pp. 50-57. Perrault y multiplie les références à Aristote, Solin, ou Swammerdam.
26. *Ibid.*, t. I, p. 71. *Cf.* Aristote, *Histoire des animaux*, *op. cit.*, pp. 38-39 (II, 1, 498 b 13-30) et Pline l'Ancien, *Histoire naturelle. Livre VIII*, *op. cit.*, XXVI (18), § 67-68, qui distinguent le chameau de Bactriane (deux bosses) et celui d'Arabie (une seule bosse sur le dessus et une bosse sur le dessous, sur laquelle ils s'appuient quand ils s'agenouillent).

squelette révèle la conversion des molécules organiques dans l'organisme, de la nutrition à la génération, progression qui intéresse les collaborateurs de l'*Histoire naturelle*, et qui court dans l'ensemble des monographies.

Ainsi, après le cheval dessiné d'après Oudry sur la première planche, la planche 2, œuvre de De Sève, crée une autre impression en présentant un cheval ouvert, les quatre fers en l'air[27]. On voit émerger de la coupure les trois grosses poches d'intestins, autour desquelles le descripteur note l'absence d'épiploon. Daubenton a pris ses mesures sur un beau cheval d'Espagne, de taille médiocre, considéré comme ressemblant au plus grand nombre des autres individus. La planche 3 prolonge cette plongée dans les entrailles de la bête et présente une partie de l'ensemble intestinal, le *caecum* ainsi qu'une portion de l'*ileum* et du colon. De même, la figure I de la planche 4 présente un autre aspect de l'ensemble formé par le *caecum* et l'*ileum* et leur insertion mutuelle. La planche 5 représente l'estomac du cheval : elle permet de développer plusieurs conseils thérapeutiques, concernant le risque de maladie engendré par certains des vers présents dans cet organe – les auteurs renvoient sur ce point aux *Mémoires* de Réaumur et aux *Mémoires de l'Académie des sciences*. Les planches 4 et 6 présentent les parties de la génération de la jument (clitoris, lèvres, vulve, uretère, vagin) et du mâle (l'ensemble formé par la verge, le scrotum et le testicule gauche). Cette dernière planche demande si les chevaux ont des mamelles, ce qui à la fois répond à une question aristotélicienne (*Parties des animaux*, IV, 9) et conteste la pertinence de la classification linnéenne des quadrupèdes : si les mamelles ne sont pas présentes dans toutes les espèces, la classification linnéenne, qui repose sur le nombre et la position de ce caractère, devient impraticable.

La planche 7 poursuit la description des parties de la génération de la femelle (amorcée pl. 4 fig. II) à partir de l'anatomie d'une jument de l'âge de onze ans, tuée au commencement du printemps, avec description de ses dimensions. Elle tente de donner une représentation distincte de l'allantoïde et de l'hippomanès, deux problèmes traités par l'Académie en 1751 et 1752 et qui renvoient à des questions posées dès Aristote et Pline. L'allantoïde pose la question de l'existence dans la jument d'une membrane

27. Il faut bien noter, pour le cas du cheval, que deux individus différents sont utilisés. La planche I, qui représente le cheval en pied, présente un beau cheval de chasse des écuries du Roi, de poil tigre, dont les taches étaient baibrunes. Il a été peint par M. Oudry, peintre ordinaire du Roi et Professeur à l'Académie royale de Peinture et de Sculpture. La gravure a été faite sous ses yeux, comme le précise Daubenton (IR IV, 300). En revanche, c'est un autre individu qui a servi pour la description et la mensuration des parties intérieures. Le cheval disséqué pour les parties intérieures "ne marquait plus et était âgé" (IR IV, 305). Un cheval qui ne marque plus, c'est (selon l'*Encyclopédie*) un cheval dont on ne peut plus reconnaître l'âge aux dents, c'est donc un cheval très âgé. Daubenton ajoute : "Je le fis tuer au commencement du printemps, il avait sept pieds de longueur..."

que certains professeurs d'anatomie ont réservée aux ruminants ; son existence touche donc aux classifications et à la spécificité des ruminants comme classe. De même, Buffon pose à l'article *Bœuf* un problème relatif à l'alimentation du cheval et à la structure de son estomac : le cheval se nourrit d'herbe et pourtant, il n'a qu'un seul estomac (à l'opposé des ruminants qui en ont plusieurs). C'est un élément anatomique qui sert alors de réponse : "Quoique le cheval et l'âne n'aient qu'un estomac, ils ont des poches dans les intestins, d'une si grande capacité qu'on peut les comparer à la panse des animaux ruminants"[28]. De même, l'hippomanès désigne une liqueur mythique qui rend fou et qui est secrétée par les juments en chaleur, ainsi qu'une excroissance qui pousse sur la tête des poulains. Daubenton tente de rendre raison de la légende et représente certains de ces hippomanès sur la planche 9 (fig. 1, 2, 3 et 4). Il s'agit ici encore, comme sur le cas de l'hymen (que Buffon considère comme une croyance superstitieuse qu'on a imaginé être une membrane, une idée morale qu'on a traitée comme un fait physique), de la réduction du moral au physique. L'allantoïde est une abstraction des classificateurs, abusivement réalisée ; l'hippomanès est une légende des magiciens, enfin localisée.

La planche 8 repositionne tous les éléments en représentant une jument pleine éventrée. La planche 9 reprend en outre des éléments divers, notamment un testicule de fœtus (fig. 5) ou des testicules de femelle (fig. 7). Avec cette planche, se termine l'inventaire des parties molles et commence celui des parties dures avec description du squelette qui clôt la série des planches (pl. 10) ; ici encore, sont évoqués des problèmes importants touchant à l'économie domestique du cheval. Ainsi, à propos des os du nez et de la mâchoire supérieure, Daubenton traite du cas de la *maladie de la morve*, considérée souvent comme mortelle aux animaux. La description du squelette touche une fois encore à la pertinence des classifications et au problème de la validité du caractère *solipède*. La singularité du cheval tient à ce qu'il n'a qu'un doigt. C'est tellement évident

28. Buffon, *Le Bœuf* (IR IV, 442). Ce point est évoqué par Daubenton, *Description du Cheval* (IR IV, 307) qui ne risque aucune réflexion à ce sujet. *Cf.* également Bertin, "Mémoire sur la structure de l'estomac du cheval et sur les causes qui empêchent cet animal de vomir", *Mémoires de l'Académie royale des Sciences*, 1746, pp. 23-54 (Buffon le cite en IR IV, 419 et 463). En particulier, p. 42 : "Ainsi l'on pourrait dire qu'il semble que la Nature est plus simplement arrivée à son but dans la structure des organes de la digestion dans les chevaux que dans bien d'autres quadrupèdes, où l'on voit le nombre des estomacs multiplié jusqu'à quatre et cinq. Le cheval, n'en a qu'un, mais qui par sa structure renferme tous les avantages des quatre estomacs des autres animaux." Buffon pose un problème équivalent à propos du lièvre, qui se nourrit d'herbe mais n'a qu'un estomac, contrairement aux ruminants (IR IV, 442) : comment se procure-t-il les molécules organiques nécessaires à sa conservation et génération ? Buffon souligne que "les lièvres ont l'intestin caecum d'une si grande longueur et d'un tel diamètre qu'il équivaut au moins à un second estomac."

que cela n'a pas échappé à Aristote qui, quoiqu'opposé aux divisions détaillées, a maintenu les caractères solipèdes, pieds-fourchus, fissipèdes.

Ce bref parcours des gravures qui accompagnent l'histoire naturelle du *Cheval* montre que celles-ci ont pour fonction de fonder la critique des classifications (problème des mamelles, de la forme du pied et des caractères organiques propres à isoler les ruminants des autres espèces). Mais outre cela, la succession des gravures suit un itinéraire qui va de la nutrition à la génération, de l'estomac du cheval (pl. 5) aux intestins et jusqu'aux parties de la génération du mâle (pl. 6) et de la femelle (pl. 7 et 8). Or la théorie buffonienne de la génération consiste précisément en ce détournement, ou en cette reconversion, une fois la croissance faite, des molécules organiques qui servaient à nutrition et à la conservation, vers le système de la reproduction. En cela, Buffon est exemplaire de ce point souligné par Foucault que la sexualité joue le rôle d'un *alternateur de croissance*[29]. Cette altération du nutritif en génitif se traduit dans la succession des planches, qui déroulent sous nos yeux l'intérieur du cheval.

29. Foucault (Michel), "La Situation de Cuvier dans l'histoire de la biologie", *Revue d'histoire des sciences*, vol. 23, 1970, p. 63-92, ici 91 ; repris dans *Dits et écrits*, [1ère éd. 1994], Paris : Gallimard 2001, t. 1, p. 932 (Quarto).

## L'animal mis à plat

Pour clore provisoirement ces réflexions sur les rapports de l'illustration et du texte dans l'*Histoire naturelle*, et en particulier, pour comprendre la fonction des planches anatomiques dans cet ouvrage, on peut reprendre le texte des *Animaux carnassiers* (IR VII, 24), texte important où Buffon revient sur sa conception de la connaissance. Il explique que le plus difficile pour connaître les choses, ce n'est pas tant de les étudier par elles-mêmes ; c'est d'abord et plutôt de "les dépouiller d'une infinité d'enveloppes dont on les a couvertes, leur ôter toutes les fausses couleurs dont on les a masquées, examiner le fondement et le produit de la méthode par laquelle on les recherche, en séparer ce que l'on y a mis d'arbitraire, et enfin tâcher de reconnaître les préjugés et les erreurs adoptées que ce mélange de l'arbitraire au réel a fait naître"[1]. Ainsi l'image est toujours archéologique : les animaux sont comme des ruines du temps passé, que des témoignages

1. Buffon, *Animaux carnassiers* (IR VII, 23).

contradictoires et souvent fallacieux ont recouvertes. Avant de connaître, il faut d'abord défaire tous les appendices dont le temps les a grimés – au premier rang desquels enveloppes et couleurs. Le travail de l'*Histoire naturelle* est donc d'abord d'histoire, c'est-à-dire de fondation : il consiste dans l'assurance des monuments, il déroule une réalité démasquée, c'est-à-dire décolorée.

Opérer ce travail de mise à nu, c'est ce que Buffon appelle aussi "retrouver la Nature" (IR VII, 23). Une fois cette Nature retrouvée, il ne s'agit plus, pour la connaître, que de "la comparer avec elle-même". Ici, Buffon forme le projet d'une anatomie comparée, qui illustre sans pourtant être une "peinture". Il indique que l'histoire naturelle doit pallier un manque dans les sources : on a beaucoup décrit des individus pris isolément (ce fut le cas avec Perrault) et on a trop négligé de mettre en rapport ces connaissances. Ici, l'*Histoire naturelle* dépasse sa dimension proprement historique par une dimension philosophique. Il faut atteindre un point de vue du général. Or, la comparaison permettra non seulement de découvrir les rapports mutuels des espèces mais aussi de connaître chacune d'entre elles isolément. Ainsi, la comparaison des descriptions doit permettre une théorie générale de l'économie animale.

Daubenton développe également ce point quand, à plusieurs reprises, il revient sur la métaphore du voyage : ouvrir un animal, c'est comme visiter une ville.

> En ouvrant un animal que l'on n'a pas encore observé, on découvre, pour ainsi dire, un pays nouveau, et on a, pour le reconnaître, tout l'empressement que pourrait avoir un voyageur pour voir une ville qu'il serait allé chercher au bout du monde. Le naturaliste est sujet, comme le voyageur, à s'égarer dans le pays où il est nouvellement arrivé ; le premier animal que l'on ouvre ne suffit pas pour faire une description ; cette première inspection n'est qu'un coup d'œil incertain, souvent jeté au hasard, et toujours fautif : on ne remarque d'abord que les objets principaux, et un moment après qu'on les a aperçus, tout est déjà dérangé, déplacé et en désordre, on a pris tout au plus quelques connaissances générales : mais lorsqu'on ouvre le second ou le troisième animal de la même espèce, on se trouve en pays assez connu pour pouvoir le parcourir en détail.[2]

Buffon et Daubenton organisent donc leur programme en valorisant la profondeur contre l'écorce ou la surface, l'intérieur contre l'extérieur, la répétition contre la singularité : le fond est supposé donner la cause de la surface, tant du mécanisme des mouvements que des appétits propres à chaque espèce. L'anatomie, partout, triomphe dans l'*Histoire naturelle*. Cependant, par

2. Daubenton, *Description des animaux* (IR IV, 139). Le choix des organes s'éclaire ensuite par la théorie de la description orientée vers la connaissance de l'économie animale, Daubenton s'en tenant aux parties principales (IR IV, 138) : "Il ne sera pas fait mention de muscles, d'artères, de veines ni de nerfs, etc. parce que j'ai cru que les lumières que l'on pourrait tirer de la description de ces parties, n'influeraient pas autant sur les connaissances de l'économie animale, que les résultats que produira la comparaison des viscères et des os."

l'analyse des planches, l'histoire naturelle s'affirme dans son autonomie, comme n'étant pas simplement la somme des connaissances particulières – notamment anatomiques. Si elle n'était que la compilation de l'anatomie, de la chimie, de la médecine et de la chirurgie,

> tous ces arts ne seraient que des divisions d'histoire naturelle, ou plutôt une compilation de connaissances sous le nom d'histoire naturelle. On aurait des branches et des rameaux sans qu'il y eût de tronc qui les soutînt ni de racines qui les nourrît ; une telle supposition serait absurde, aussi l'histoire naturelle comprend-elle des connaissances qui n'appartiennent en propre ni à l'anatomiste, ni au médecin, ni au chirurgien, ni au chimiste, etc, mais qui caractérisent le naturaliste. C'est pourquoi cette science est bien distincte des sciences et des arts qui en dépendent.[3]

3. *Ibid.*, p. 127.

Recentrée autour du projet d'une économie animale, l'histoire naturelle peut abandonner l'accumulation des détails qui remplissait de longues pages de minuties, condamnant par exemple à se perdre dans l'anatomie complète de la sangsue[4]. Enfin, apparaît ici, et peut-être de manière assez inattendue, l'unité des travaux de Buffon, de Daubenton et de De Sève, réunis autour d'un même cœur : donner la peinture complète de l'économie animale, par le texte, par la mesure et par l'image. Le résultat conjoint de ces trois perspectives,

4. *Cf.* "Histoire anatomique de la sangsue, par le Sieur François Poupart", *Journal des savants*, juillet 1697, pp. 332-335.

c'est peut-être ce que nous pourrions appeler "l'animal mis à plat".

## La place de De Sève

Faire place ici à De Sève, alors qu'on sait si peu de choses sur lui, peut sembler exagéré mais nous avons pu constater tout au long de notre étude la remarquable insertion des planches au service du projet de l'*Histoire naturelle.* Si l'on n'a conservé que de rares éléments sur les rapports de Jacques De Sève aux différents collaborateurs de l'*Histoire naturelle*, il n'en demeure pas moins que ses relations avec Buffon semblent avoir été excellentes. Buffon écrit en 1765 dans le texte consacré au Surikate : "M. de Sève, qui a dessiné avec autant de soin que d'intelligence les animaux de notre ouvrage."[5] Dans le dernier volume des *Suppléments* (publié à titre posthume en 1789), Buffon prend encore vigoureusement la défense des illustrations de son ouvrage. Quand Arnout Vosmaer (1720-1799), directeur du Cabinet d'histoire naturelle du Stathouder à La Haye, critique la figure du Coaita (IR XV, pl. 1) "un peu trop maigre... la face trop saillante... le dessinateur a trop allongé le museau", Buffon est très net :

5. Buffon, *Le Surikate* (IR XIII, 72).

> La réponse à ceci est que j'ai vu l'animal vivant, que M. de Sève l'a dessiné, qu'il est le plus habile dessinateur que nous ayons en ce genre, et qu'ayant moi-même soigneusement comparé le dessin avec l'animal vivant, je n'en ai pas trouvé la représentation différente de la nature. Ainsi, la figure n'est pas trop maigre, ni la face trop saillante, ni le museau trop allongé.[6]

6. Buffon, *Addition à l'article du Coaita* (supp. VII, IR XXXVI, 101-102).

De plus on sait que De Sève a eu une démarche active dans la réalisation des planches et la rédaction de l'histoire qui décrit le naturel de chaque animal. La correspondance nous apprend qu'il a gardé pendant plusieurs mois le surikate acheté en Hollande et qu'il a communiqué à Buffon "les remarques qu'il a faites sur ses habitudes naturelles". De même, dans une lettre du 15 avril 1780, De Sève adresse à Buffon des commentaires sur l'histoire naturelle du rat[7] et il est cité au tome XVII pour des observations sur la pintade[8]. La précision et le talent de De Sève sont encore évoqués dans une lettre à Buffon, datée du 5 septembre 1779.

7. Bibliothèque centrale du Muséum, manuscrit 863 : "Comme dans l'article du rat vous n'avez parlé que de leur voracité et du divorce entre eux dans les temps de disettes, voici une anecdote de leur prévoyance et de leur union, que j'ai apprise depuis peu d'un témoin oculaire."
8. Buffon, *La Pintade* (IR XVII, 183) : "M. de Sève a observé en jetant du pain à des pintades, que lorsqu'une d'entre elles prenait un morceau de pain plus gros qu'elle ne pouvait l'avaler tout de suite, elle l'emportait en fuyant les paons et les autres volailles qui ne voulaient pas la quitter ; et que pour s'en débarrasser elle cachait le morceau de pain dans du fumier ou dans de la terre, où elle venait le chercher et le manger quelque temps après."

De Sève se plaint du manque d'indications qu'on lui envoie pour placer les noms sur les gravures :

> La liste des planches que j'ai l'honneur de vous envoyer est pour que vous jugiez si j'ai bien placé, coté et écrit le nom de chaque planche. Cette liste m'a coûté du temps à examiner et pour chercher dans les descriptions

> les planches qui y appartenaient. J'ai été par exemple embarrassé pour placer le guêpier de Provence ;
>
> Vous avez omis, Monsieur, à l'article de l'ara bleu, de parler des bandes noires qui accompagnent les yeux, caractères qui le distingue de l'ara rouge ; s'il eût été gravé, la planche aurait suppléé à la description. Dans le nombre des dessins que vous n'avez point employé, il y en a un que j'ai fait chez M. de Montmirail dont le nom écrit à la mine de plomb, si je ne me trompe pas, est à peu près kokotoès. Les pieds ne sont pas finis, et j'ai écrit en bas que ce perroquet avait la tête violette. Ce dessin n'a point été payé : je l'avais mis avec les dessins de perroquet parce que l'employant, je le faisais payer à M. Panckoucke.

On remarque ici la vigilance de De Sève et sa sensibilité au problème de la liaison du texte et de l'image. Aussi De Sève occupe-t-il place à part entière dans la troupe nombreuse des collaborateurs de Buffon. Toutefois, son statut est simplement instrumental : il n'a pas charge de production véritablement intellectuelle. Il est éclairant à ce titre que son nom ne figure pas dans l'Avertissement de M. de Buffon à la tête du VII^e^ volume in-4° de l'*Histoire des Oiseaux*. Buffon s'explique sur son besoin de collaborateurs, avouant en particulier son recours à la plume de Guéneau de Montbeillard, "un des meilleurs écrivains de ce siècle" et aux services de l'abbé Bexon, "chanoine de la Sainte-Chapelle de Paris" :

> Je dois encore avertir que M. Daubenton de l'Académie de Philadelphie et de Nancy, garde et sous-démonstrateur du Cabinet du Roi, a aussi beaucoup contribué à l'embellissement de cet ouvrage, en se chargeant de faire dessiner, graver et enluminer avec soin tous les oiseaux à mesure qu'il a été possible de se les procurer.

De Sève apparaît donc comme un contributeur incontournable du projet, sans toutefois avoir l'honneur d'être cité par le grand Buffon. On trouve ici un indice du statut instrumental de l'illustration dans les ouvrages naturalistes : indispensable, elle est de toute nécessité au cœur du projet scientifique de l'ouvrage ; instrumentalisée, elle est toujours considérée comme secondaire et ne mérite pas d'être mentionnée. Nous avons signalé les jugements contradictoires portés sur les artistes, dessinateurs et graveurs, qui ont contribué à l'*Histoire naturelle*. "Homme sans génie mais consciencieux" : ce jugement porté sur De Sève[9], nous semble résumer la difficile situation de l'illustrateur scientifique : son exactitude l'annule doublement, en le soumettant au savant et en le dégradant dans sa qualité artistique.

9. Bassy (Alain-Marie), "À l'heure des grandes synthèses. L'œuvre de Buffon à l'Imprimerie royale (1749-1789)", art. cit., p. 176.

Cette situation paradoxale de l'illustration scientifique se maintiendra, puisqu'on peut avec la même surprise constater que dans les années 1840, les *Mémoires et souvenirs* d'Augustin-Pyramus de Candolle ne mentionnent à aucun moment le dessinateur Jean-Christophe Heyland avec lequel il collabora pourtant étroitement pendant tant d'années. Pour éclairer ce fait, on pourrait appliquer au dessinateur ce que Candolle dit de son herbier (p. 498) : "Comment ai-je pu arriver jusqu'à un terme si avancé de mon récit sans parler de mon herbier ? C'est une omission grave car c'est un des objets qui m'a le plus constamment occupé ; c'est une injustice car c'est une des occupations qui m'a été le plus utile !" Les illustrateurs apparaissent bien comme l'indispensable et anonyme cheville ouvrière des sciences naturelles. L'*Histoire naturelle*, signée Buffon et Daubenton, ne fait pas ici exception.

## NOTE DE L'ÉDITEUR

Cette édition des planches de la première série de l'*Histoire naturelle générale et particulière* (tome I à XV) reprend la chronologie de parution de l'édition princeps en respectant l'ordre d'apparition des illustrations dans chaque tome. Dans la présente édition, les 4 planches du tome I de l'imprimerie royale (1749) sont reproduites aux pages 179 à 183. Les planches des quatorze autres tomes sont placées comme suit :

IR, t. II (1749), 8 planches, pp. 187-195.
IR, t. III (1749), 17 planches, pp. 199-215.
IR, t. IV (1753), 23 planches, pp. 219-241.
IR, t. V (1755), 53 planches, pp. 245-297.
IR, t. VI (1756), 57 planches, pp. 301-357.
IR, t. VII (1758), 48 planches, pp. 361-408.
IR, t. VIII (1760), 54 planches, pp. 411-464.
IR, t. IX (1761), 40 planches, pp. 467-506.
IR, t. X (1763), 57 planches, pp. 509-565.
IR, t. XI (1764), 43 planches, pp. 569-611.
IR, t. XII (1764), 58 planches, pp. 615-672.
IR, t. XIII (1765), 59 planches, pp. 675-733.
IR, t. XIV (1766), 41 planches, pp. 737-777.
IR, t. XV (1767), 18 planches, pp. 781-798.

À l'exception de la *Table de l'Ordre des Chiens* (p. 269), réduite d'un tiers, toutes les planches de l'*Histoire naturelle* reproduites ici sont réduites au sept-huitième de leur présentation originale. Les planches anatomiques ne comportent pas de légende. Pour le contenu de ces planches, le lecteur peut se rapporter aux textes des descriptions anatomiques de Daubenton, consultables notamment sur le site www.buffon.cnrs.fr.

# HISTOIRE NATURELLE,

## GÉNÉRALE ET PARTICULIÈRE,

*AVEC LA DESCRIPTION*

## DU CABINET DU ROY.

*Tome Premier.*

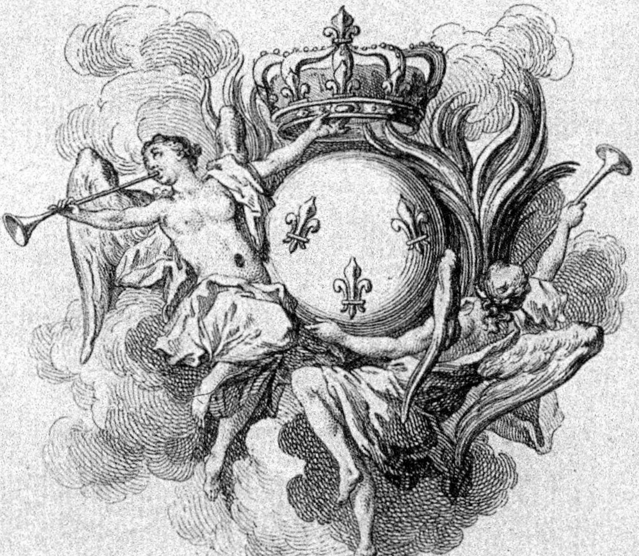



A PARIS,
DE L'IMPRIMERIE ROYALE.
M. DCCXLIX.

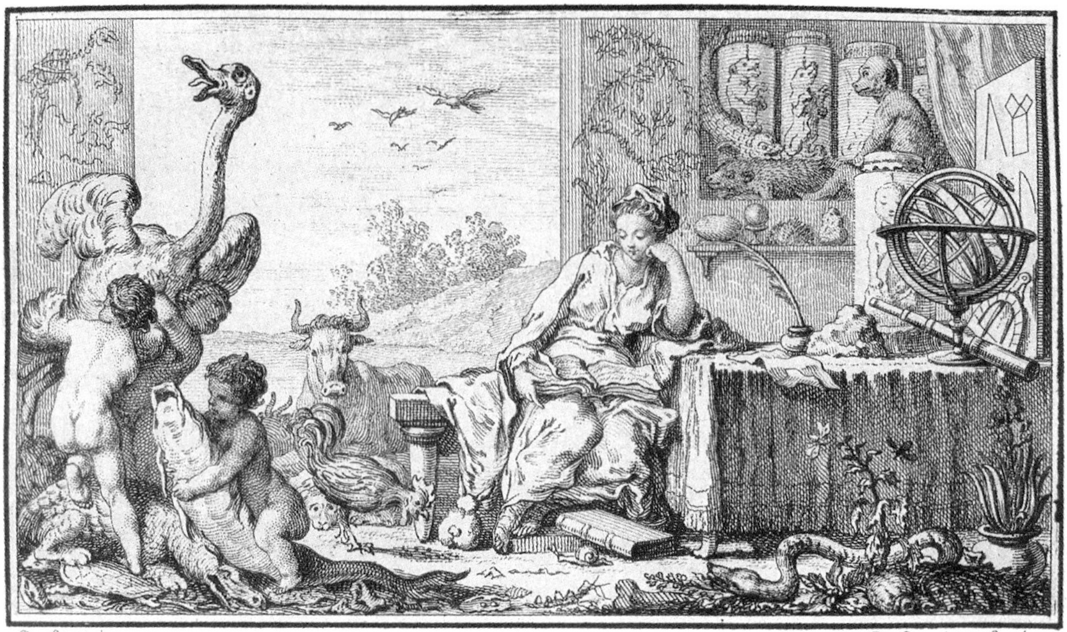
De Seve inv.
D. Sornique Sculp.

Tome I

Pag. 65.

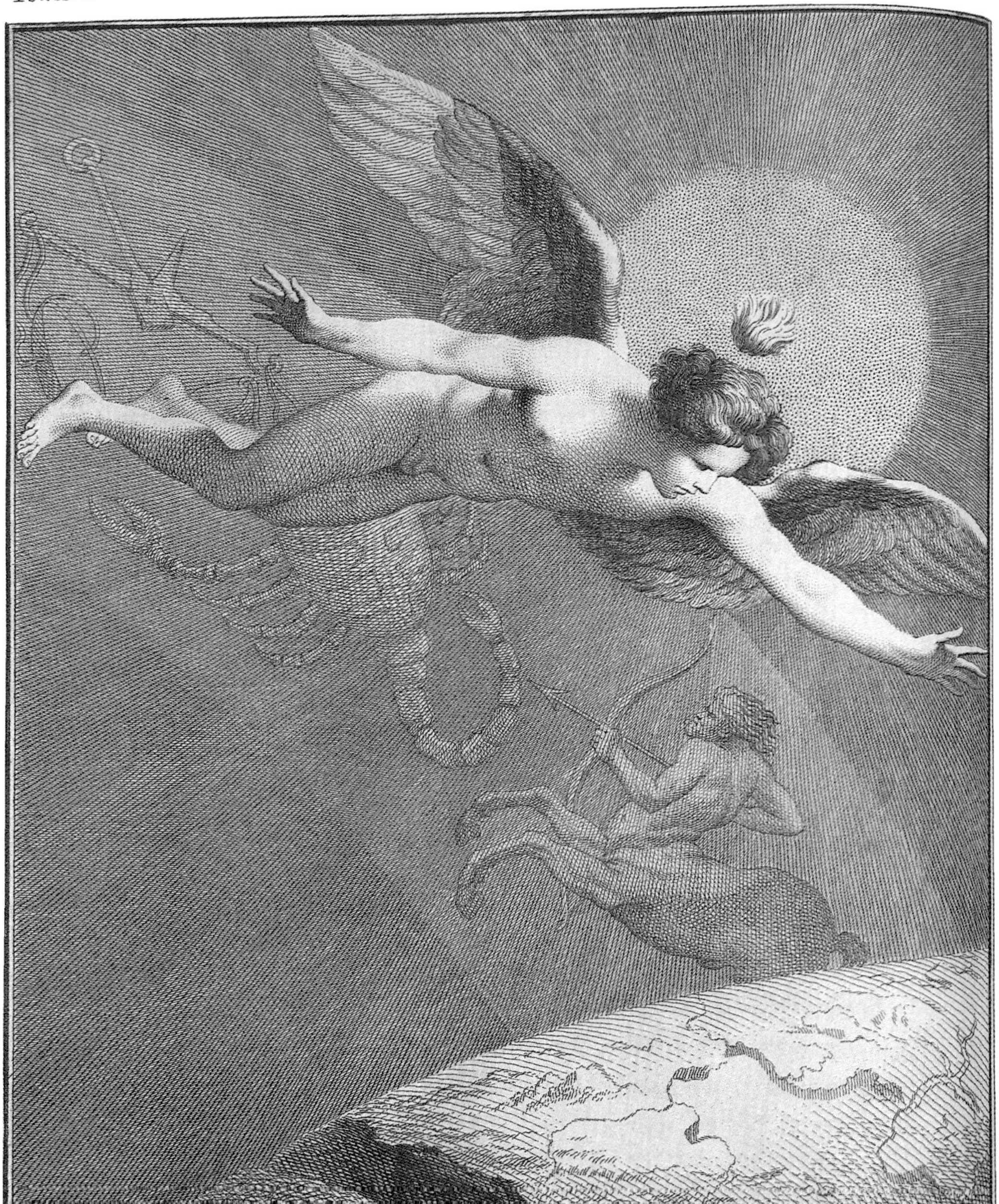

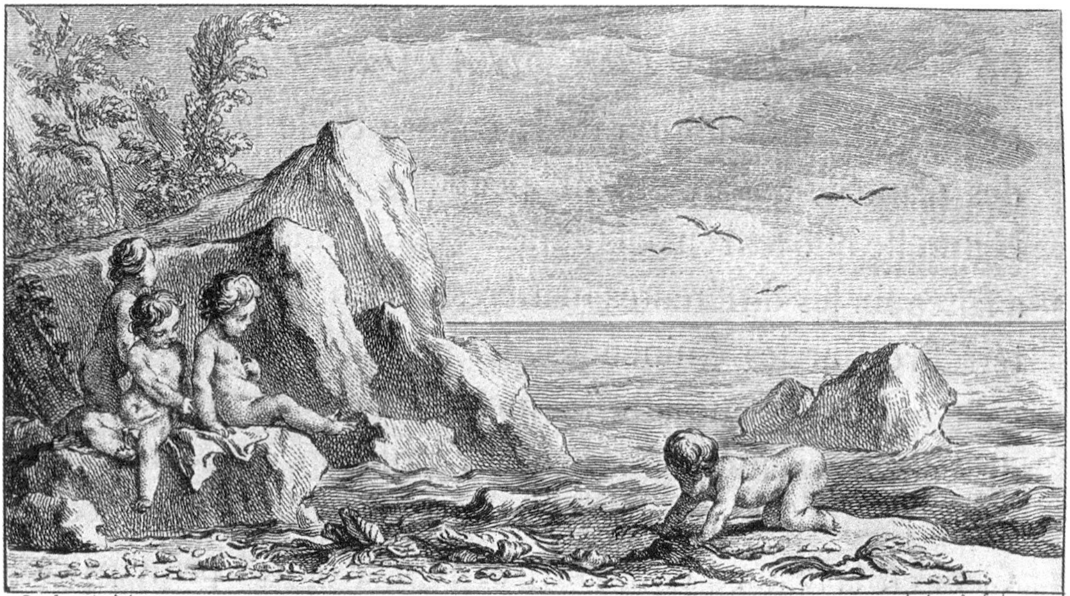

De Seve. in. del. St. Fessard. Sculp.

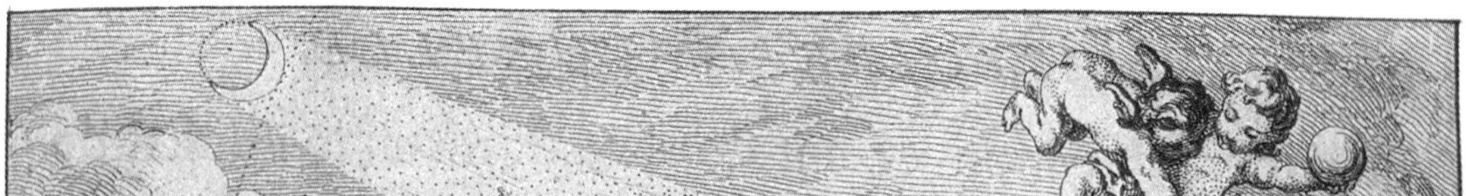

De Seve in. De Lafosse. Sc.

*Tome I* | *pag. 127.*

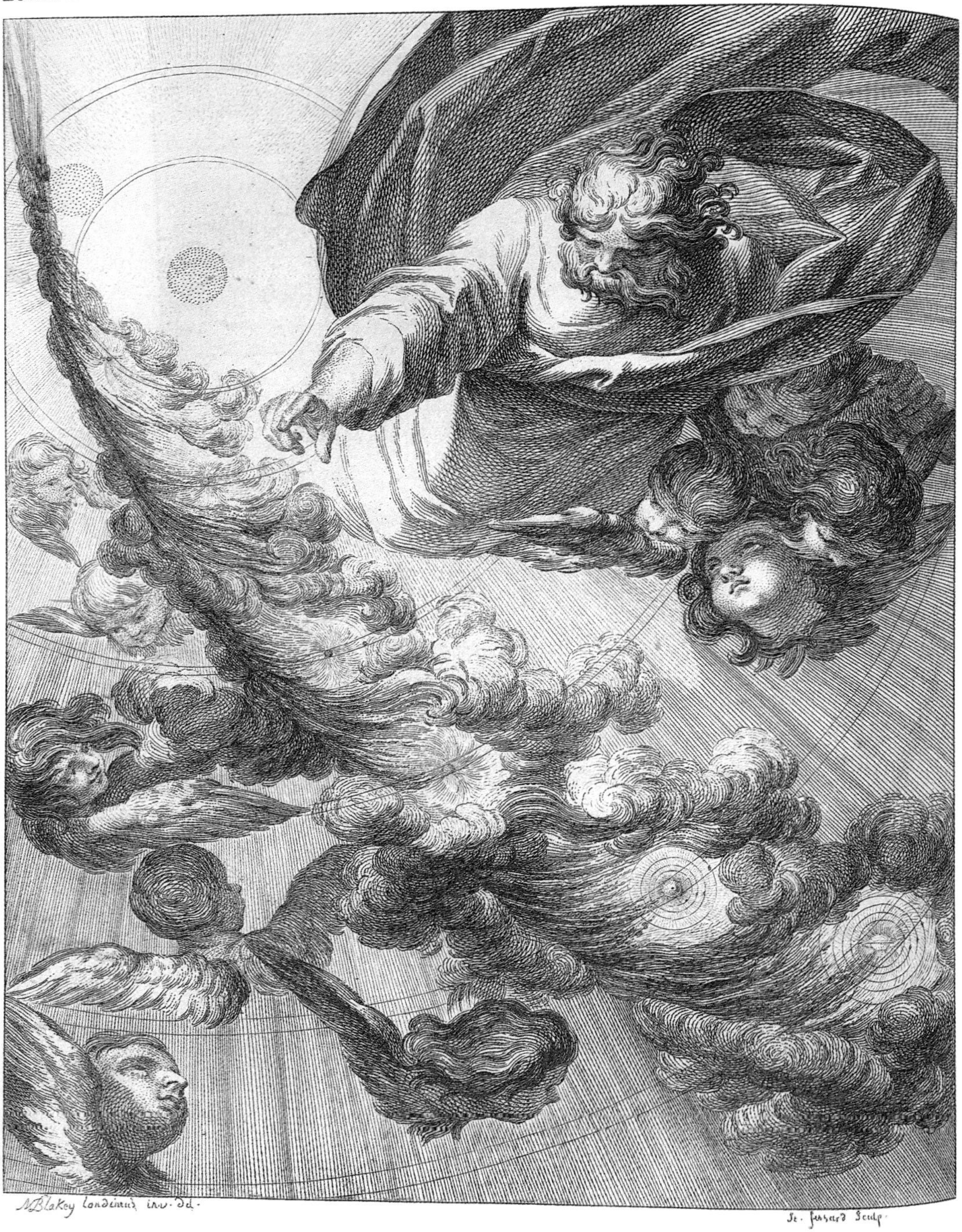

N. Blakey Londinens inv. del. | St. Fessard Sculp.

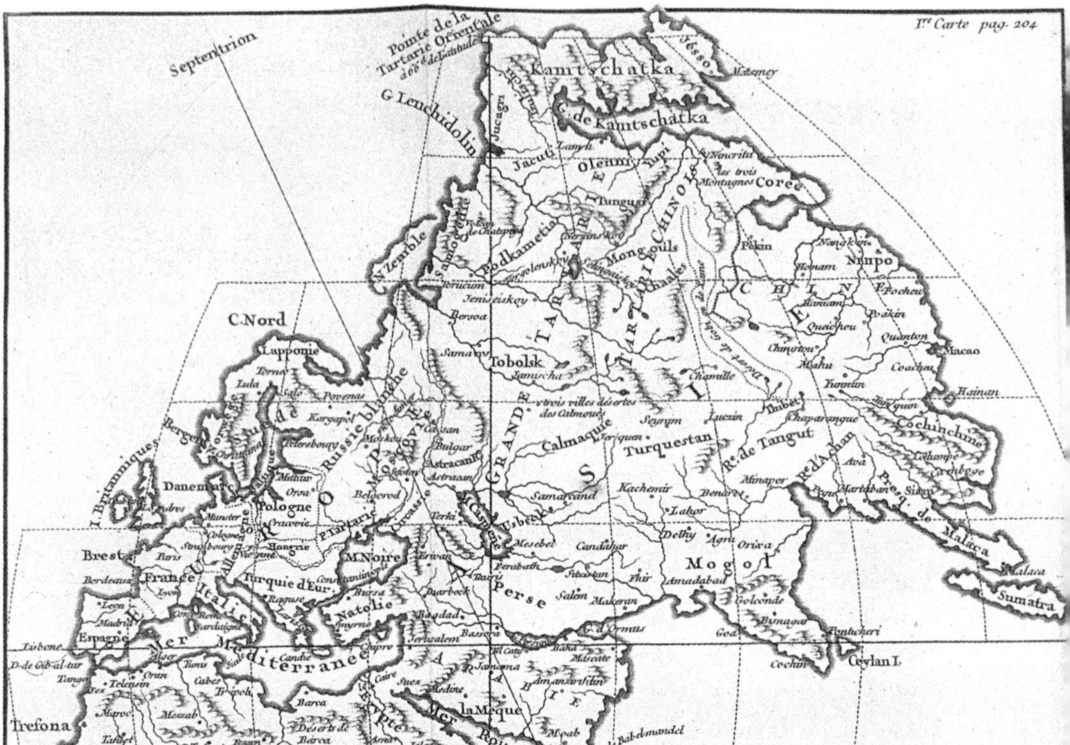
I.re Carte pag. 204
CARTE DE
L'ANCIEN CONTINENT
Selon sa plus grande longueur diamètrale
depuis la Pointe de la Tartarie Orientale,
jusqu'au Cap de Bonne Esperance.
Dressée Sous les yeux de M.r DE BUFFON
Par le S.r Robert de Vaugondy
Fils de M.r ROBERT Geogr.e ord.re du Roi.
1749.
Degrés de l'Equateur
Septentrion
Midi
Guill Delahaye.

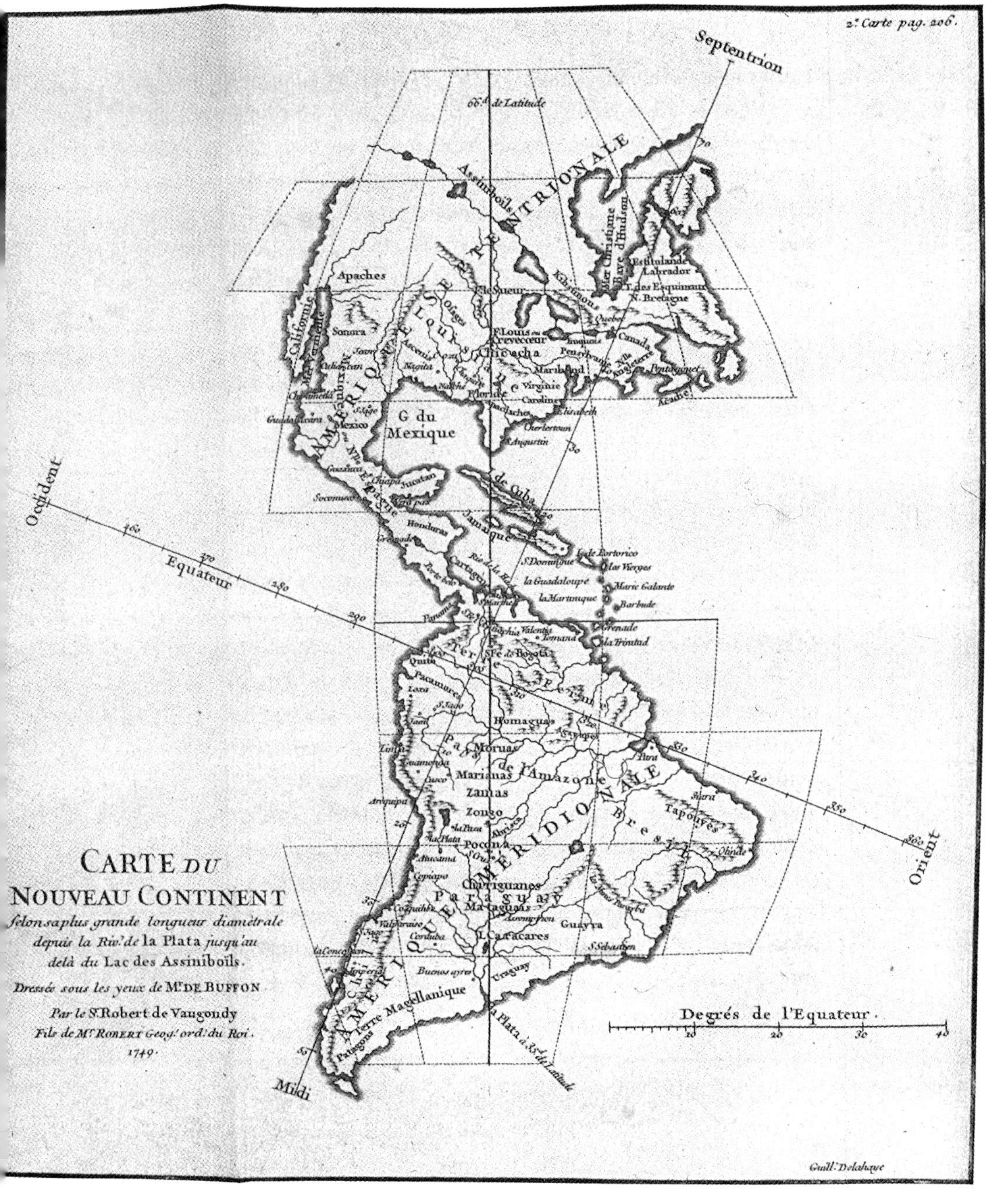
2.e Carte pag. 206.
Septentrion
Occident
Orient
Midi
Equateur
CARTE DU
NOUVEAU CONTINENT
selon sa plus grande longueur diamètrale
depuis la Riv.re de la Plata jusqu'au
delà du Lac des Assiniboïls.
Dressée sous les yeux de M.r DE BUFFON
Par le S.r Robert de Vaugondy
Fils de M.r Robert Geog.e ord.re du Roi.
1749.
Degrés de l'Equateur.
Guill. Delahaye
AMERIQUE SEPTENTRIONALE
AMERIQUE MERIDIONALE
G du Mexique
Assiniboïls
Apaches
Californie
Mer Vermeille
Sonora
Mexico
Baye d'Hudson
Labrador
Canada
Caroline
Virginie
Floride
Pays de l'Amazone
Bresil
Paraguay
Terre Magellanique
Patagons
Buenos ayres
Uraguay
Chili
la Plata à 35.d de Latitude
66.d de Latitude

# HISTOIRE NATURELLE,

## GÉNÉRALE ET PARTICULIÈRE,

*AVEC LA DESCRIPTION*

## DU CABINET DU ROY.

*Tome Second.*

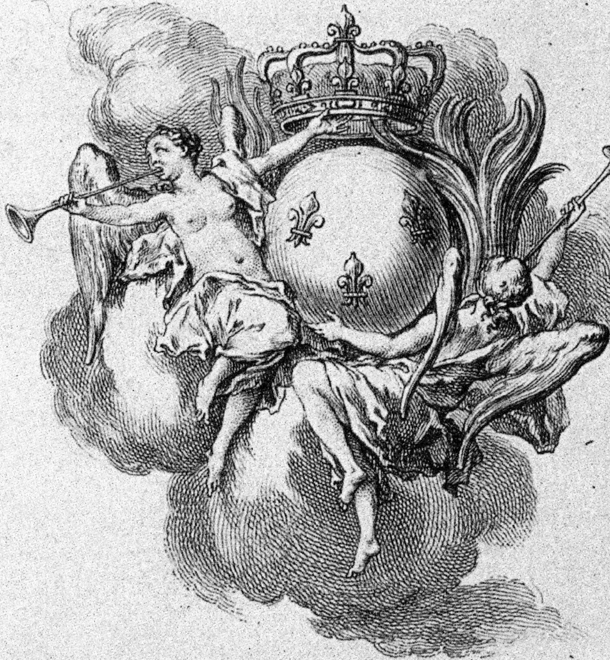



A PARIS,

DE L'IMPRIMERIE ROYALE.

M. DCCXLIX.

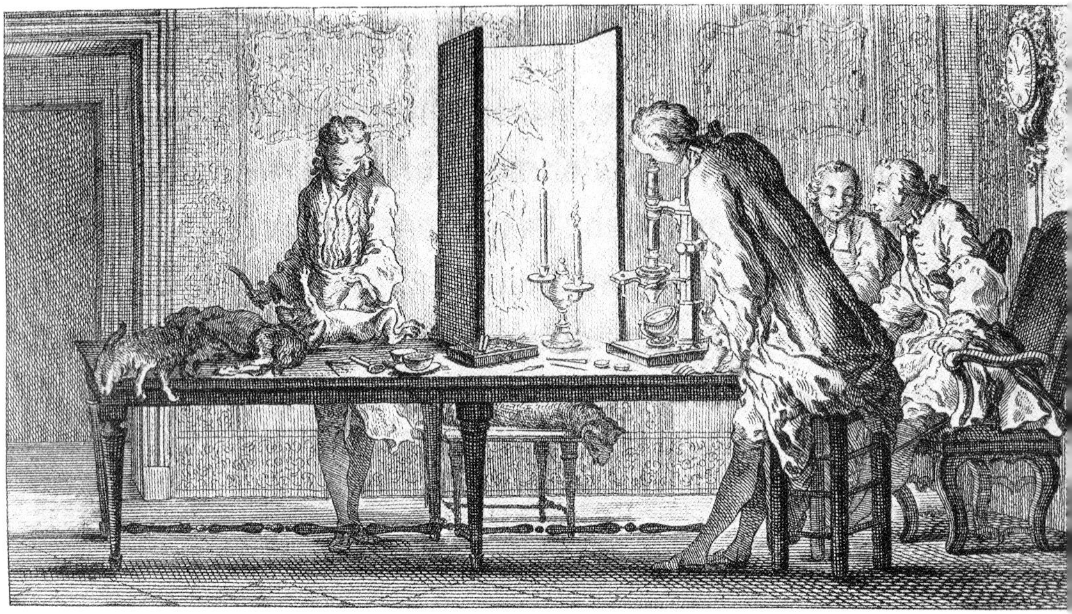

Planche I. Pag. 180.

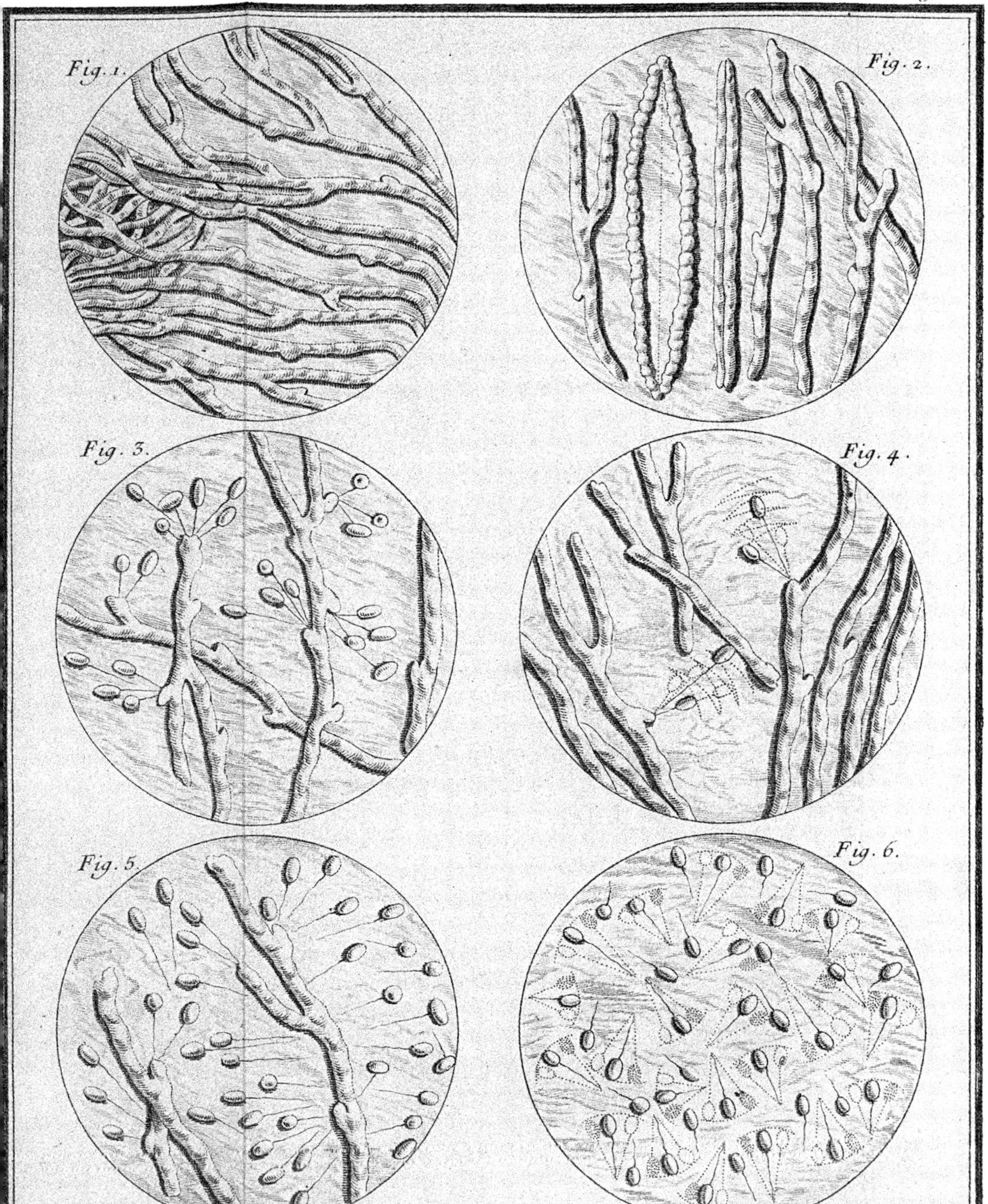

*Planche II.* *Page 186.*

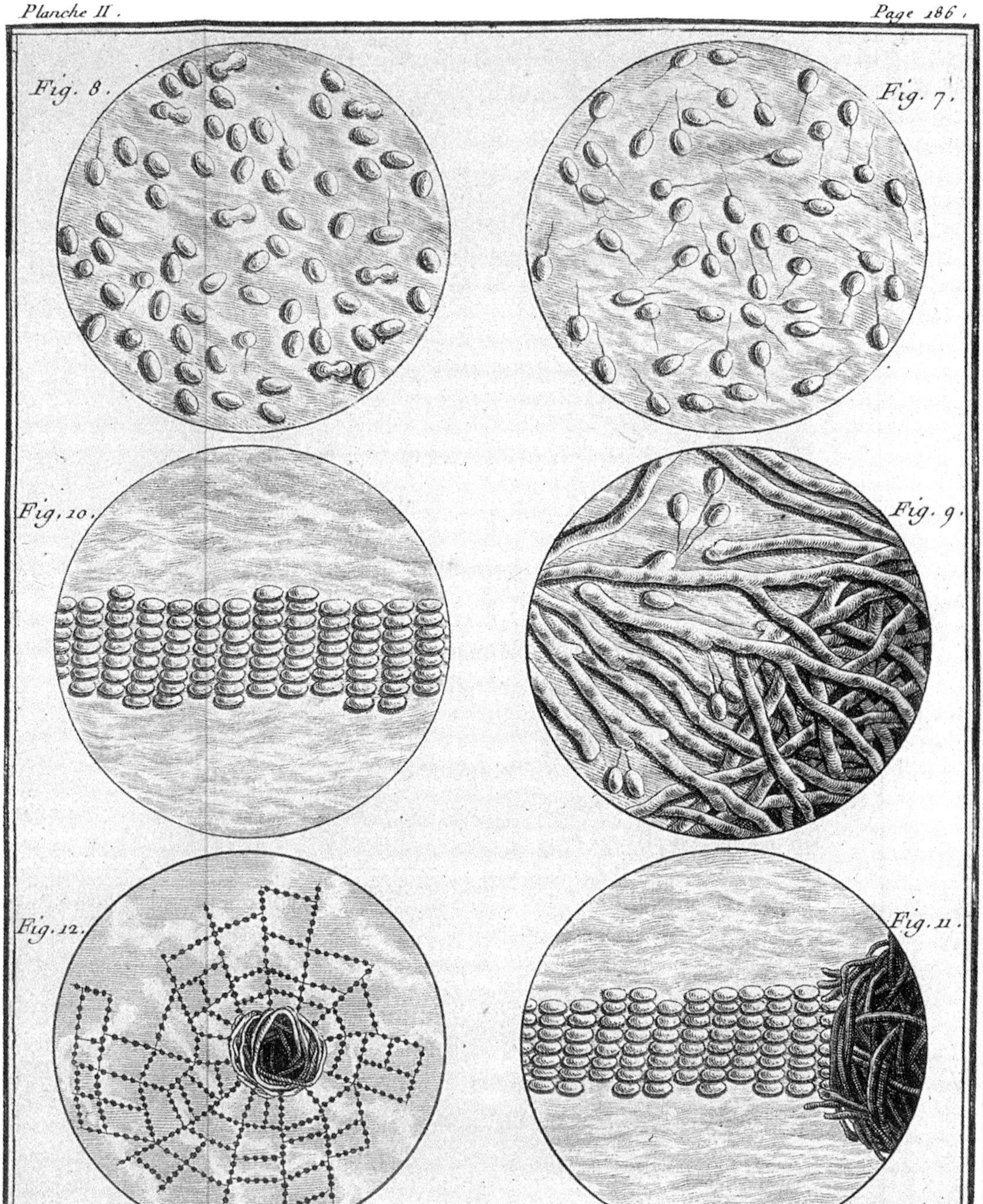

*Planche III.* *Page 200.*

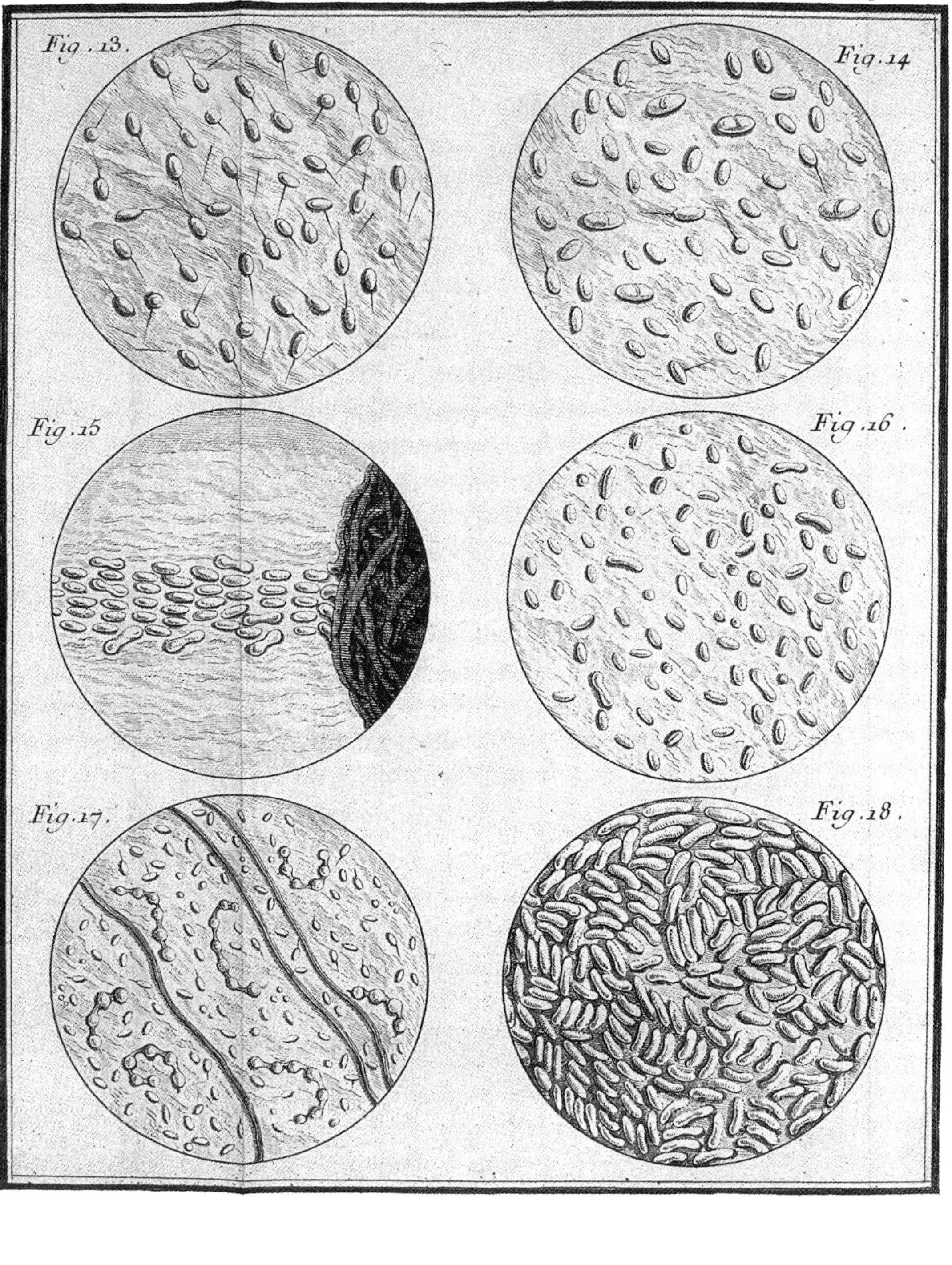

*Planche IV.* *Page 218.*

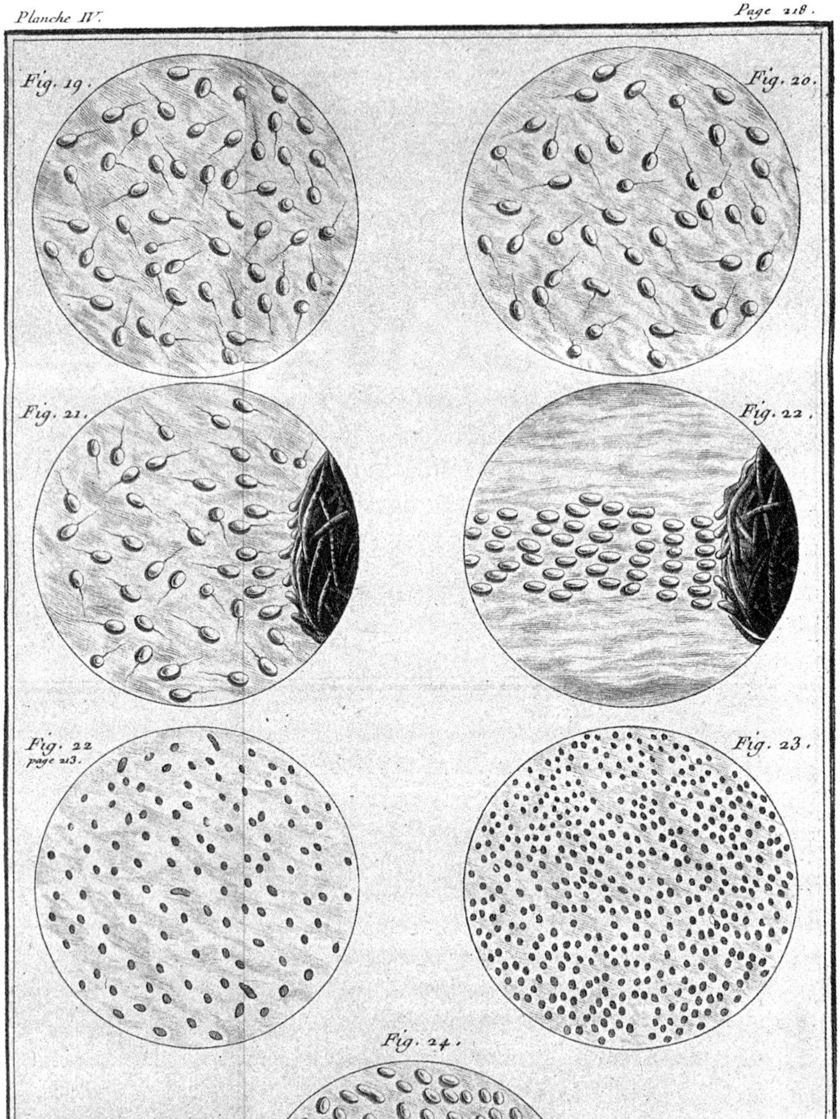

Planche V.

Page 228.

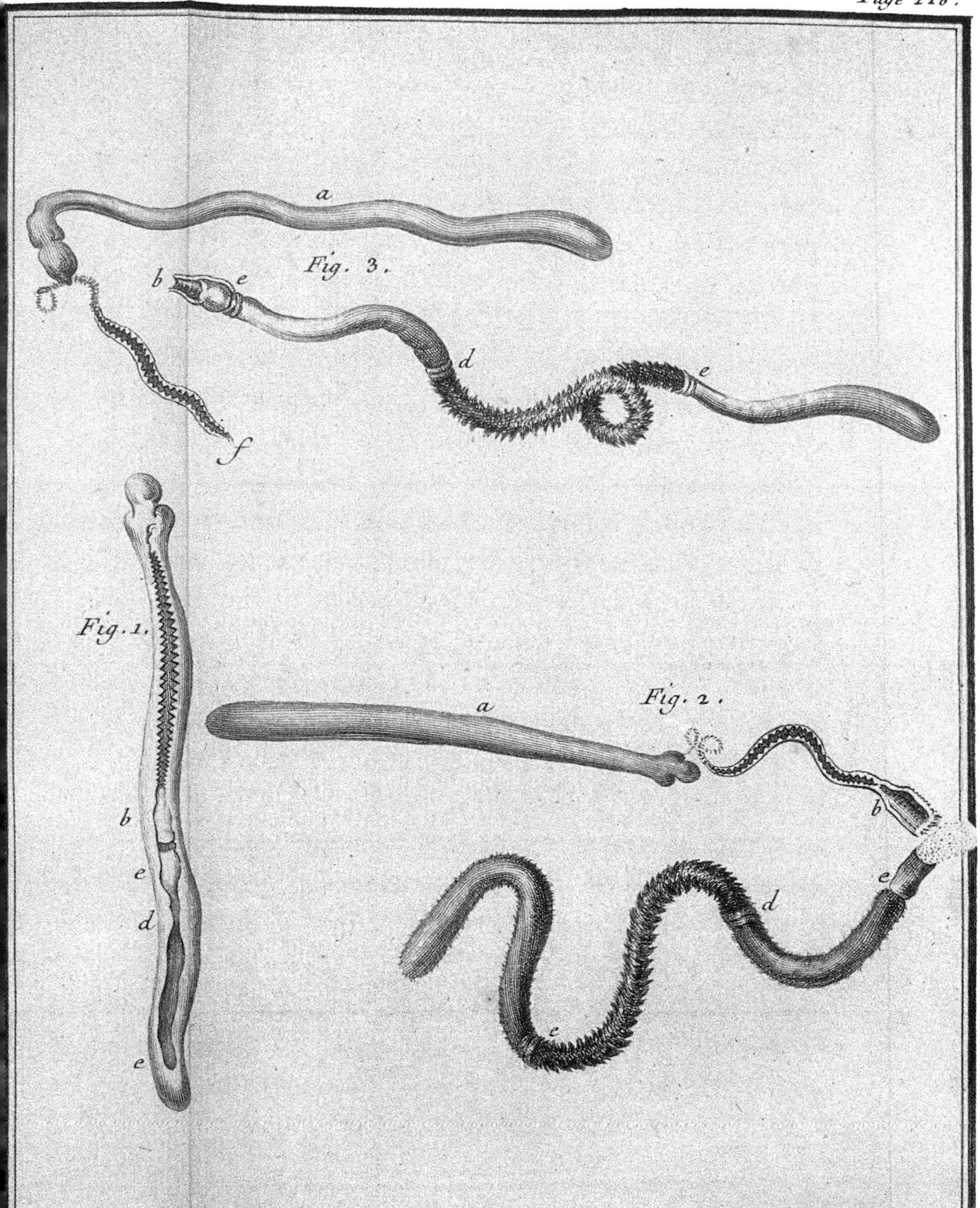

*Planche VI.* *Page 238.*

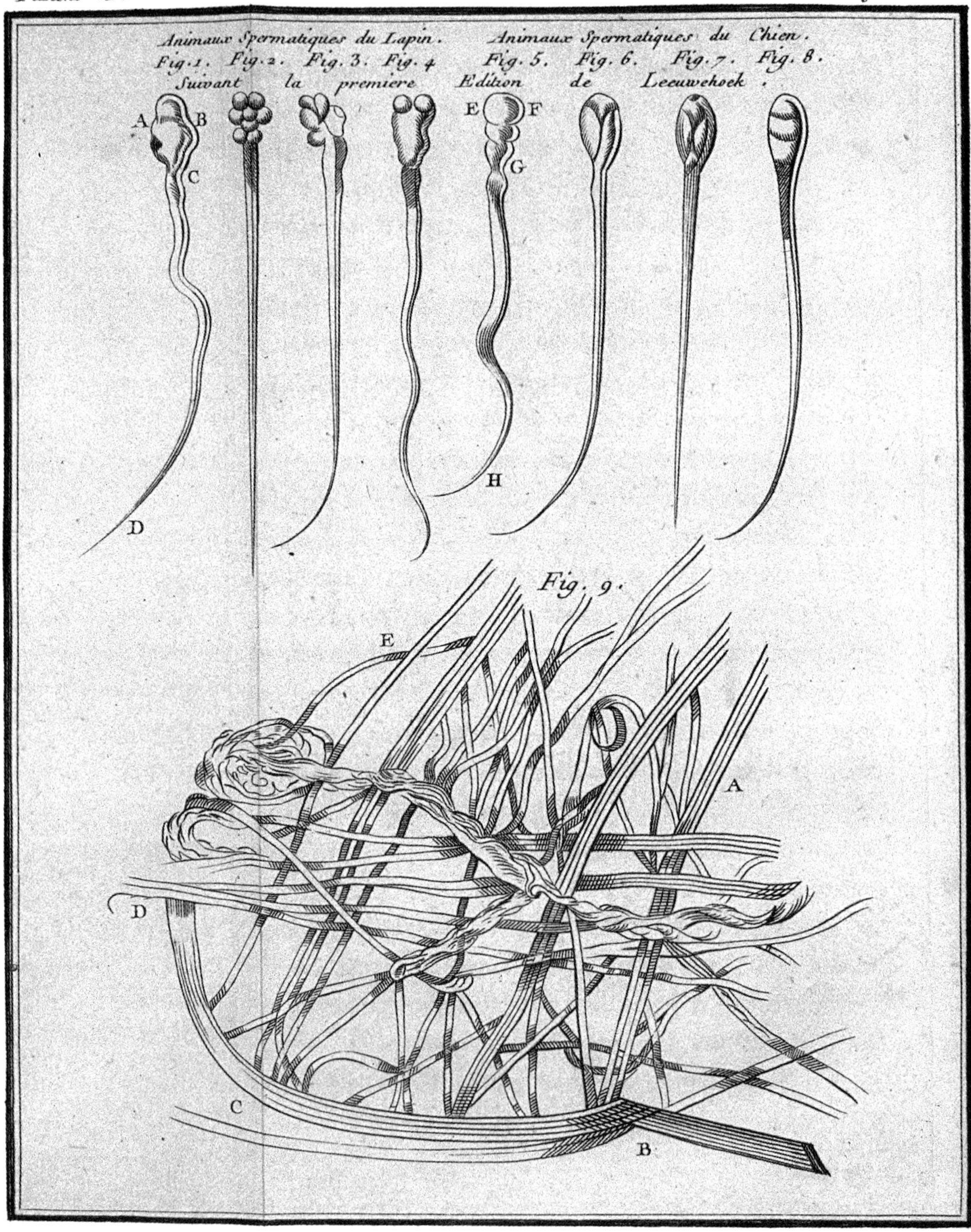

*Planche VII.* *Page 248.*

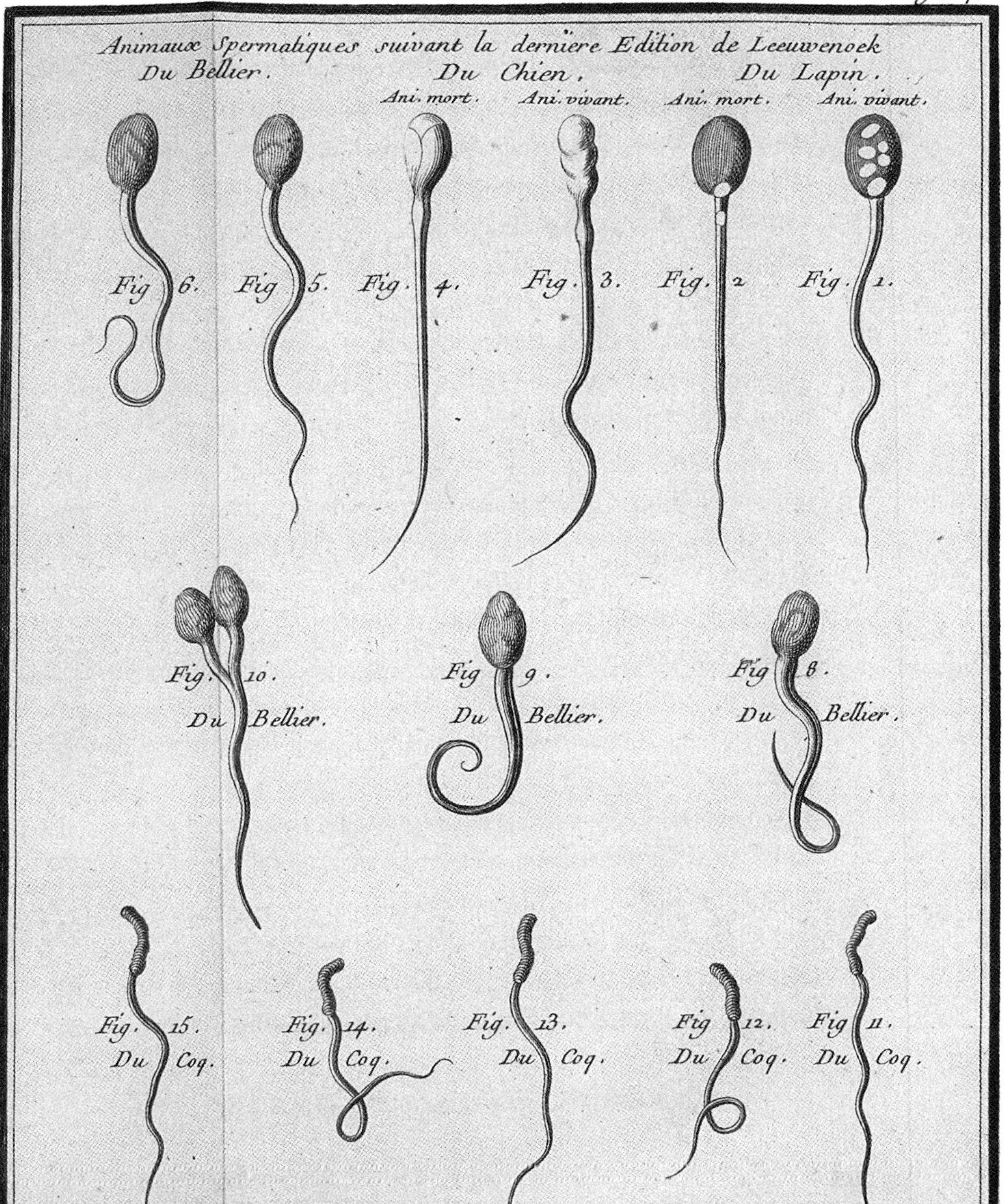

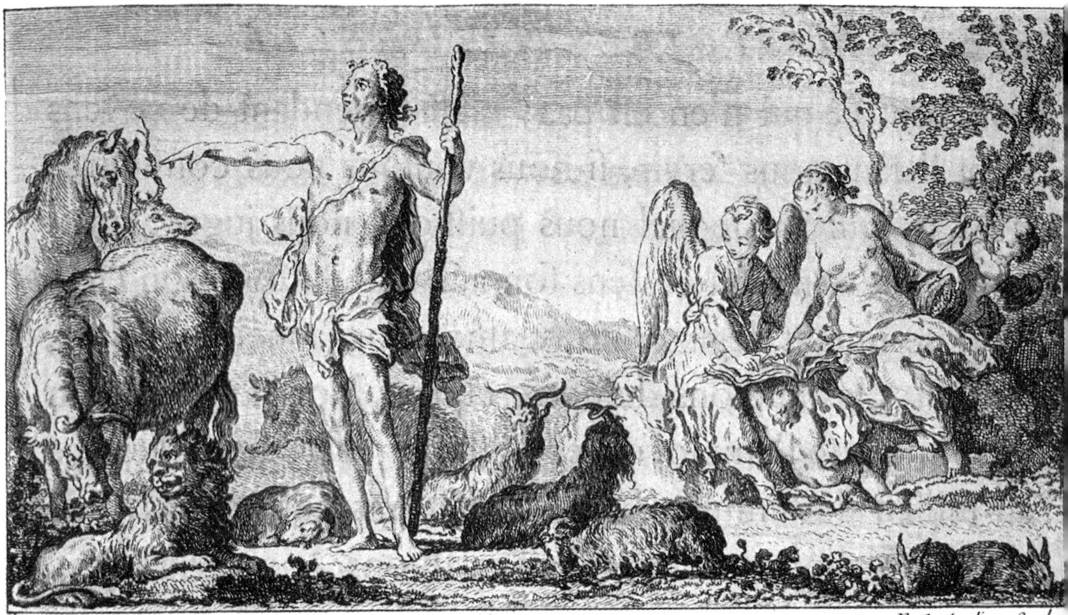

Deséve inv. F.A. Aveline Sculp

Planche VIII.

Page 536.

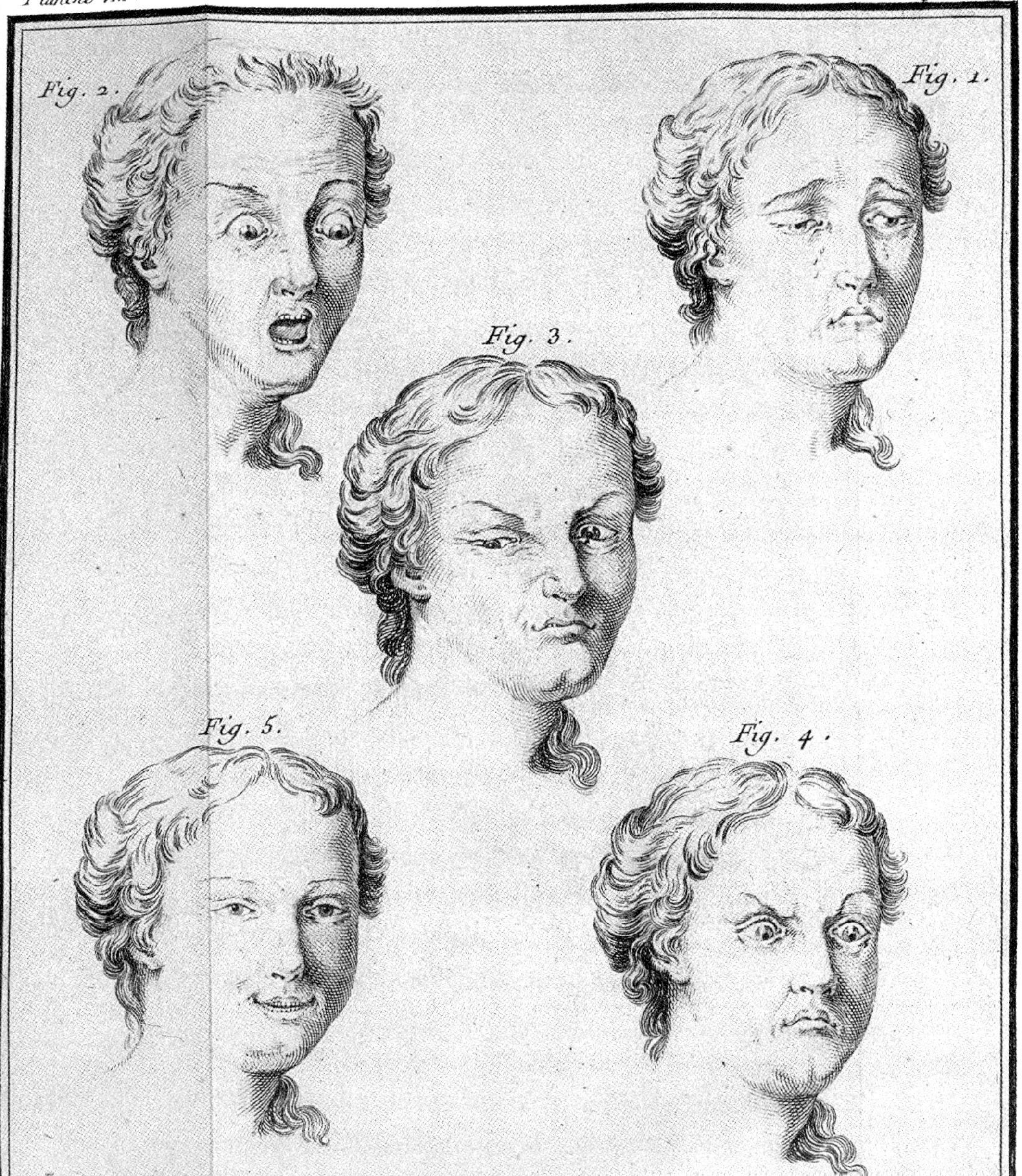

# HISTOIRE NATURELLE,

## GÉNÉRALE ET PARTICULIÈRE,

*AVEC LA DESCRIPTION*

## DU CABINET DU ROY.

*Tome Troisième.*

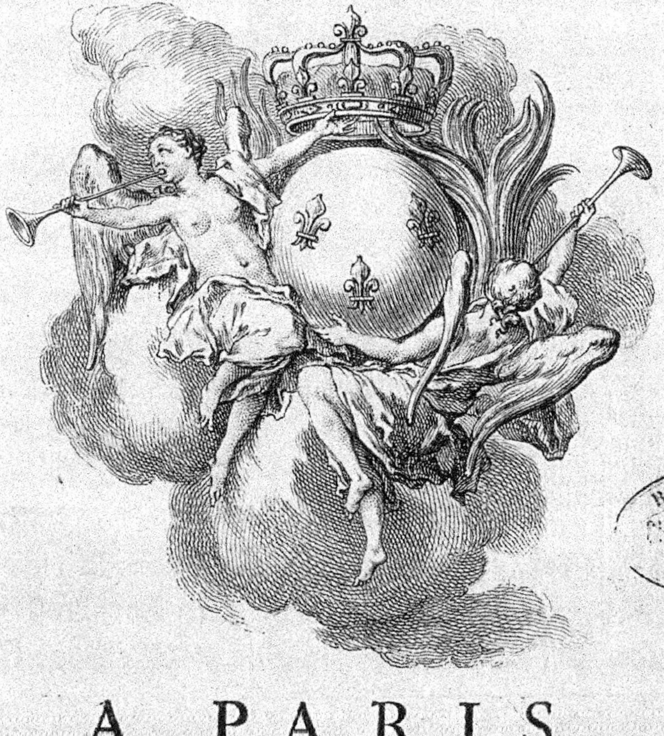



A PARIS,
DE L'IMPRIMERIE ROYALE.

M. DCCXLIX.

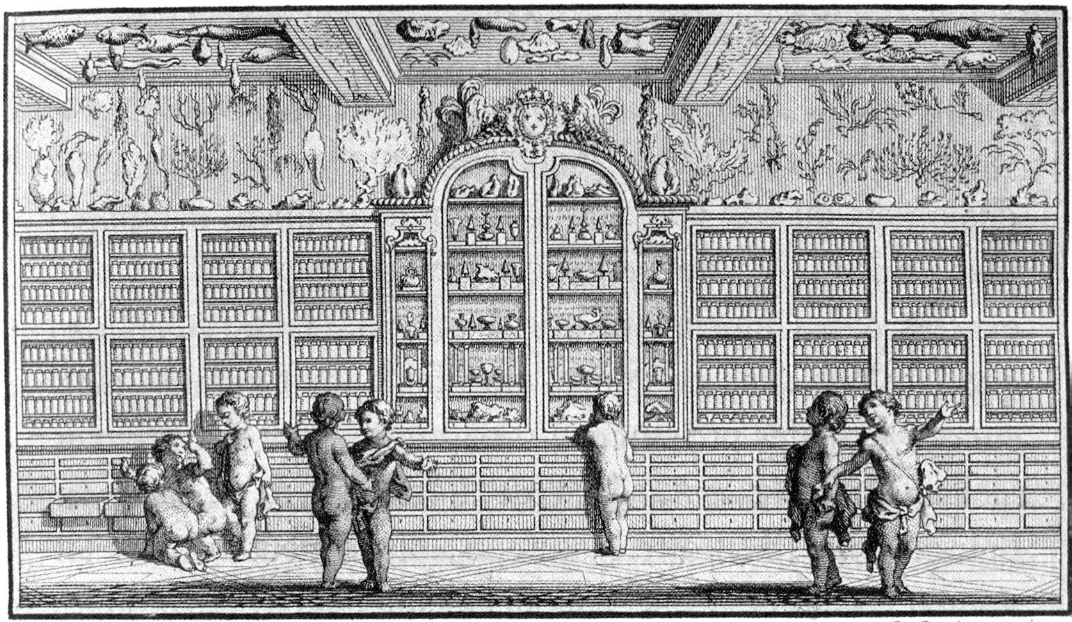

De Seve inv. D. Sornique Sculp.

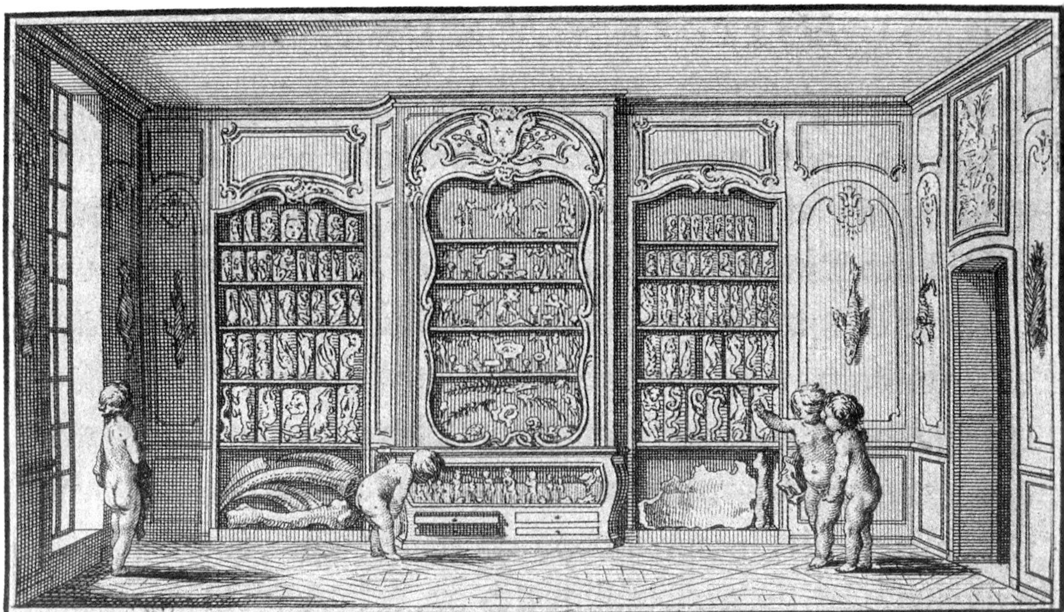

De Seve inv. Babel Sculp.

Tom. 3. Pl. I. Pag. 76.

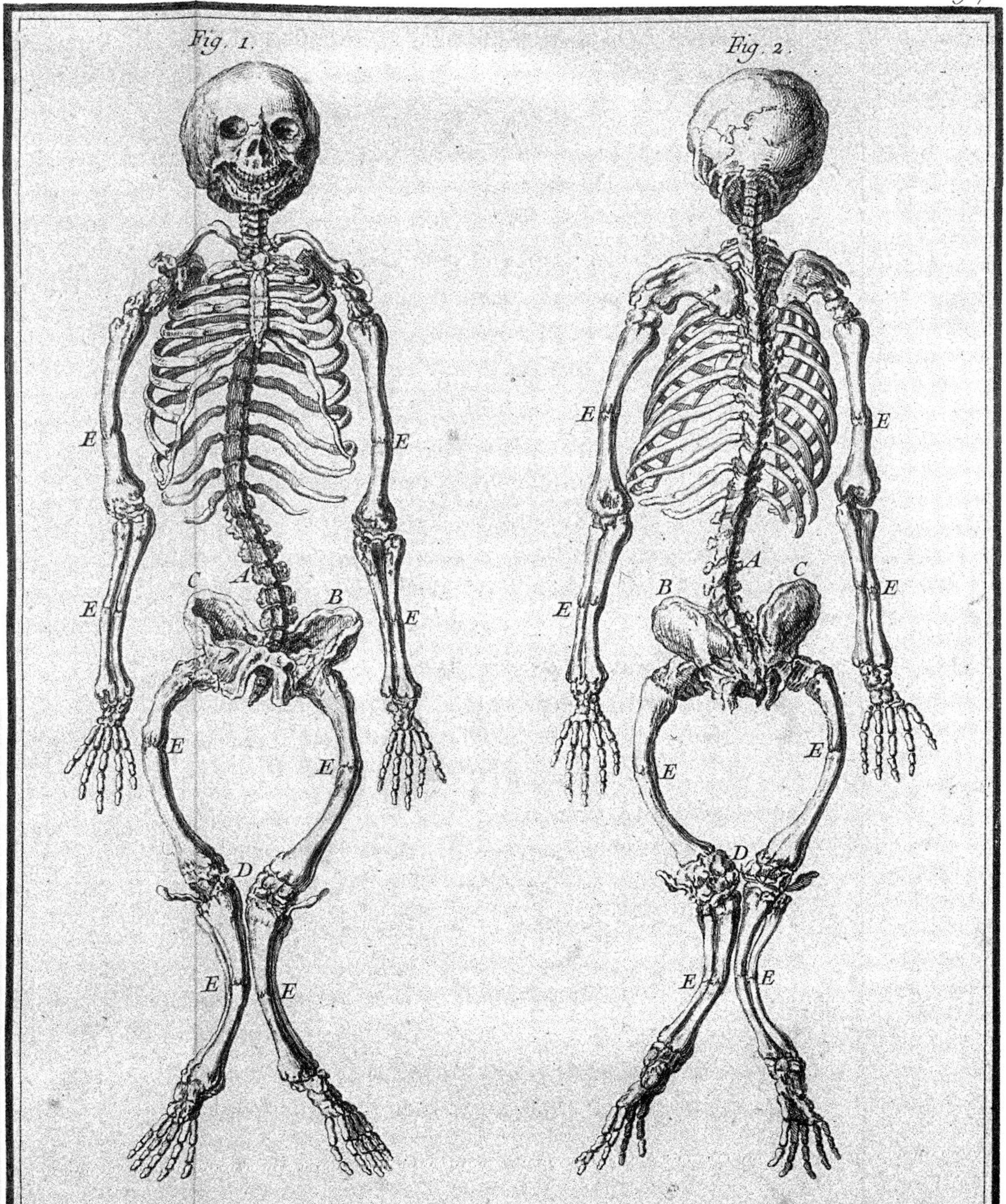

Tom. 3. Pl. II. Pag. 94.

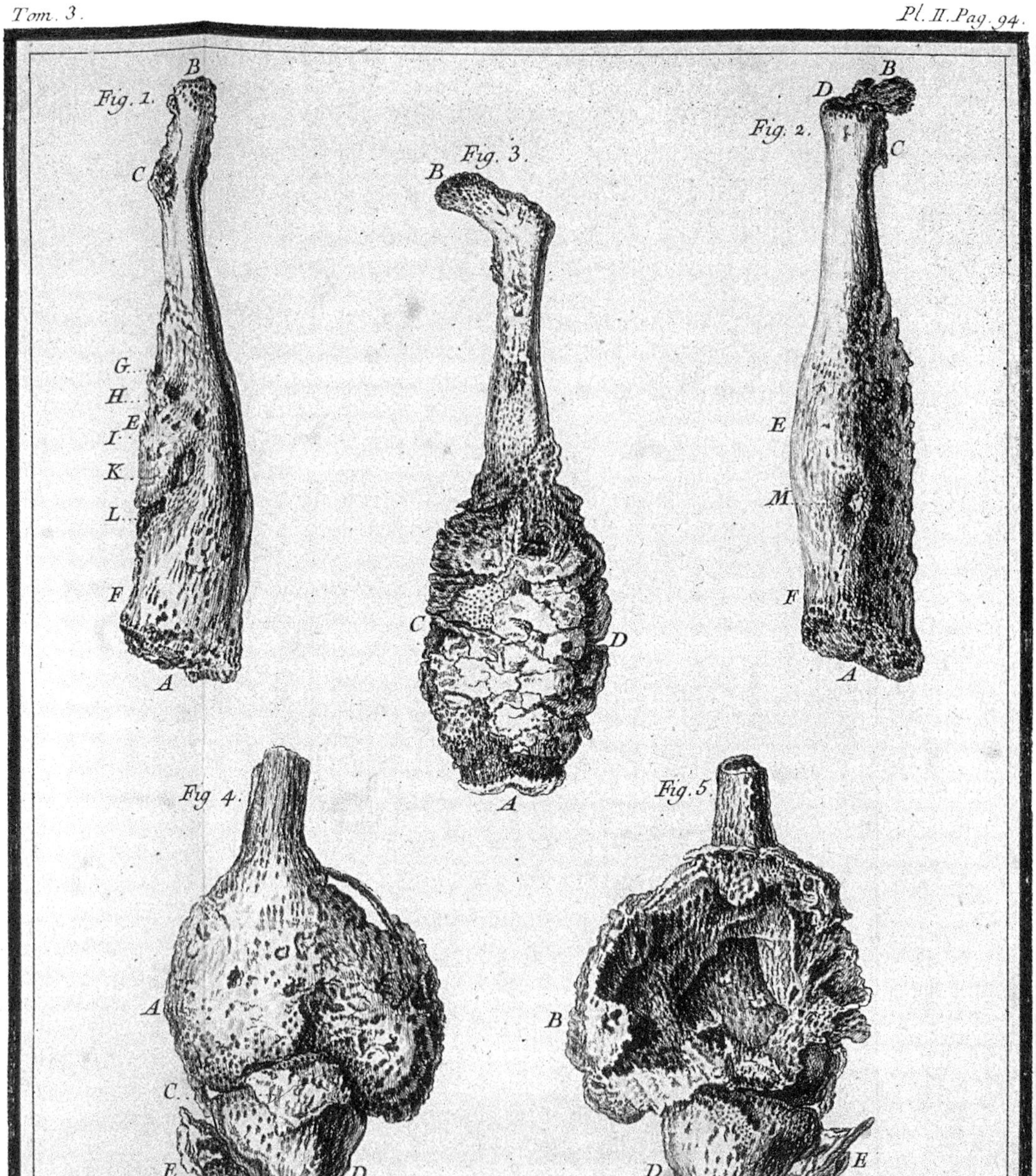

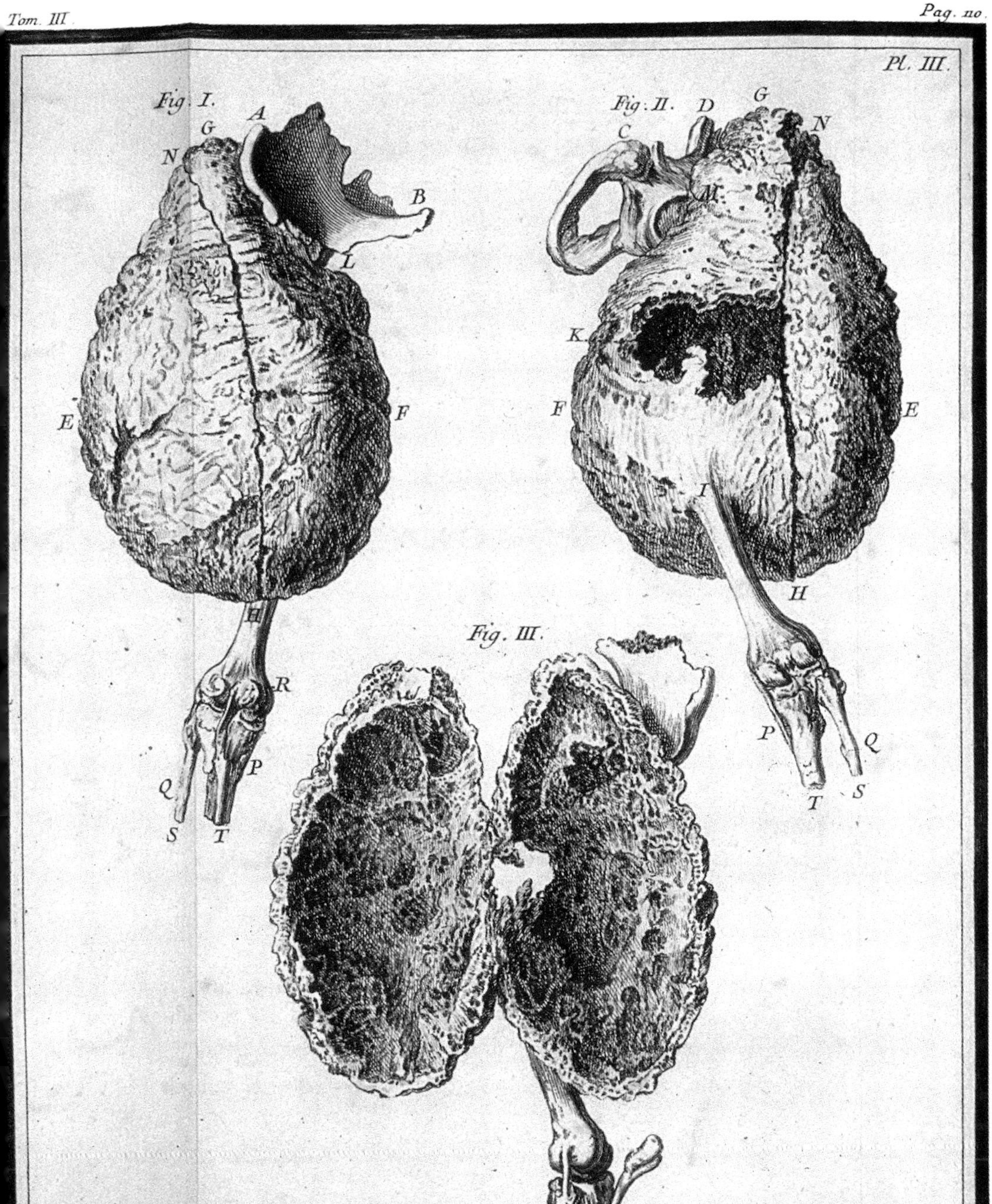
Tom. III.
Pag. 110.
Pl. III.
Fig. I.
Fig. II.
Fig. III.
A
B
C
D
E
F
G
H
I
K
L
M
N
P
Q
R
S
T

Tom. 3

Pl. IV. Page 124.

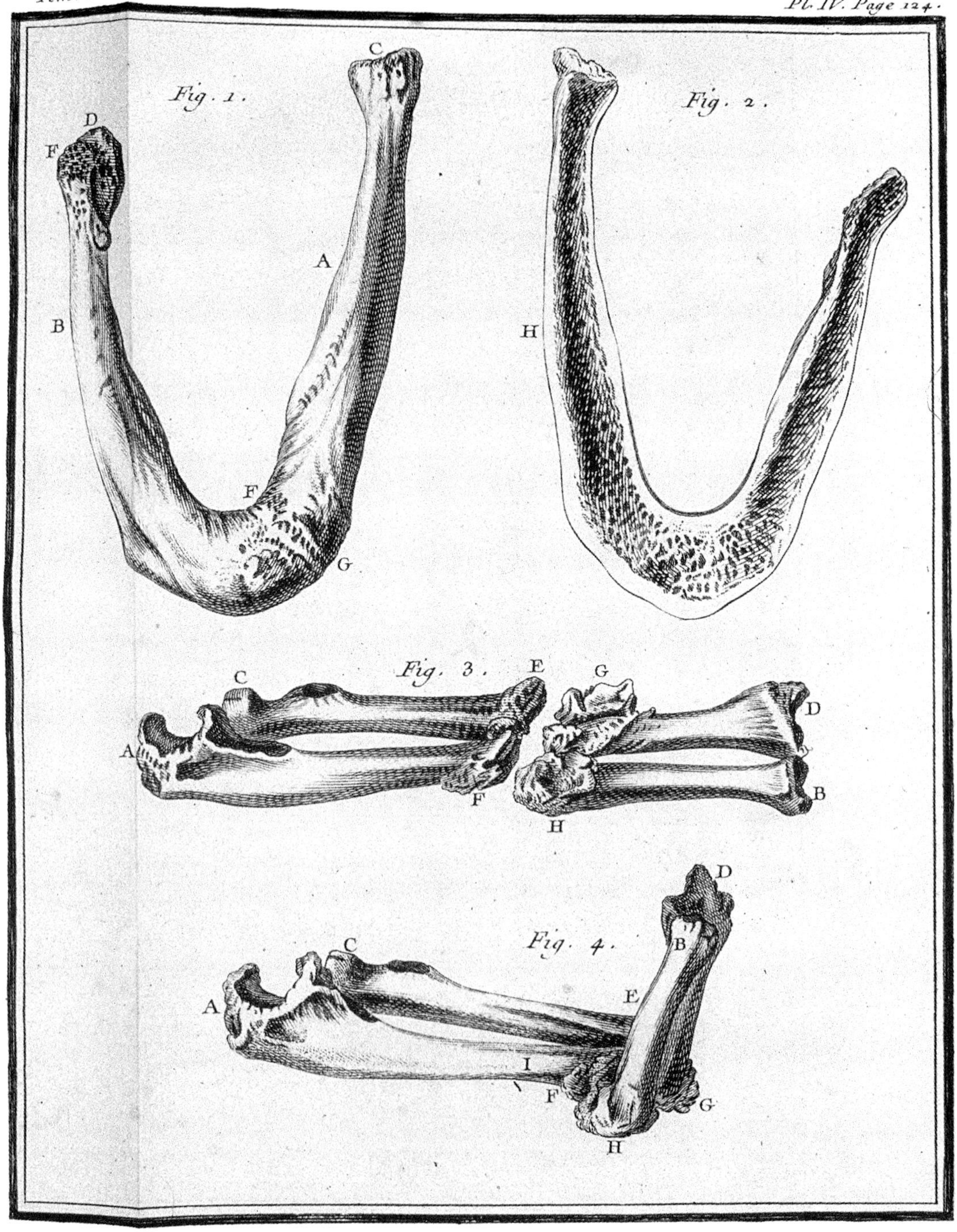

Tom. 3. Pl. V. Page 192.

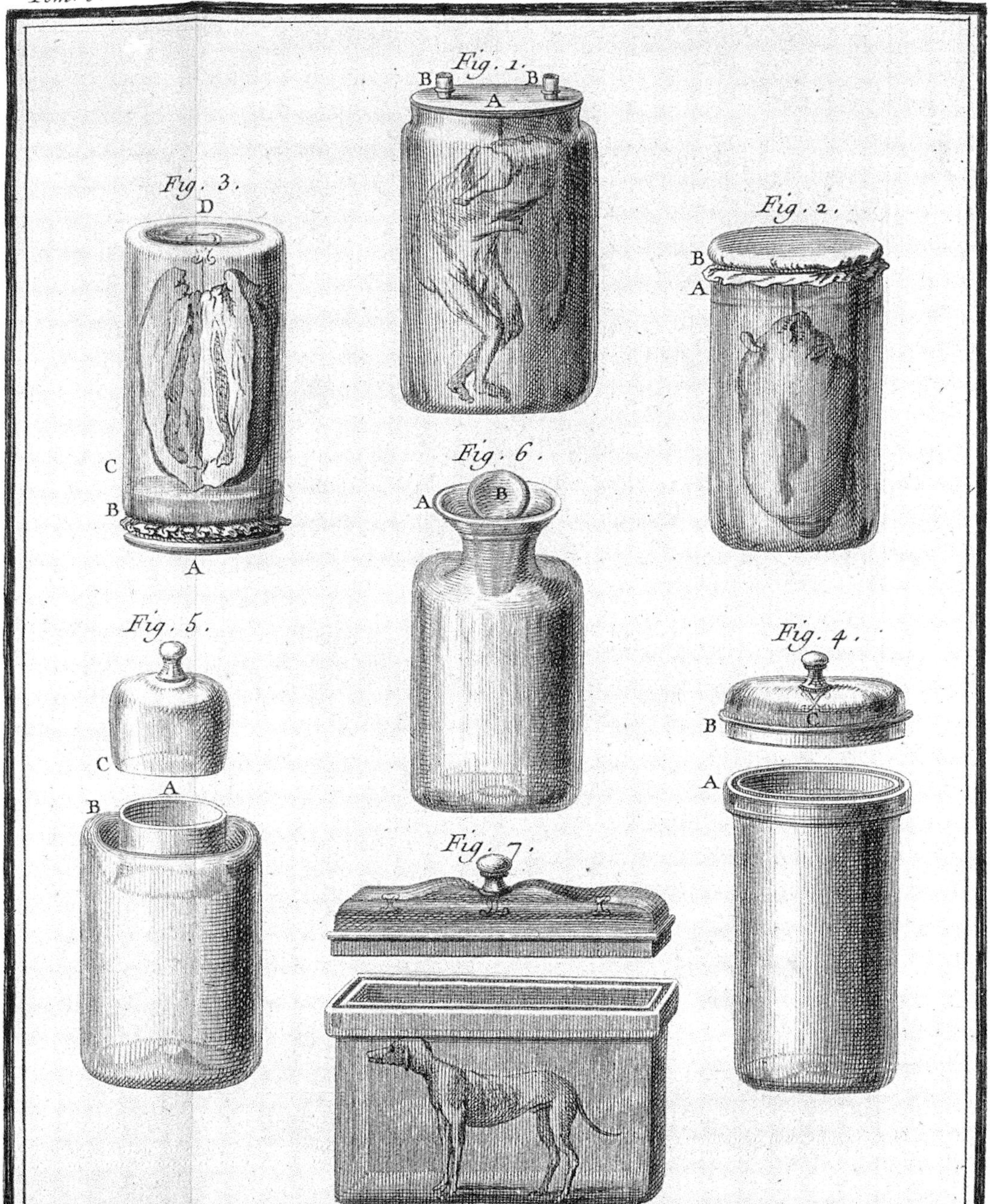

Tom. 3 Pl. VI. Page 202.

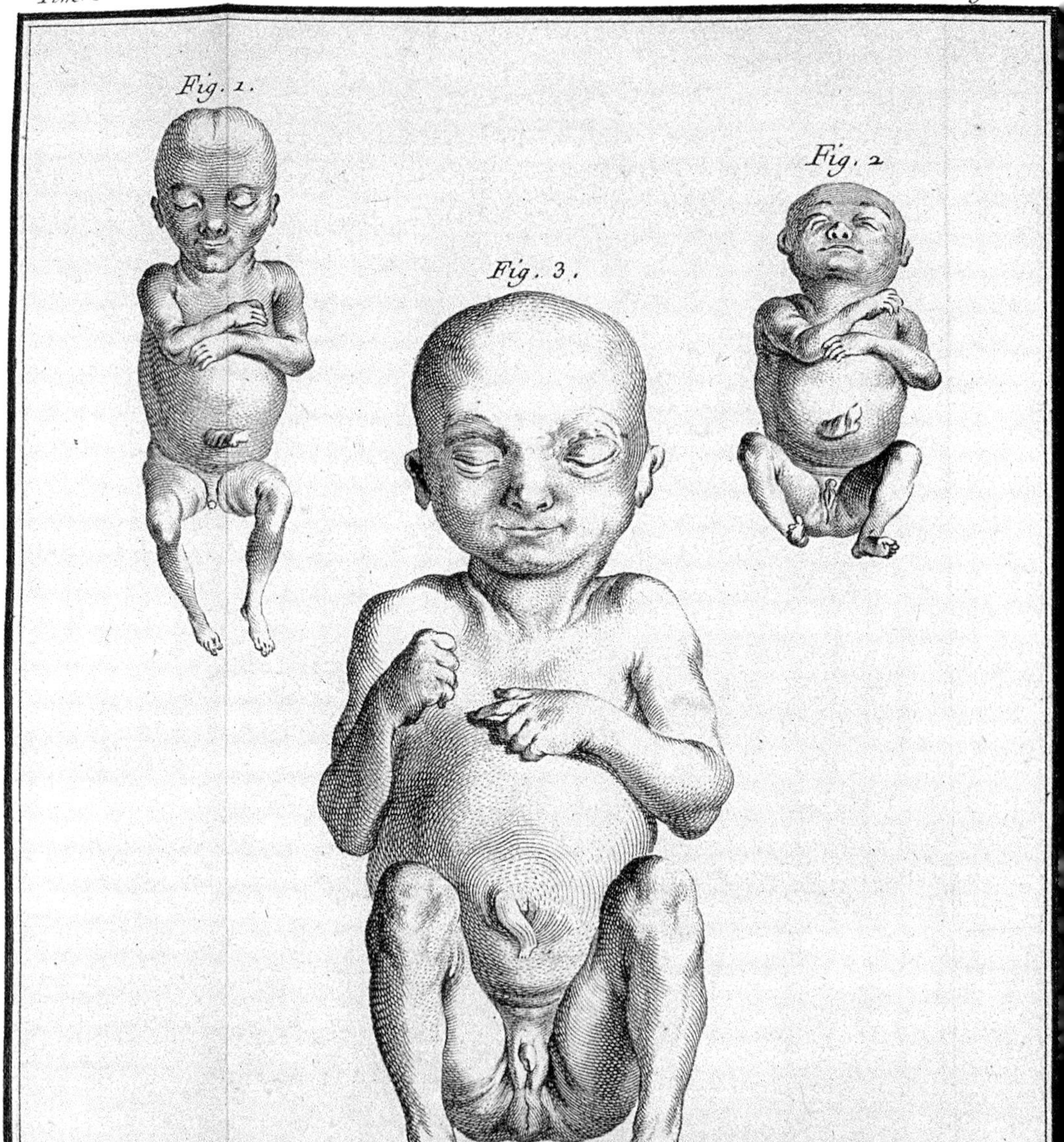


De Seve del. J. Daullé sculp.

Tom. 3.

Pl. VII. Page 202.

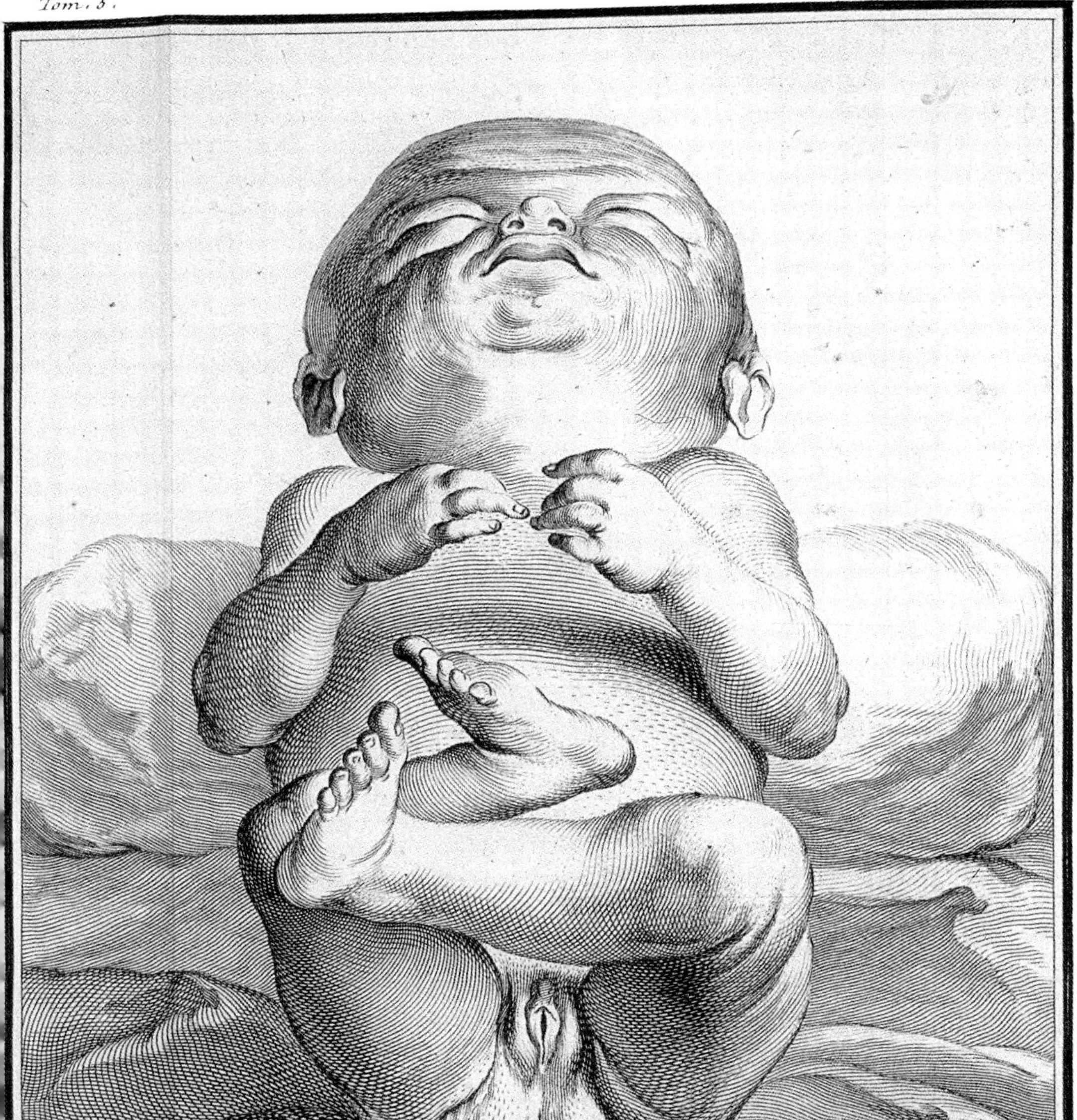

De Seve del.

J. Daullé sculp.

Tom. III Pl. VIII. Pag. 204.

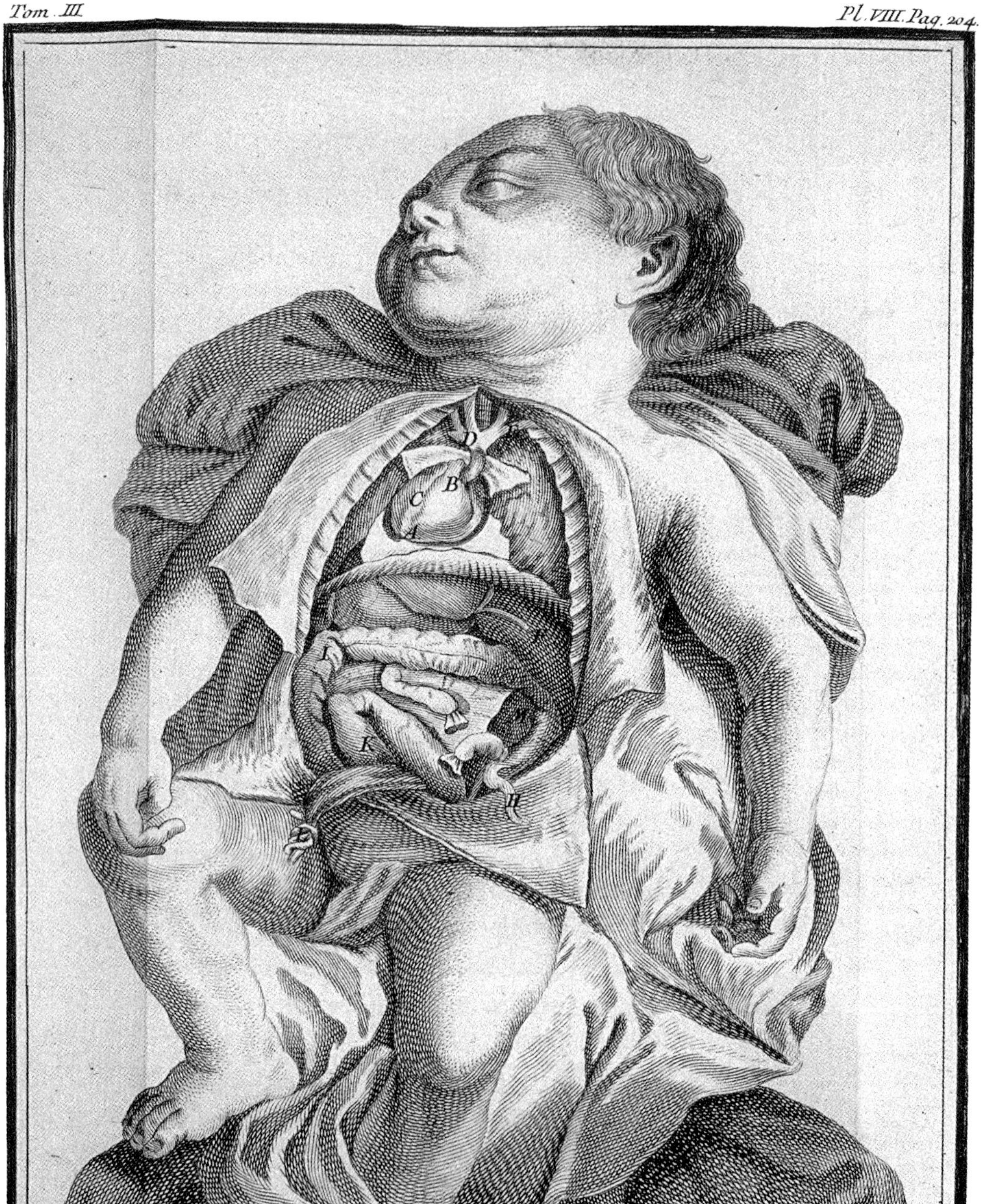

Tome III. Pl. 9. pag. 228.

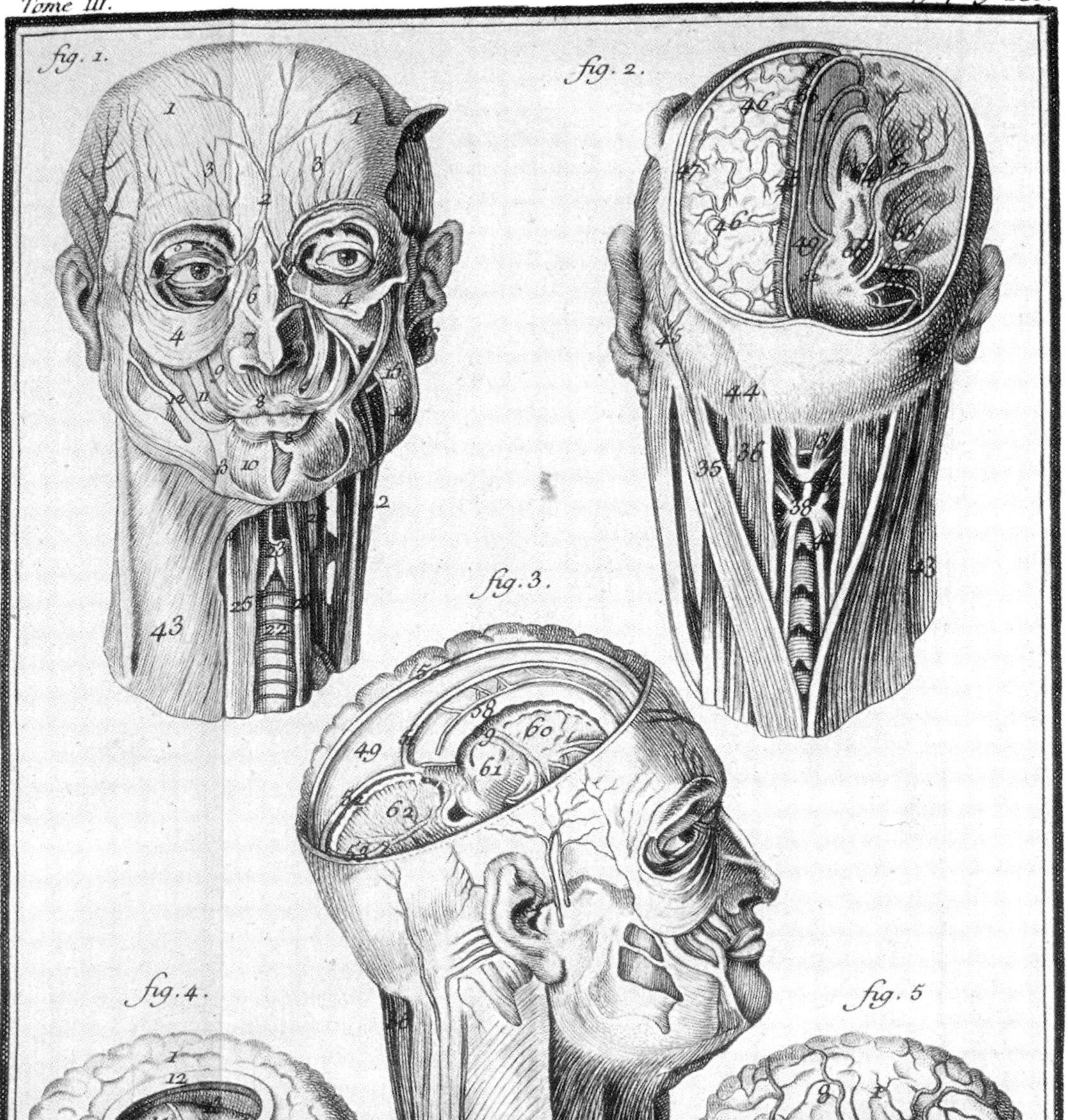


Madel. Basseporte del. J. Robert sculp.

Tome III. Pl. 10 Pag. 234

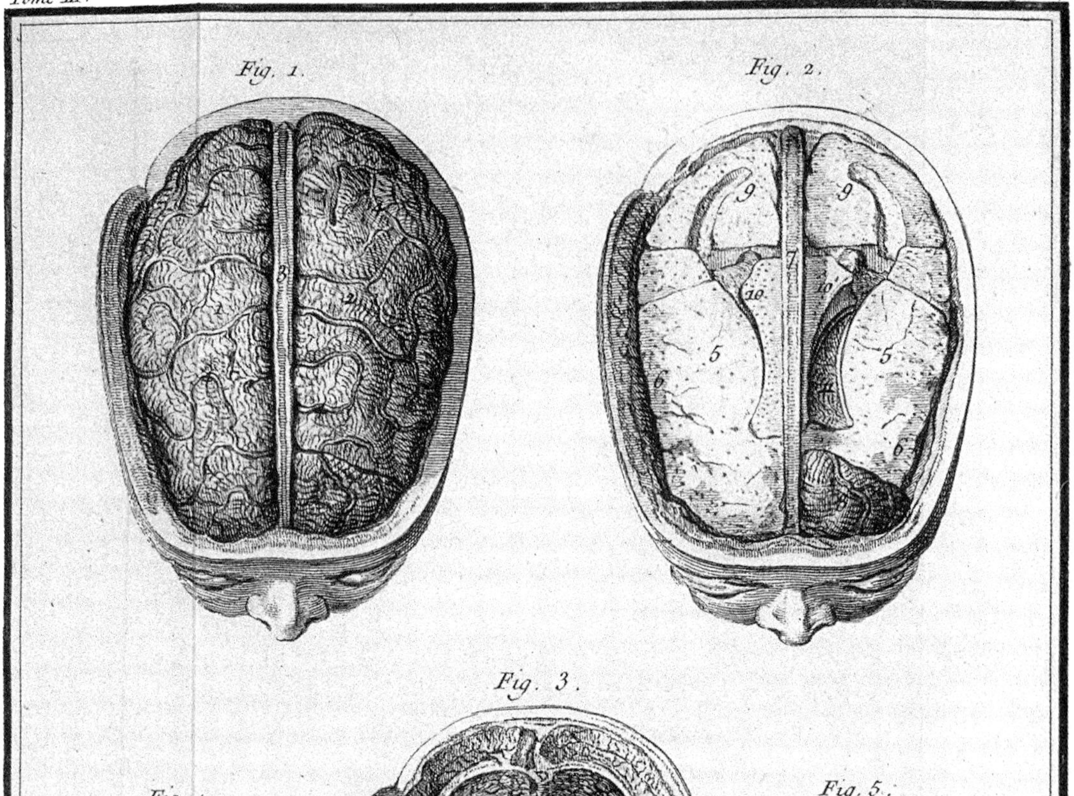


D S. delin. Moitte Sc.

Tom. III. Pl. 11. Pag 234.

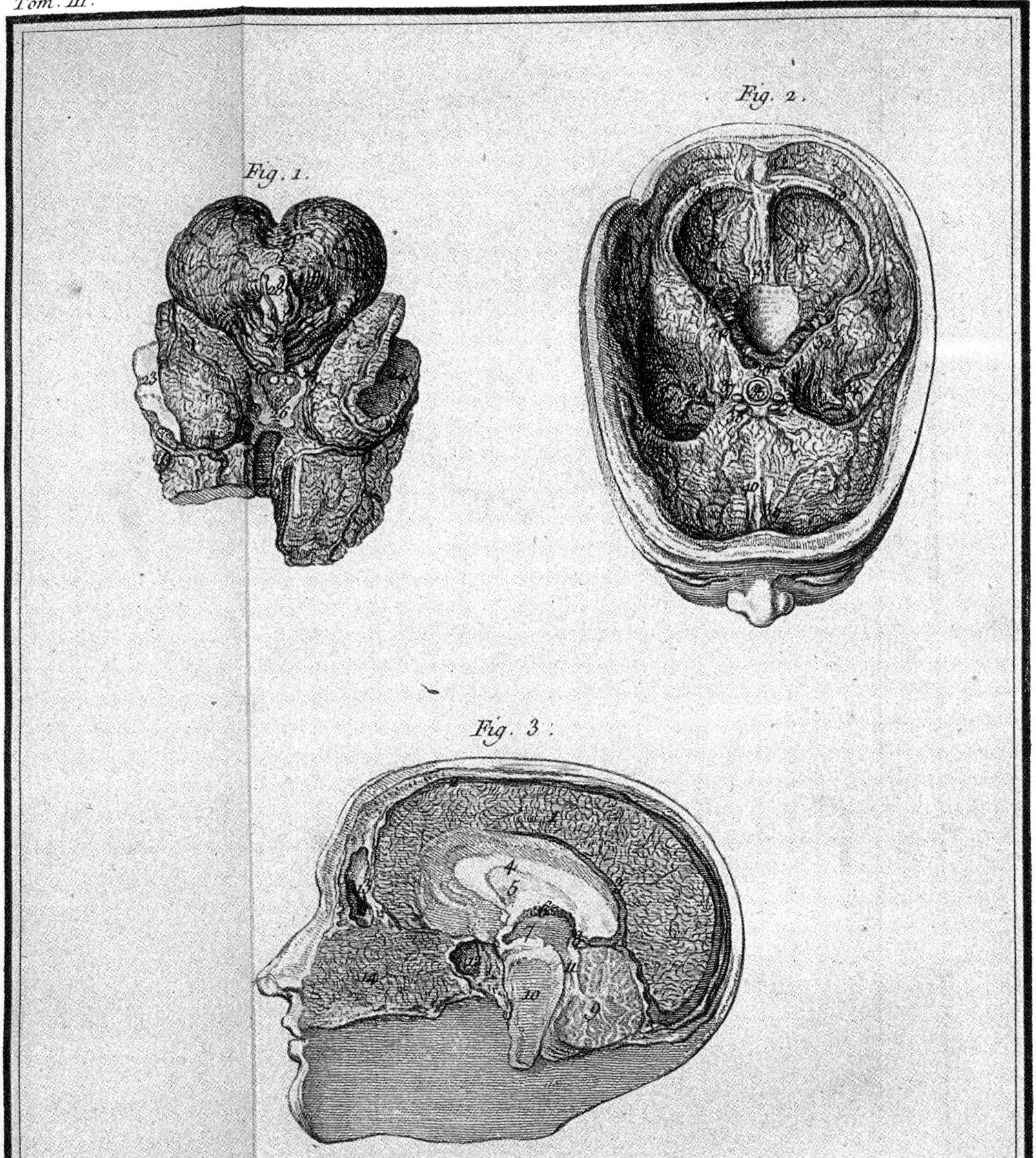


D. S. delin. Moitte Sc.

Tom. III

Pl. XII. Pag 242.

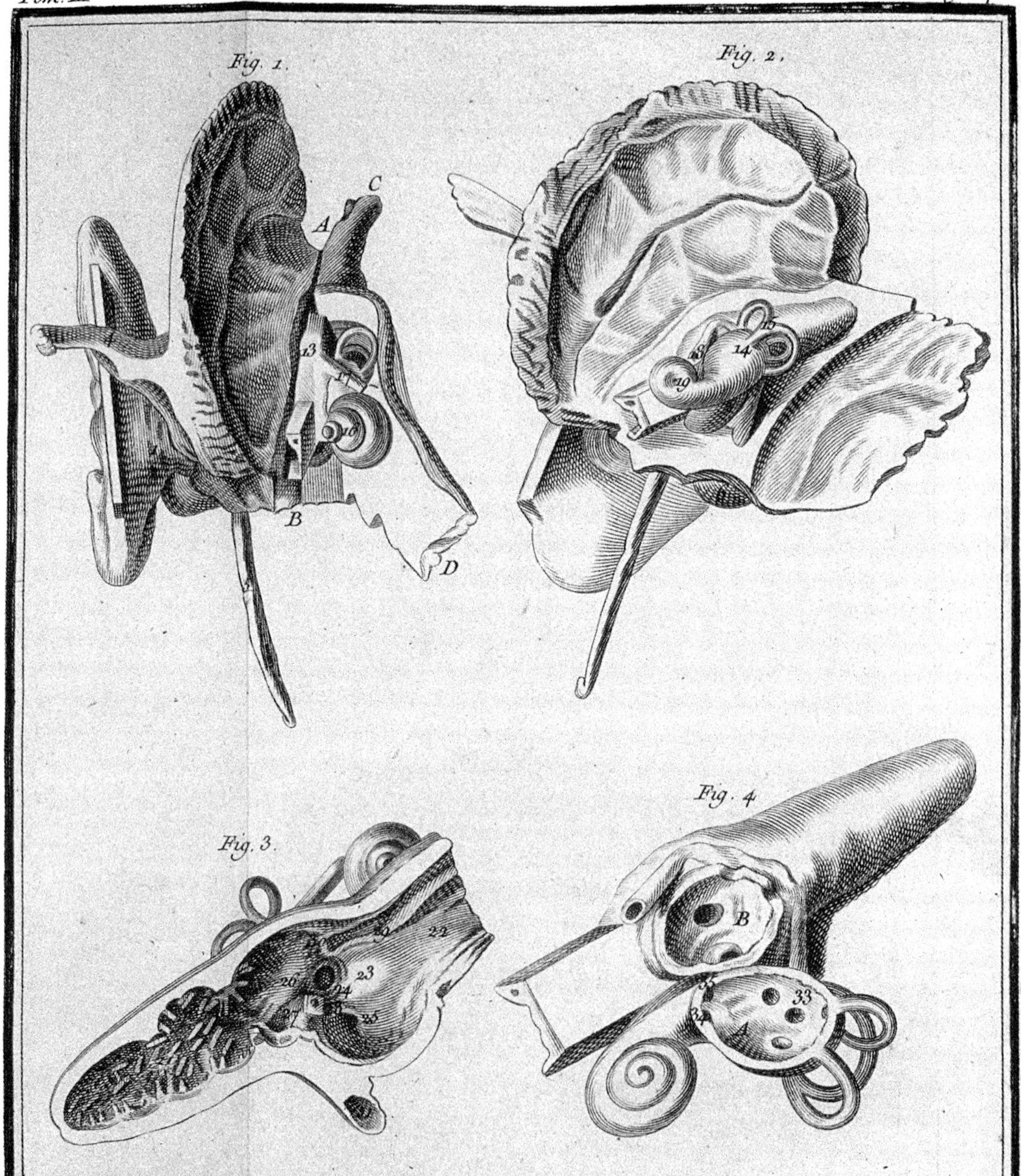

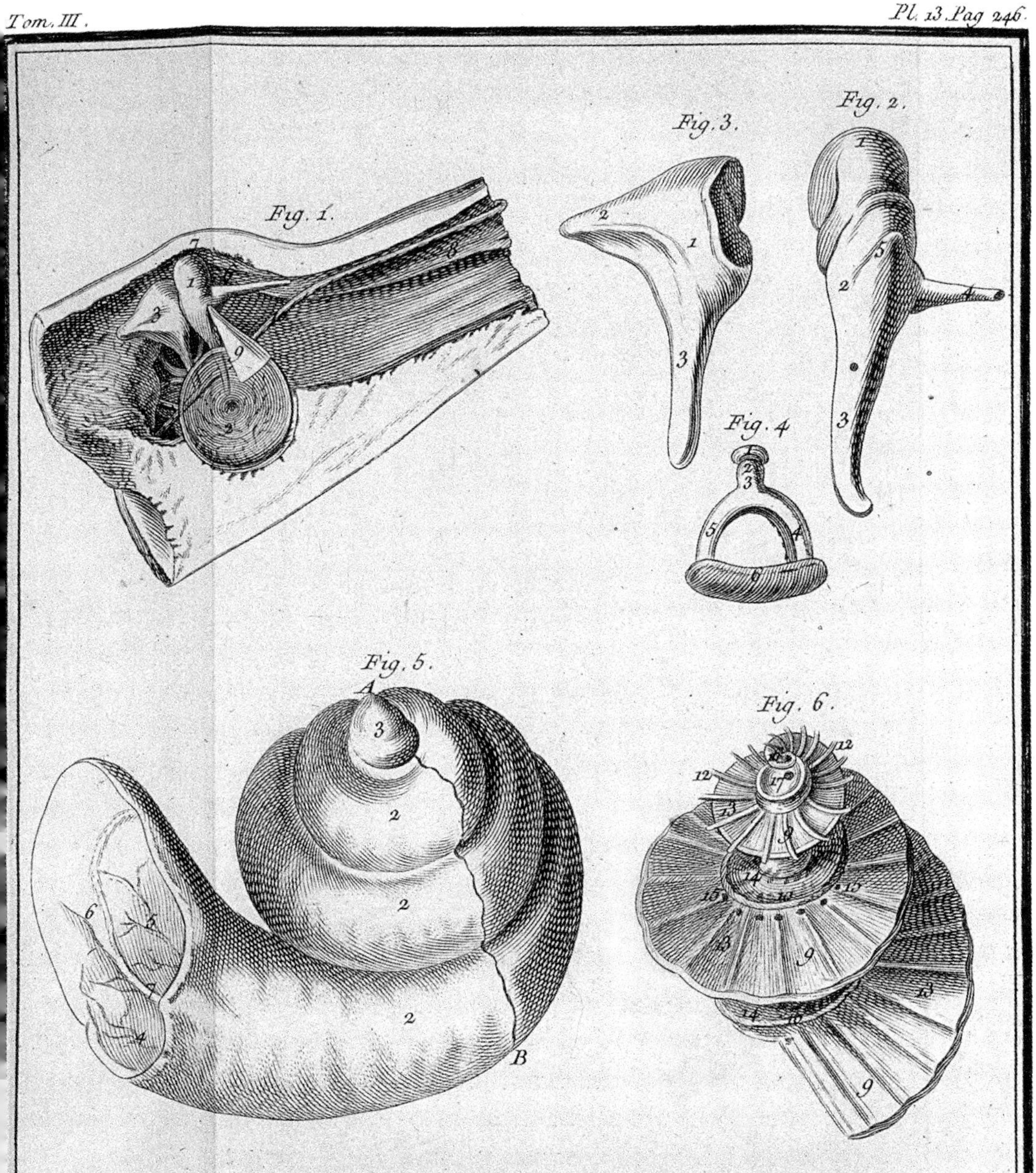
Tom. III.
Pl. 13 Pag 246.
Fig. 1.
Fig. 2.
Fig. 3.
Fig. 4
Fig. 5.
Fig. 6.
A
B

Tom. III. Pl. 14. Pag. 274.

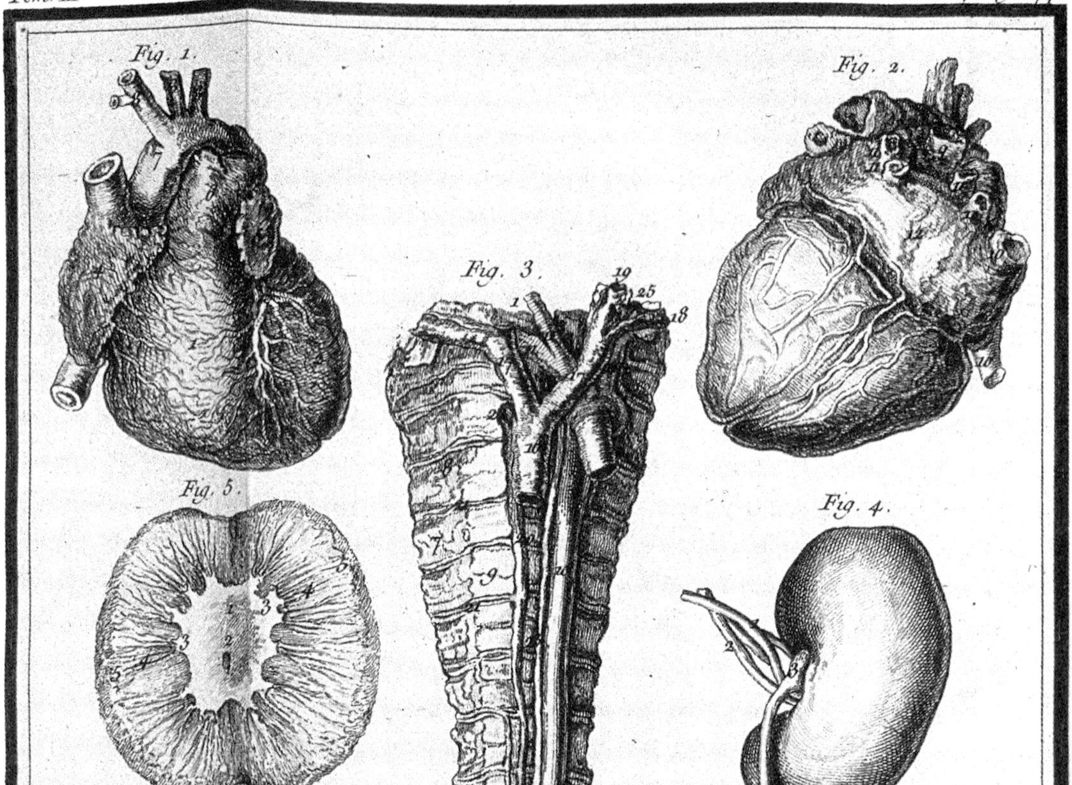

Pl. XV. Pag. 256. T. III.

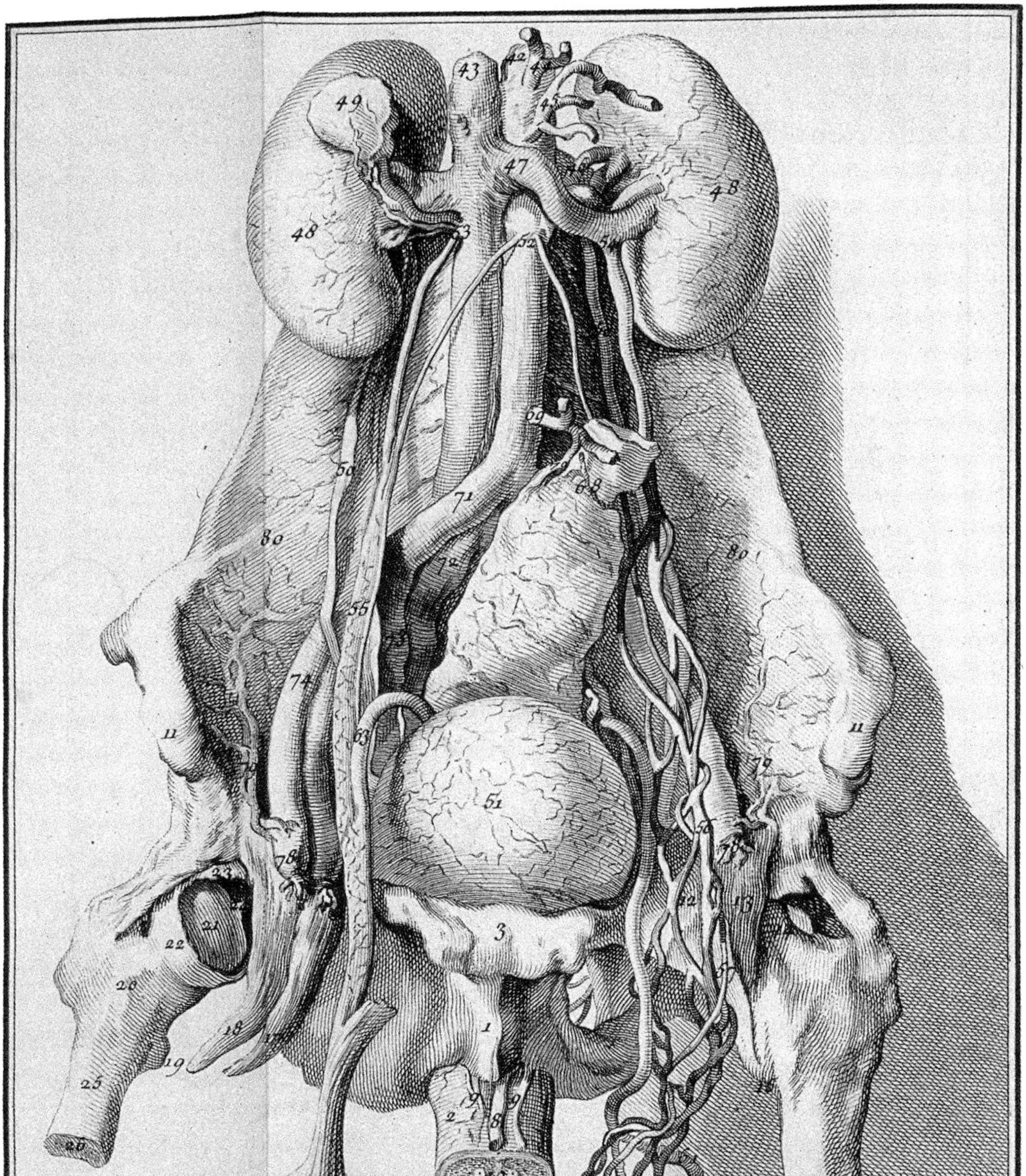

De Sève delineau

Gaillard Sculpsit

Tom. III. Pl. 16. Pag. 266.

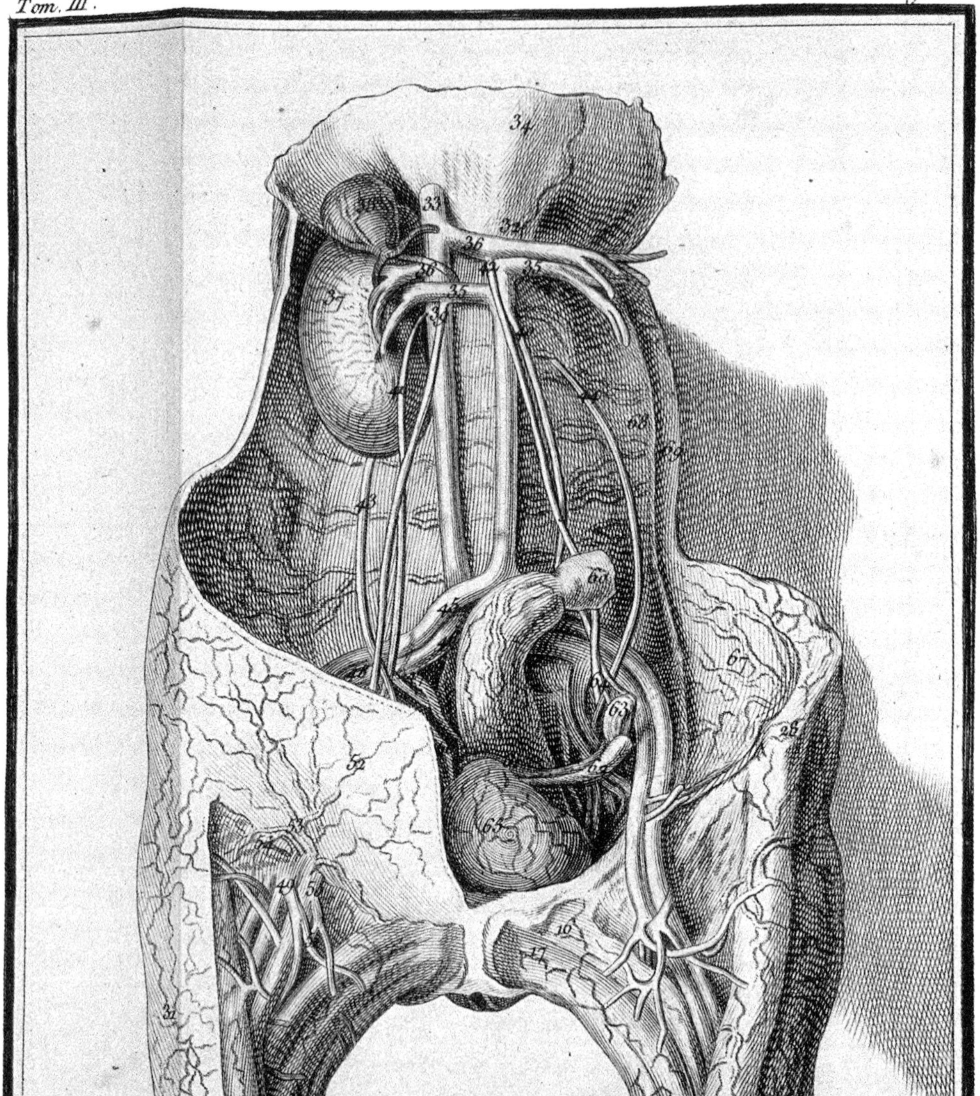

Tom. III. Pl. XVII. Pag. 266.

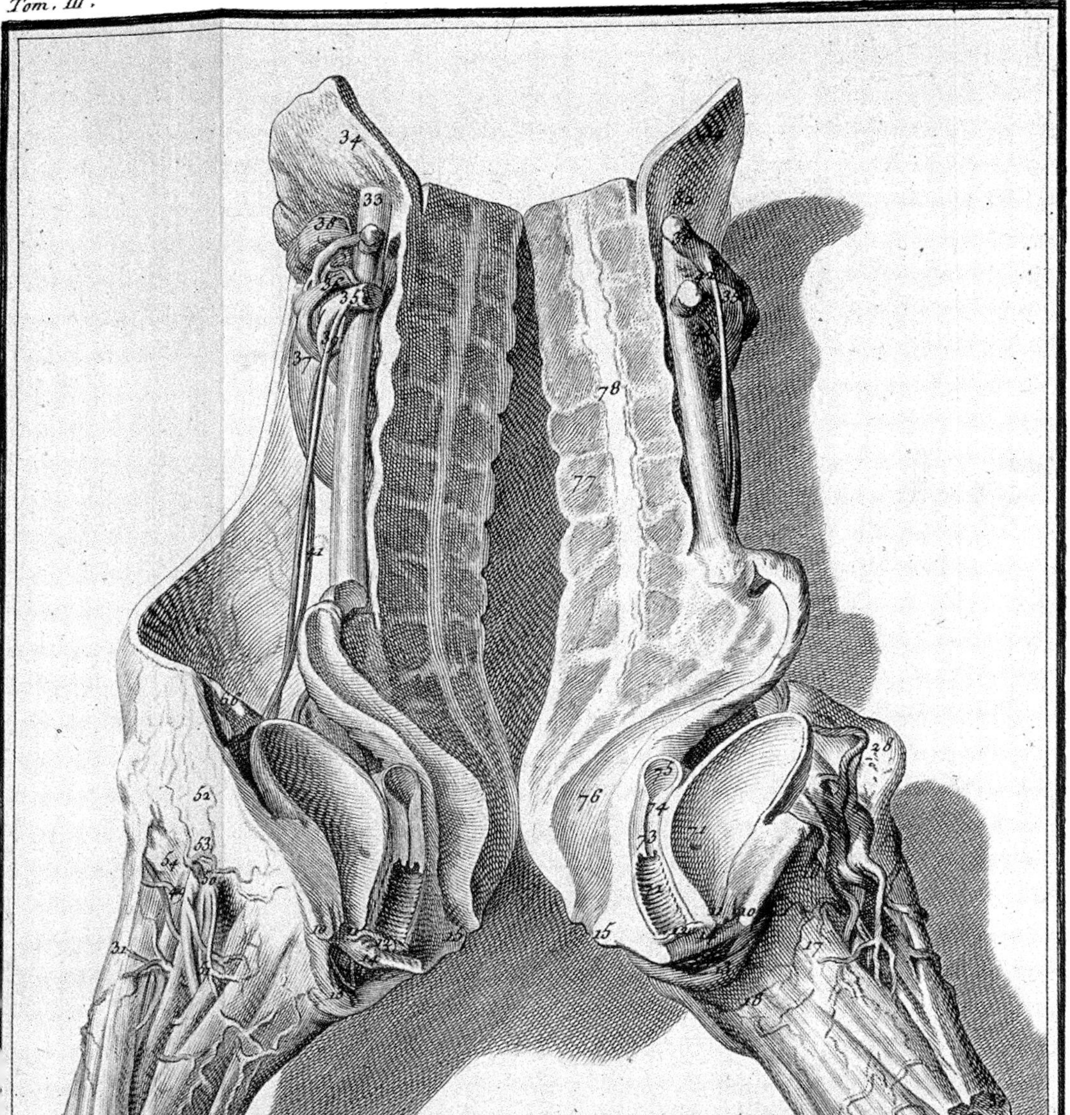

# HISTOIRE NATURELLE,

## GÉNÉRALE ET PARTICULIÈRE,

*AVEC LA DESCRIPTION*

## DU CABINET DU ROI.

*Tome Quatrième.*

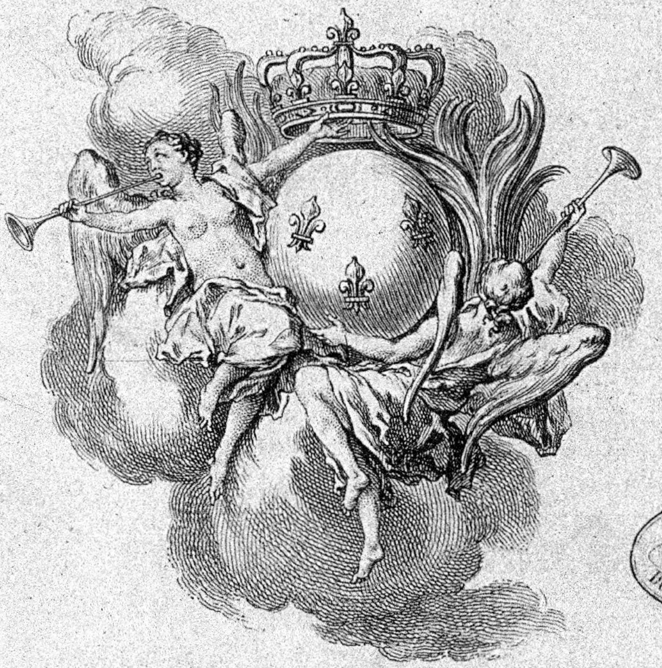



A PARIS,
DE L'IMPRIMERIE ROYALE.

M. DCCLIII.

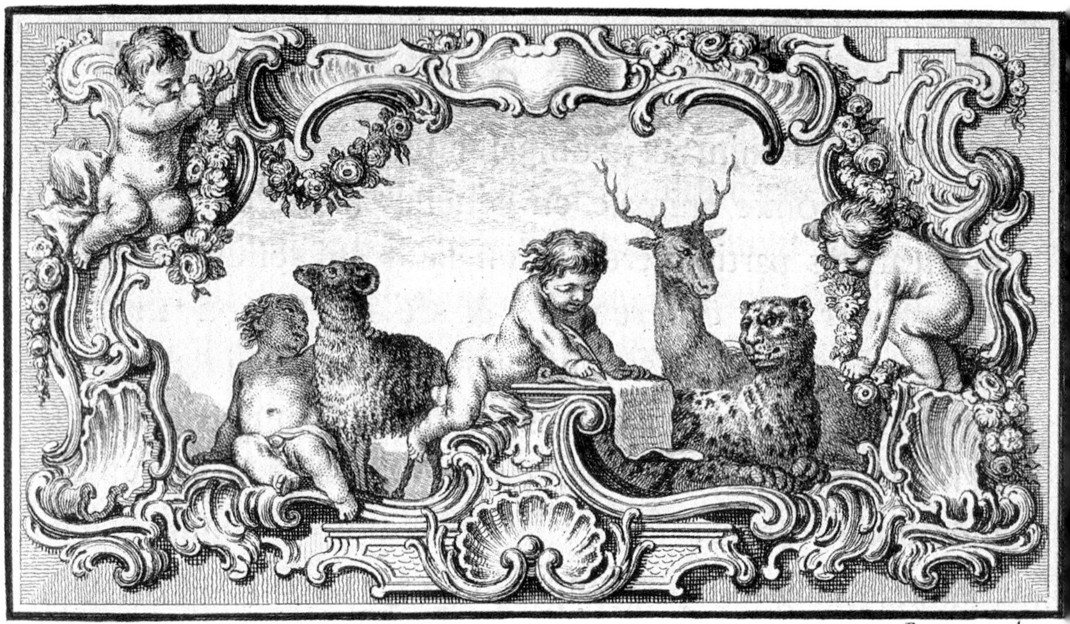

De Seve inv. Baquoy Sculp.

Tom. 4 Pl. I. pag. 366.

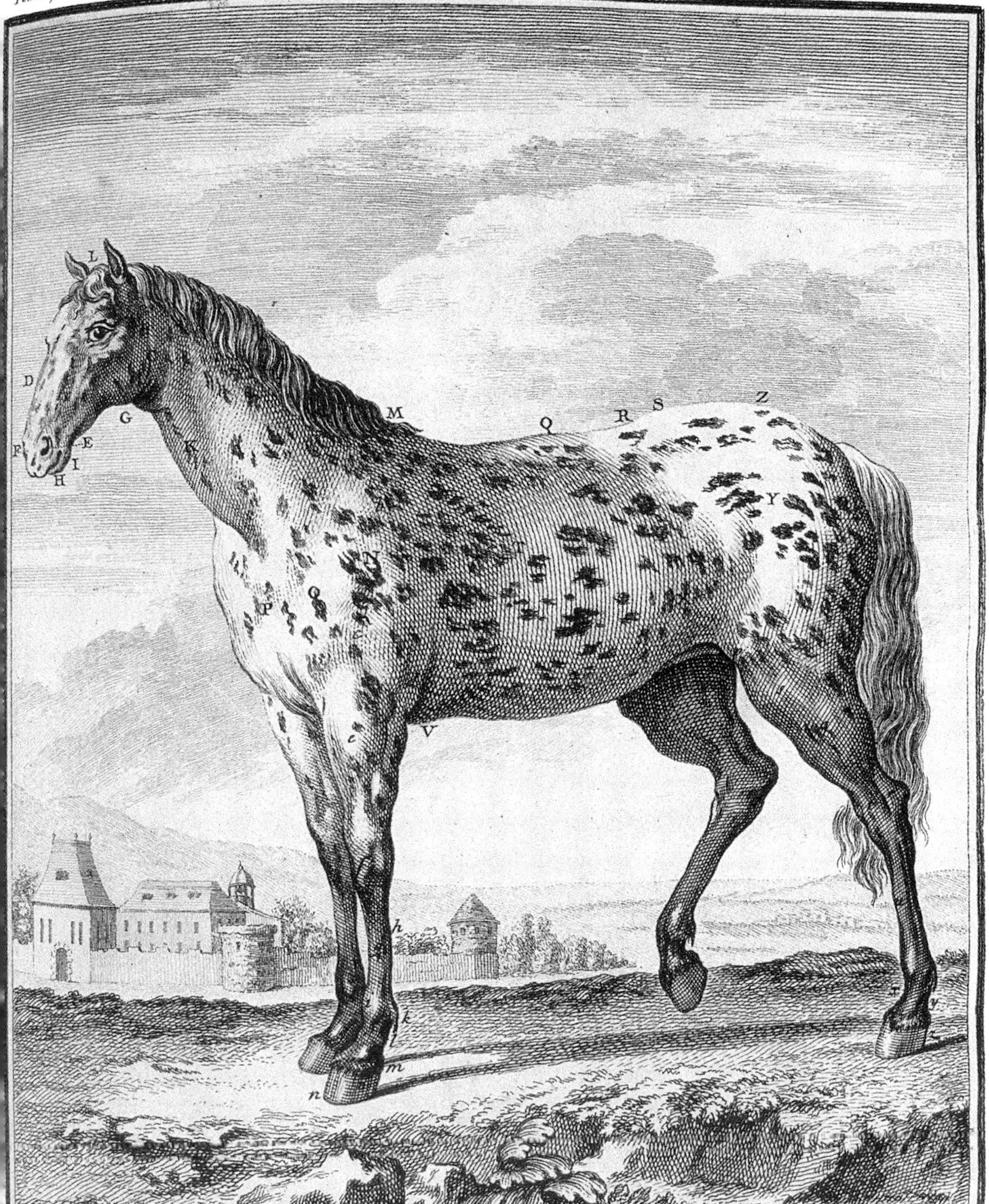

J.B. Oudry pinx. C. Baquoy sculp.

Tome 4.

Pl. II. Page 366

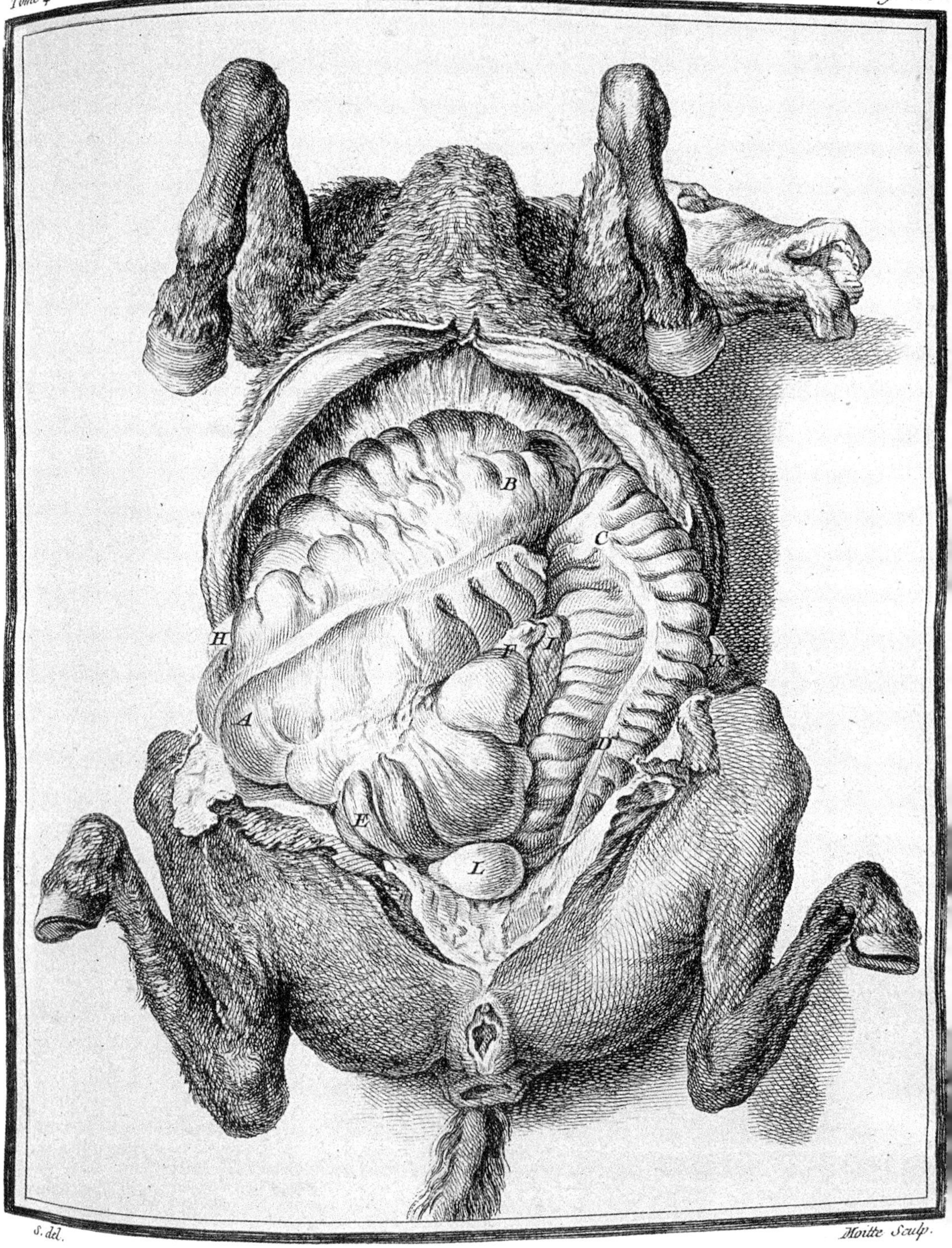


S. del.

Moitte Sculp.

n 4. Pl. III .p.366.

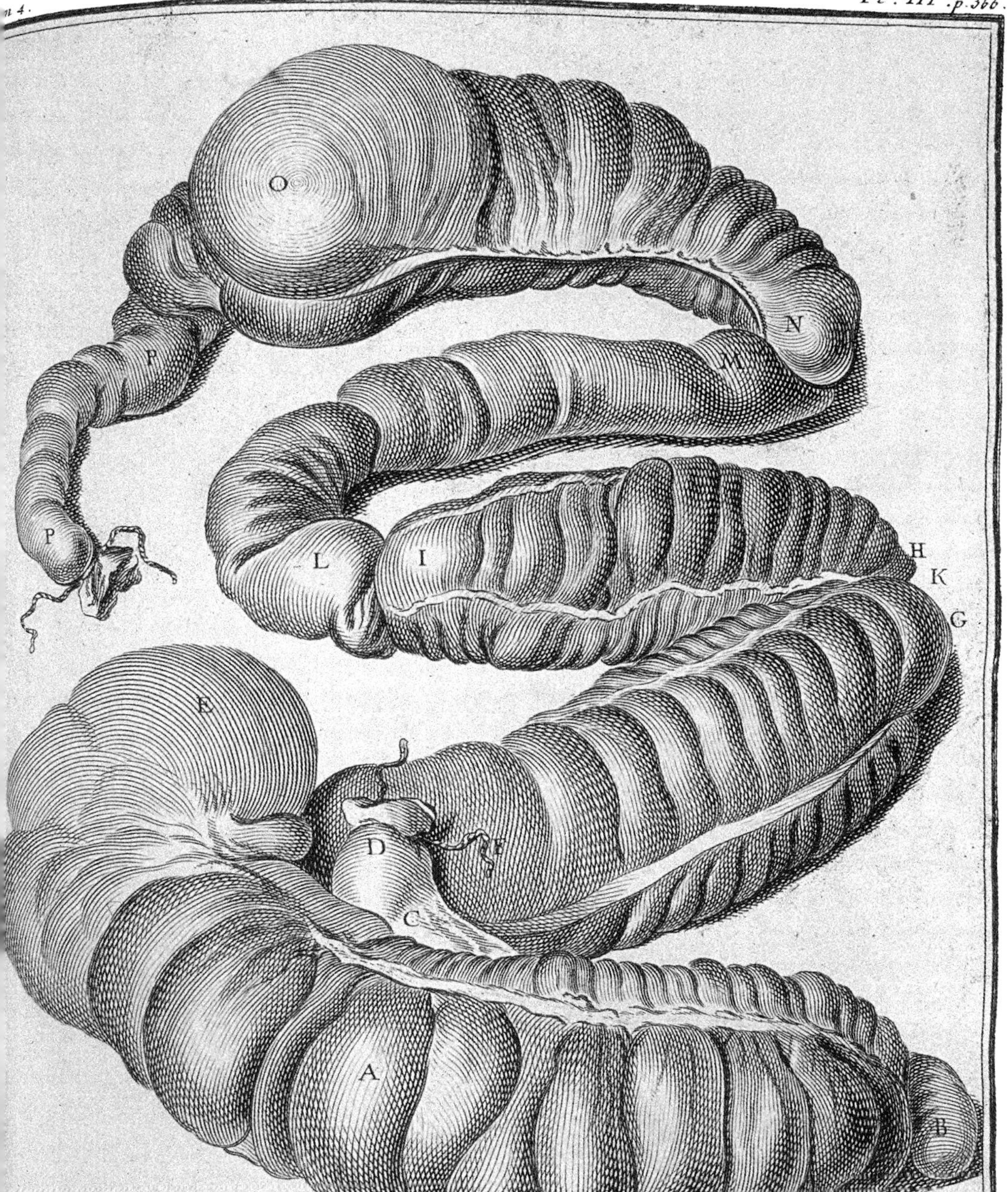


e Seve del. F. Basan Sculp

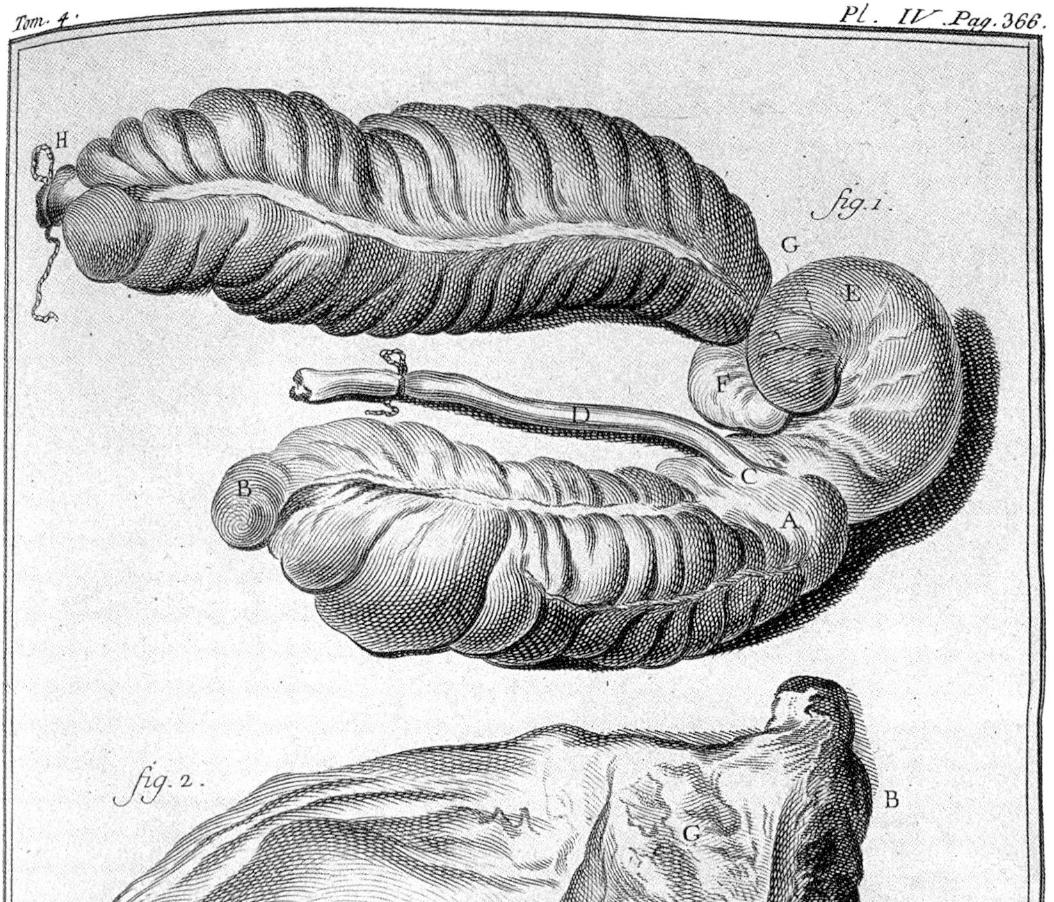
Tom. 4.
Pl. IV. Pag. 366.
fig. 1.
H
G
E
F
D
C
B
A
fig. 2.
B
G
F
E
H
D
A
C
I
G
B
De Seve del.
Basan sc.

Tom. 4. Pl. V. p. 366.

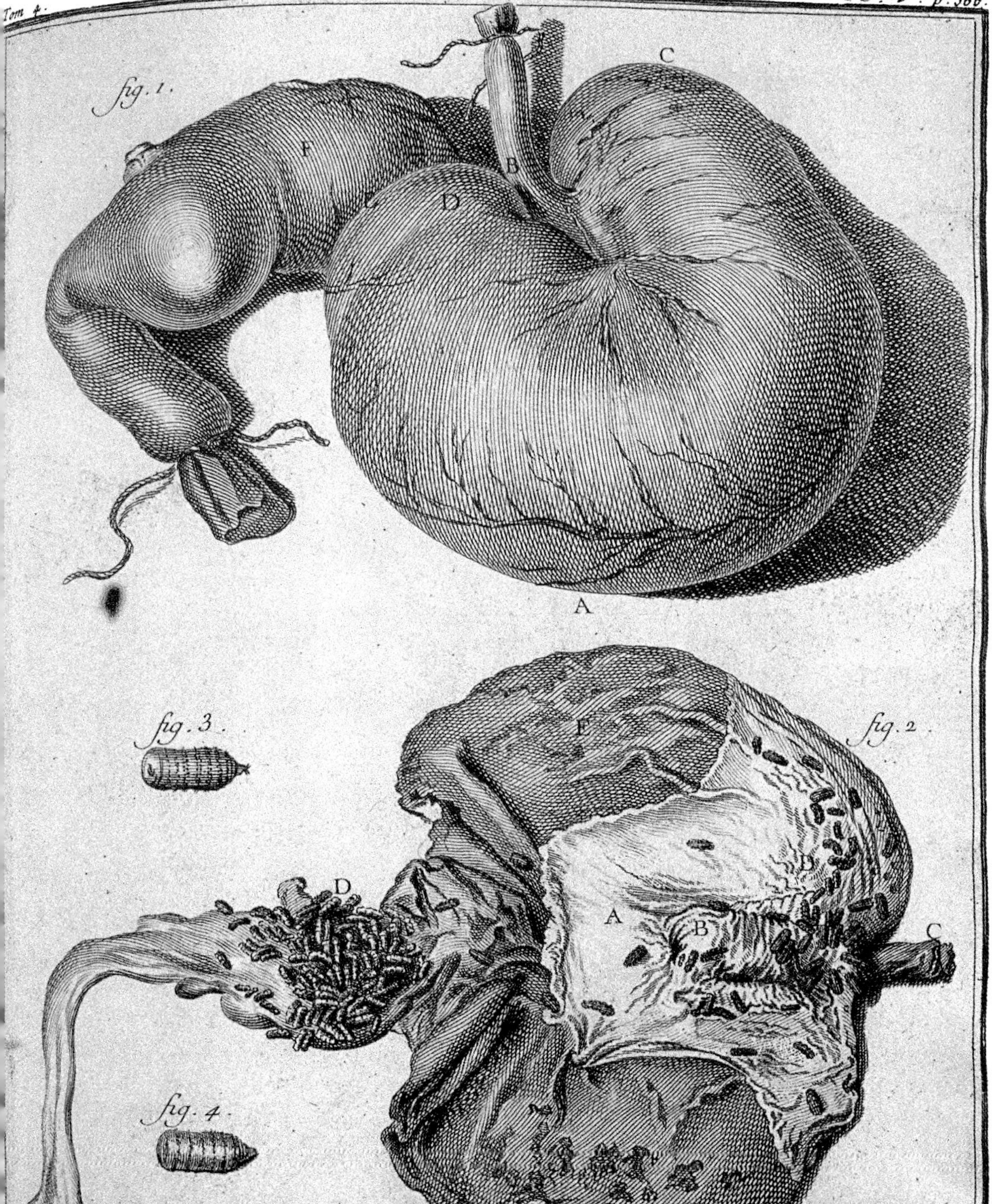


De Seve del. F. Basan Sculp.

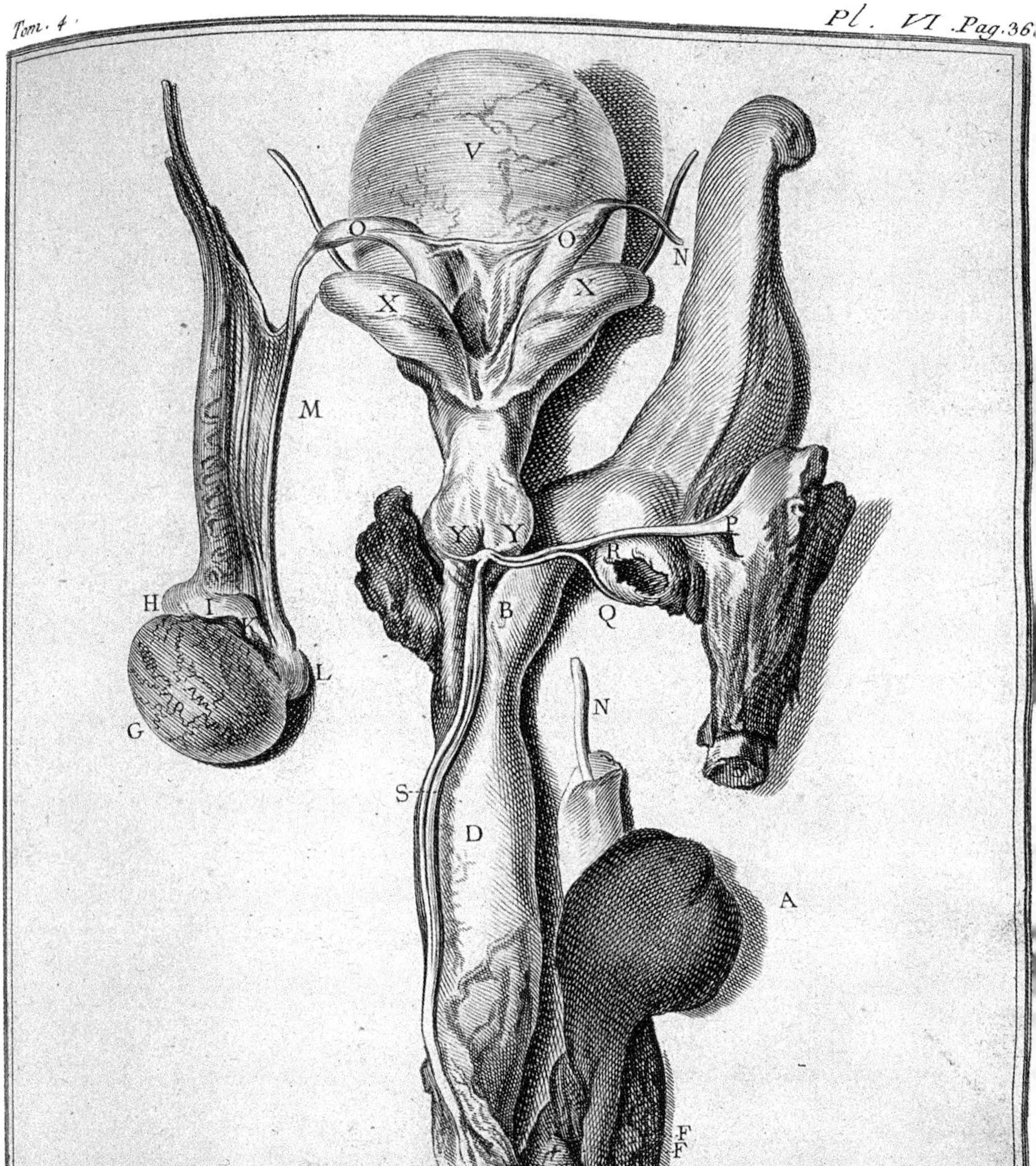
Tom. 4.
Pl. VI. Pag. 36.
V
O
O
N
X
X
M
Y Y
P
R
B
Q
H
I
K
L
G
N
S
D
A
F
F
C
T
E
De Seve del.
F. Basan Sculp.

Tom. 4. PL. VII. Pag. 366

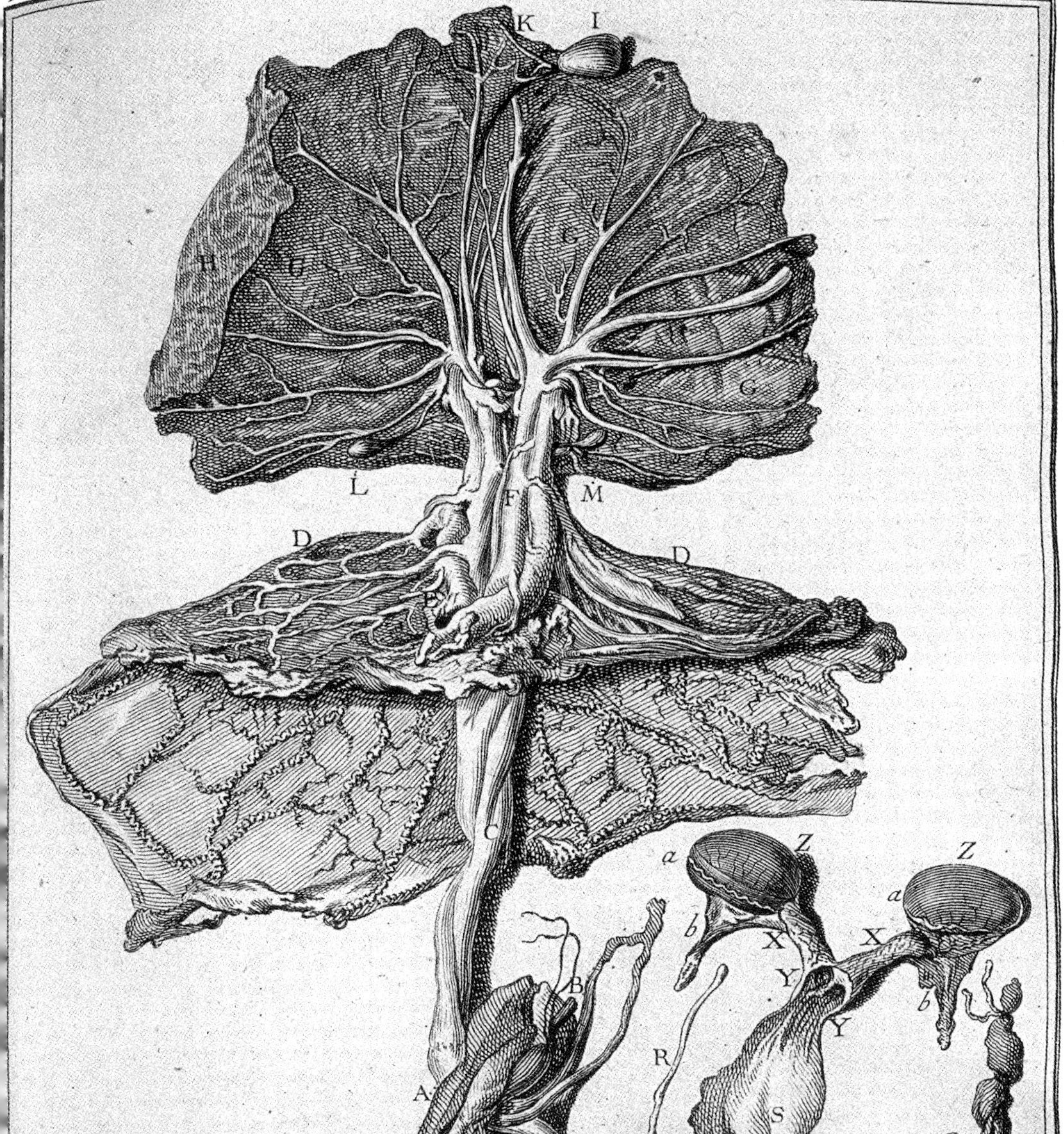


De Seve del. Basan sc.

Tom. 4 Pl. VIII. Pag. 36

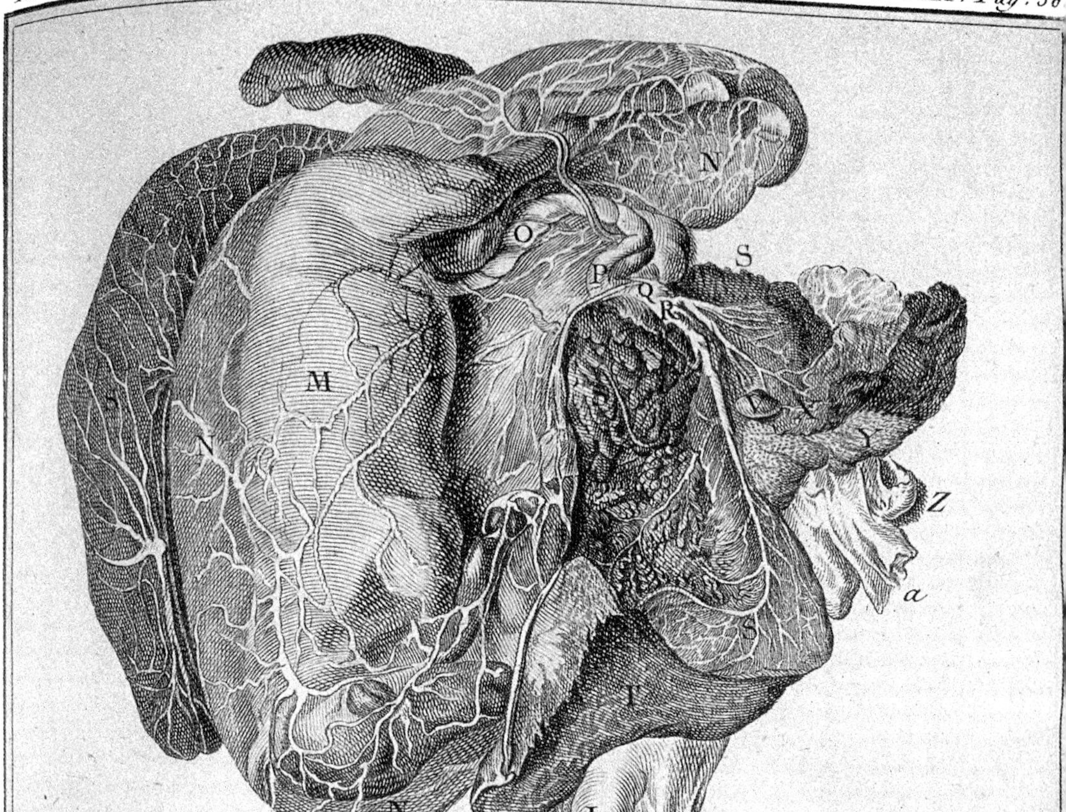


De Seve del. Basan sc

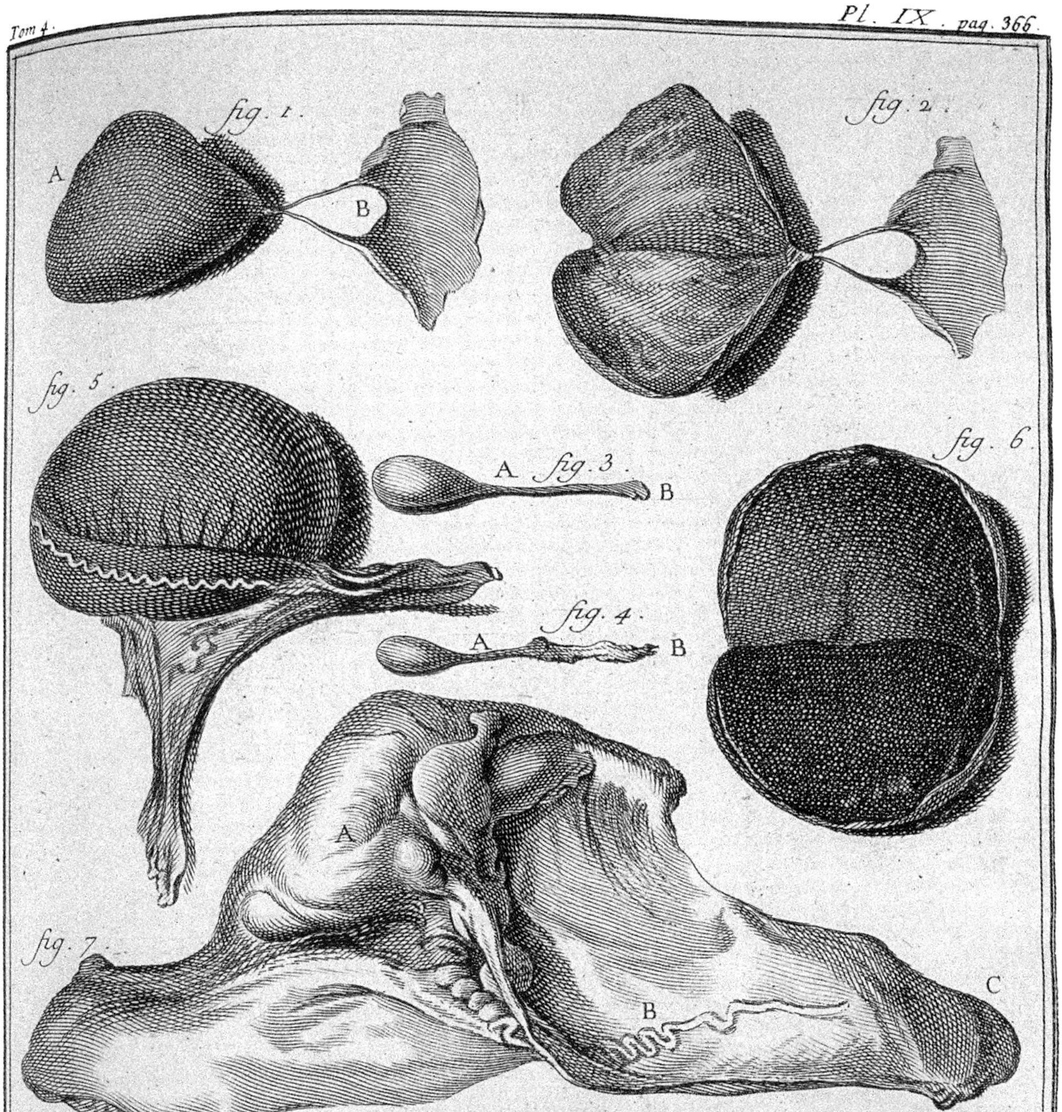
Tom 4.
Pl. IX. pag. 366.
fig. 1.
A
B
fig. 2.
fig. 5.
A fig. 3. B
fig. 6.
fig. 4.
A
B
A
fig. 7.
B
C
fig. 8.
De Seve del.
Basan sc.

Tome 4. Pl. X. Page 366

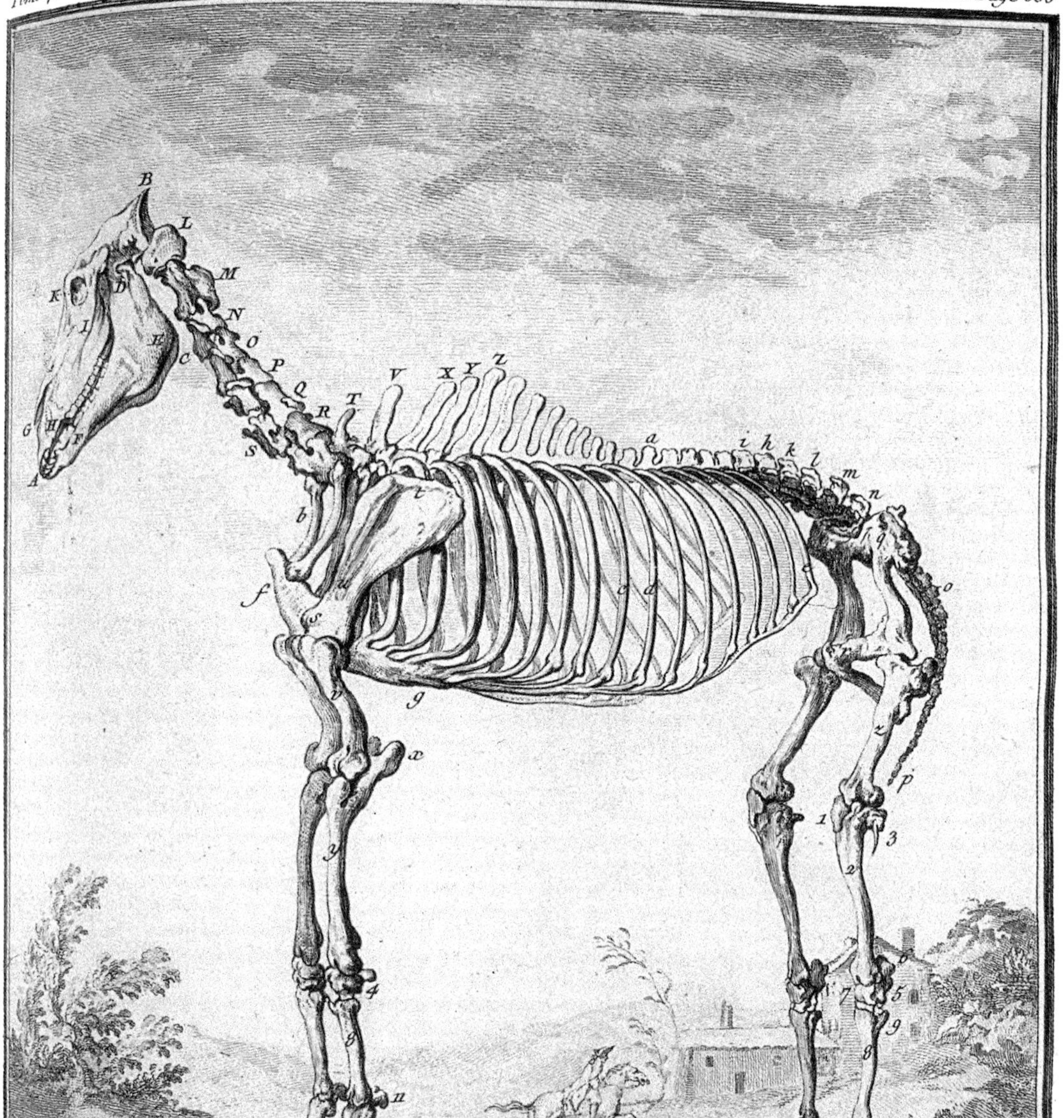

D. S. del. Moitte Sculp.

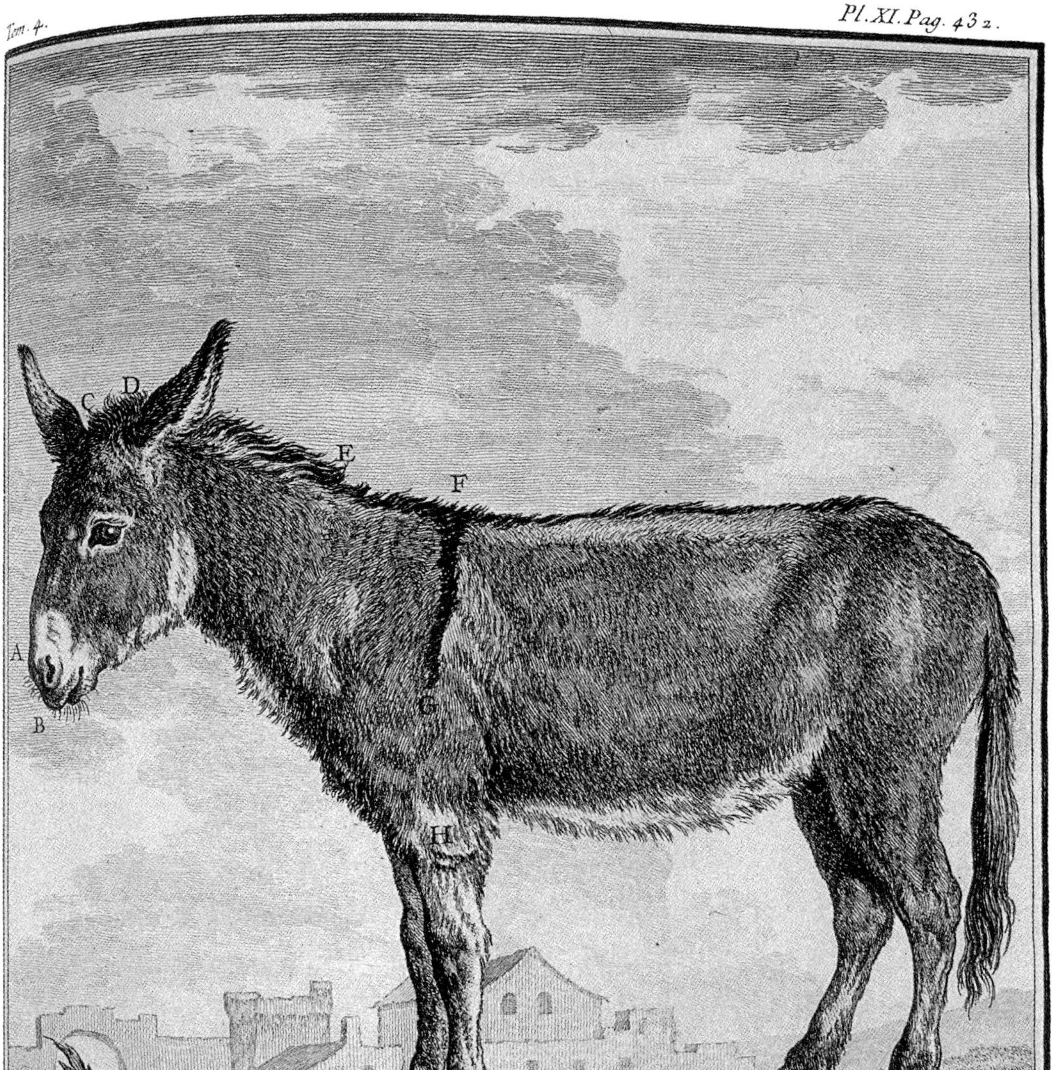
Tom. 4.
Pl. XI. Pag. 432.
A
B
C
D
E
F
G
H
De Seve del.
C. Baquoy Sculp.

Tome 4. Pl. XII. Page 432.

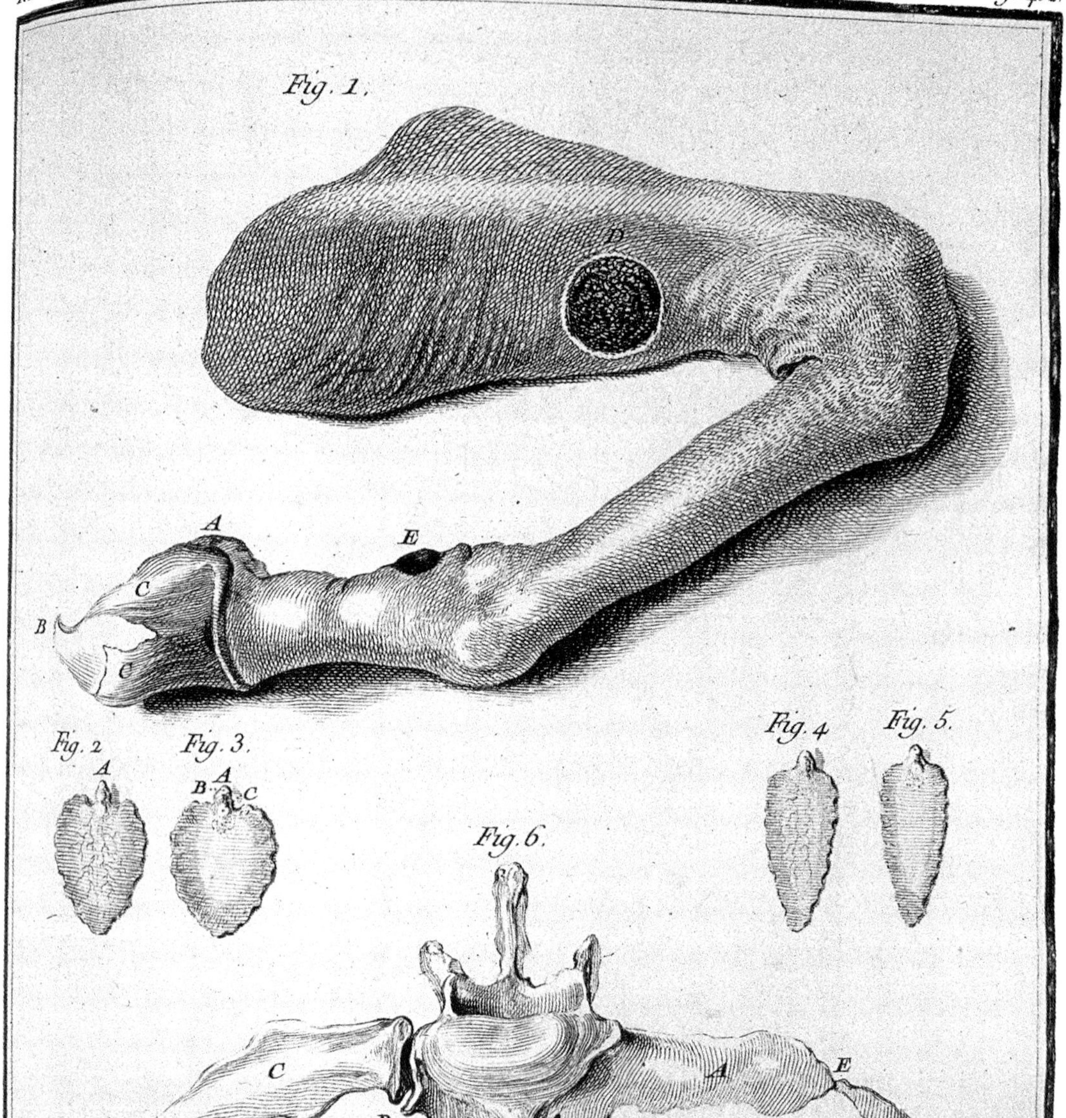


D. S. del. Ovarier Sculp.

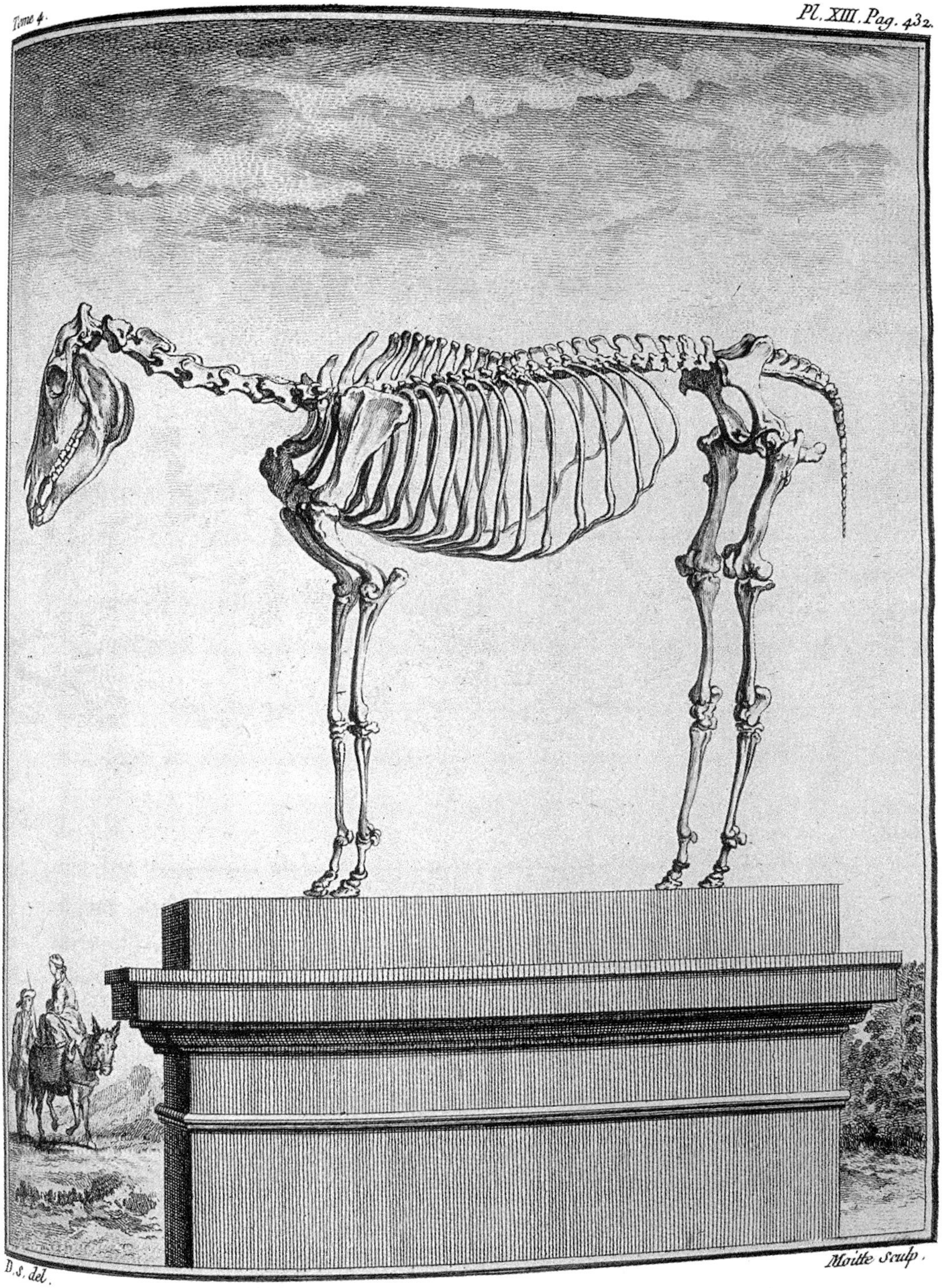
Tome 4.
Pl. XIII. Pag. 432.
D.S. del.
Moitte Sculp.

Tom.4.

Pl. XIV. Page 530.

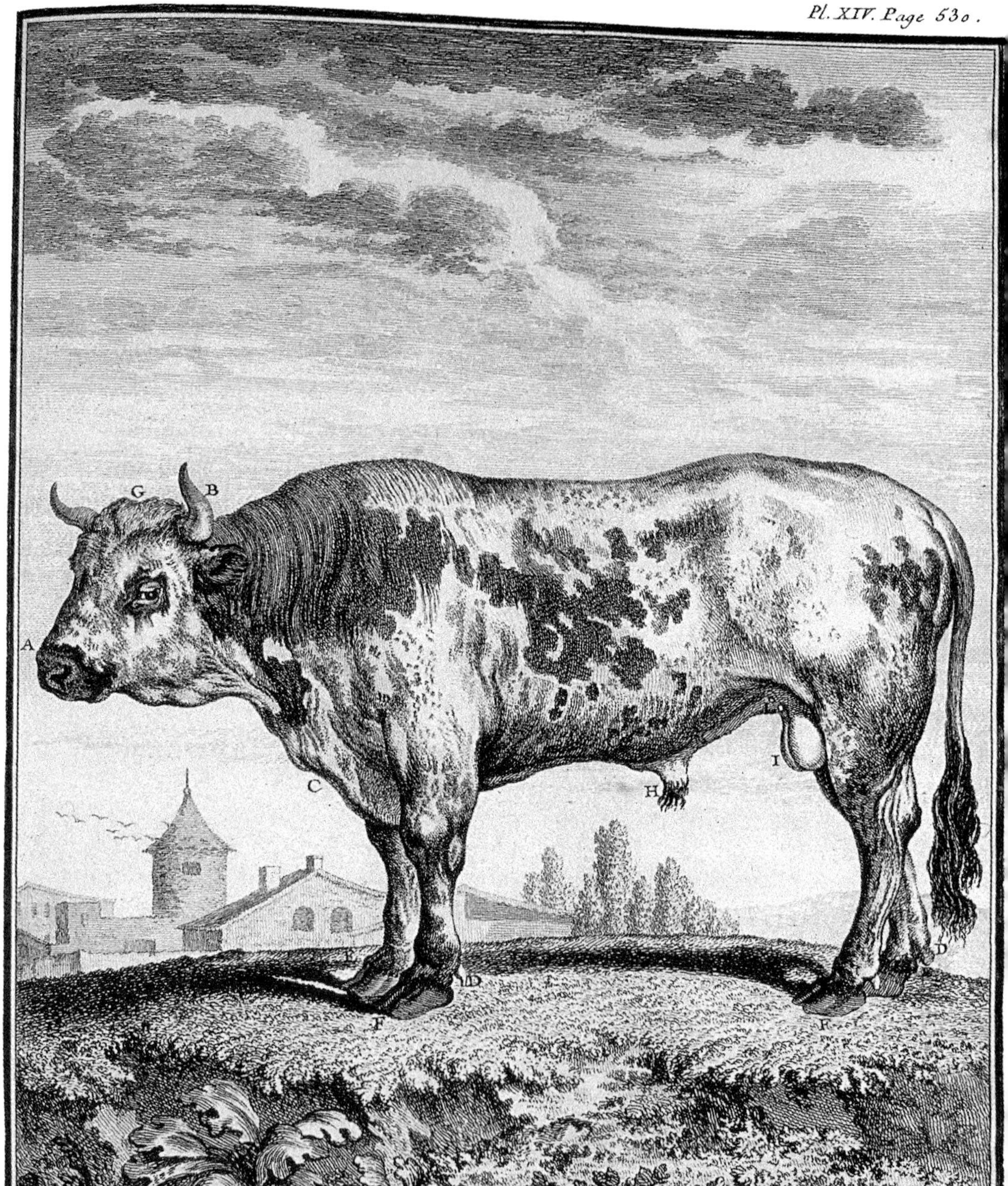


De Seve delin.

C. Baquoy Sculp.

Tom. 4. Pl. XV. Pag. 530.

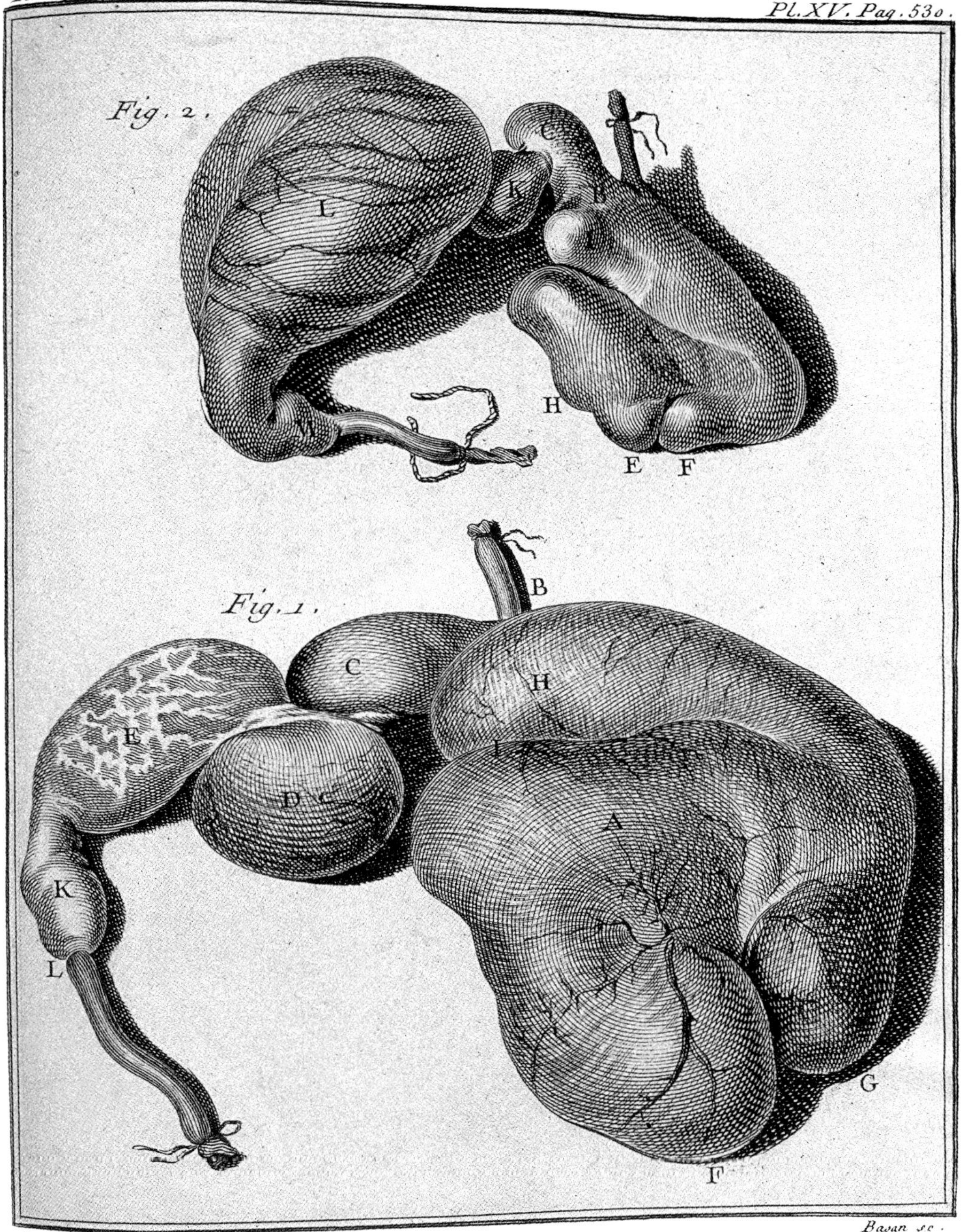


De Seve del. Basan sc.

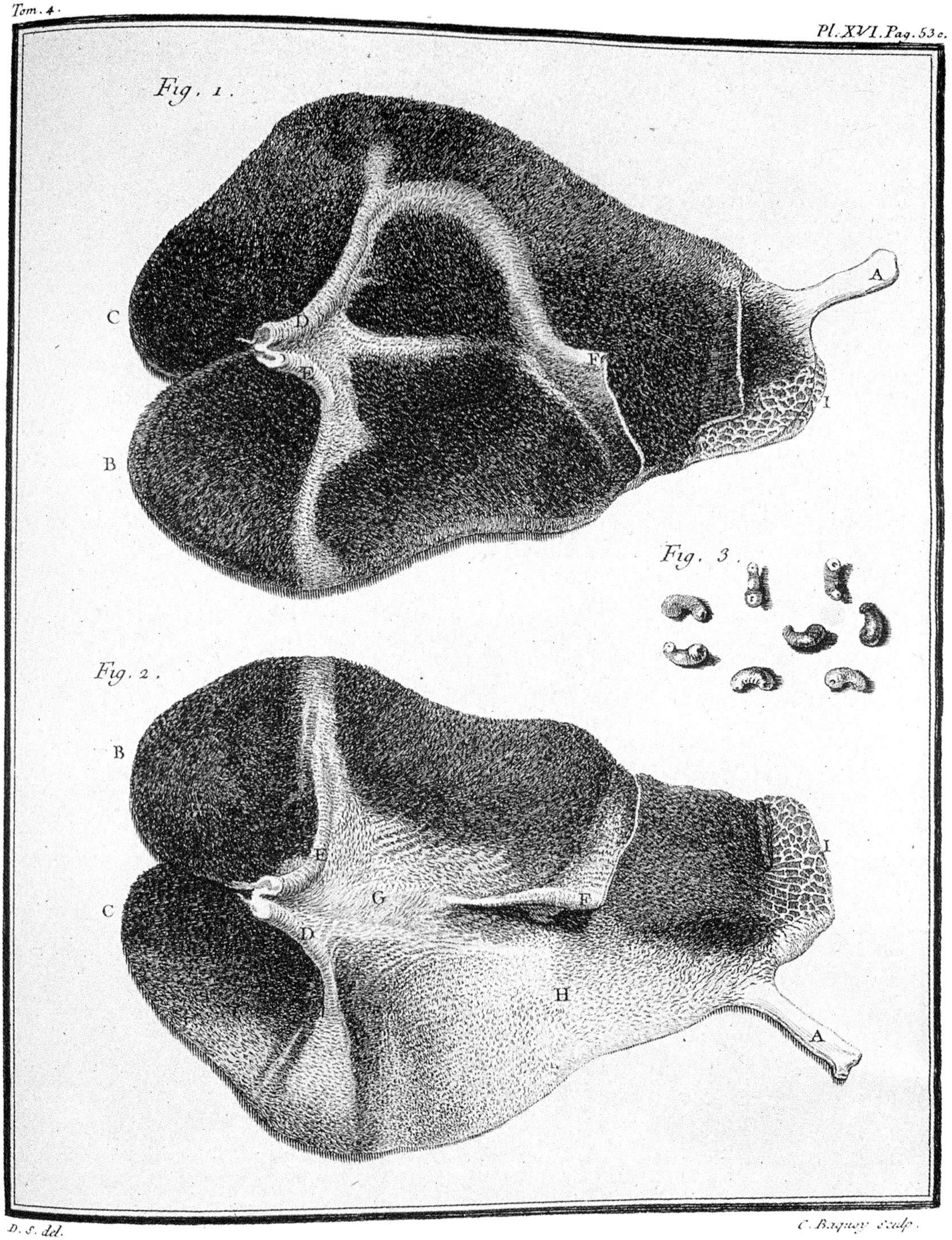
Tom. 4.
Pl. XVI. Pag. 530.
Fig. 1.
A
B
C
D
E
F
I
Fig. 2.
A
B
C
D
E
F
G
H
I
Fig. 3.
D. S. del.
C. Baquoy sculp.

Tom 4 Pl XVII Pag 530

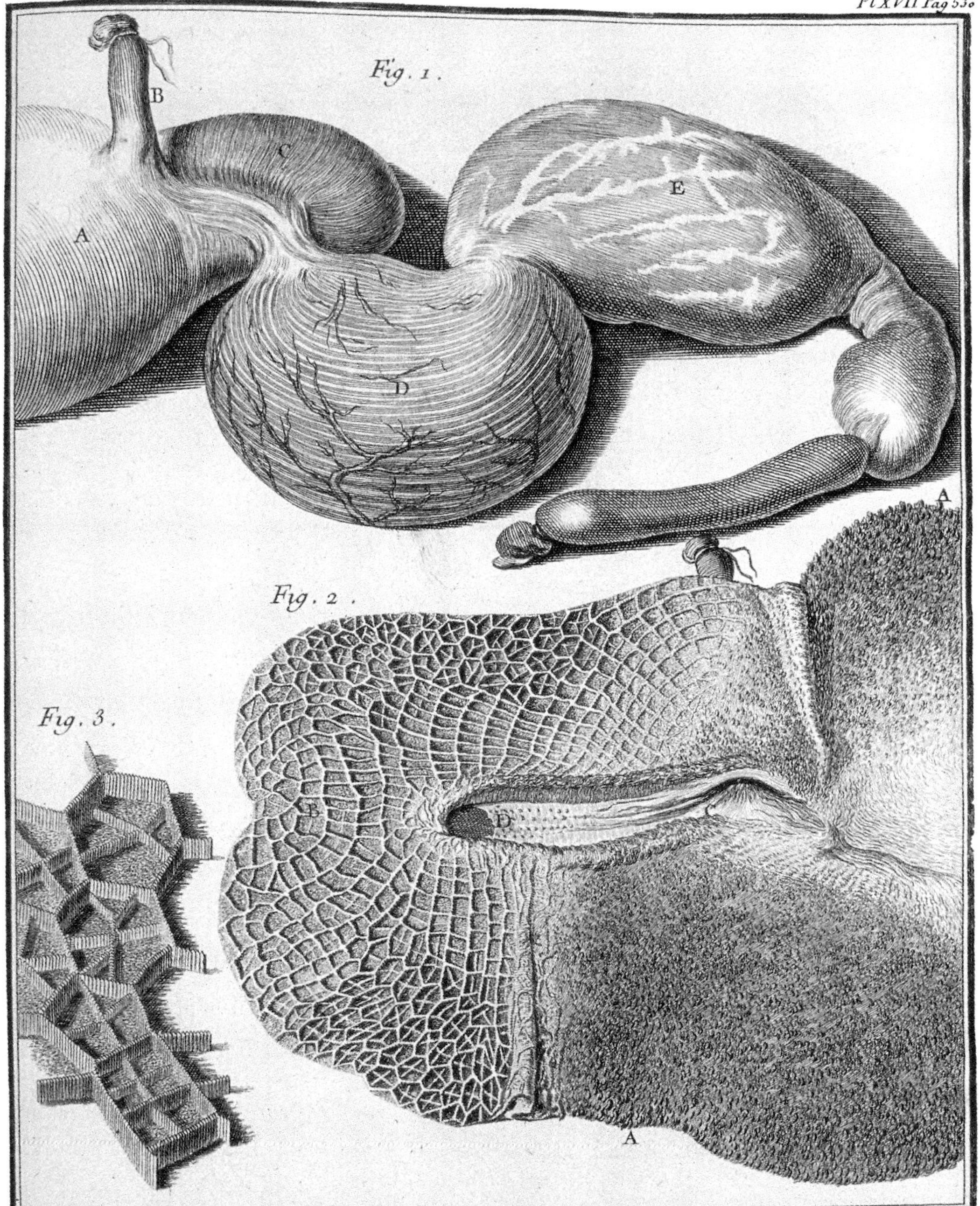


D.S. C. Baquoy. Sculp.

Tome 4.

Pl. XVIII. Page 530

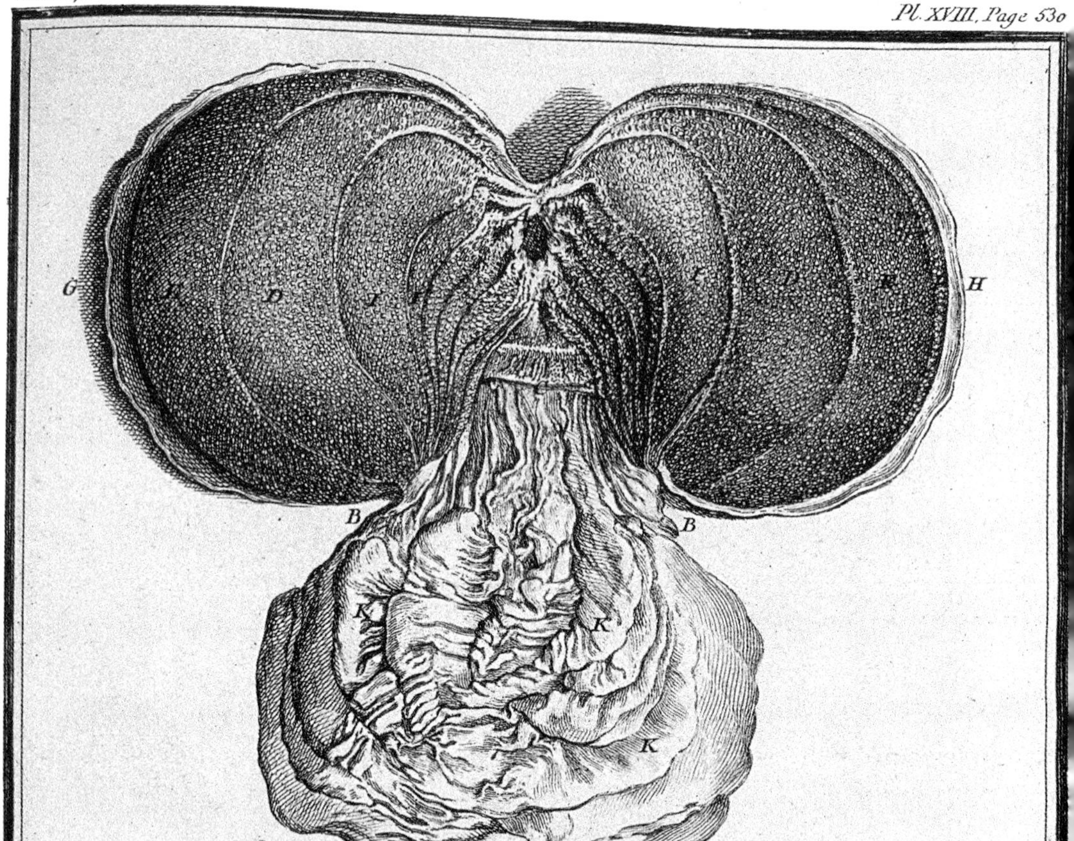


D. S. del.

Motte Sculp.

Tome 4 Pl. XIX. Pag 530.

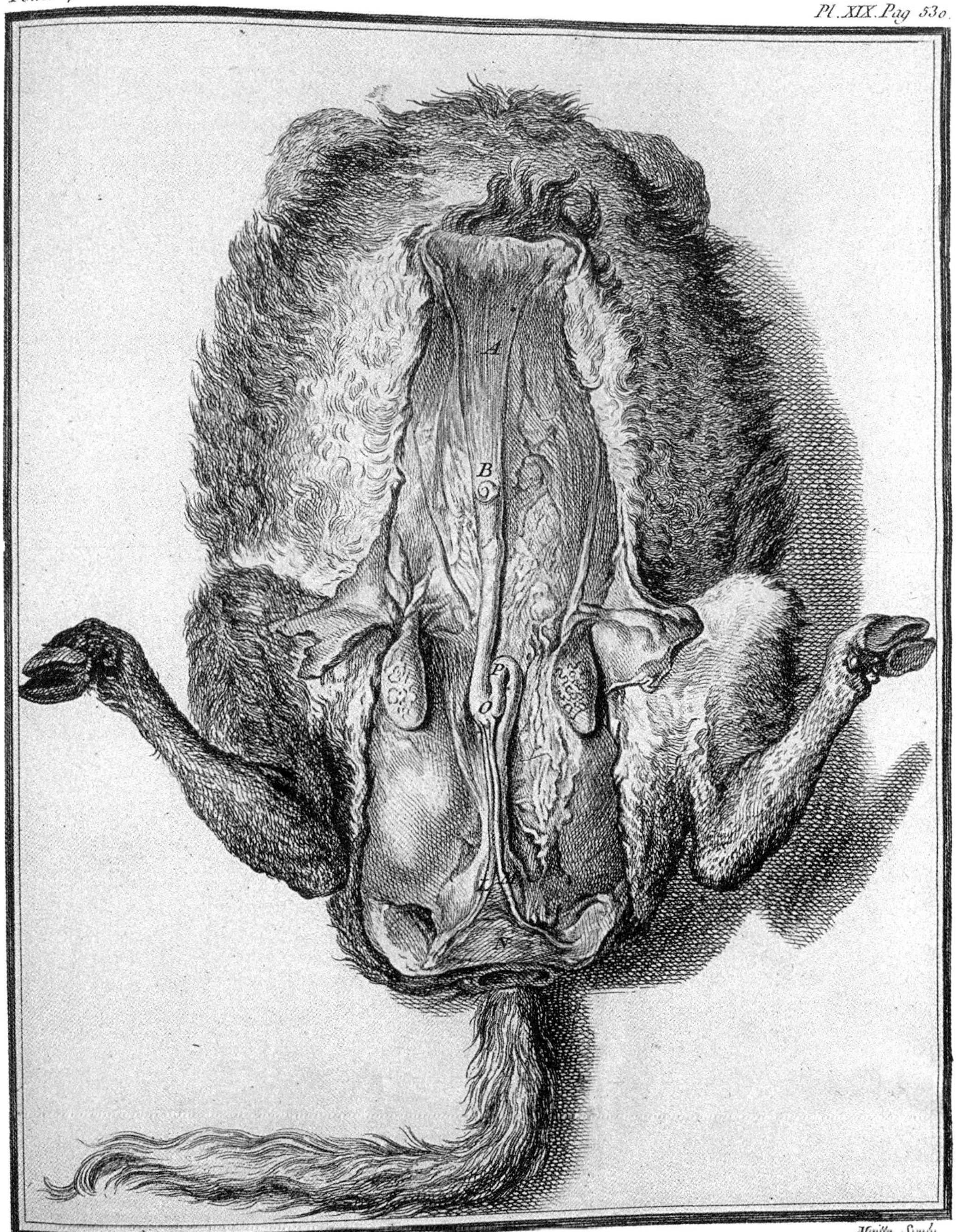


D. S. del. Moitte Sculp.

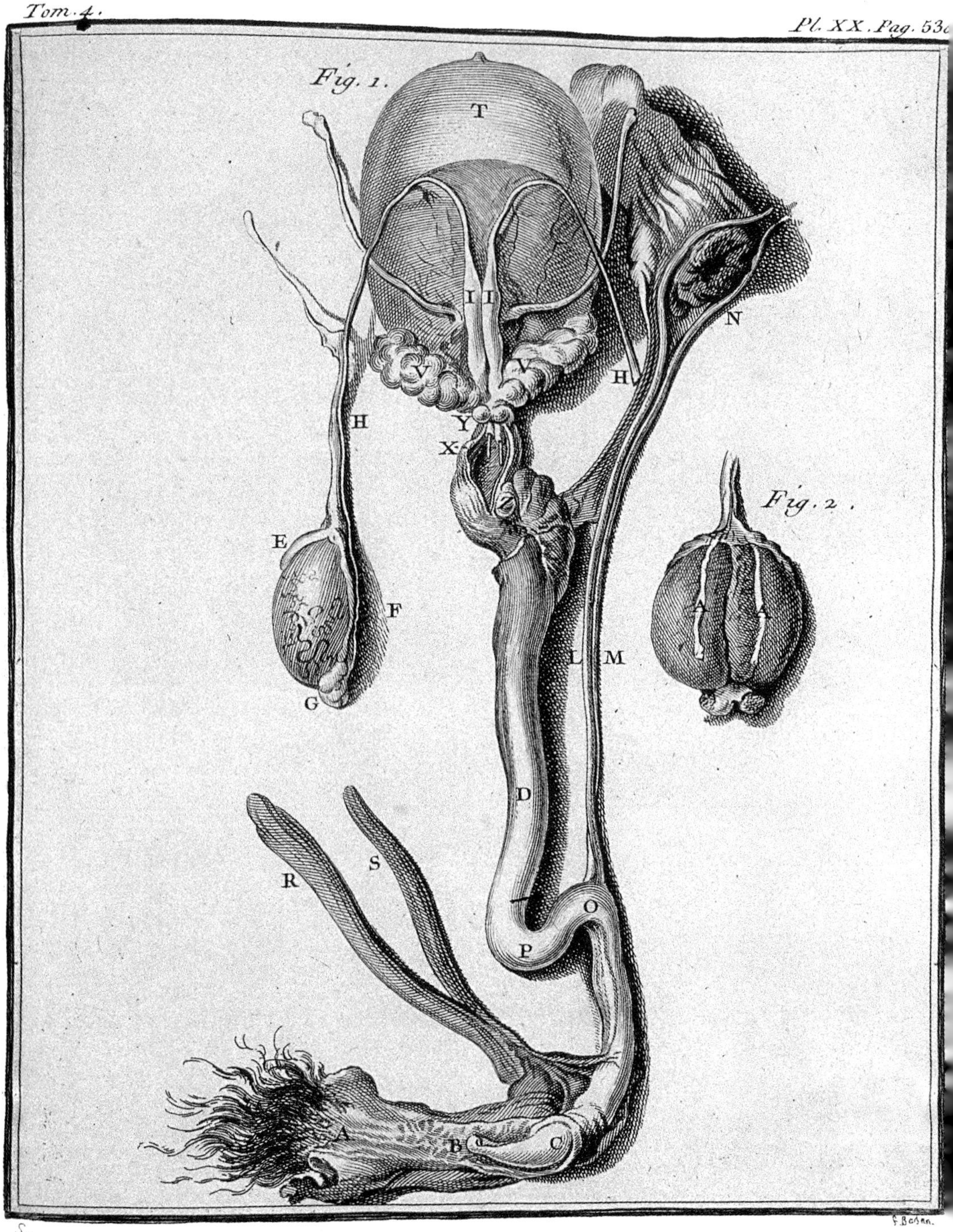
Tom. 4.
Pl. XX. Pag. 53
Fig. 1.
T
N
H
V
V
H
Y
X
Z
Fig. 2.
E
F
A
L
M
G
D
S
R
O
P
A
B
C
S.
F. Boßan.

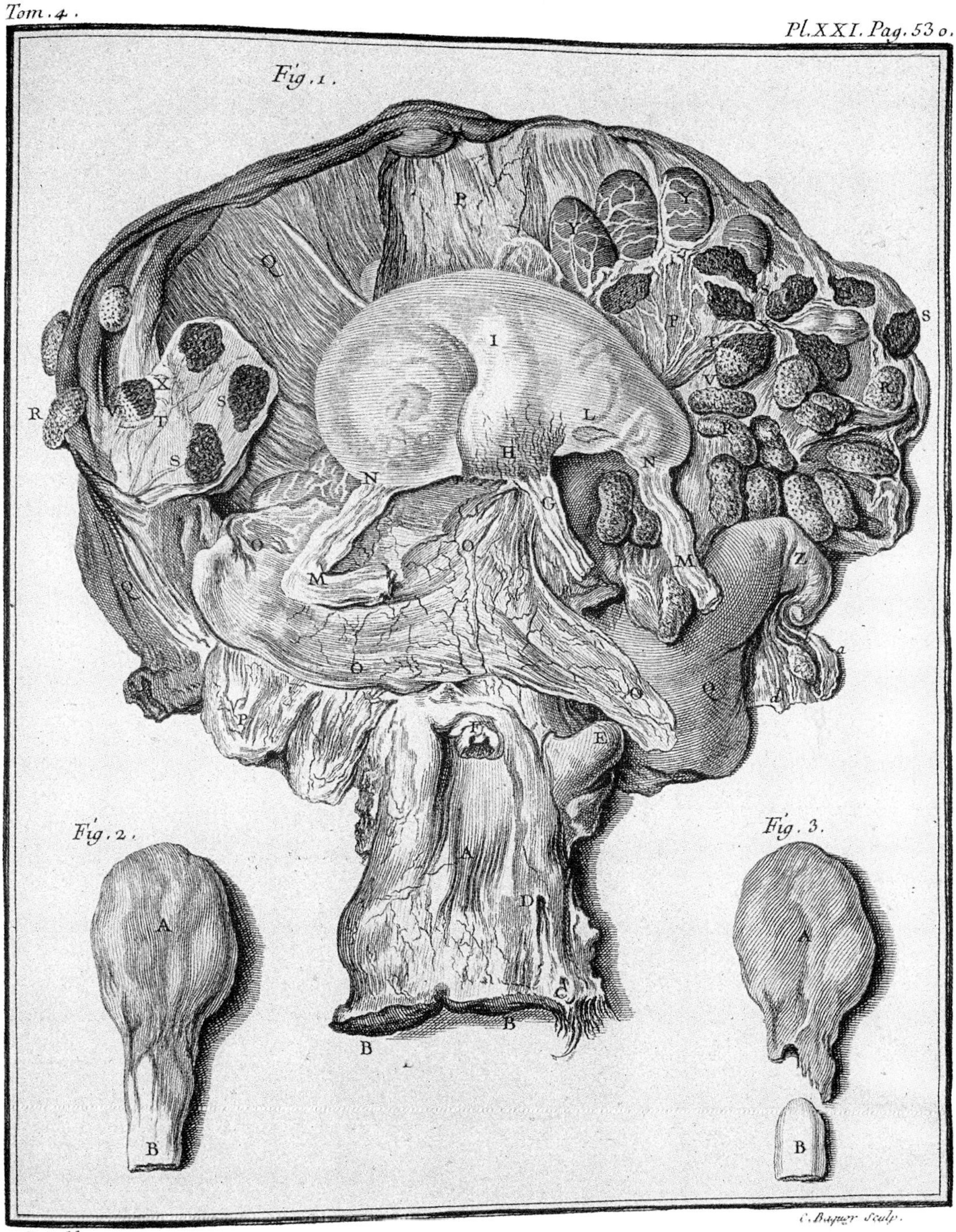
Tom. 4.
Pl. XXI. Pag. 530.
Fig. 1.
Fig. 2.
Fig. 3.
D. S. del.
C. Baquoy Sculp.

Tom. 4.

Pl. XXII. Pag. 530

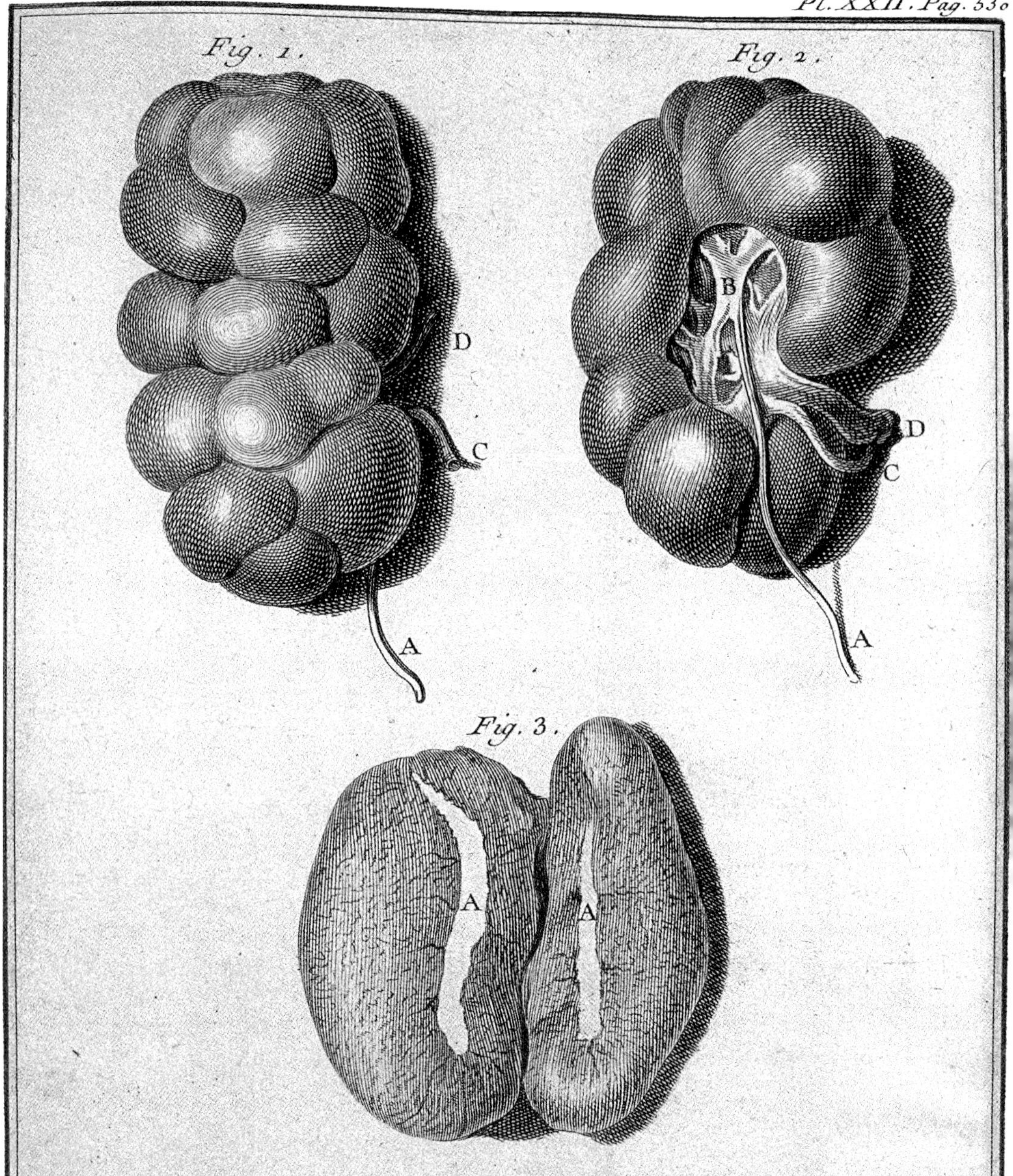


De Seve del.

Basan s

*Tome 4.*

*Pl. XXIII. Pag. 530.*

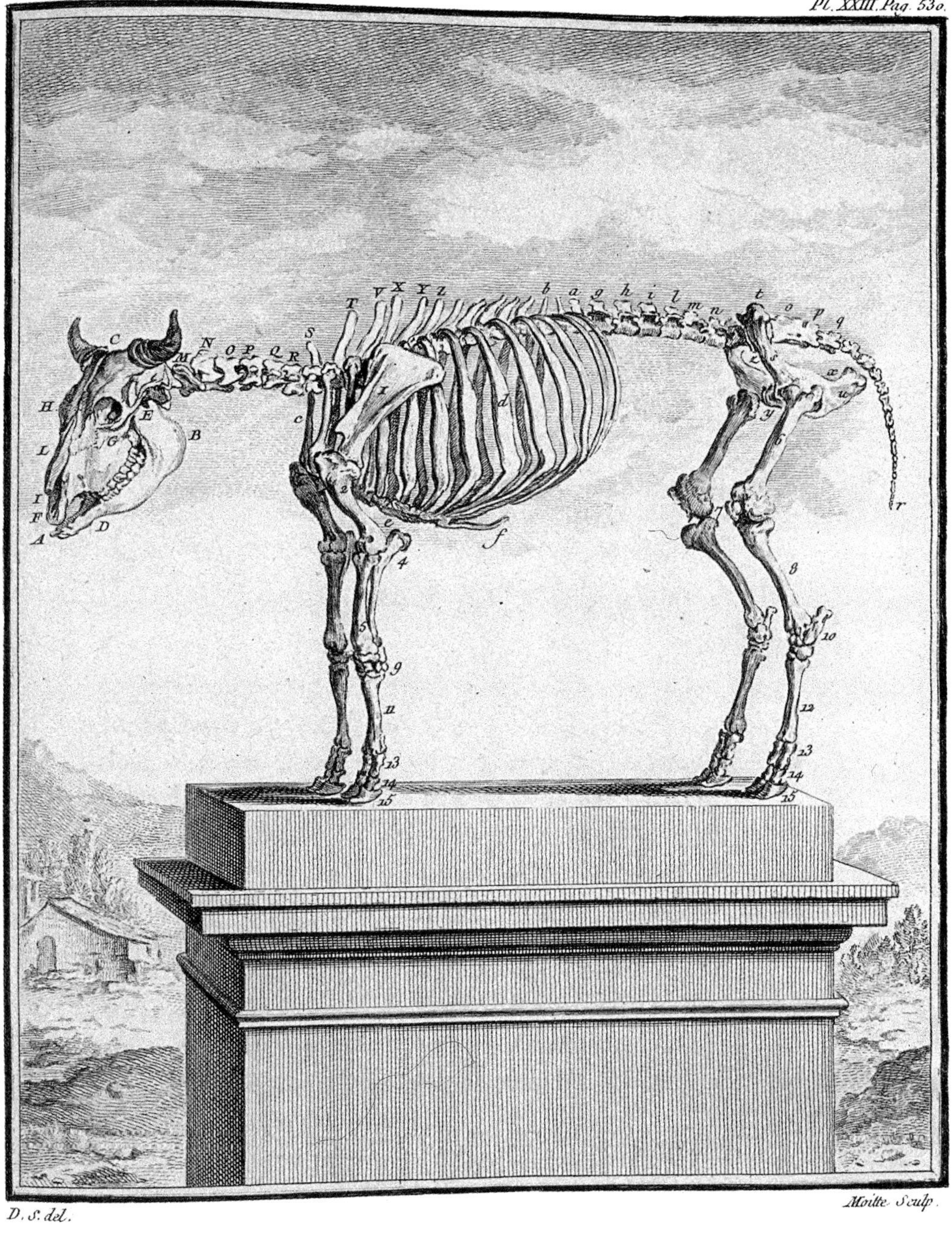

*D. S. del.*

*Moitte Sculp.*

# HISTOIRE
# NATURELLE,
## GÉNÉRALE ET PARTICULIÈRE,
*AVEC LA DESCRIPTION*
## DU CABINET DU ROI.

*Tome Cinquième.*



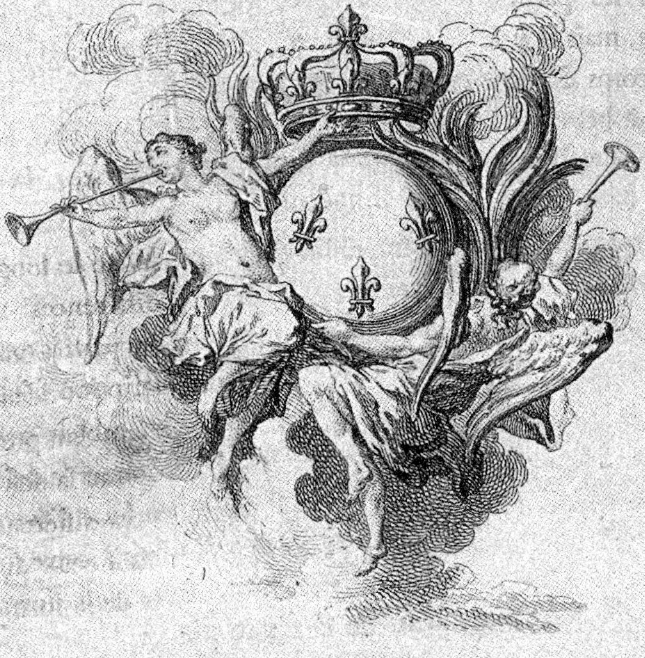

A PARIS,
DE L'IMPRIMERIE ROYALE.

M. DCCLV.

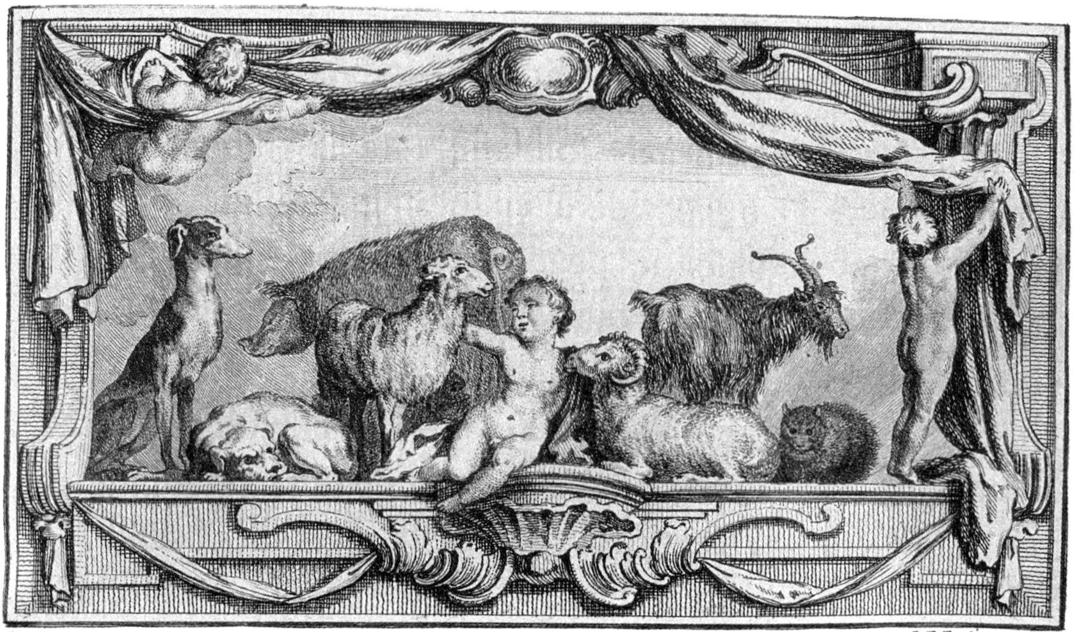

De Seve inv. P. F. Tardieu Sculp.

Tom. V. PL. I. pag. 52.

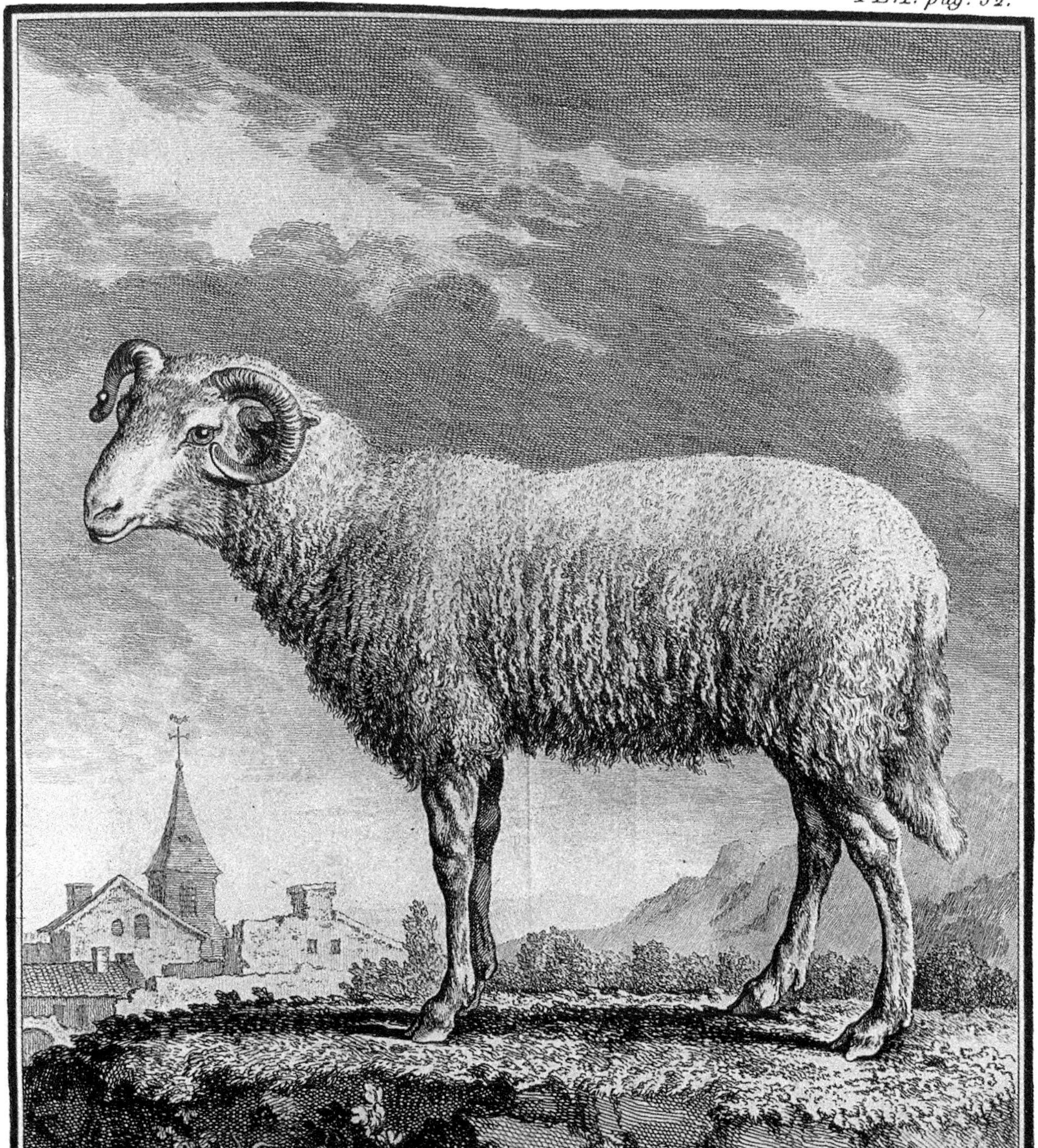

De seve del. Baquoy sculp.

Tom. V.

PL. II. pag. 52.

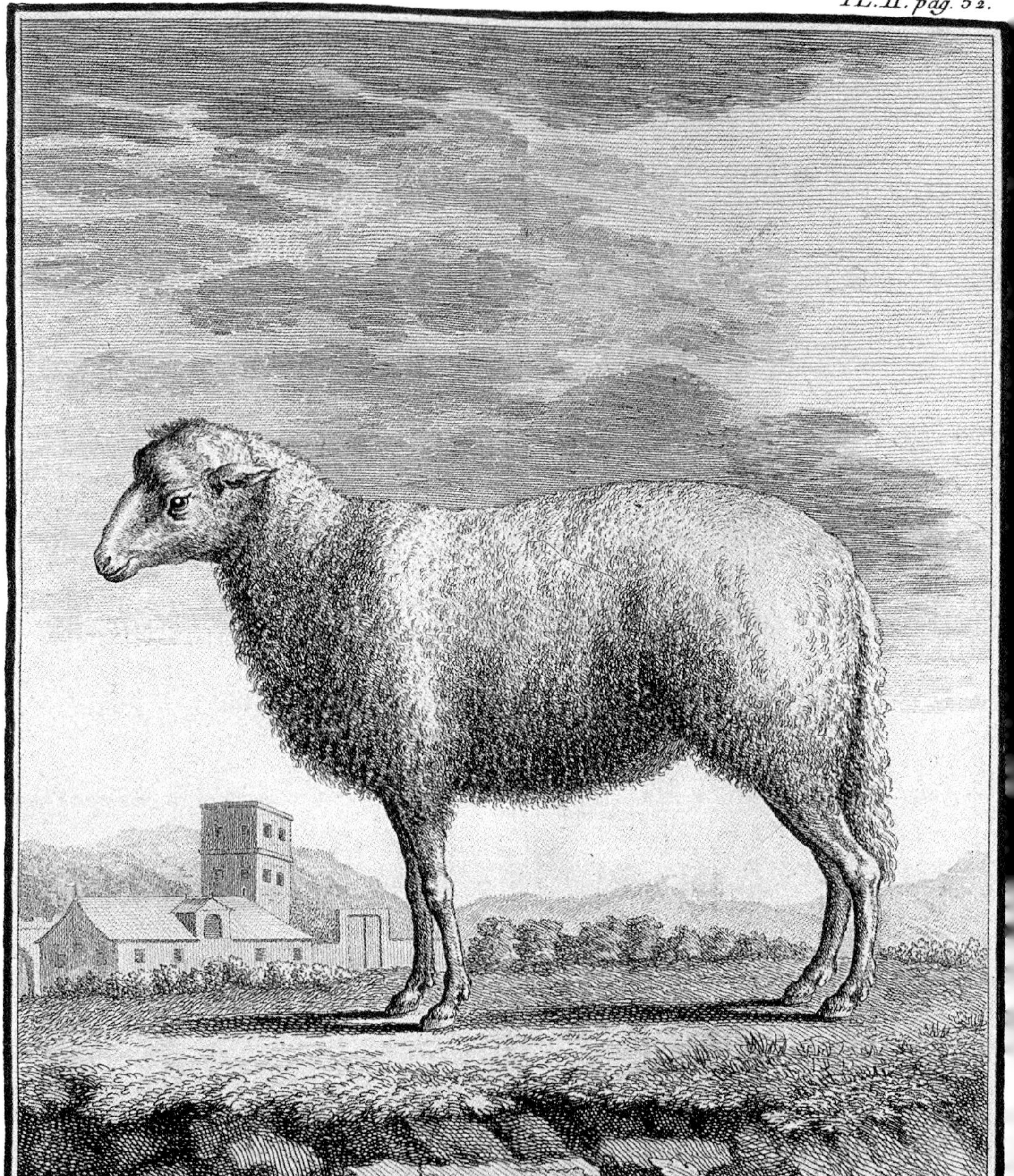

Buvée L'ameriquin delin.

C. Baquoy sculp.

Tom. V. Pl. III. Pag. 52.

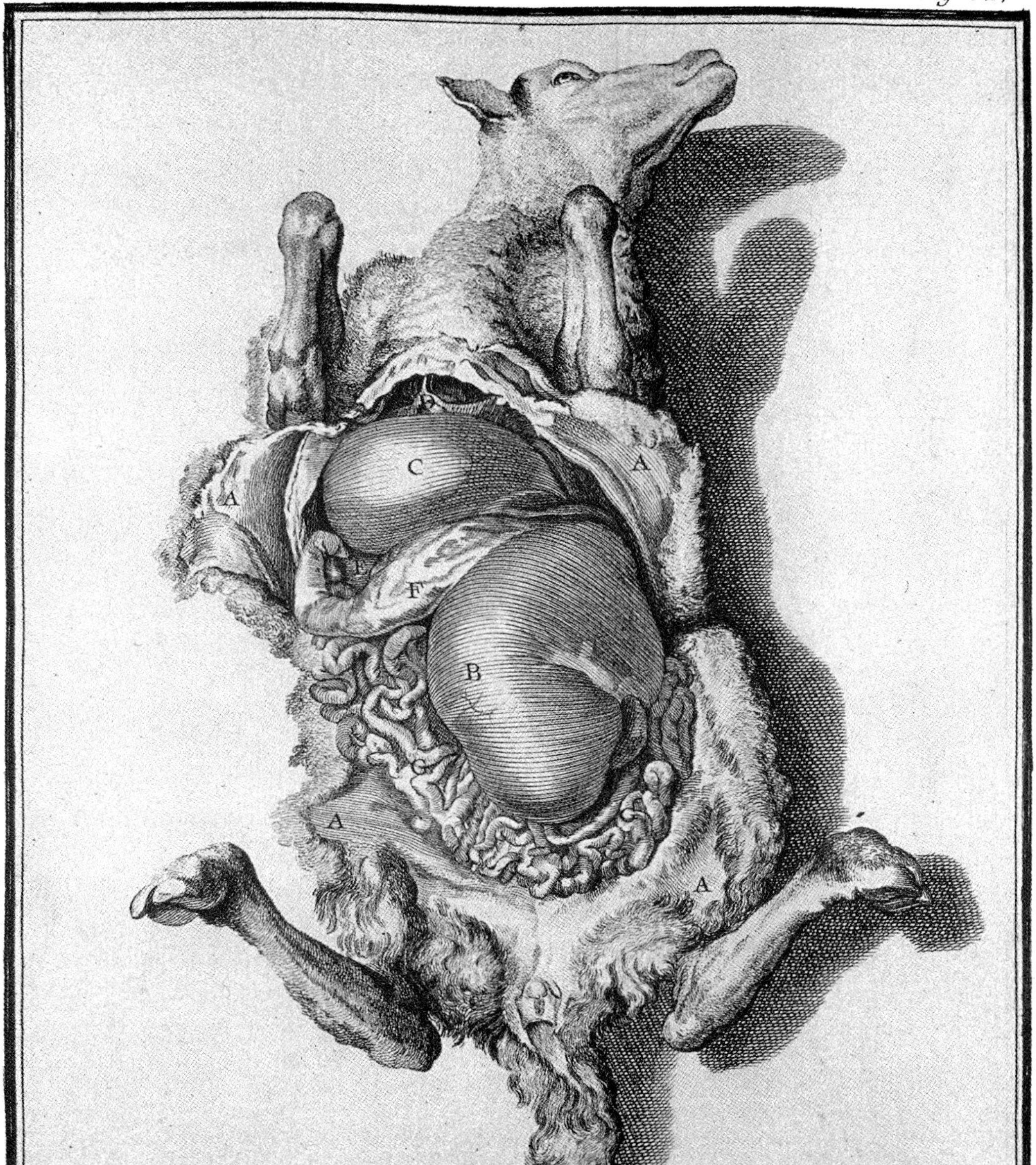


De Seve del. P. F. Tardieu sculp.

Tom. V. PL. IV. Pag. 52.

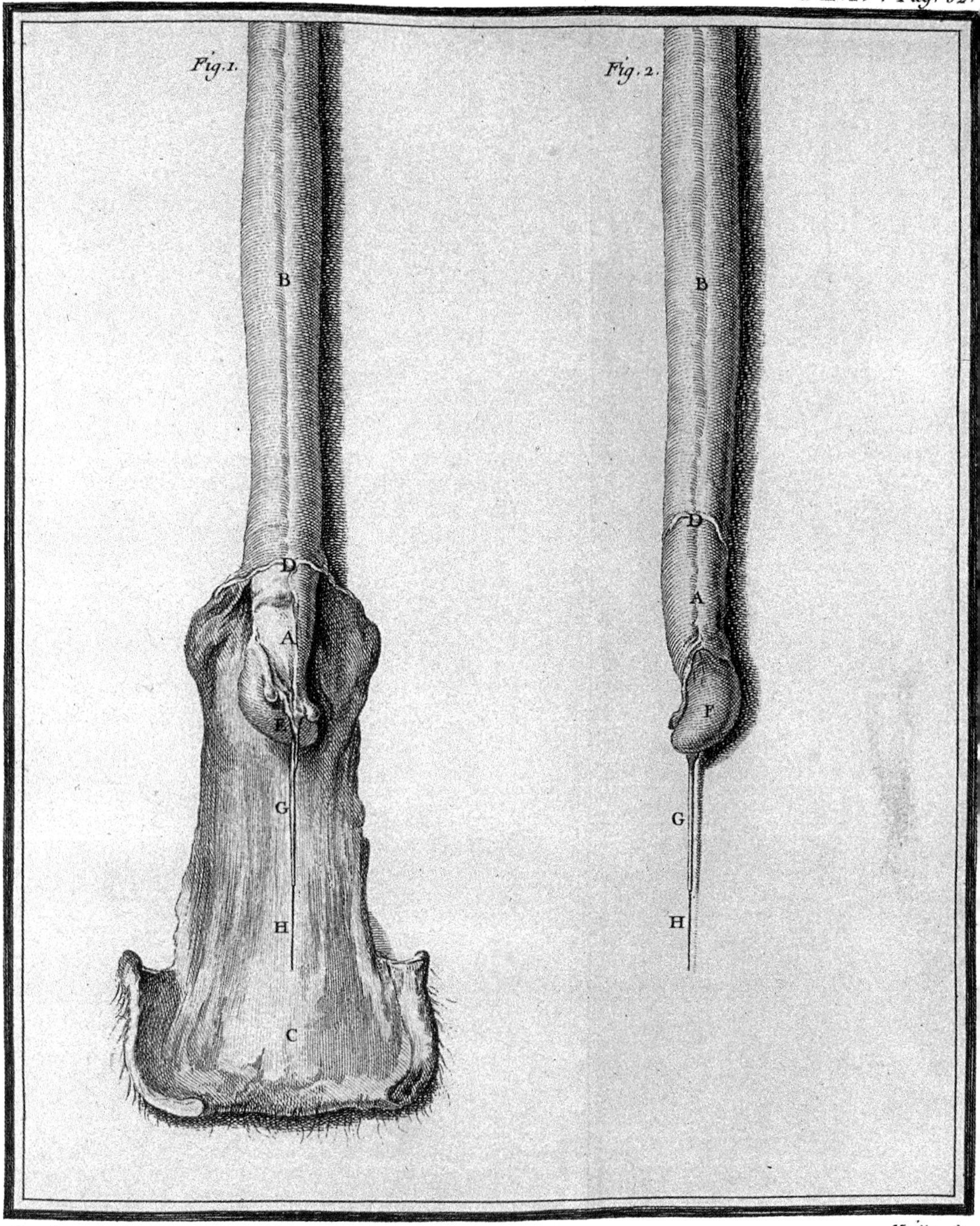


De Seve Del. Moitte Sc.

*Tom. V.* *PL. V. Pag. 52.*

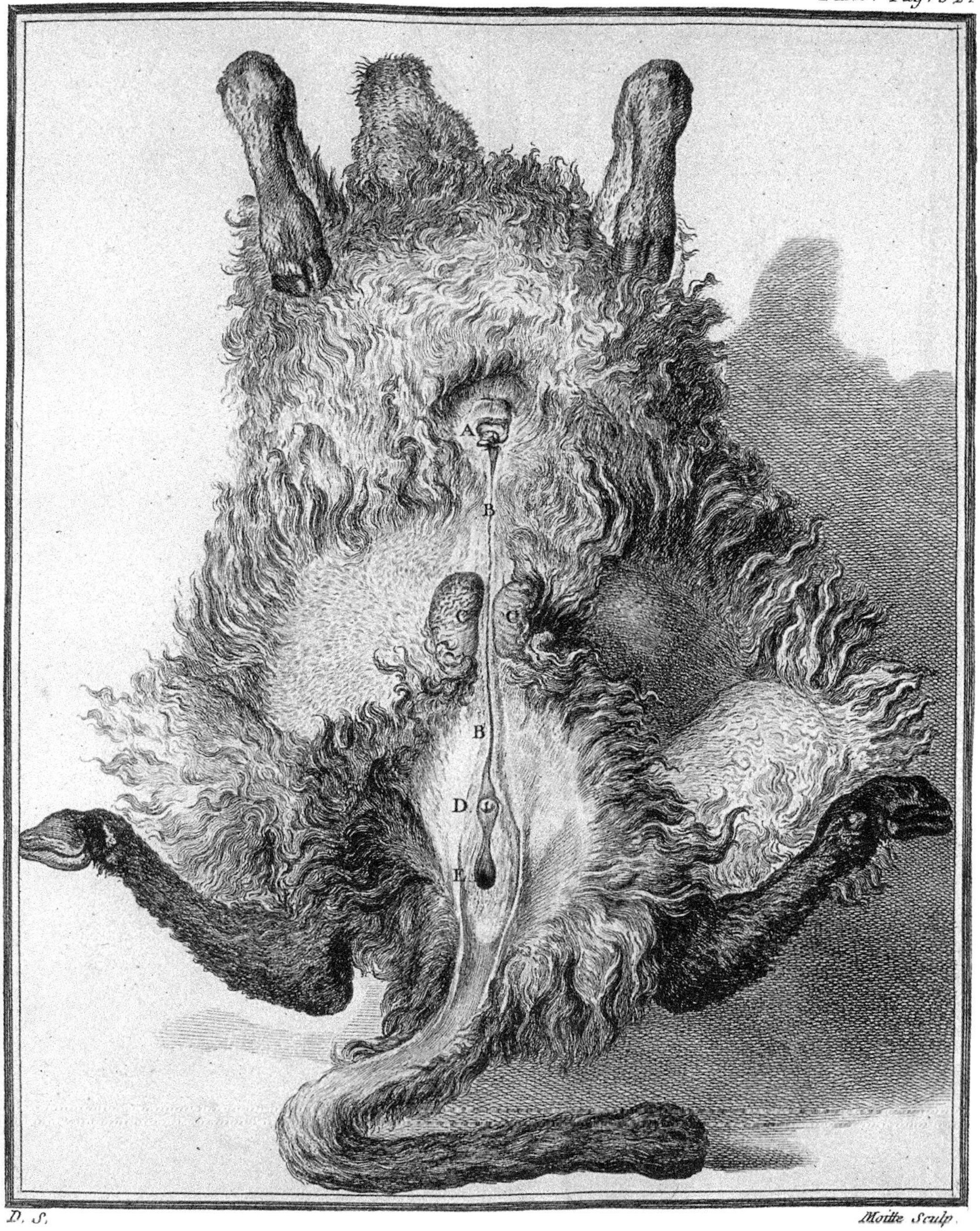


*D. S.* *Moitte Sculp.*

*Tom. V.* *Pl VI. Page 52.*

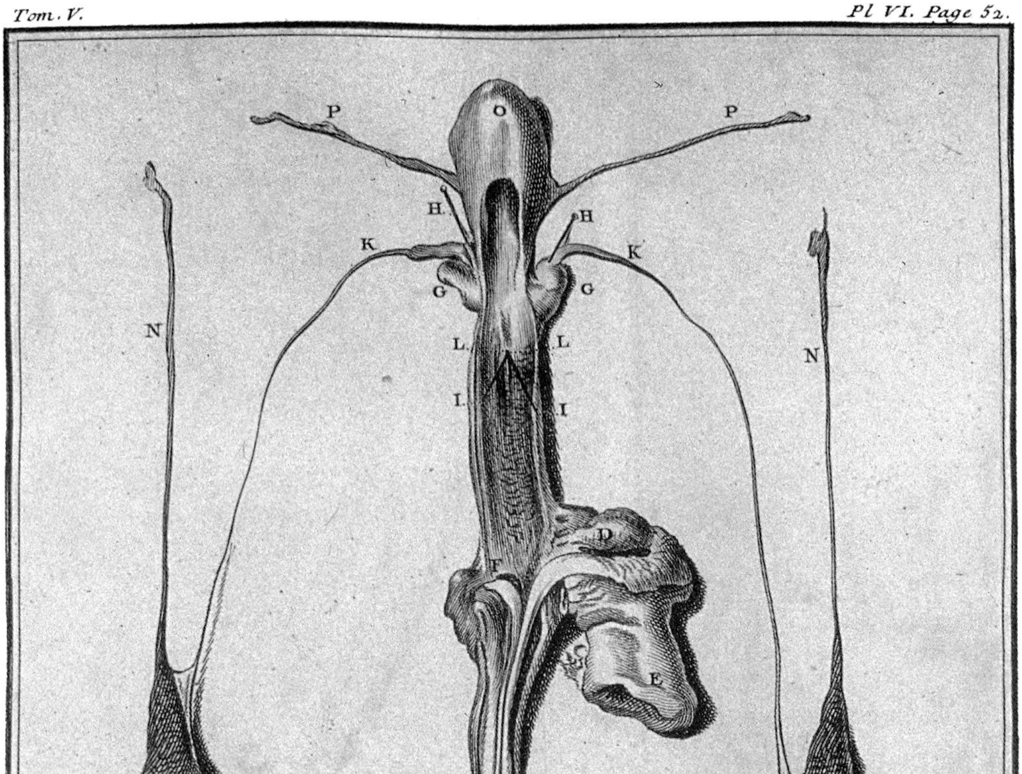


*De Seve Del.*

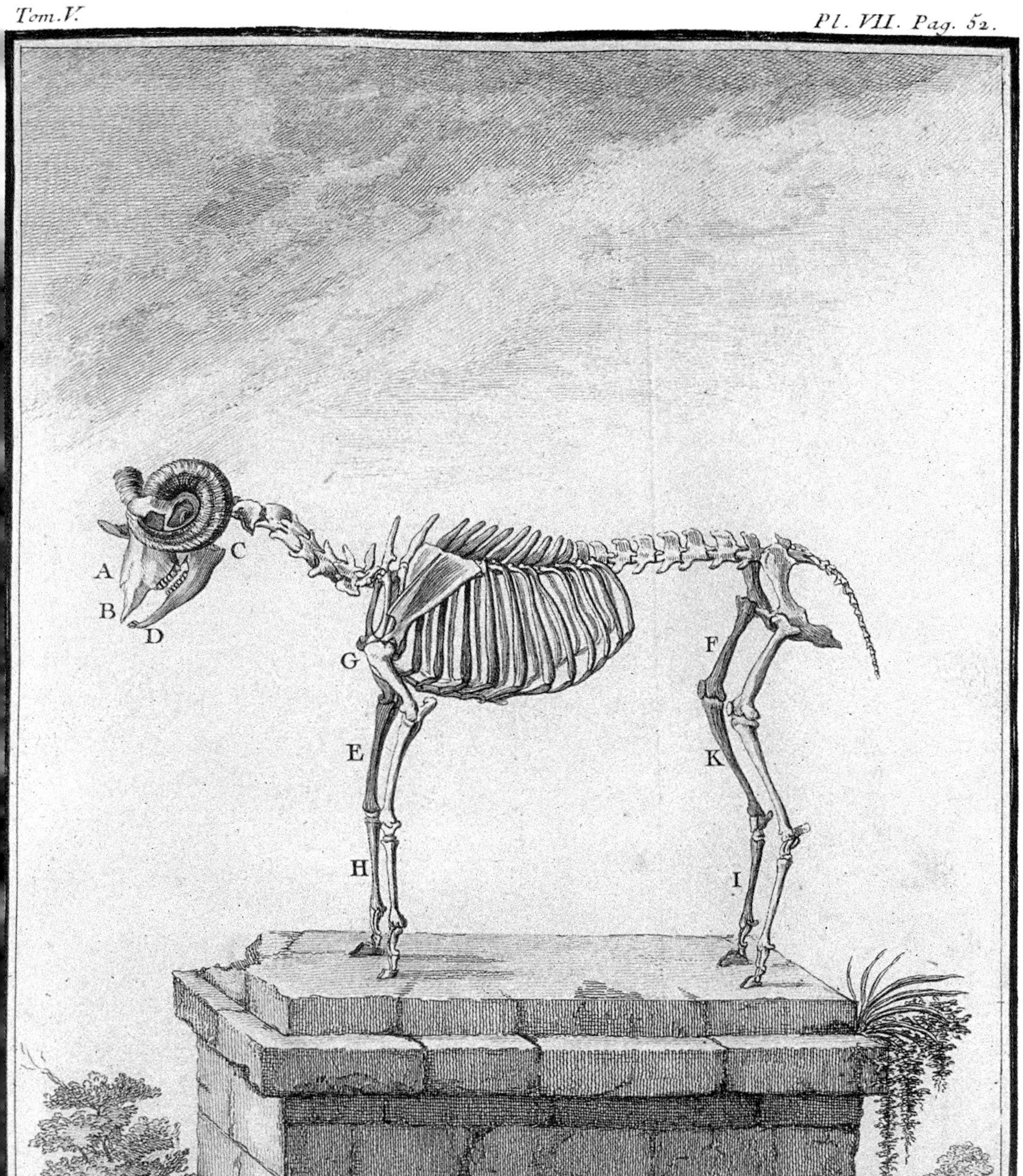
Tom. V.
Pl. VII. Pag. 52.
A
B
C
D
G
E
H
F
K
I

Tom. V. PL. VIII. pag. 92.

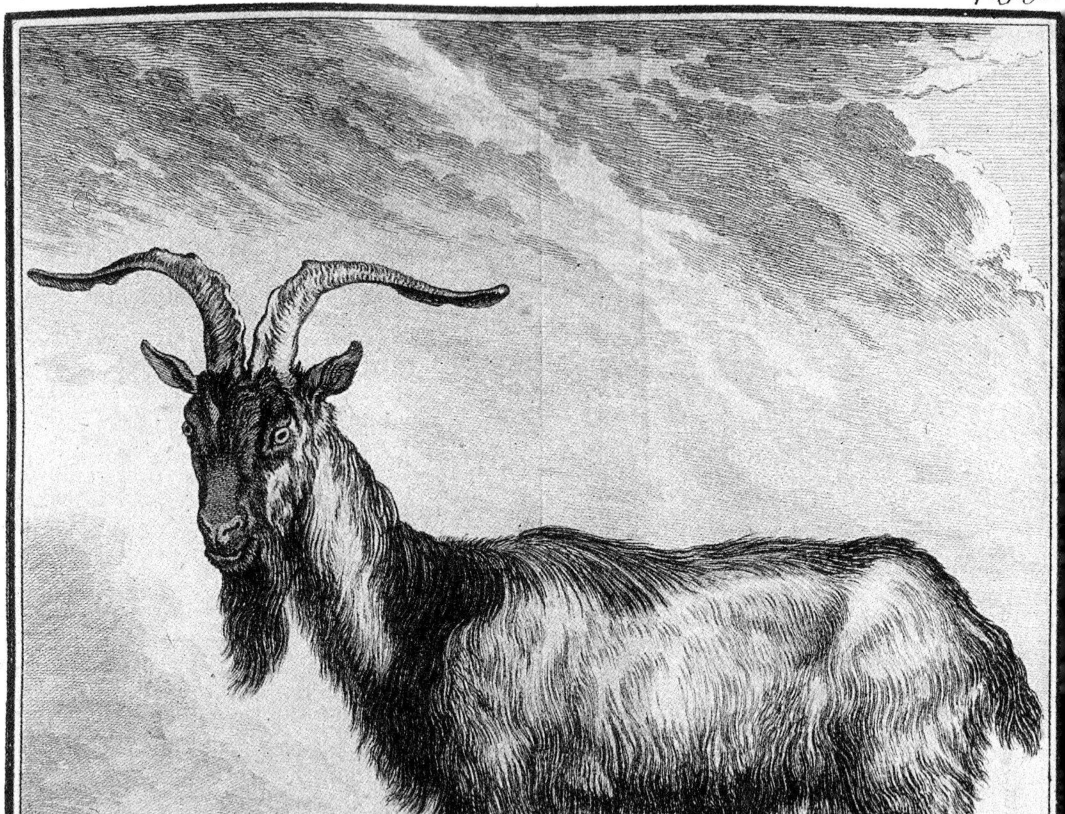

De Seve delin. C. Baquoy Sculp.

LE BOUC.

*Tom. V.* *PL. IX. pag. 92.*

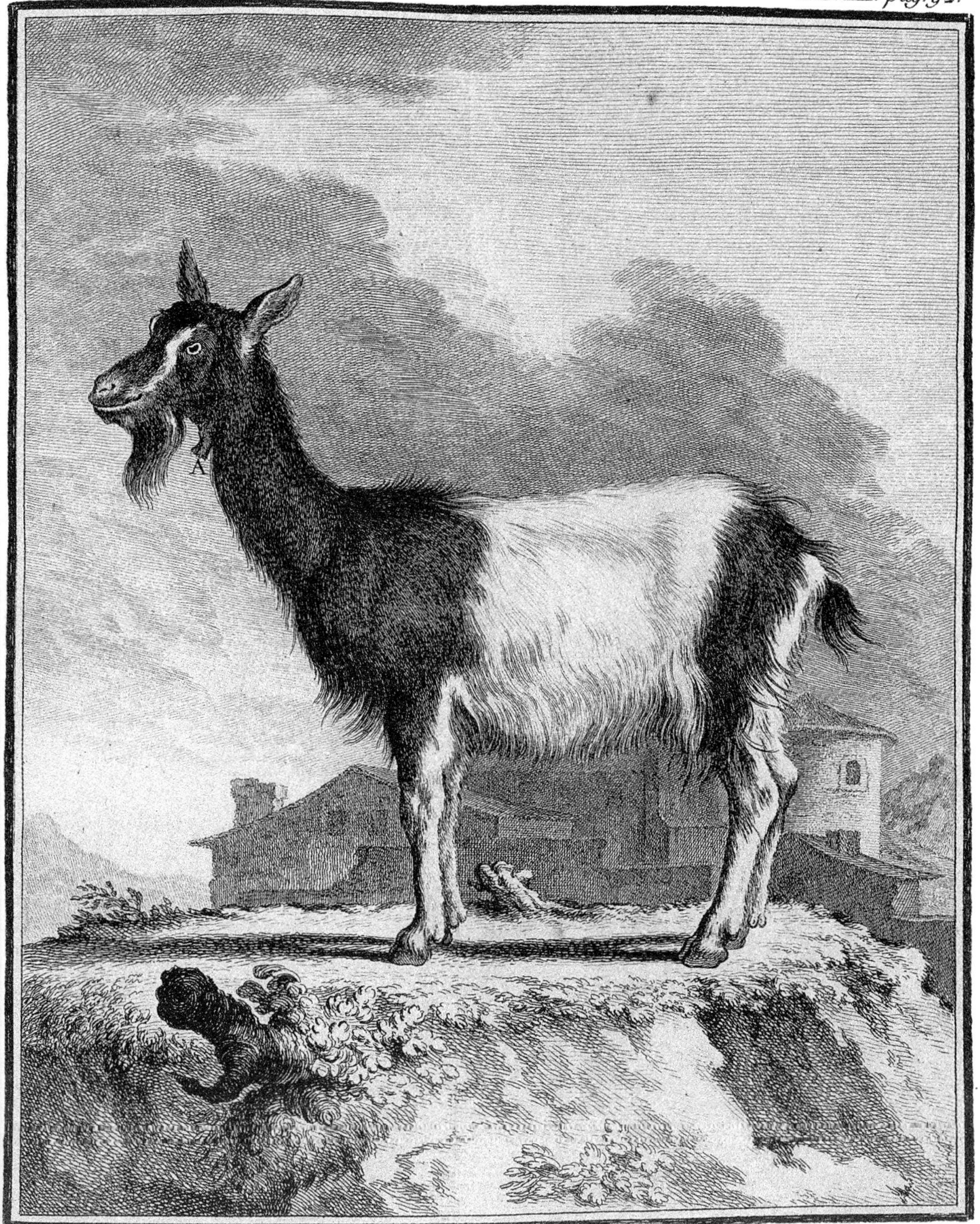


*De Seve delin.* *Baquoy Sculp.*

LA CHEVRE.

Tom. V. Pl X. Pag. 92.

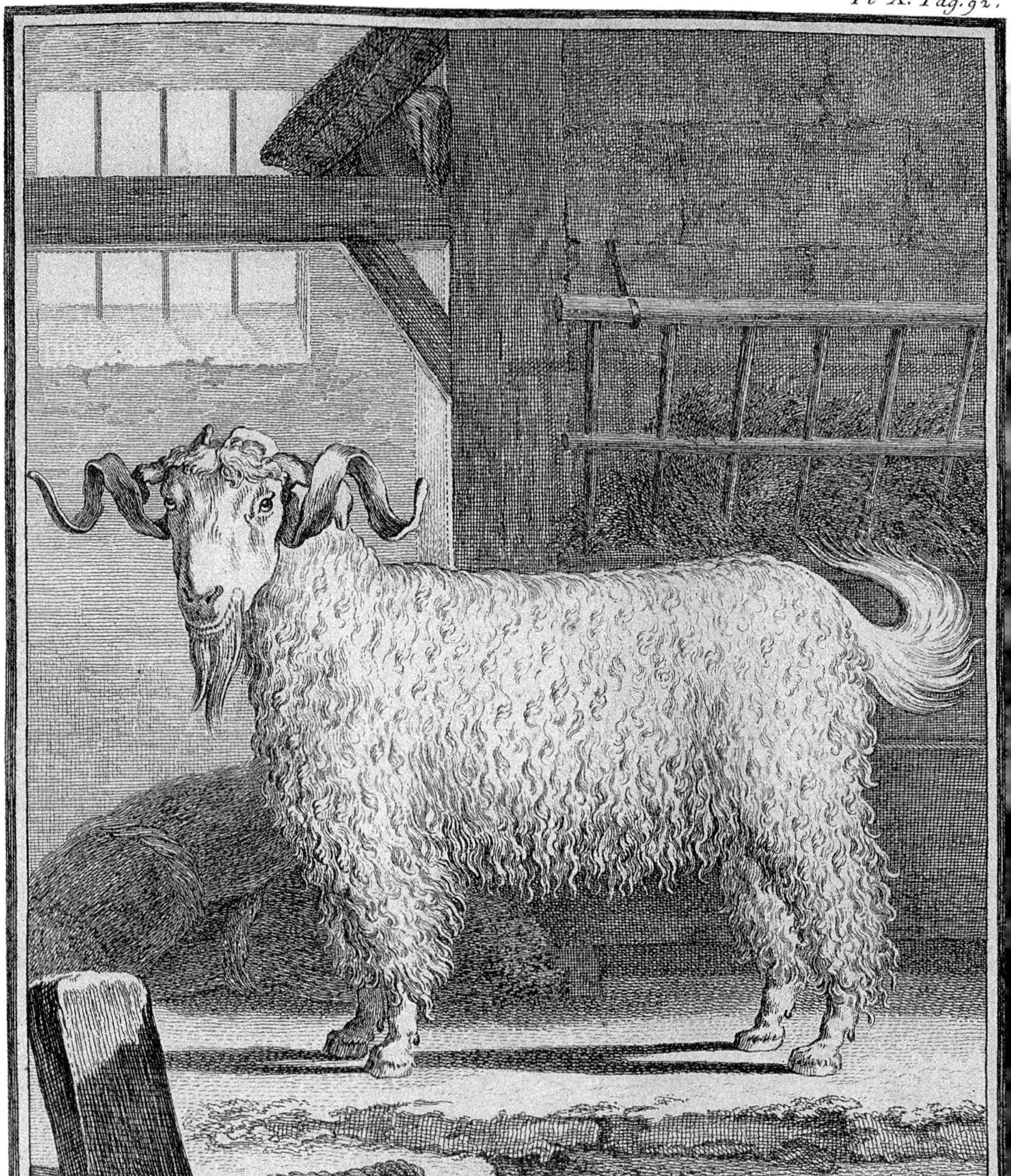

De Seve del. Moitte Sculp

LE BOUC D'ANGORA.

Tom V. PL. XI. pag. 92.

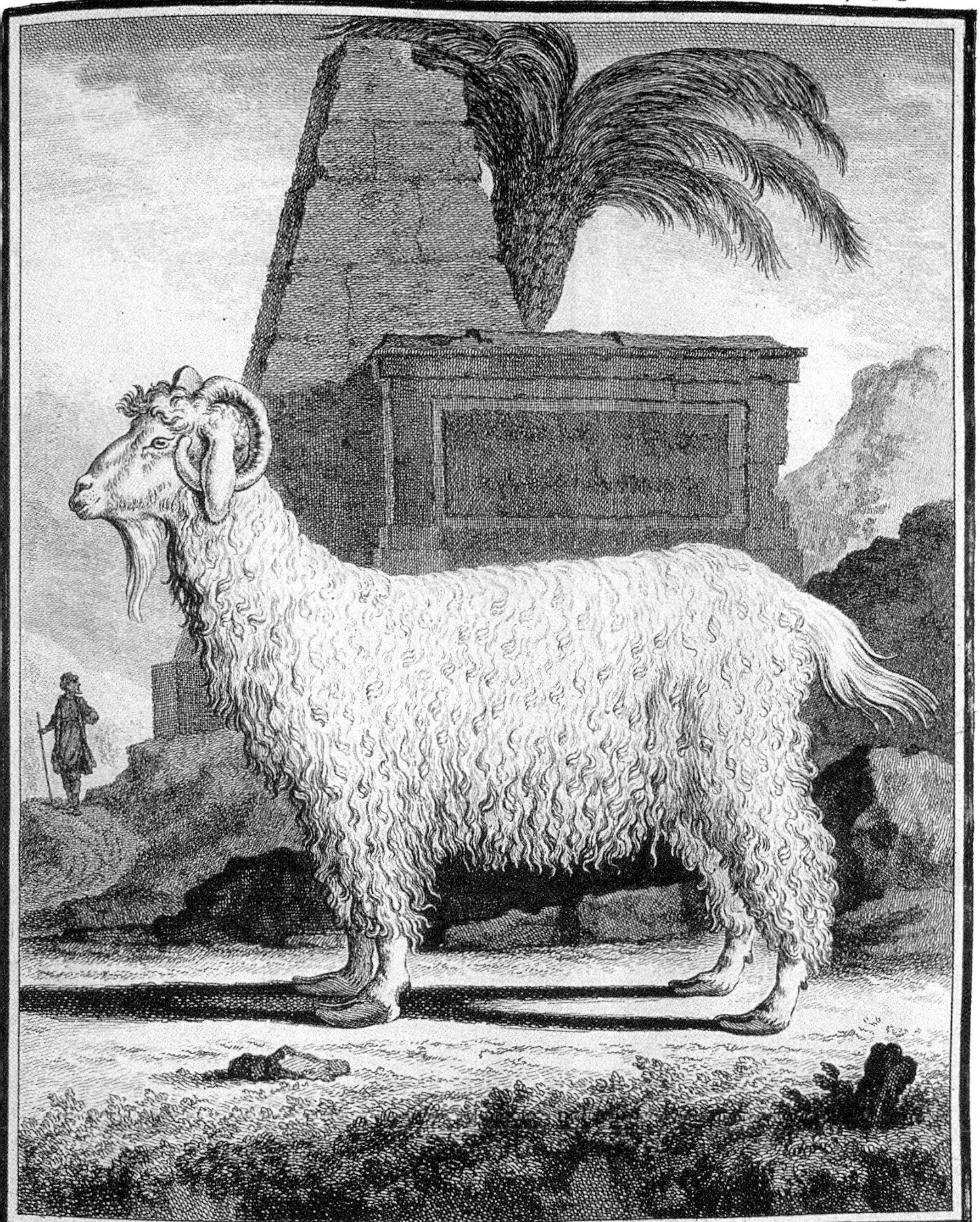

De Seve delin. C. Baquoy sculp.

LA CHEVRE D'ANGORA.

Tom. V. Pl XII. Page 92.

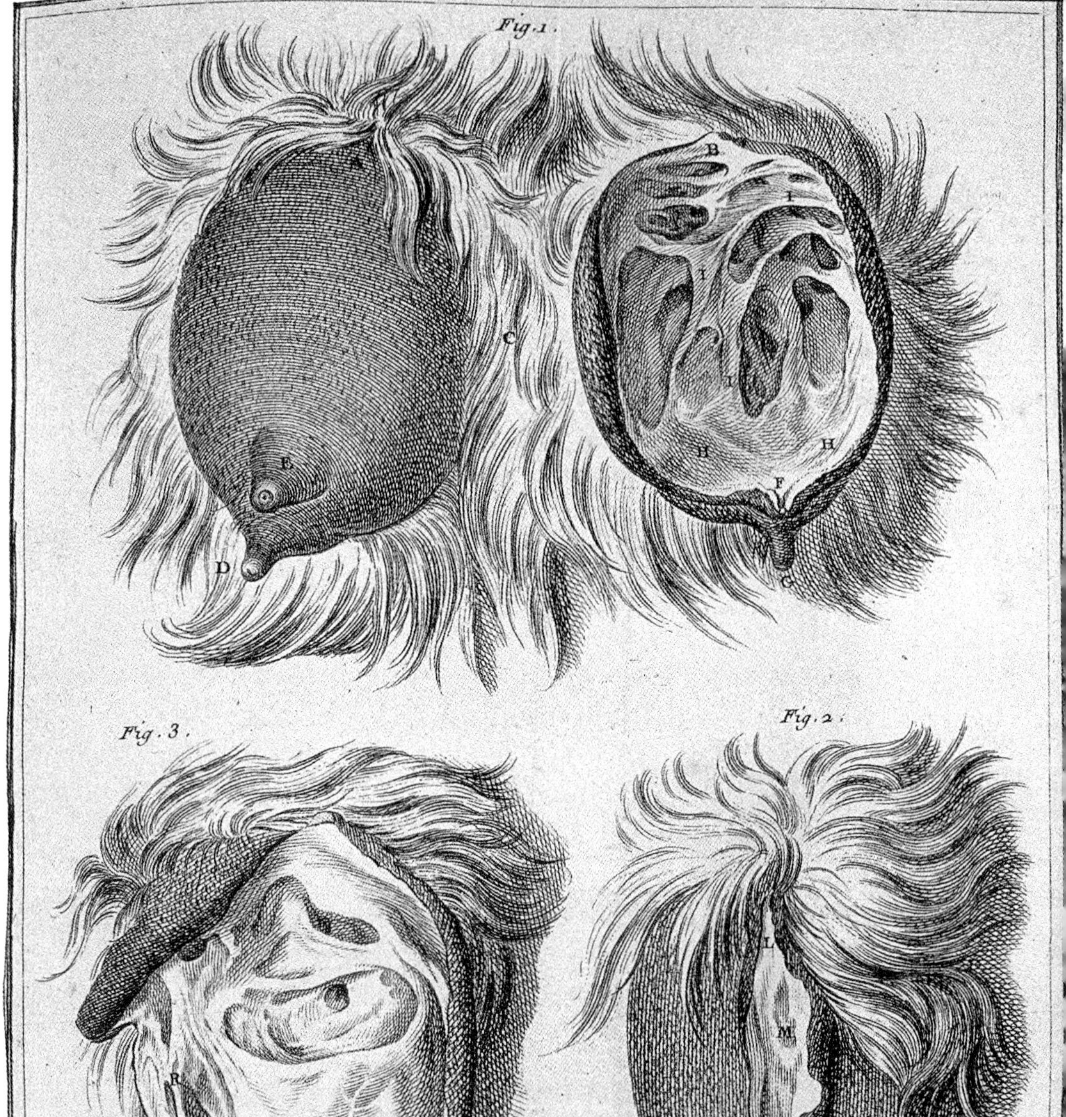


De Seve Del.

Tom. V.

Pl. XIII. Pag. 92.

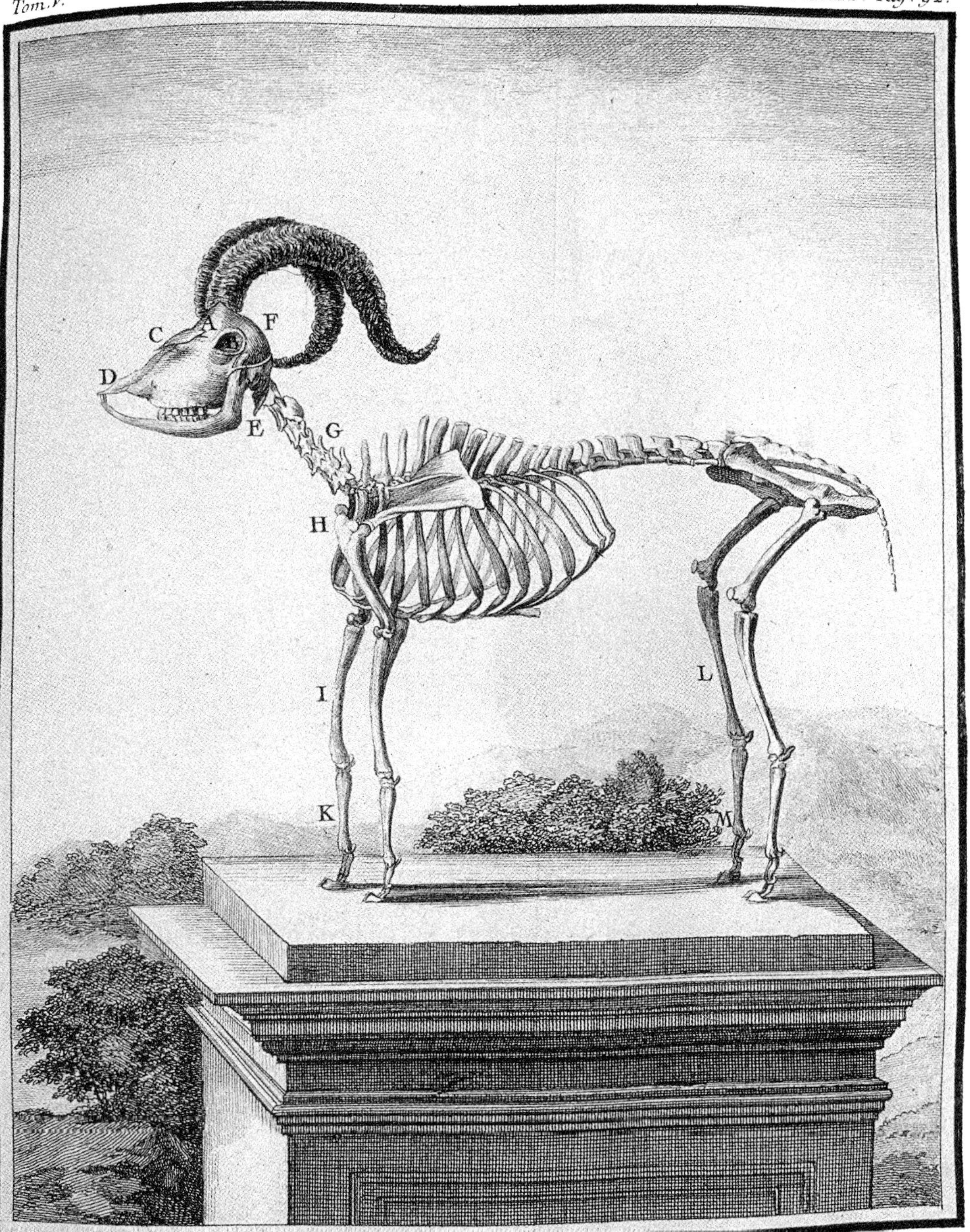


Buvee del.

P. F. Tardieu Sculp.

*Tom. V.* *Pl. XIV. Pag. 176.*

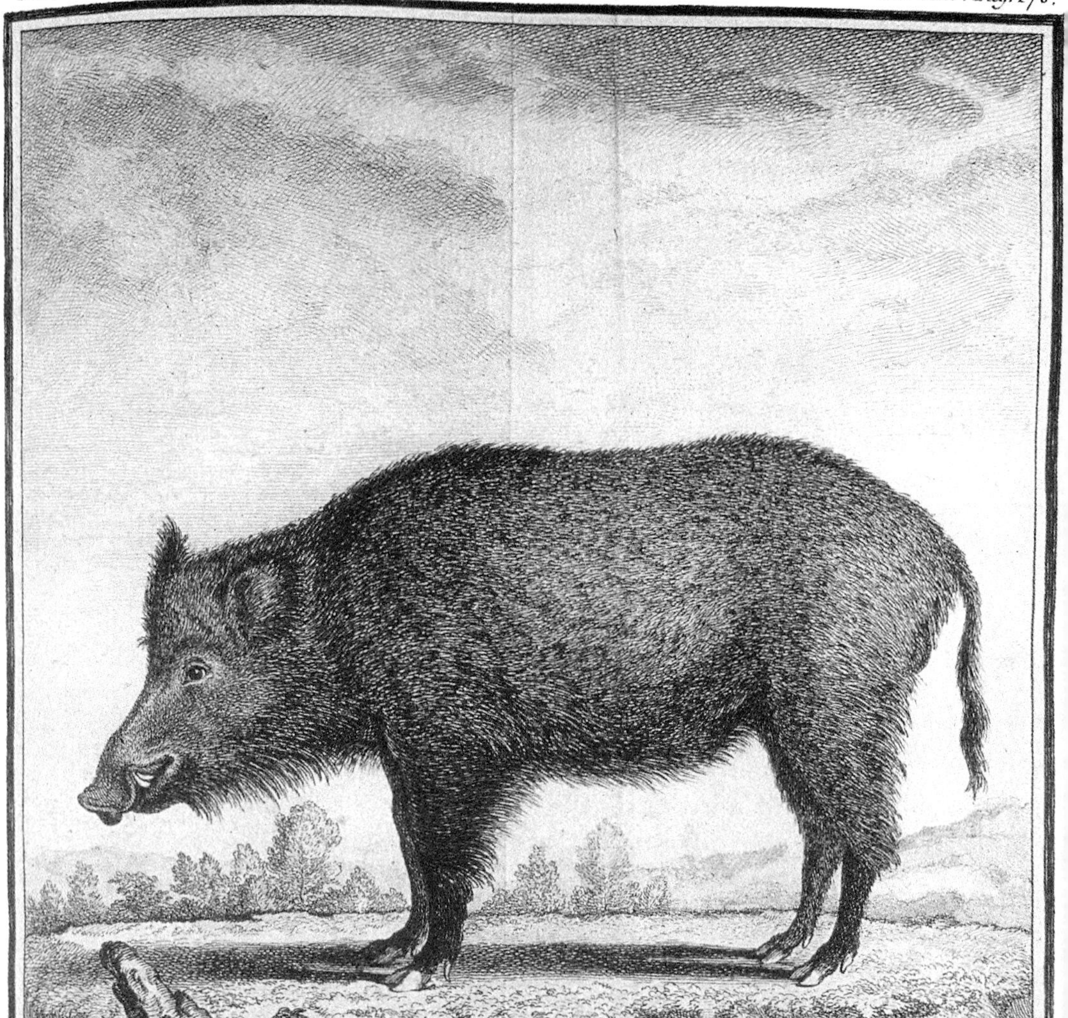

*De Seve del.* *P. F. Tardieu Sculp.*

LE SANGLIER.

Tom. V. PL. XV. Pag. 176.

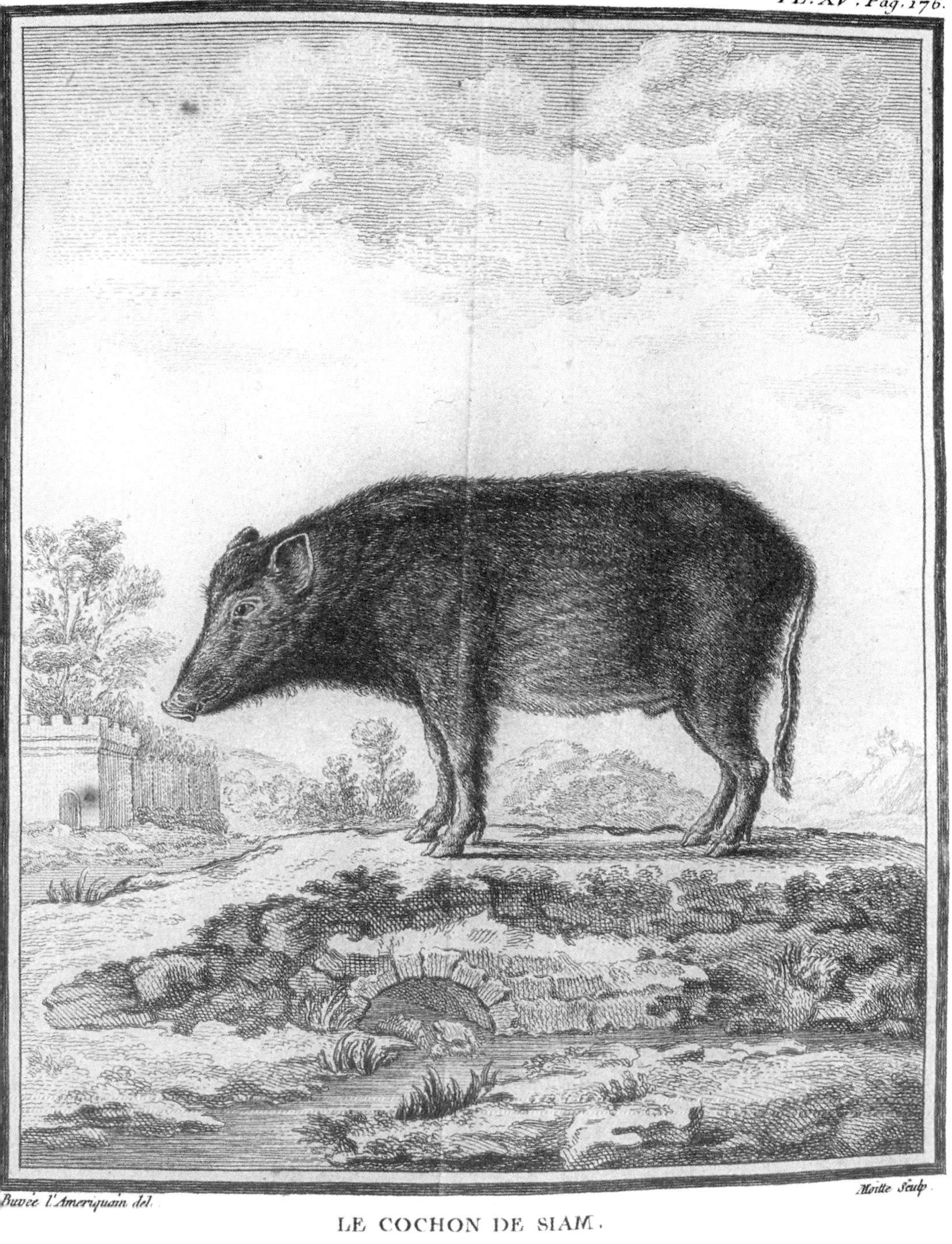

*Buvée l'Ameriquain del.* *Moitte Sculp.*

LE COCHON DE SIAM.

Tom. V PL. XVI Pag. 176

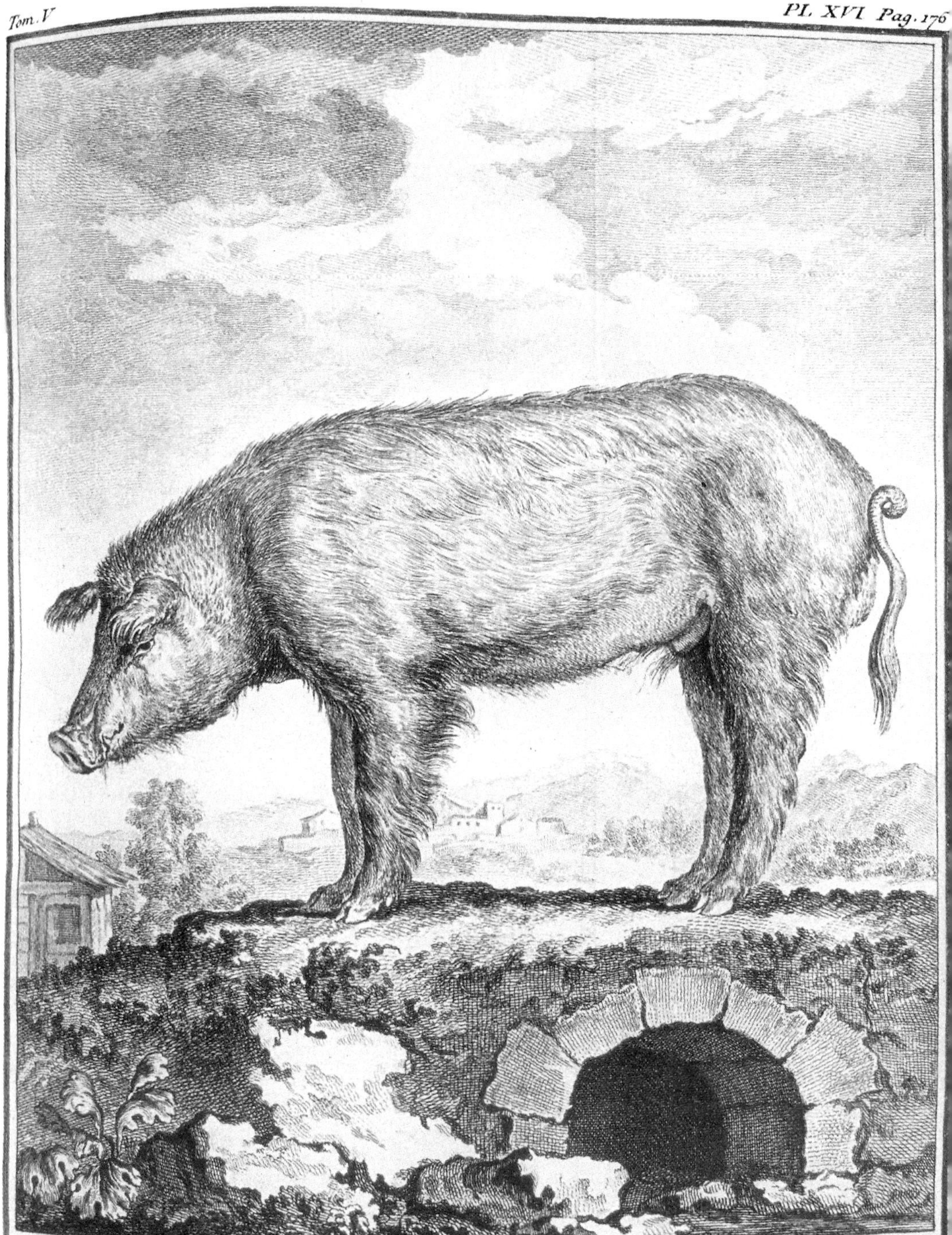

De Seve del. Moitte Sculp

LE VERRAT.

Tom. V. LE MARCASSIN. Pl XVII. Pag. 176.

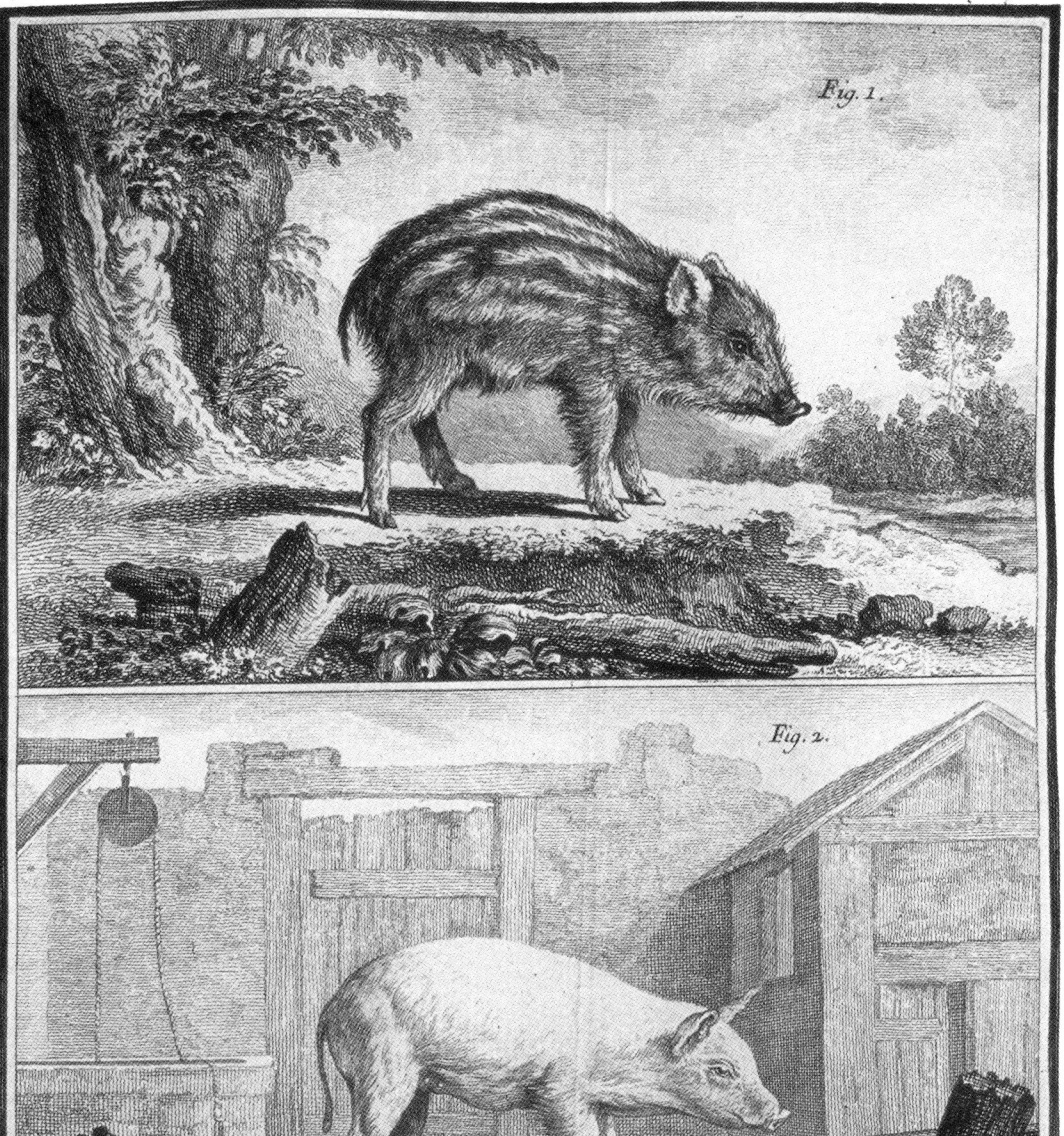


De Seve del. L. Lempereur sculp.

LE COCHON DE LAIT.

Tom.V. Pl XVIII. Page 176.

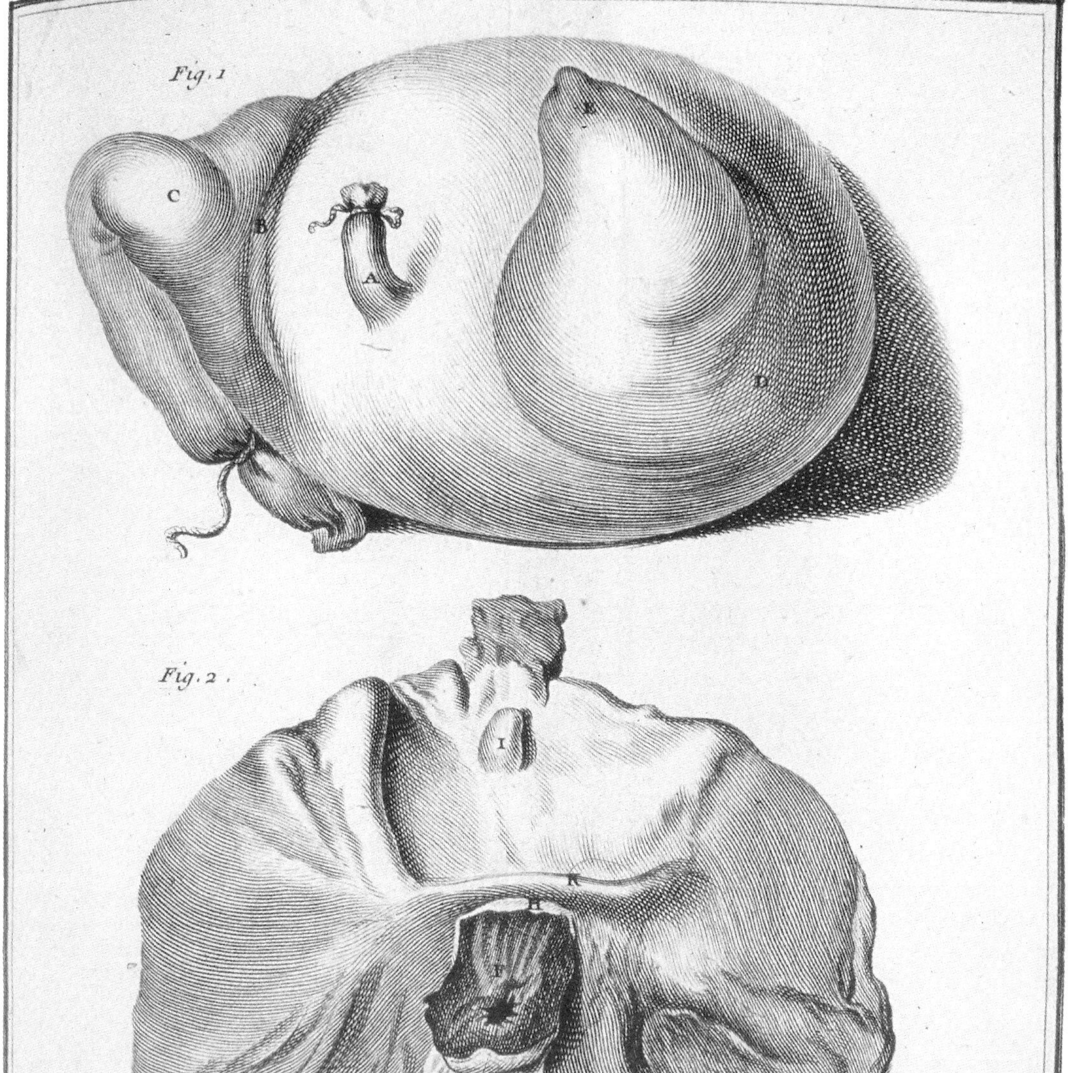


De Seve Del.

*Tom. V.* *Pl. XIX. Page 176.*

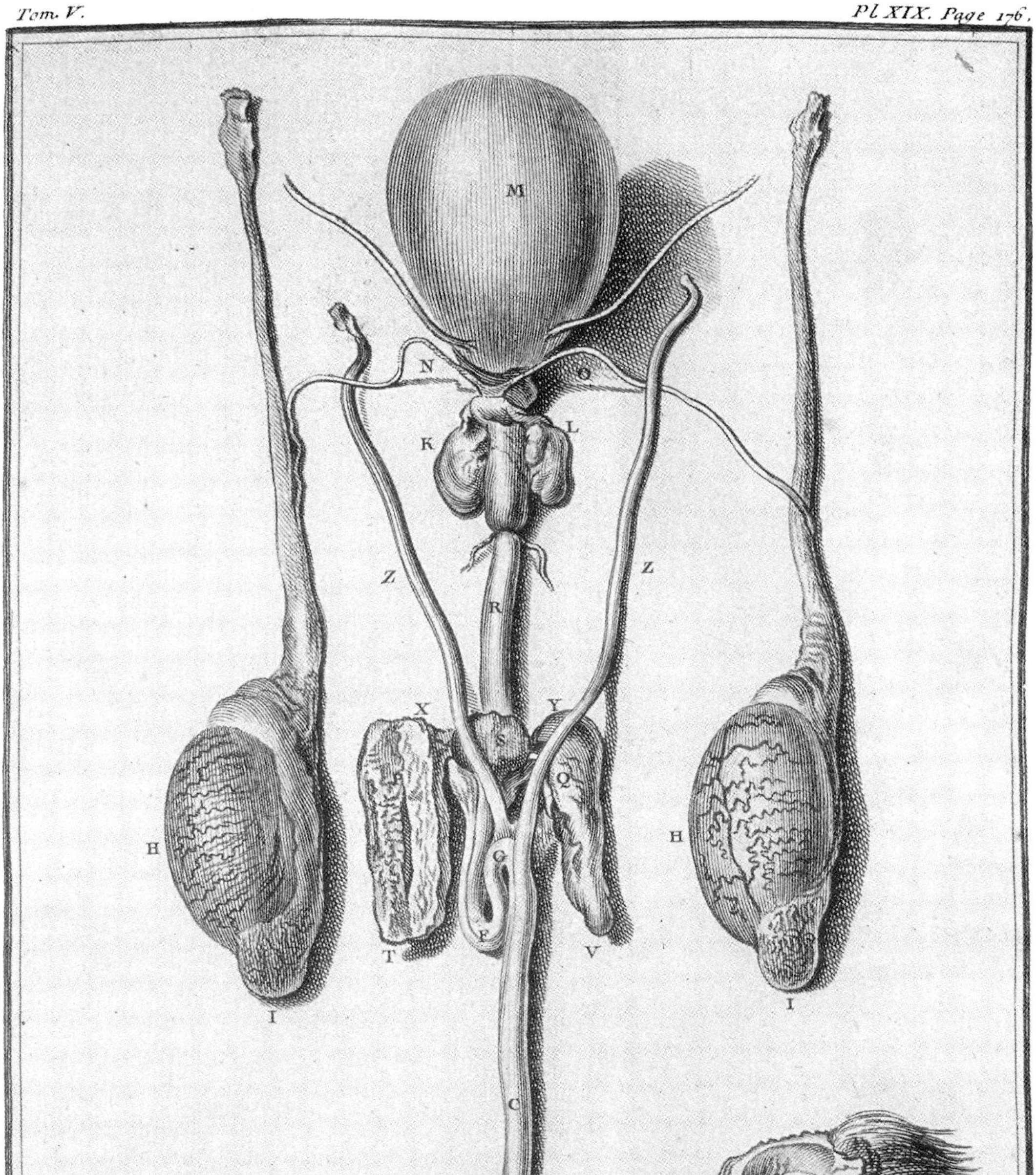


*De Seve Del.*

Tom. V

Pl. XX Page 176.

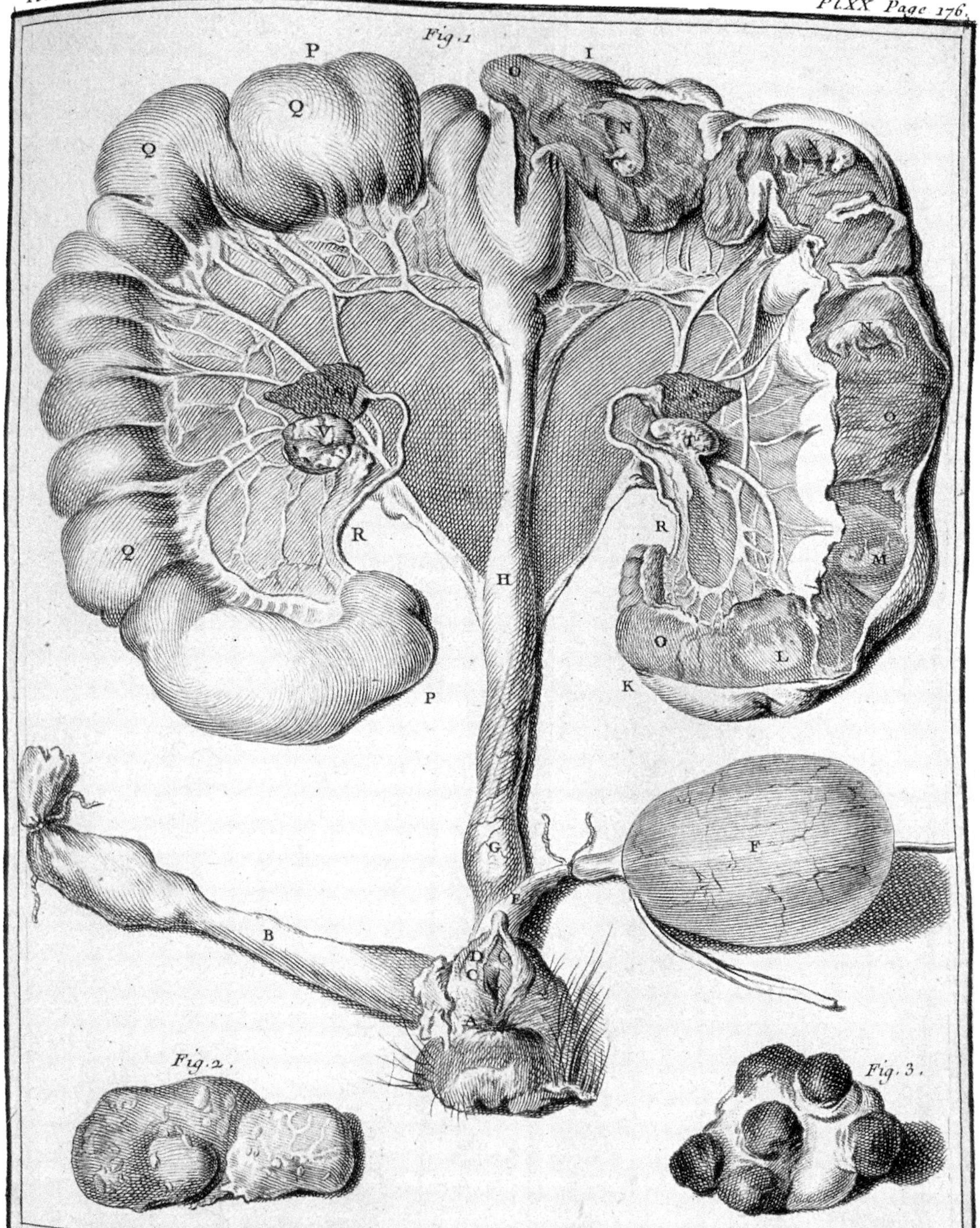


De Seve Del.

Tom. V — Pl. XXI. Pag. 176.

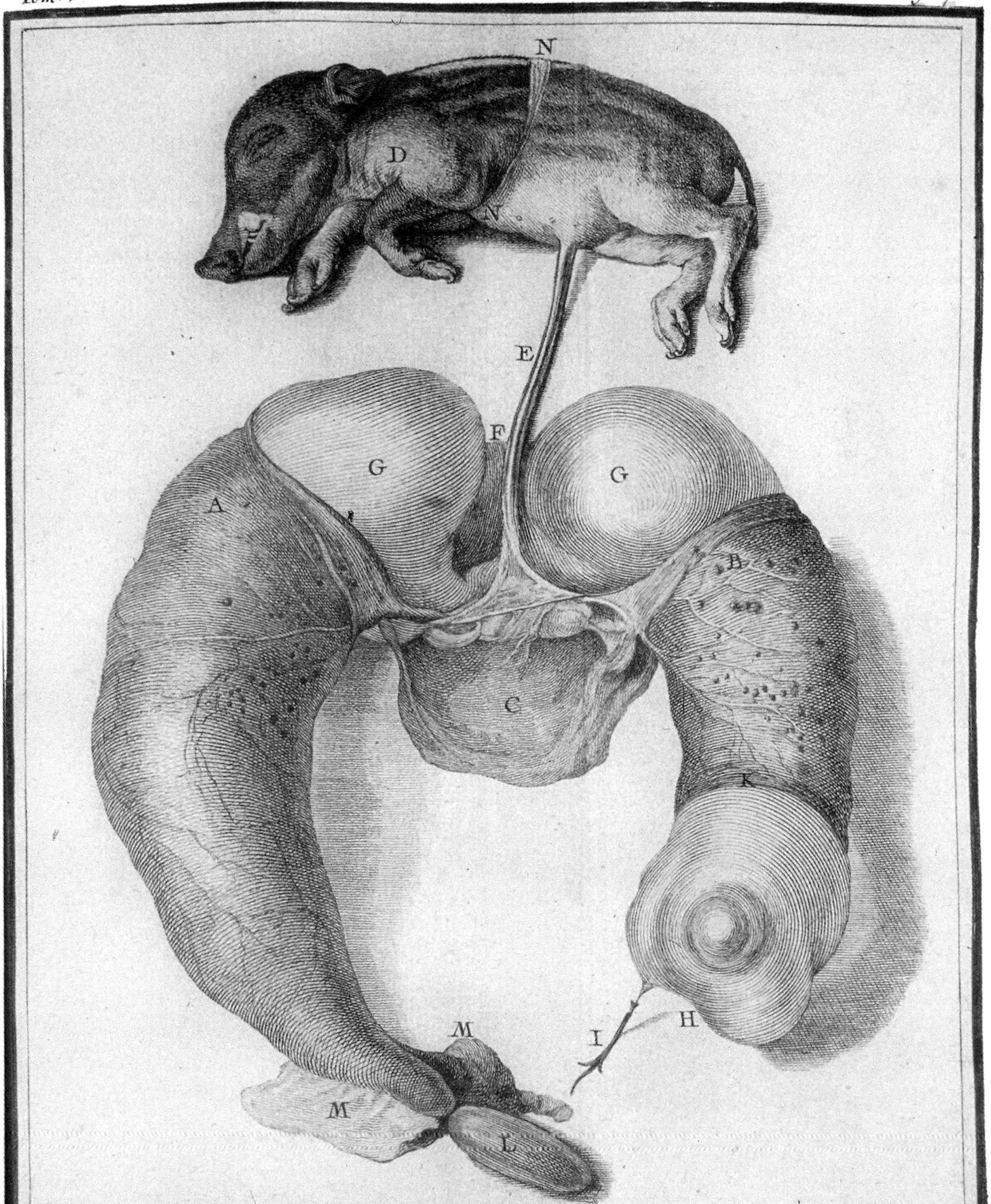


De Seve del. — P. F. Tardieu sculp.

Tom. V.

Pl. XXII. Pag. 176.

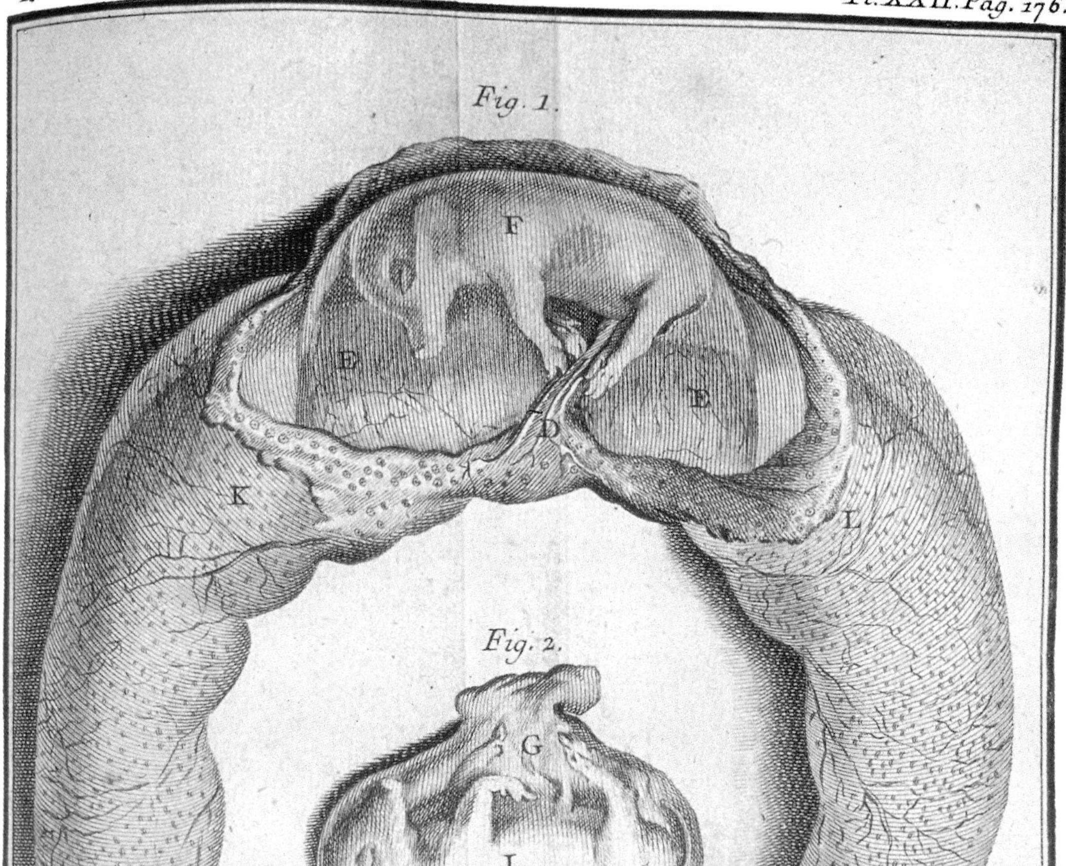


De Seve. de

Gaillard. Sc.

*Tome. V.* *Pl. XXIII. Pag. 176.*

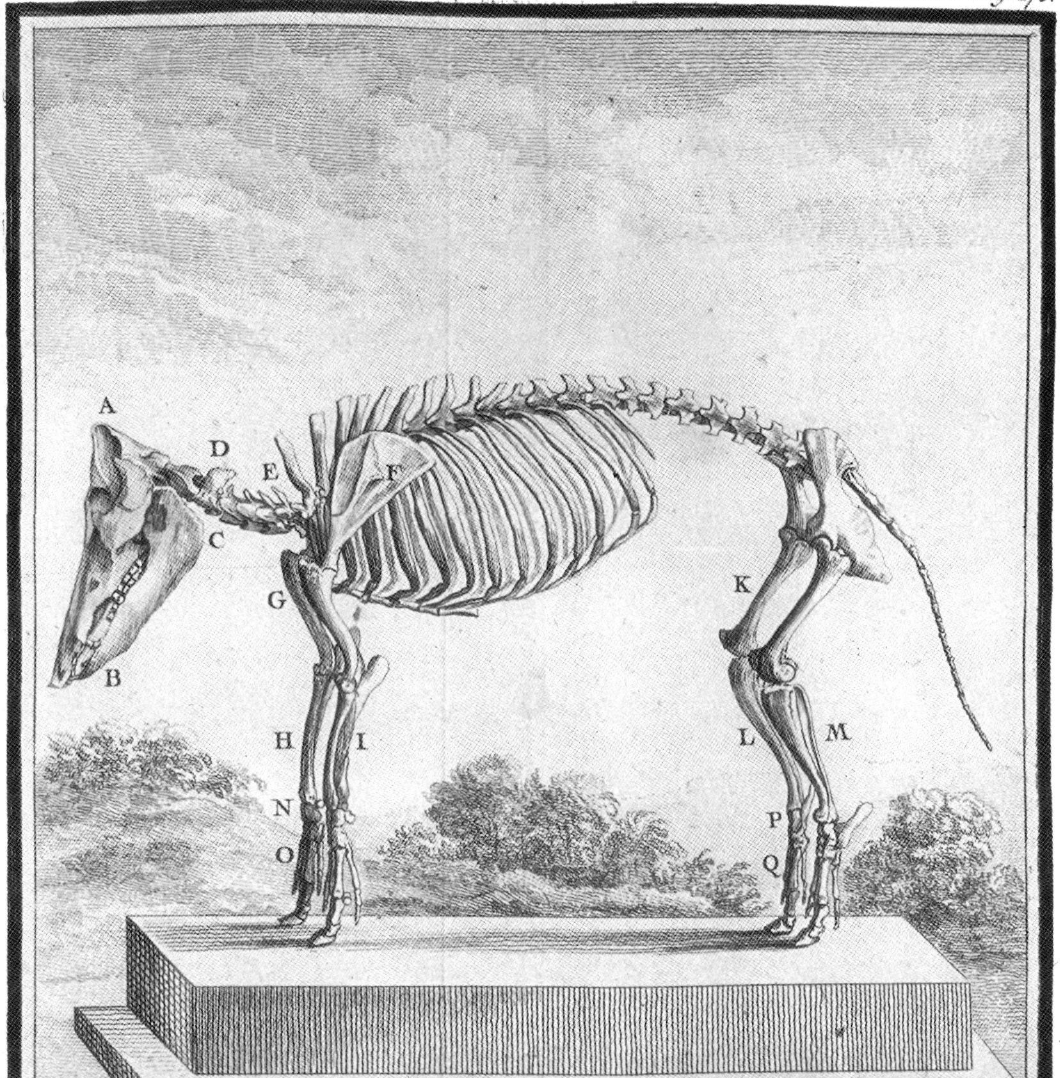


*Buvée l'Americquain del.*

Tom. V  Pl. XXIV Pag. 176.

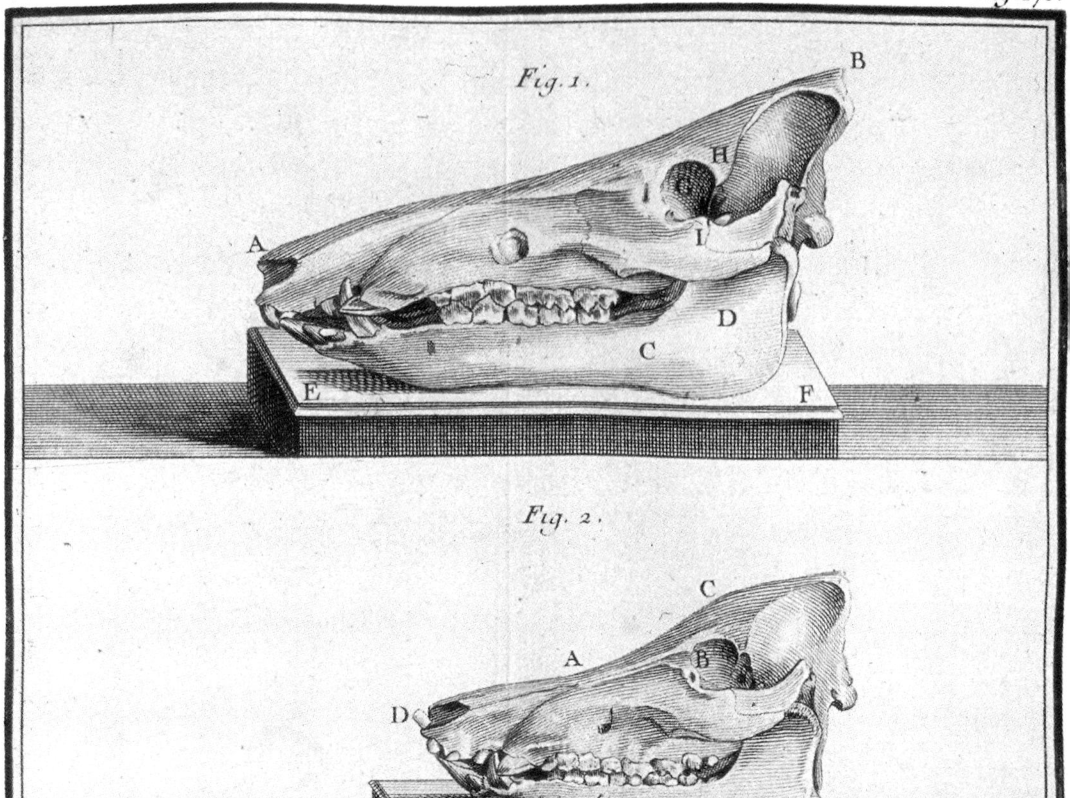


Buvée l'américain  Gaillard Sculpsit

# Table de l'Ordre des Chiens.

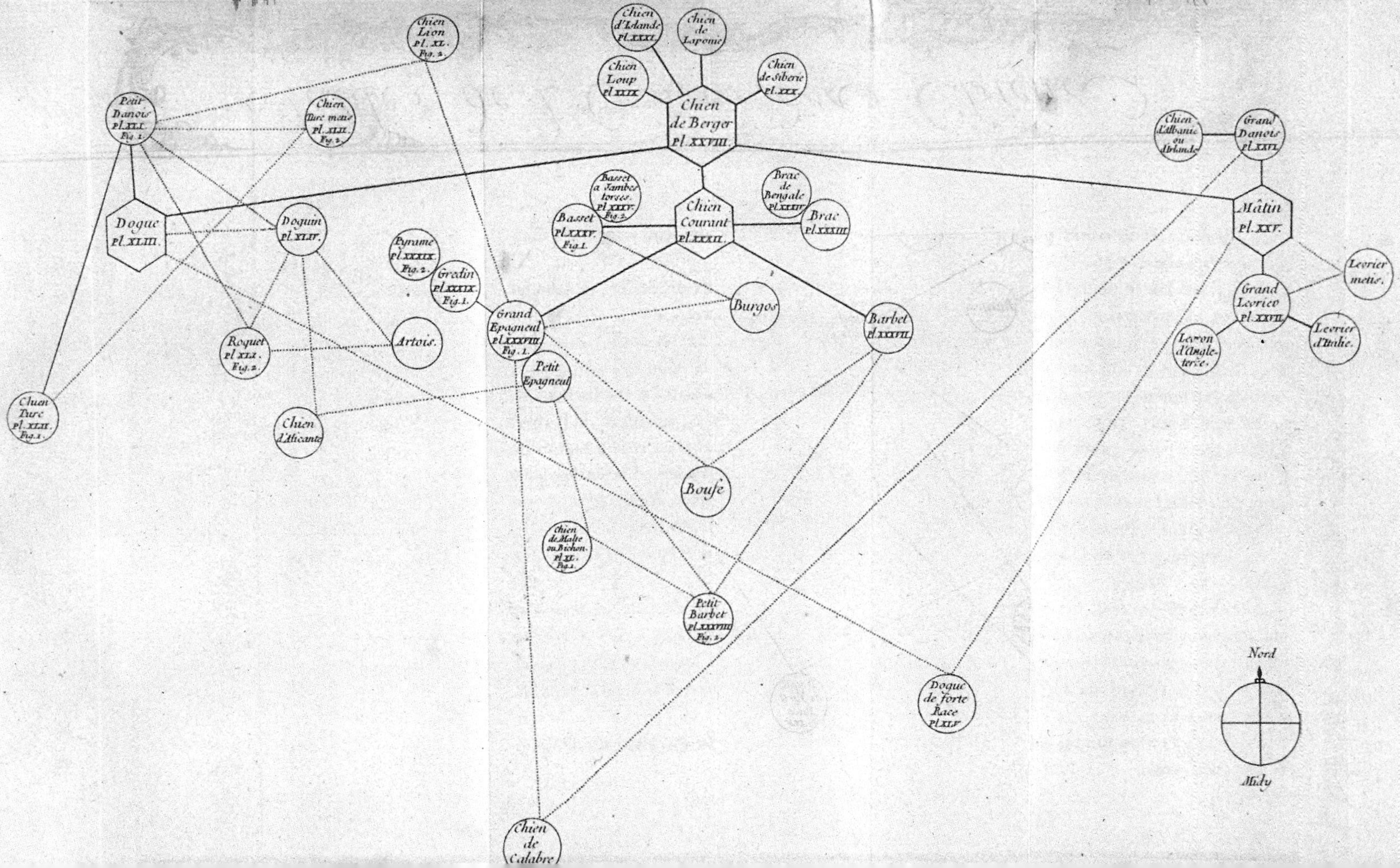

Tom. V. PL. XXV. Pag. 300.

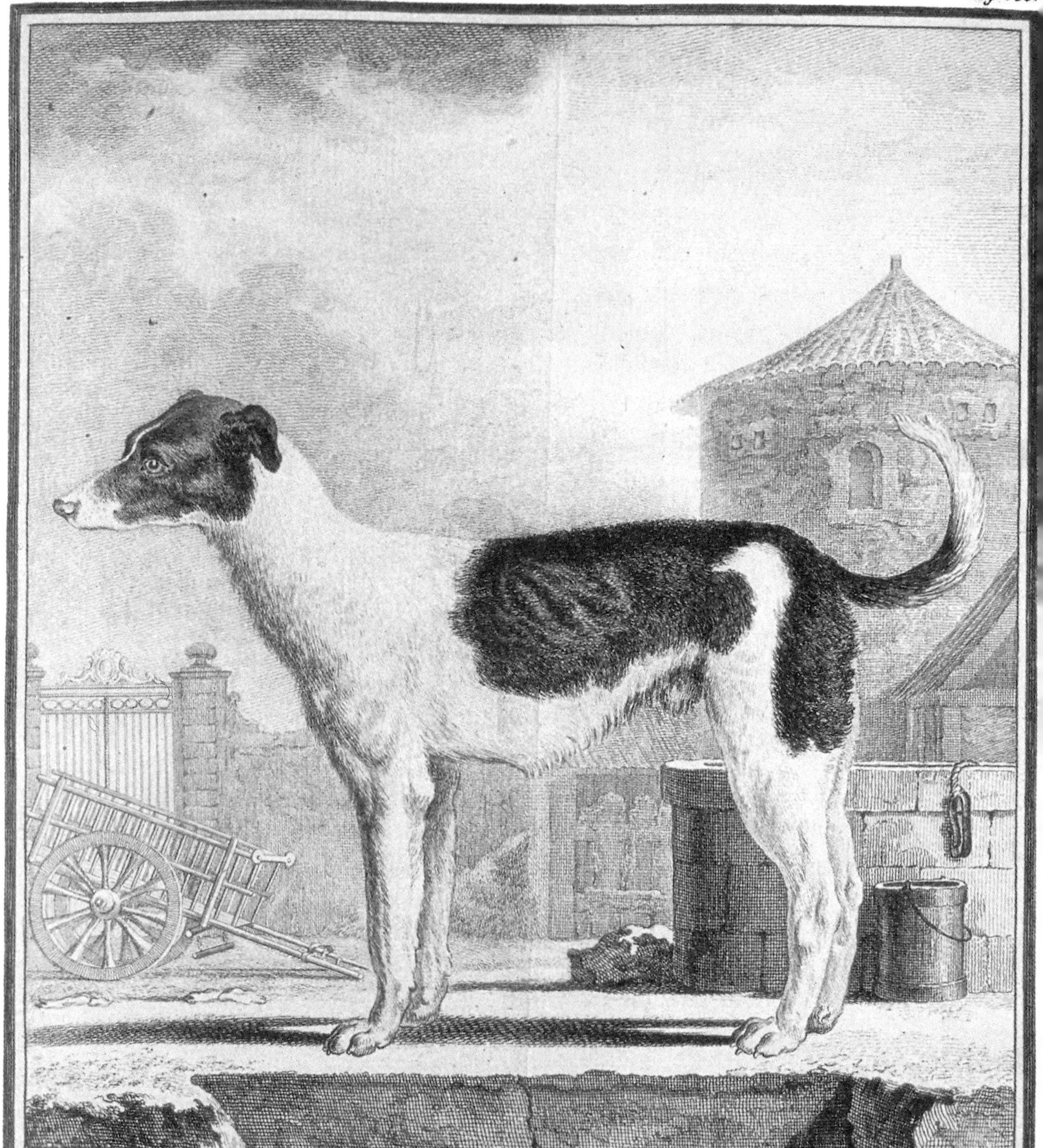

De Seve Del. Moitte Sc.

LE MÂTIN.

*Tom. V.* *Pl. XXVI. Pag. 300.*

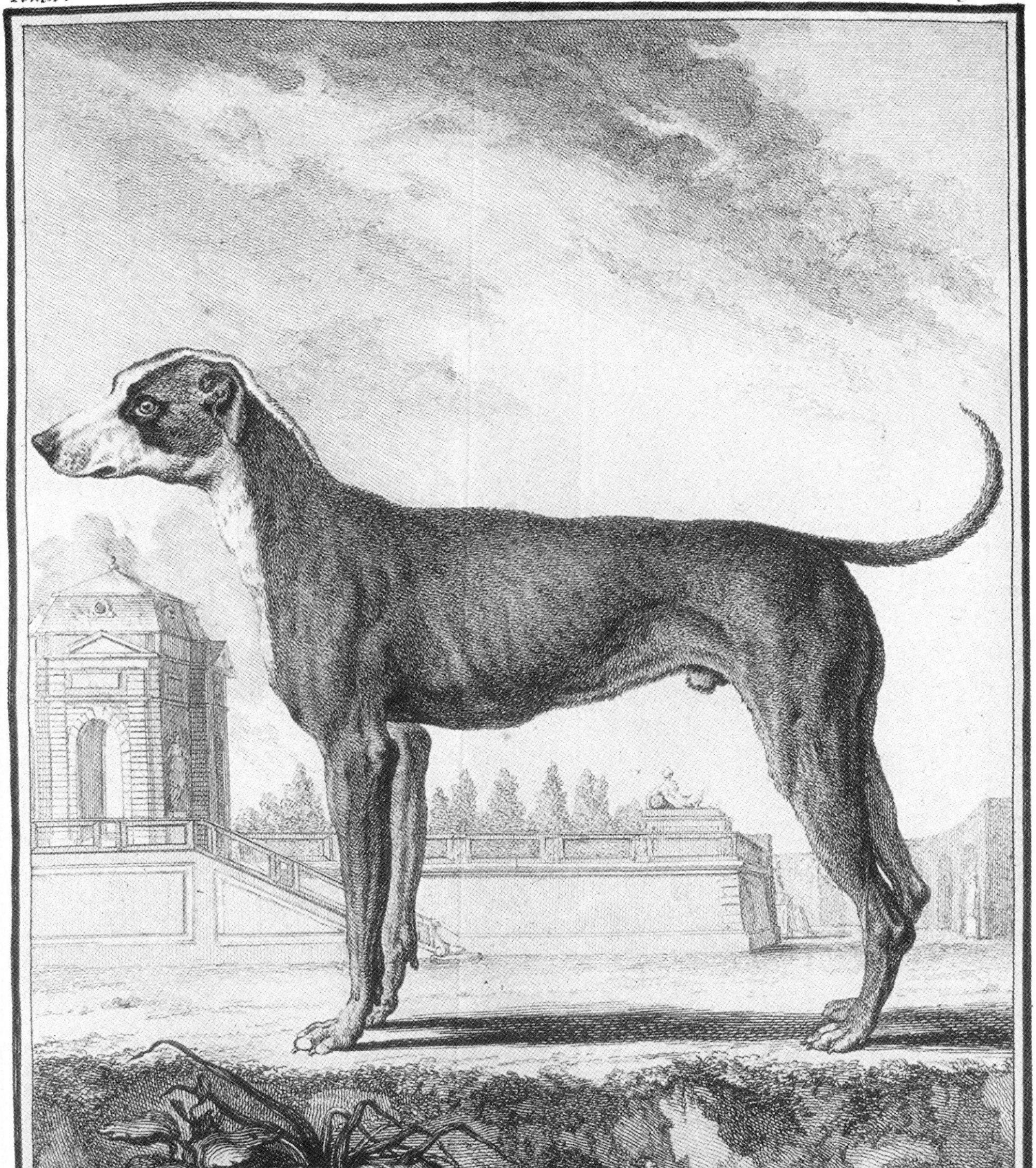

*De Seve del.* *P.F. Tardieu sculp.*

LE GRAND DANOIS

Tom. V. PL. XXVII. Pag. 300.

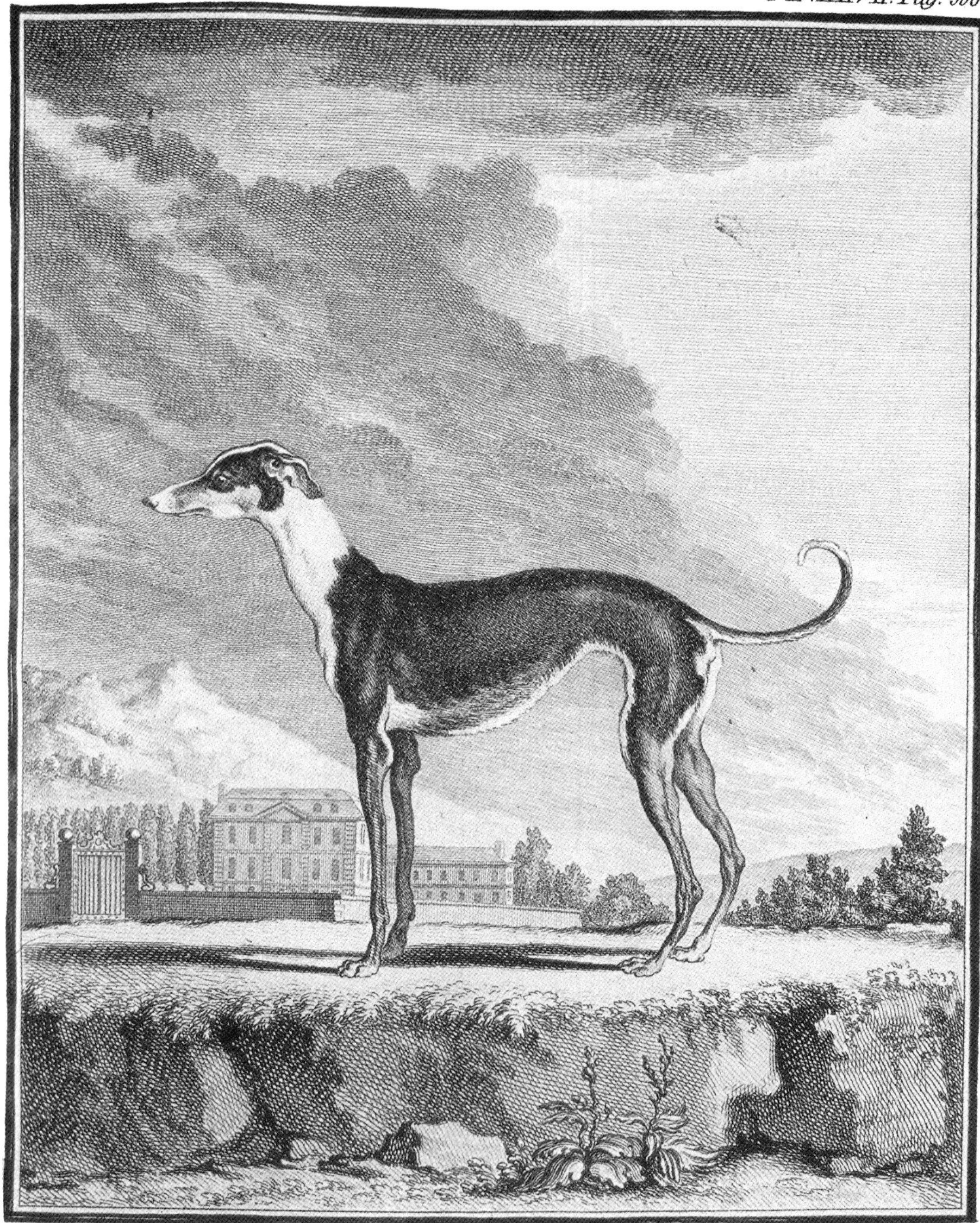

De Seve delin. C. Baquoy Sculp.

LE LEVRIER.

*Tom. V.* *Pl. XXVIII. Pag. 300.*

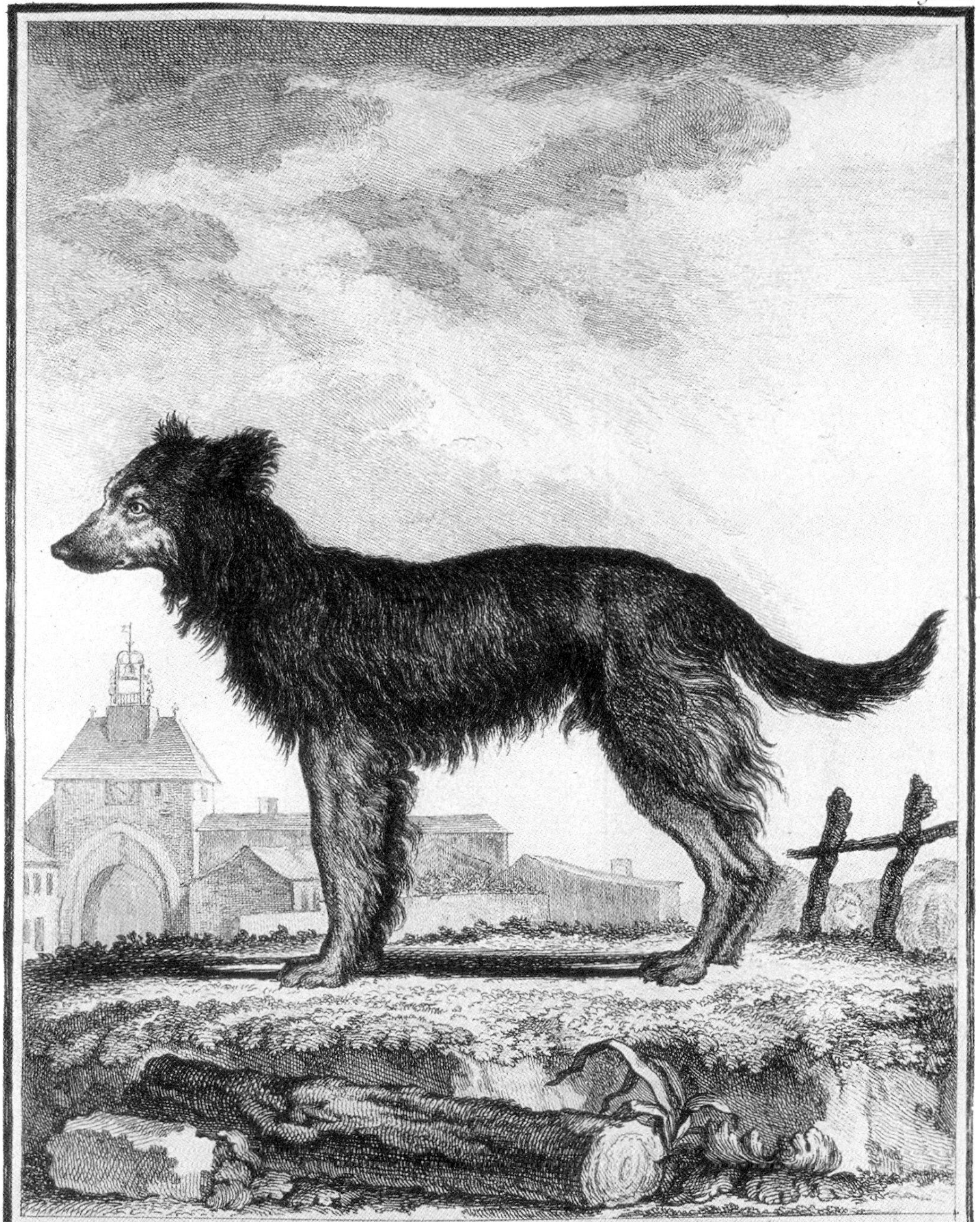

*De Seve delin.* *P. F. Tardieu sculp.*

LE CHIEN DE BERGER.

Tom. V. PL. XXIX. Pag. 300.

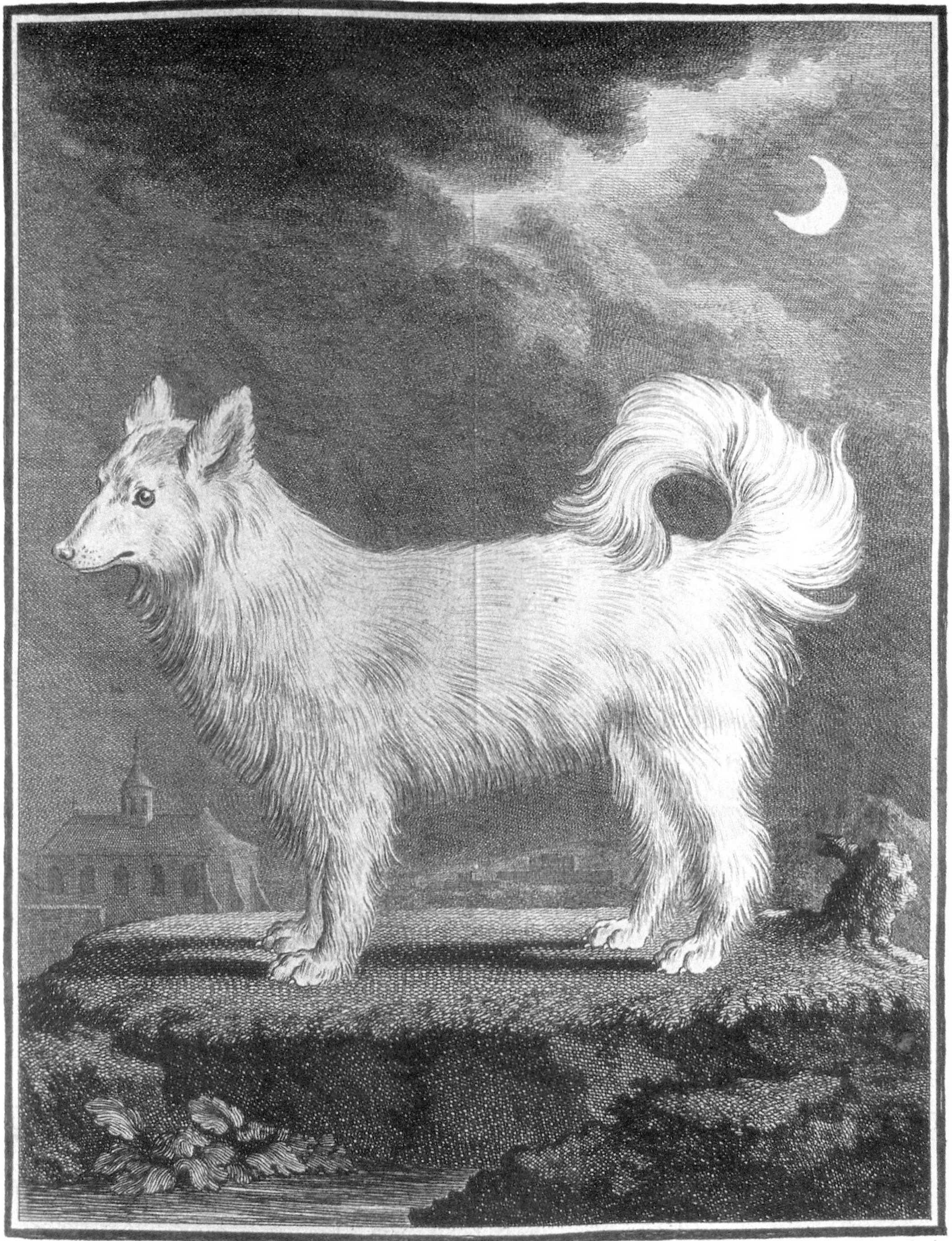

De Seve delin. C. Baquoy Sculp.

LE CHIEN LOUP.

Tom. V. Pl. XXX. Pag. 300.

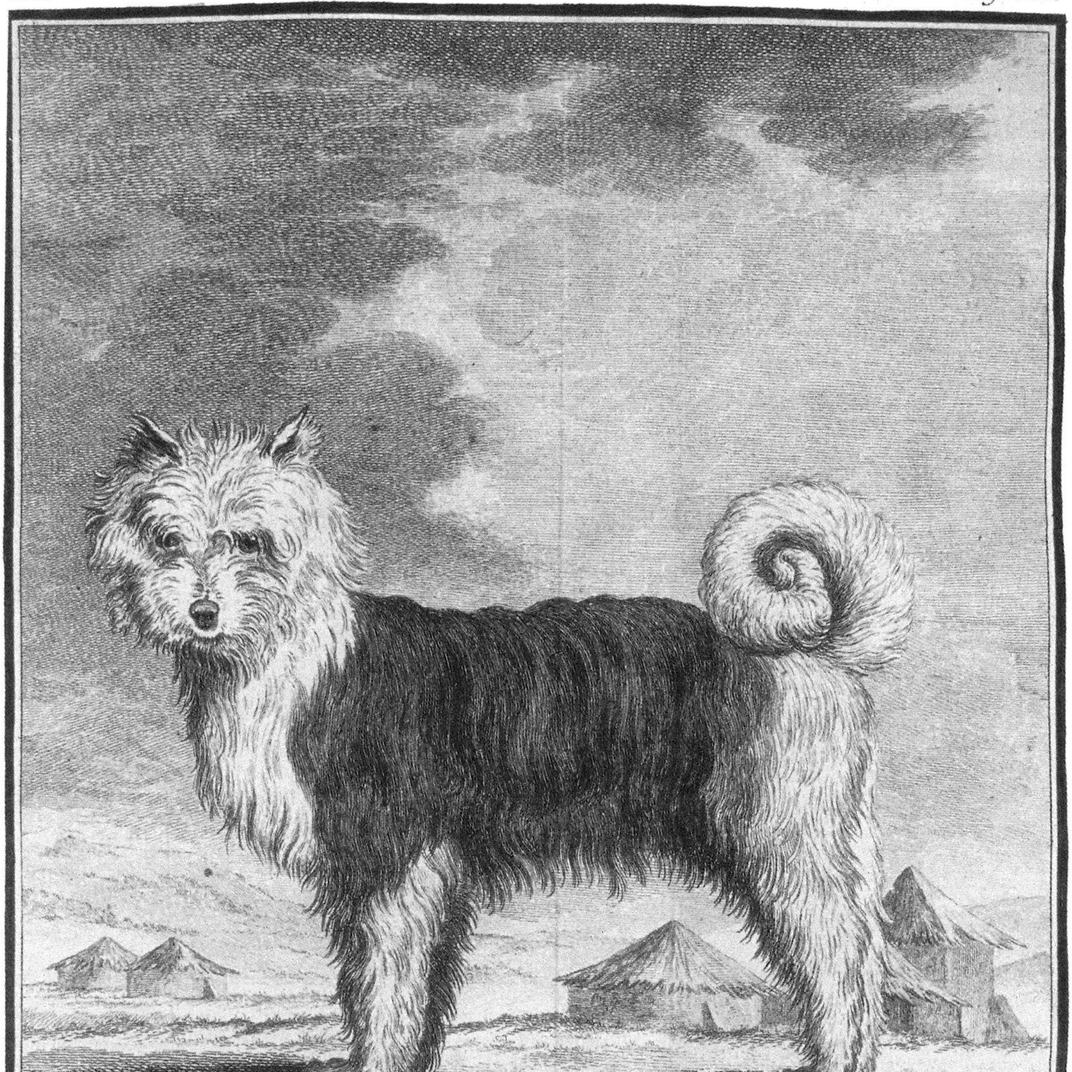

De Seve del. L. Legrand Sculp.

LE CHIEN DE SIBERIE.

*Tom. V.* *Pl. XXXI. Pag. 300.*

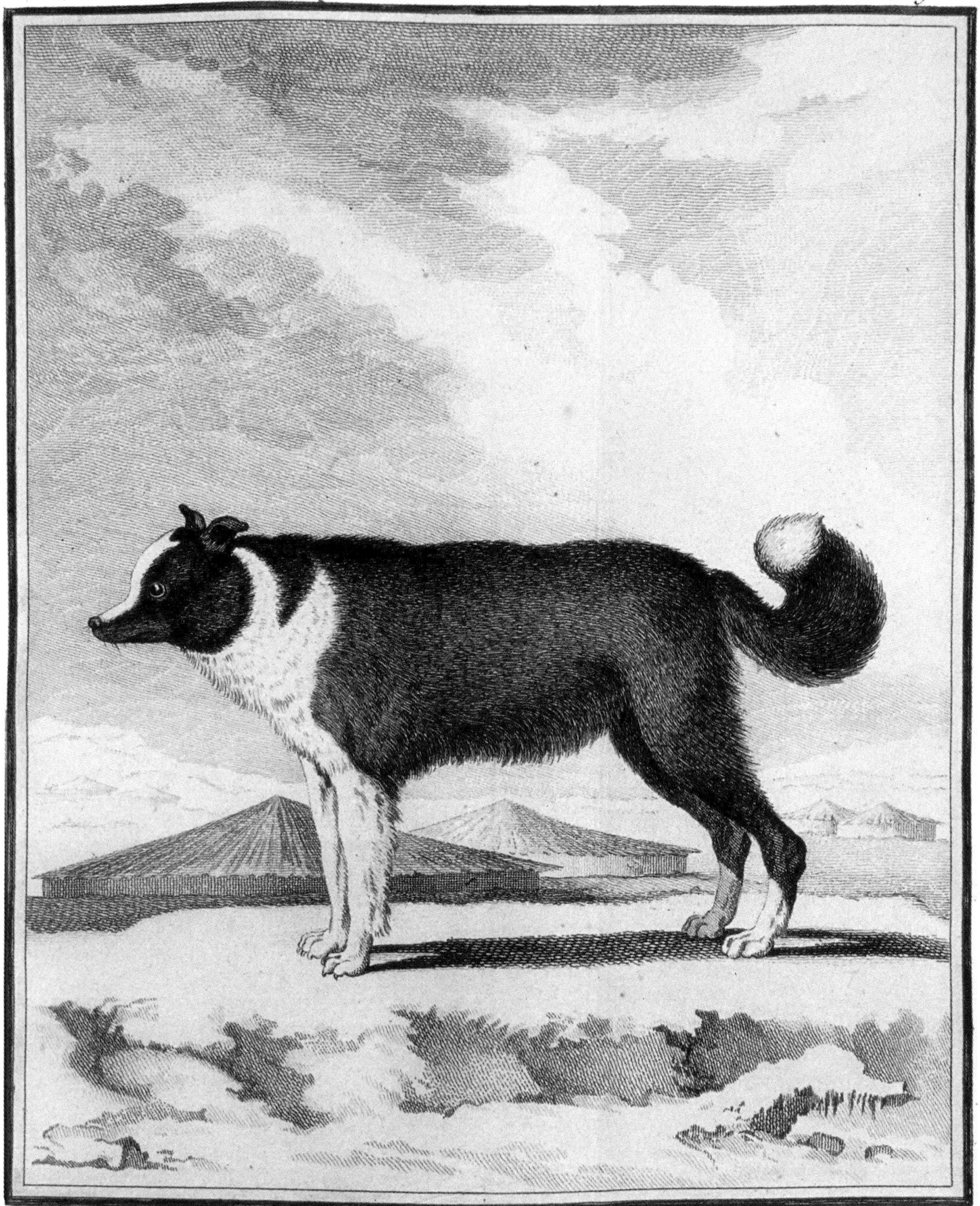

*De Seve delin.* *Gaillard Sculp.*

LE CHIEN D'ISLANDE.

Tom. V. PL. XXXII. Pag. 300.

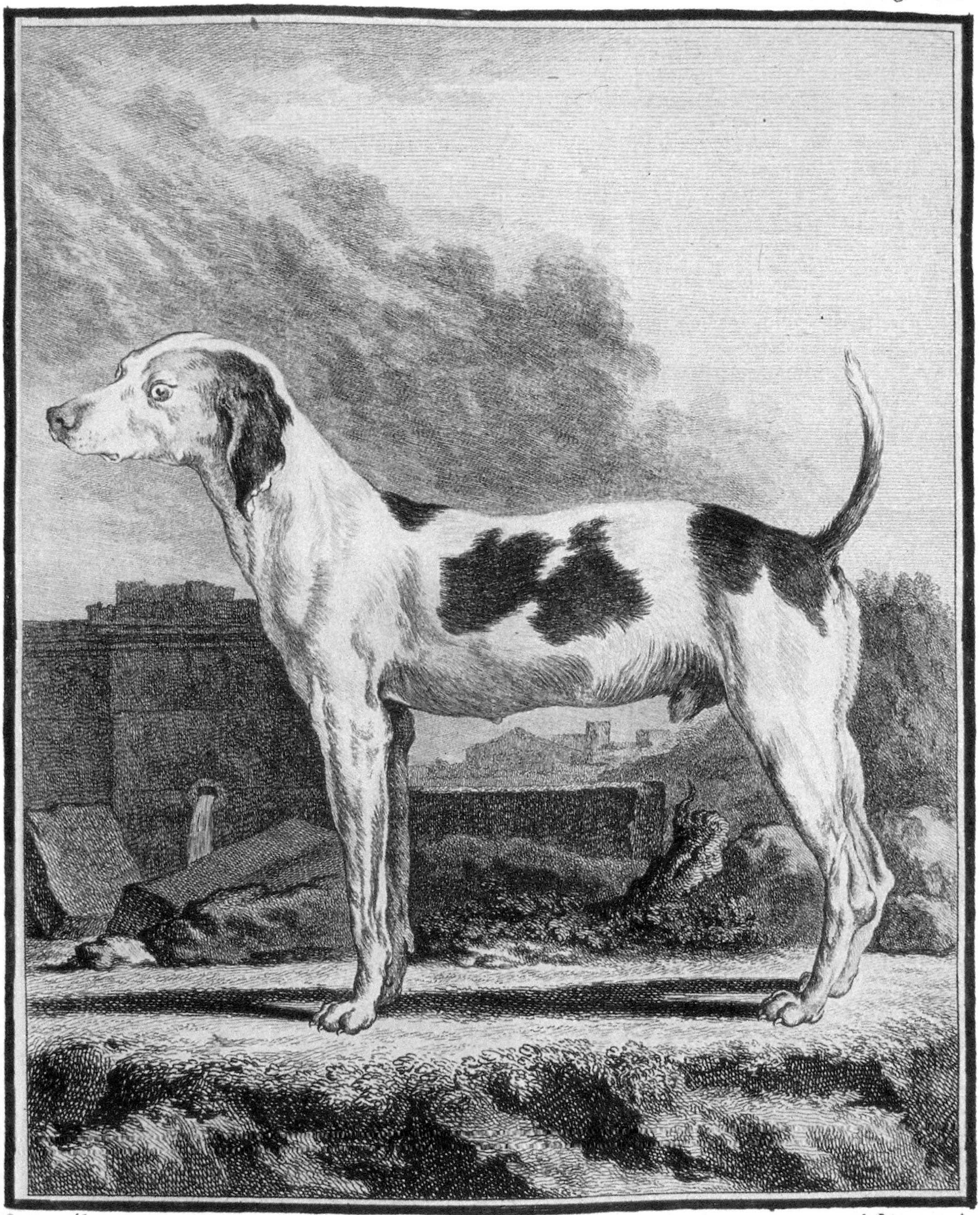

De Seve. del. C. Baquoy sculp.

LE CHIEN COURANT

Tom.V. PL XXXIII. Pag.300.

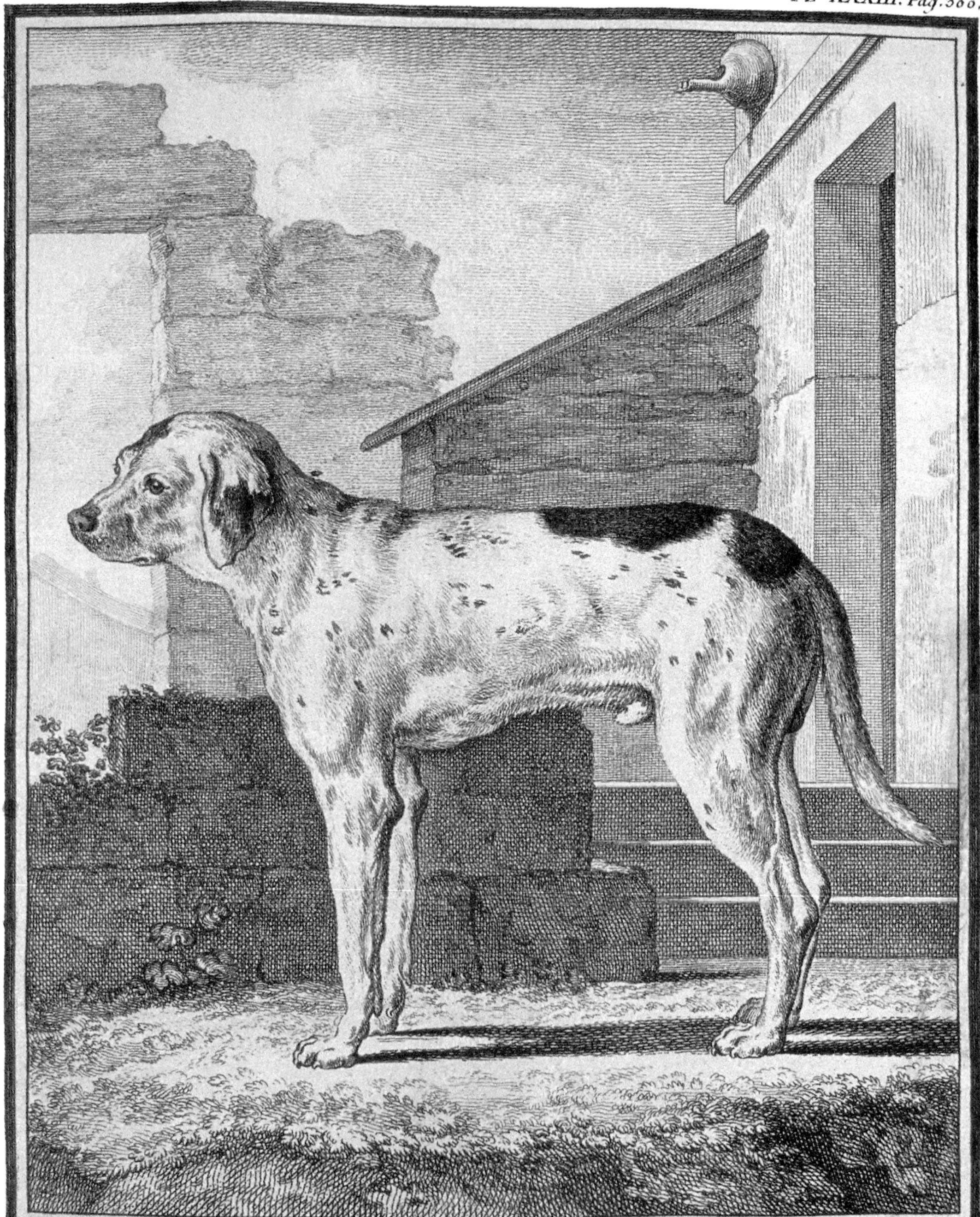

De Seve del. Moitte Sculp

LE BRAQUE.

*Tom. V.* *Pl. XXXIV. Pag. 300.*

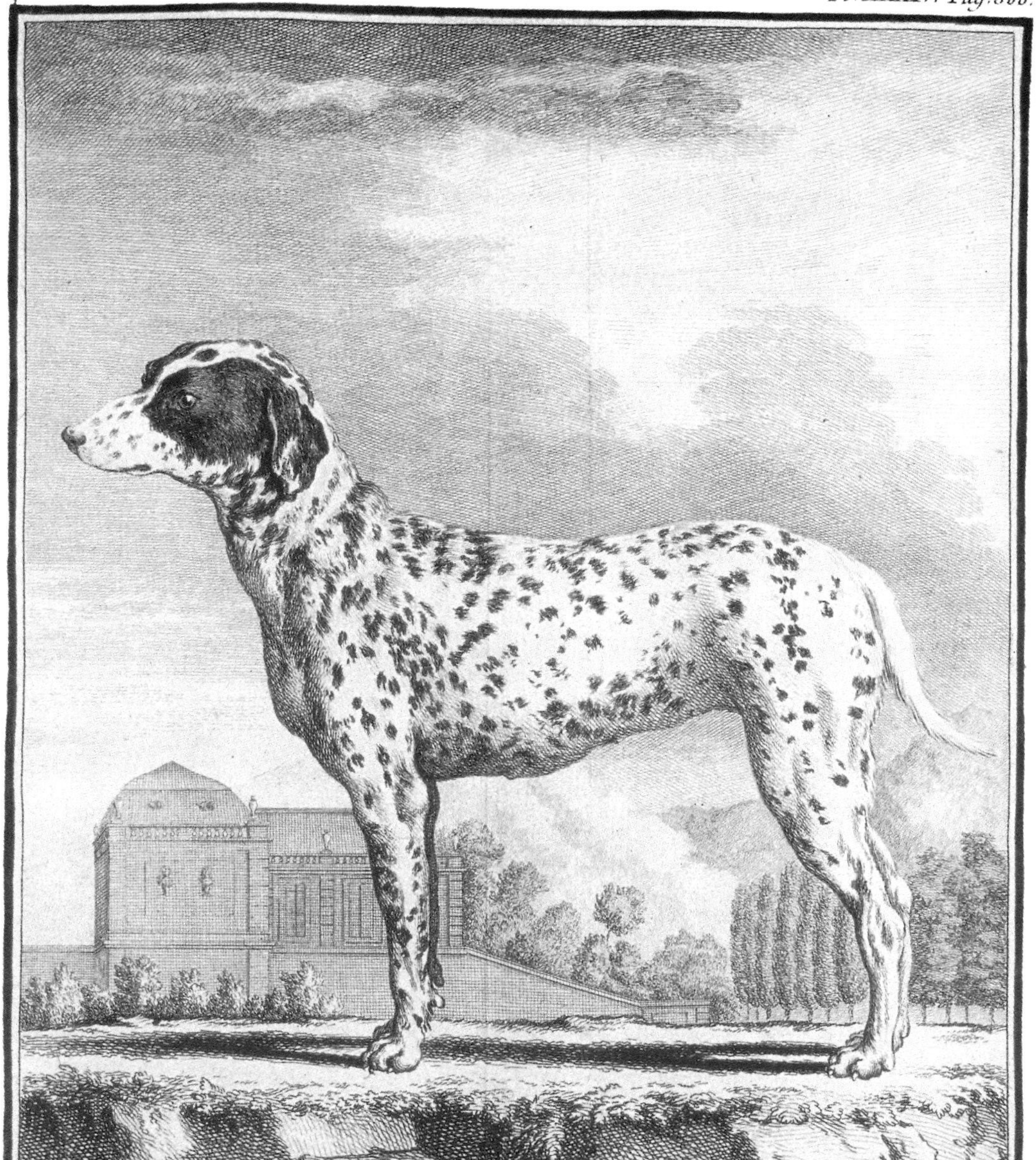

*De Seve delin.* *Baquoy Sculp.*

LE BRAQUE DE BENGALE.

Tom. V. LE BASSET A JAMBES TORSES. Pl. XXXV. Pag. 300.

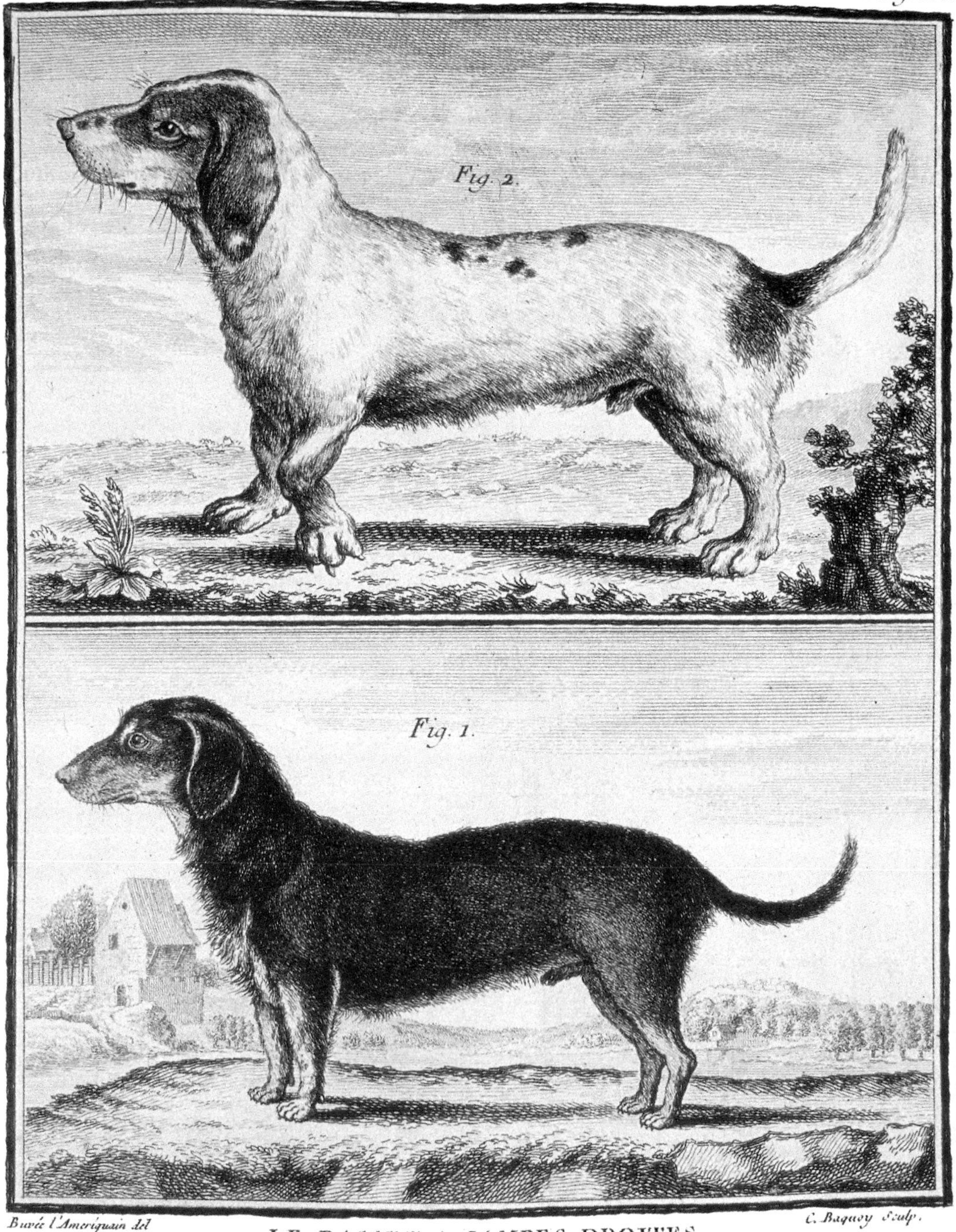


Buvée l'Amériquain del. C. Baquoy Sculp.

LE BASSET A JAMBES DROITES.

Tom. V. Pl. XXXVI. Pag. 300.

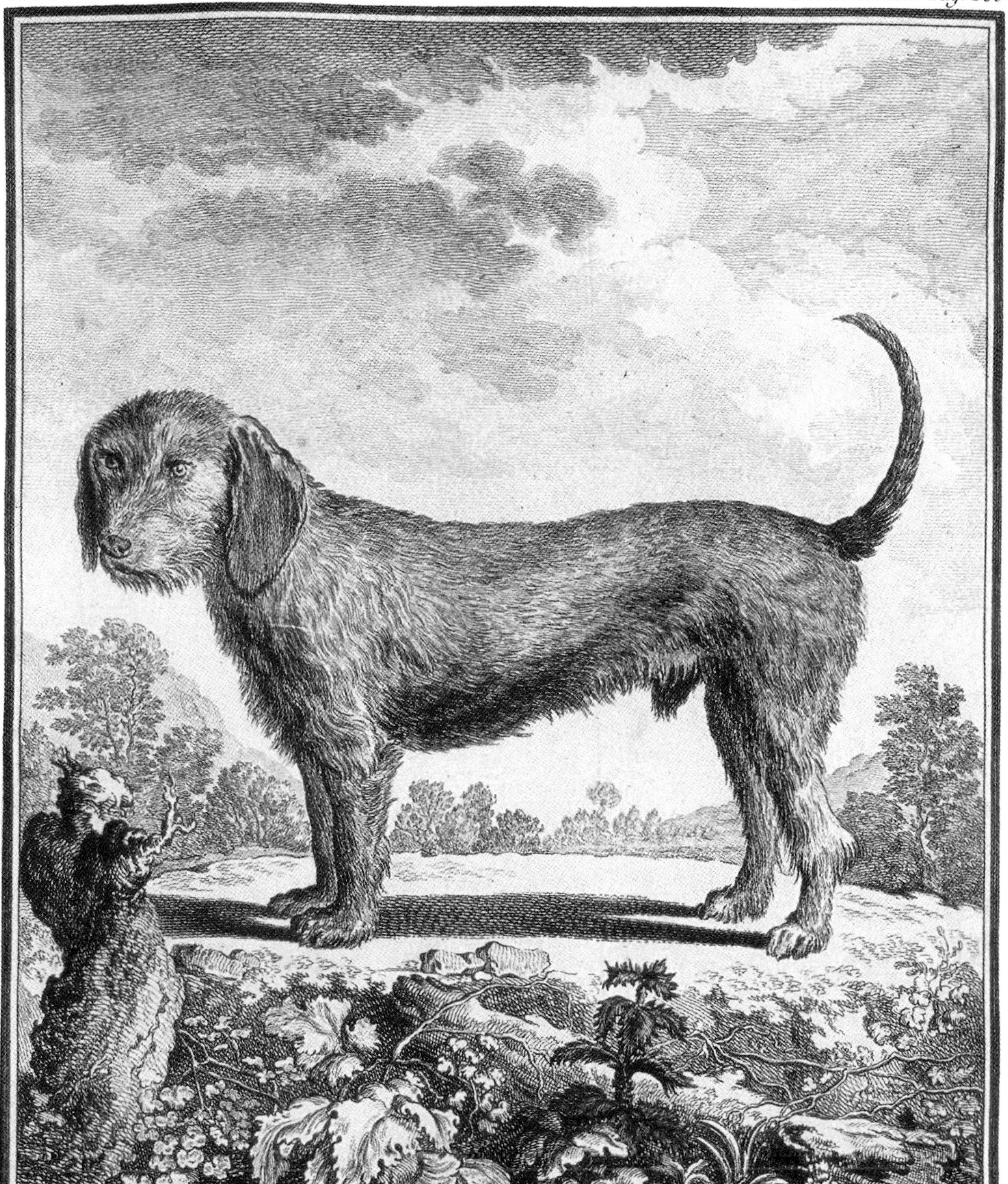

De Seve delin. Moitte Sculp.

CHIEN COURANT METIS.

Tom. V. Pl. XXXVII. Pag. 300

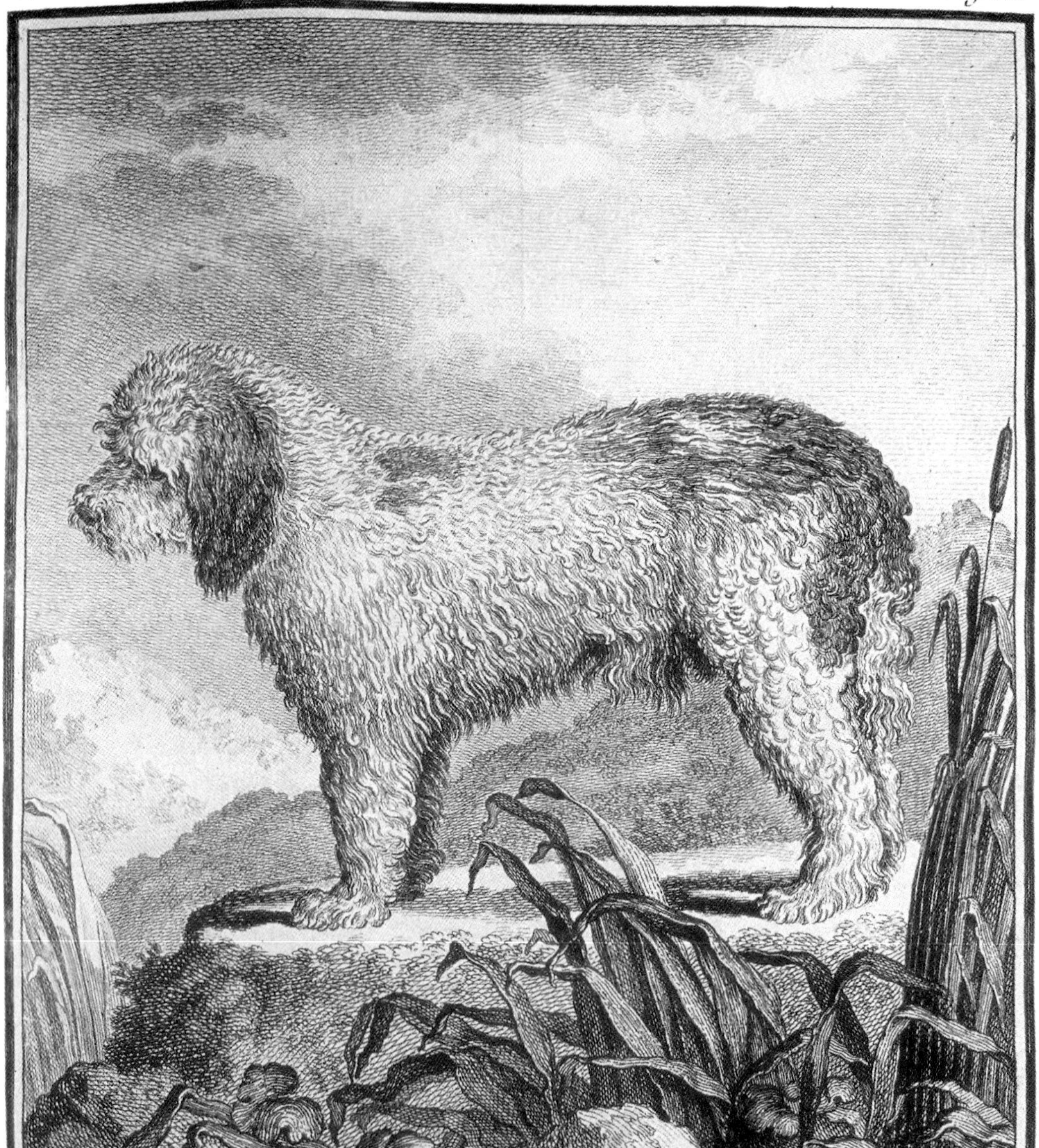

De Seve del. P. E. Moitte Sculp.

LE GRAND BARBET.

Tom. V. L'EPAGNEUL. Pl. XXXVIII. Pag. 300.

Fig. 1.

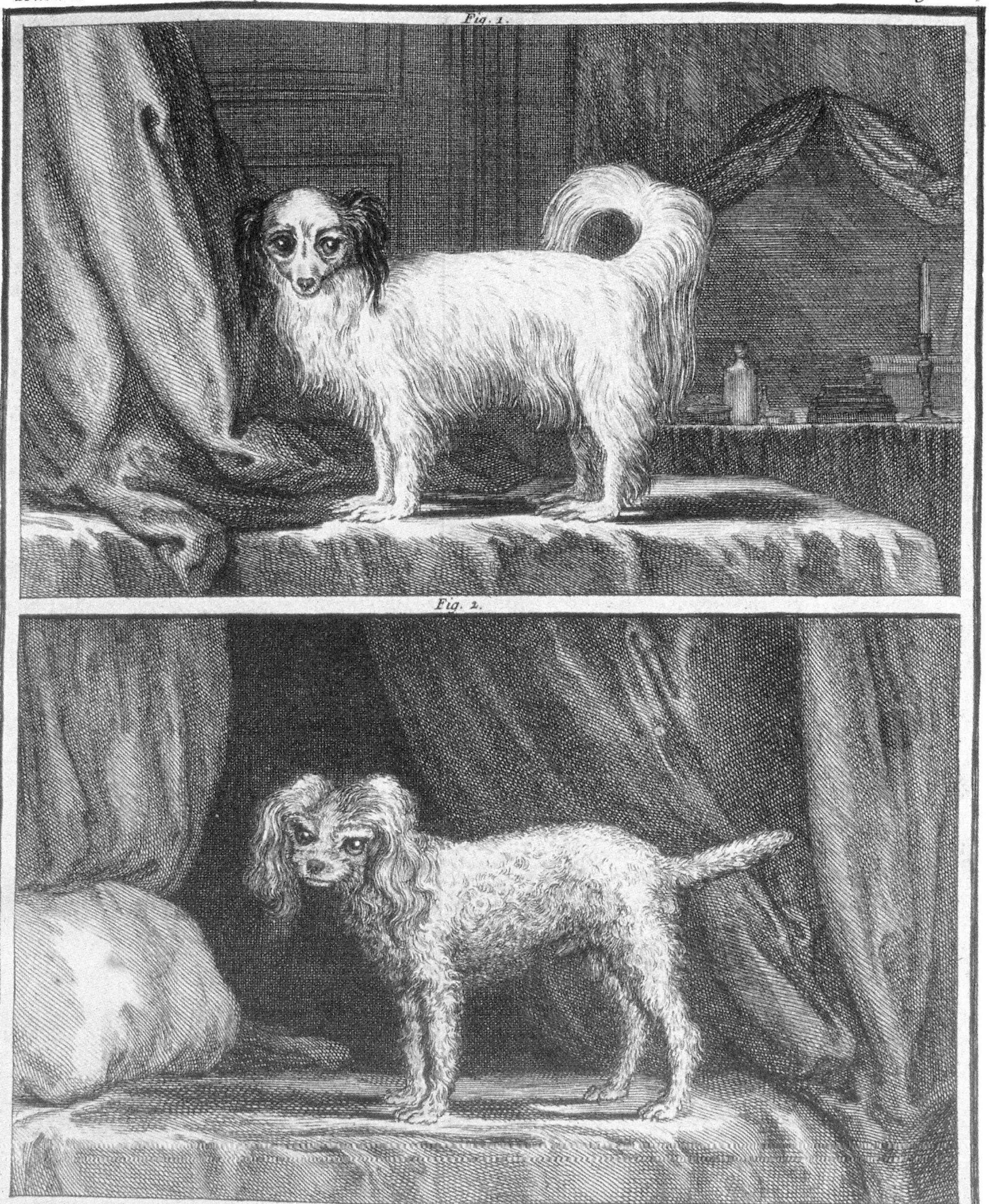

Fig. 2.

De Seve del. P.F. Tardieu Sculp.

LE PETIT BARBET.

*Tom. V.* LE GREDIN. *Pl. XXXIX. Pag. 300.*

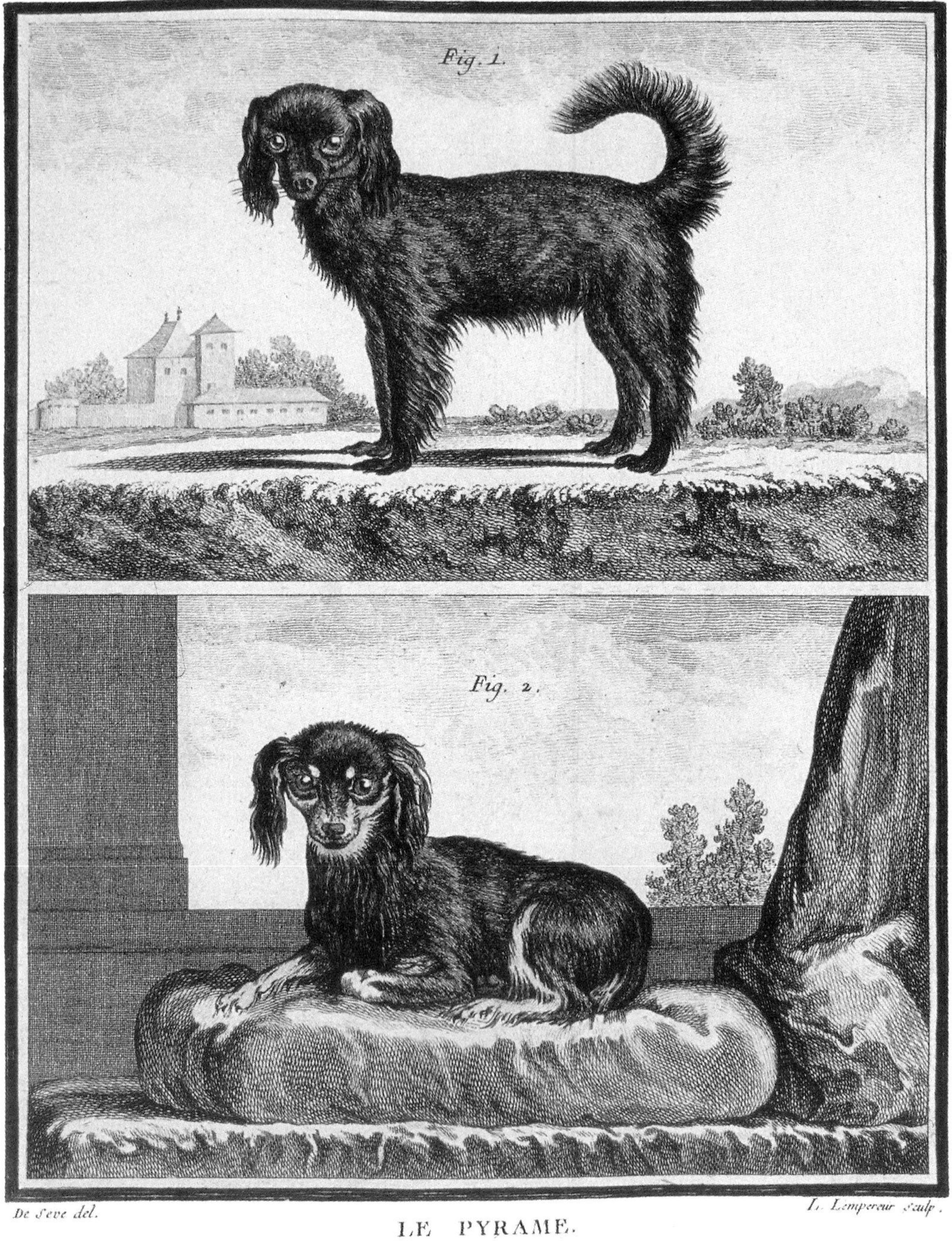


*De Seve del.* *L. Lempereur sculp.*

LE PYRAME.

*Tom. V.* LE BICHON. *Pl. XL. Pag. 300.*

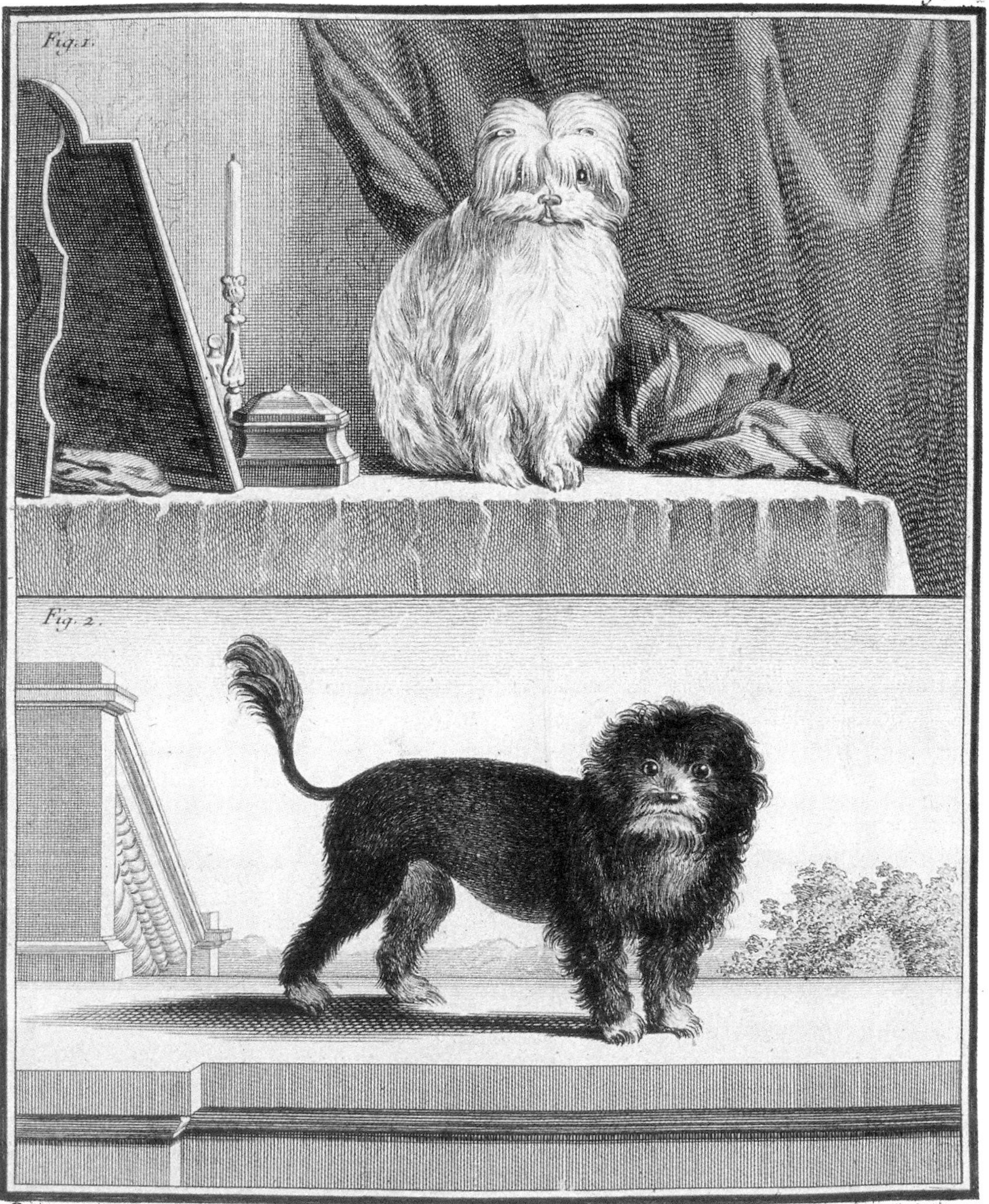


*De Seve delin.* *Gaillard Sculpsit.*

LE CHIEN LION.

Tom. V. LE PETIT DANOIS. Pl. XLI. Pag: 300.

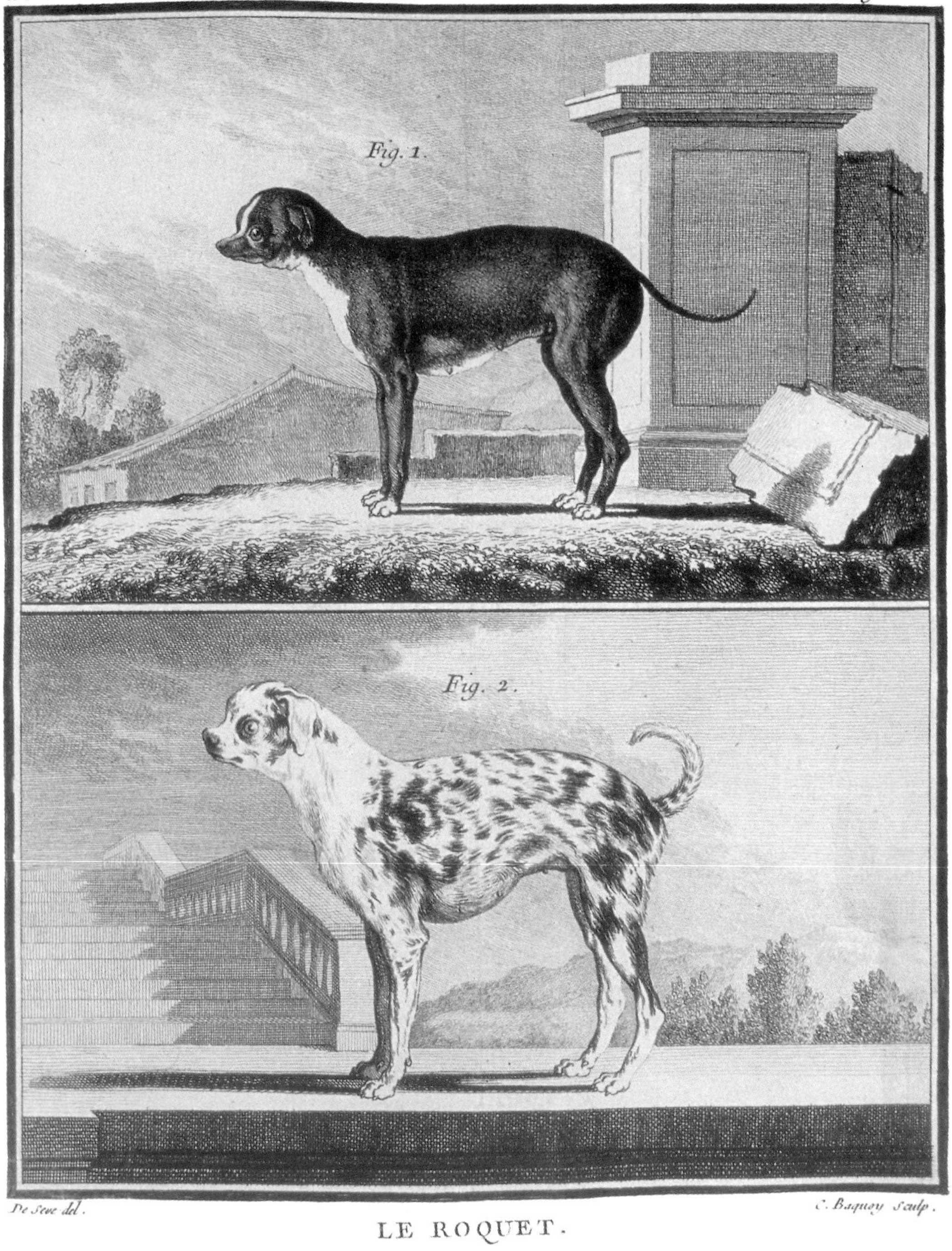


De Seve del. C. Baquoy Sculp.

LE ROQUET.

Tom. V. LE CHIEN TURC. Pl. XLII. Pag. 300.

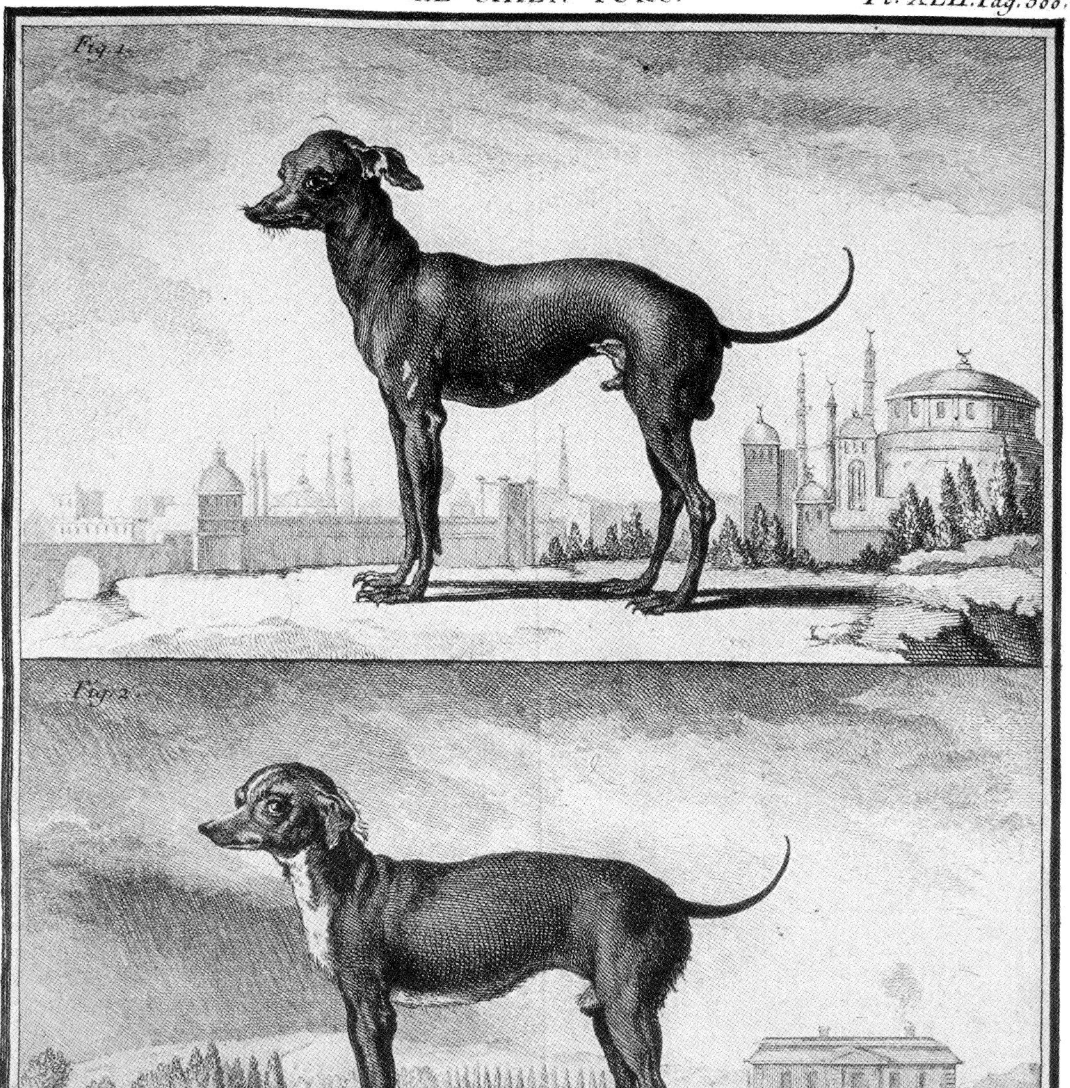


De seve del. P. E. Tardieu sculp.

CHIEN TURC METIS.

*Tom. V.* *Pl. XLIII. pag. 300.*

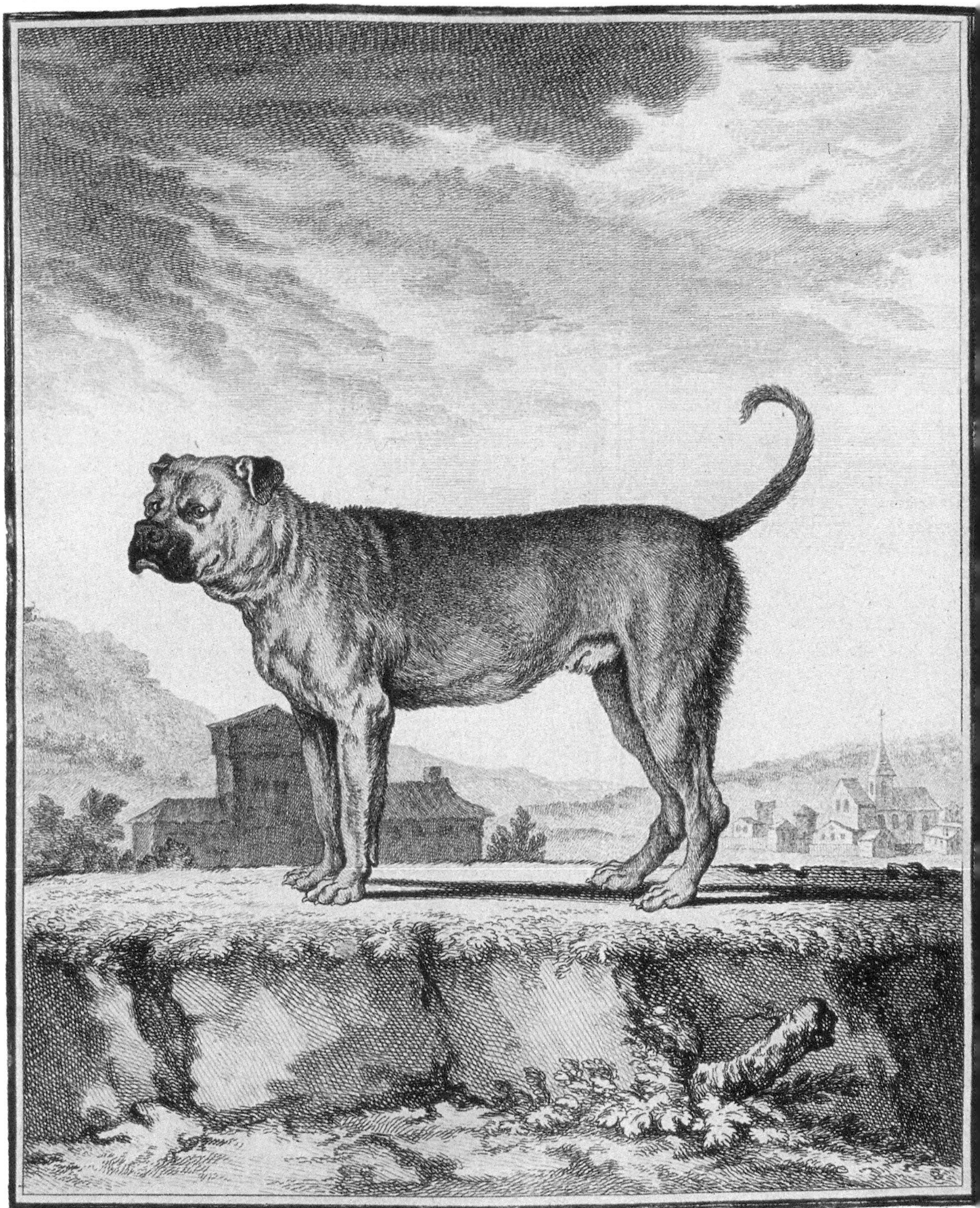

*De Seve delinea.* *C. Baquoy Sculp.*

LE DOGUE.

Tom. V. PL. XLIV. Pag. 300.

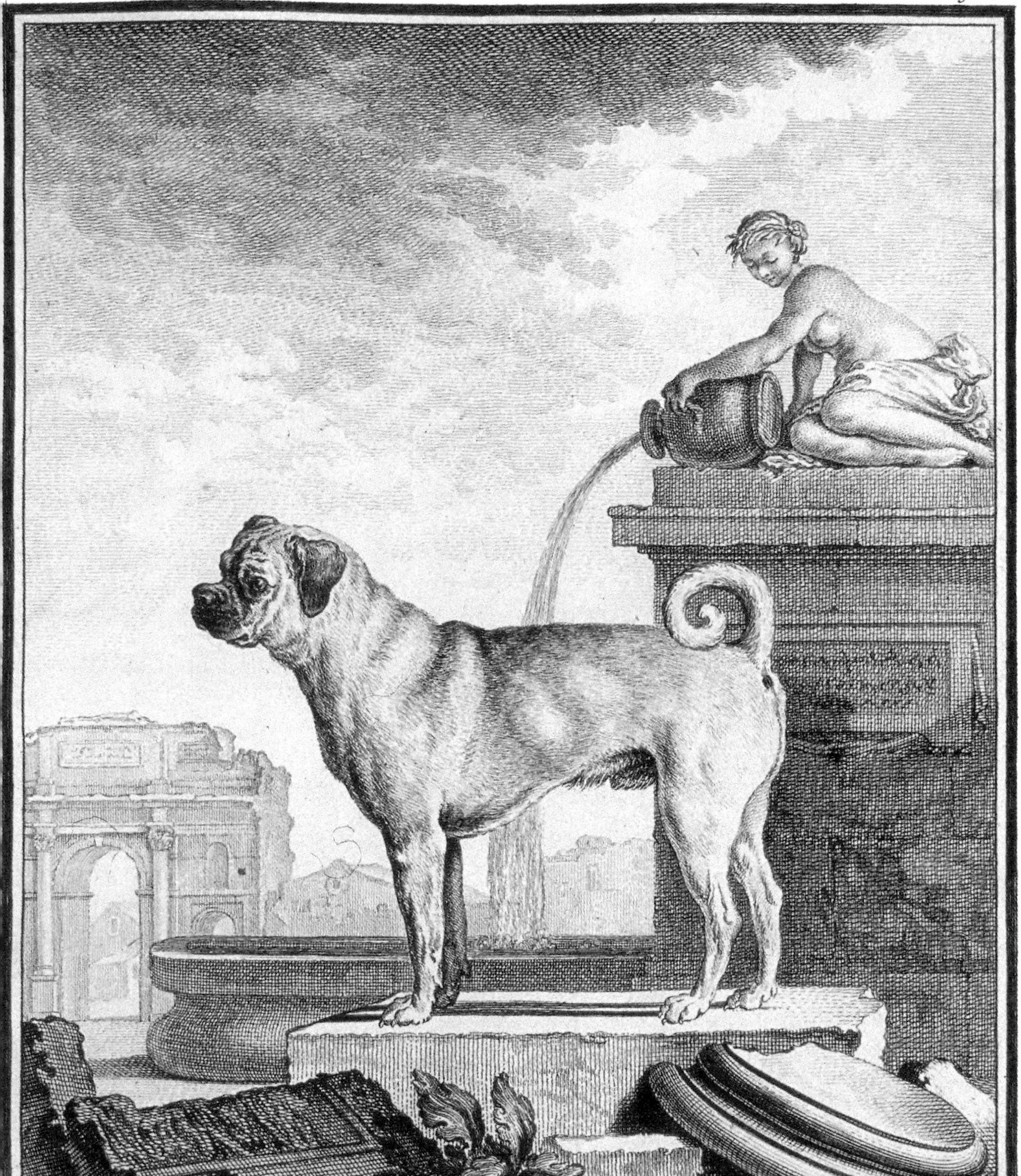

De Seve Del. LE DOGUIN. Moitte Sc.

*Tom. V.* *Pl. XLV. Page 300.*

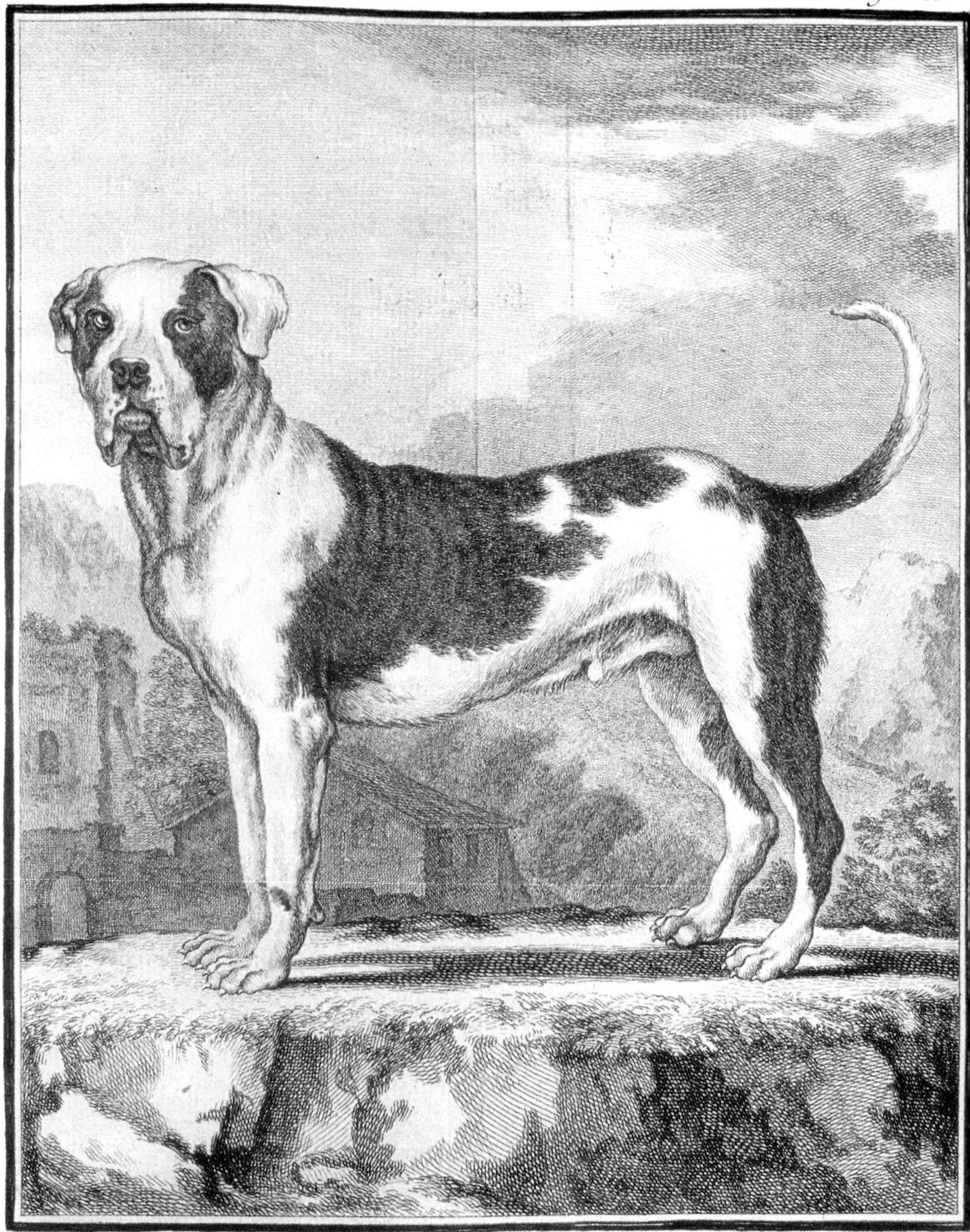

*De Seve delin.* *C. Baquoy sculp.*

LE DOGUE DE FORTE RACE.

*Tom. V.* *Pl. XLVI. Pag. 300.*

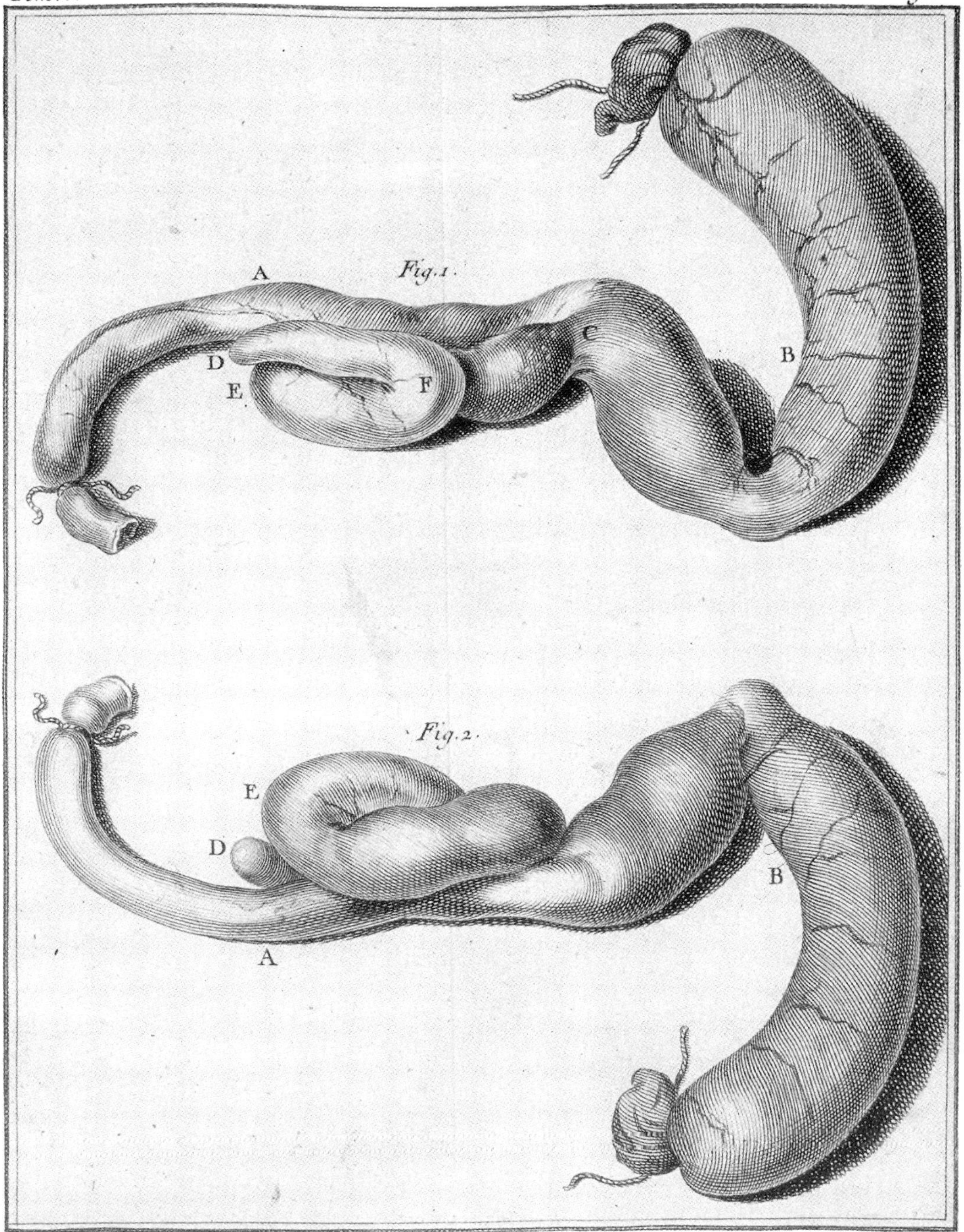


*De Seve del.*

*Tom. V.* *Pl. XLVII. Pag. 300*

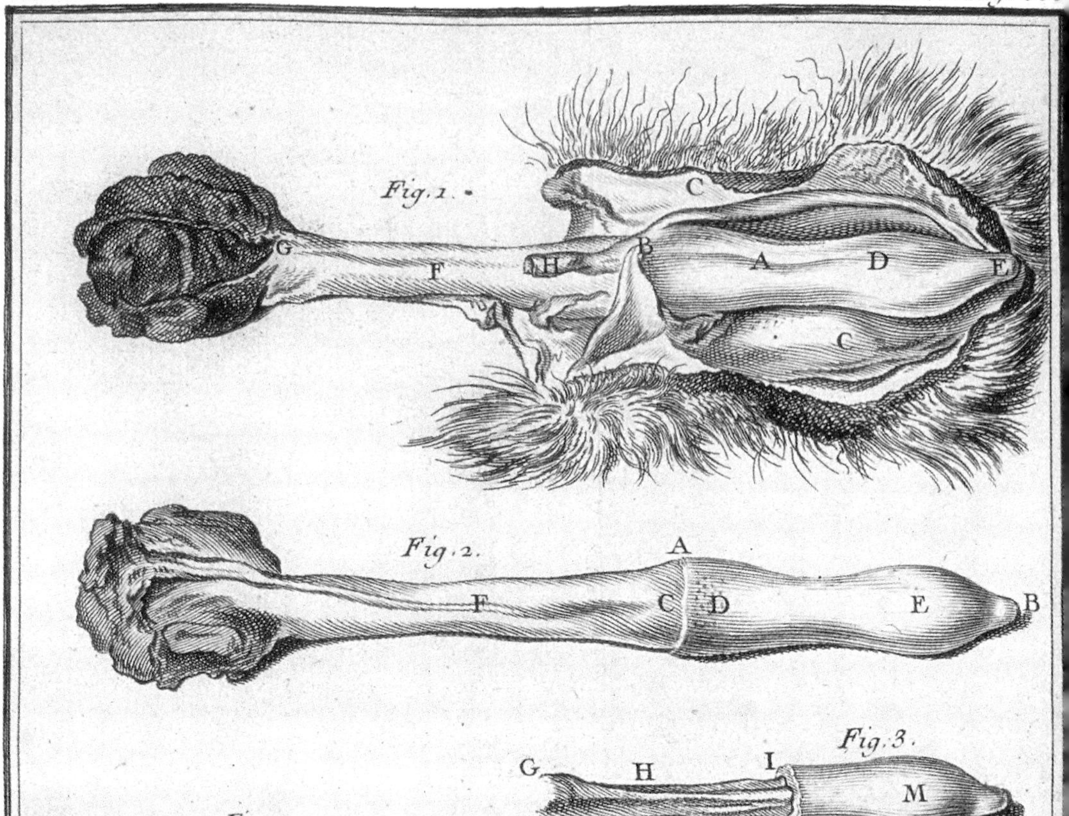


*De Seve del.*

Tom. V. Pl. XLVIII. Pag. 300.

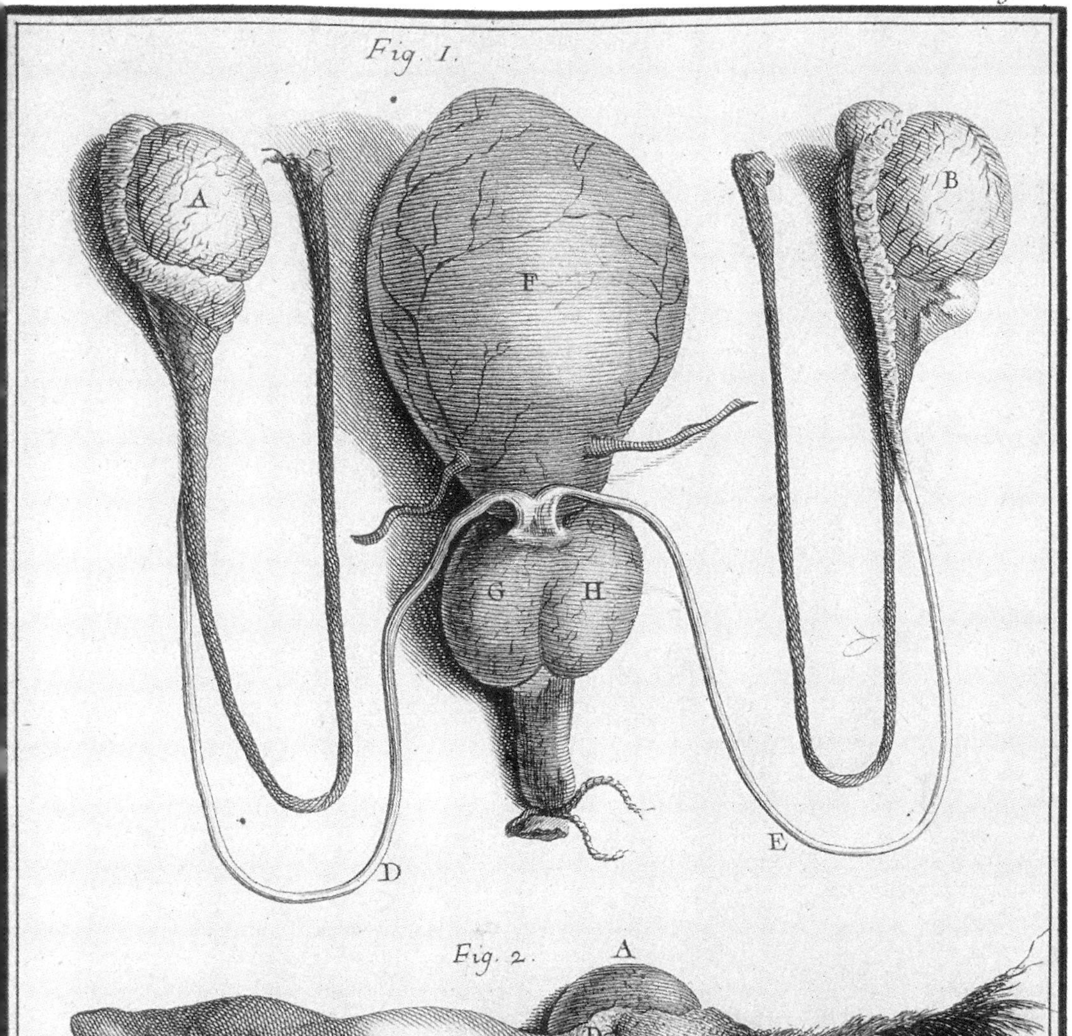


Buvée Gaillard Sp.

Tom. V

Pl XLIX. Pag. 300.

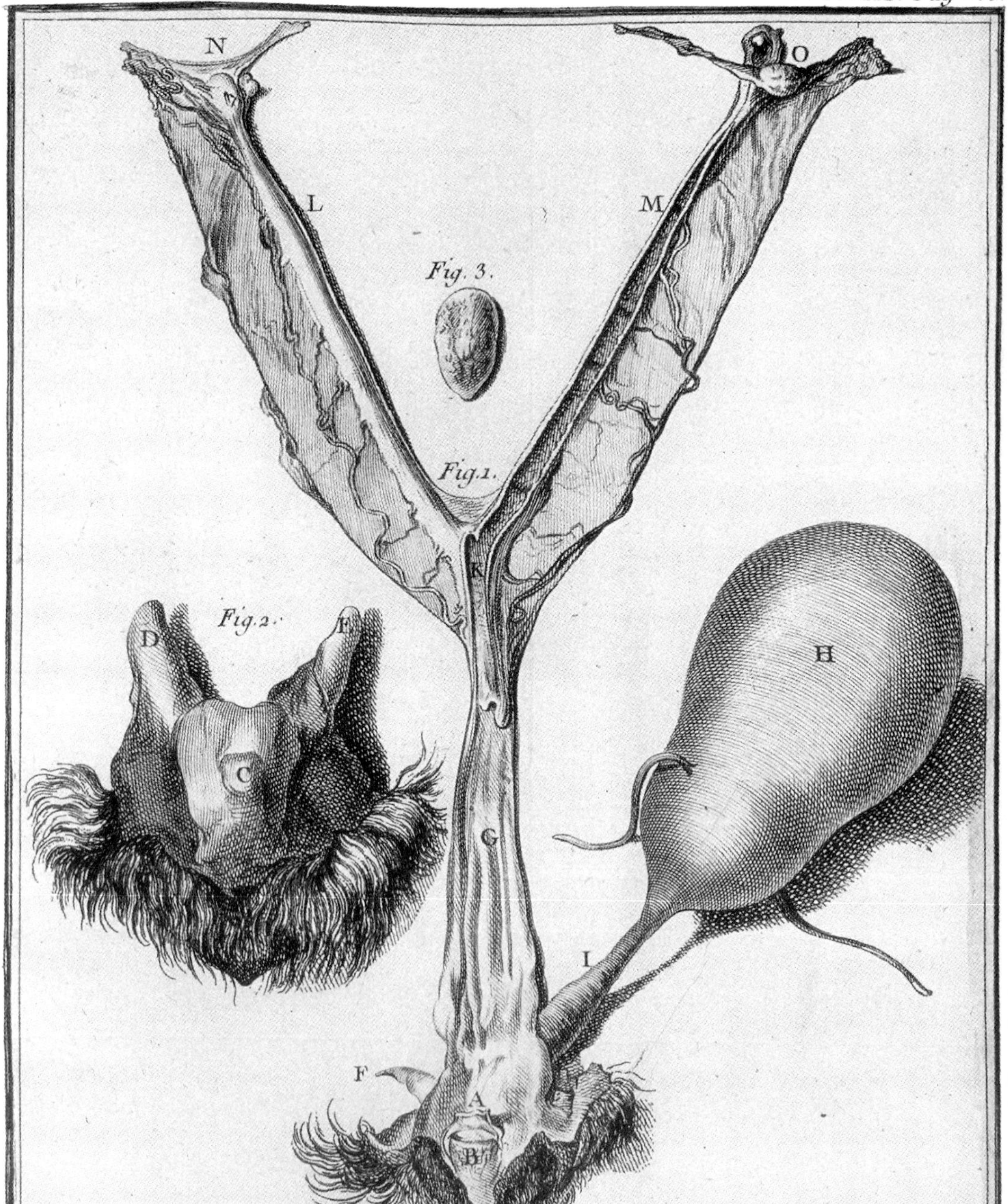


De Seve del.

F. Basan. S.

*Tom. V* *Pl. L. Pag. 300.*

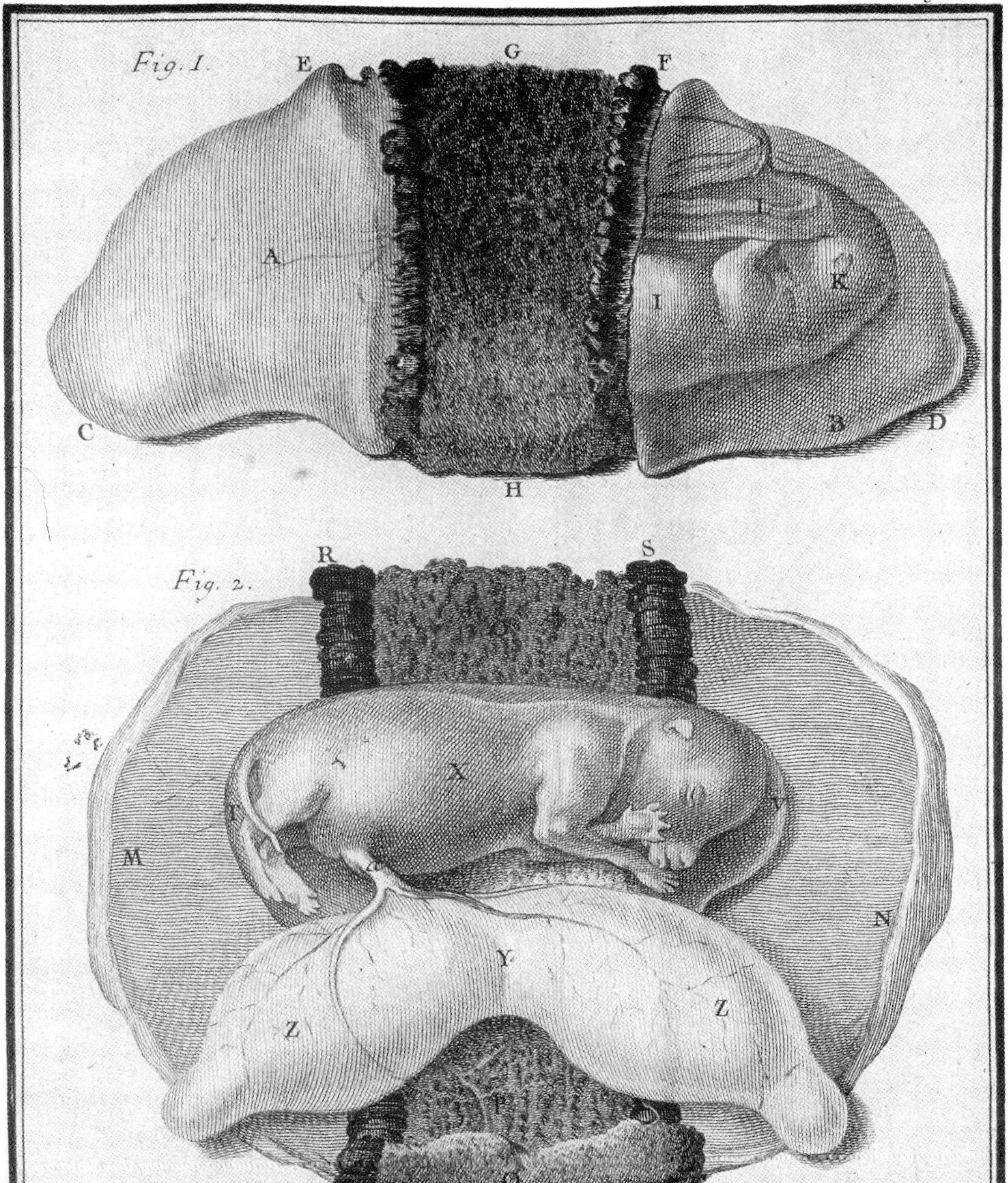


*De Seve del.* *Gaillard Sculp.*

Tom. V.

Pl. LI. Pag. 300

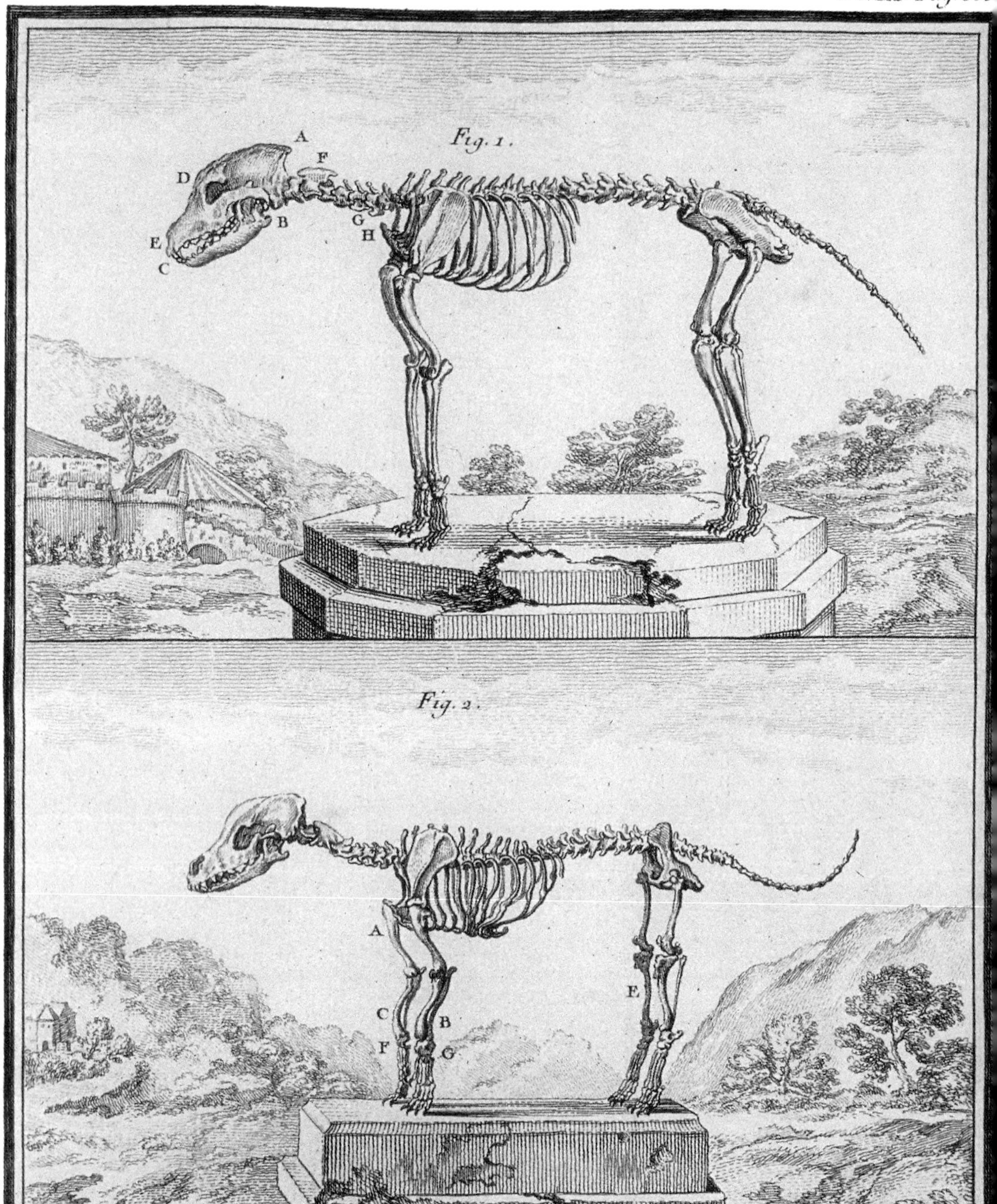


Buvée l'Ameriquain del.

Moitte Sculp.

Tom. V. | Pl. LII. Pag. 300.

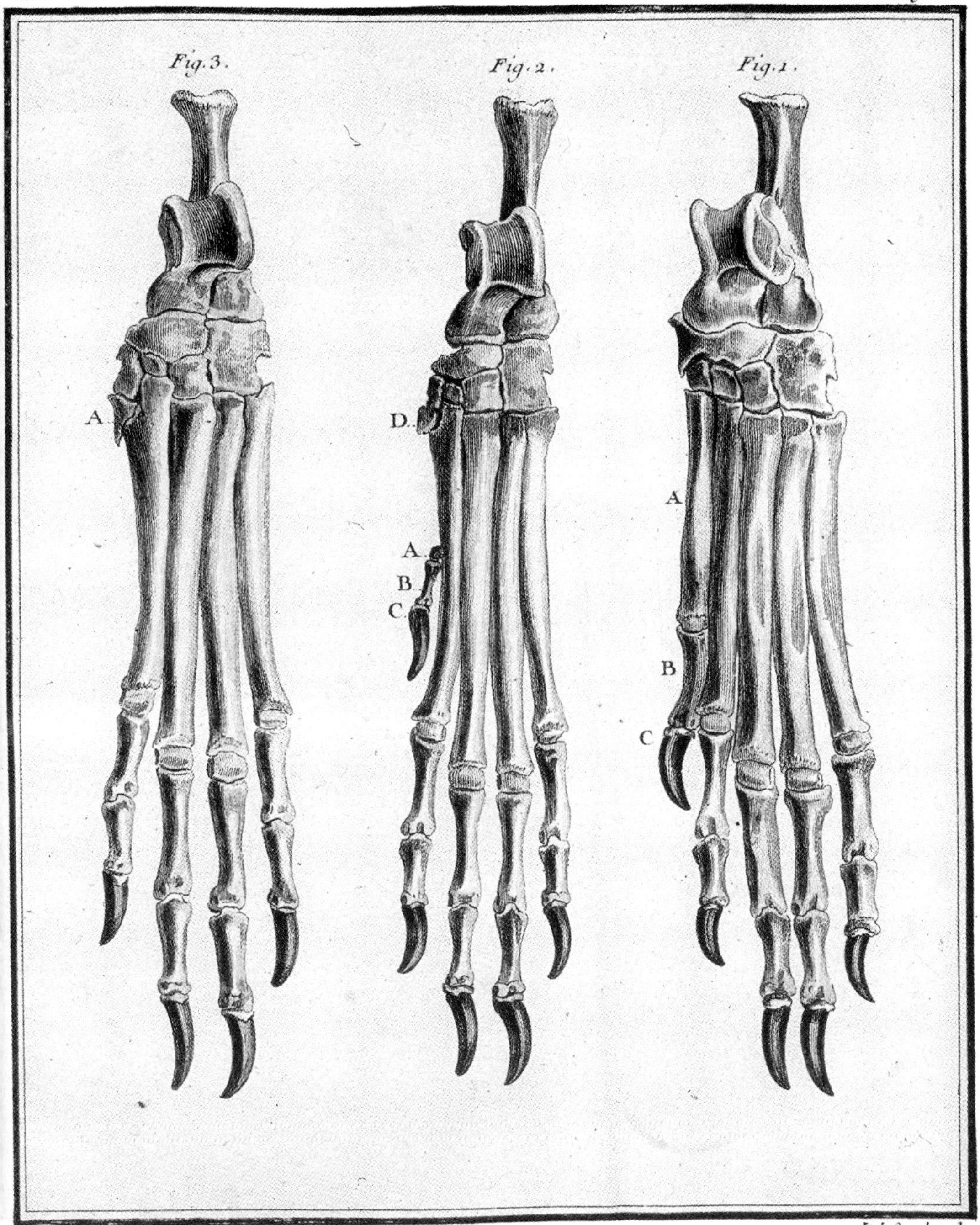


Buvée l'Américain del. | L. le Grand sculp.

# HISTOIRE
# NATURELLE,
## GÉNÉRALE ET PARTICULIÈRE,
*AVEC LA DESCRIPTION*
## DU CABINET DU ROI.

*Tome Sixième.*



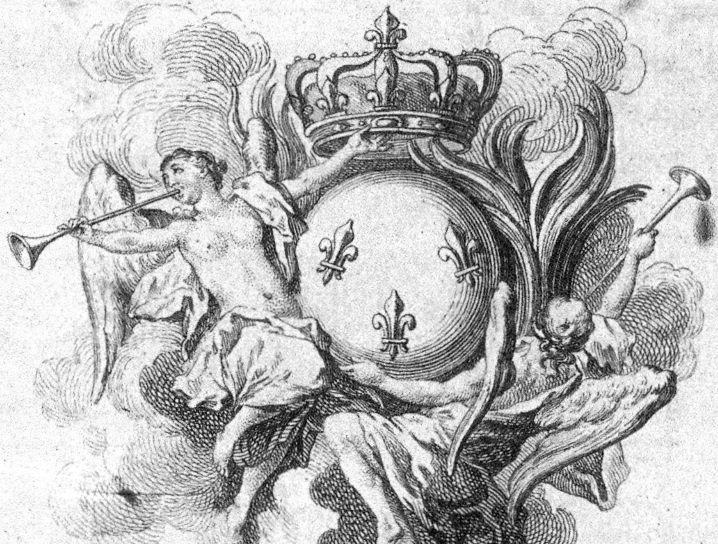

A PARIS,
DE L'IMPRIMERIE ROYALE.

M. DCCLVI.

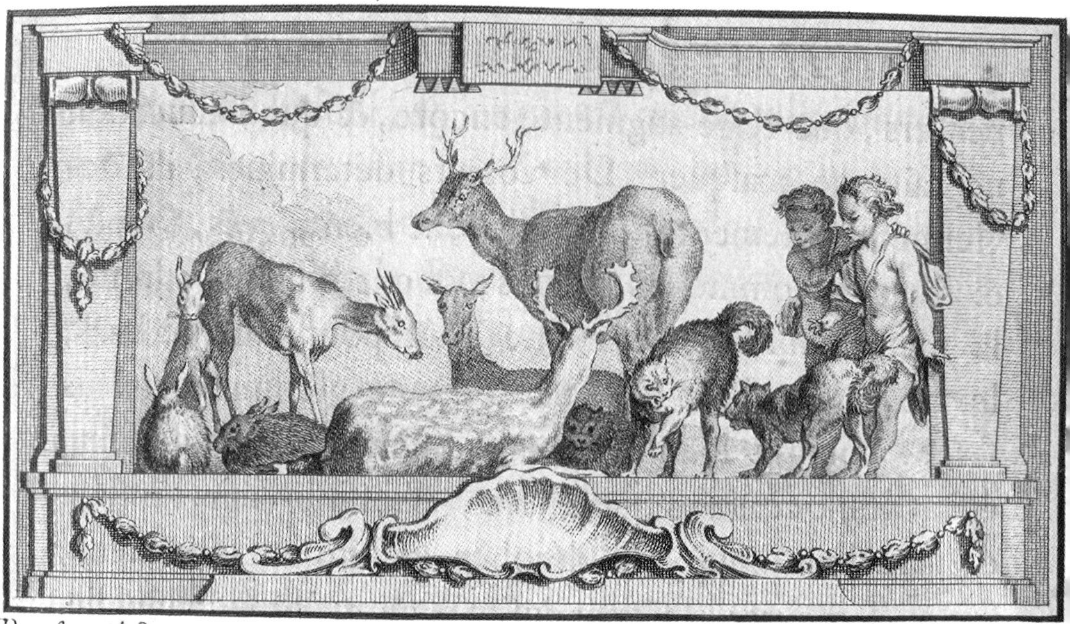

De. Seve. inv. P. Martinasi. Sculp

*Tom. VI.* *Pl. I. Pag. 48.*

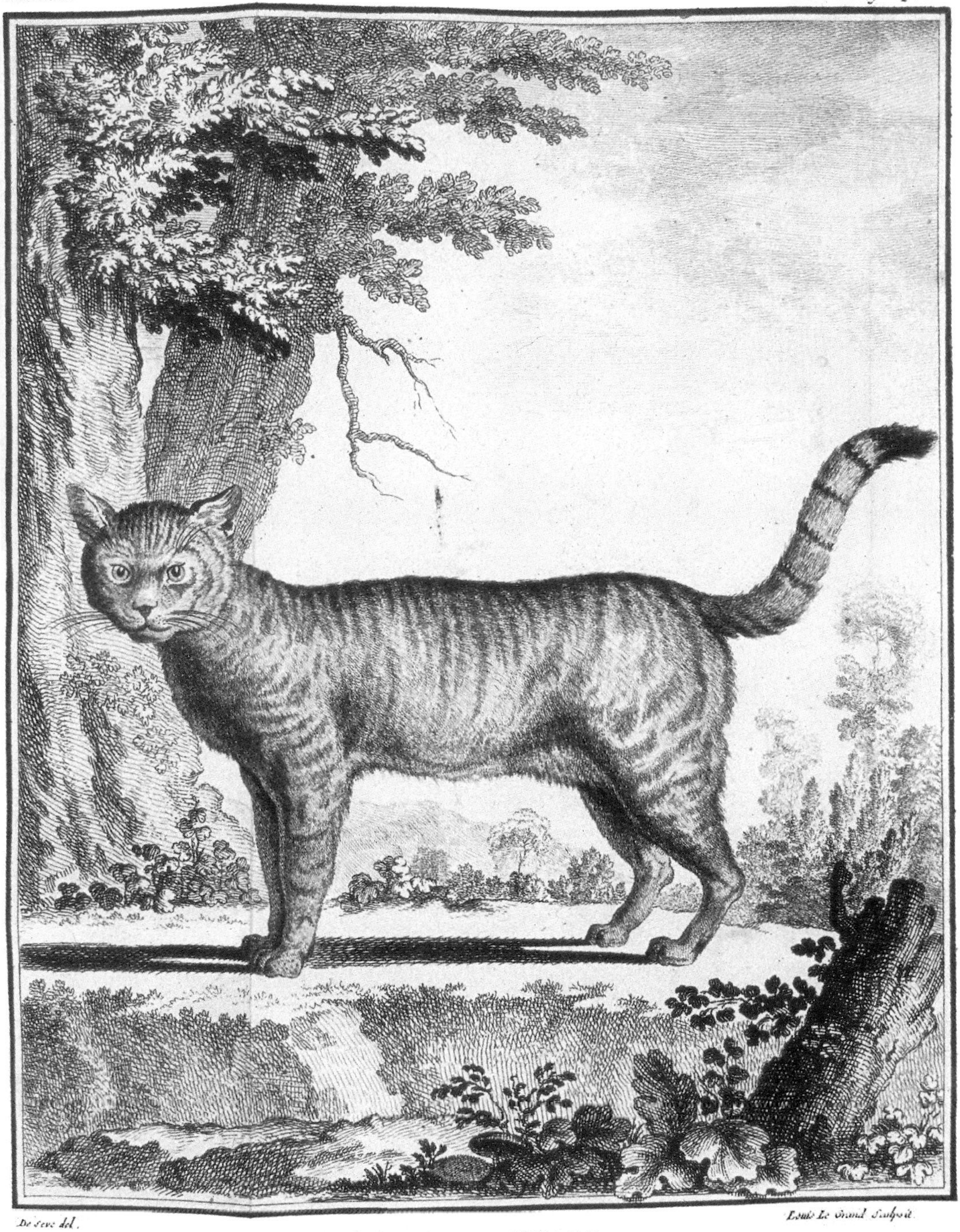

*De Seve del.* *Louis Le Grand Sculpsit.*

LE CHAT SAUVAGE

Tom. VI. Pl. II. Pag. 4[illegible]

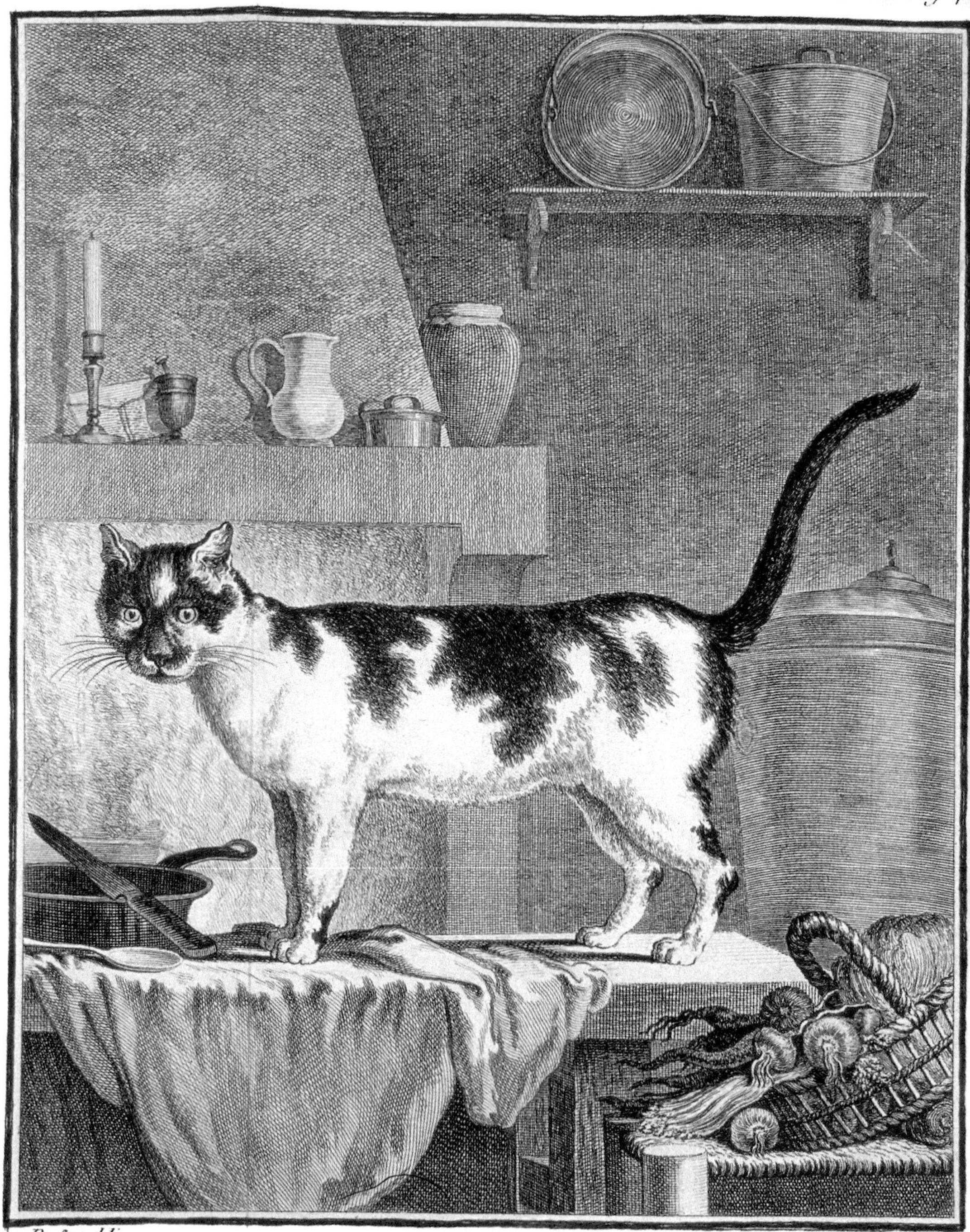

De Seve delin C. Baquoy Sculp.

LE CHAT DOMESTIQUE

Tom. VI. Pl. III. Pag. 48.

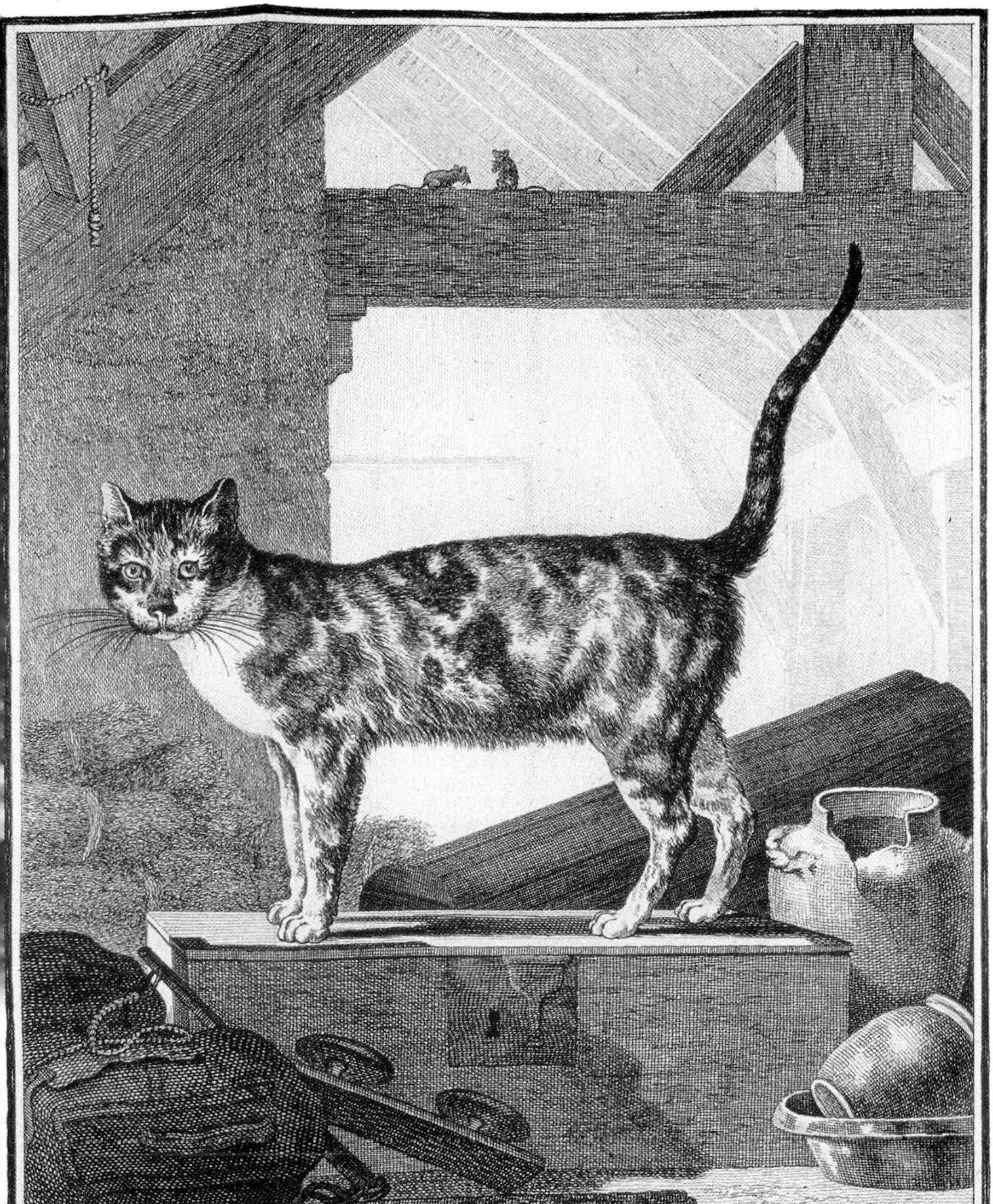

De Sève delin. Baquoy Sculp.

LE CHAT D'ESPAGNE

Tom VI

Pl IV Pag 48

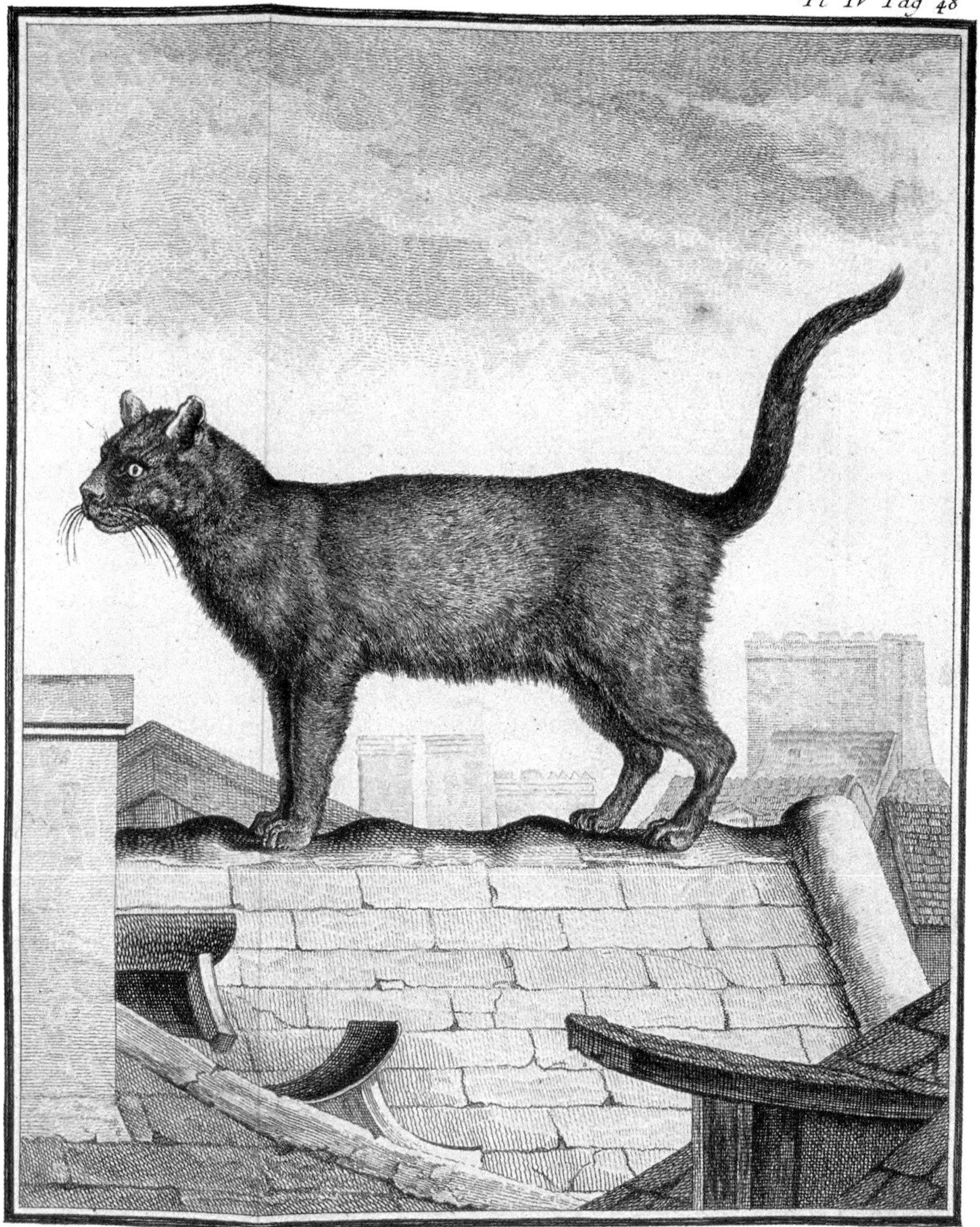

De Seve del.

Lemperear sc.

LE CHAT DES CHARTREUX

Tom. VI. Pl. V. Pag. 48.

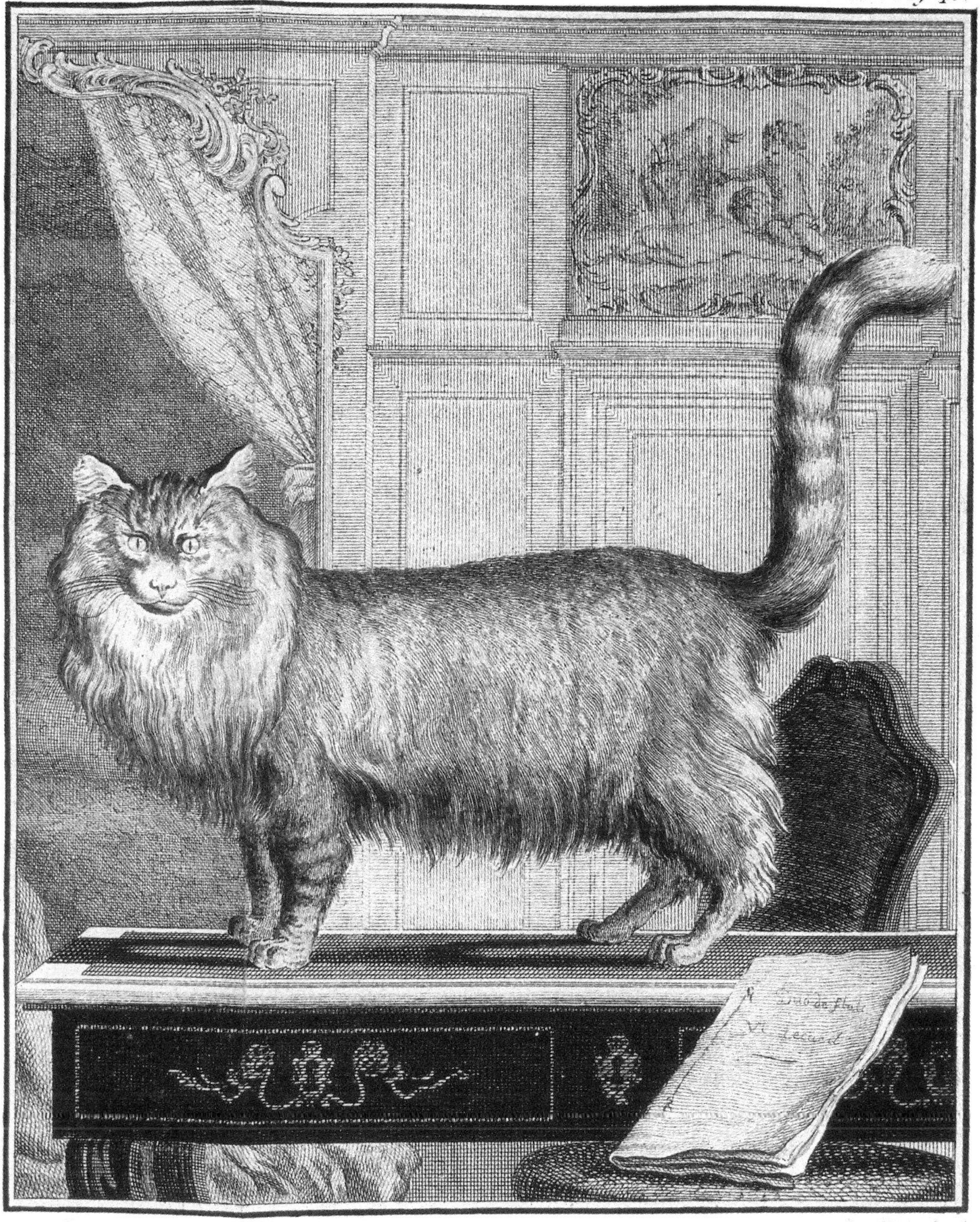

De Seve del. Louis Le Grand sculp.

LE CHAT D'ANGORA.

Tom. VI. Pl. VI. Pag: 48.

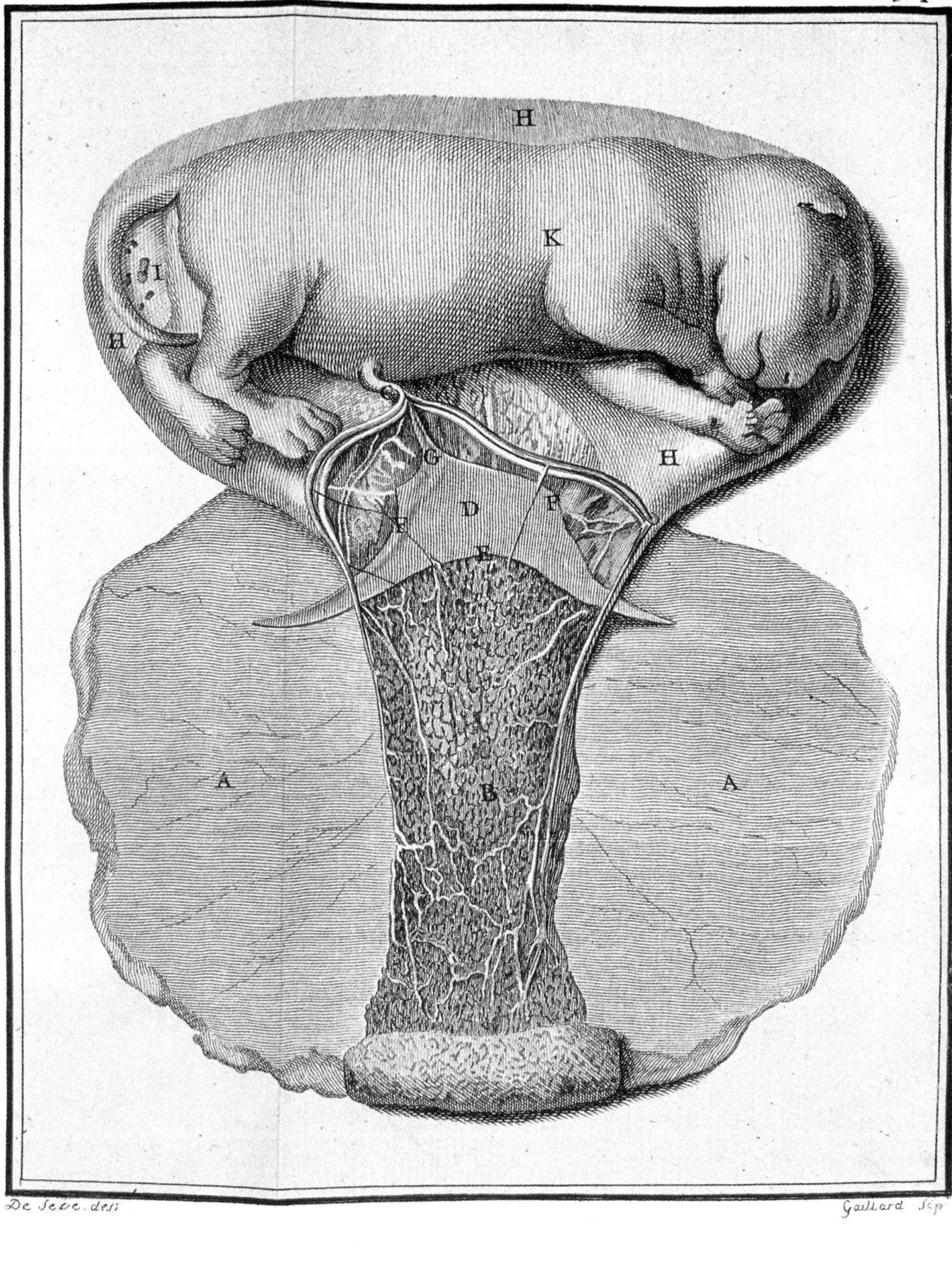


De Sève. del. Gaillard Sc.

Tom. VI. Pl. VII. Pag. 48.

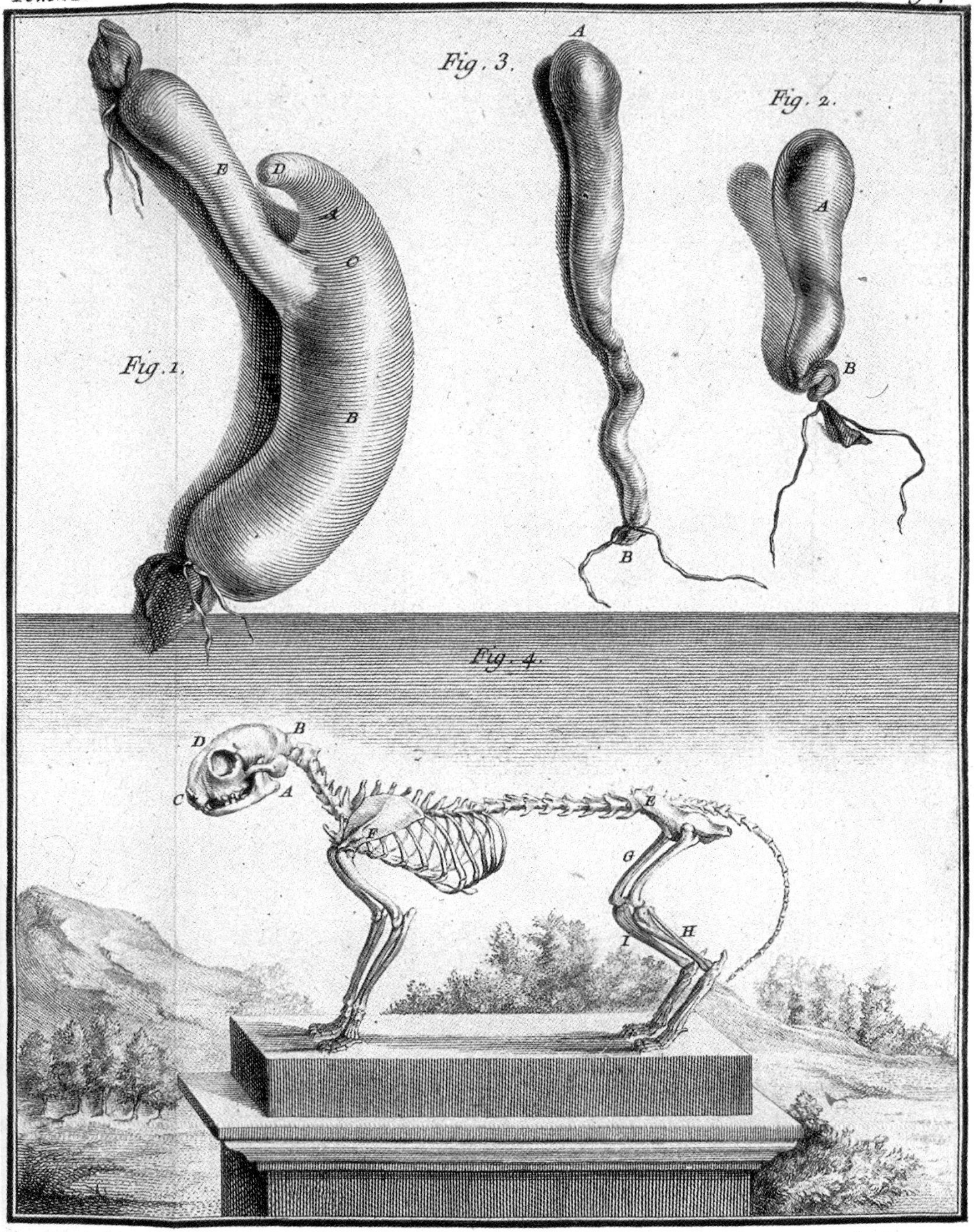


Buvée del. Jardinier sculp.

Tom. VI.                                                                 Pl. VIII. Pag. 52.

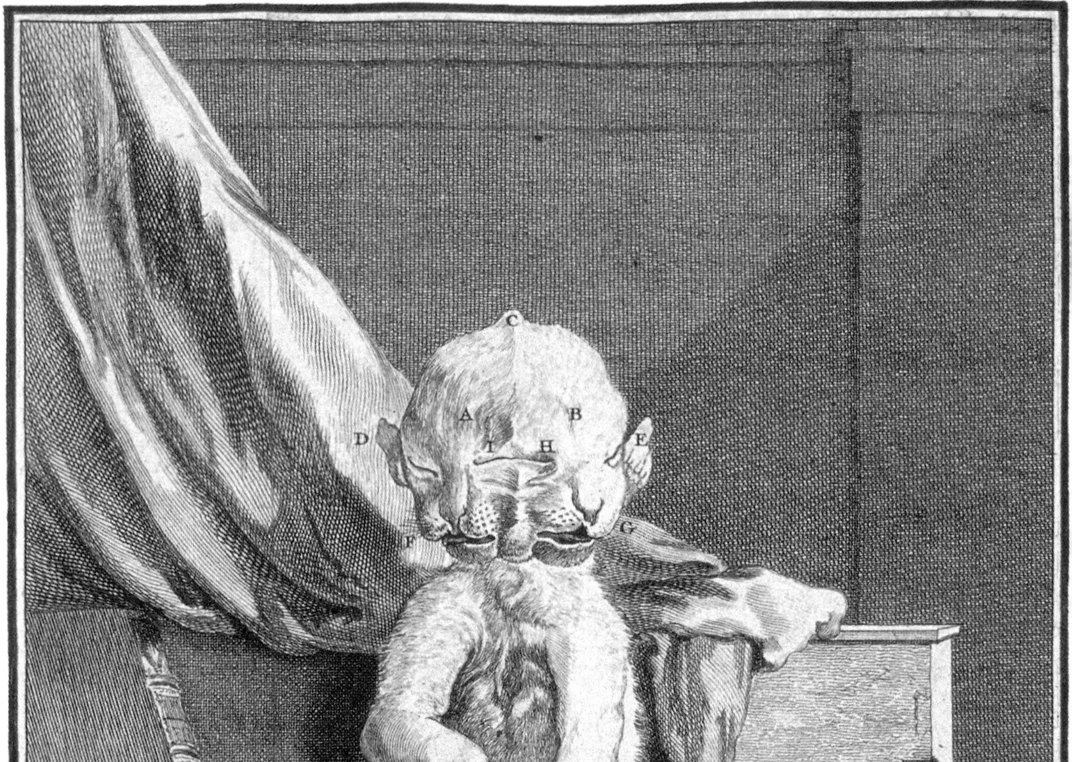


De Seve del.                                                                 Chevillet sculp.

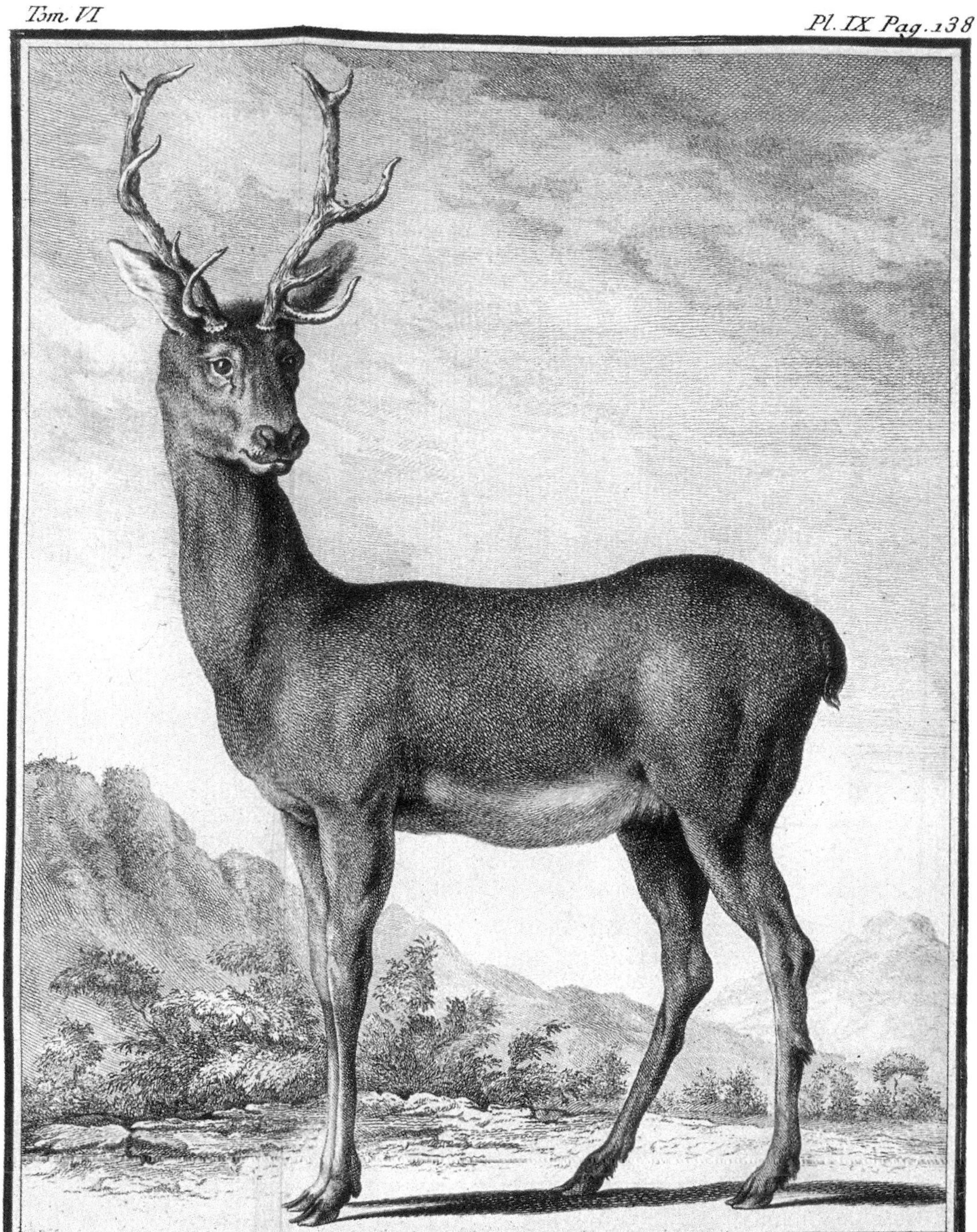


LE CERF

Tom. VI. Pl. X. Pag. 138.

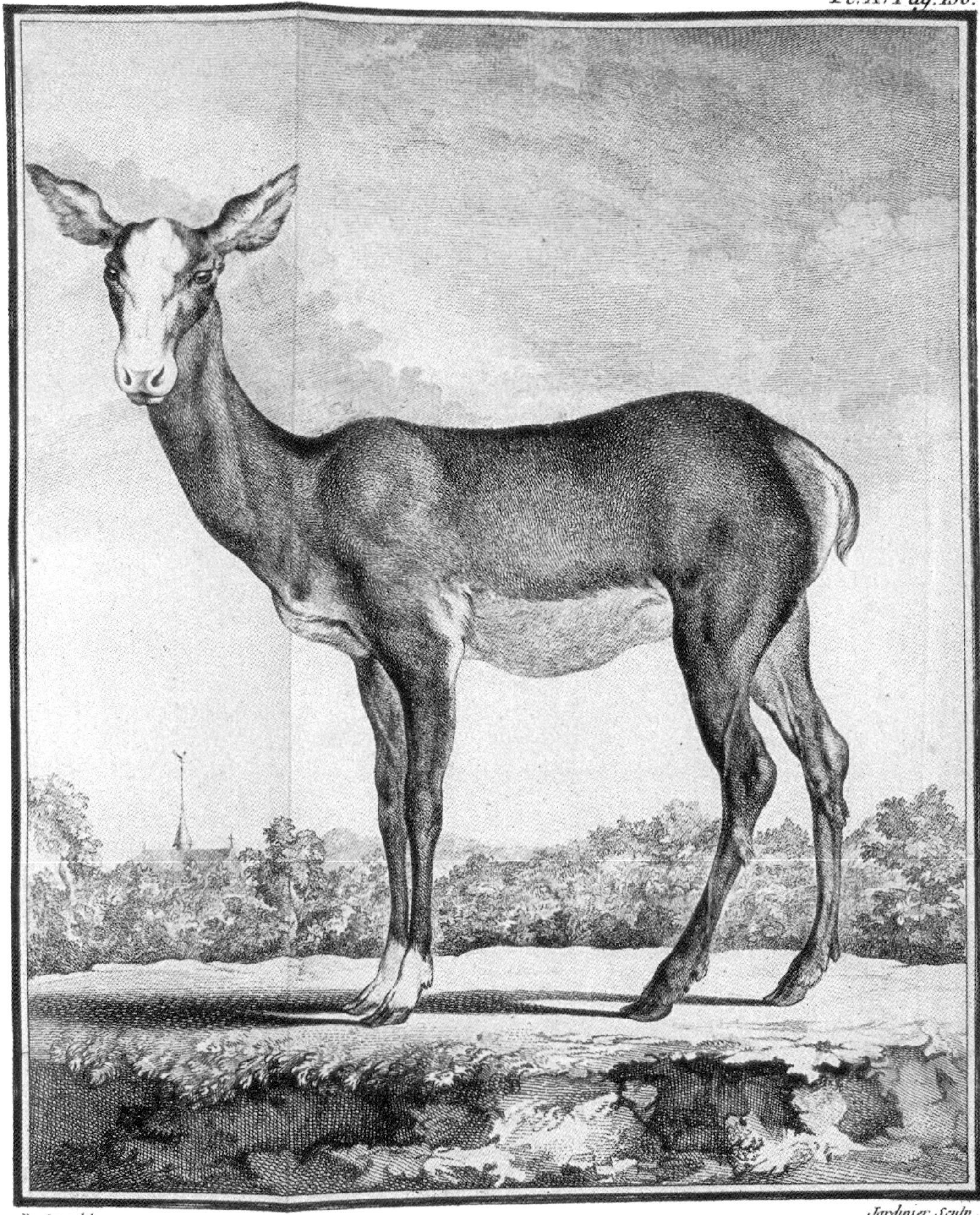

De Seve del. Jardinier Sculp.

LA BICHE

Tome VI Pl. XI. Pag. 138.

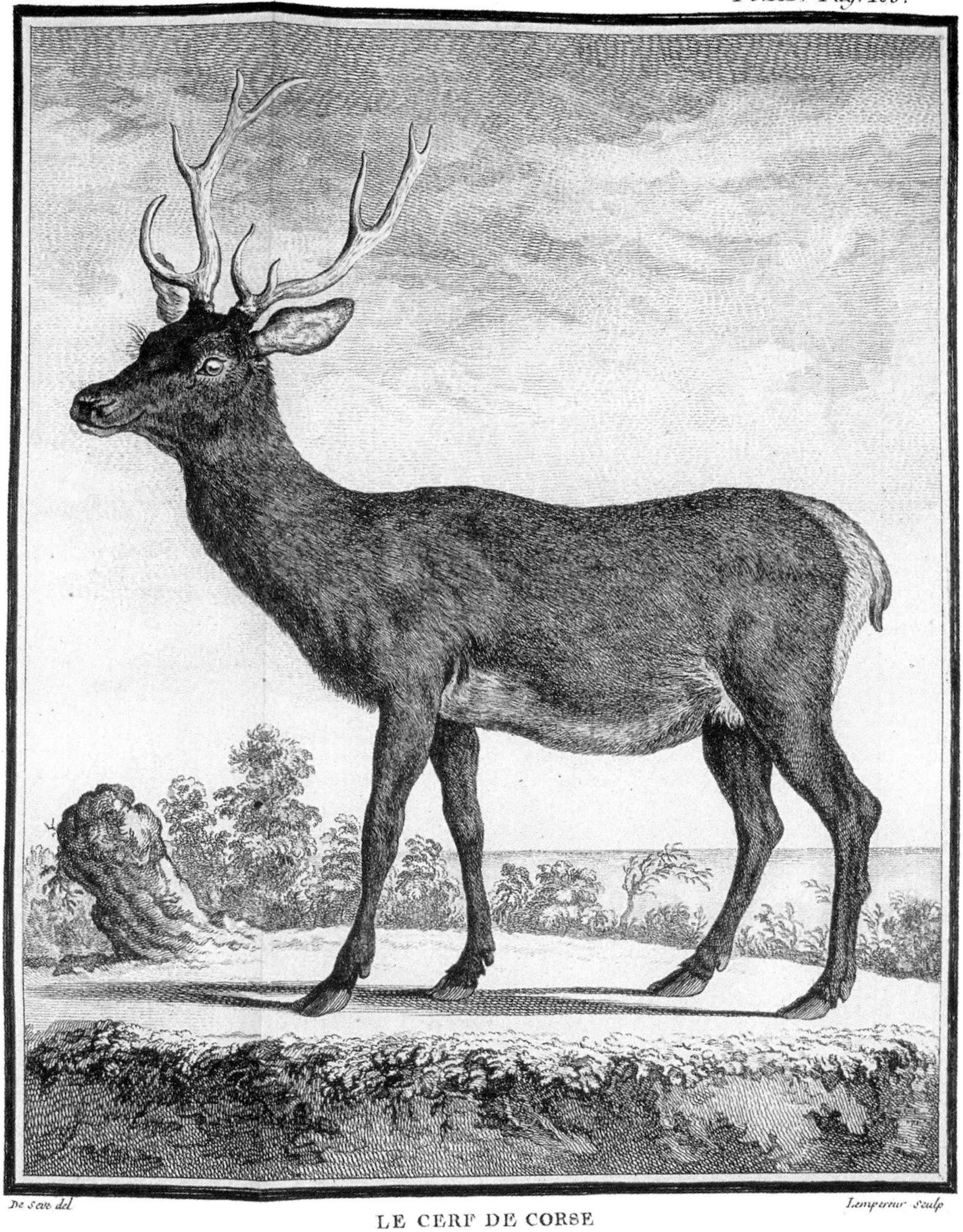

De Sève del. Lempereur Sculp.

LE CERF DE CORSE

Tom. VI. LE FAON DU CERF Pl. XII. Pag. 13

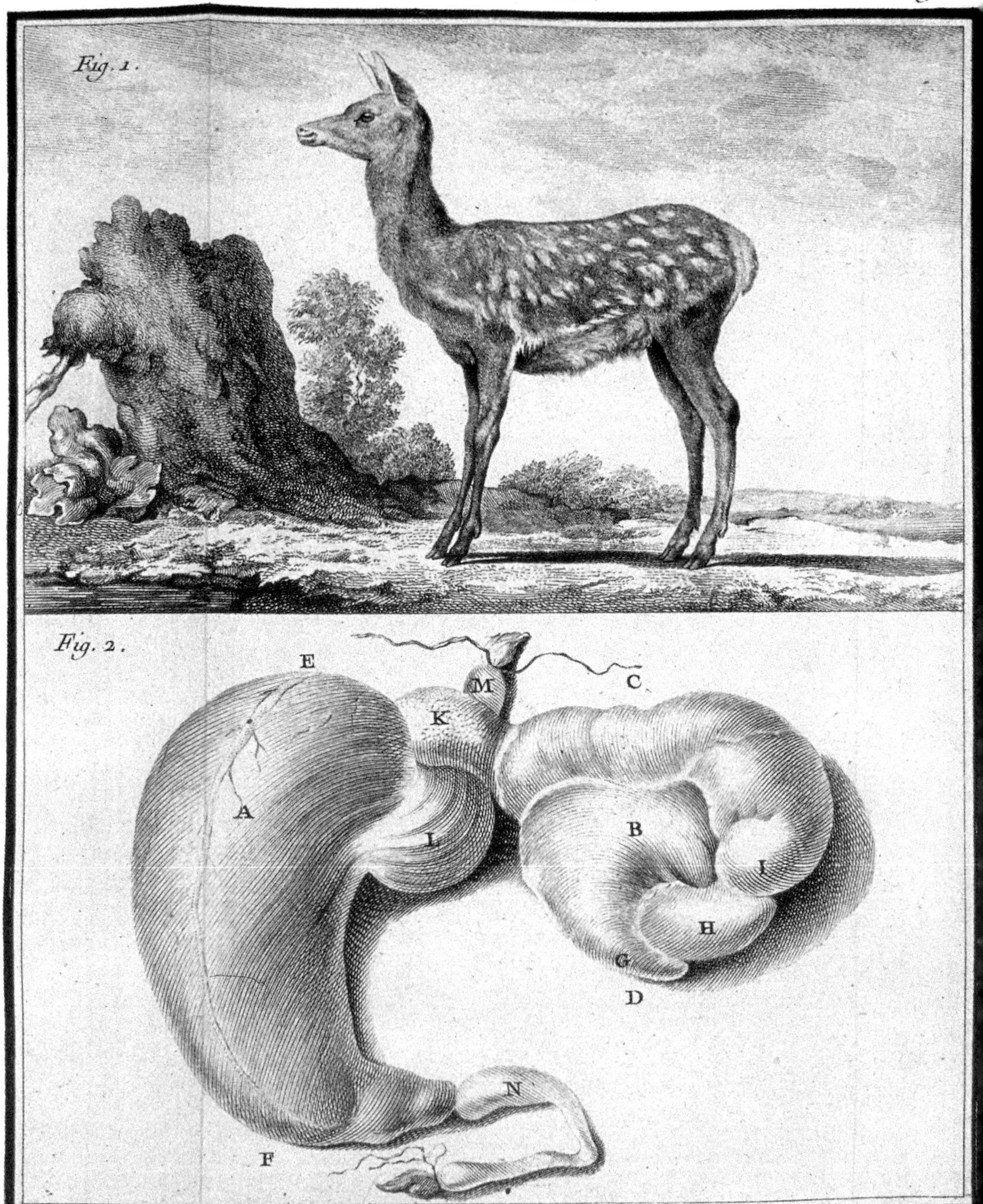


De Seve del. Jardinier Sculp.

Tom. VI. Pl. XIII.

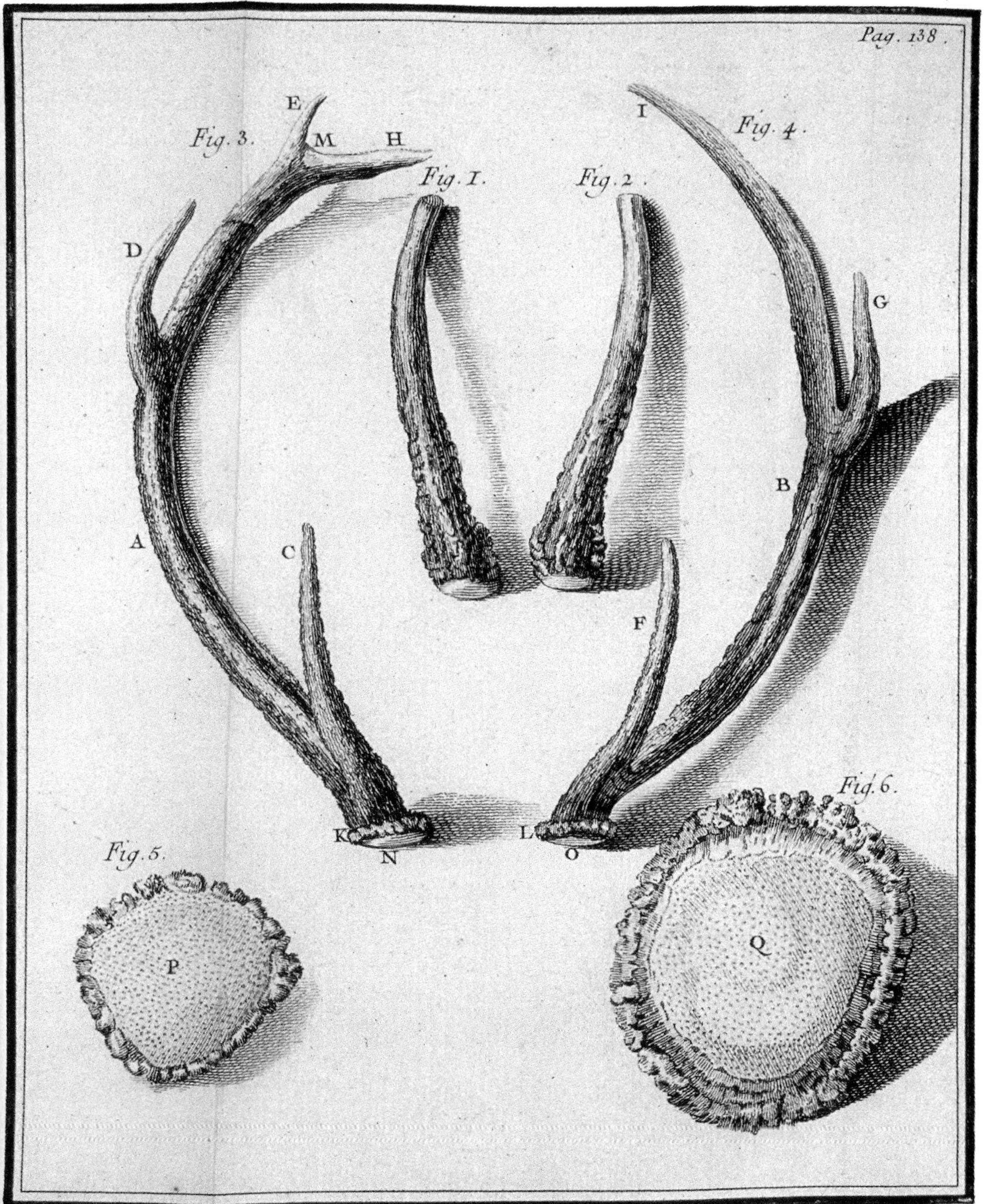


Buvé l'ameriquain Gaillard Sculp

Tom. VI. Pl. XIV. Pag. 138.

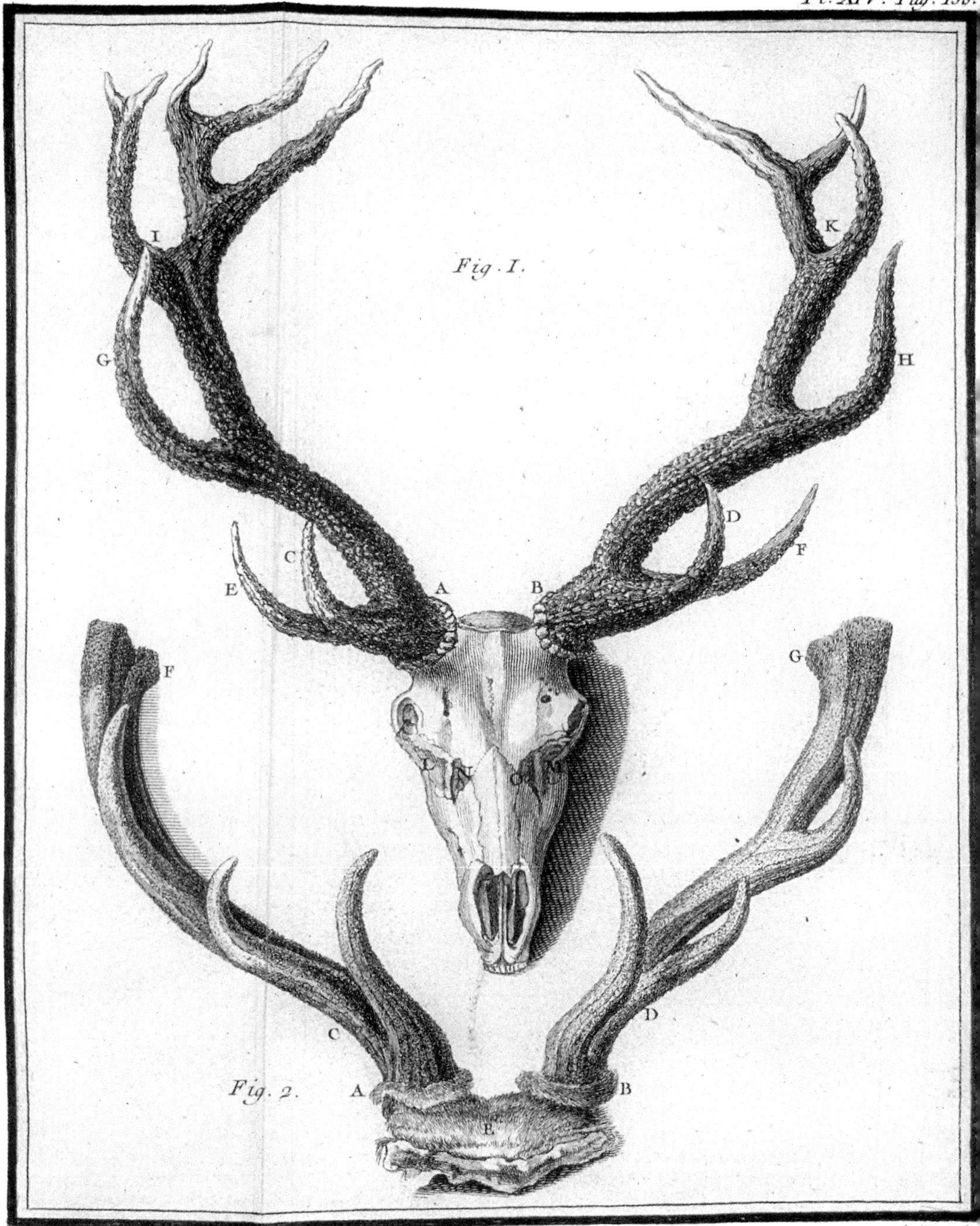


Buvée l'Americquain del. Chevillet sculp.

Tom. VI. Pl. XV. pag. 138

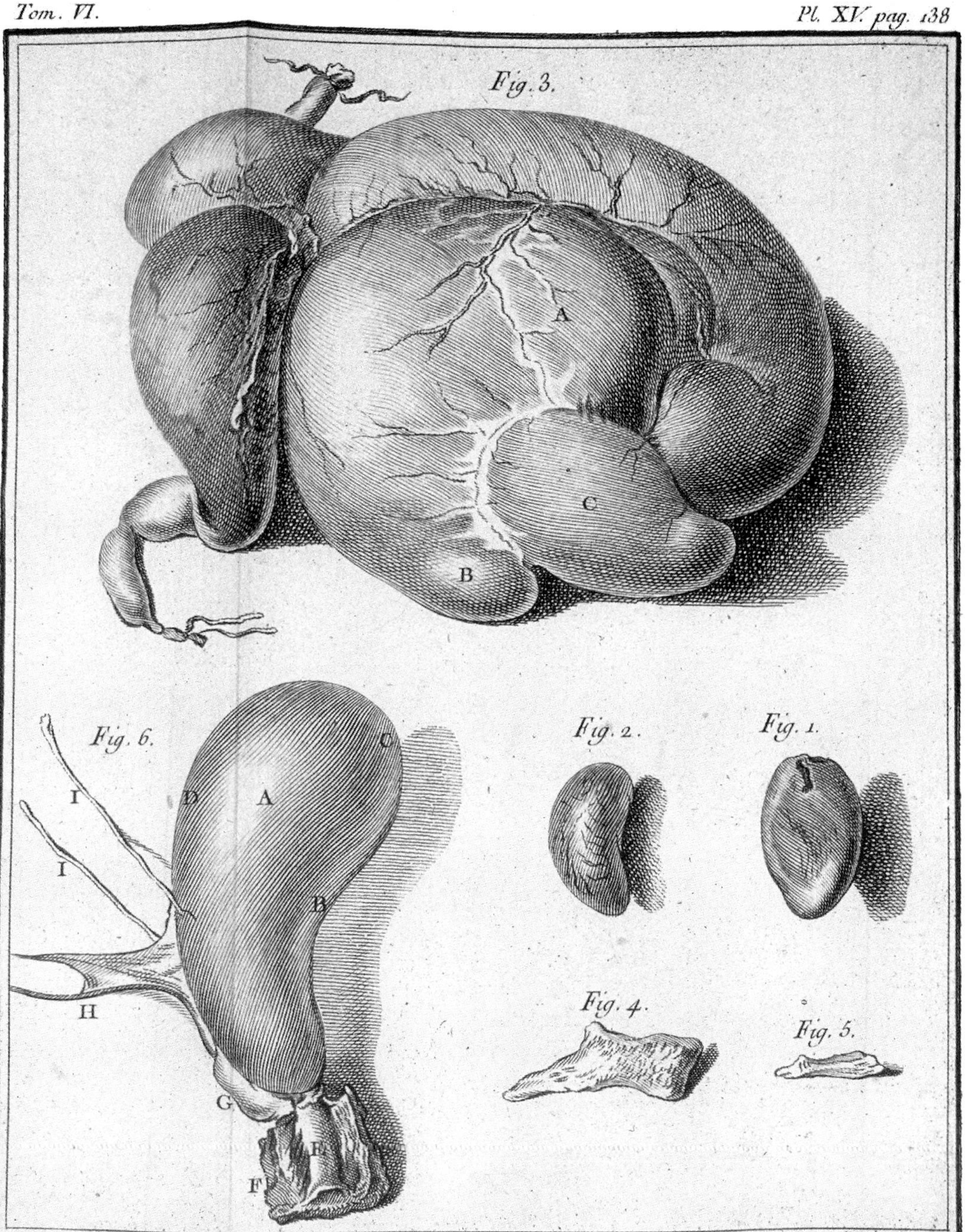


De Seve del. Baron sculps.

Tom. VI. Pl. XVI.

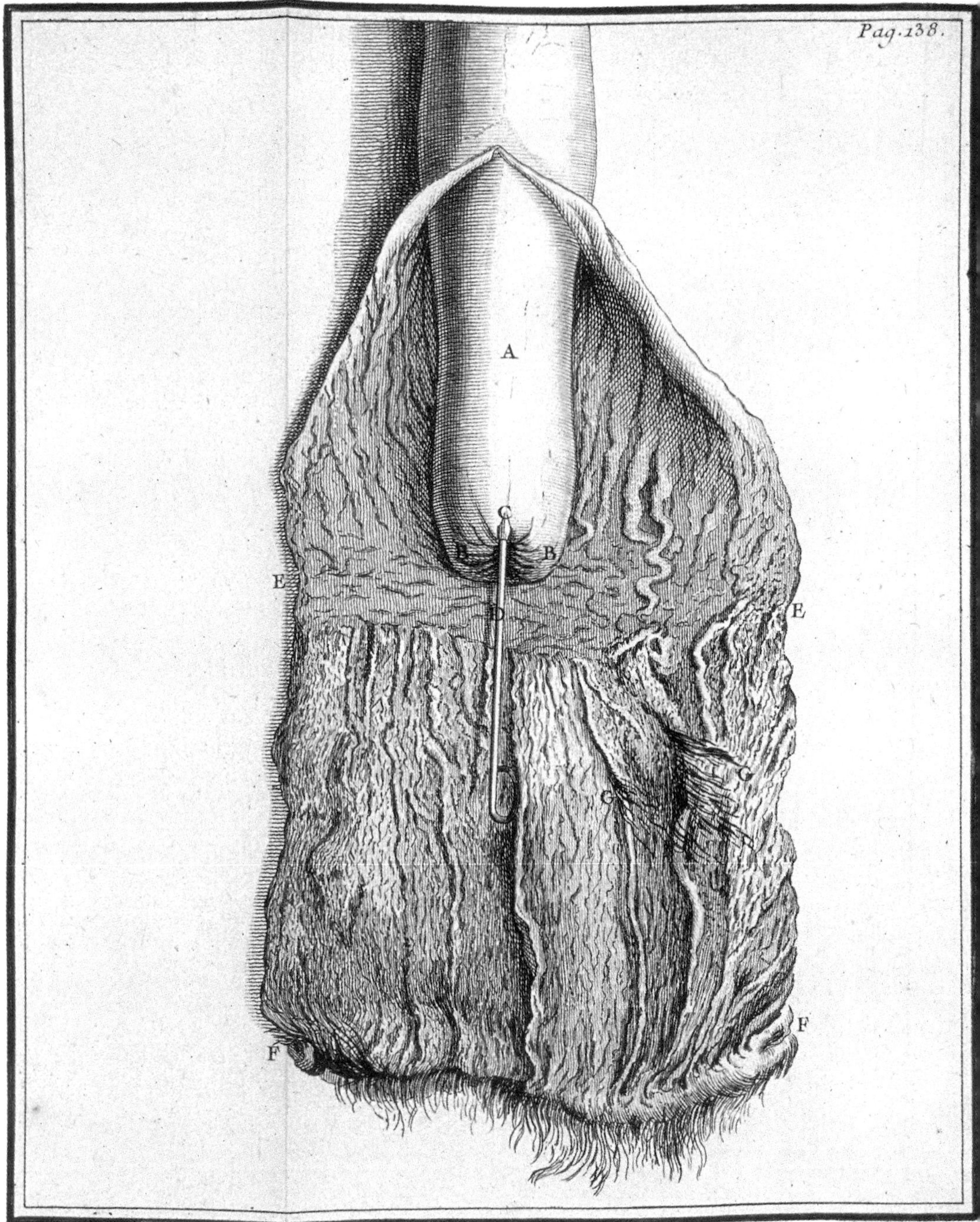


Buvé l'américain delin. Gaillard Sculpsit

Tom.VI. Pl.XVII.

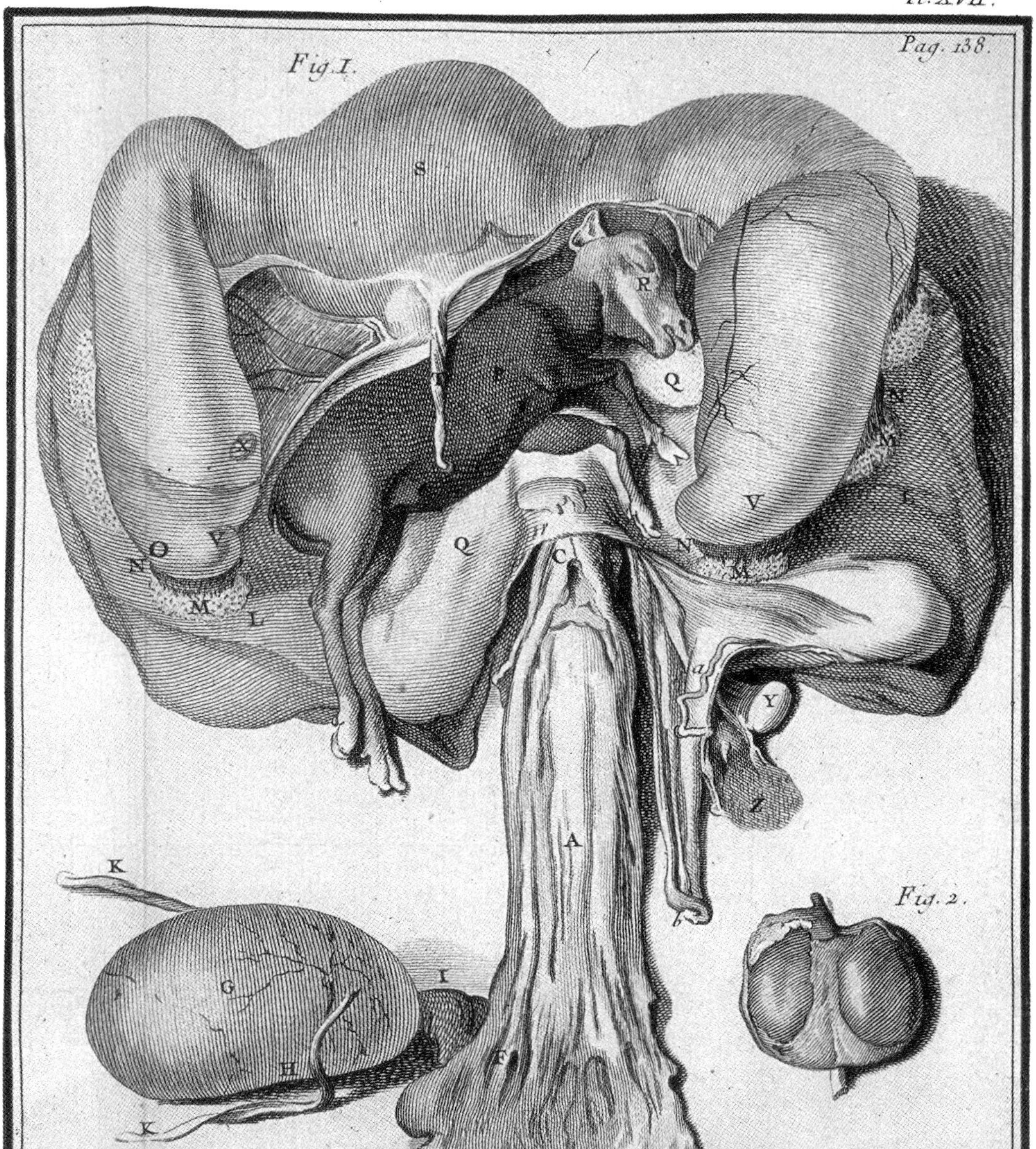


Deseve delineavit Gaillard Sculps.

Tom. VI. Pl. XVIII. Pag. 138.

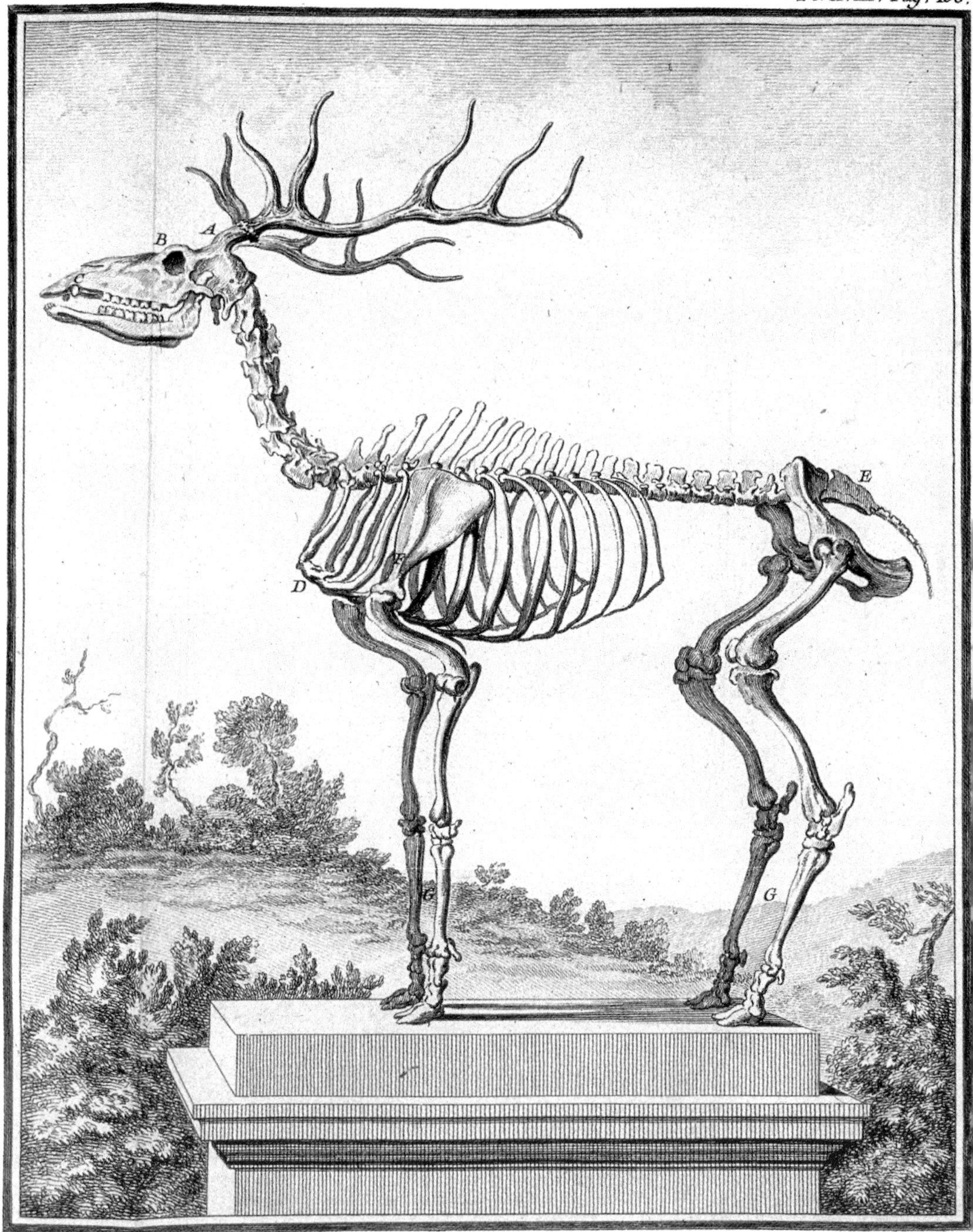


De Seve Del. Moitte Sculp.

Tom. VI. Pl. XIX.

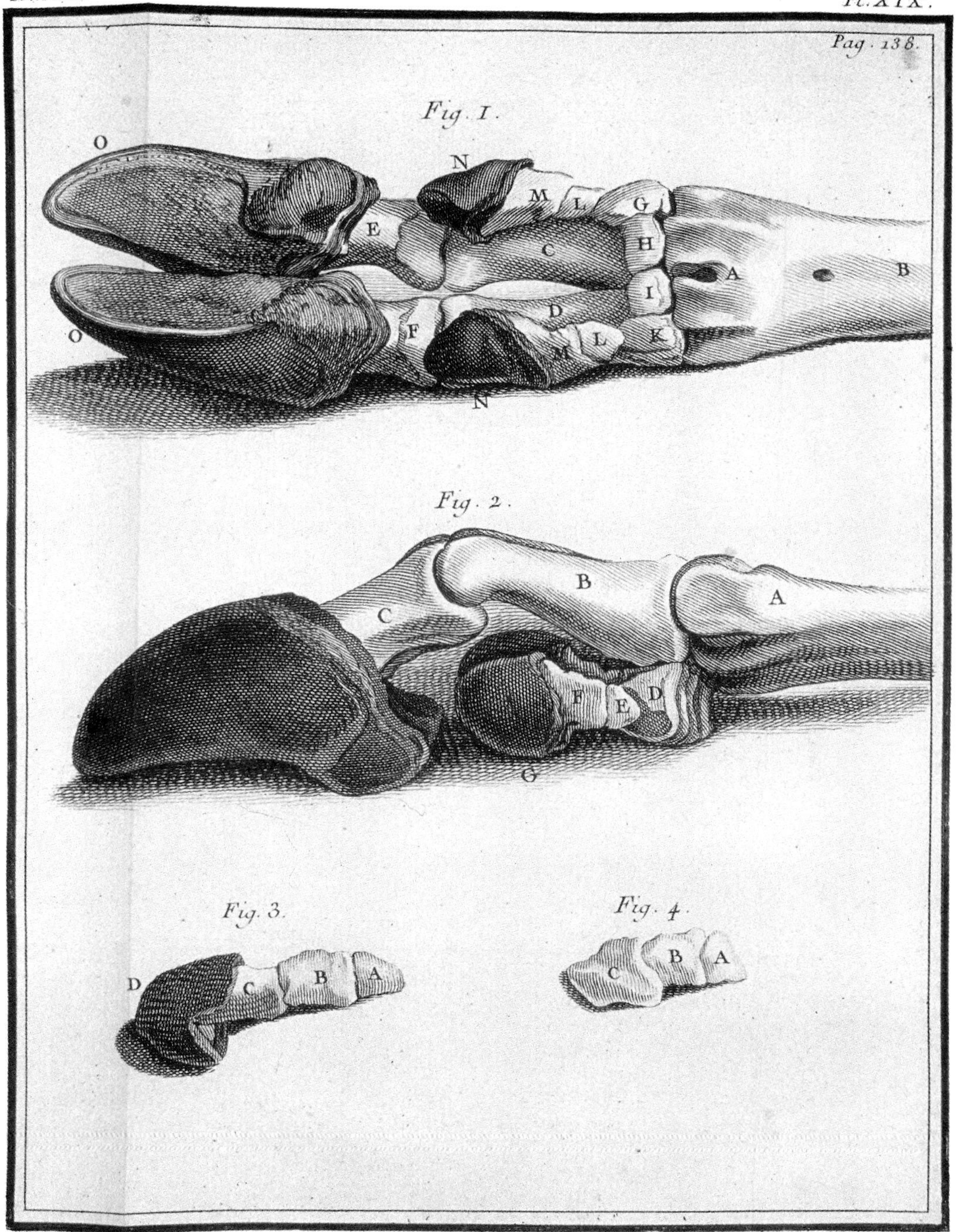


Buvée l'Américain Gaillard Sculpsit

Tom. VI. Pl. XX. Pag. 166.

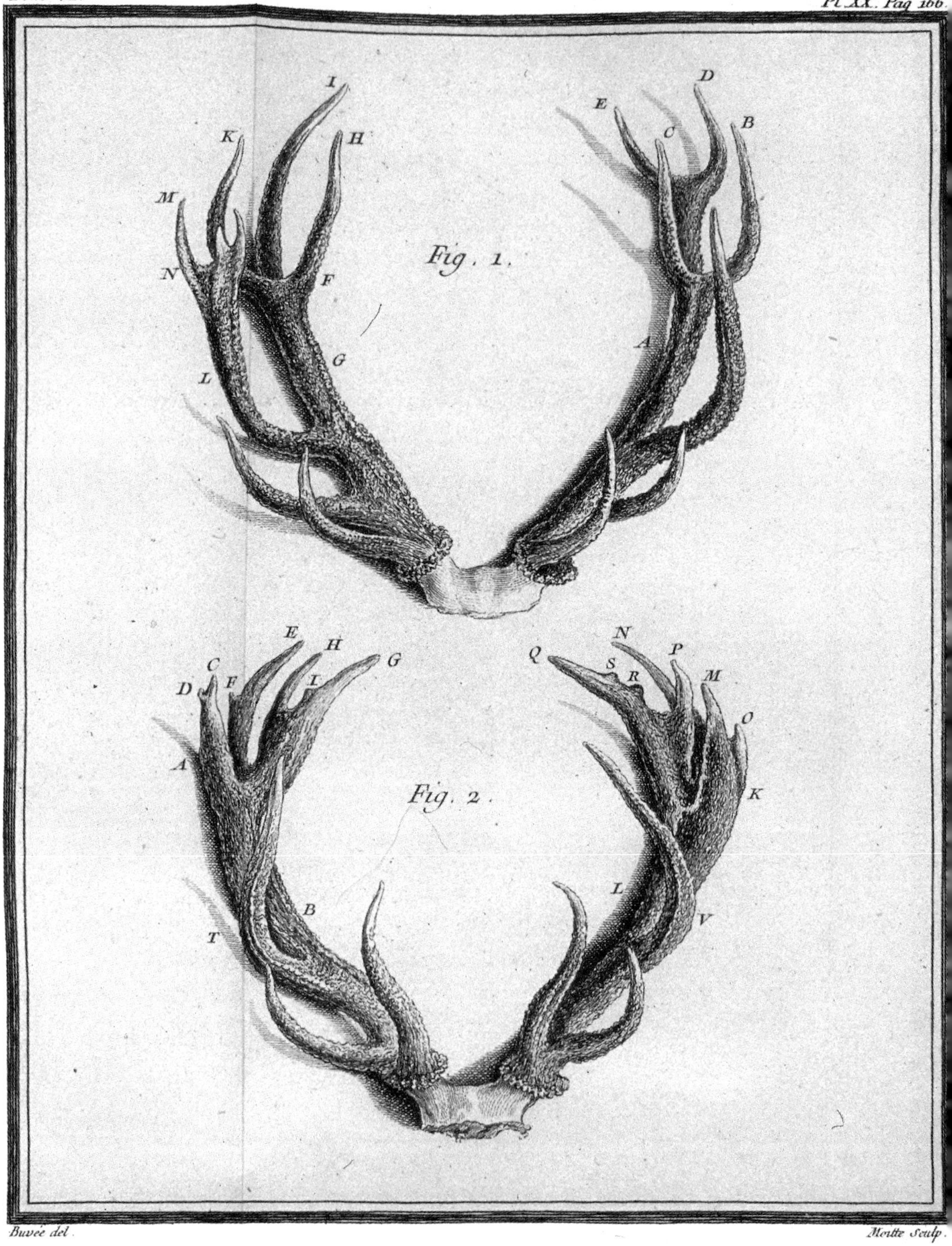


Buvée del. Moitte Sculp.

Tom. VI. Pl. XXI. Pag: 166.

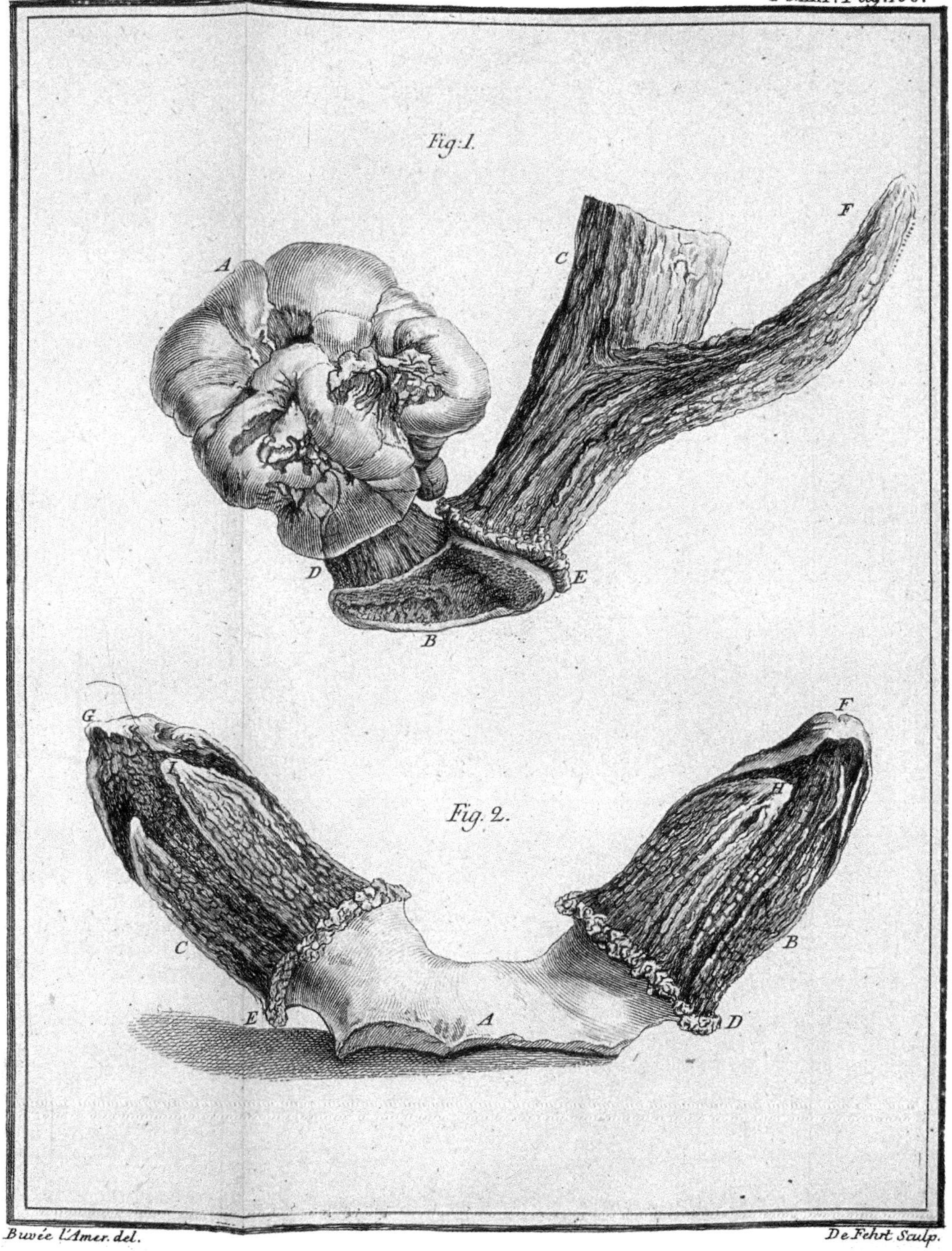


Buvée l'Amer. del. De Fehrt Sculp.

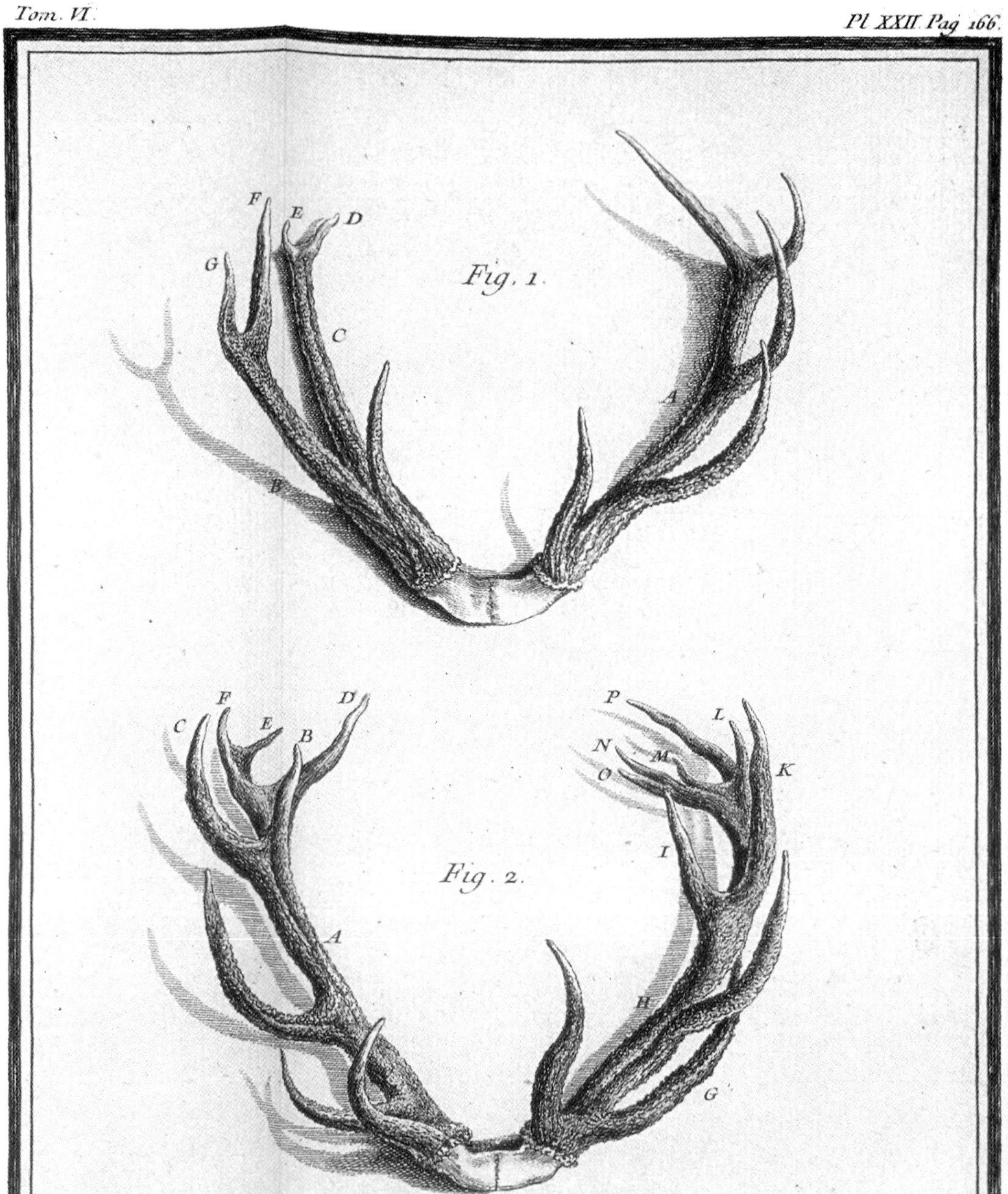
Tom. VI.
Pl XXII. Pag 166.
Fig. 1.
F
E
D
G
C
A
B
Fig. 2.
F
D
C
E
B
P
L
N
M
O
K
I
A
H
G
Buvée del.
Moitte Sculp.

Tom. VI. Pl. XXIII. Pag. 166

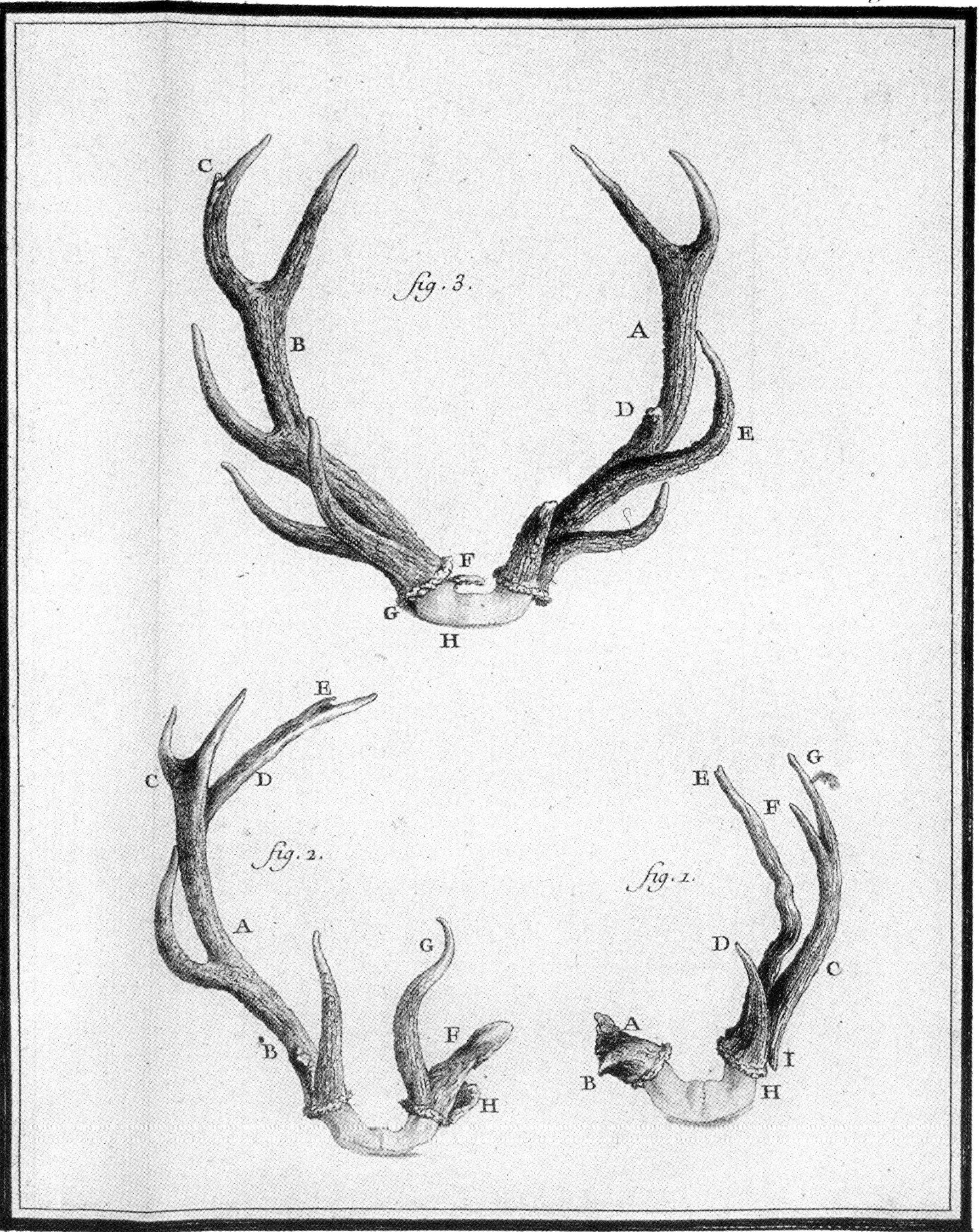


Duvé delin. Jardinier Sculp.

Tom. VI. Pl. XXIV. Pag. 166

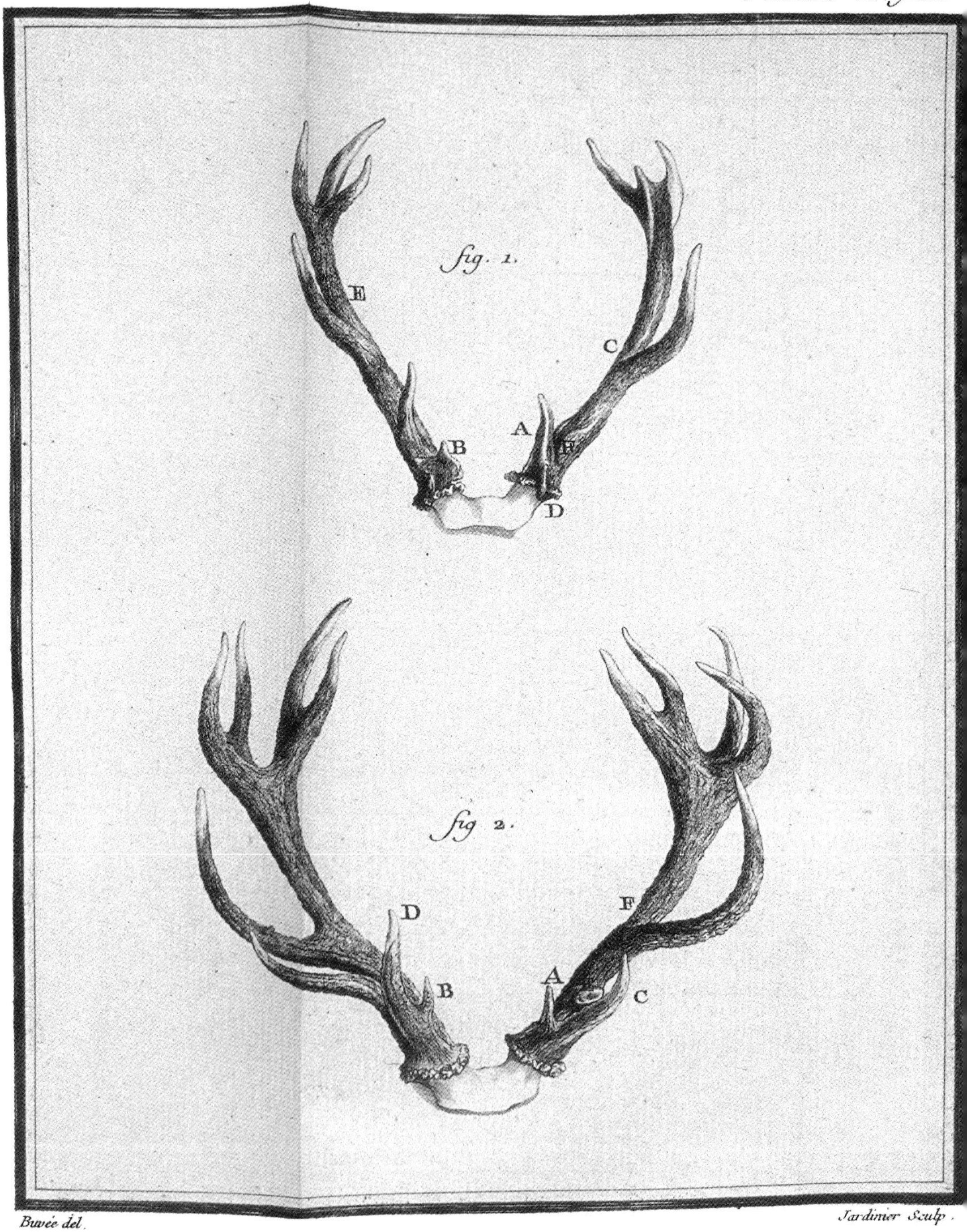


Buvée del. Jardinier Sculp.

Tom. VI. Pl XXV. Pag. 166.

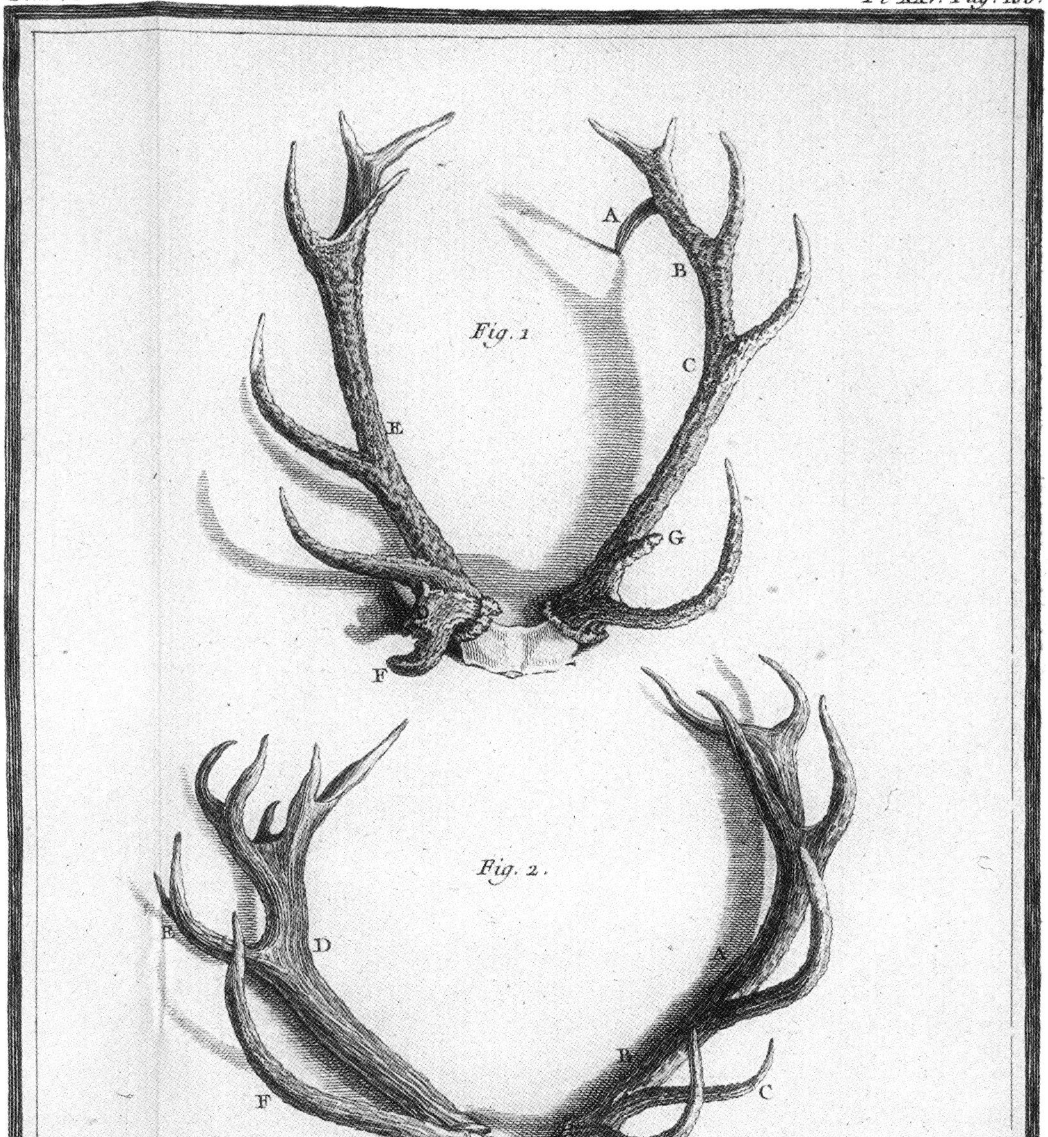


Burée L'Americquain del. P. F. Tardieu sculp.

Tom. VI. PL. XXVI. Pag. 166.

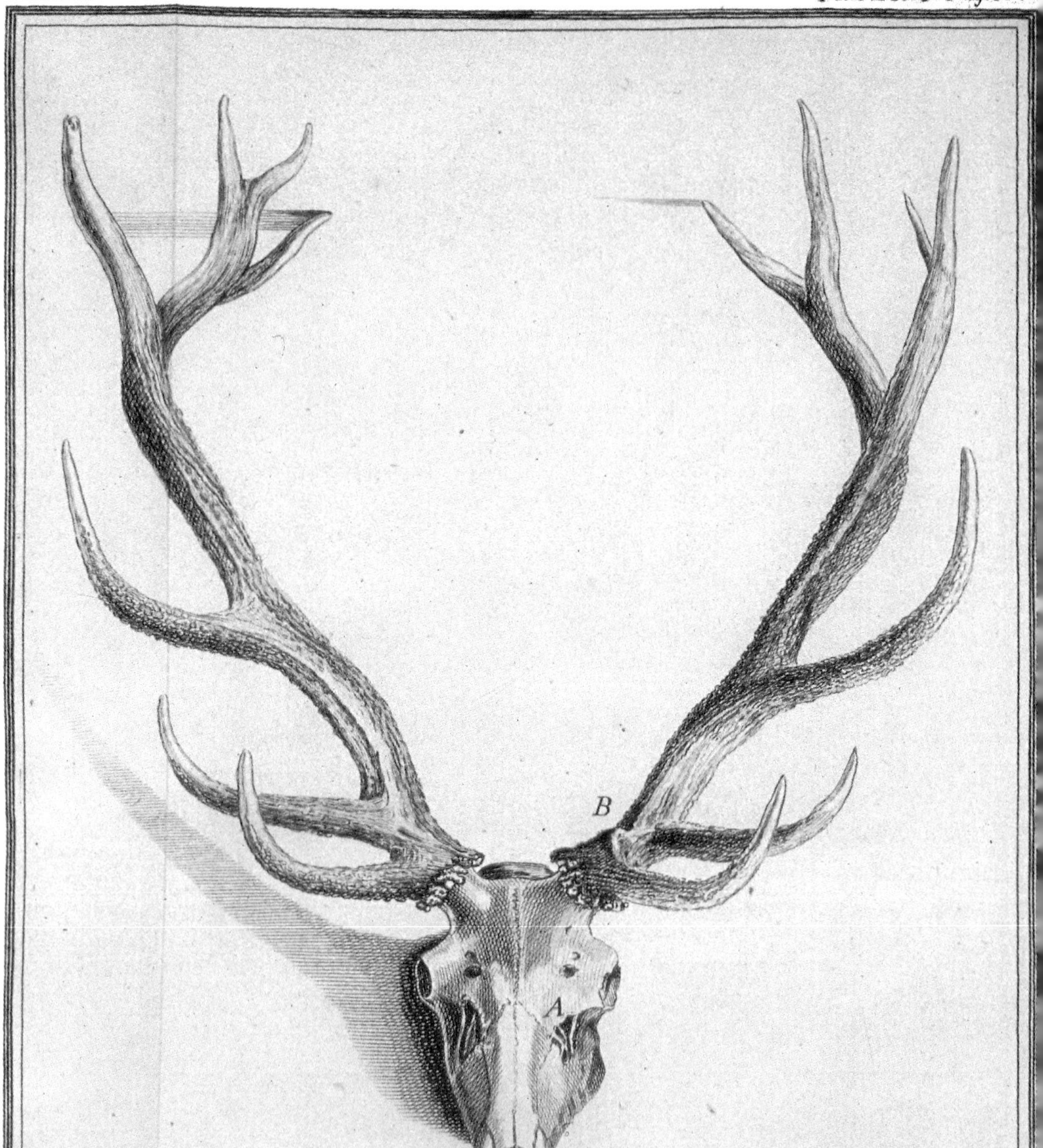


Buvée l'Ameriquain del. M. Aubert sculp

Tom. VI. Pl. XXVII. Pag. 188.

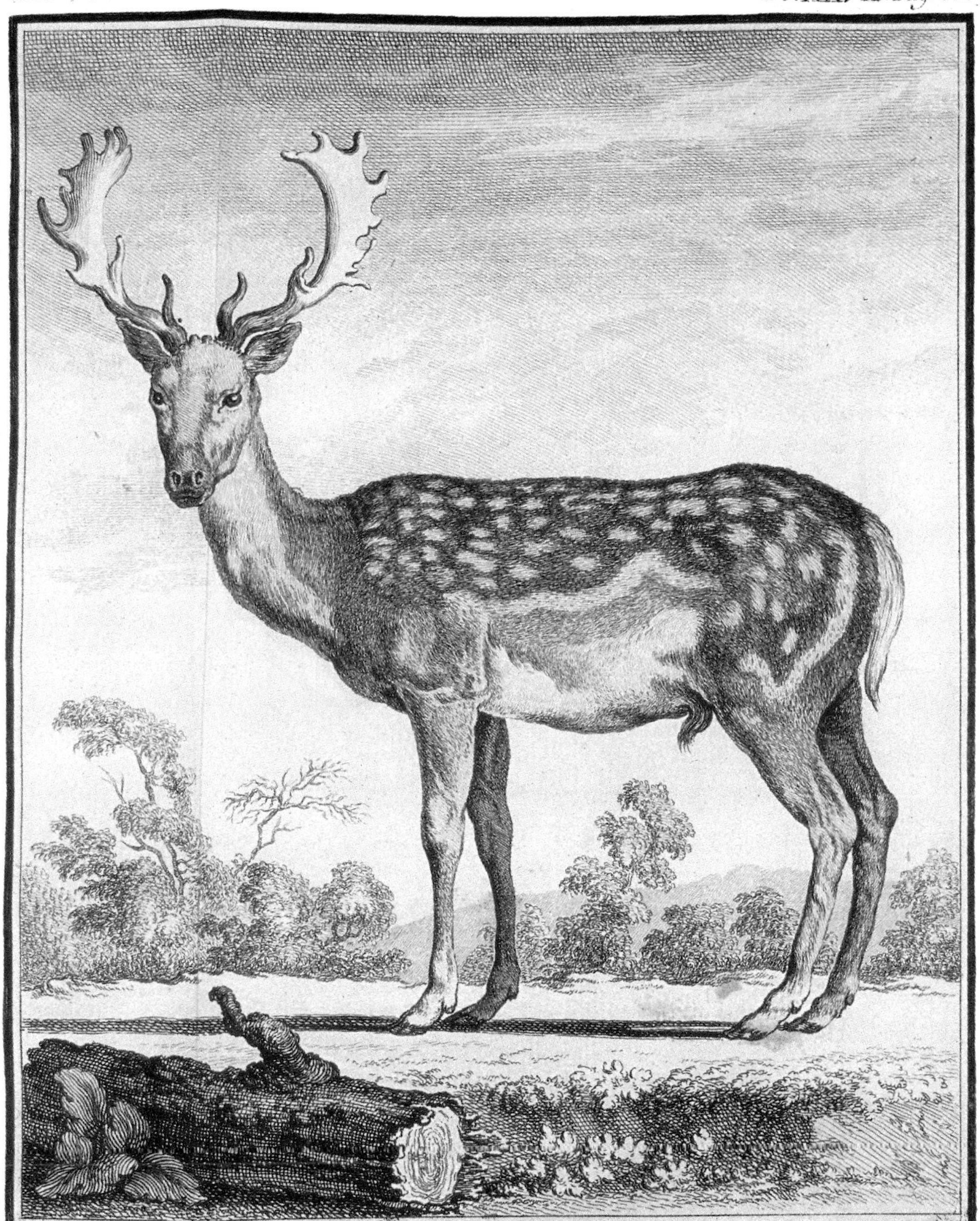

De Sève delin. C. Baquoy Sculp.

LE DAIM

Tom. VI. Pl. XXVIII Pag 186

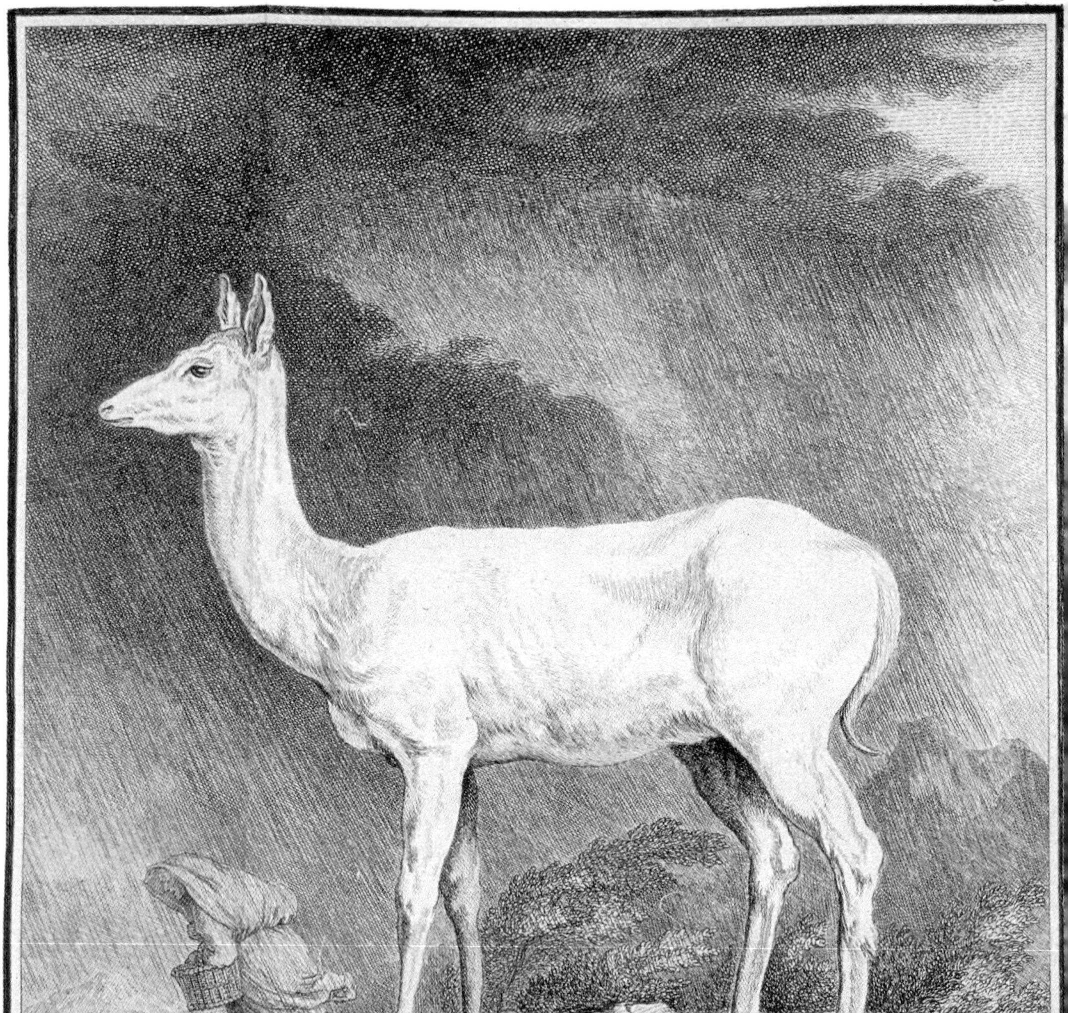

De Seve delin. C. Baquoy sculp.

LA DAINE

Tom. VI. Pl. XXIX. Pag. 196.

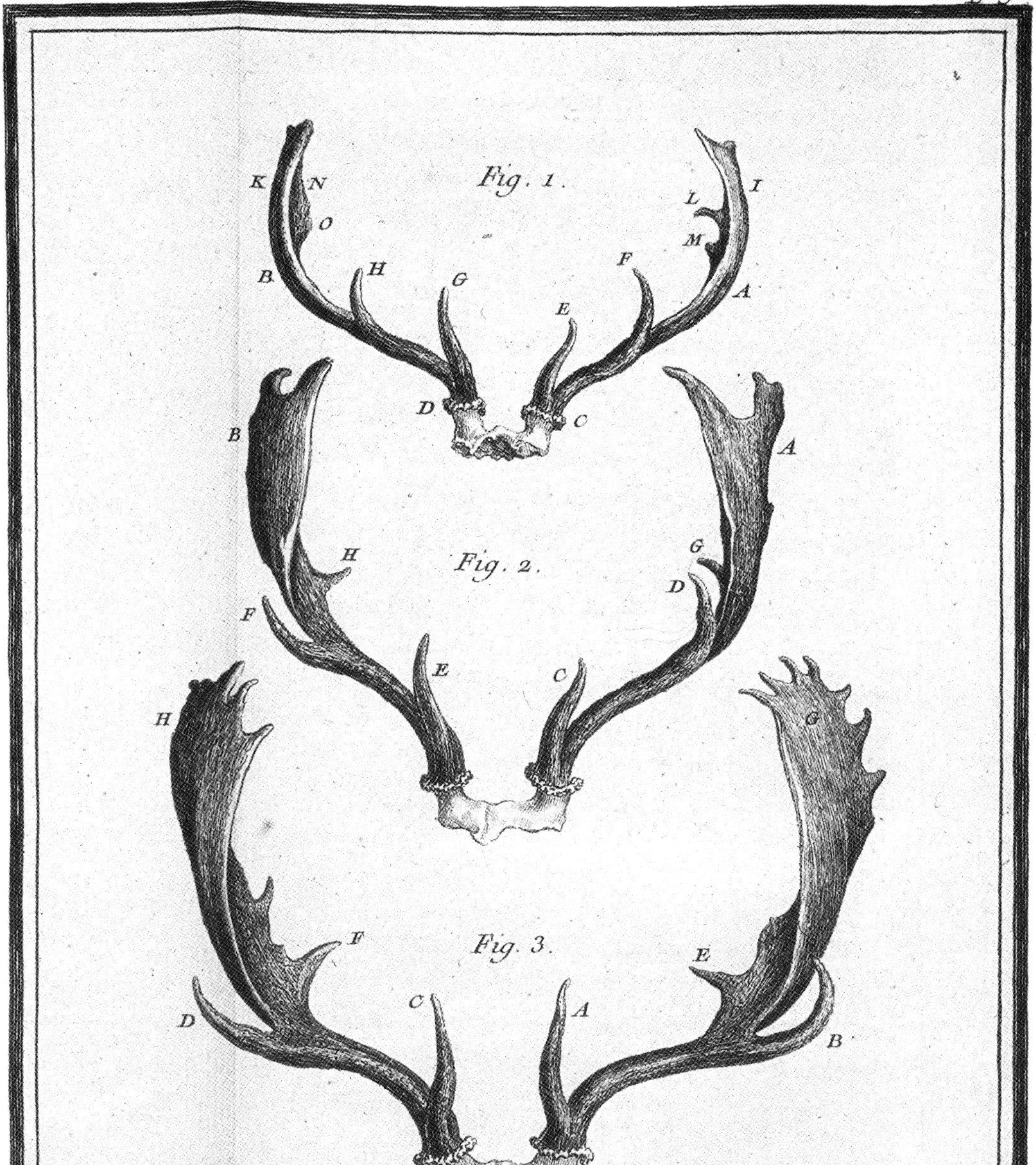


Buvée del. Moitte Sculp.

*Tom. VI.* *Pl. XXX. Pag. 196*

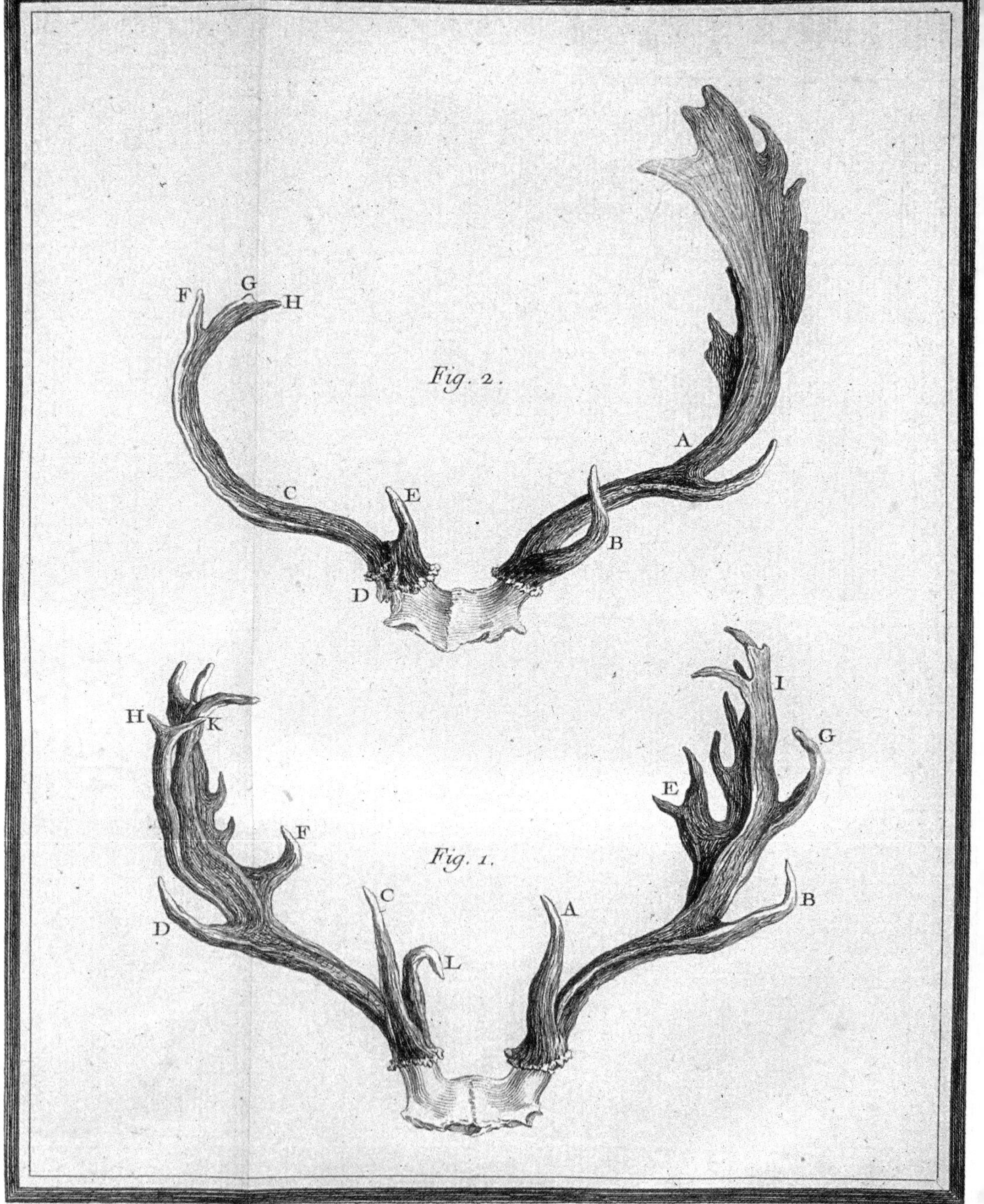


*Buvée L'Amériquain.* *Pitre sculps.*

Tom. VI.

Pl. XXXI. Pag. 196.

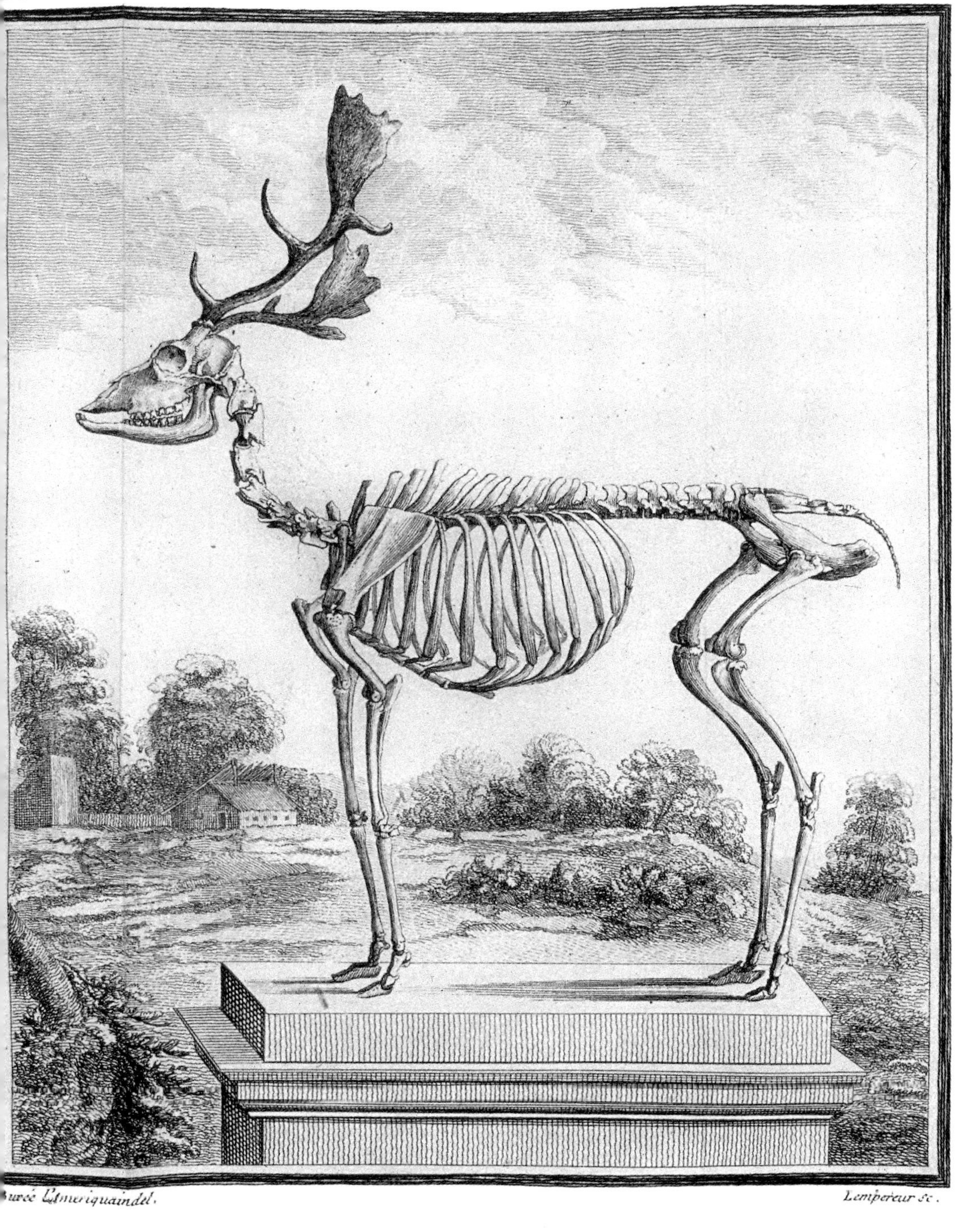

Buvée l'Americquain del.

Lempereur sc.

Tom. VI. Pl. XXXII. Pag. 286

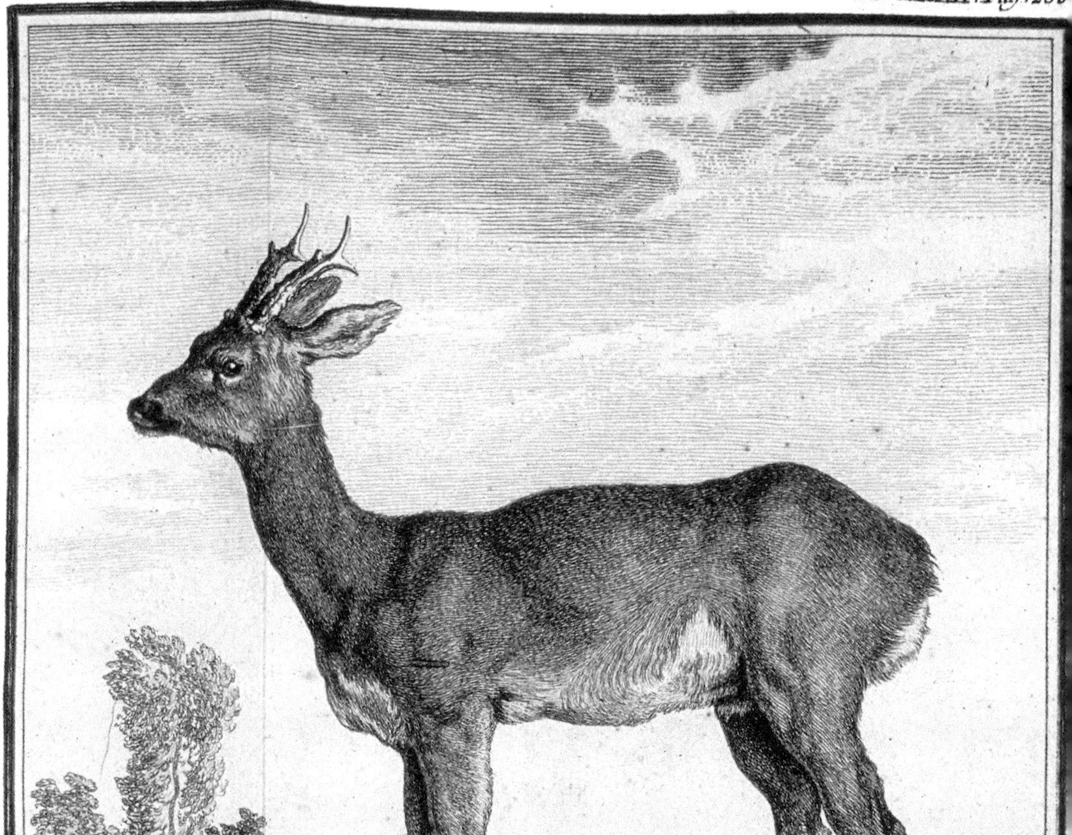

De Seve delin. C. Baquoy sculp.

LE CHEVREUIL

Tom. VI. Pl. XXXIII. Pag. 236.

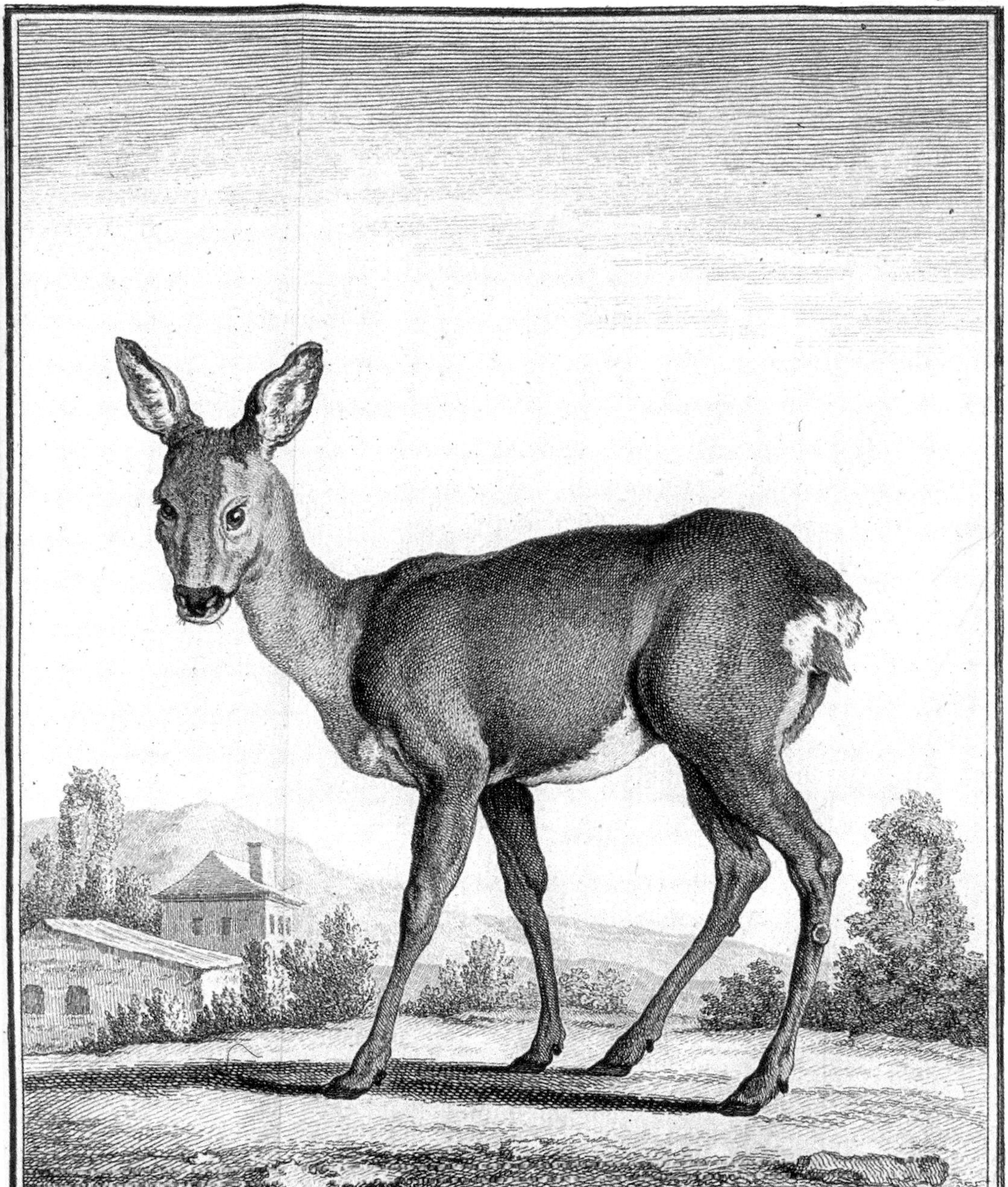

De Seve delin. C. Baquoy sculp.

LA CHEVRETTE

Tom. VI. Pl. XXXIV. Pag. 236.

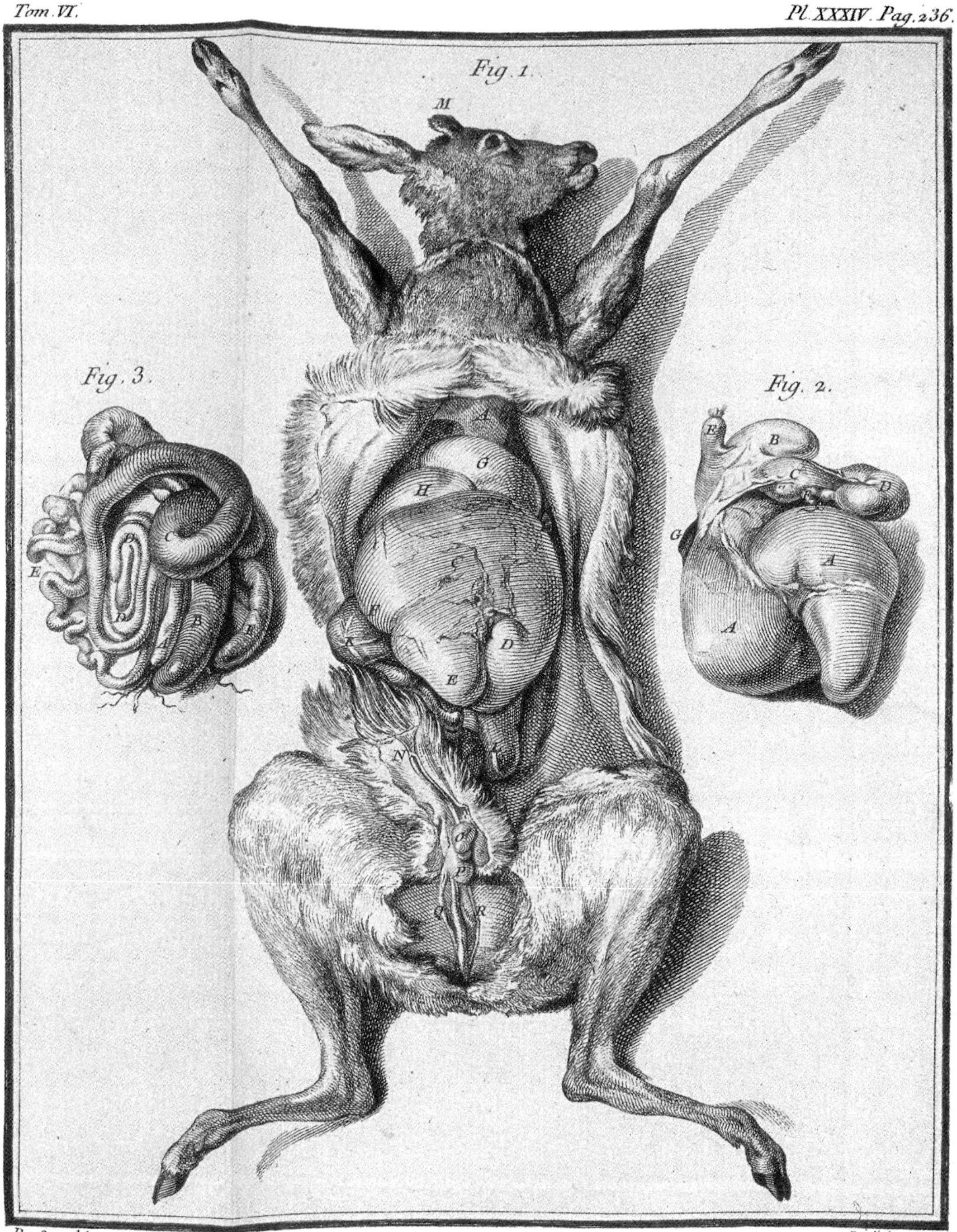


De Seve del. Jardinier Sculp.

*Tom. VI.* *Pl. XXXV. Pag. 236.*

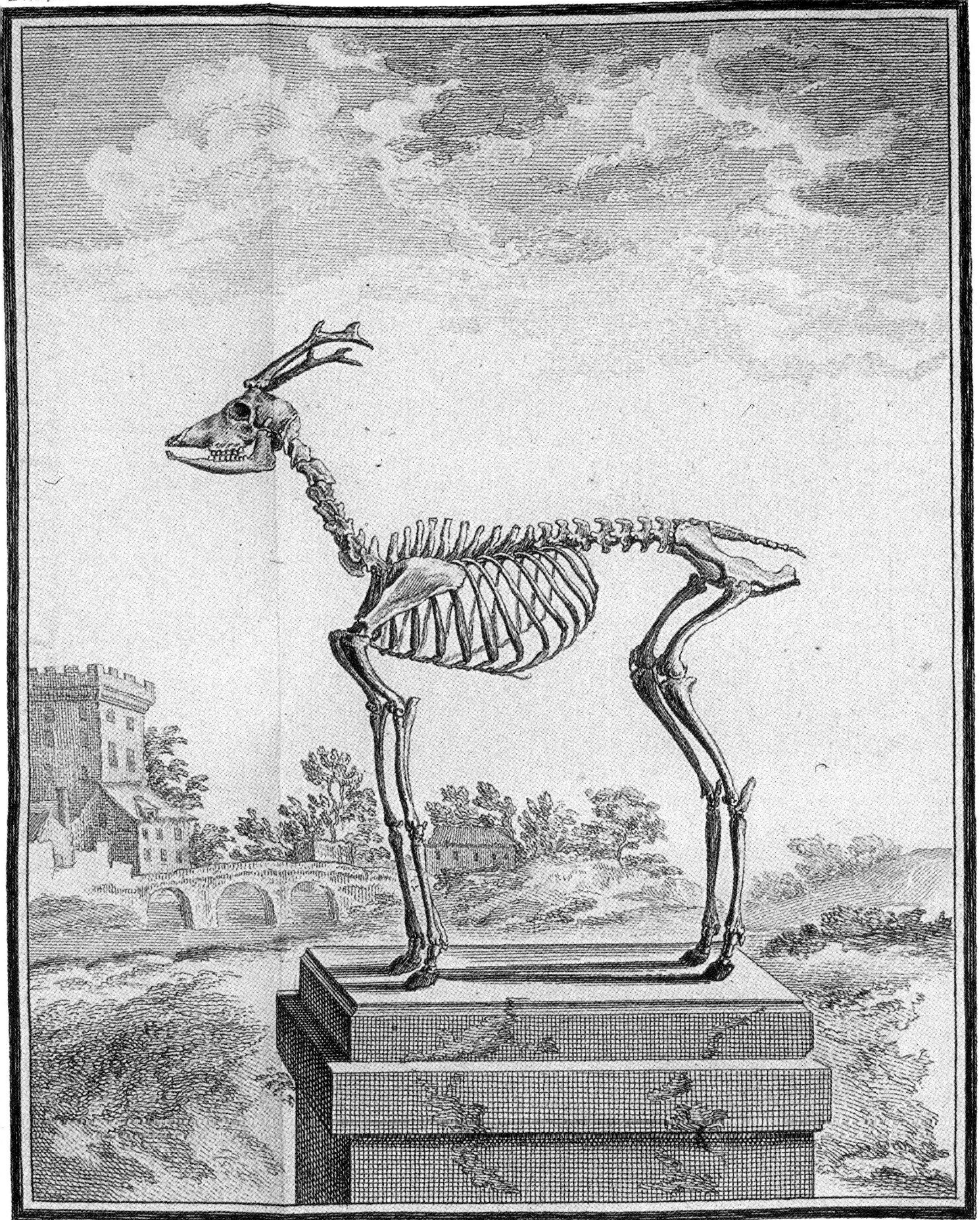

*Buvée l'Amériquain del.* *Moitte Sculp.*

Tome . II . Pl . XXXVI . page . 244 .

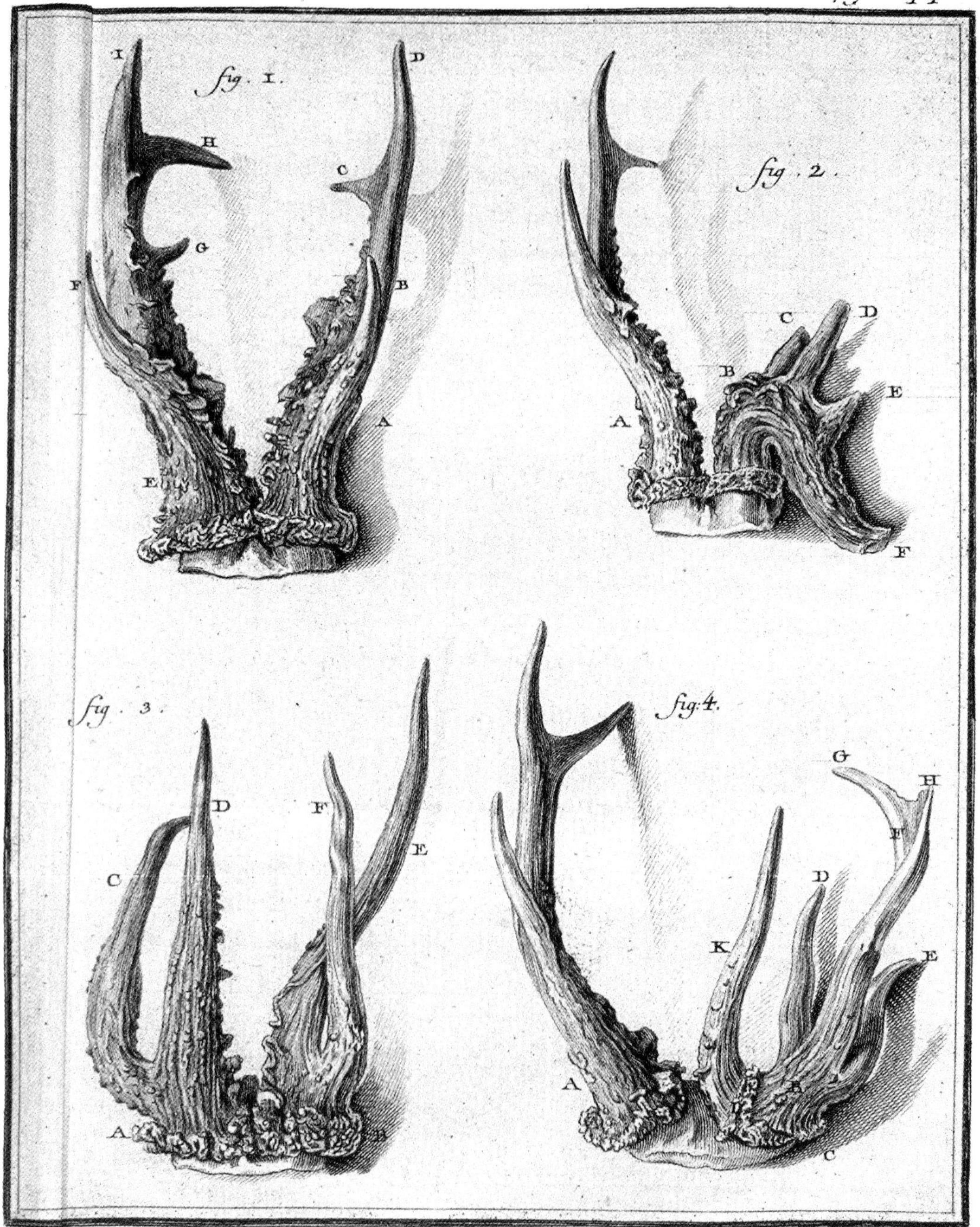


Buvée l'Amériquain del . de Fhert Sculp .

Tom. VI. Pl. XXXVII. Pag. 244.

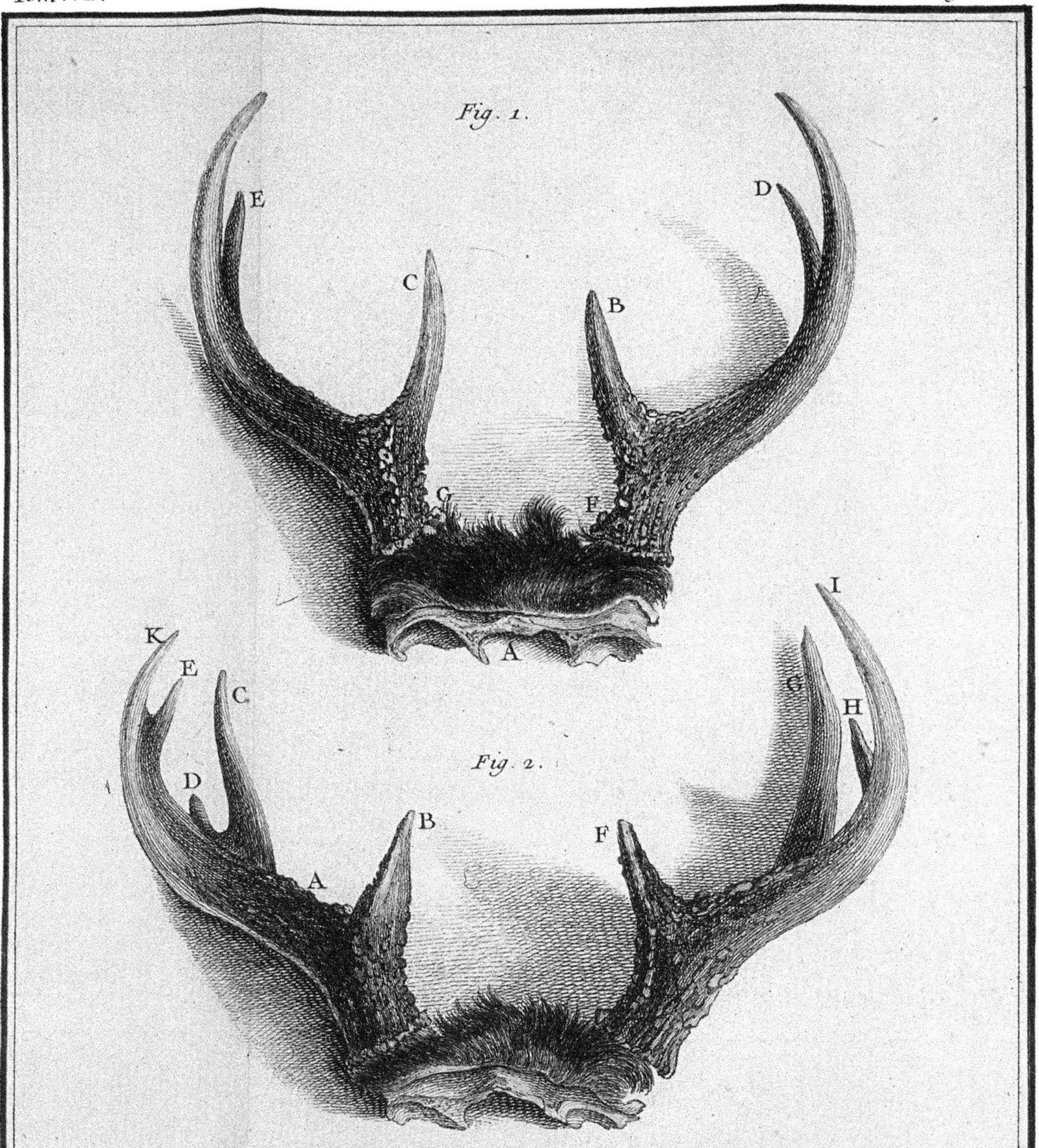


Buvée l'Amériquain del. Baron sculp.

Tom. VI Pl. XXXVIII. pag. 298.

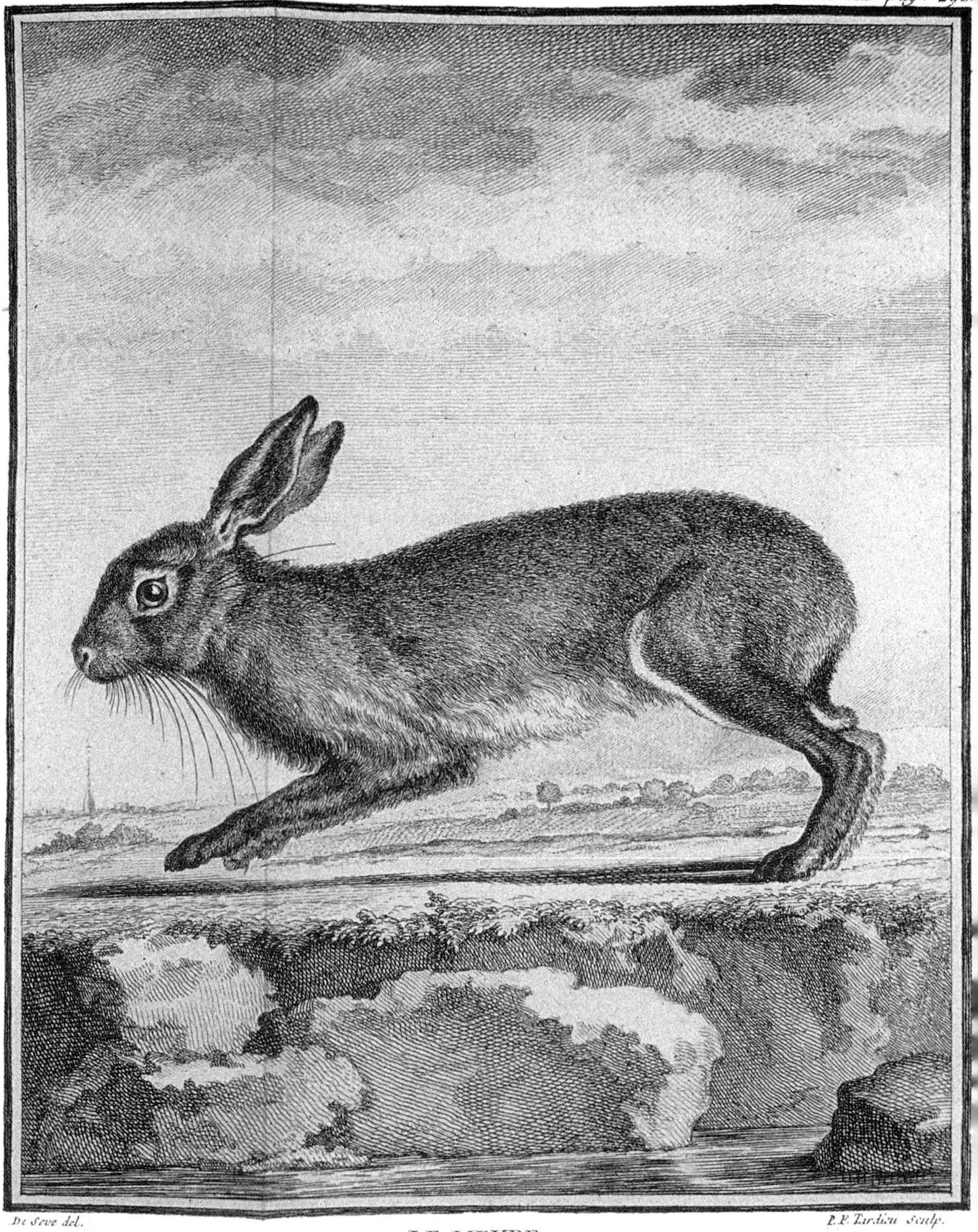

De Seve del. P.F. Tardieu Sculp.

LE LIEVRE

*Tom VI* *Pl XXXIX Pag 298*

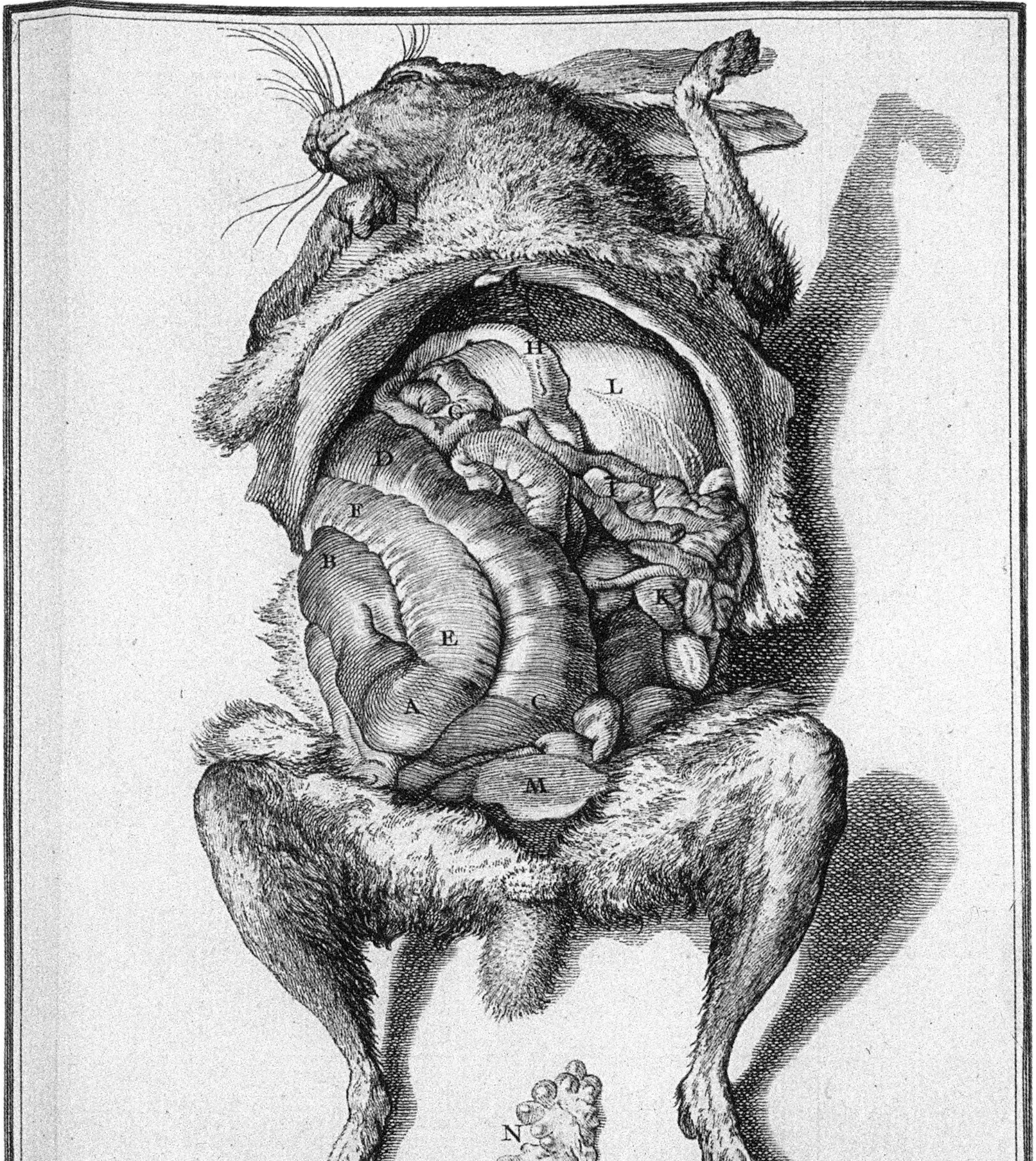


*D. S. del.* *L. Lempereur sculps.*

Tome.VI. Pl.XI. pag.298.

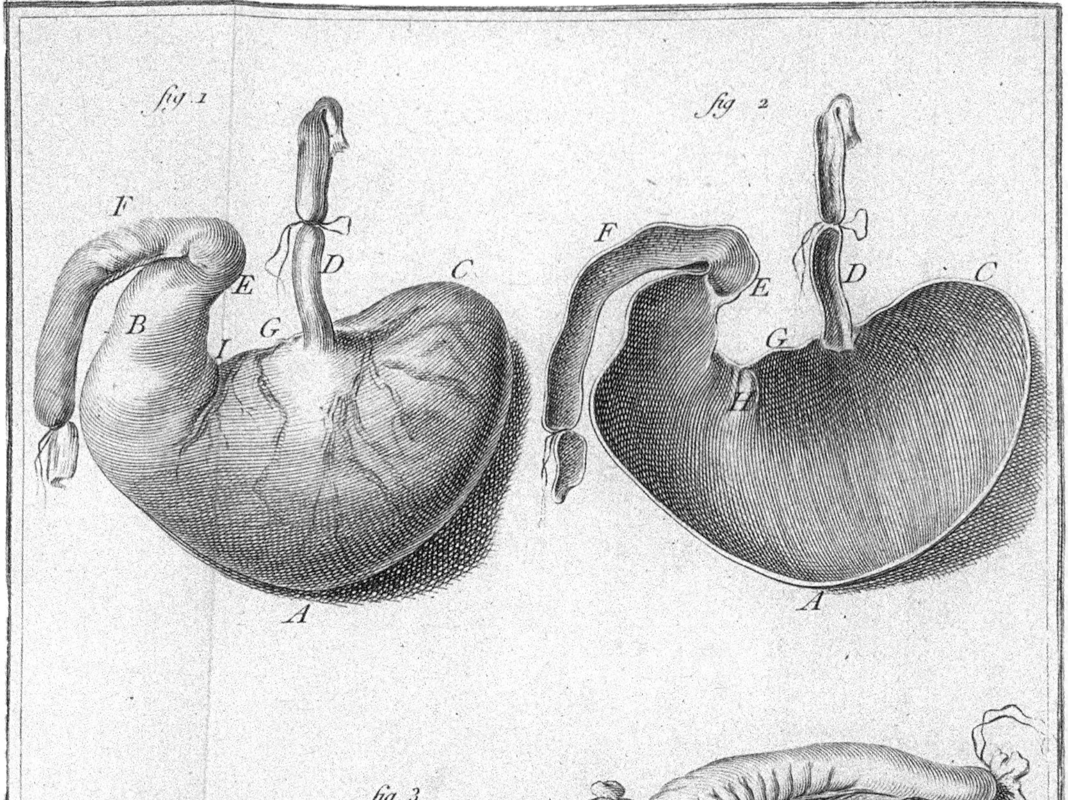


De Seve Del.

Tom.VI.

Pl. XLI. Pag. 298.

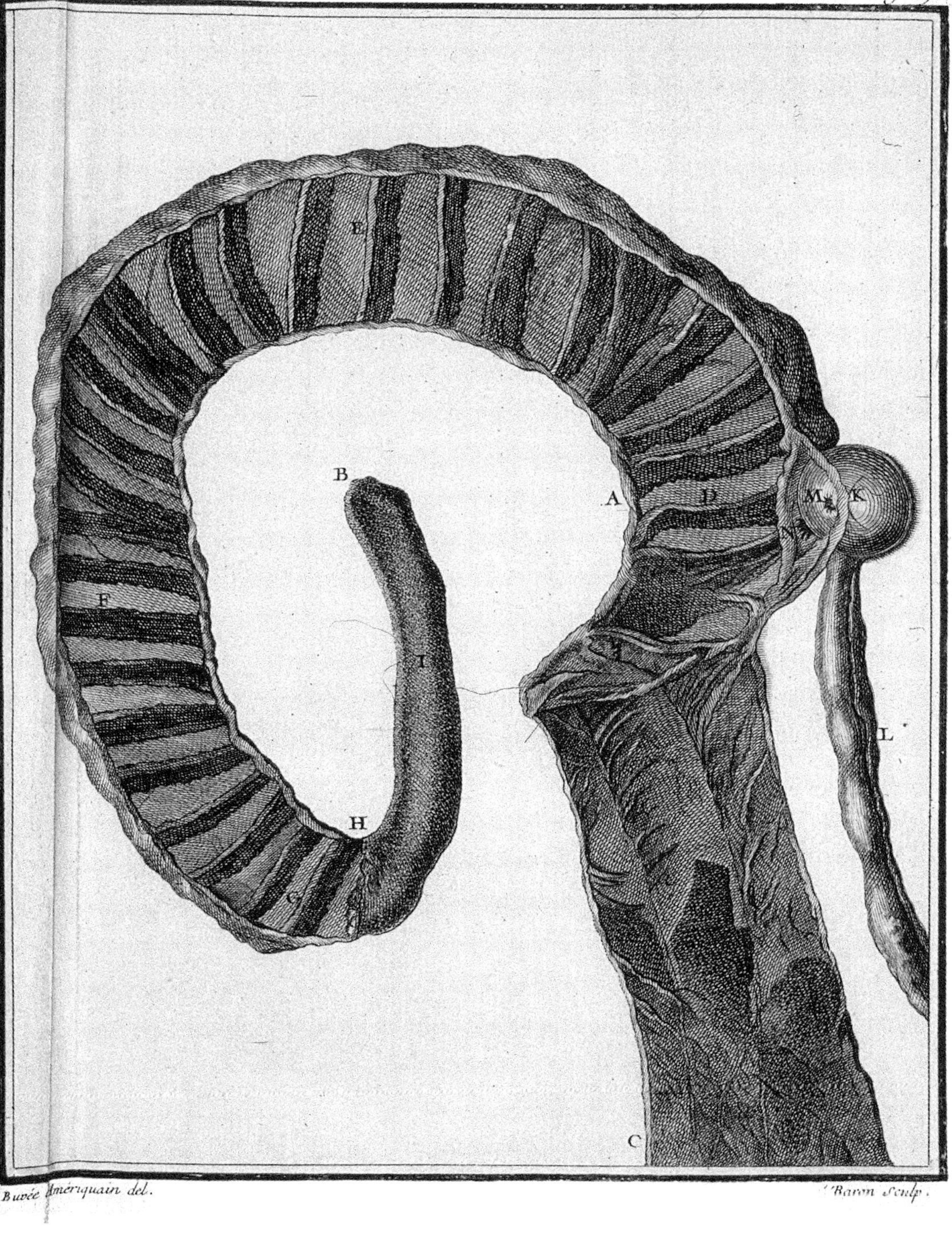


Buvée Amériquain del.

Baron Sculp.

Tom. VI. Pl. XLII. Pag. 298.

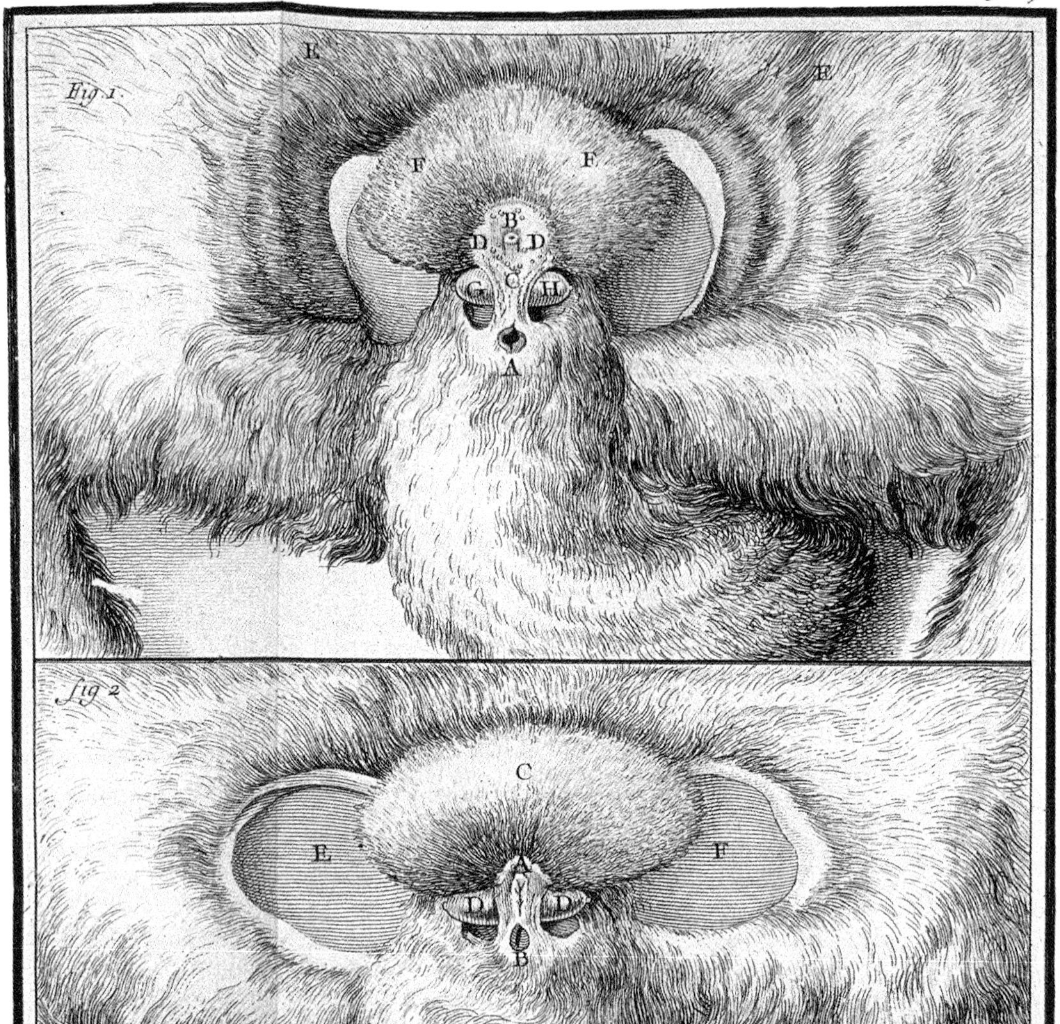


Buvé l'americquain Gaillard S.

Tom. VI. Pl. XLIII. pag. 298.

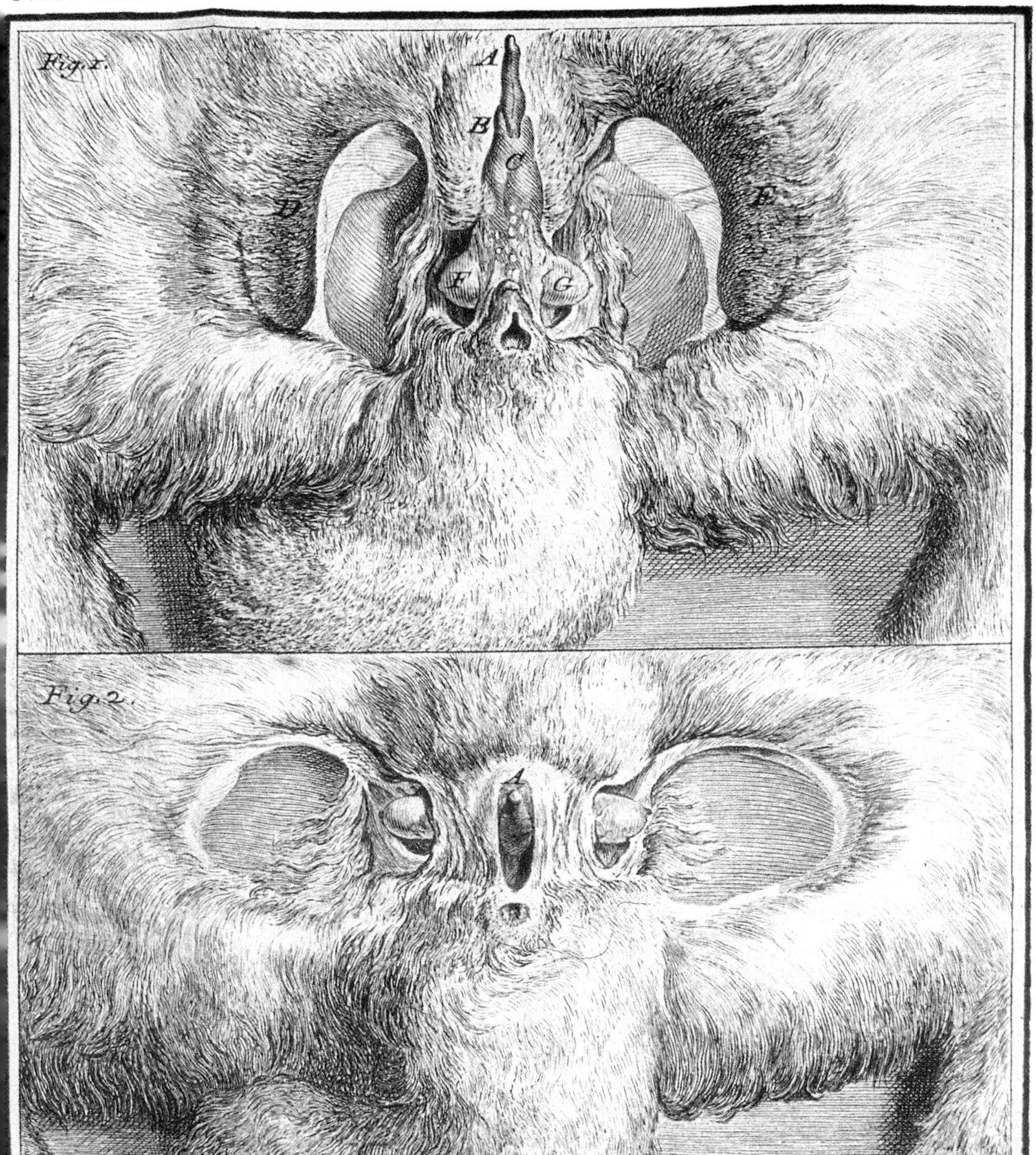


D. S. del.

Tom. VI.

Pl. XLIV. Pag. 298.

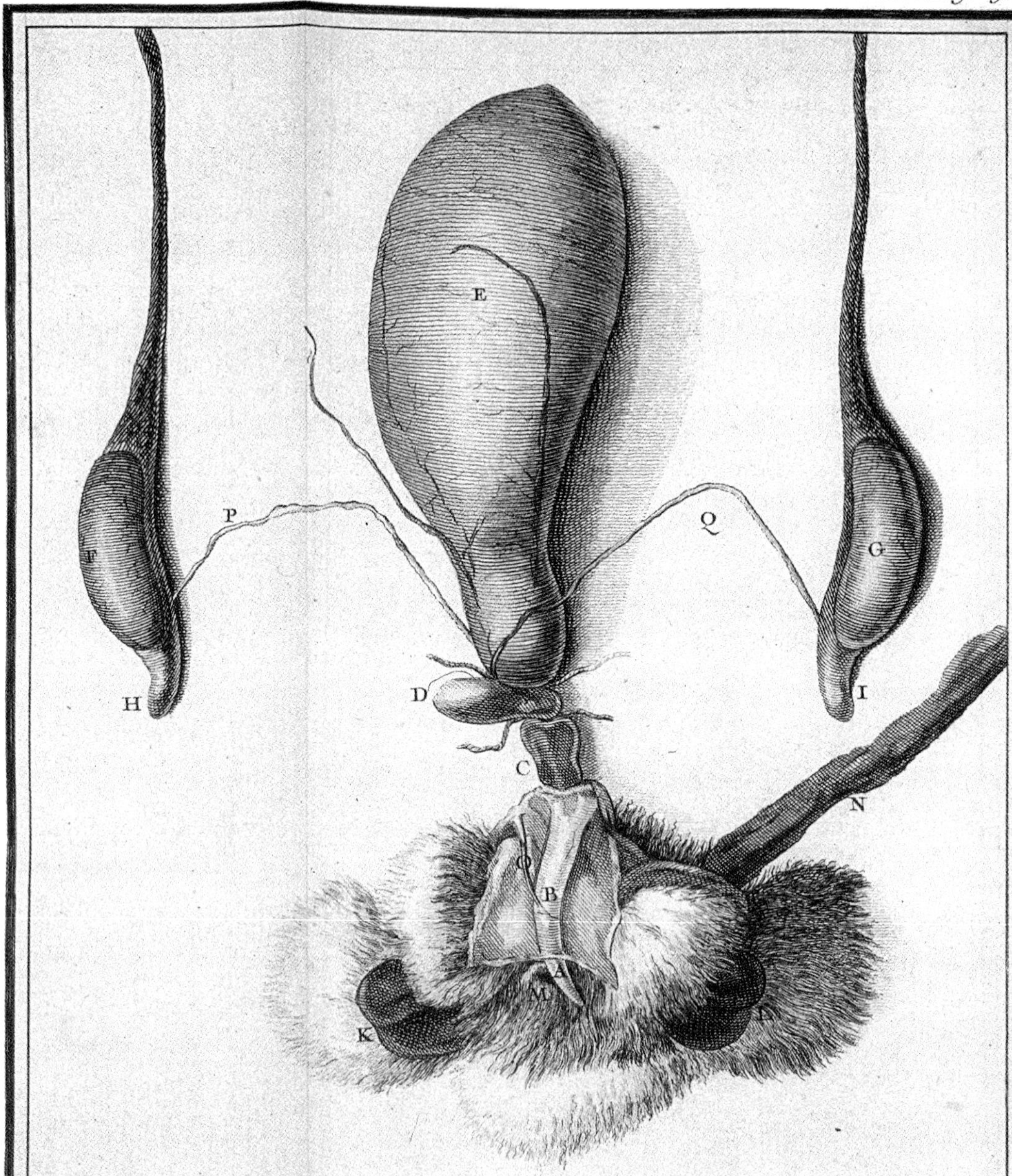


Buvet Camerquain

Gaillard Sculp.

Tom VI — Pl XLV Pag 298

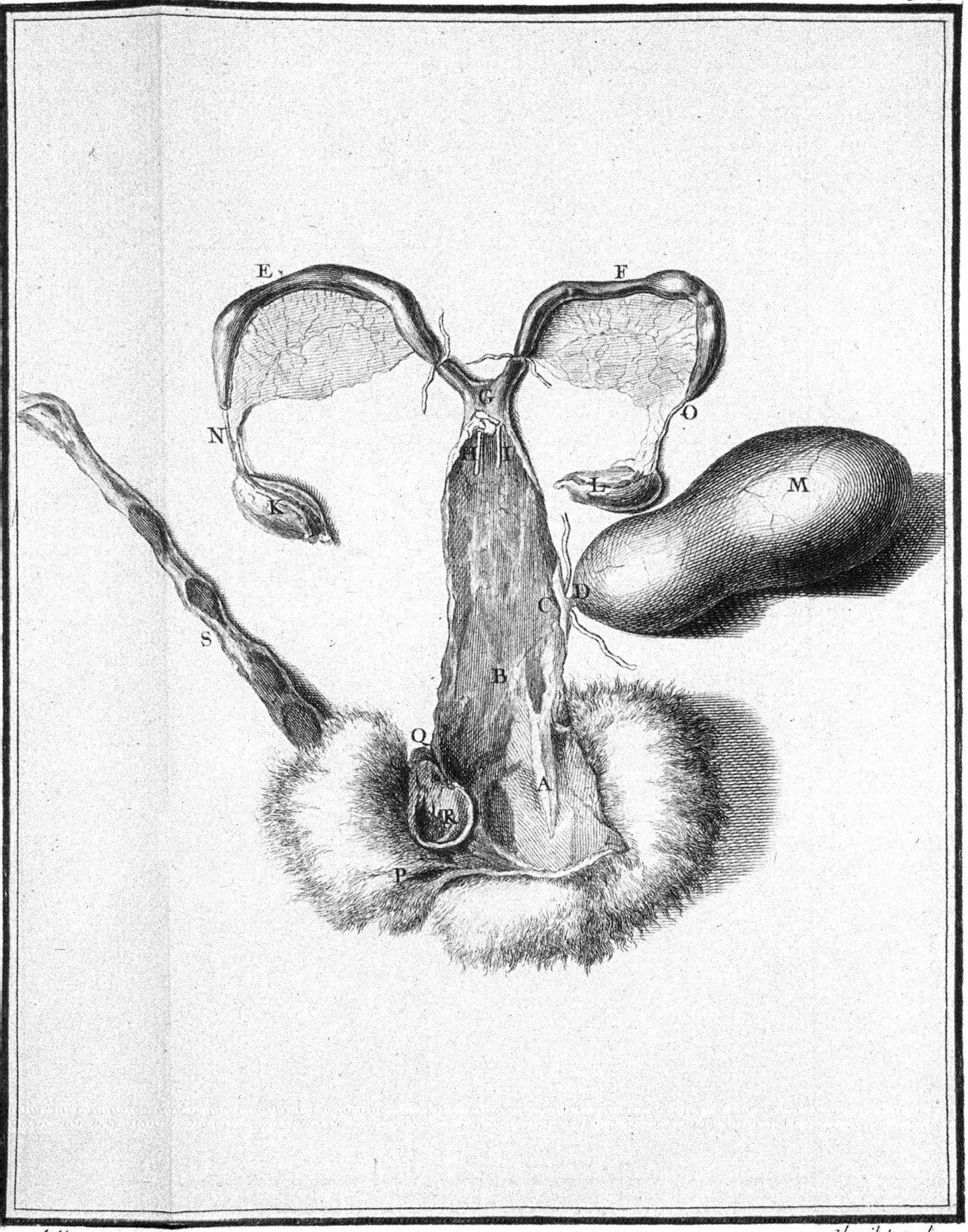


Buvée l'Ameriquain del. — Chevilet sculp.

Tom. VI. Pl. XLVI. Pag. 298.

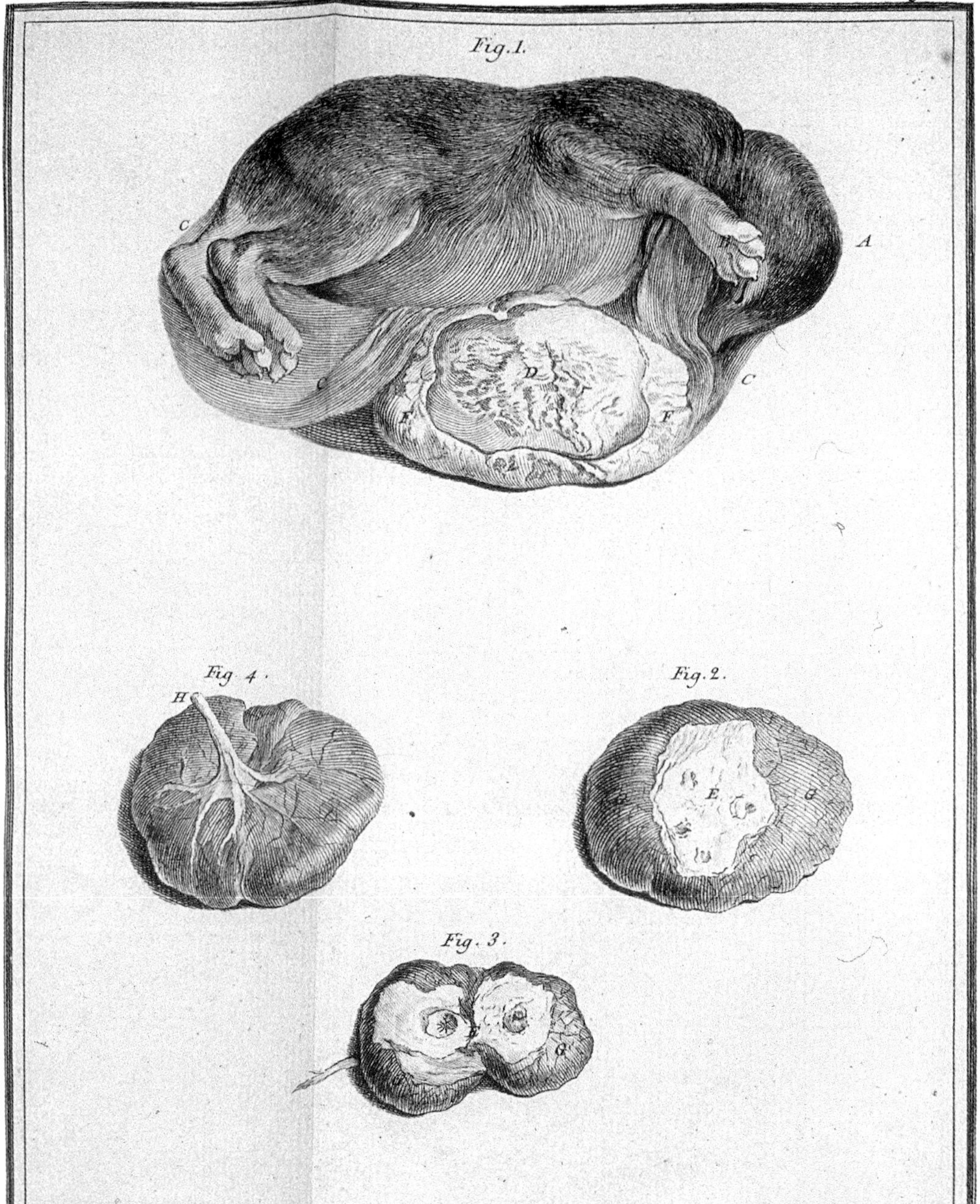


De Seve Del. De Fehrt Sculp.

Tom. VI. Pl. XLVII. Pag. 298.

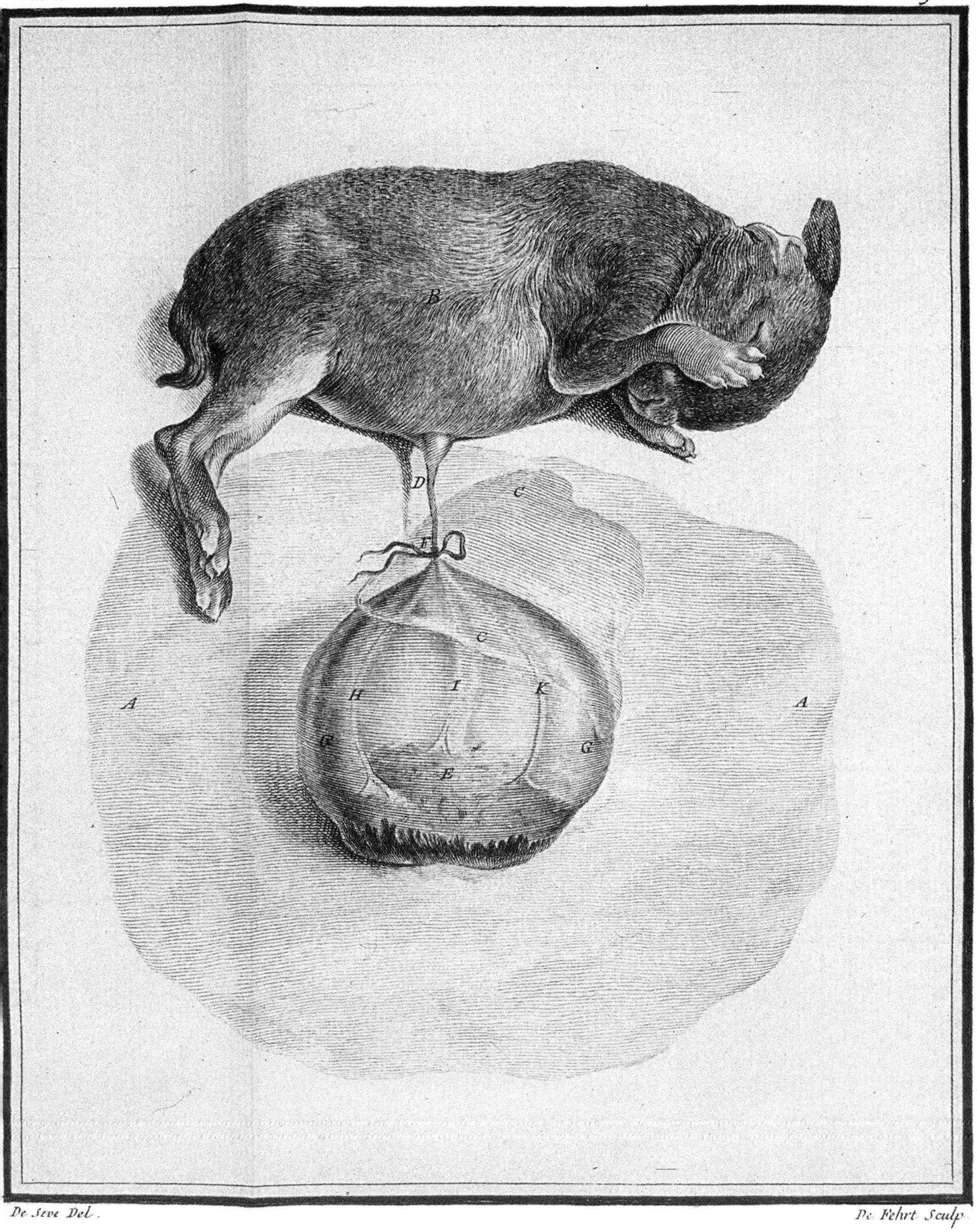


De Seve Del. De Fehrt Sculp.

Tom. VI Pl. XLVIII Pag. 298

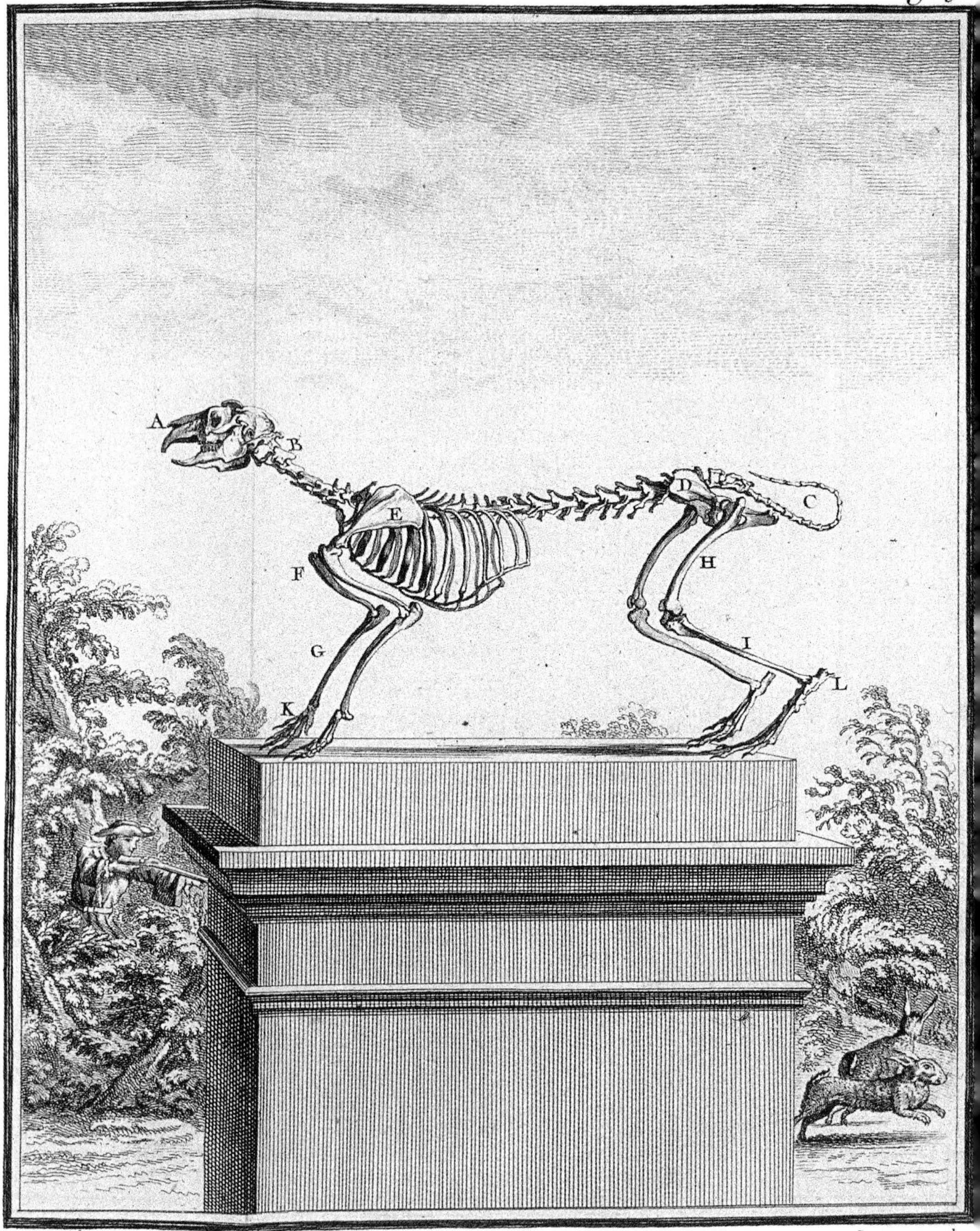


De Seve del. Lemperear sculp.

Tom. VI. Pl. XLIX. Pag. 298.

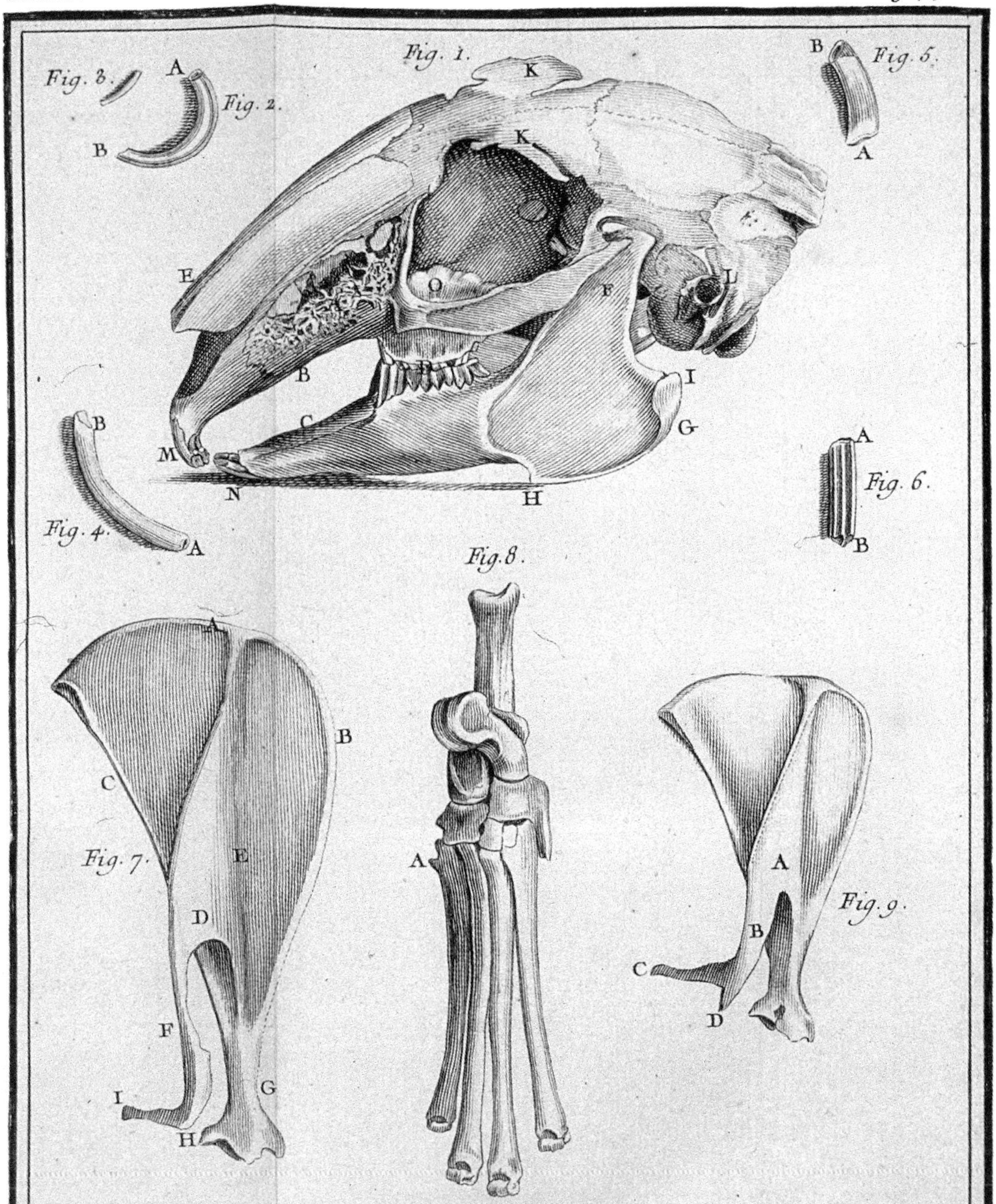


Buvée l'americquain Gaillard.

Tom. VI. Pl. L. Pag. 340.

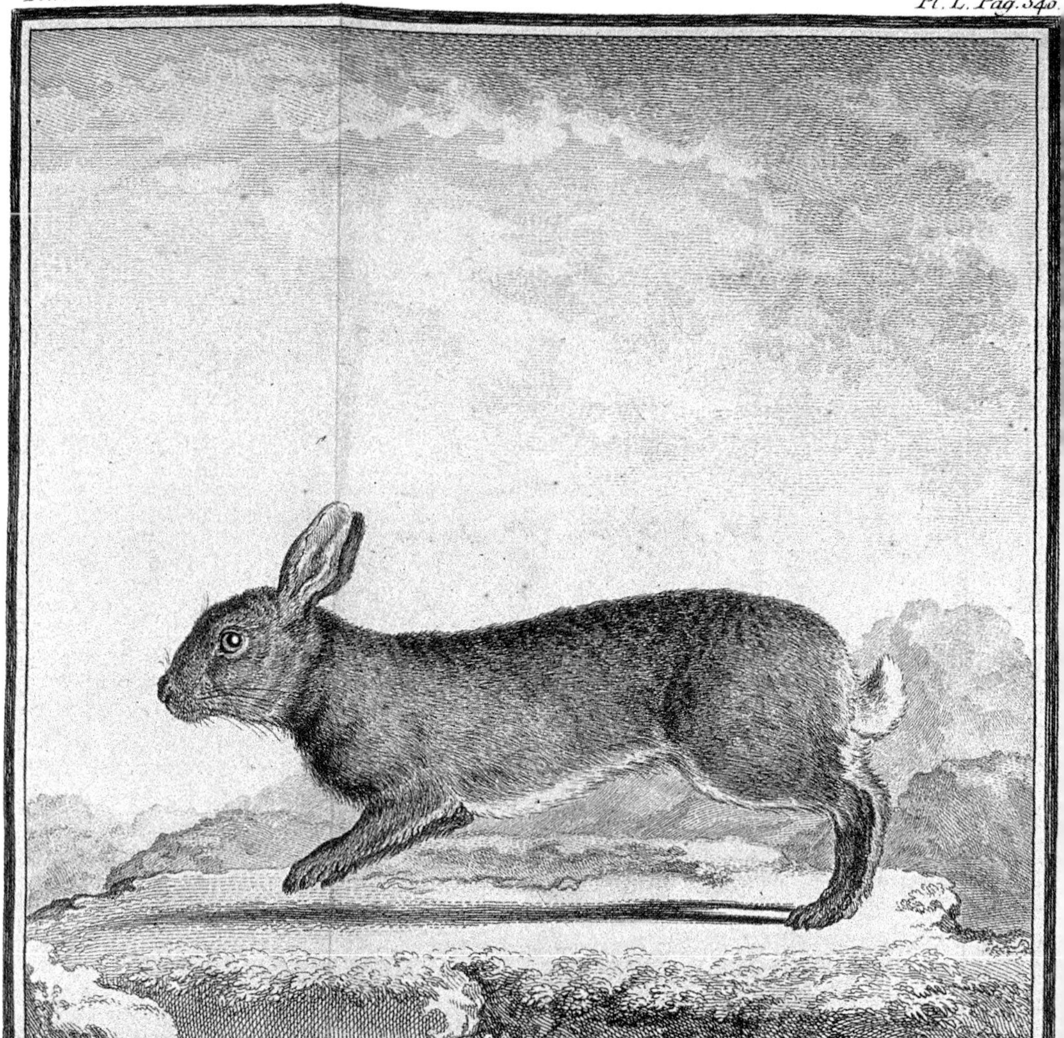

De Seve del. Moitte Sculp.

LE LAPIN SAUVAGE

Tom. VI. Pl. LI. Pag. 340.

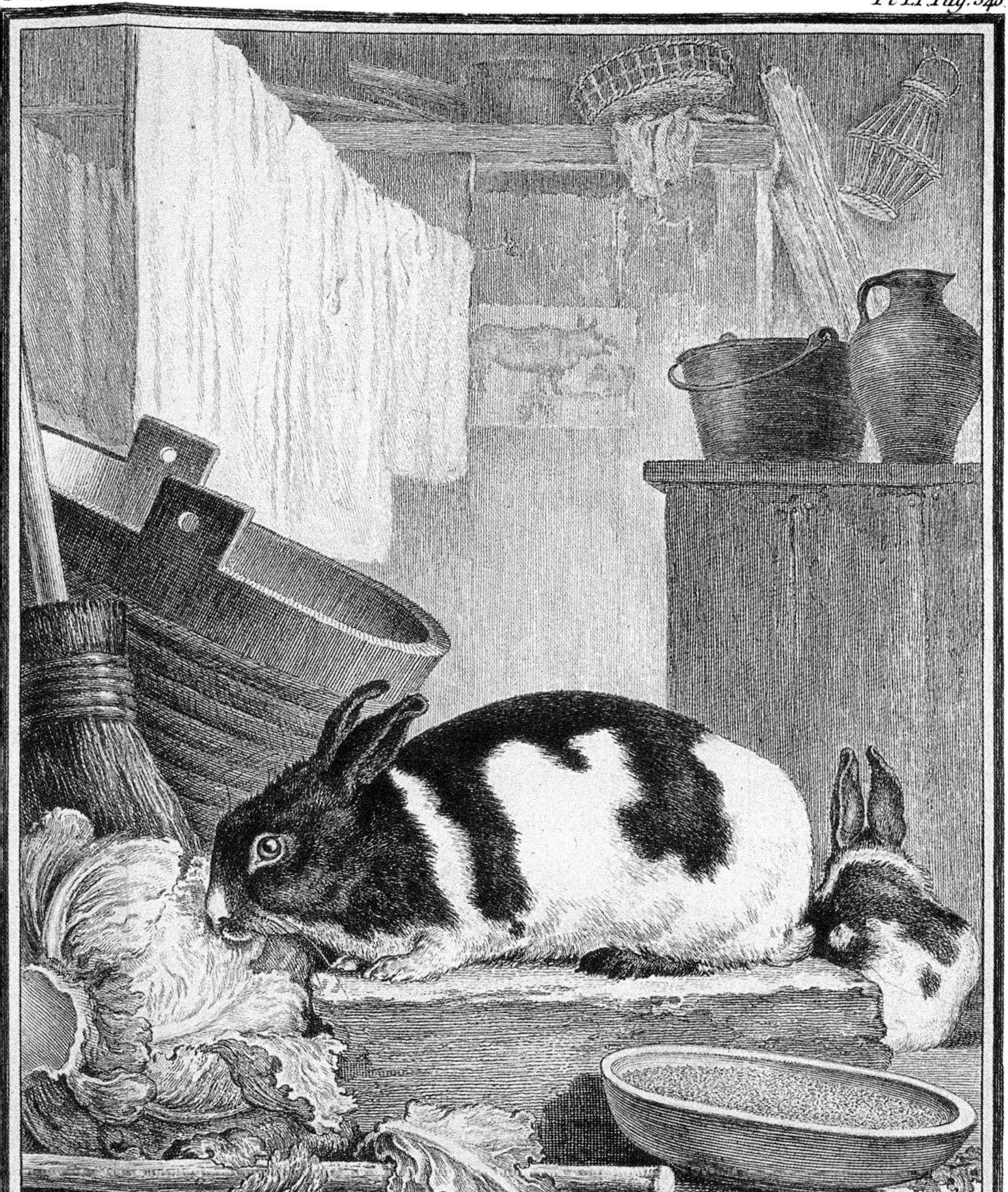

De Seve del. P. E. Moitte Sculp.

LE LAPIN DOMESTIQUE.

Tom. VI. Pl. LII. Pag. 34

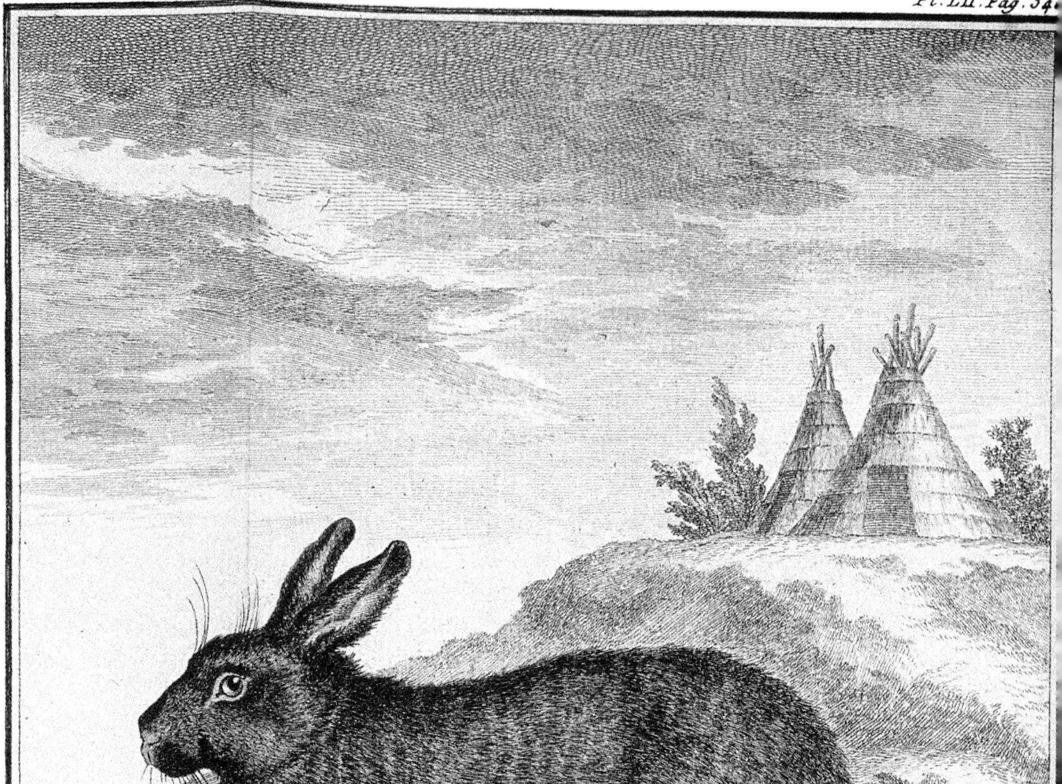

De Sève del. Louis le Grand Sc.

LE RICHE.

*Tom. VI.* *Pl. LIII. Pag. 340*

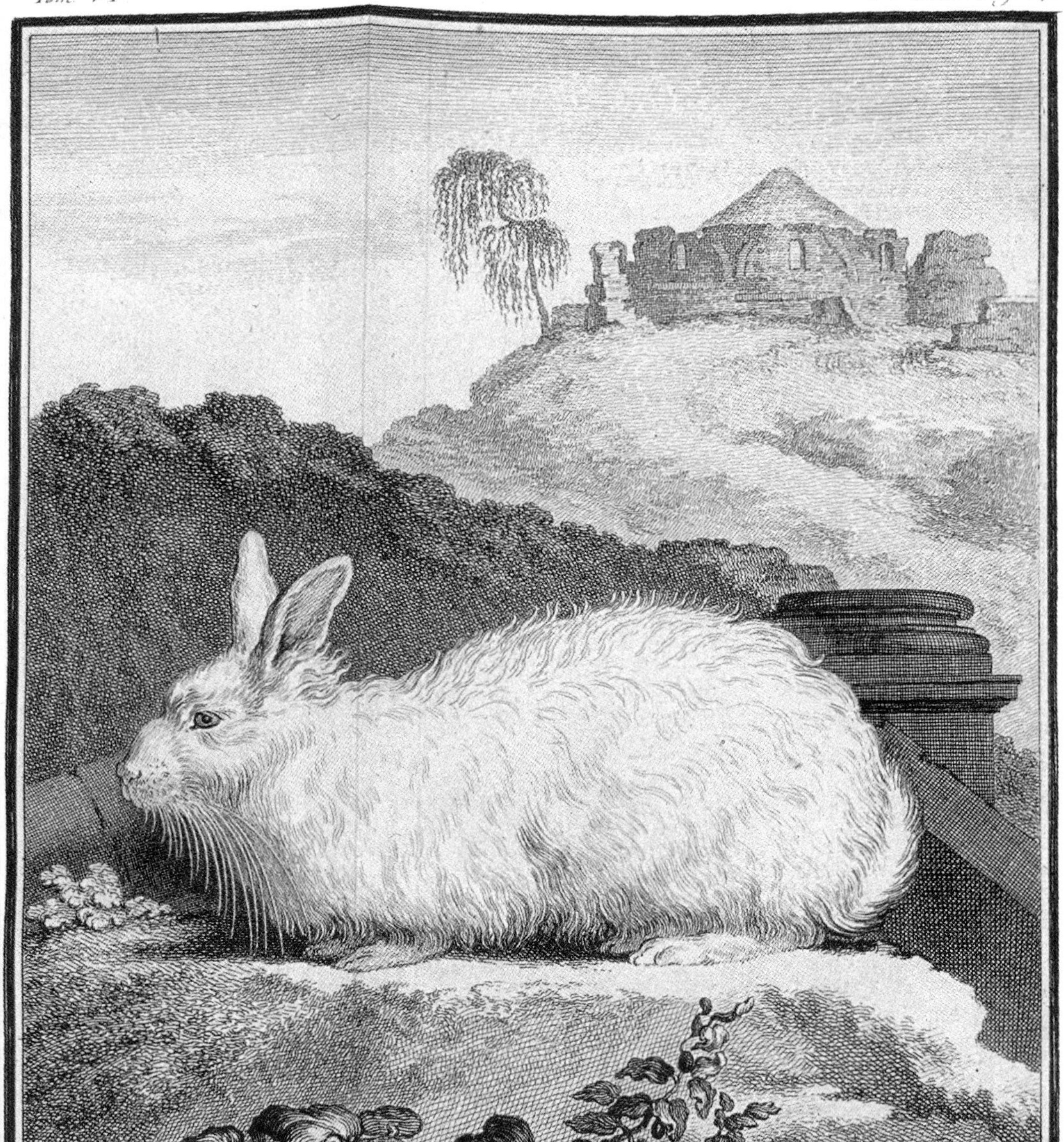

*De Seve delin.* *C. Baquoy Sculp.*

LE LAPIN D'ANGORA

Tom VI Pl. LIV Pag. 34

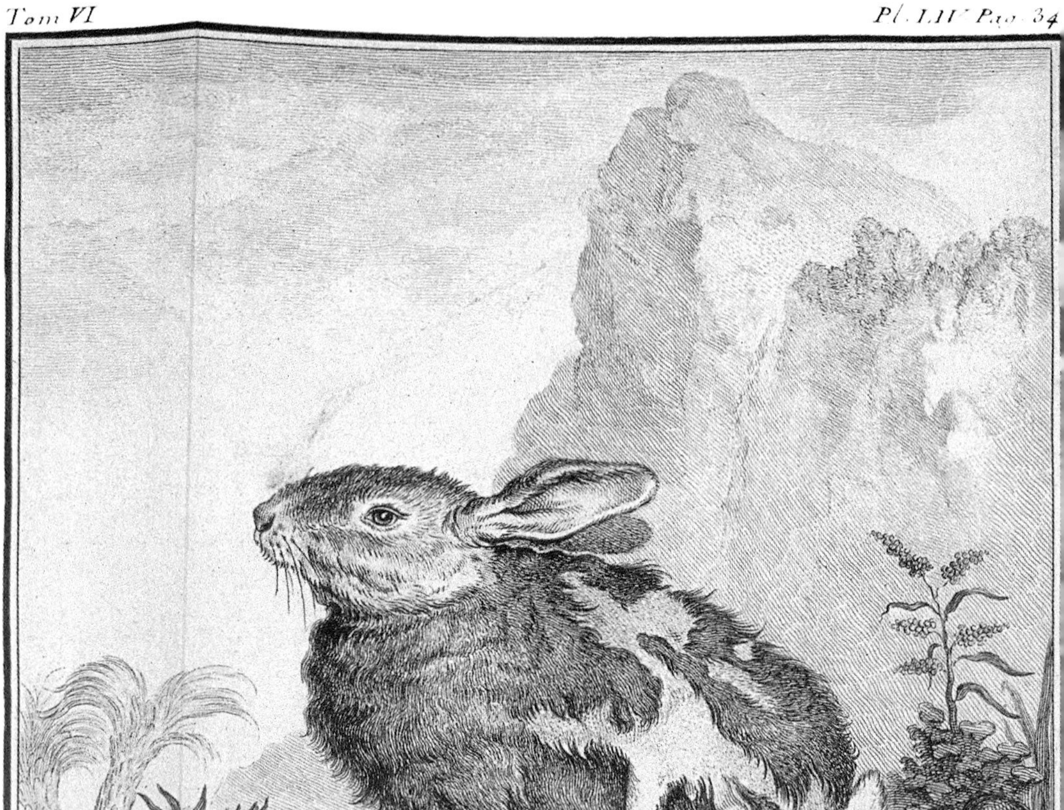

De Seve del. De Fehrt Sculp.

LE LAPIN D'ANGORA EN MUE

*Tom. VI.* *Pl. LV. Pag. 340.*

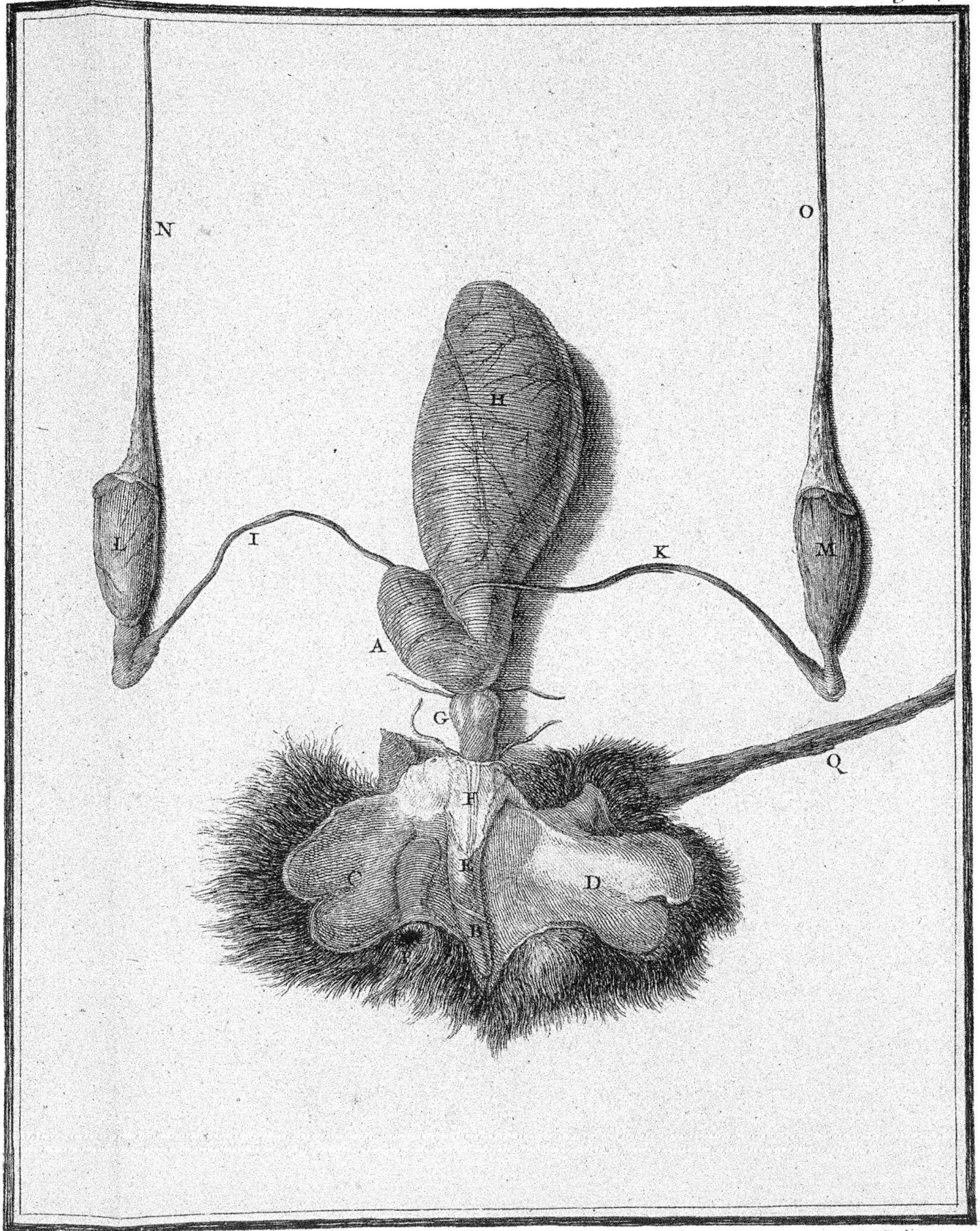


*Barée l'Américain del.* *P. F. Tardieu sc.*

Tom. VI. Pl. LVI. Pag. 340.

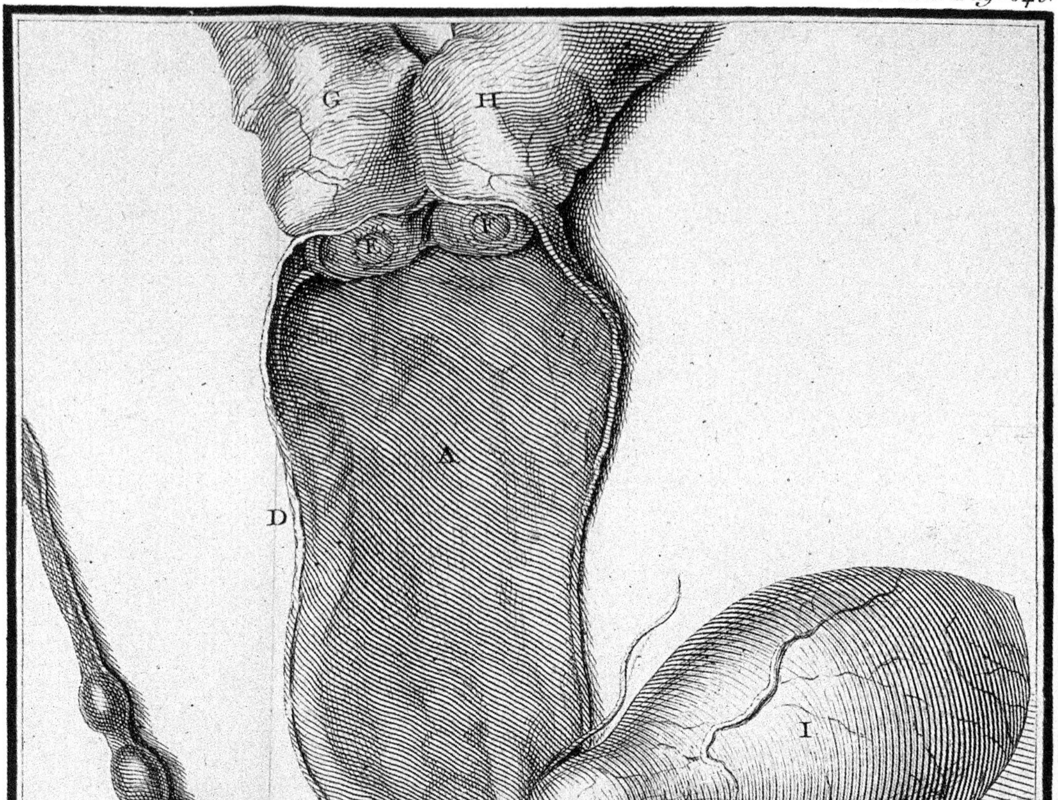


Buvée l'Ameriquain.

Tom. VI. PL. LVII. Pag. 340.

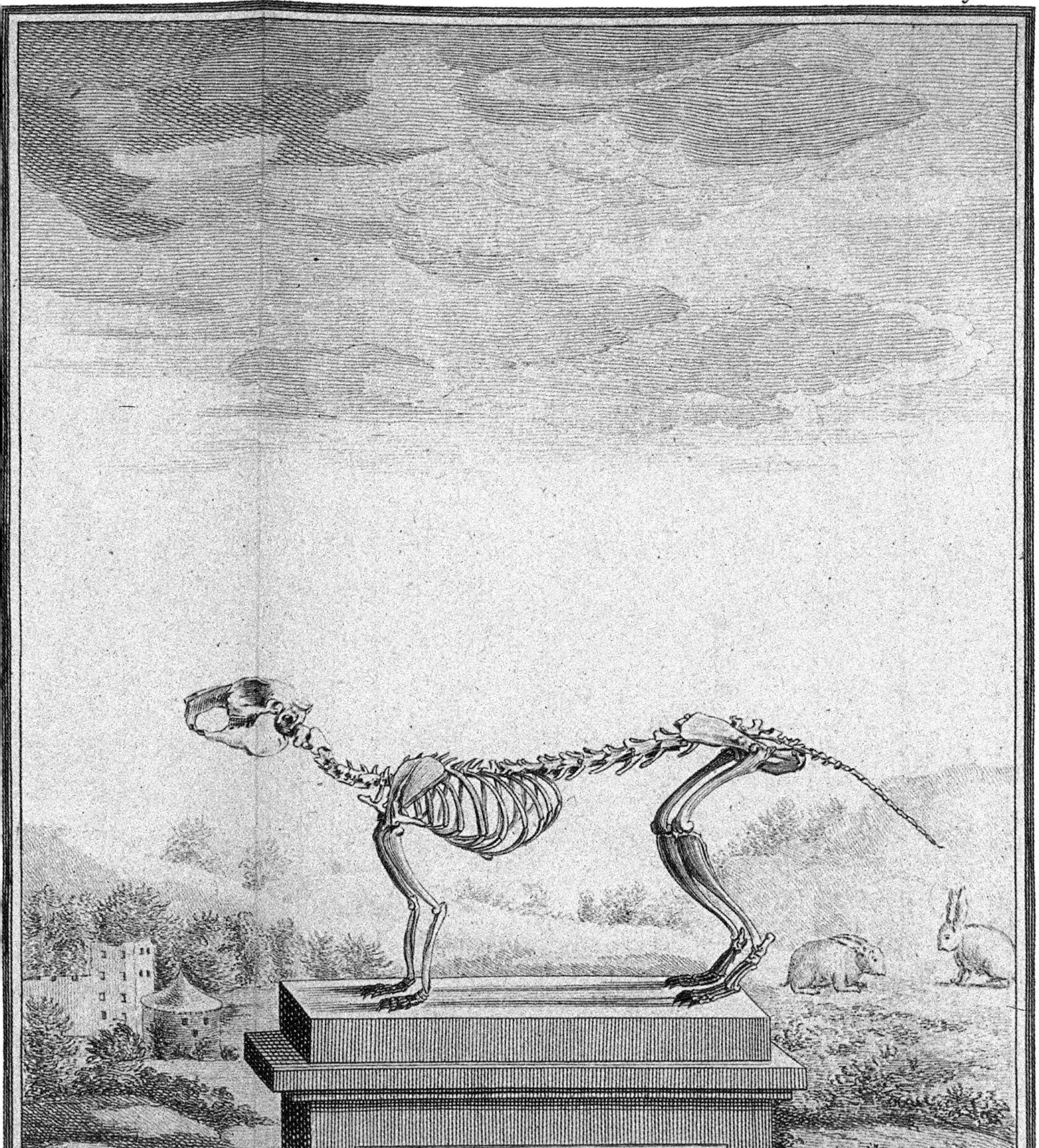

Buvée l'Amériquain del. M. Aubert sculp.

# HISTOIRE NATURELLE,

## GÉNÉRALE ET PARTICULIÉRE,

*AVEC LA DESCRIPTION*

## DU CABINET DU ROI.

*Tome Septième.*



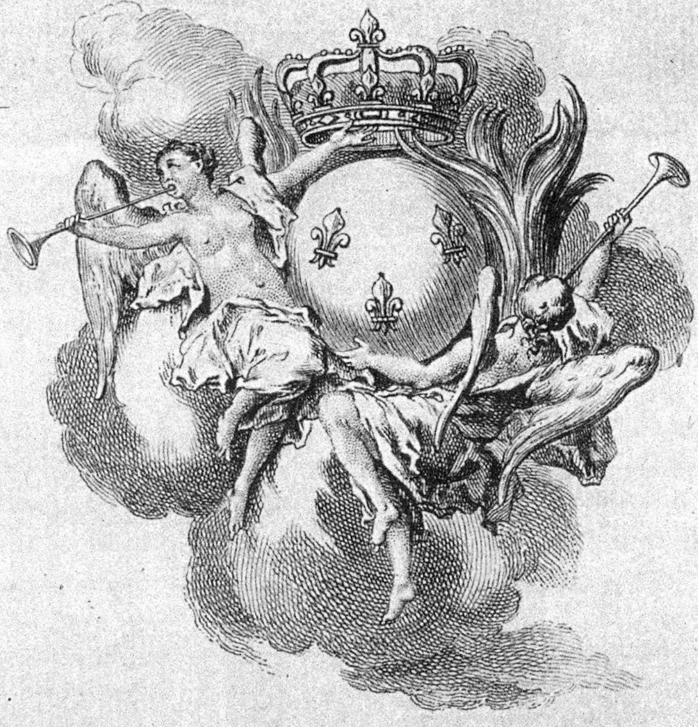

A PARIS,
DE L'IMPRIMERIE ROYALE.

M. DCCLVIII.

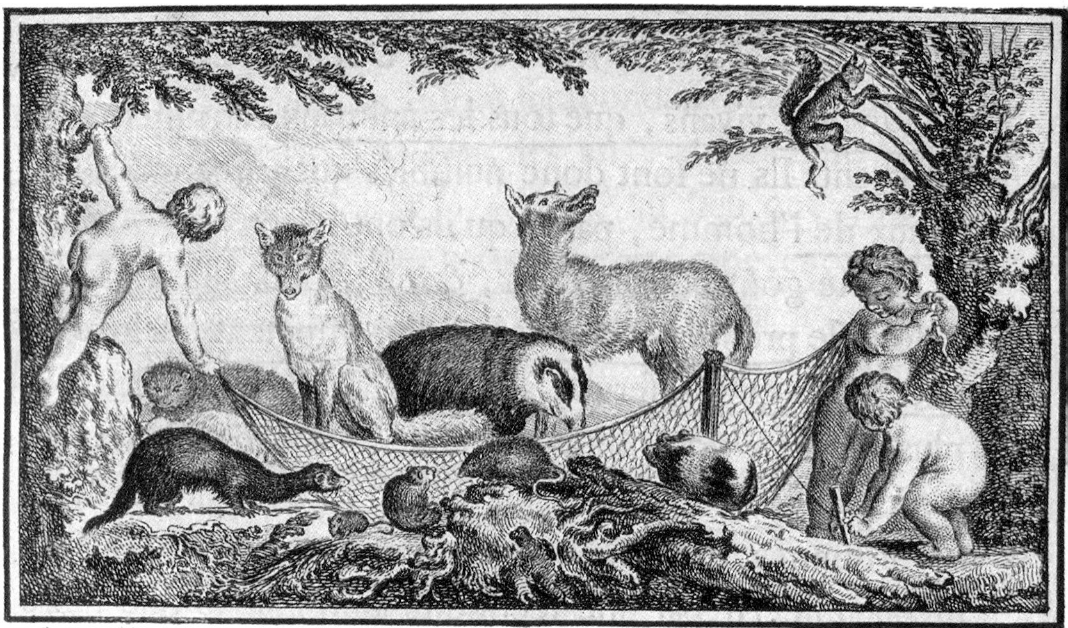

De Sève inv. et del. Moitte, Sculp

Tom VII. Pl. I. Pag. 70.

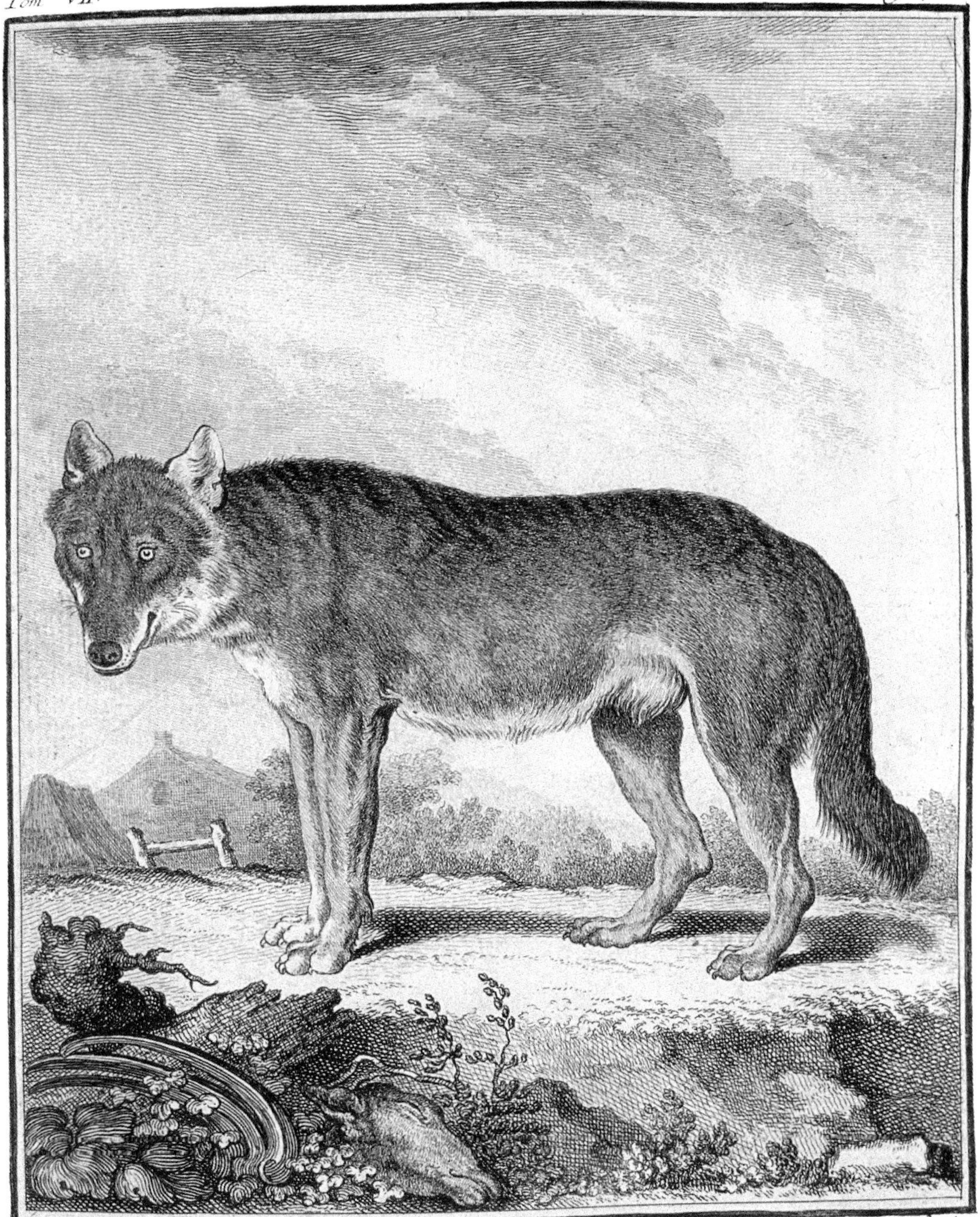

De Seve delin. C. Baquoy Sculp.

LE LOUP

Tom. VII.

Pl. II. Pag. 70

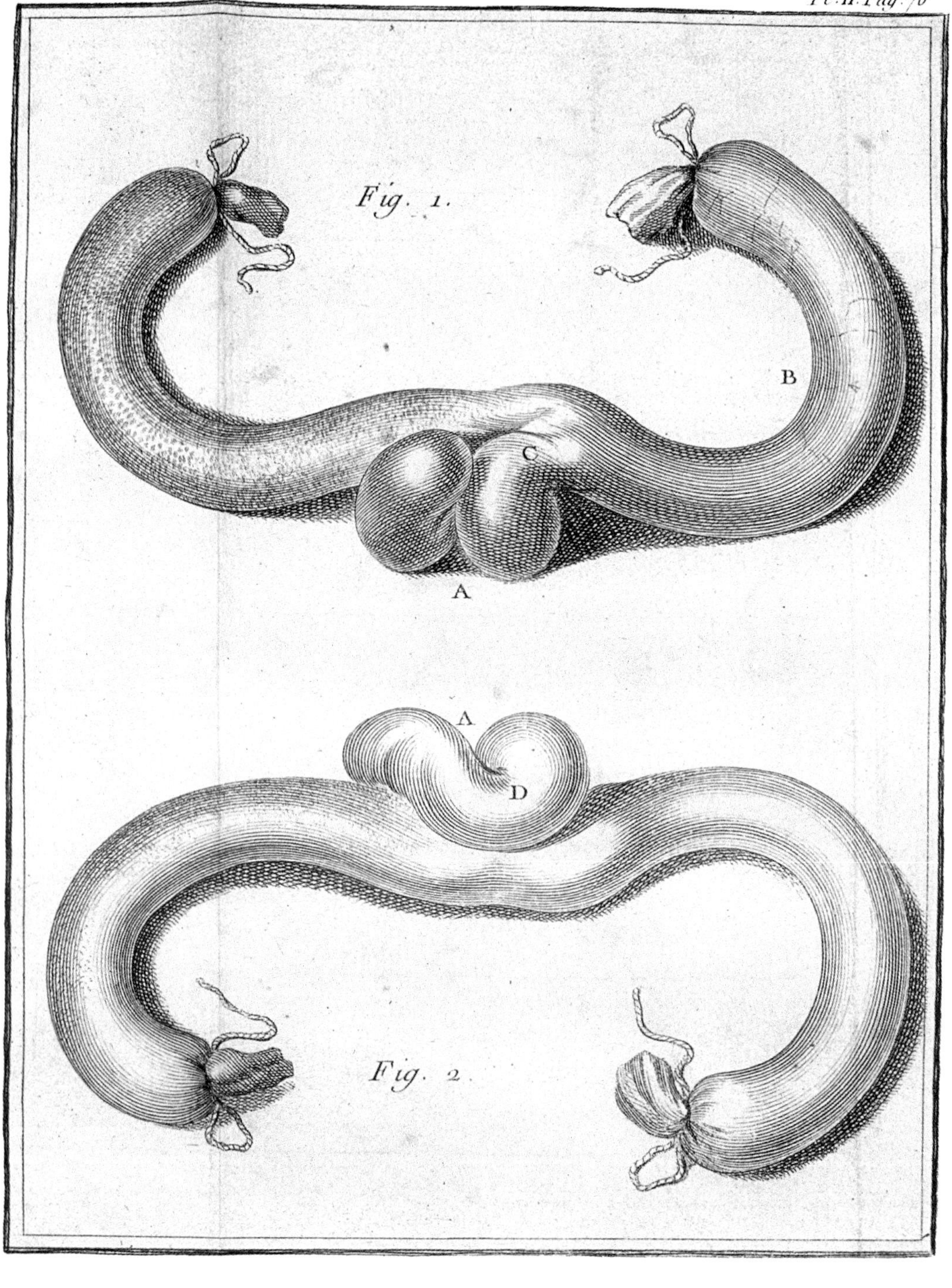

Tom. VII. Pl. III. Pag. 70.

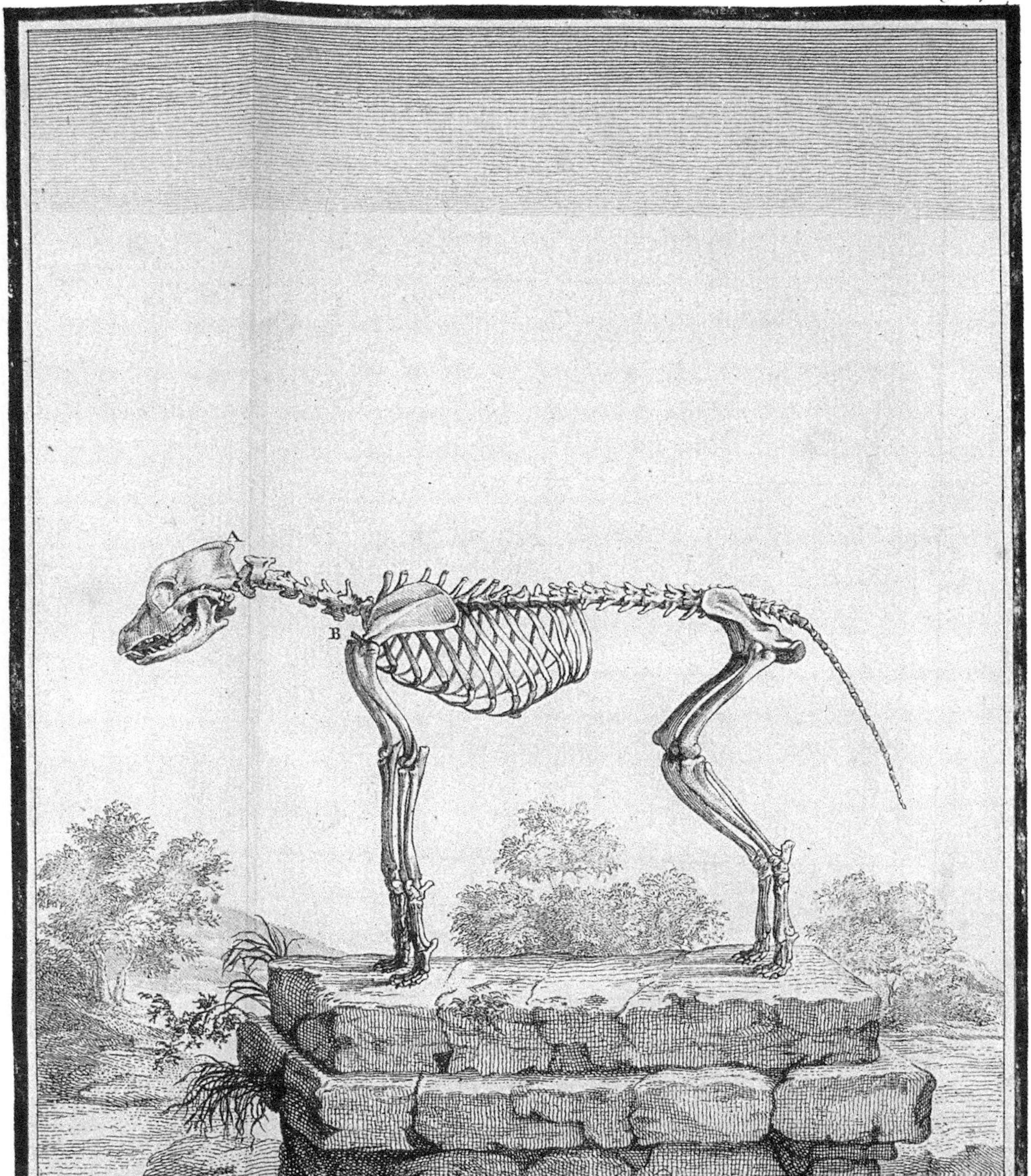


Buvée delin Jardinier Sculp

Tom. VII. Pl. IV. pag. 100

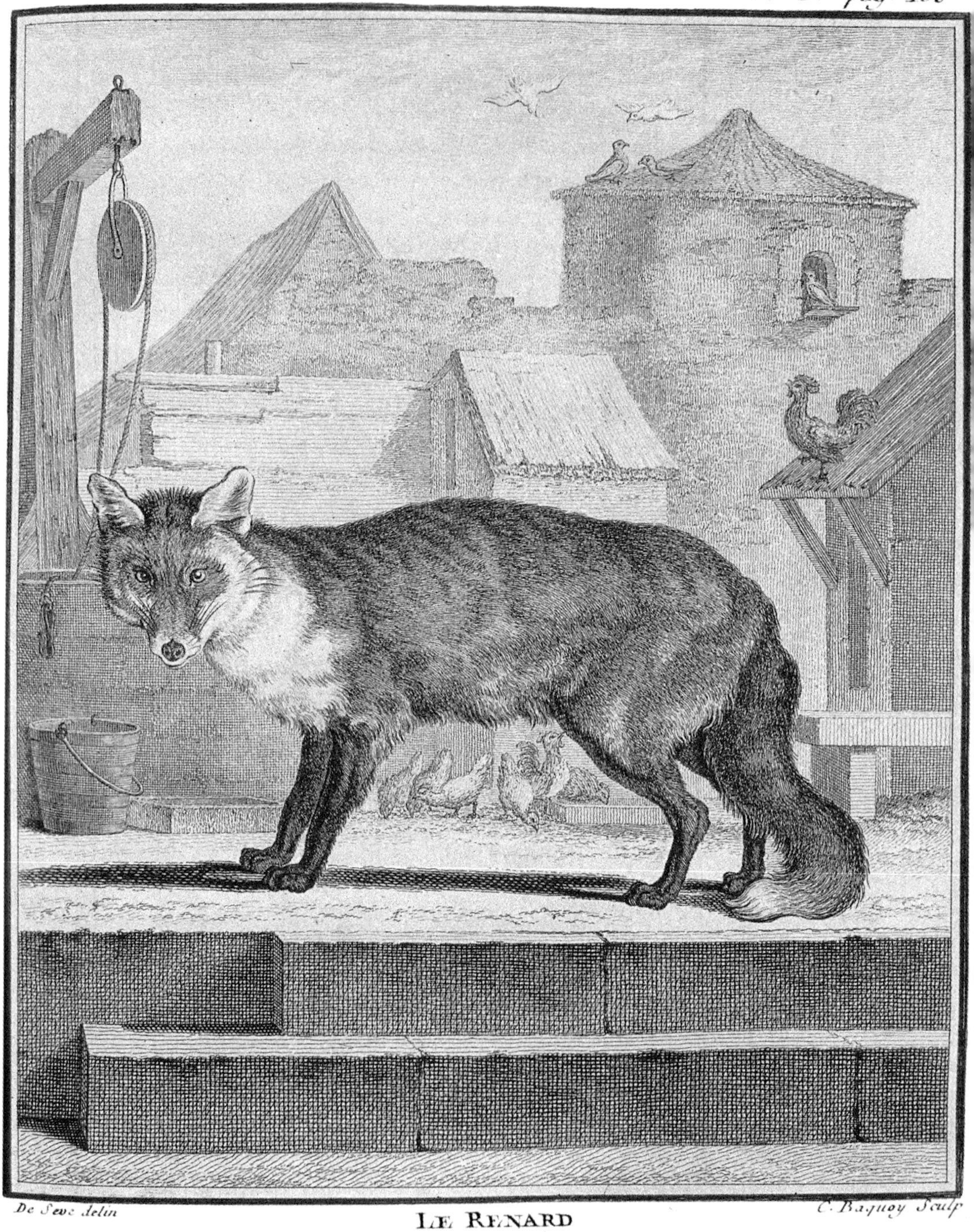

De Seve delin C. Baquoy Sculp

LE RENARD

Tom. VII. Pl. V. Pag. 100.

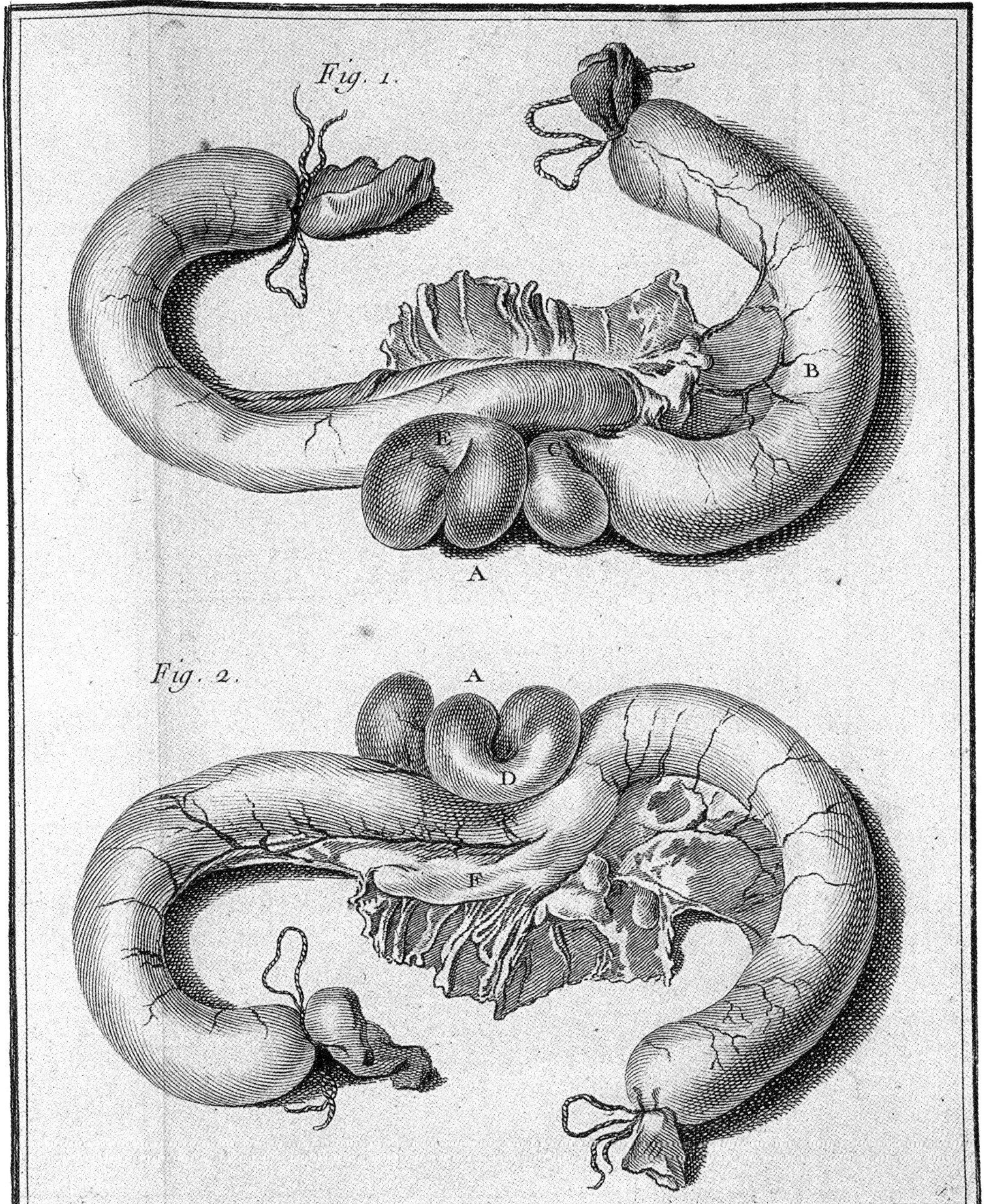

Tom VII. Pl. VI. Pag 100.

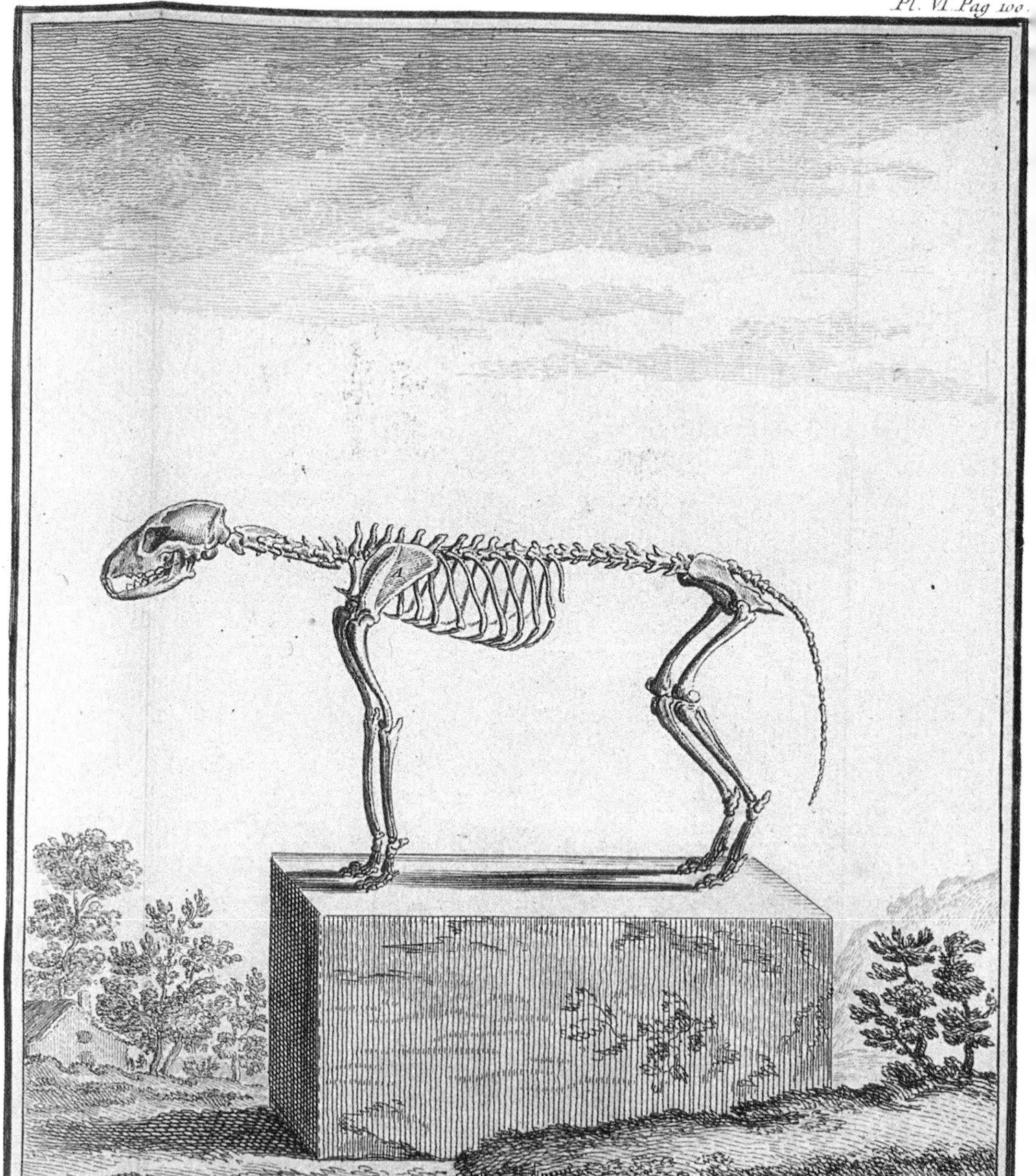

Buvée l'Ameriq. delin. Moitte Sculp.

Tom. VII. Pl. VII. pag. 130.

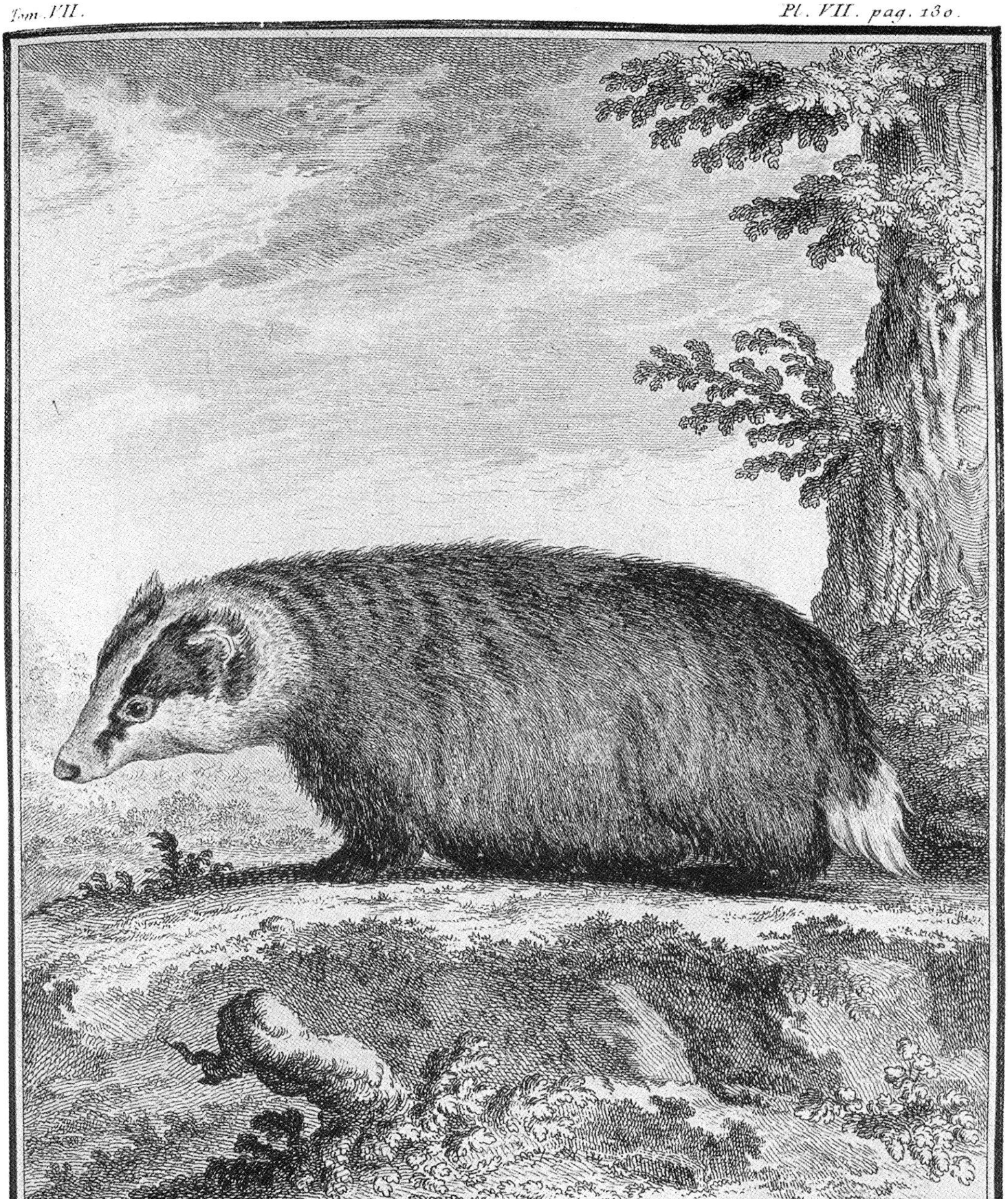

De Seve del. Louis le Grand Sculp.

LE BLAIREAU.

Tom. VII. Pl. VIII. pag. 130.

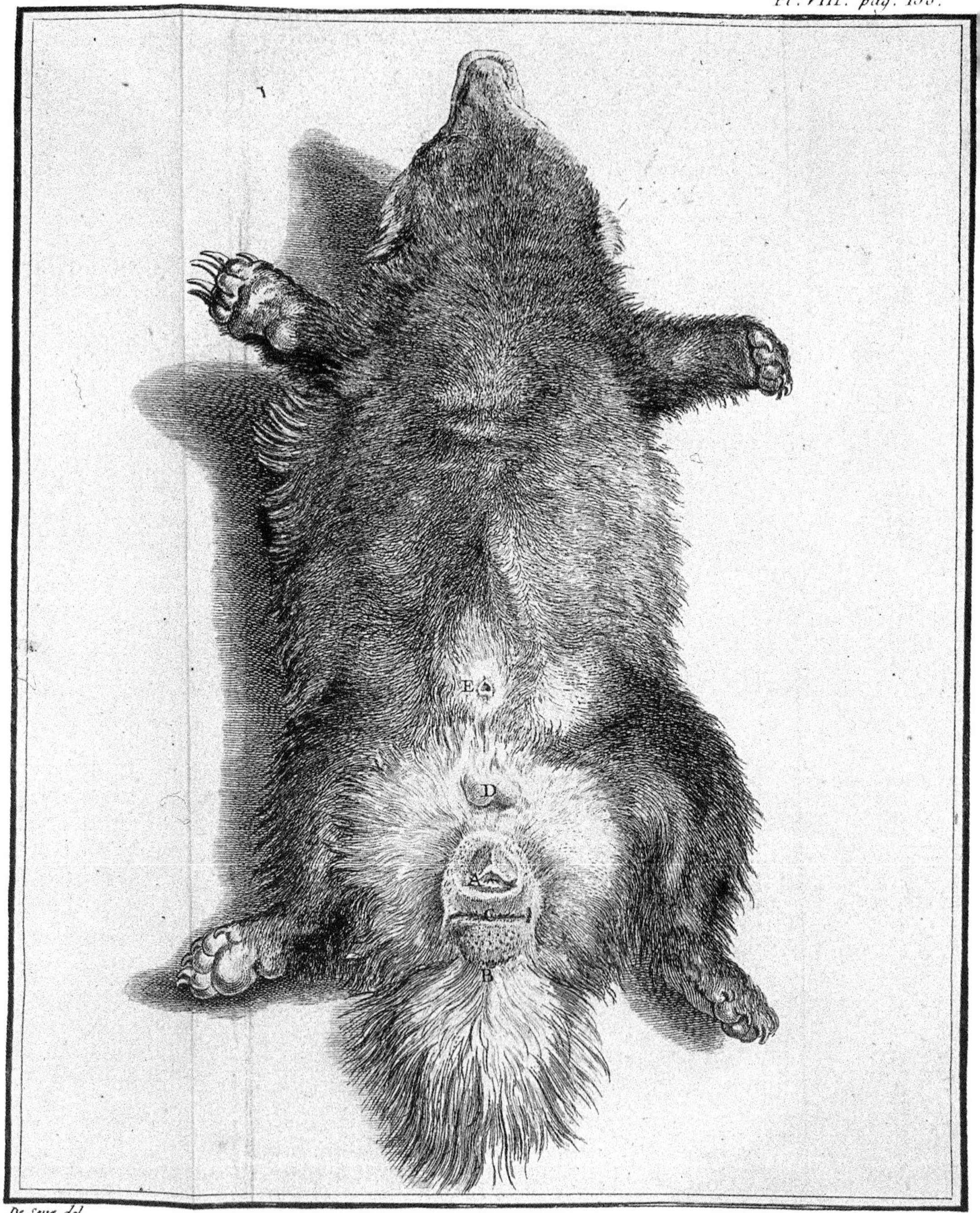


De Seve del. L. Legrand Sculp.

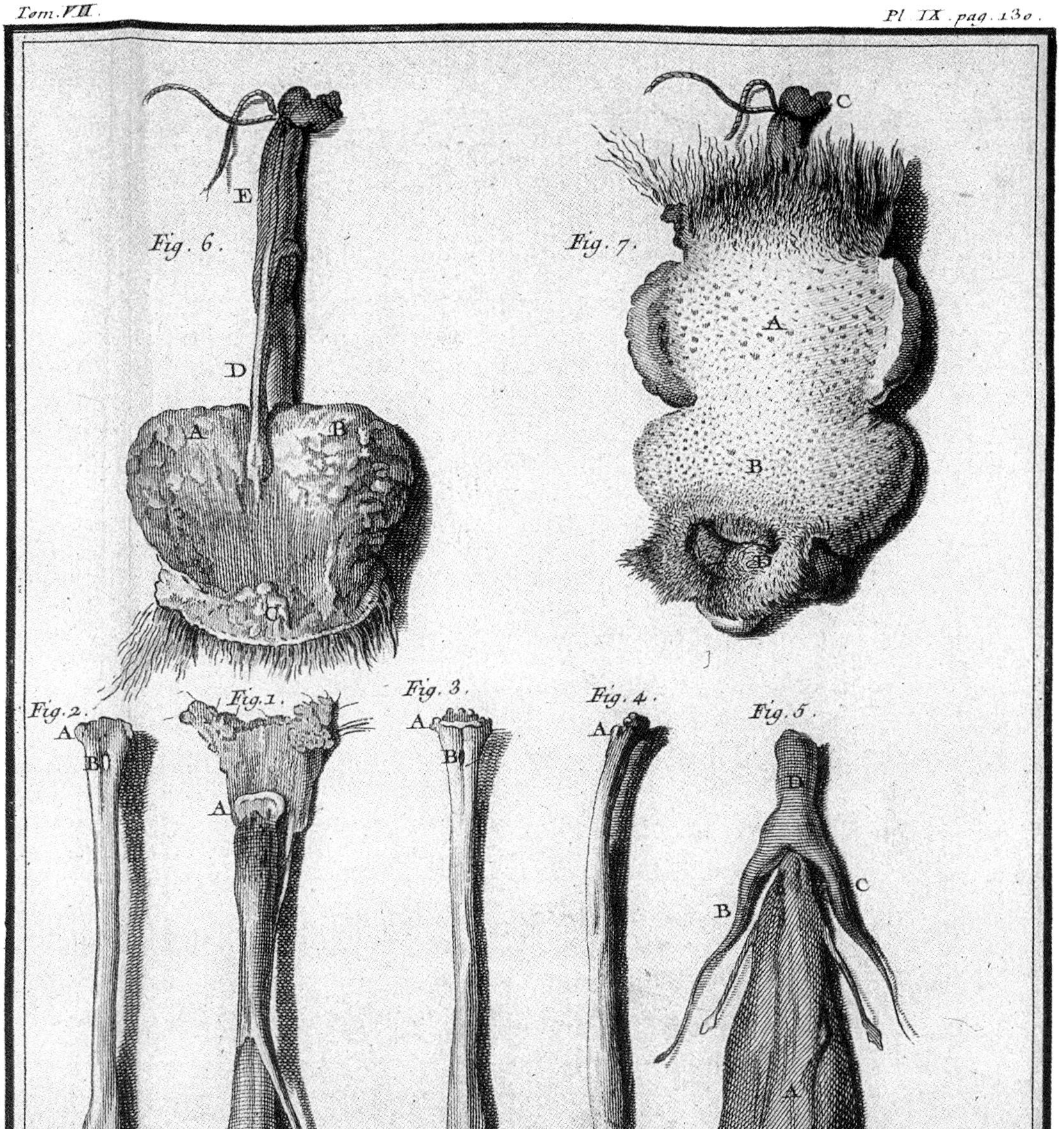
Tom. VII.
Pl. IX. pag. 130.
Fig. 6.
Fig. 7.
Fig. 2.
Fig. 1.
Fig. 3.
Fig. 4.
Fig. 5.
De Seve del.
Gaillard Sculpsit

Tom. VII.

Pl. X. pag 130.

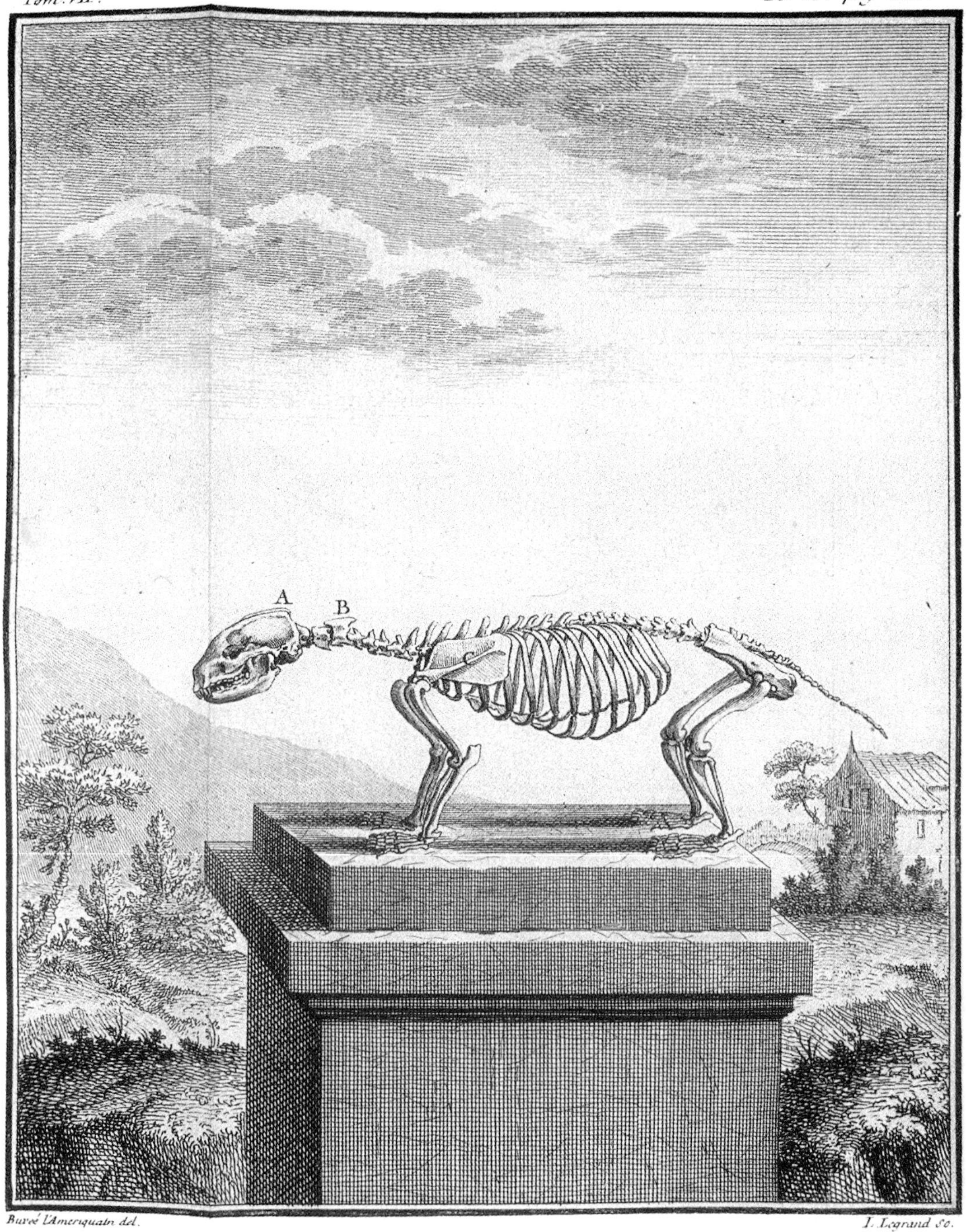


Buroé l'Amériquain del.

J. Legrand Sc.

Tom. VII. LA LOUTRE *Vue de profil* Pl. XI. pag 156.

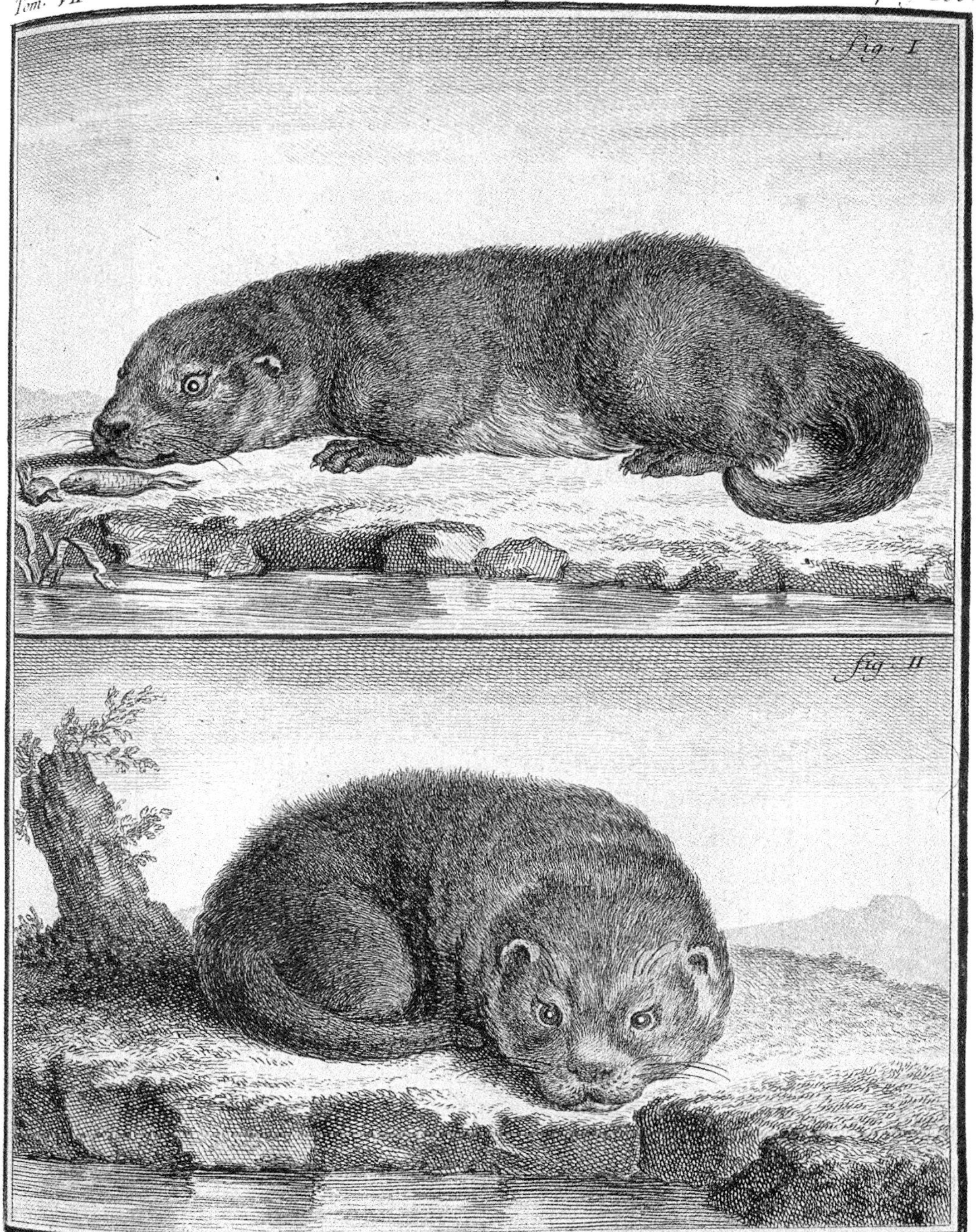


De Seve delin LA LOUTRE *Vue de face* C Baquoy Sculp

Tom. VII.

Pl. XII Pag. 156

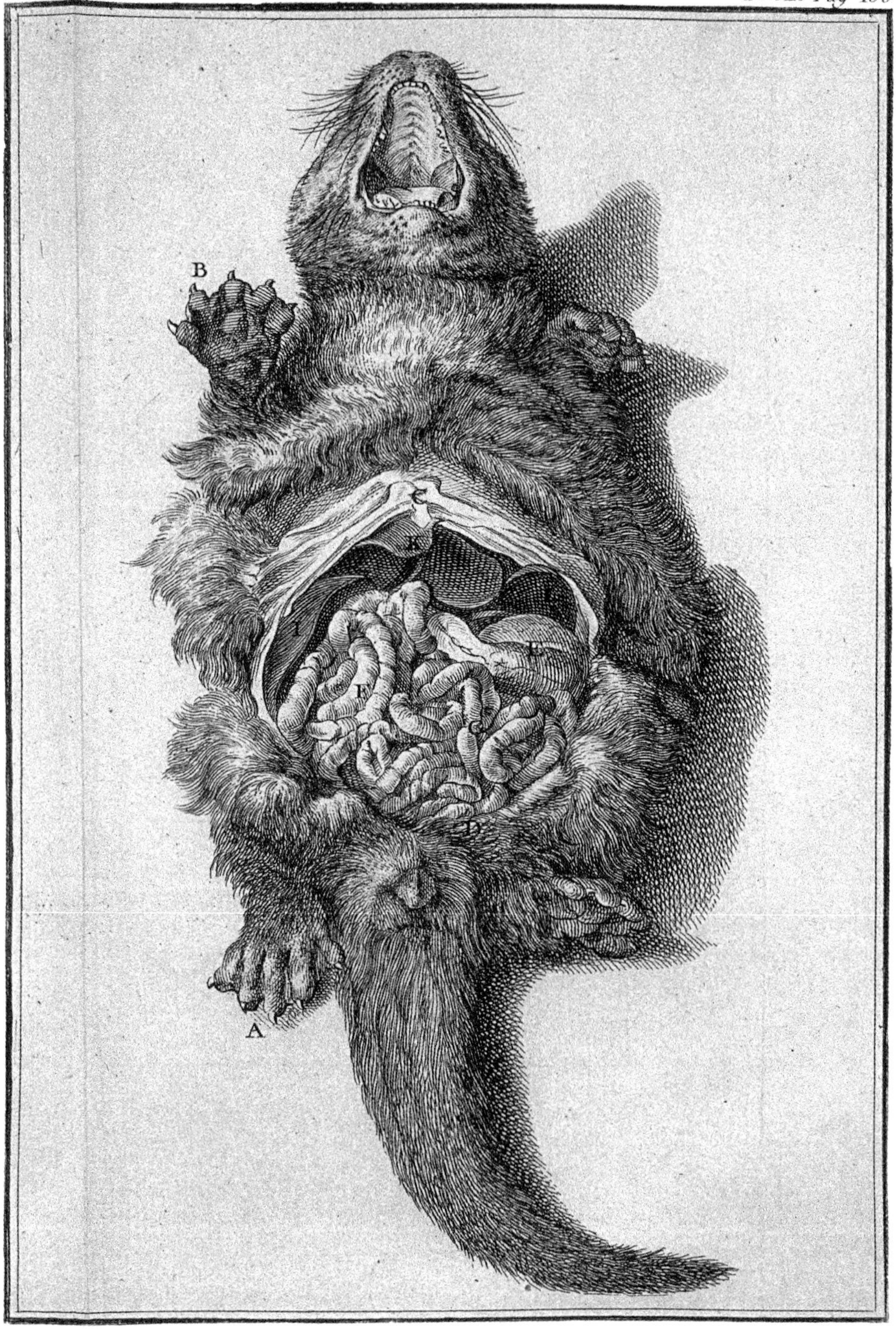

Tom. VII. | Pl. XIII. pag. 166.

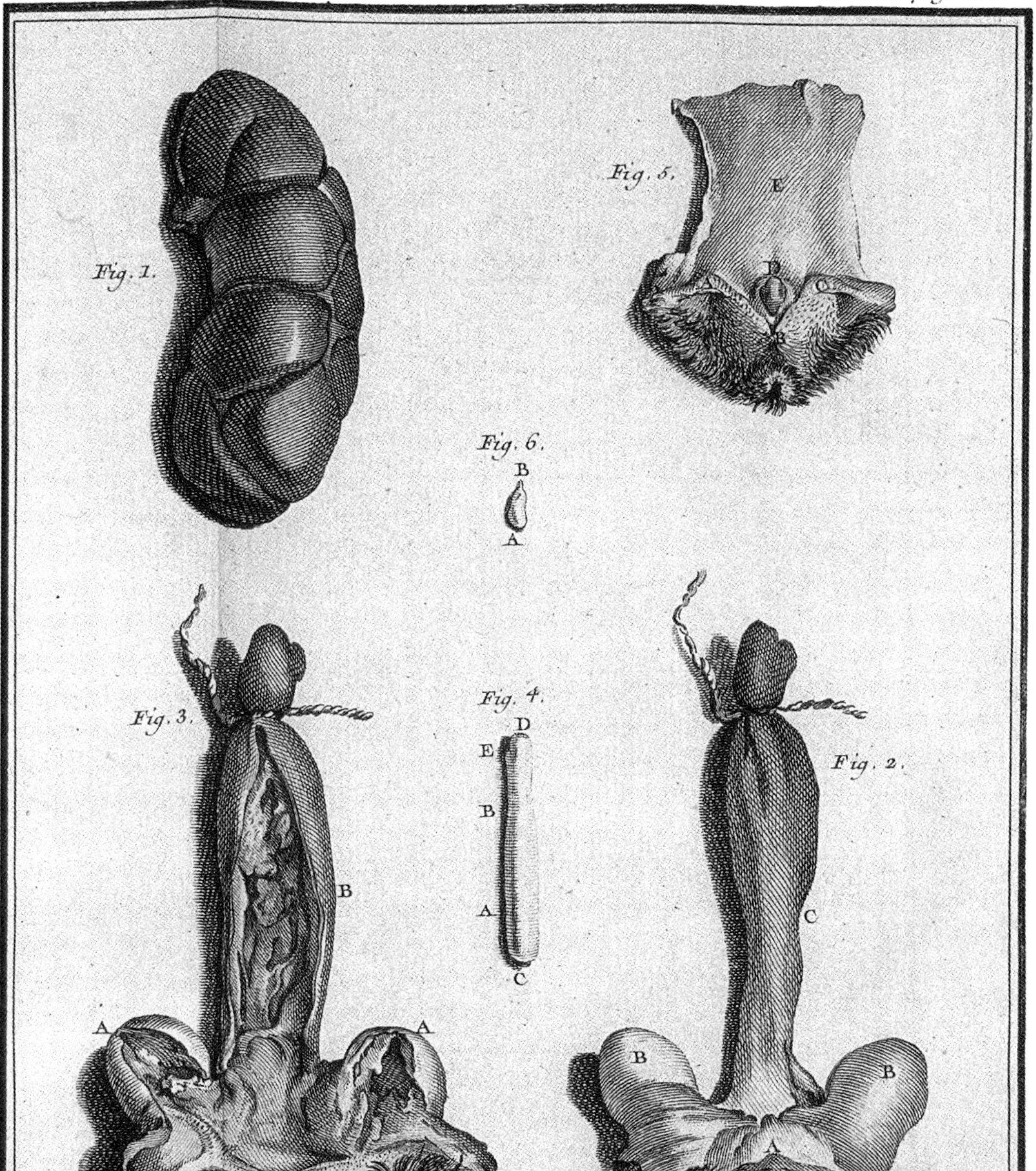


De Seve del. | Gaillard Sculp.

Tom. VII. Pl. XIV. pag. 166.

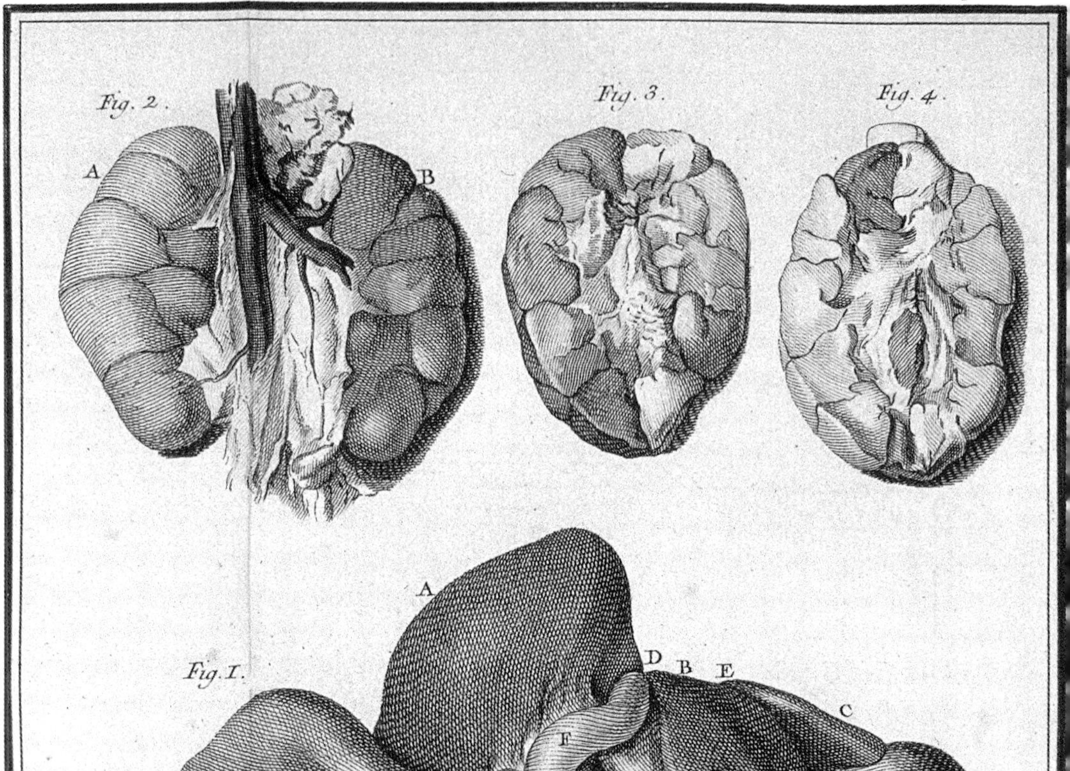


De Seve deli. Gaillard Sculp.

Tom. III. Pl. XV. pag. 166.

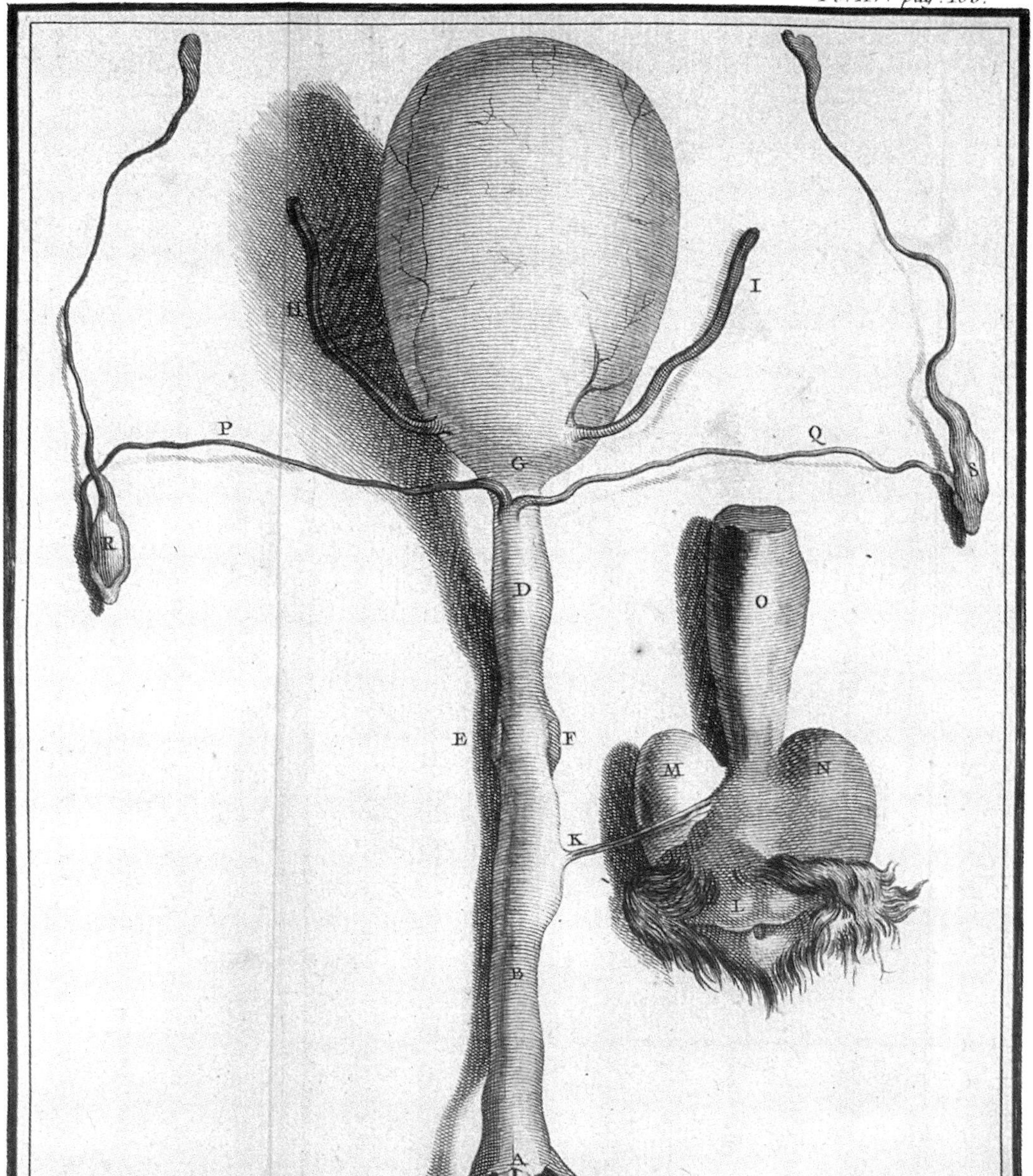


De Seve deli. Gaillard Sculp.

Tom. VII. Pl. XVI. pag. 156

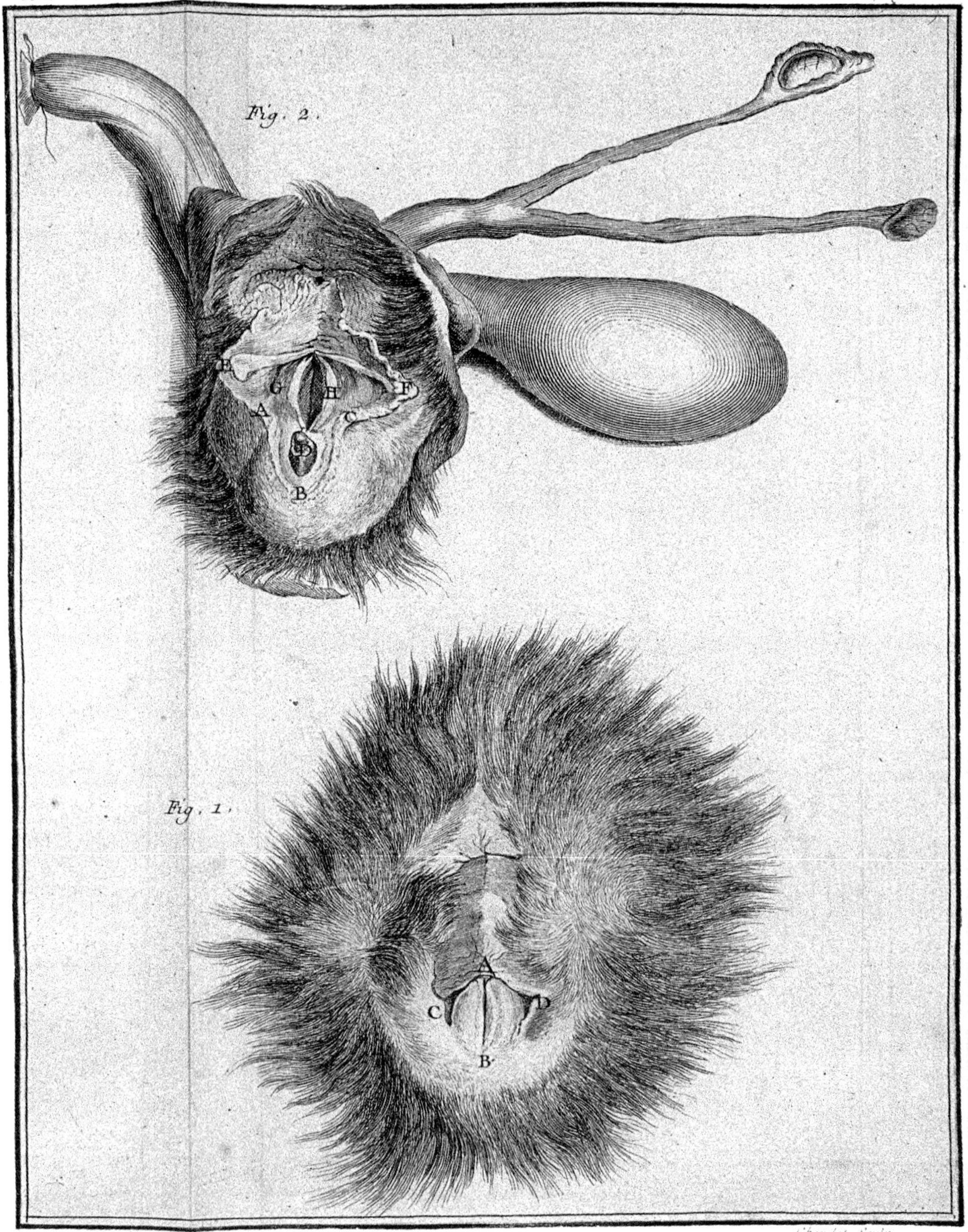


Buvée l'Americquain Del. Chevalet Sculp.

Tom. VII.

Pl. XVII. pag. 166.

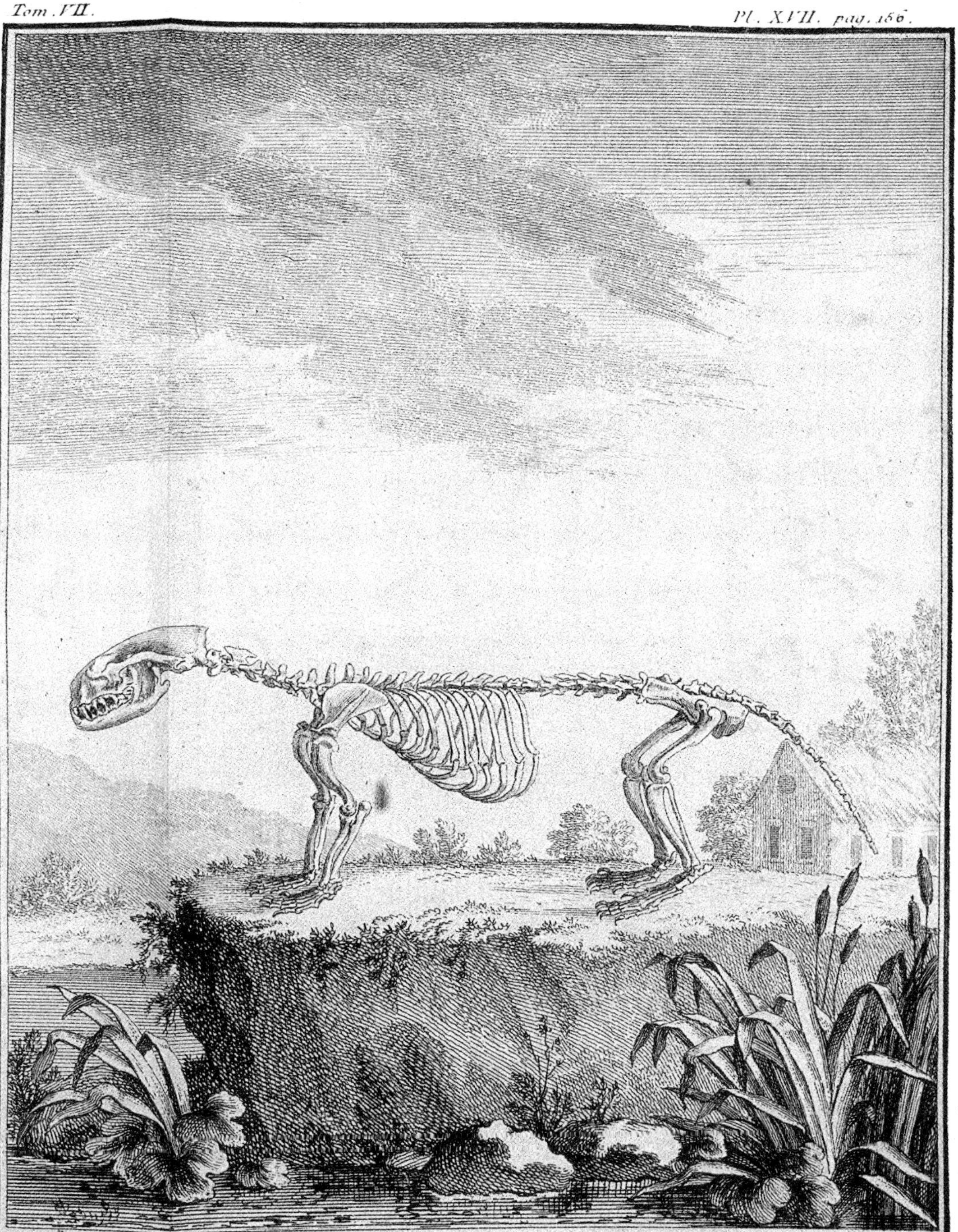

Sauvé l'Americquain dele

L. Legrand Sc.

Tom. VII. Pl. XVIII Pag. 184.

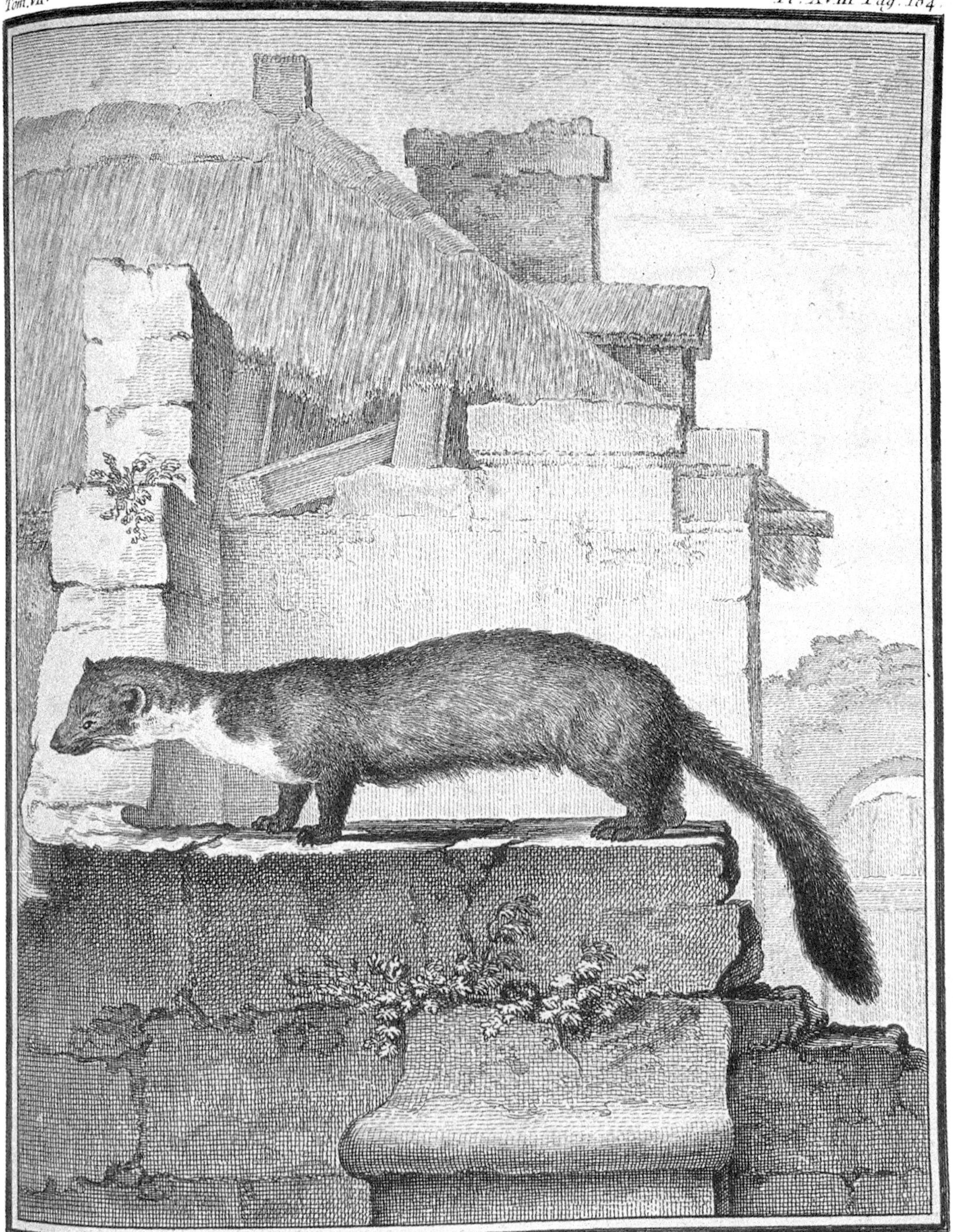

De Seve del. Moitte Sculp.

LA FOUINE

Tom. III. | Pl. XIX. pag. 184.

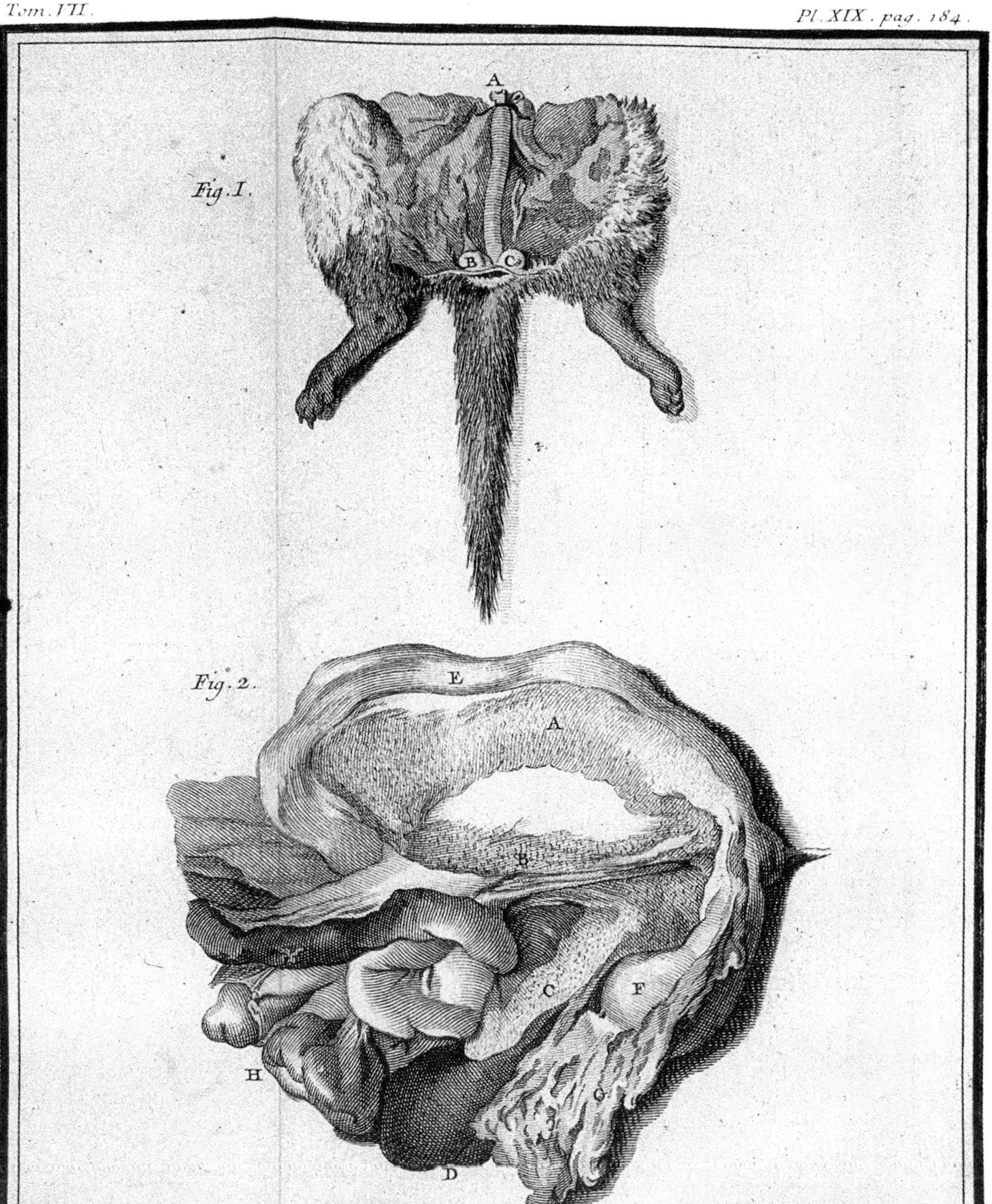


De Seve delineavit | Gaillard Sculpsit

Tom. VII.

Pl. XX. pag. 184

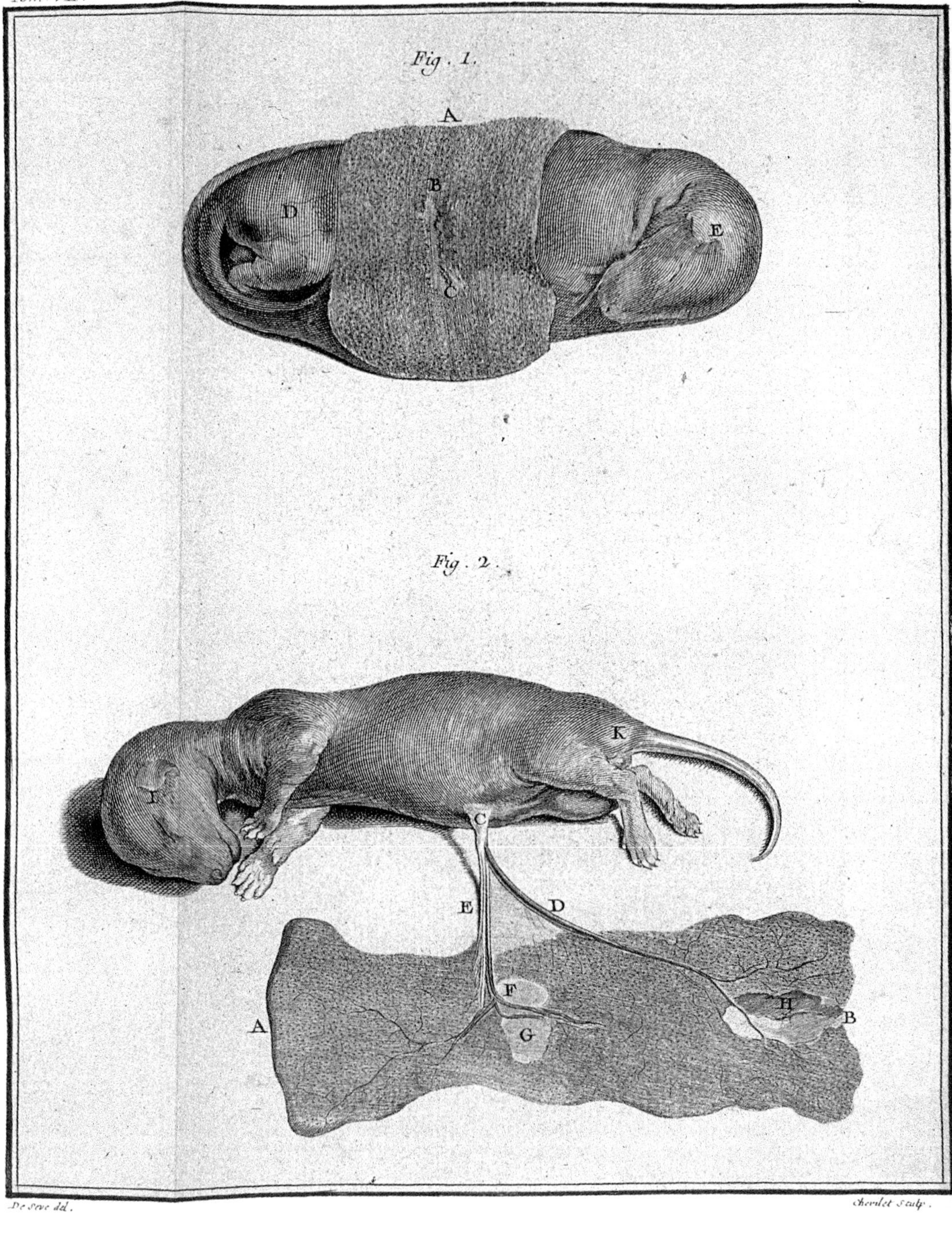


De Seve del.

Chevillet Sculp.

Tom. VII.

Pl. XXI. pag. 184.

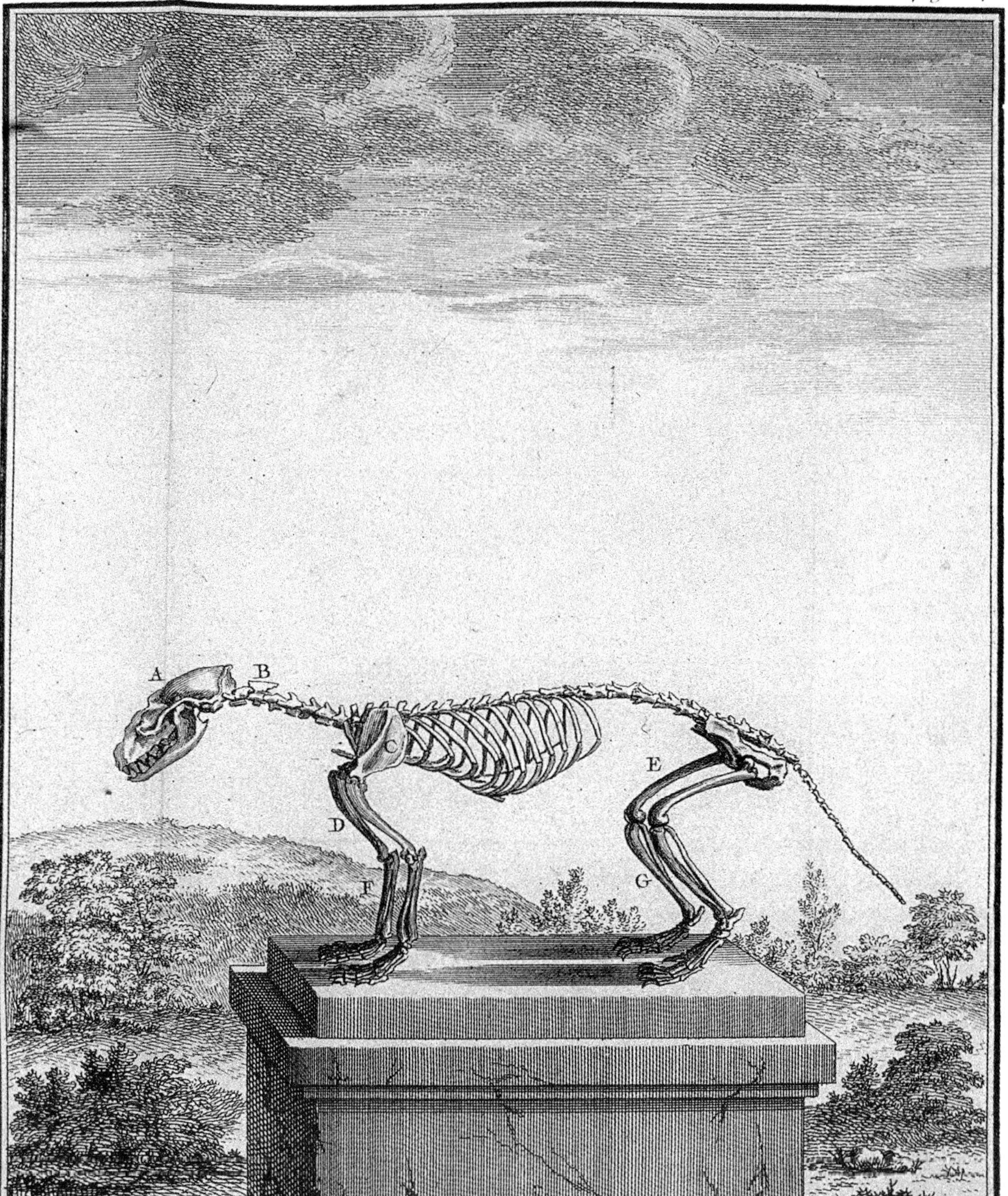


Buvé l'Am. del.

Legrand Sculp.

Tom. VII. Pl. XXII. Pag. 194.

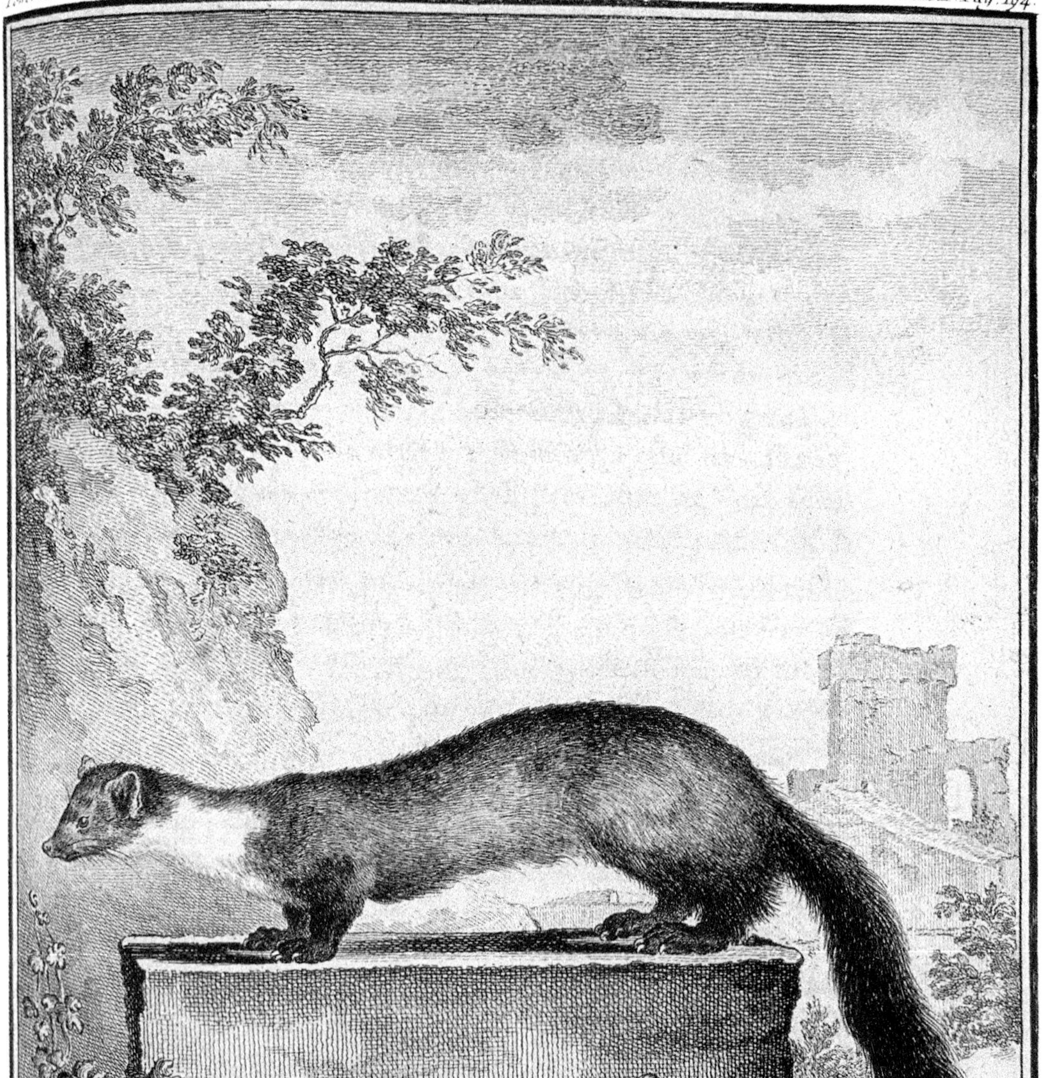

De Seve del. Motte Sculp.

LA MARTE

Tom. VII. Pl. XXIII. pag. 208

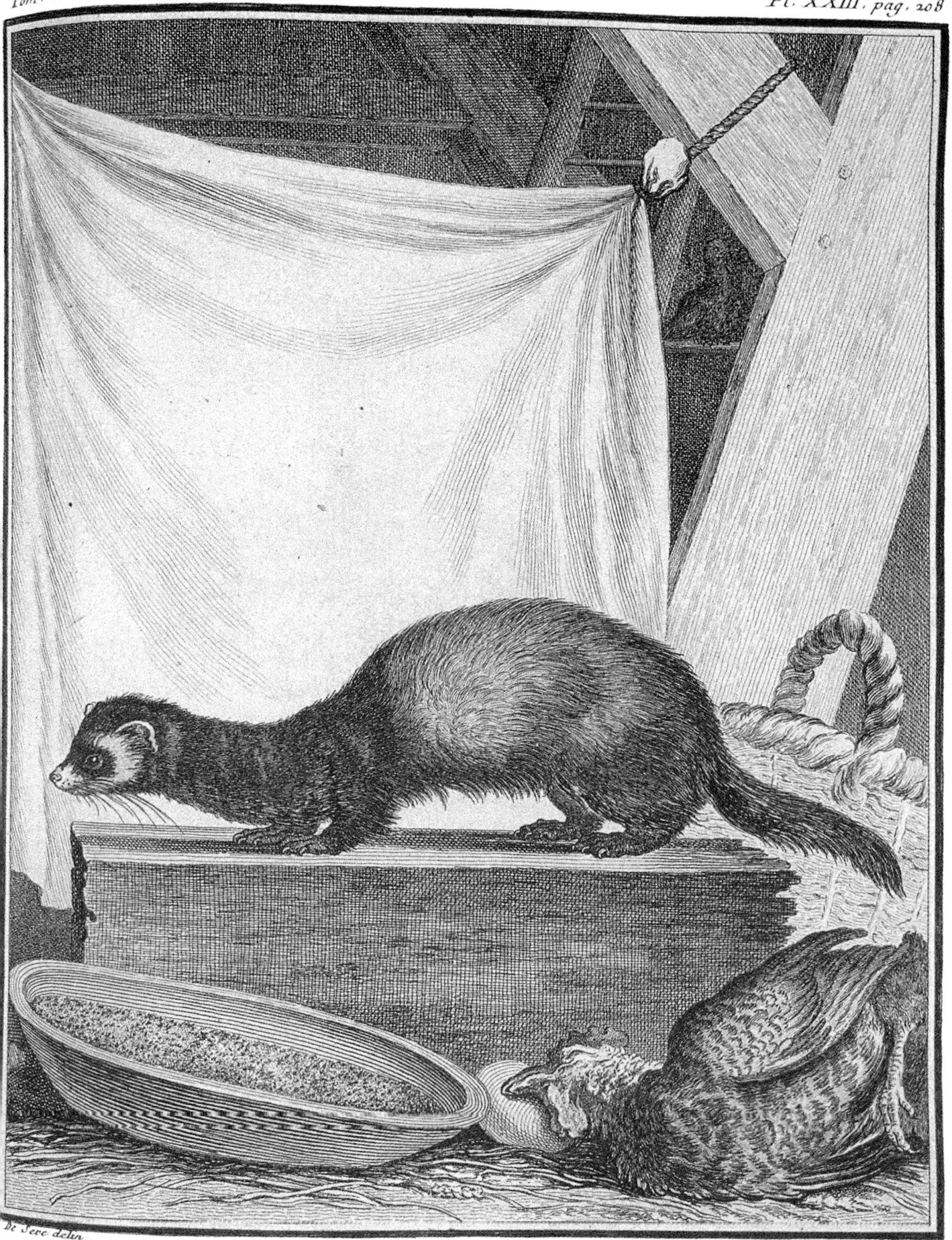

De Seve delin. C. Baquoy Sculp.

LE PUTOIS.

*Tom. VI.* *Pl. XXIV. pag. 208.*

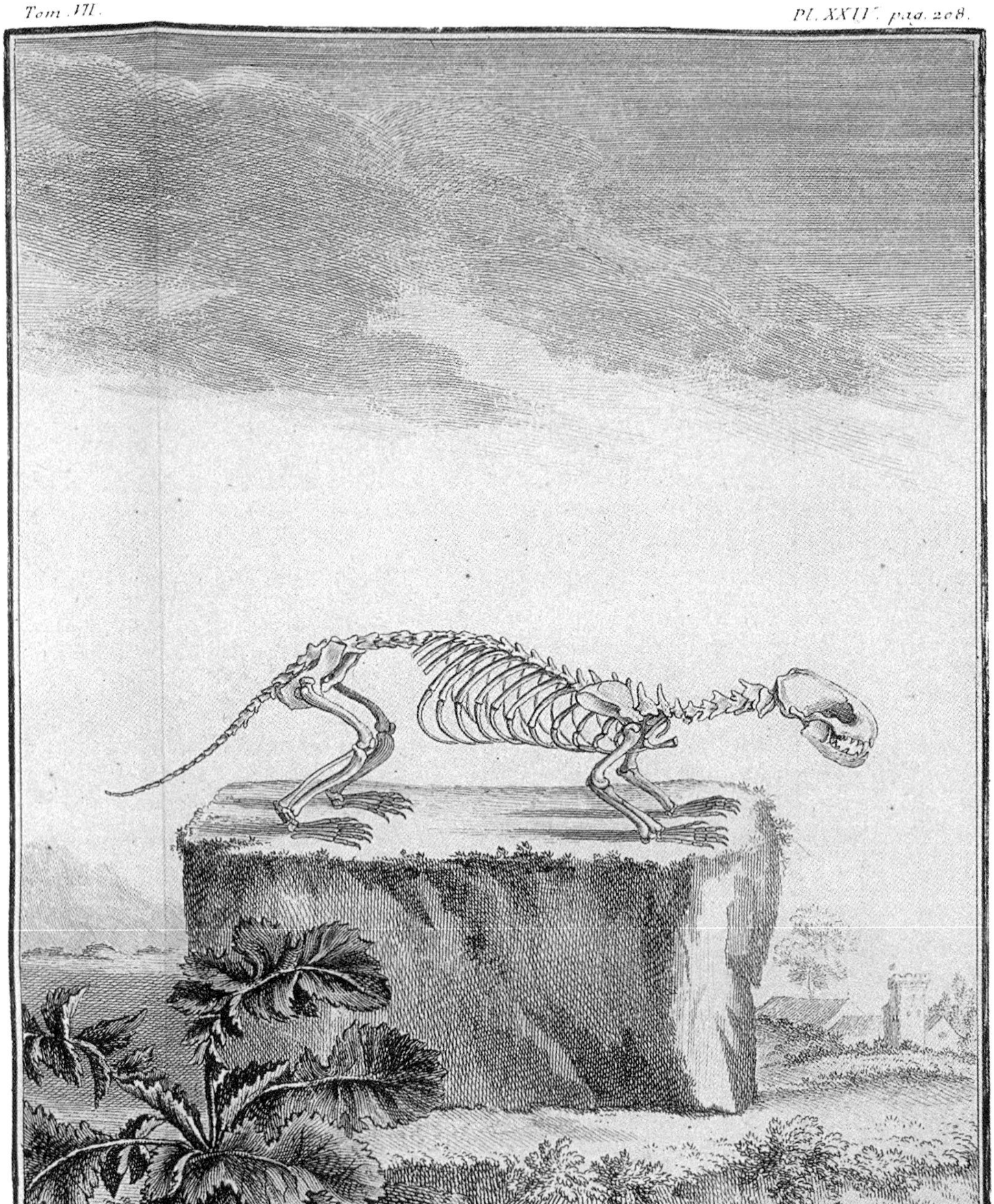

Tom. VI. Pl. XXV pag. 220.

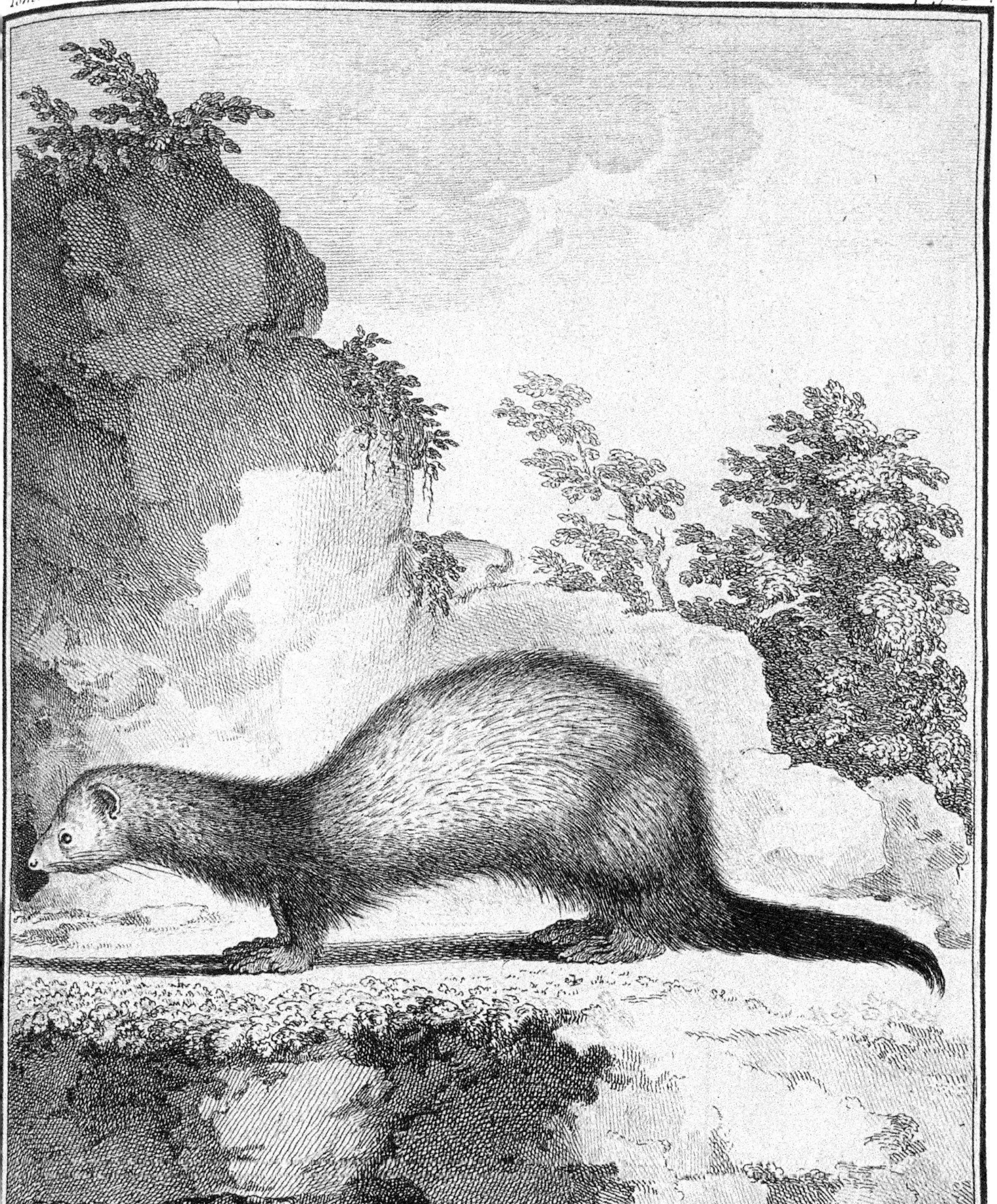

De Seve del. Chevilet Sculp.

LE FURET PUTOIS

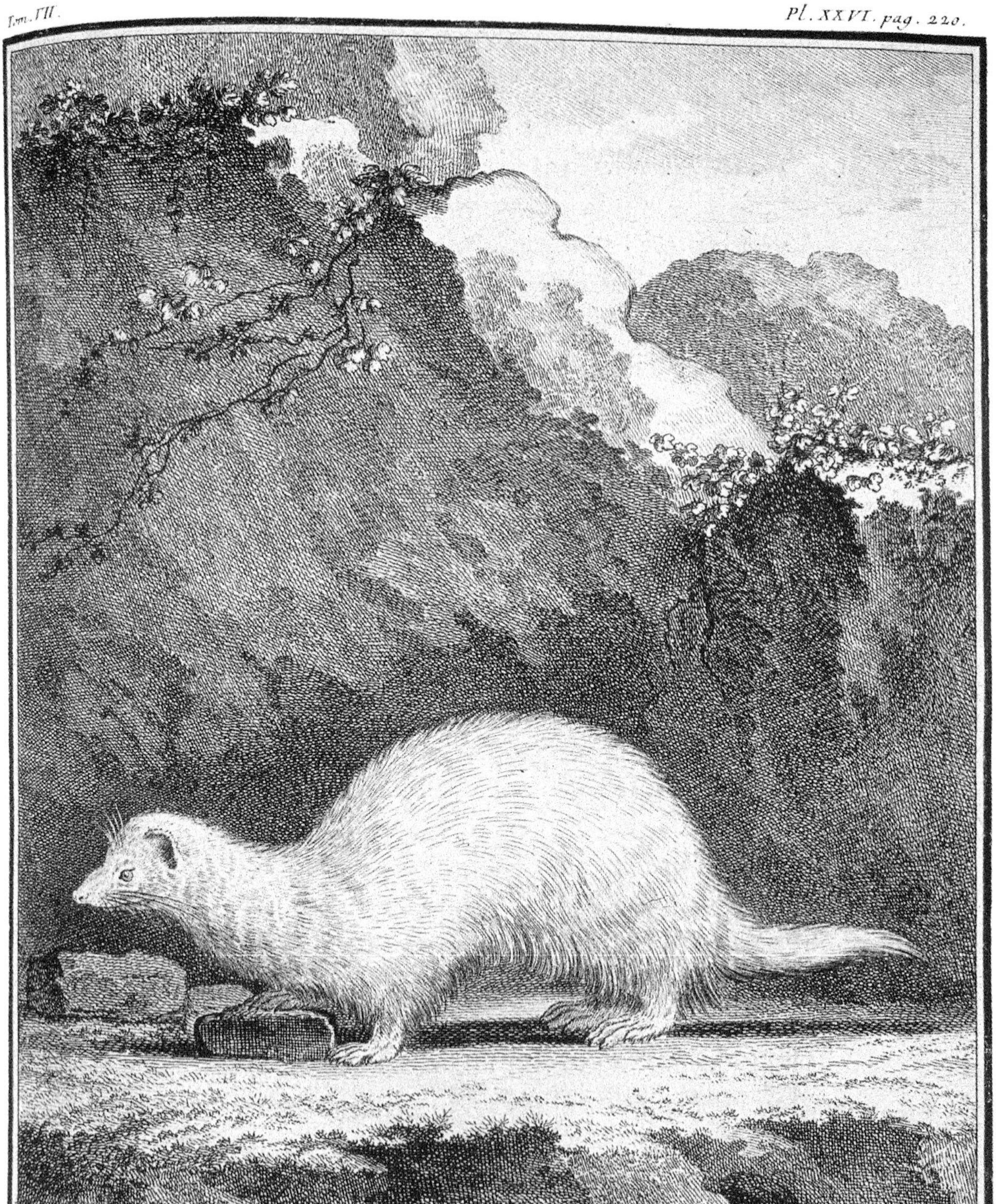


LE FURET

Tom. VII. Pl. XXVII. pag. 220.

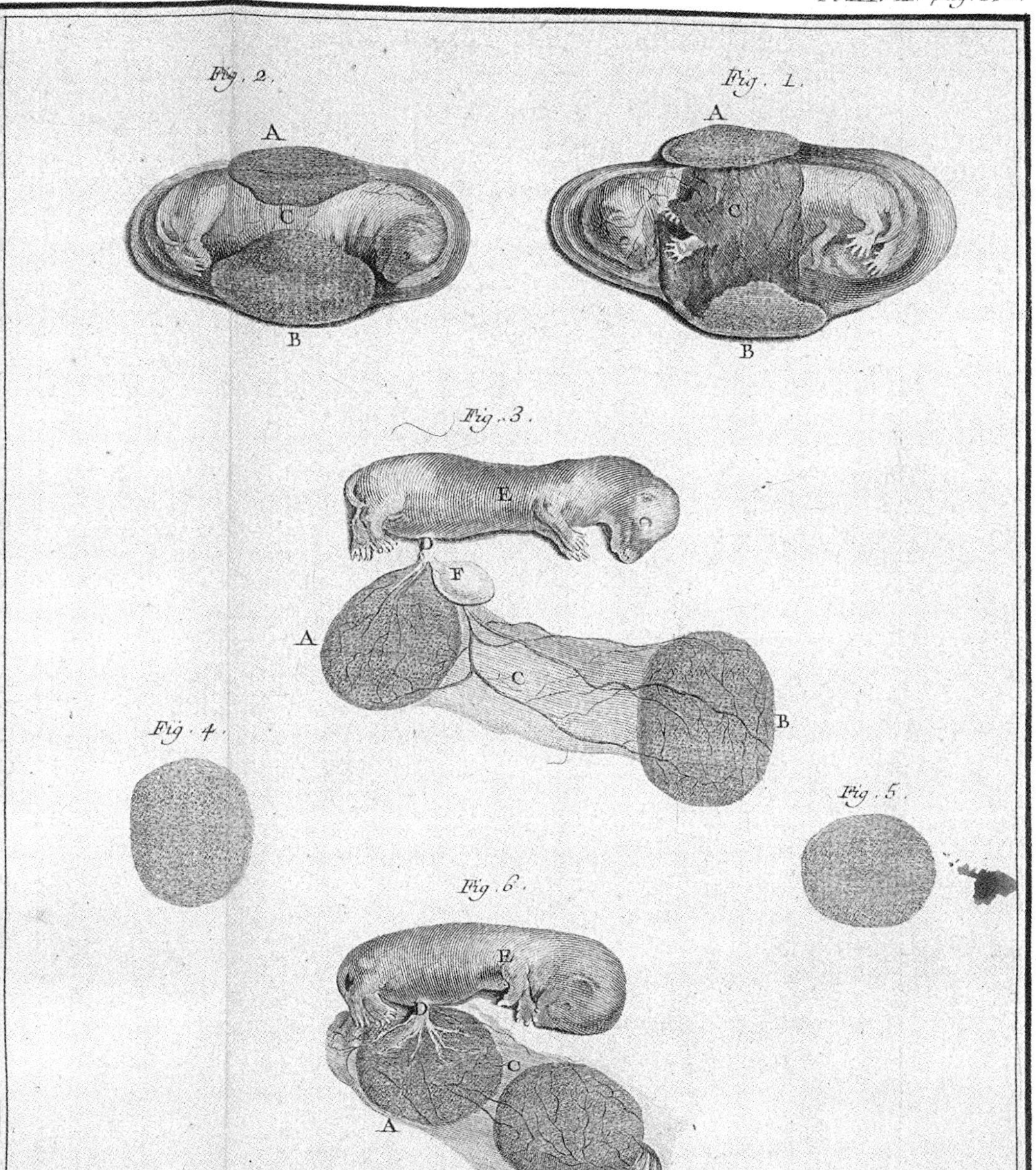


De Seve del. Chevilet Sculp.

Tom. VII. Pl. XXVIII. Pag. 220

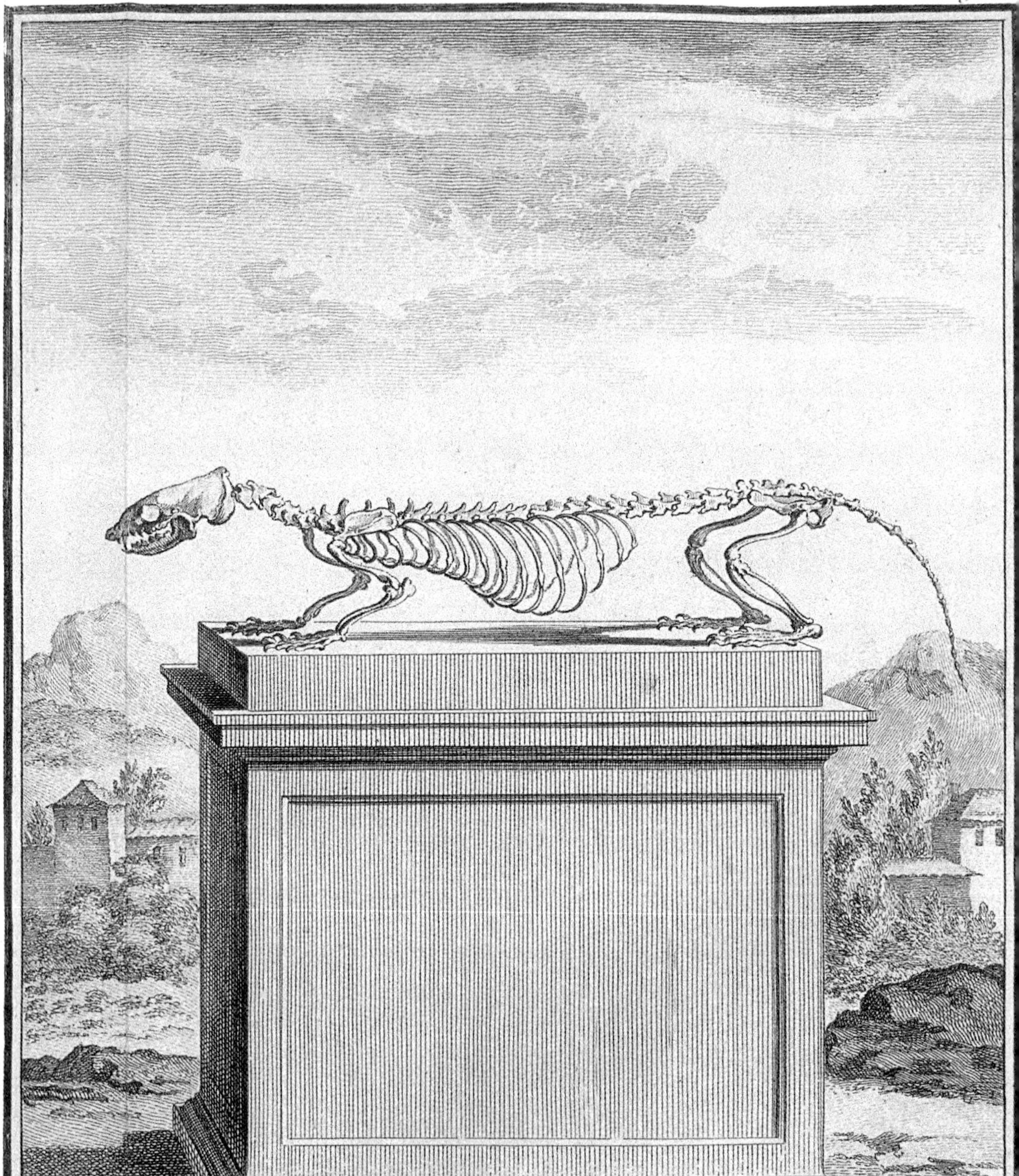

De Seve del. Moitte Sculp.

*Tom. VII.* LA BELETTE *Pl. XXIX. pag. 248.*

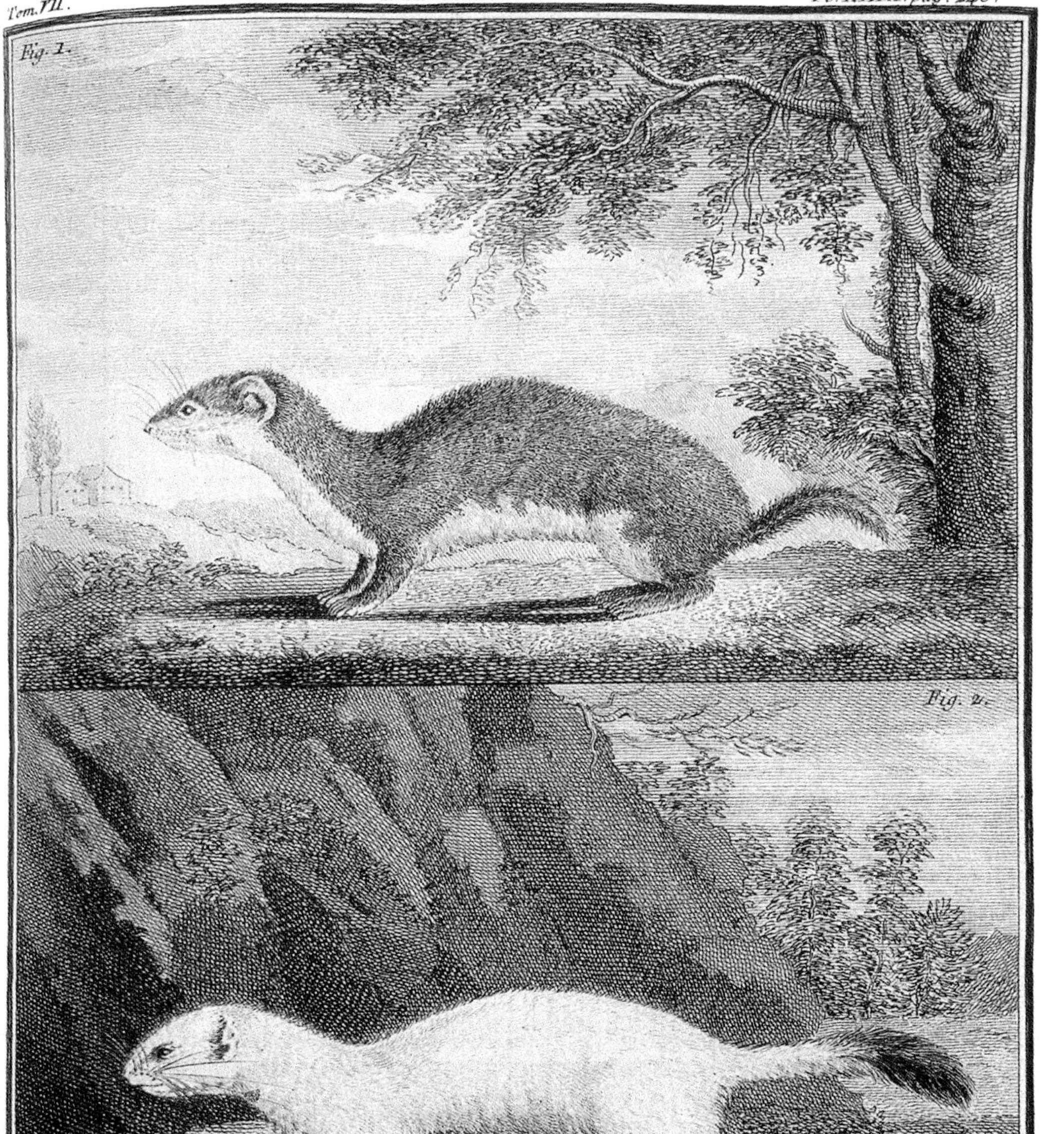


*Buvée l'Ameriquain del.* L'HERMINE *M. Aubert sculp*

Tom. VII Pl. XXX Pag. 248.

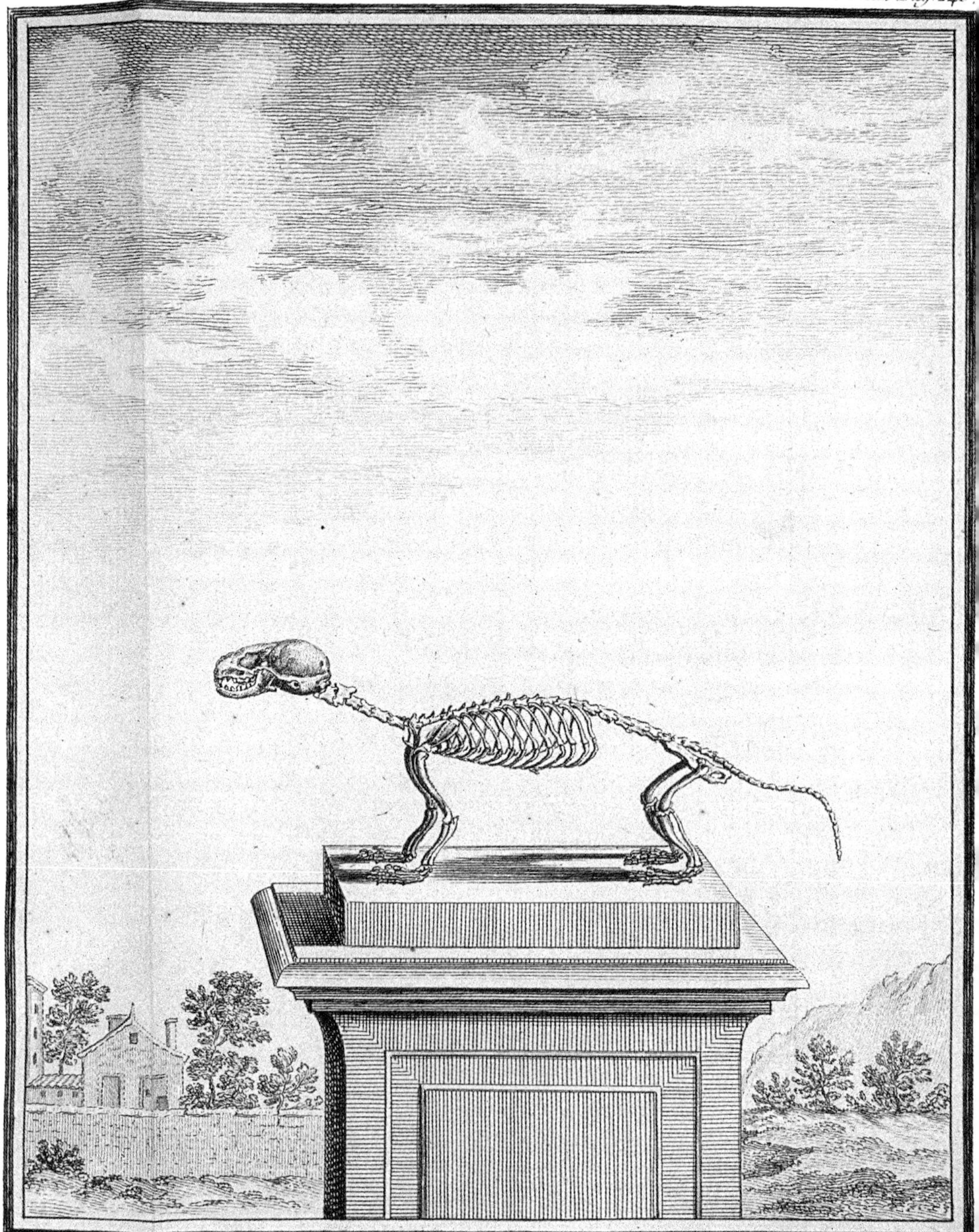

Buvée l'Ameriq. del. Moitte Sculp.

*Tom. VII.* LE ROSELET *Pl. XXXI. pag. 248.*

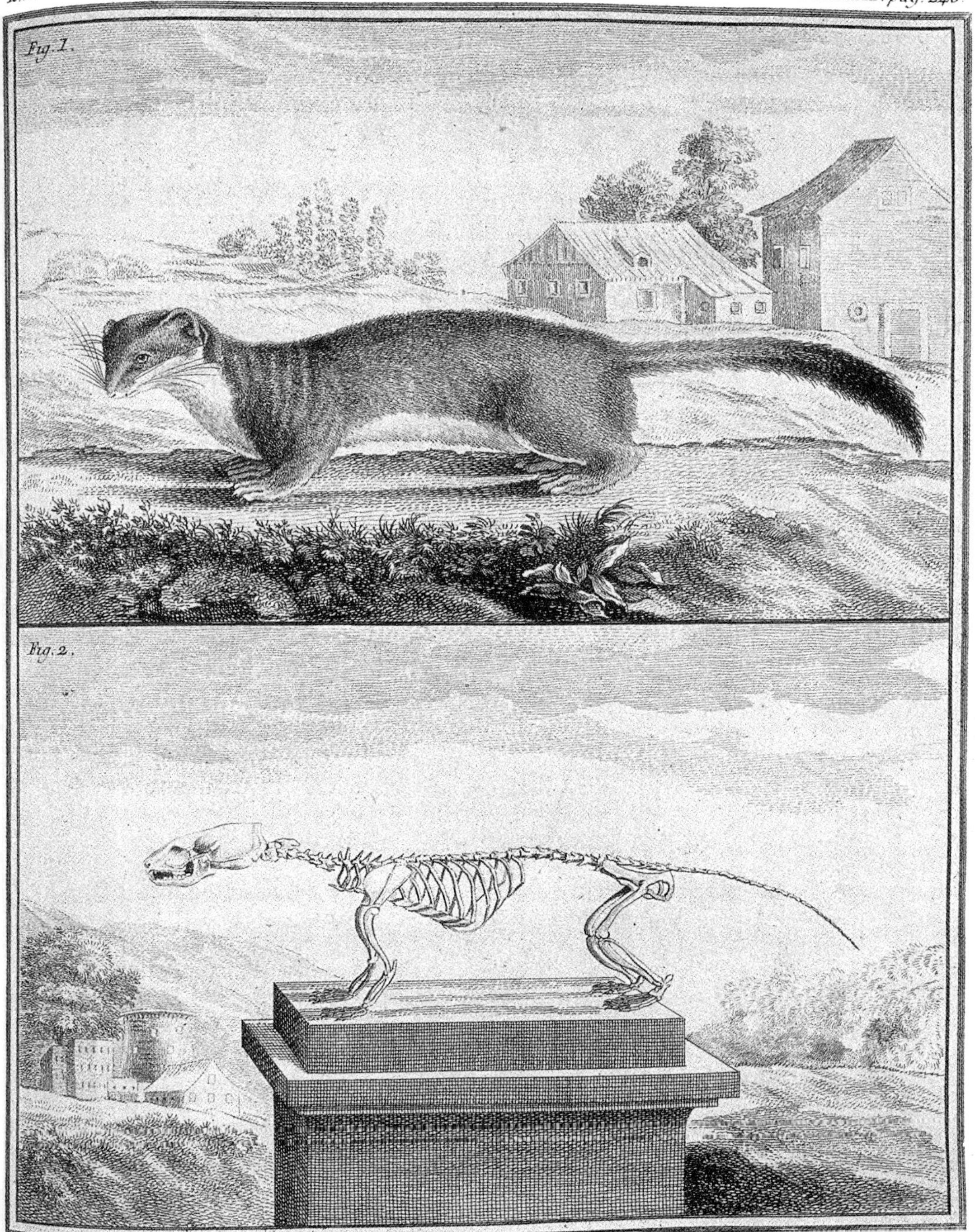


*buvée L'amériquain. del.* *Pitre Sculp.*

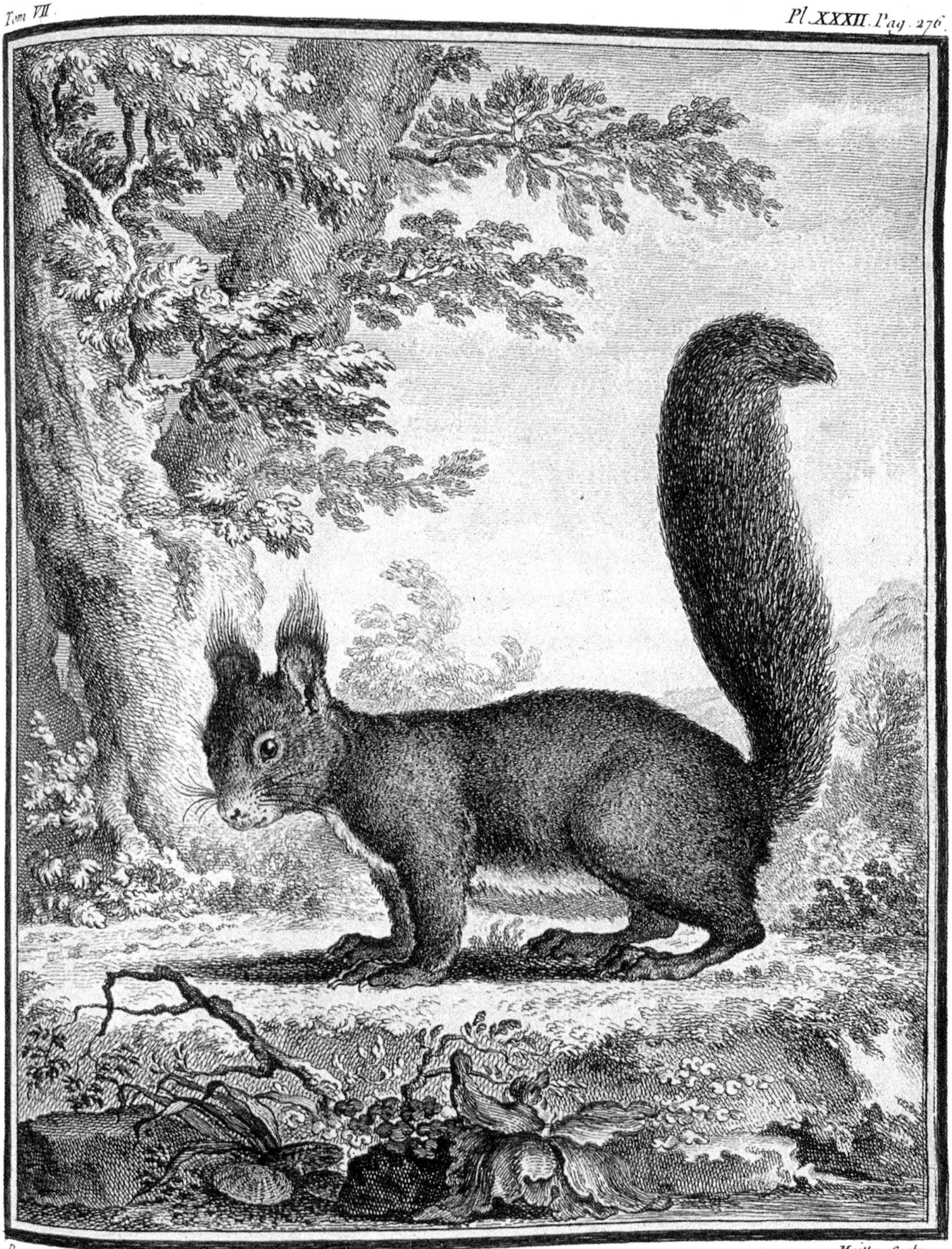


L'ECUREUIL.

Tom. VII. Pl. XXXIII. Pag. 276

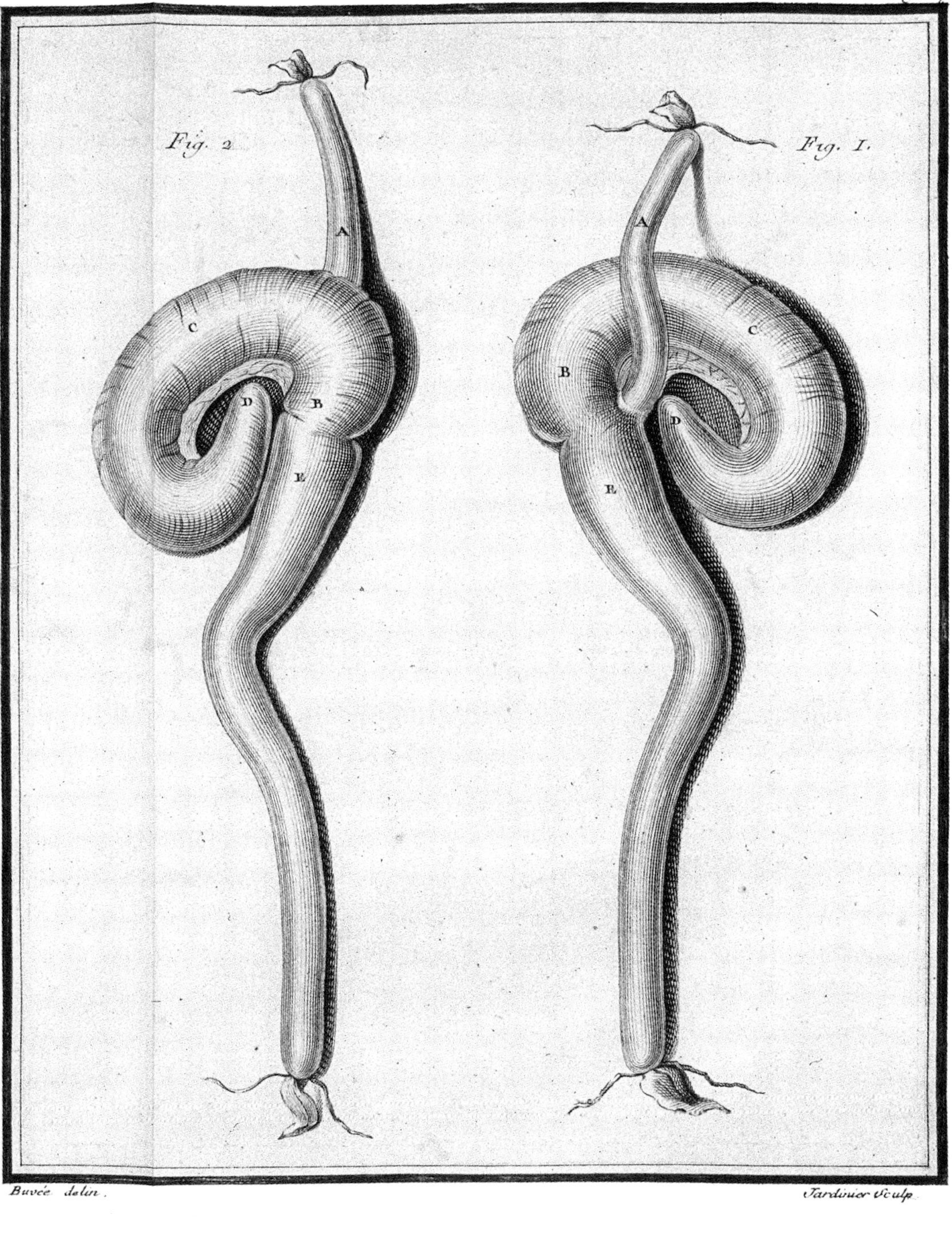


Buvée delin. Jardinier Sculp.

Tom. VII. Pl. XXXIV. pag. 276.

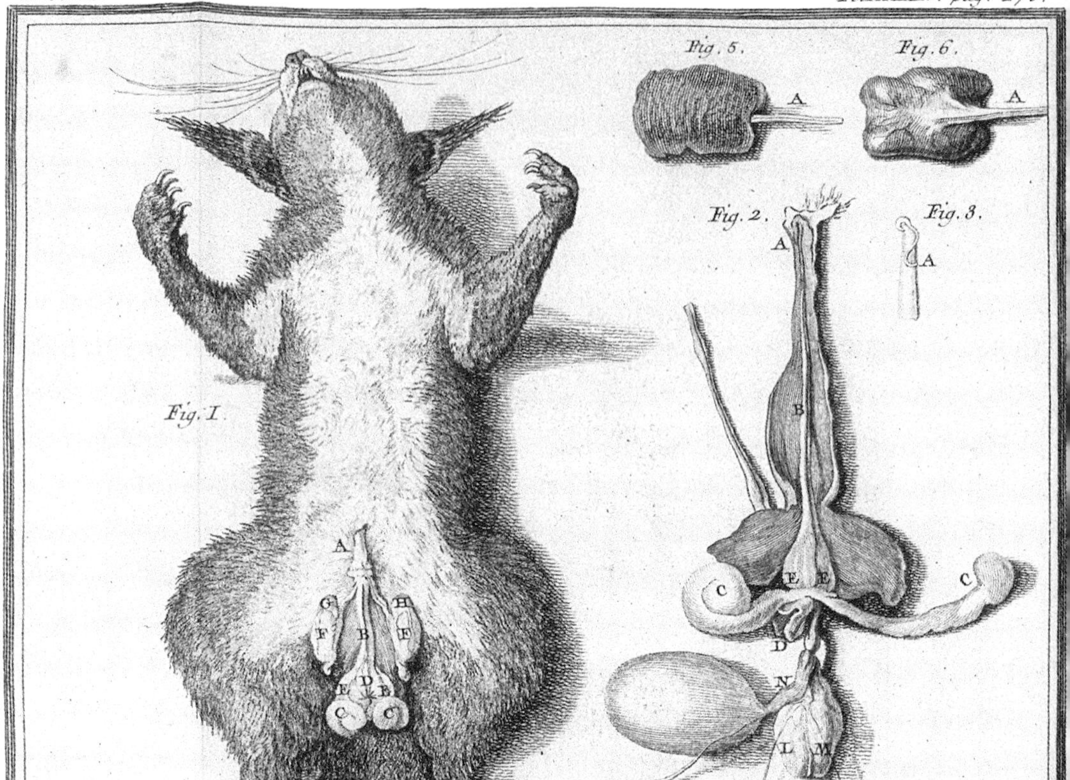


De Seve del. L. Lempereur Sculp.

Tom. VII. Pl. XXXV. Pag. 270.

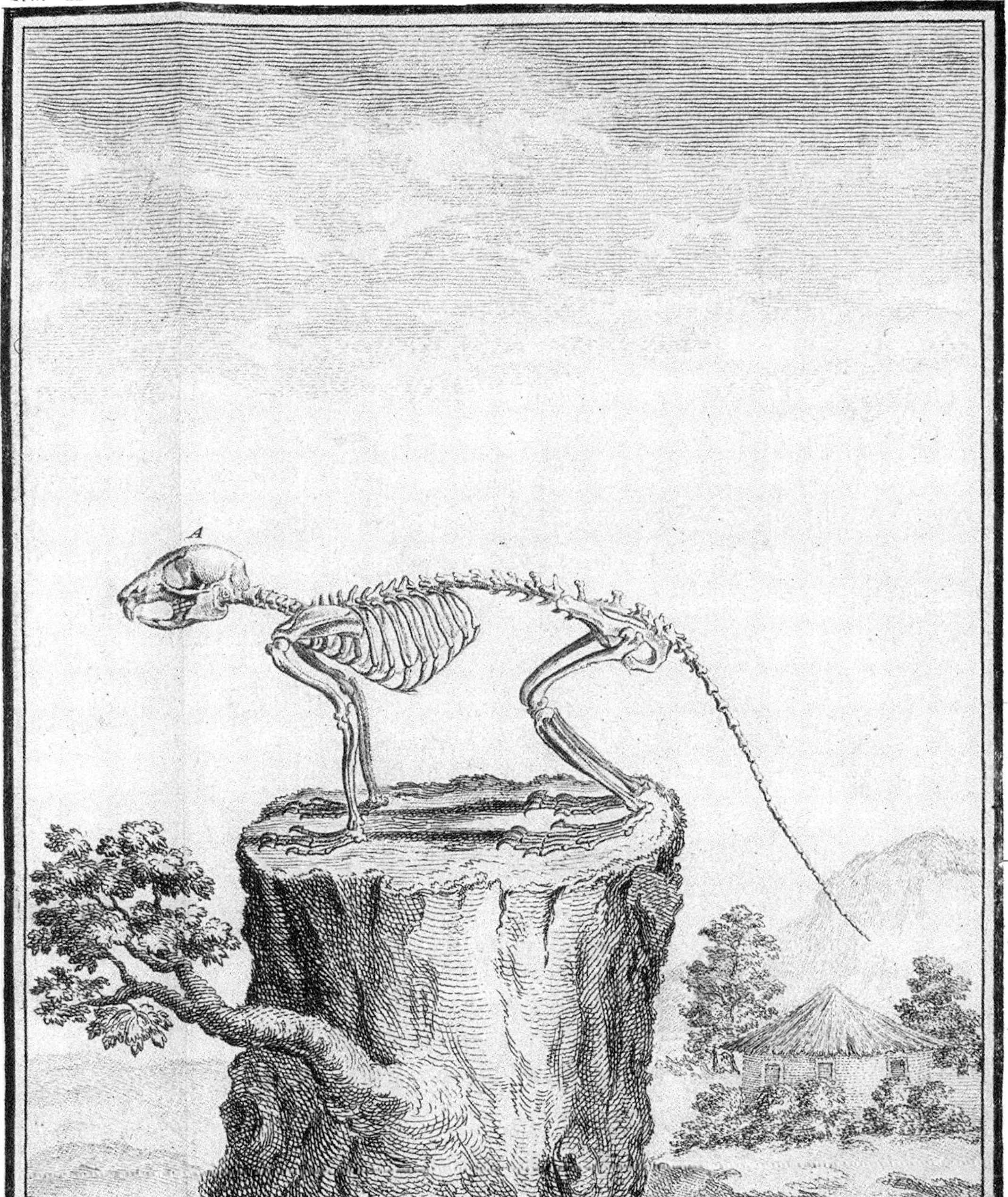


Buvée l'Americ. del. Moitte Sculp.

LE RAT.

Tom. VII. Pl. XXXVI. pag. 304

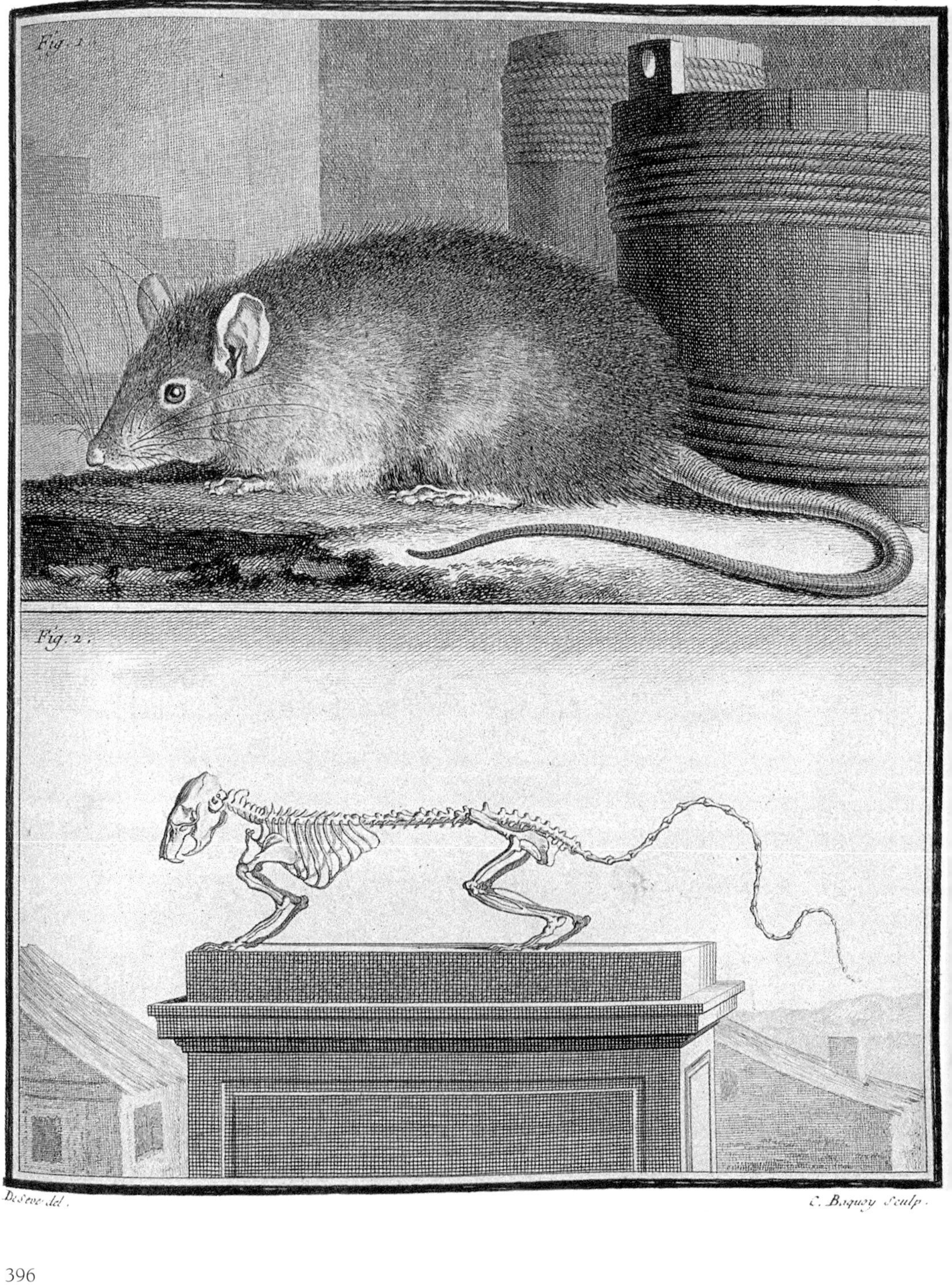


De Seve del. C. Baquoy Sculp.

Tom. VII. Pl. XXXVII. pag. 304.

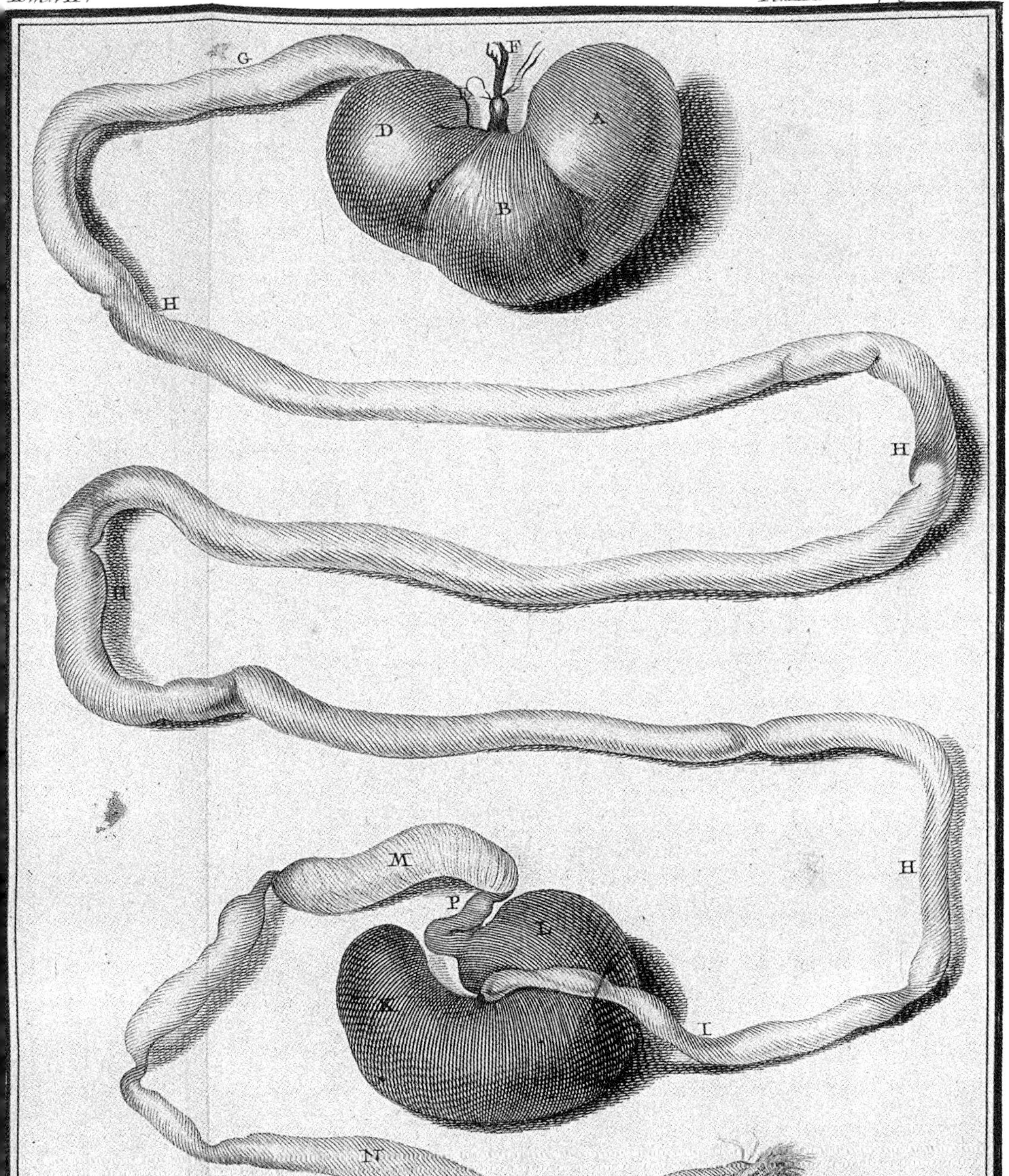

Tom. VII. Pl. XXXVIII. Pag. 304

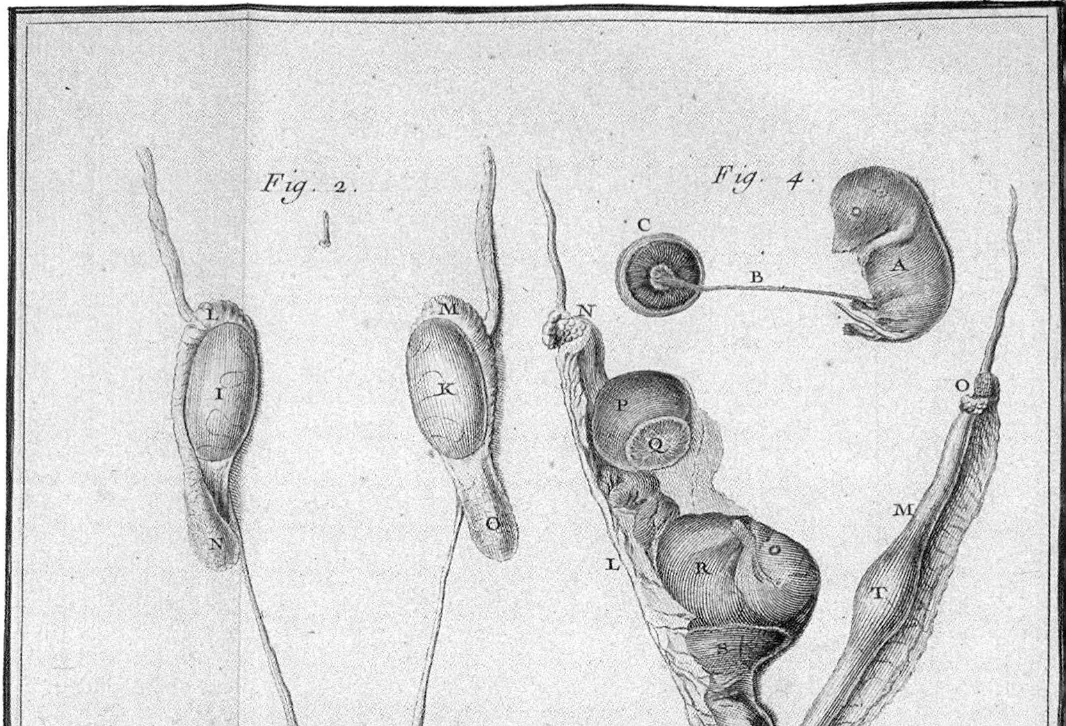


Buvée l'Am. del.

de Fehrt Sc.

Tom. VII. LA SOURIS Pl. XXXIX Pag. 324.

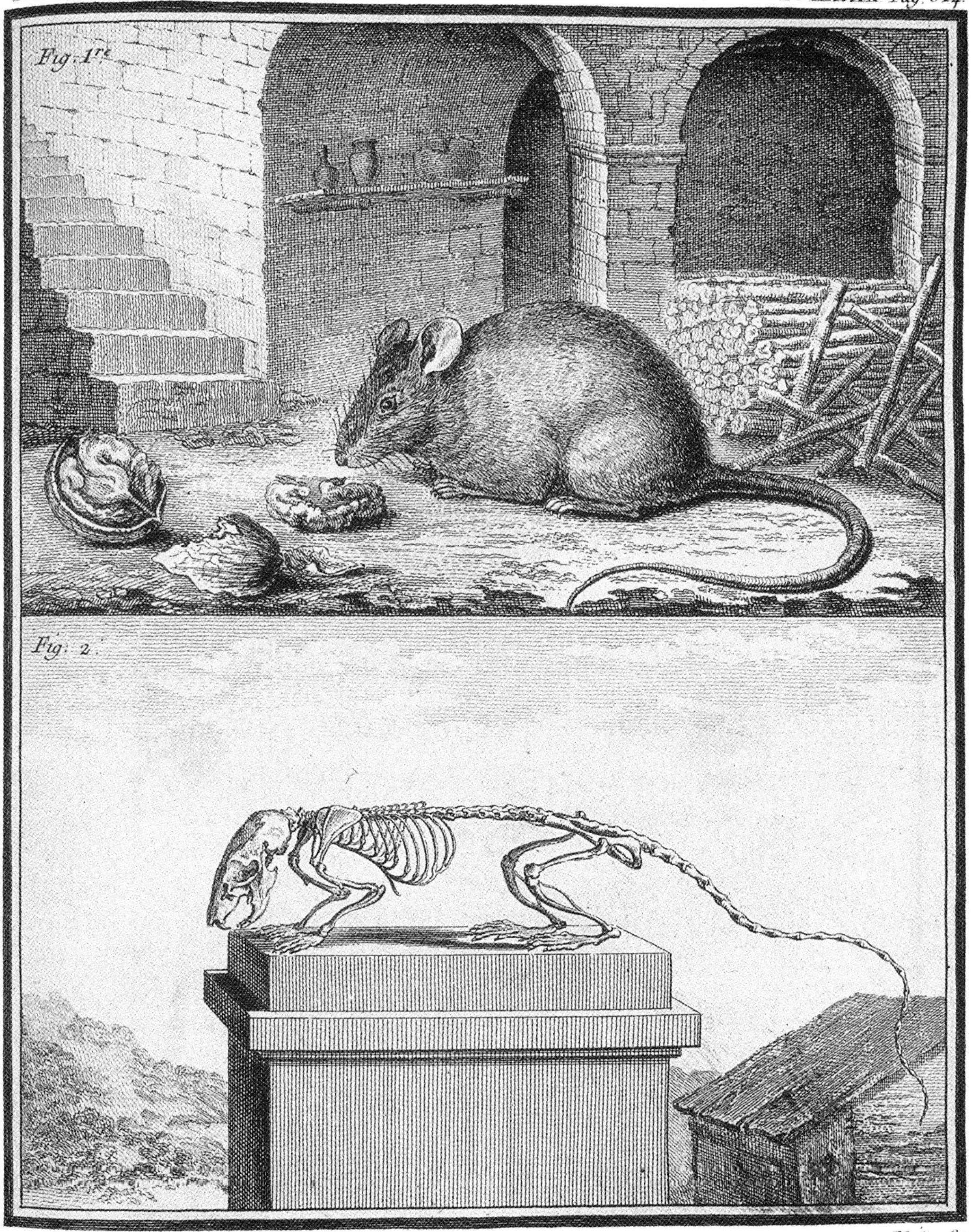


Buvée l'Amériquain Del. Moitte Sc.

Tom. VII. Pl. XL. pag. 324.

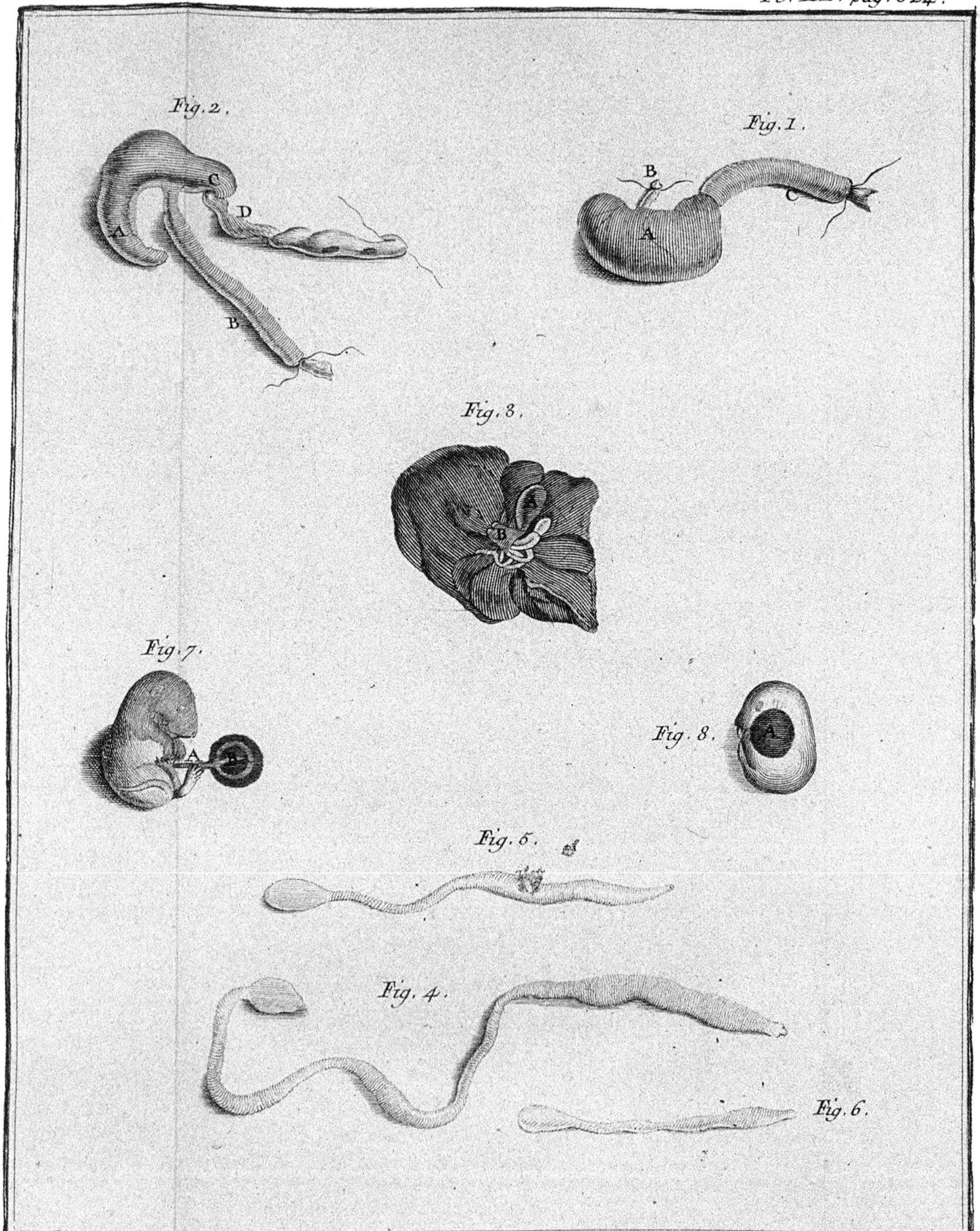


Buvée, Del. Baron, Sc.

*Tom. VII.* LE MULOT *Pl. XLI. pag. 344.*

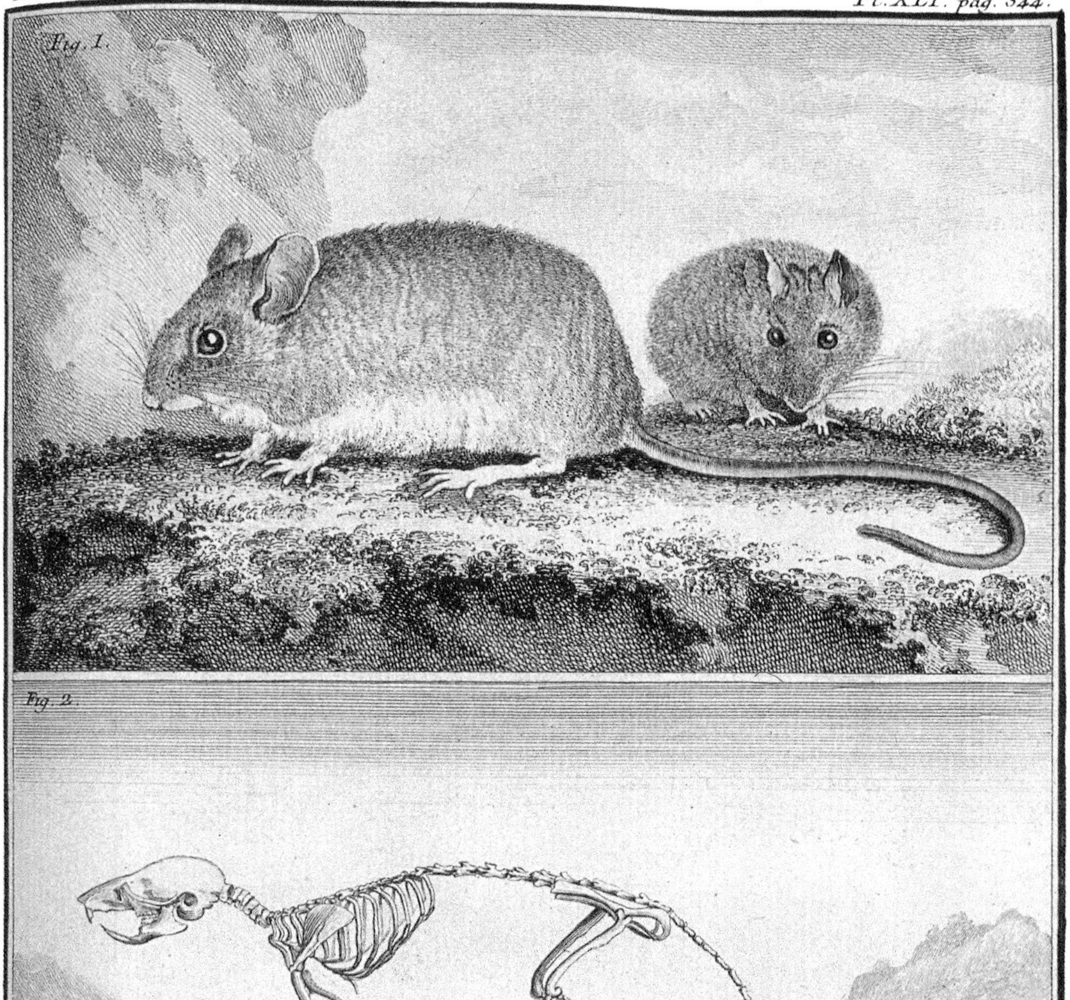


*De Sève delin.* *Baron sculps.*

Tom. VII.

Pl. XLII . pag. 344

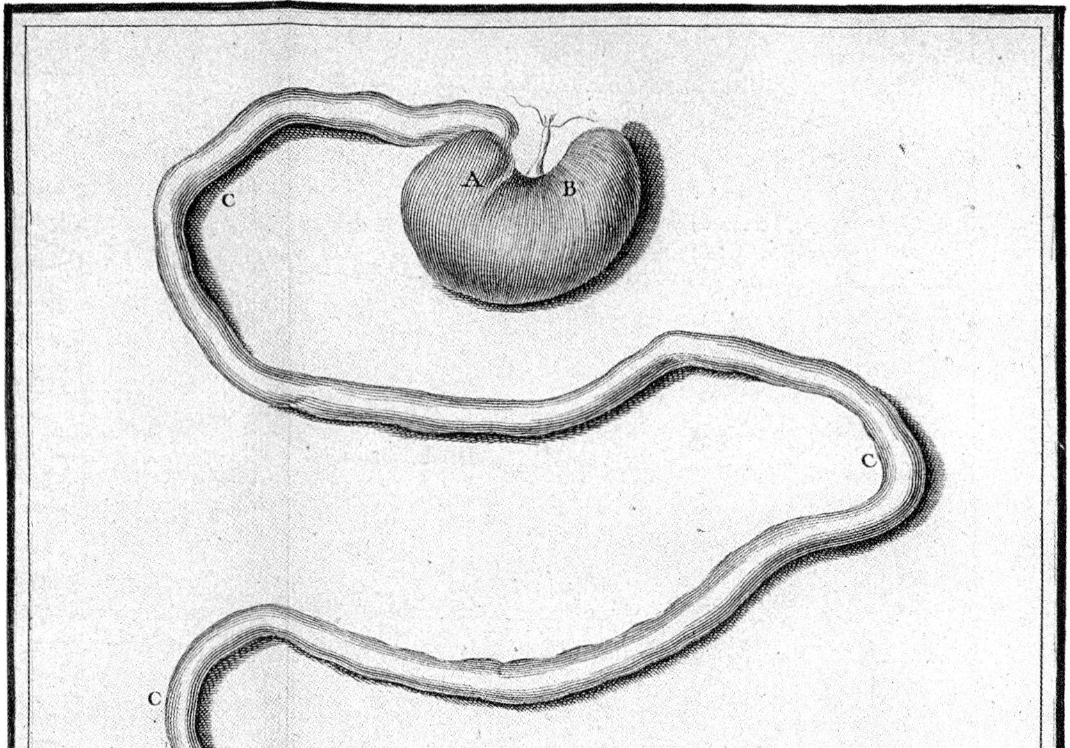


Buvée l'Ameriquain del.

Chevillet Sculp.

Tom. VII. LE RAT D'EAU. Pl. XLIII. Pag. 368.

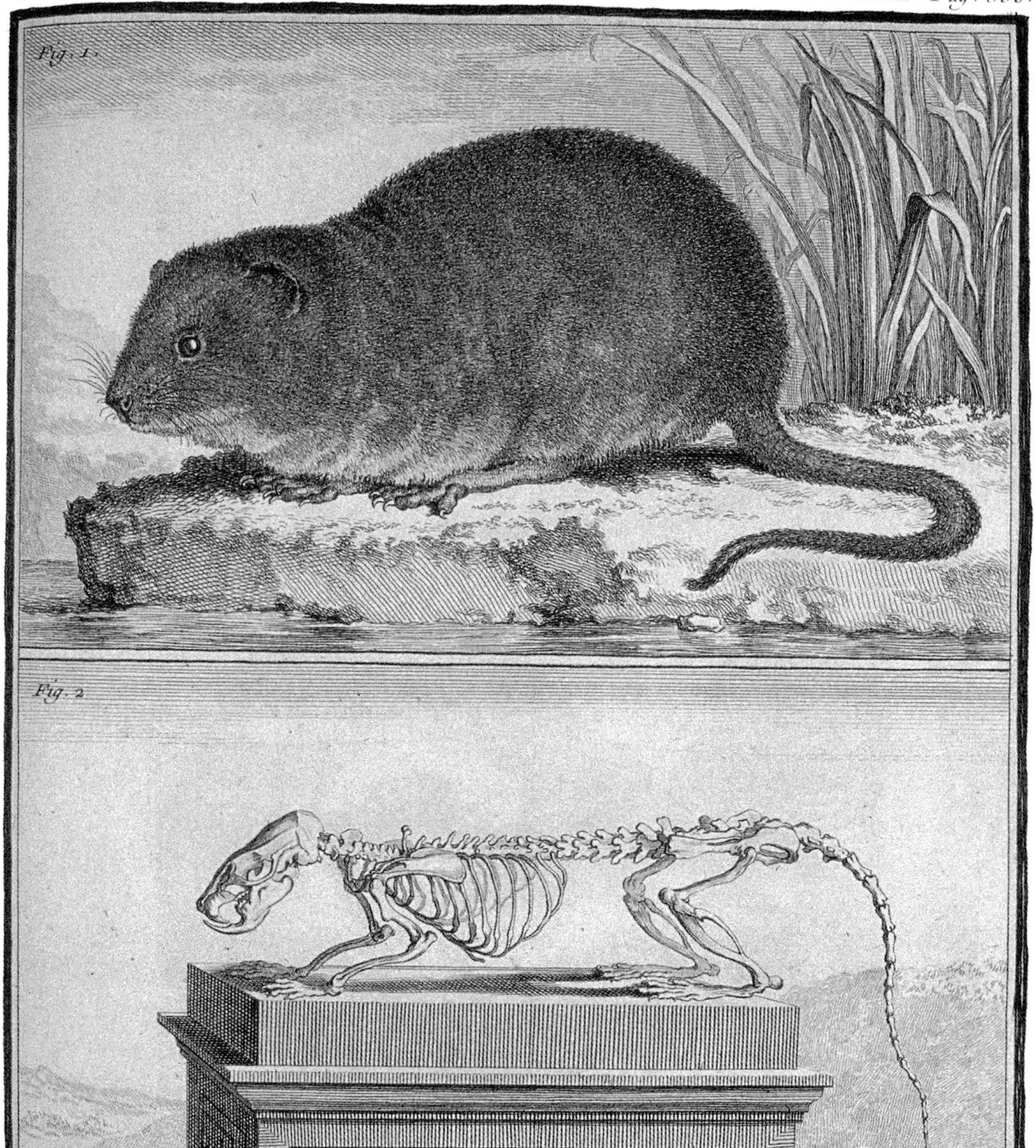


De Seve delin. C. Baquoy Sculp.

Tom. VII.

Pl. XLIV. pag. 368.

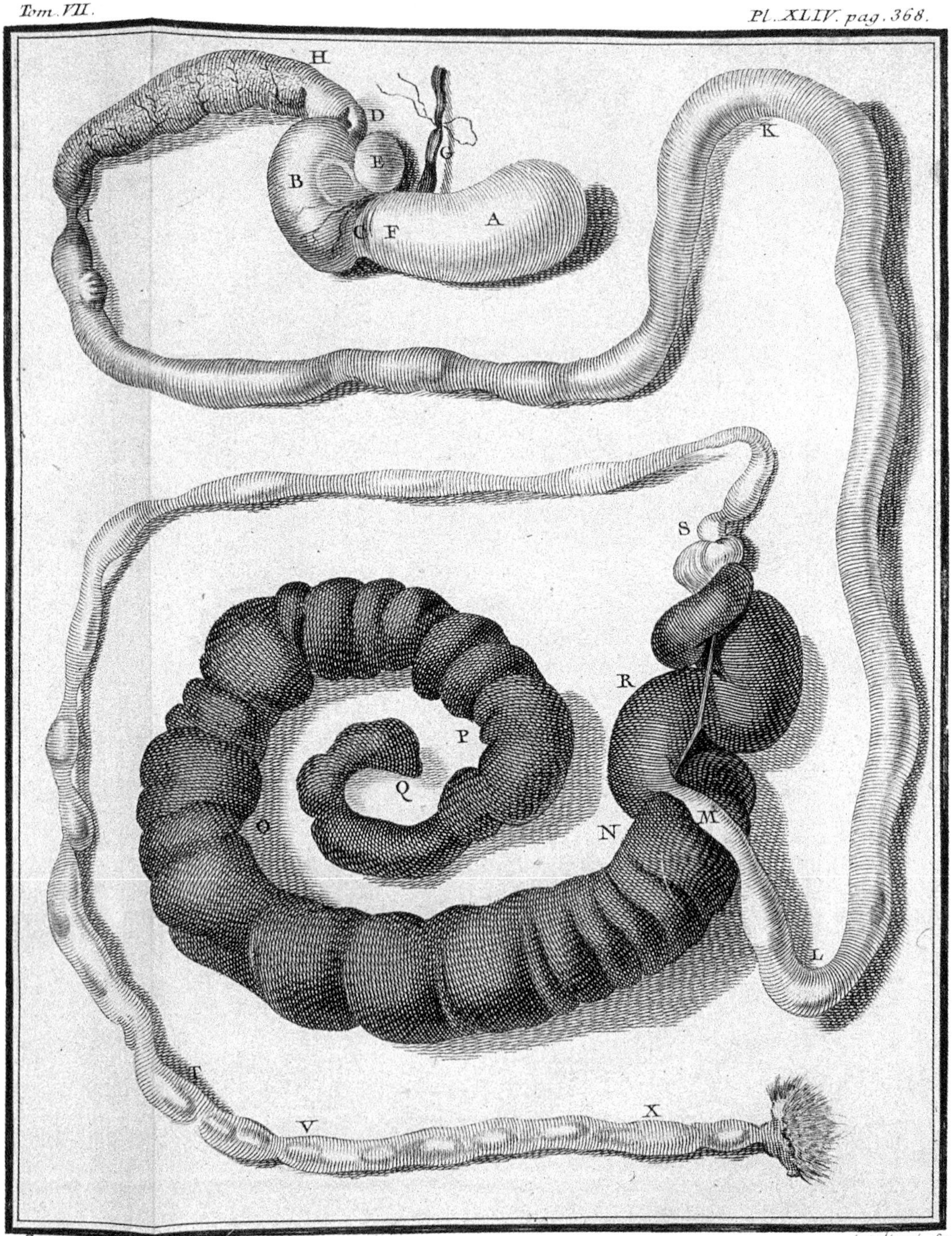


De Seve. d.

Gaillard. Sp

Tom. VII Pl. XLV. Pag. 368.

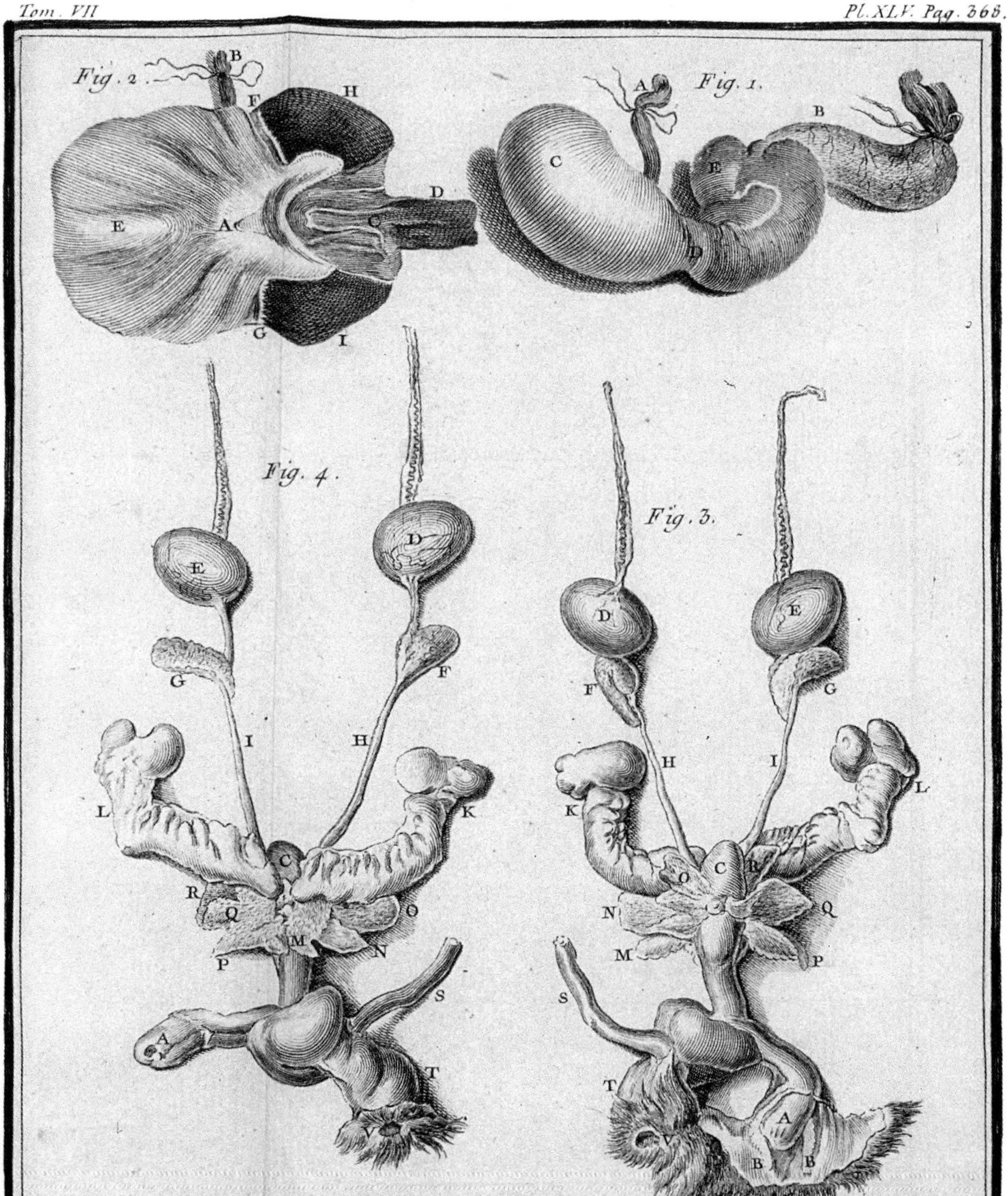


Buvée l'Am. Del. de Fehrt Sc.

Tom . VII. Pl. XLVI Pag. 368.

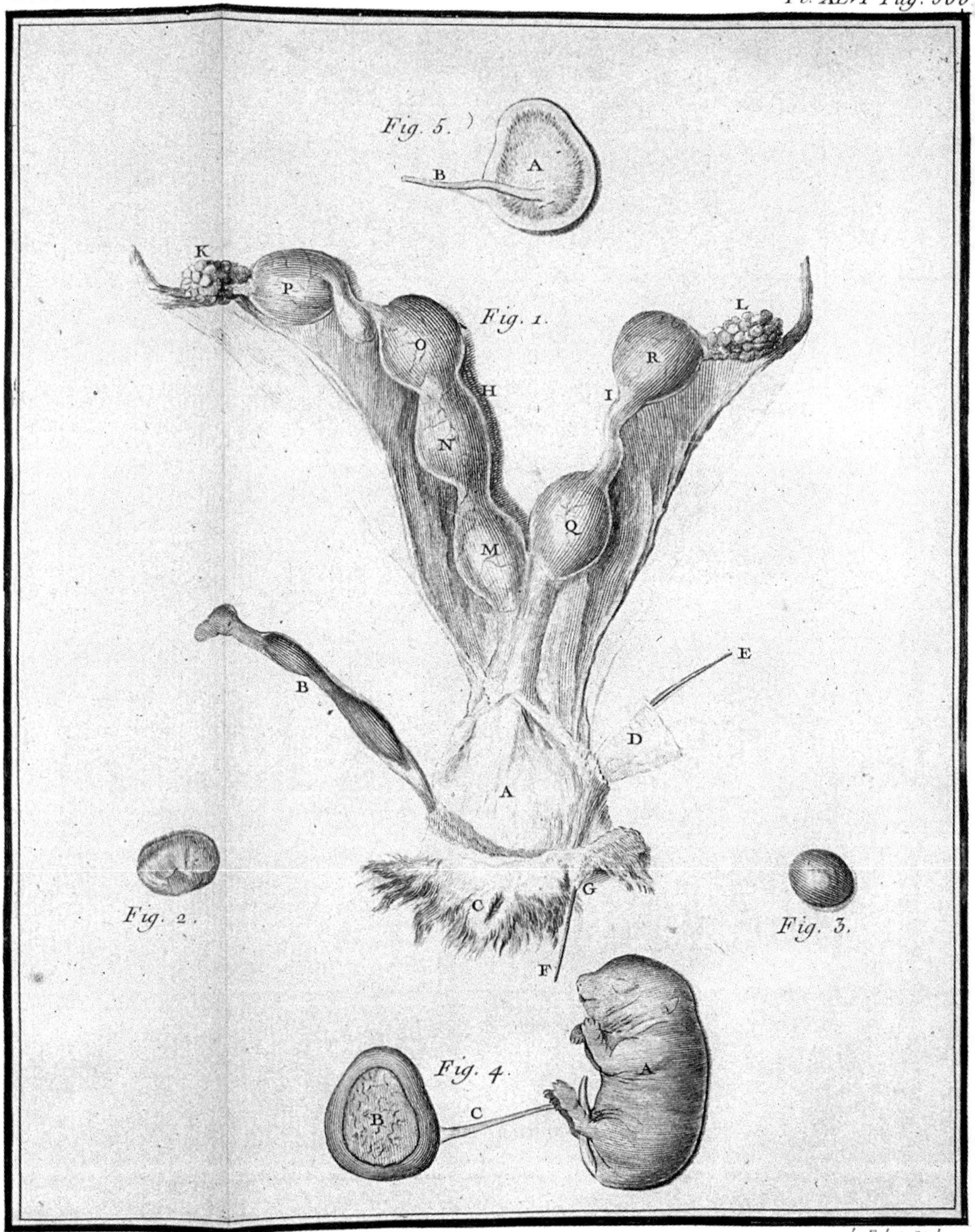


Buvée l'Am. del. de Fehrt Sculp.

Tom. VII.

Pl. XLVII. pag. 374.

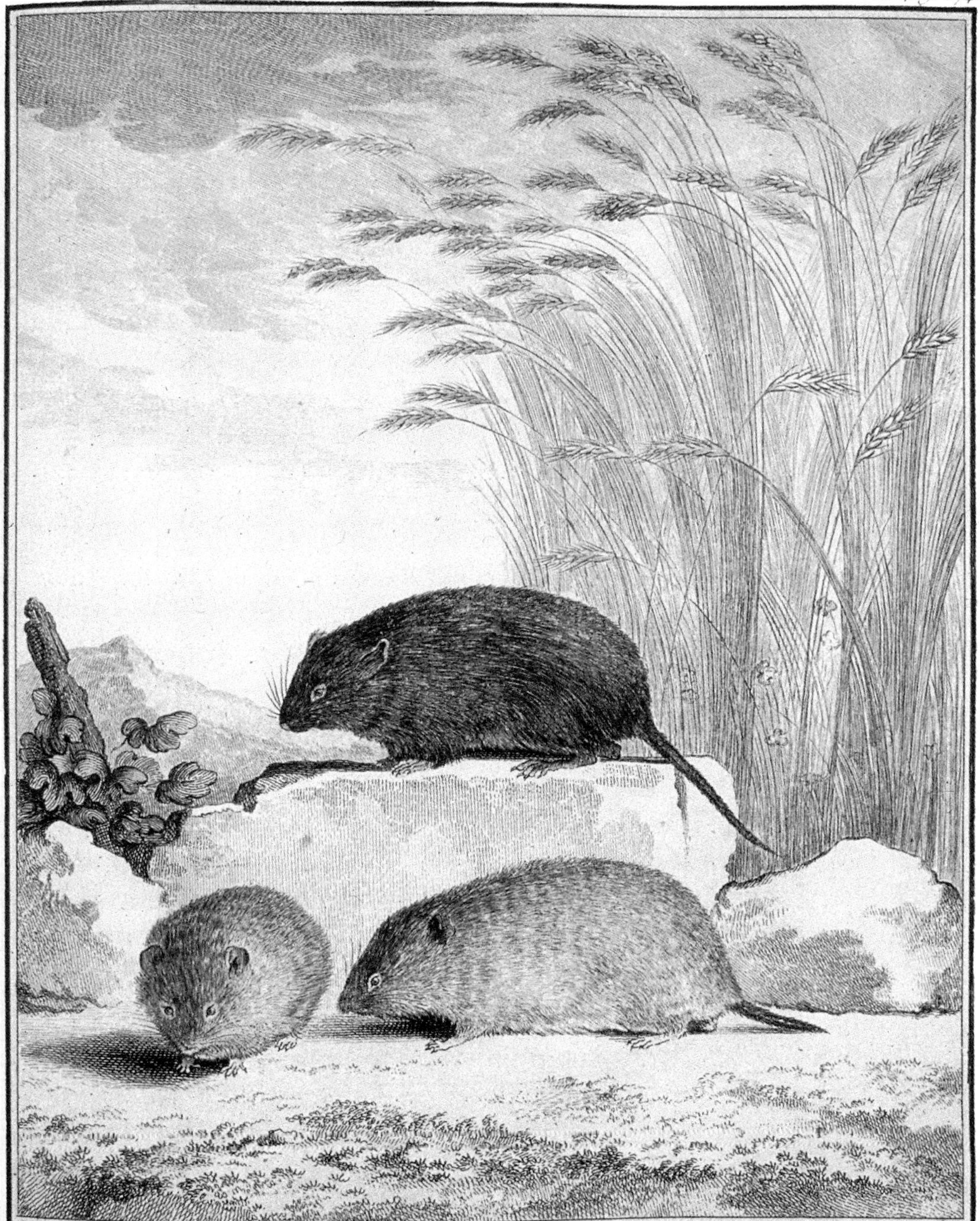

De Seve del.

Baron Sculp.

LE CAMPAGNOL

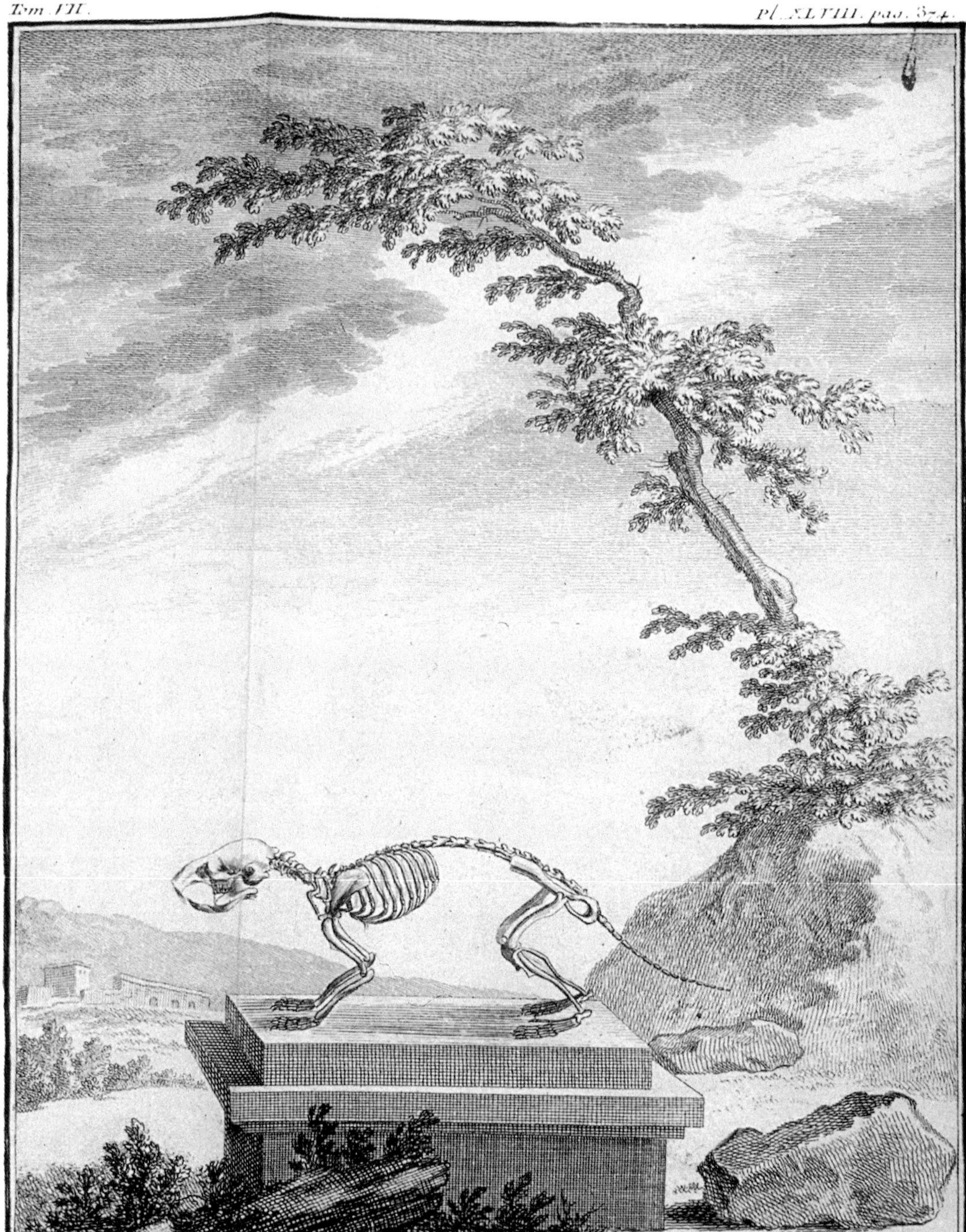
Tom. VII.
Pl. XLVIII. pag. 374.

# HISTOIRE NATURELLE,

## GÉNÉRALE ET PARTICULIÉRE,

*AVEC LA DESCRIPTION*

## DU CABINET DU ROI.

*Tome Huitième.*

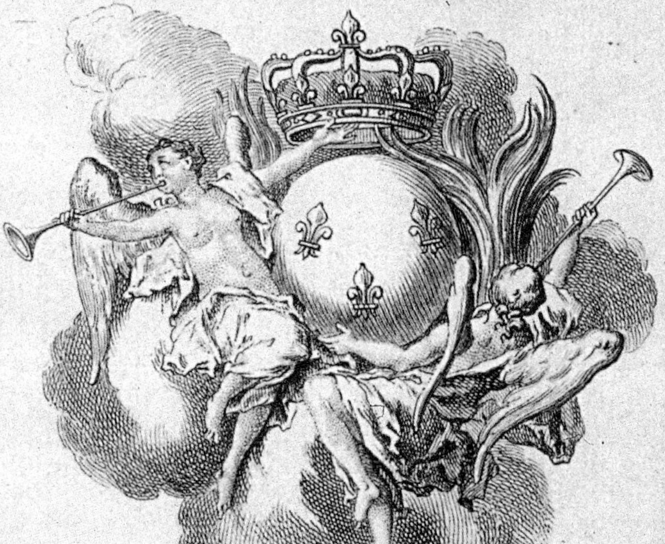



A PARIS,
DE L'IMPRIMERIE ROYALE.

M. DCCLX.

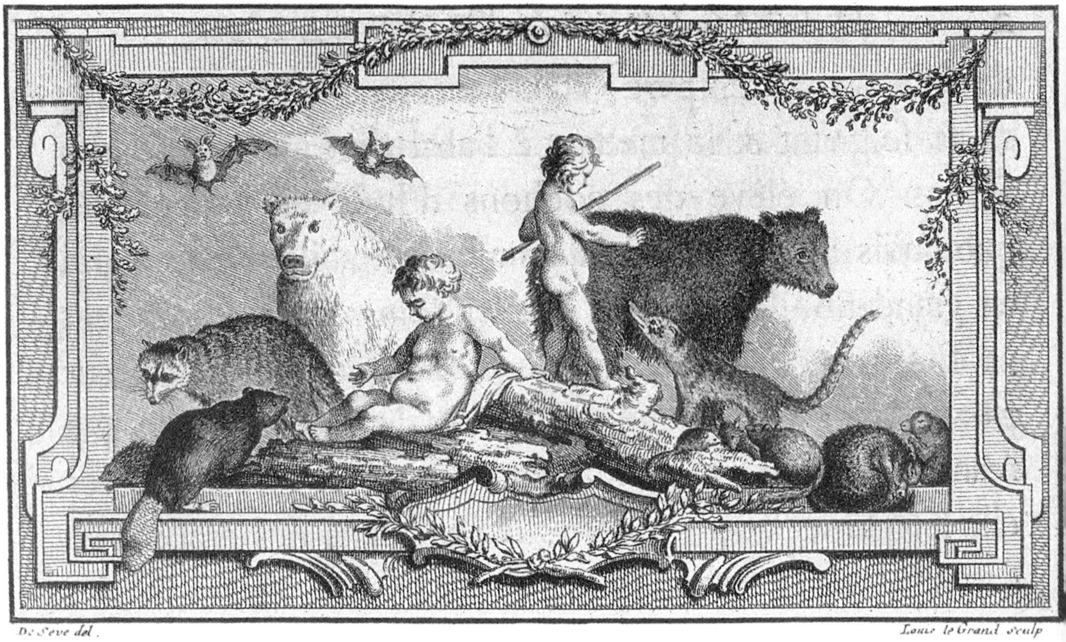

De Seve del. Louis le Grand sculp

*Tom. VIII.* *Pl. I. Pag. 26.*

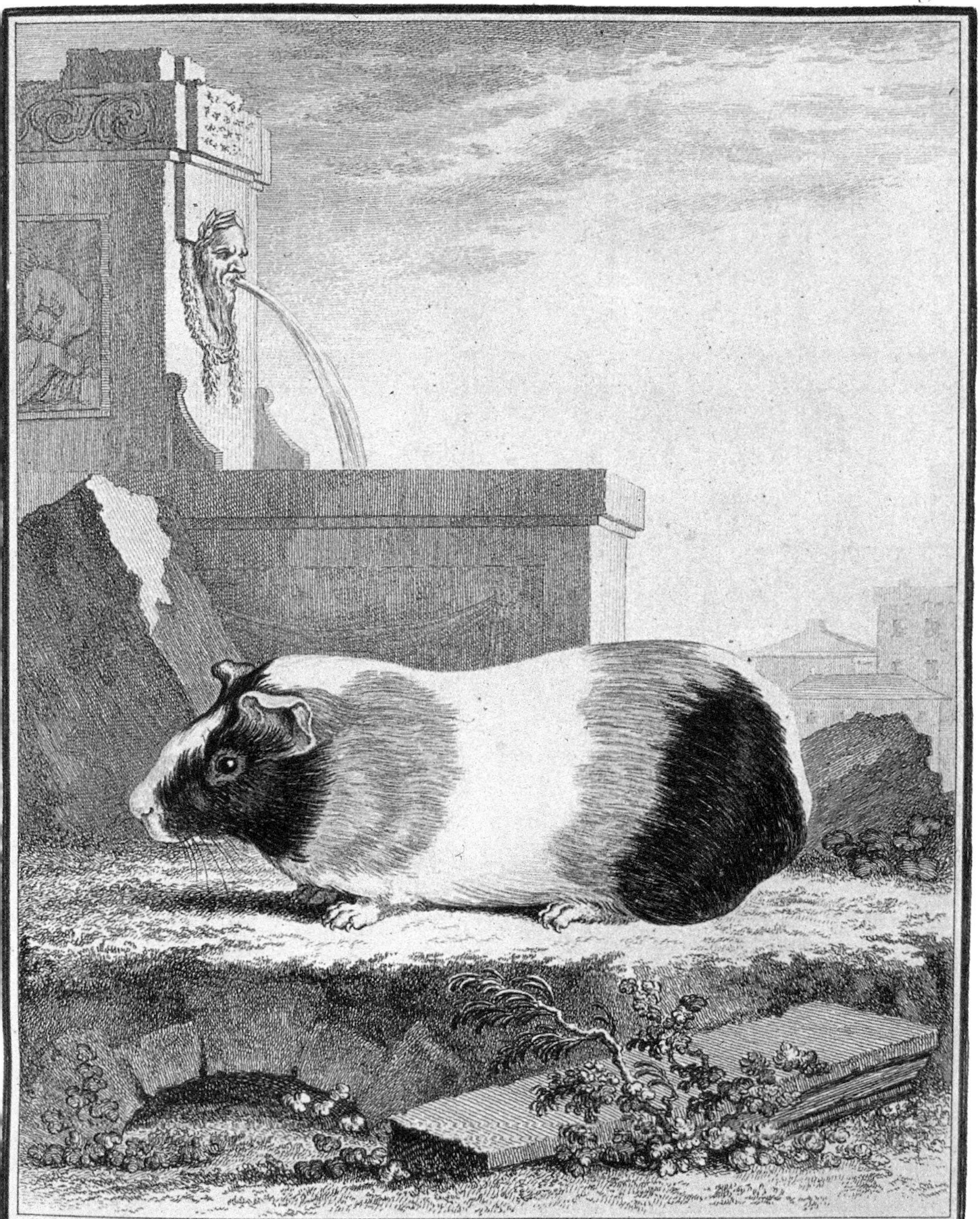

*De Seve delin.* *C. Baquoy Sculp.*

LE COCHON D'INDE.

Tom. VIII. Pl. II. Pag. 26.

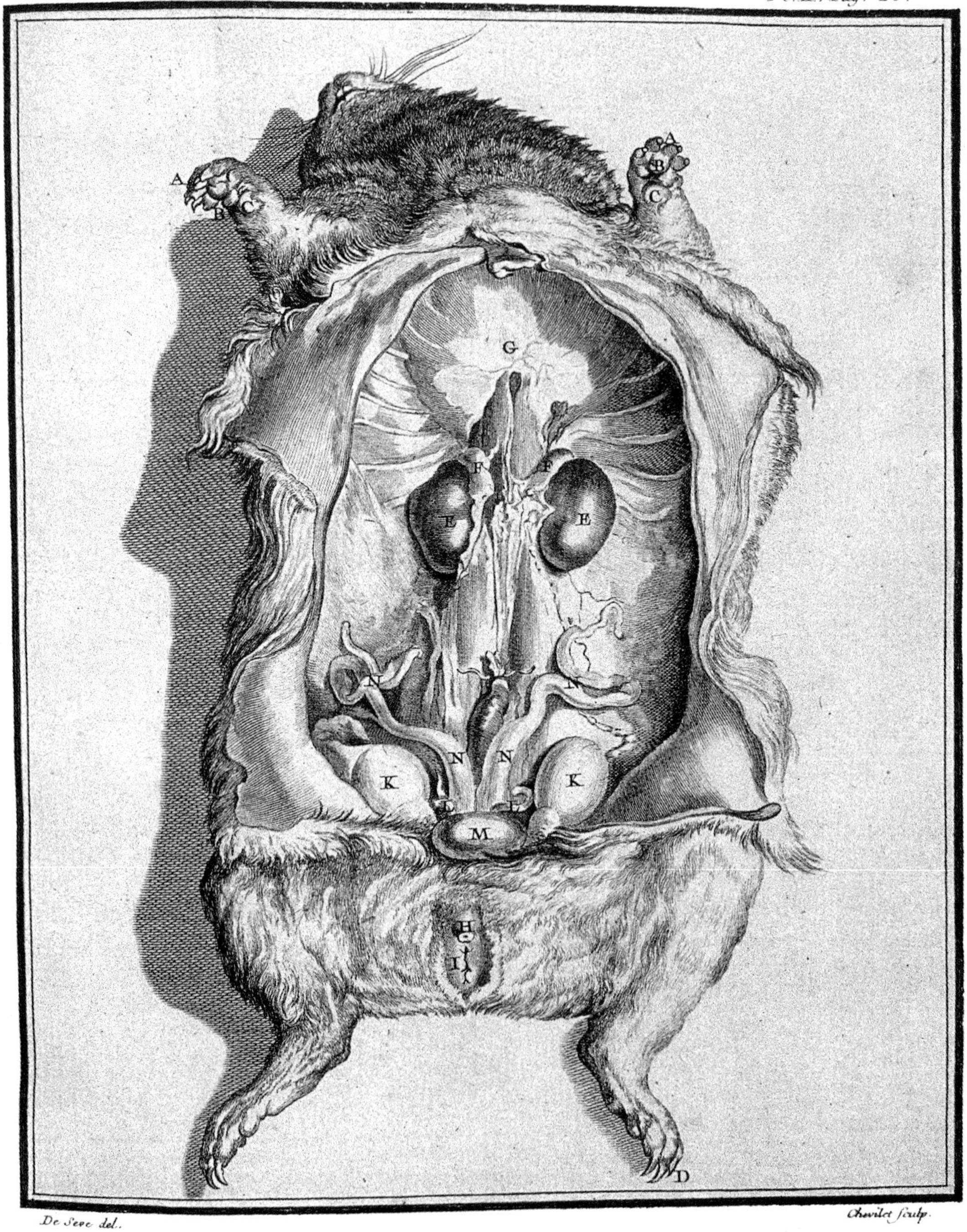


De Seve del. Chevillet Sculp.

Tom. VIII. Pl. III. Pag. 26.

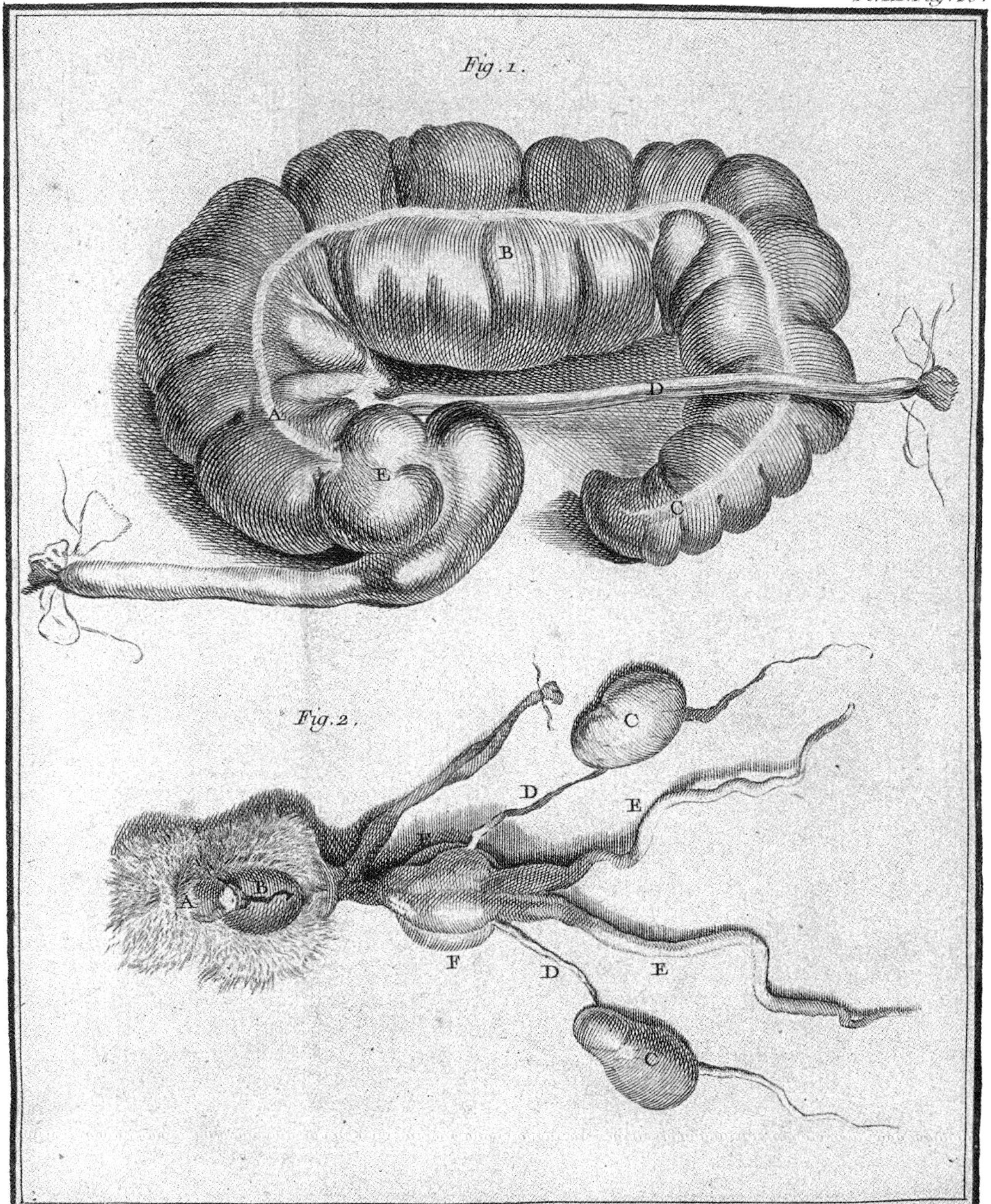


D. S. del. Ferandiny Sculp.

Tom. VIII. Pl. IV. pag. 26.

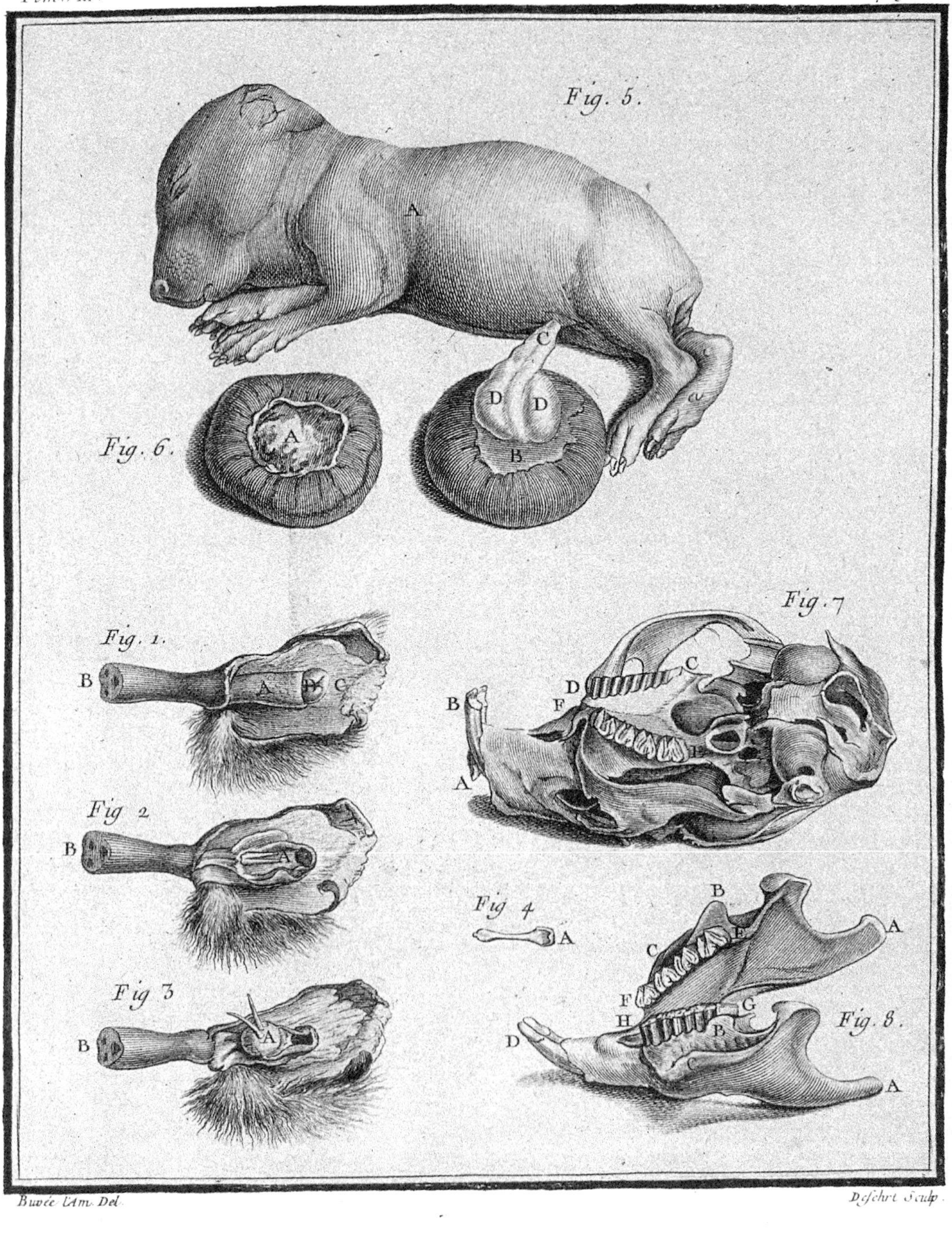


Buvée l'Am. Del. Deſchrt Sculp.

Tom. VIII.

Pl. V. Pag. 26.

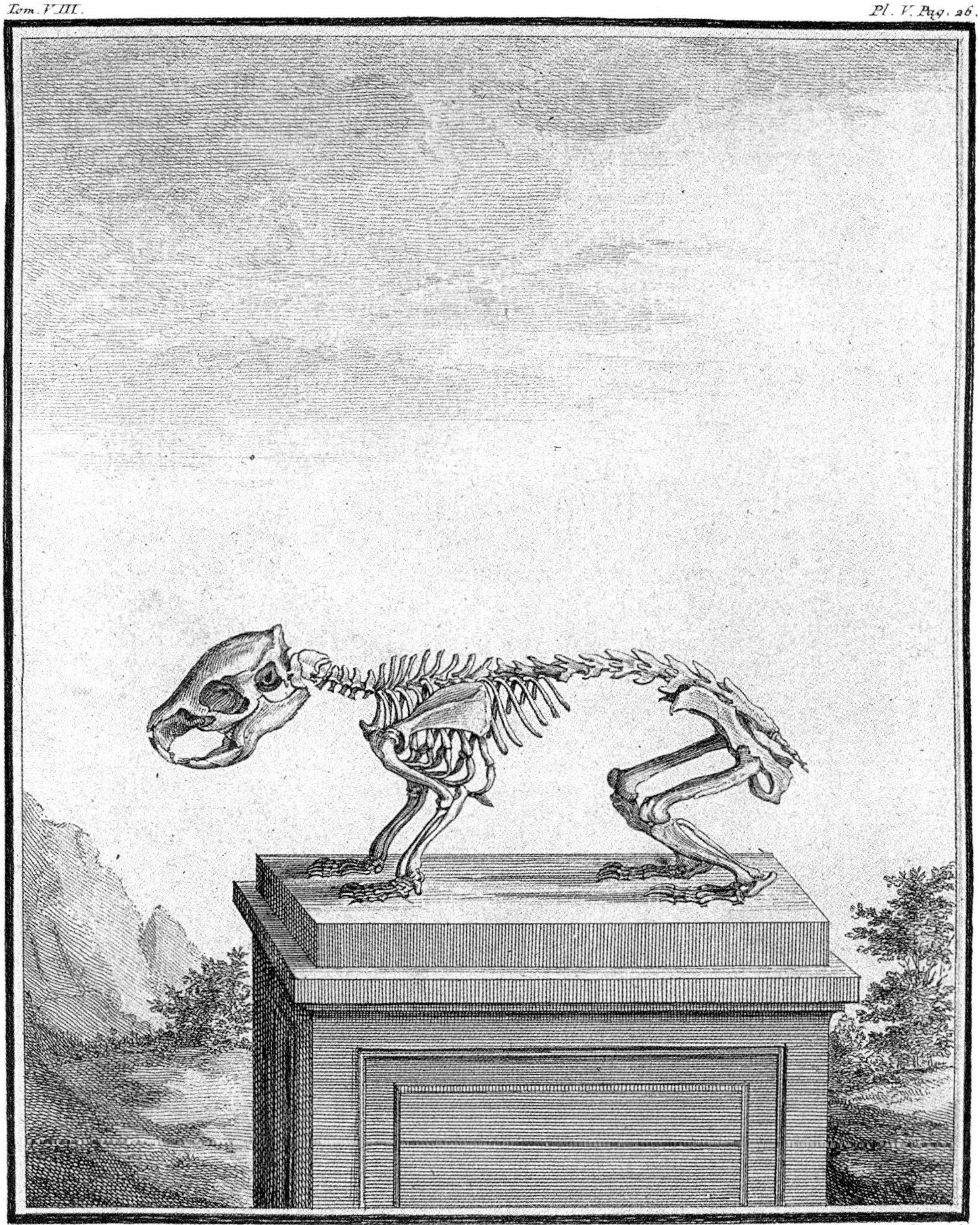

Buvée del.

P. F. Tardieu Sculp.

Tom. VIII. LE HERISSON Pl. VI. Pag. 64.

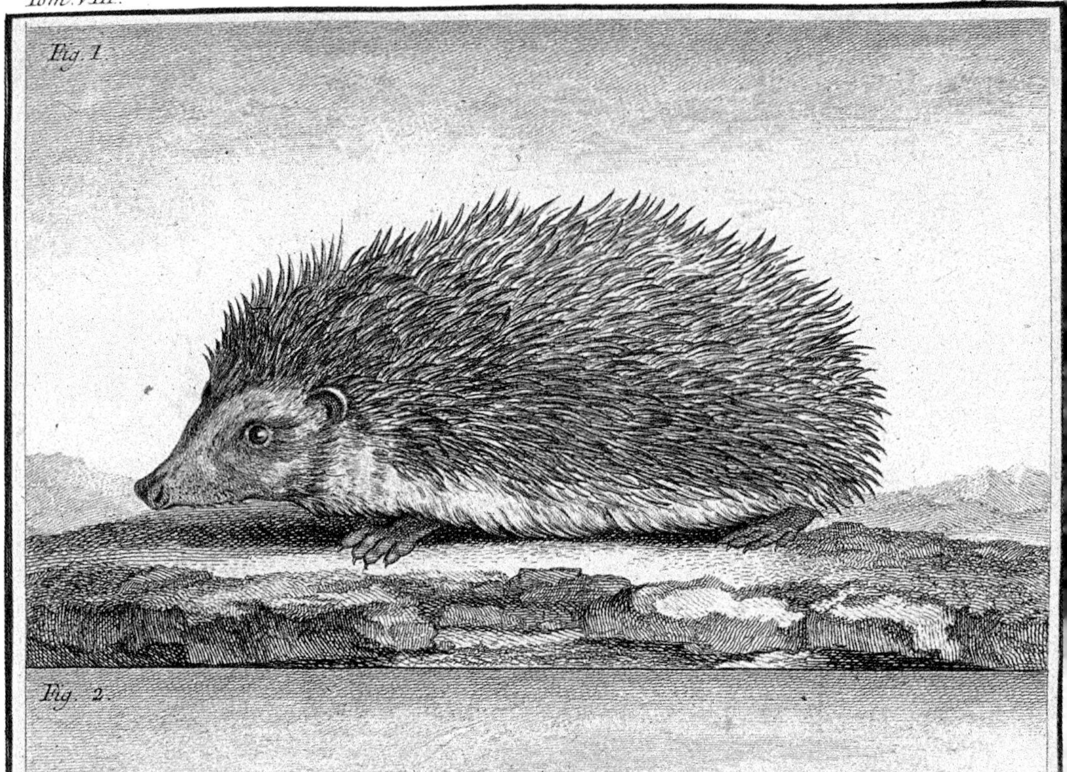


De Seve del. P.F. Tardieu Sculp.

LE HERISSON
*depouillé de ses piquants.*

Tom. VIII.

Pl. VII. pag. 54.

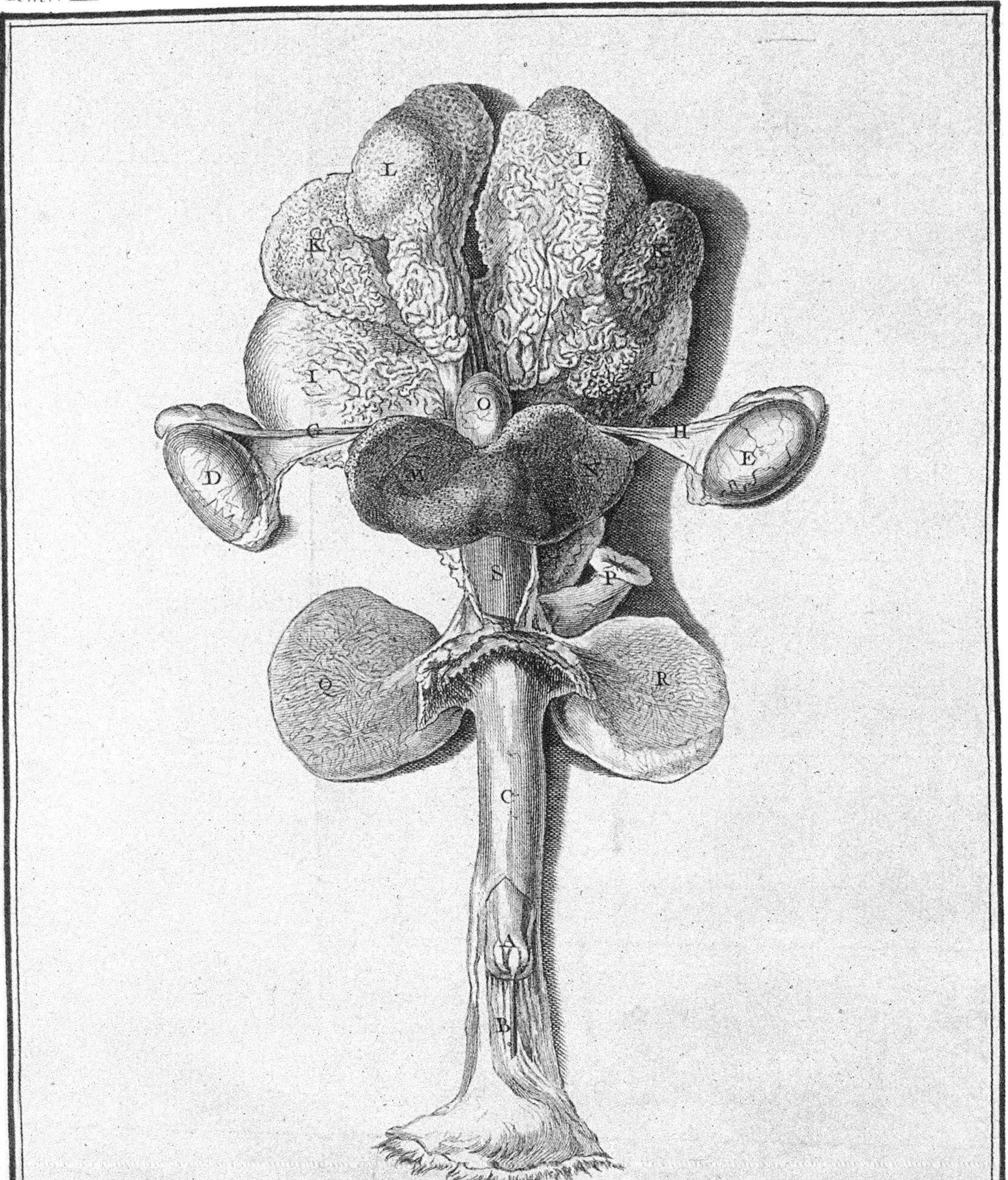


Buvée l'Américain del.

Chevillet Sculp.

Tom. VIII. Pl. VIII. pag. 54.

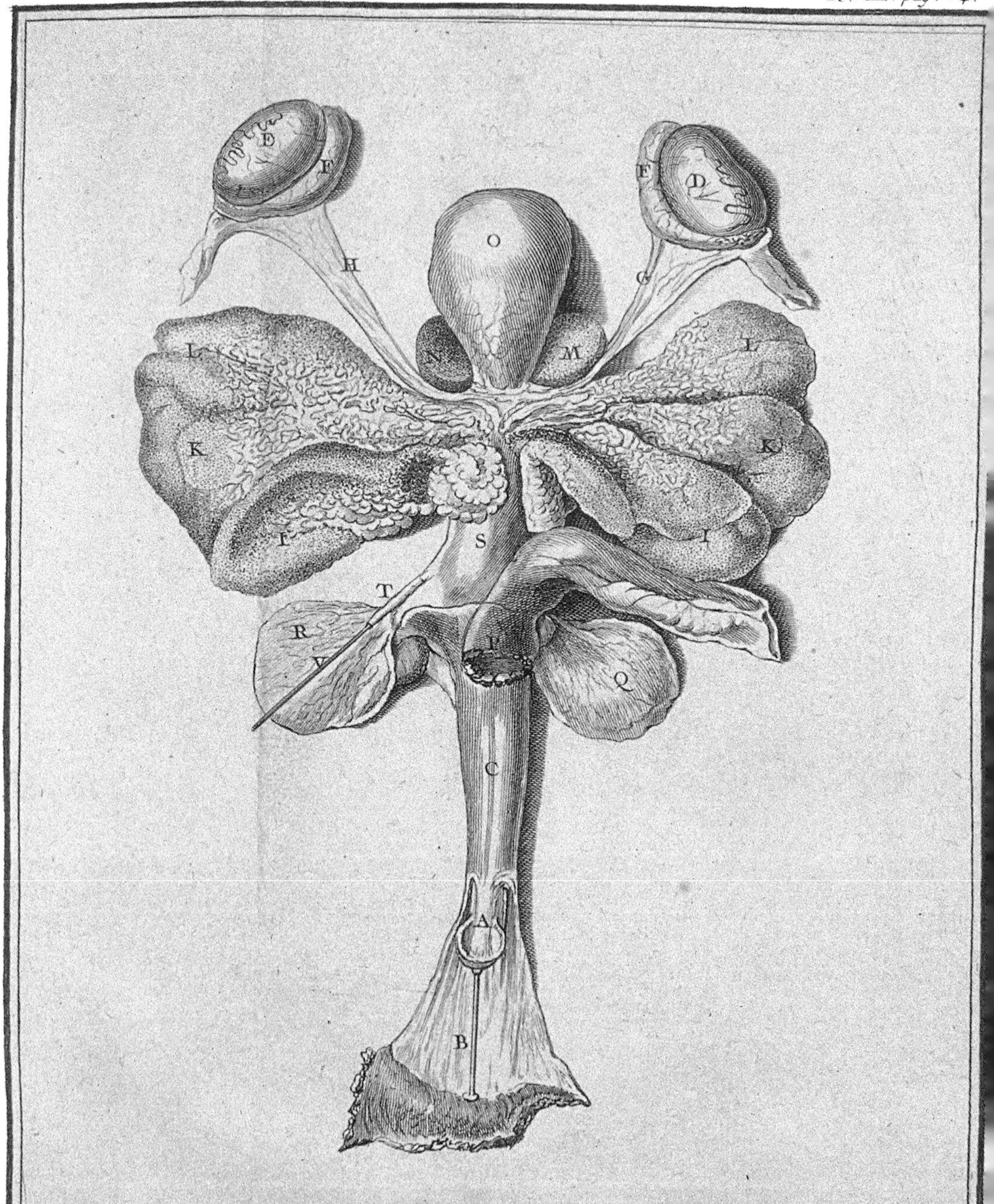


Buvée l'Americain del. Chevillet Sculp.

*Tom. VIII* *Pl. IX. Pag. 54.*

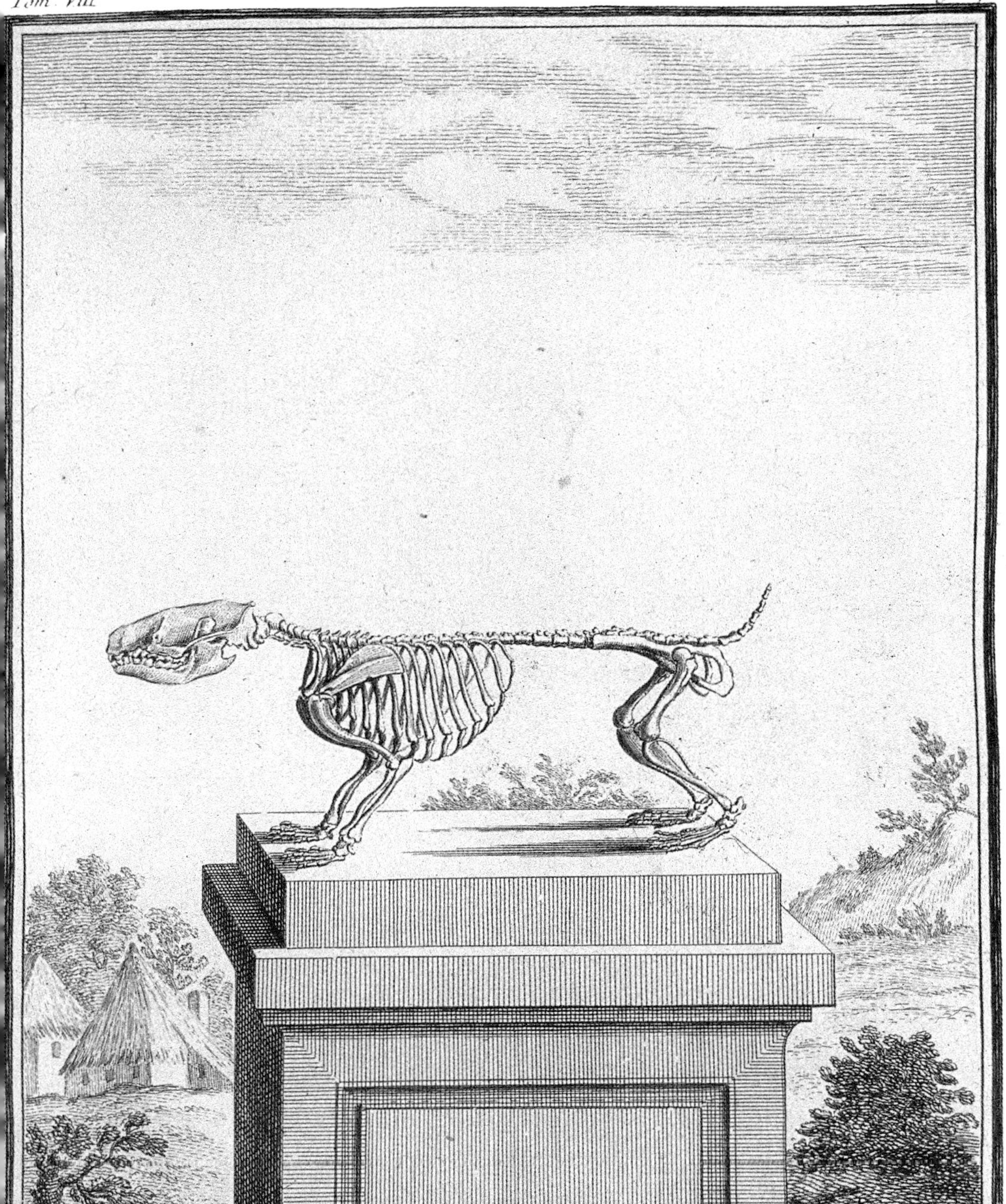

*Buvée l'Ameriq. del.* *Moitte Sculp.*

Tom. VIII. LA MUSARAIGNE Pl. X Pag 80.

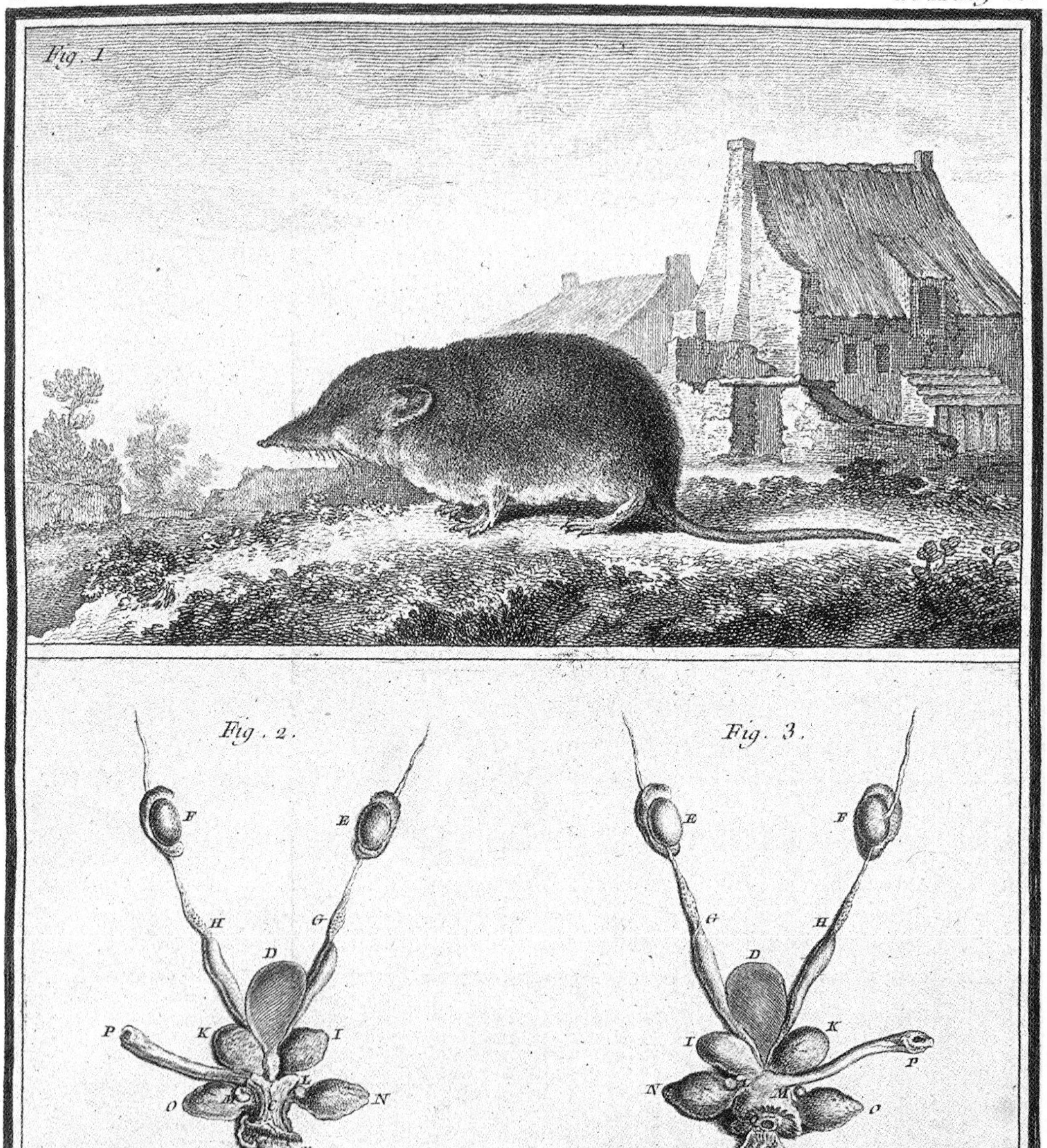


De Seve del Moitte Sculp

*Tom. VIII.* LA MUSARAIGNE D'EAU *Pl. XI pag. 80.*

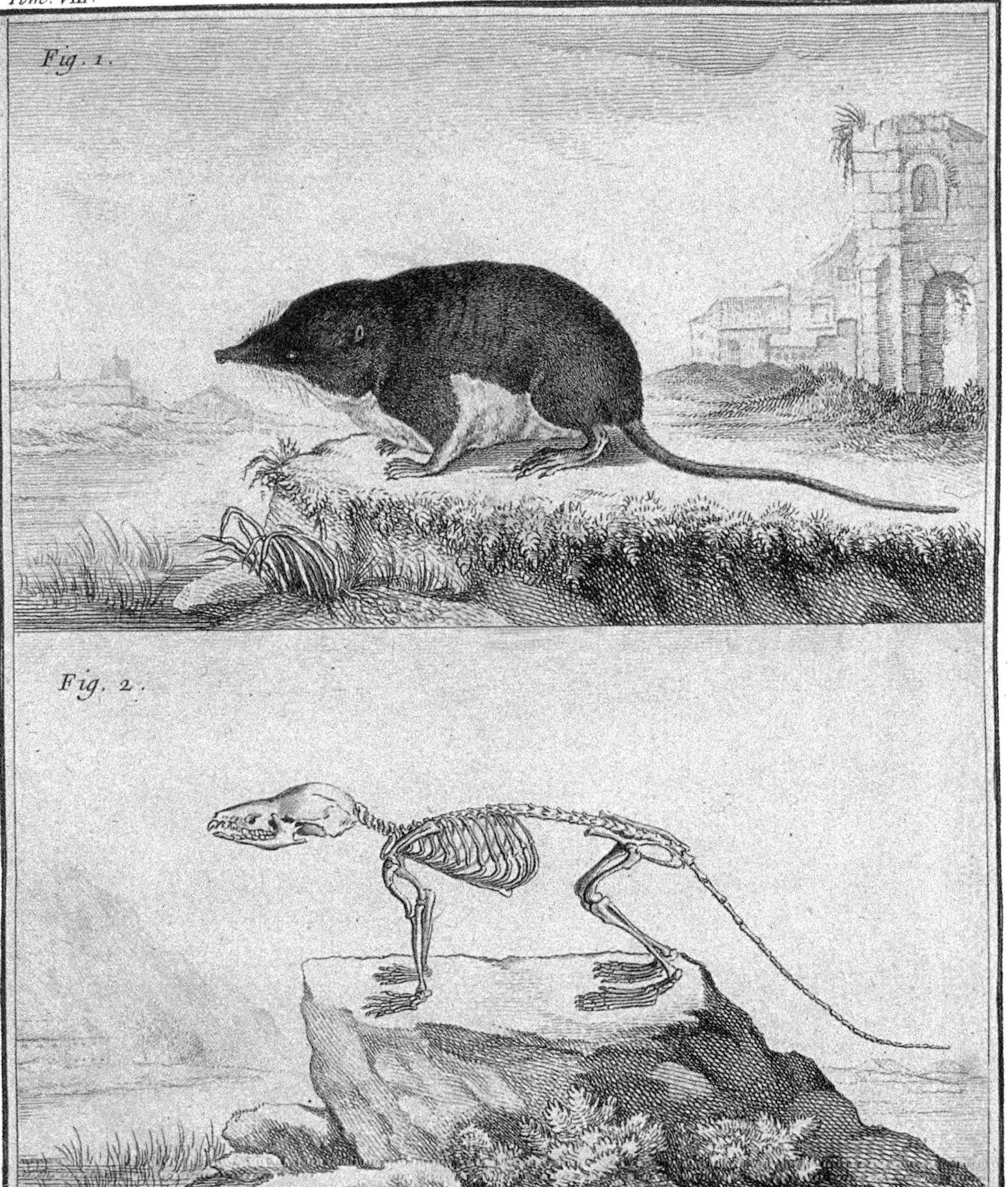


*Buvée l'Am. del.* *de Fehrt Sculp.*

*Tom. VIII* LA TAUPE. *Pl. XII . Pag 108.*

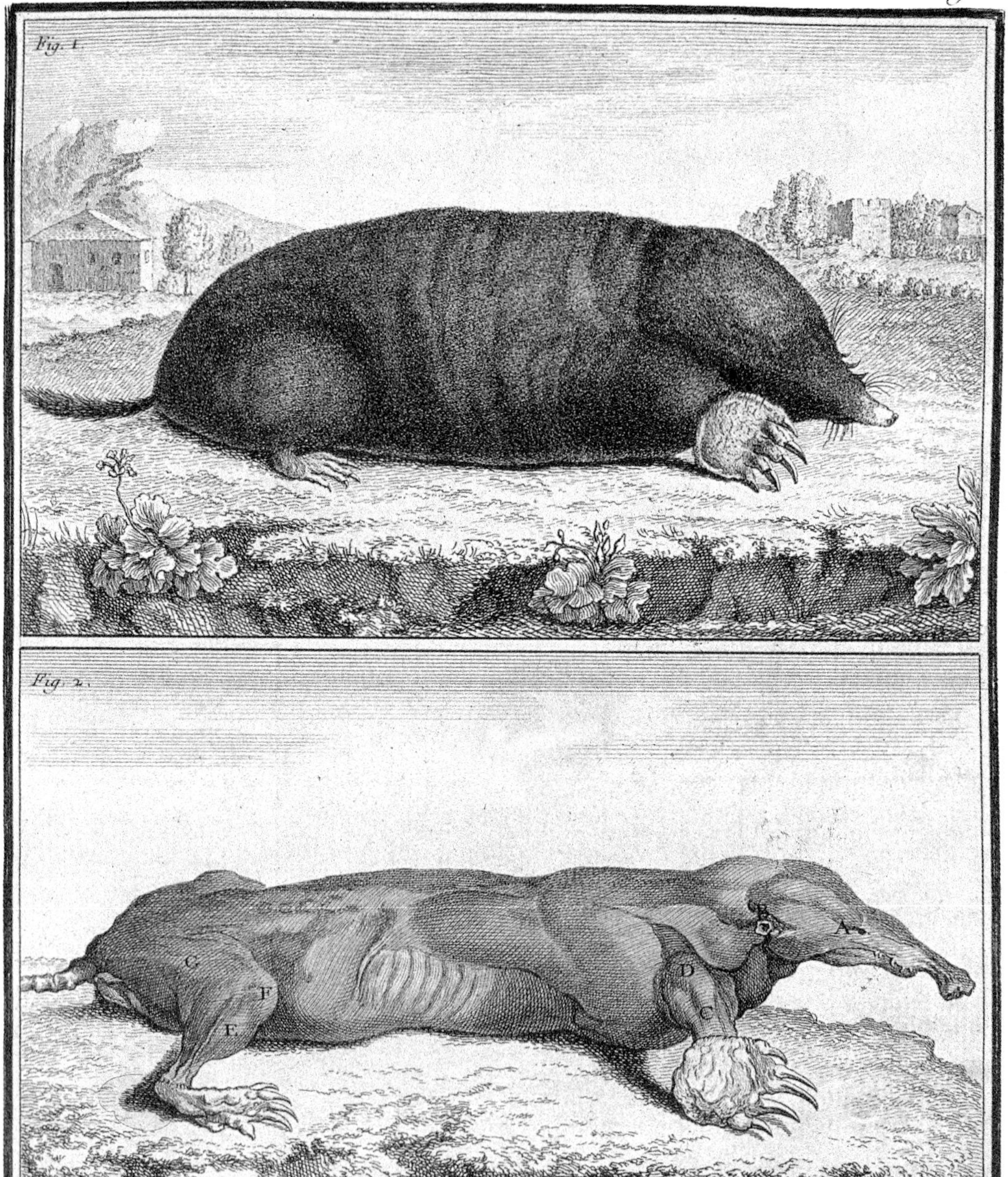


*Buvée l'Amériquain del.* *C. Baquoy Sculp.*

LA TAUPE

*Depouillée de sa Peau.*

*Tom. VIII.* *Pl. XIII. Pag. 108.*

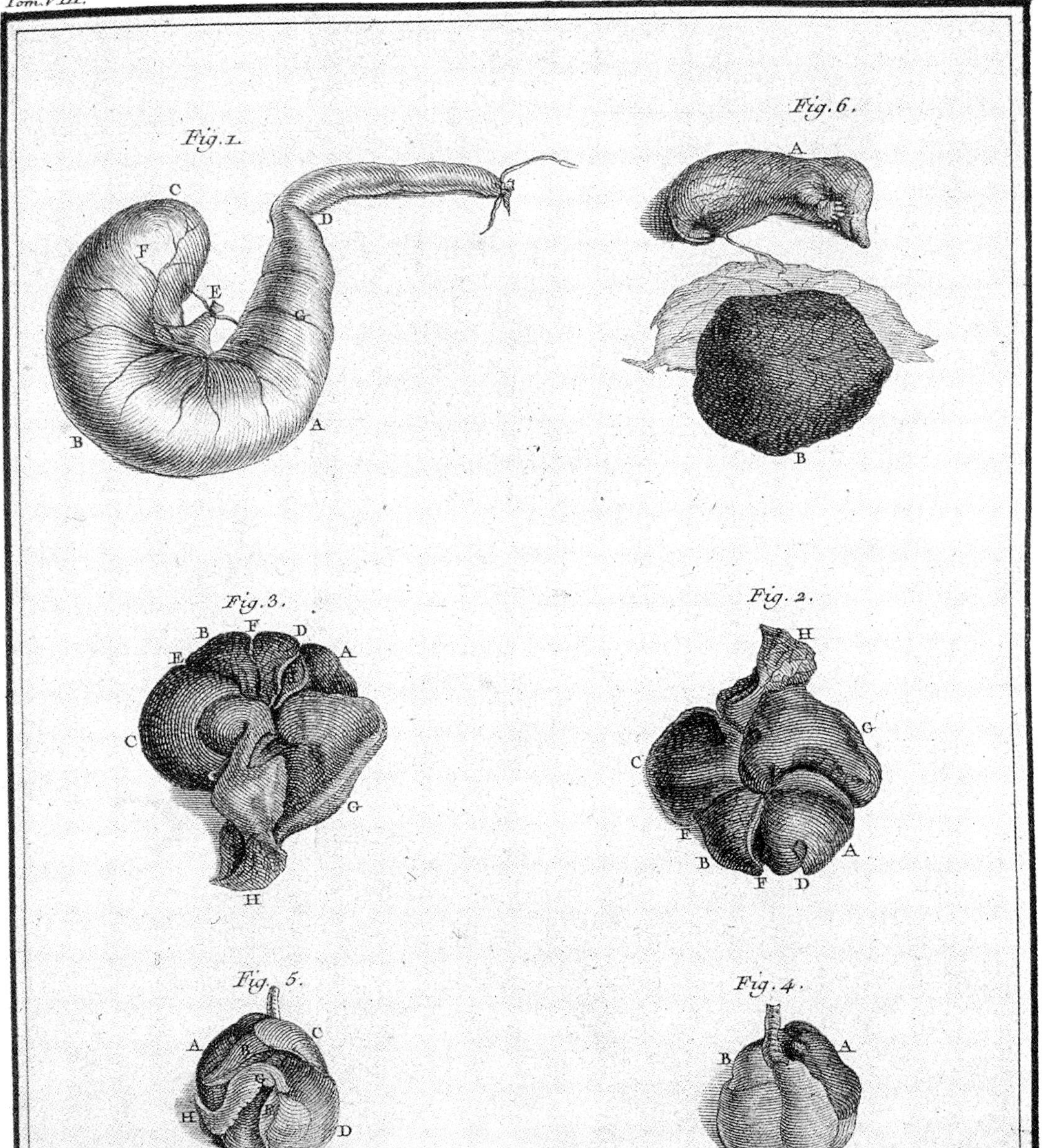


*Buvée del.* *P. F. Tardieu Sculp.*

Tom. VIII. Pl. XIV. Pag. 108

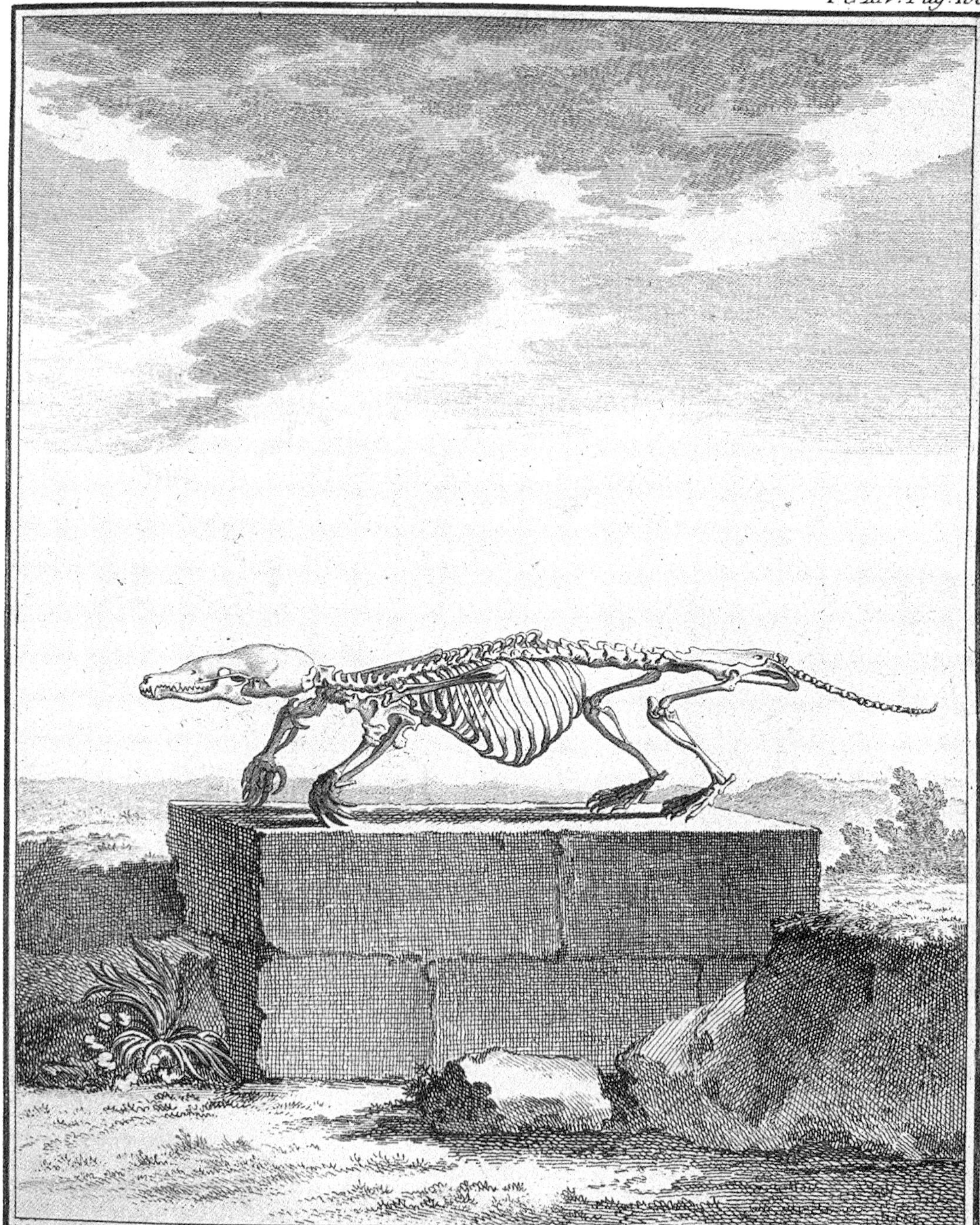

De Seve, Del. L. Legrand Sculp

Tom. VIII. Pl. XV. Pag. 108.

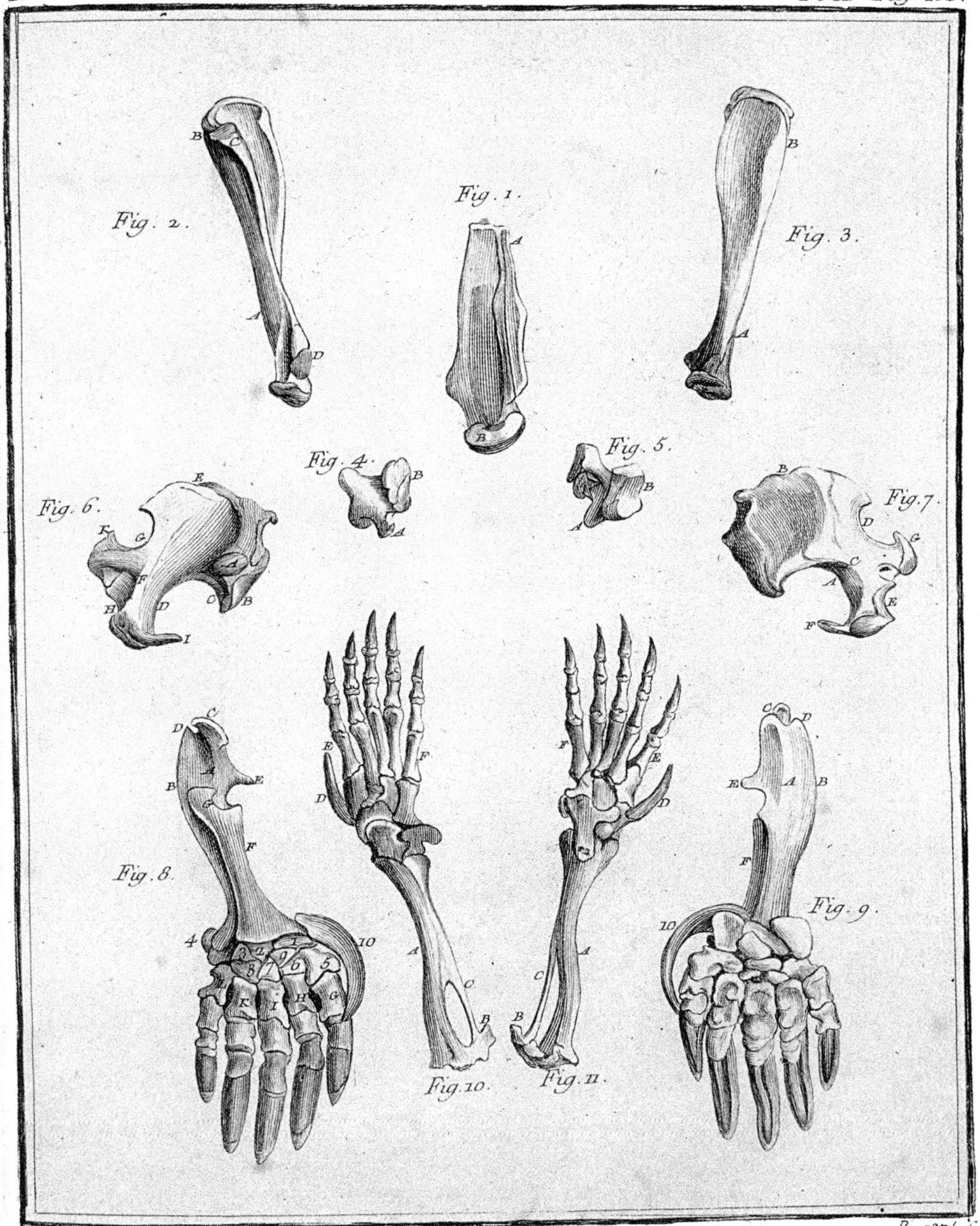


Buvée del. Baron f.

Tom. VIII. LA CHAUVE-SOURIS les Ailes etendues. Pl. XVI. Pag. 154.

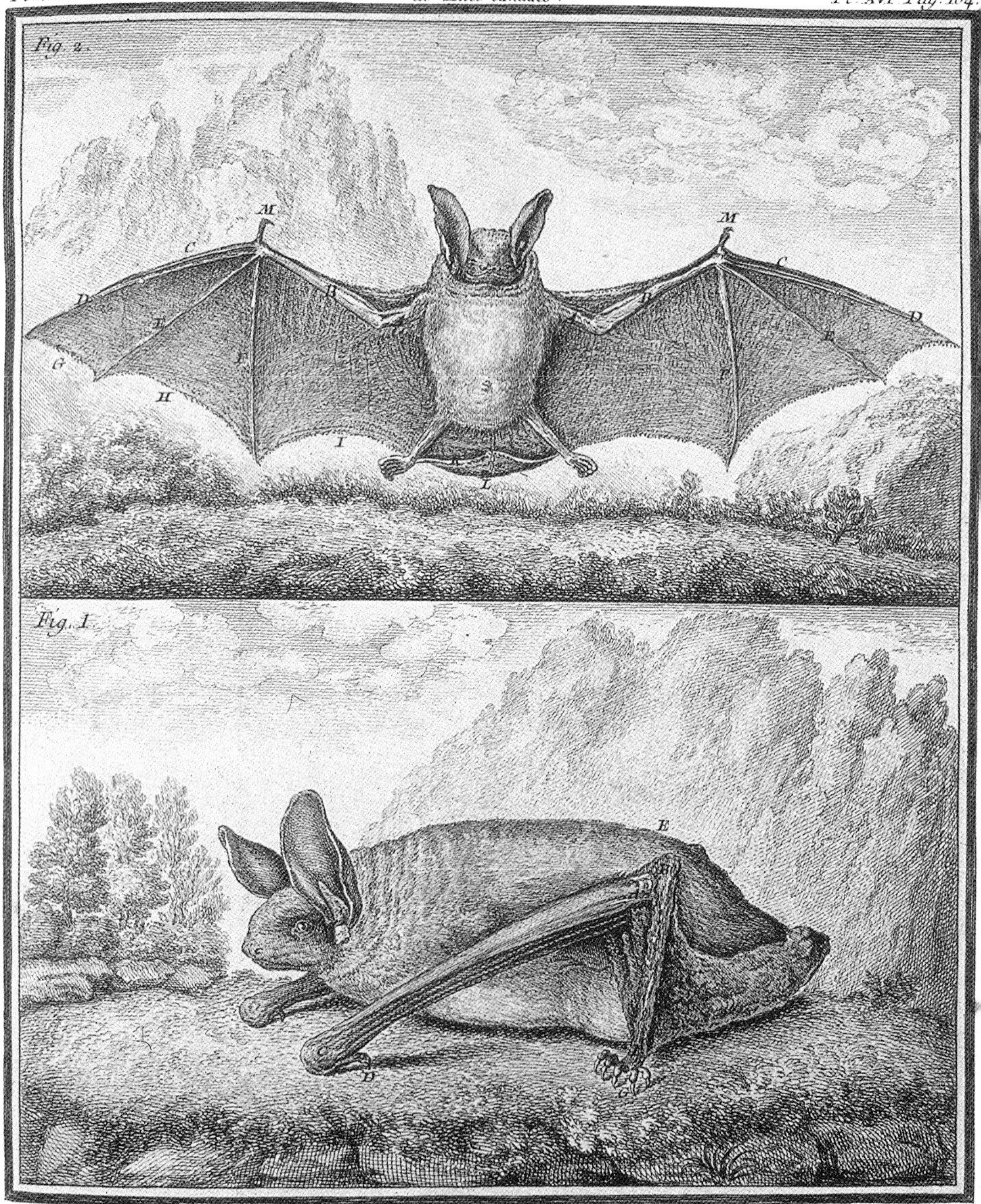


Buvée l'Amériquain Del. LA CHAUVE-SOURIS sur ses quatre Jambes. Moitte Sc.

LE PETIT FER-A-CHEVAL.

Tom. VIII Pl. XVII Pag. 154

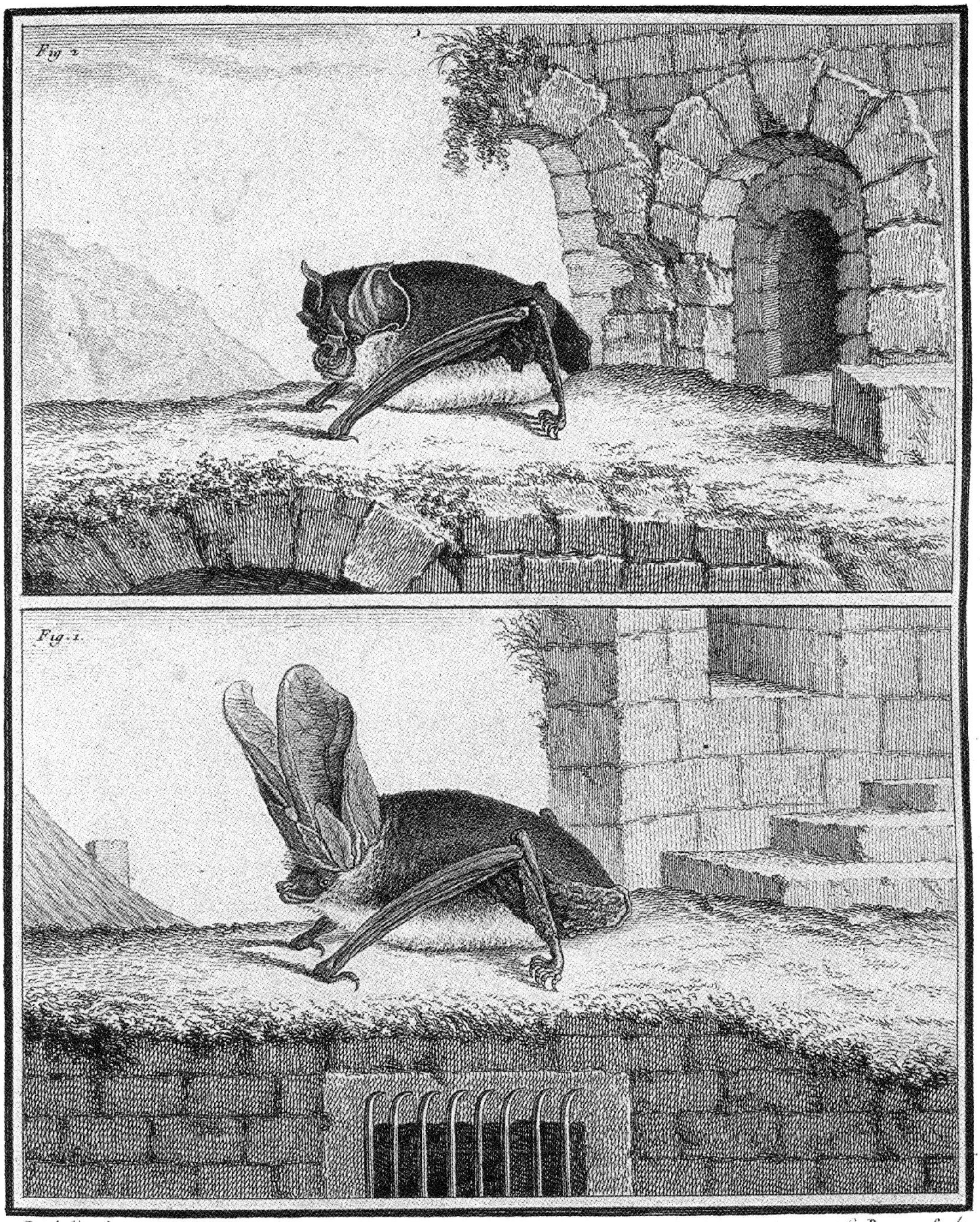


Buvée l'Amériquain delin. C. Baquoy Sculp.

L'OREILLAR.

Tom. VIII

LA NOCTULE.

Pl XVIII Pag. 154

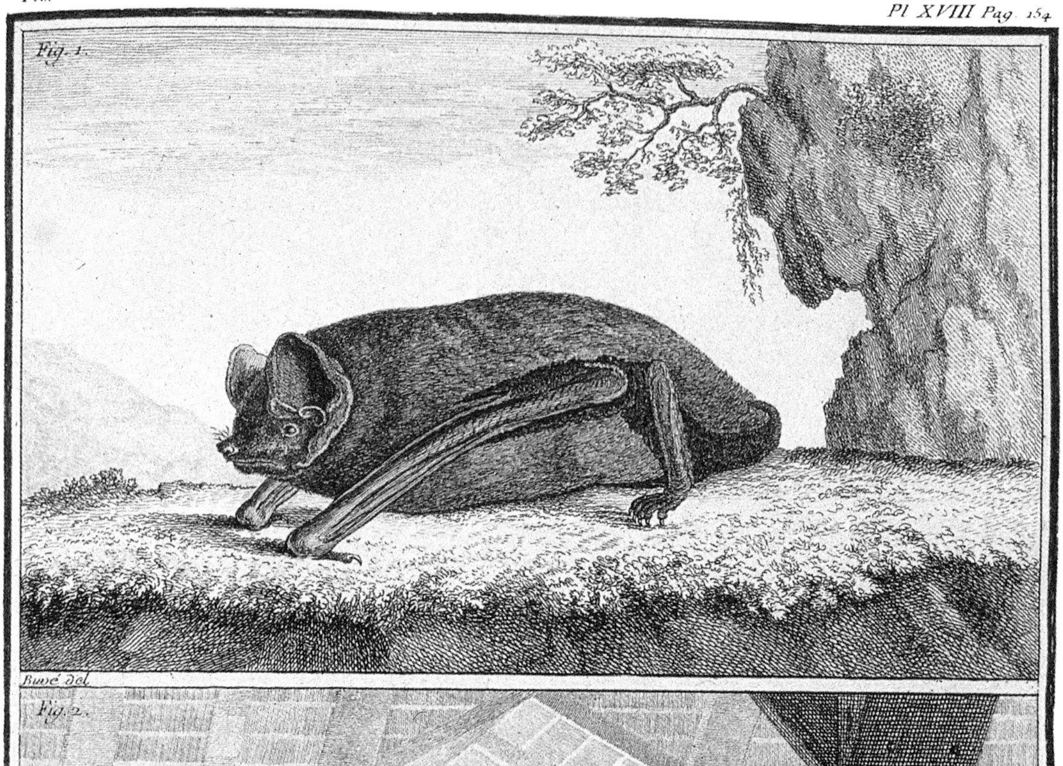


De Seve. del.

Barran. Sculp.

LA SEROTINE.

*Tom. VIII.* LA BARBASTELLE. *Pl. XIX. Pag. 254*

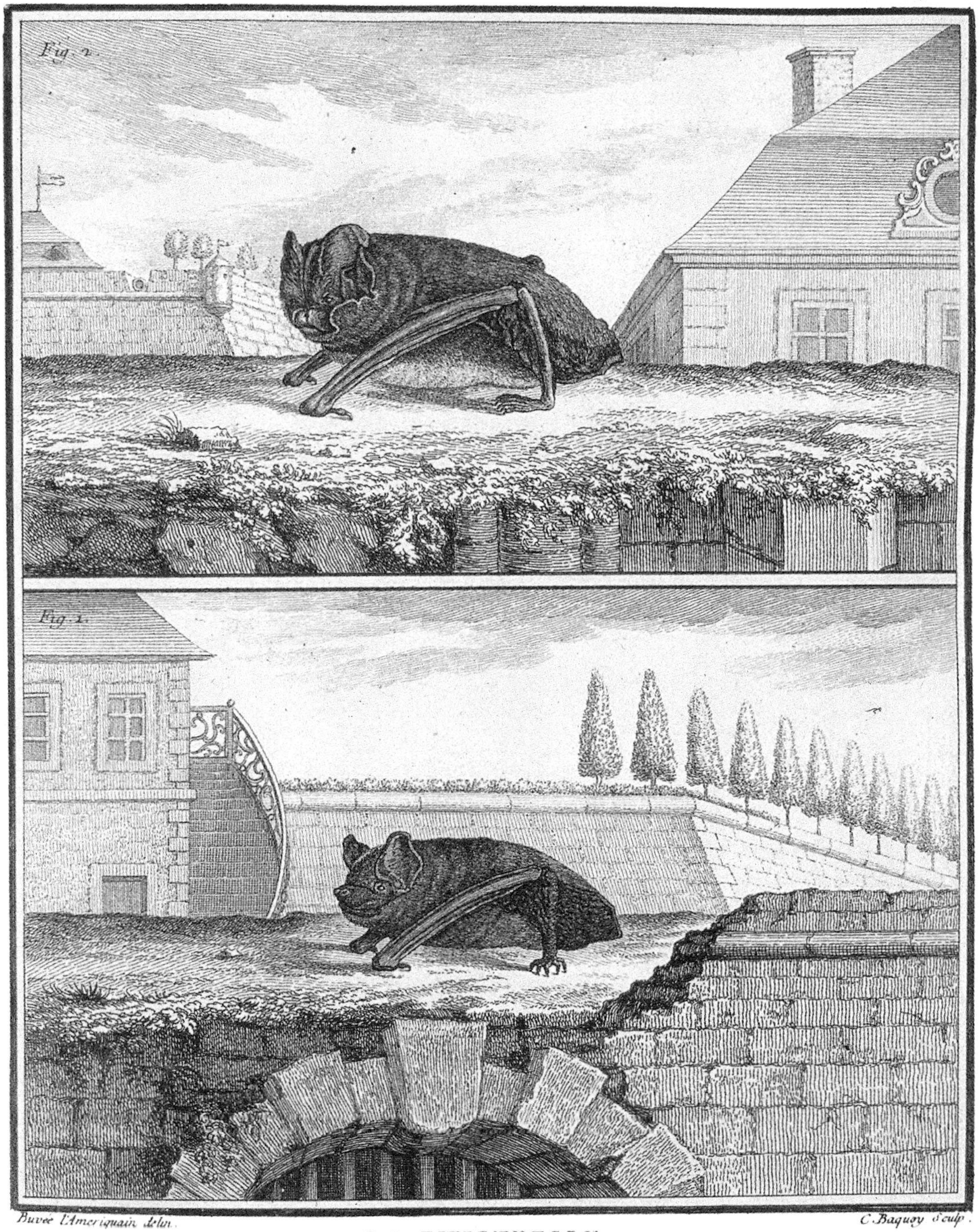


*Buvée l'Ameriquain delin.* *C. Baquoy Sculp.*

LA PIPISTRELLE.

Tom. VIII. LE FER-A-CHEVAL . Pl. XX. Pag. 164.

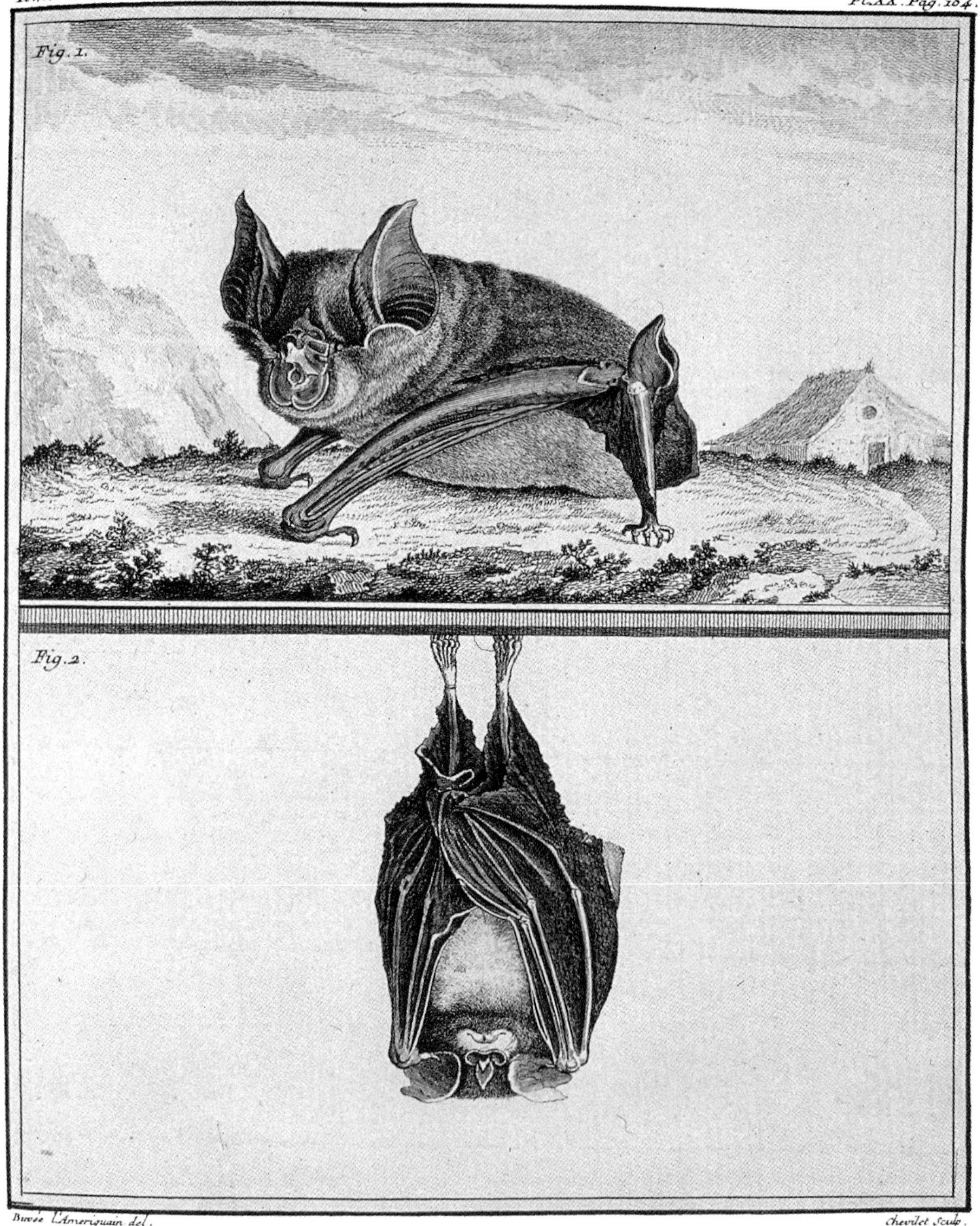


Buvée L'Ameriquain del. Chevillet Sculp.

LE FER-A-CHEVAL .
suspendu par les pieds .

Tom. VIII. Pl. XXI. Pag. 154.

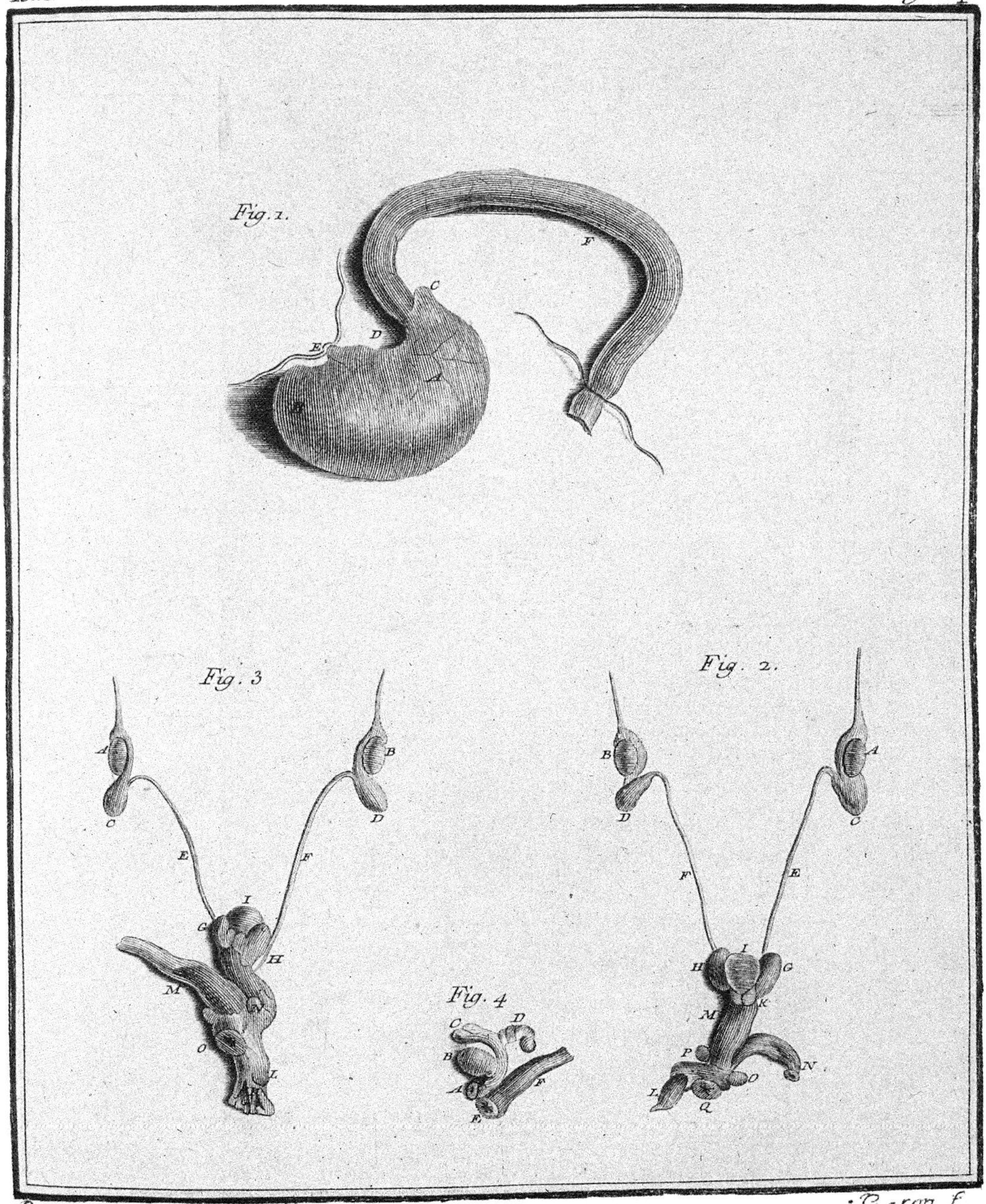


Buvée. del. Baron. f.

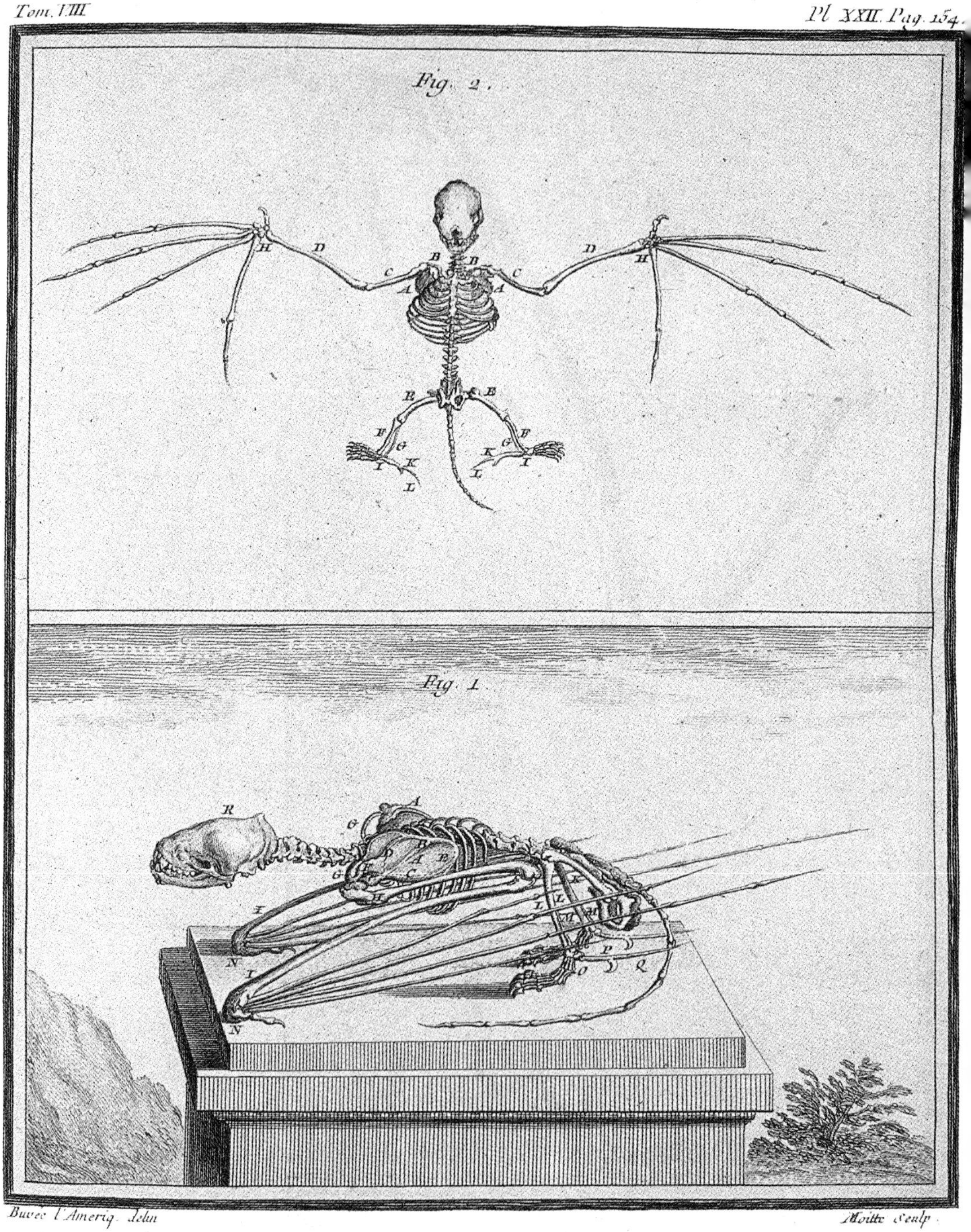
Tom. VIII
Pl XXII. Pag. 154.
Fig. 2.
Fig. 1.
Buvee l'Ameriq. delin
Moitte Sculp.

Tom. VIII.

Pl. XXIII. Pag. 154.

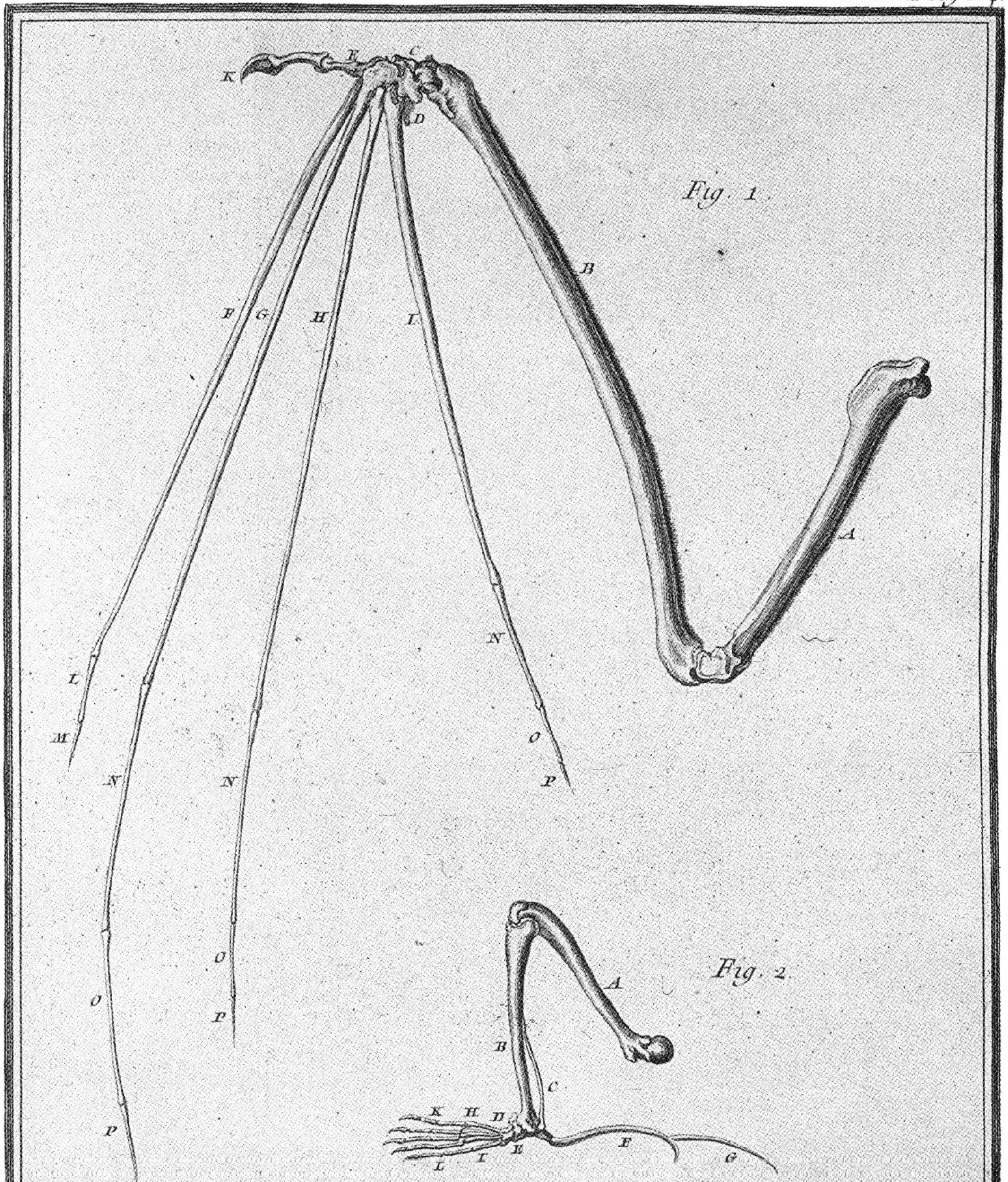


Buvée l'Amériq. delin.

Aloüte Sculp.

Tom. VIII. LE LOIR Pl. XXIV. Pag. 192

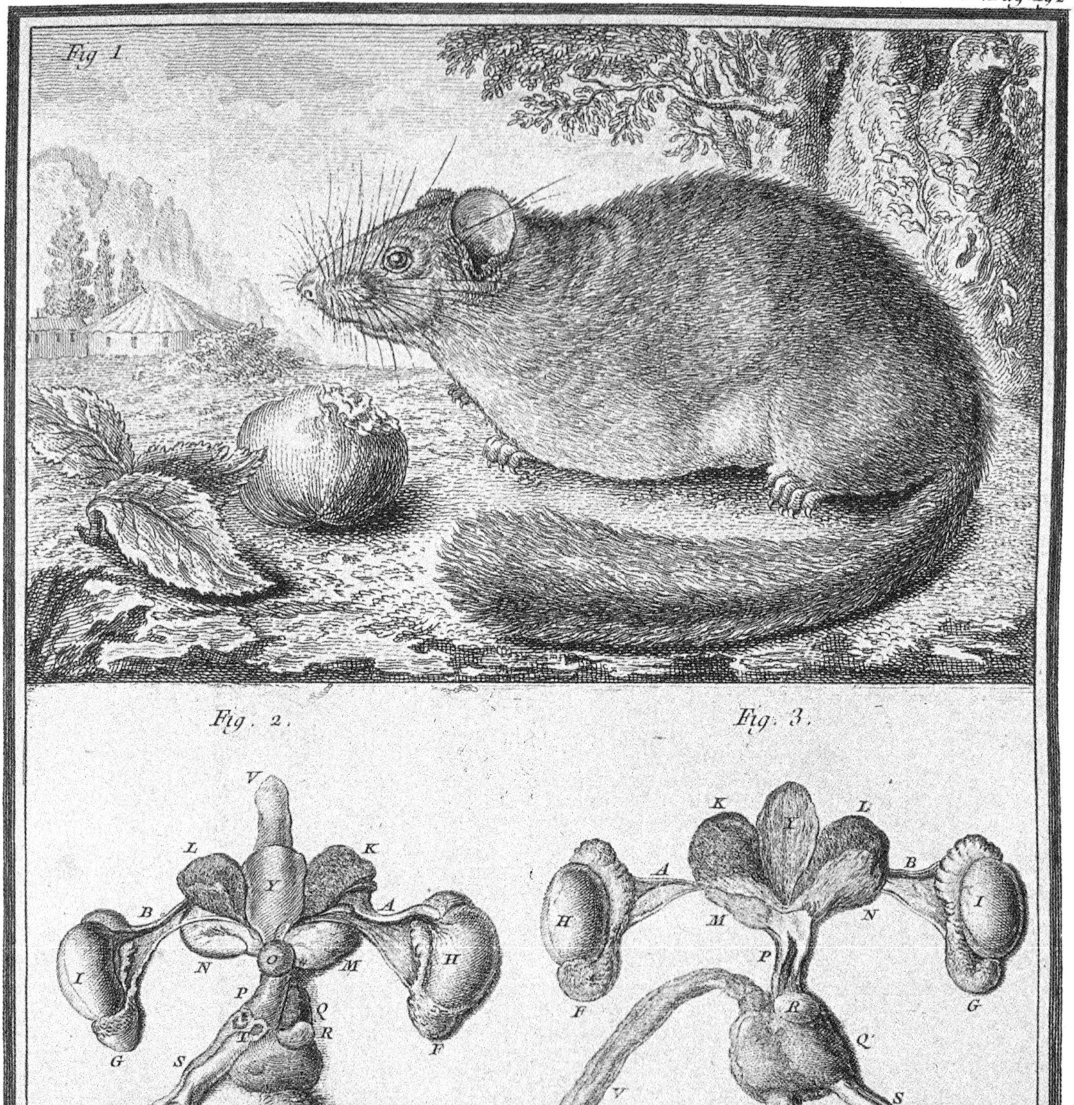


Buvée l'Amériquain Del. Moitte Sc.

Tom. VIII. LE LEROT Pl. XXV. Pag. 192.

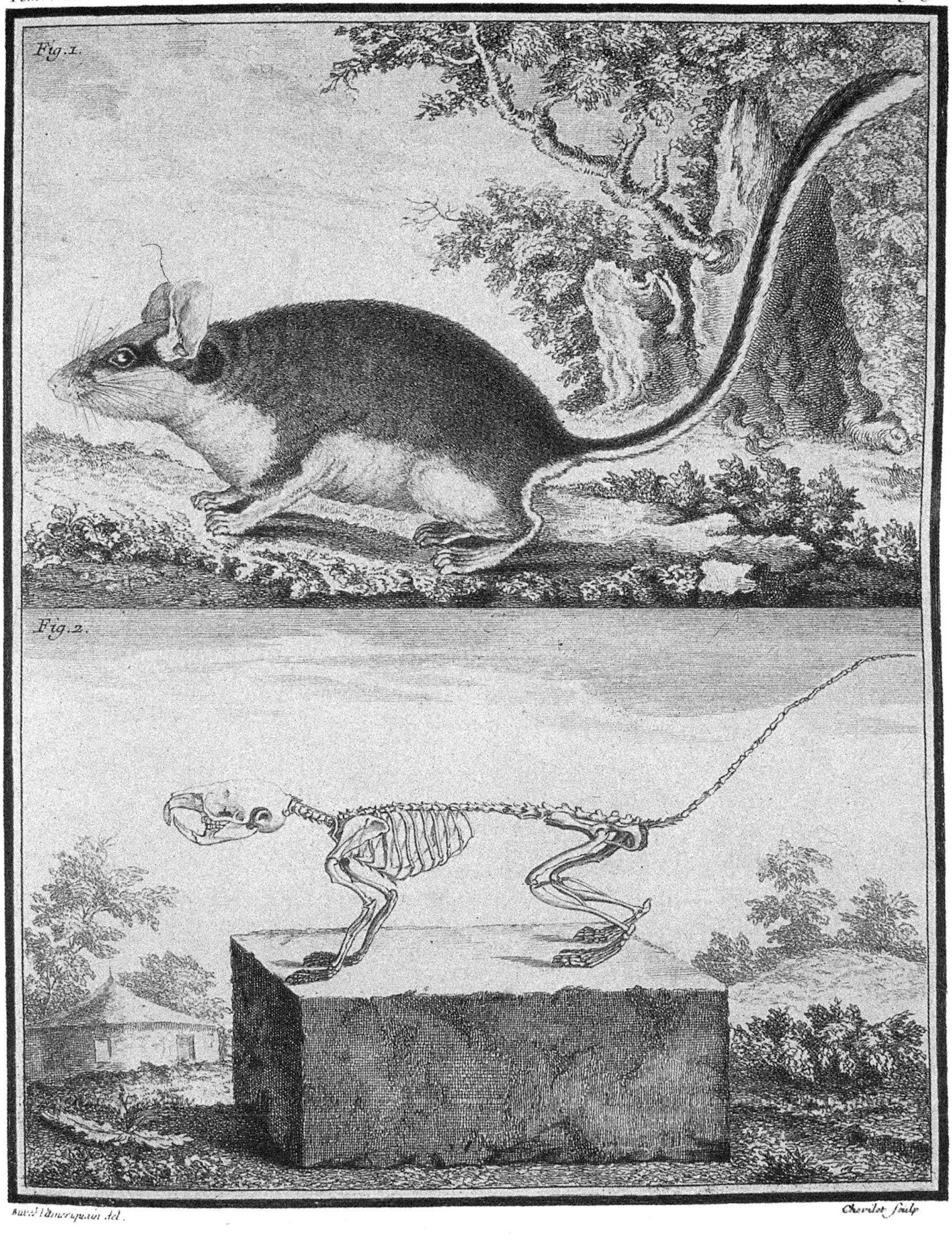


Buvée l'Americain del. Chevillet Sculp.

Tom. VIII. Pl. XXII. pag. 202.

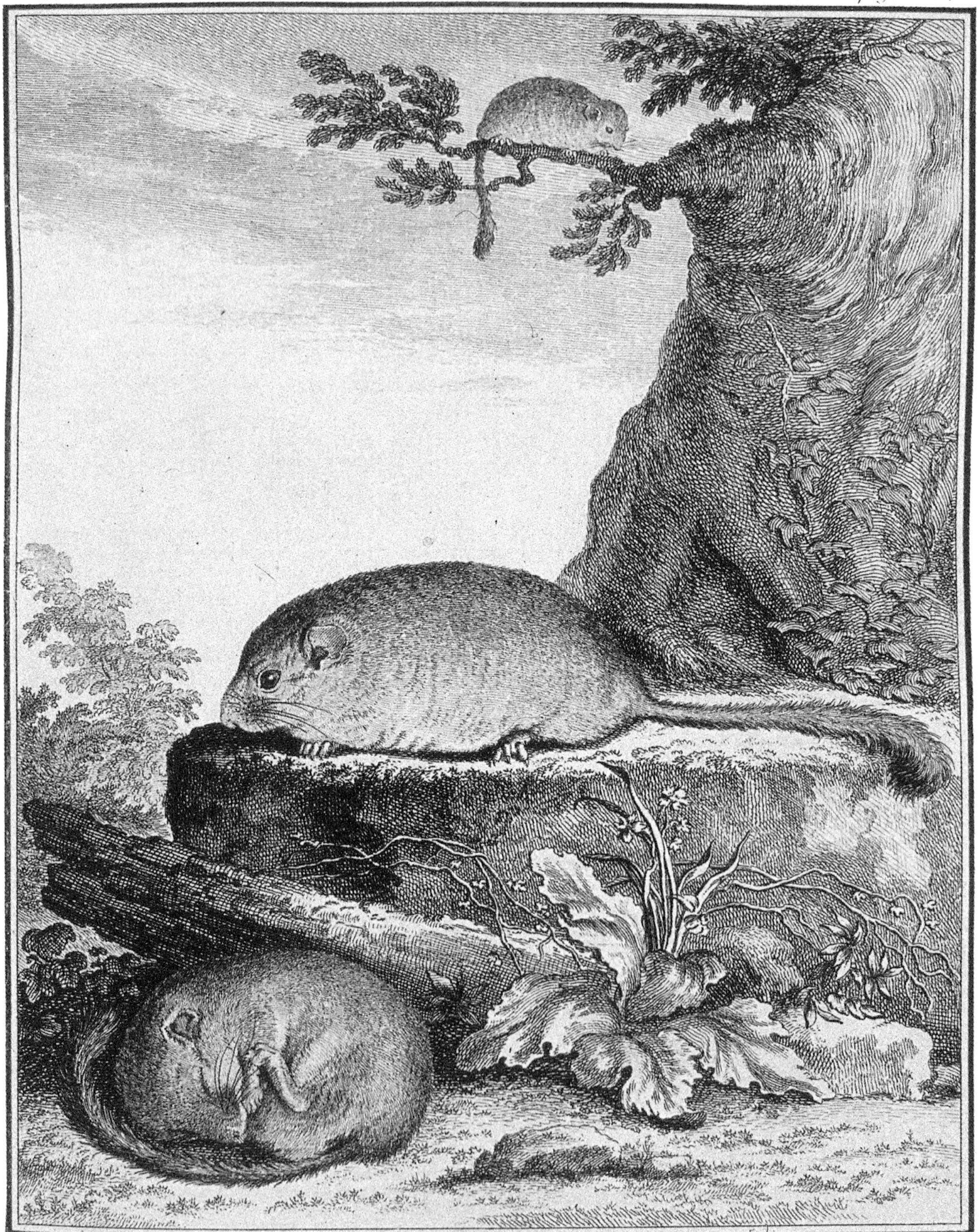

De Seve del. Louis le Grand sculp.

LE MUSCARDIN

Tom. VIII. LE SURMULOT. Pl. XXVII. pag. 228.

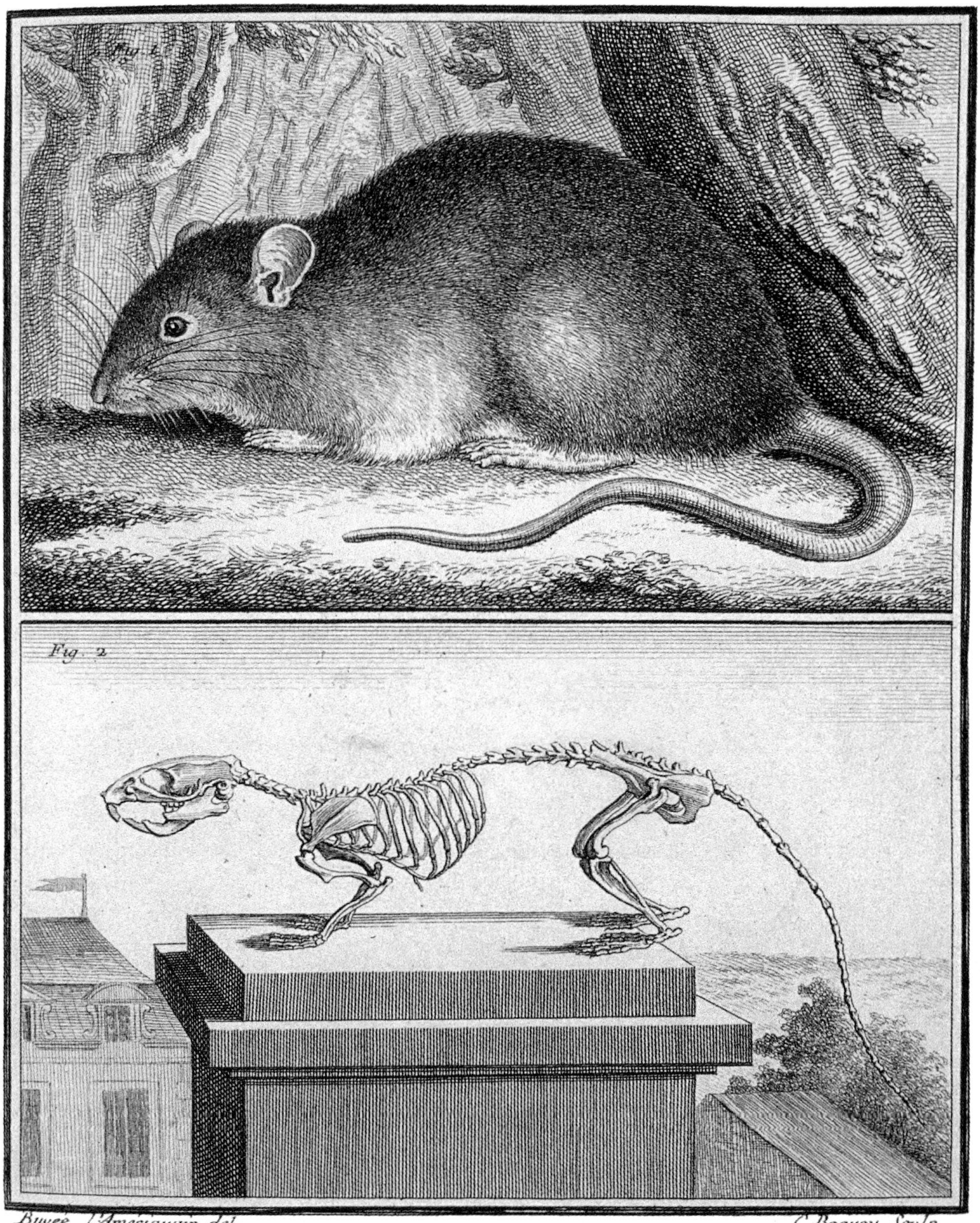


Buvée l'Ameriquain del. C. Baquoy Sculp.

*Tom. VIII.* *Pl. XXVIII. Pag. 244.*

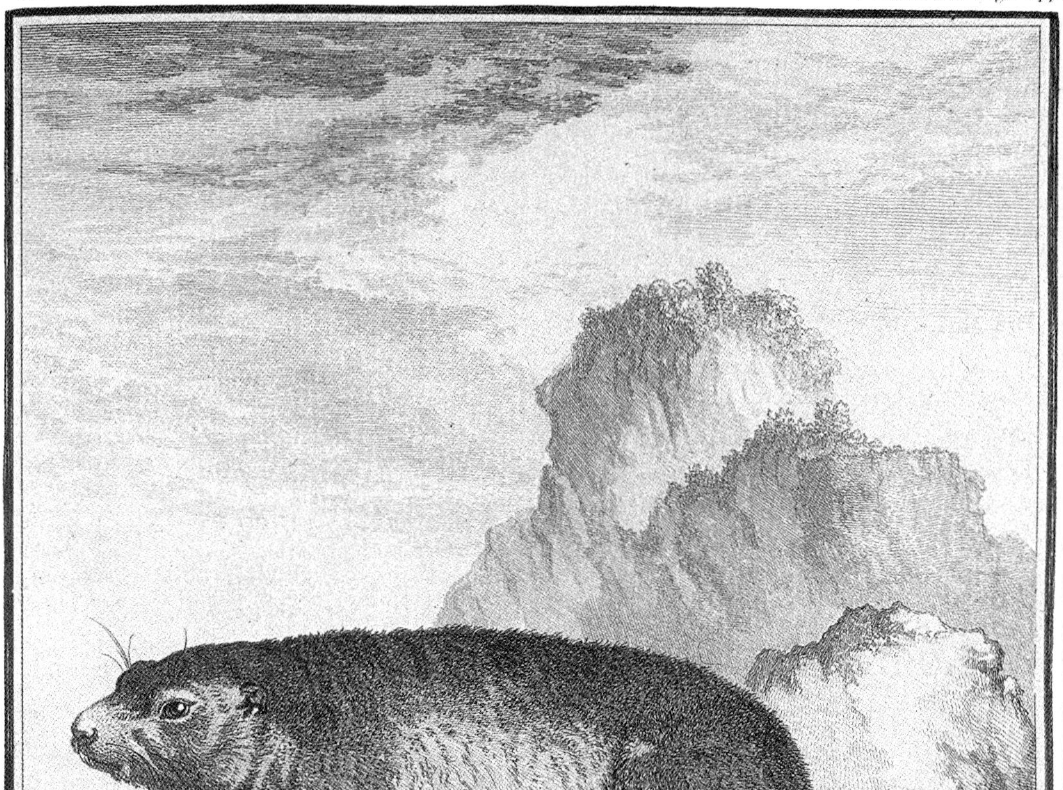

*De Seve delin.* *C. Baquoy Sculp*

LA MARMOTTE.

Tom. VIII. Pl. XXIX. Pag. 244.

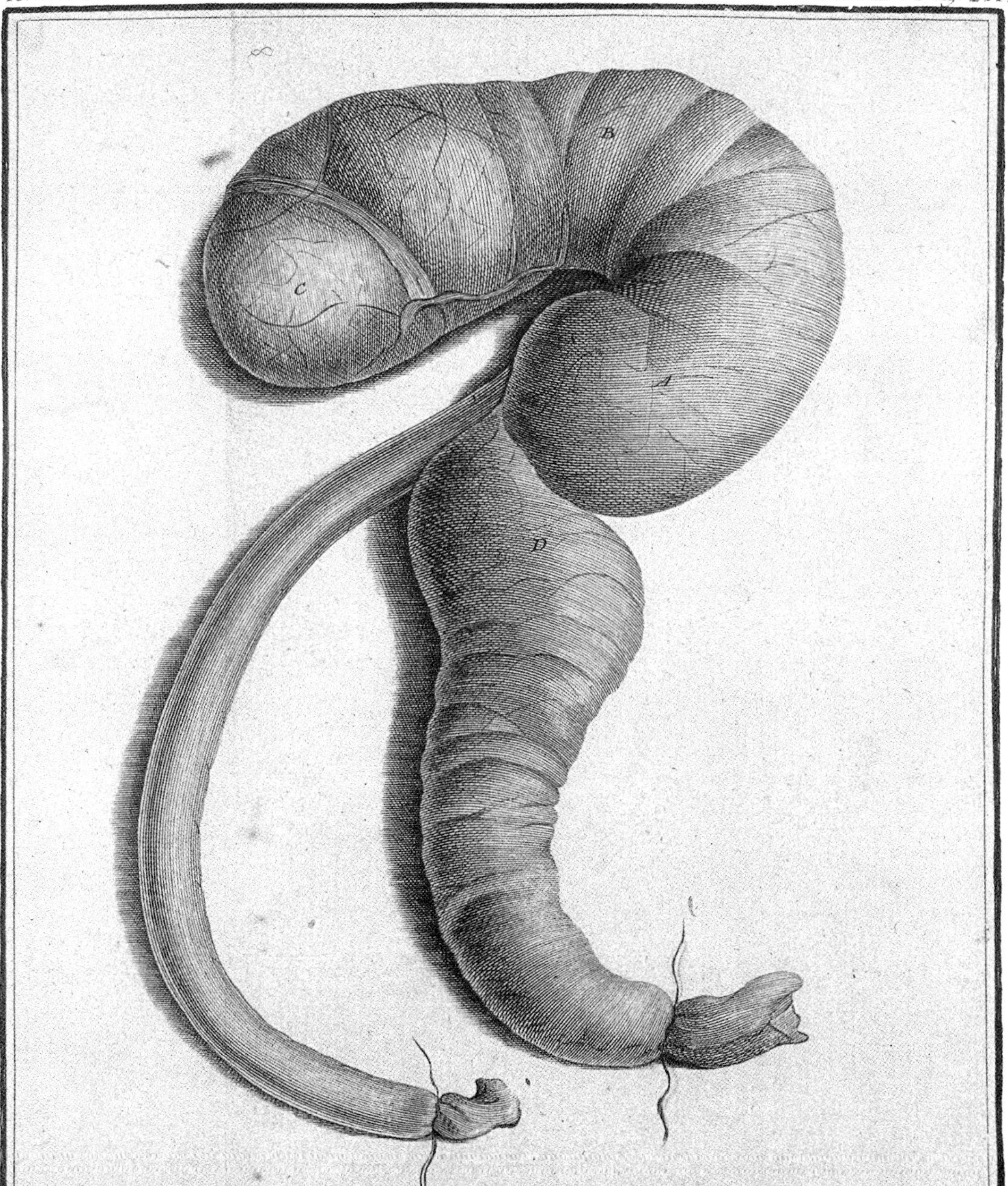


Buvée Del. Baron Sc.

Tom. VIII. Pl. XXX pag. 244

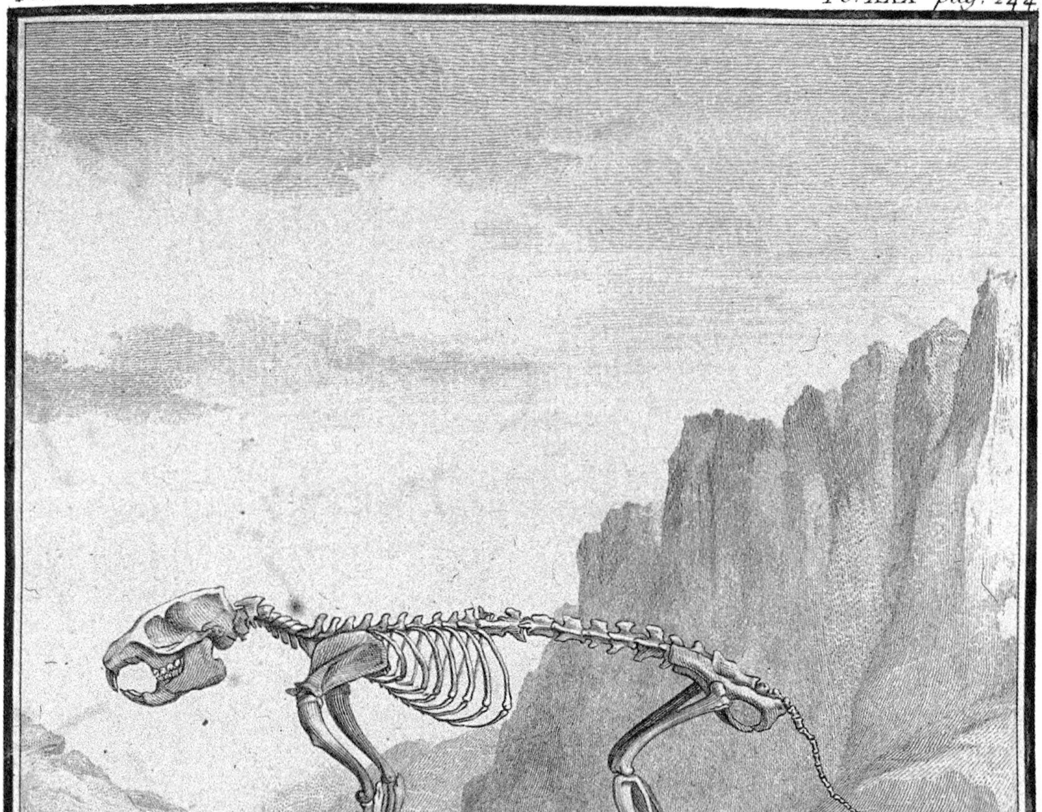

Buvée delin Jardinier Sculp.

Tom. VIII. Pl. XXXI. Pag. 280.

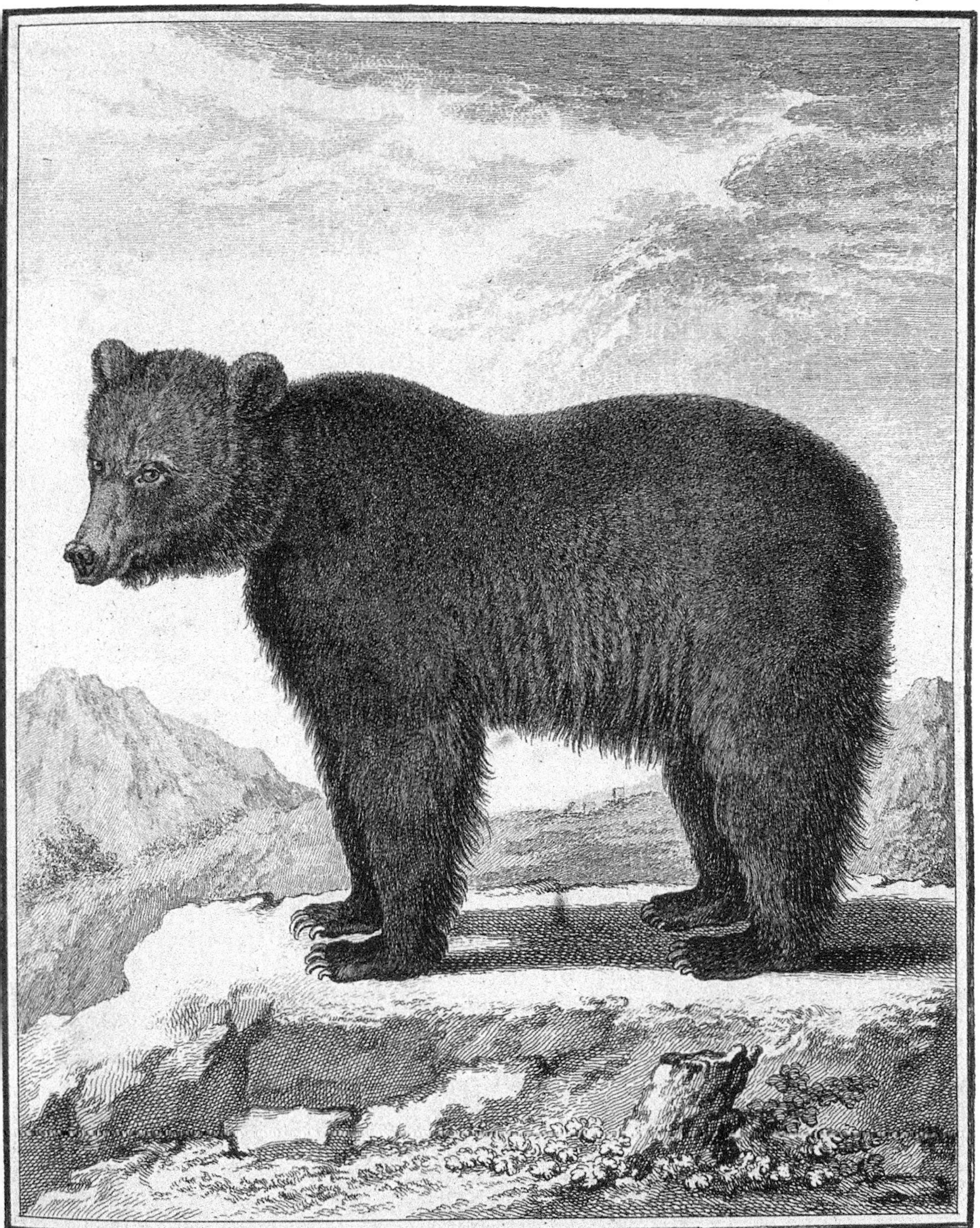

De Seve delin. C. Baquoy Sculp.

L'OURS BRUN,
*des Alpes.*

Tom. VIII. Pl. XXXII. Pag. 280

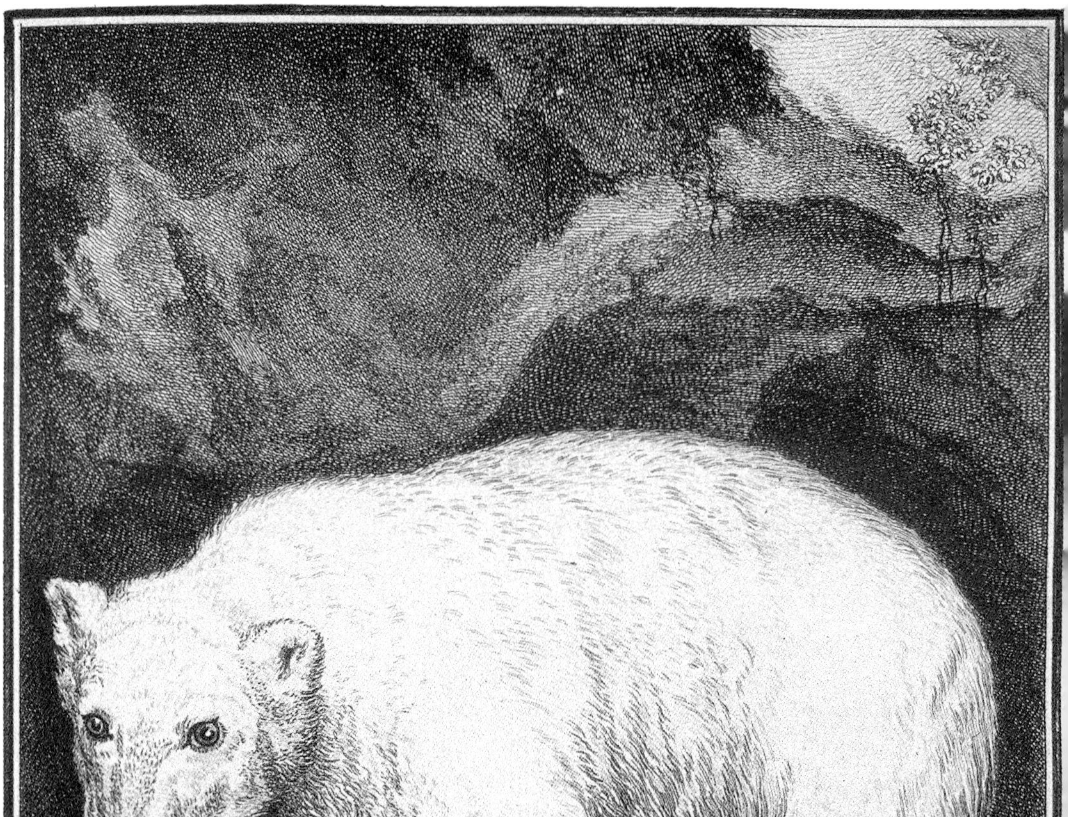

De Seve delin C. Baquoy Sculp

L'OURS BLANC,

*terrestre.*

Tom. VIII. Pl. XXXIII. Pag. 280.

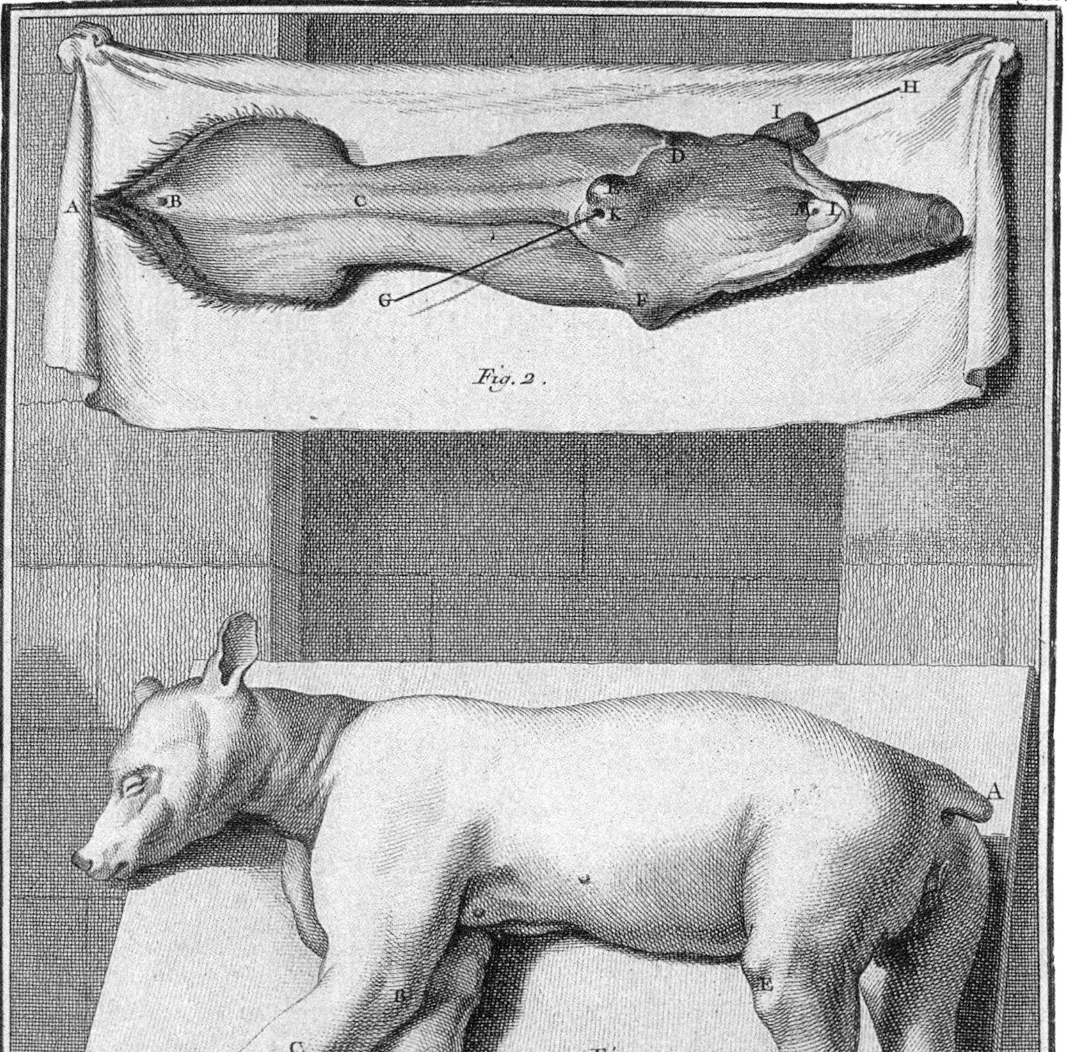

Tom. VIII. Pl. XXXIV. Pag. 280.

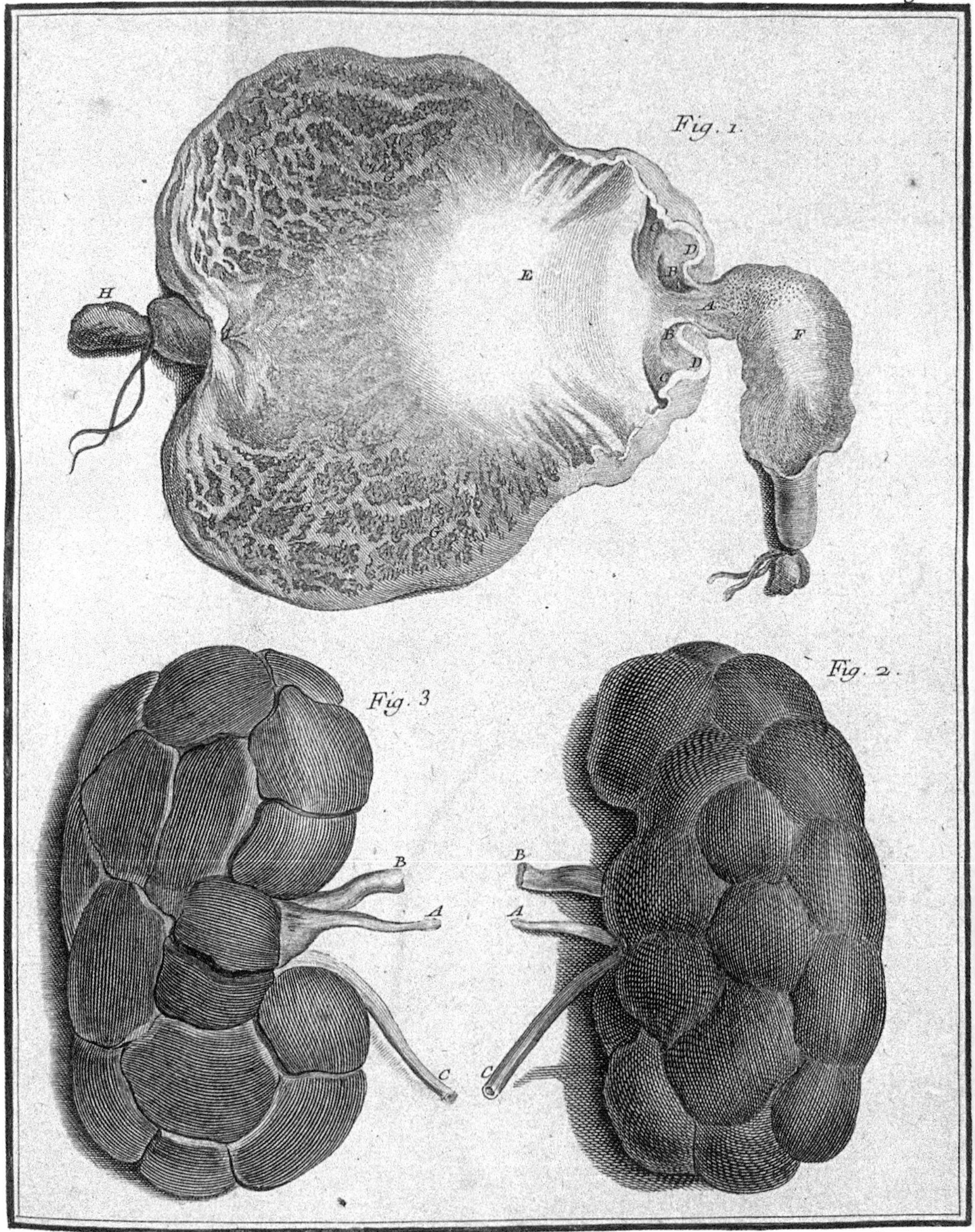


De Seve delin. Baron sculps.

Tom. VIII.

Pl. XXXV. Pag. 280.

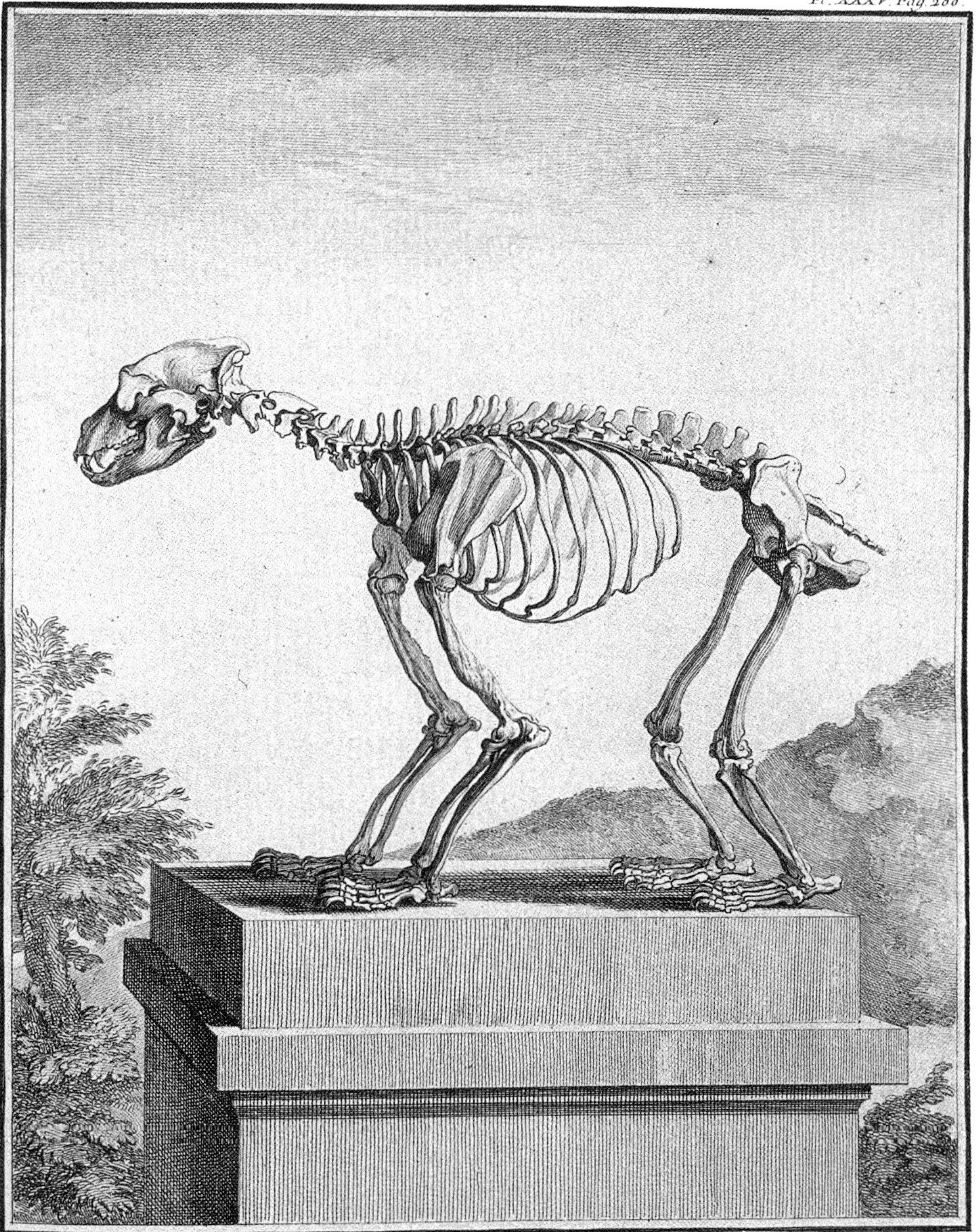

De Seve del.

P. F. Tardieu Sculp.

Tom. VIII. Pl. XXXVI Pag. 332

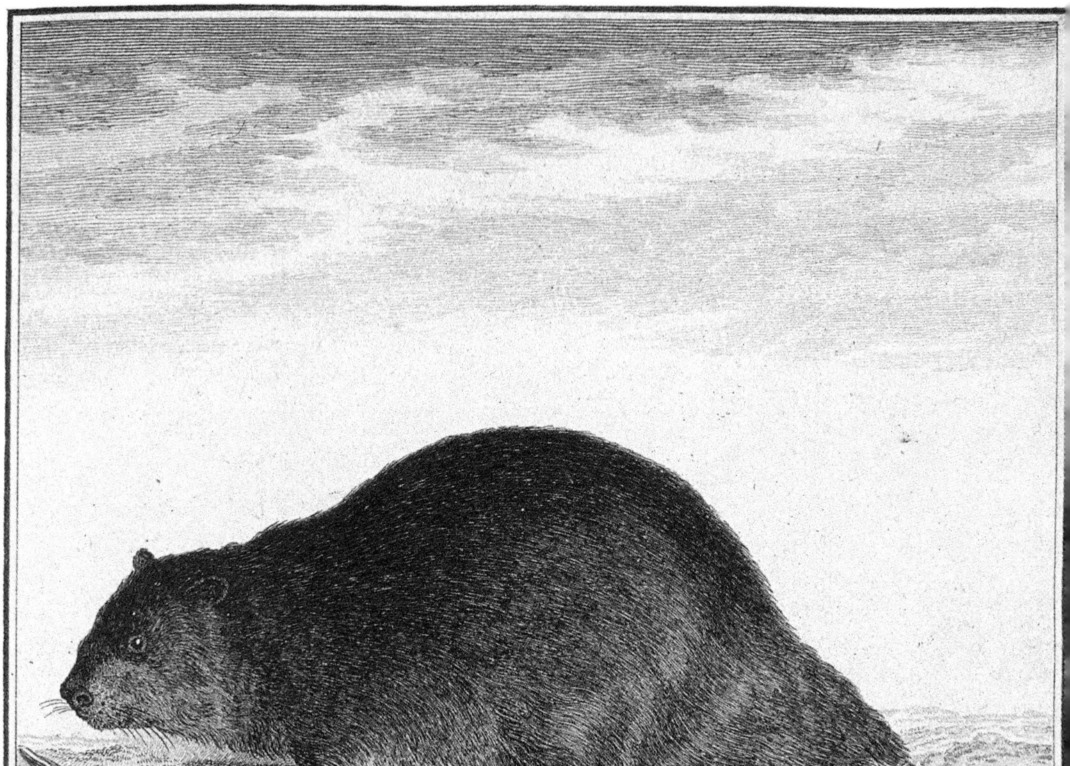

De Seve delin. C. Baquoy Sculp

LE CASTOR

*Tom. VIII.* *Pl. XXXVII. Pag. 332.*

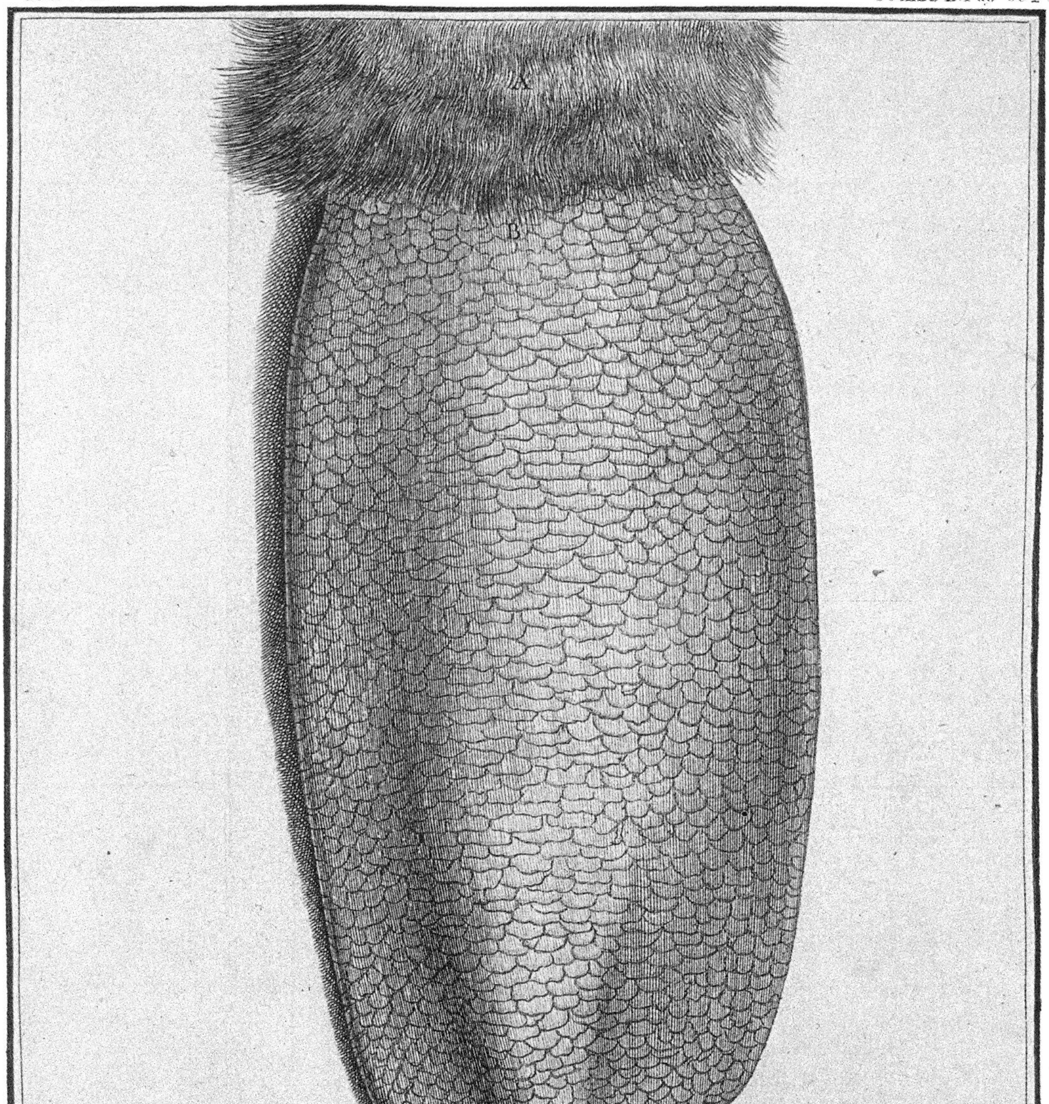


*Buvée l'Am. Del.* *Desehrt Sculp.*

Tom. VIII. Pl. XXXVIII. Pag. 332

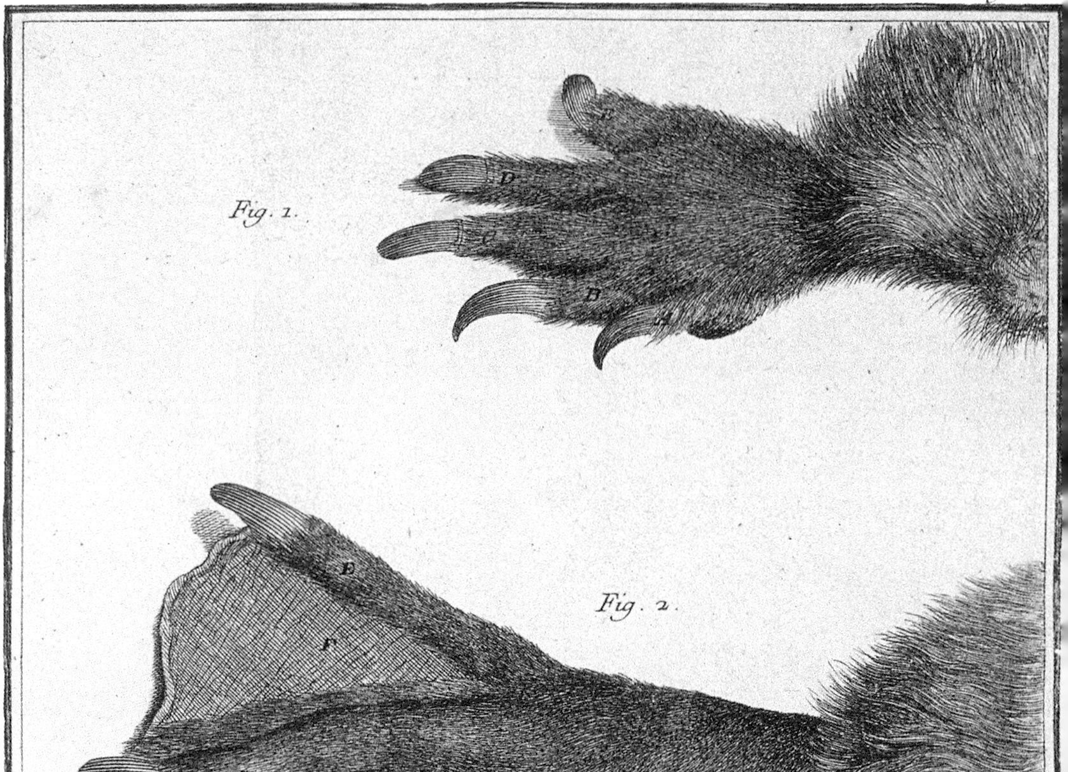


Buvée l'Américain del. L. Legrand f.

Tom. VIII. Pl. XXXIX. pag 332.

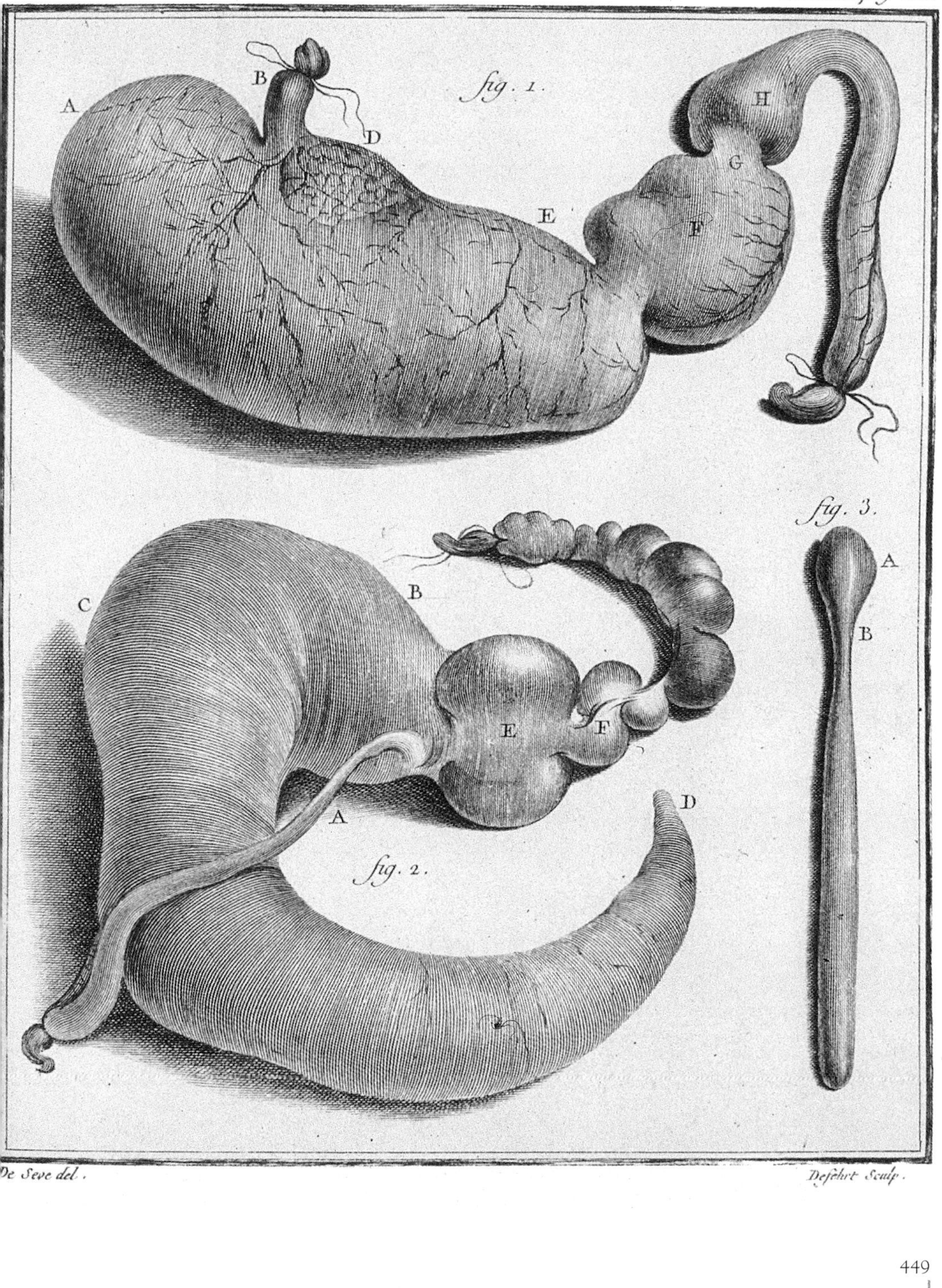


De Seve del. Desehrt Sculp.

Tom. VIII. Pl. XL. Pag. 332

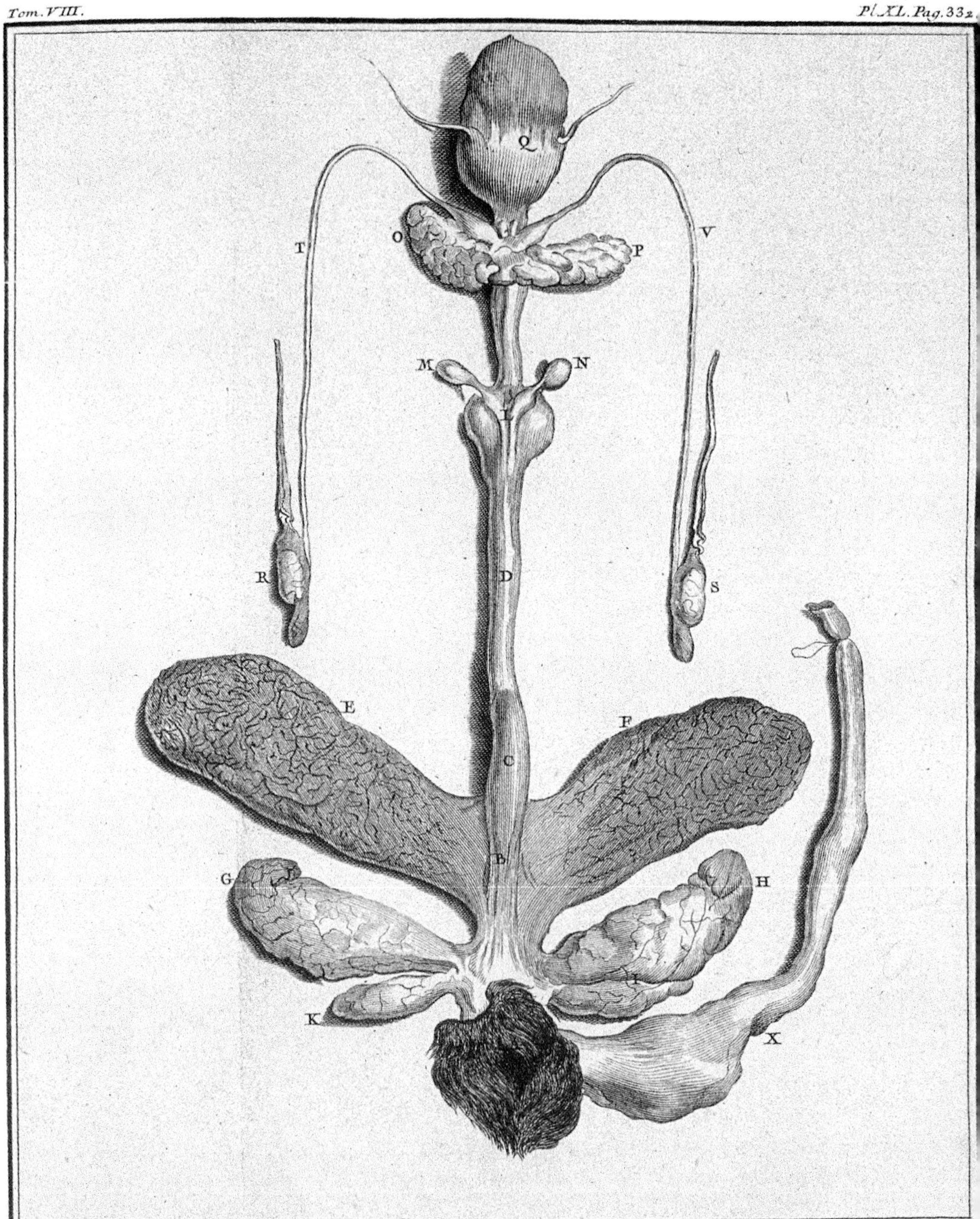


De Seve del. Chevilet Sculp

Tom. VIII. Pl. XLI Pag. 332.

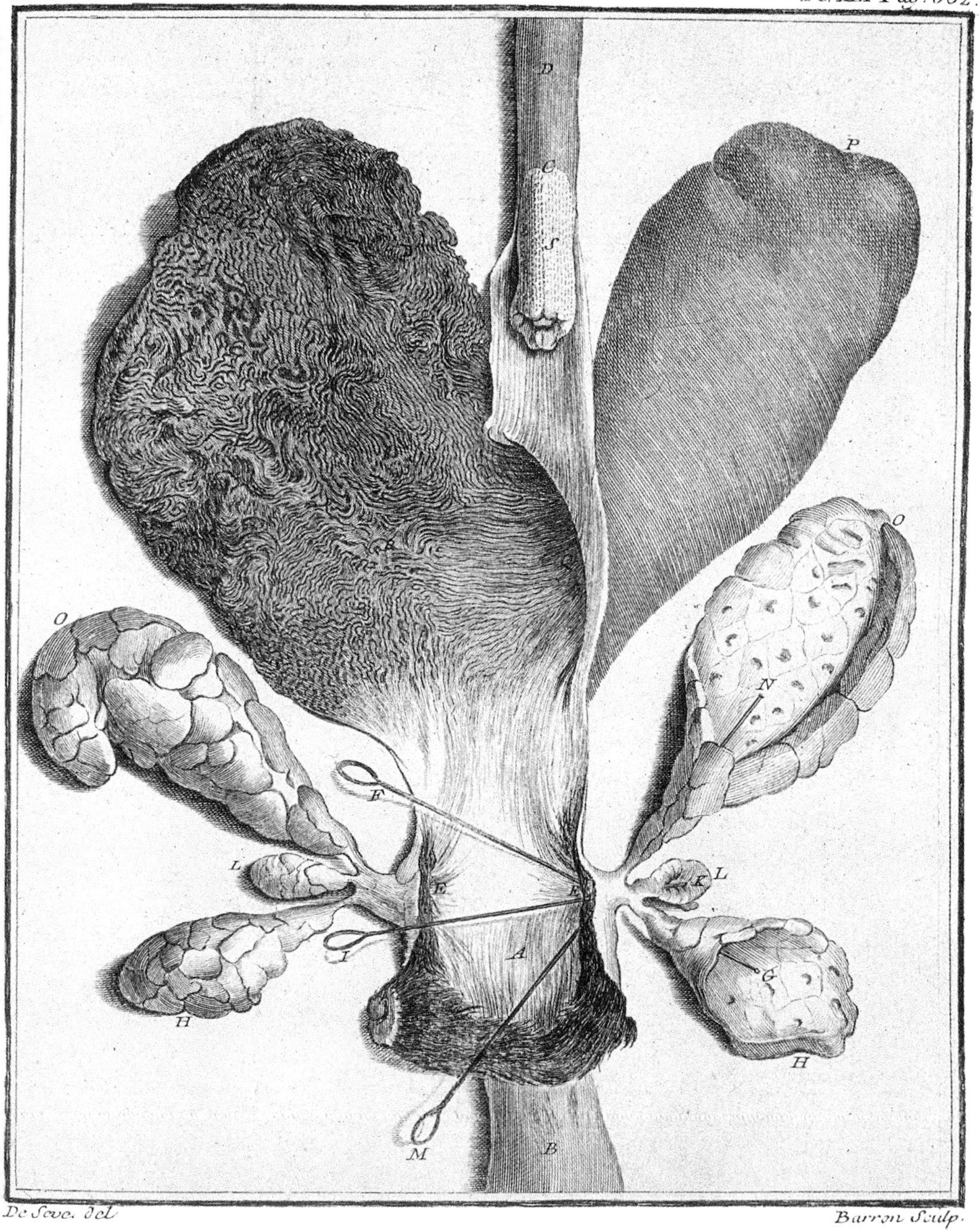


De Seve del. Barron Sculp.

Tom. VIII. Pl. XLII pag. 332.

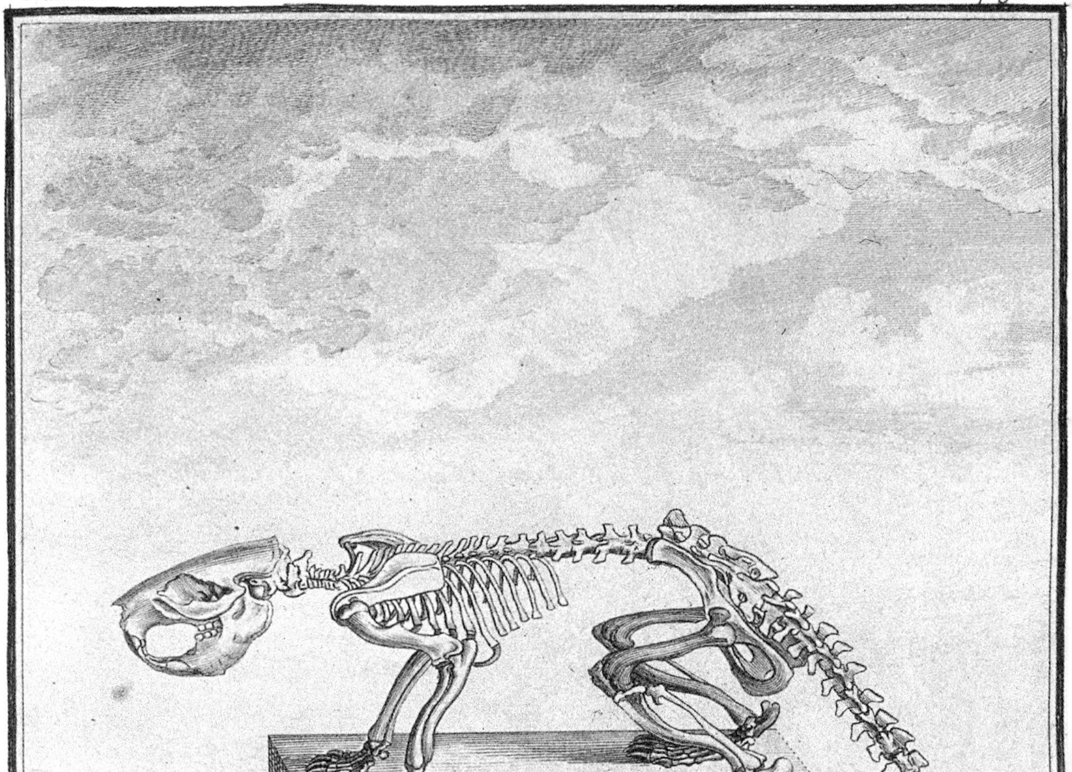

Buvée l'Am. del. Desehrt Sculp.

Tom. VIII Pl. XLIII Pag 356.

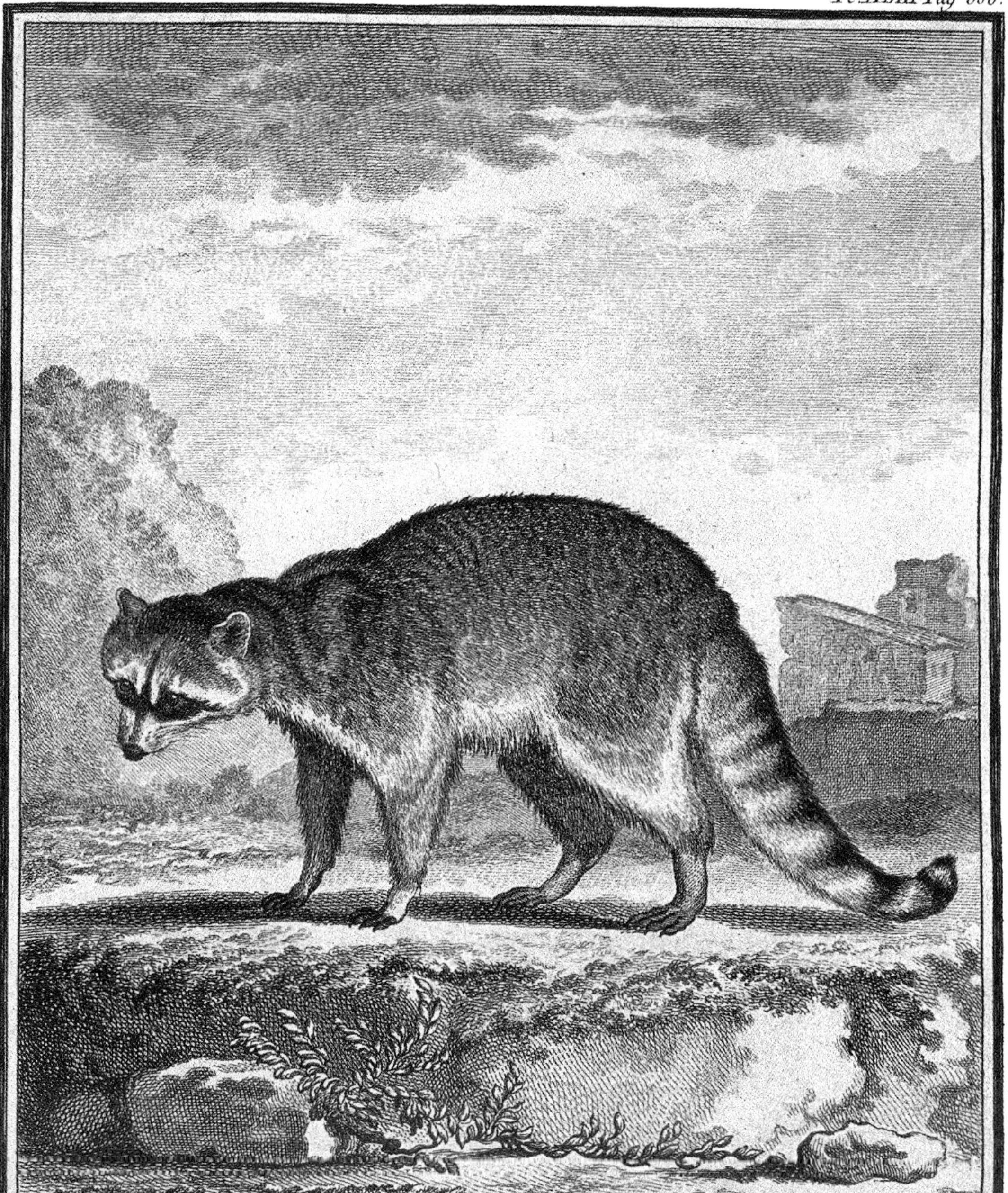

De Seve delin. LE RATON. Moitte Sculp.

Tom. VIII. Pl. XLIV. pag. 356.

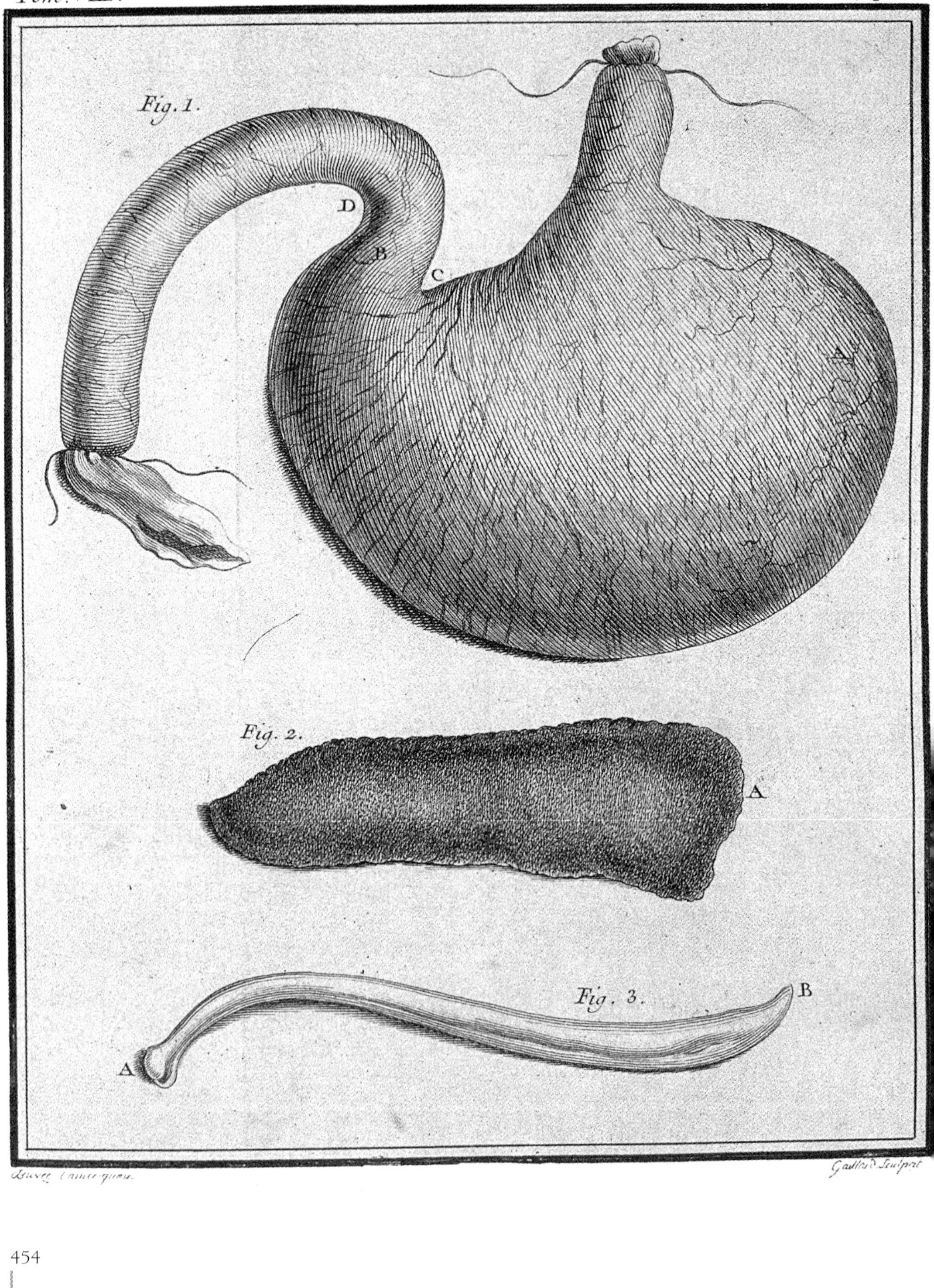


Gaillard Sculpsit

Tom. VIII  Pl. XLV. Pag. 356.

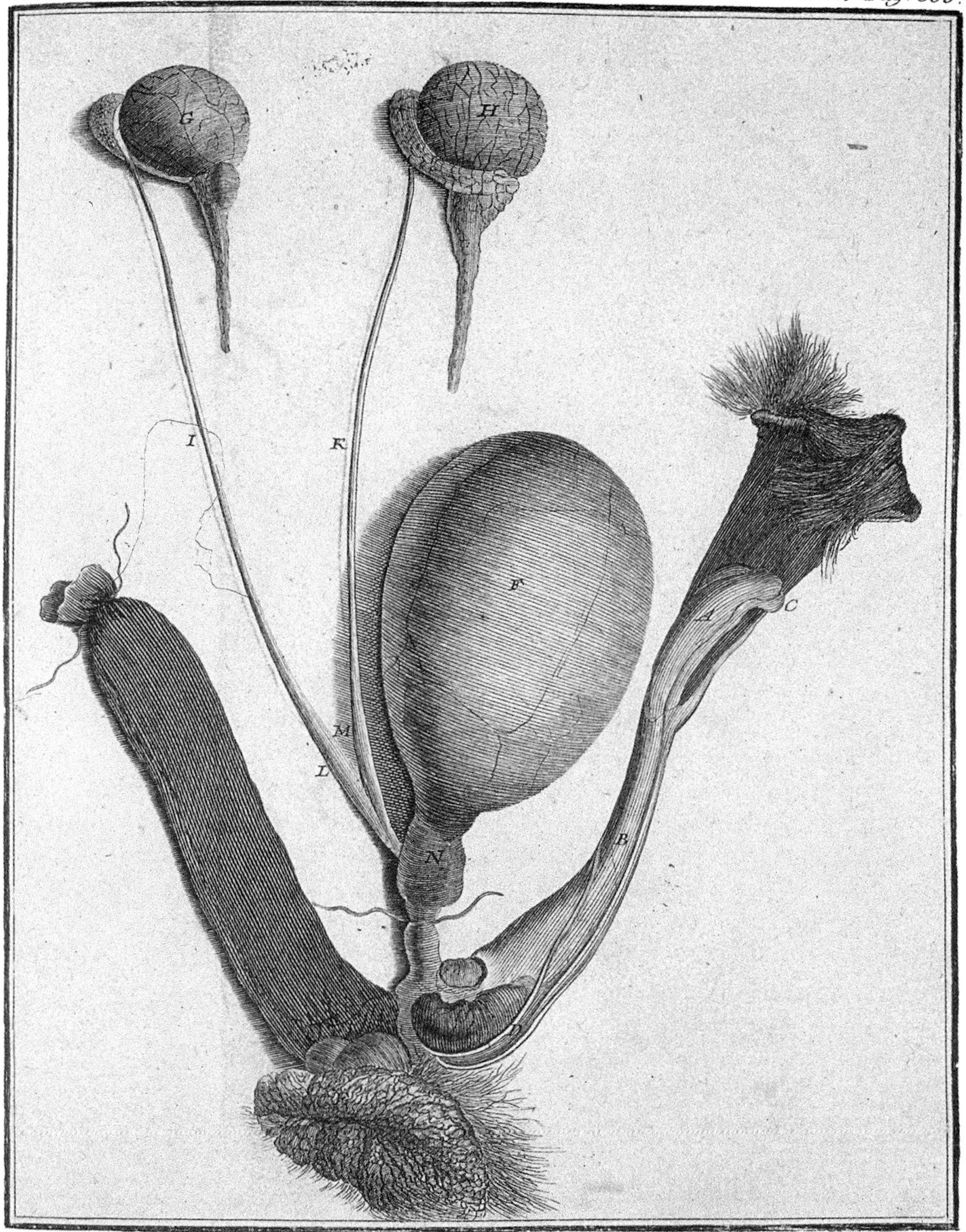


Buvée Del  Baron sculp

Tom. VIII. Pl. XLVI. Pag. 356

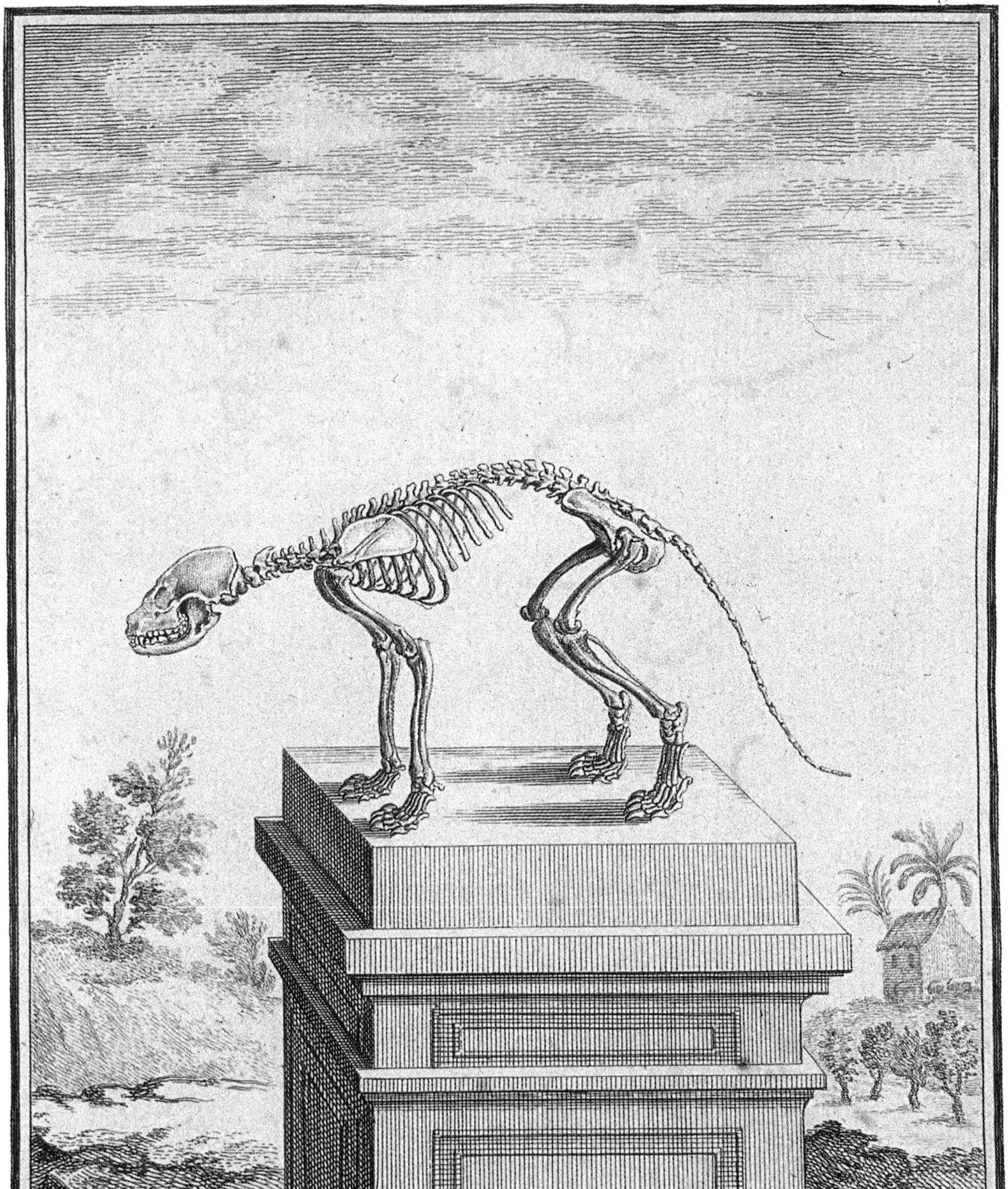

Buvée l'Ameriq. del. Moitte Sculp.

Tom. VIII. Pl. XLVII. Pag. 374.

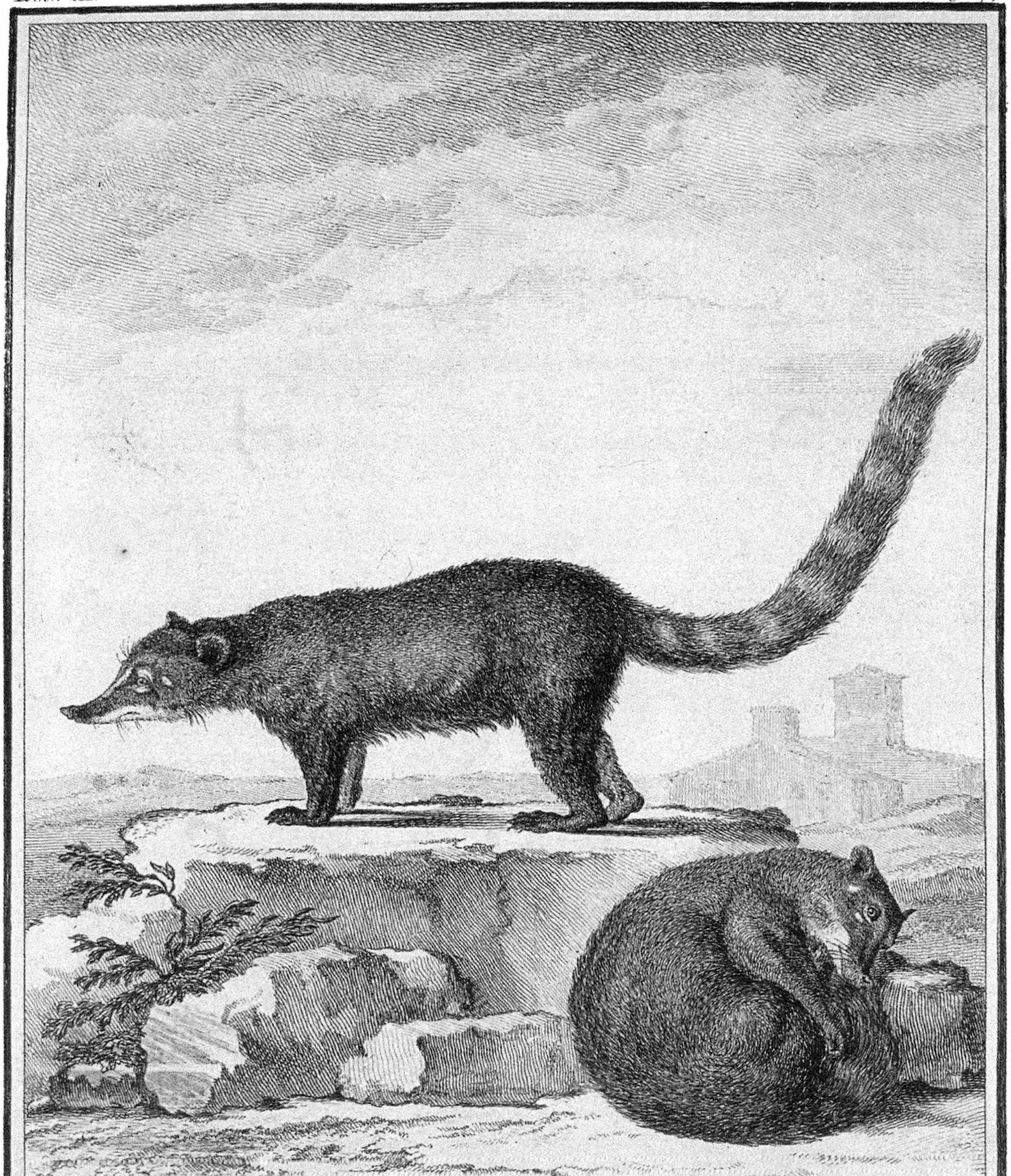

De Seve del. P. F. Tardieu Sculp.

LE COATI NOIRATRE

Tom. VIII. Pl. XLVIII. Pag. 374.

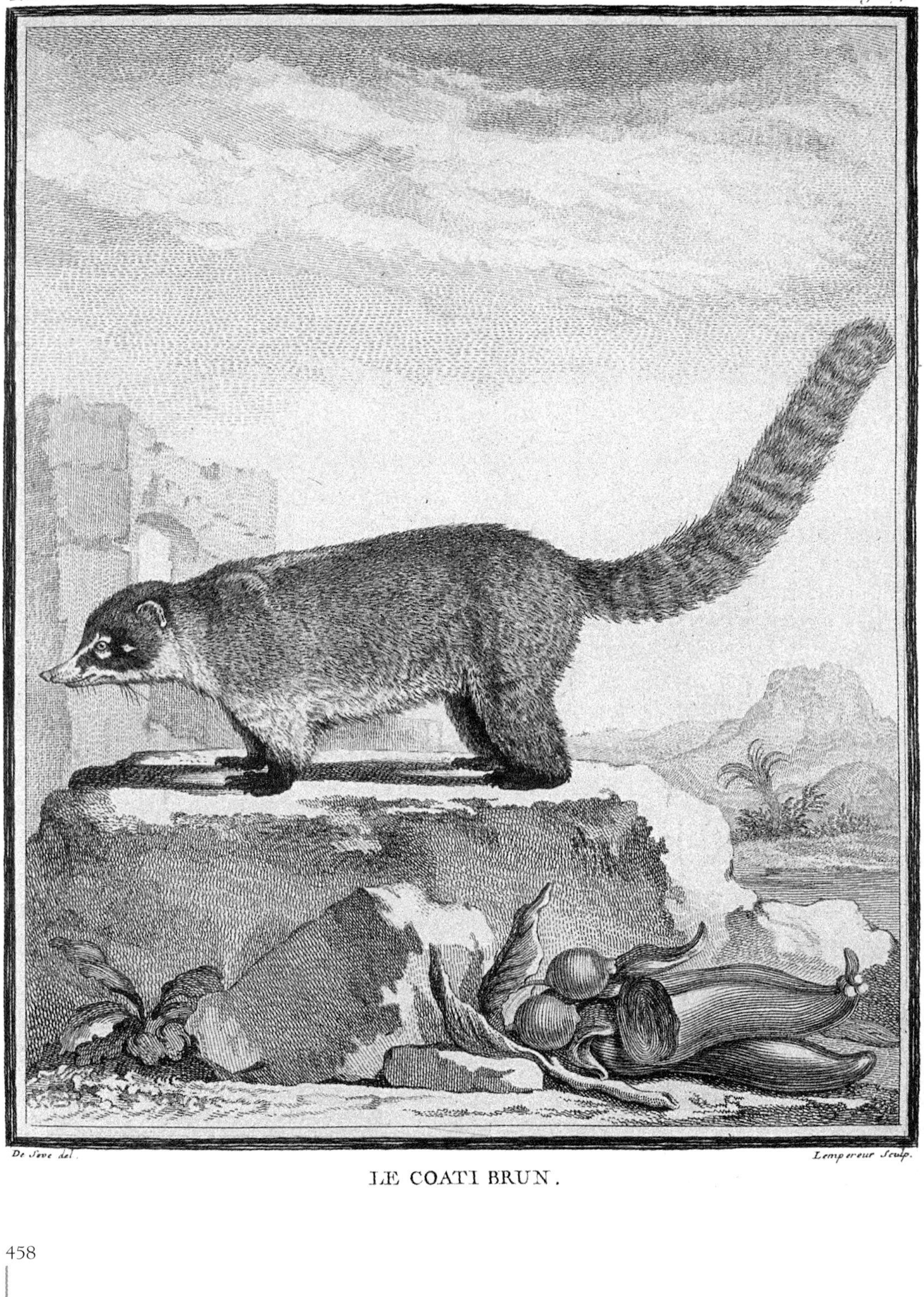

De Seve del. Lempereur Sculp.

LE COATI BRUN.

Tom. VIII. Pl. XLIX. Pag. 374.

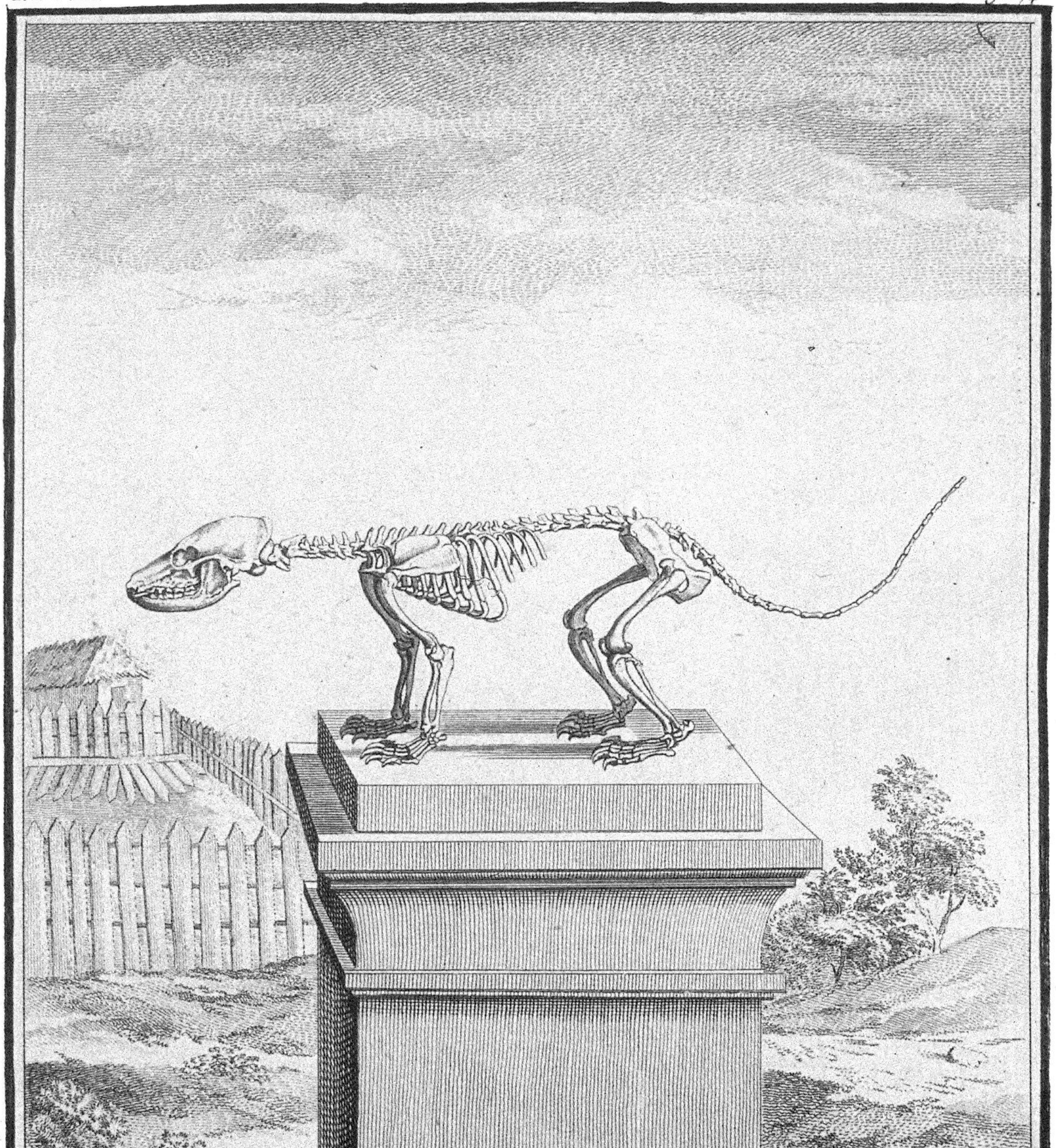

Buvée del. Lempereur Sculp.

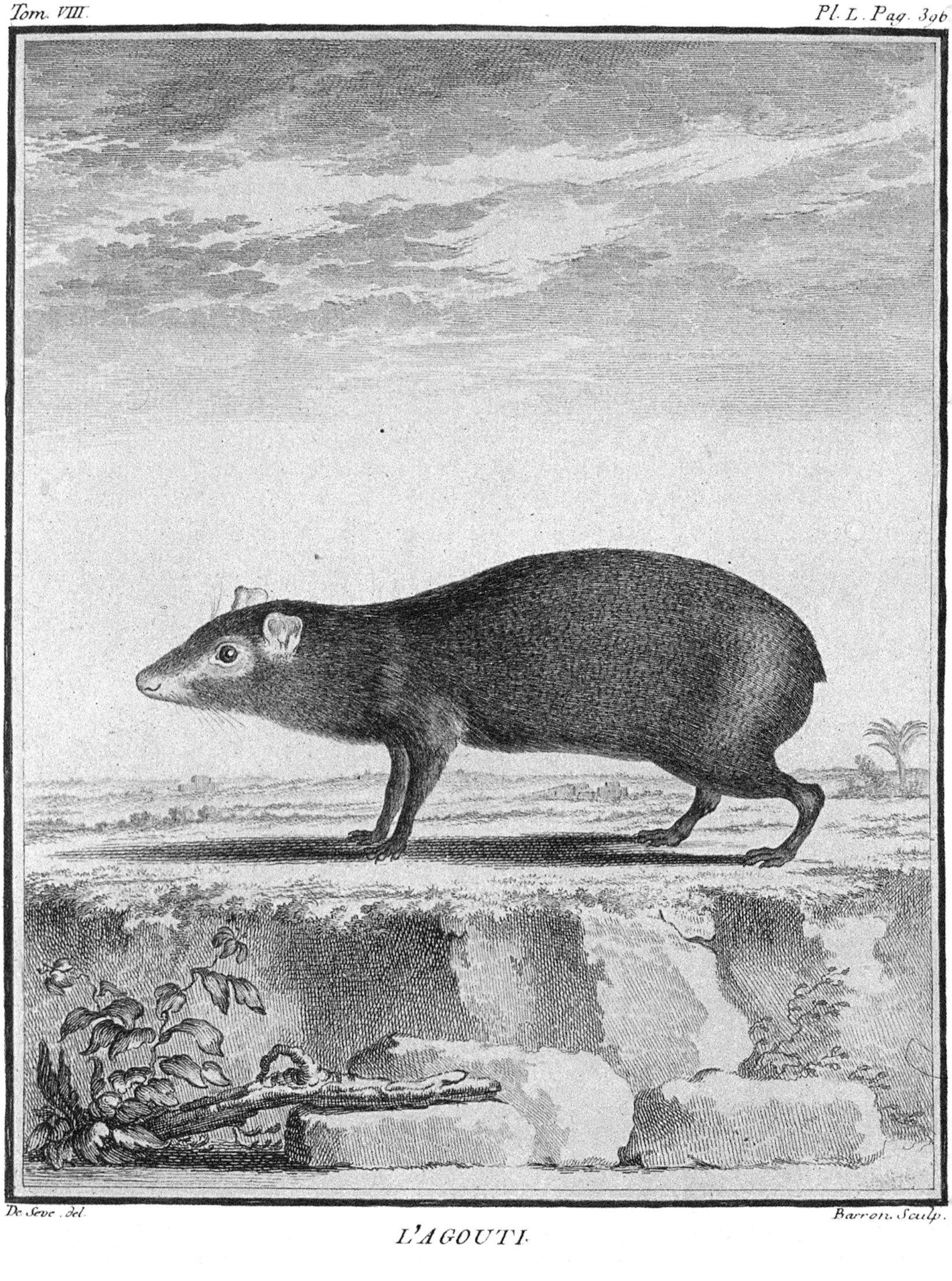


L'AGOUTI.

Tom. VIII. Pl. LI. Pag. 396.

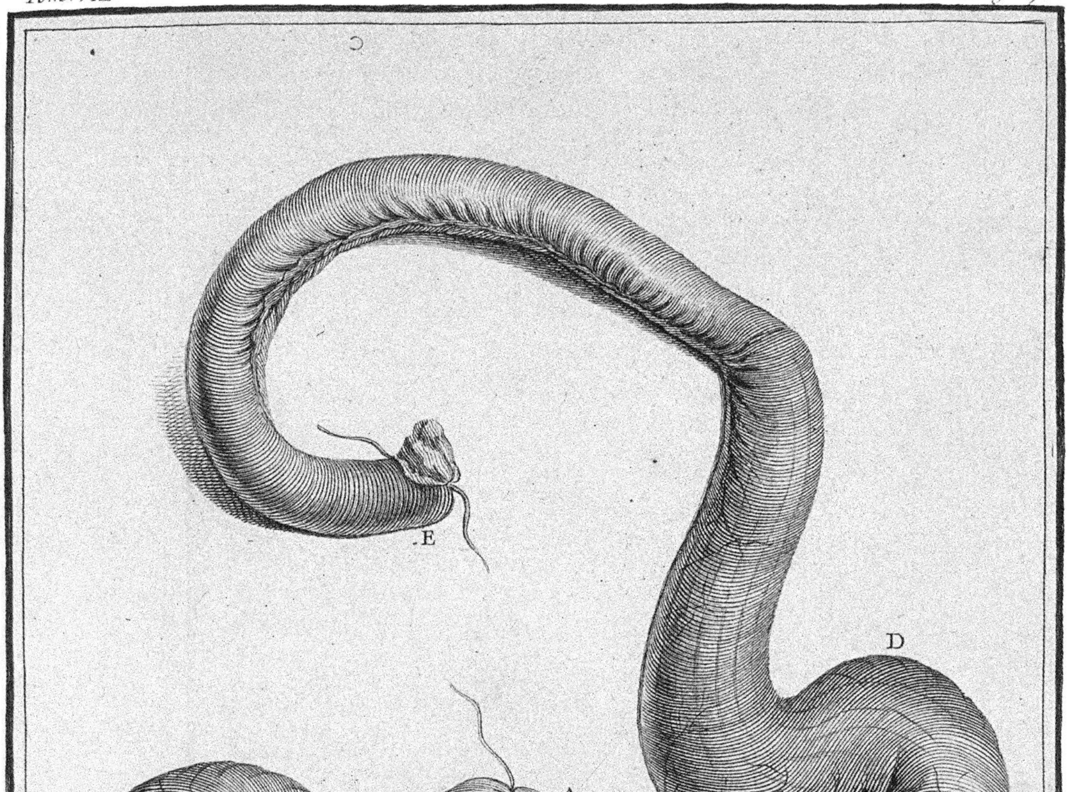


Buvée l'Am del de Fehrt Sculp.

Tom. VIII. Pl. LII. Pag. 396.

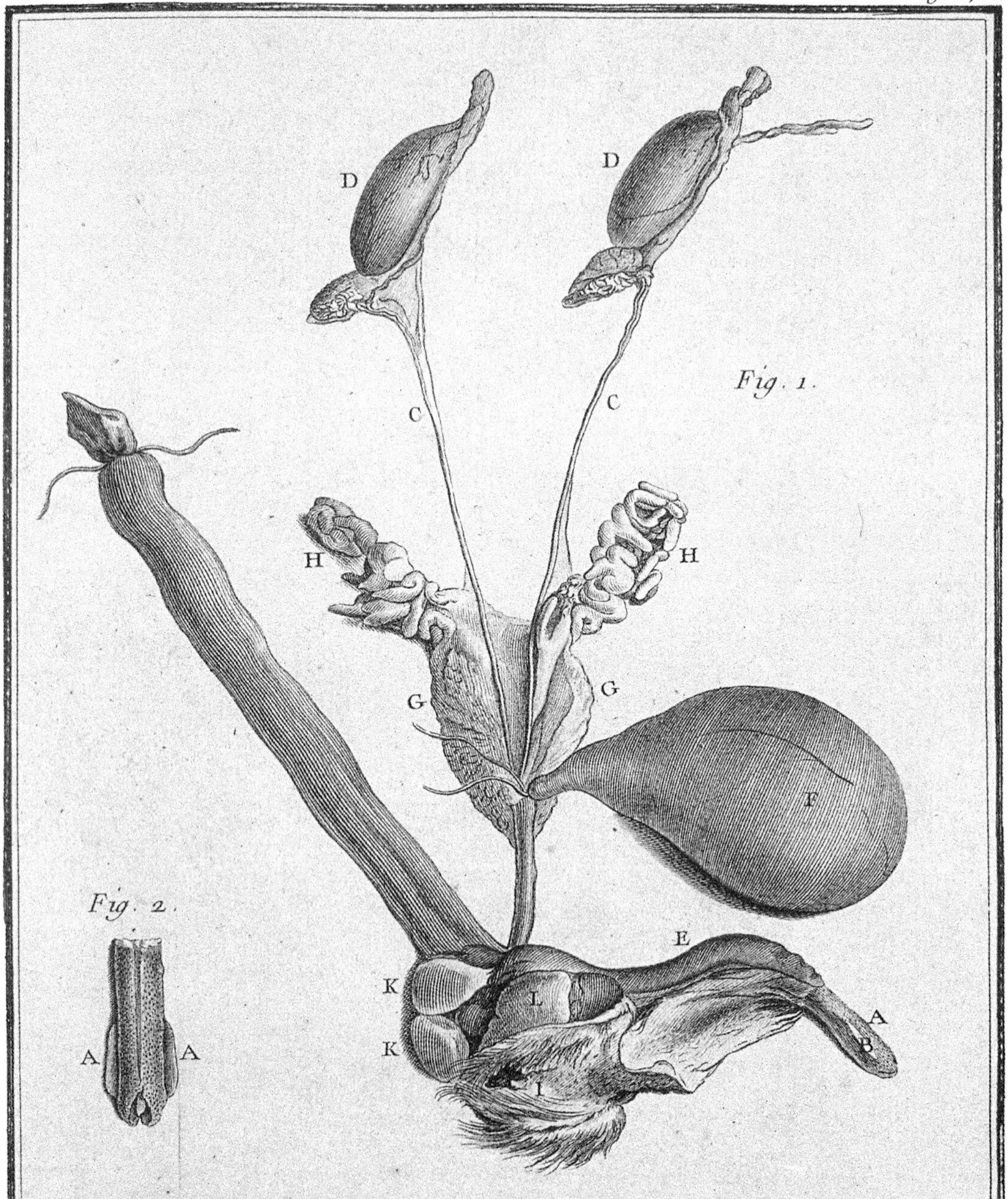


Buvée l'Am. del. Defehrt Sculp.

Tom. VIII. Pl. LIII Pag. 396.

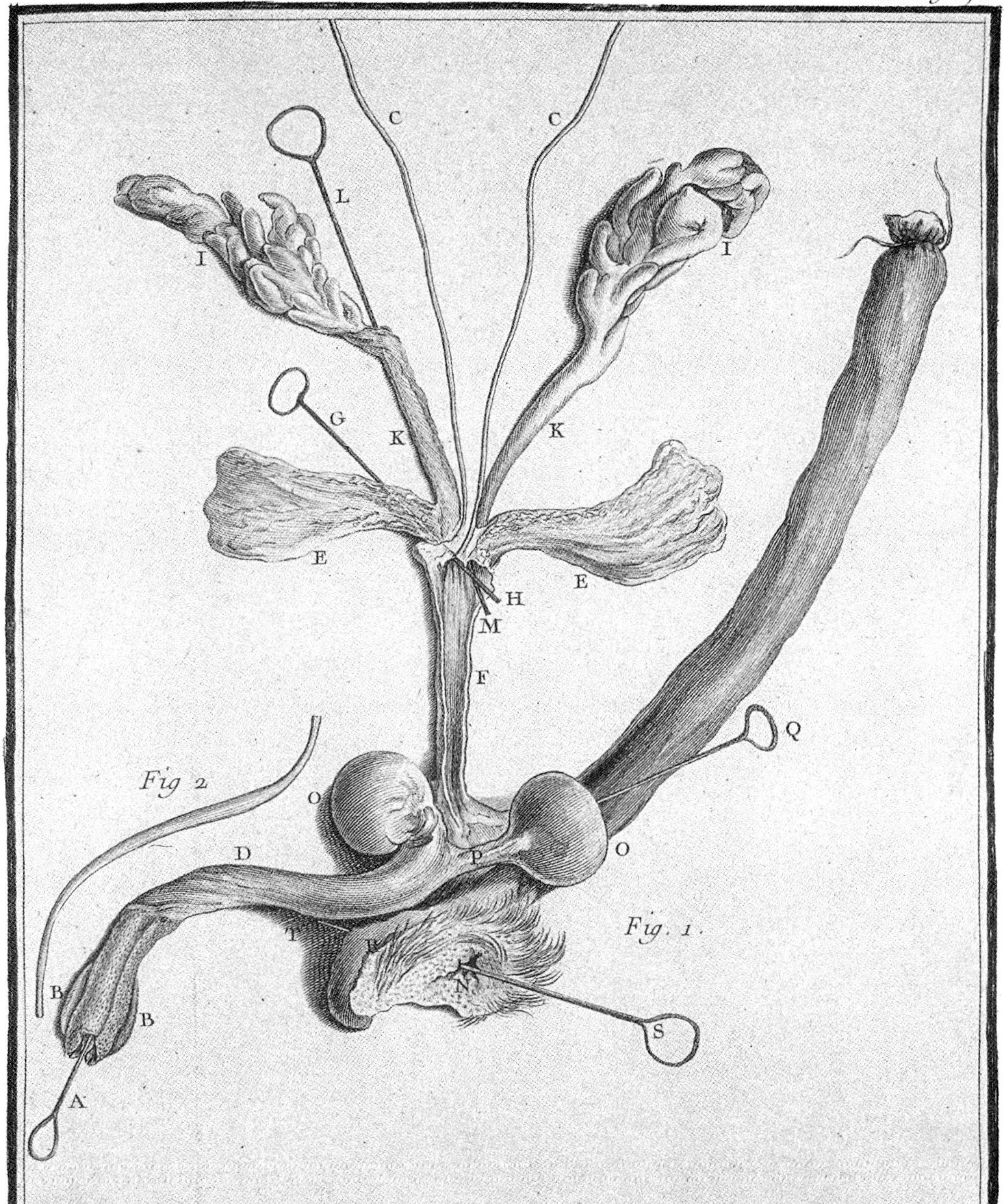


Buvée, l'Am. Del. De Fehrt, Sculp.

Tom. VIII Pl. LIV. Pag. 396

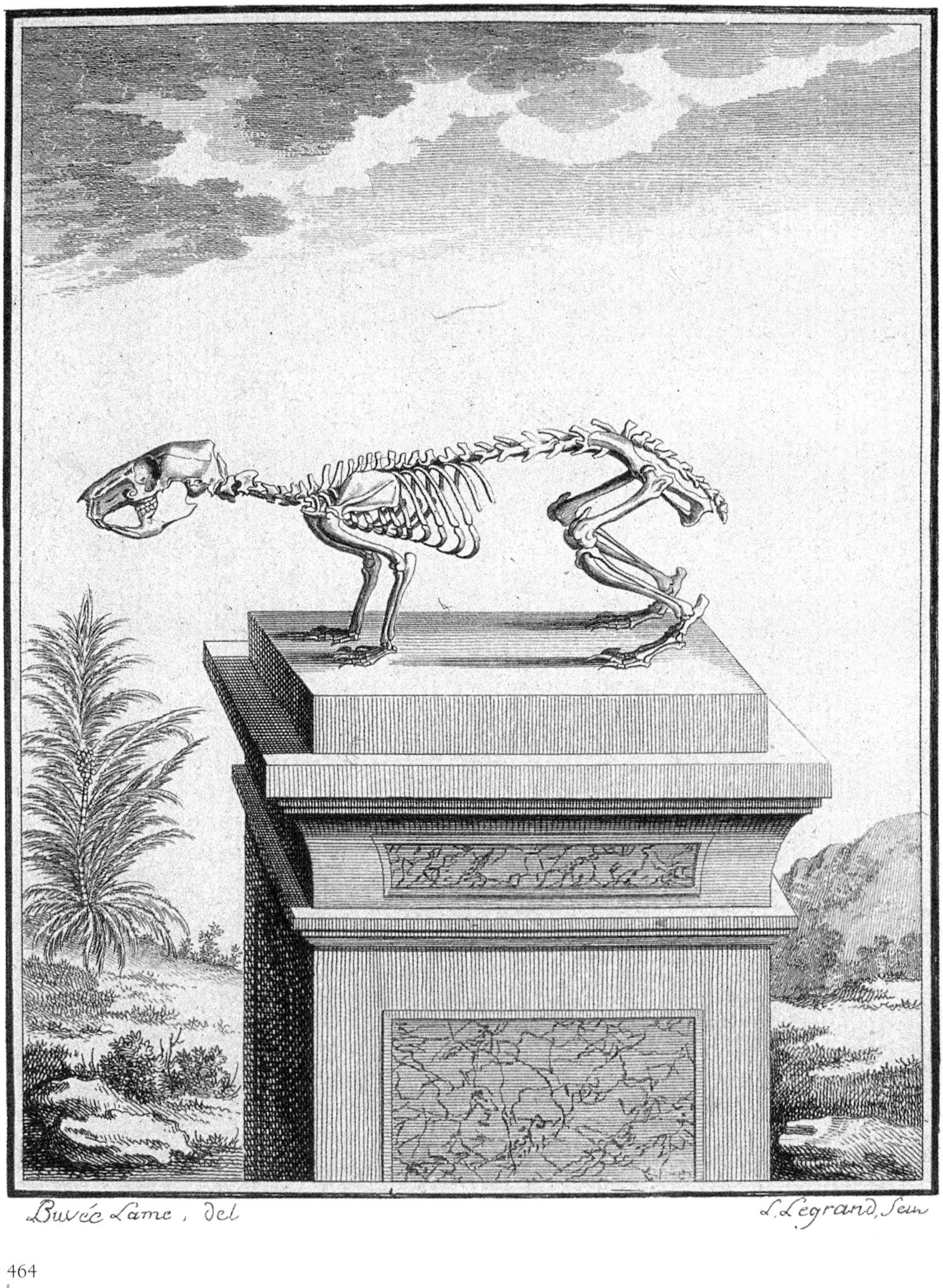

Buvée Lamé, del L. Legrand, Sculp

# HISTOIRE NATURELLE,

## GÉNÉRALE ET PARTICULIÉRE,

*AVEC LA DESCRIPTION*

## DU CABINET DU ROI.

*Tome Neuvième.*

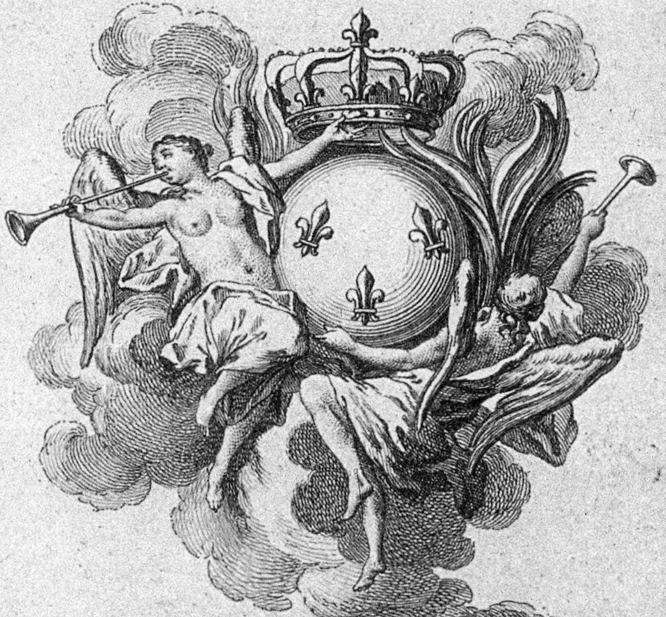

A PARIS,
DE L'IMPRIMERIE ROYALE.

M. DCCLXI.

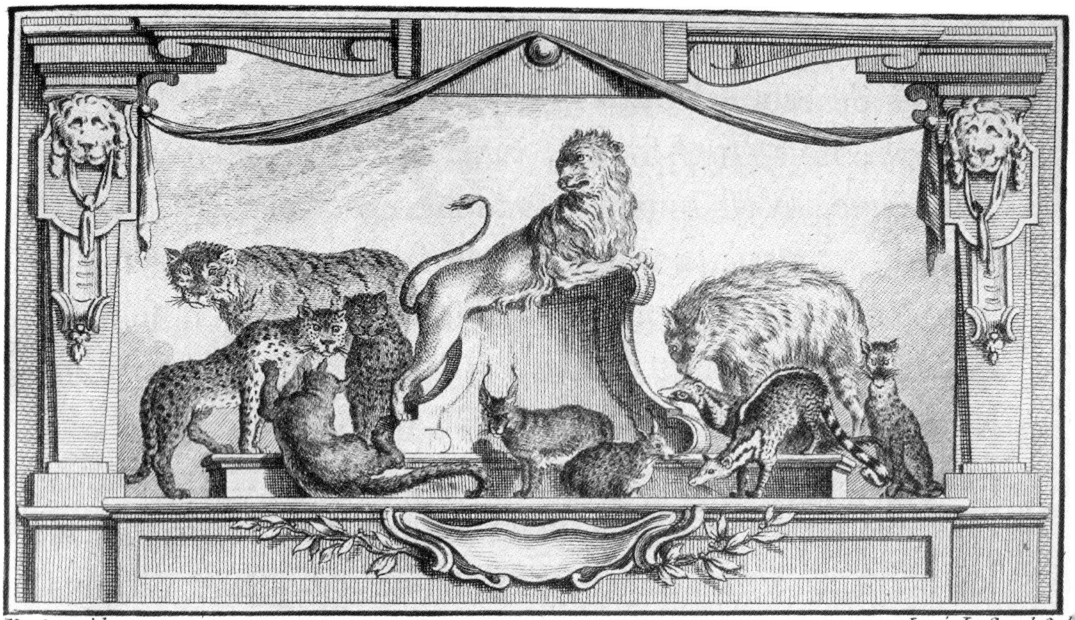

De Seve del. Louis Le Grand. Sculp

Tom IX. Pl. I. Pag. 48.

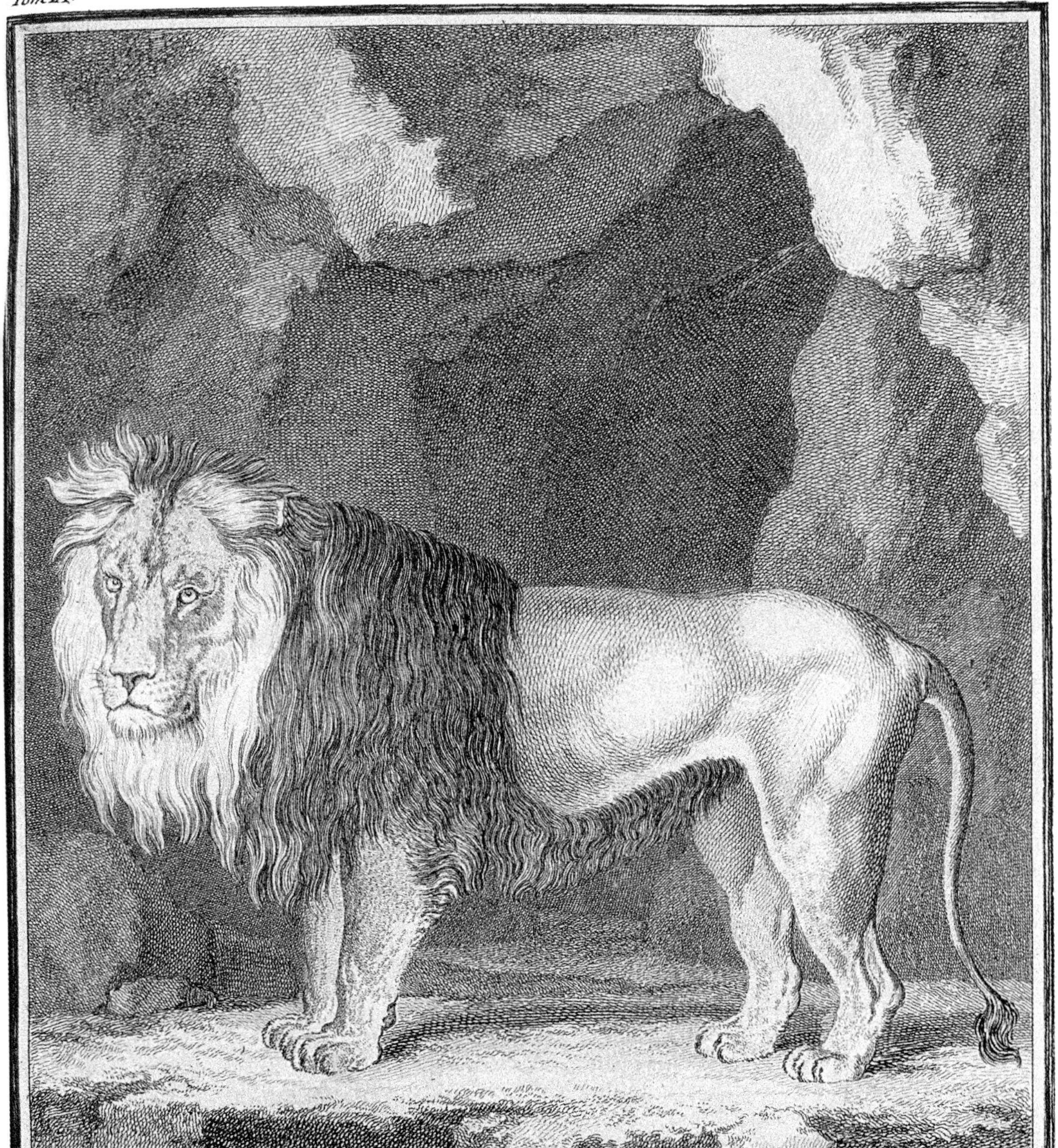

De Seve del. C. Baquoy Sculp.

LE LION.

Tom. IX. Pl. II. Pag. 48.

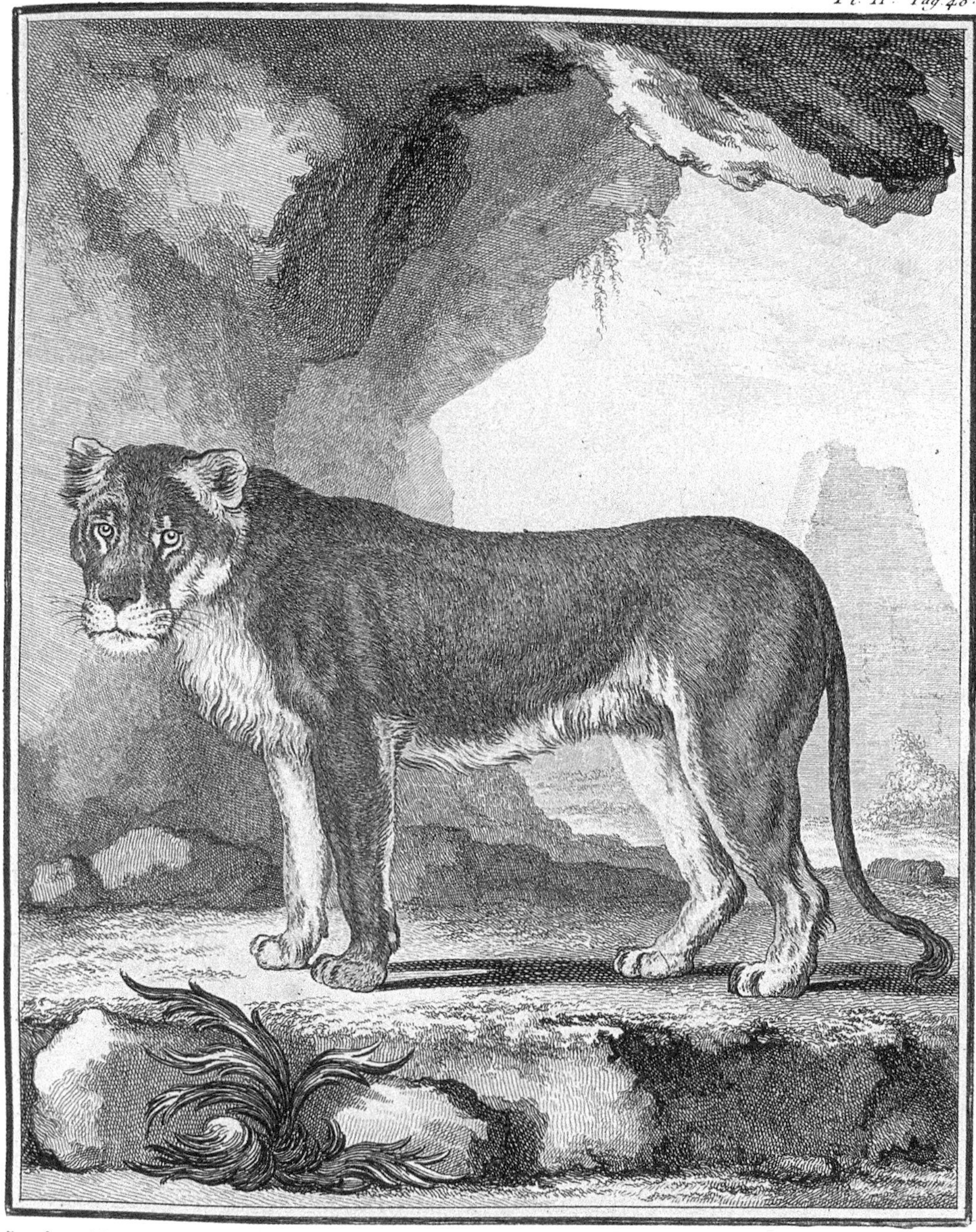

De Seve delin. C. Baquoy Sculp.

LA LIONNE.

Tom. IX. Pl. III. Pag. 48.

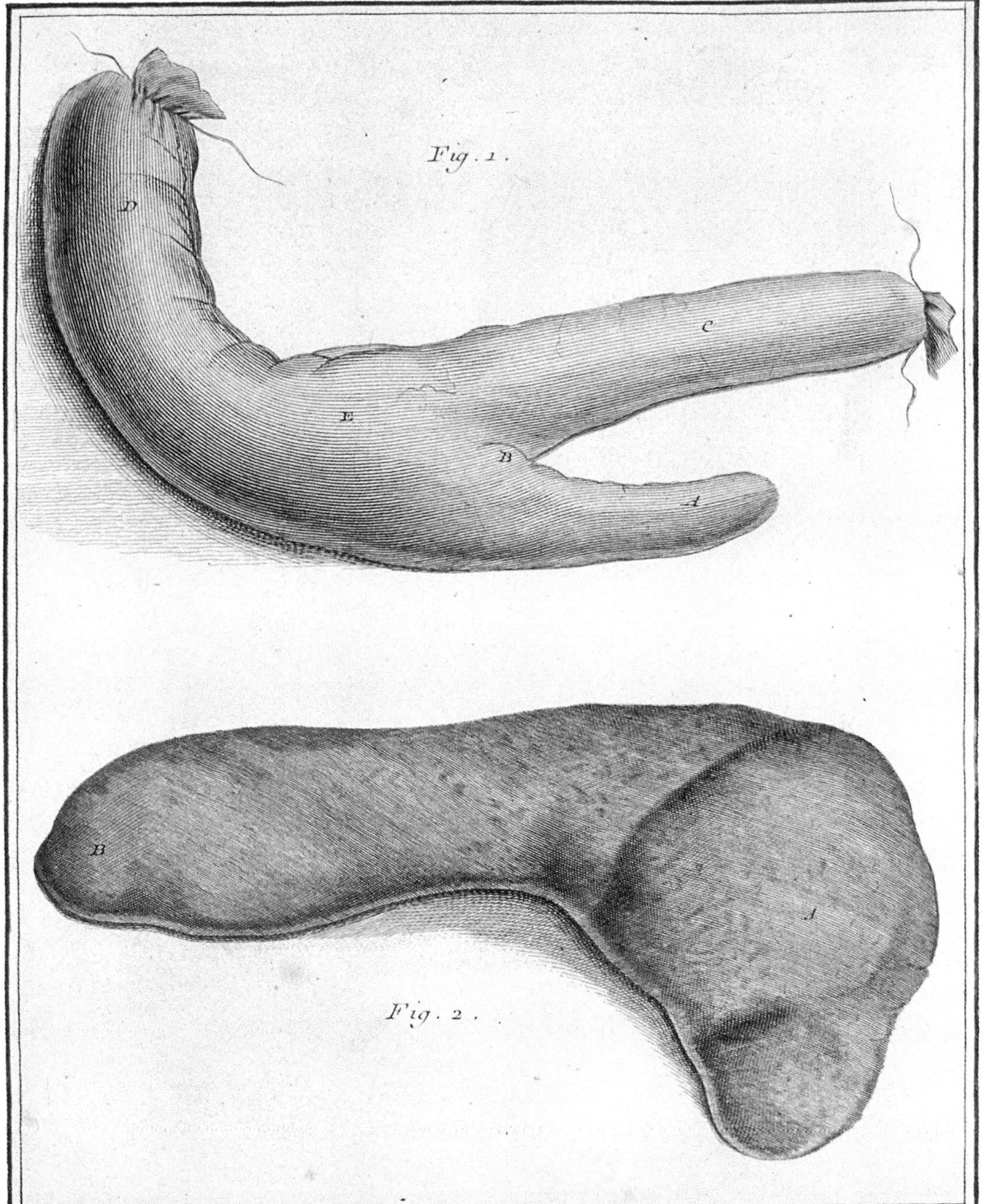


Buvée l'Americ. del. Chevilet Sculp.

Tom. IX. Pl. IV. Pag. 48.

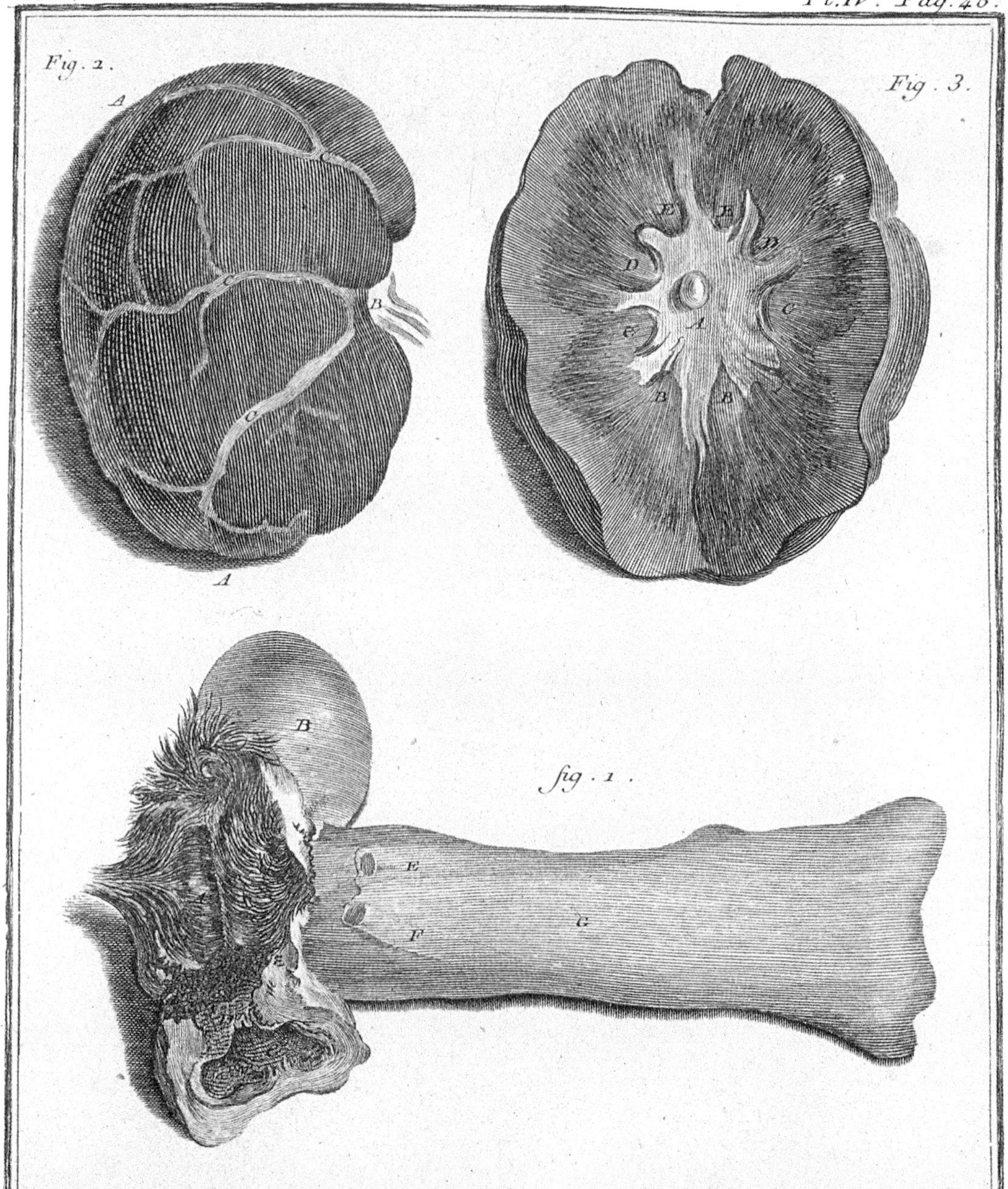


desev. del. Baron Sc.

Tom. IX. Pl. V. Pag. 48.

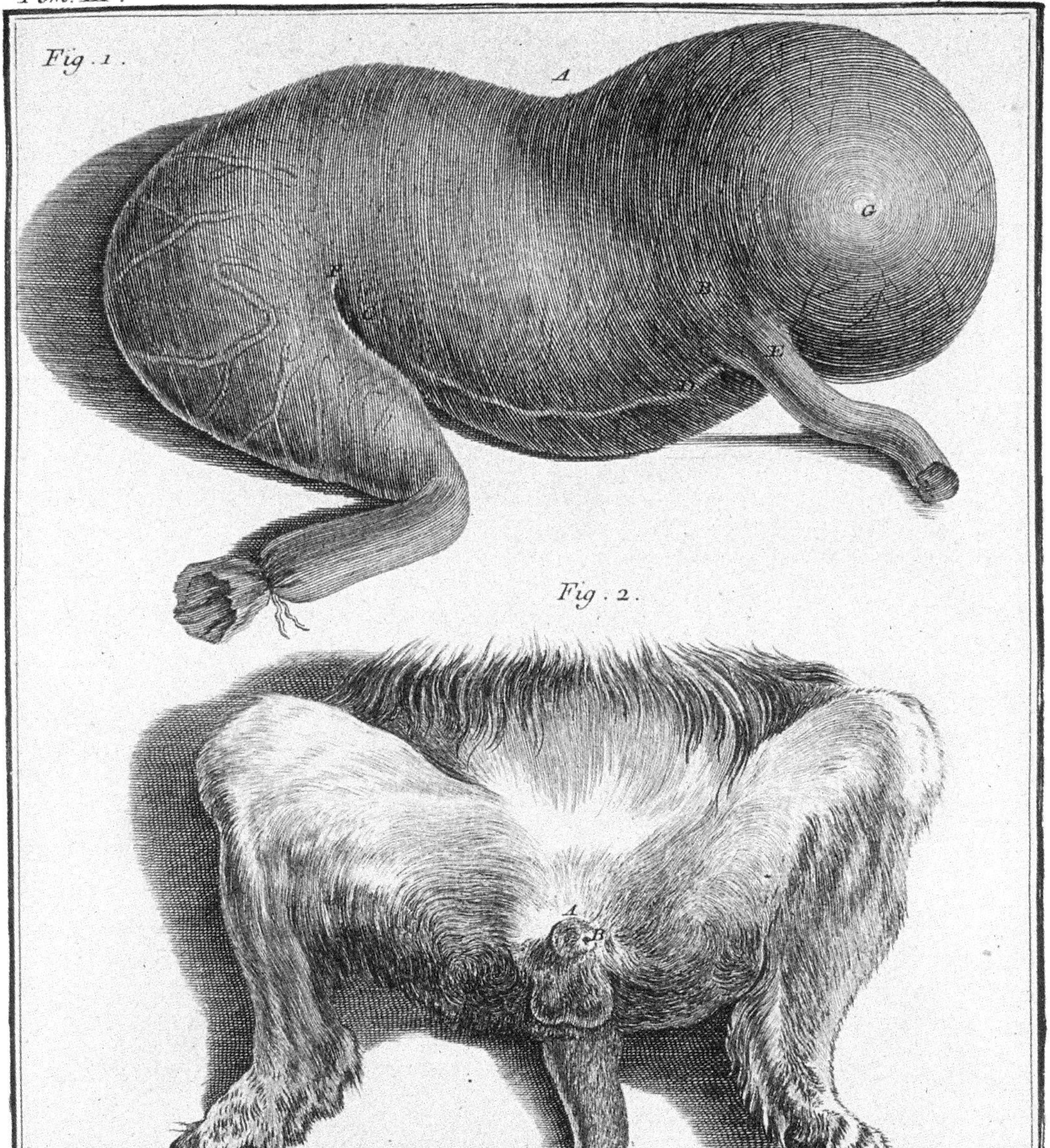


de Sève del. Baron sculp.

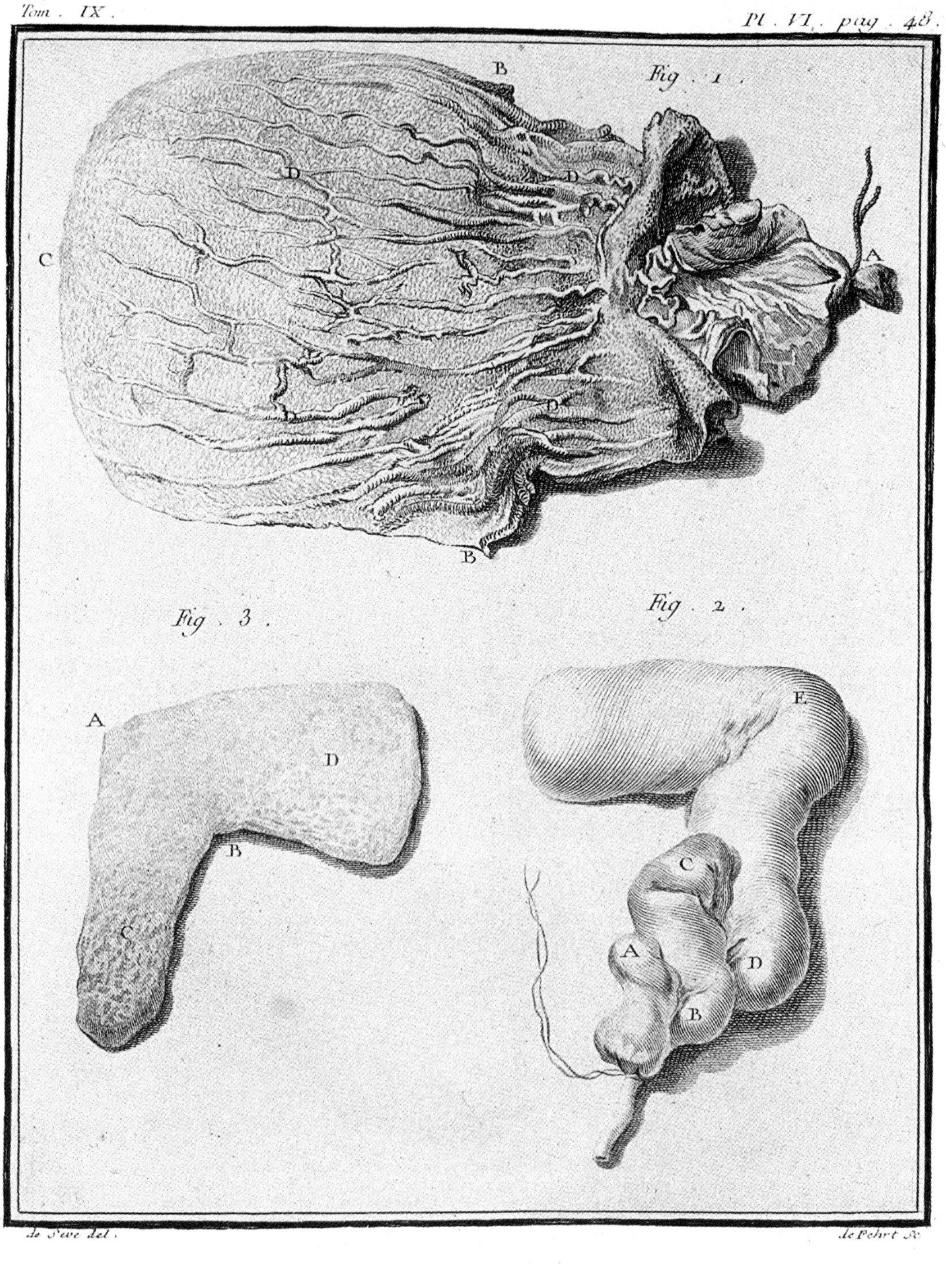
Tom . IX .
Pl . VI . pag . 48 .
Fig . 1 .
B
D
D
C
A
D
B
Fig . 3 .
Fig . 2 .
A
D
B
C
E
C
A
D
B
de Seve del .
de Fehrt Sc .

Tom. IX.

Pl. VII pag. 48.

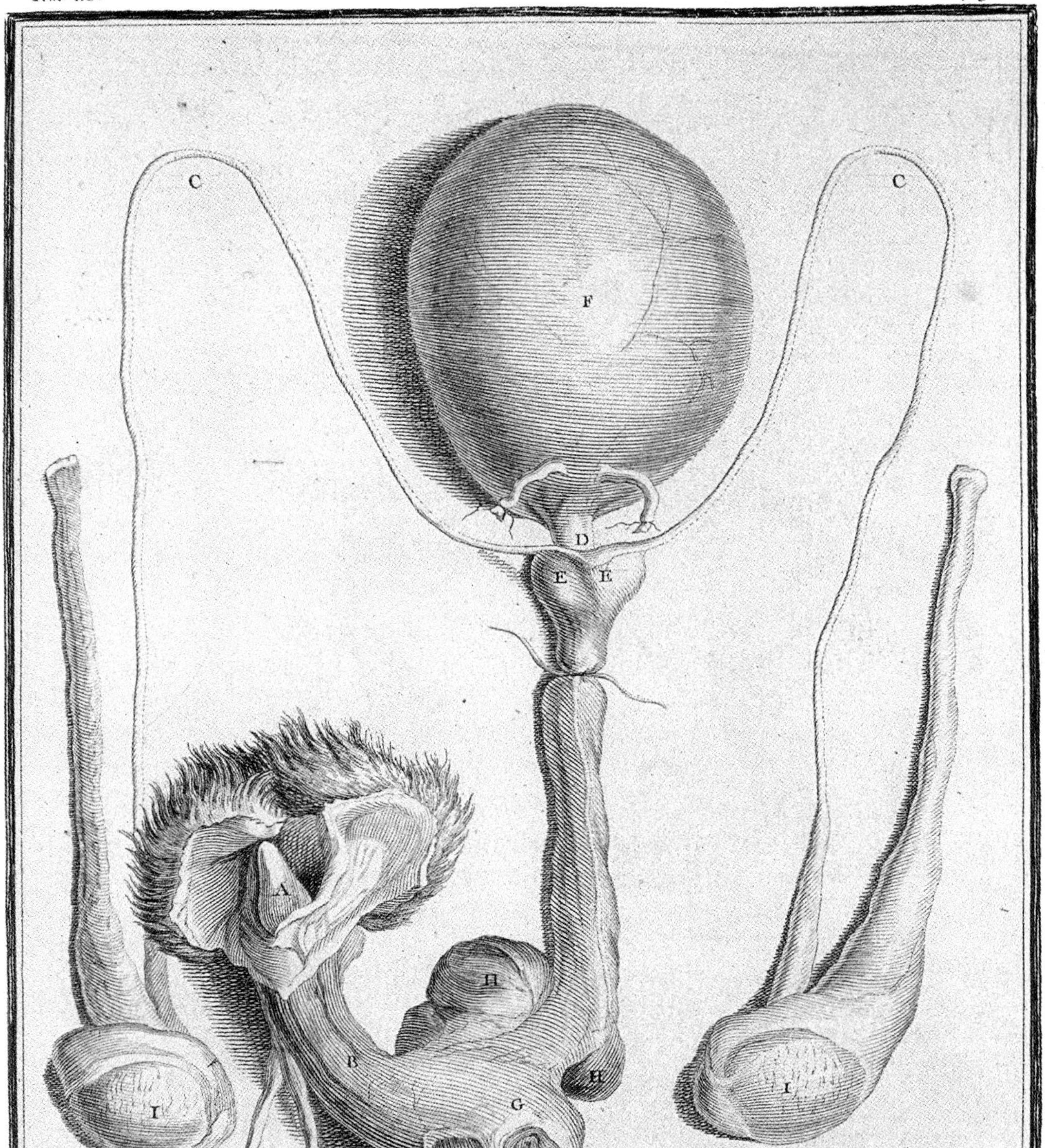


Buvée l'Américain Delin.

l'Empereur Sculp.

Tom. IX. pl. VIII pag. 48

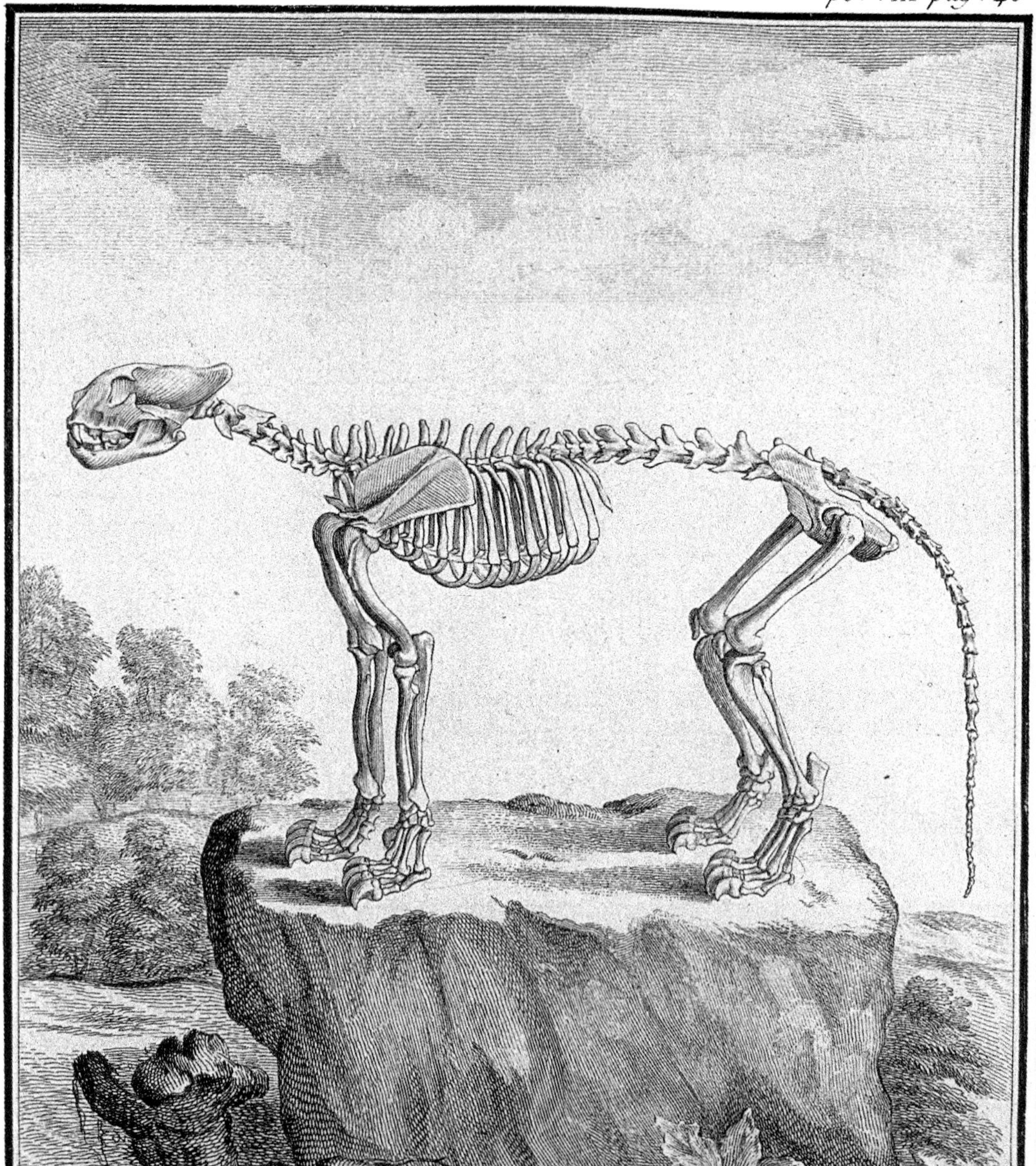

Buvée delin. Jardinier Sculp.

*Tom. IX.* *Pl. IX. Pag. 150*

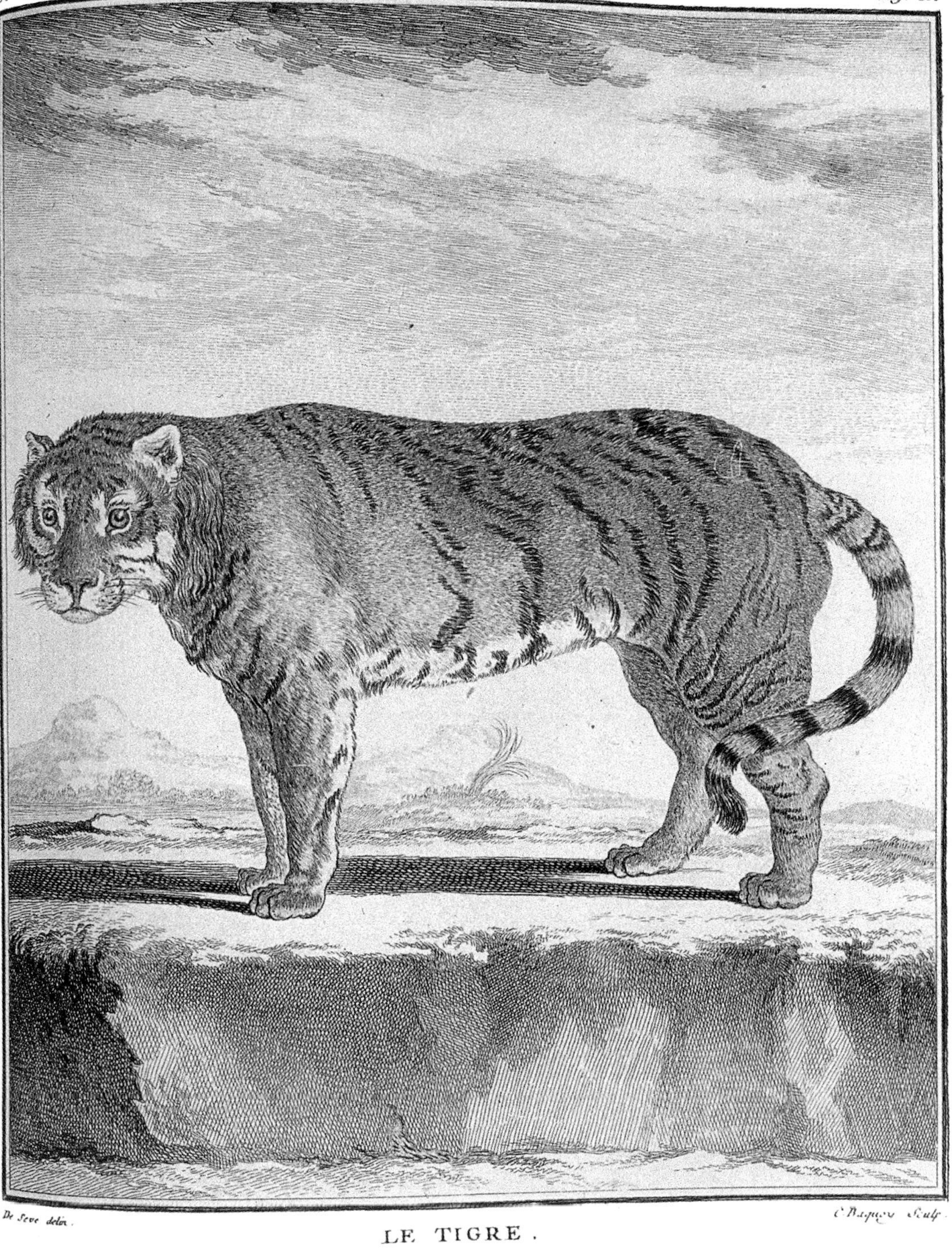

*De Seve delin.* *C. Baquoy Sculp.*

LE TIGRE.

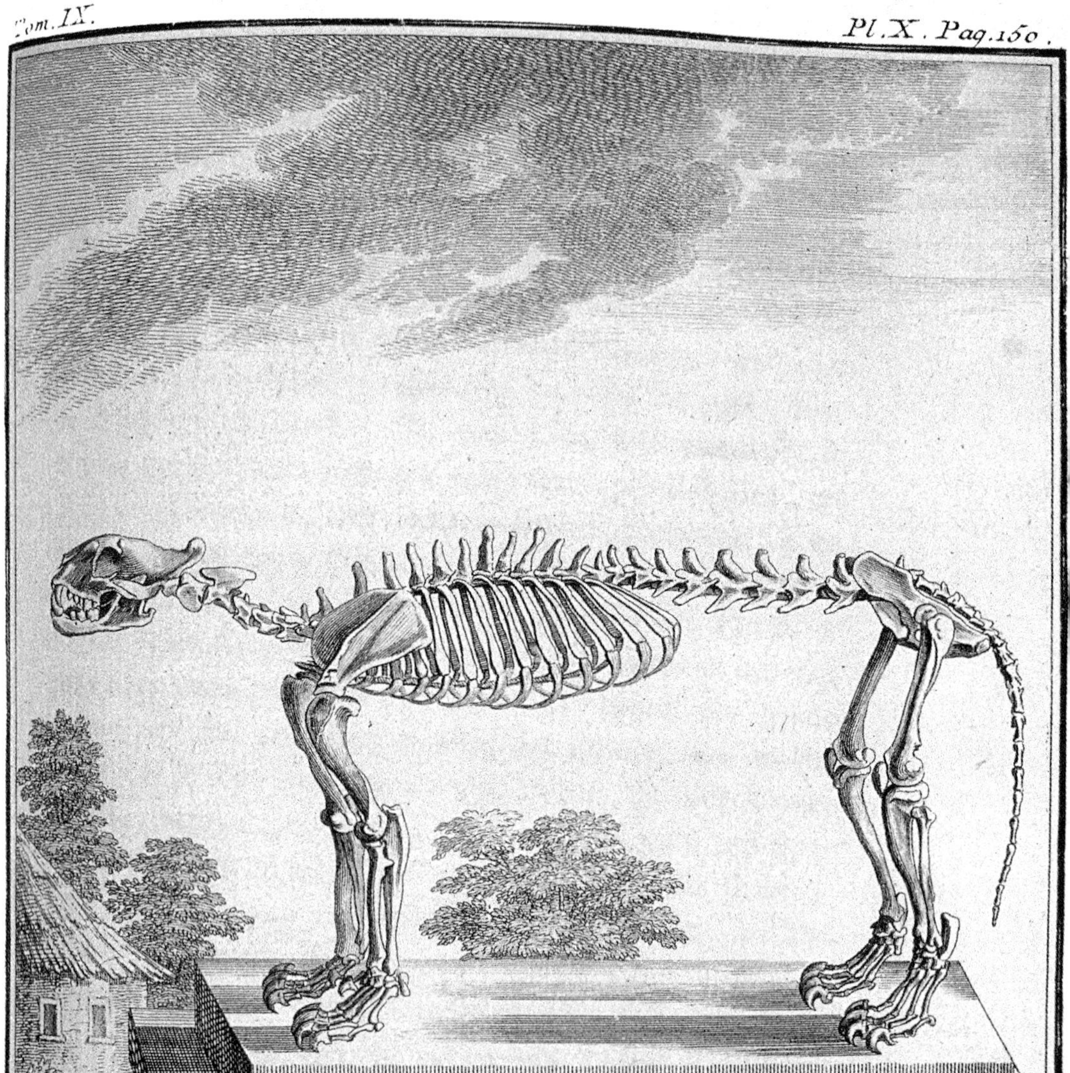
Tom. IX.
Pl. X. Pag. 150.
Buvée, L'américain del
L. Legrand, Sculp.

*Tom. IX.* *Pl. XI. Pag. 188.*

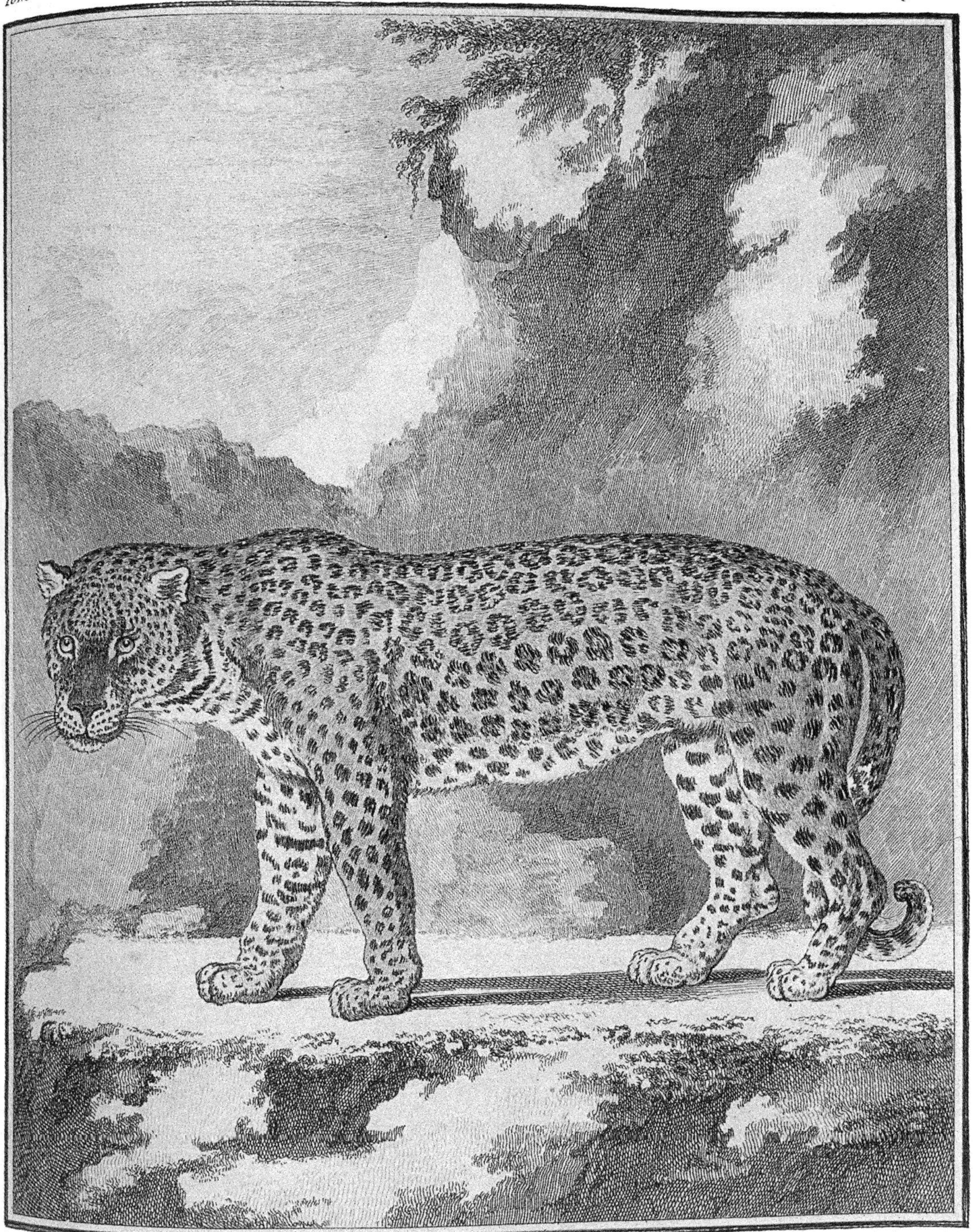

*De Seve del.* *C. Baquoy Sculp.*

LA PANTHERE MALE.

Tom. IX. Pl. XII Pag. 188.

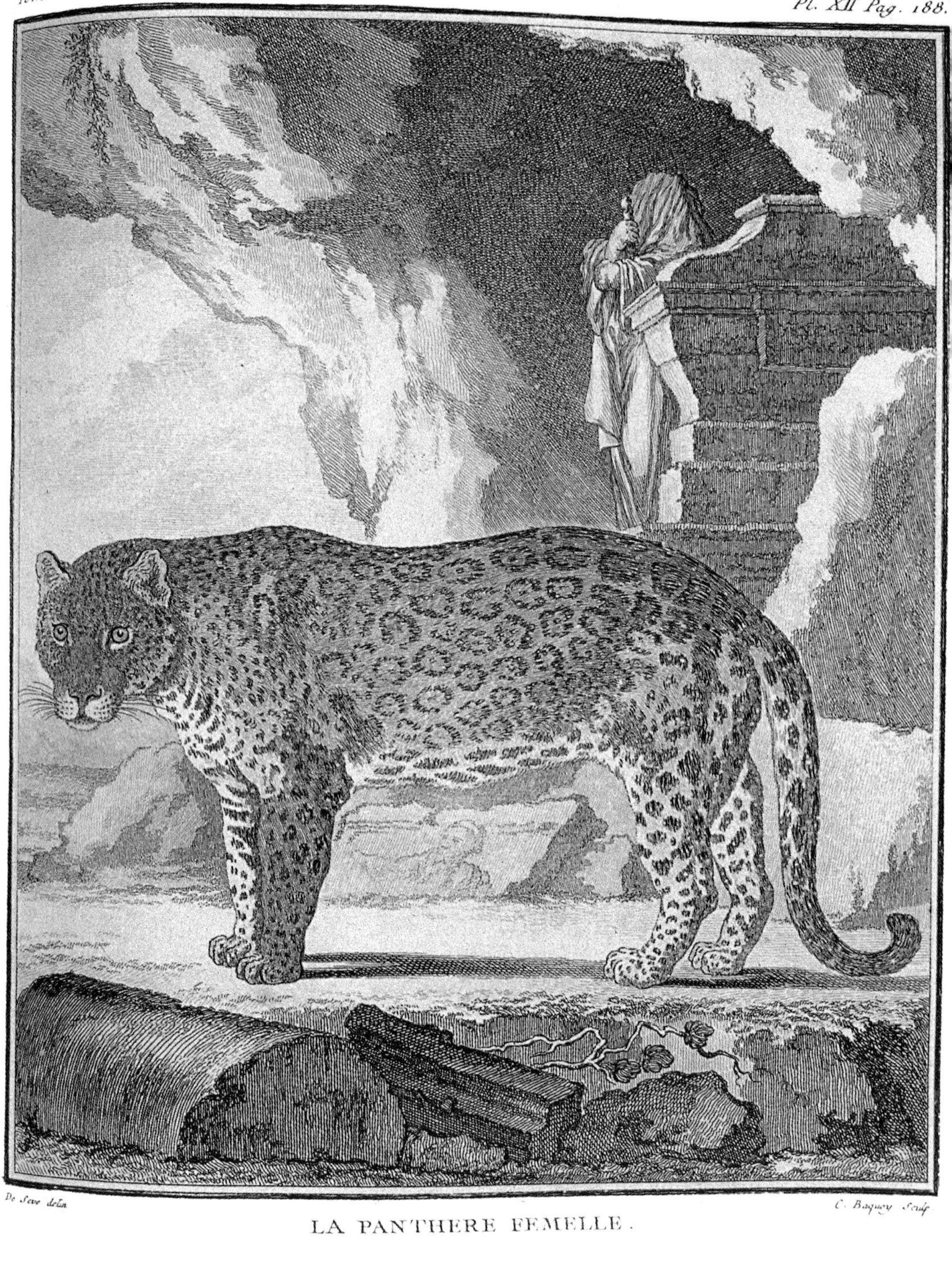

De Seve delin. C. Baquoy Sculp.

LA PANTHERE FEMELLE.

Tom. IX. Pl. XIII. Pag. 188.

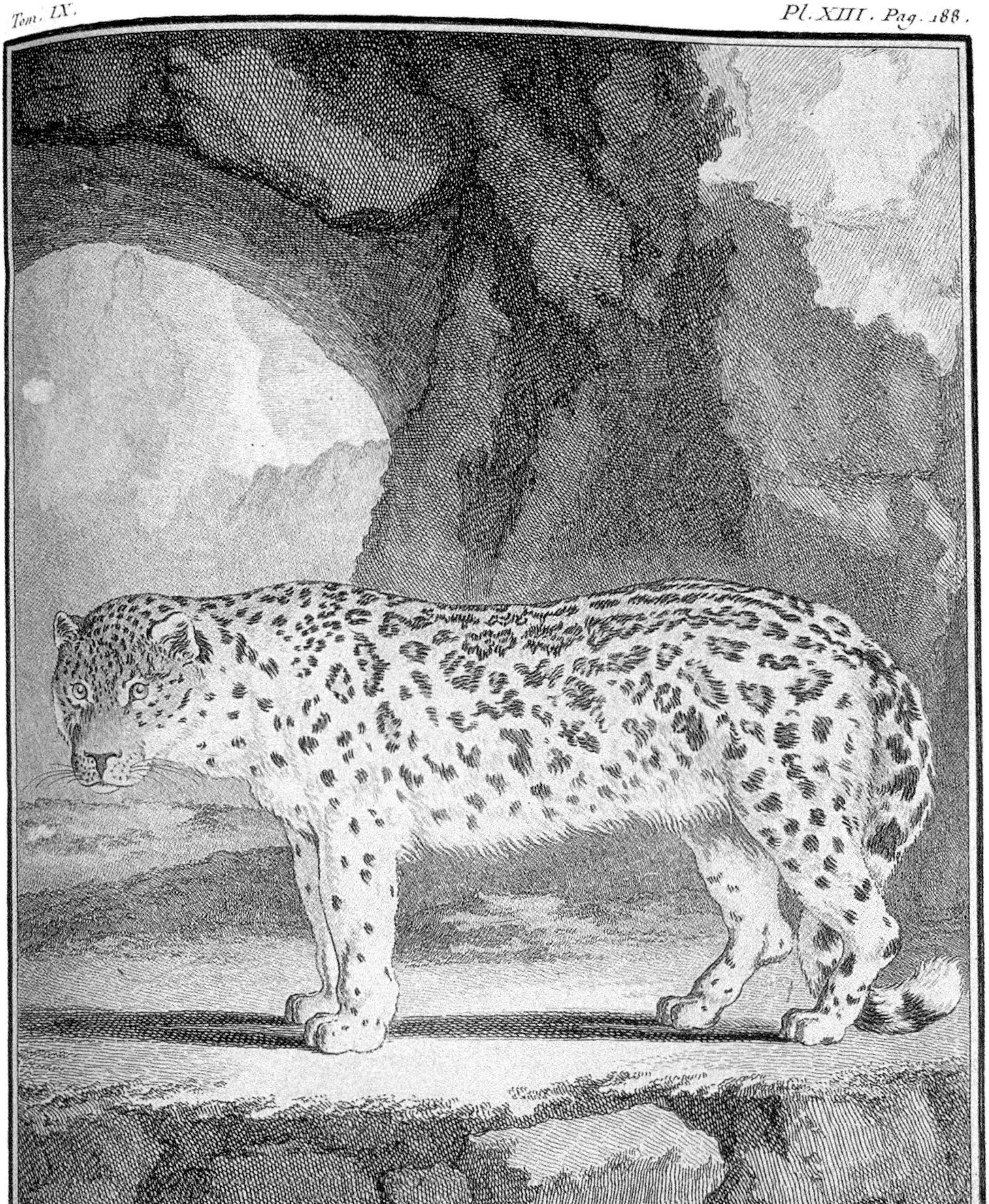

De Seve delin. C. Baquoy Sculp.

L'ONCE.

Tom. IX. Pl. XIV. Pag. 188.

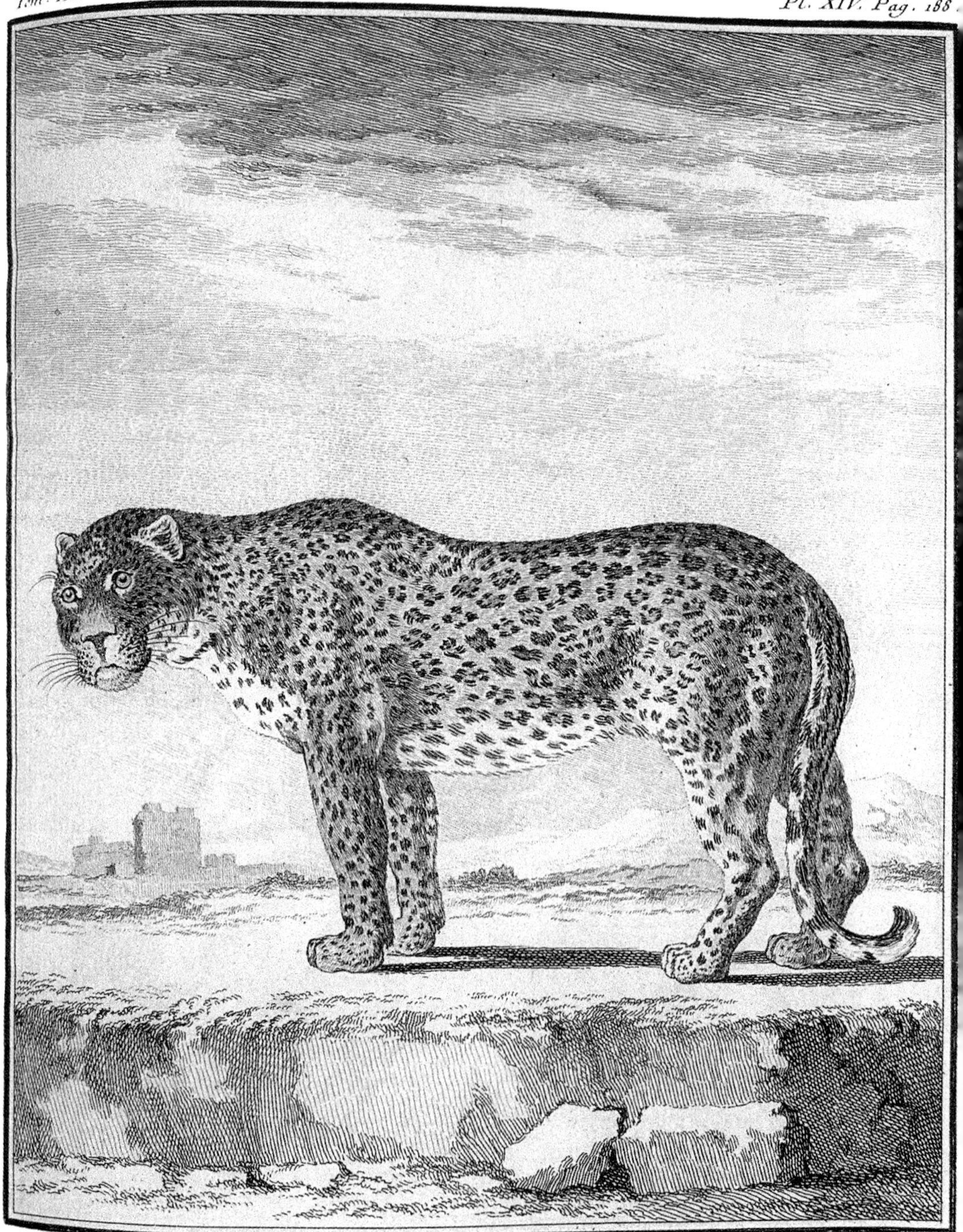

De Sève delin. C. Baquoy Sculp.

LE LEOPARD.

Tom. IX. Pl. XV. Pag. 188

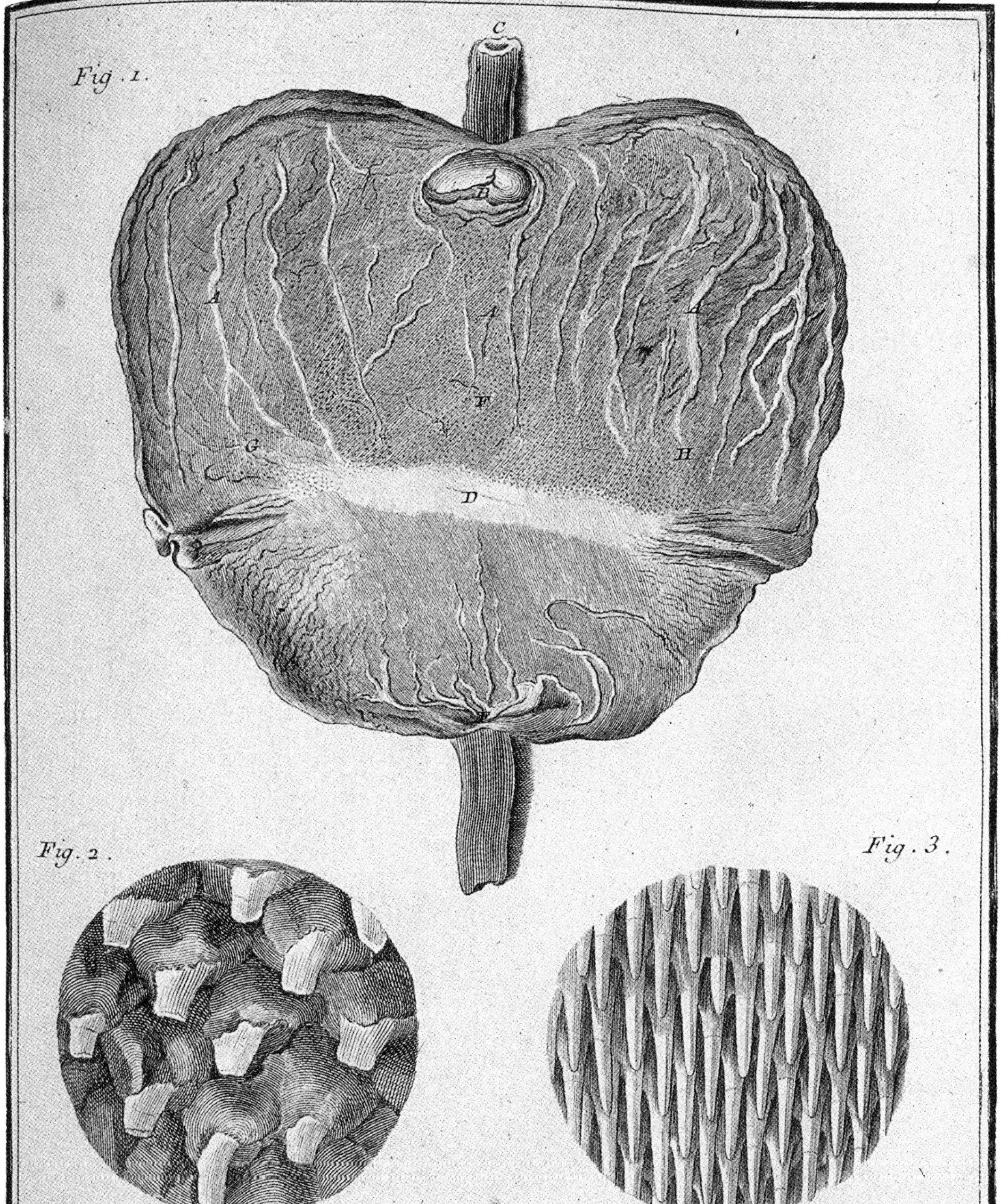


De Seve del. Baron Sculp.

Tom. IX.

Pl. XVI. Pag. 18

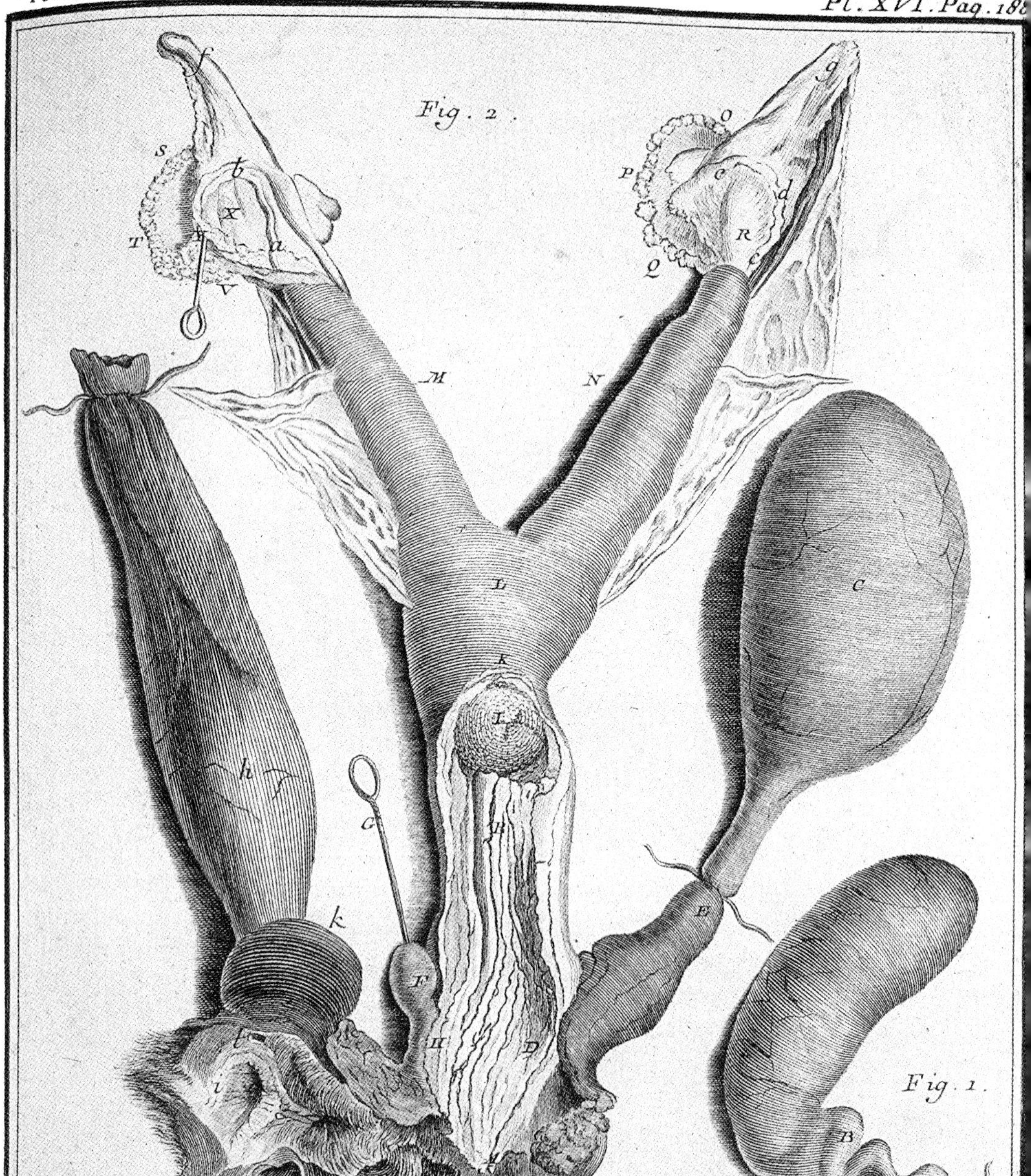


Buvée del.

Baron

Tom. IX. Pl. XVII. Pag. 188.

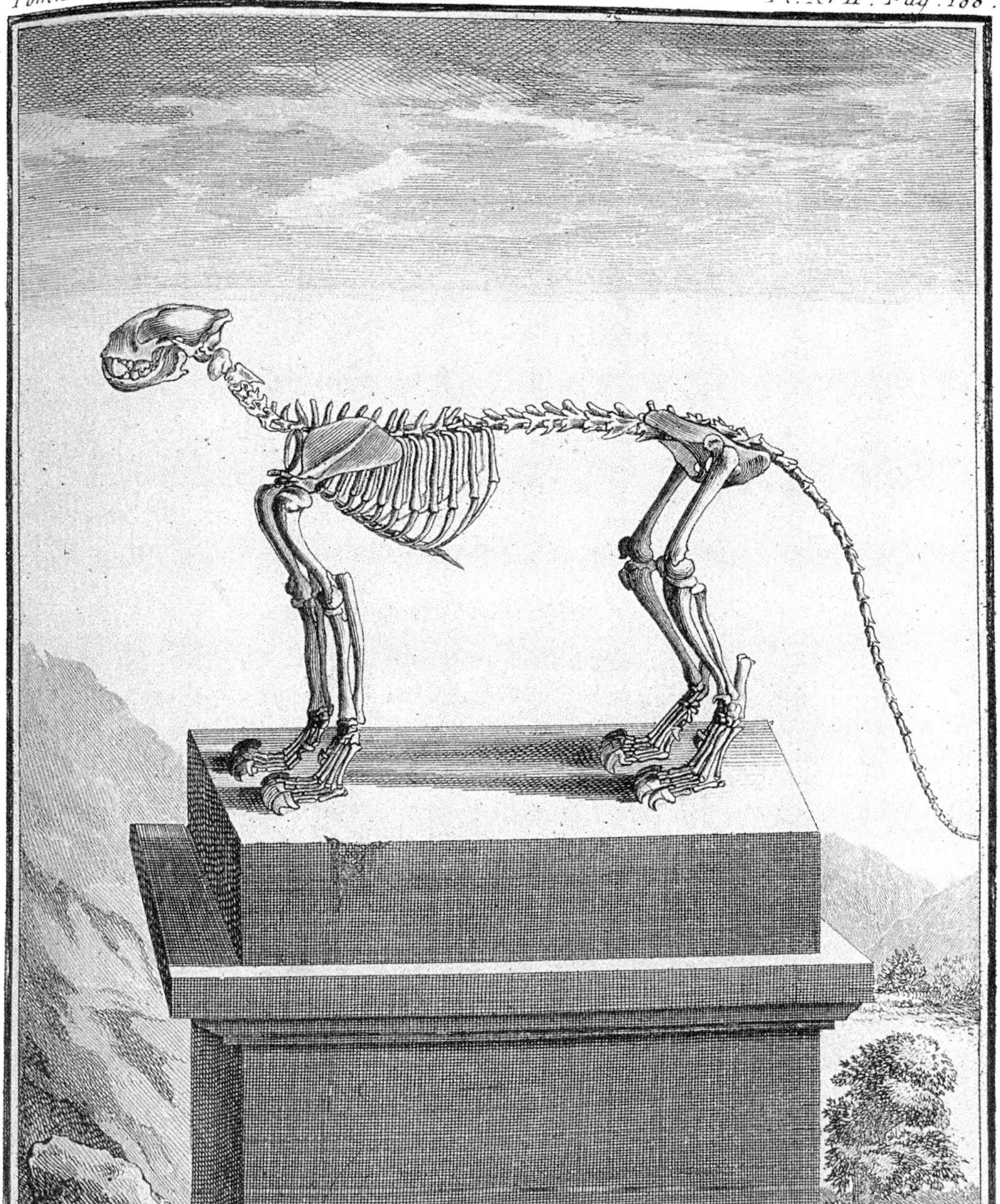

Buvée del. Baron

Tom. IX. Pl. XVIII. Pag. 214.

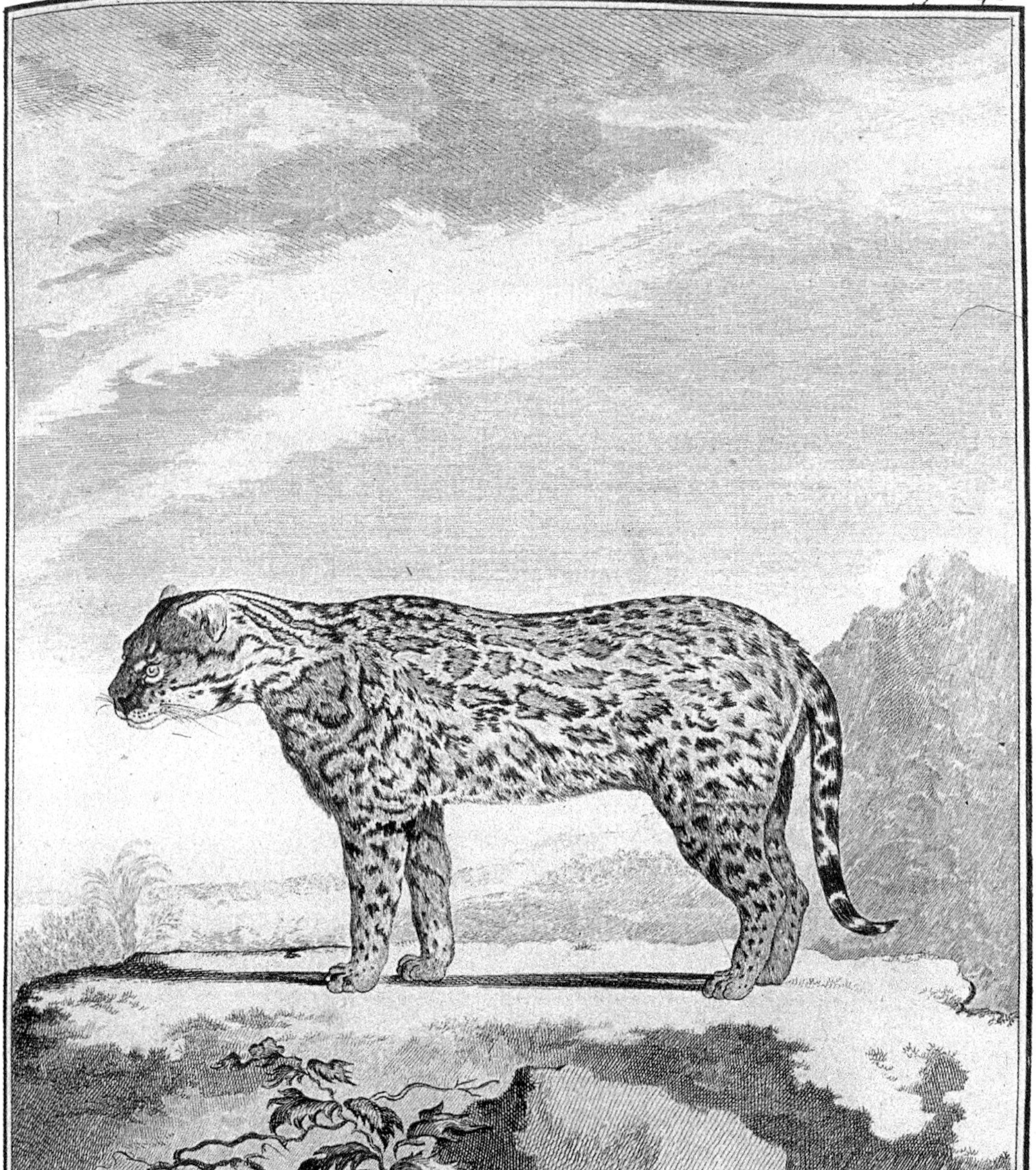

de Seve del. C. Chevilet Sculp.

LE JAGUAR.

*Tom IX* *Pl. XIX. Pag. 230.*

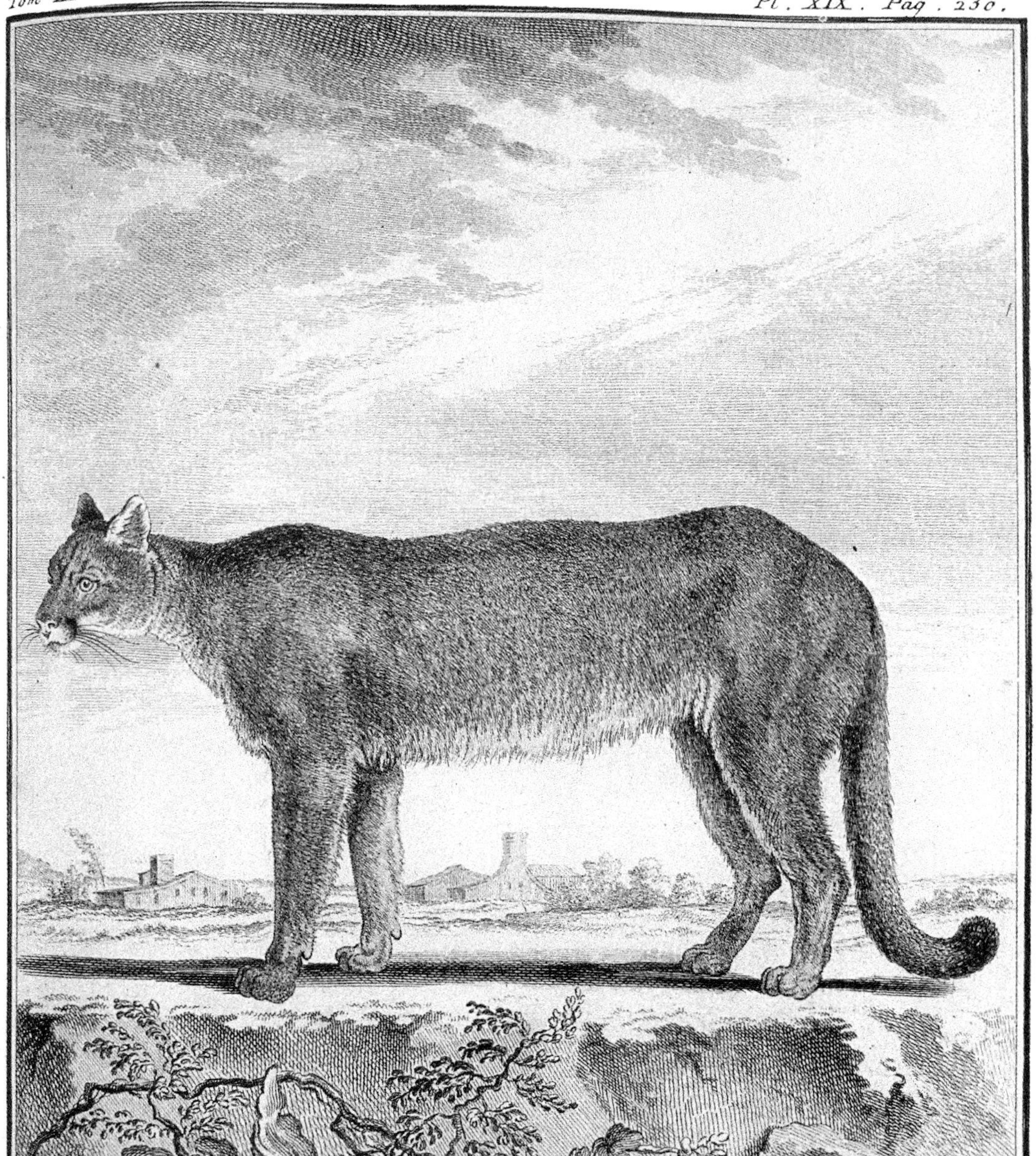

*De Seve. del.* *Louis Le Grand, Sculpsit.*

LE COUGUAR.

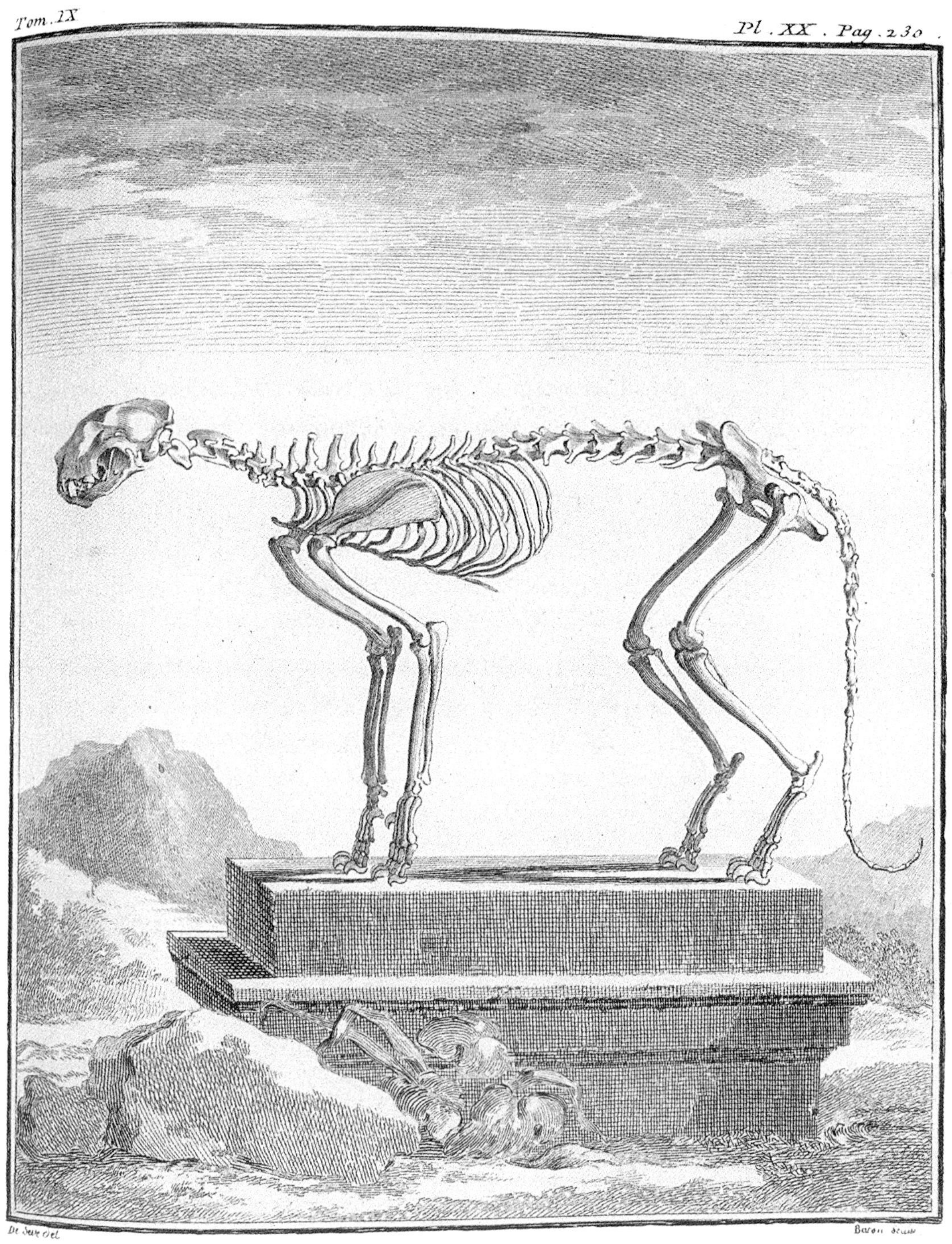
Tom. IX
Pl. XX. Pag. 230.
De Seve del.
Baron sculp.

Tom. IX. Pl. XXI. Pag. 258.

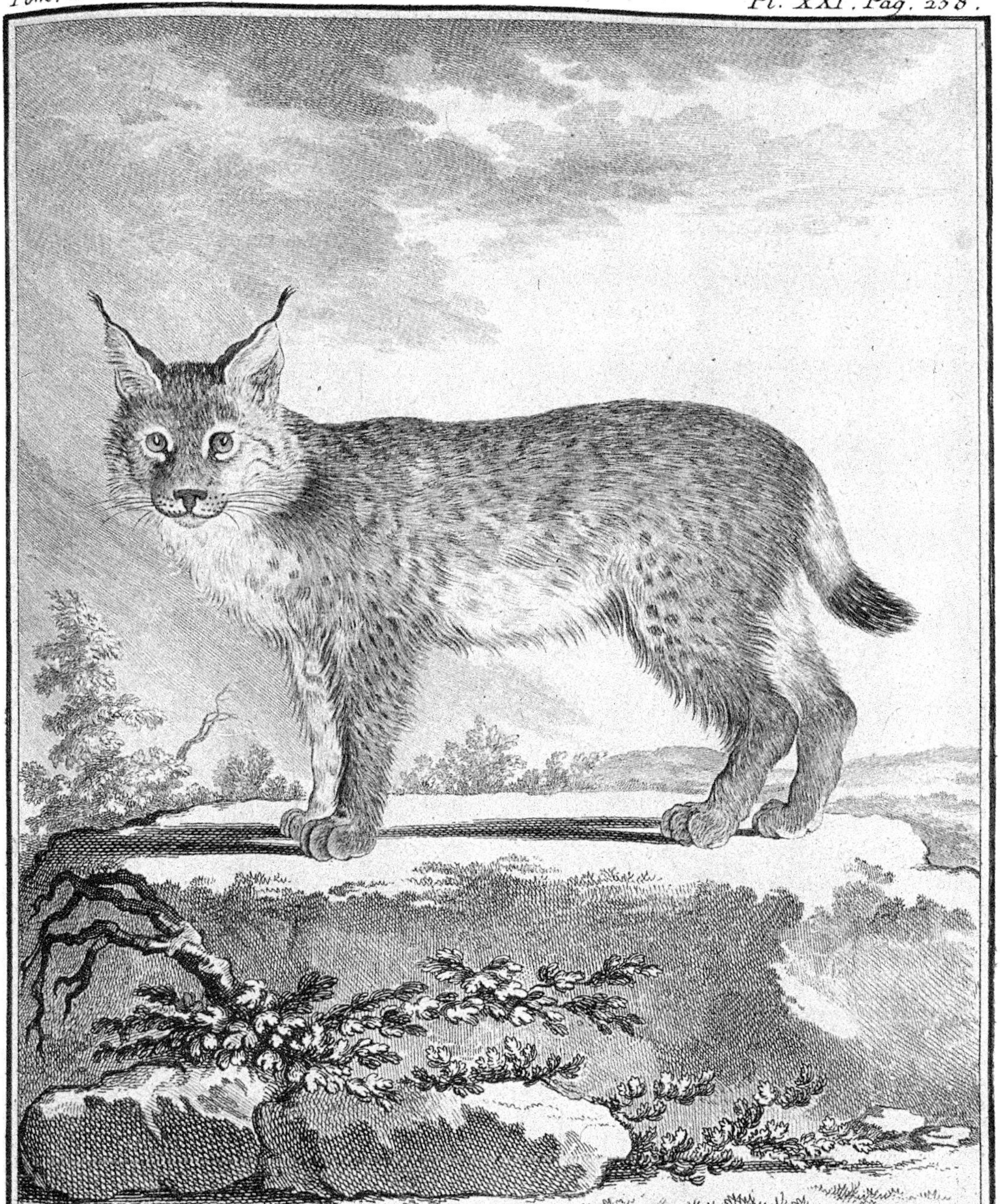

De Seve del. Baron Sculp.

LE LYNX.

Tom. IX. Pl. XXII. Pag. 258.

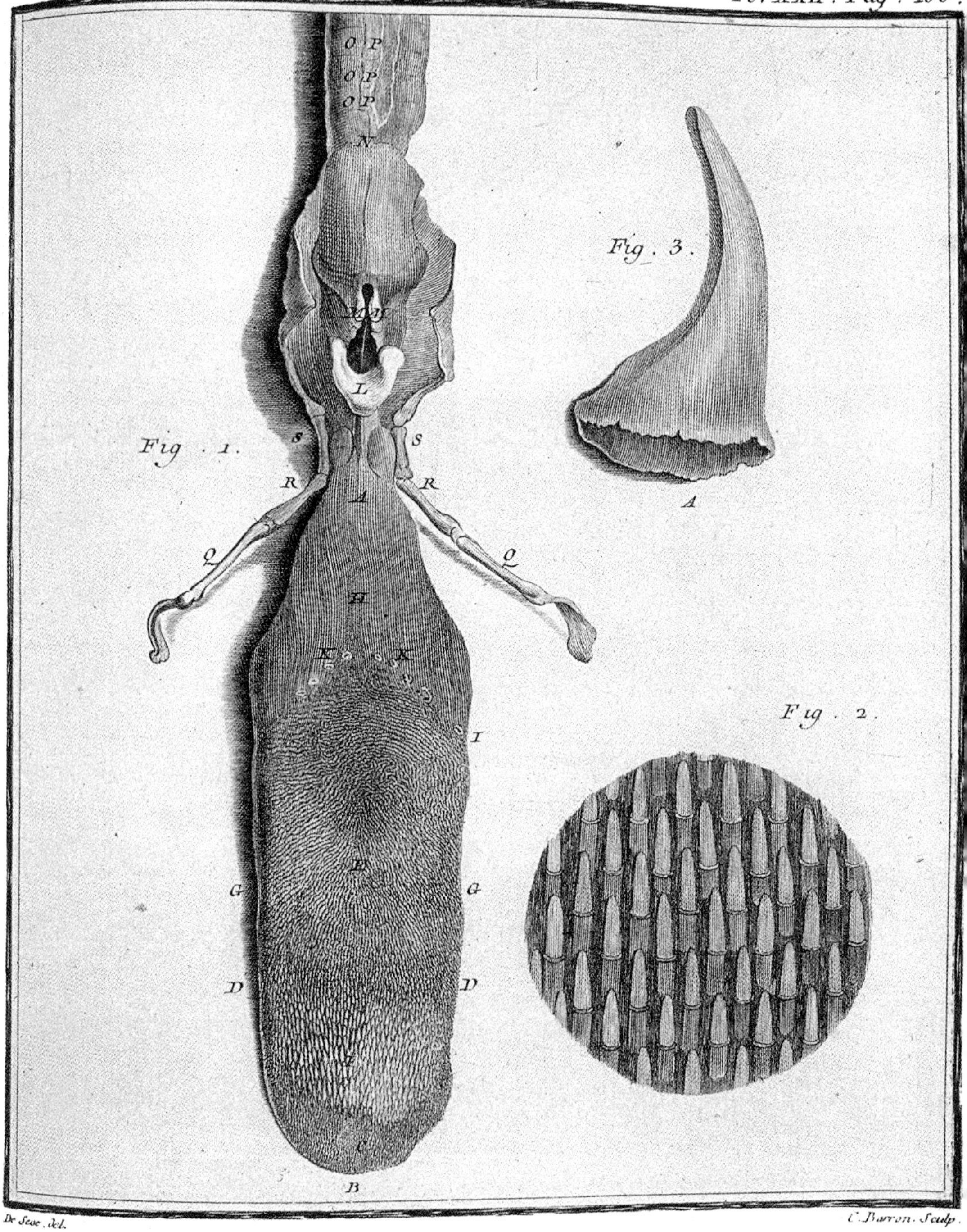


De Seve. del. C. Baron. Sculp.

Tom. IX. Pl. XXIII. Pag. 258.

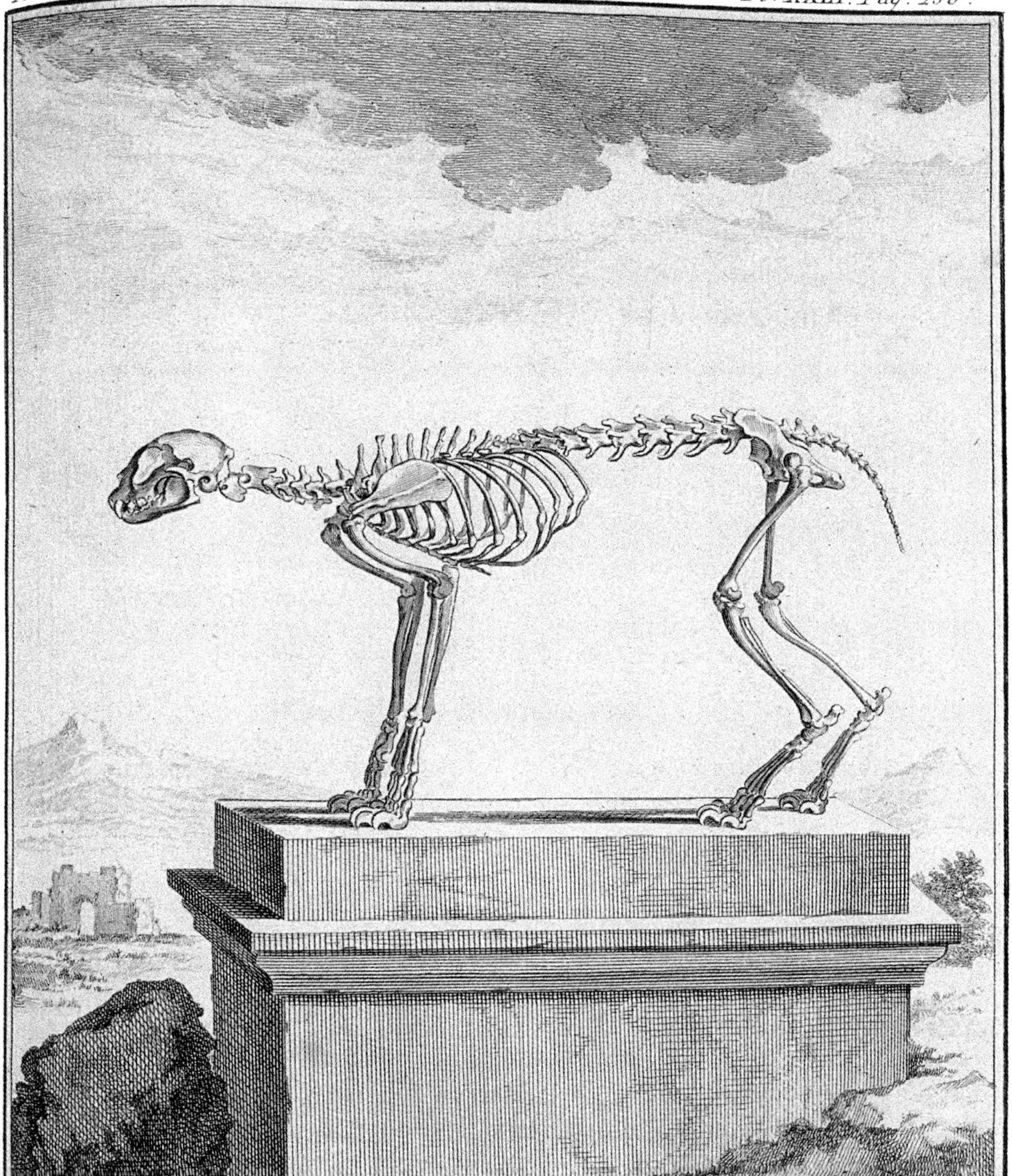

De Seve del. Chevillet Sculp.

Tom. IX. Pl. XXIV. Pag. 266.

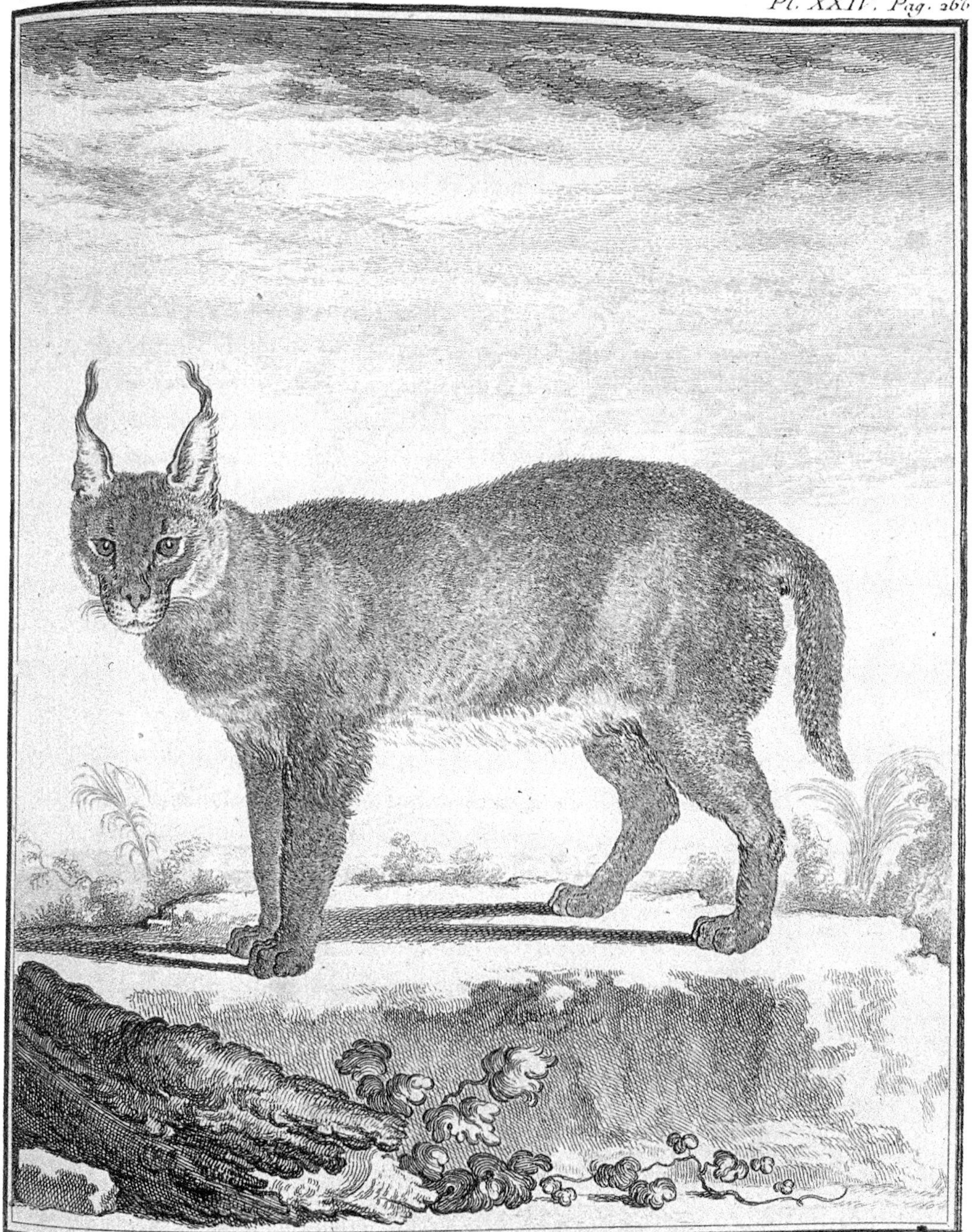

De Seve delin. C. Baquoy Sculp.

LE CARACAL.

*Tom. IX.* *Pl. XXV. Pag. 298.*

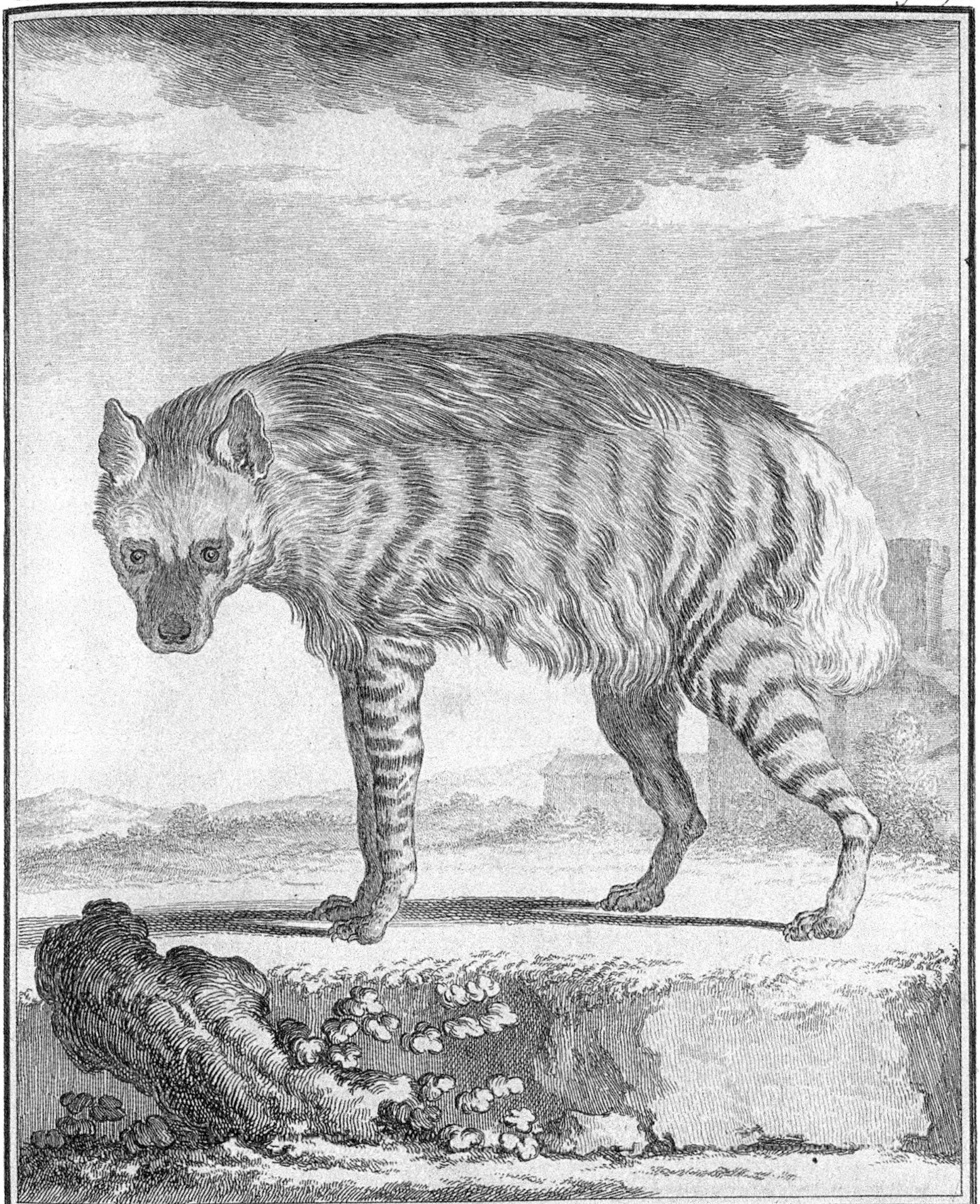

*De Seve delin.* *C. Baquoy Sculp.*

L'HYÆNE.

Tom IX

Pl. XXII. Pag. 298

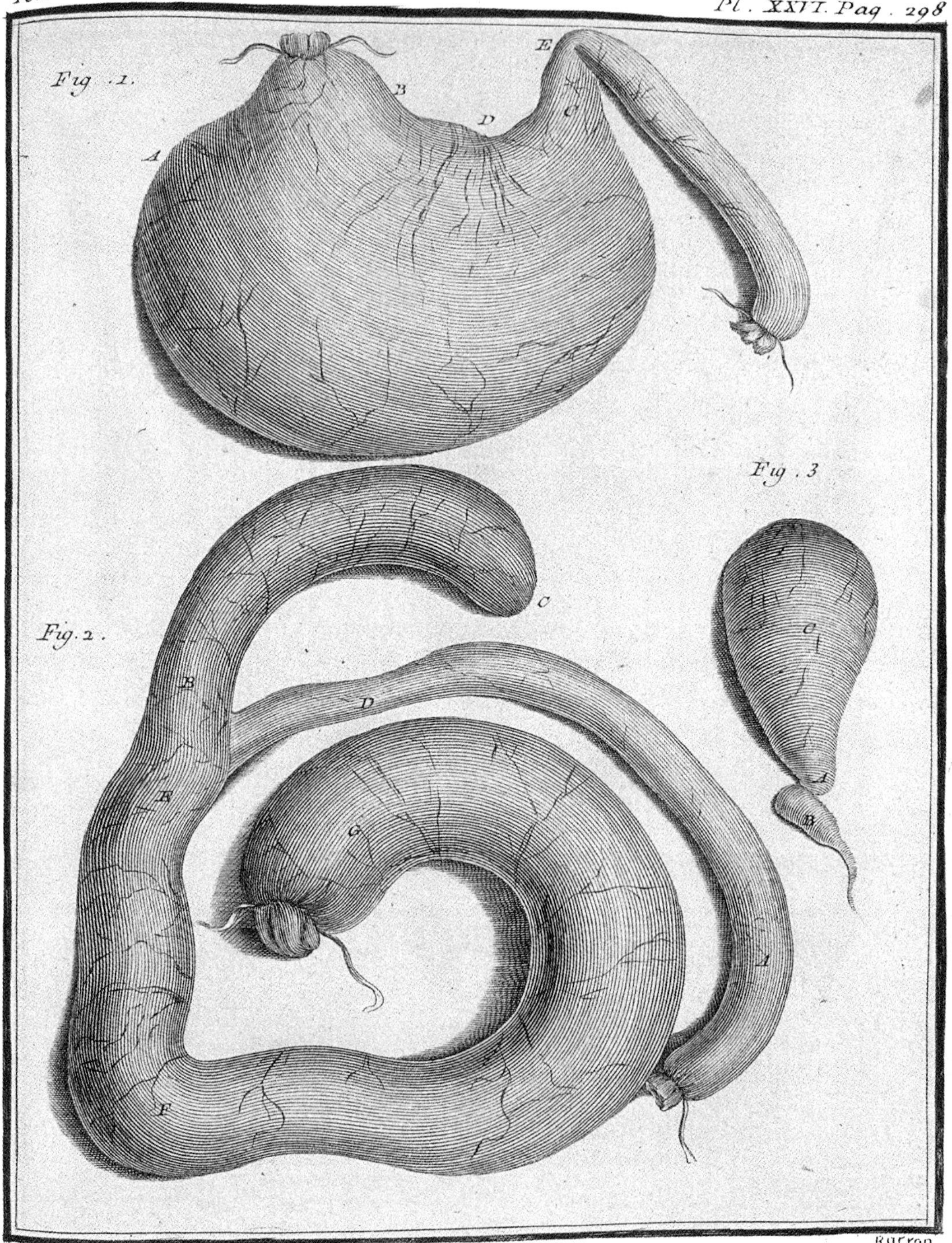


Buvée del.

Baron

Tom . IX . Pl. XXVII . Pag . 298 .

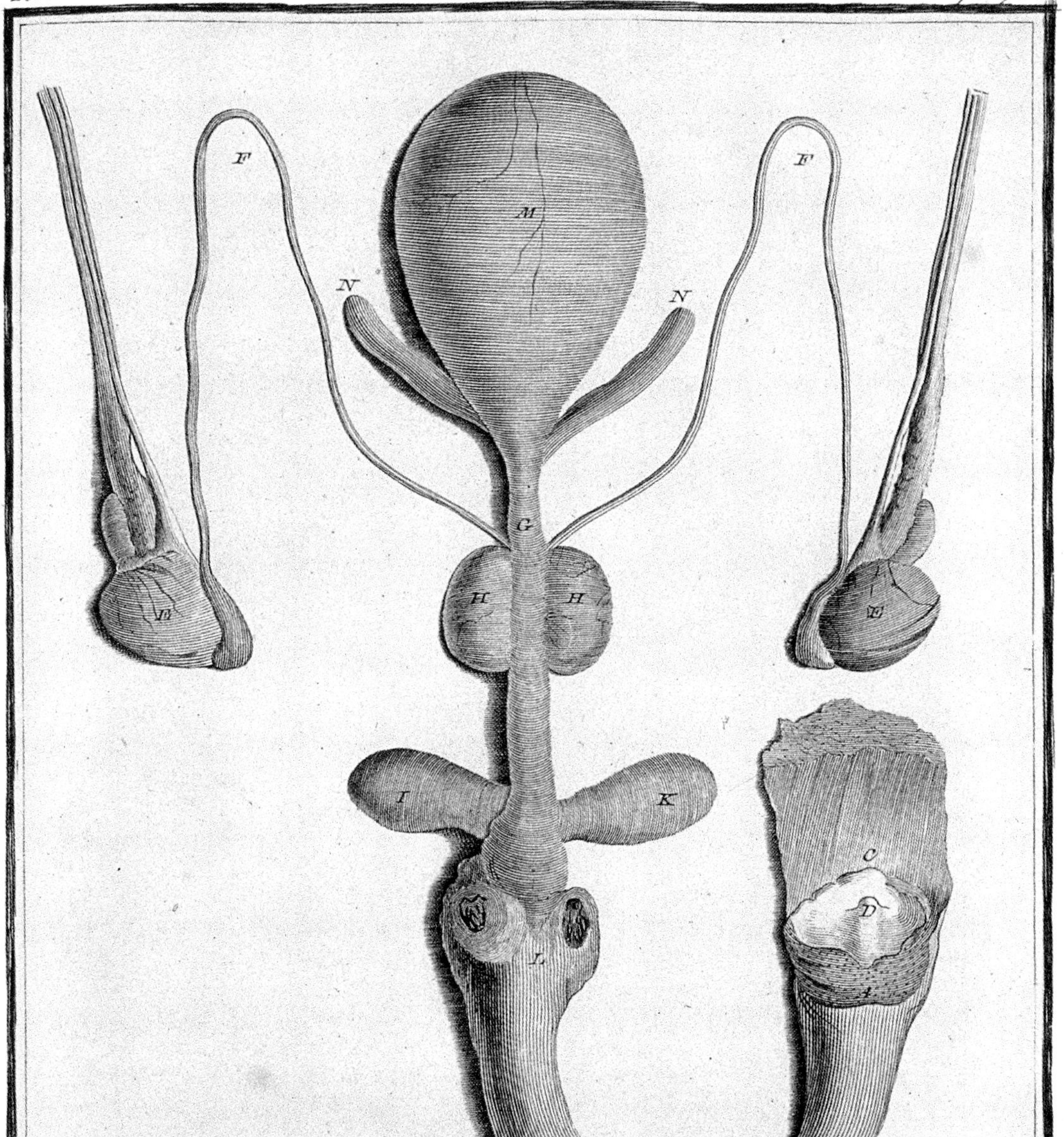

Tom. IX. Pl. XXVIII. Pag. 29

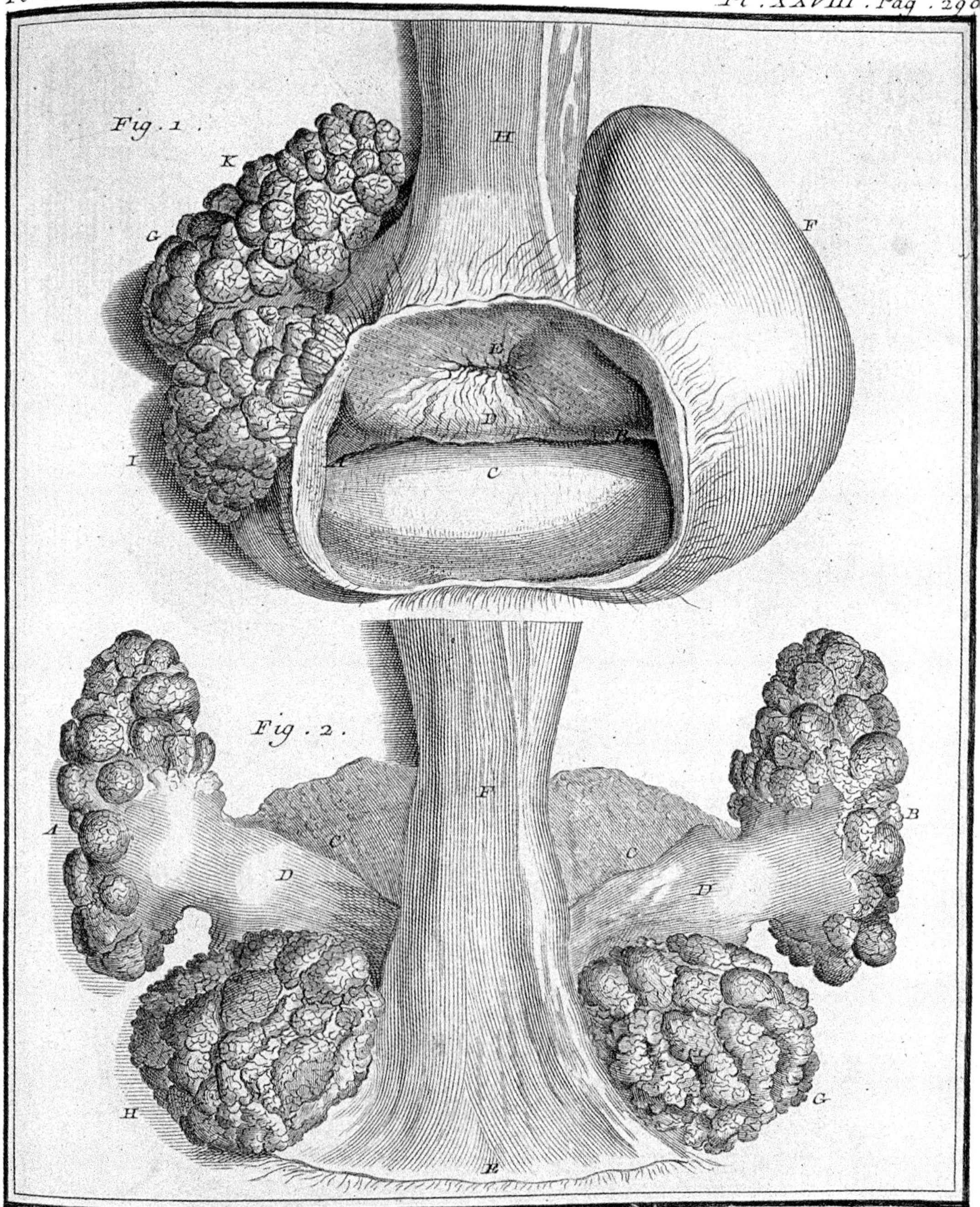


Buvé f. Chevillet Sculp

Tom . IX . Pl . XXIX . Pag . 298 .

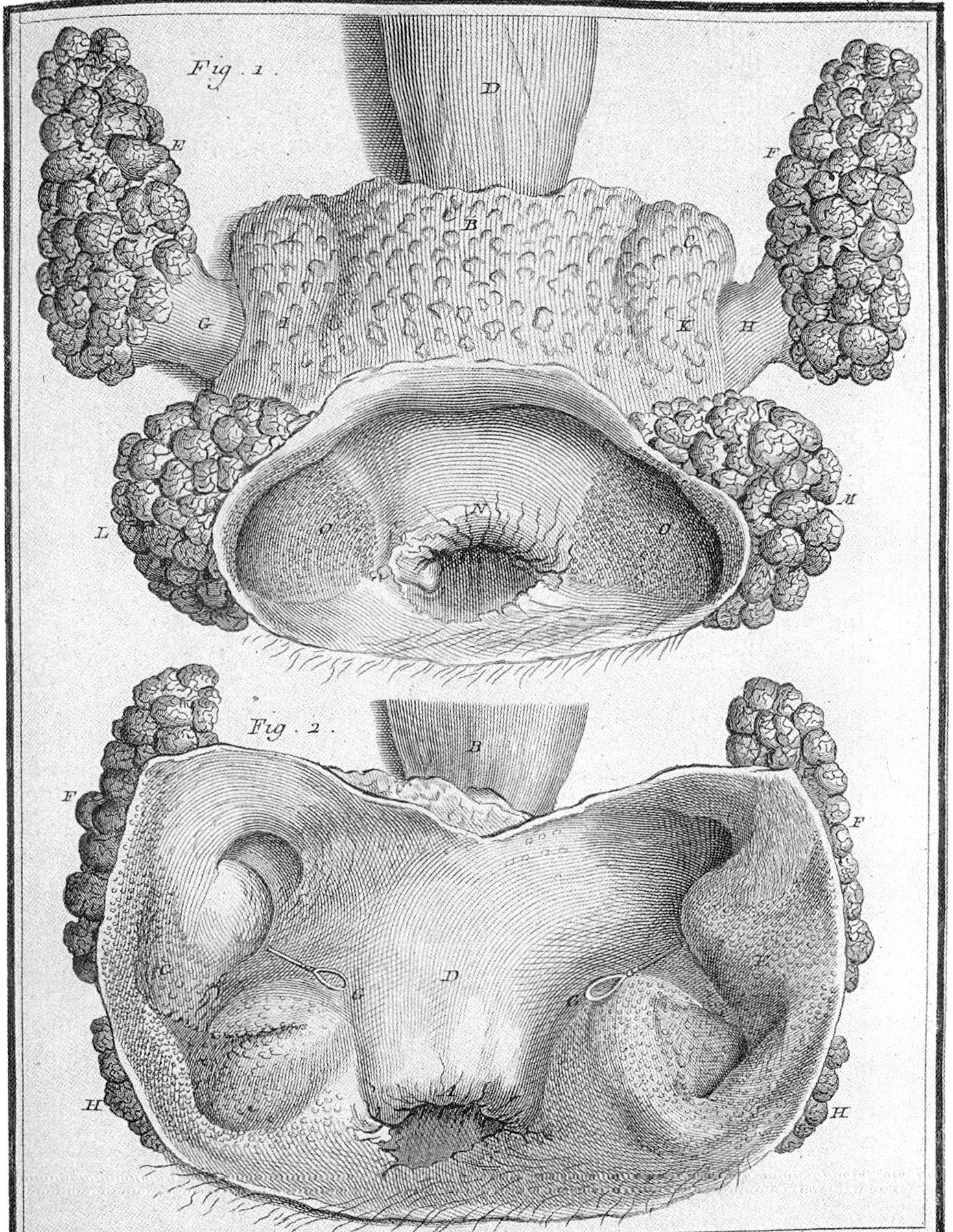


Buvé f. Chevillet Sculp.

Tom. IX.

Pl. XXX. Pag. 298.

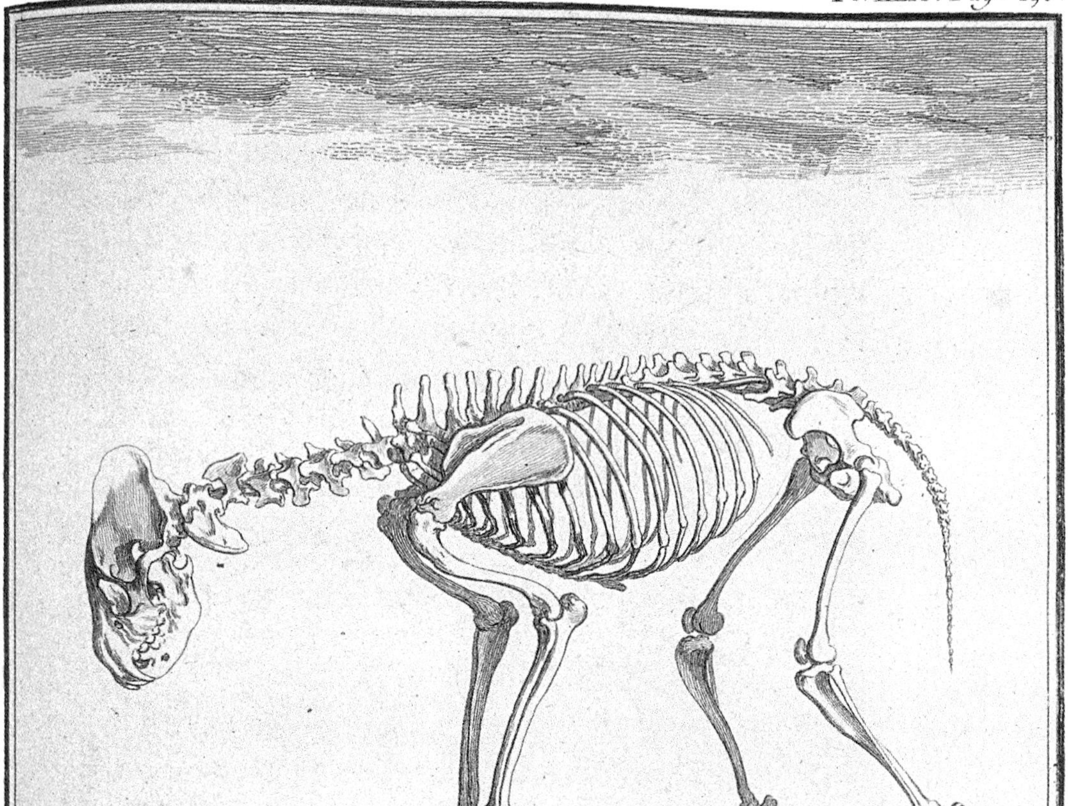

De Seve delin.

Cl. F.^{ce} Guelard sculp.

Tom. IX. Pl. XXXI. Pag. 332.

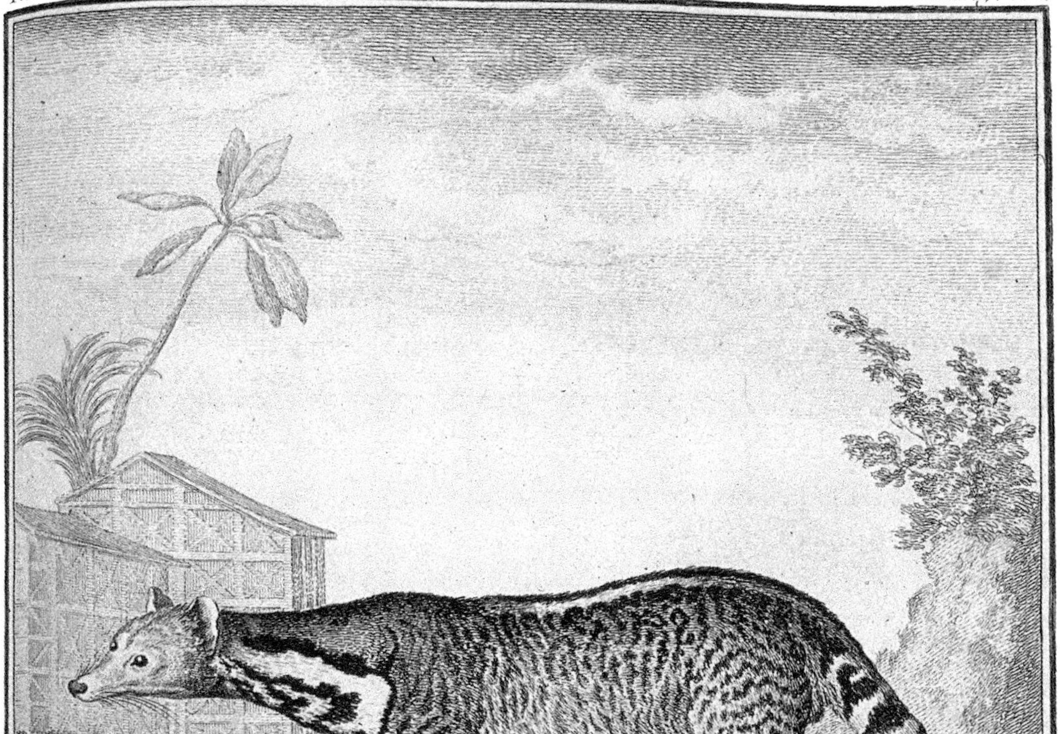

de Seve del. Moitte Sculp.

LE ZIBET

Tom. IX. Pl. XXXII. Pag. 332.

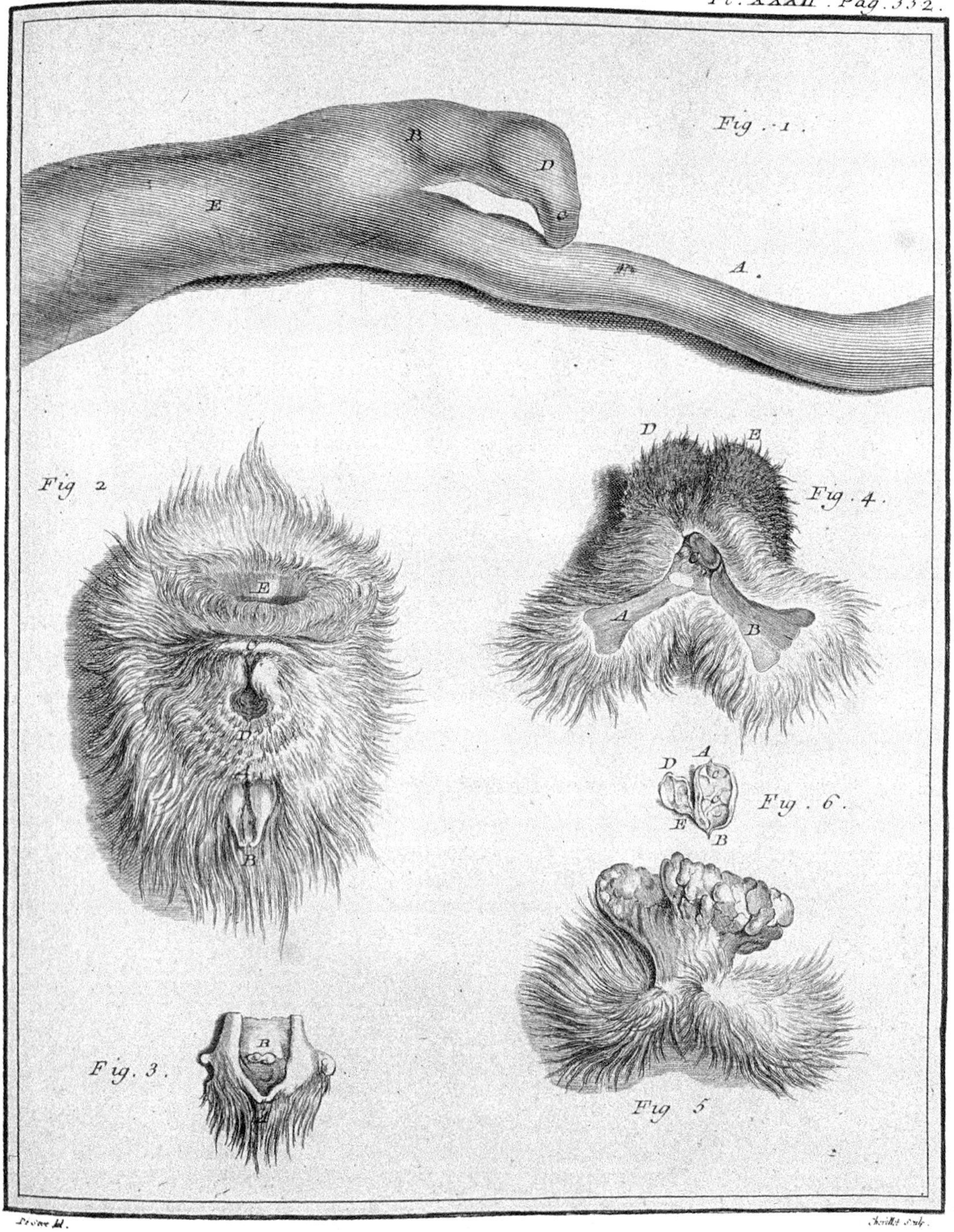


Desève del. Chevillet Sculp.

Tom. IX. Pl. XXXIII. Pag. 332.

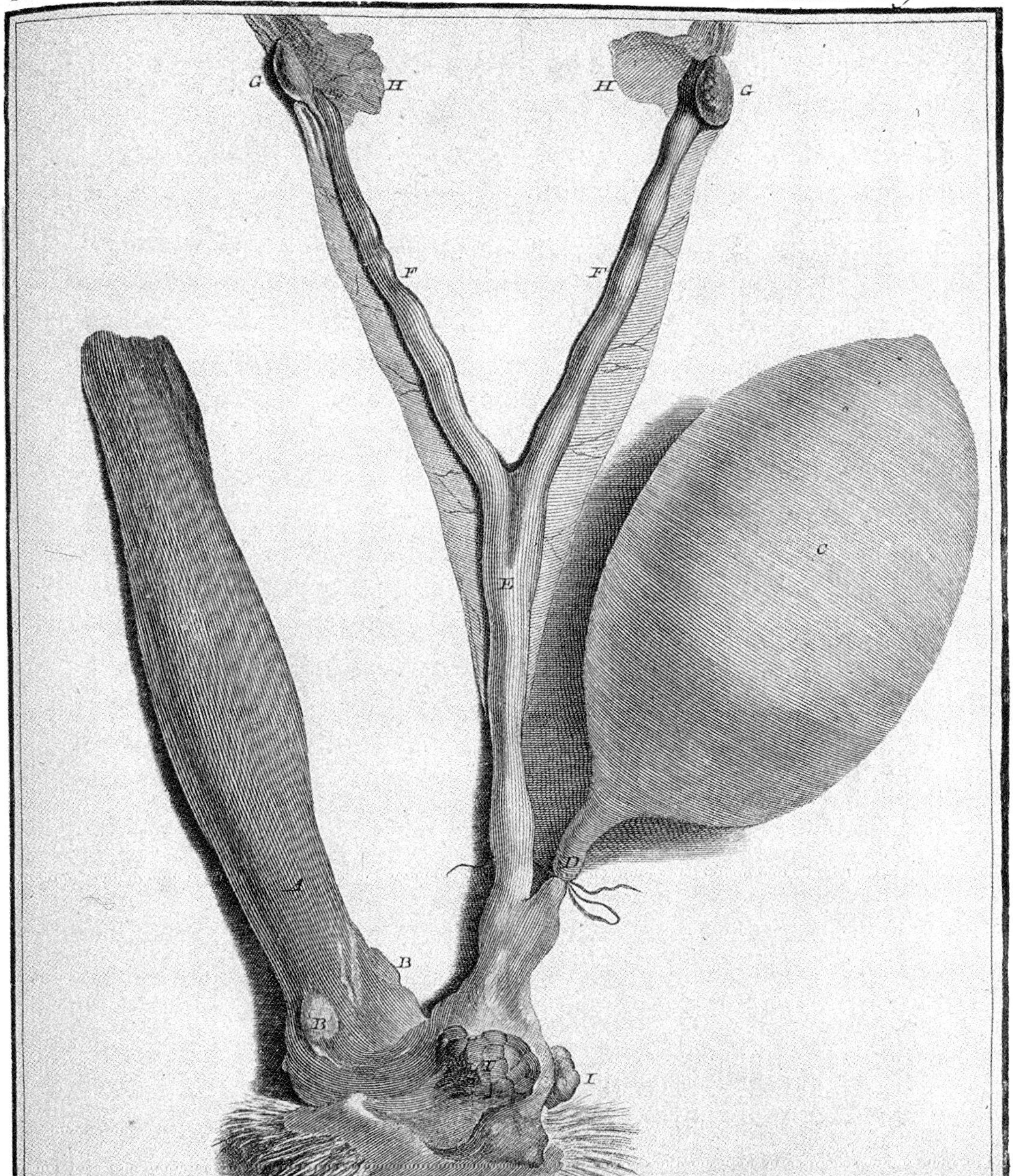


Buvée del. Baron Sculp.

Tom. IX. Pl. XXXIV. Pag. 342

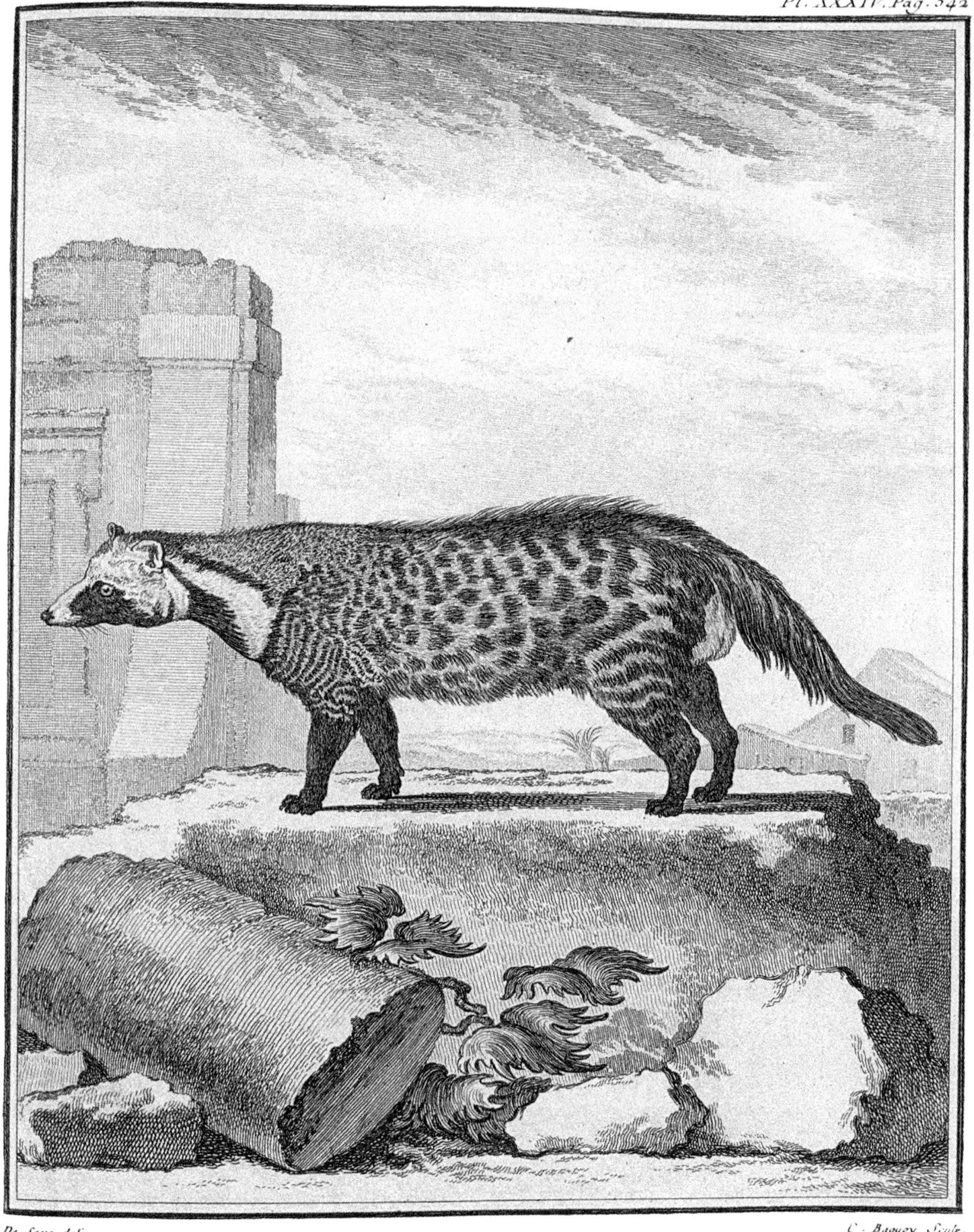

De Seve delin. C. Baquoy Sculp.

LA CIVETTE.

Tom. IX Pl. XXXV. Pag. 342.

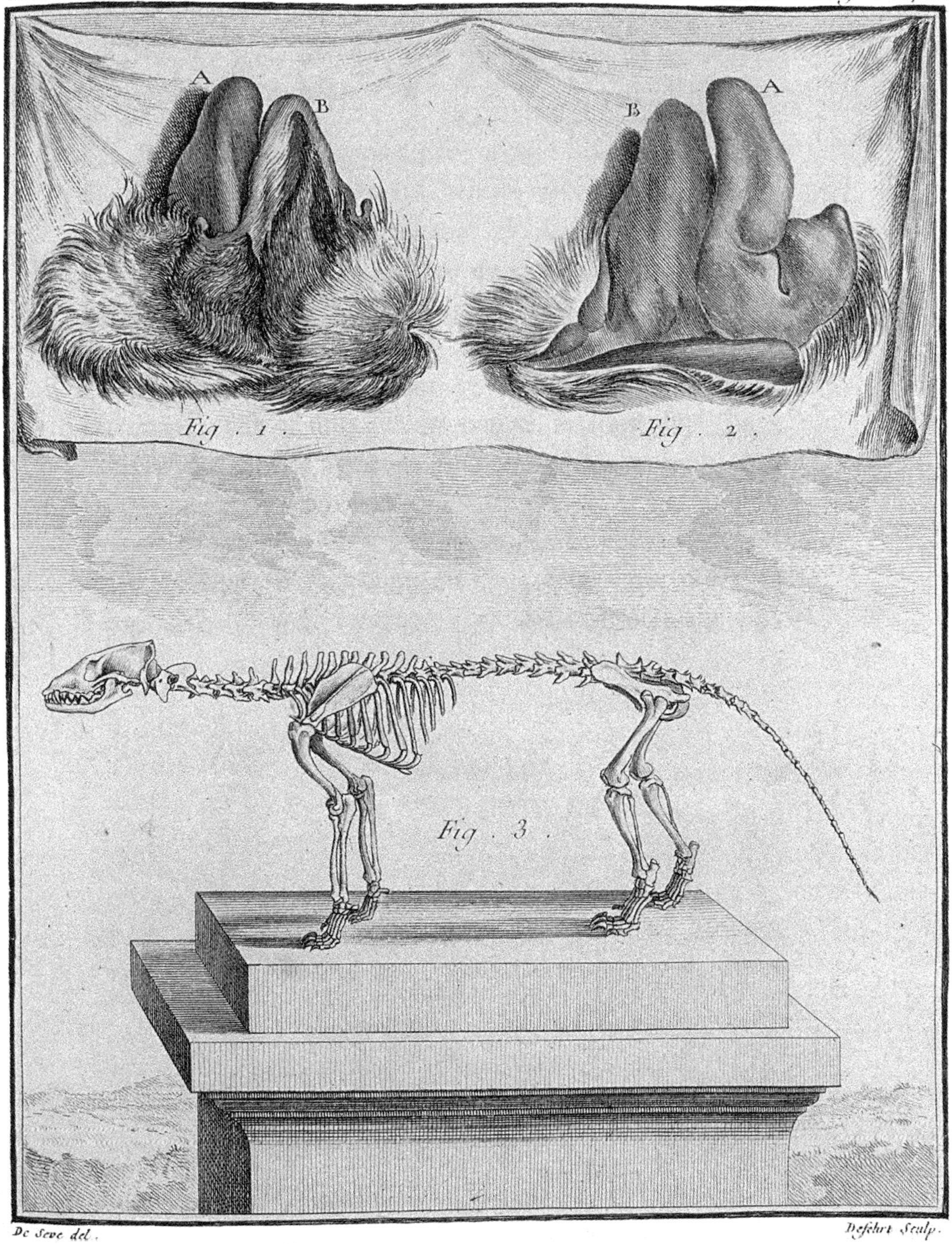


De Seve del. Defehrt Sculp.

Tom. IX. Pl. XXXVI. Pag. 360.

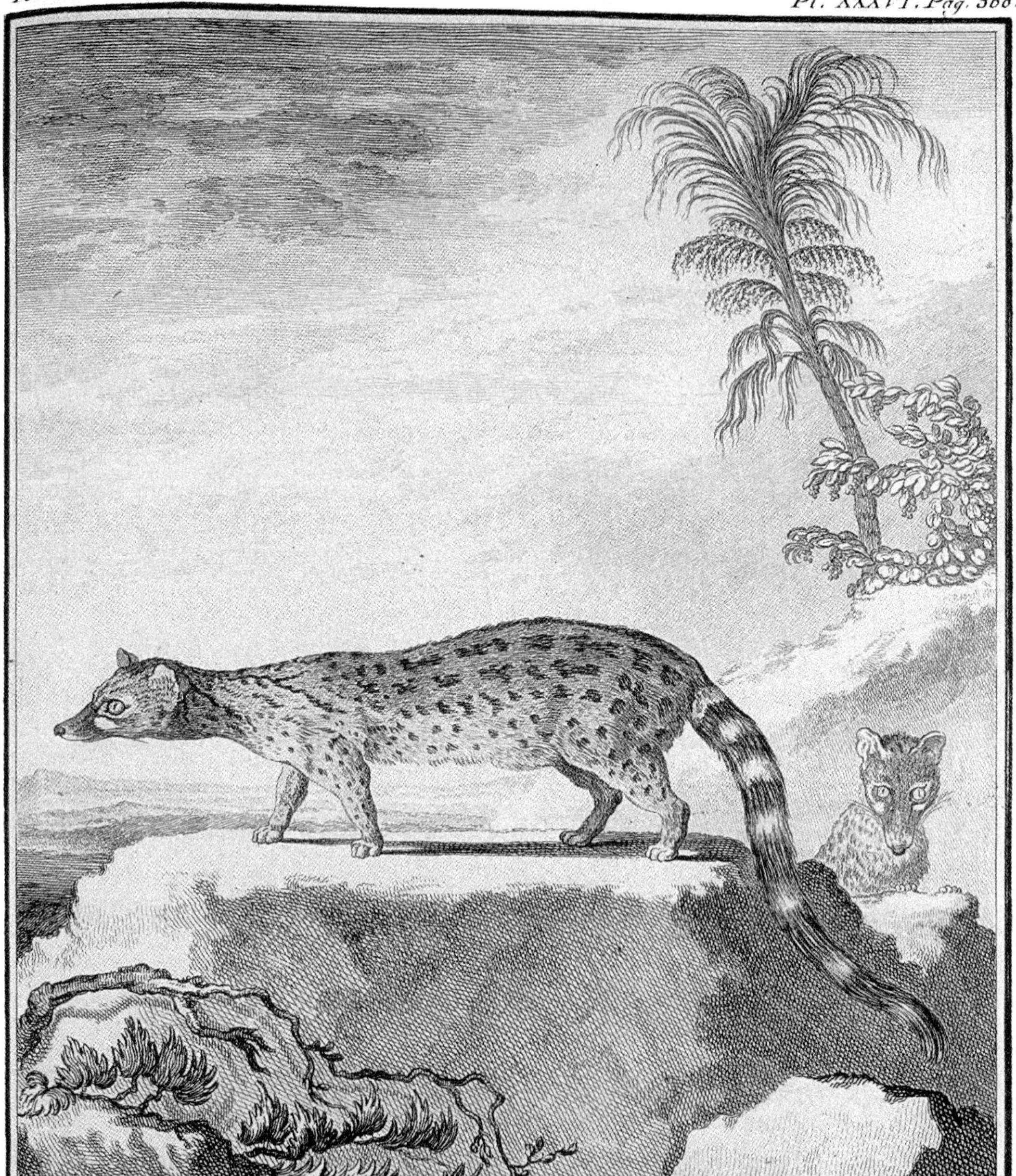

De Seve delin. C Baquoy Sculp.

LA GENETTE.

Tom . IX. Pl . XXXVII . Pag . 360

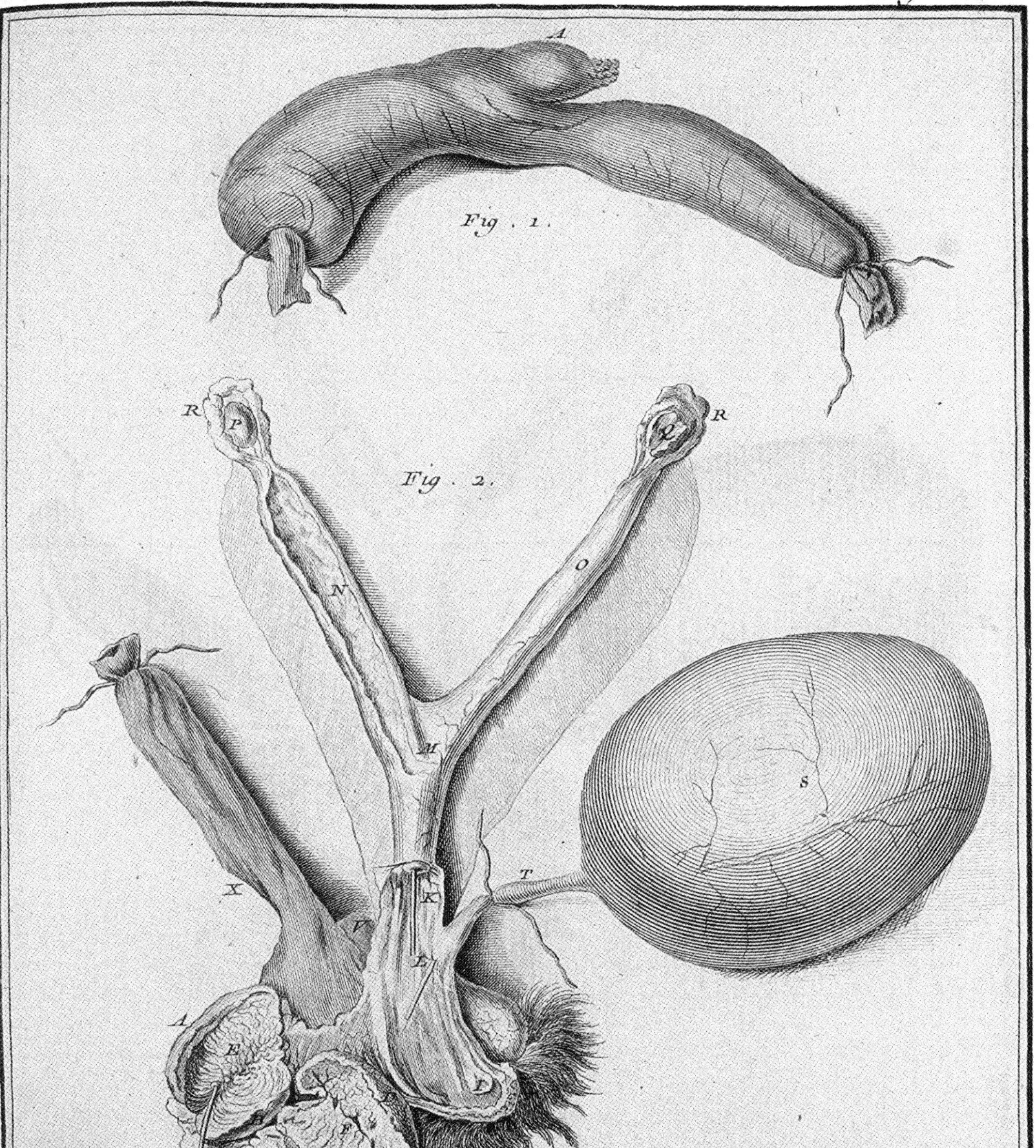


Buvée L'Ameriq . del. Chevillet Sculp

Tom . IX . Pl . XXXVIII . Pag . 360 .

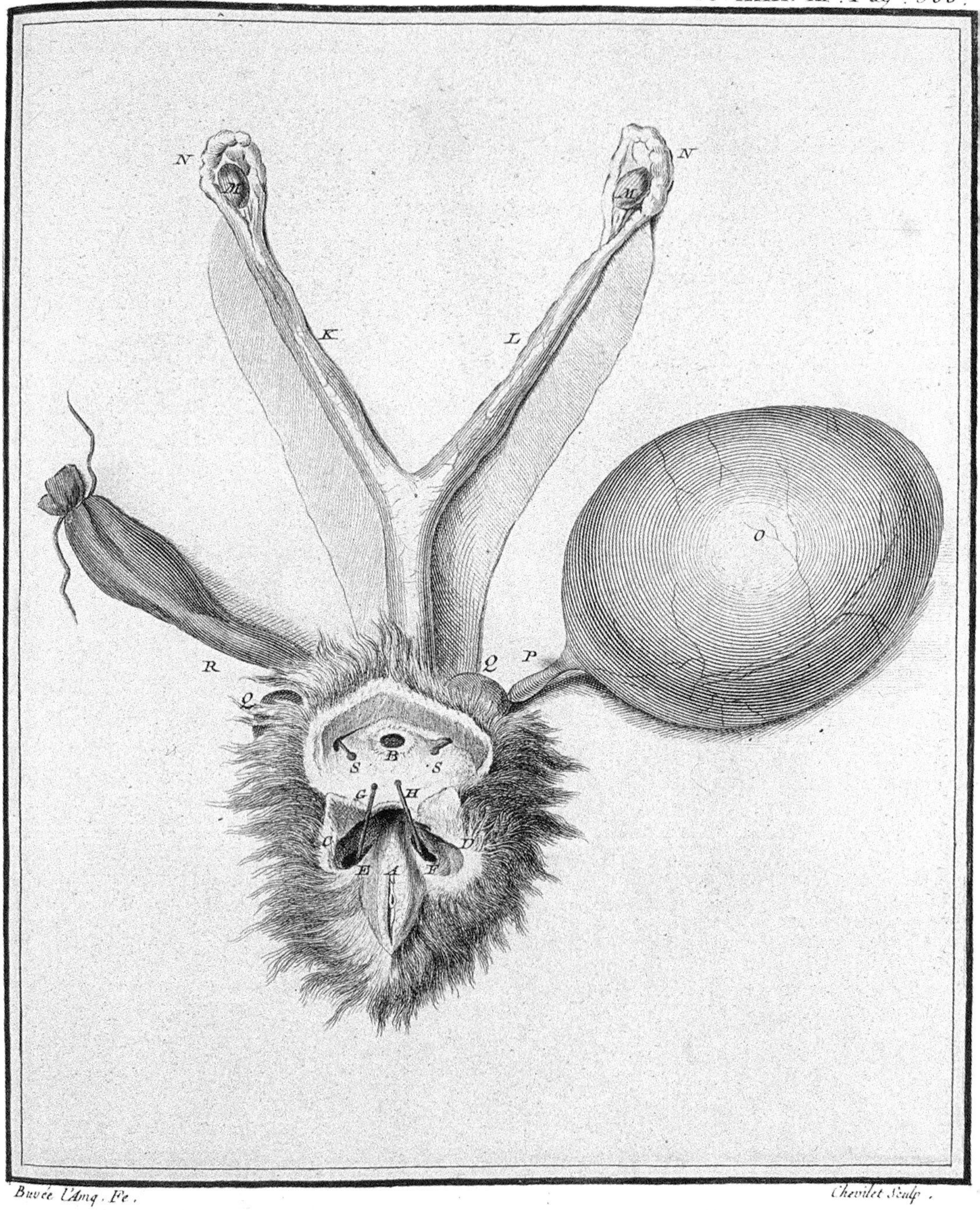


Buvée l'Amq . Fe . Chevilet Sculp .

Tom . IX .  Pl . XXXIX . Pag . 360 .

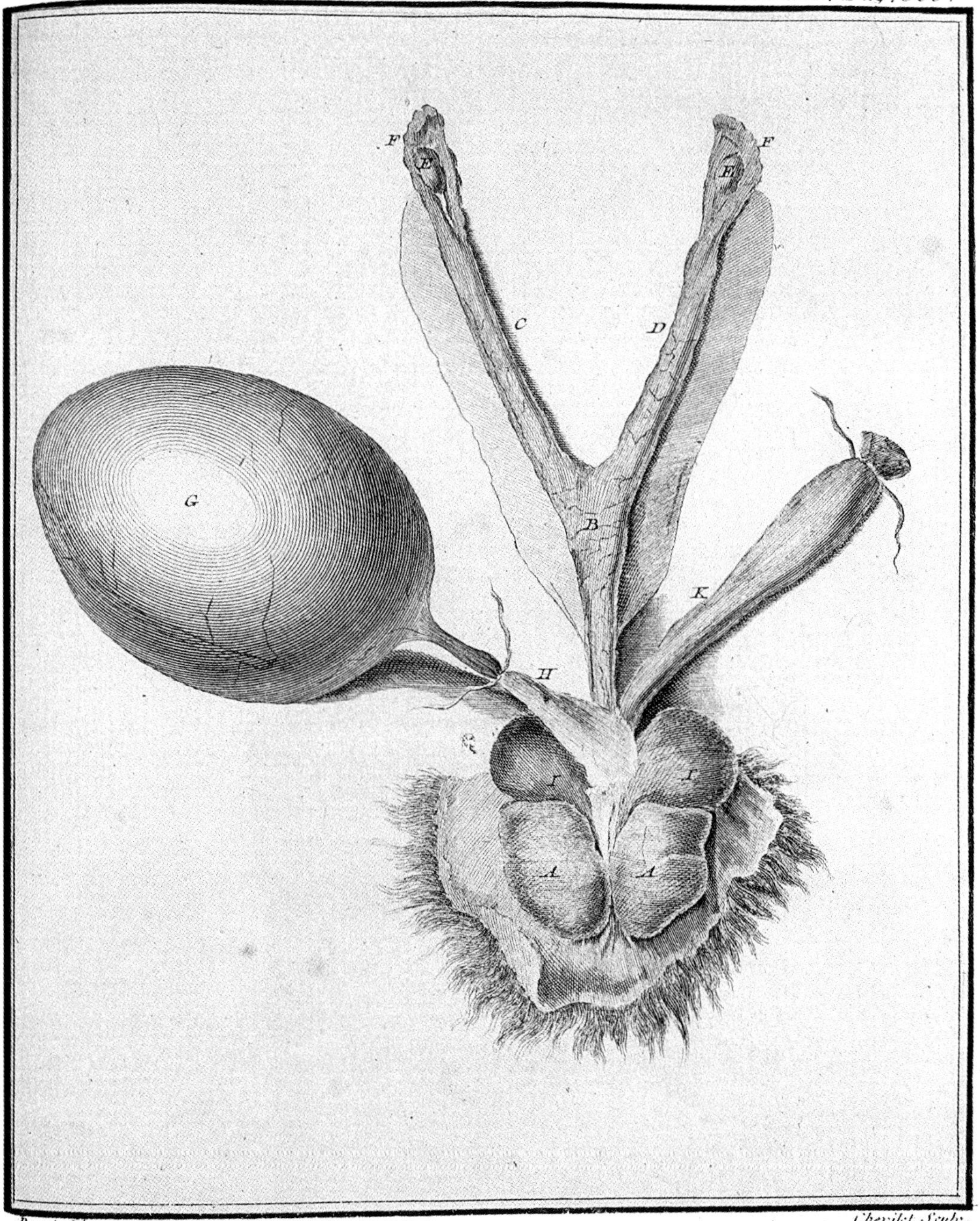


Buvée l'Amq . Fe .  Chevilet Sculp .

Tom . IX Pl . XL . Pag . 360 .

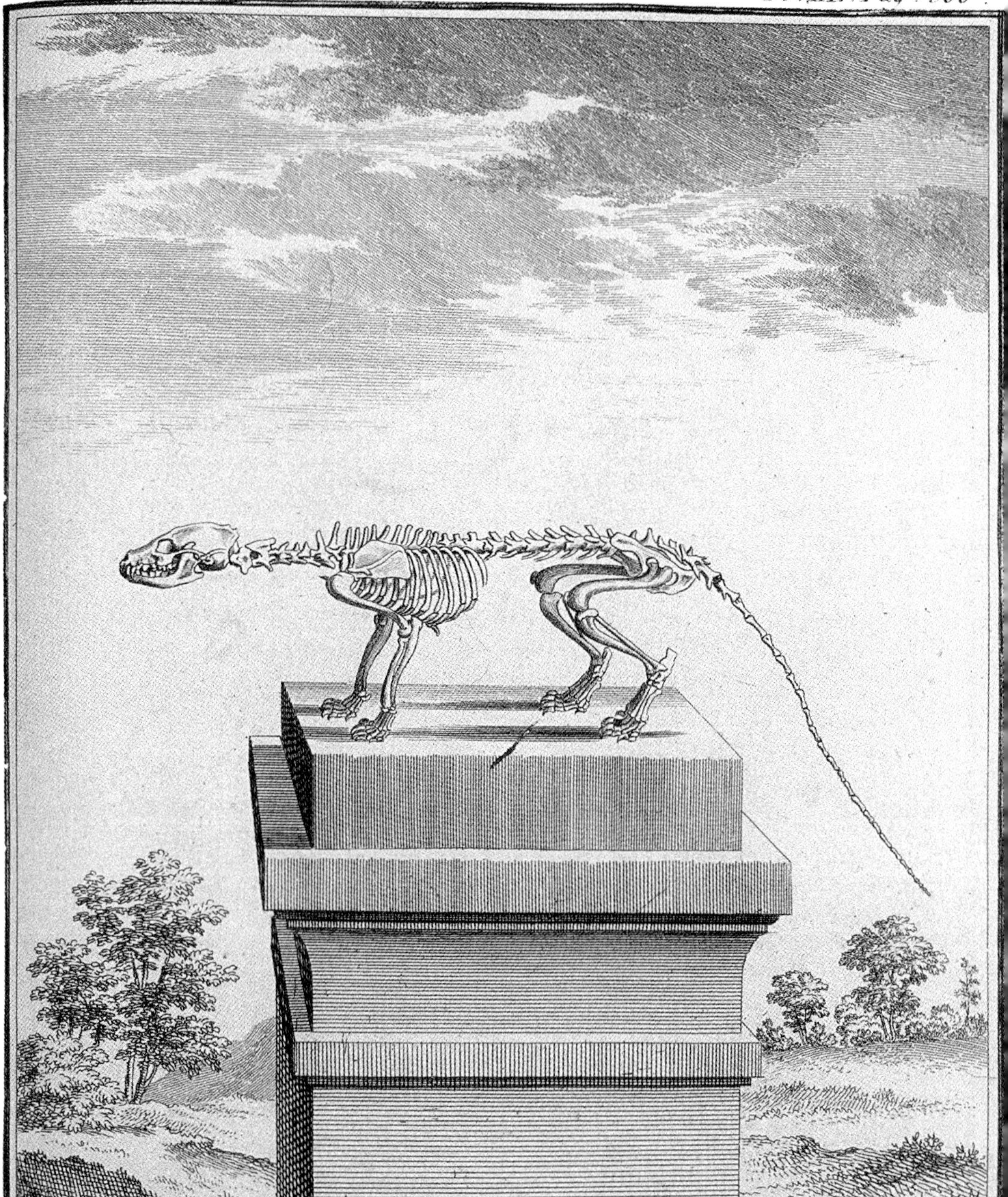

Buvée del L. Le Grand sculp.

# HISTOIRE NATURELLE,

## GÉNÉRALE ET PARTICULIÉRE,

*AVEC LA DESCRIPTION*

## DU CABINET DU ROI.

*Tome Dixième.*

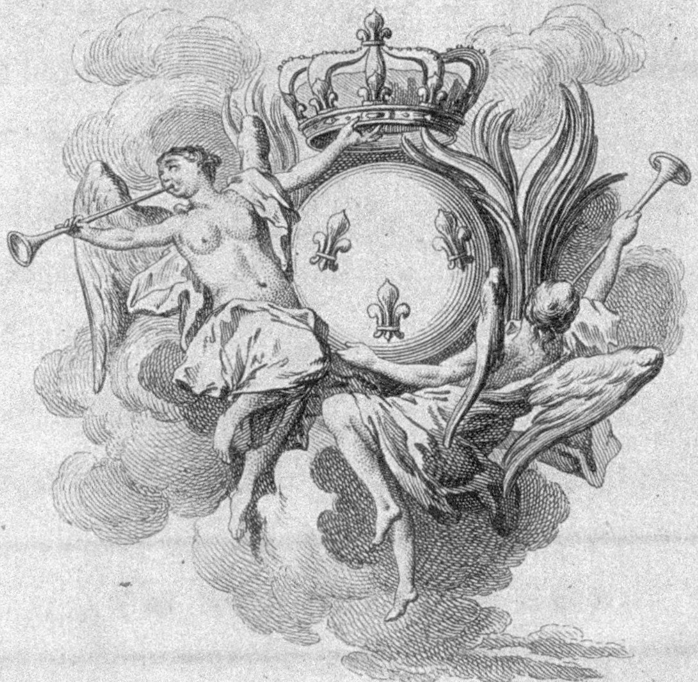

A PARIS,
DE L'IMPRIMERIE ROYALE.

M. DCCLXIII.

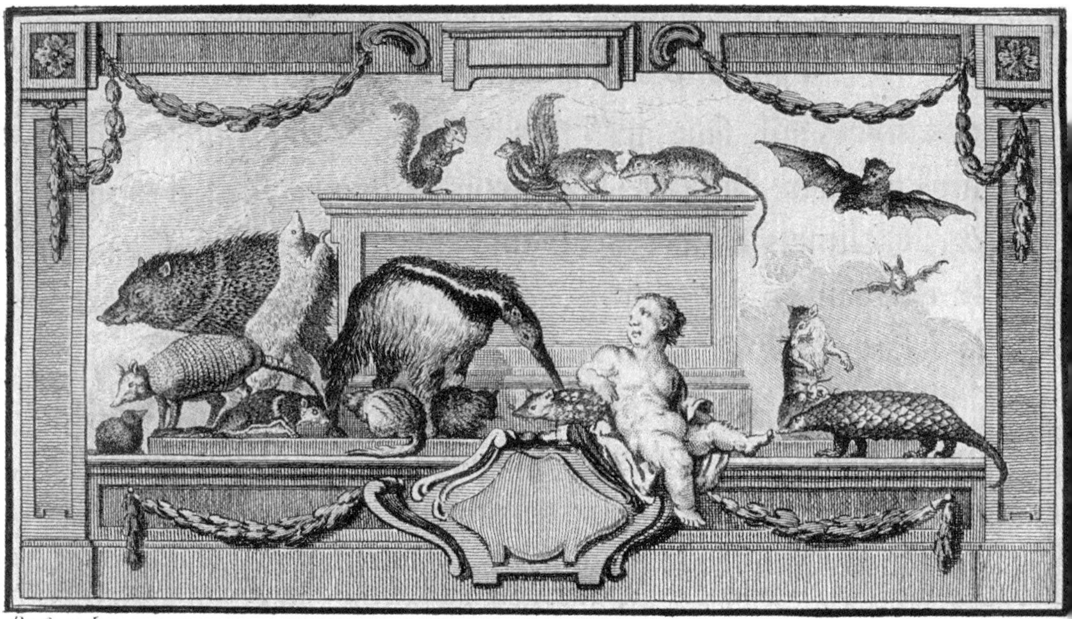

De Seve Inv.

Louis le Grand Sculp.

Tom. X. Pl. I. Pag. 20.

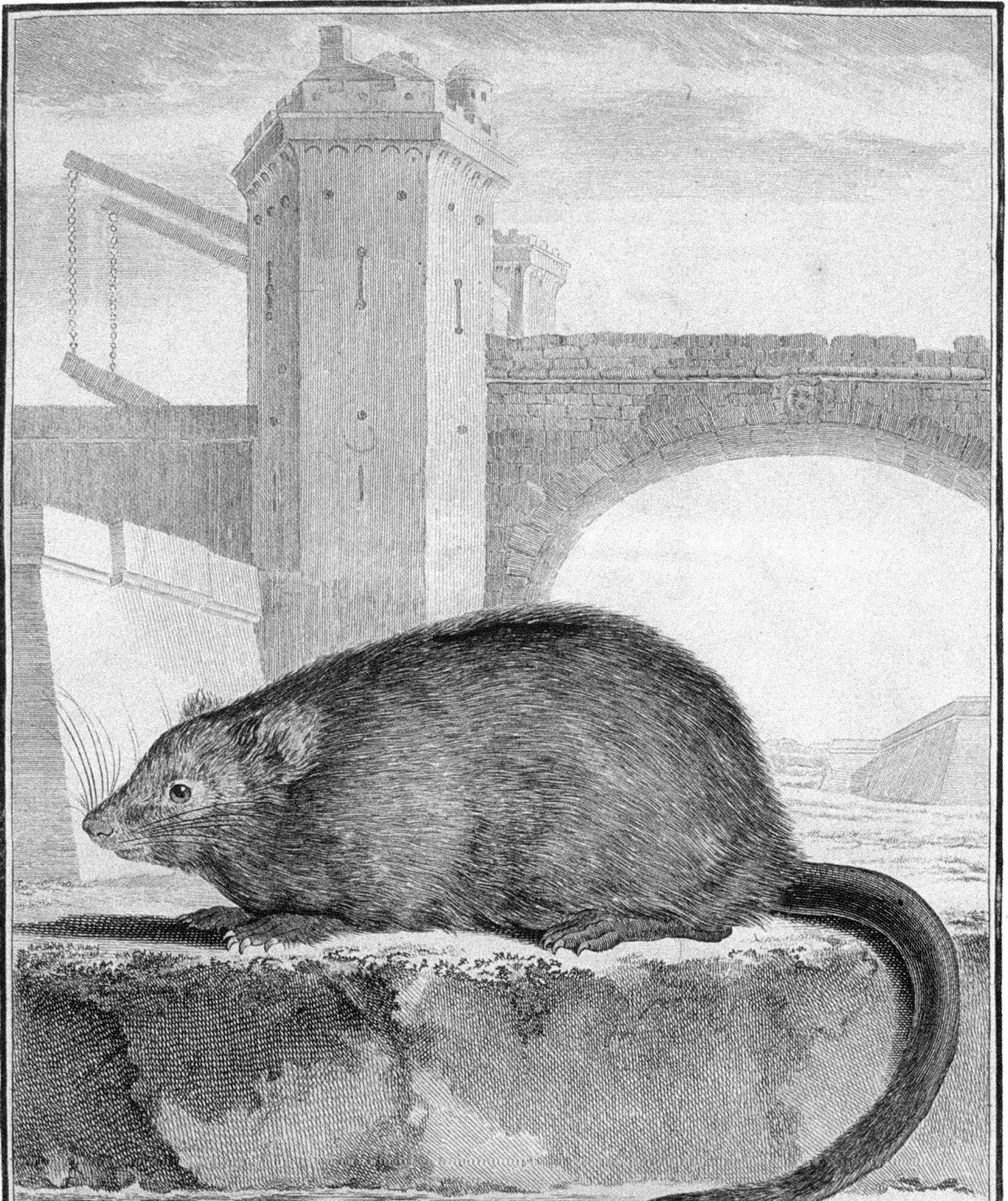

De Sève del. Baron Sculp.

L'ONDATRA.

*Tom X.* *Pl. II. Pag. 20.*

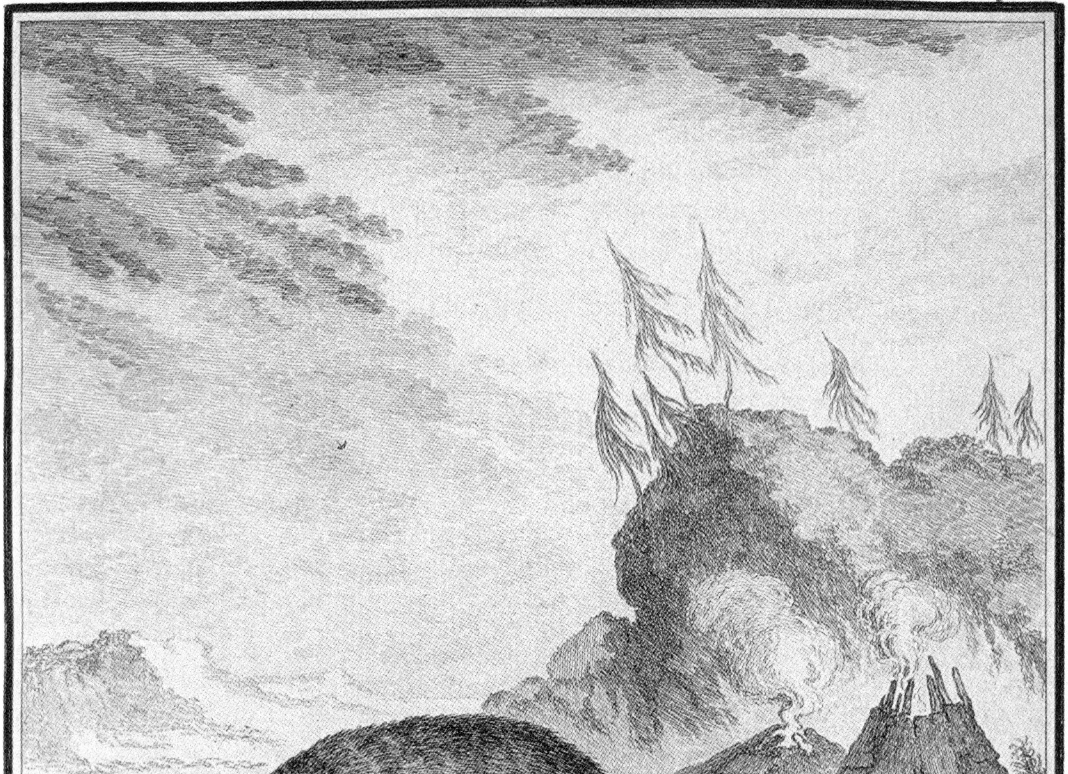

*De Seve delin.* *C. Baquoy Sculp.*

LE DESMAN.

Tom. X. Pl. III. Pag. 50.

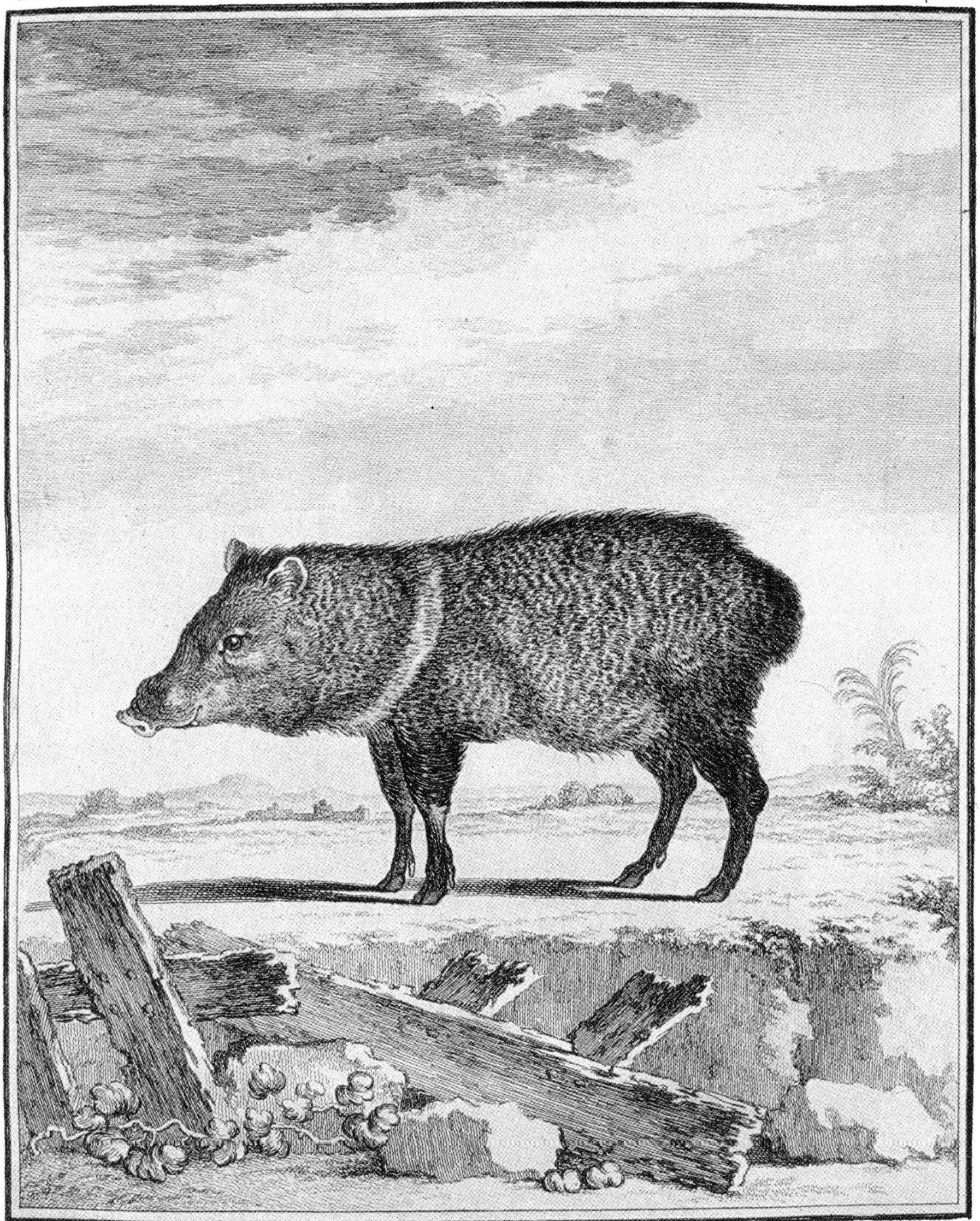

De Sève delin. C. Baquoy Sculp.

LE PECARI.

Tom. X.

Pl. IV. Pag. 50.

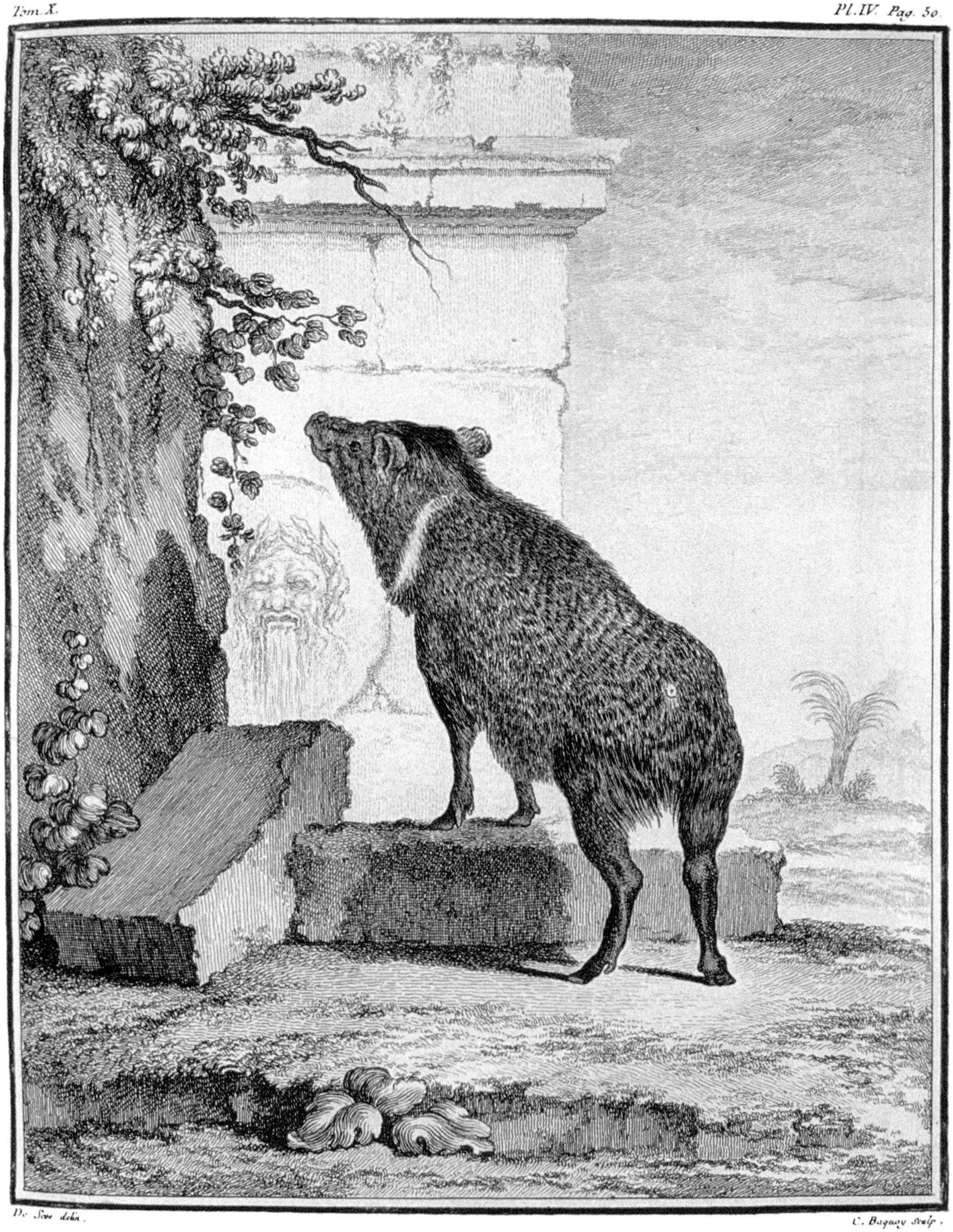

De Sève delin.

C. Baquoy Sculp.

Tom. X. Pl. V. Pag. 50.

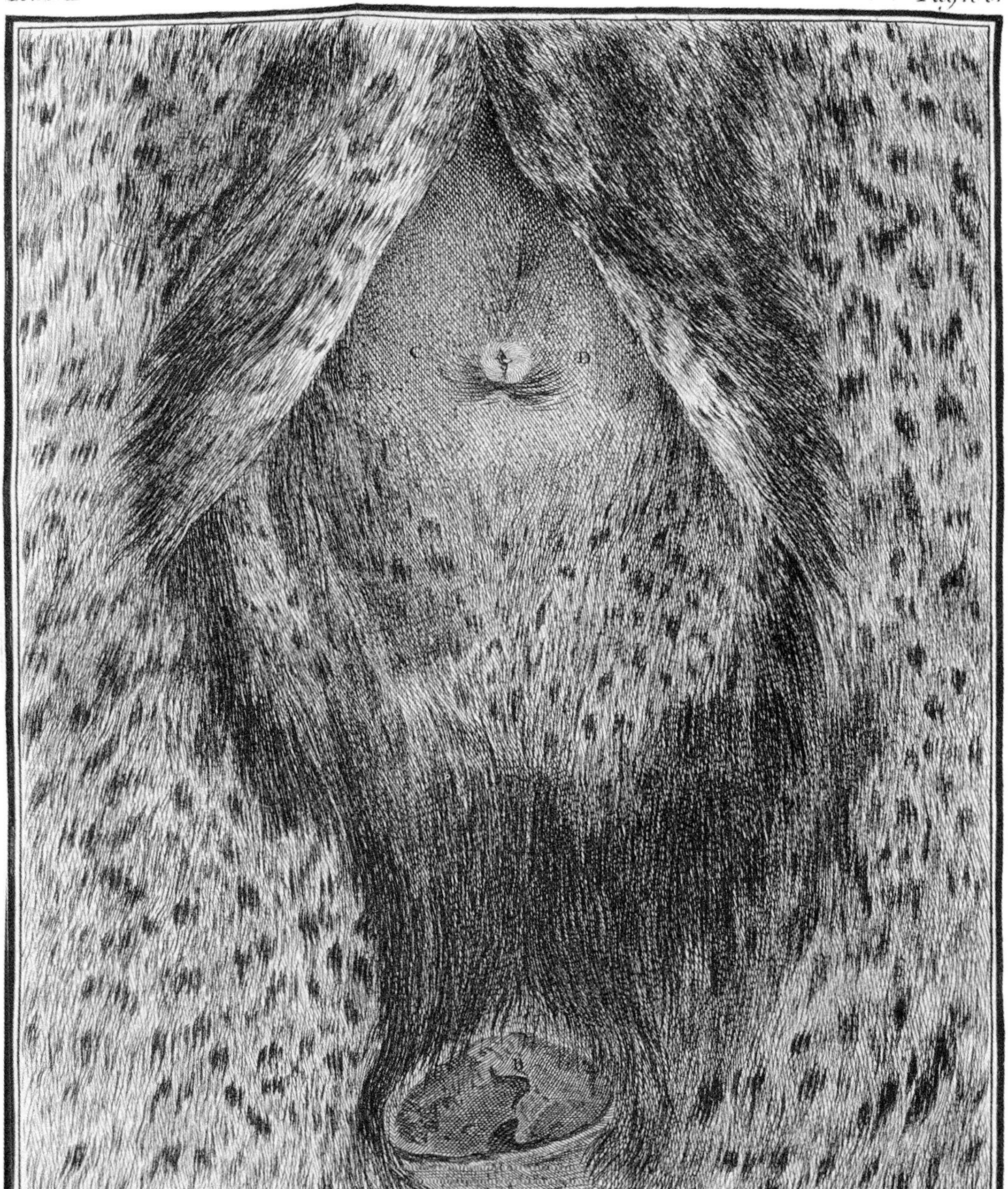

Buvée L'Americquain del. Pelletier Sculp.

Tom. X. Pl. VI. Pag. 50

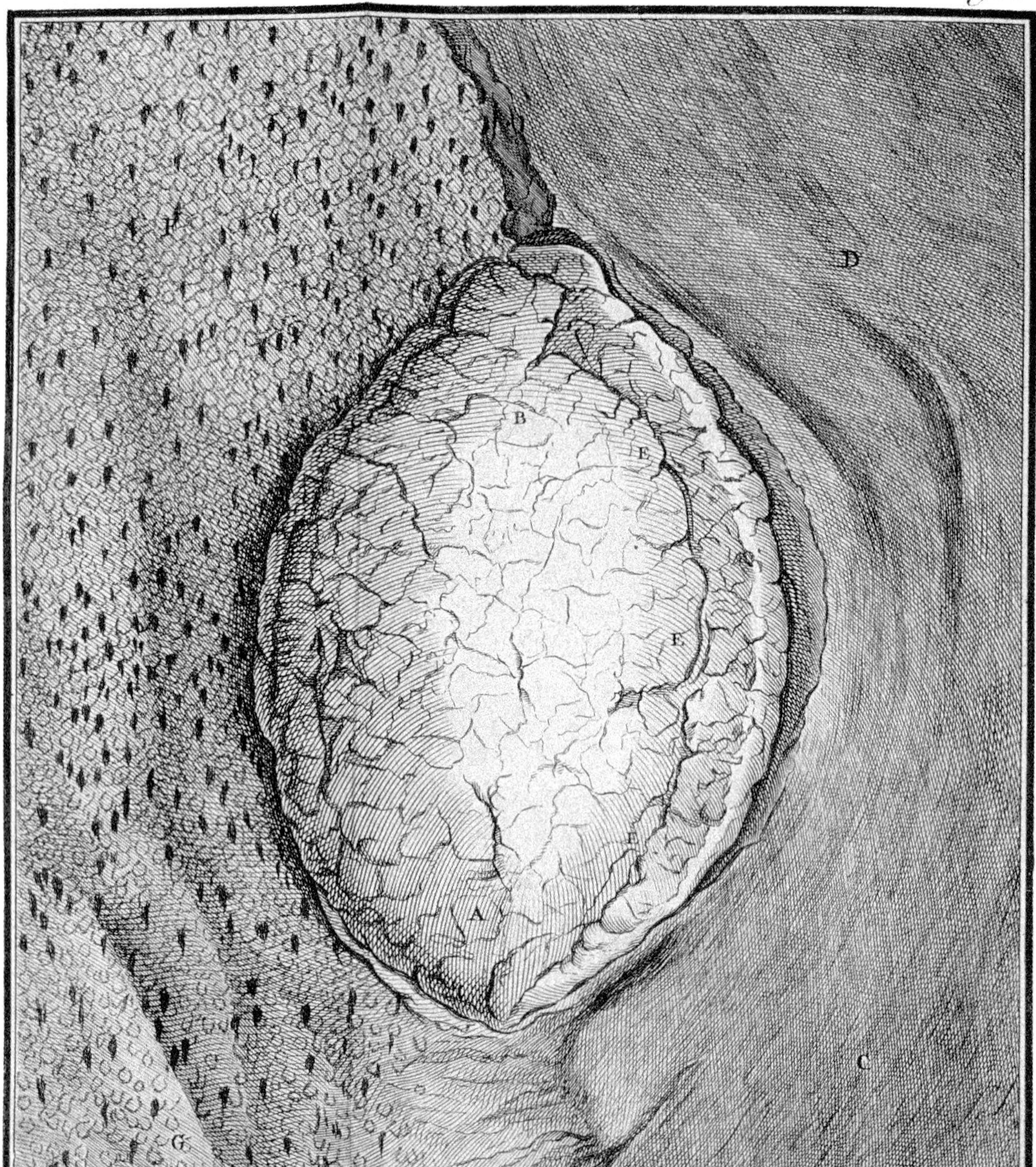


Buvée L'Ameriquain del. Pelletier Sculp.

Tom. X. Pl. VII. Pag. 50.

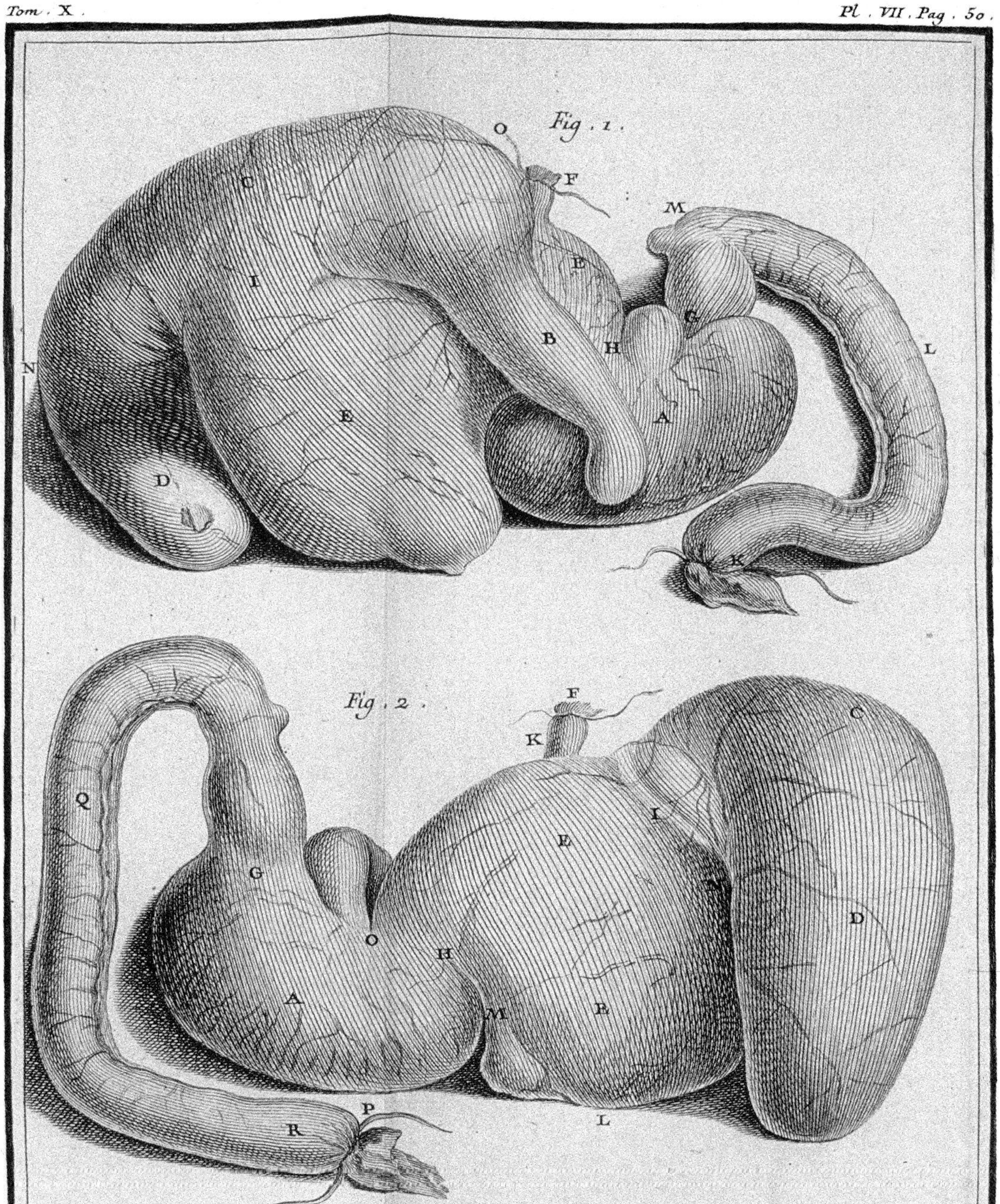


Buvée l'Am. del. Desfehrt Sculp.

Tom . X . Pl . VIII . Pag . 50 .

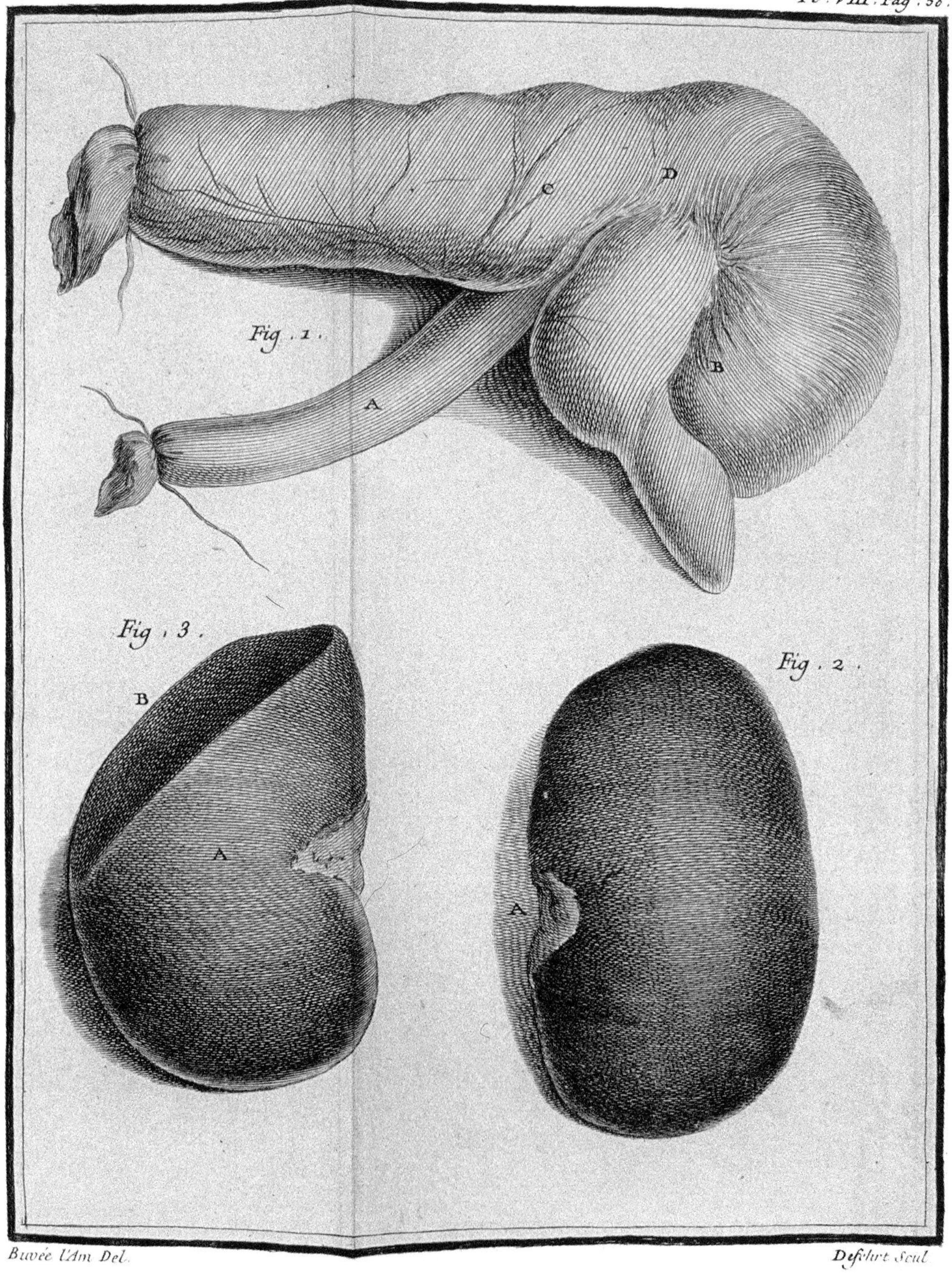


Buvée l'Am Del. Desehrt Sculp

Tom. X. Pl. IX. Pag 50.

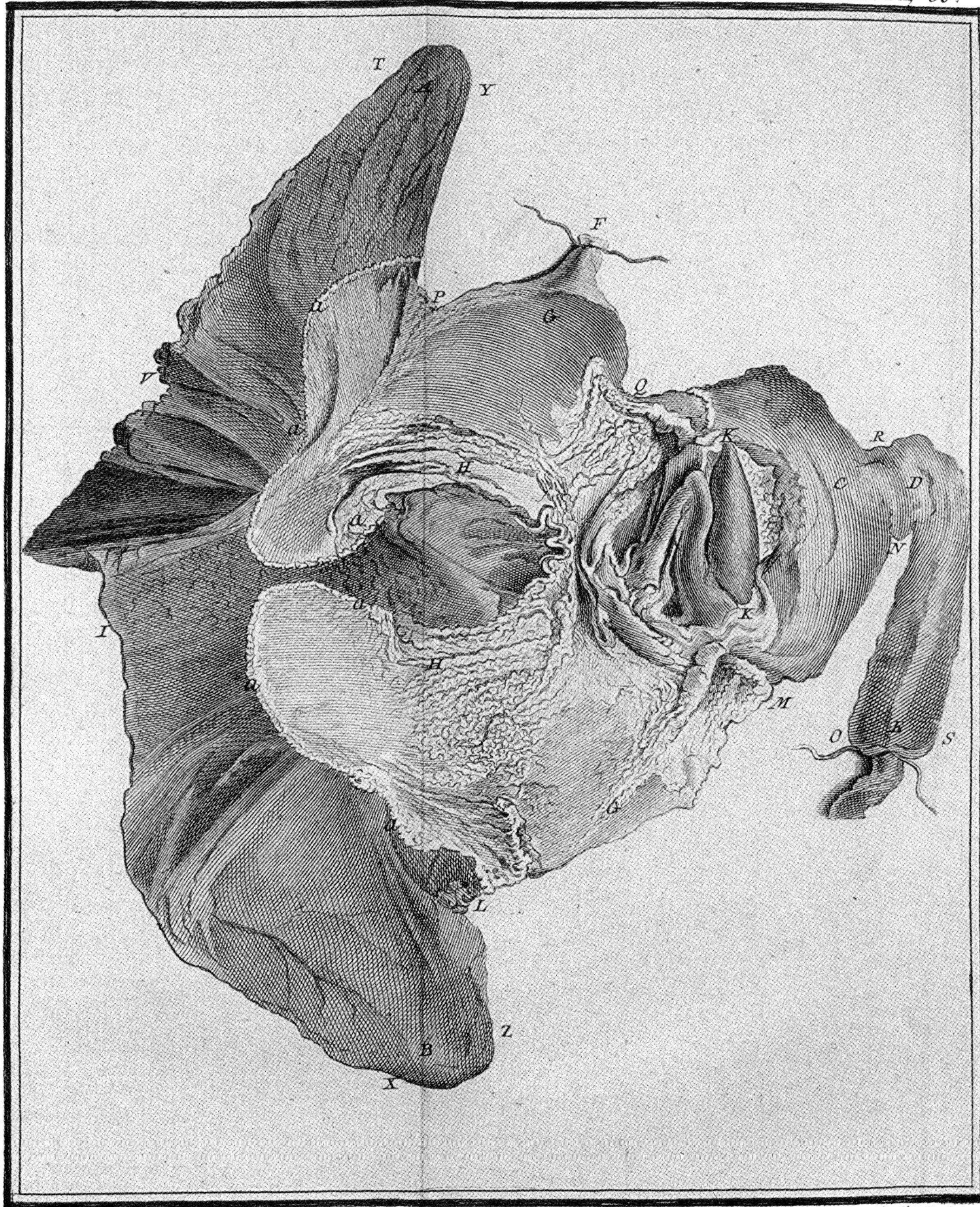


*Buvée l'Ameriquain del.* *Chevillet Sculp.*

Tom. X.

Pl. X. Pag. 50.

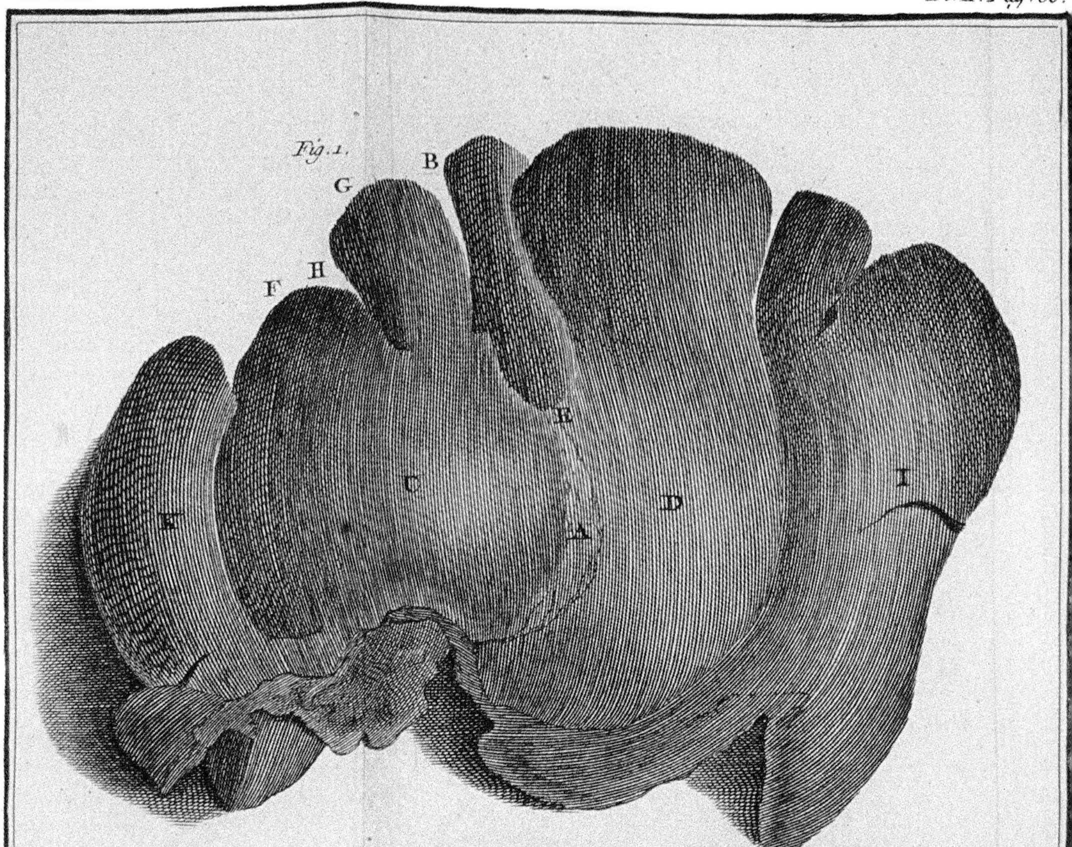


Buvée Lameriquain del.

Baron Sculp.

Tom. X. Pl. XI. Pag. 50.

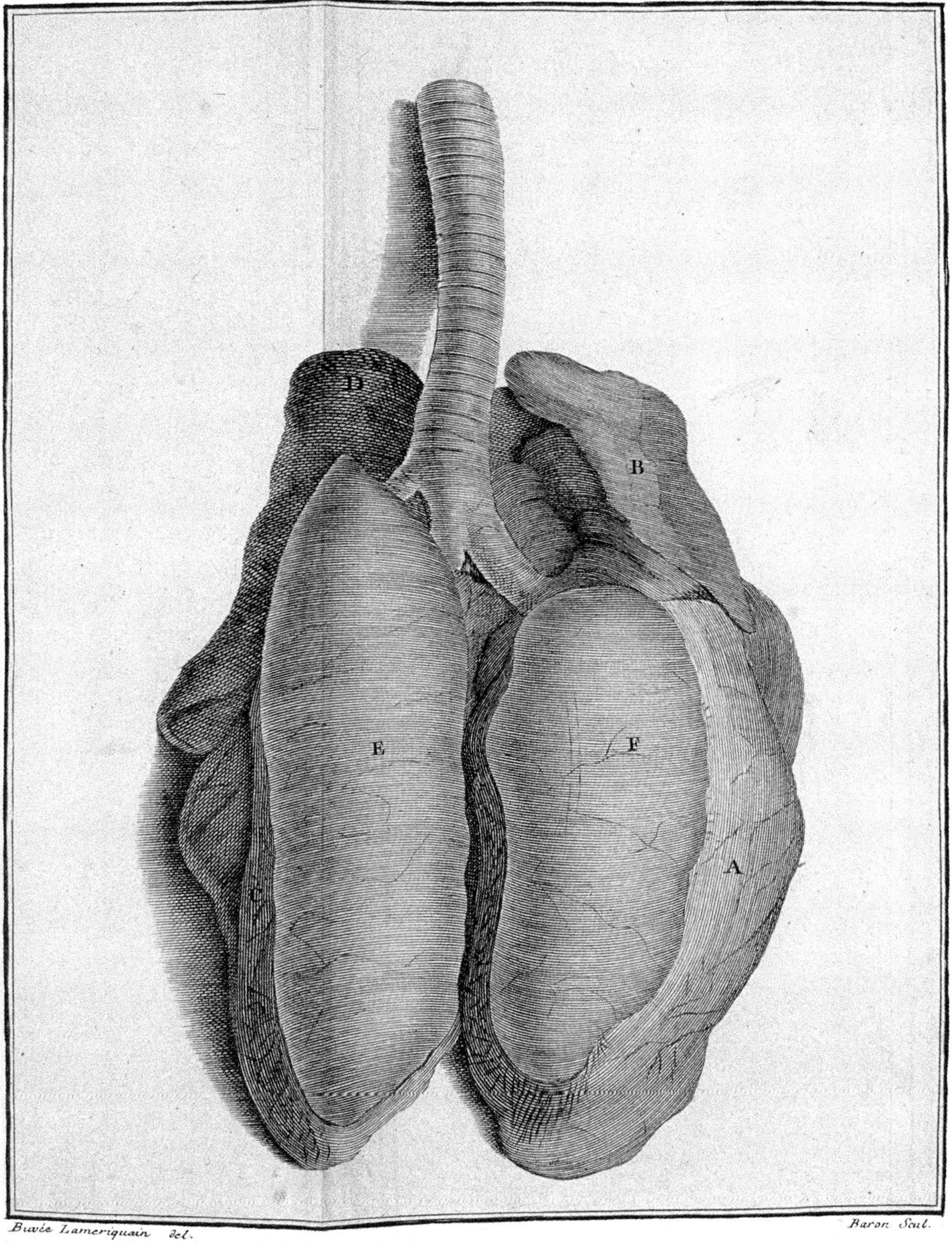


Buvée Lameriquain del. Baron Sculp.

Tom . X .

Pl . XII Pag . 50 .

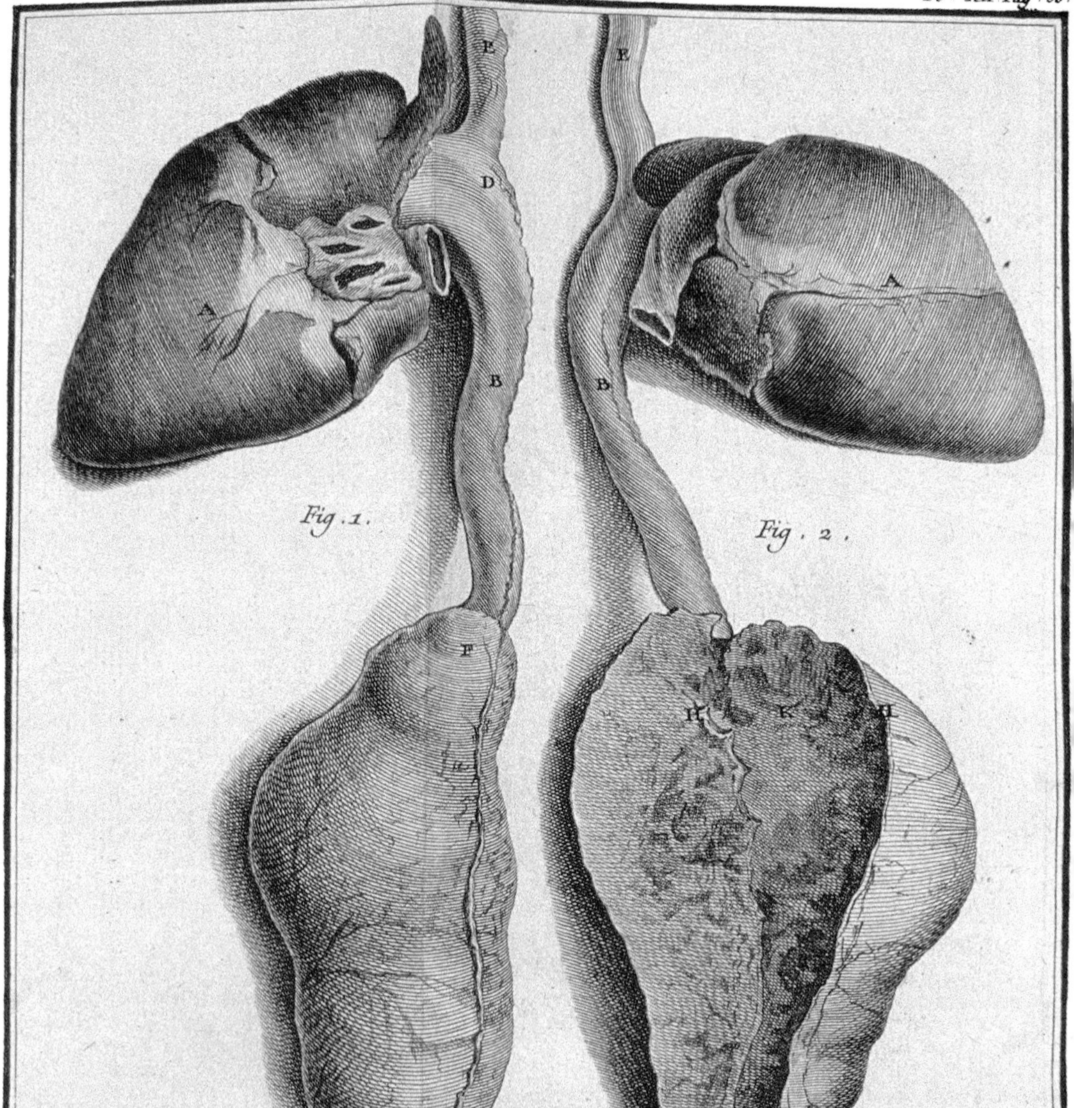


Buvée l'Am . Del .

Defehrt . Sculp

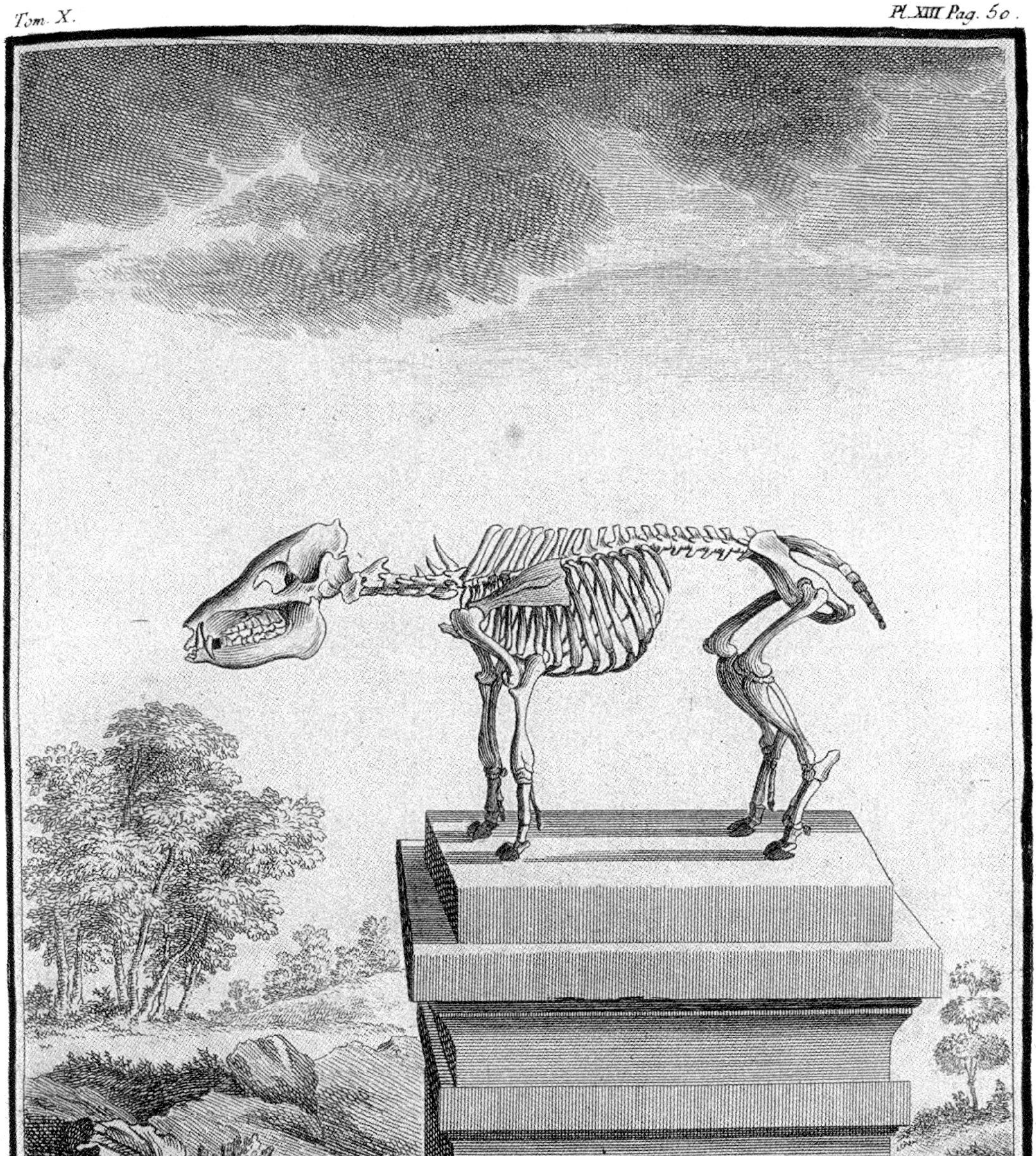
Tom. X.
Pl. XIII Pag. 50.

Tom. X. Pl. XIV. Pag. 78

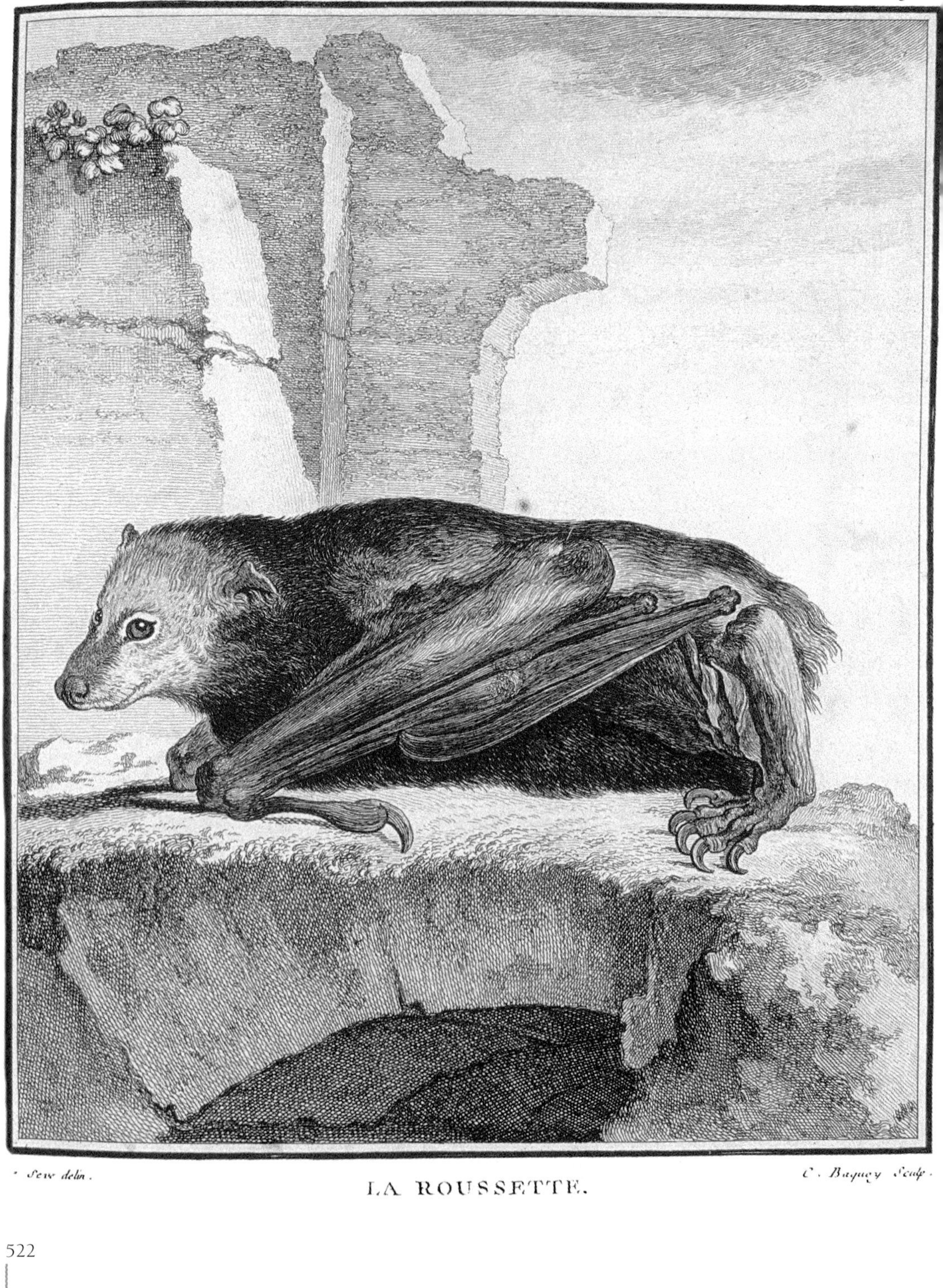

Sève delin. C. Baquoy Sculp.

LA ROUSSETTE.

Tom. X. Pl. XV. Pag. 78.

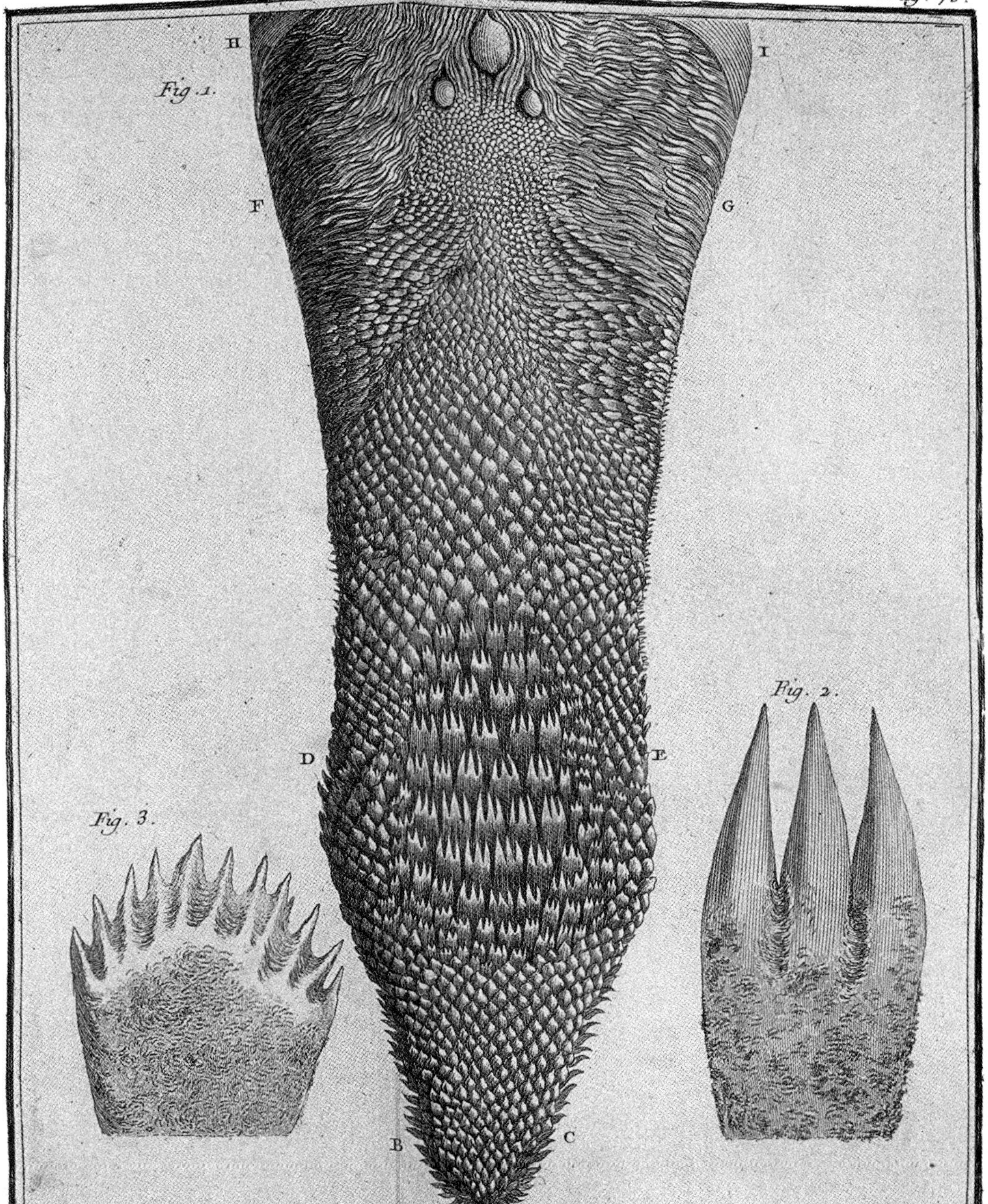


De Seve del. Baron sculp.

Tom. X. Pl. XVI. Pag. 78.

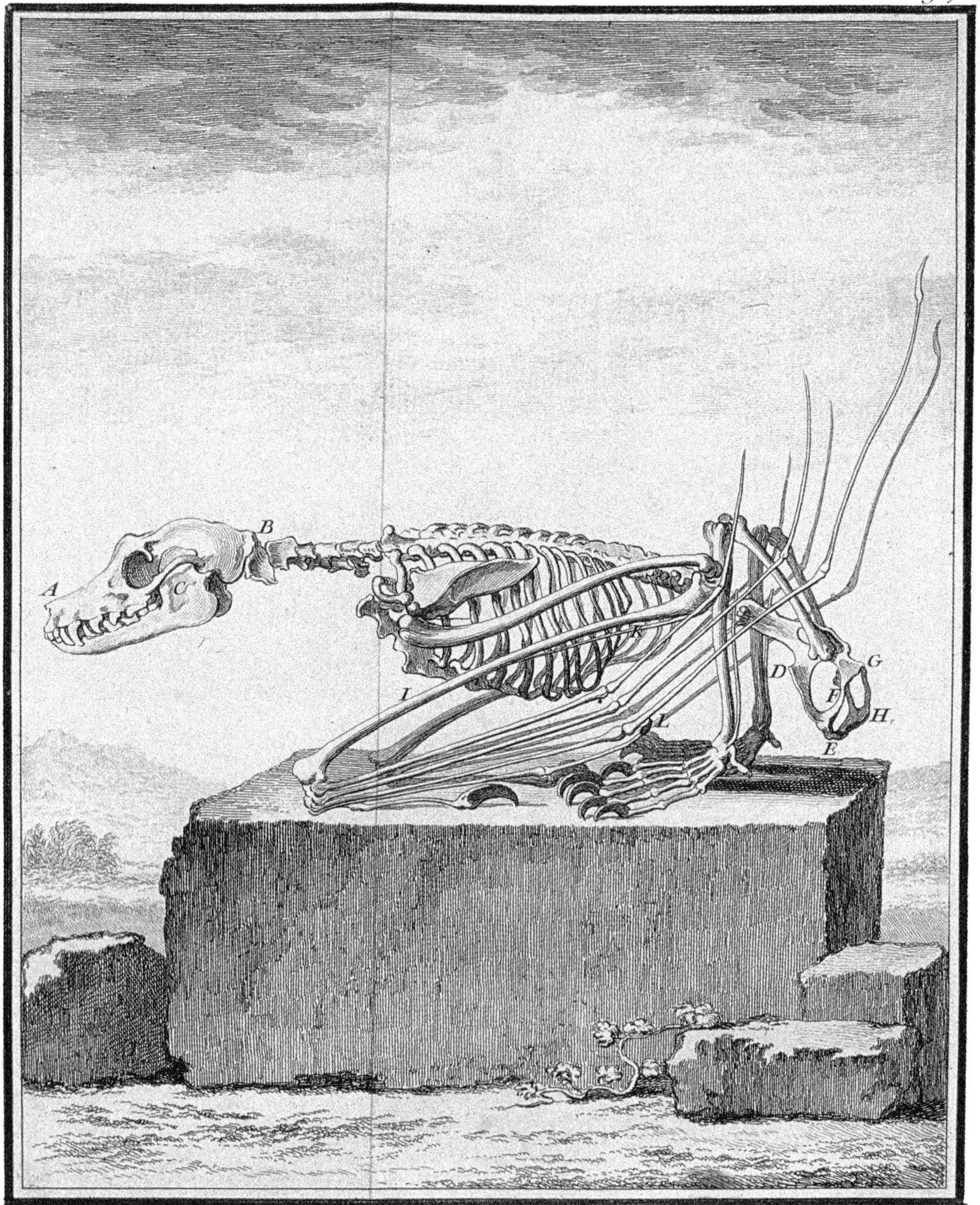


Desève delin. cl. F.lle Guélar Sculps.

*Tom. X.* *Pl. XVII. Pag. 80.*

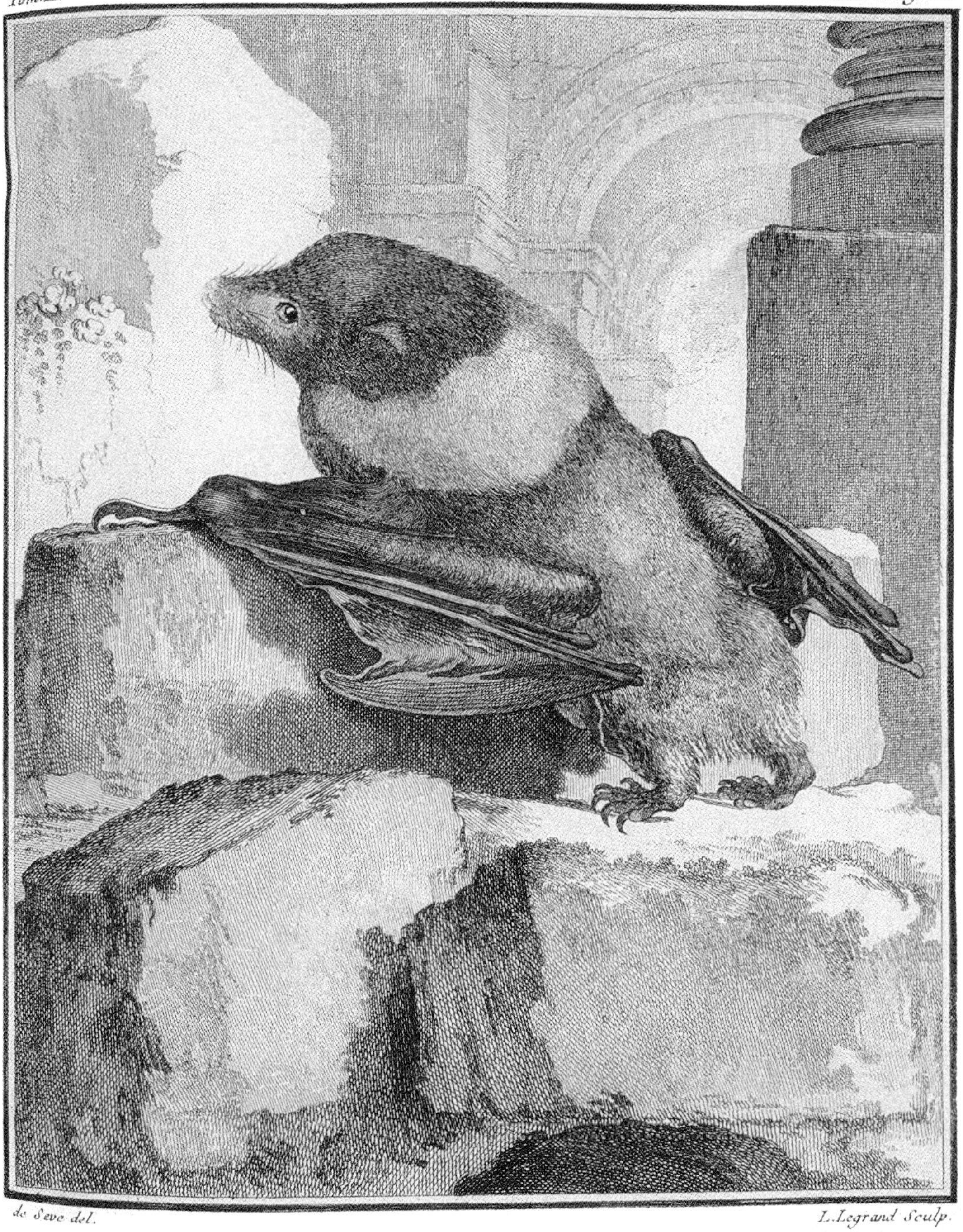

*de Seve del.* *L. Legrand Sculp.*

LA ROUGETTE.

Tom. X. Pl XVIII Pag 94.

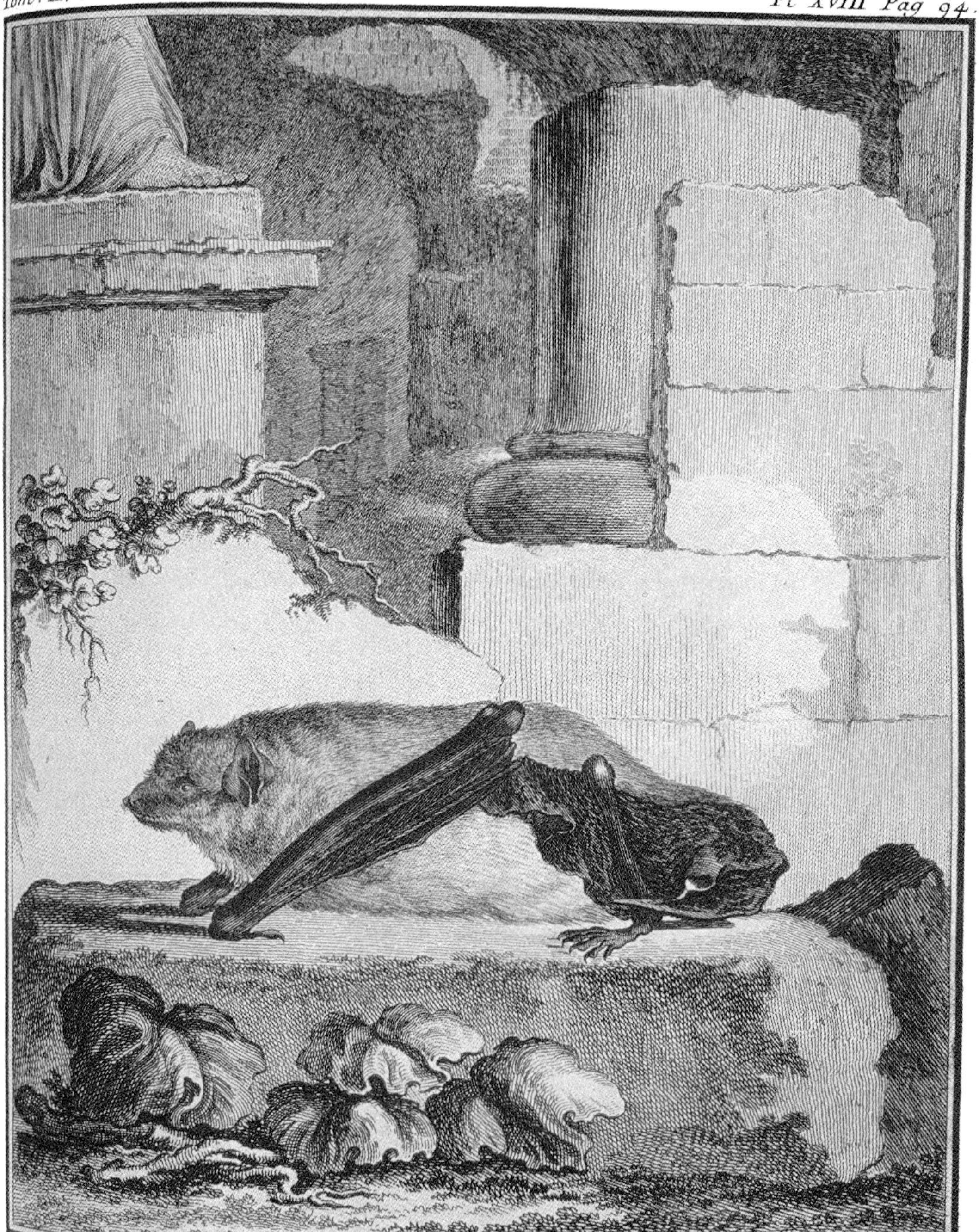

le Seve del. Louis le Grand Sculp.

CHAUVE-SOURIS ETRANGERE.

*Tom. X.* *Pl. XIX. Pag. 94.*

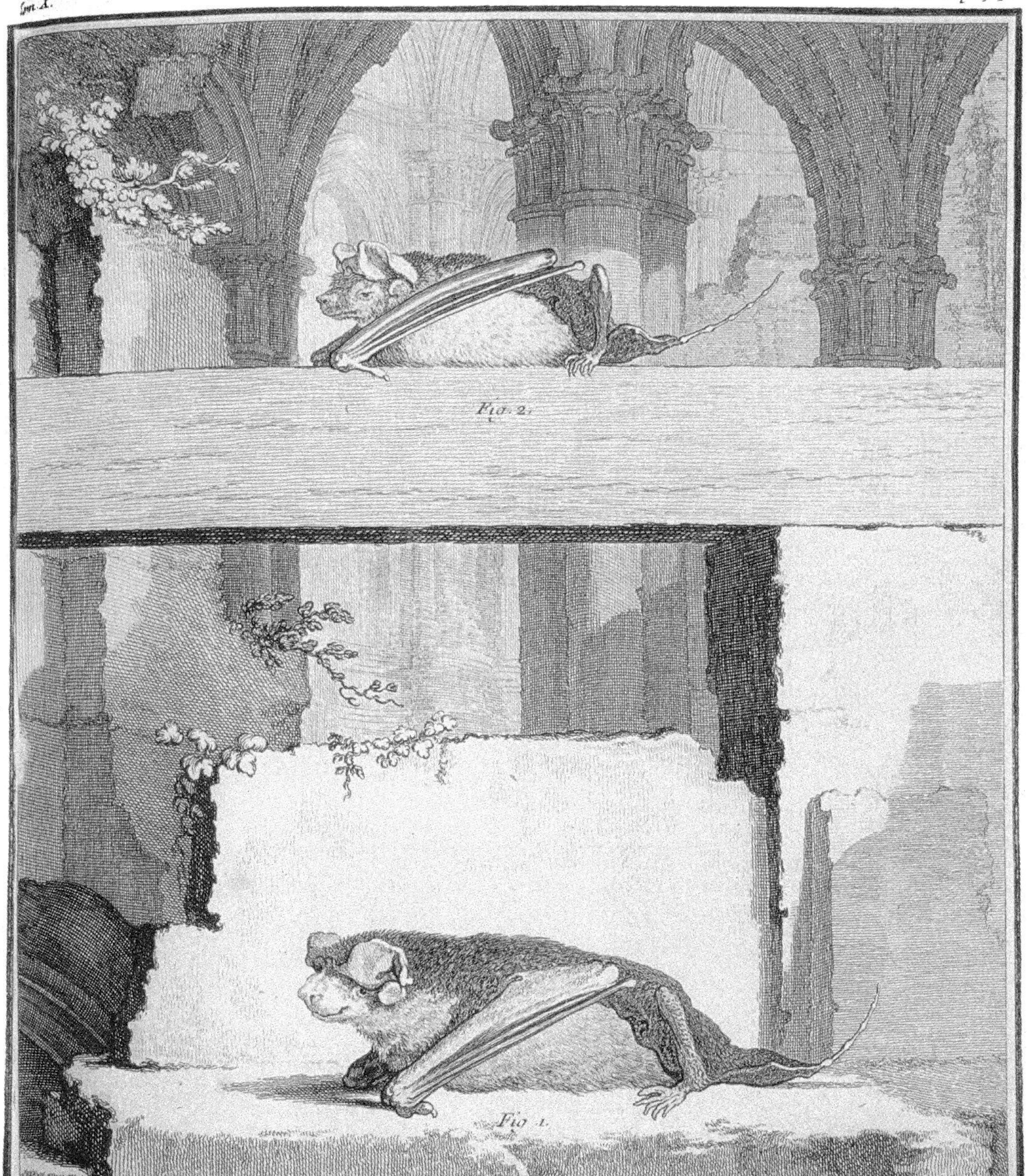


*De Seve delin.* *C. Baquoy Sculp.*

CHAUVESOURIS ETRANGERES.

Tom. X. Pl. XX Pag. 94

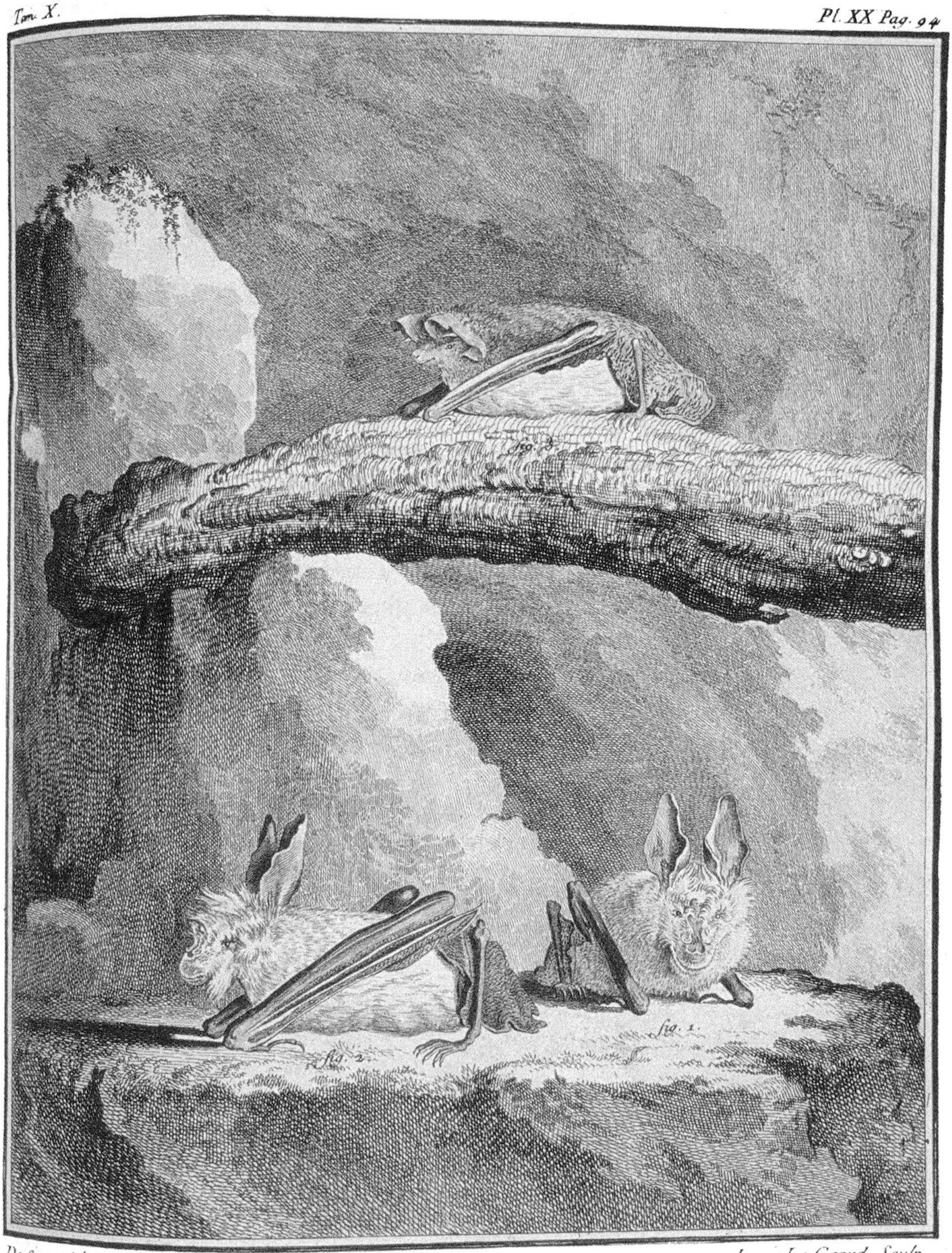


De Seve del — Louis Le Grand Sculp.

CHAUVE SOURIS ETRANGERES

Tom. X. Pl. XXI. Pag. 114.

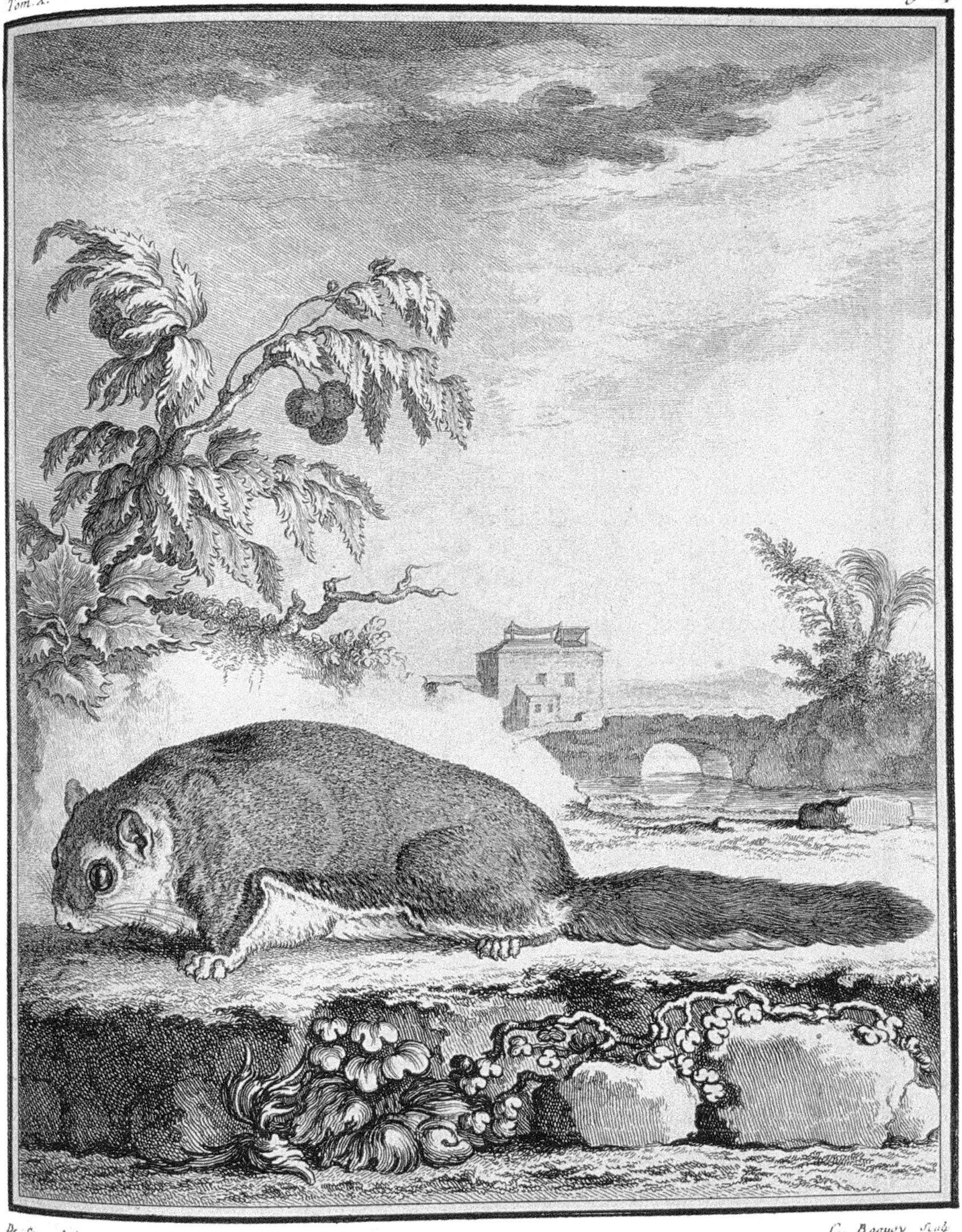

De Seve delin. C. Baquoy Sculp.

LE POLATOUCHE.

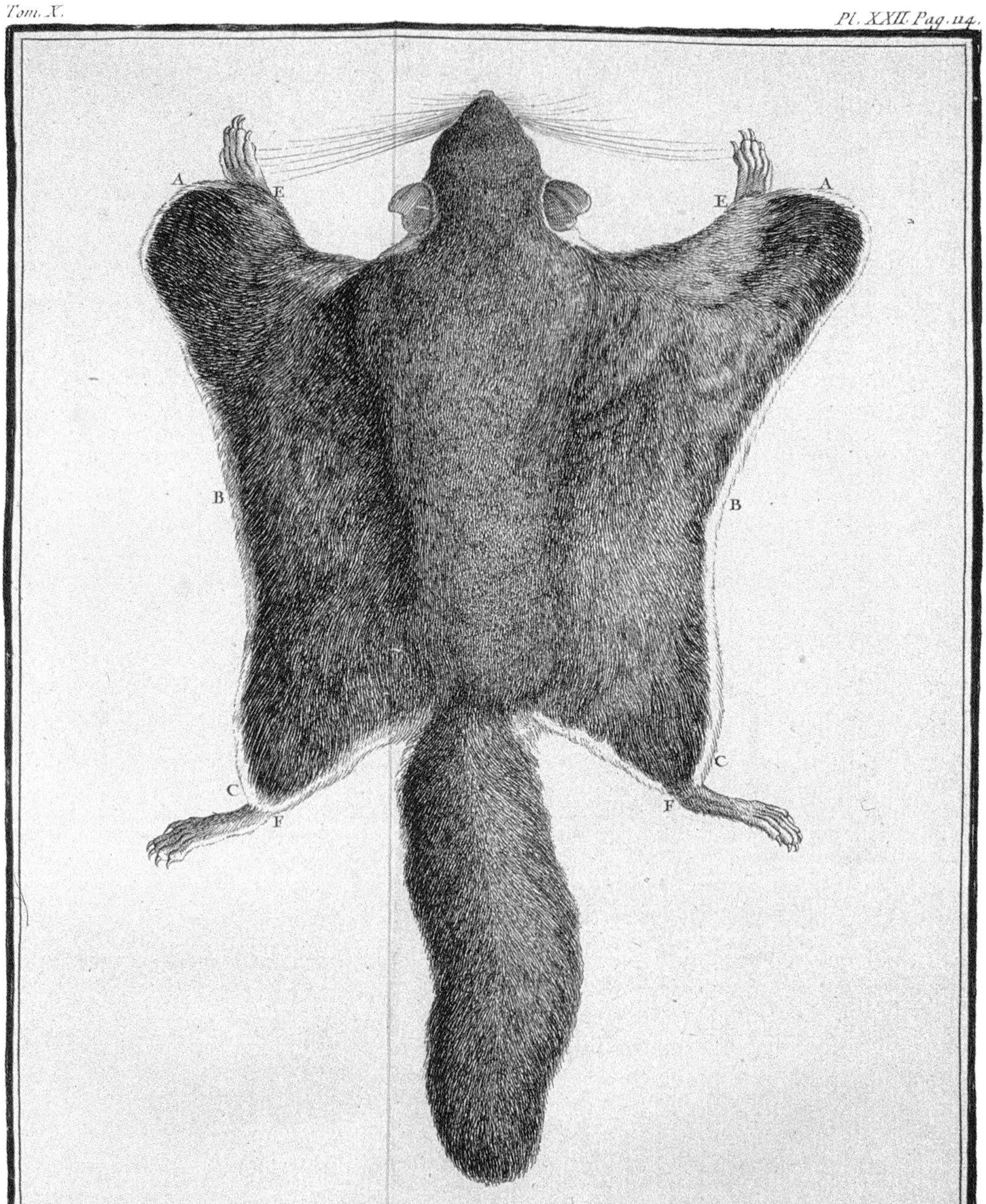
Tom. X.
Pl. XXII. Pag. 114.
A
A
E
E
B
B
C
C
F
F
Buvé l'Ameriquain delin.
Menil sculp.

*Tom. X.* *Pl. XXIII. Pag. 114.*

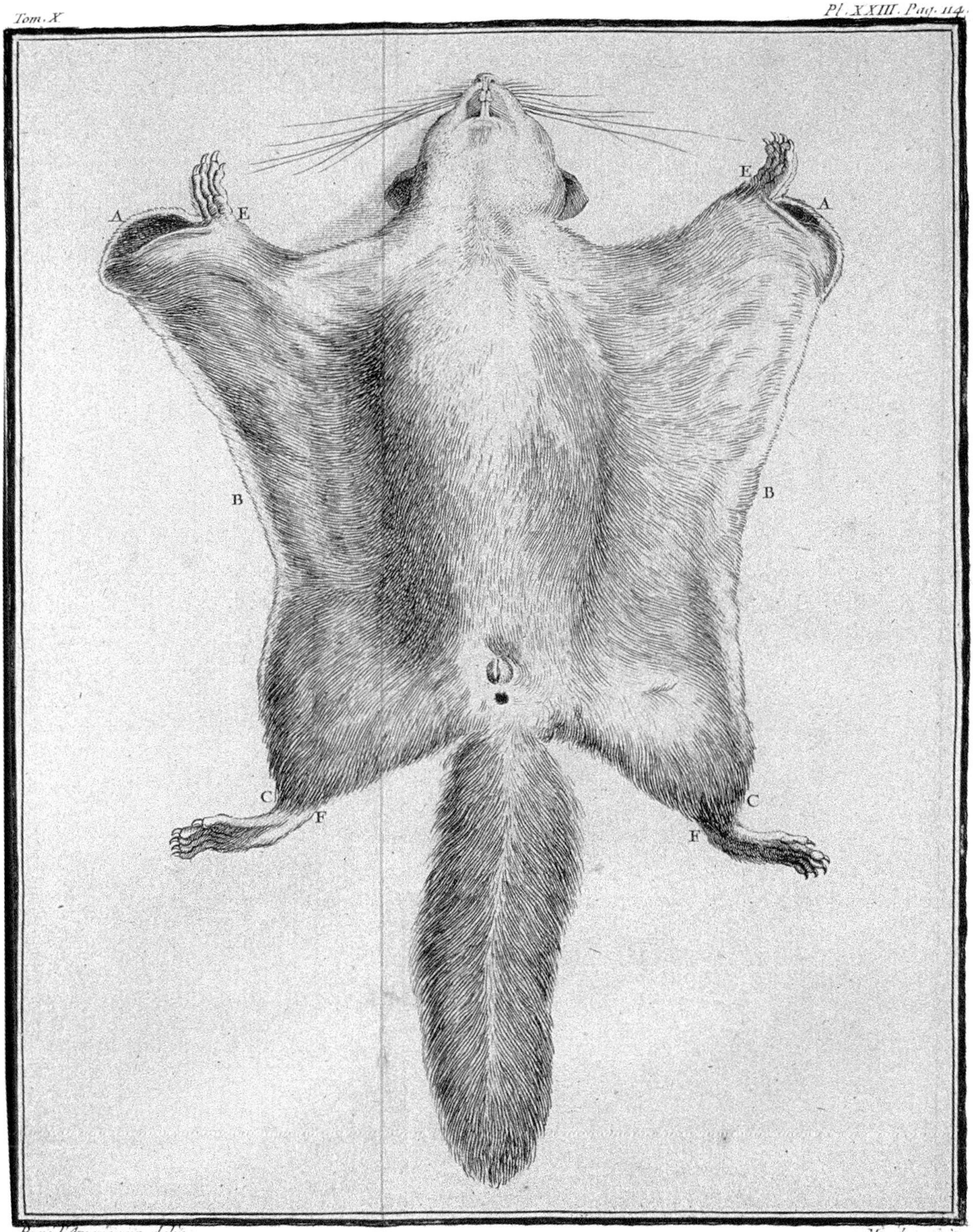


*Buvé l'Ameriquain delin.* *Menil sculp.*

I Pl. XXIV Pag. 114.

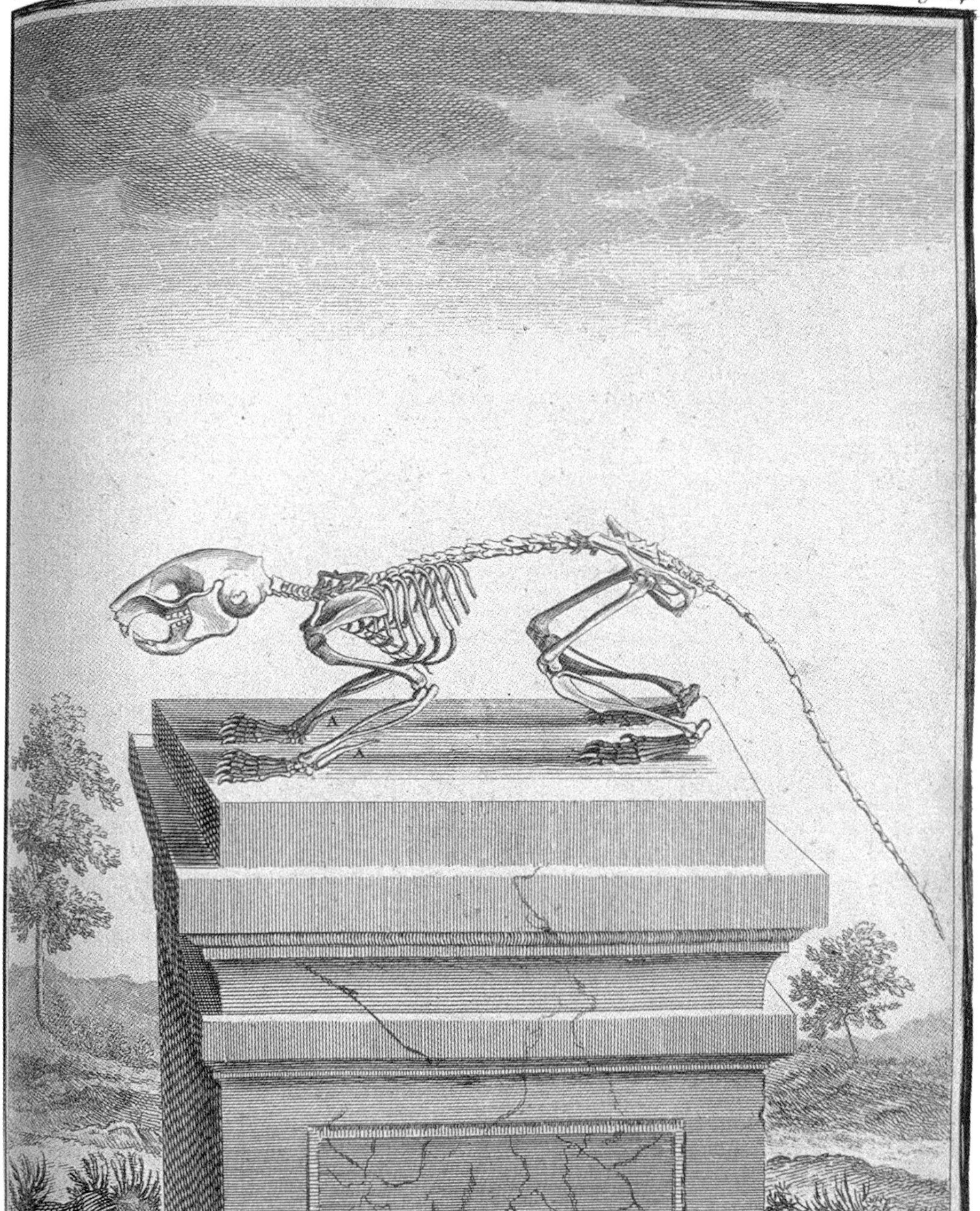


Baron Sculp

Tom. X. Pl. XXV. Pag. 124.

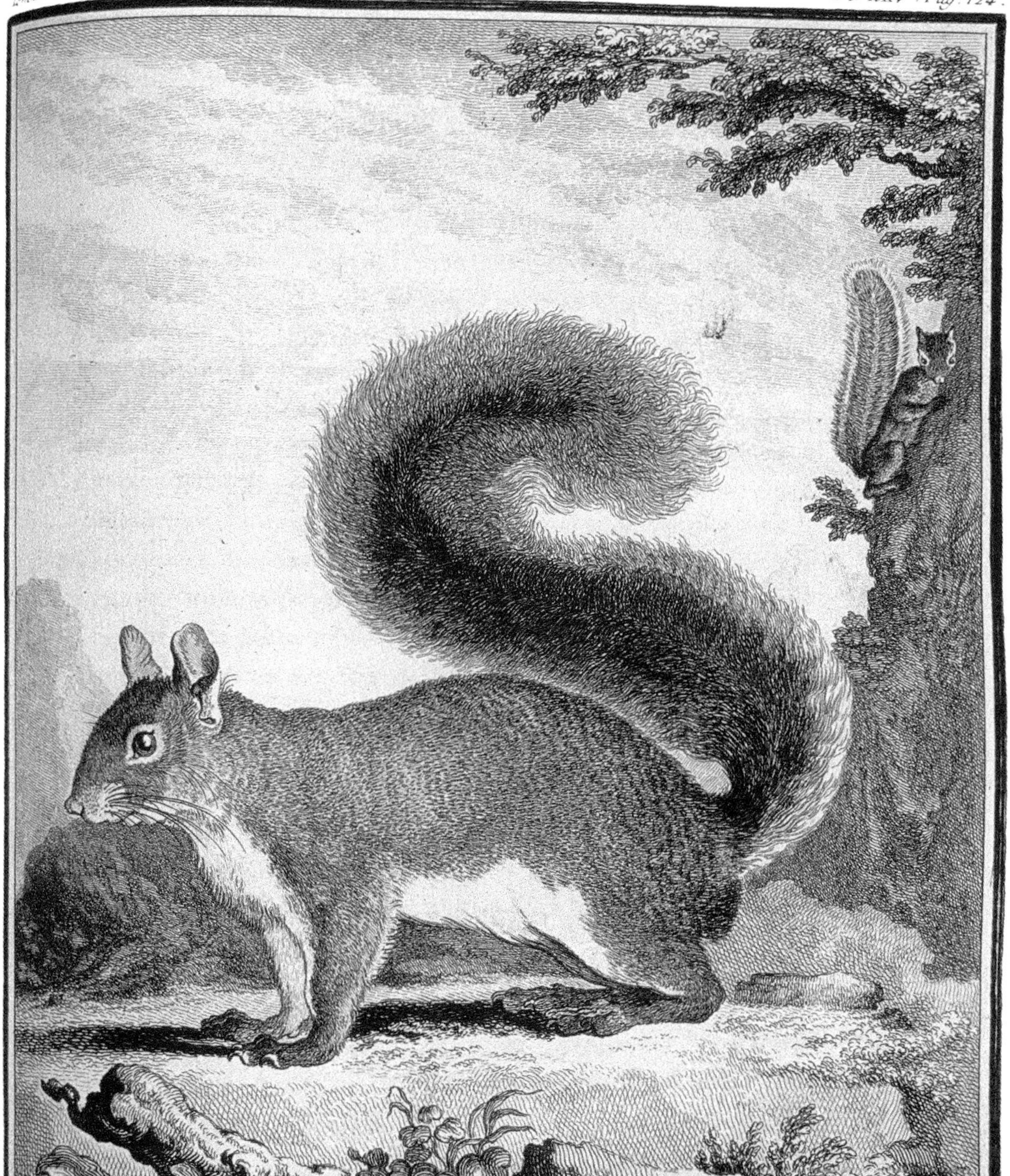

De Seve delin. C. Baquoy Sculp.

LE PETIT-GRIS.

Tom. V. Pl. XXVI. Pag. 134.

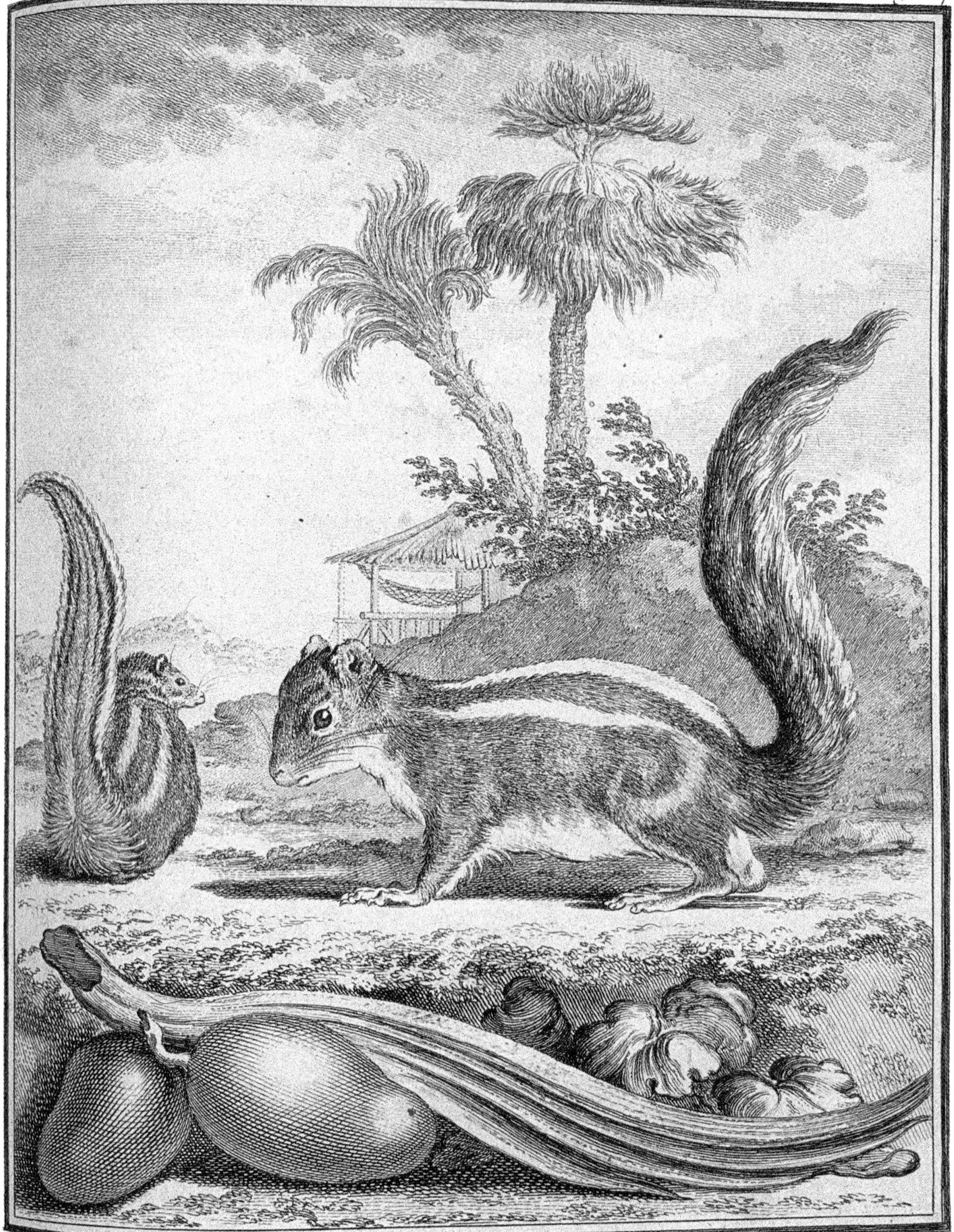

De Seve delin. Moitte Sculp.

LE PALMISTE.

Tom. X.

Pl. XXVII. pag. 142

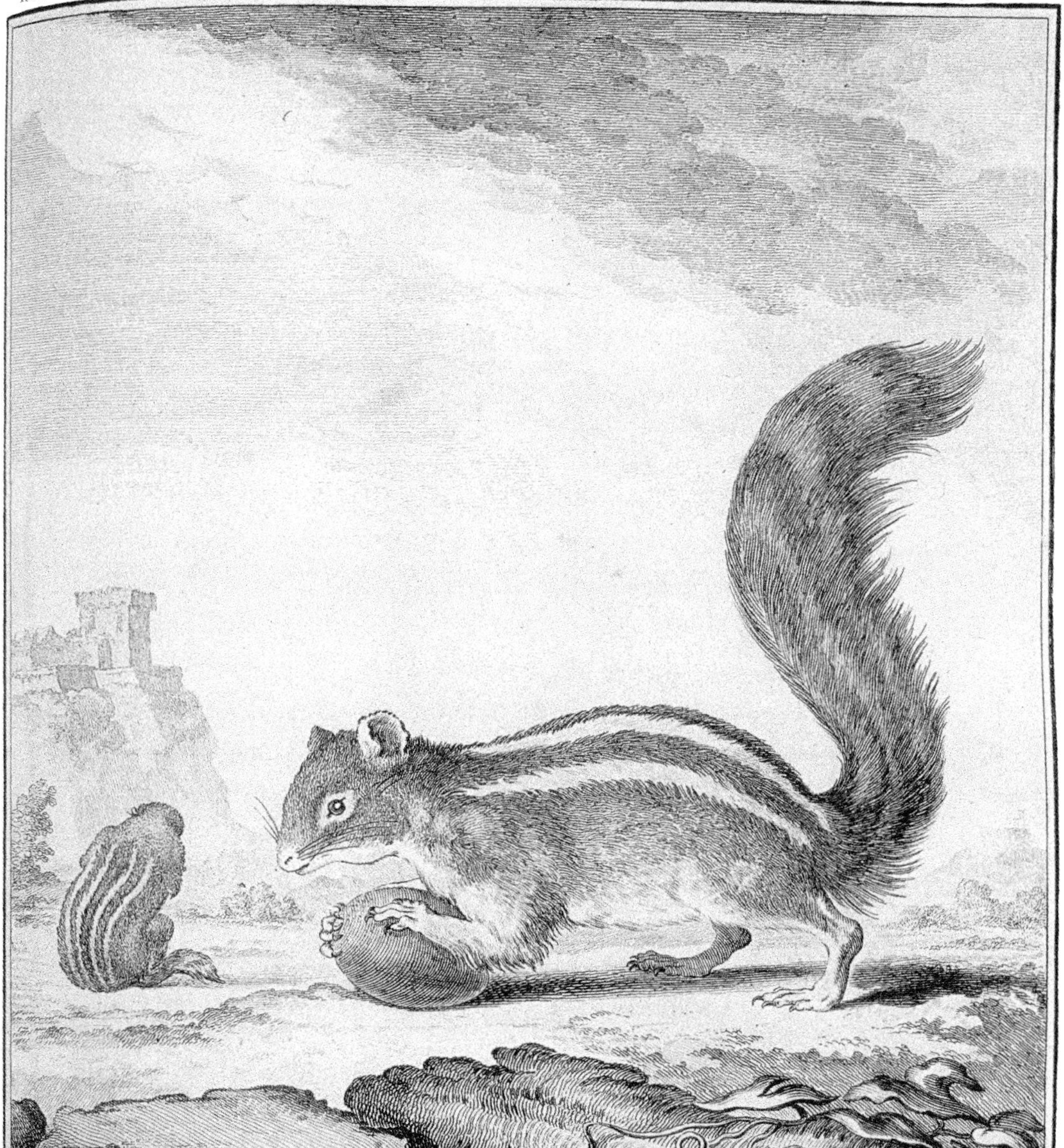

Deseve Del.

Desehrt Sculp.

L'ECUREUIL BARBARESQUE.

Tom. X. Pl. XXVIII Pag. 142

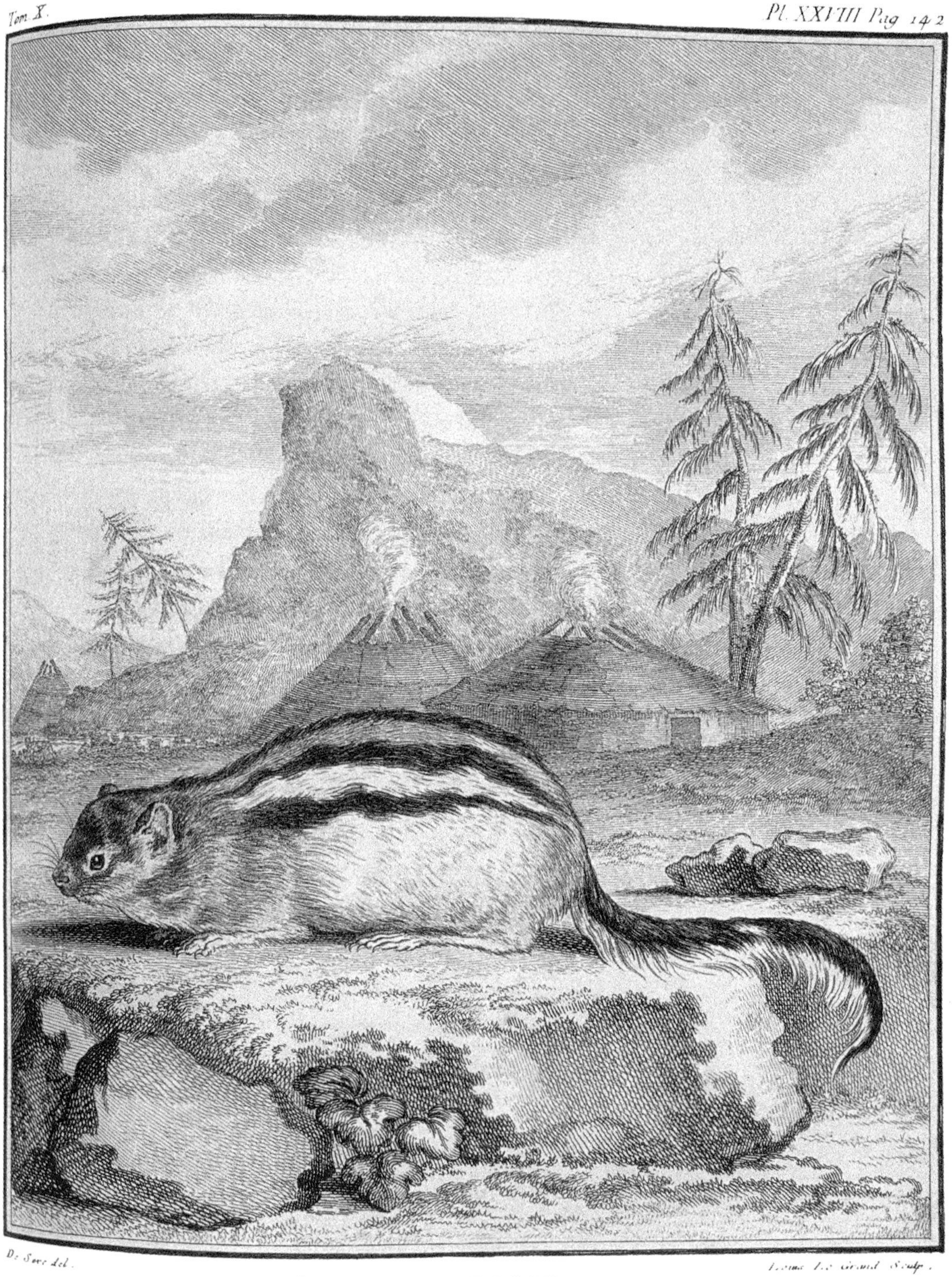

De Seve del. Louis Le Grand Sculp.

L'ÉCUREUIL SUISSE

Tom. X. Pl. XXIX. Pag. 164.

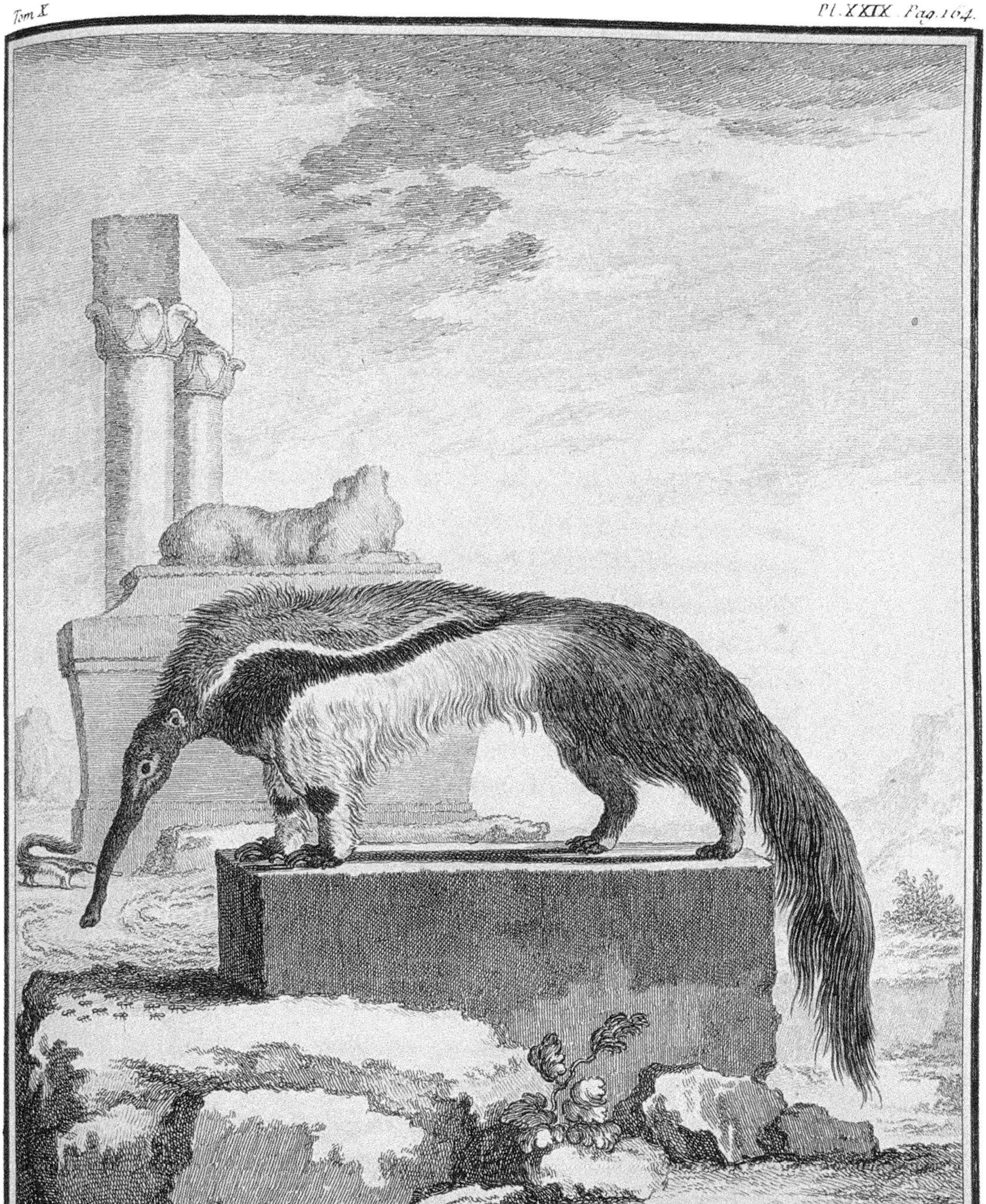

De Seve Delin. C. Baquoy Sculp.

LE TAMANOIR.

Tom. X    Pl. XXX . Pag . 178.

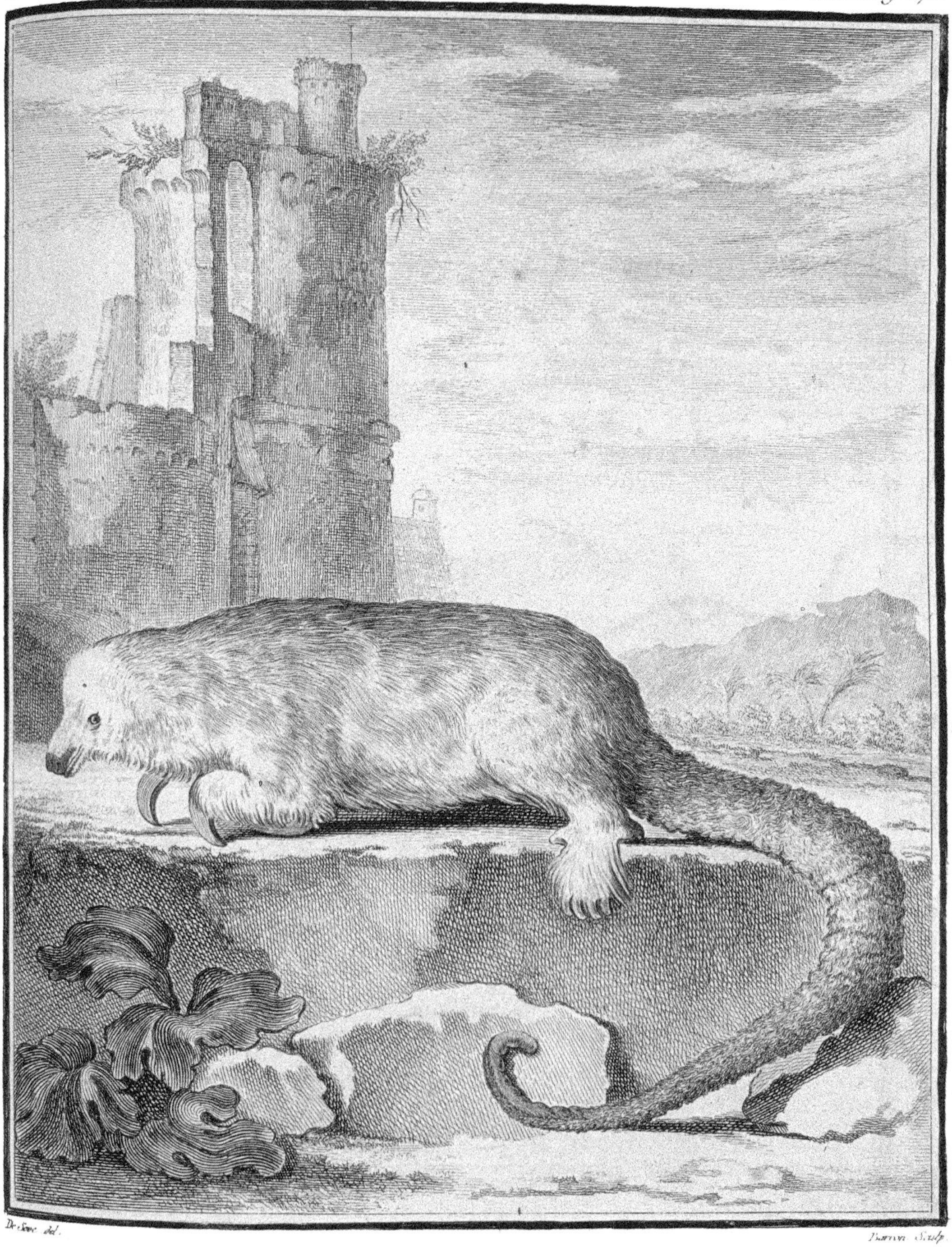

De Seve del.    Baron Sculp.

LE FOURMILIER.

Tom. X. Pl. XXXI. Pag. 178.

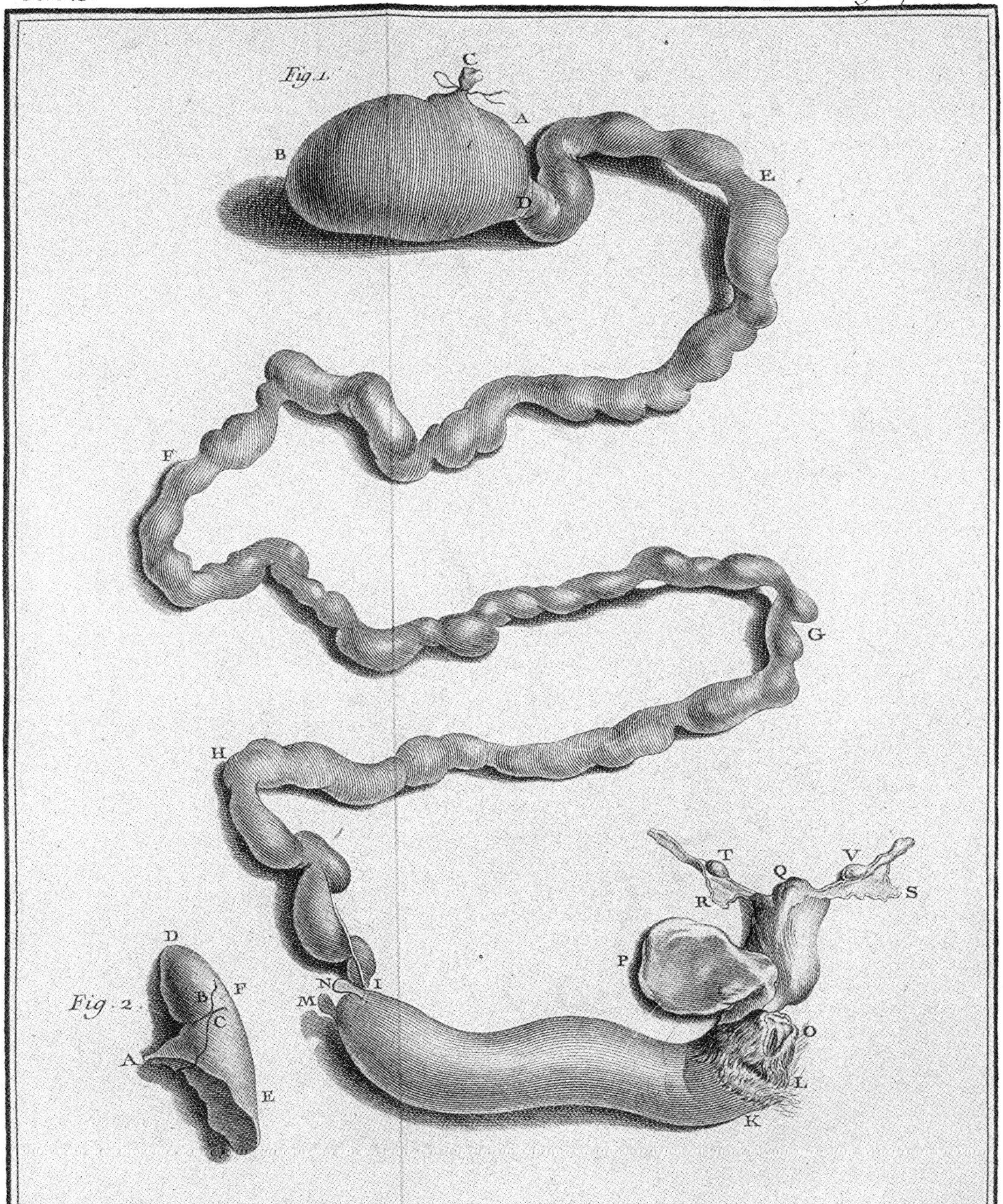


Deseve del. Defehrt Sculp.

Tom. X. Pl. XXXII Pag. 178

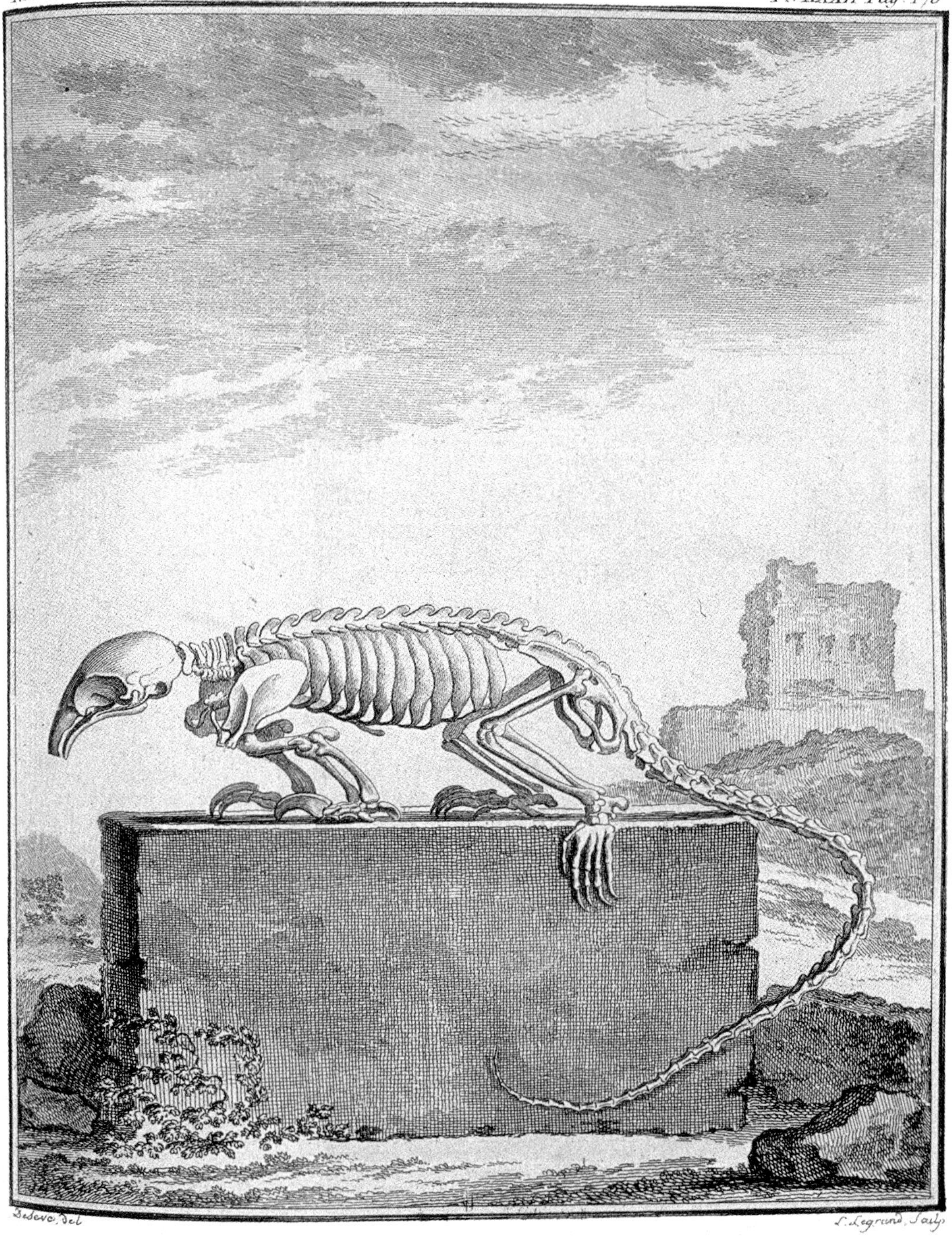

Deseve Del. L. Legrand Sculp.

*Tom. X.* *Pl. XXXIII. Pag. 178.*

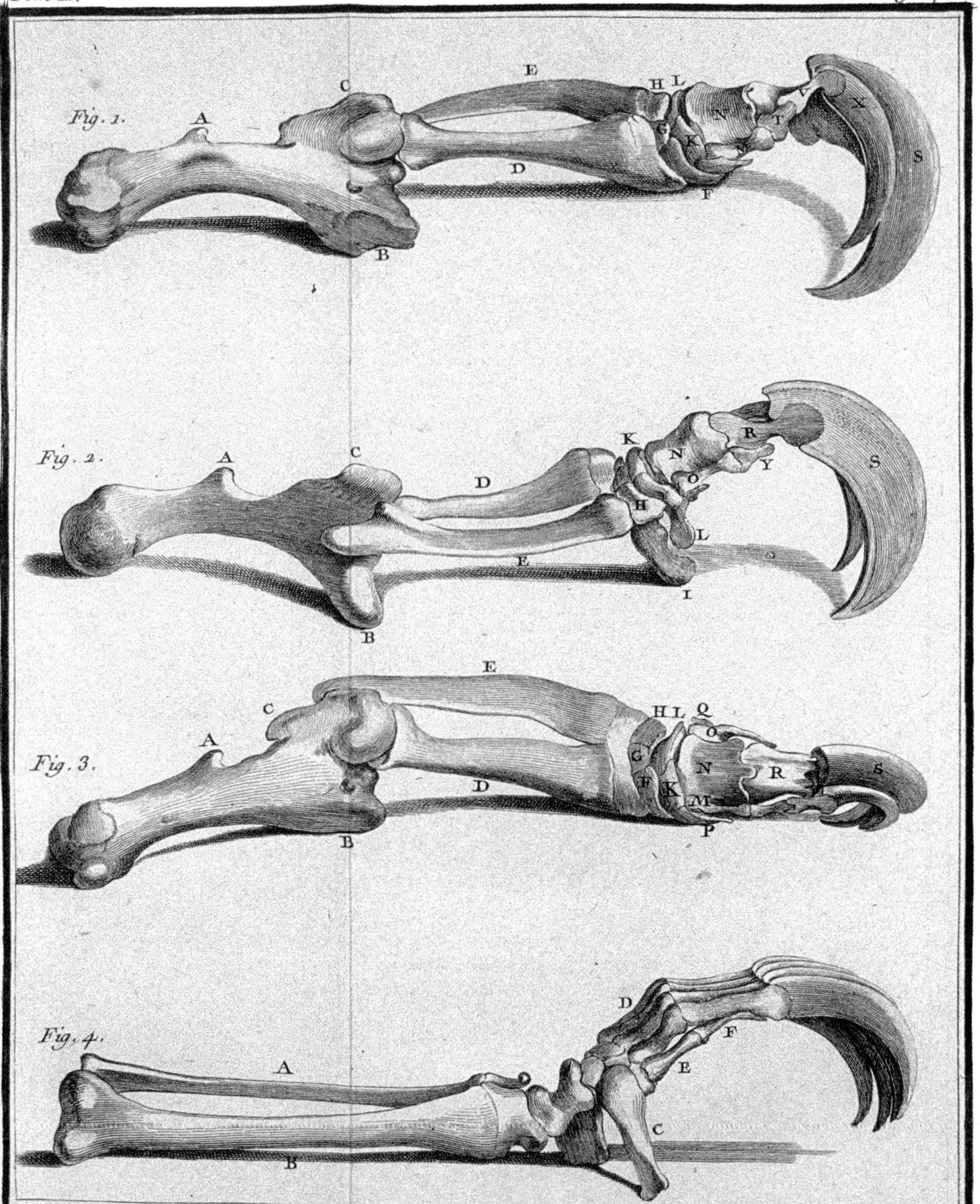


*De Seve del.* *Baron Sculp*

Tom. X. Pl. XXXIV. pag. 194.

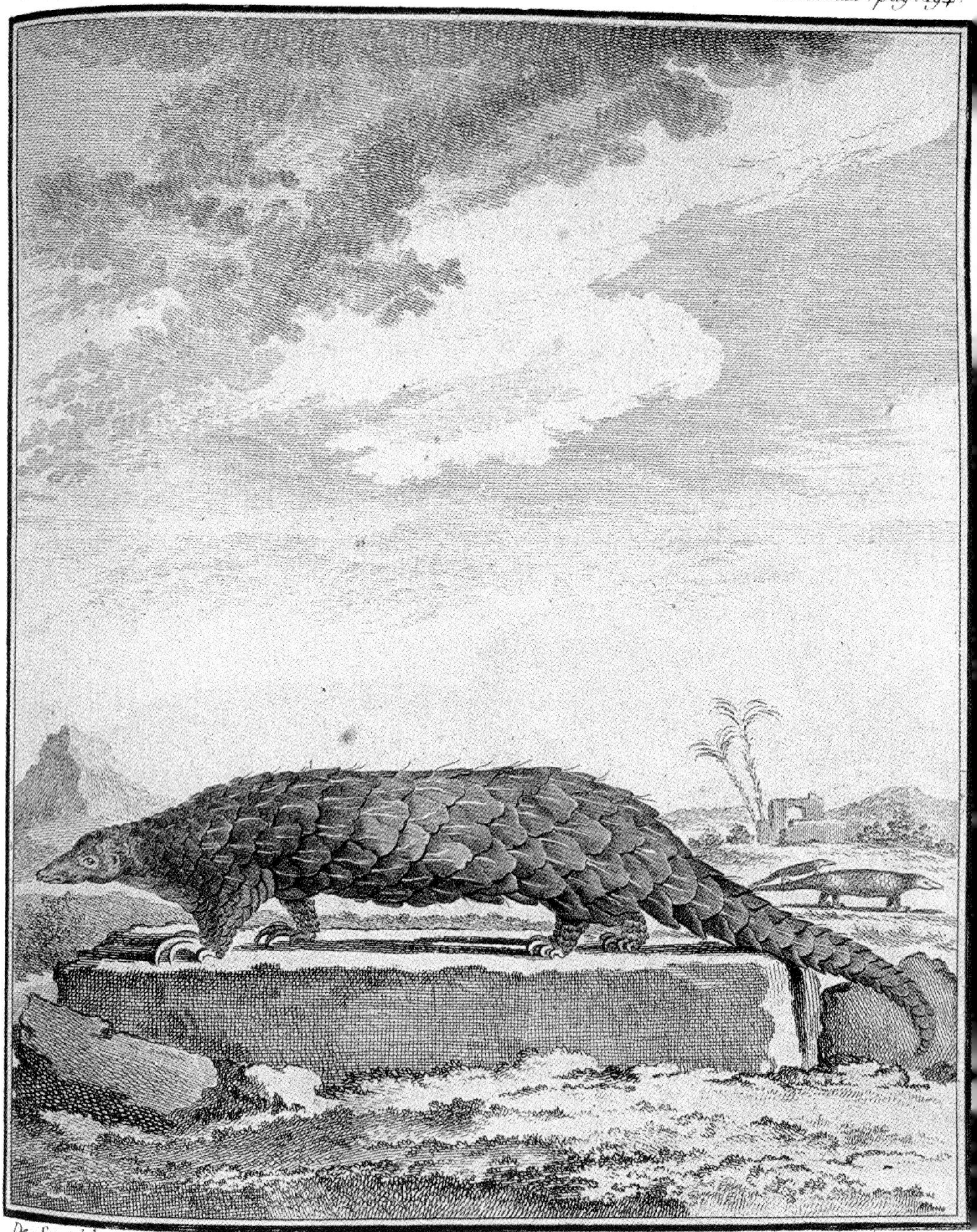

De Seve del. Chevillet sculp.

LE PANGOLIN.

Tom. X. Pl. XXXV Pag. 194.

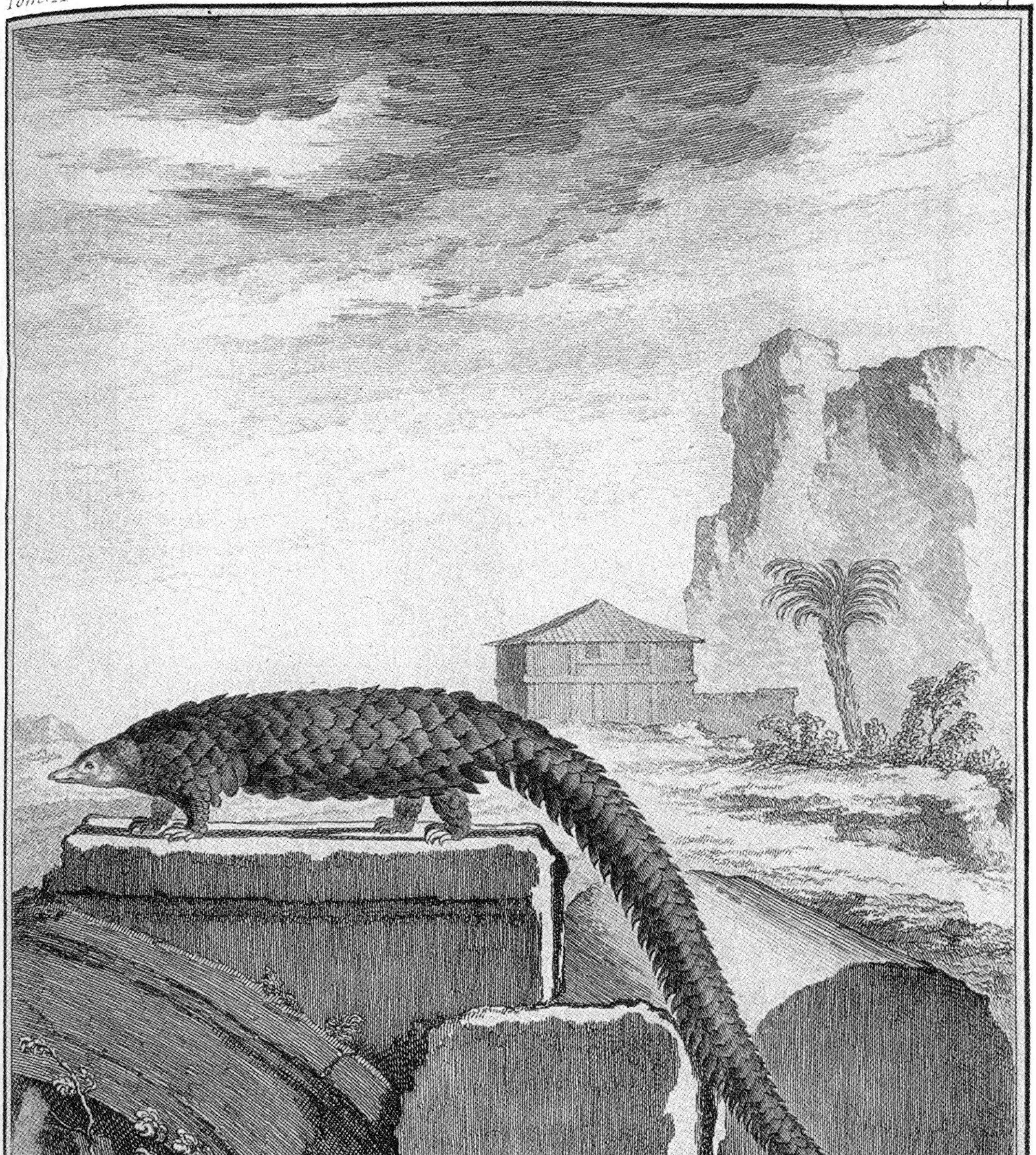

De Seve del. Chevillet Sculp.

LE PHATAGIN

Tom X. Pl. XXXVI. Pag. 194

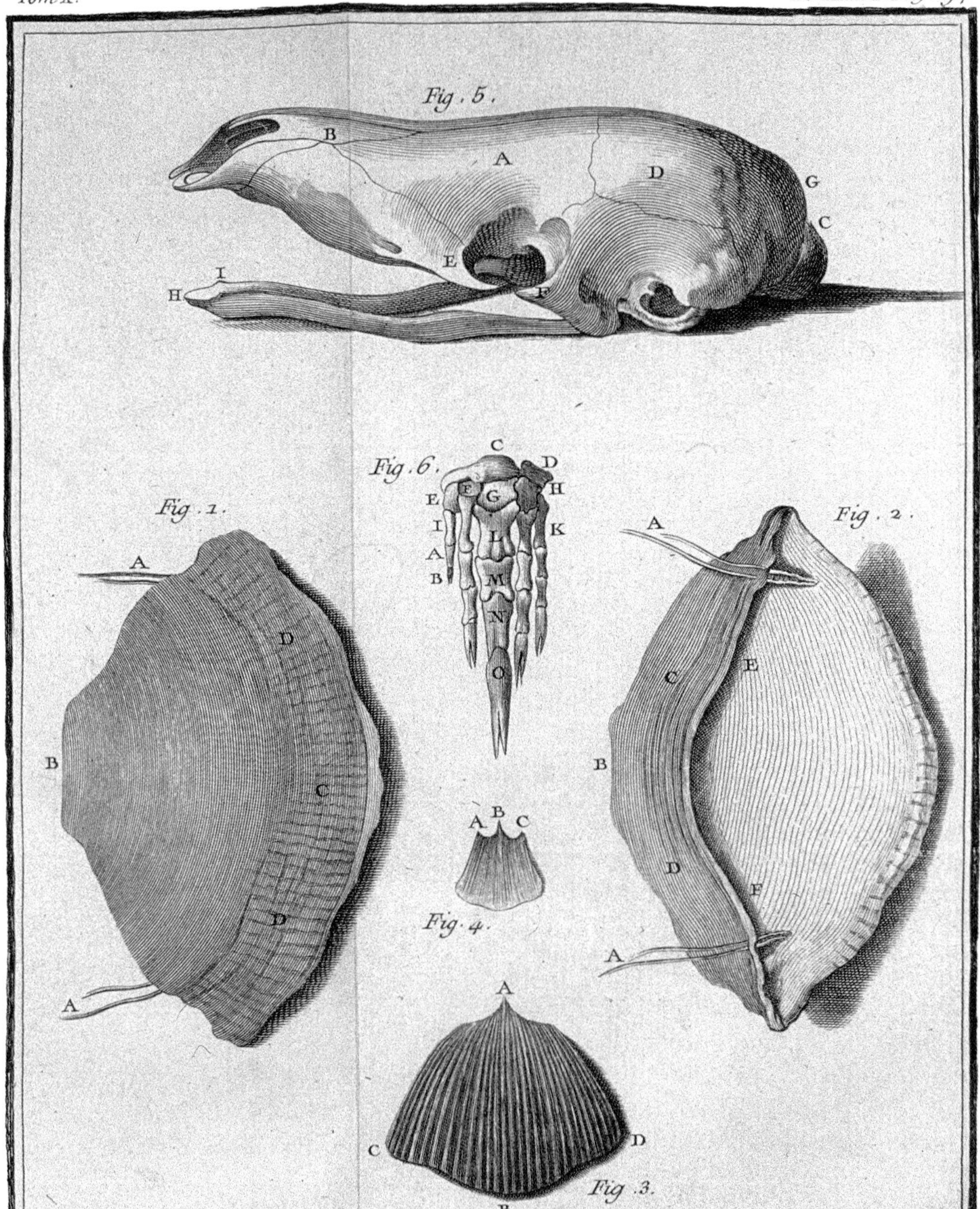

Tom. X. Pl. XXXVII. Pag. 250.

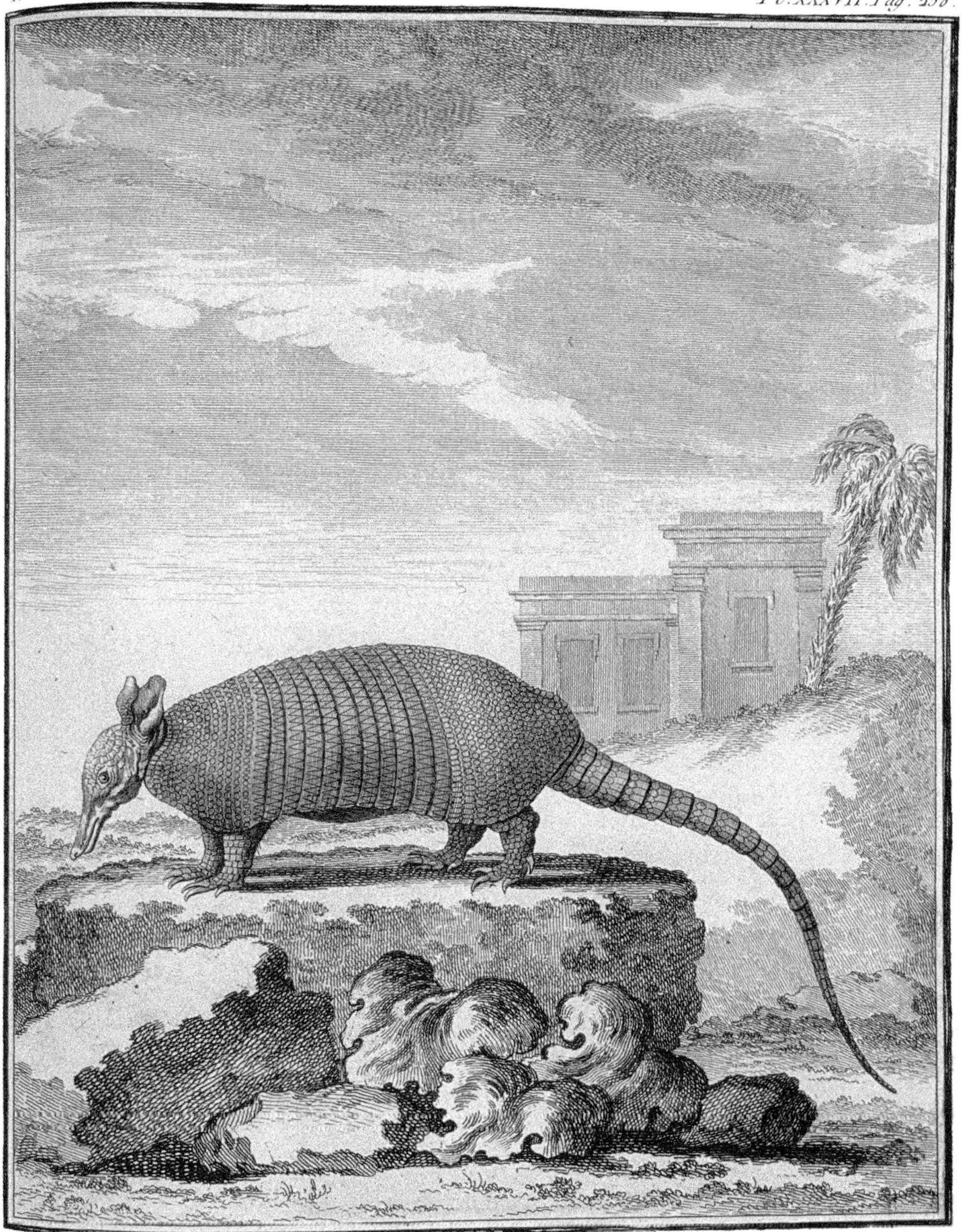

De Seve del. Baron Sculp.

LE CACHICAME.

Tom. X. Pl. XXXVIII. Pag. 250.

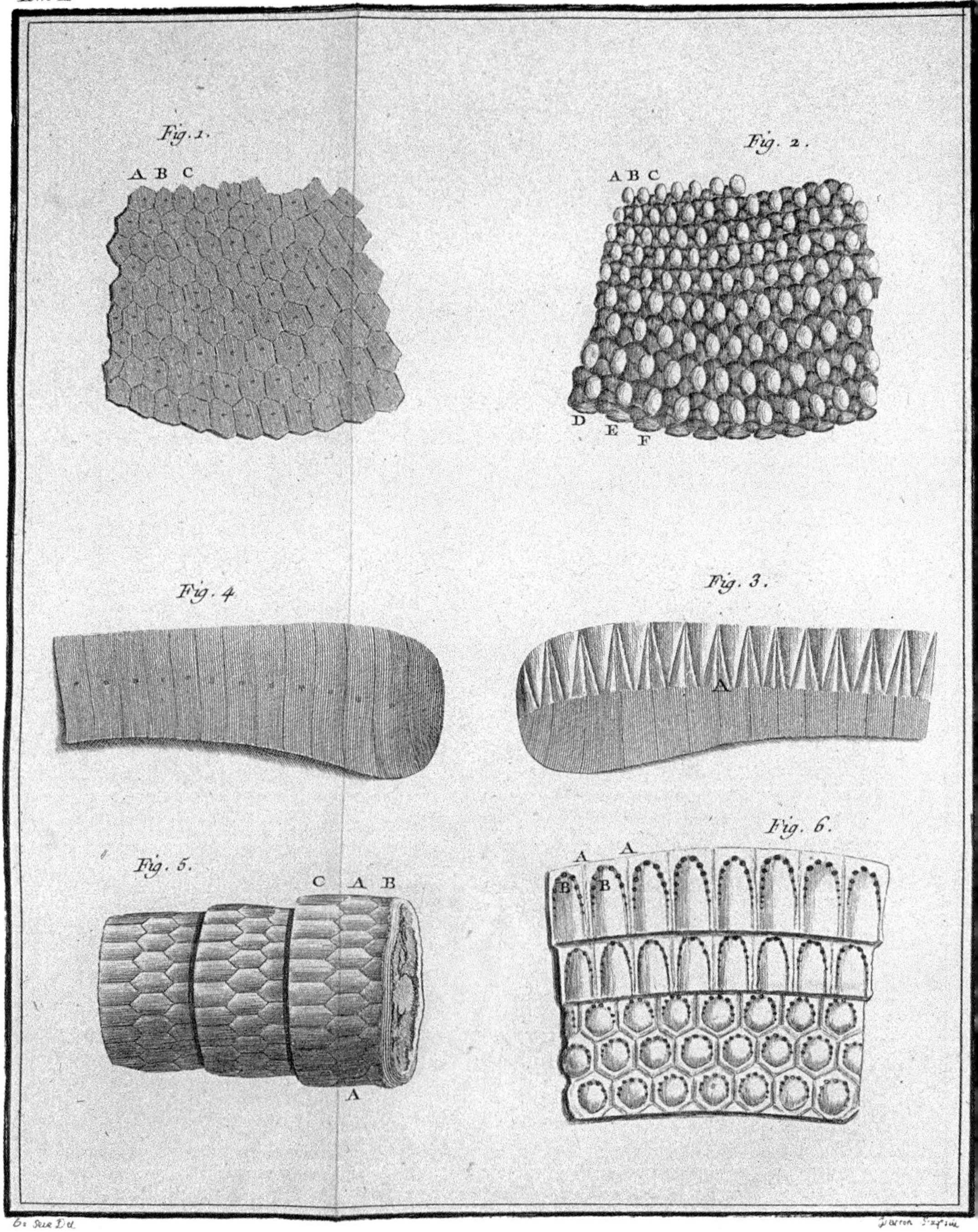

Tom. X. Pl. XXXIX. Pag. 250.

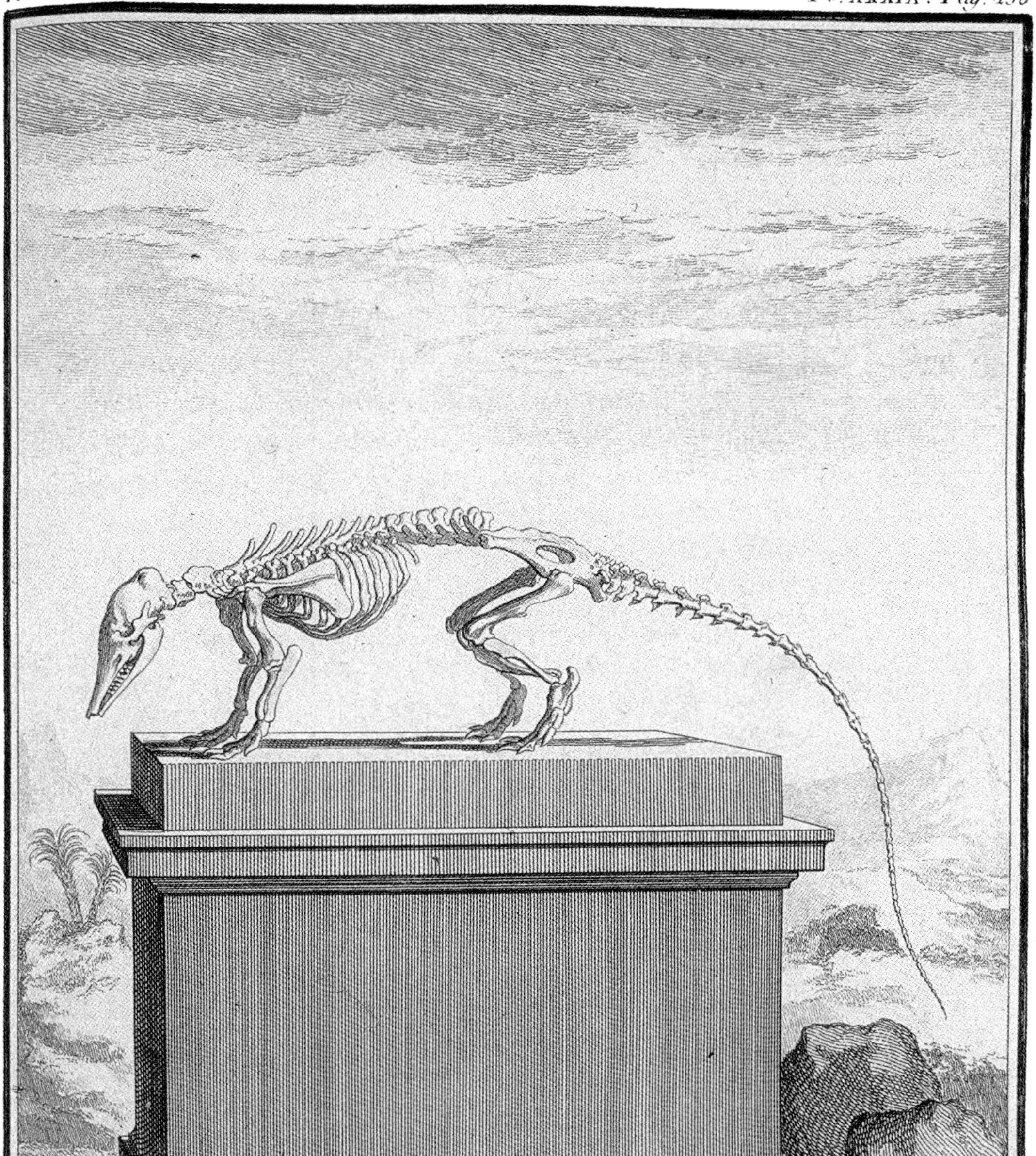

De Seve Del. cl. Ste Guttard sculp

Tom. X.

Pl. XL. Pag. 262.

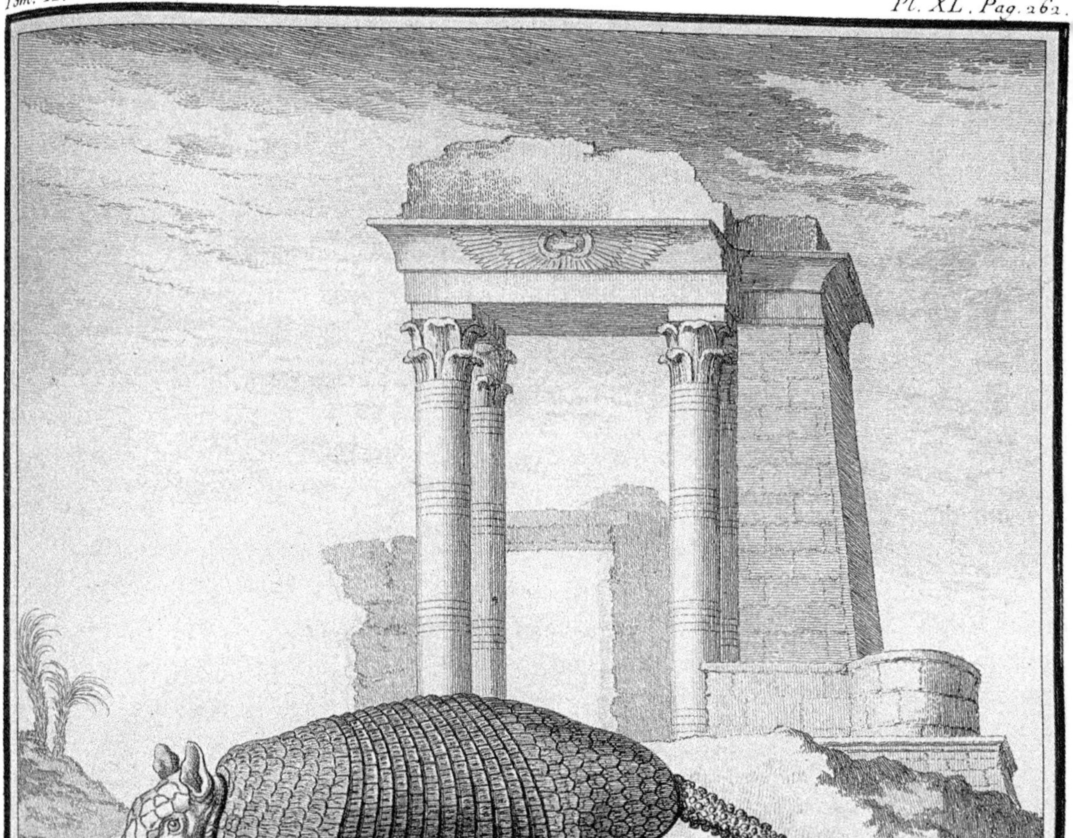

De Seve delin.

C. Baquoy sculp.

LE KABASSOU.

Tom. X. Pl. XLI. Pag. 262.

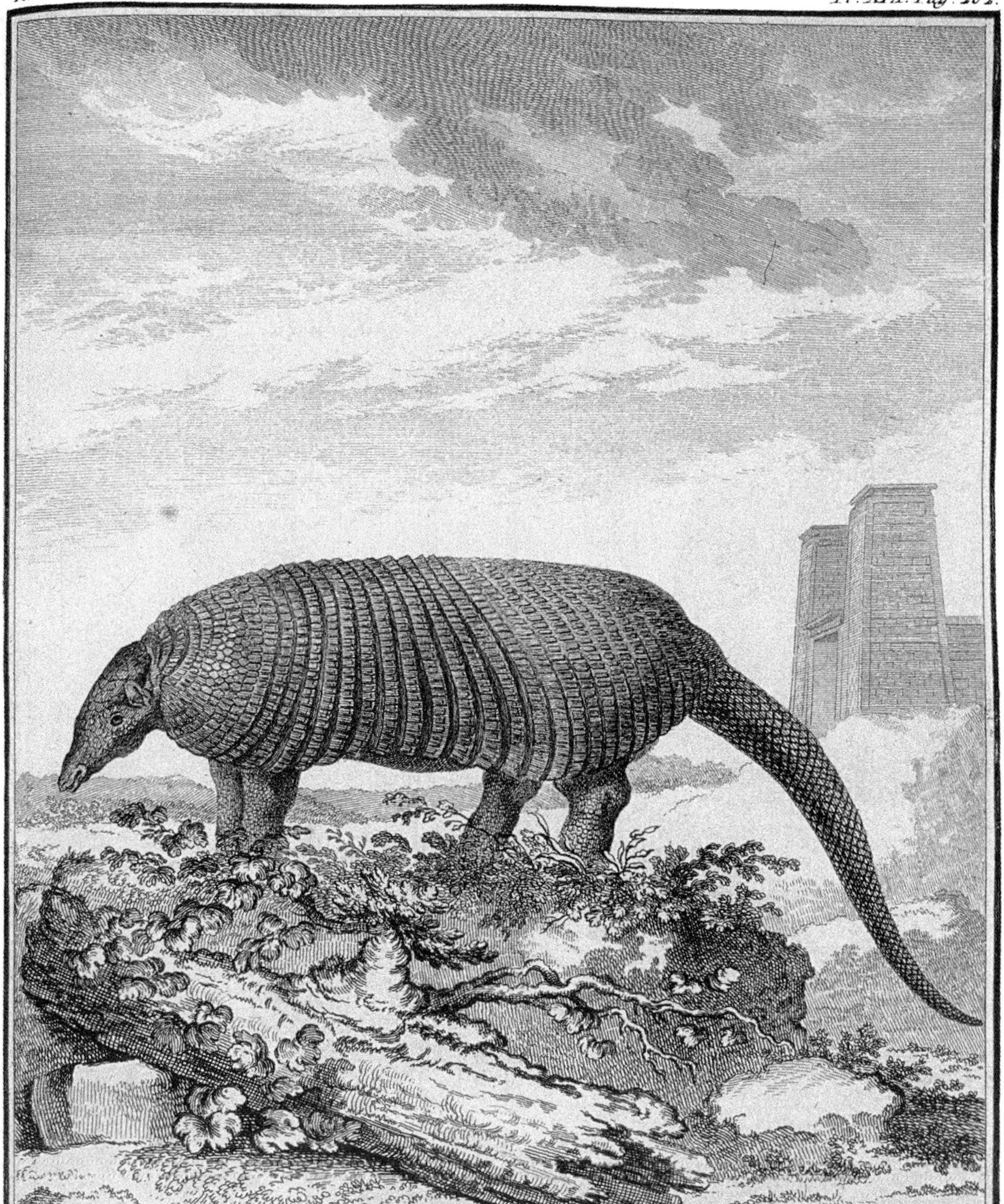

De Seve del. Louis Le Grand Sculp.

AUTRE KABASSOU.

Tom. X. Pl. XLII. Pag. 262.

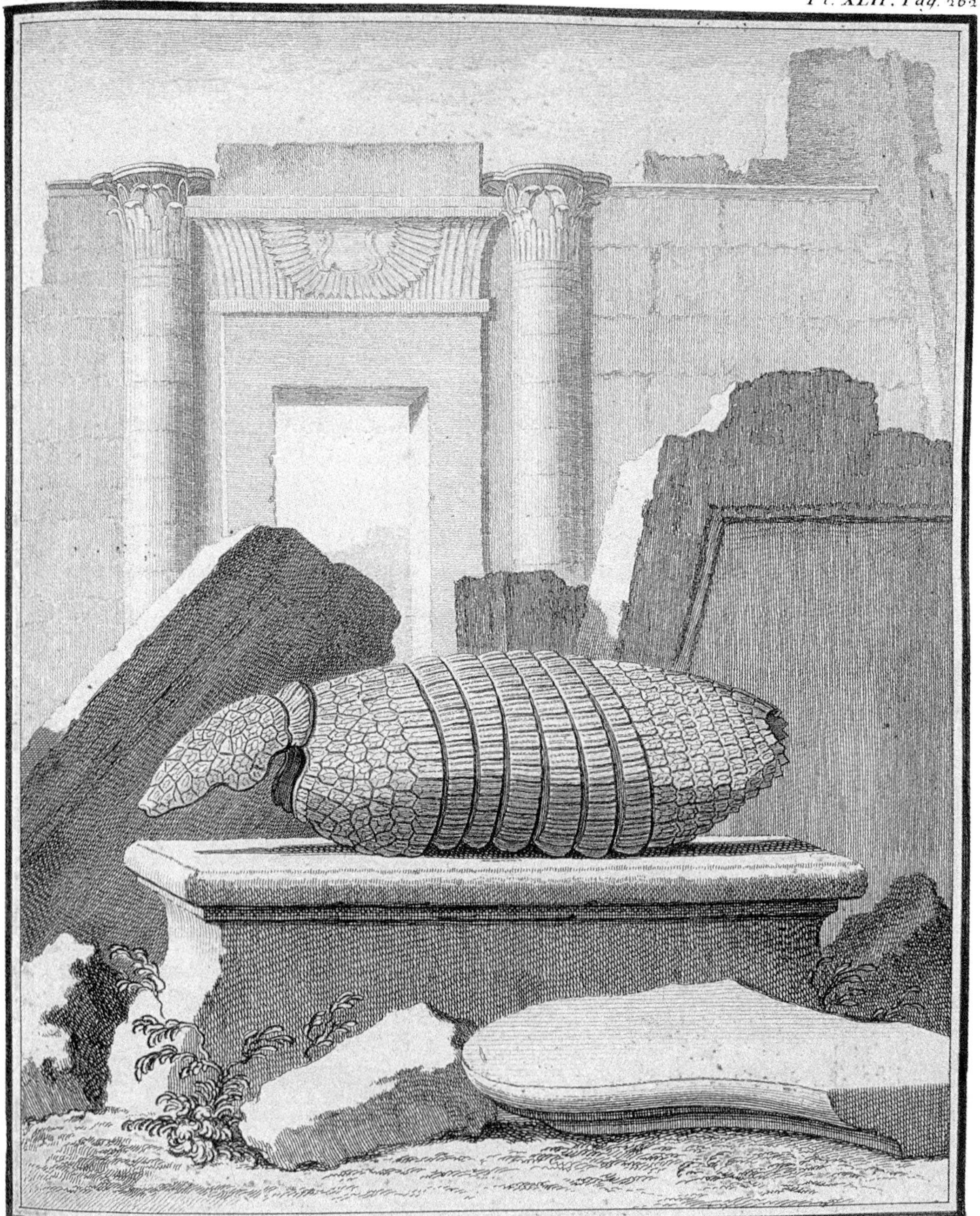

De Seve delin. Baquoy Sculp.

L'ENCOUBERT

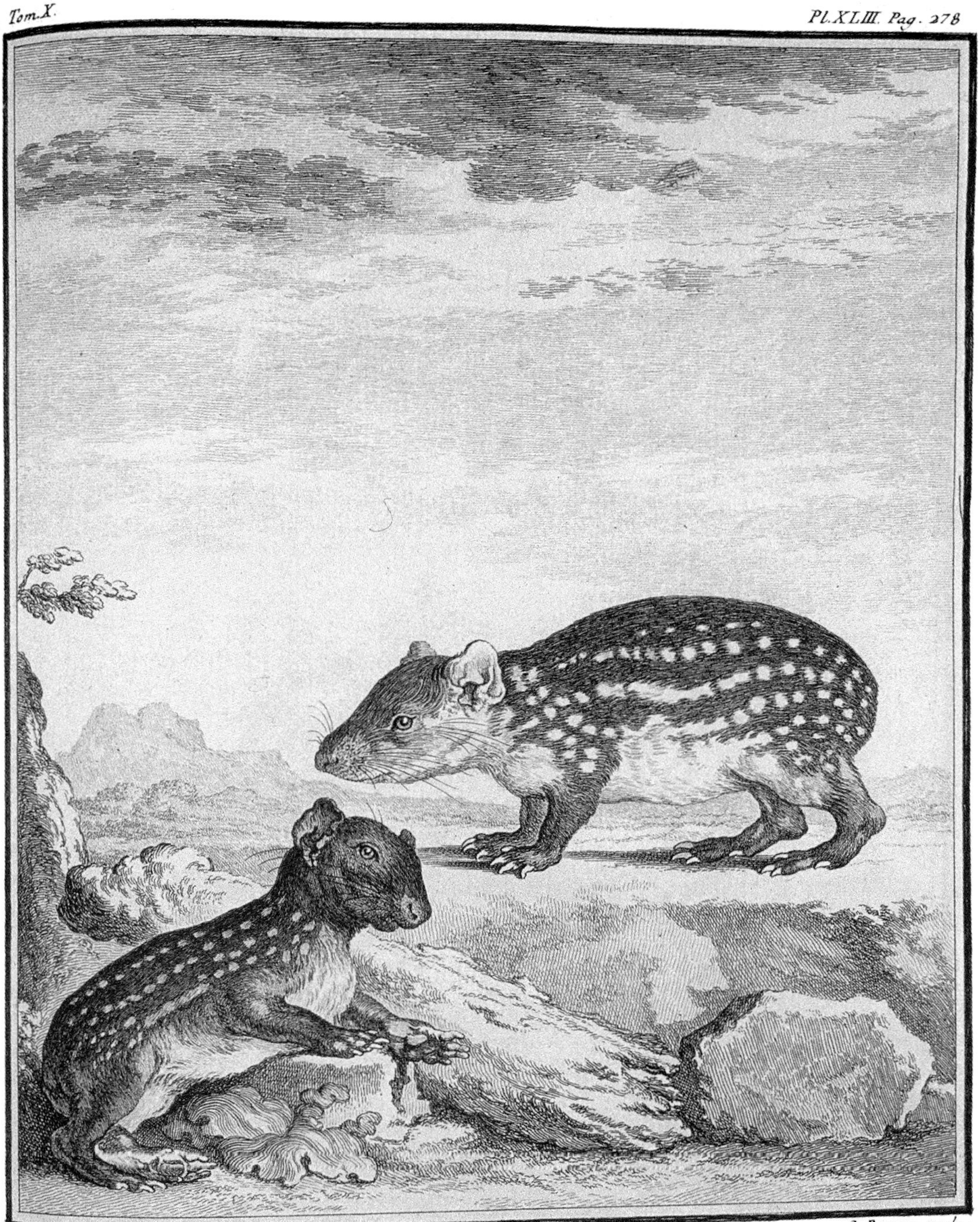


LE PACA

Tom. X.

Pl. XLIV. Pag. 278.

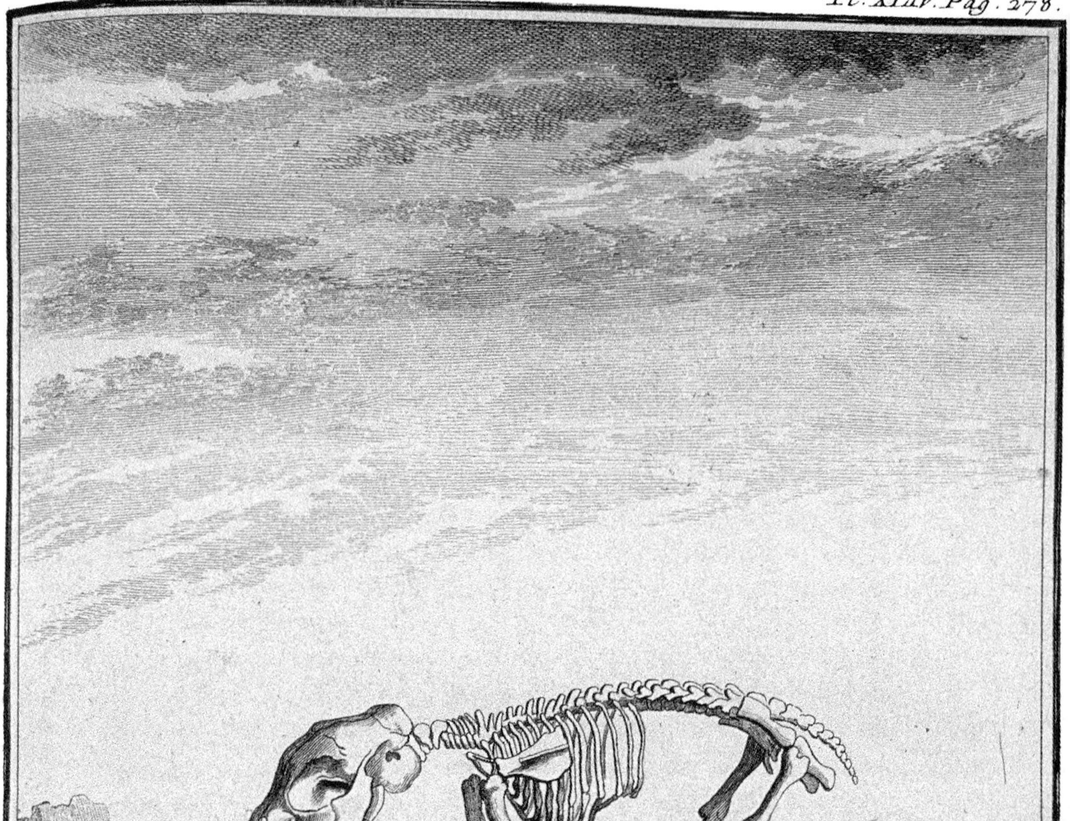

Desève. Del.

L. Legrand Sculp

Tom. X. Pl. XLV. Pag. 334.

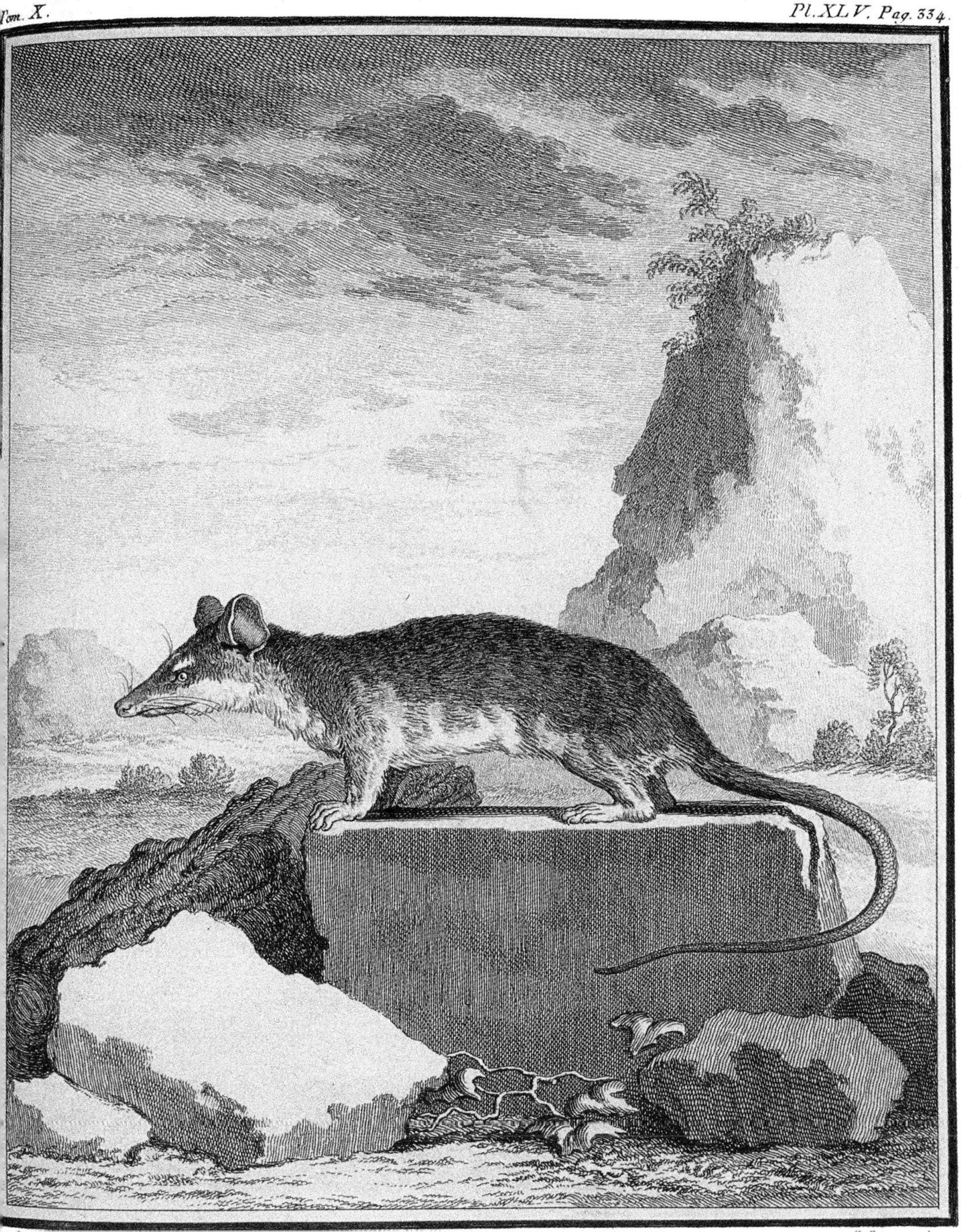

e Seve delin. C. Baquoy sculp.

LE SARIGUE MÂLE.

Tom. X. Pl. XLVI. Pag. 334.

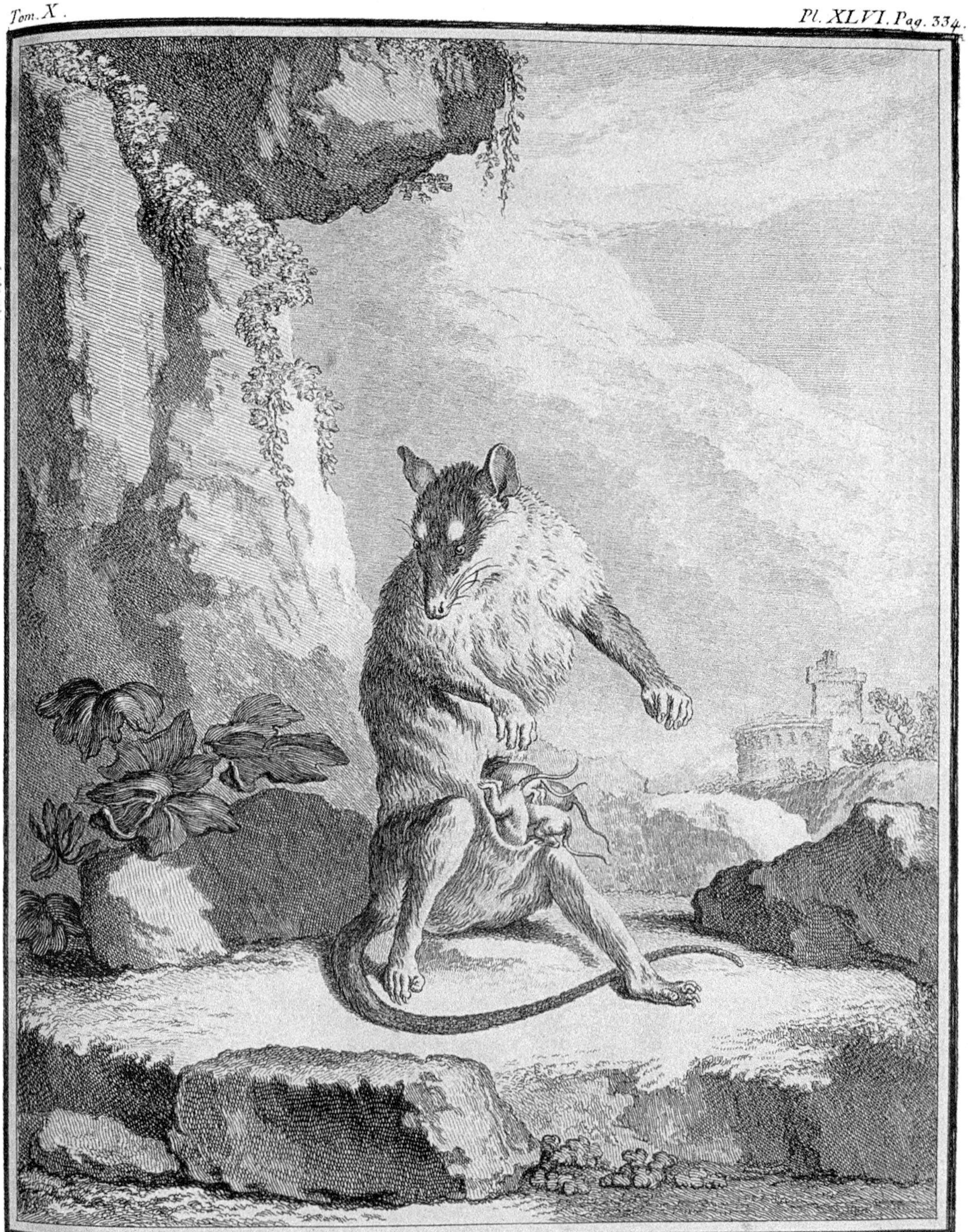

De Seve deli. C. Baquoy Sculp.

LE SARIGUE FEMELLE.

Tom. X. Pl. XLVII Pag. 334.

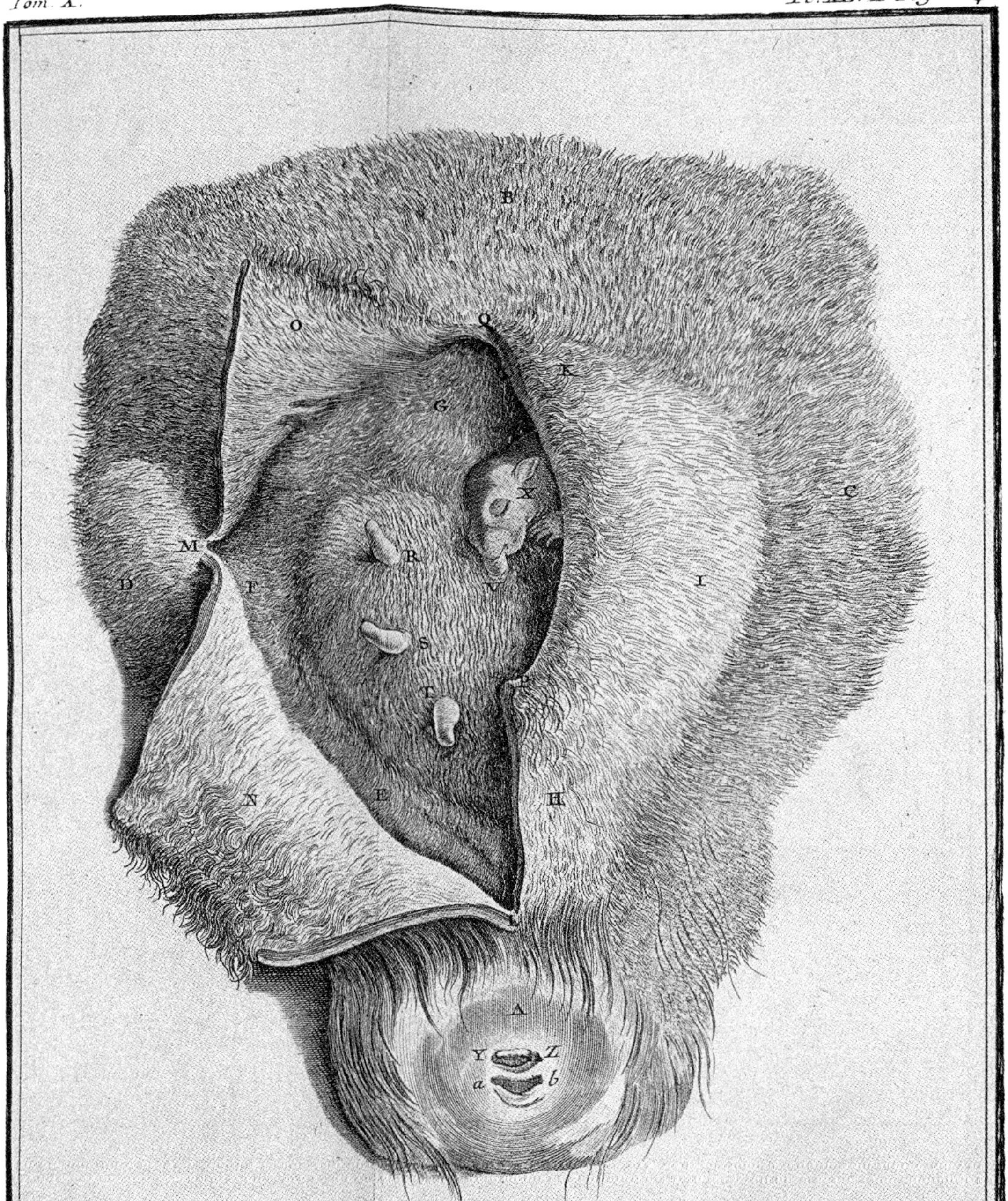


De Seve Del. Barron Sculp

Tom. X. Pl. XLVIII. Pag. 334.

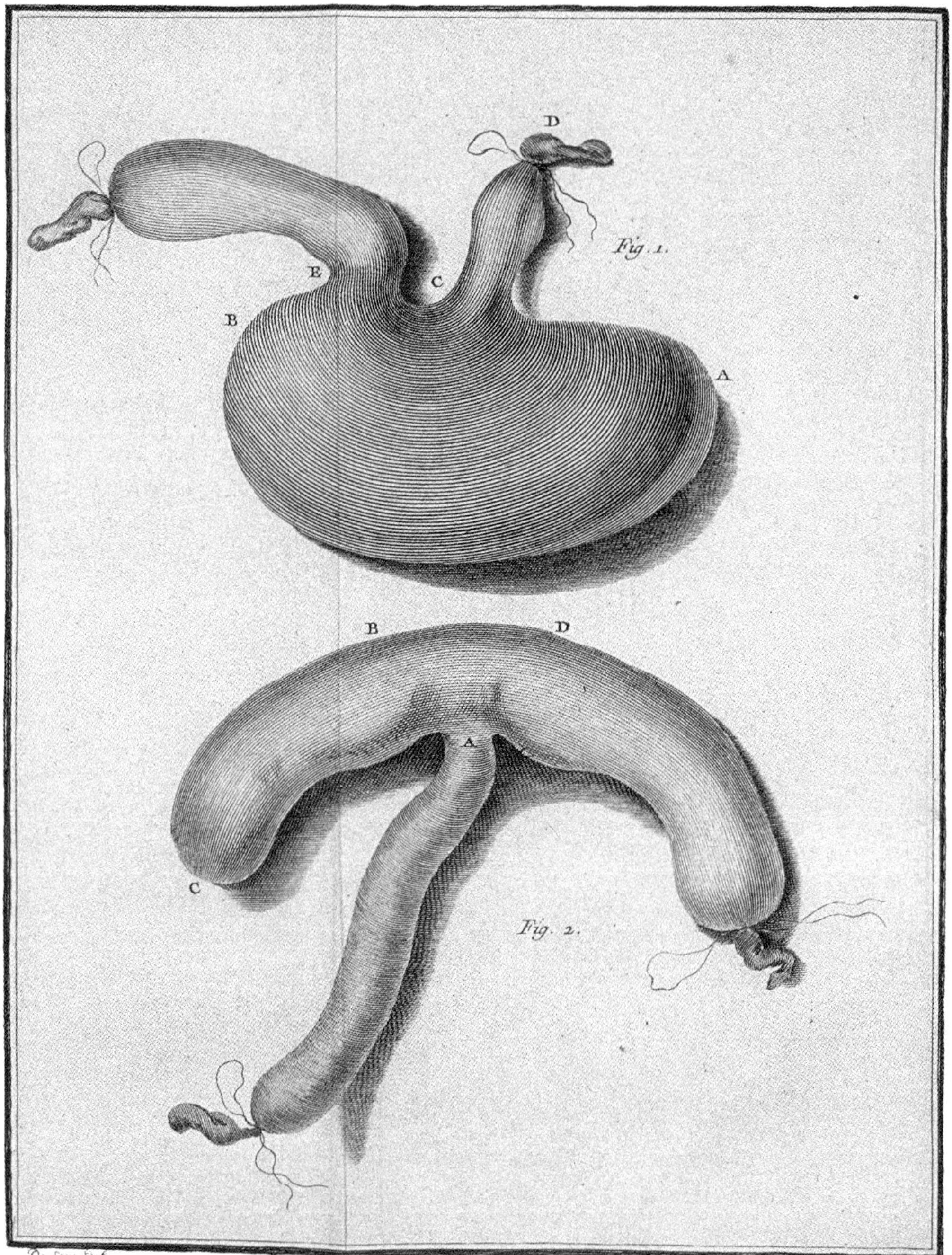


De Seve Del. Baron Sculpsit

Tom. X. Pl. XLIX. Pag. 334.

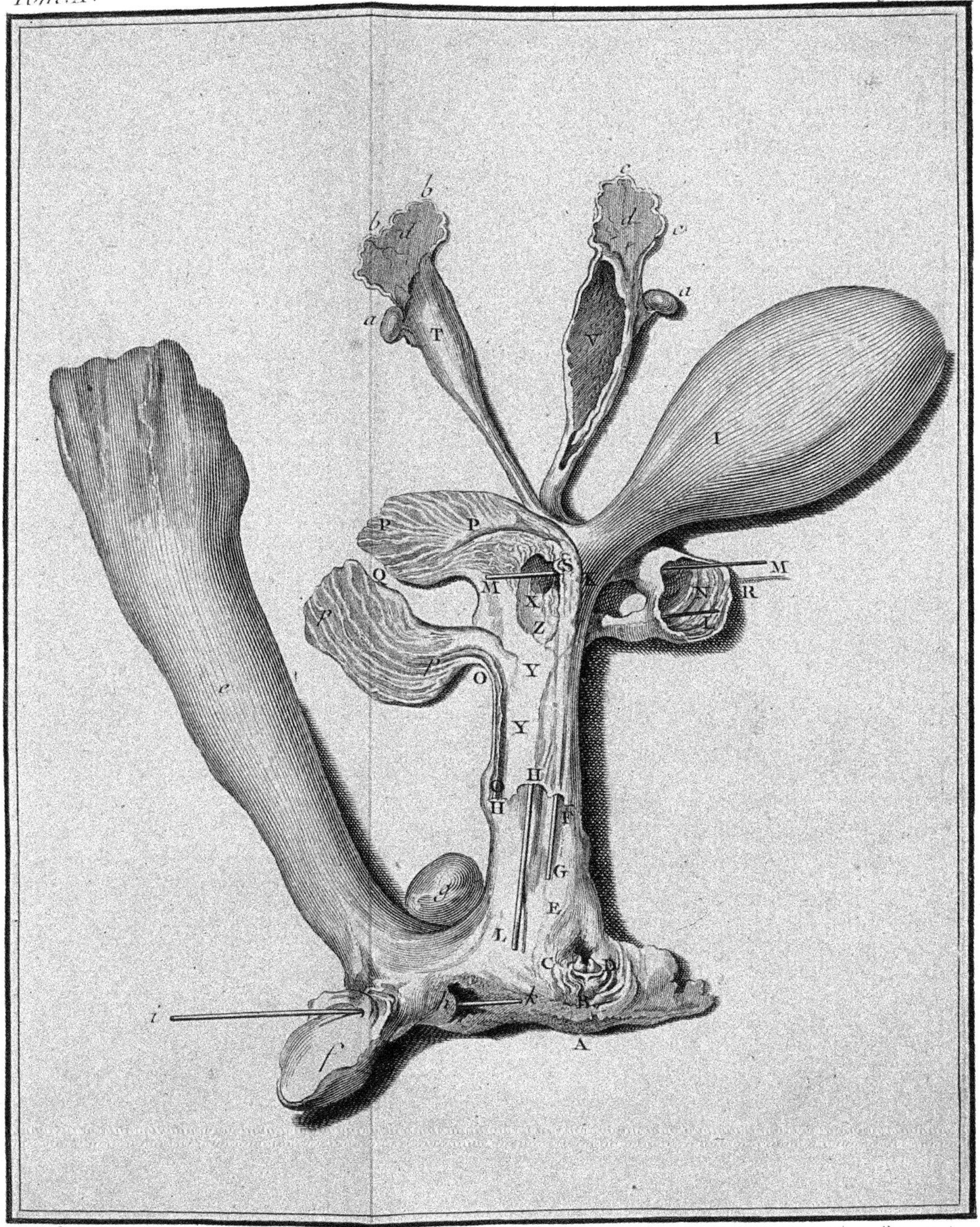


De Sève inv. Chevillet Sculp.

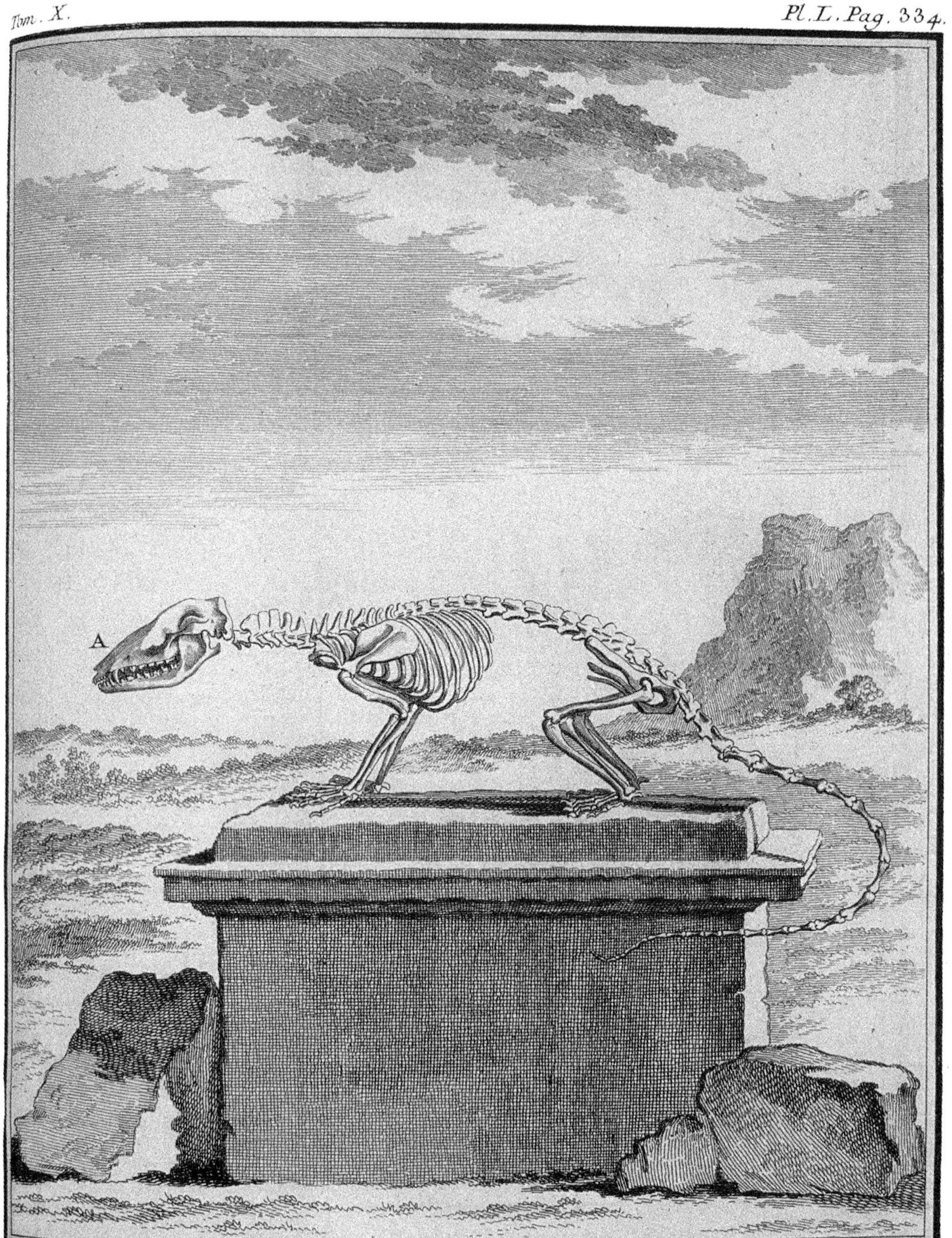
Tom. X.
Pl. L. Pag. 334.
A
Desève, del.
J. Legrand, Sculp.

Tom.X Pl. II. Pag. 334.

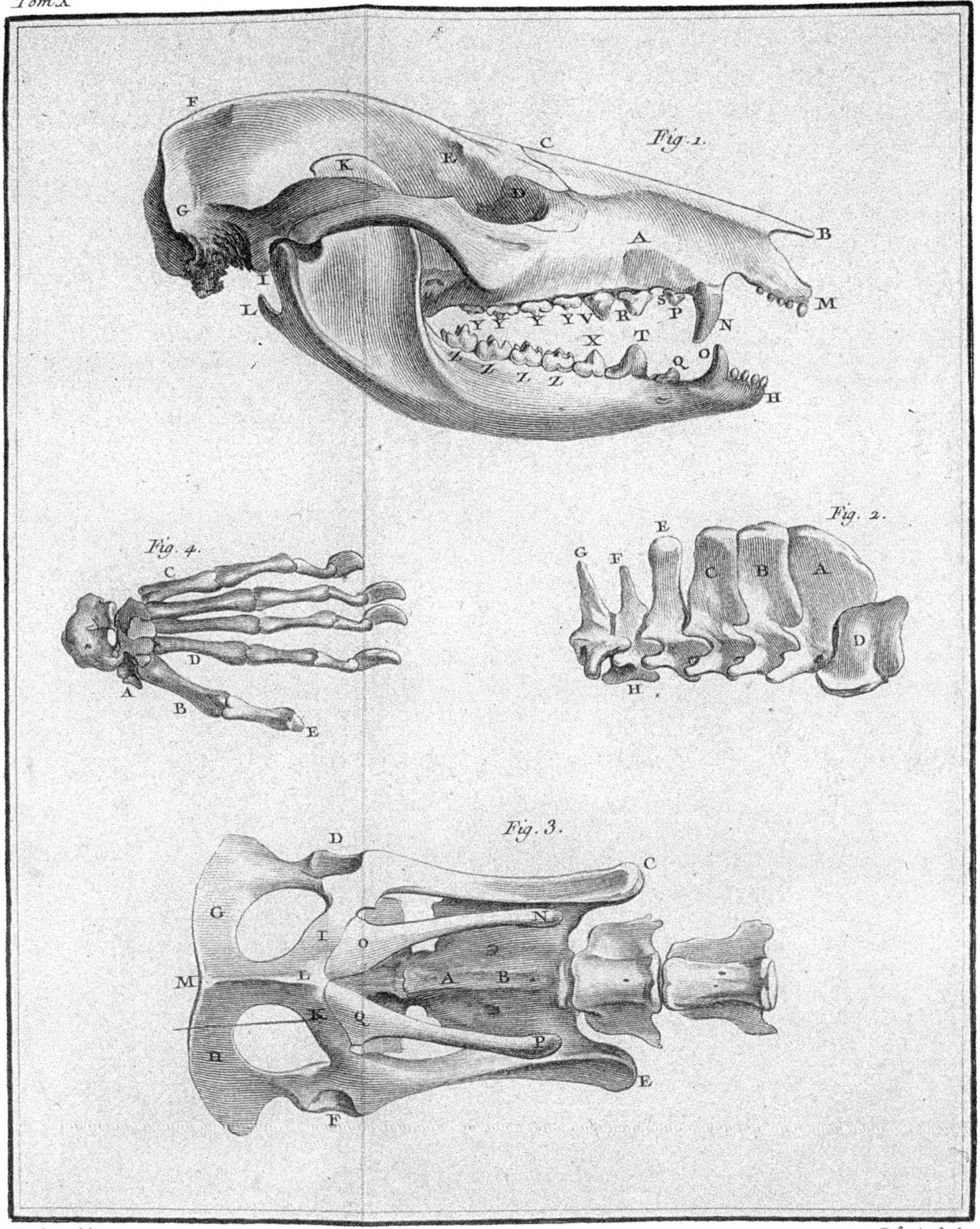


De Seve del. Desferh. Sculp.

Tom. X. Pl. LII. Pag. 348

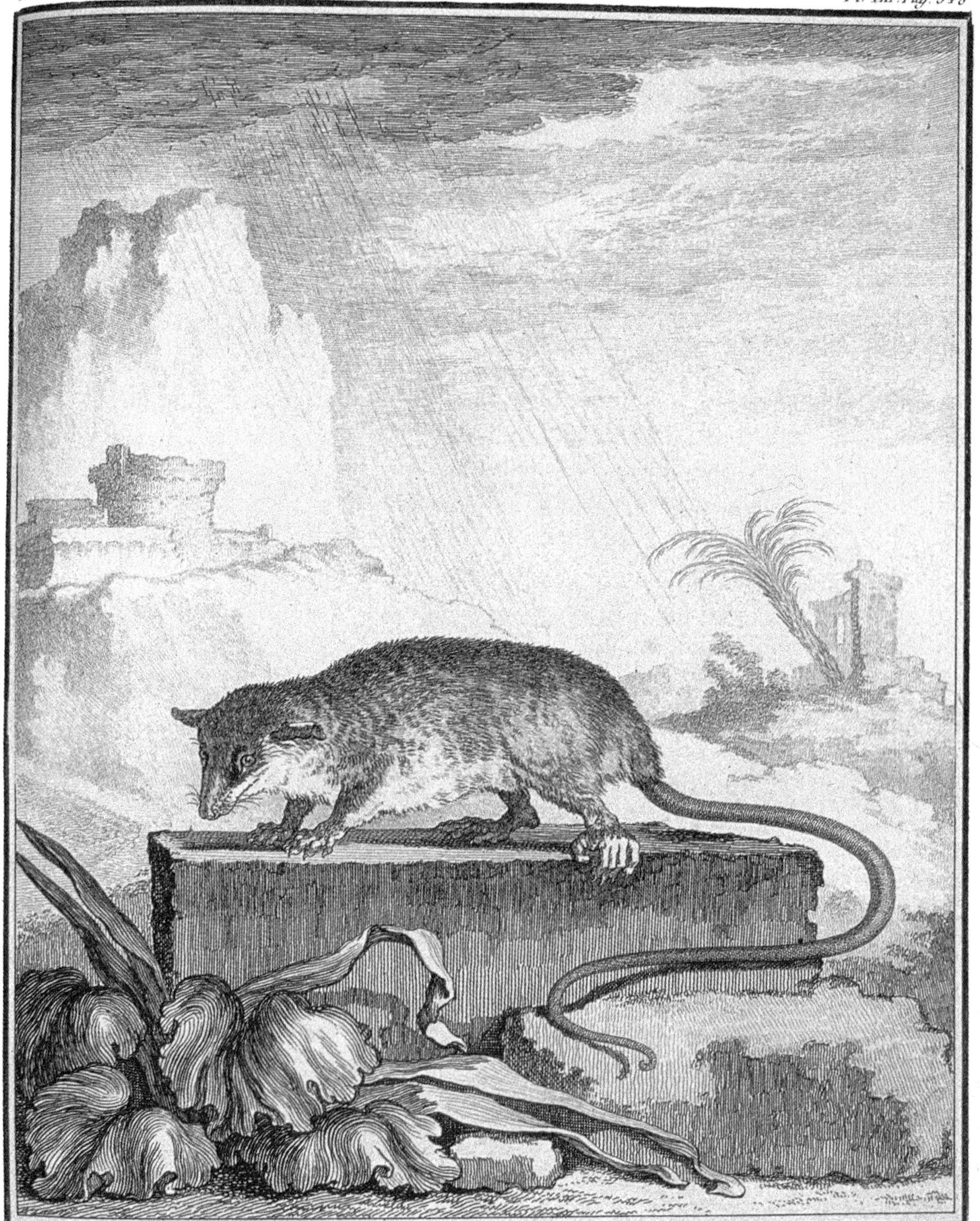

De Seve delin. C. Baquoy sculp.

LA MARMOSE MÂLE.

Tom. X.                                                                 Pl. LIII. Pag. 348

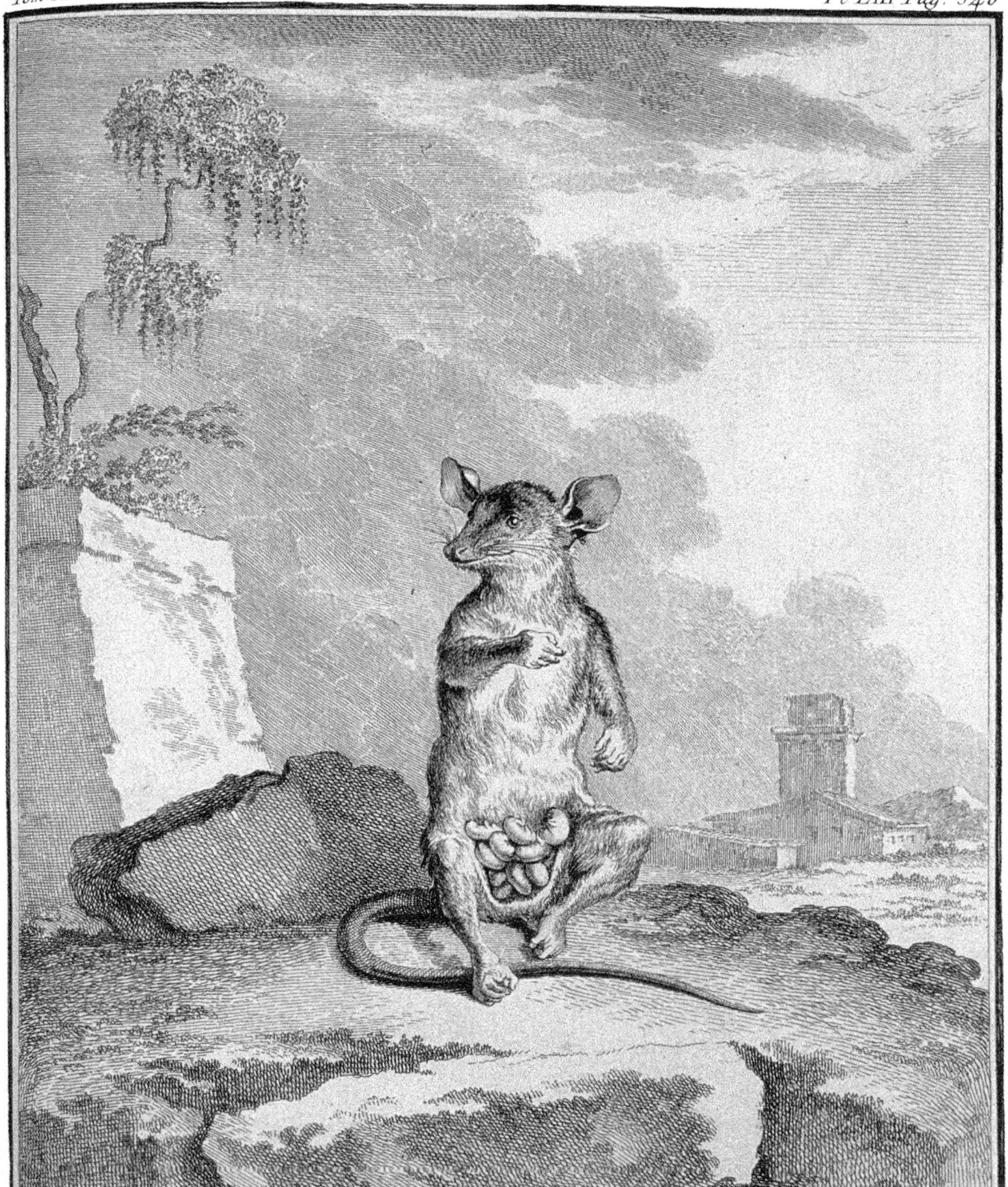

De Sève del.                                                                 Louis Legrand.

LA MARMOSE FEMELLE

Tom. X. Pl. LIV. Pag. 348.

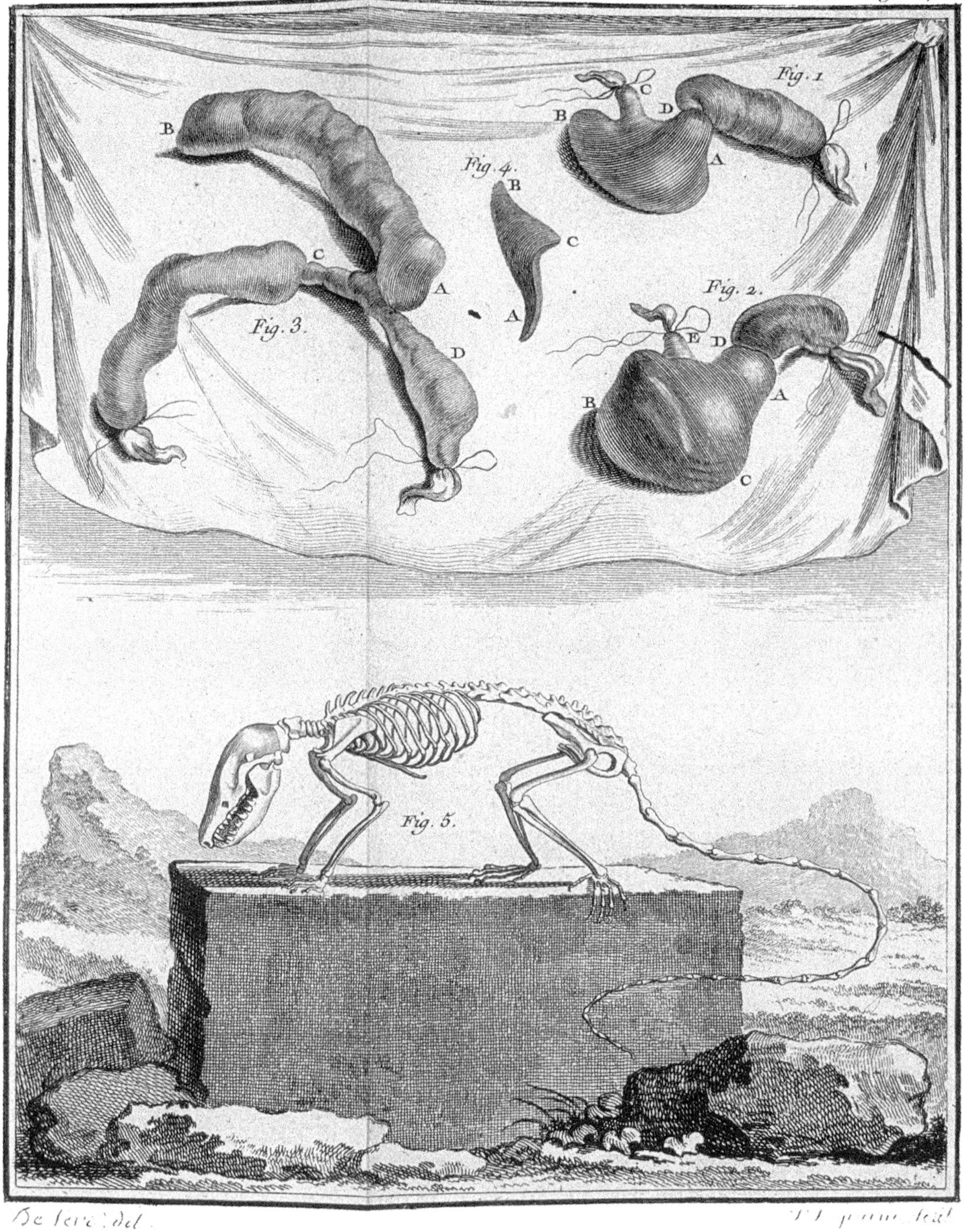


De Sève del. 

*Tome X.* *Pl. LV. Pag. 362*

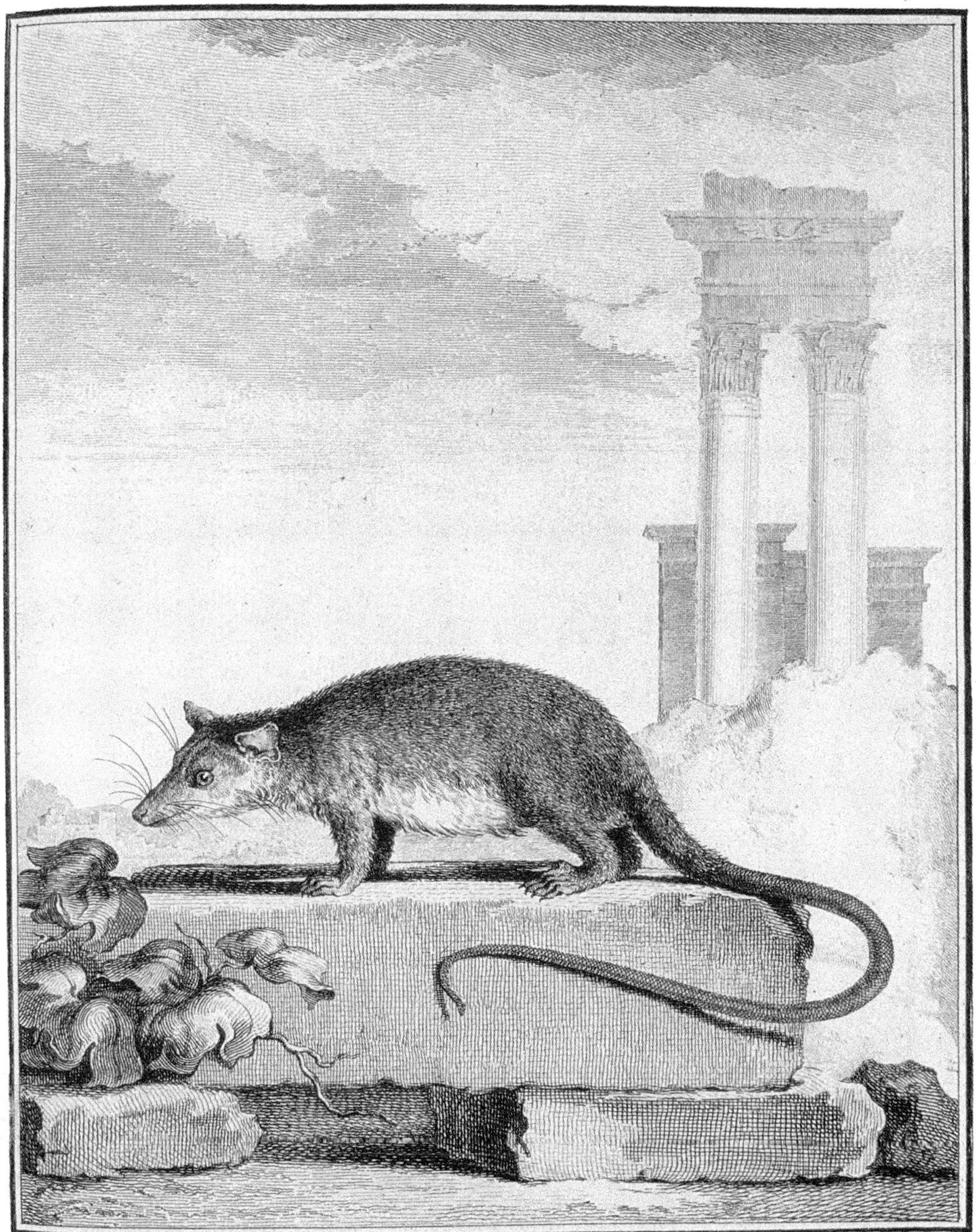

*De Seve del.* *P. F. Tardieu Sculp.*

LE CAYOPOLLIN

Tom. X.

Pl. LVI. Pag. 362

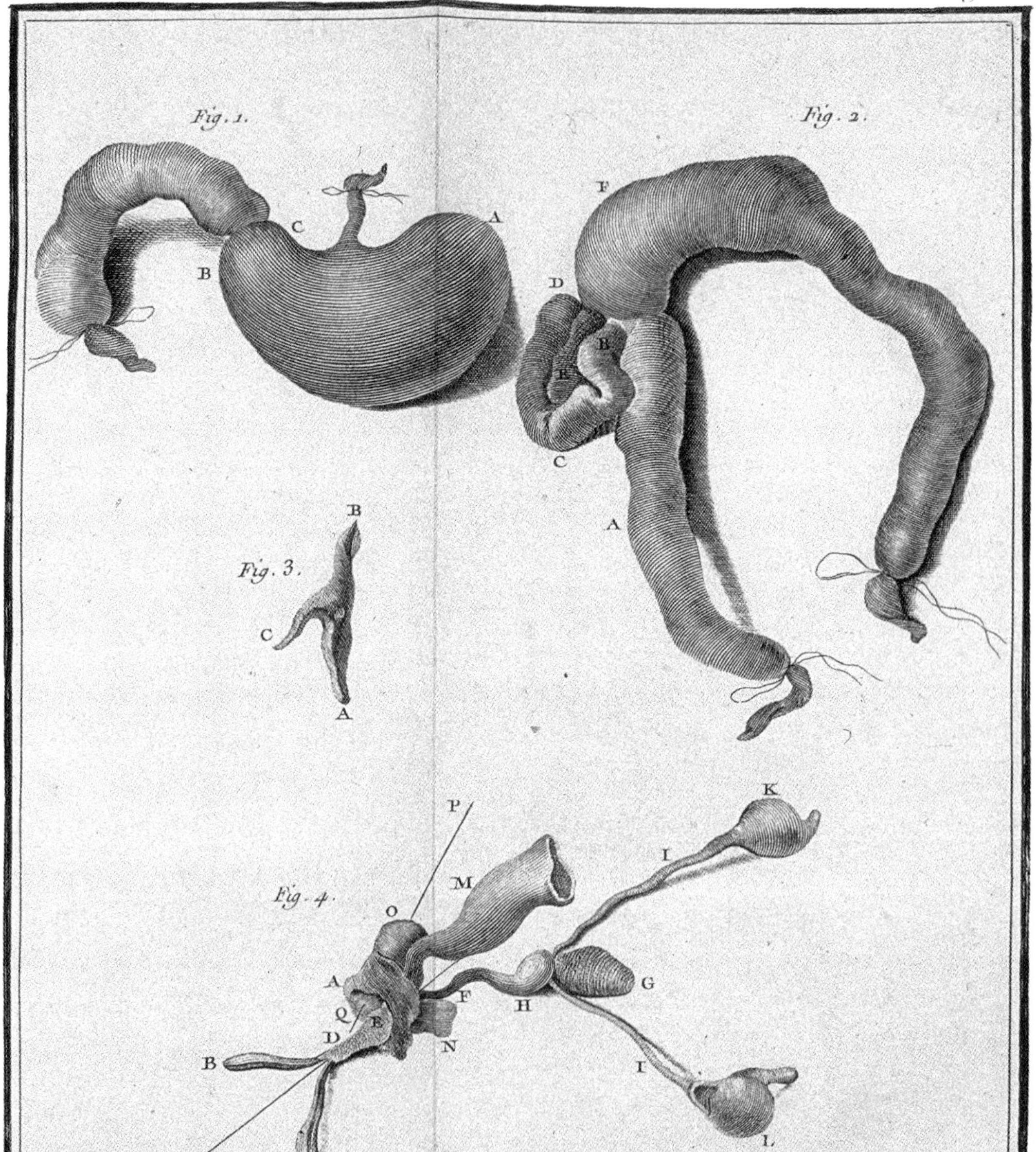

Tom. X

Pl. LVII. Pag. 362

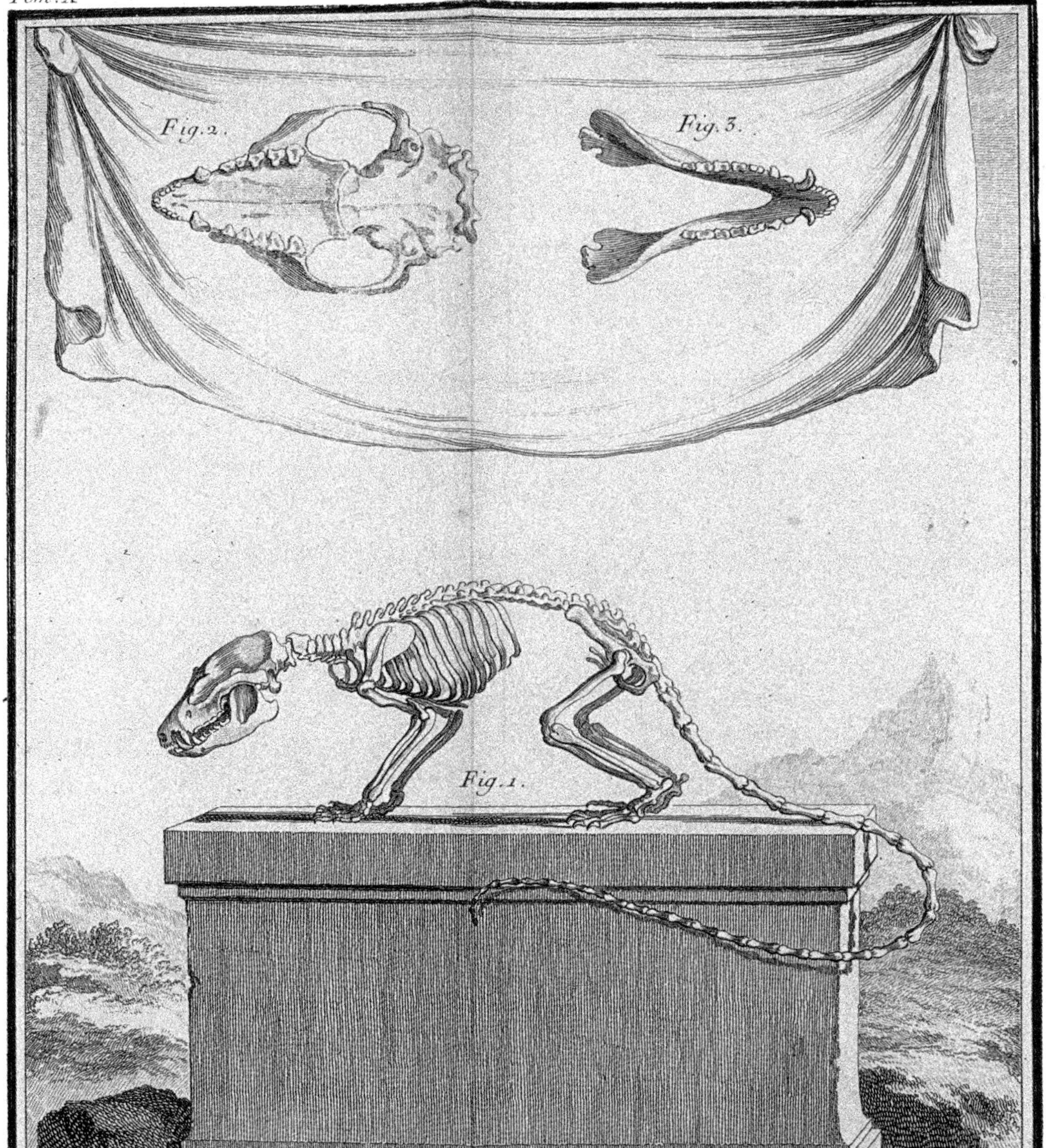


Desève del.

J. J. Guélard sculp.

# HISTOIRE
# NATURELLE,
## GÉNÉRALE ET PARTICULIÉRE,
*AVEC LA DESCRIPTION*
## DU CABINET DU ROI.

*Tome Onzième.*

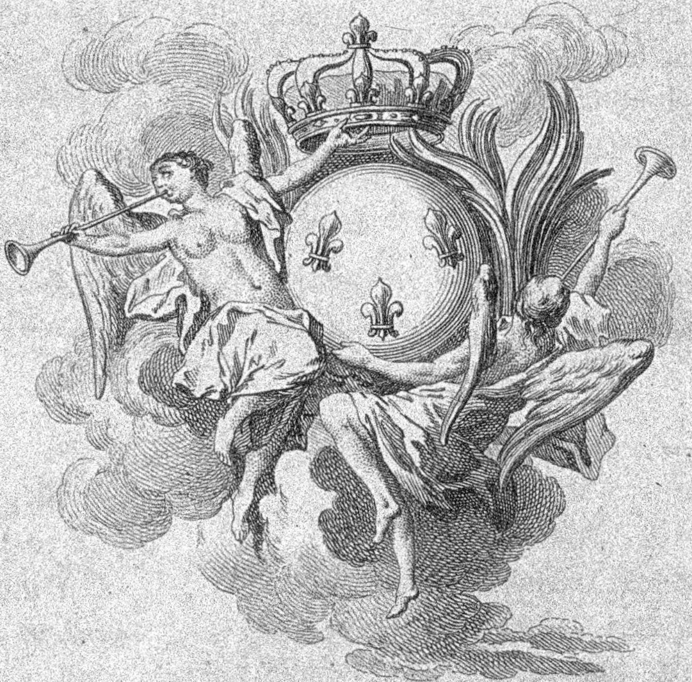

A PARIS,
DE L'IMPRIMERIE ROYALE.

M. DCCLIV.

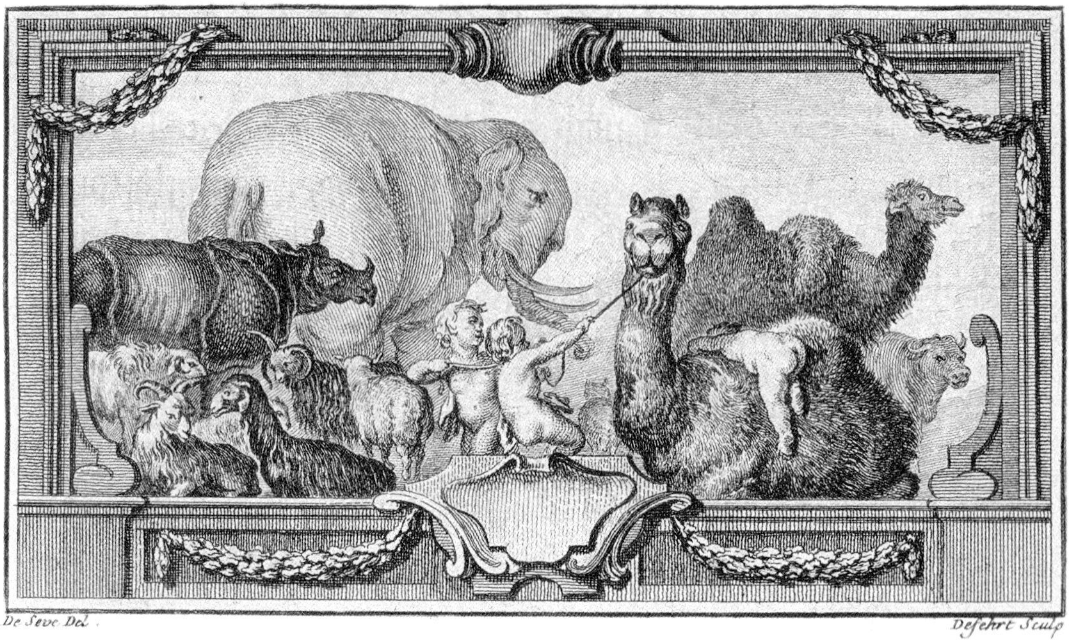
De Seve Del.
Desehrt Sculp

Tom. XI. Pl. I. Pag. 142.

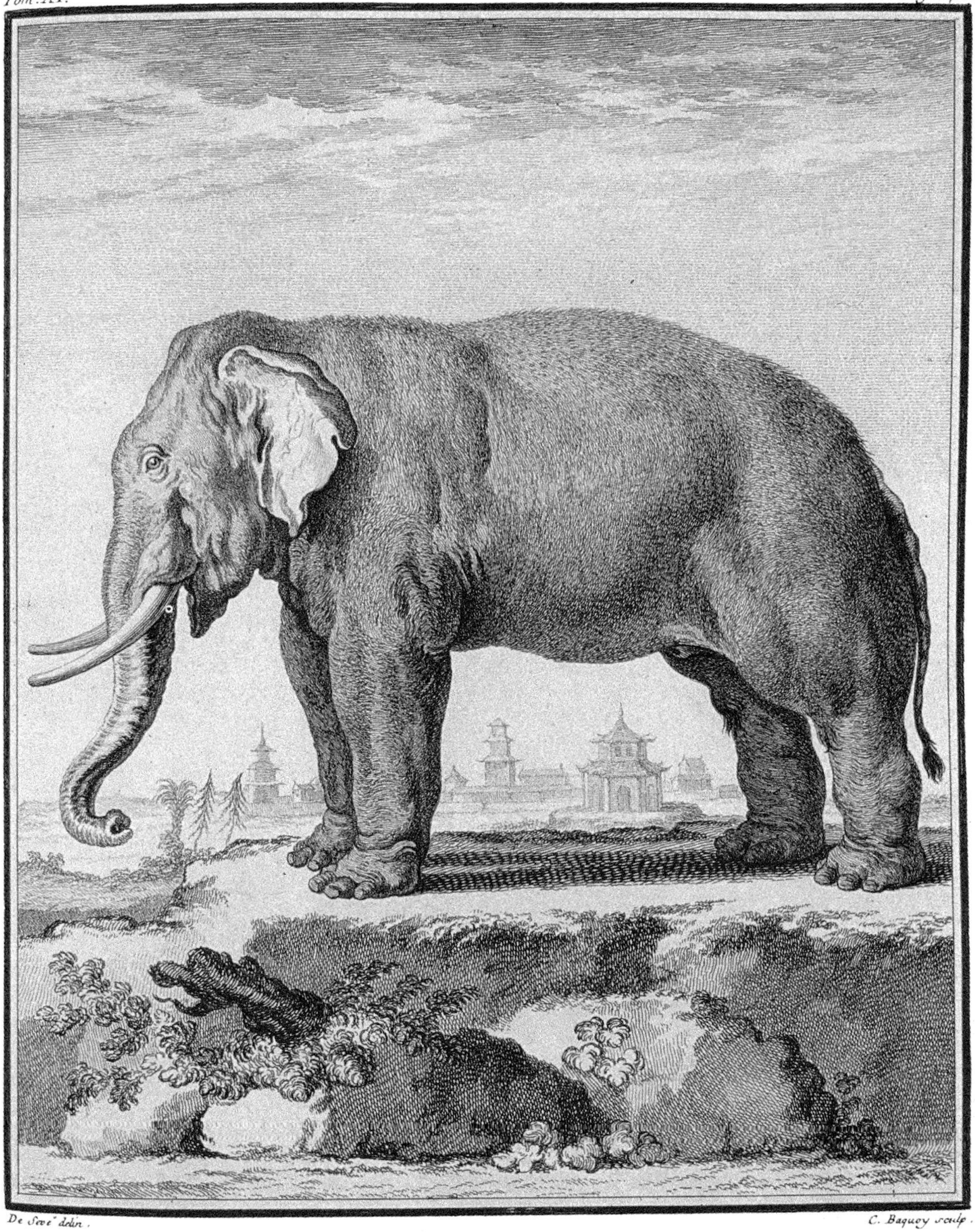

De Sevé delin. C. Baquoy sculp.

L' ELEPHANT.

Tom XI. Pl. 11. Page 142

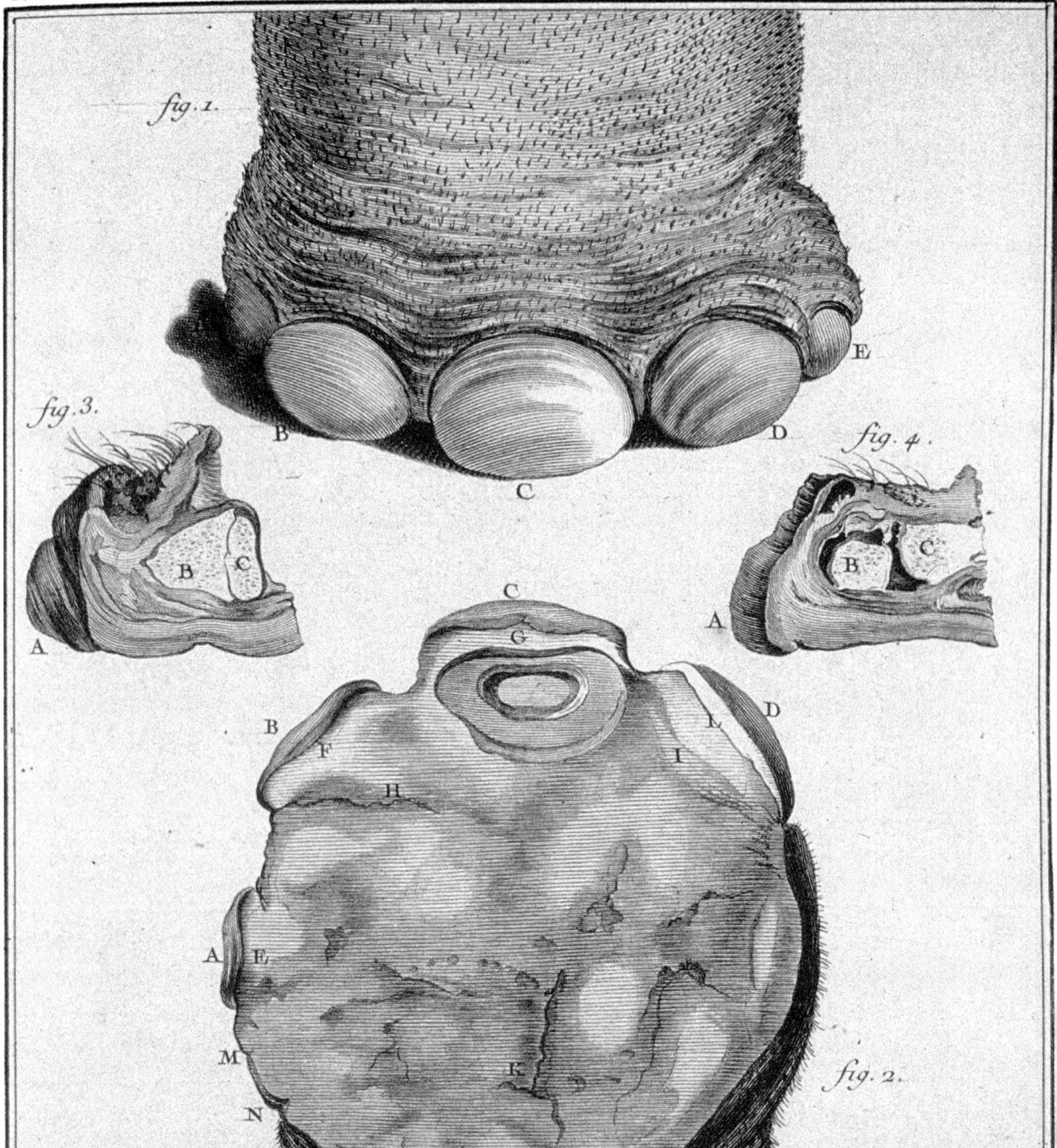


De Seve del. Desehrc Sculp.

Tom. XI. Pl. III. Pag. 142.

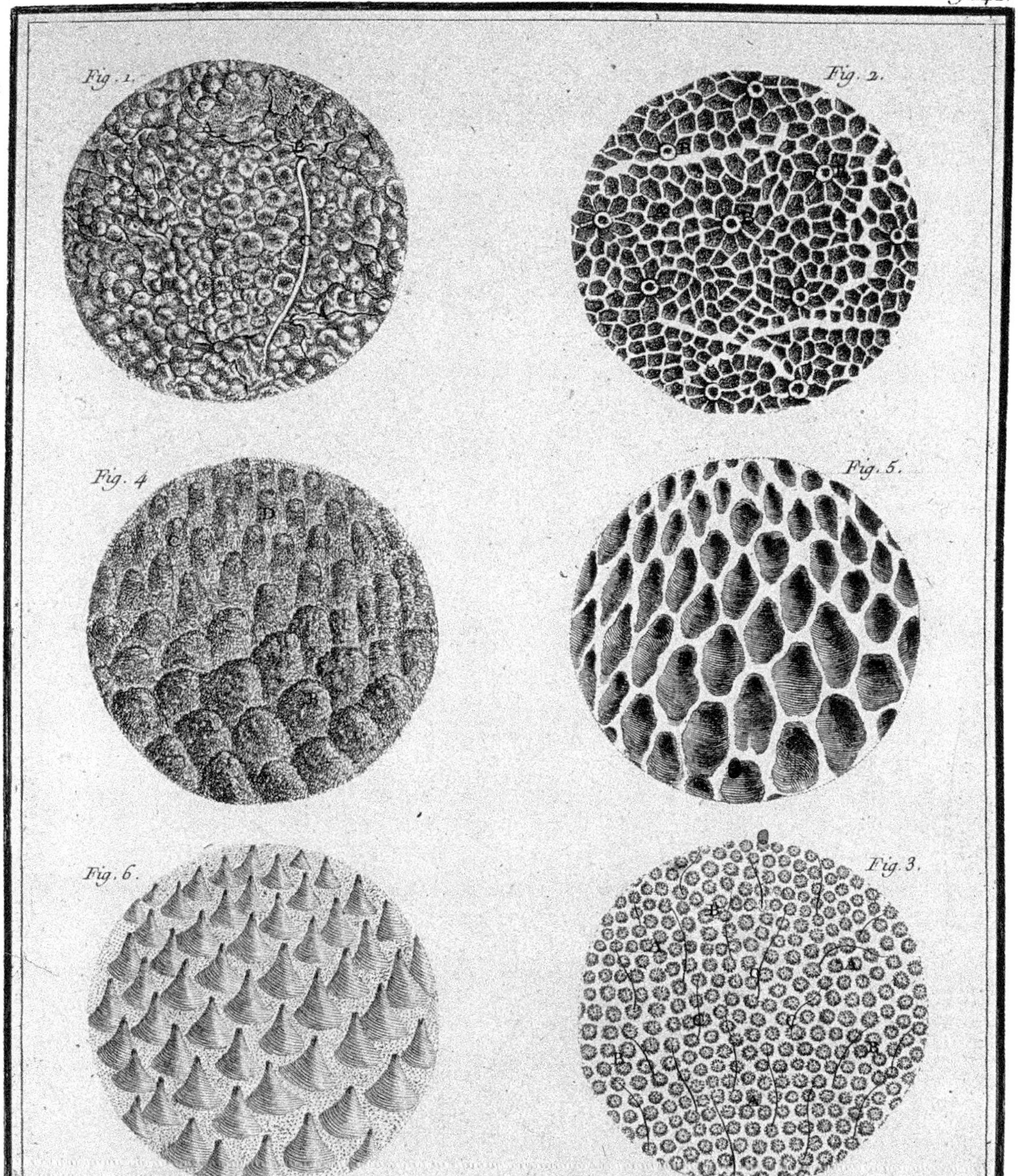


De Seve del. Baron Sculp.

Tom. XI. Pl. IV. Pag. 142

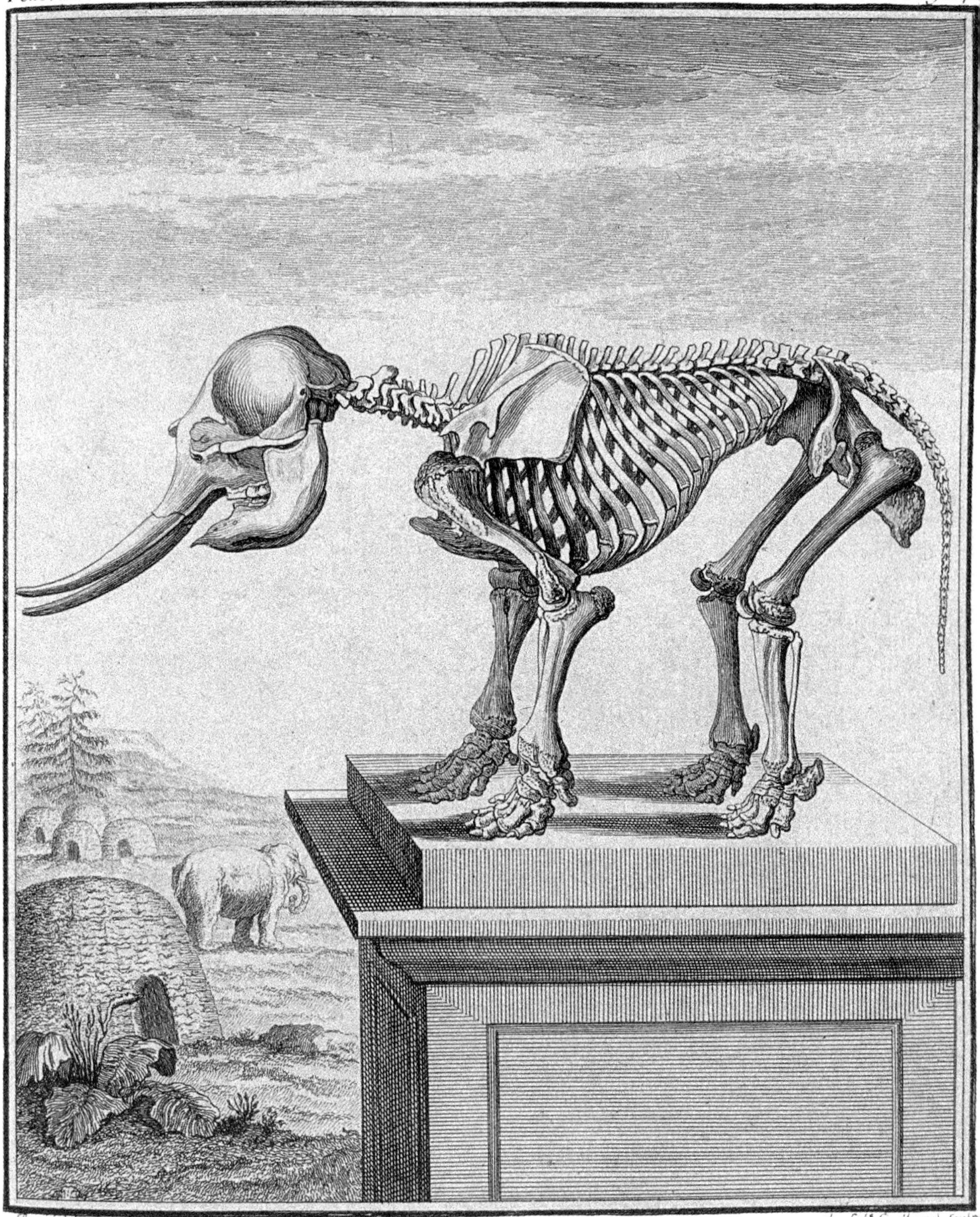

Buvé delin. Cl. F.^se Guélard Sculp.

Tom. XI. Pl. V. Pag. 142.

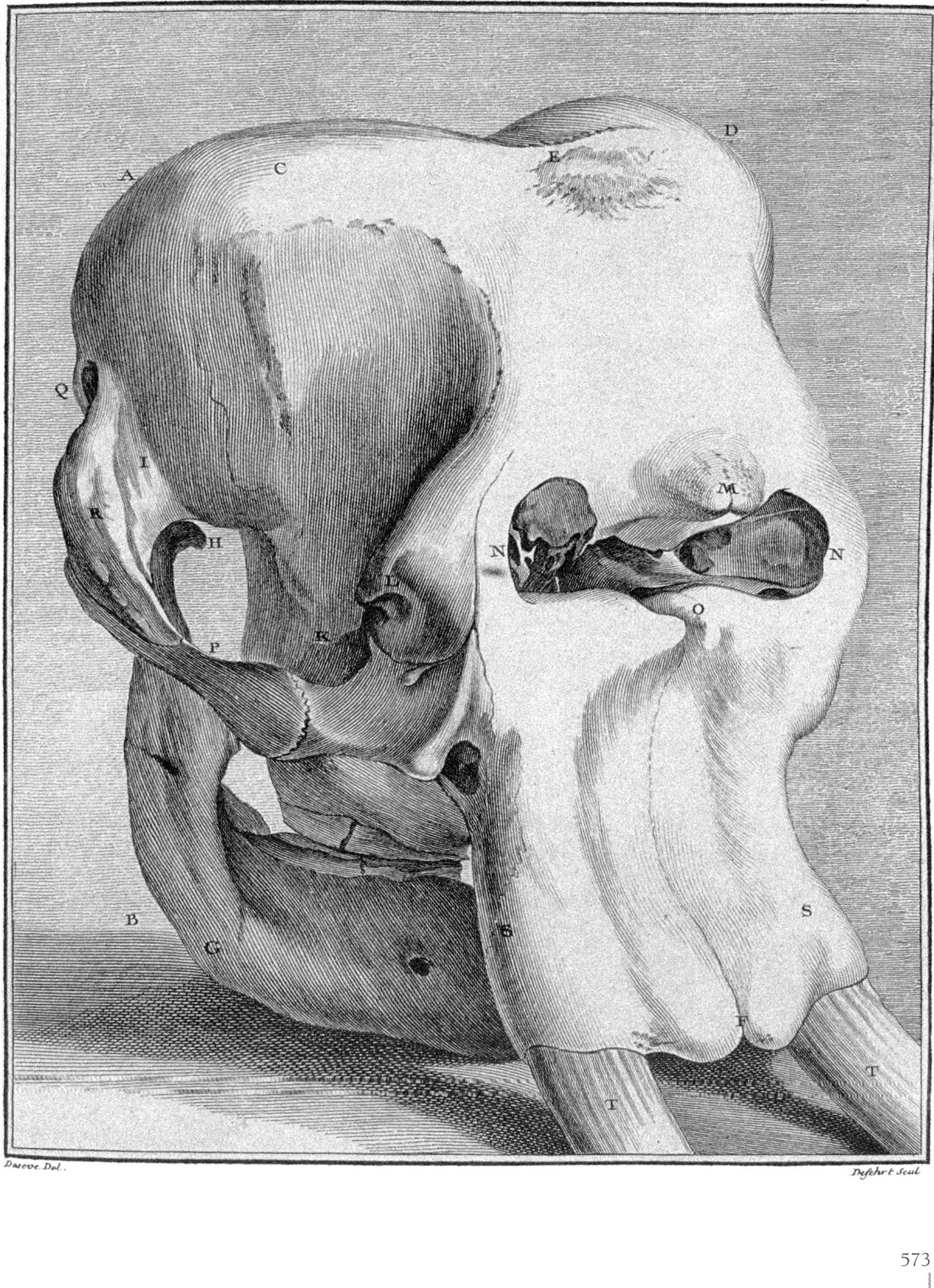


Daseve Del. Defehrt Sculp.

Tom. XI. Pl. VI. pag. 142.

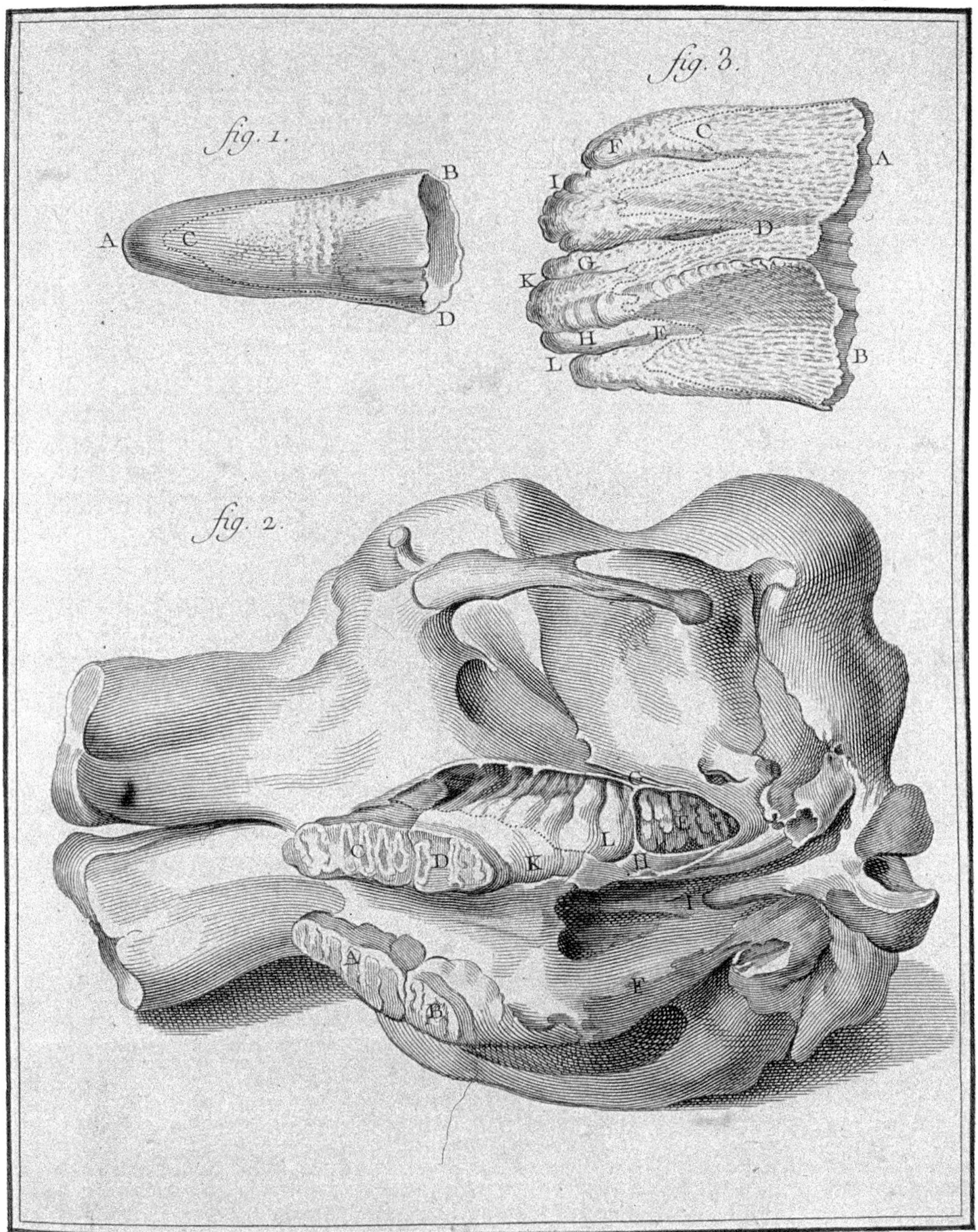


De Seve del. Chevillet f.

Tom. XI. Pl. VII. Pag. 202.

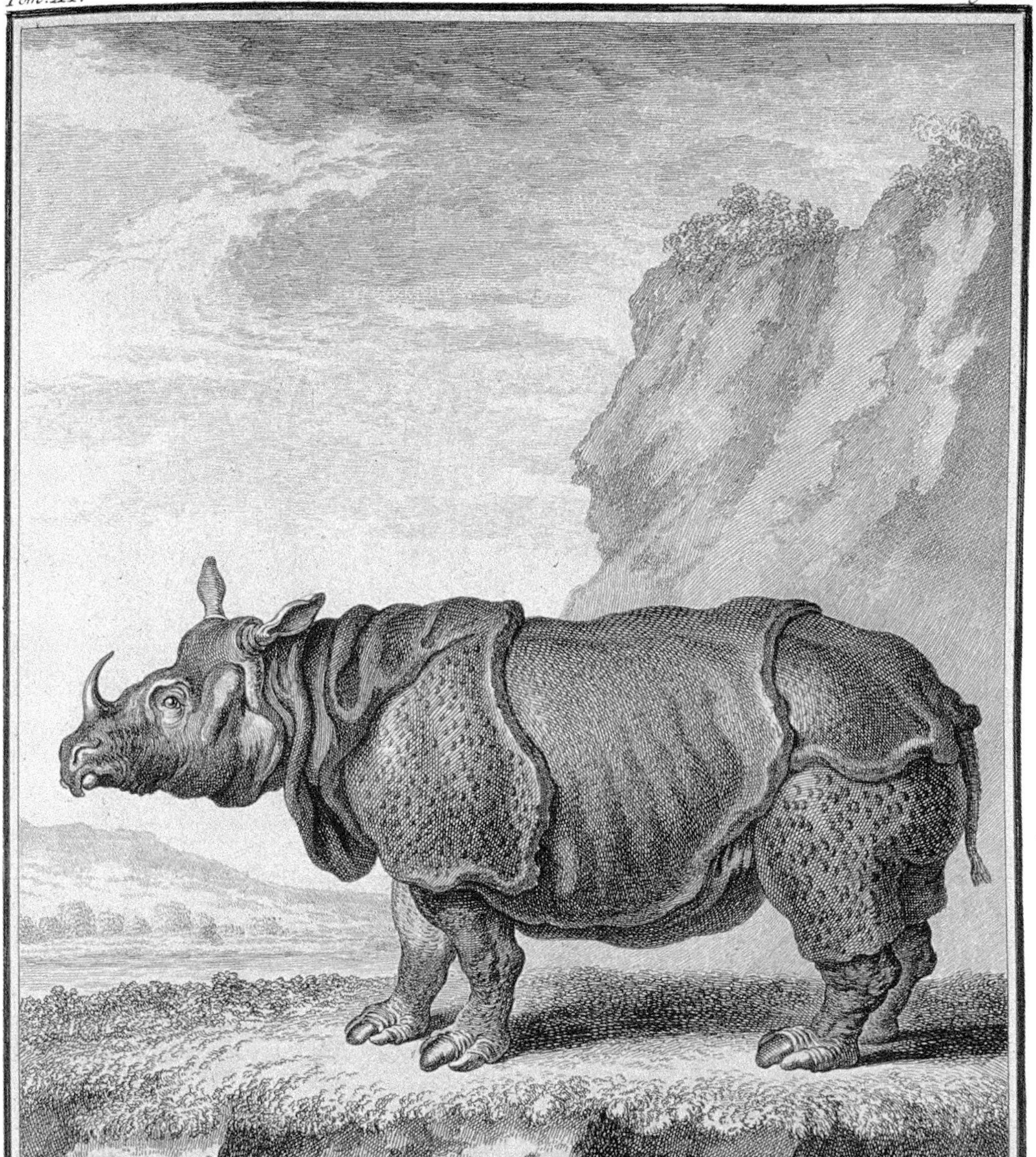

De Seve delin. C. Baquoy sculp.

LE RHINOCEROS.

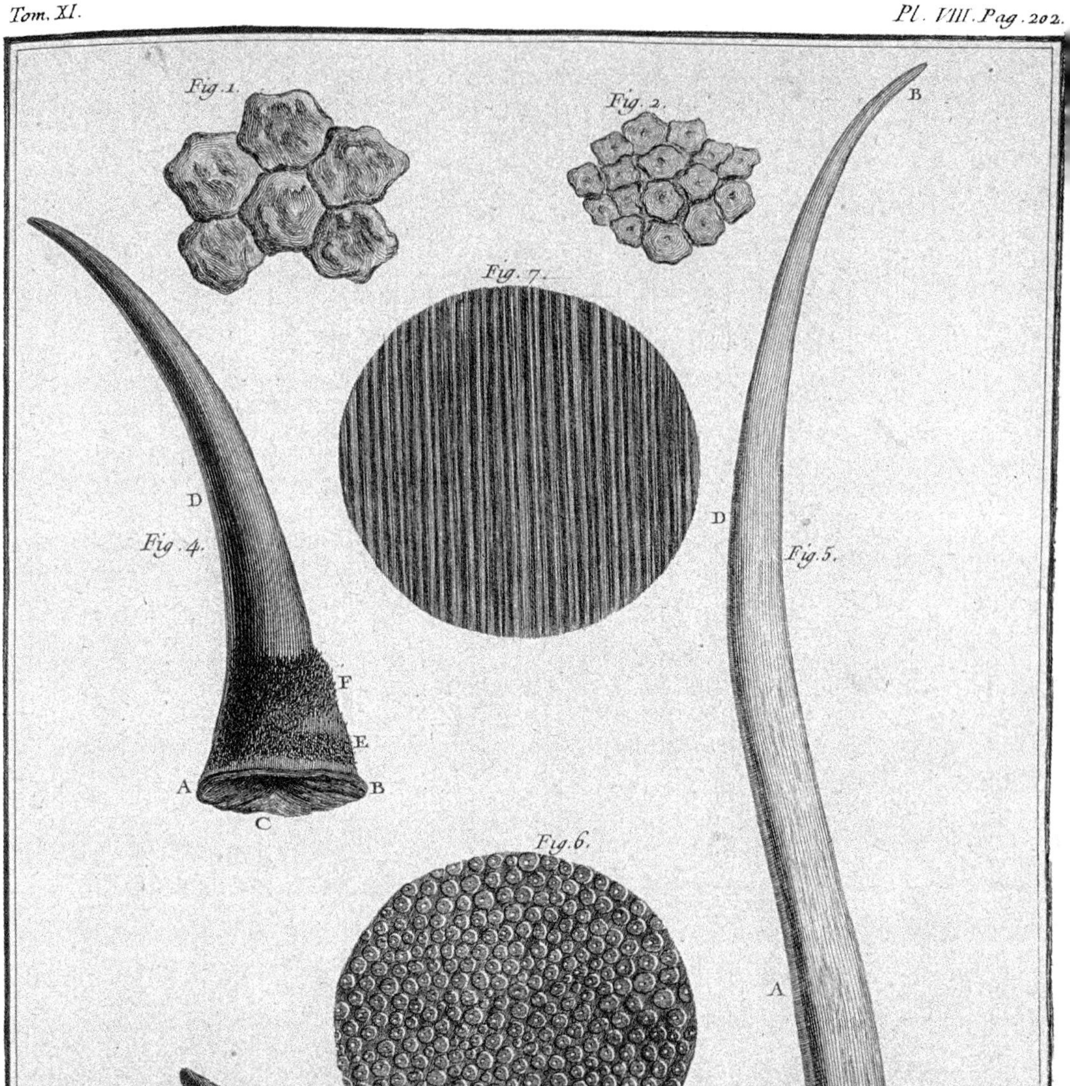
Tom. XI.
Pl. VIII. Pag. 202.
Fig. 1.
Fig. 2.
Fig. 7.
Fig. 4.
Fig. 5.
Fig. 6.
Fig. 3.
A
B
C
D
E
F
De Seve Del
Baron Sculp

Tom. XI. Pl. IX. Pag. 276.

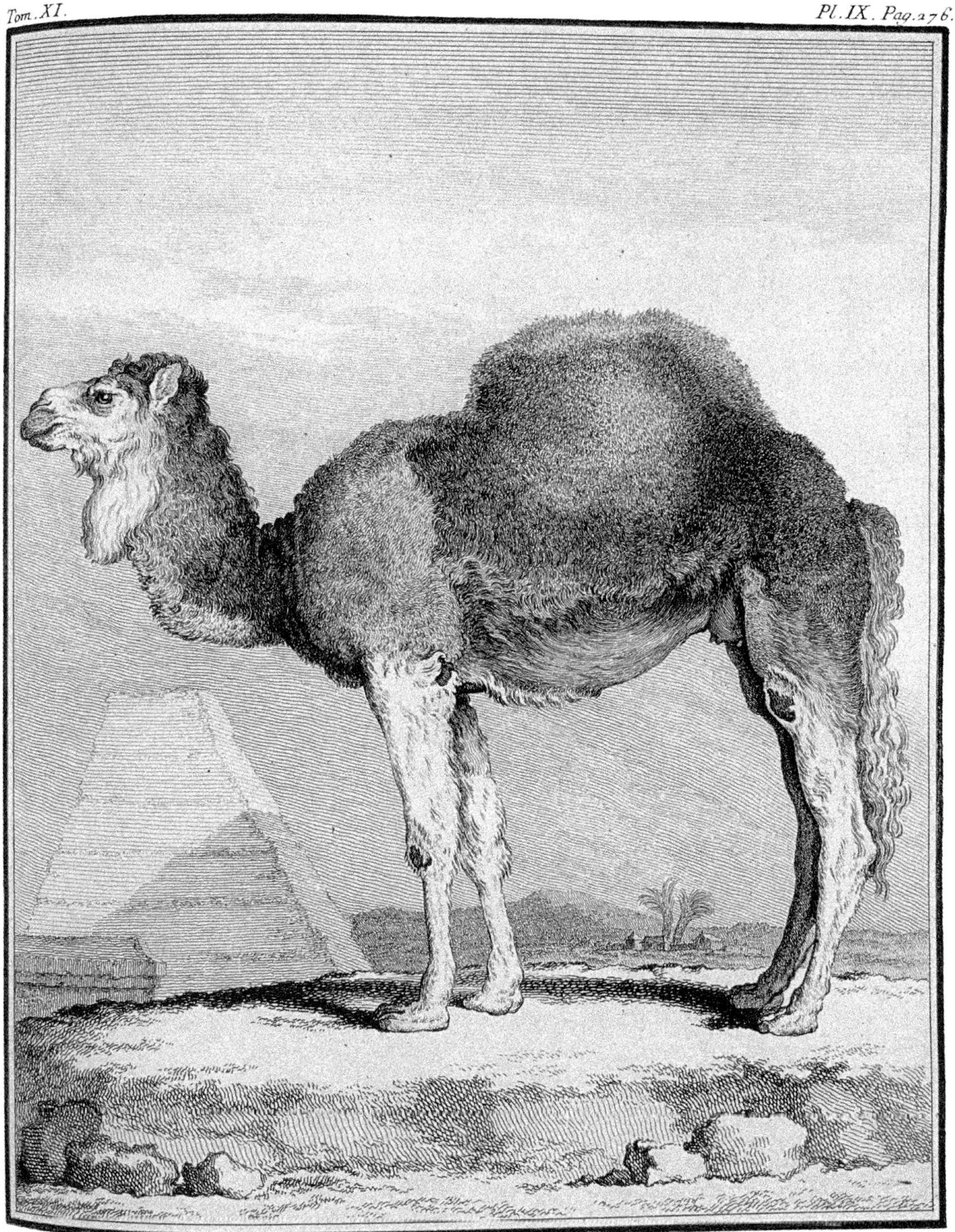

De Seve delin. C. Baquoy Sculp.

LE DROMADAIRE.

Tom . XI. Pl. X. Pag. 276.

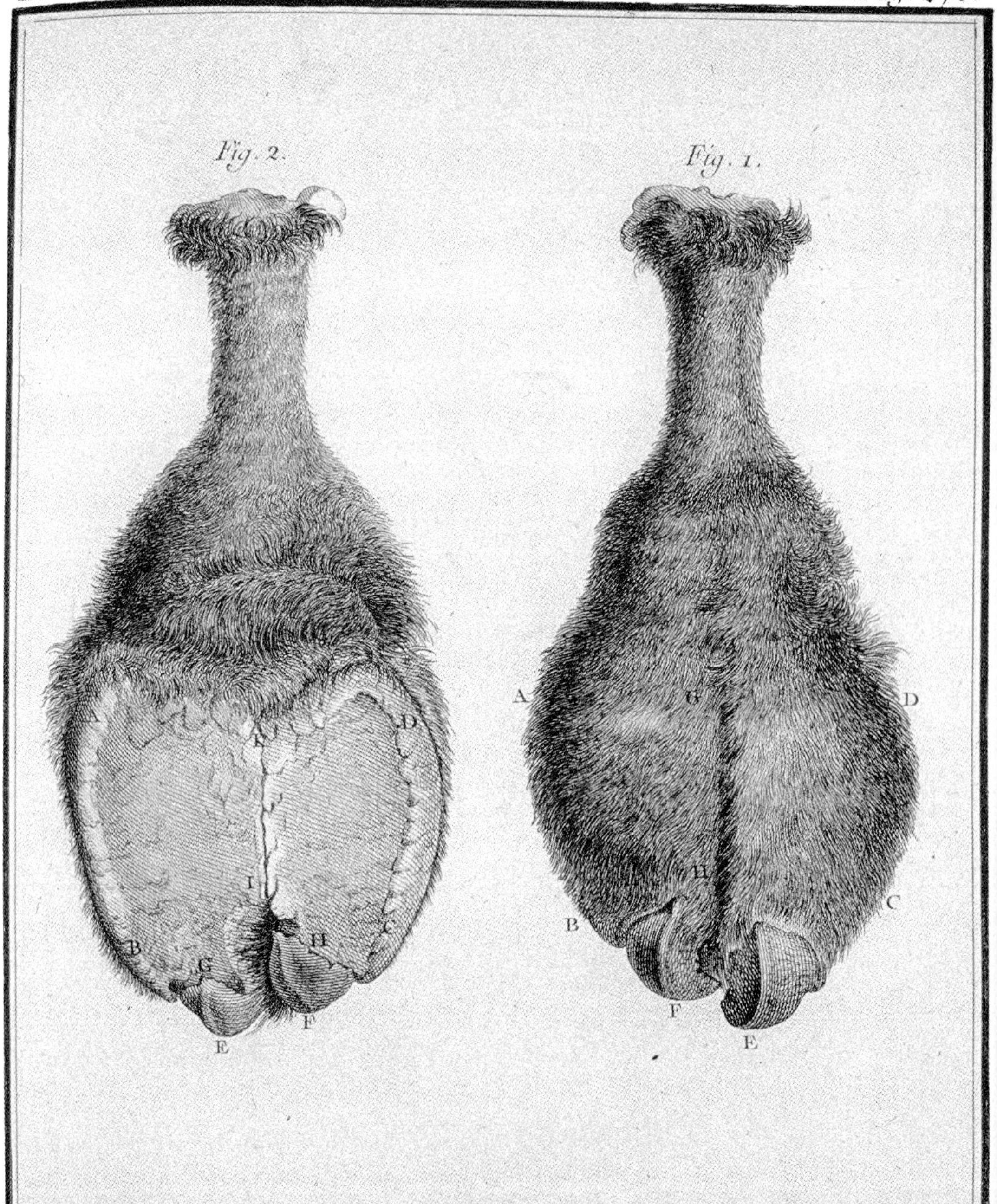


Buvée del. P. F. Tardieu Sc.

Tom. XI. Pl. XI. pag. 276.

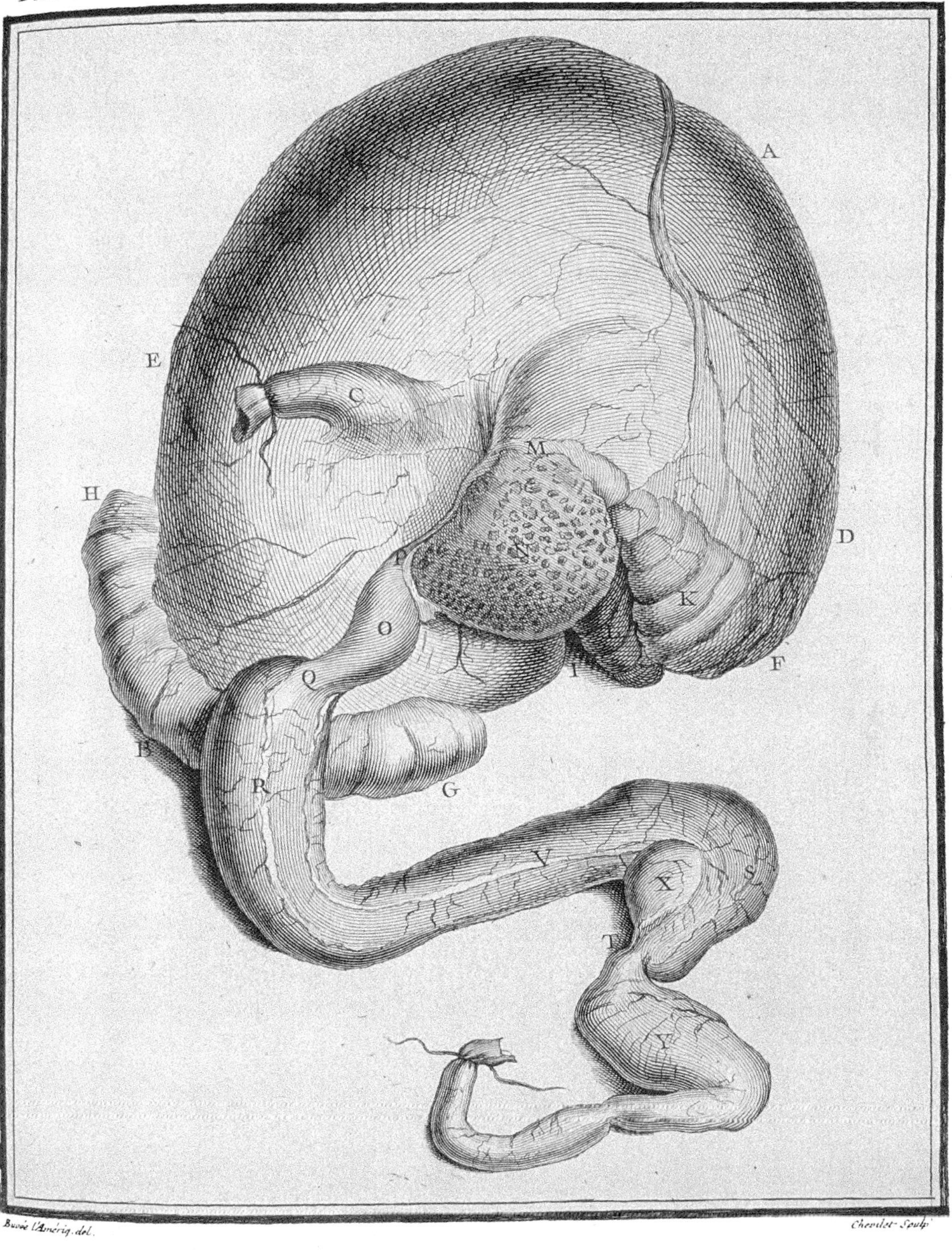


Buvée l'Amériq. del. Chevilet Sculp.

Tom. XI. Pl. XII. Pag. 276.

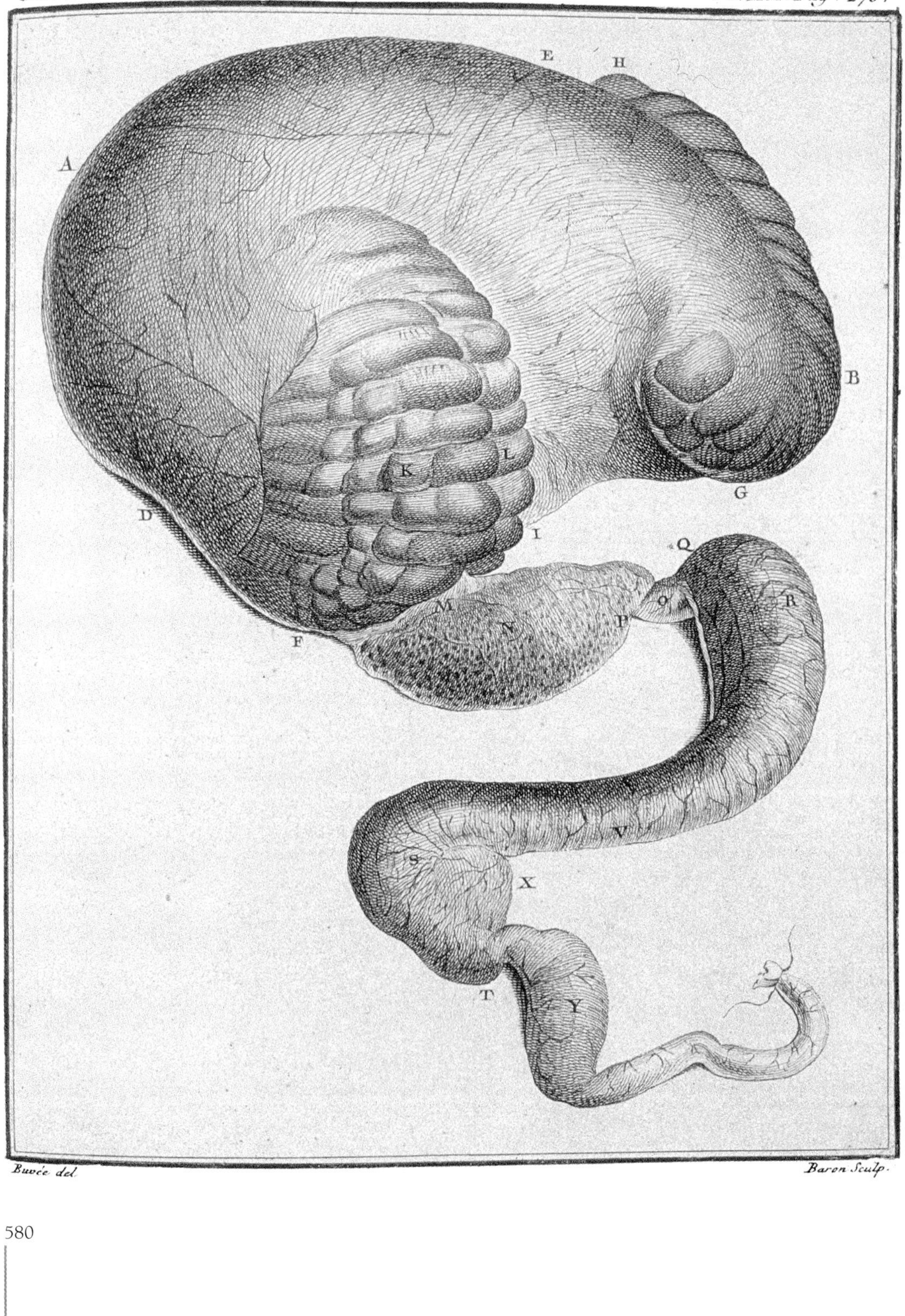


Buvée del. Baron Sculp.

Tom. XI.

Pl. XIII. Pag. 276

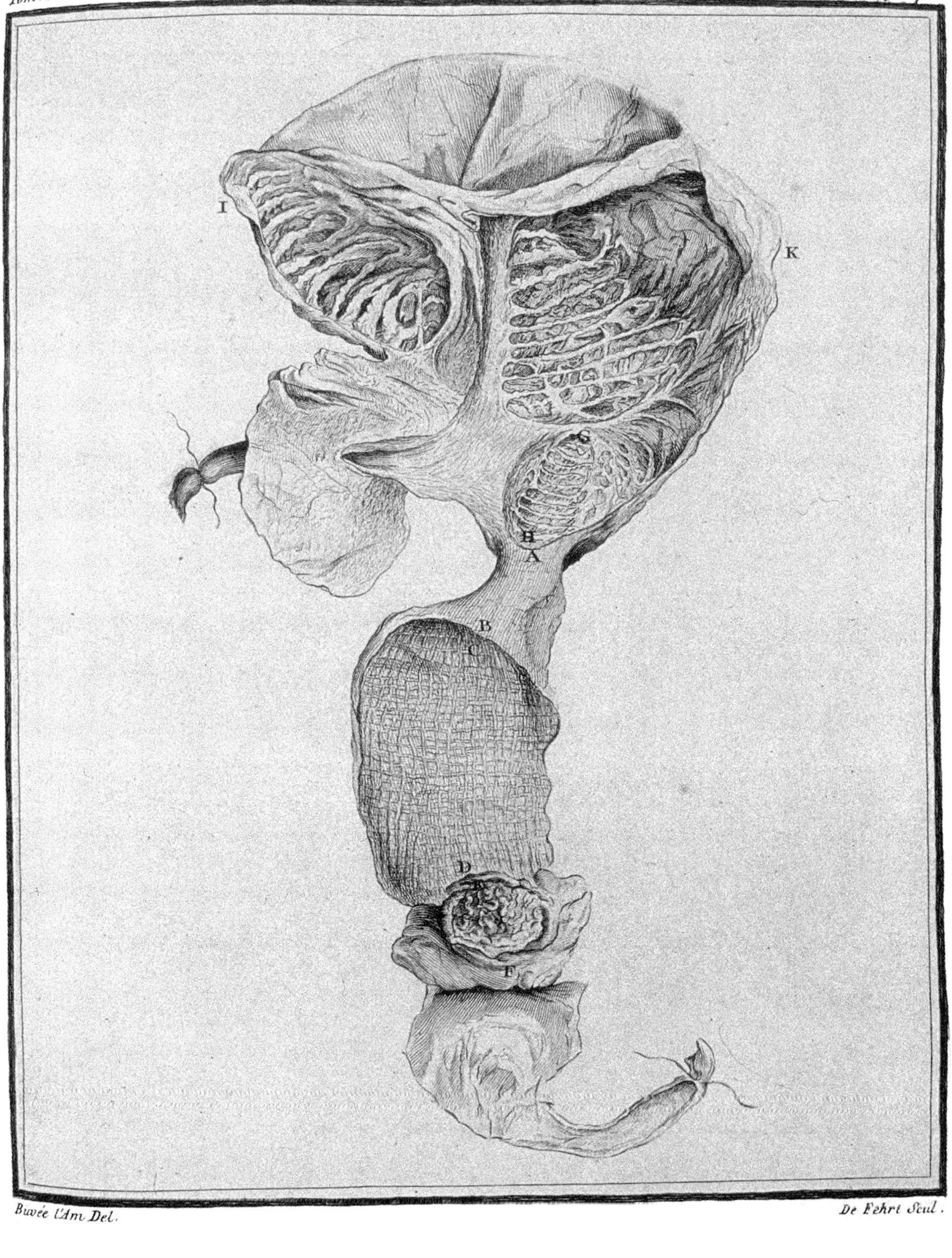


Buvée l'Am. Del.

De Fehrt Sculp.

Tom. XI. Pl. XIV. Pag. 276.

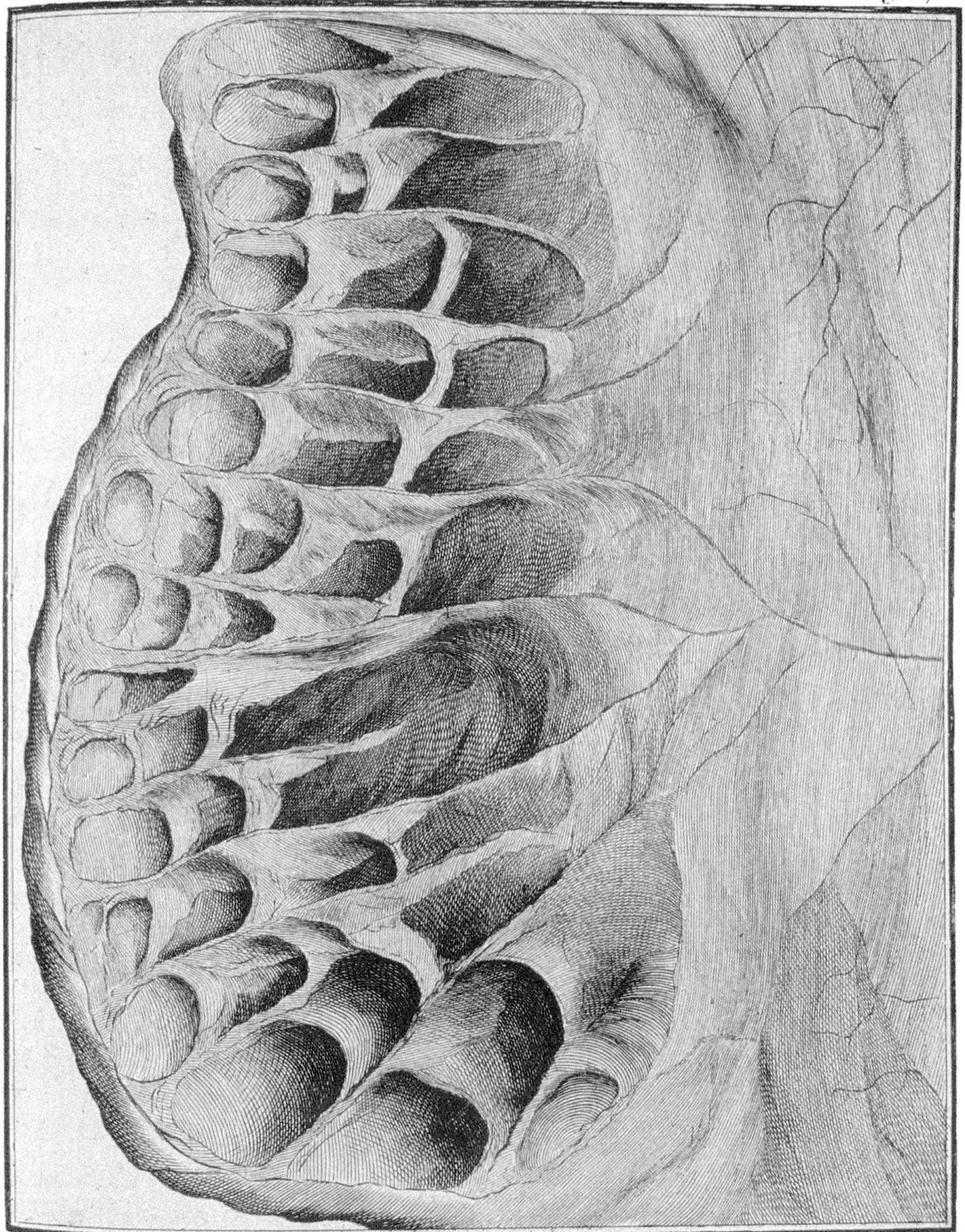

Buvée la meriquain del Baron Sculp.

Tom XI.

Pl. XV. Pag. 276.

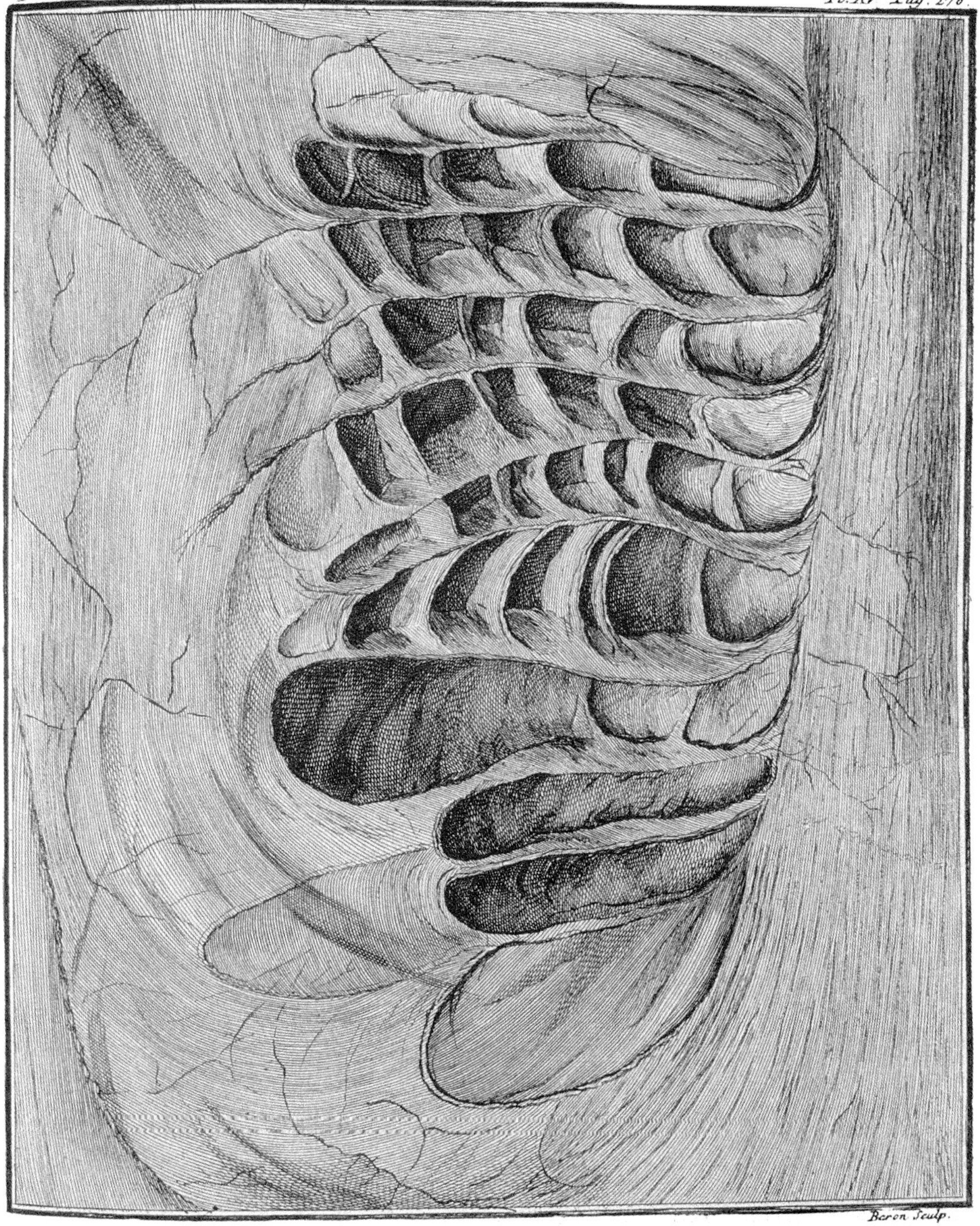

Baron Sculp.

Tom. XI. Pl. XVI. Pag. 276.

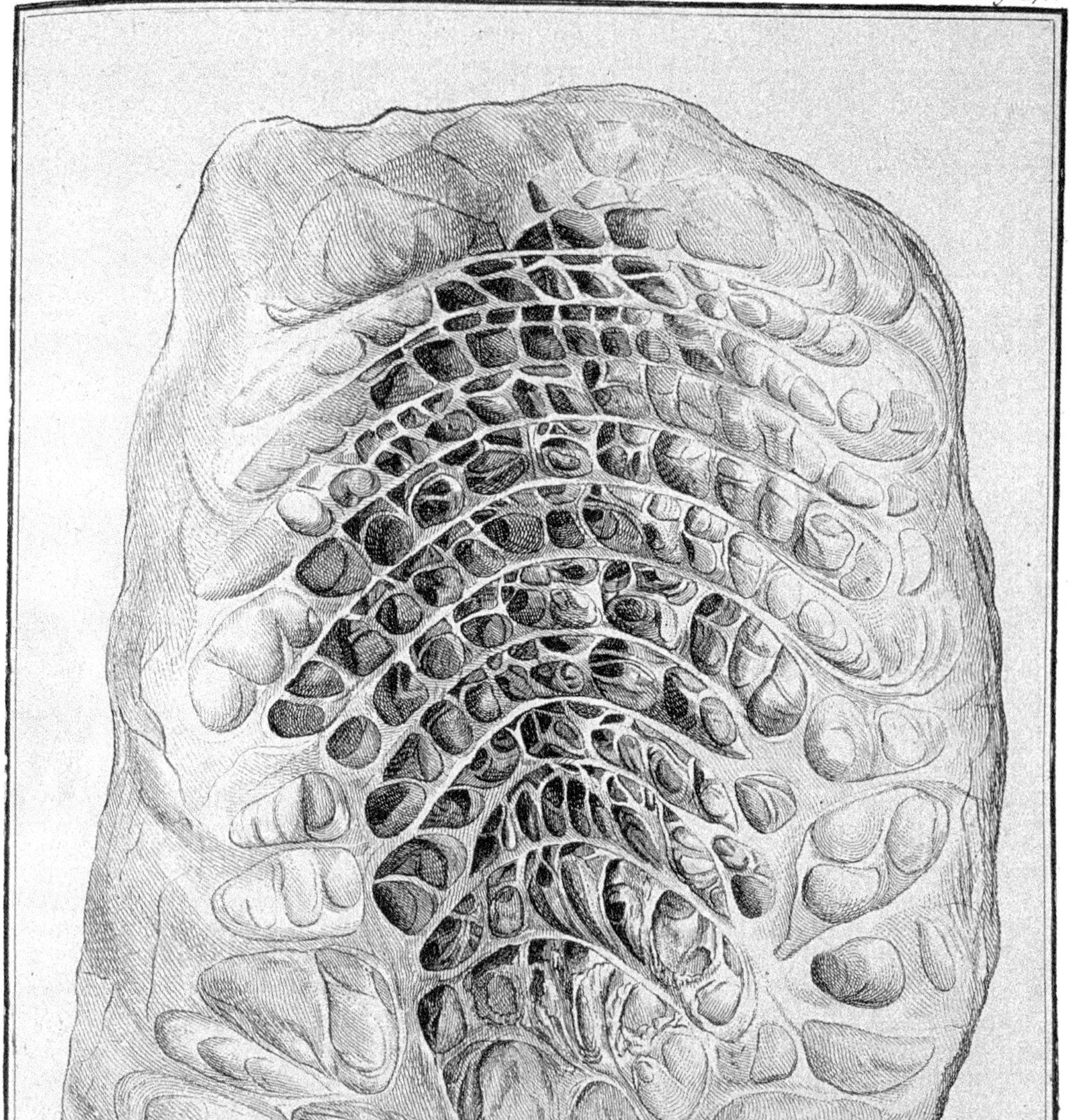

Buvée del. Baron Sculp.

Tom. XI. Pl. XVII. Pag. 276.

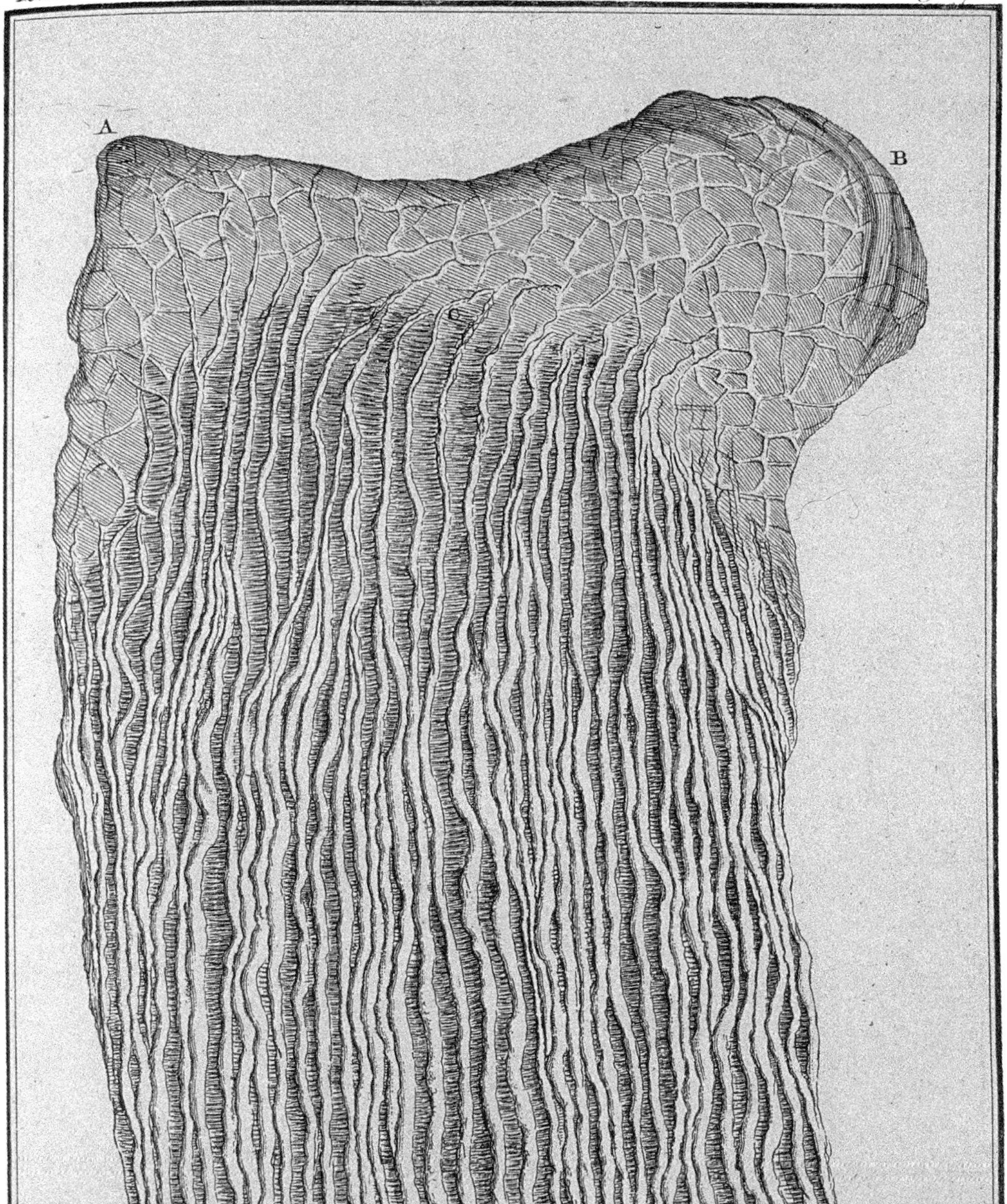


Buvée l'Americquain del. L. Legrand Sculp.

Tom. XI Pl. XVIII. Pag. 276.

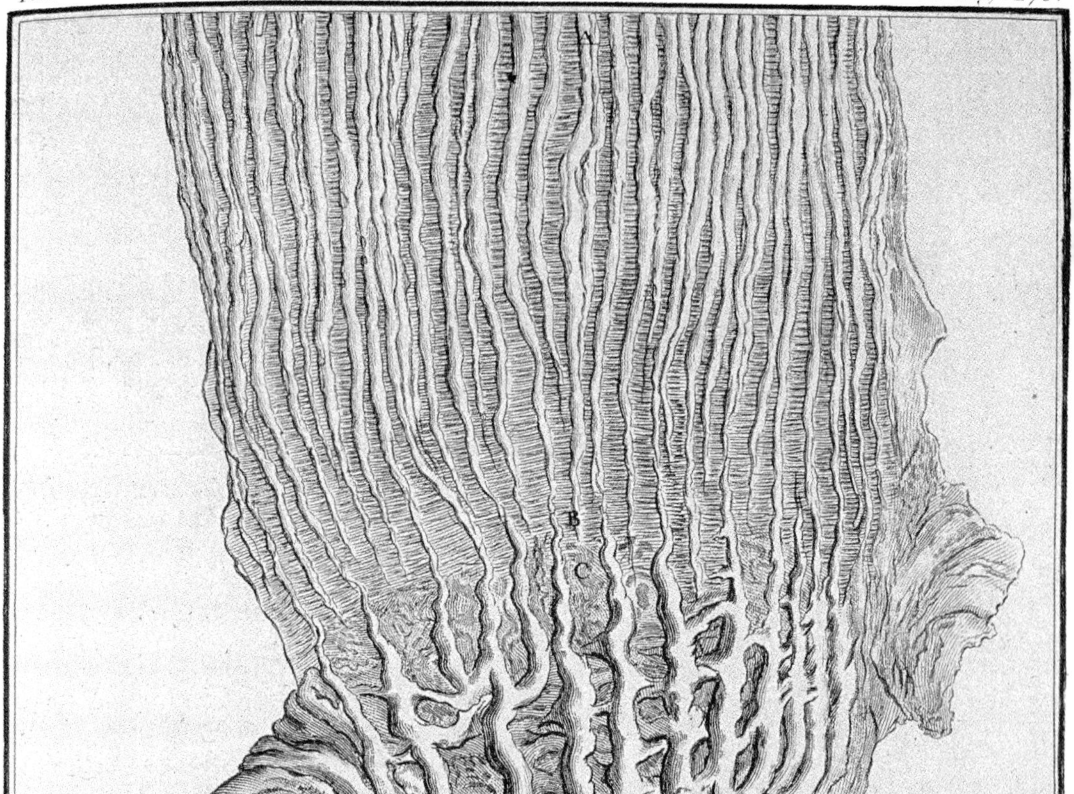


Buvée, L'ameriquin, del. L. Legrand, Sculp.

Tom. XI. Pl. XIX. Pag. 276.

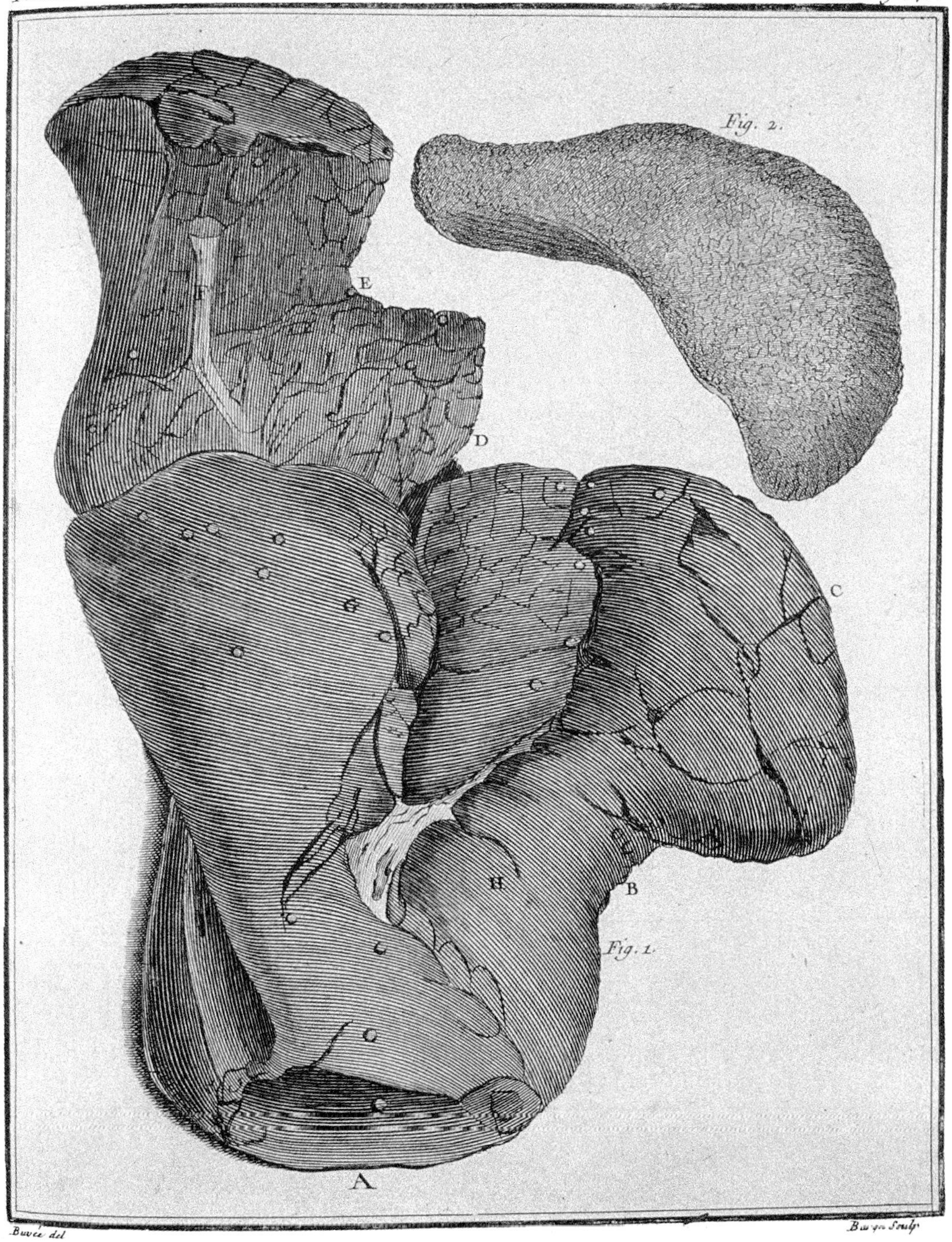


Buvée del. Baquoy Sculp.

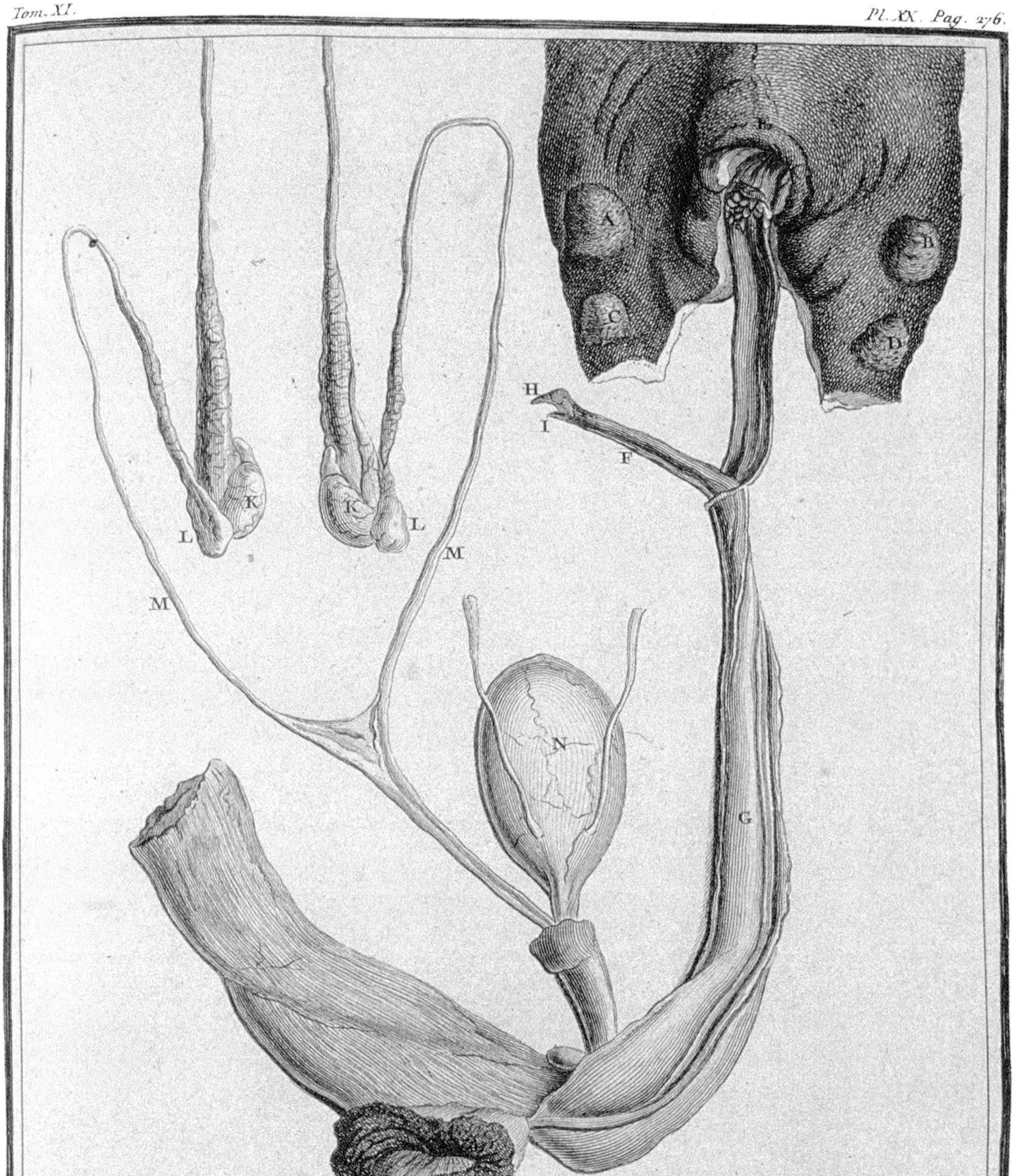
Tom. XI.
Pl. XX. Pag. 276.
A
B
C
D
E
F
G
H
I
K
K
L
L
M
M
N
Buvée l'Am. del.
de Fehrt Sc.

Tom. XI. Pl. XXI. Pag. 276.

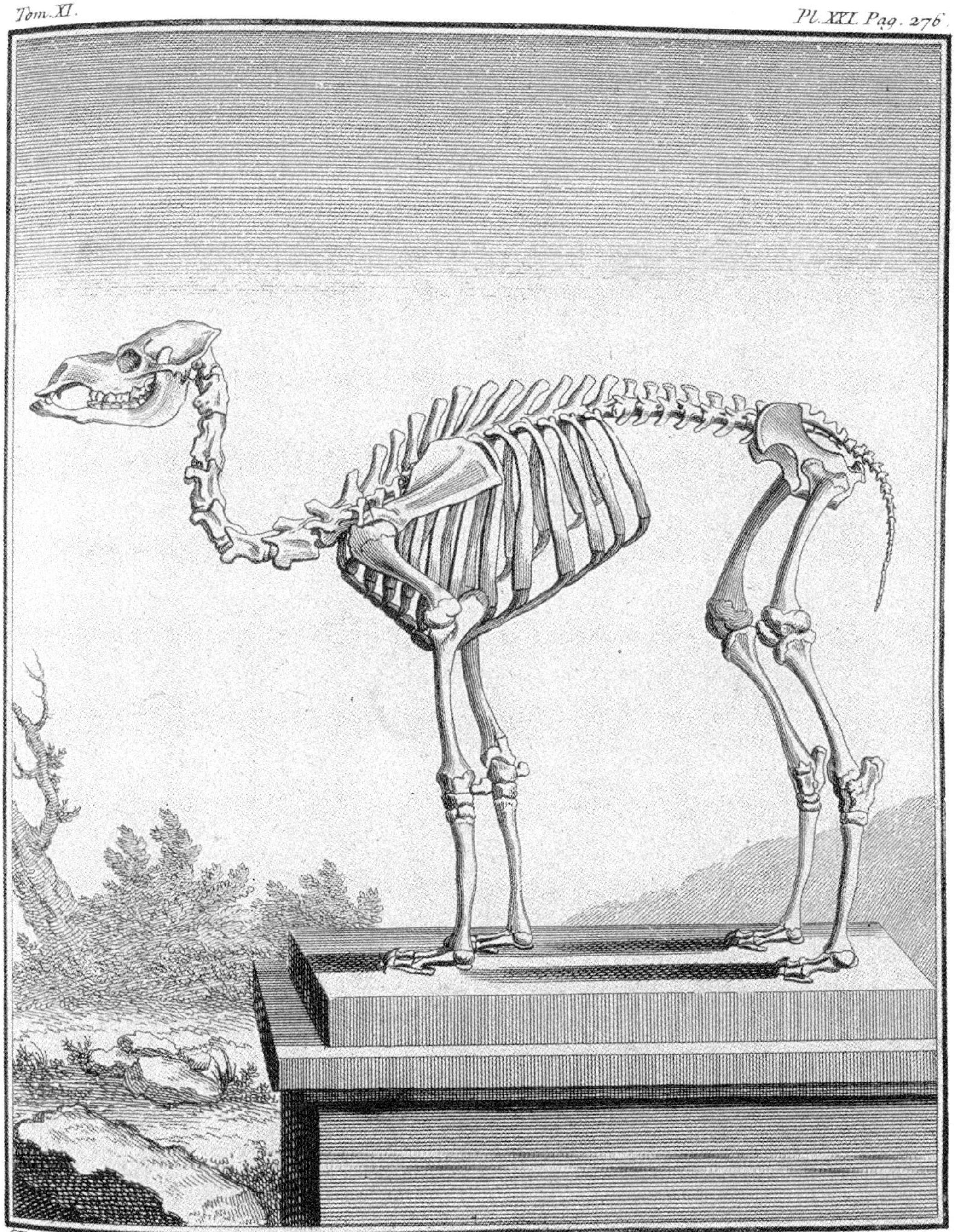

Buvée, del. Legrand, Sculp.

Tom. XI. Pl. XXII Pag. 276.

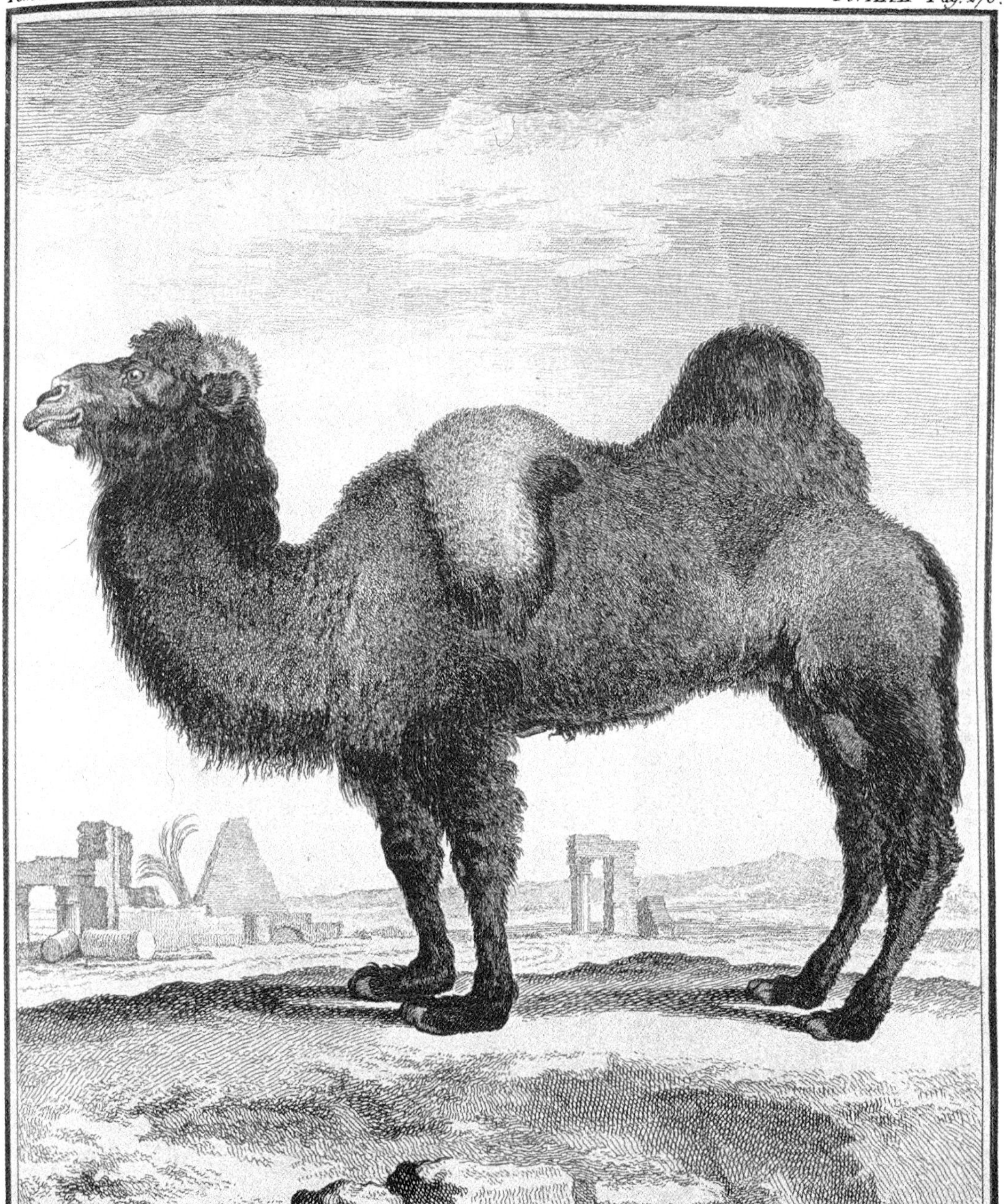

De Seve delin. C. Baquoy Sculp.

LE CHAMEAU.

Tom. XI. Pl. XXIII. Pag. 276.

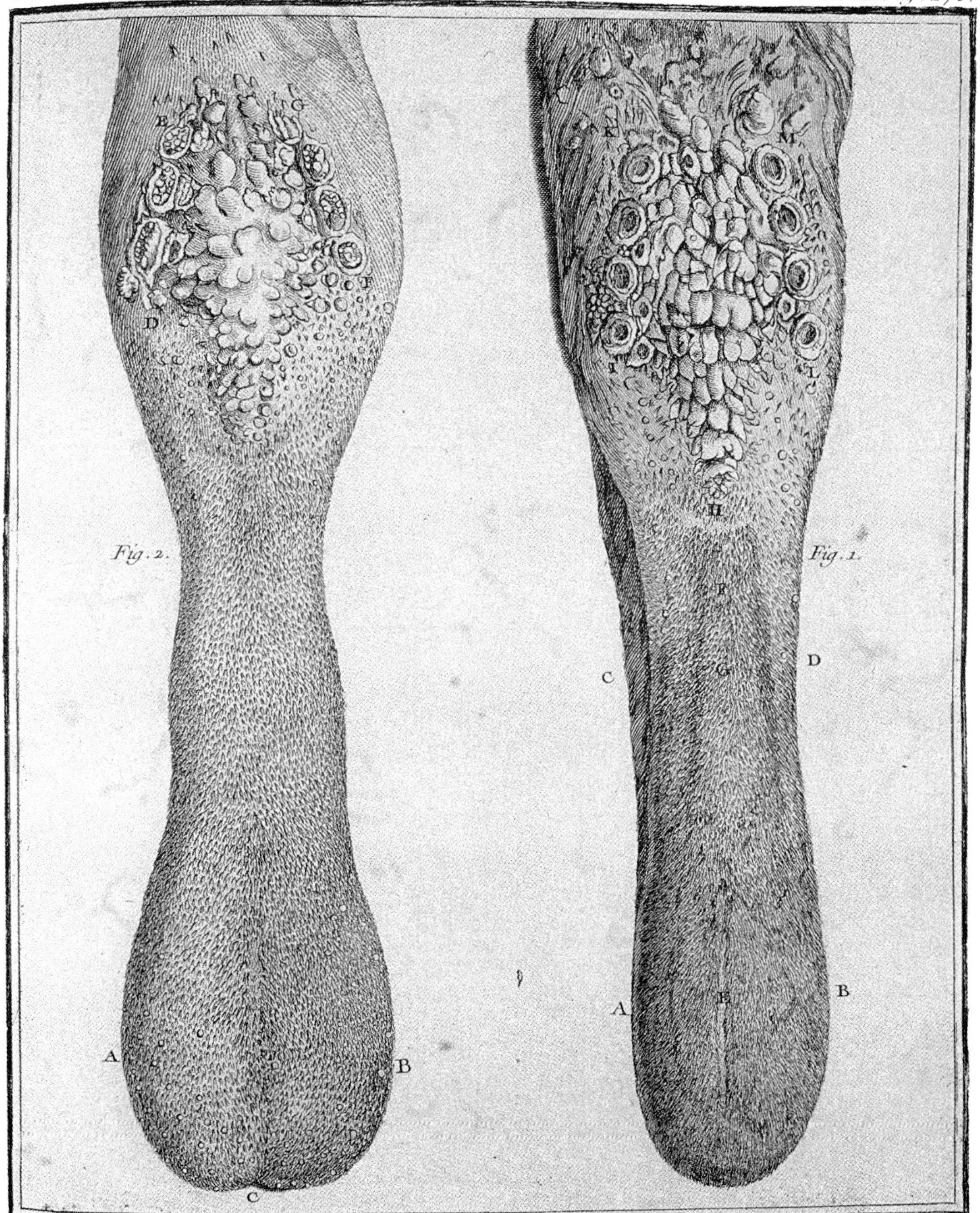


Buvée del. Baron Sculp.

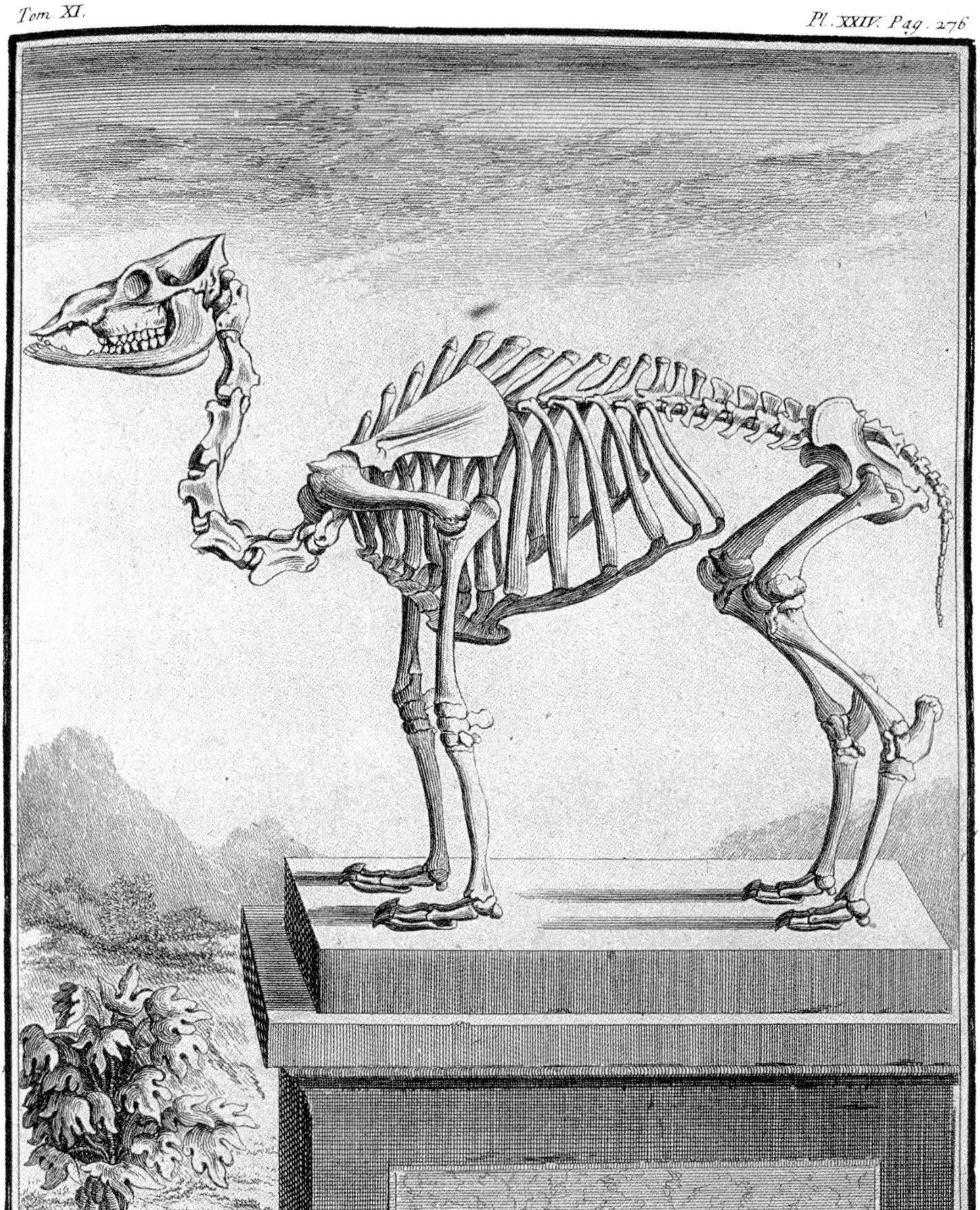
Tom. XI.
Pl. XXIV. Pag. 276
Buvée del.
Baron Sculp.

*Tom. XI.* *Pl. XXV. pag. 350.*

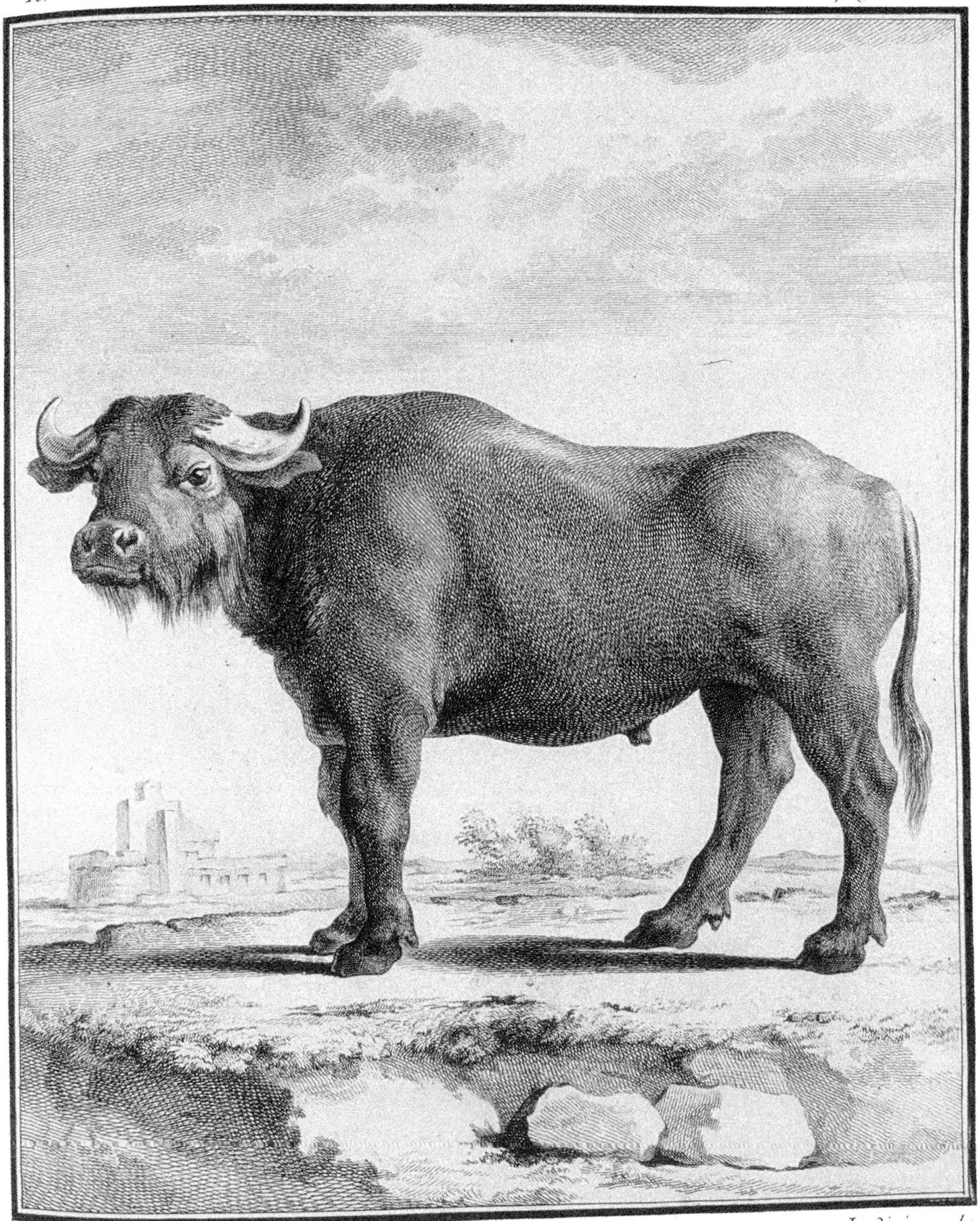

*De Sève del.* *Jardinier sculp.*

LE BUFFLE.

Tom. XI. Pl. XXVI. Pag. 350.

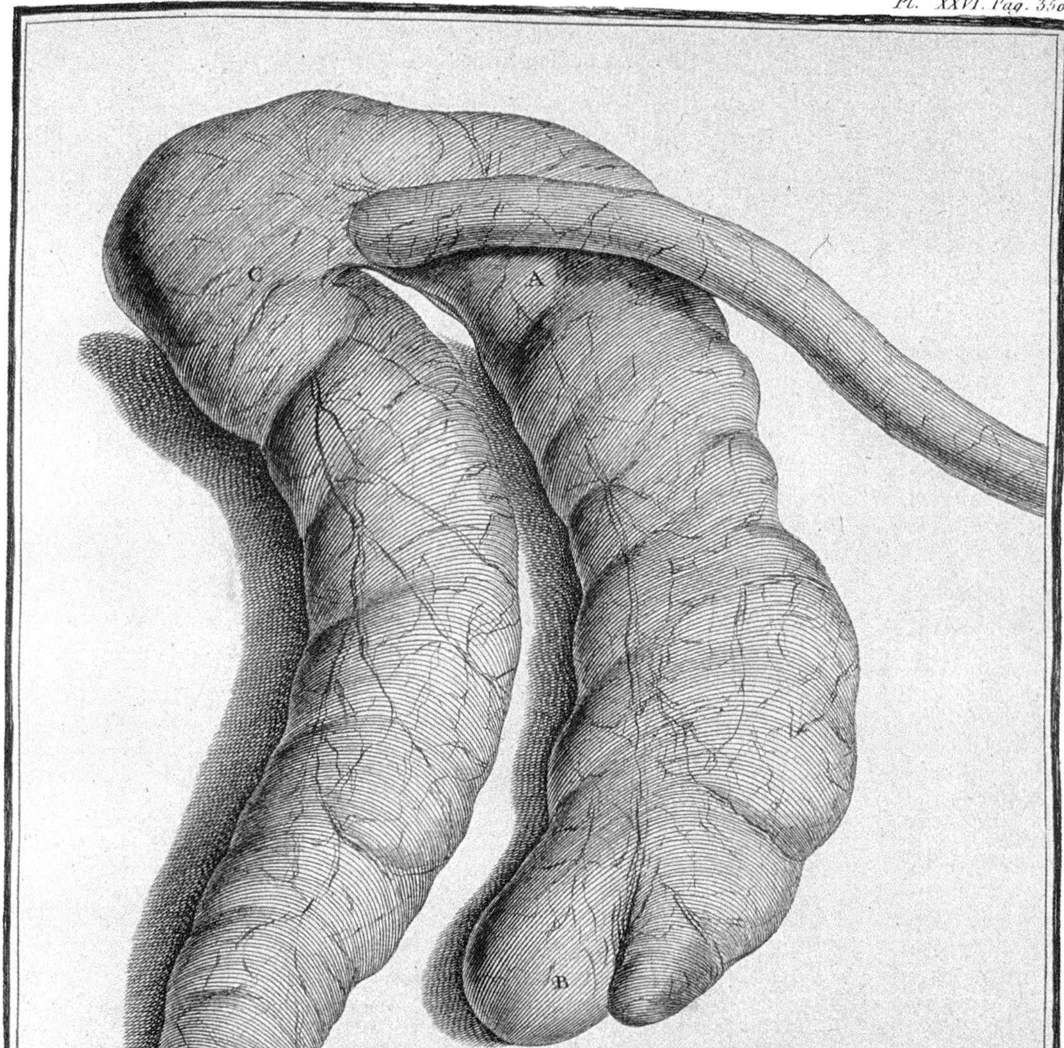


Buvée L'Am. del. Desehrt Sculp.

*Tom. XI.* *Pl. XXVII. Pag. 350.*

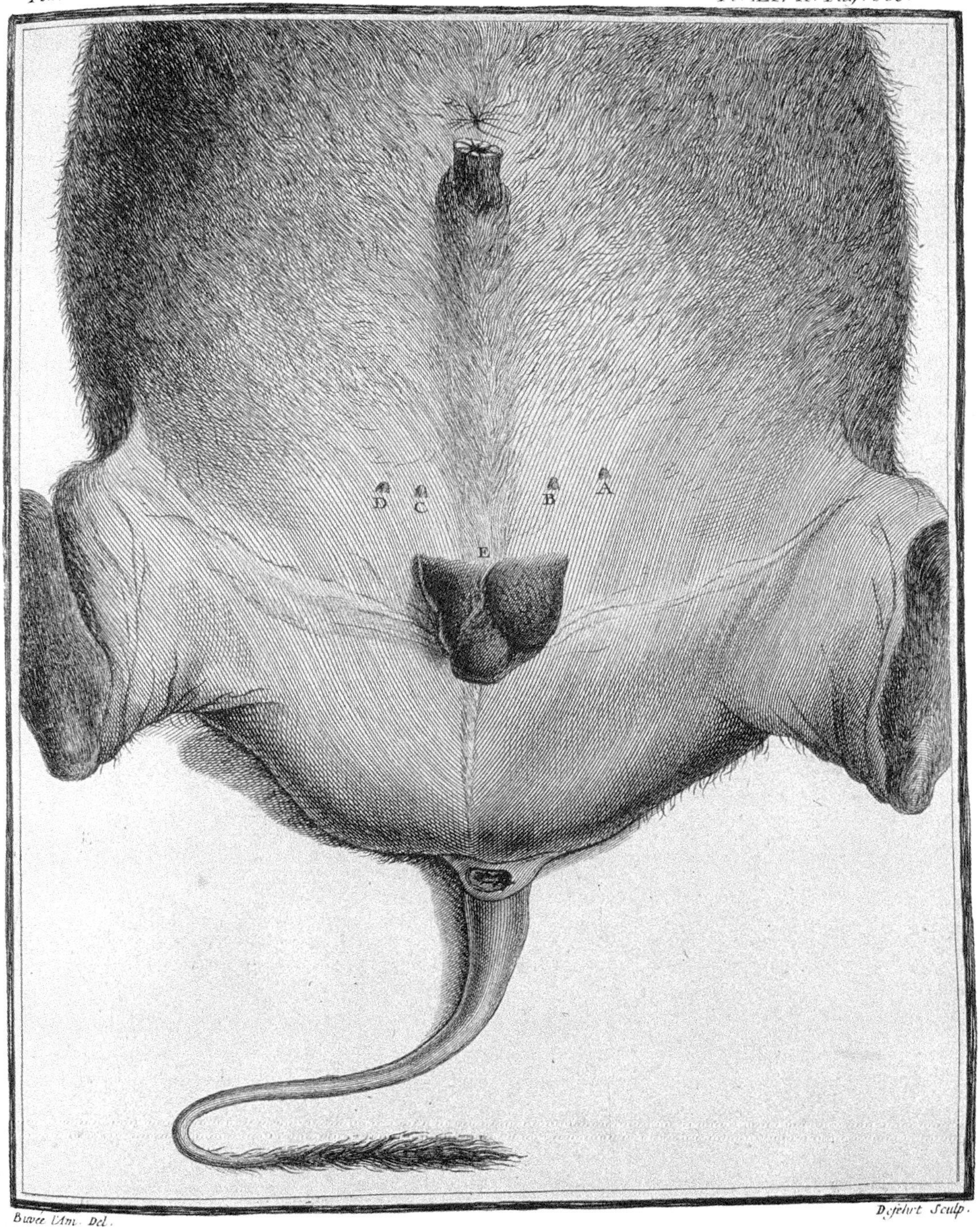


*Buvée l'Am. Del.* *Desehrt Sculp.*

Tom. XI. Pl XXVIII. pag. 350.

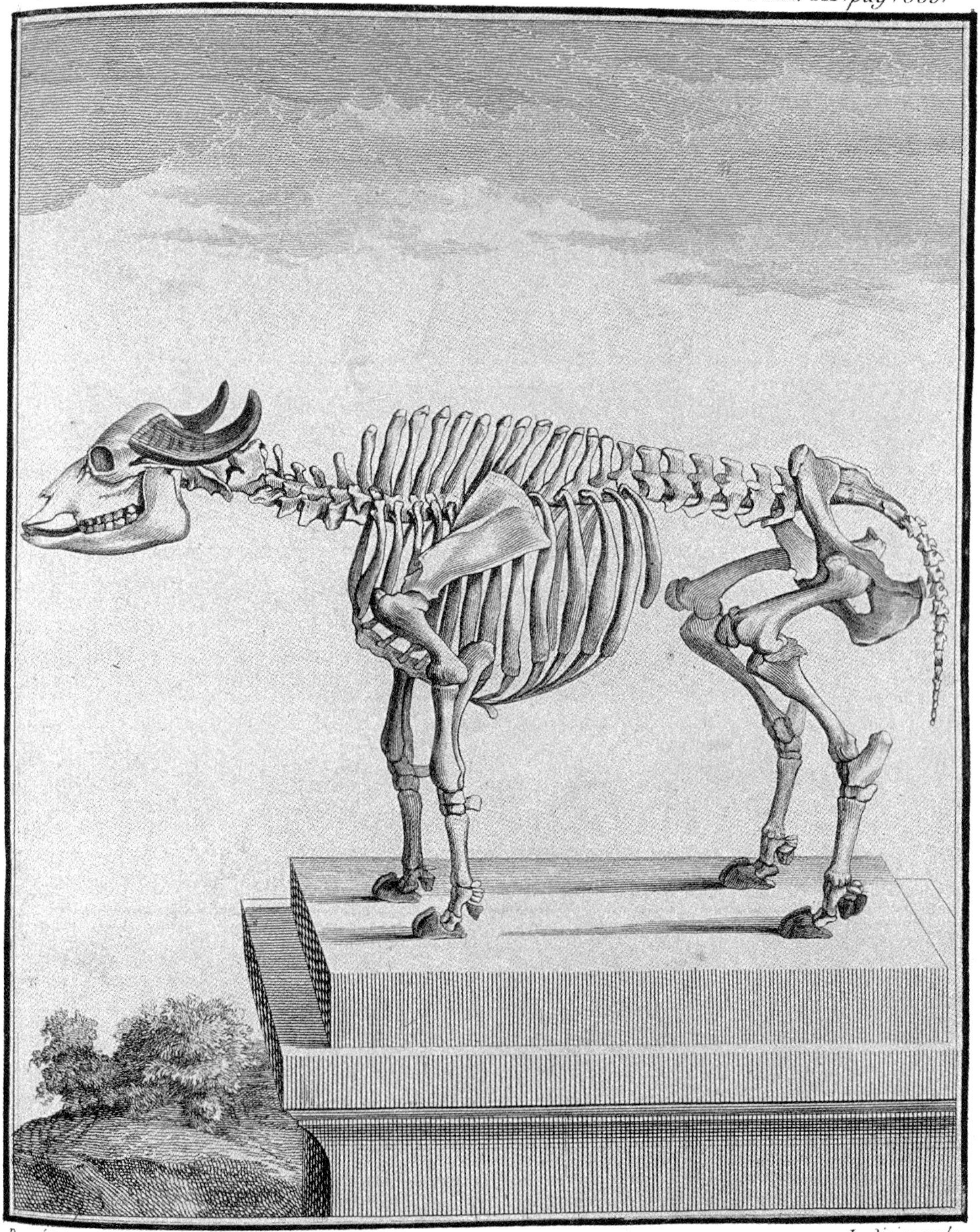

Buvé del. Jardinier sculp

Tom. XI. Pl. XXIX. Pag. 386.

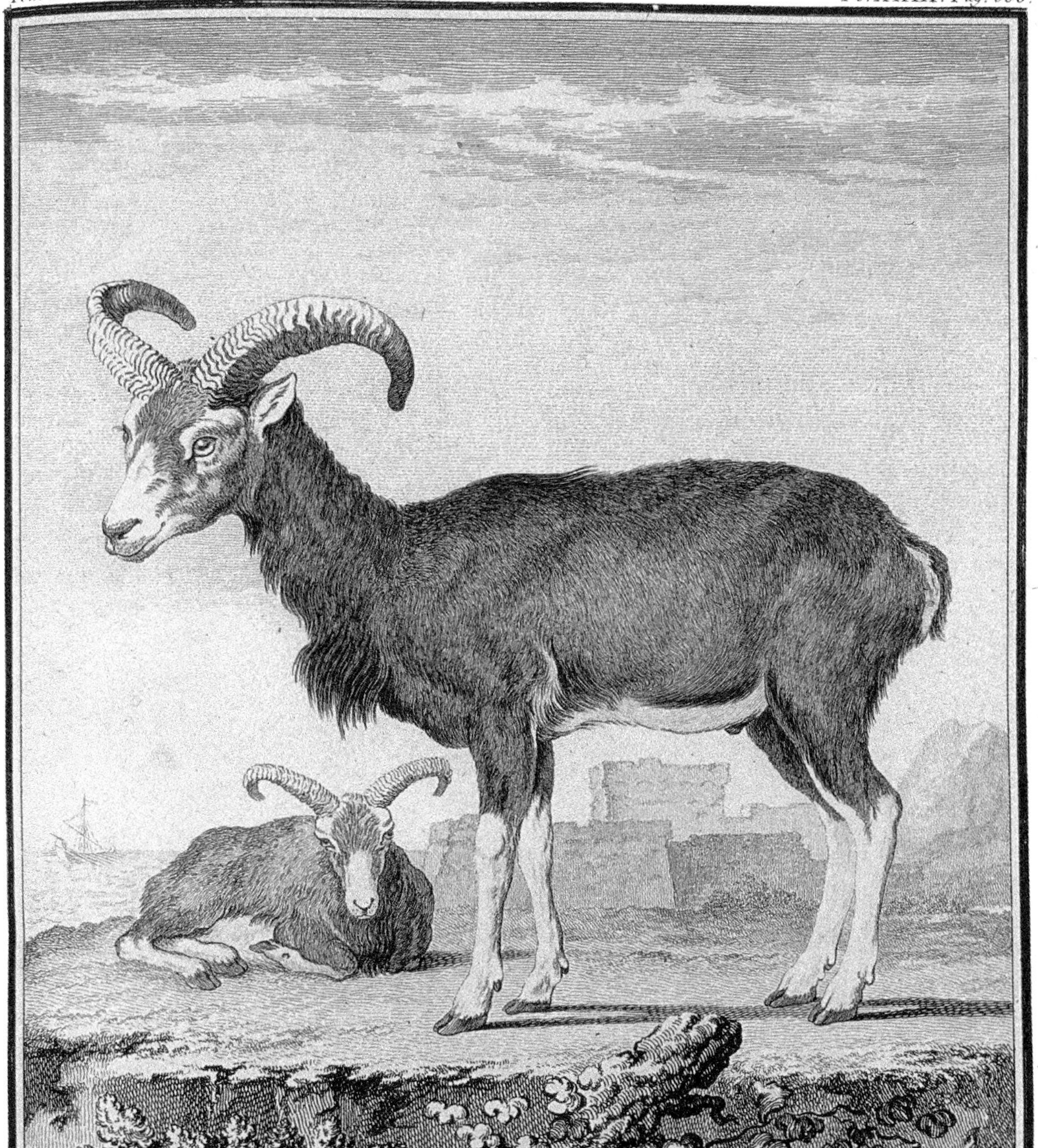

De Seve delin. Baquoy Sculp.

LE MOUFFLON.

Tom. XI. Pl. XXX. Pag. 386.

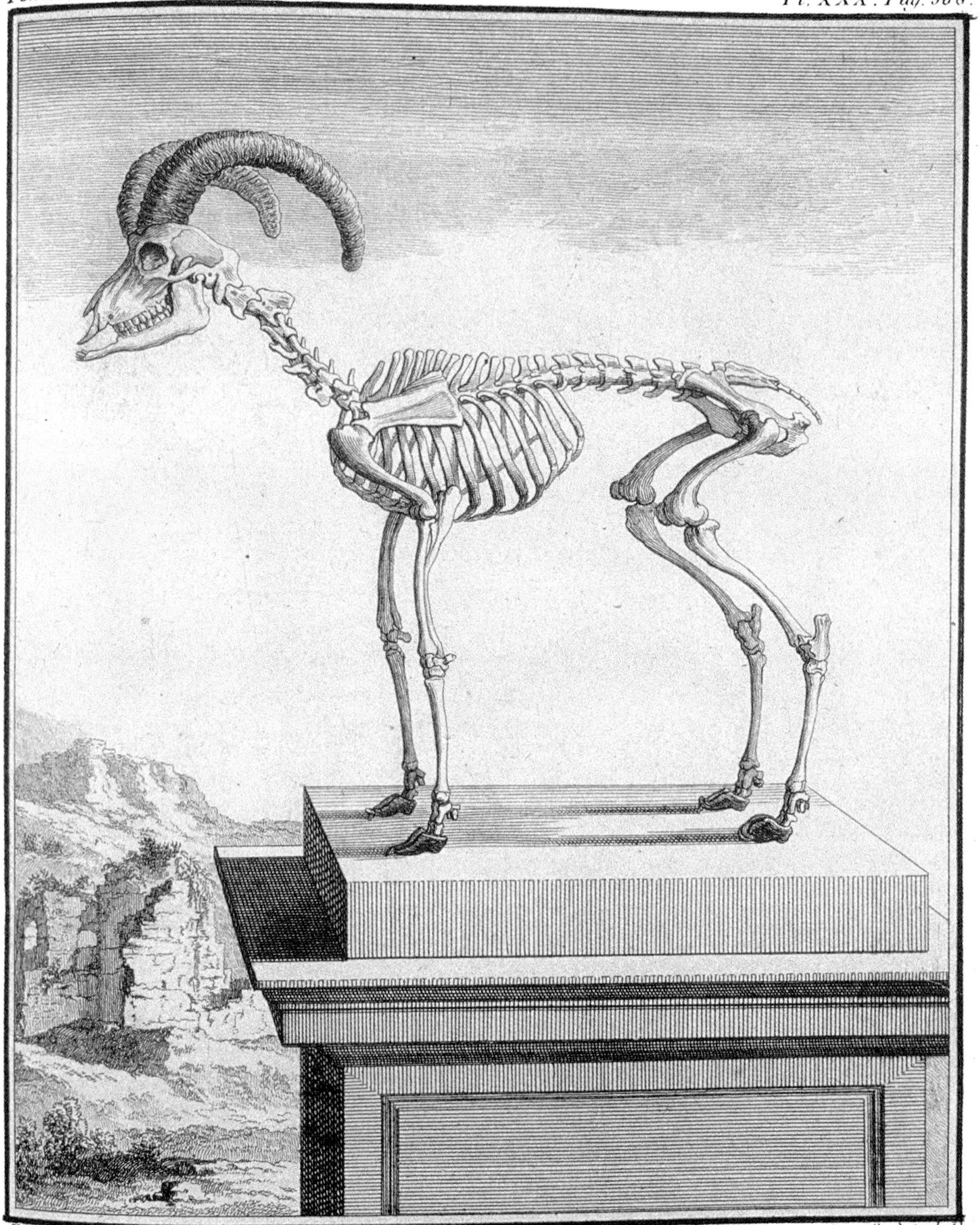

Buvé delin. cl. F.se Guélard Sculp.

Tom. XI. Pl. XXXI Pag. 390.

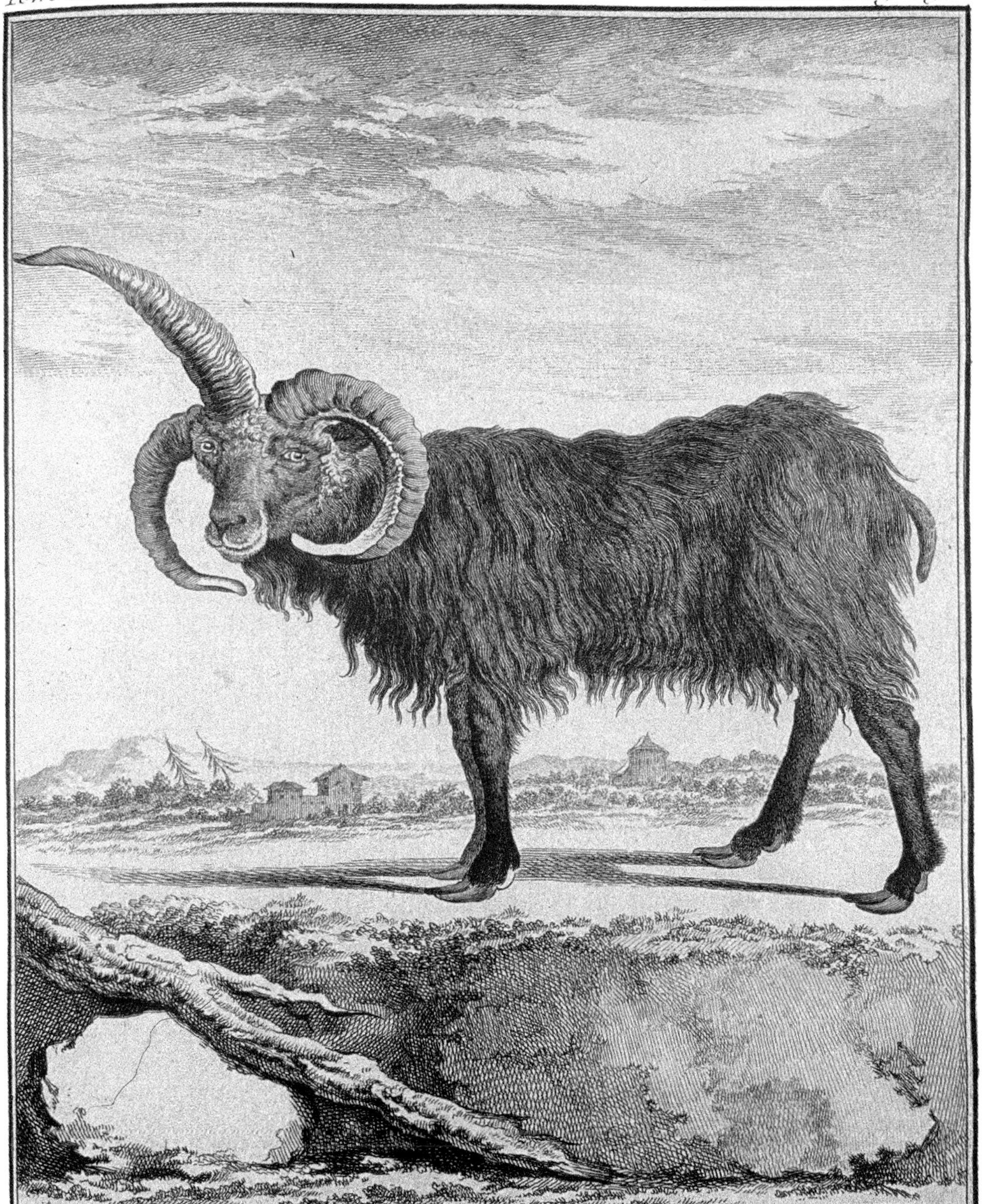

De Seve del. Chevillet sculp.

LE BELIER D'ISLANDE.

Tom. XI. Pl. XXXII Pag. 390.

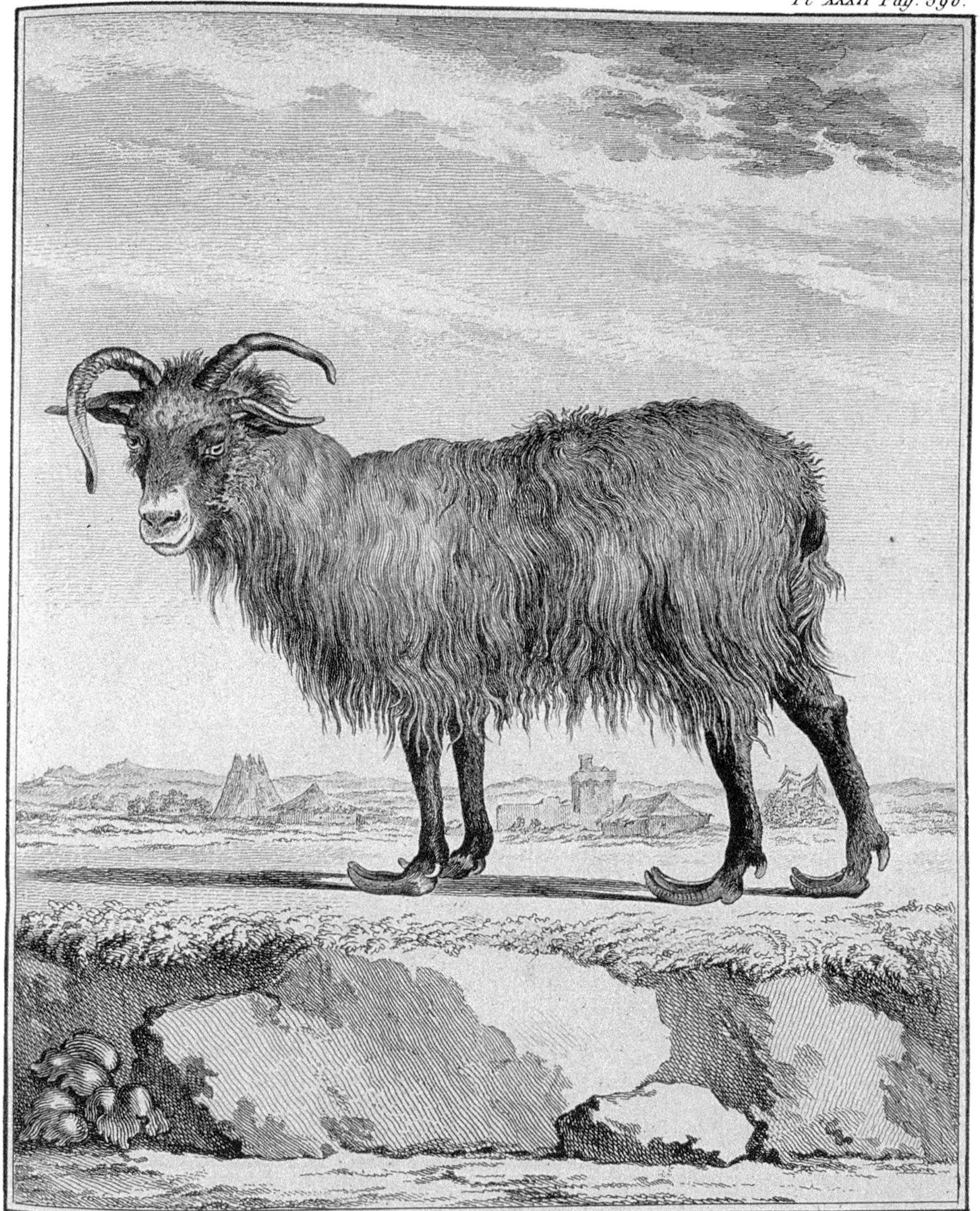

De Seve delin. Desehrc Sculp.

LA BREBIS D'ISLANDE.

Tom. XI. Pl. XXXIII. Pag. 390.

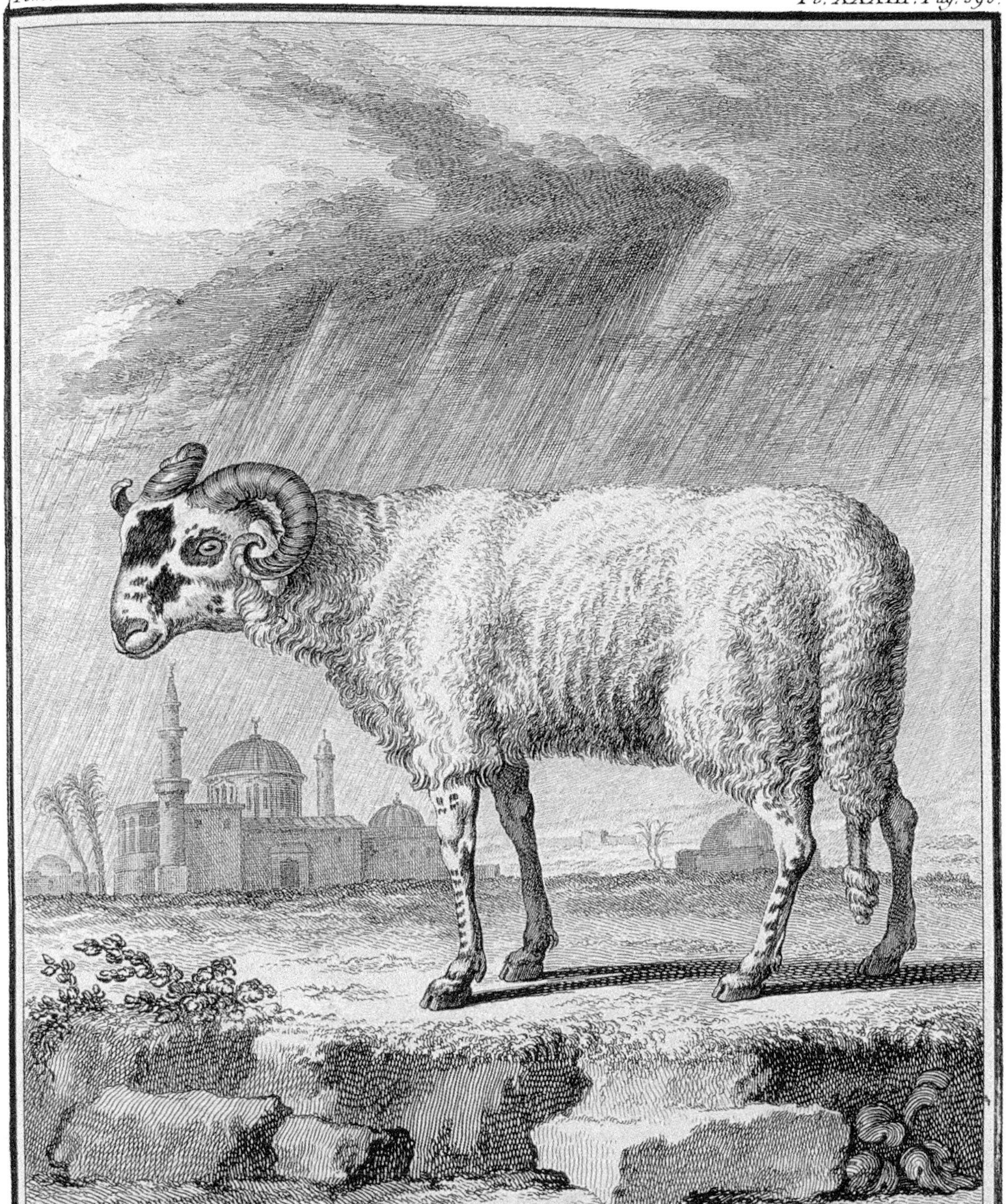

De Sève del. C. Baquoy Sculp.

LE MOUTON DE BARBARIE.

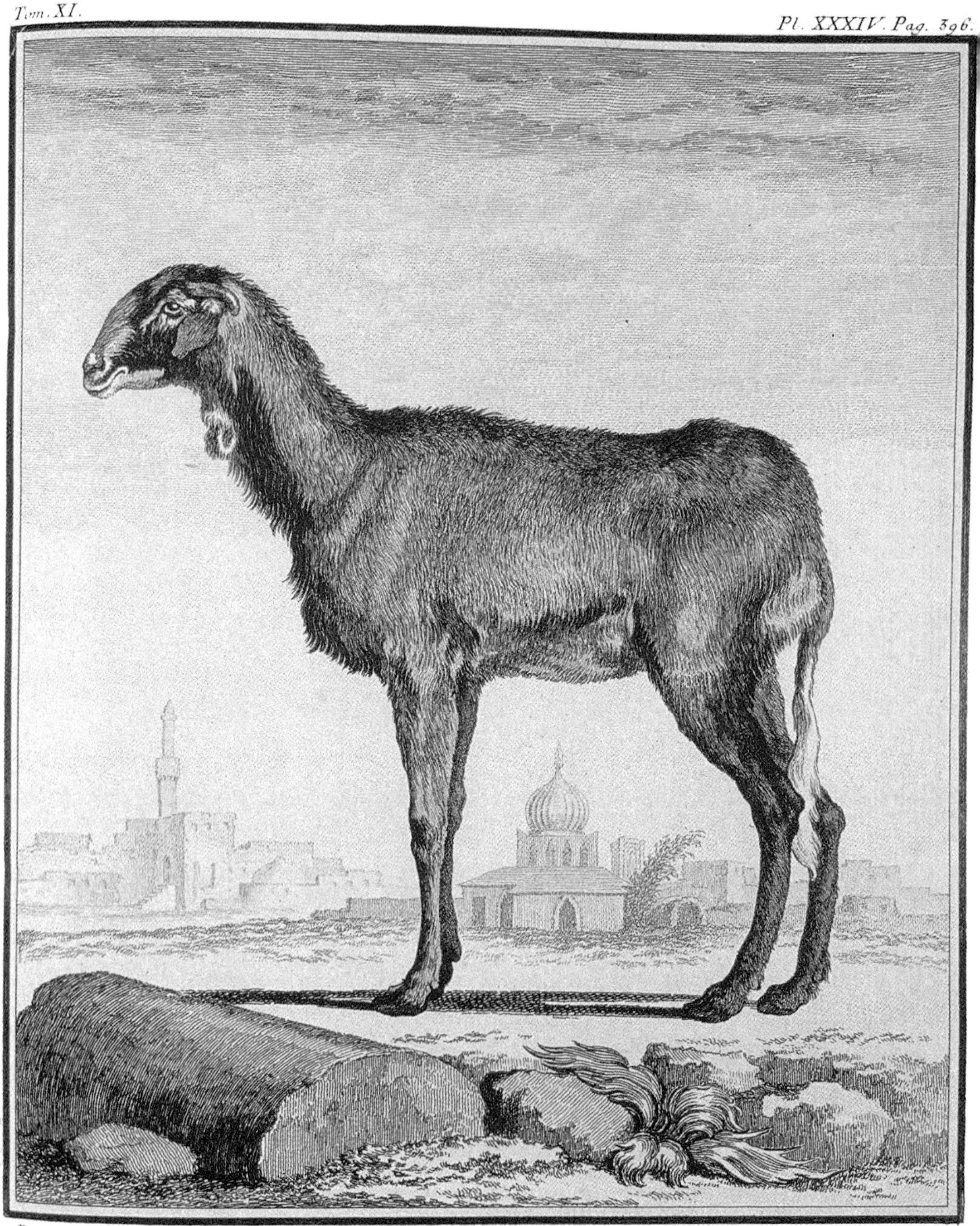


LE BELIER DES INDES.

Tom. XI. Pl. XXXV. Pag. 396.

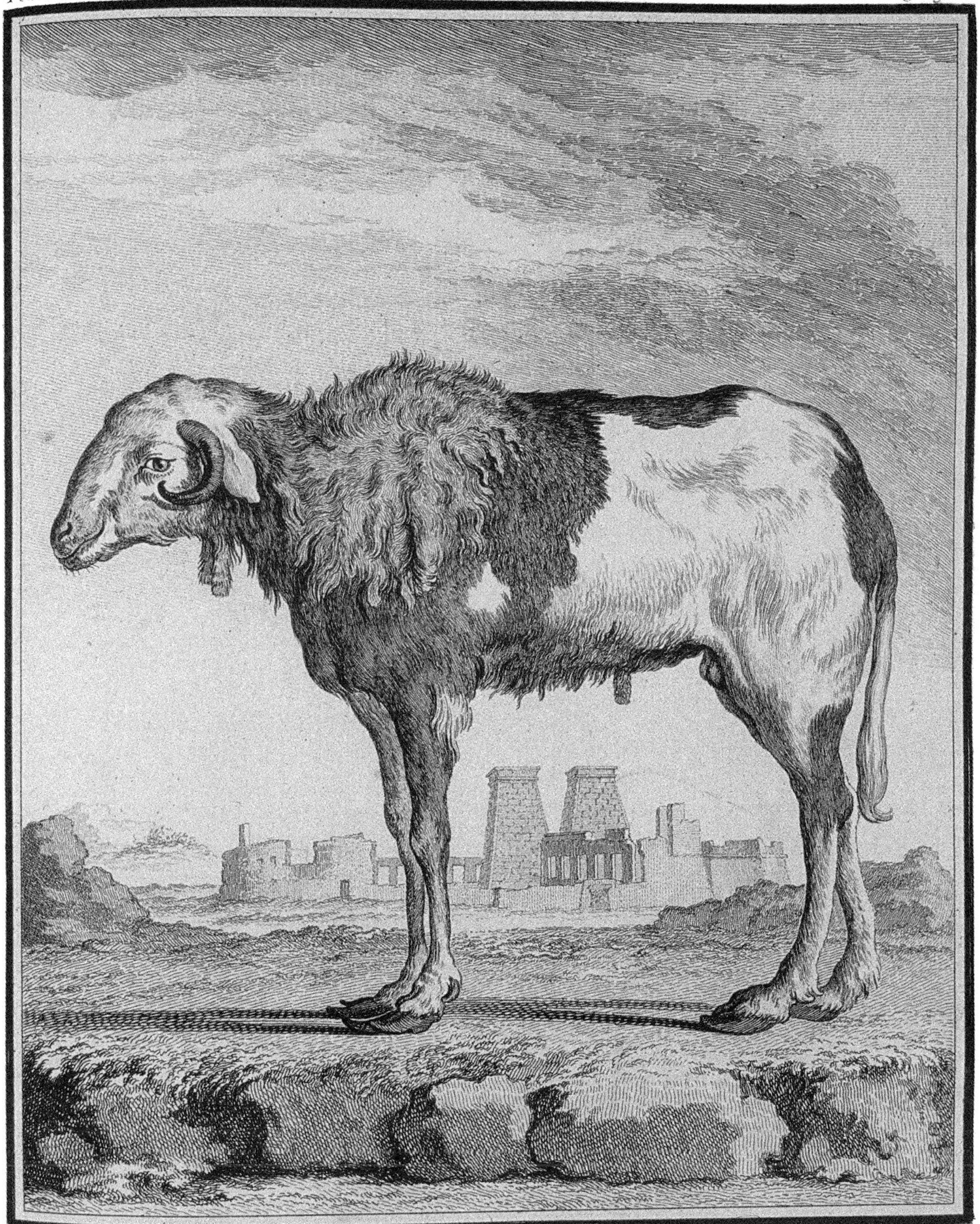

De Seve delin. Baquoy Sculp.

AUTRE BELIER DES INDES.

Tom. XI. Pl. XXXVI. Pag. 396.

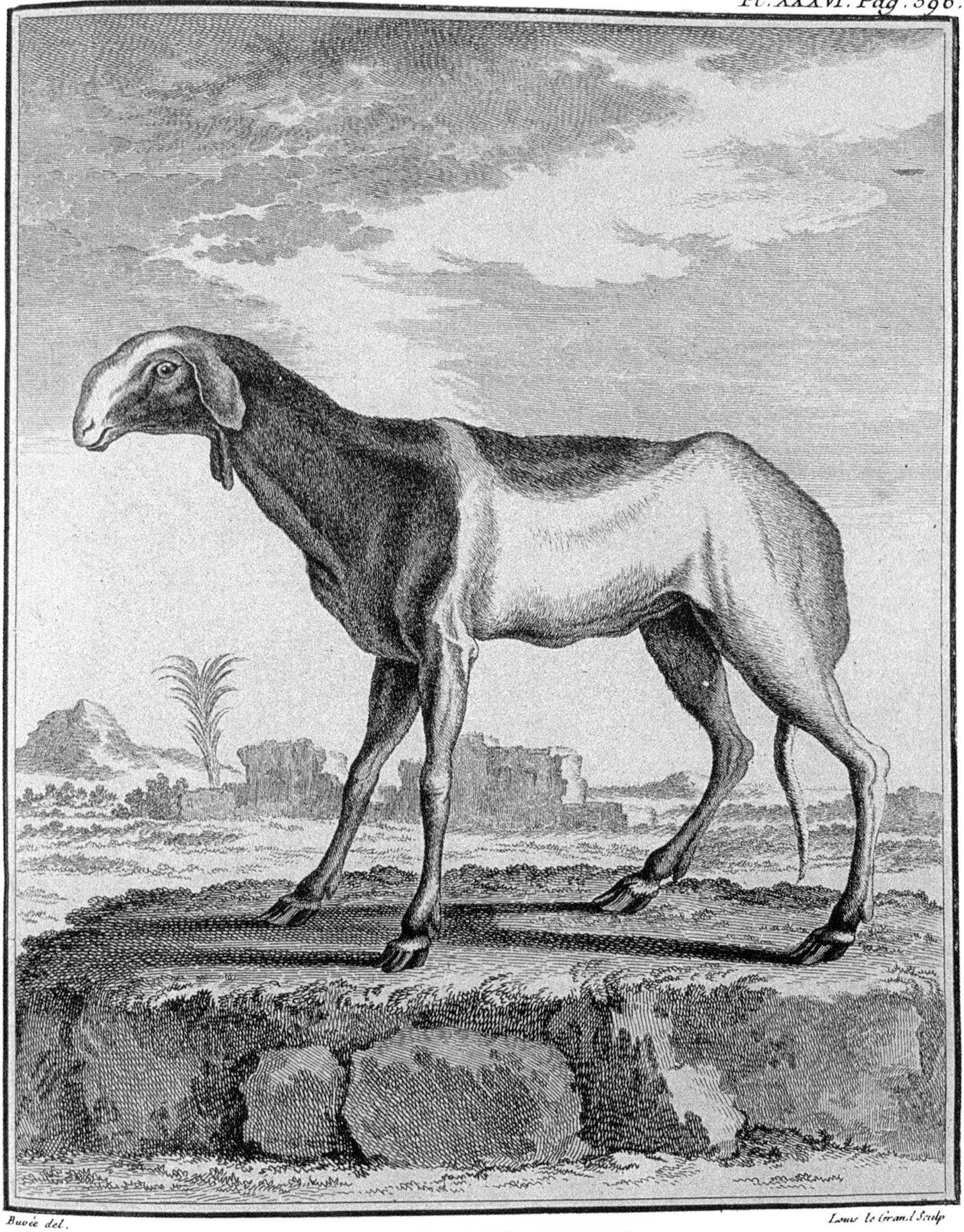

Buvée del. Louis le Grand Sculp

LA BREBIS DES INDES

Tom. XI. Pl. XXXVII. Pag. 396.

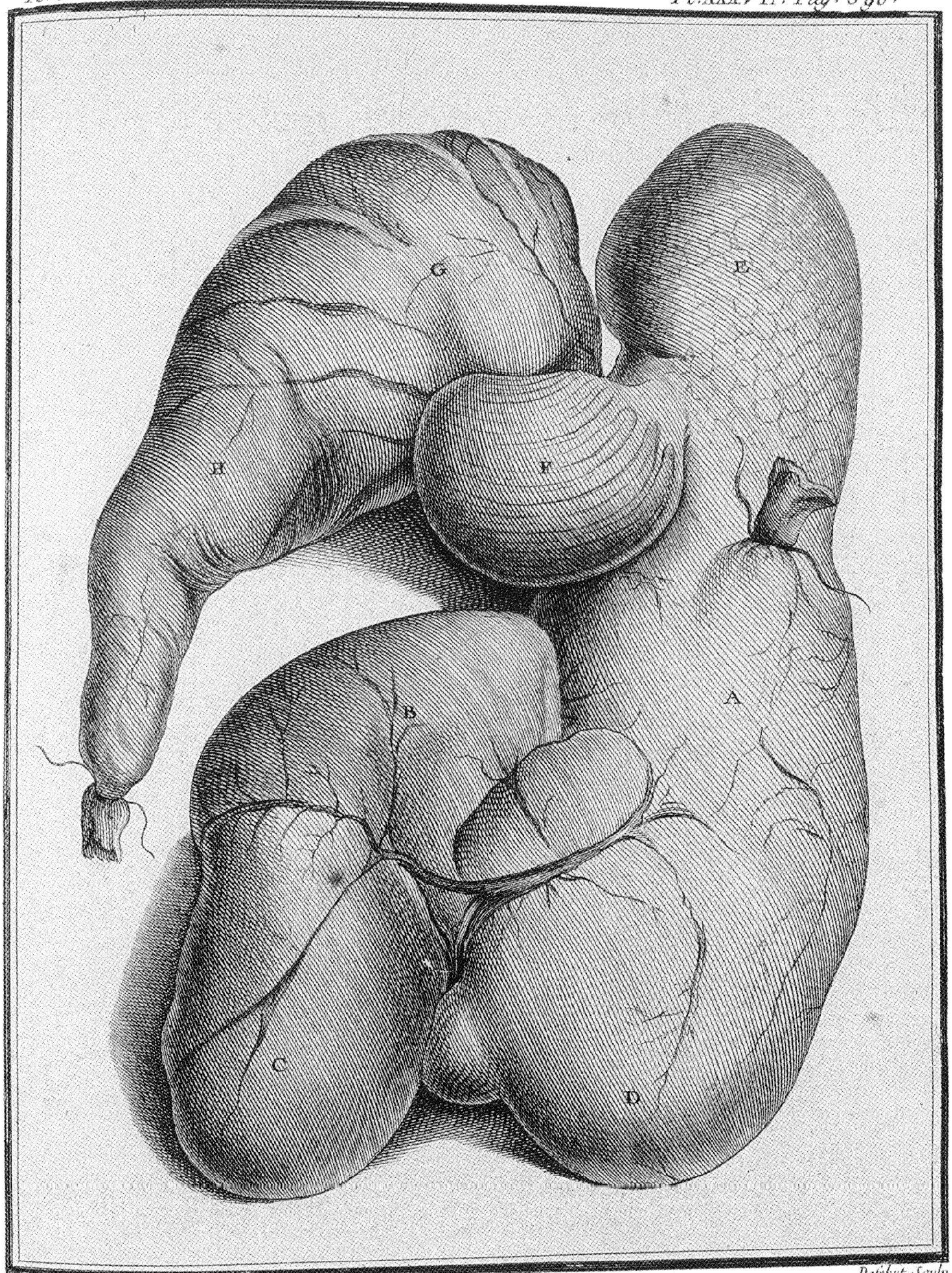


Buvee l'Am Del. Defehrt Sculp

Tom. XI. Pl. XXXVIII. Pag. 414.

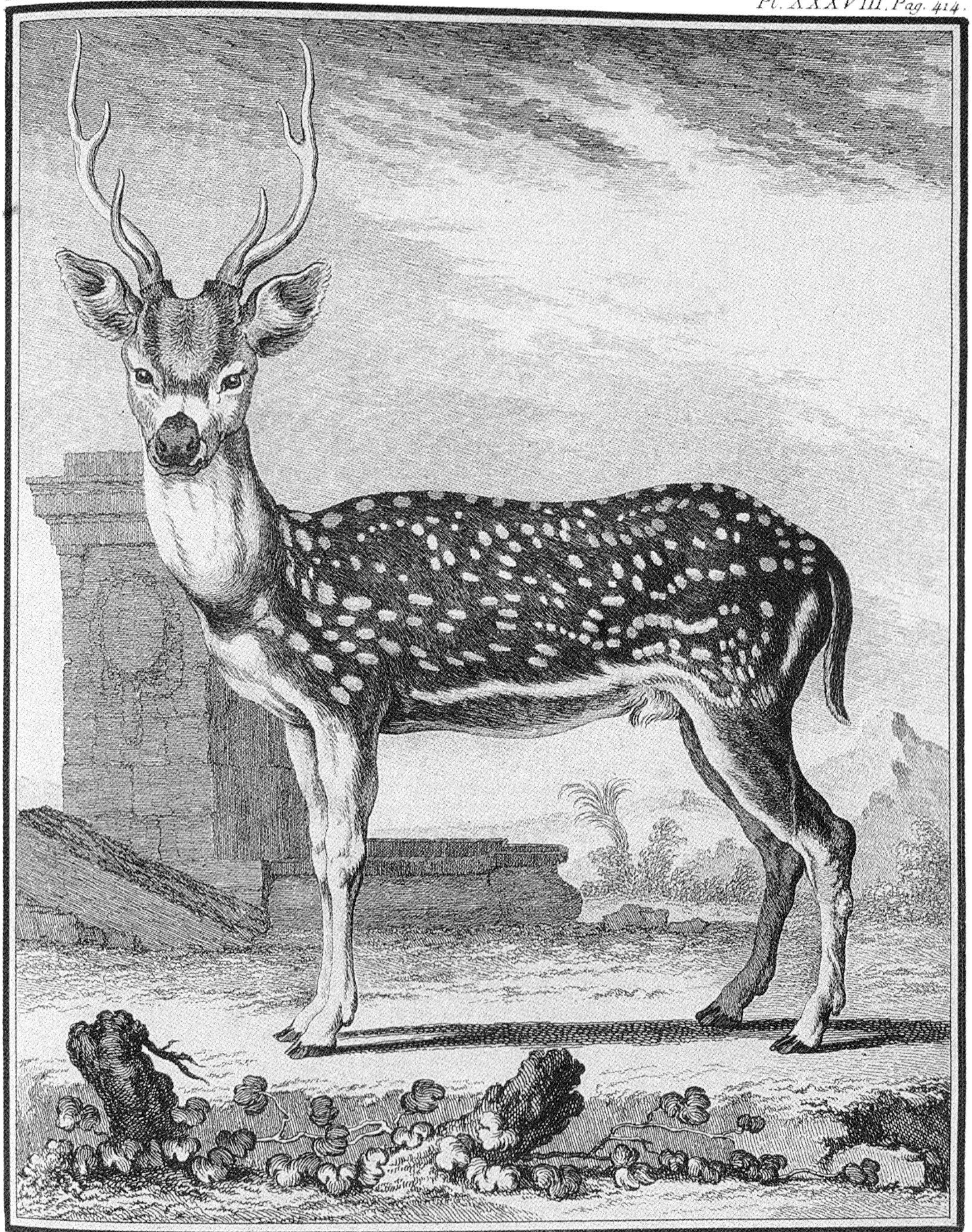

De Seve delin. C. Baquoy Sculp.

L'AXIS MÂLE.

Tom. XI. Pl. XXXIX Pag. 414.

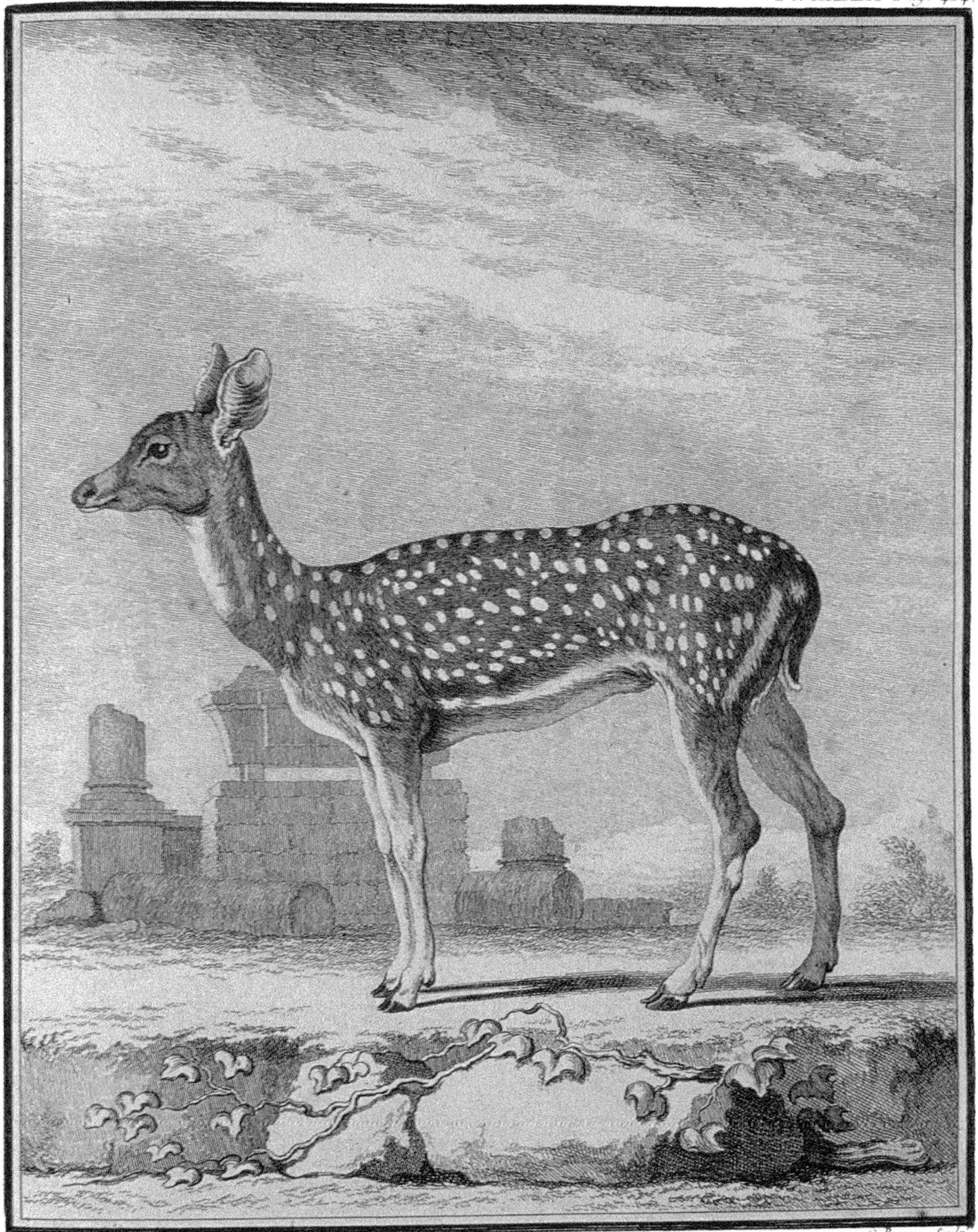

De Seve delin. C. Baquoy Sculp.

L'AXIS FEMELLE.

Tom. XI. Pl. XL. Pag. 414.

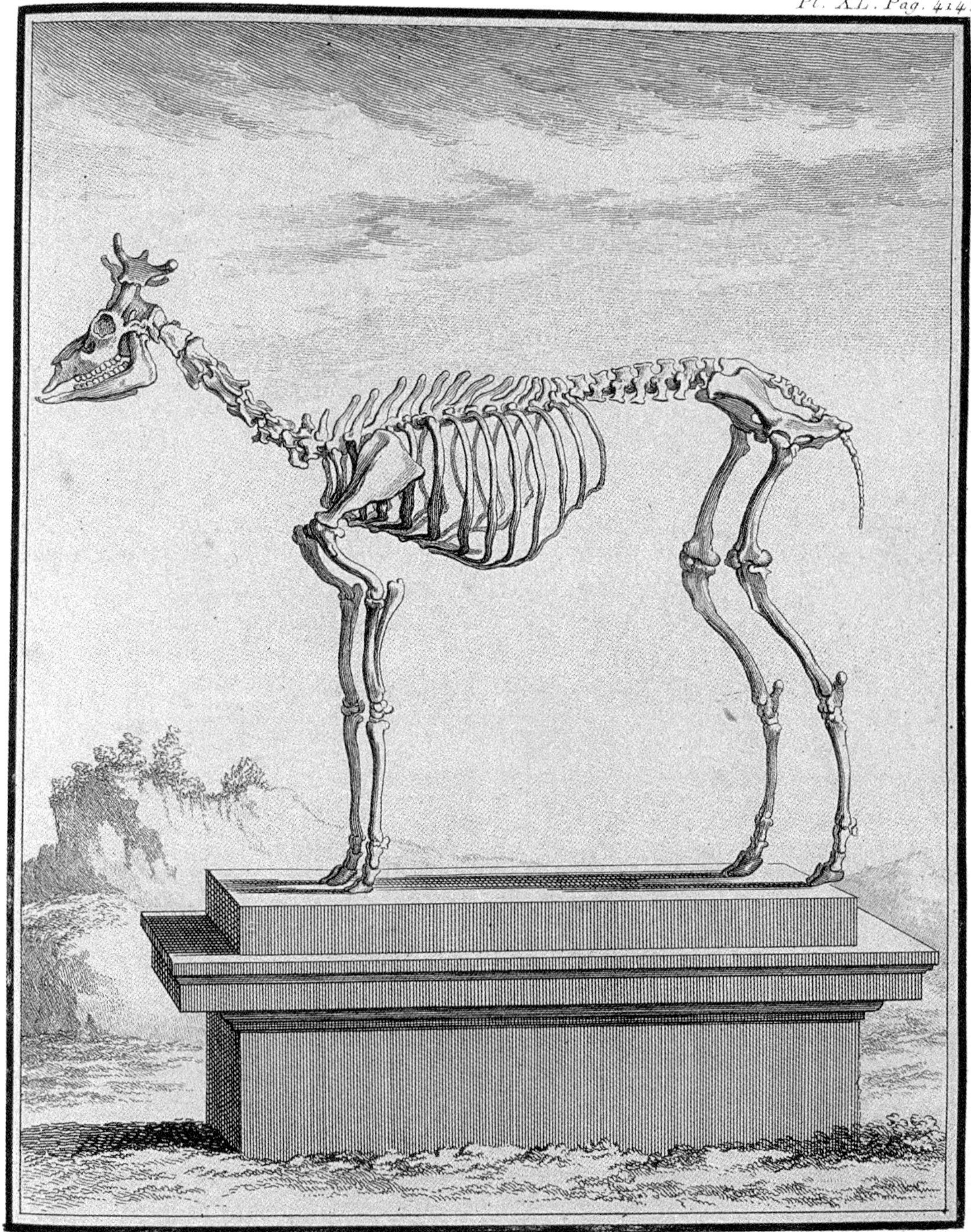

Deseve del. Cl. Sr. Guelard Sculp.

Tom. XI. Pl. XLI. Pag. 418.

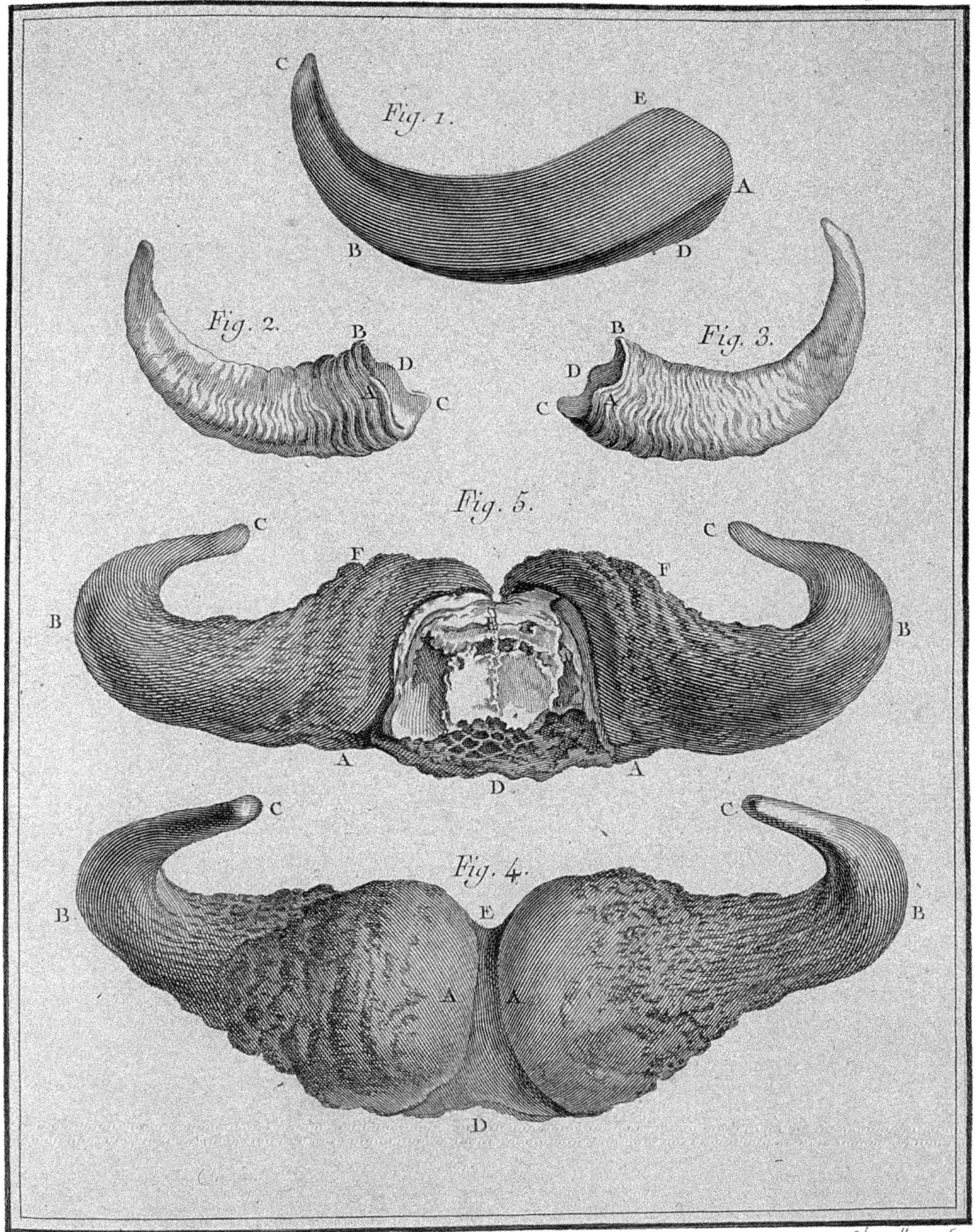


De Seve del. Chevillet Sc.

Tome XI.

Pl. XLII. pag. 448.

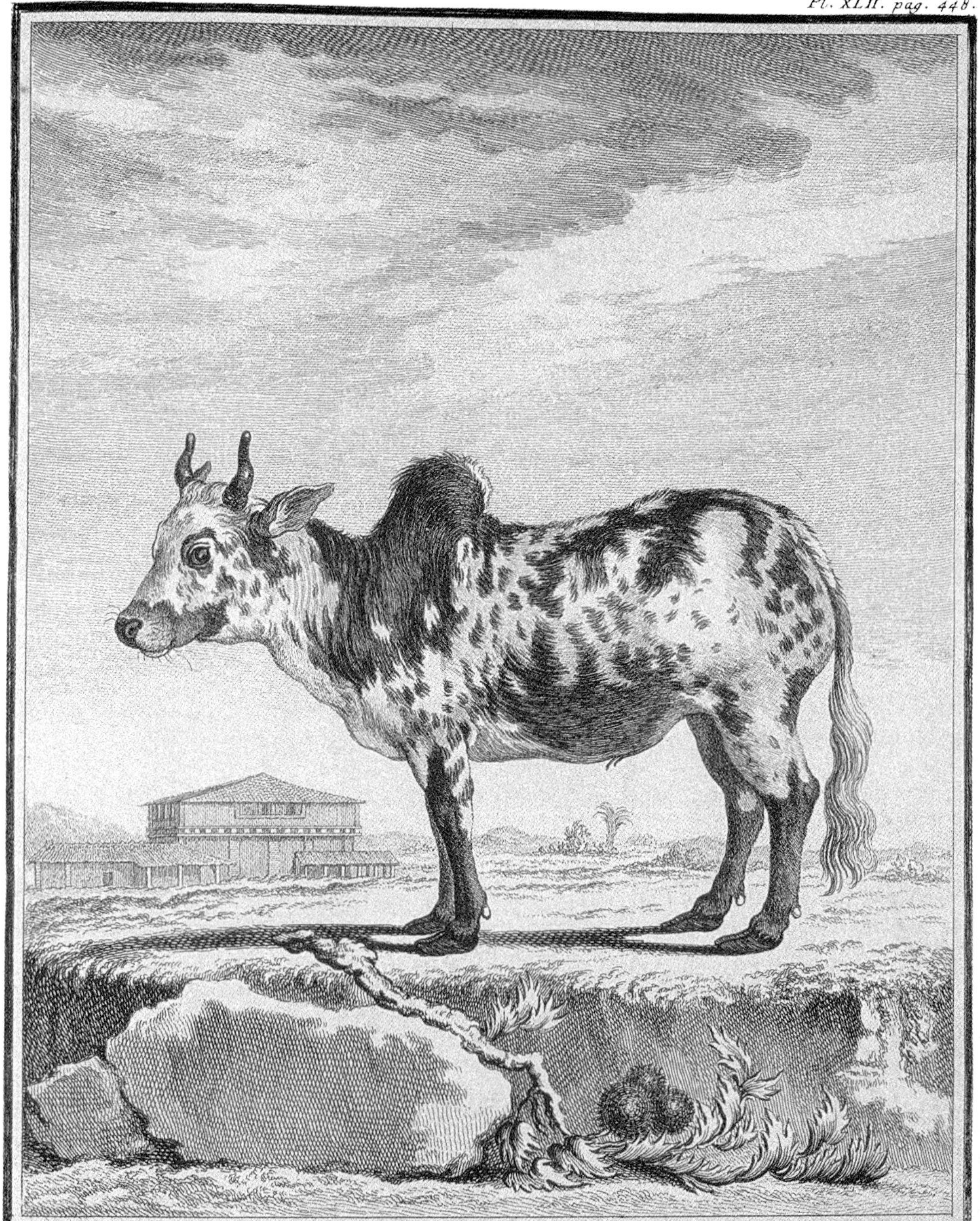

De Seve deli.

C. Baquoy Sculp.

LE ZEBU.

Tom. XI. Pl. XLIII. Pag. 448

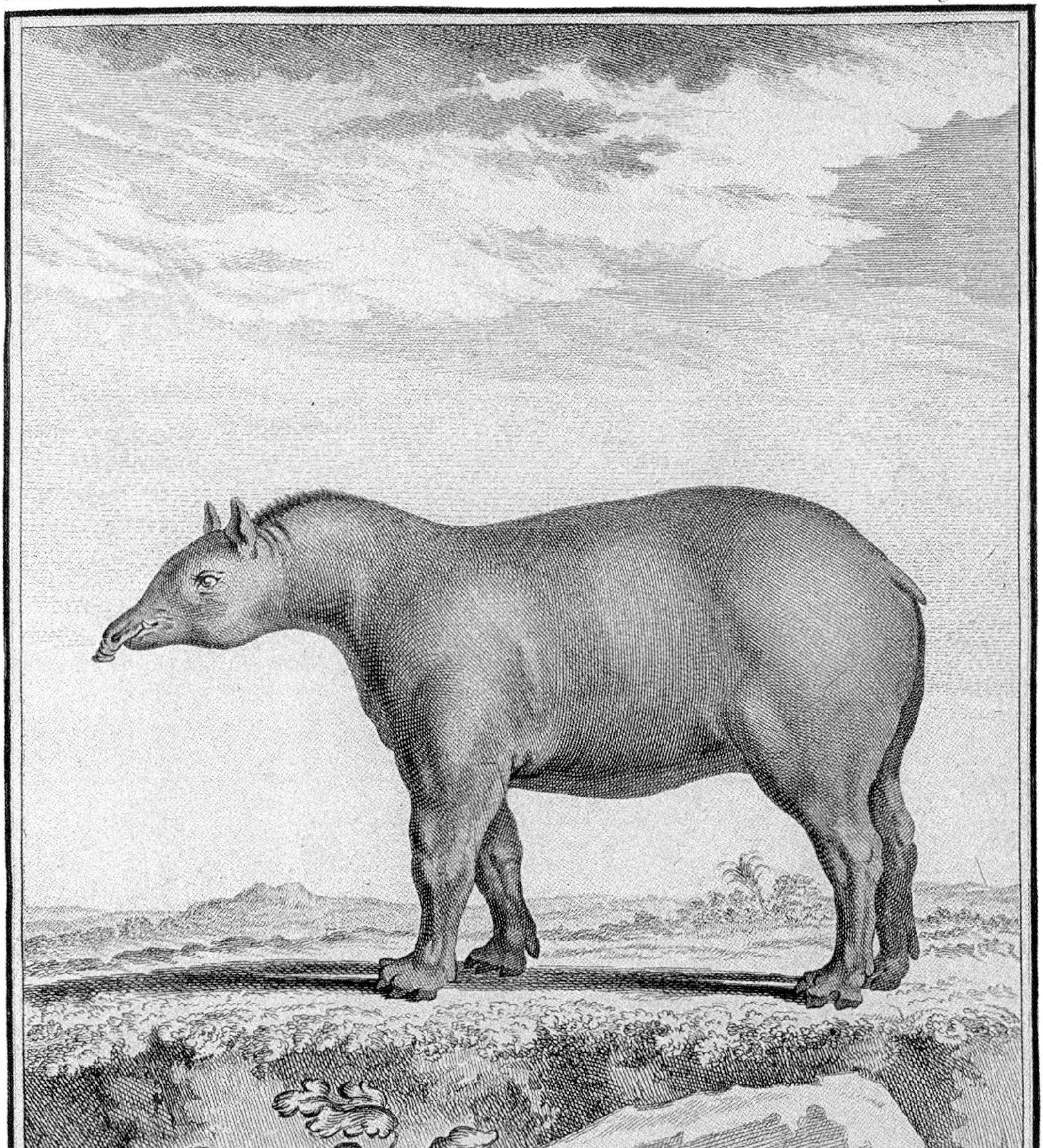

De Seve delin. Chevillet Sculp.

LE TAPIR

# HISTOIRE NATURELLE,

## GÉNÉRALE ET PARTICULIÉRE,

*AVEC LA DESCRIPTION*

## DU CABINET DU ROI.

*Tome Douzième.*

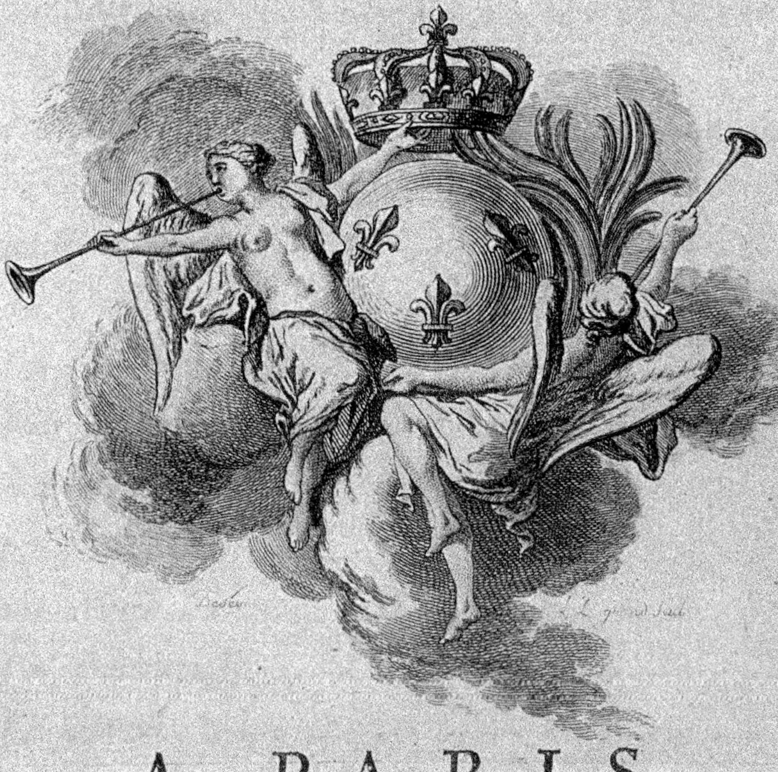

A PARIS,

DE L'IMPRIMERIE ROYALE.

M. DCCLXIV.

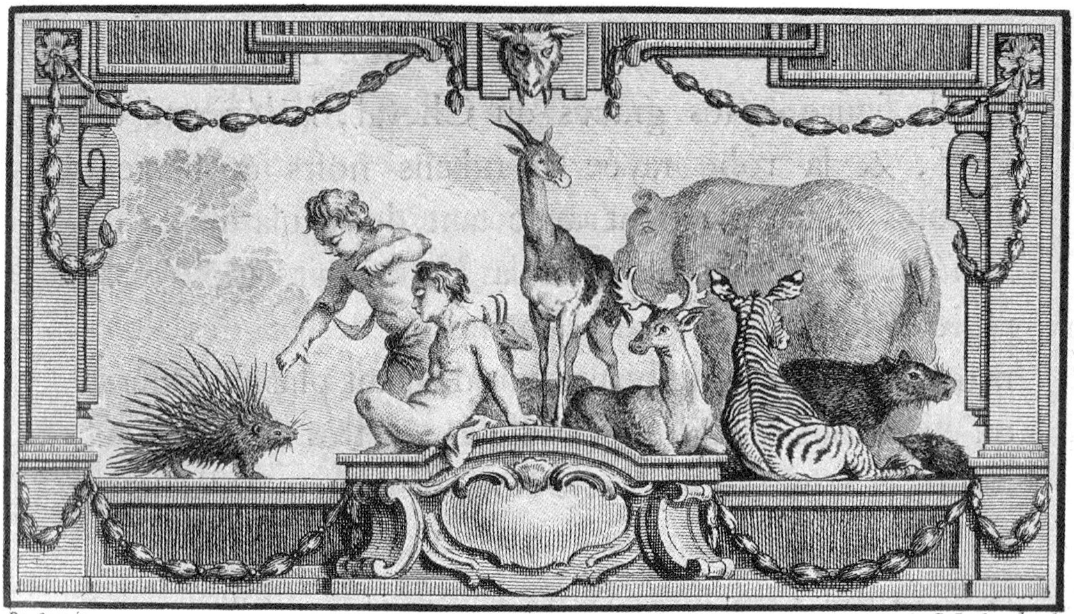

De Seve inv. L. Le Grand Sculp.

Tom. XII. Pl. I. Pag 20.

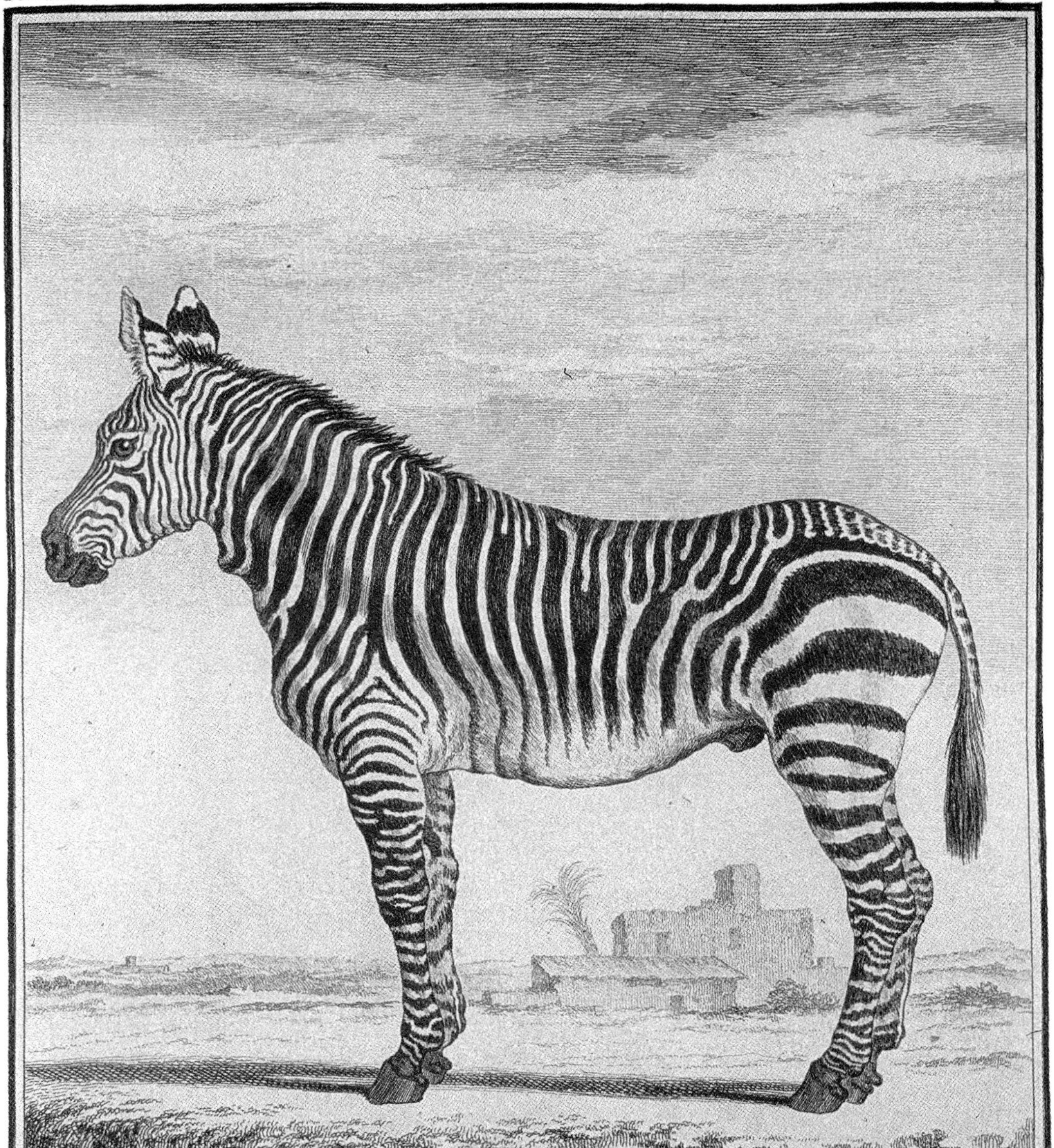

De Seve delin. C. Baquoy sculp.

LE ZEBRE.

Tom. XII.

Pl. II. Pag. 20.

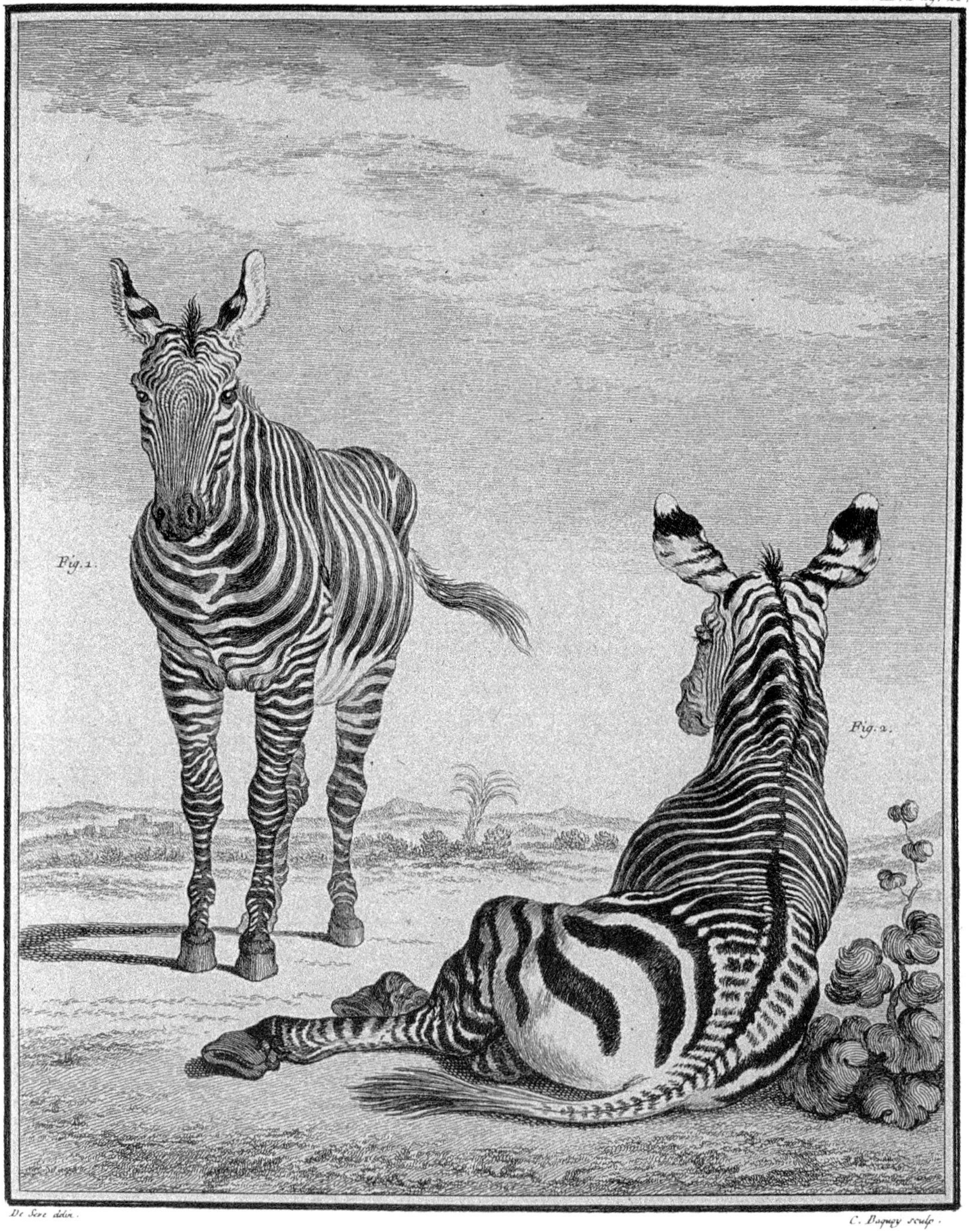


De Seve delin.

C. Baquoy sculp.

Tom. XII. Pl. III. Pag. 68.

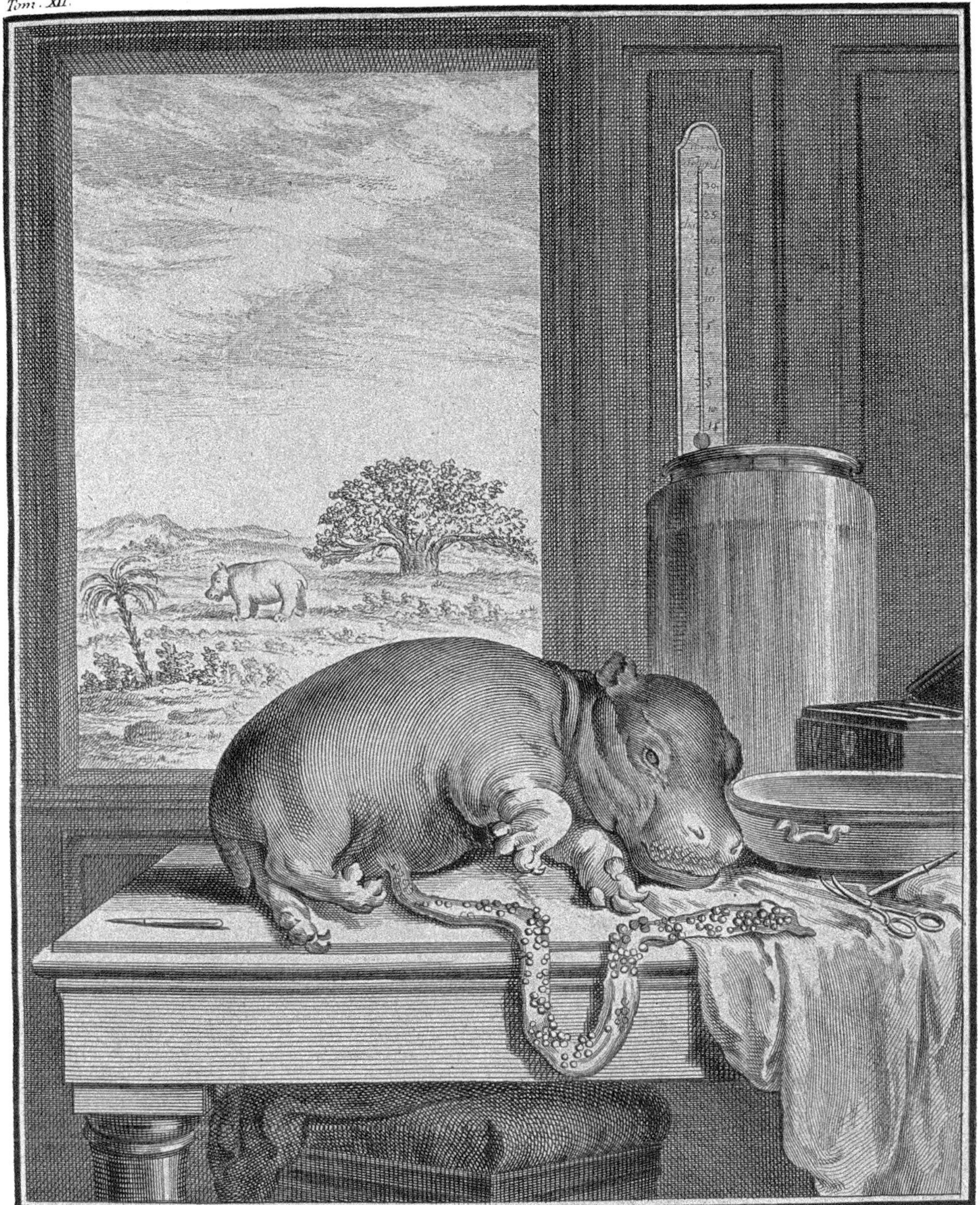

De Seve del. Chevillet Sculp.

L'HIPPOPOTAME.

Tom. XII. Pl. IV. Pag. 68

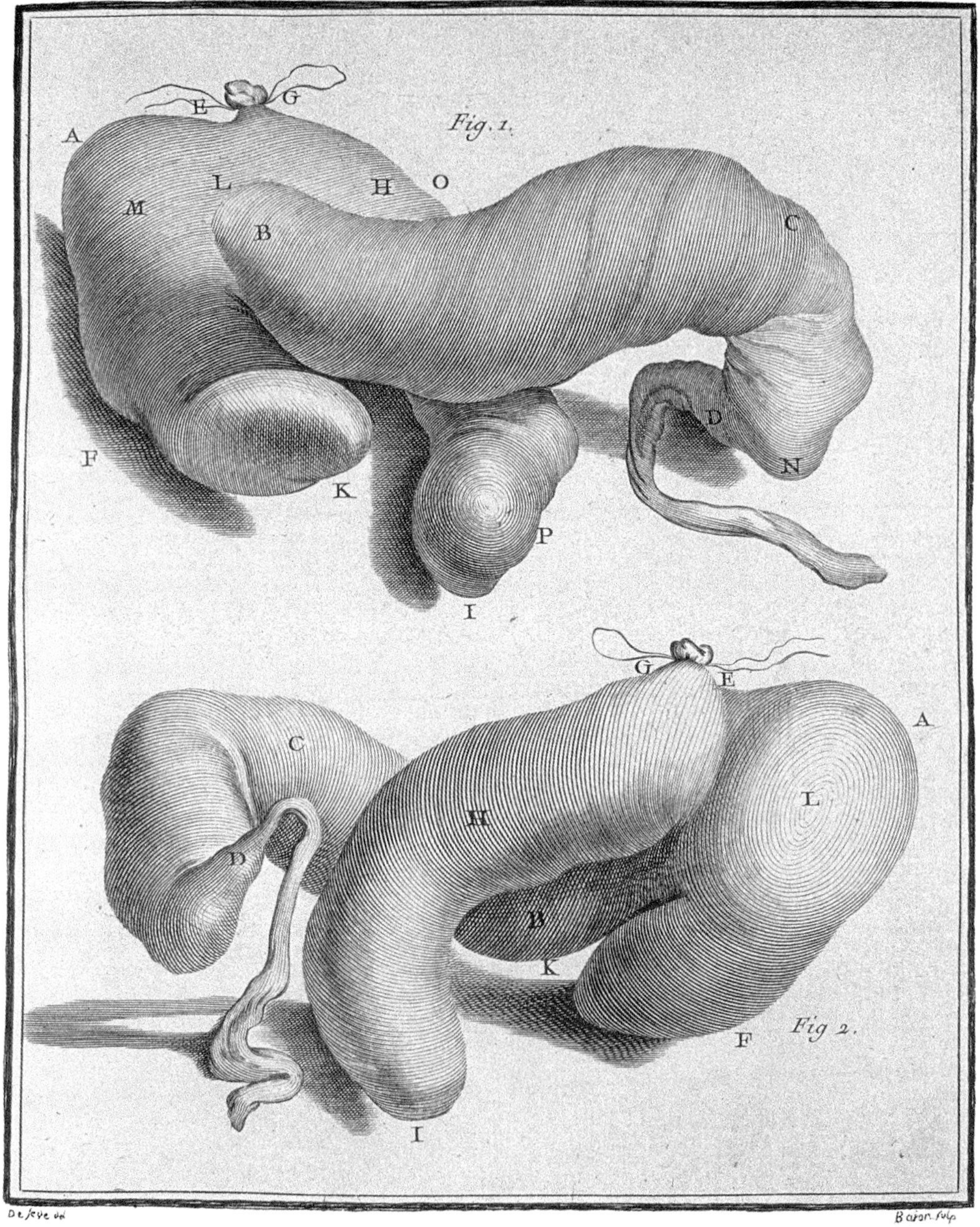


De Sève del. Baron sculp.

Tom. XII.

Pl. V. Pag. 68.

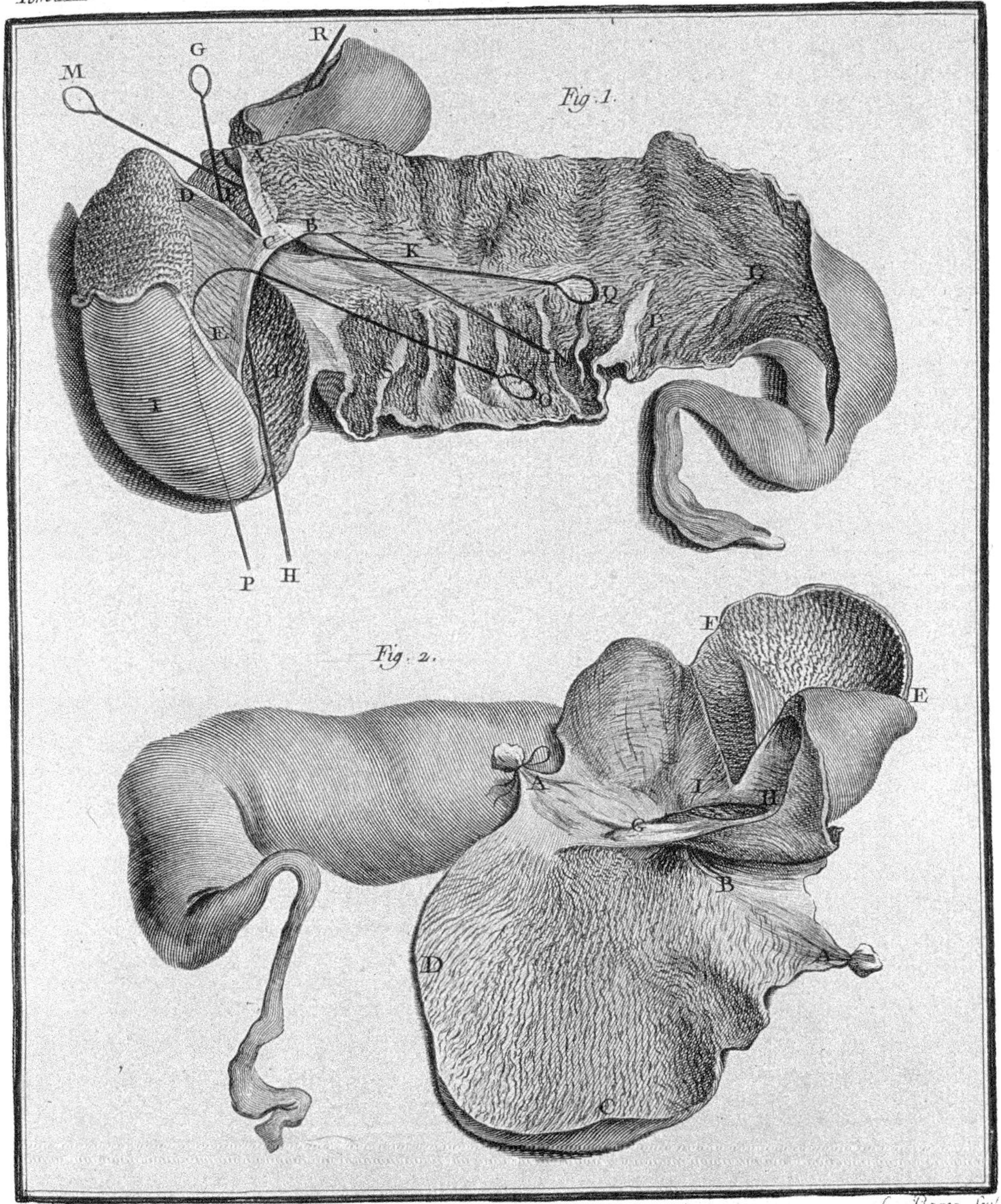


Desève, del.

C. Baron Sculp.

Tom XII. Pl. VI. pag. 68

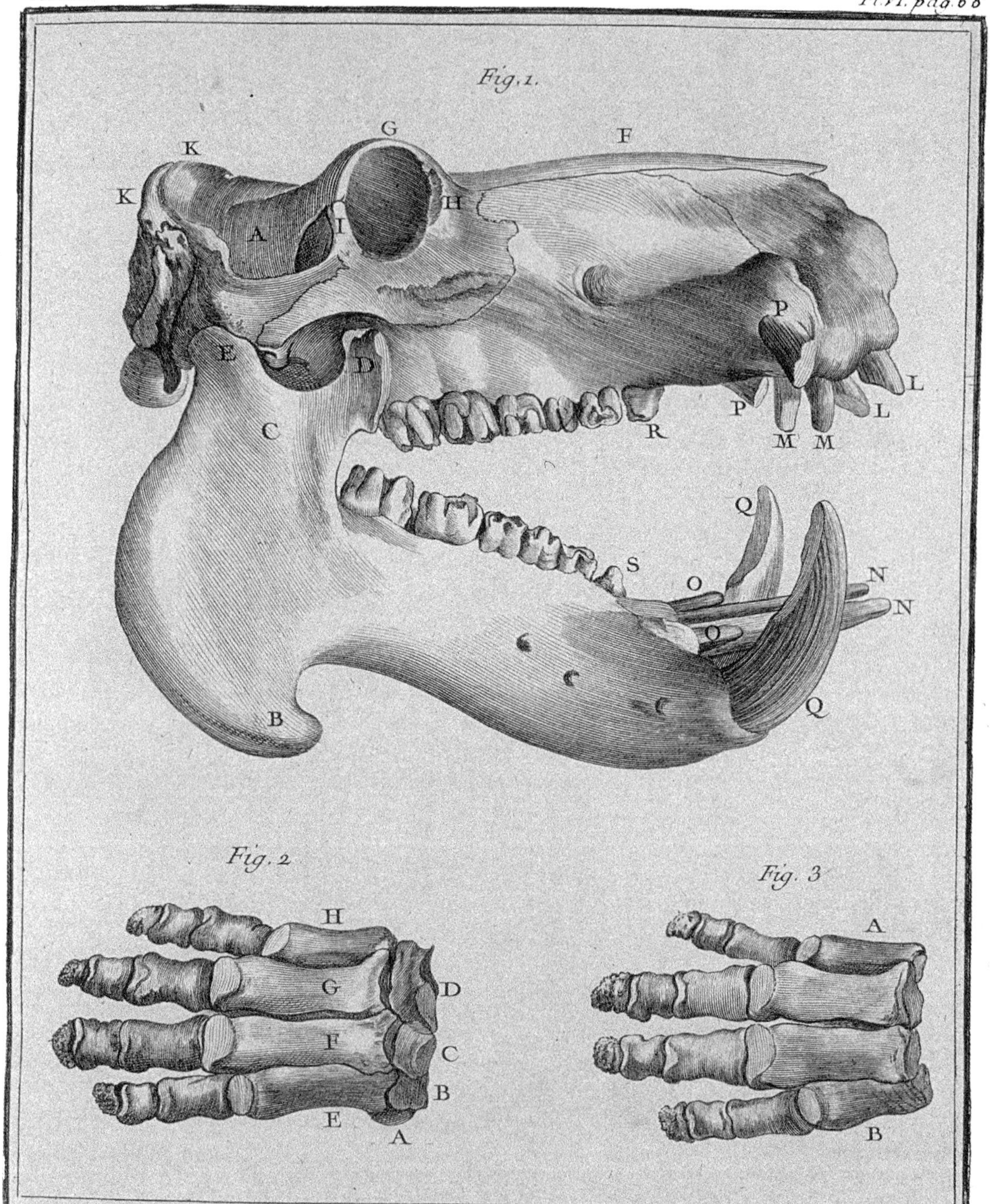


De Seve Del. Baron Sc.

*Tom. XII.* *Pl. VII. Pag. 116.*

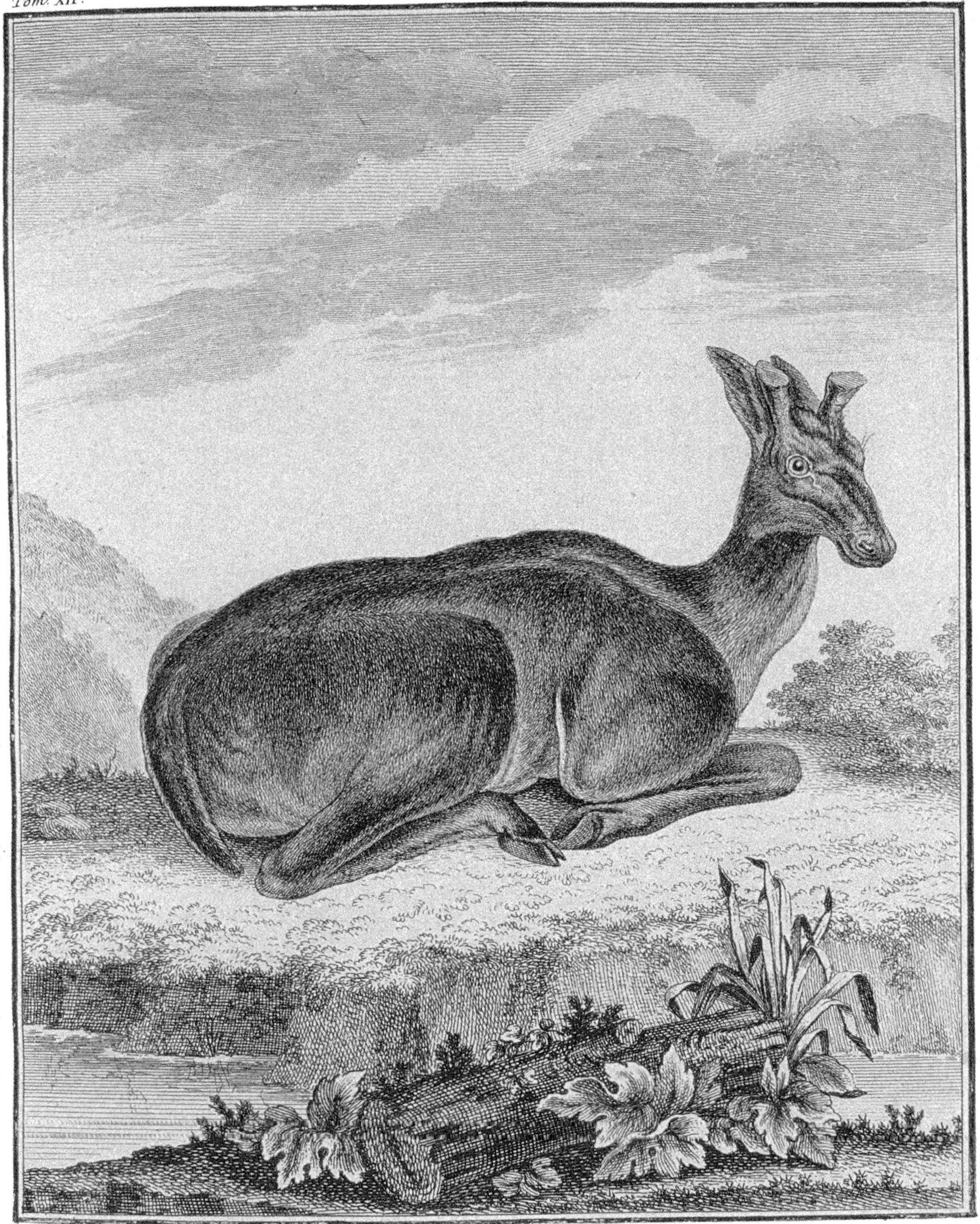

*Buvée l'Americquain del.* *Louis le Grand Sculpsit*

L'ÉLAN.

Tom. XII. Pl. VIII. Pag. 122

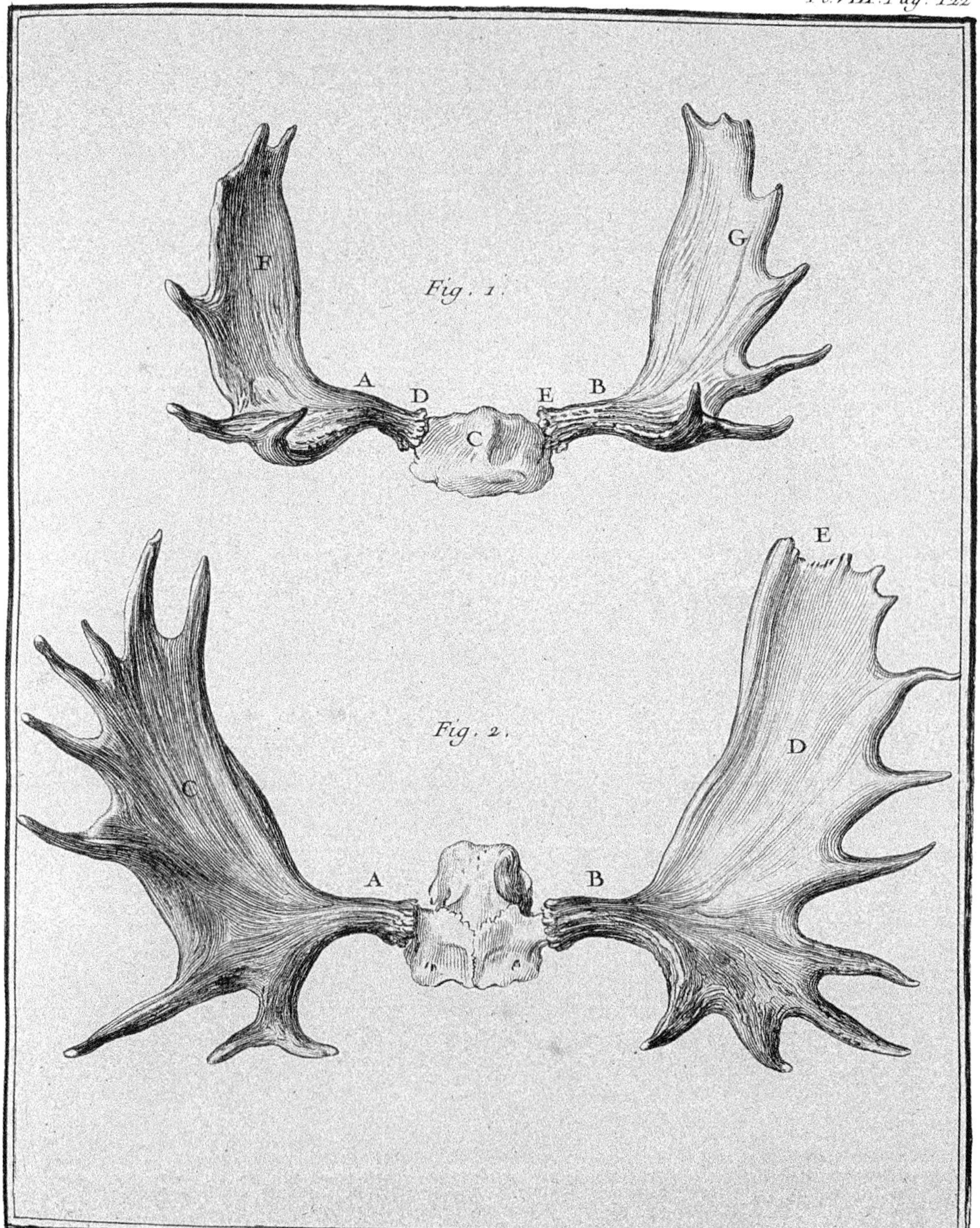


De Seve del. Baron sculp.

Tom. XII | Pl. IX pag. 122

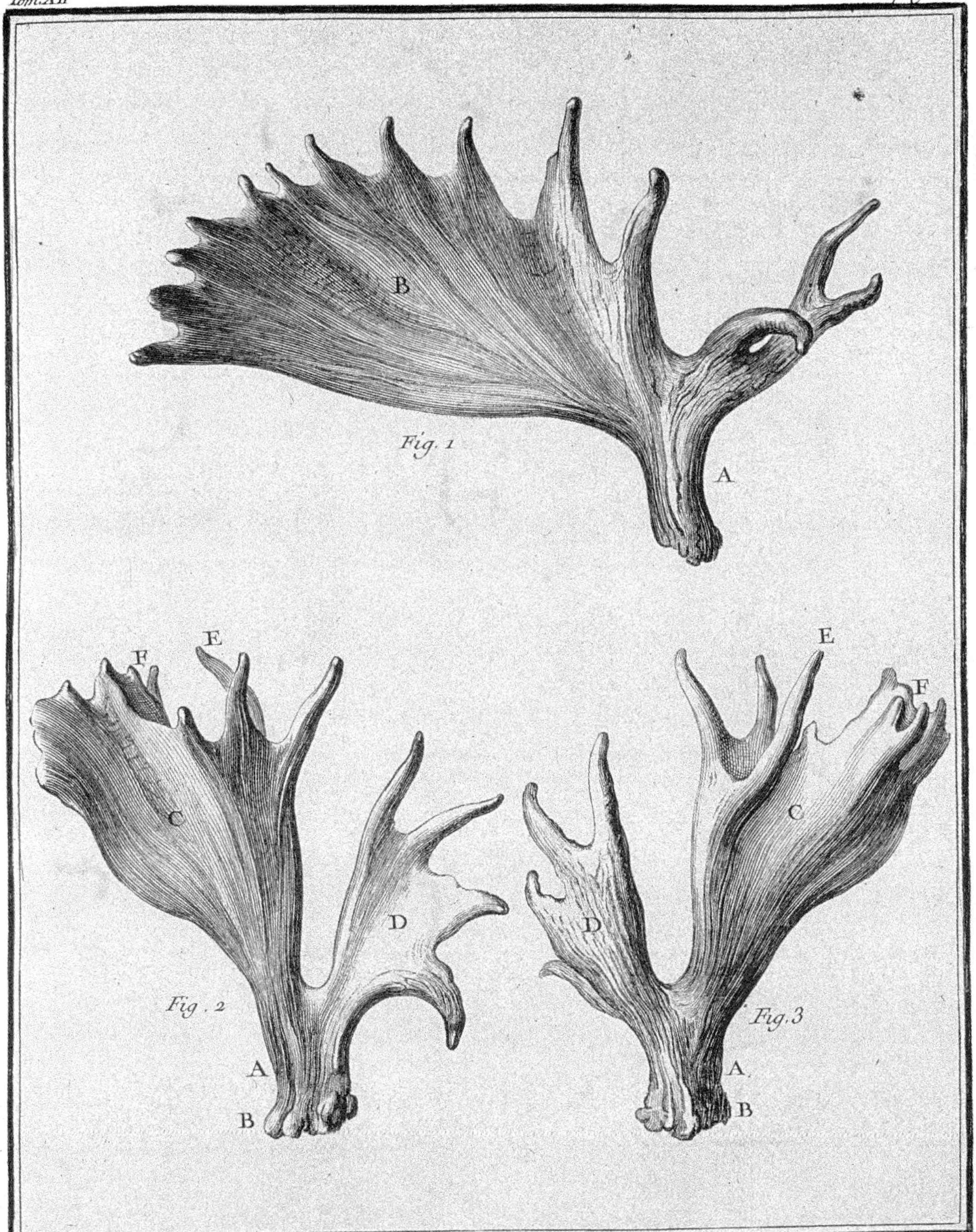


Desève | Baron

Tom. XII. Pl. X. Pag. 134

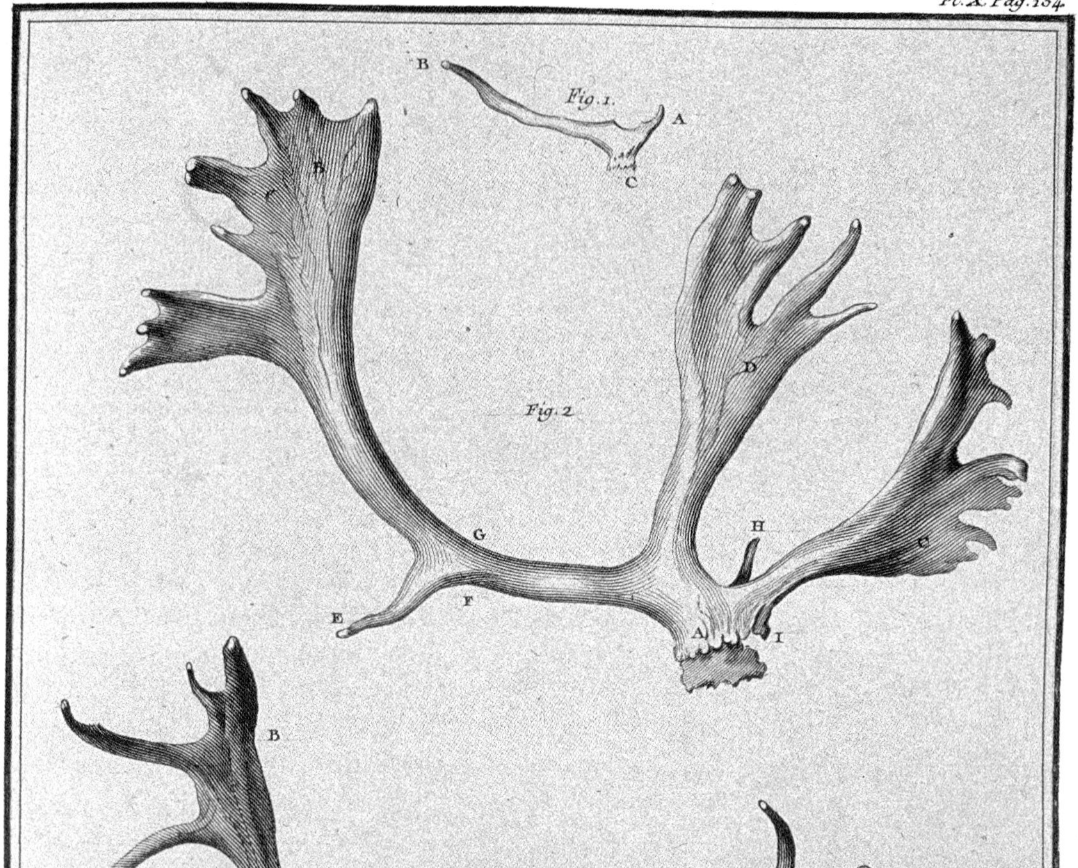


Buvé del. Chevillet Sculp

Tom. XII. Pl. XI. Pag. 134.

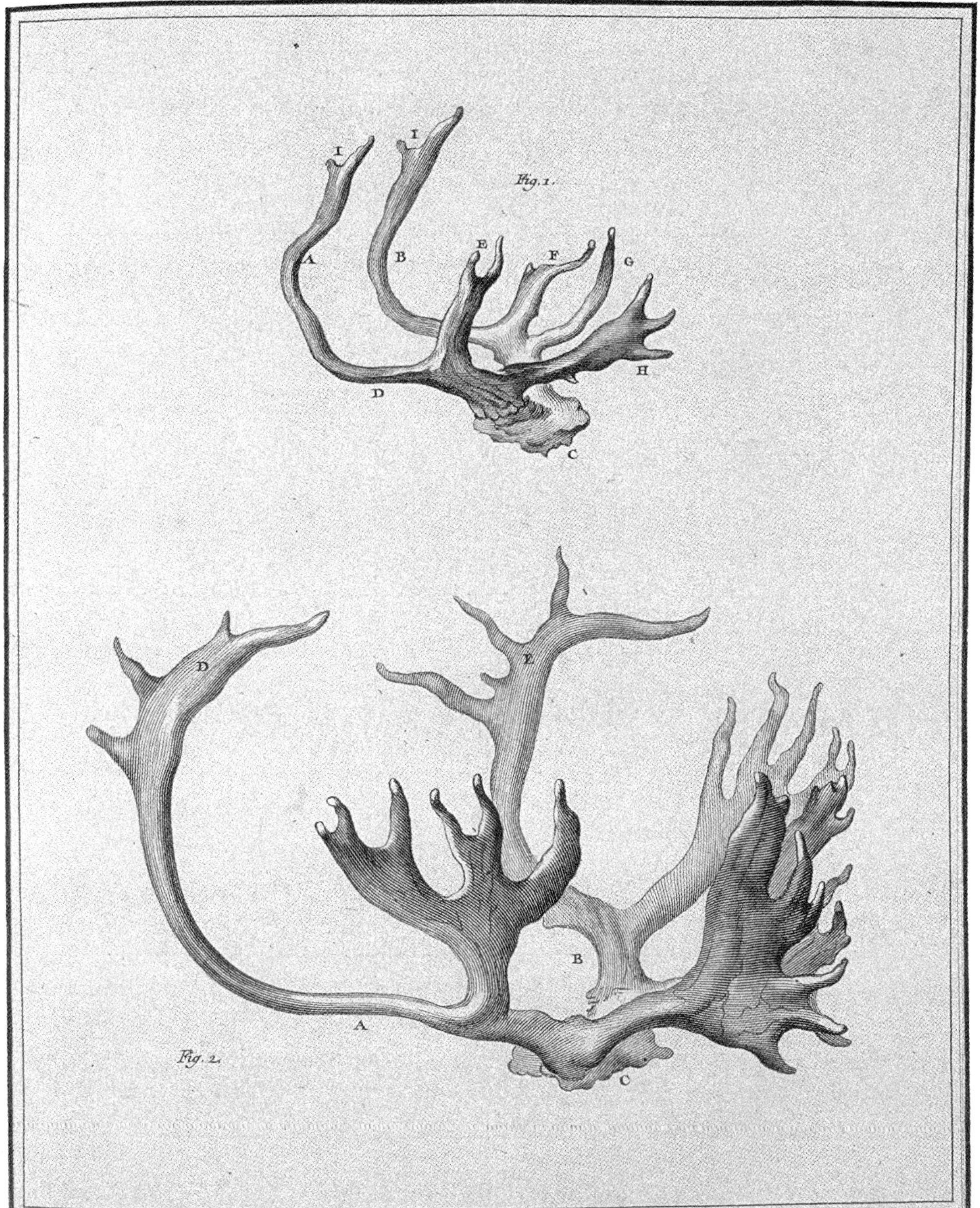


De Seve del. Chevillet Sculp.

Tom. XII. Pl. XII pag. 134

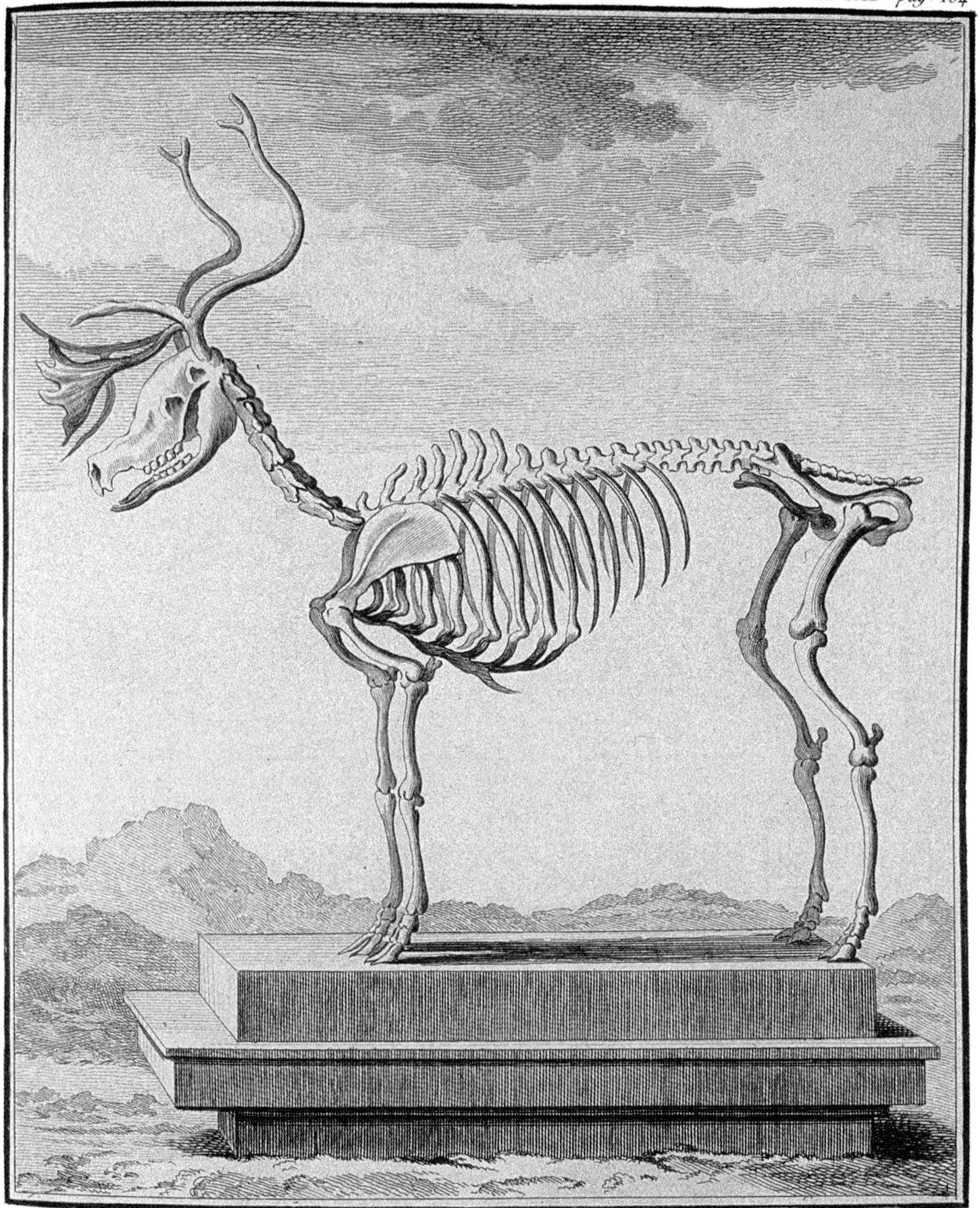

Buvée del. M.ane Rousselet f.me Tardieu Sculp.

Tom. XII. Pl. XIII. Pag. 176.

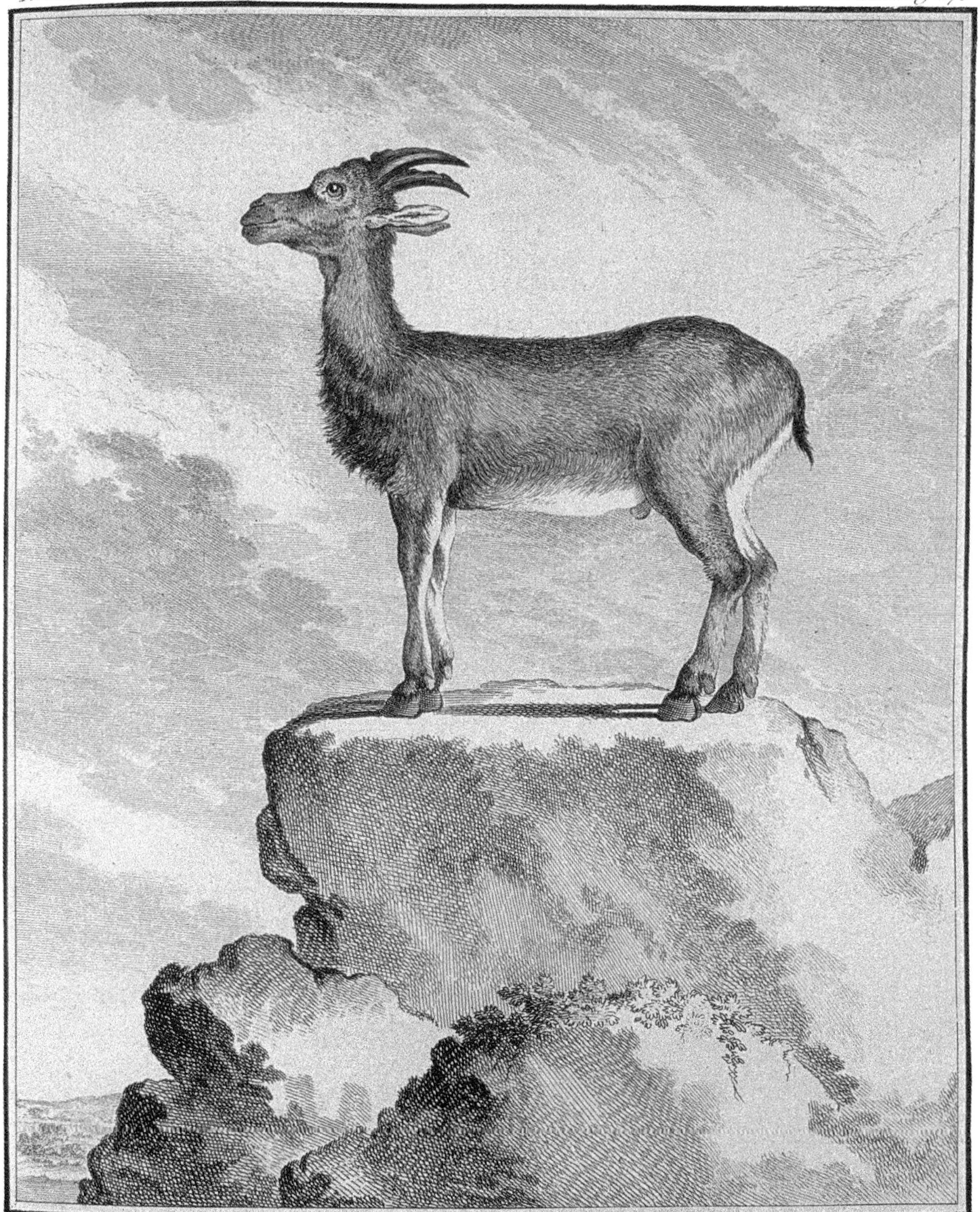

De Seve del. Louis Le Grand Sculp.

LE BOUQUETIN.

Tom. XII. Pl. XIV Pag. 176.

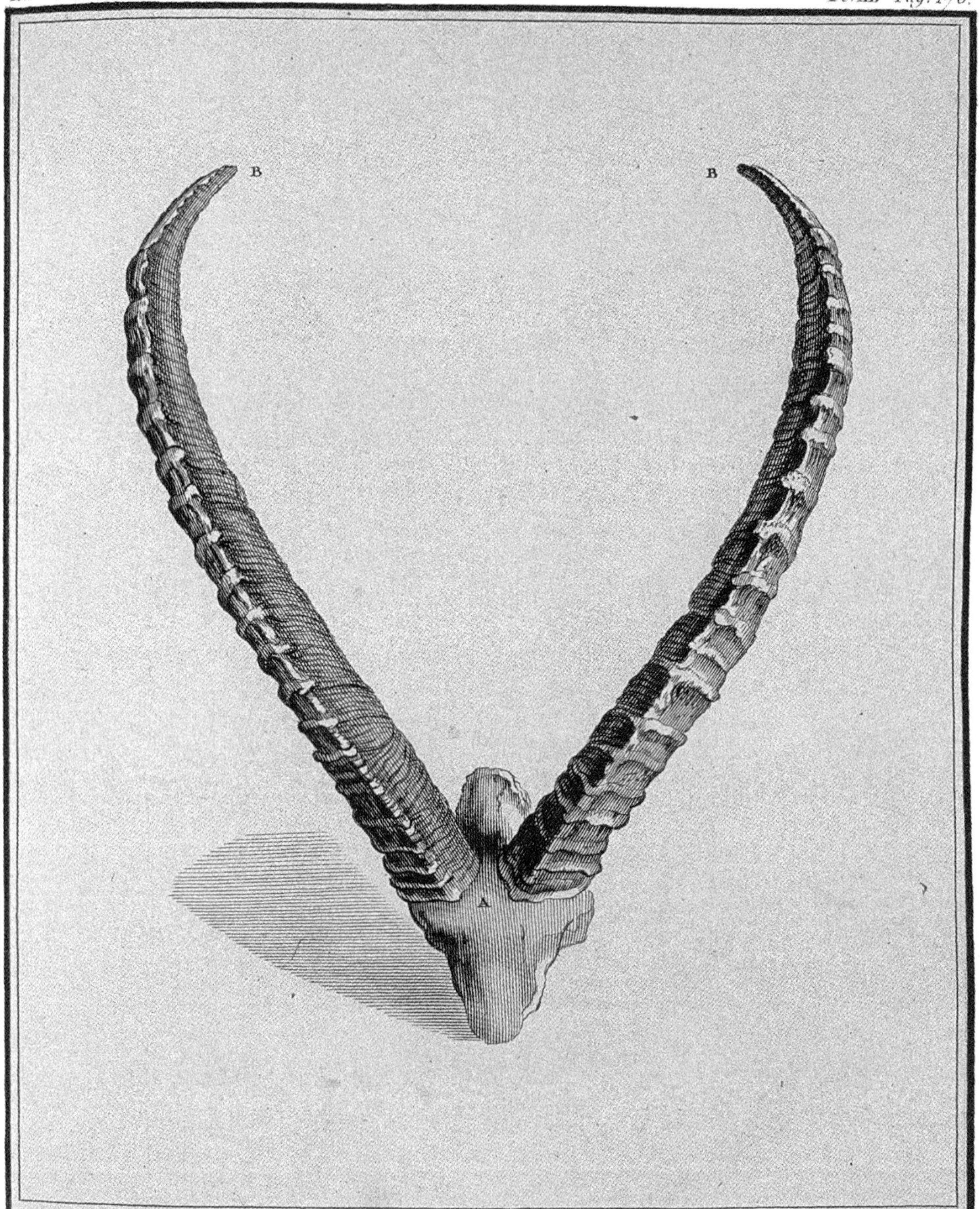


Buvé del. Chevillet Sculp.

*Tom. XII.* *Pl. XV. Pag. 196.*

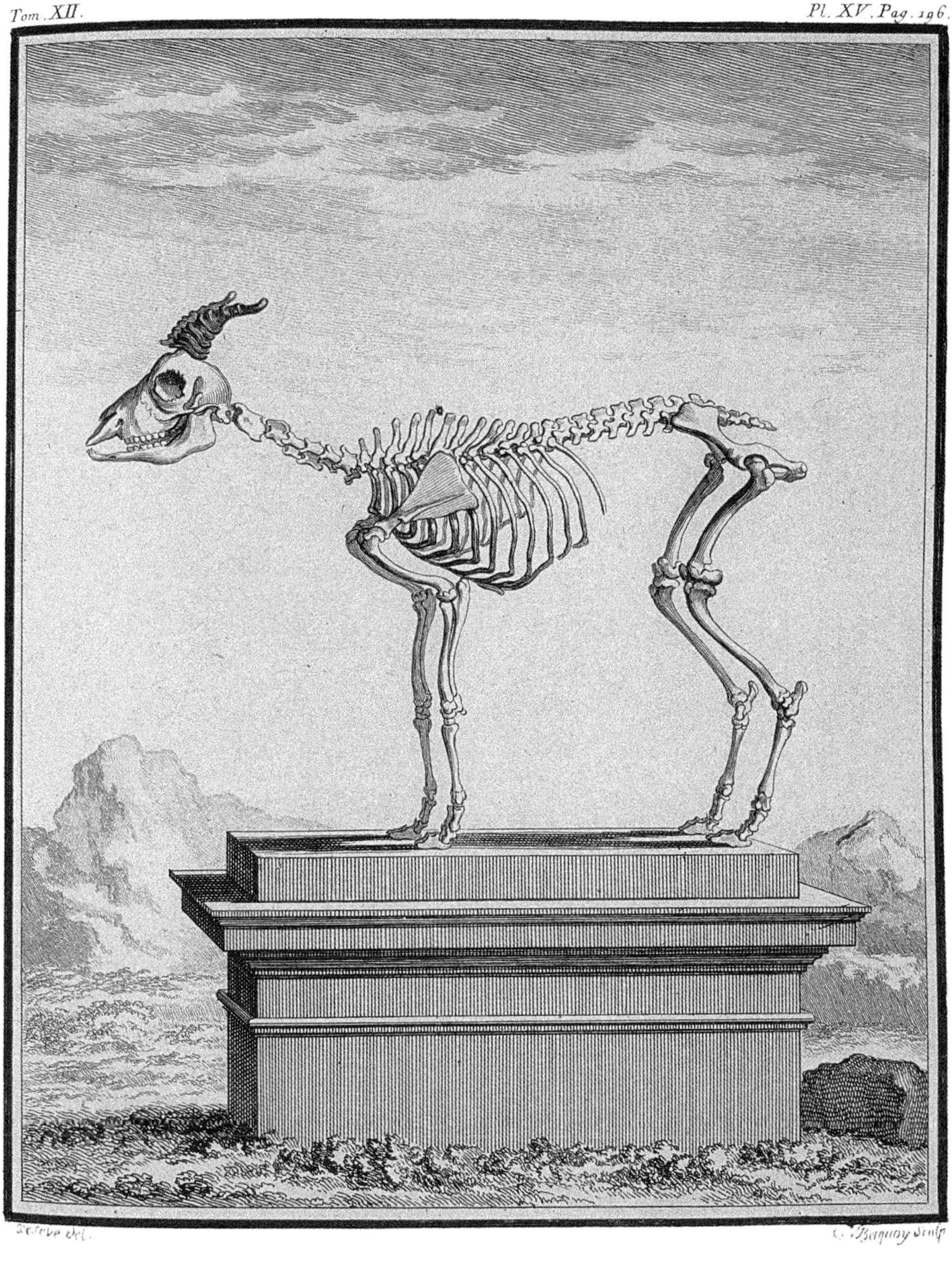

*De Sève del.* *C. Baquoy Sculp*

Tom. XII. Pl. XVI. Pag. 196.

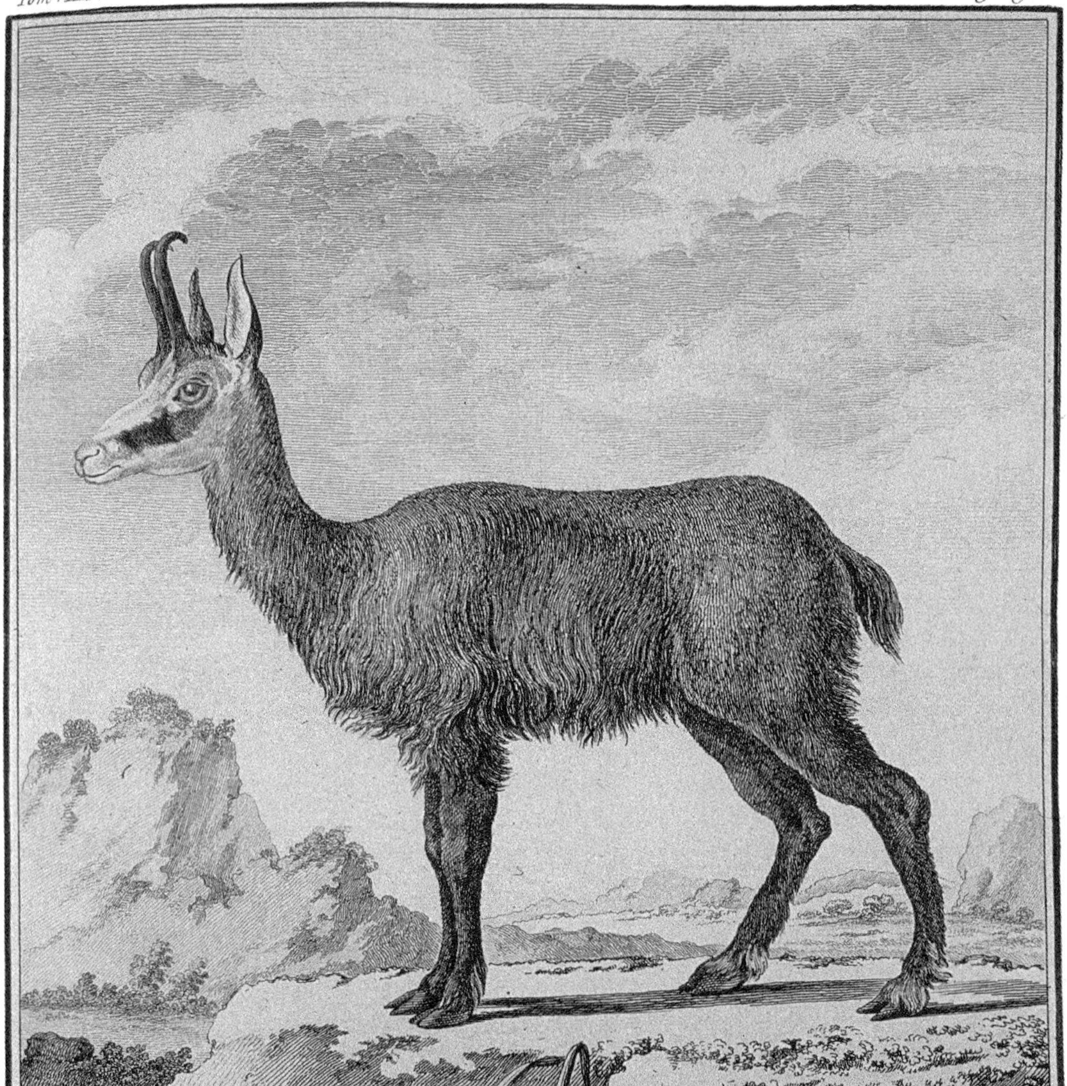

De Seve Del. Defehrt Sculp.

LE CHAMOIS.

*Tom. XII.* *Pl. XVII. Pag. 196*

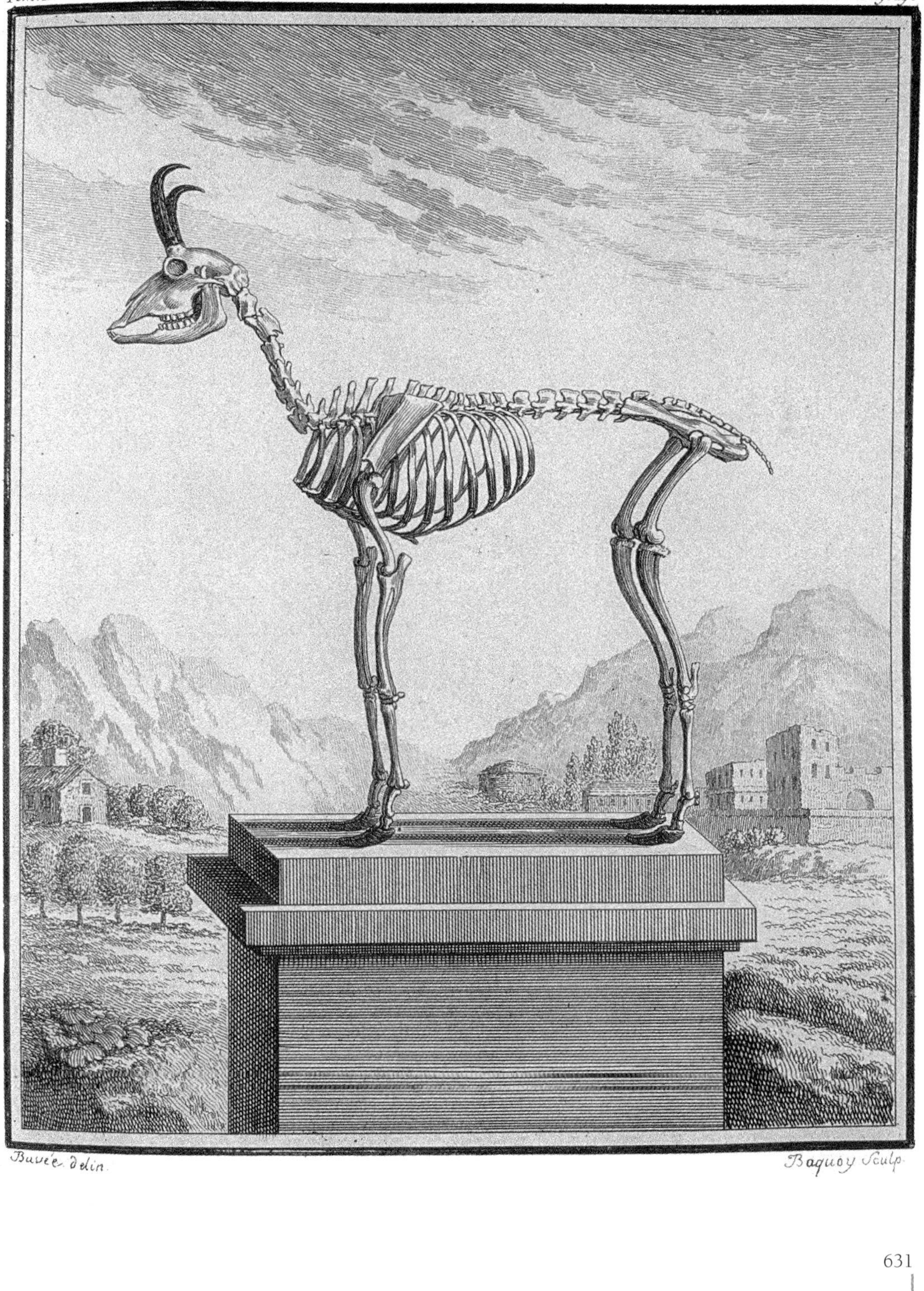

*Buvée delin.* *Baquoy Sculp.*

*Tom. XII.* *Pl. XVIII. Pag. 196.*

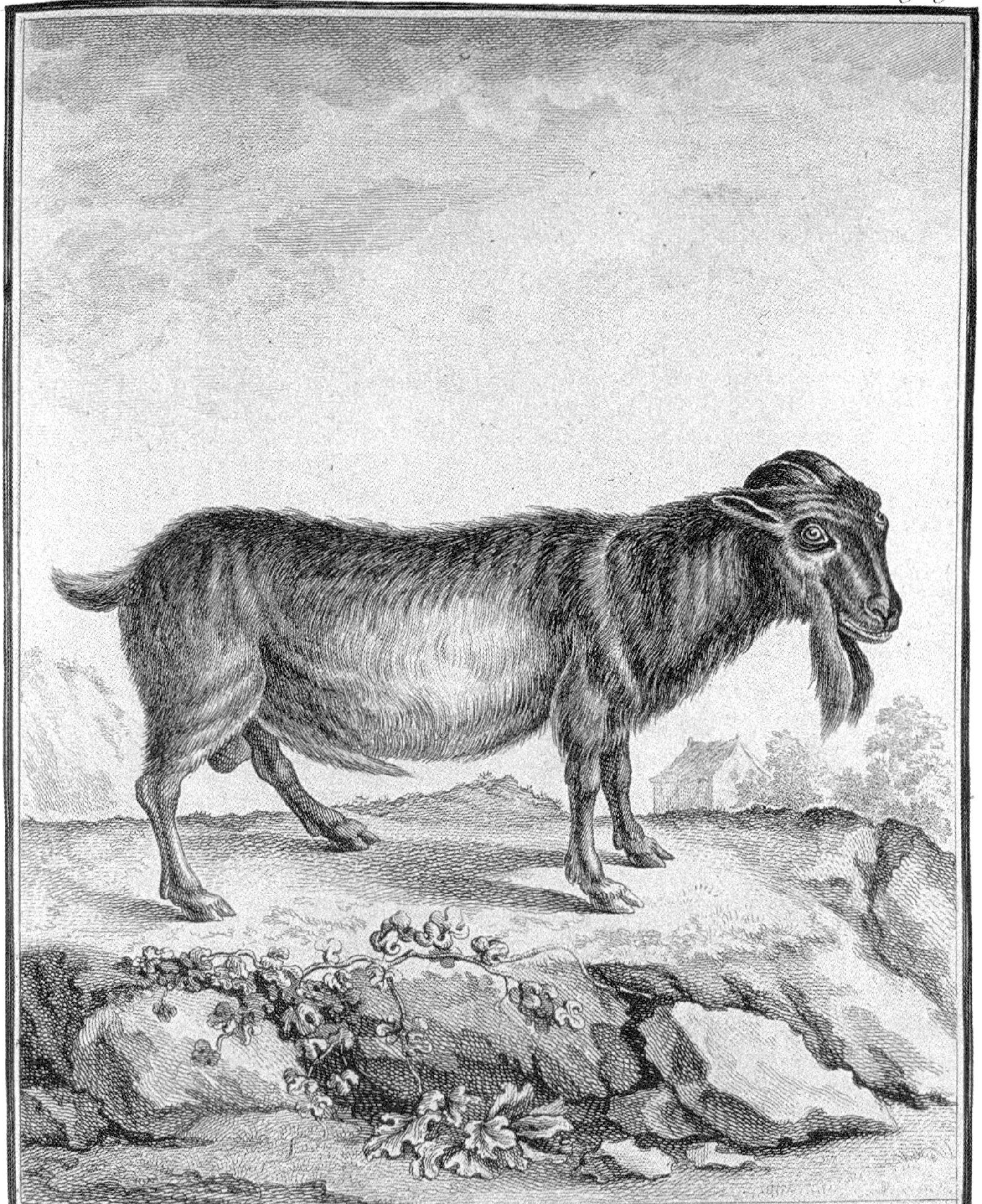

*Buvée l'Am del.* *de Fehrt Sc.*

LE BOUC D'AFFRIQUE

*Tom. XII.* *Pl. XIX. pag. 196*

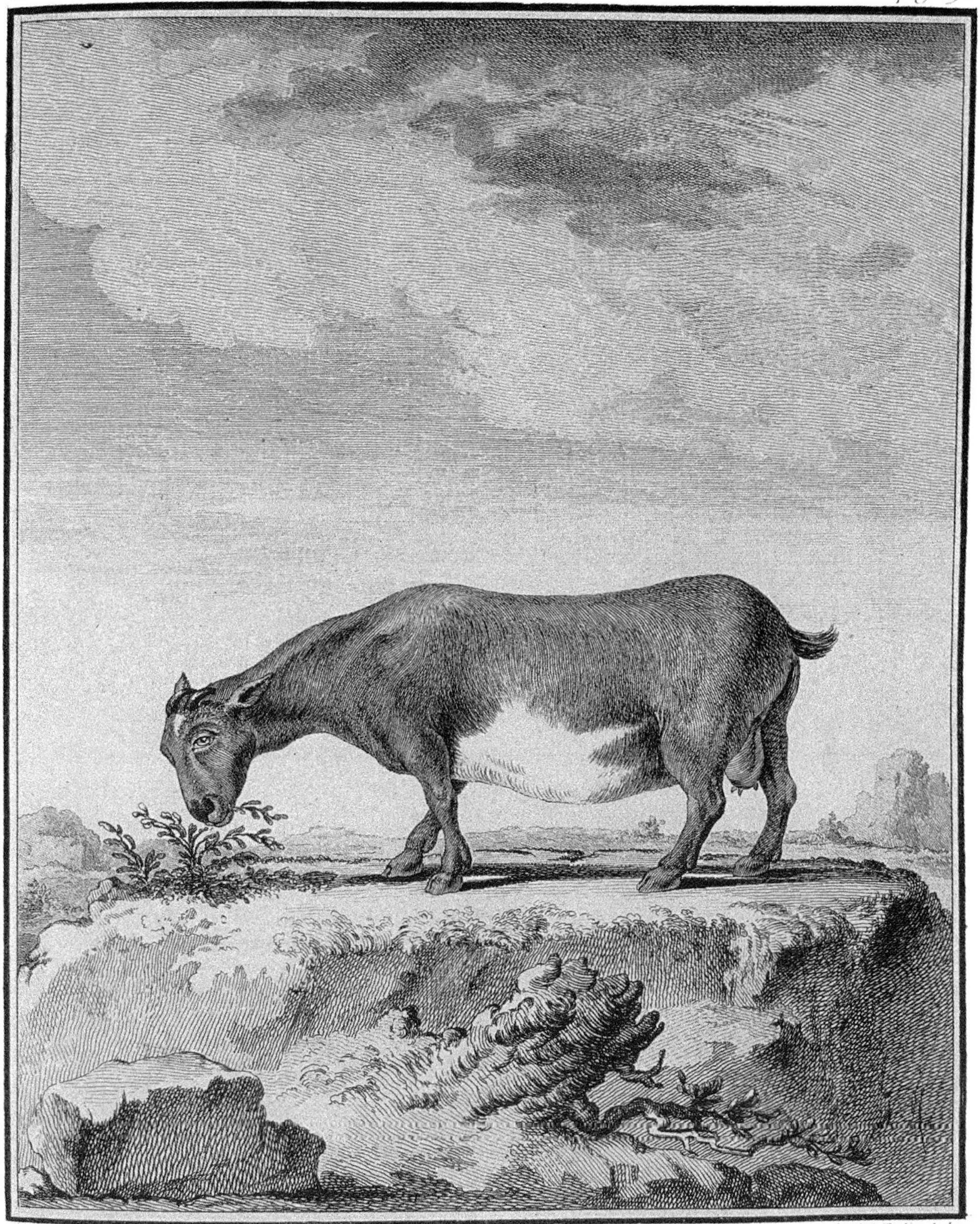

*De Seve del.* *M.me Rousselet f.me Tardieu Sculp.*

LA CHEVRE NAINE.

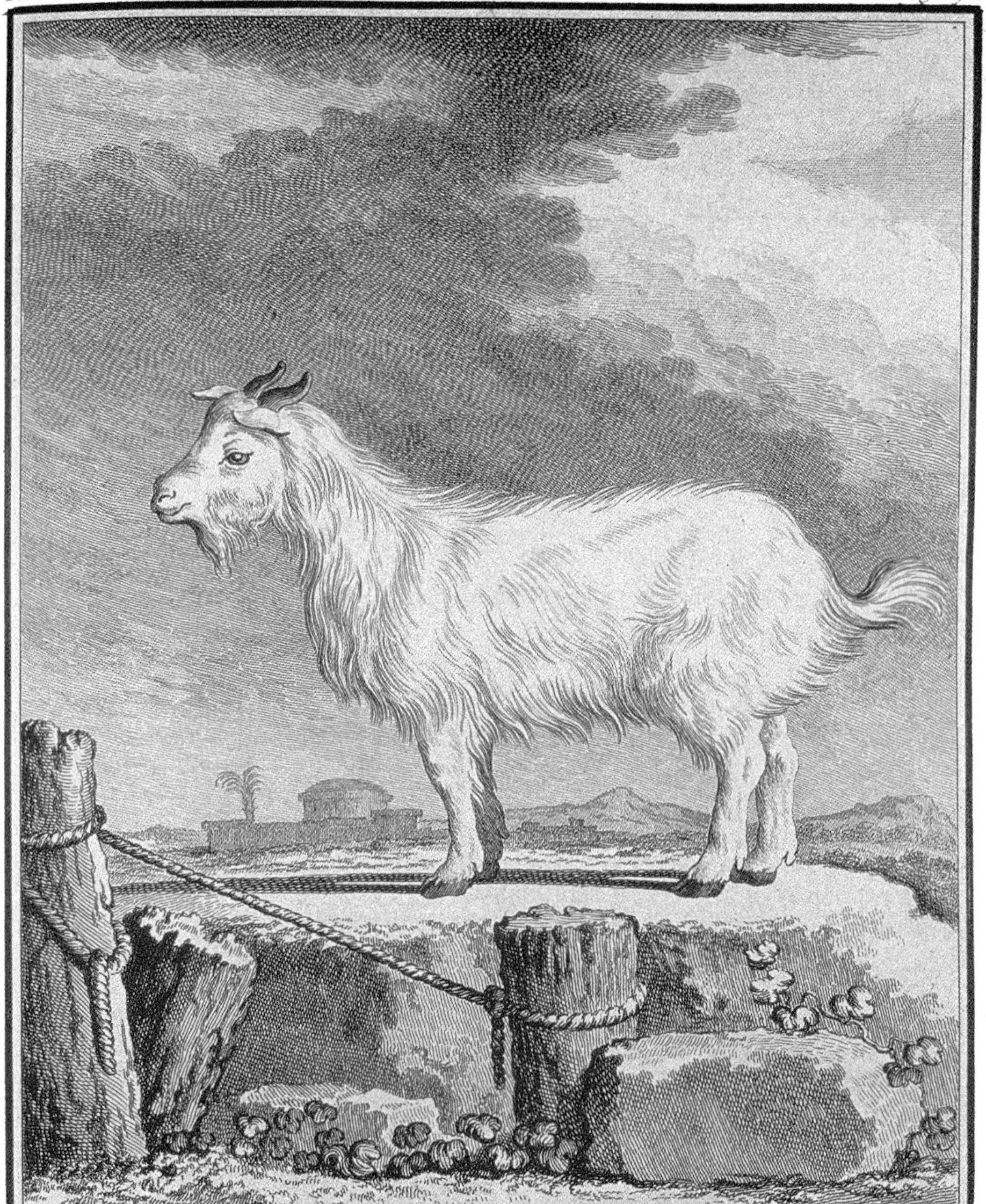


LE BOUC DE JUDA.

Tom. XII. Pl. XXI. Pag. 196.

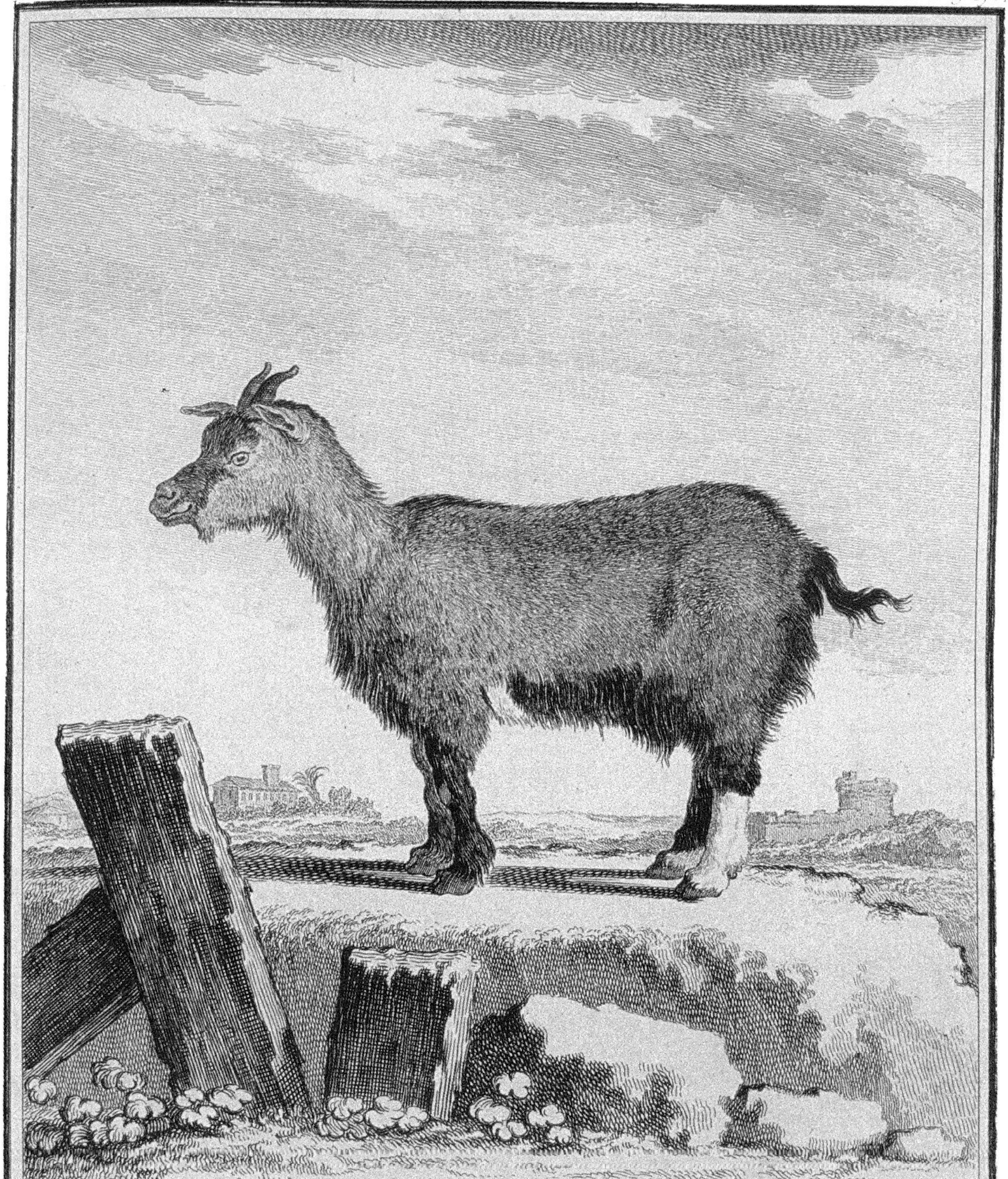

De Seve delin. C. Baquoy Sculp.

LA CHEVRE DE JUDA.

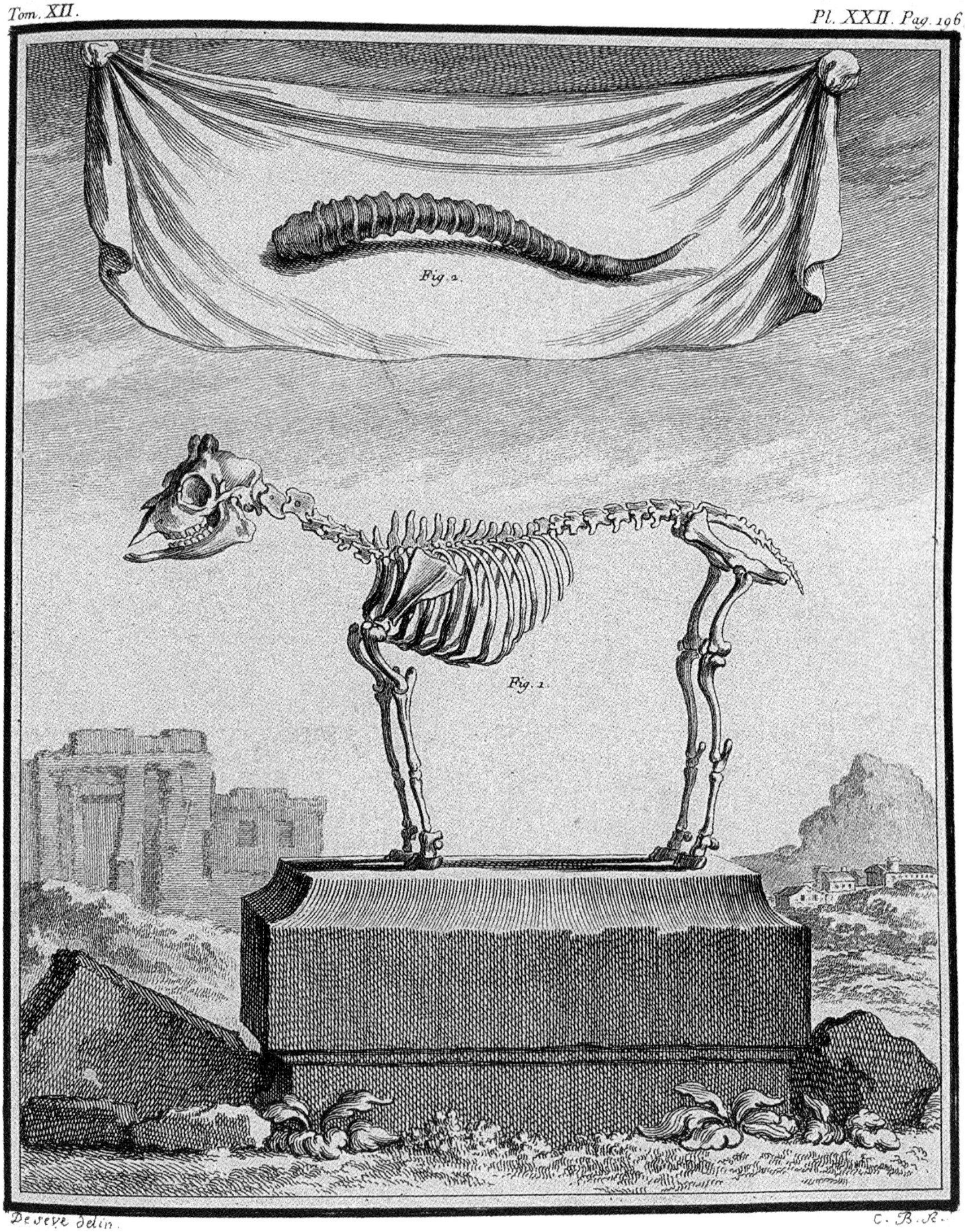
Tom. XII.
Pl. XXII. Pag. 196
Fig. 2.
Fig. 1.
De seve delin.
C. B. R.

Tom. XII. Pl. XXIII. Pag. 256.

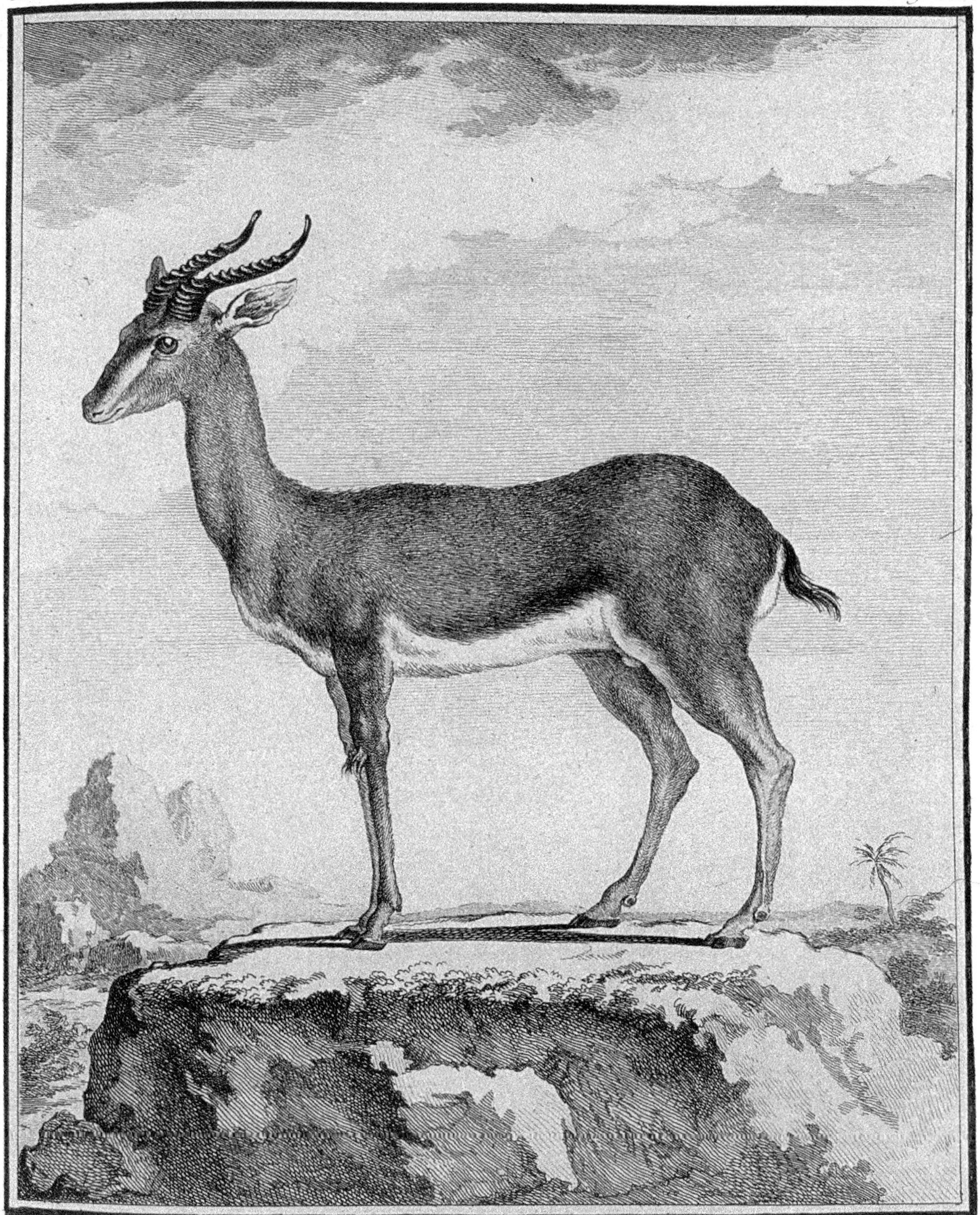

De Seve del. P. F. Tardieu Sculp.

LA GAZELLE.

Tom. XII. Pl. XXIV. Pag. 256.

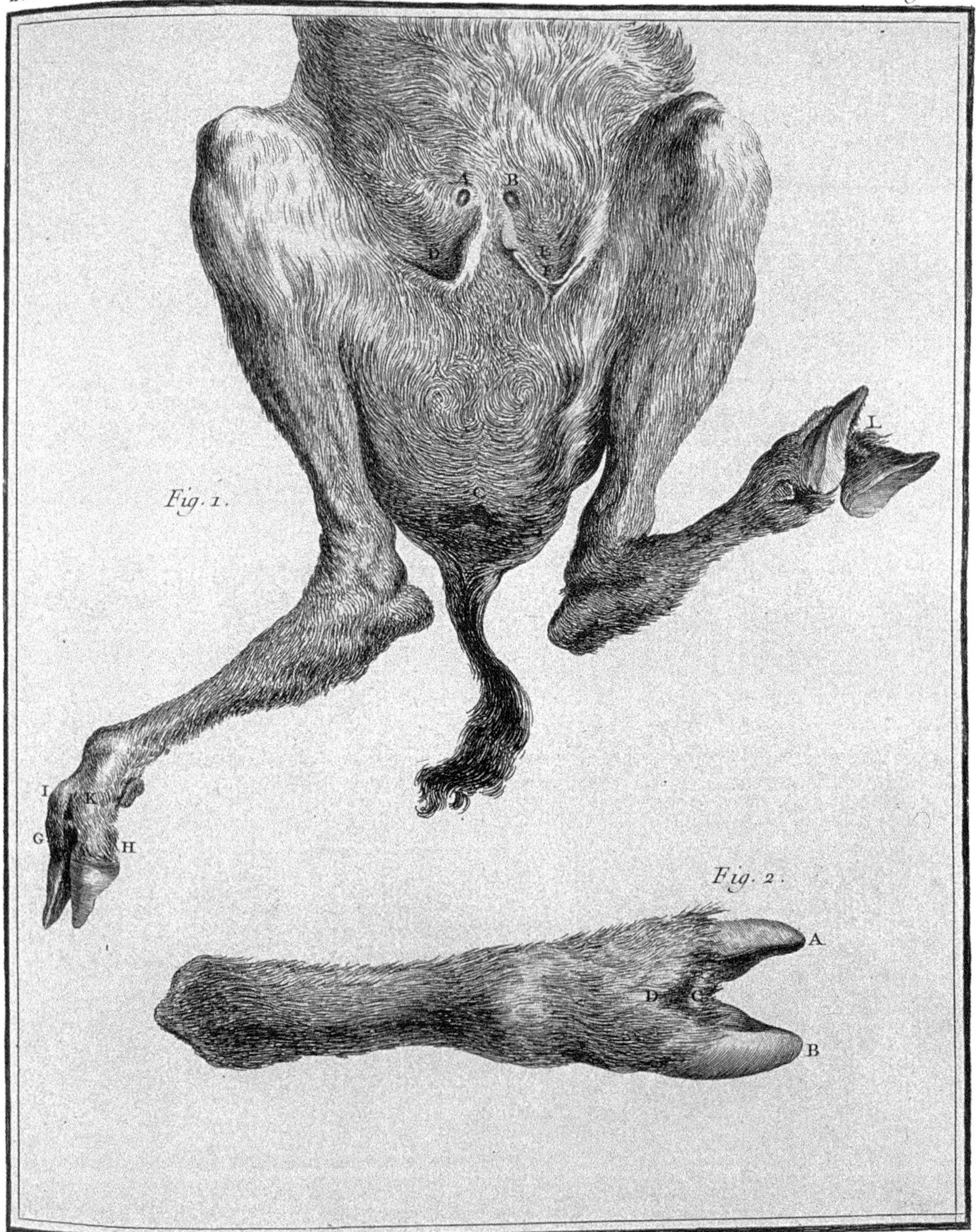


De Seve del. P. F. Tardieu Sculp.

Tom. XII Pl. XXV. Pag. 256.

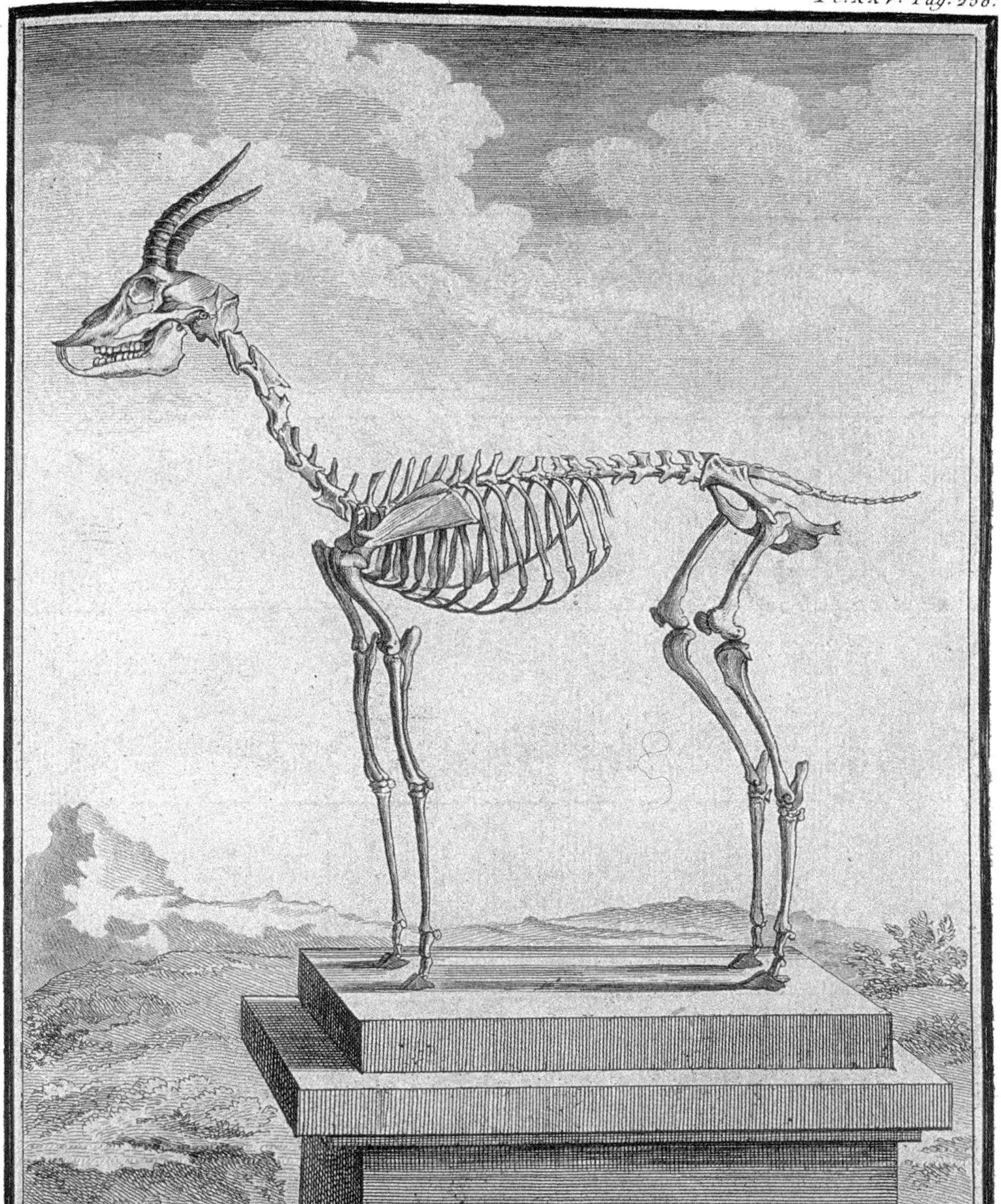

Buvée del. Mlle Rousselet, fme Tardieu Sculp.

*Tome XII.* *Pl. XXVI Pag. 260.*

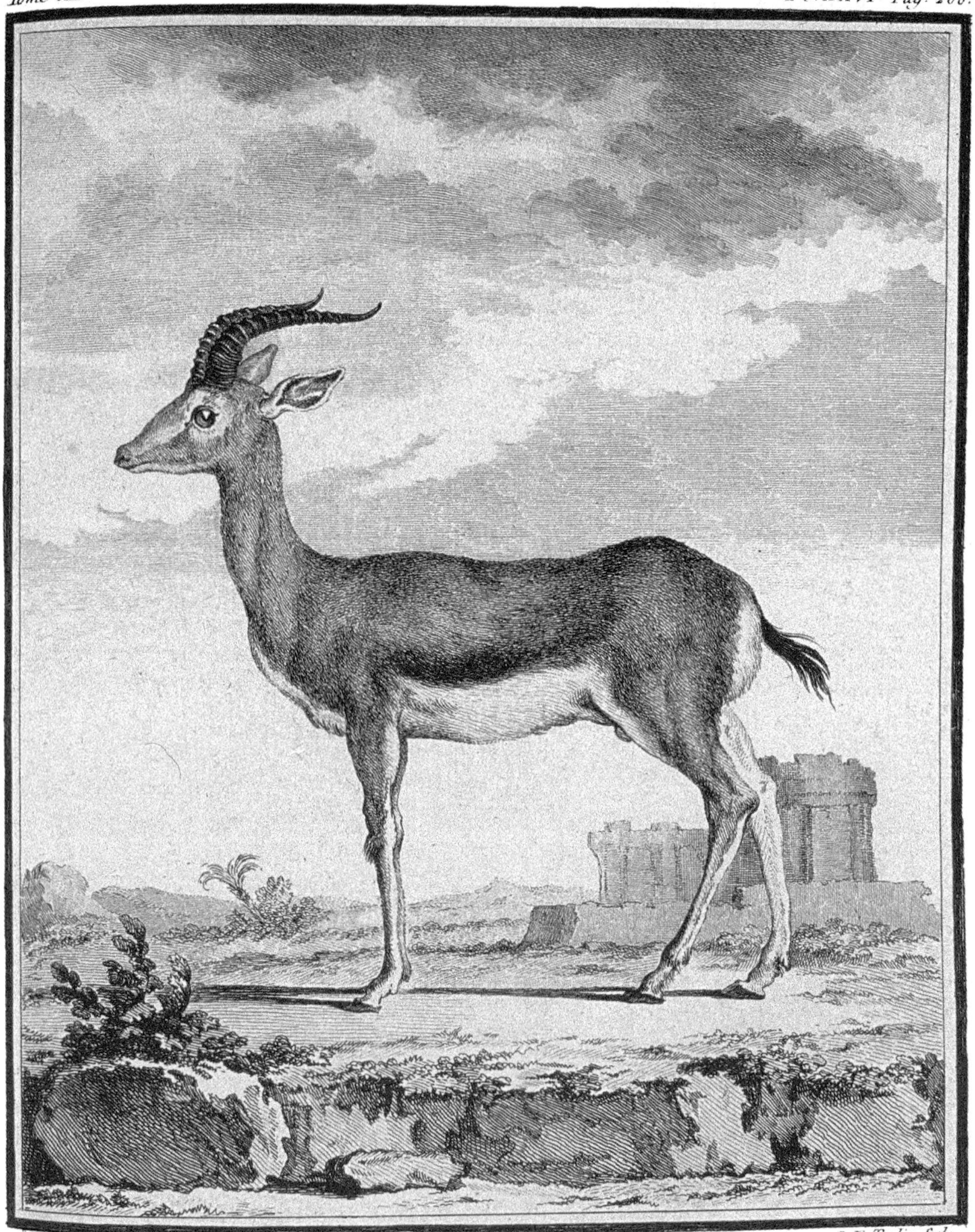

*De Seve del.* *P.F. Tardieu Sculp.*

LE KEVEL.

Tom. XII. Pl. XXVII. pag. 276.

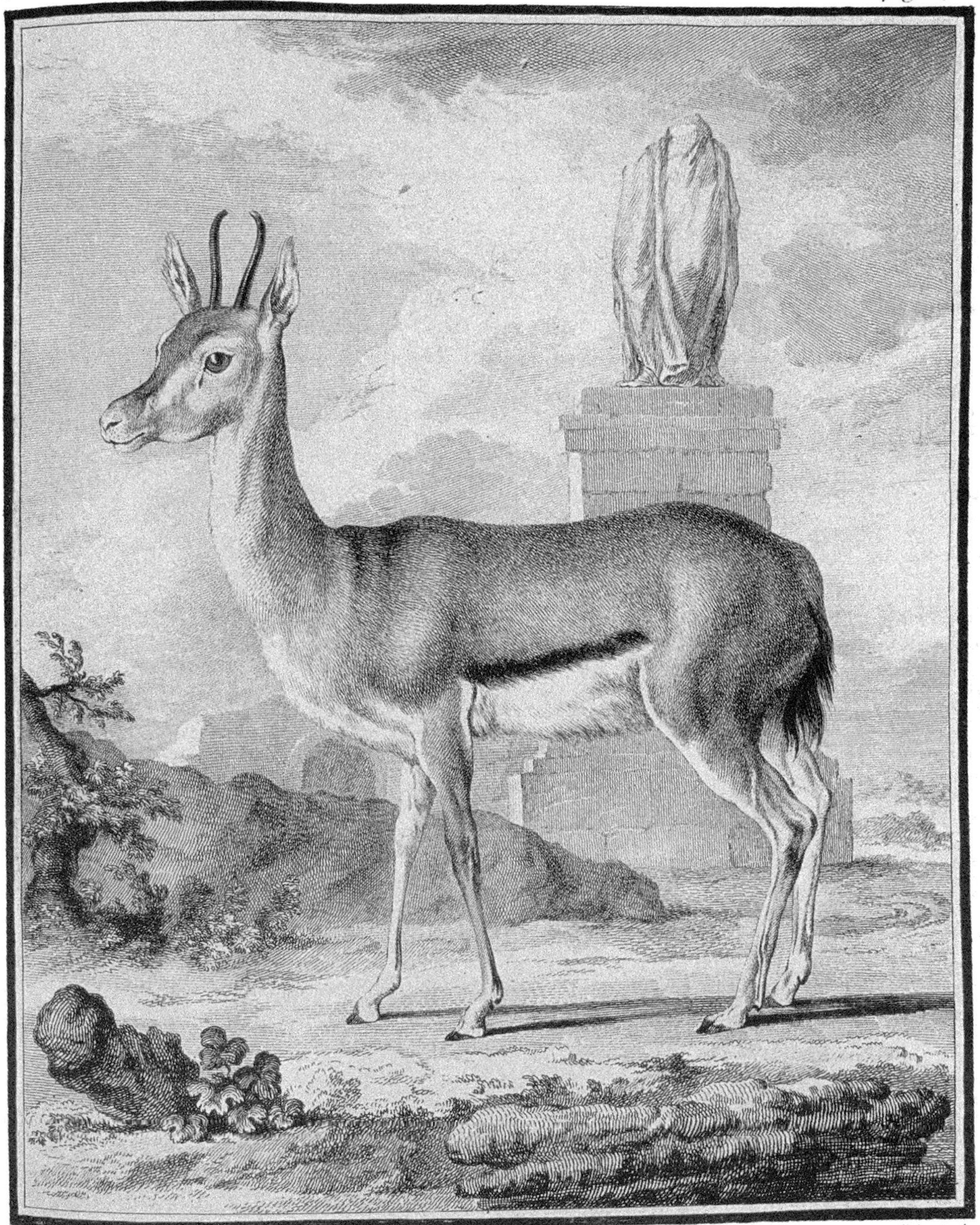

De Sève del. Jardinier Sculp.

LA CORINE.

Tom. XII. — Pl. XXVIII. Pag. 266.

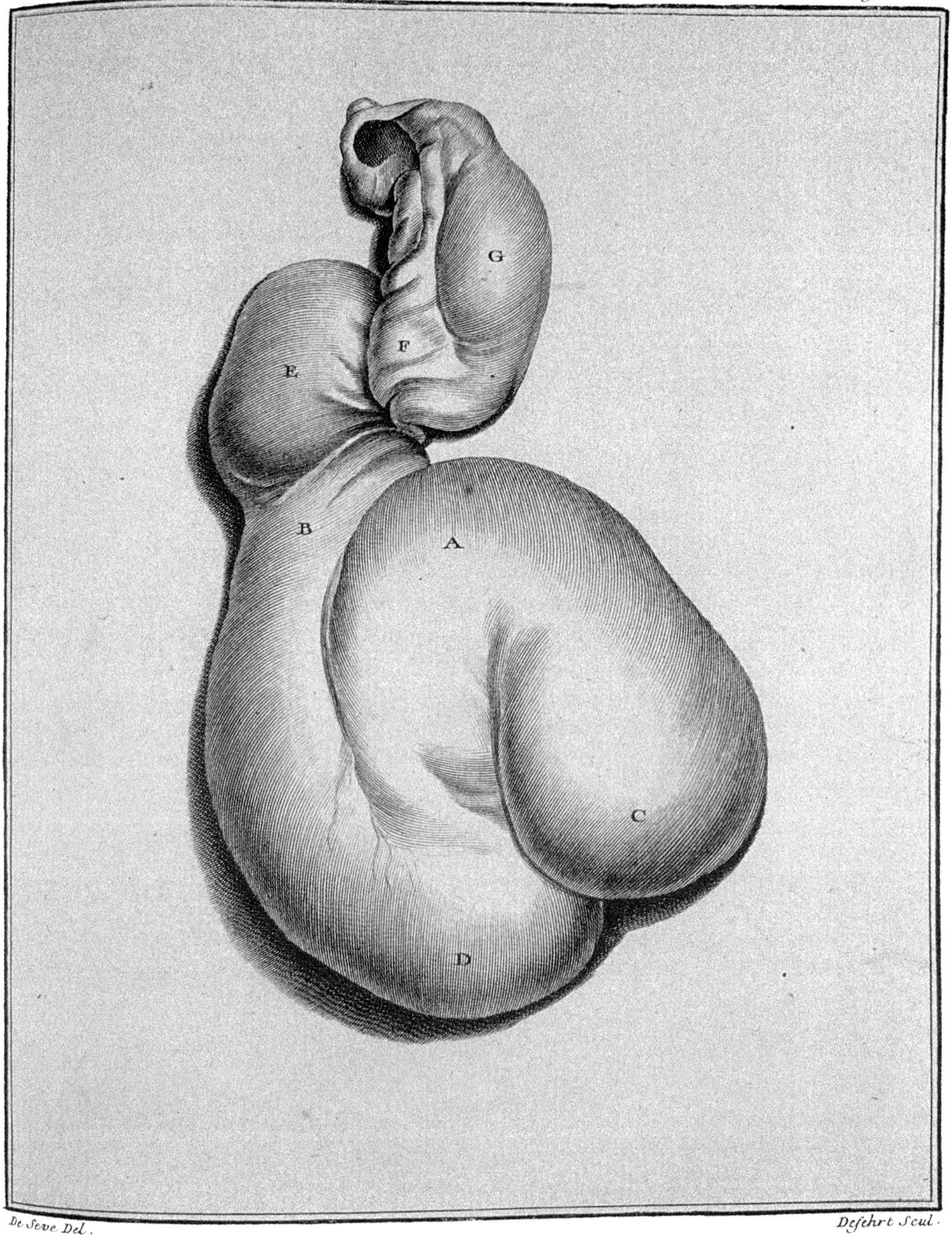


De Seve Del. — Desehrt Sculp.

Tom. XII.

Pl. XXIX. Pag. 266.

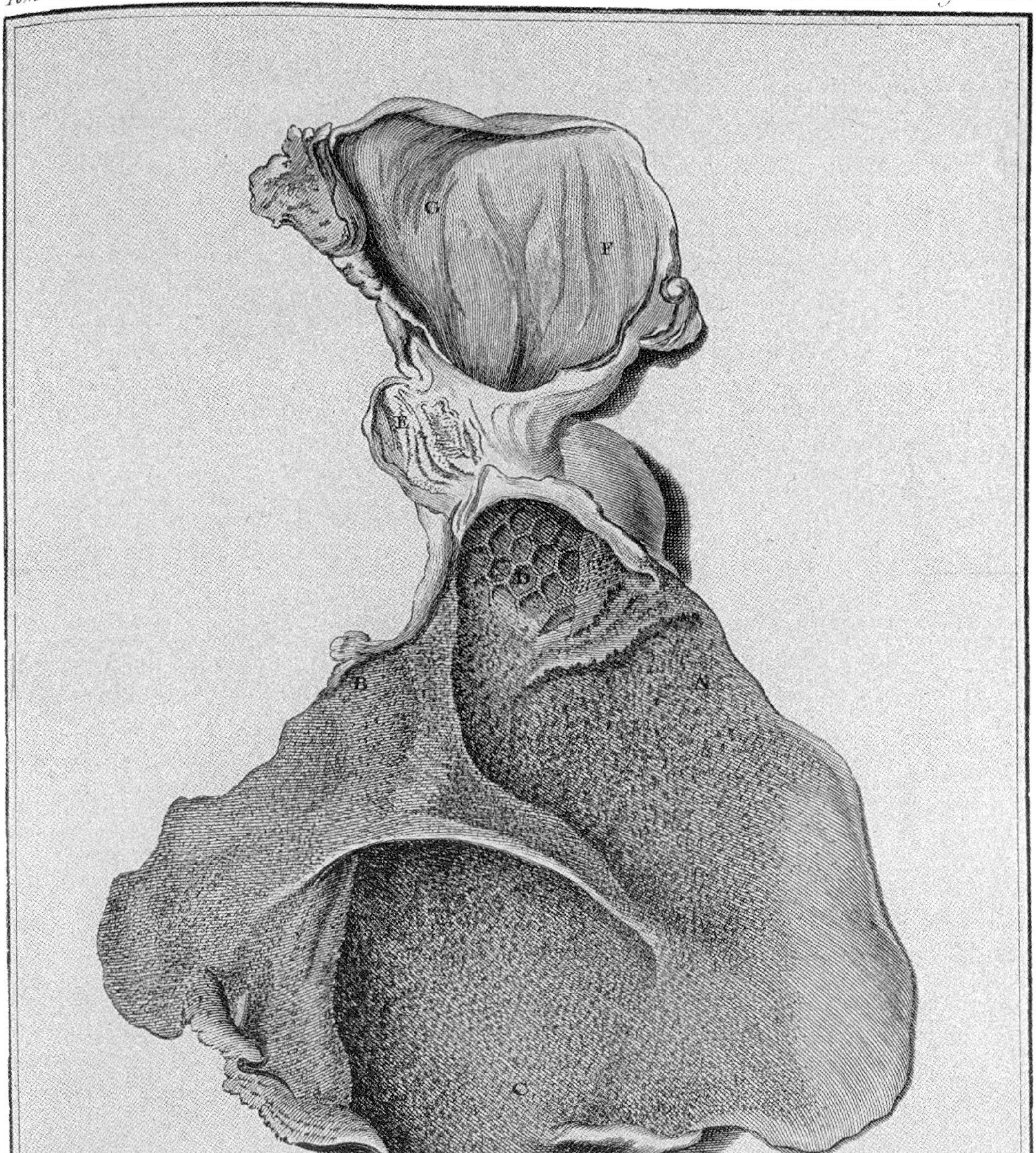


De Seve Del.

Desehrt Sculp.

Tom. XII. Pl. XXX Pag. 266.

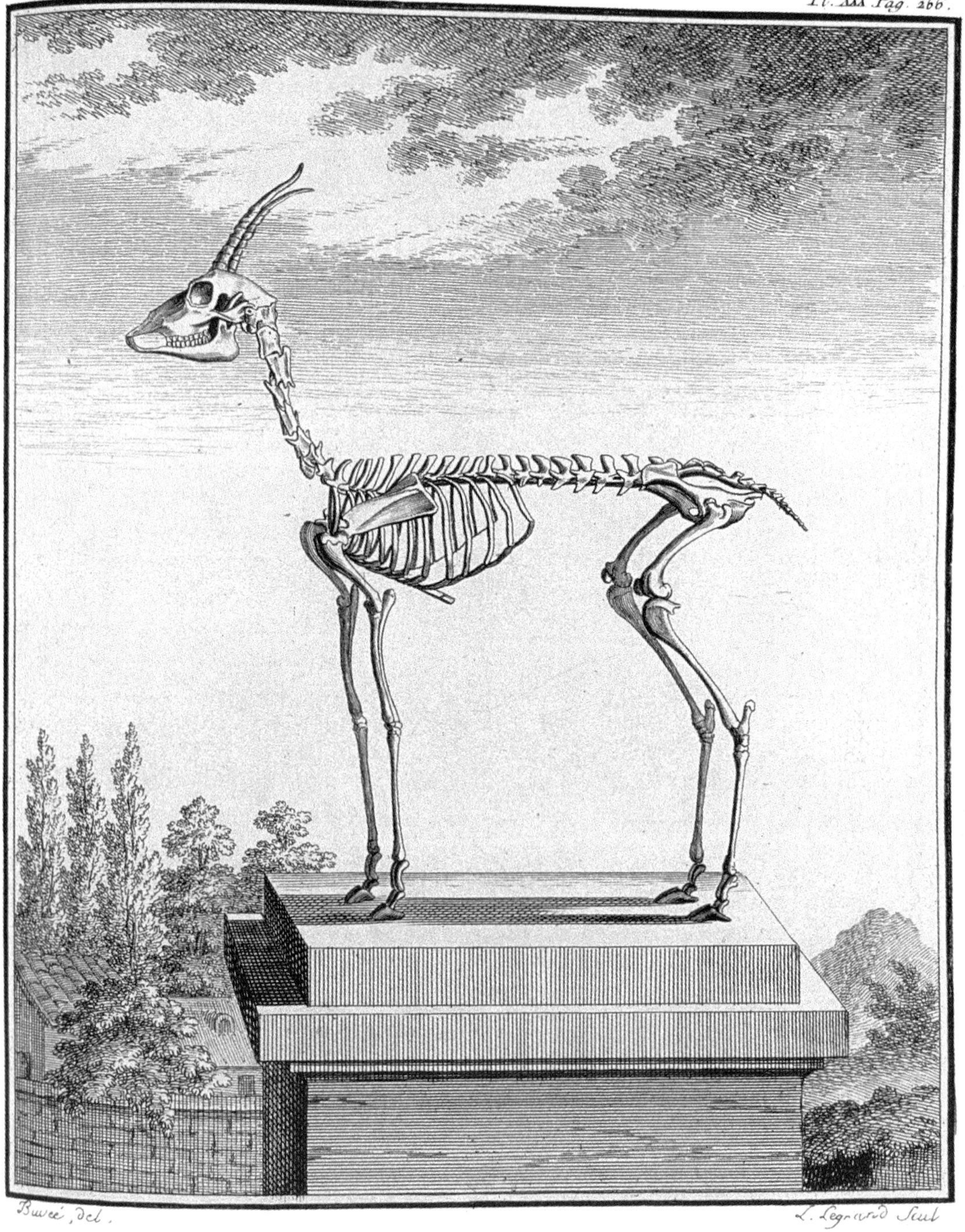

Buvée, del. L. Legrand Sculp

Tom. XII. Pl. XXXI. Pag. 276.

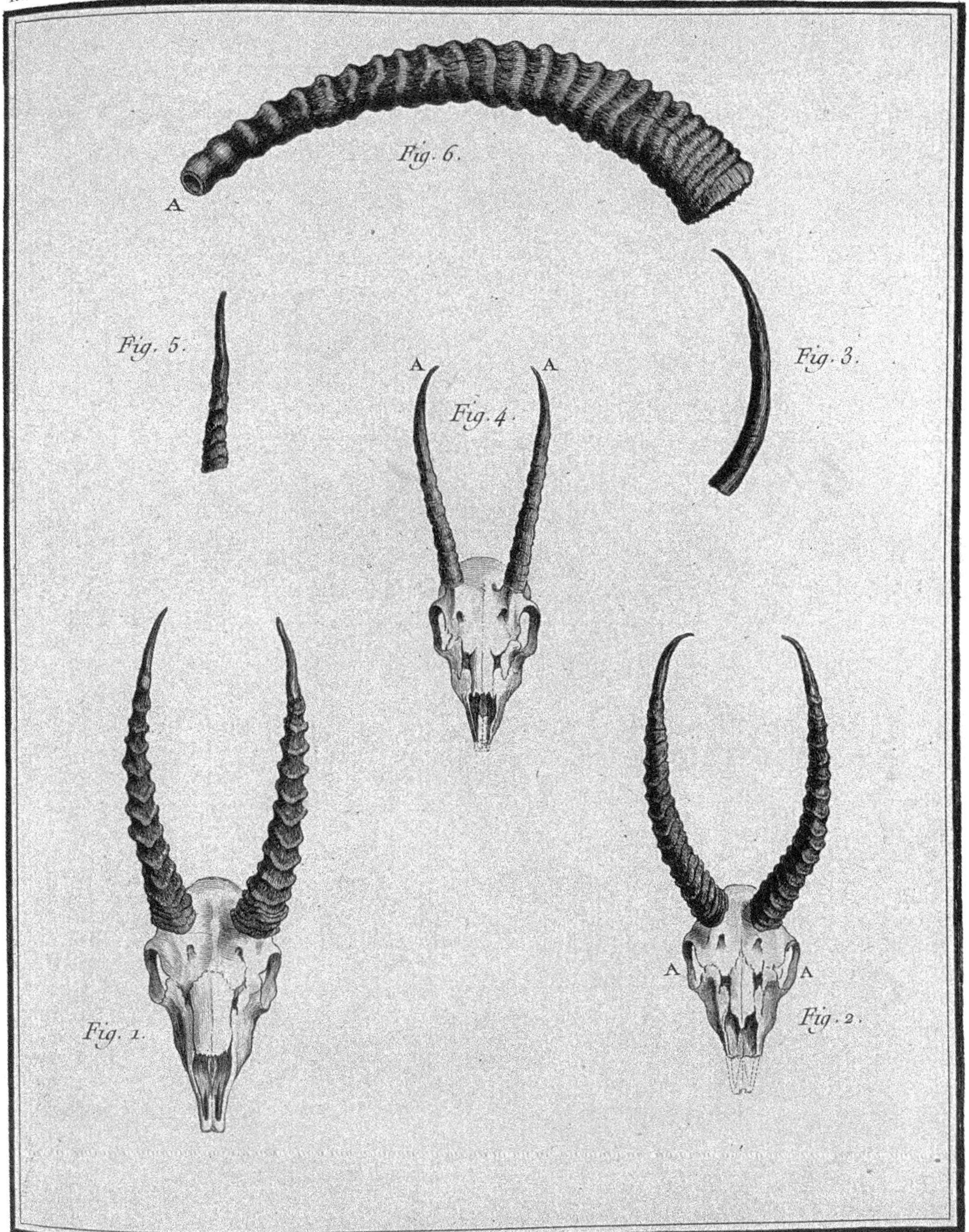


De Seve del. Mme Rousselet f.me Tardieu Sculp.

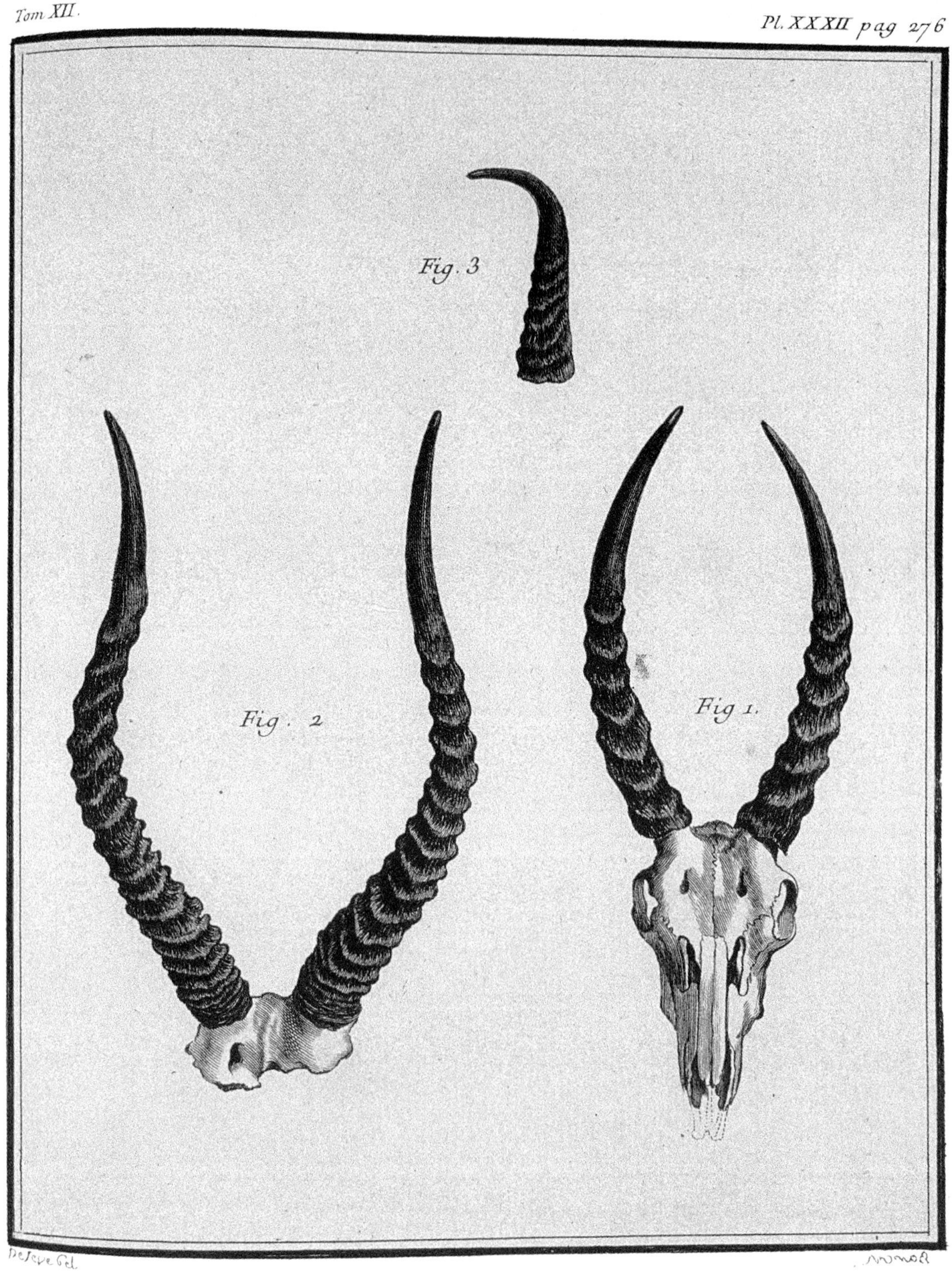
Tom XII.
Pl. XXXII pag 276
Fig. 3
Fig. 2
Fig 1.

Tom XII. Pl. XXXIII. pag 276

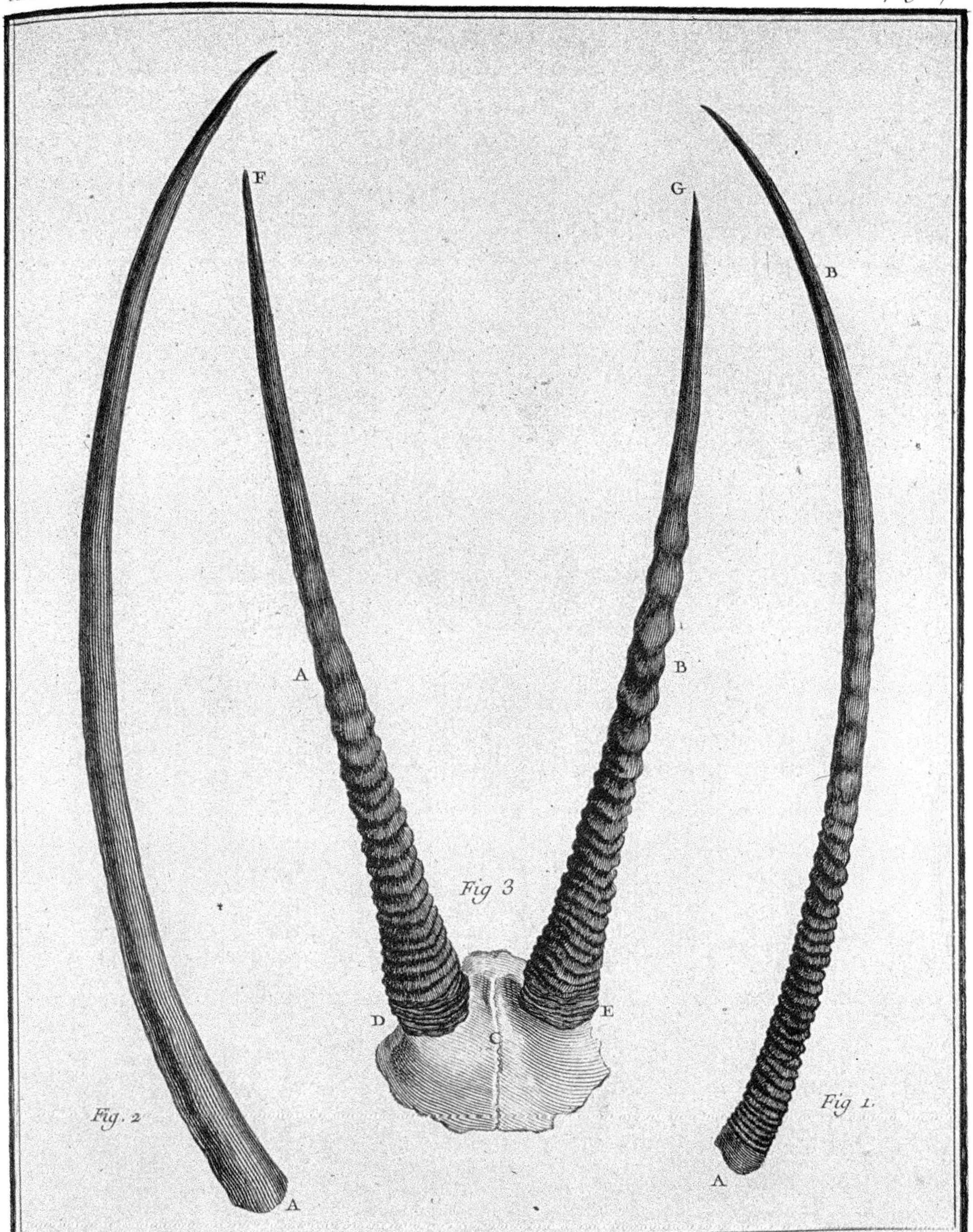

Tom. XII. Pl. XXXIV. Pag 276.

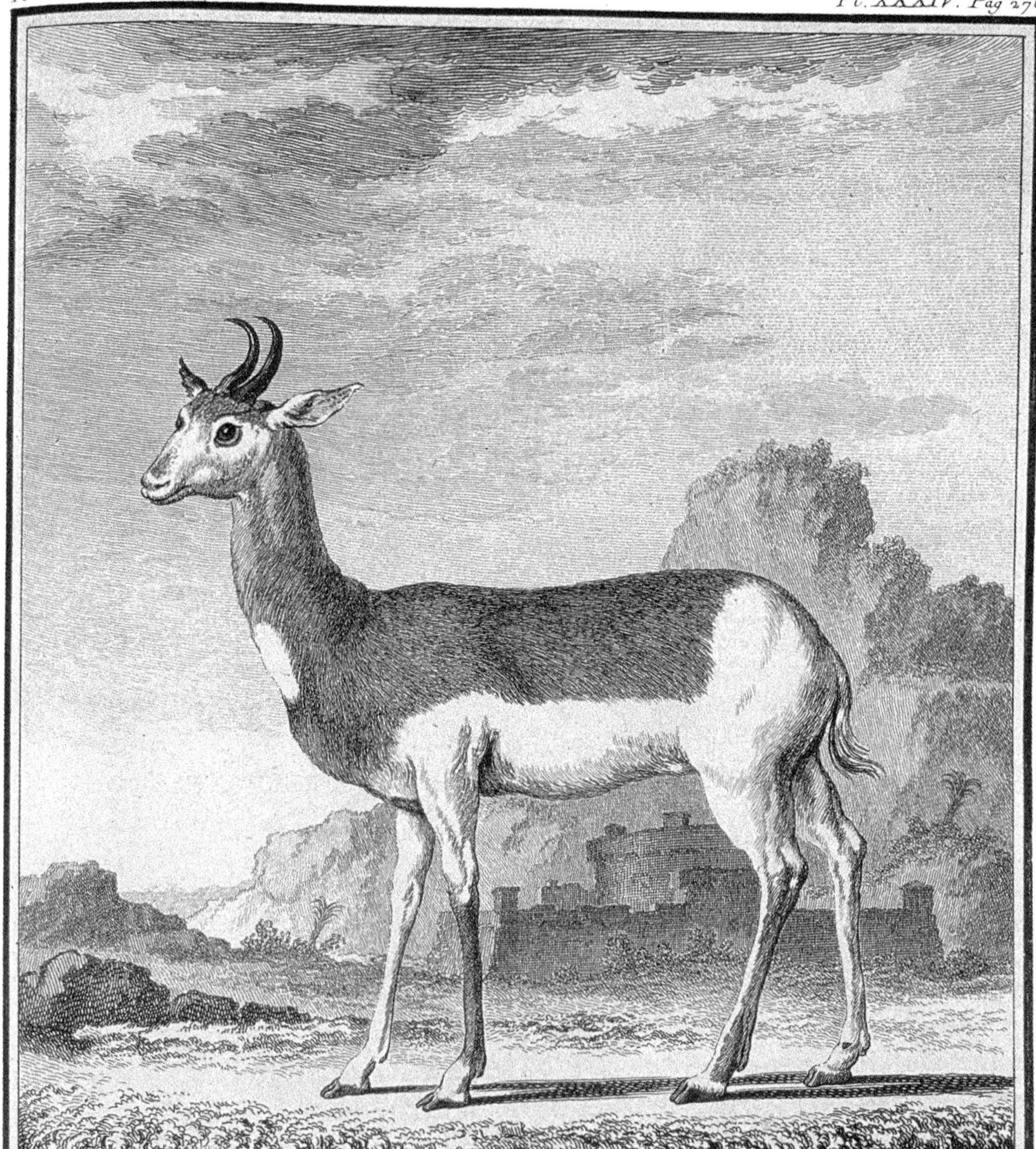

De Seve delin. C. Baquoy Sculp.

LE NANGUER.

Tom. XII. Pl. XXXV. Pag. 276.

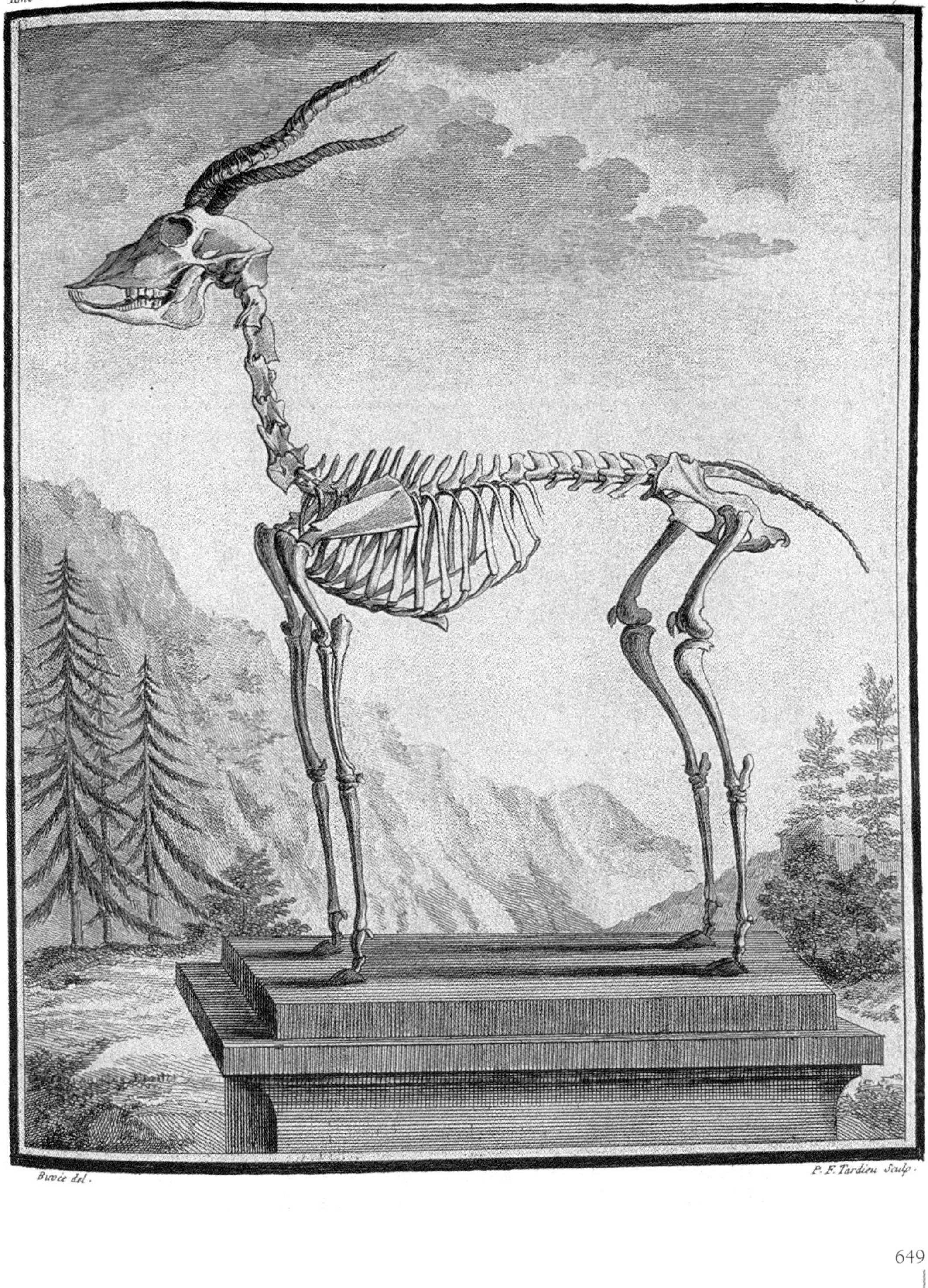

Buvée del. P. F. Tardieu Sculp.

Tom. XII.

Pl. XXXVI. pag. 276.

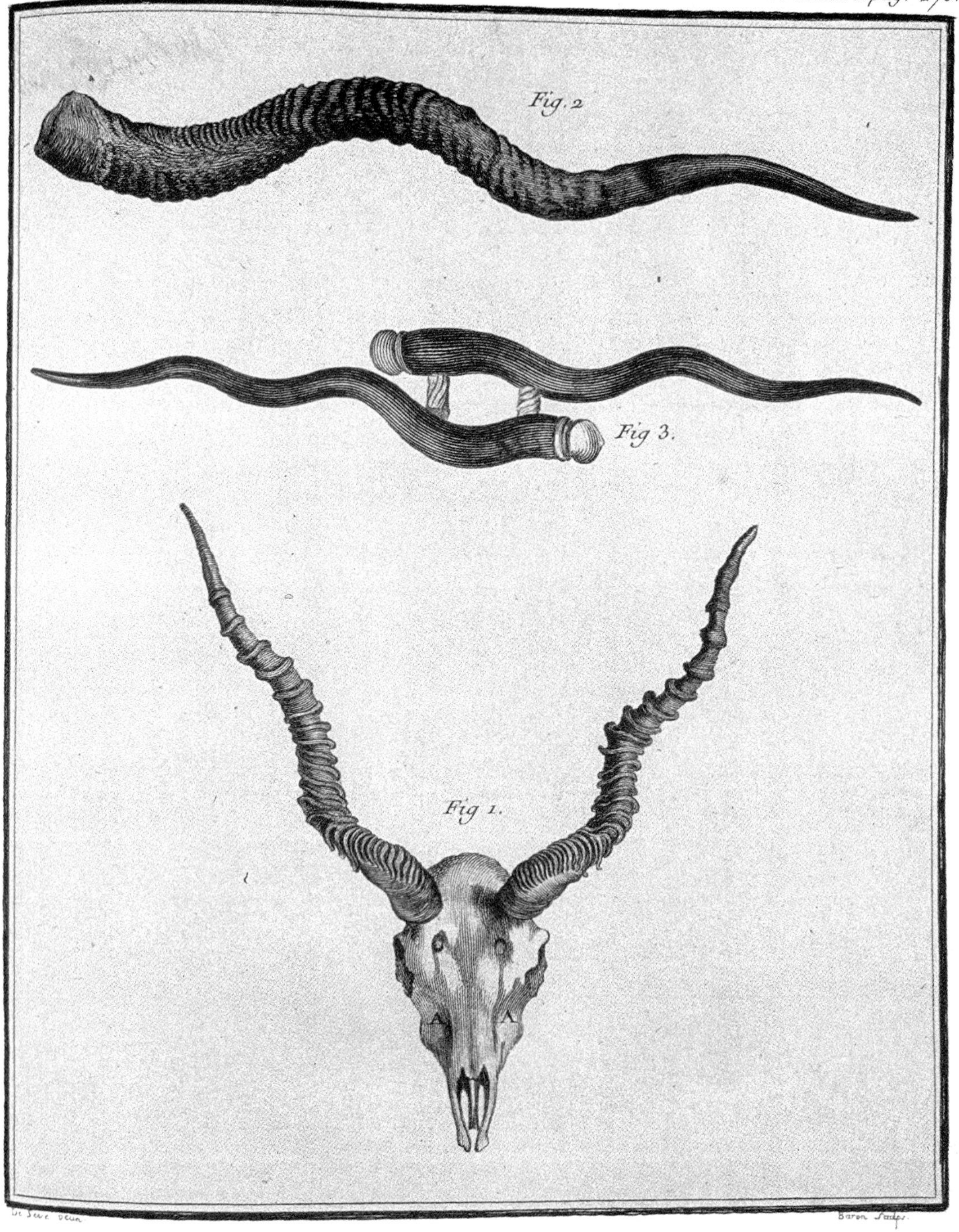


De Seve delin.

Baron Sculps.

Tom. XII. Pl. XXXVII. Pag. 340.

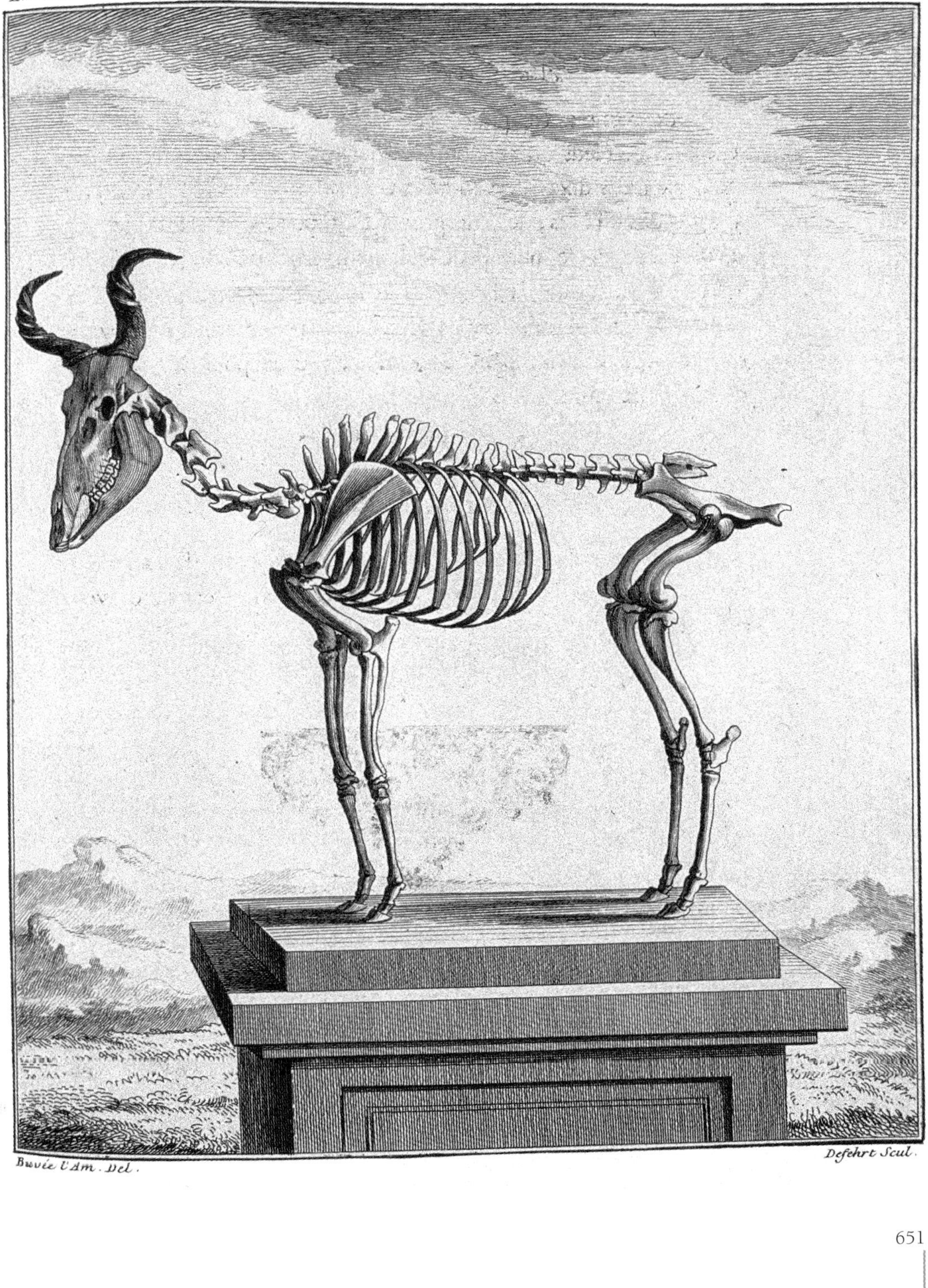

Buvée l'Am. Del. Defehrt Scul.

Tom. XII. Pl. XXXVIII. pag 340.

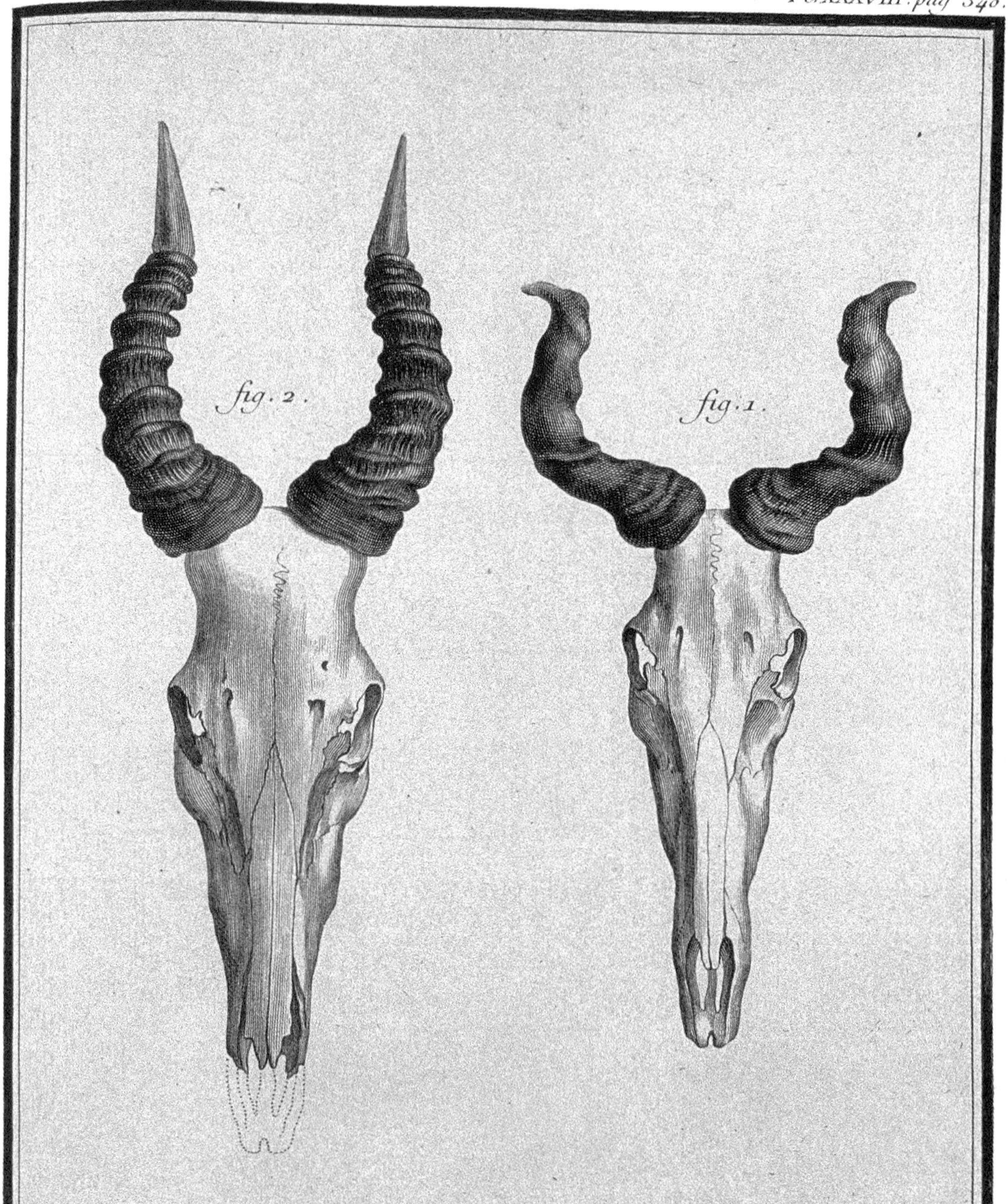


de Sève del. Jardinier Sculp.

Tom. XII. Pl. XXXIX Pag. 340.

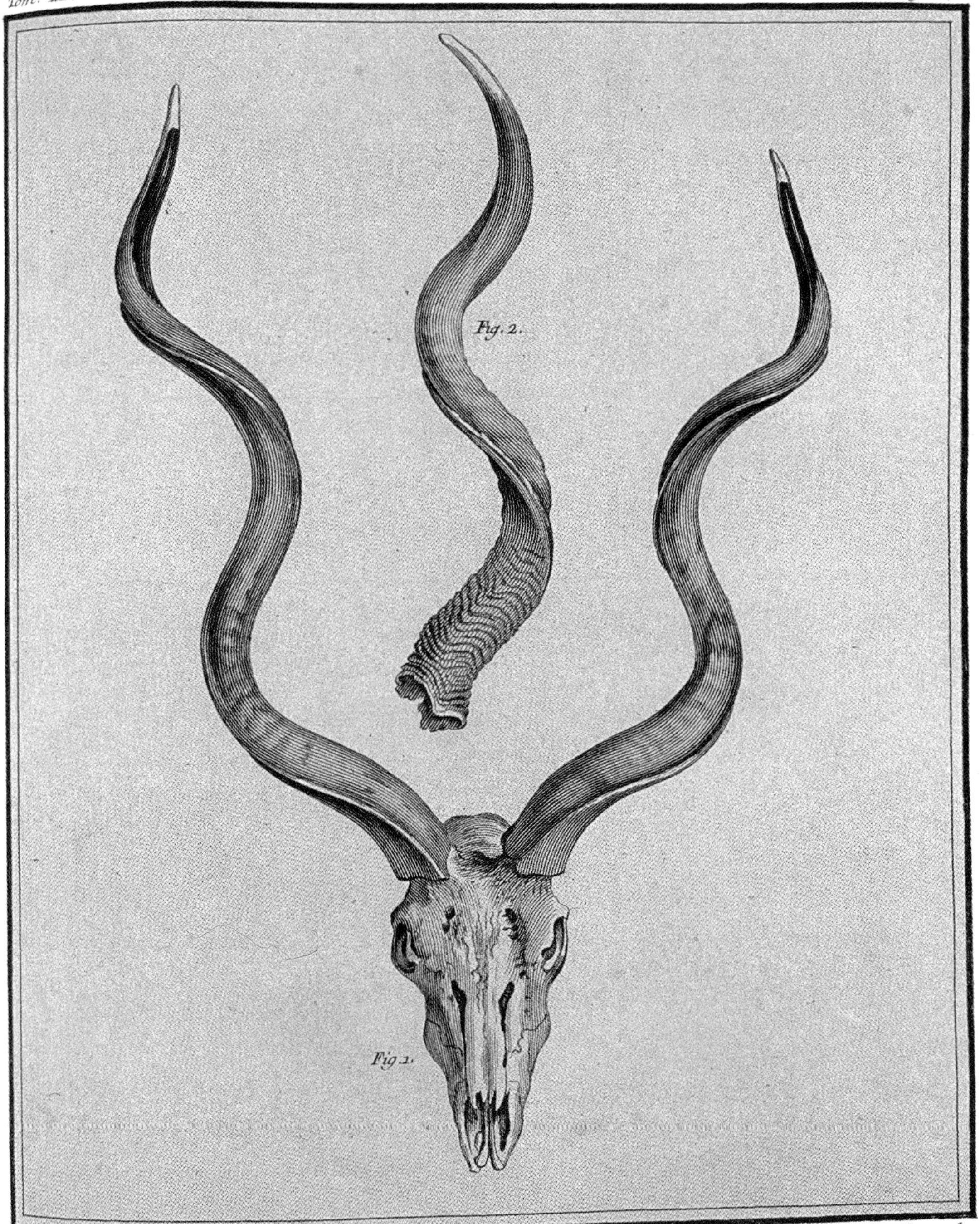


De Seve del. Chevillet Sculp.

Tom. XII. Pl. XL. Pag. 340.

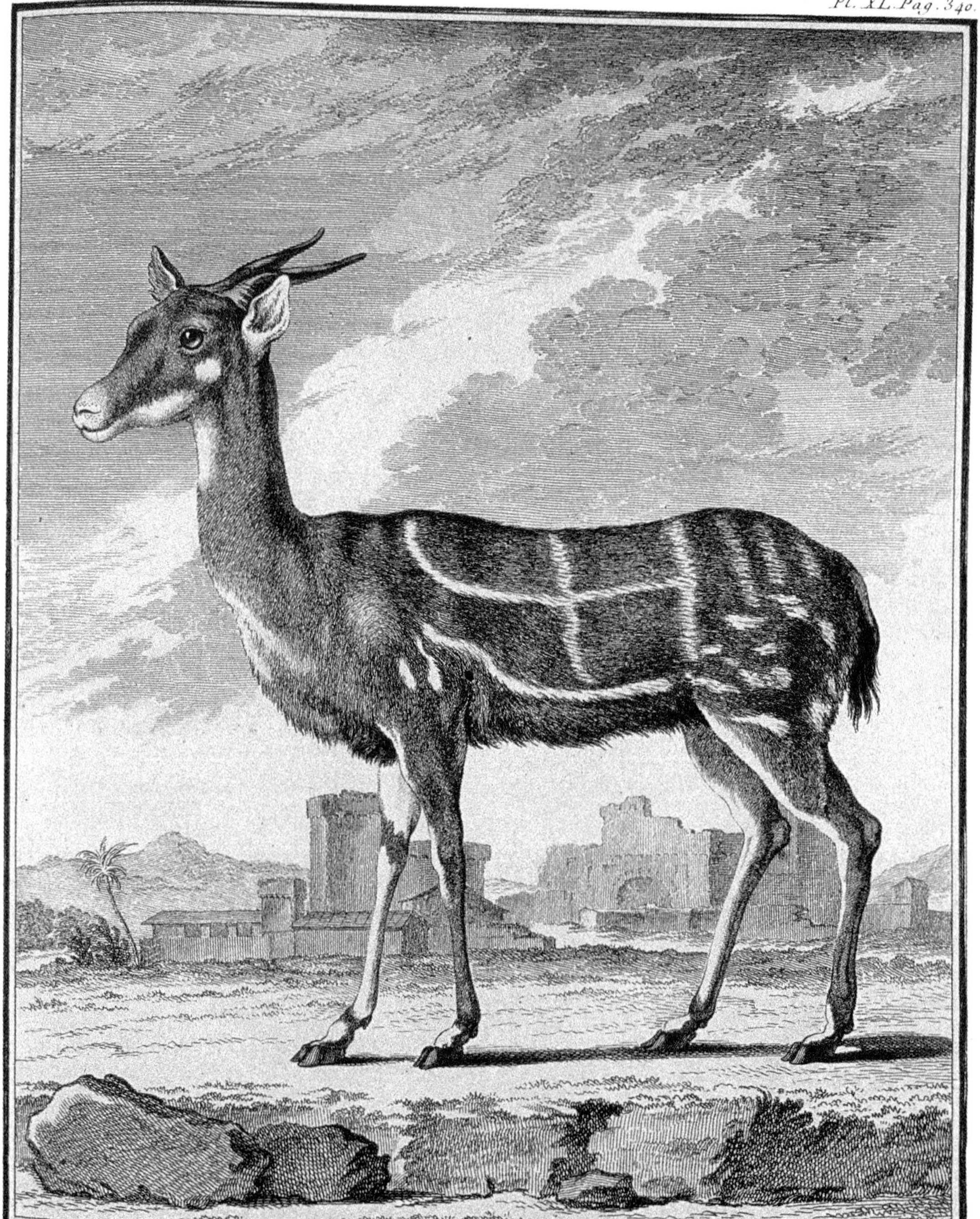

De Seve del. L. Le Grand Sculp.

LE GUIB.

Tom. XII. Pl. XLI Pag. 340.

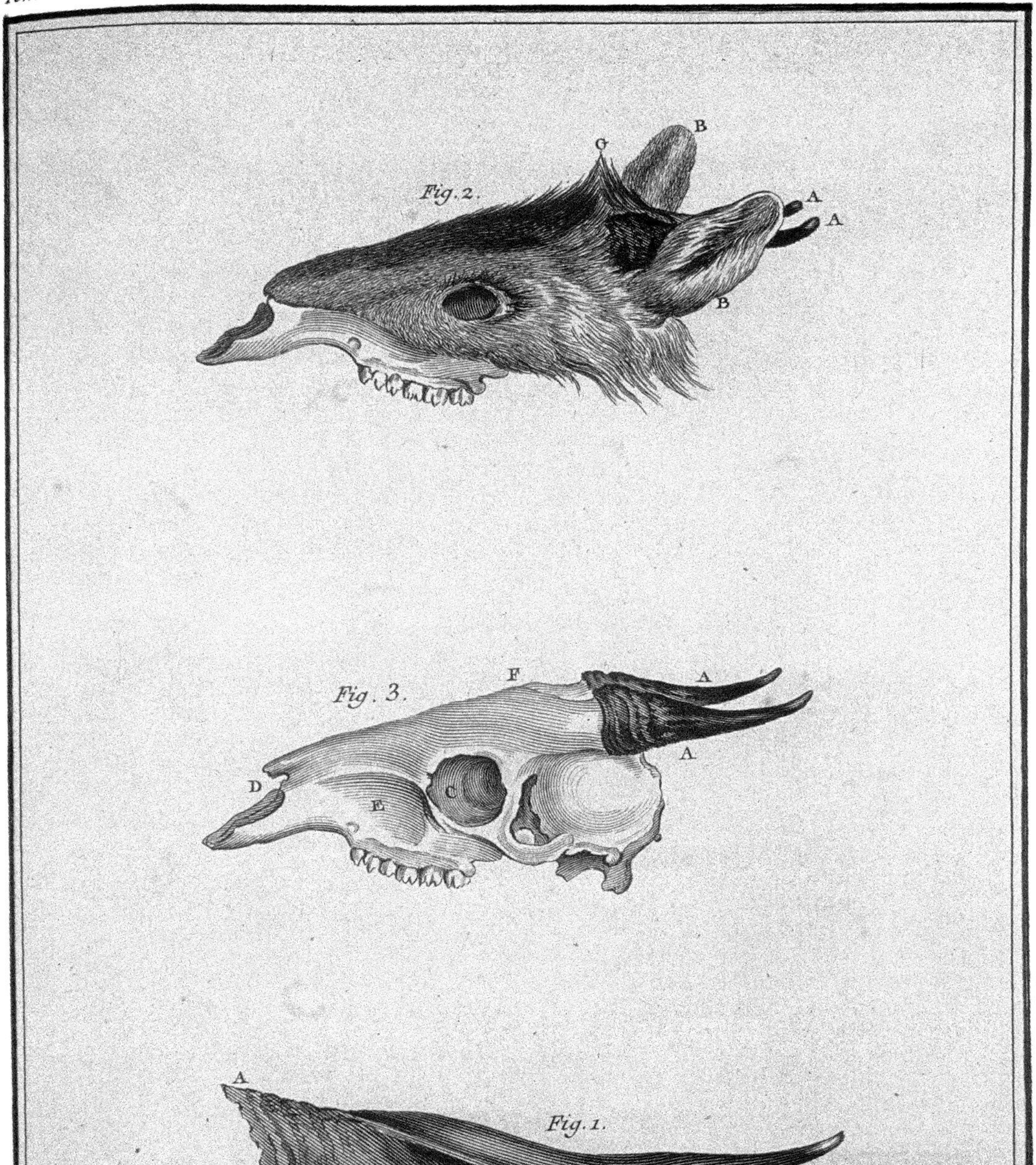


De Sève del. Chevillet Sculp.

Tom XII.

Pl. XLII pag. 346

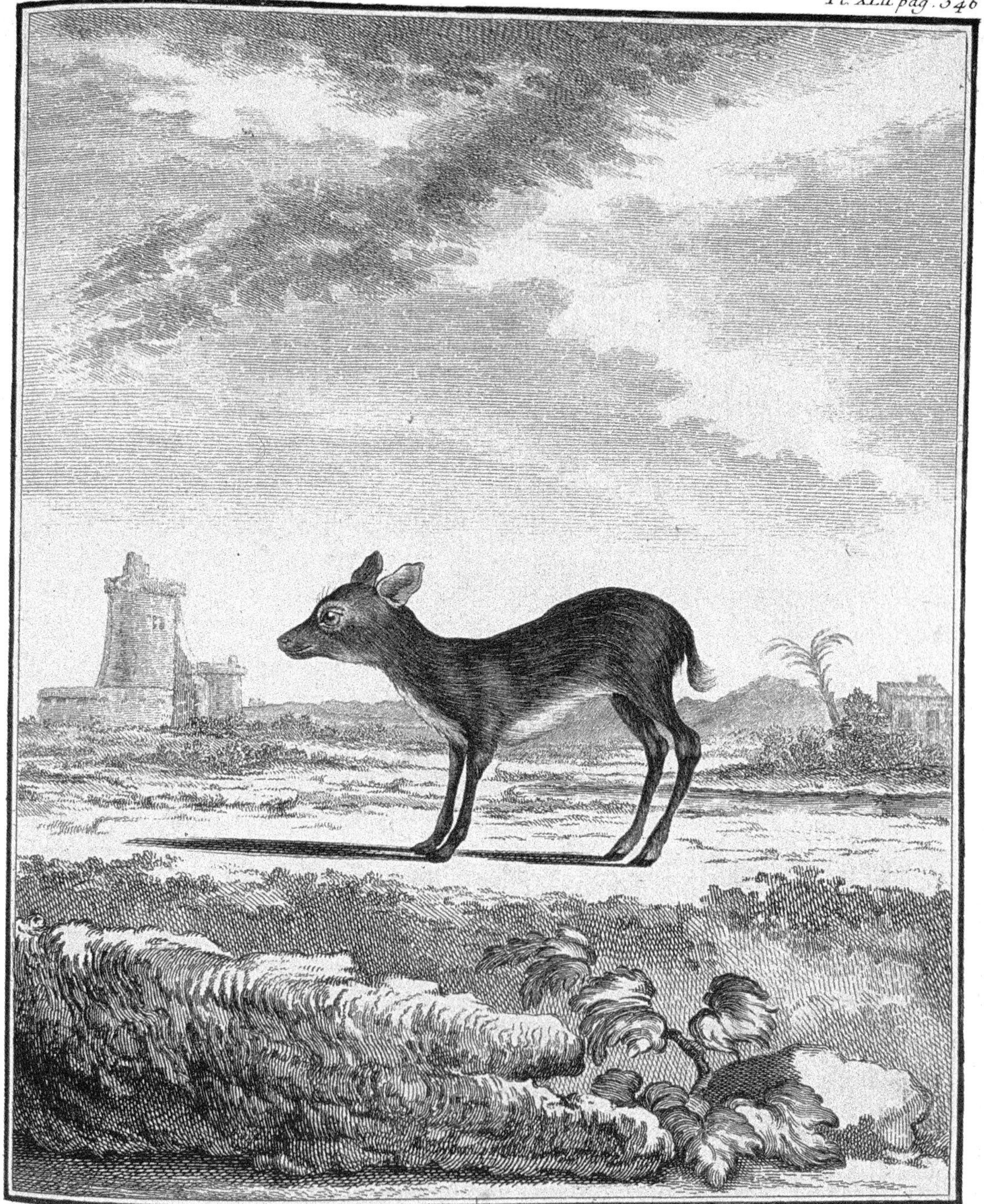

De Seve del.

Baron Sculp.

LE CHEVROTAIN

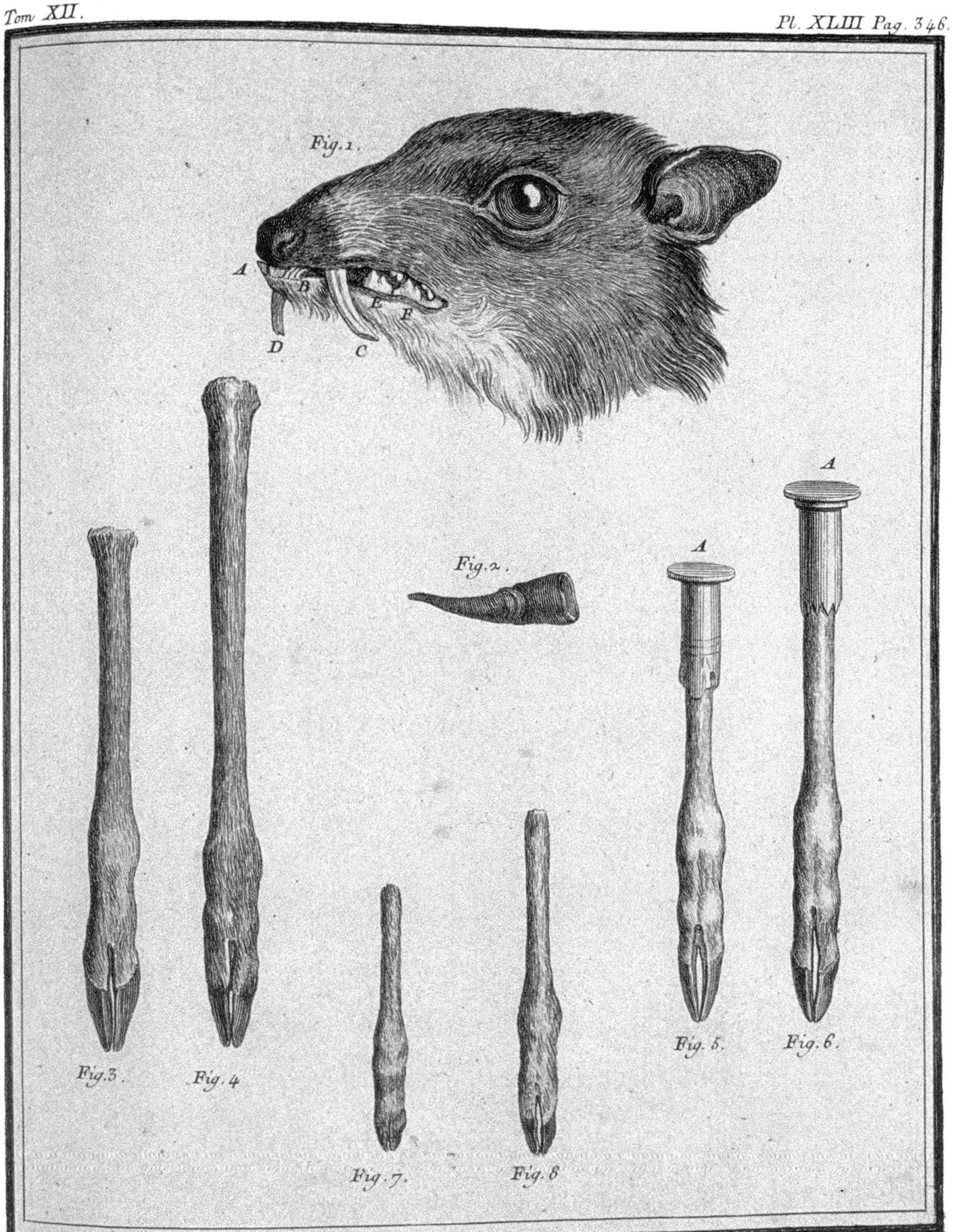
Tom. XII.
Pl. XLIII Pag. 346.
Fig. 1.
A
B
C
D
E
F
Fig. 2.
A
A
Fig. 3.
Fig. 4.
Fig. 5.
Fig. 6.
Fig. 7.
Fig. 8
De Seve delin.

Tom. XII.

Pl. XLIV. Pag. 356.

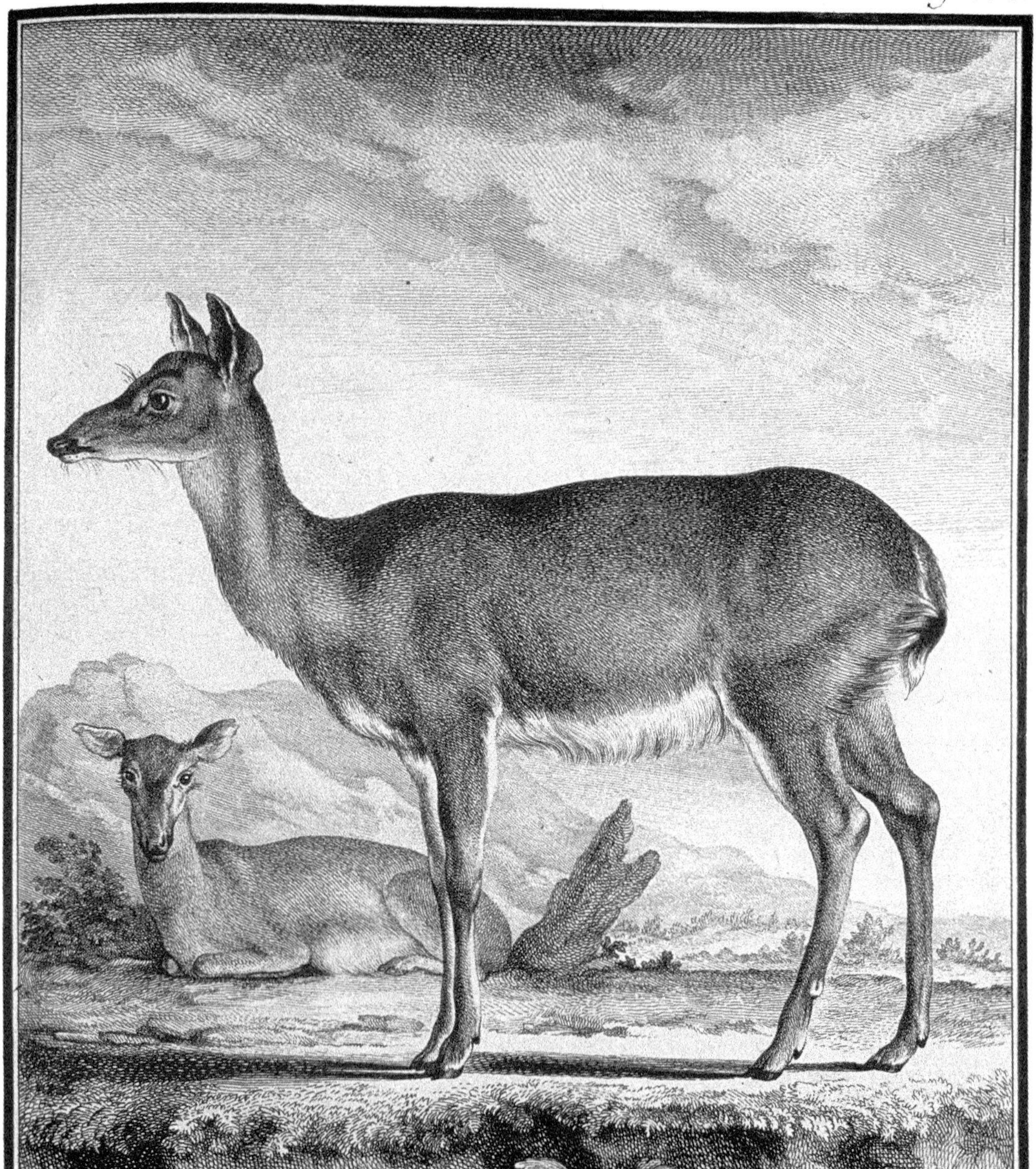

De Seve delin.

Jardinier Sculp.

LE CARIACOU.

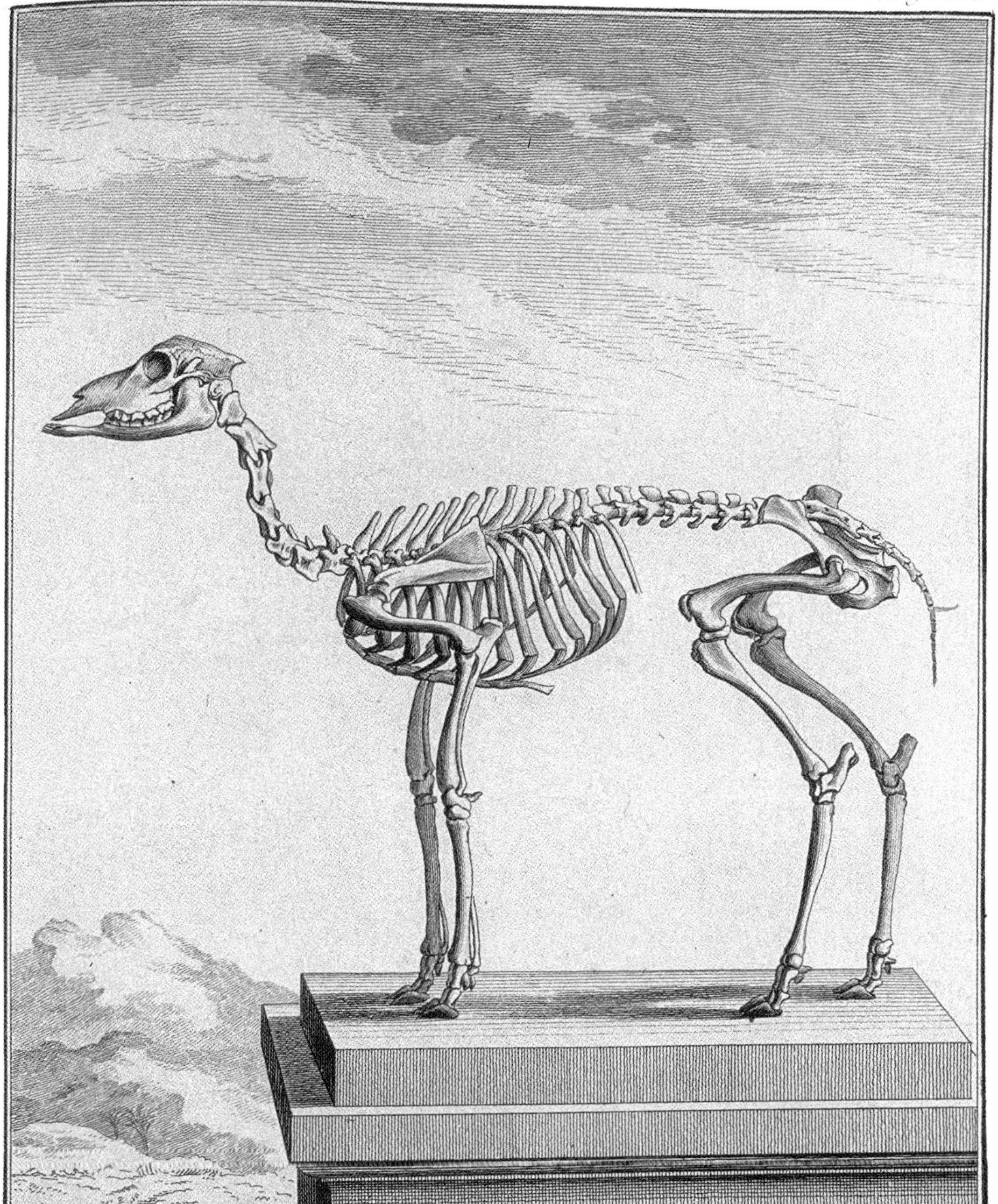

Buvée l'Am . Del . Desehrt Scul .

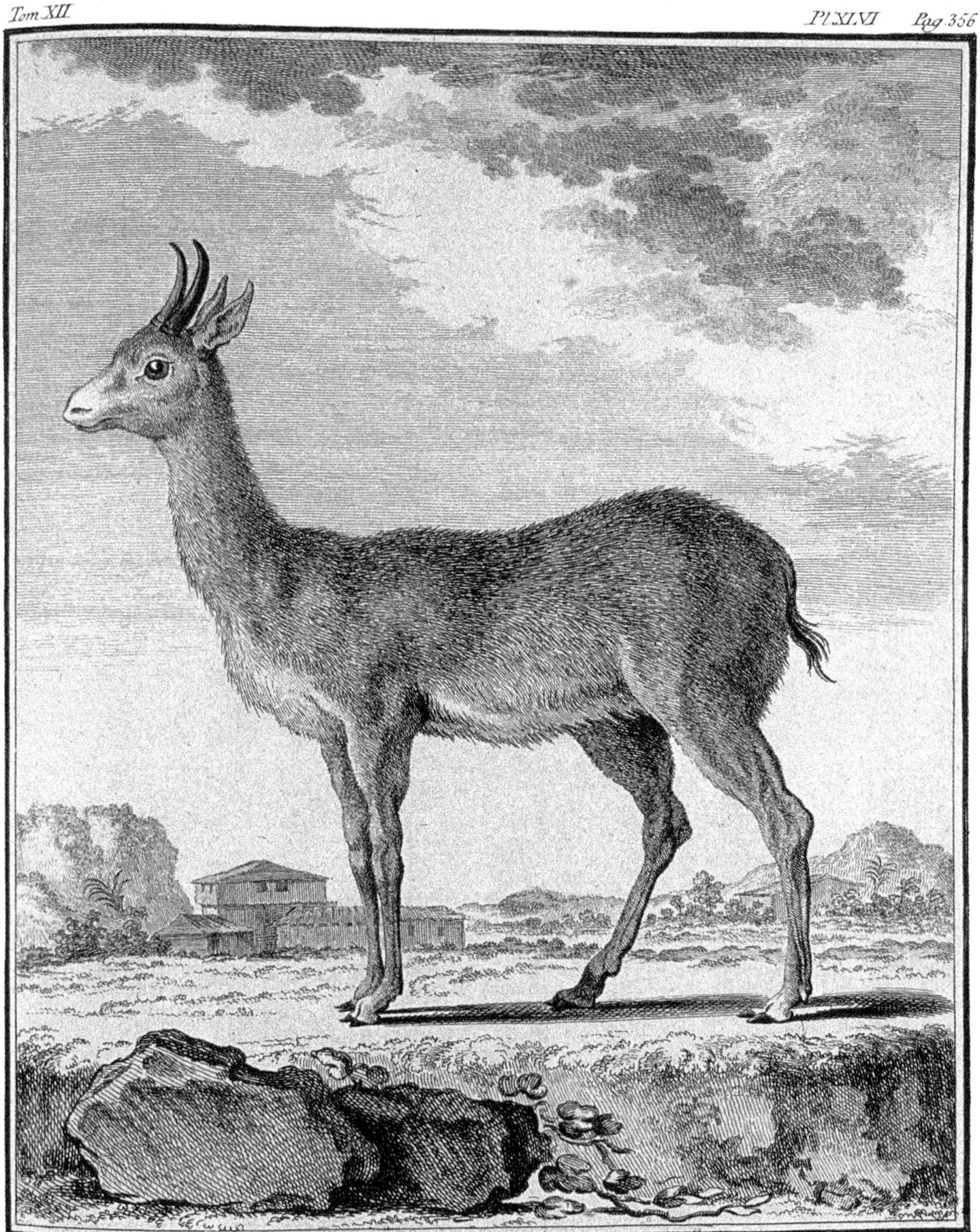


LE NAGOR

Tom XII

Pl. XLVI. Bis. Pag. 378

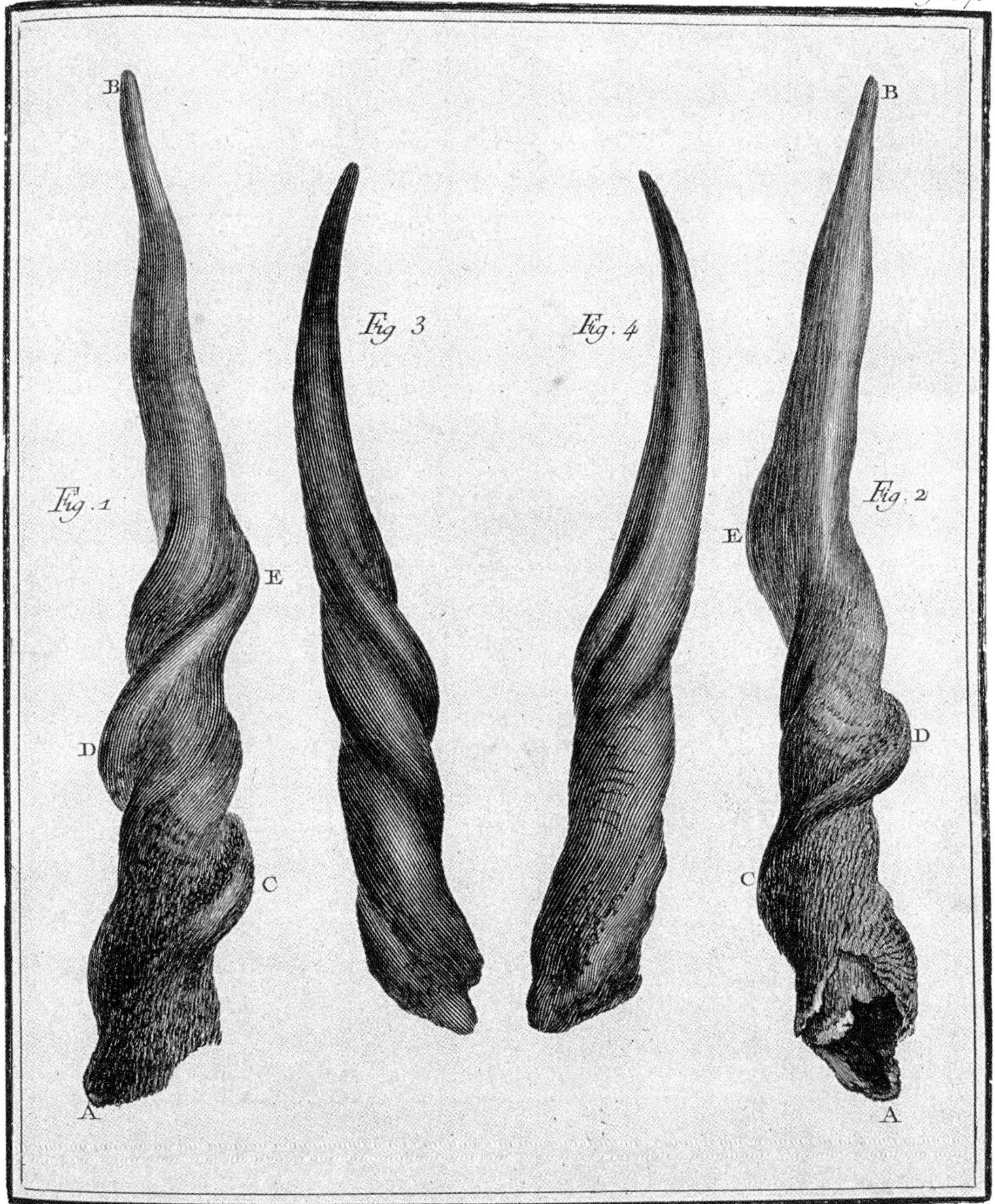


Baron

De Seve Del

Tom. XII. Pl. XLVII. Pag. 378.

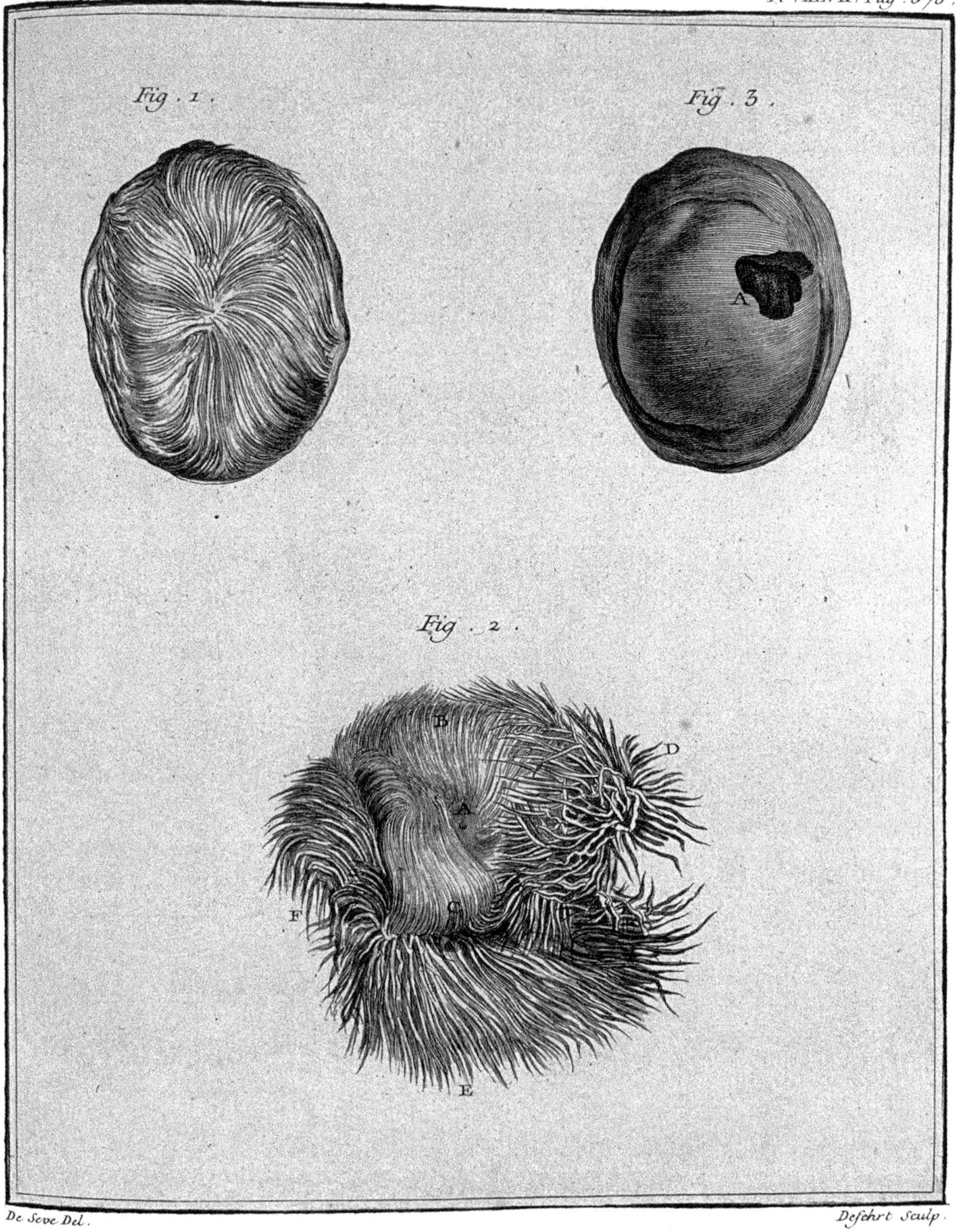


De Seve Del. Desehrt Sculp.

Tom. XII. Pl. XLVIII. Pag. 434.

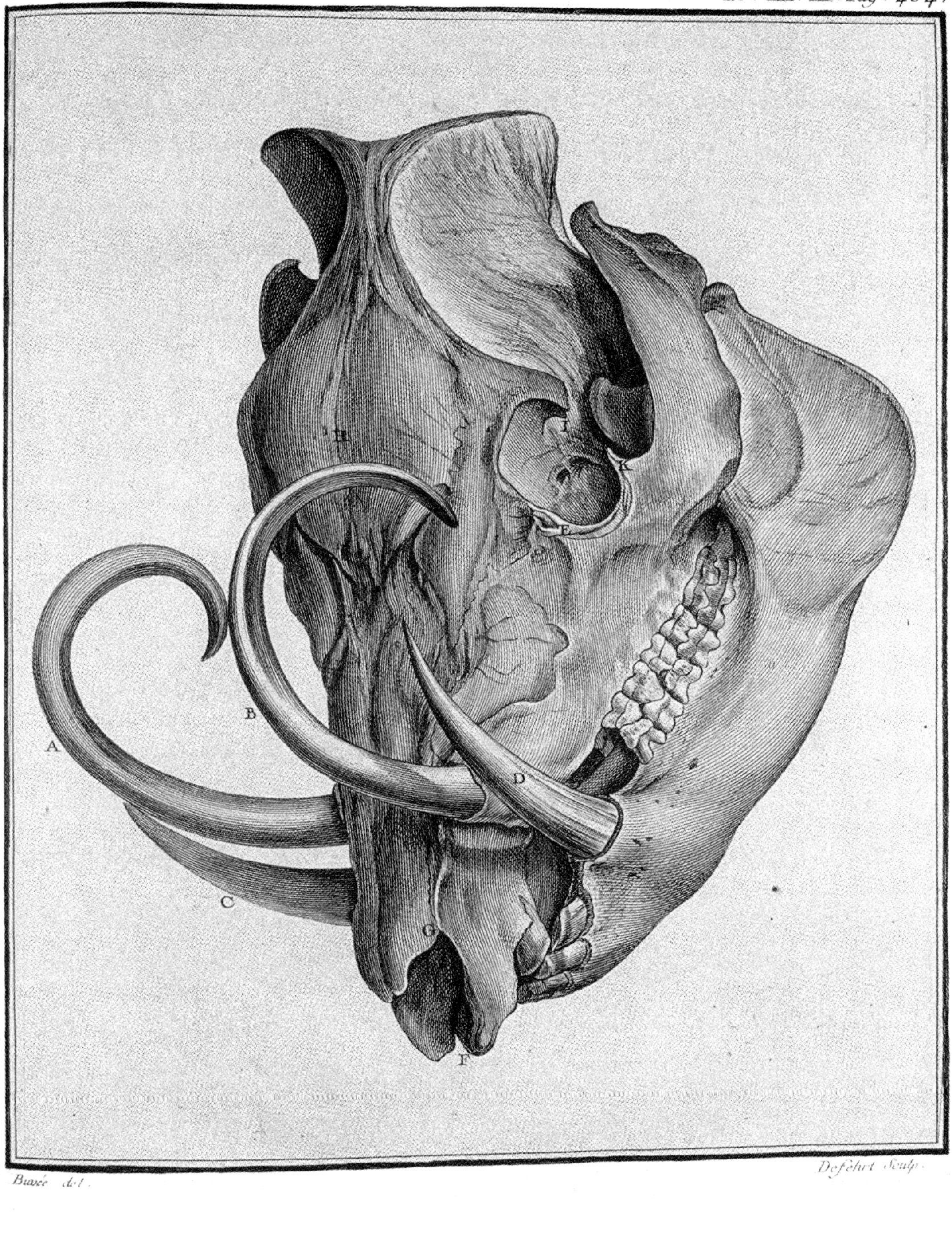


Buvée del. Desèhrt Sculp.

Tom. XII. Pl. XLIX. pag. 434.

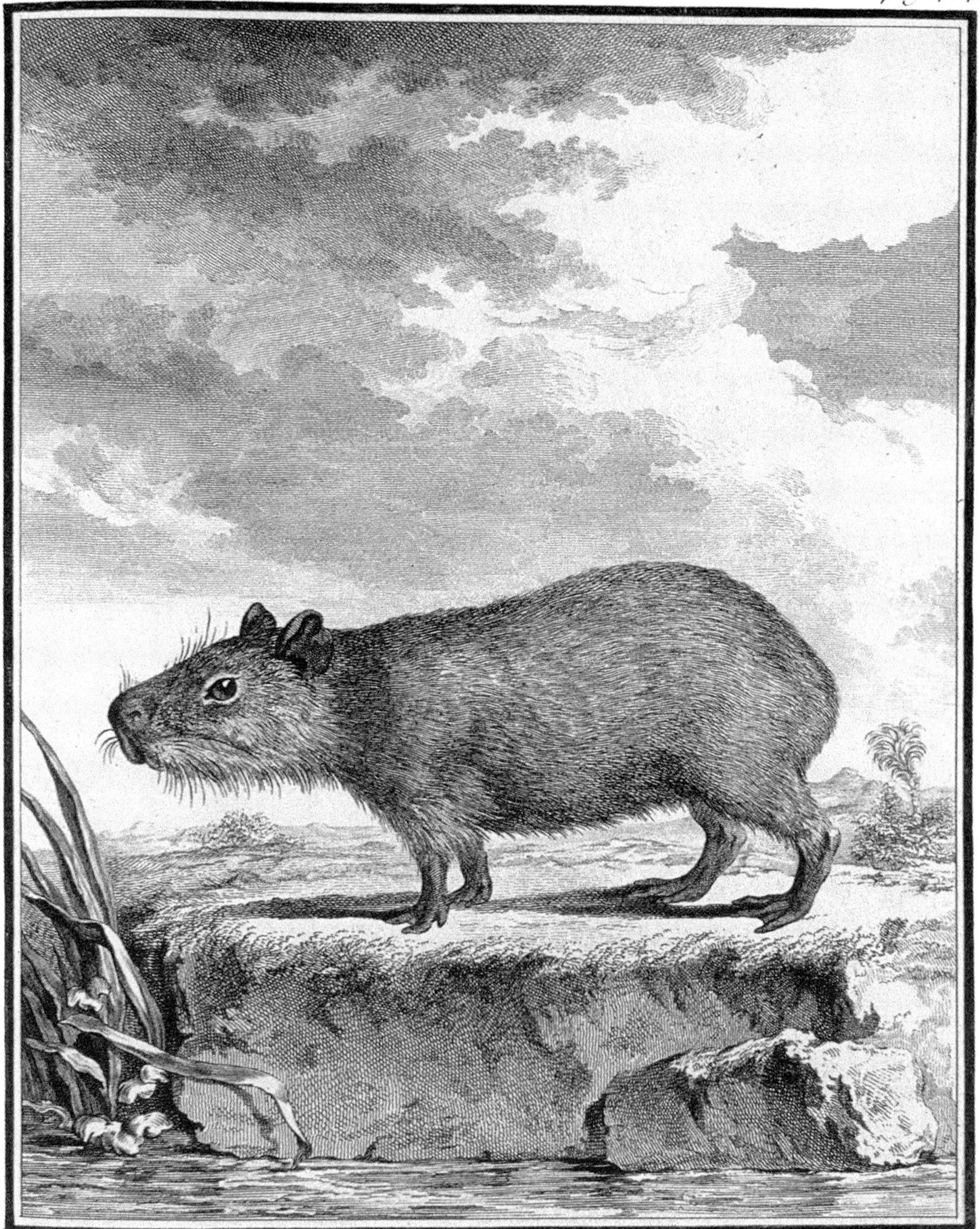

Desève delin. Jardinier Sculp.

LE CABIAI.

Tom. XII.

Pl. L. Pag. 434.

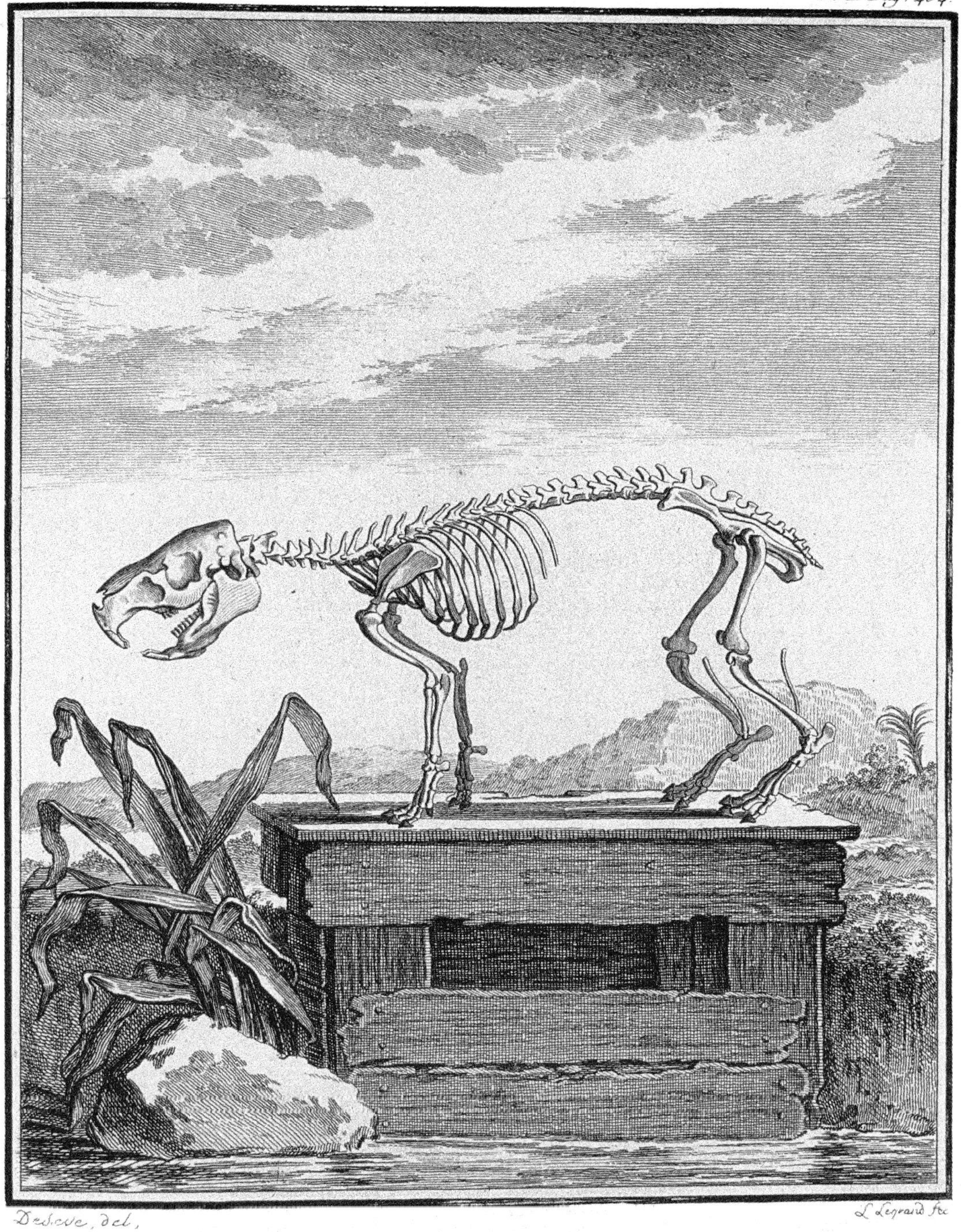

Desève, del,

L. Legrand Sc.

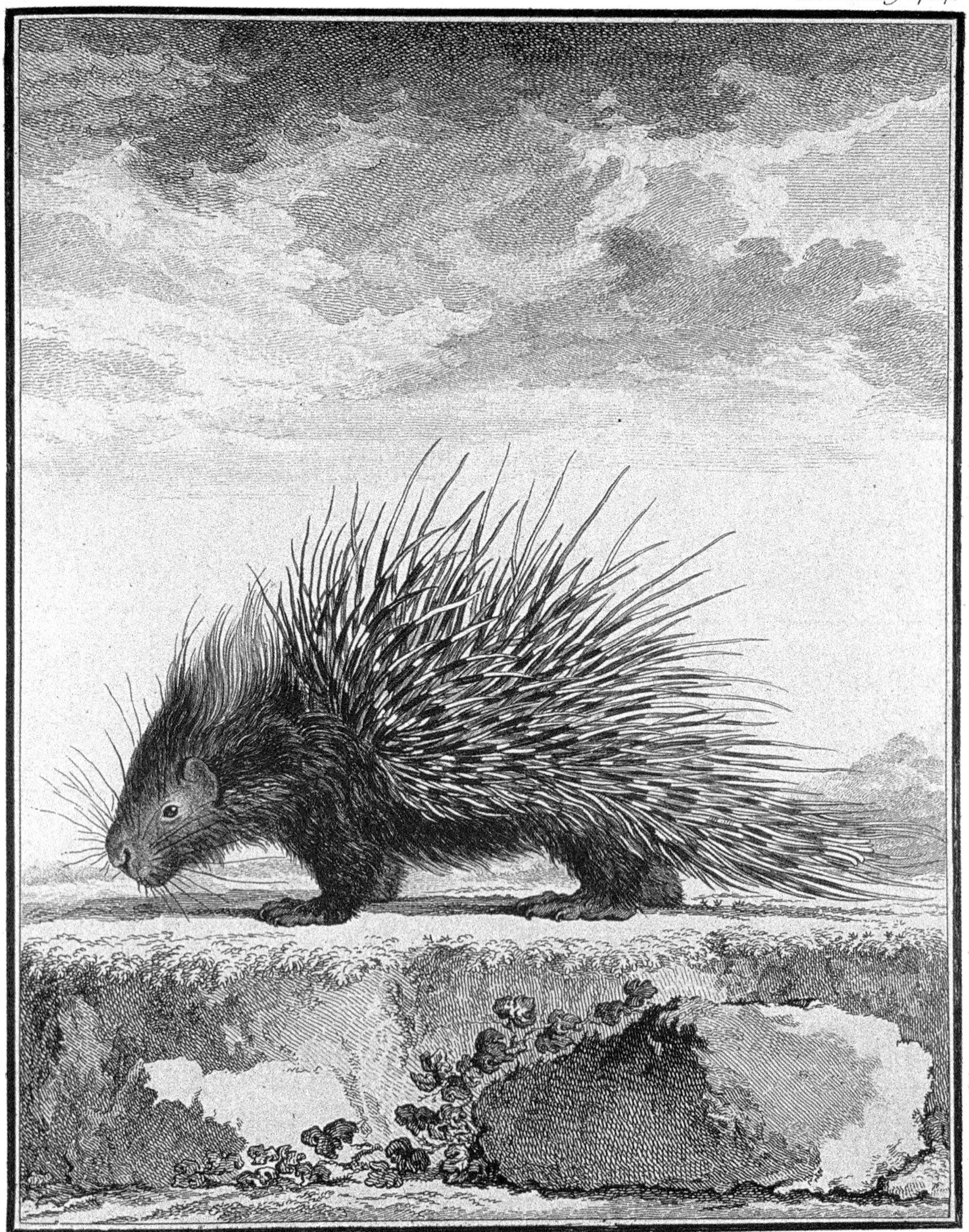


LE PORC - EPIC.

Tom. XII. Pl. LII. Pag. 434.

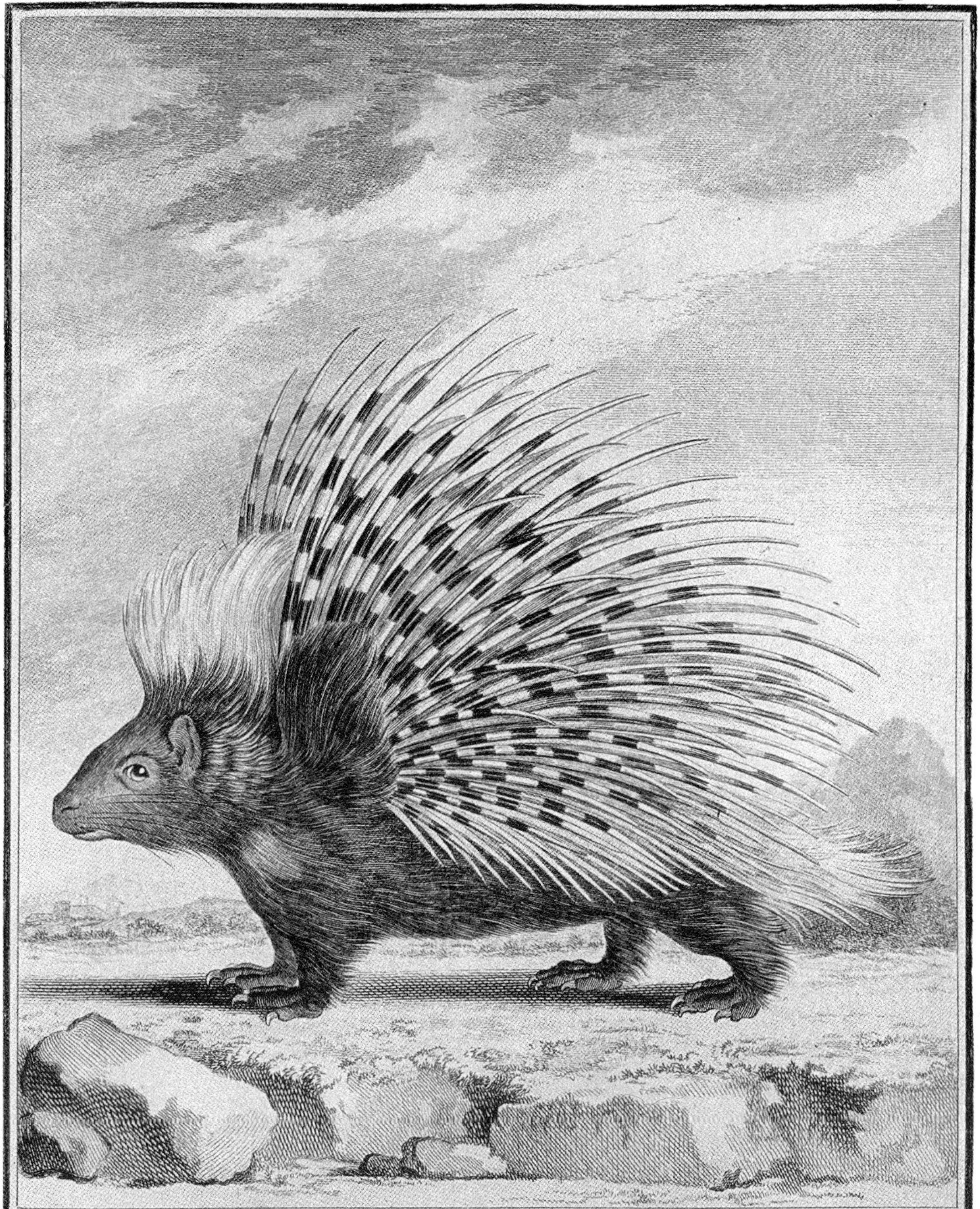


AUTRE PORC-EPIC

Tom. XII Pl. LIII. Pag. 434

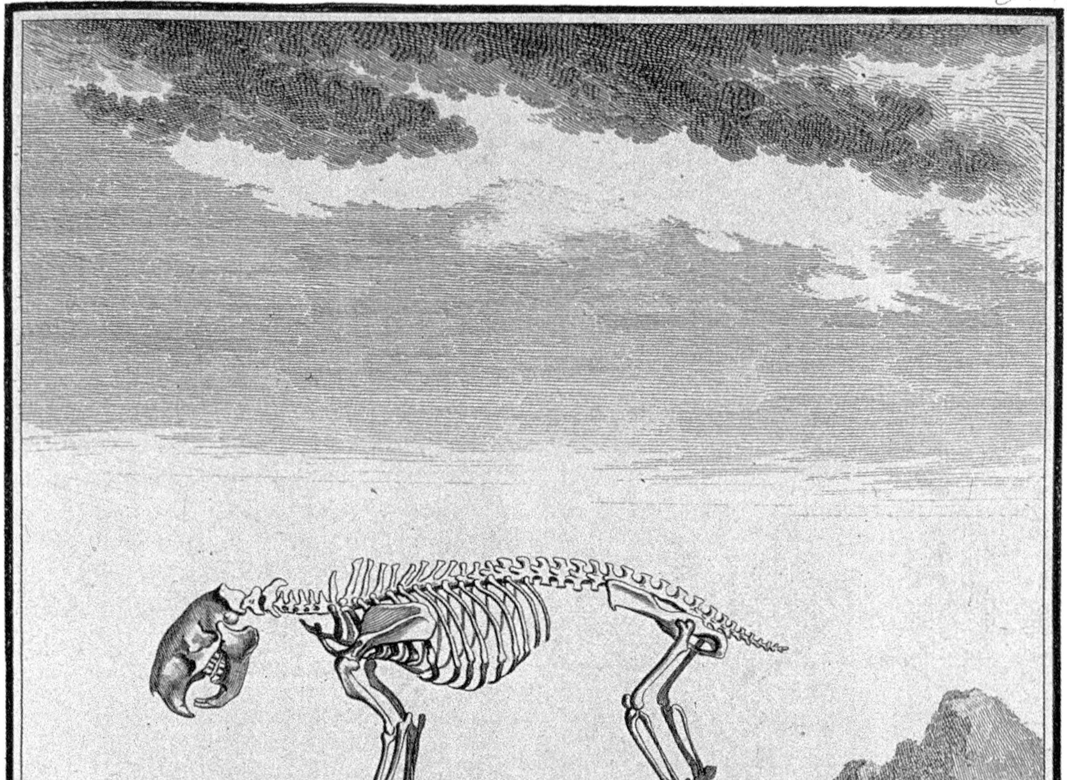

De Seve del. L. Legrand Sculp.

Tom. XII. Pl. LIV. Pag. 434.

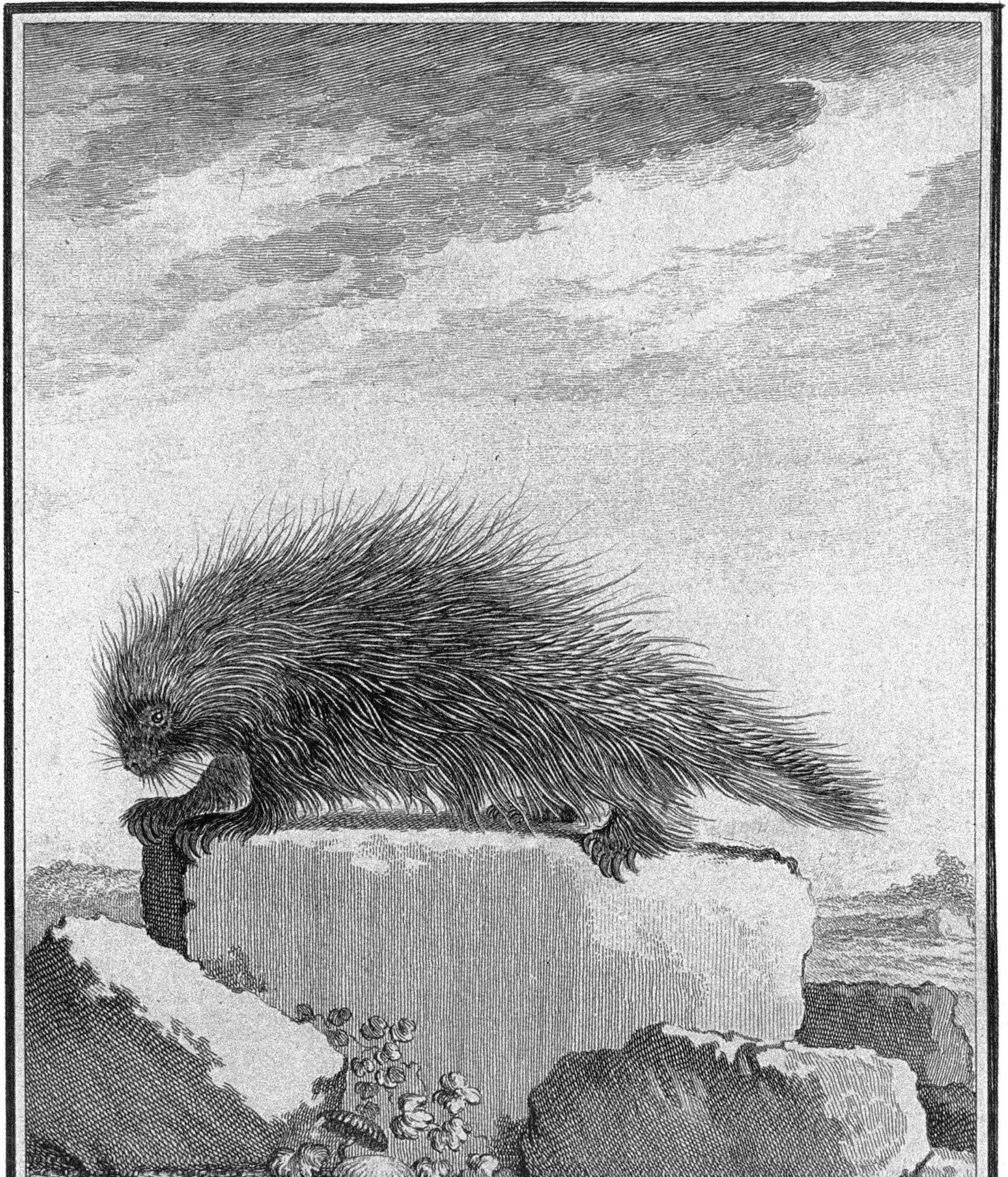

De Seve delin. C. Baquoy Sculp.

LE COENDOU.

Tom . XII .

Pl . LV . Pag . 434 .

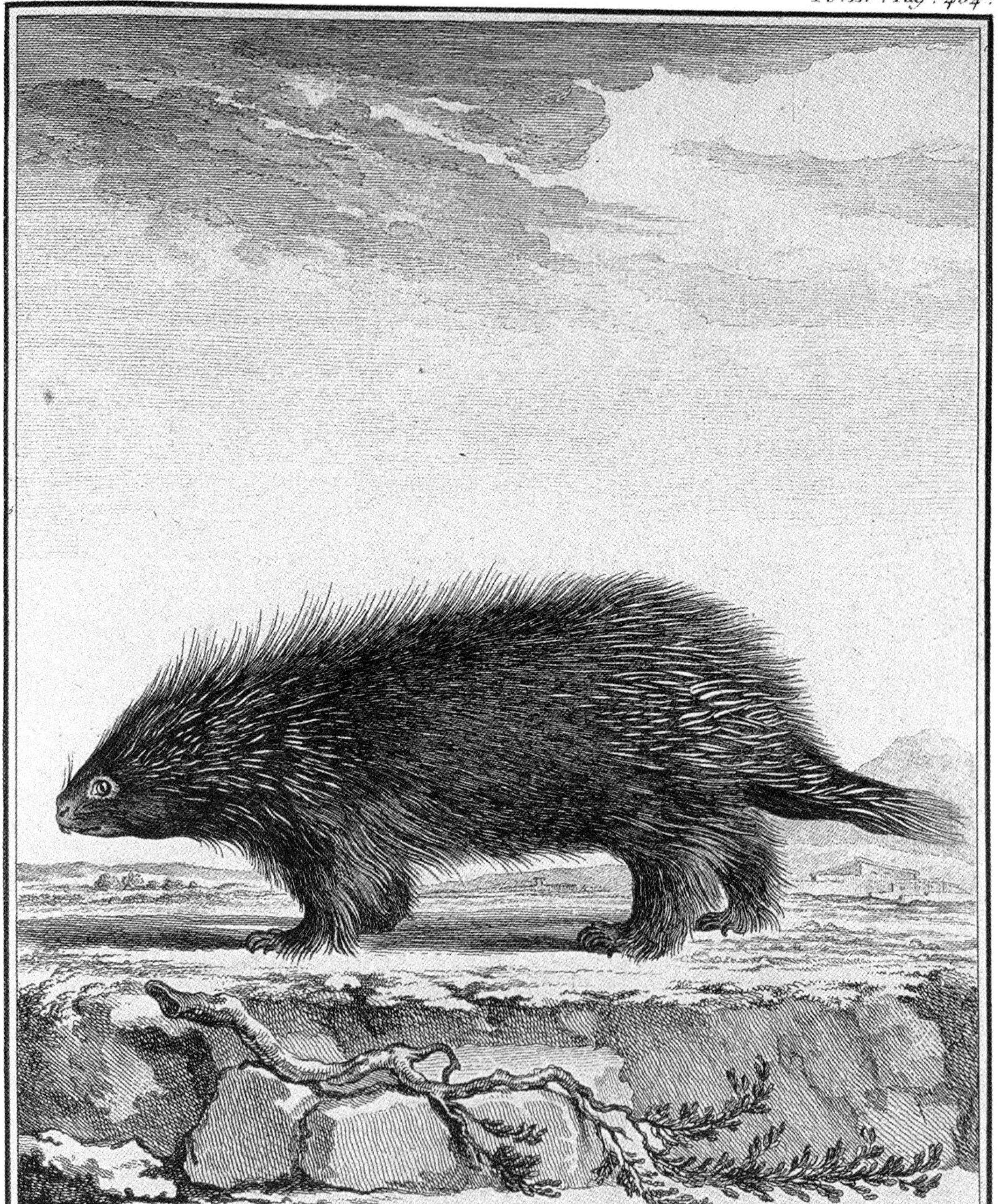

De Seve Del.

Desehrt Sculp.

L'URSON

*Tom. XII.* *Pl. LVI. Pag. 440.*

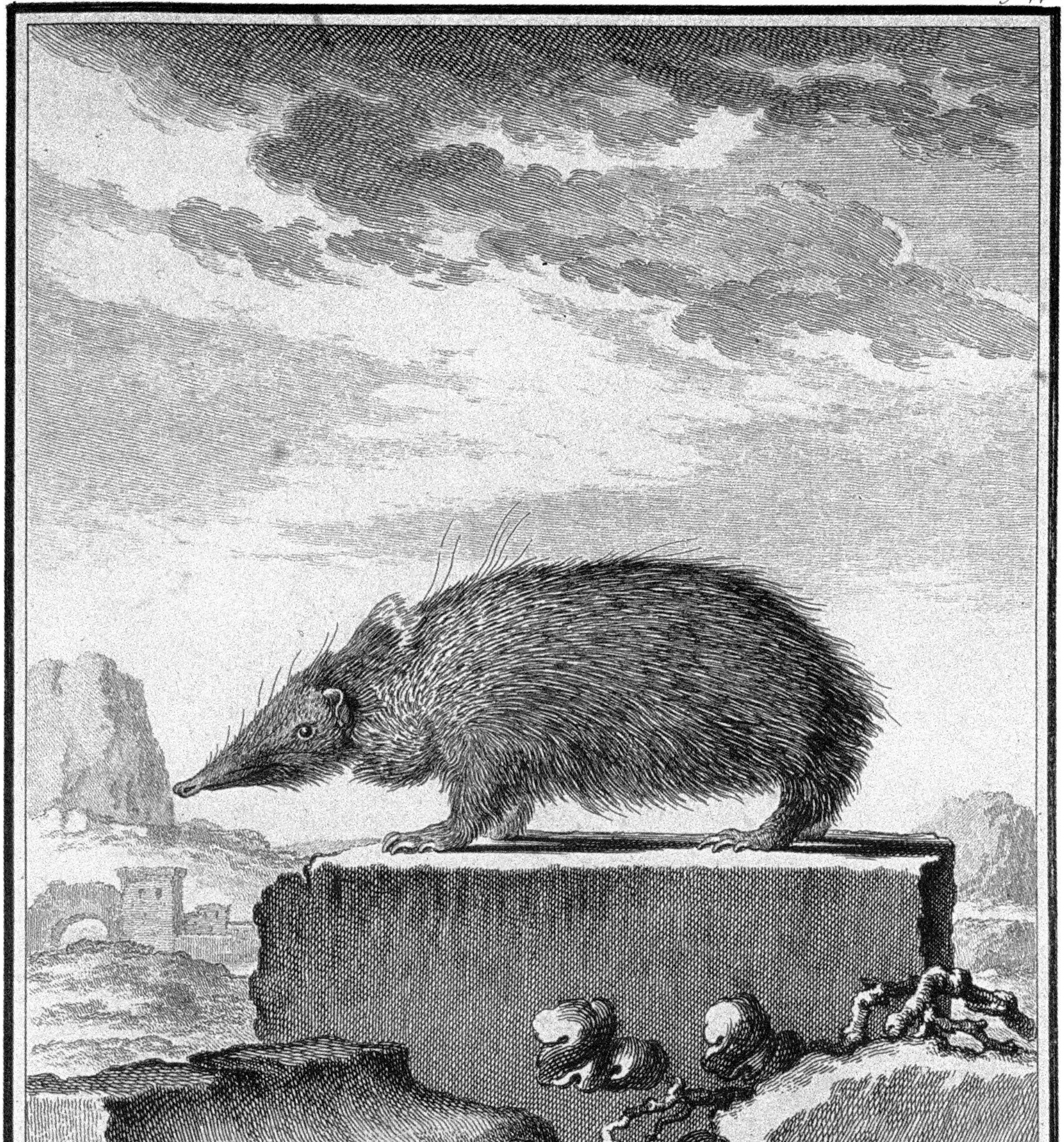

*De Seve delin.* *C. Baquoy Sculp.*

LE TANREC.

Tom. XII. Pl. LVII. Pag. 440

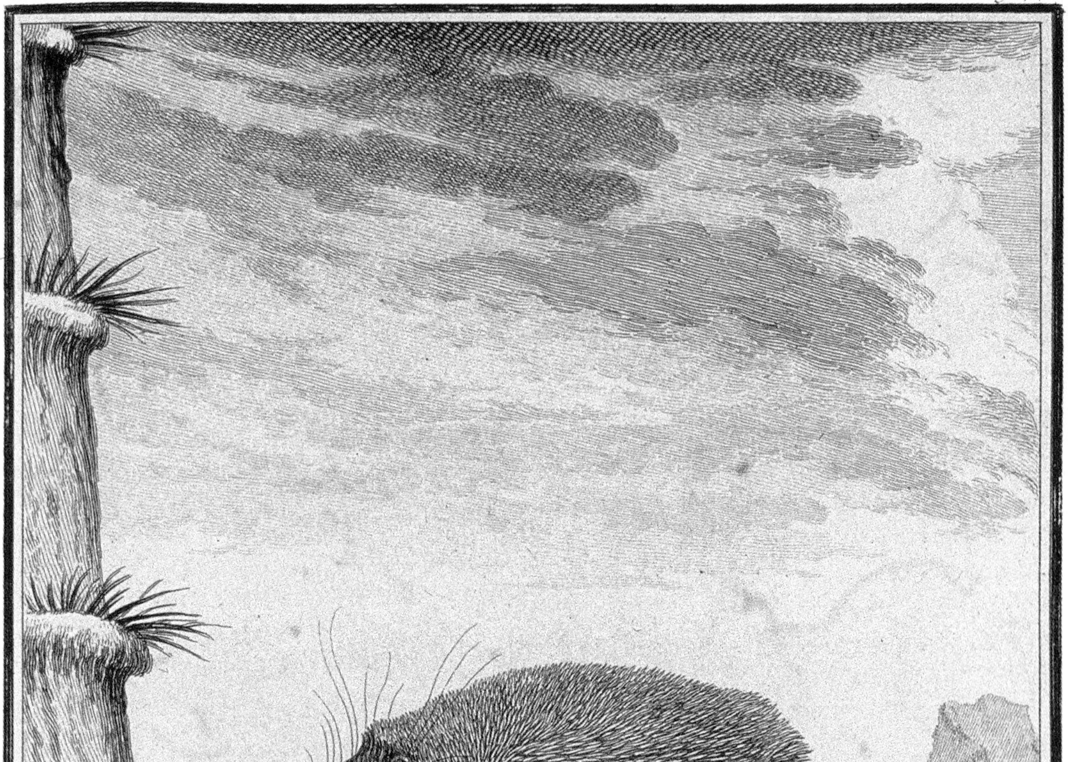

De Seve delin. C. Baquoy Sculp.

LE TENDRAC.

# HISTOIRE NATURELLE,

## GÉNÉRALE ET PARTICULIÉRE,

*AVEC LA DESCRIPTION*

## DU CABINET DU ROI.

*Tome Treizième.*

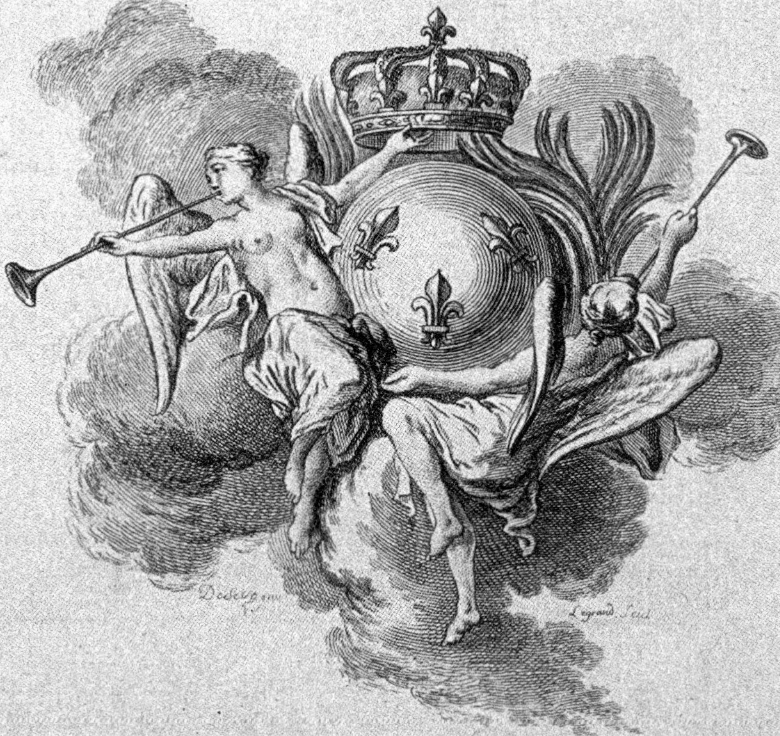

A PARIS,

DE L'IMPRIMERIE ROYALE.

M. DCCLXV.

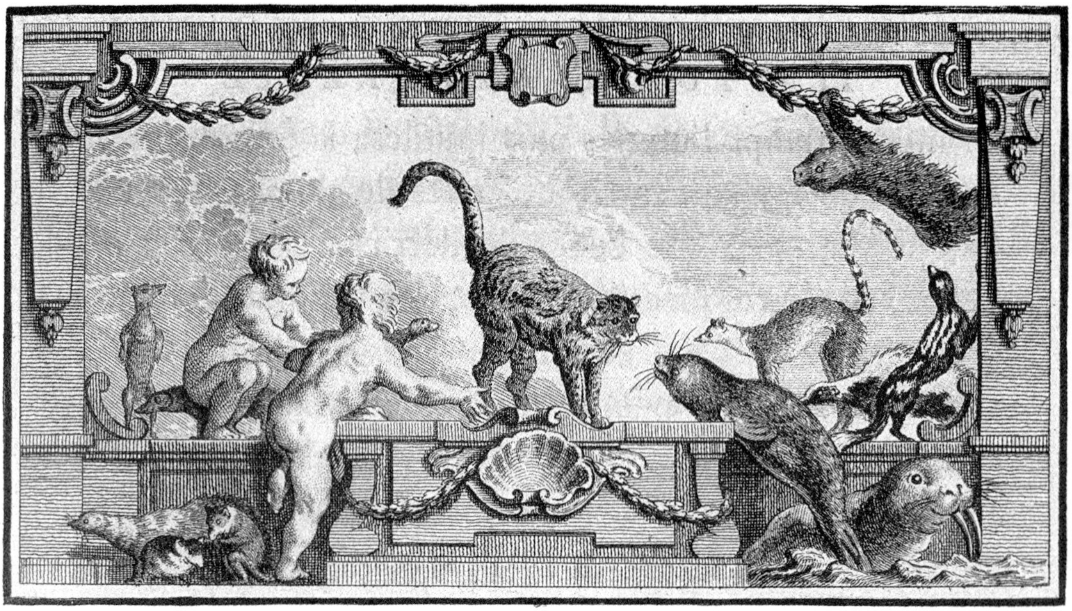

De Seve del. L. le Grand Sculp.

Tom. XIII. Pl. I. Pag. 58.

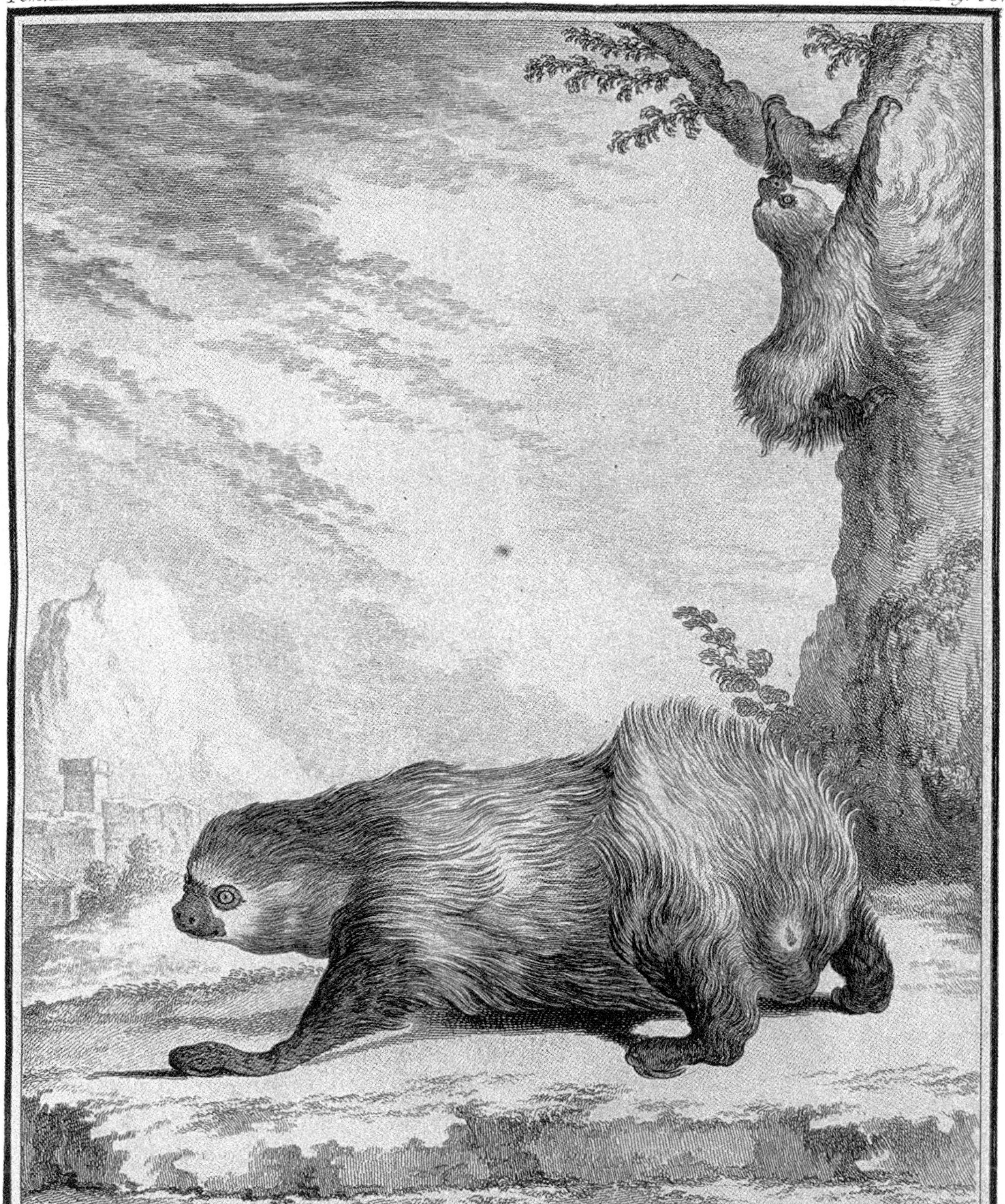

De Seve delin. C. Baquoy sculp

L'UNAU.

Tom. XIII.

Pl. II Pag. 58.

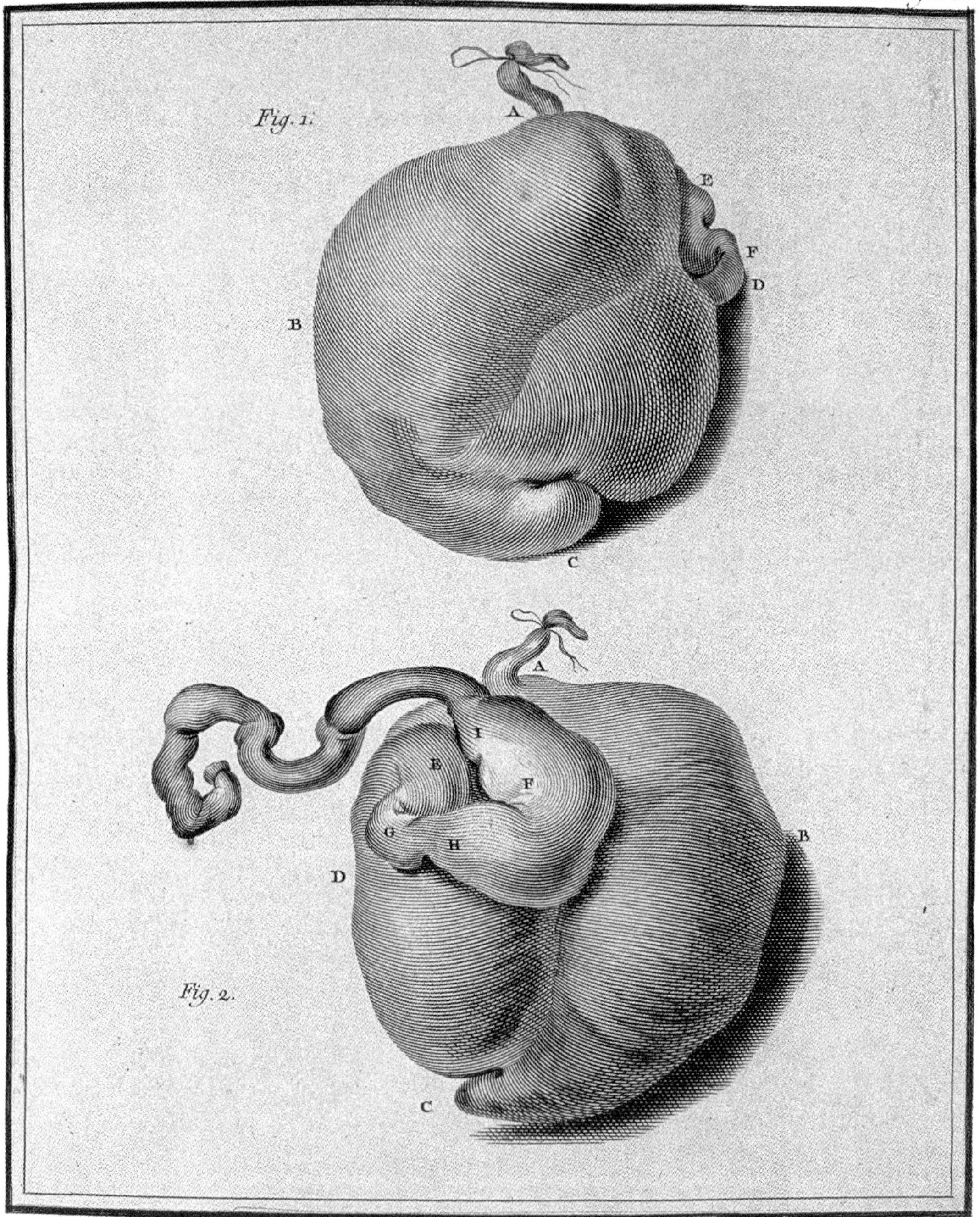


De Seve del.

Chevillet Sculp.

Tom. XIII    Pl. III Pag. 58.

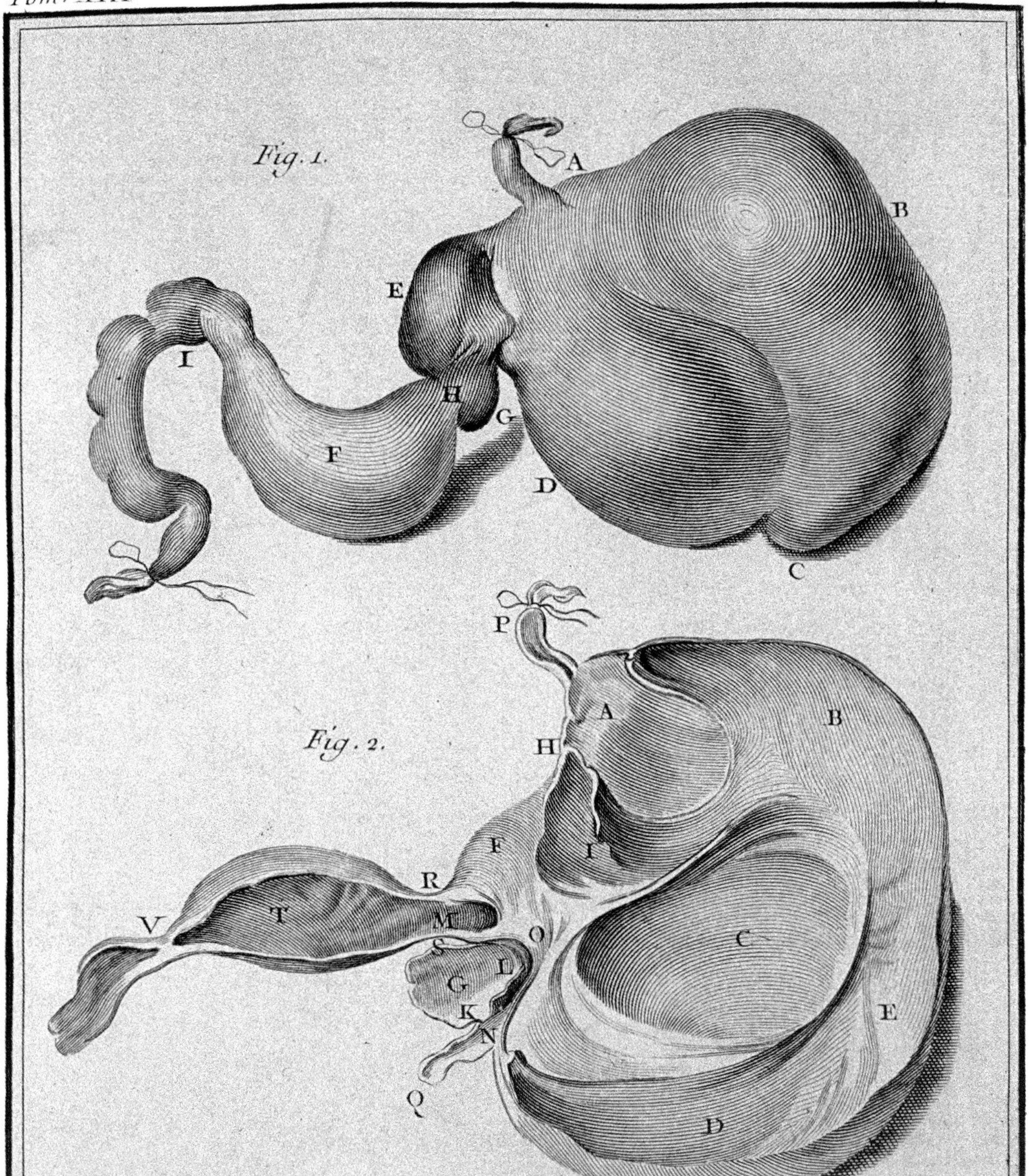


De Seve del.    Cheviflet Sculp.

Tom. XIII. Pl. IV Pag. 58.

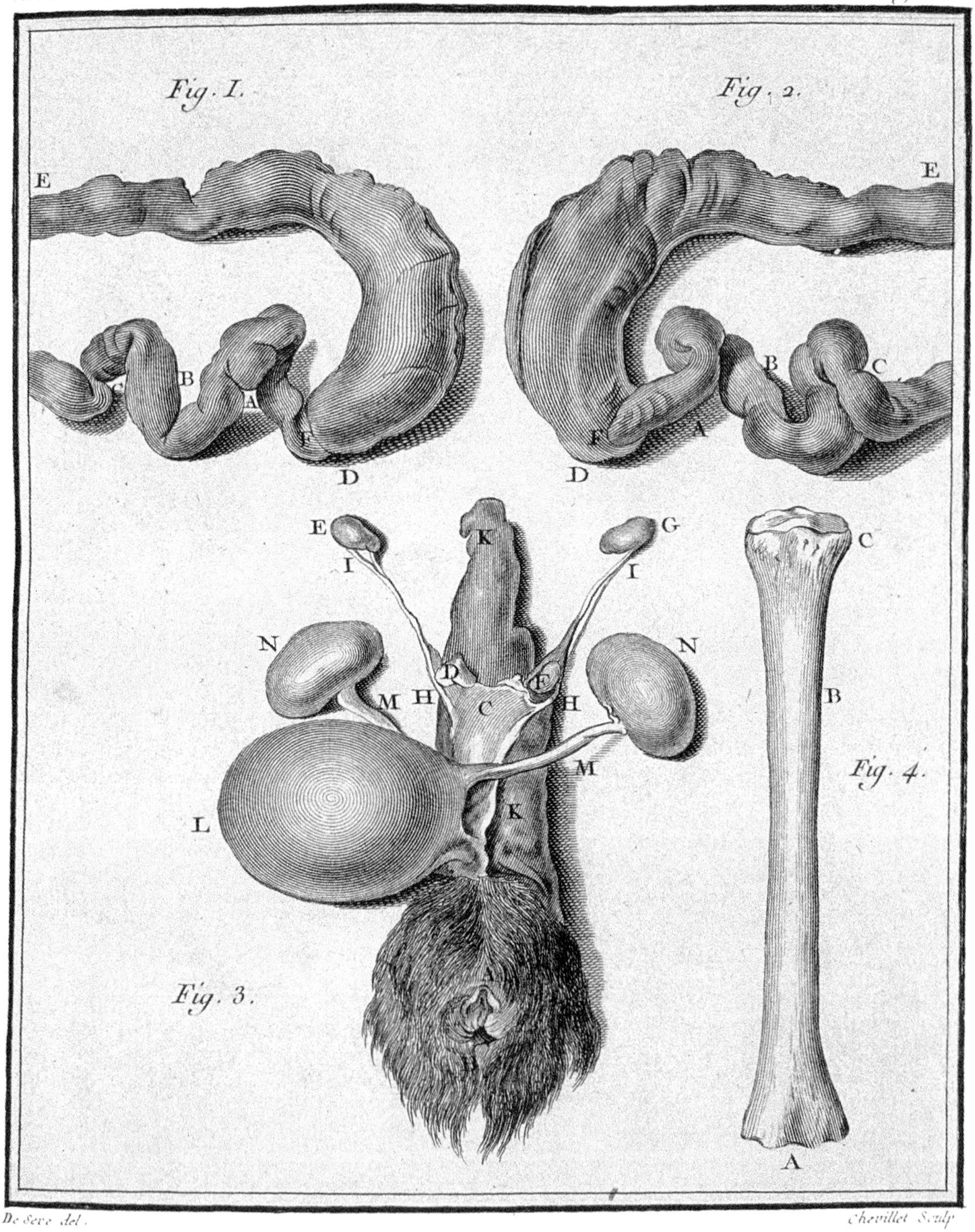


De Seve del. Chevillet Sculp.

Tom. XIII. Pl. V. Pag. 64.

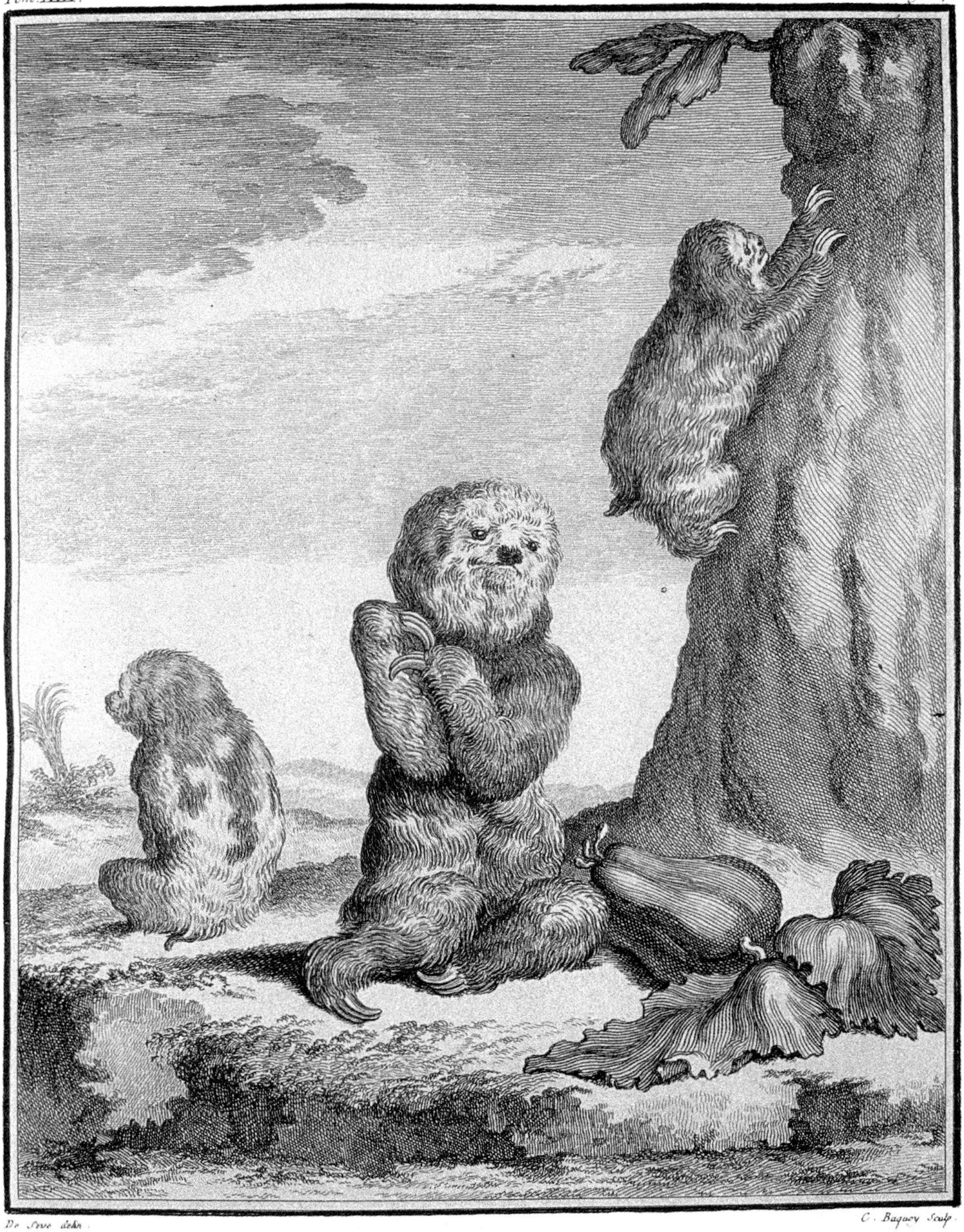

De Seve delin. C. Baquoy Sculp.

JEUNES AIS.

Tom. XIII. Pl. VI. Pag. 64

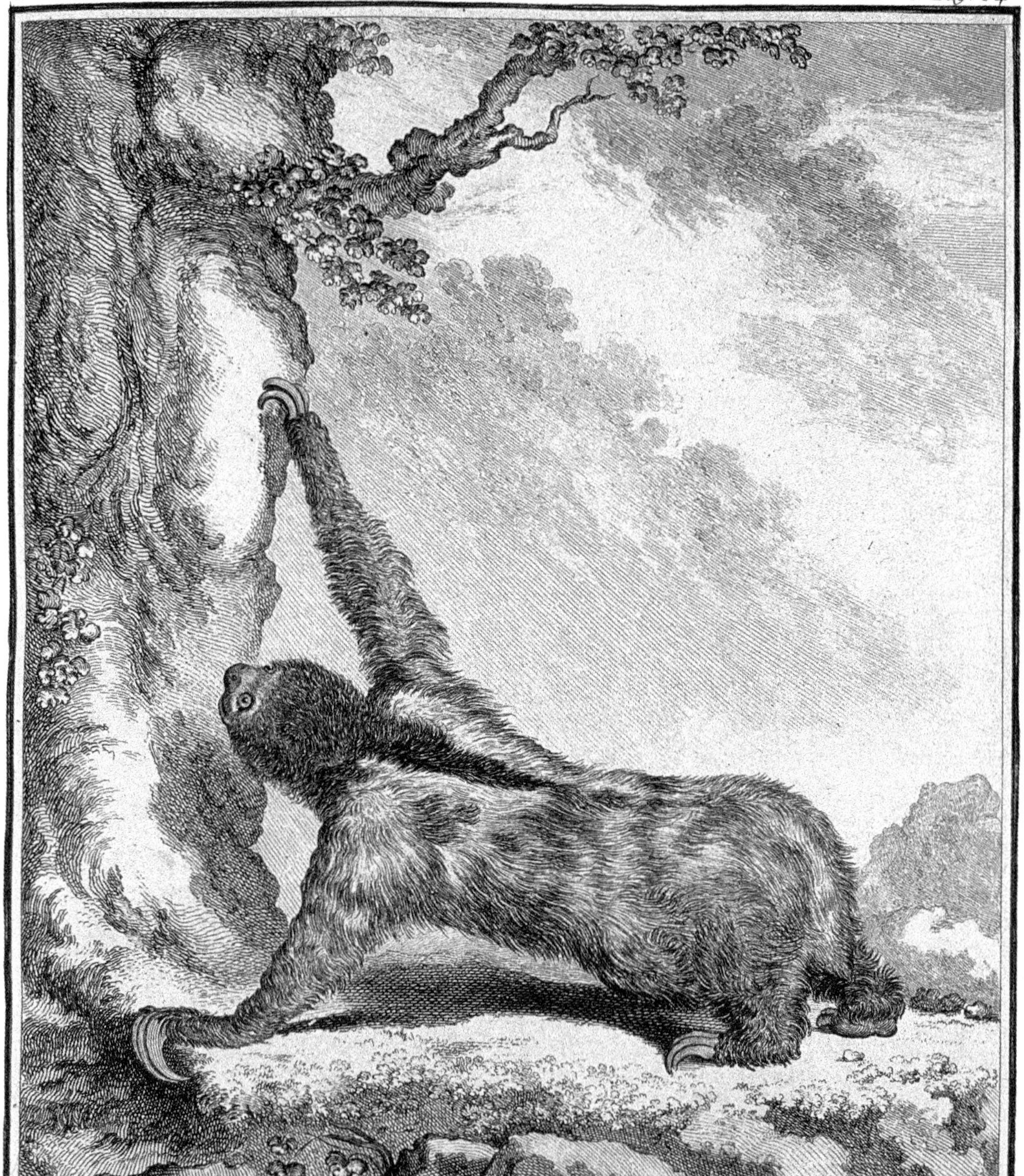

de Seve delin. Baron Sculp

L'AI ADULTE.

Tom. XIII. Pl. VII. Pag. 64.

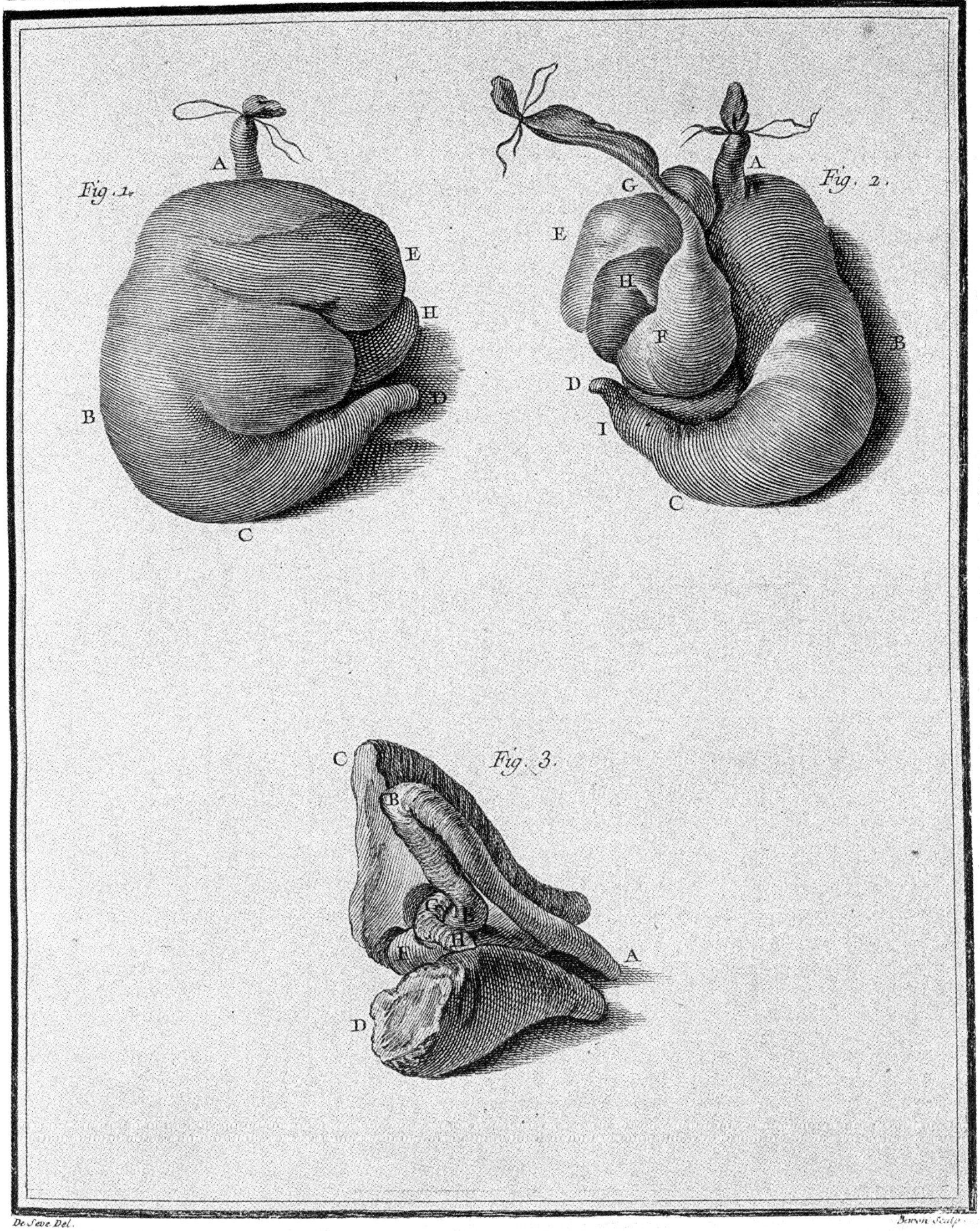


De Seve Del. Baron Sculp.

Tom. XIII. Pl. VIII. Pag. 86.

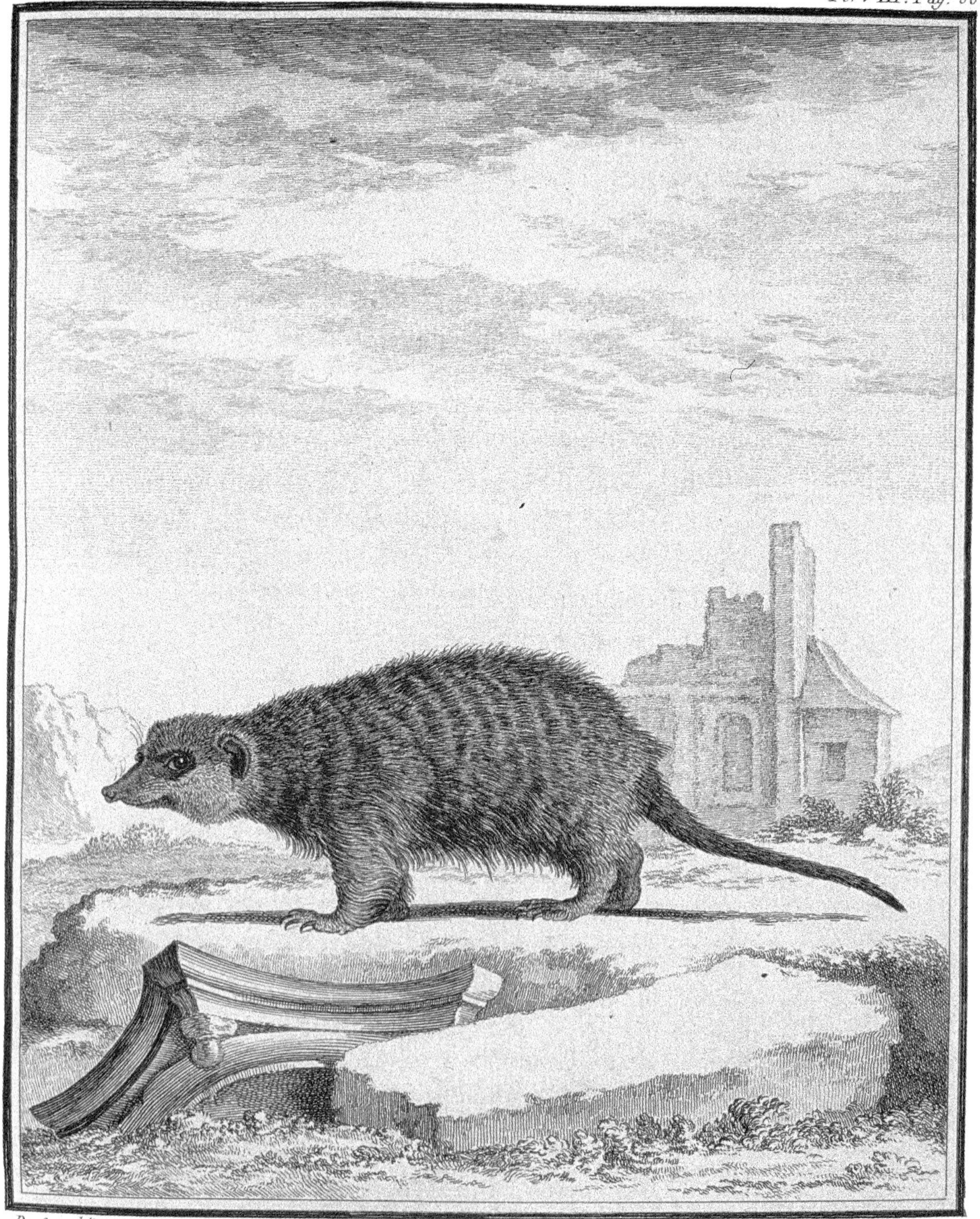

De Seve delin. C. Baquoy sculp.

LE SURIKATE.

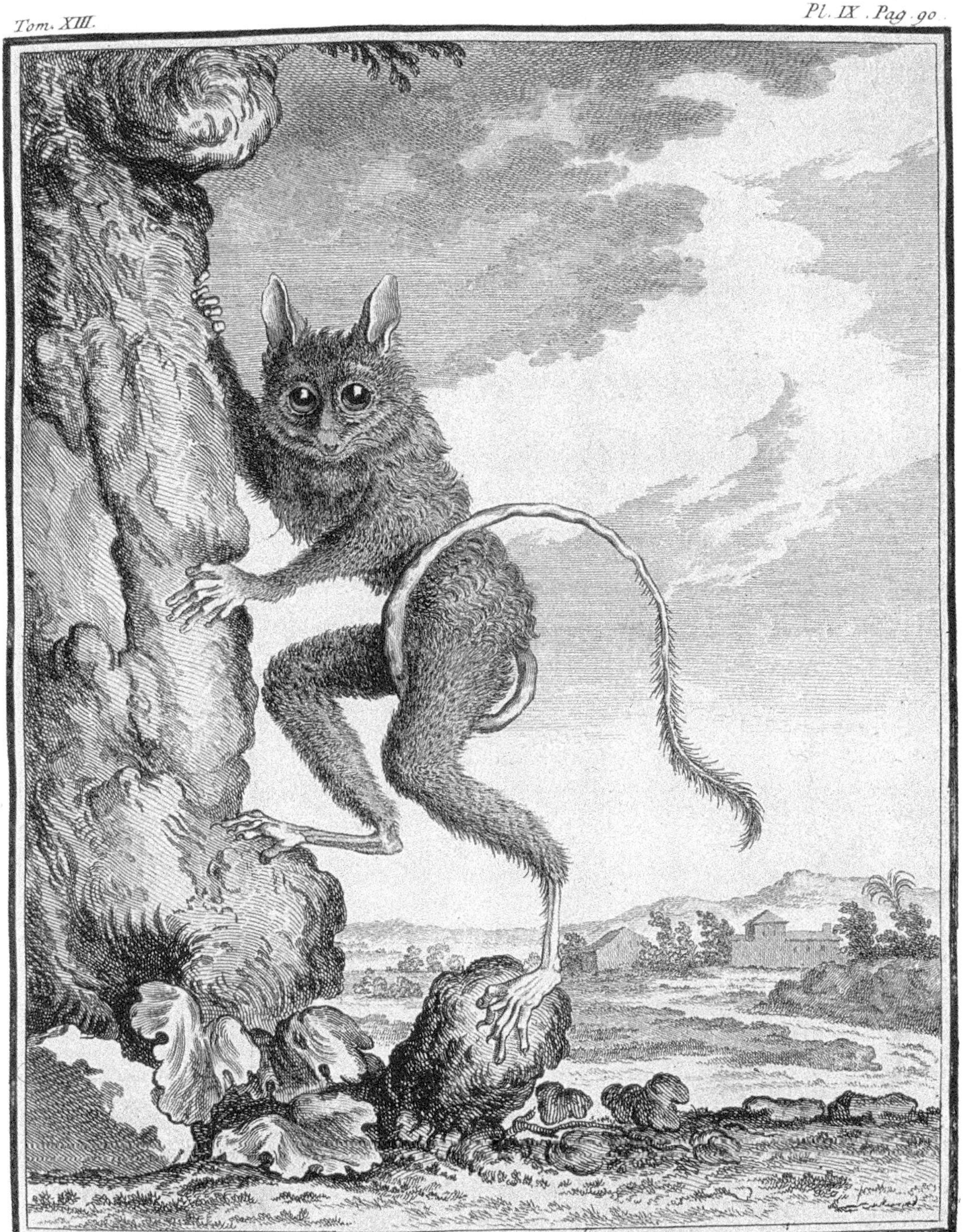


LE TARSIER.

Tom. XIII. Pl. X. Pag. 108.

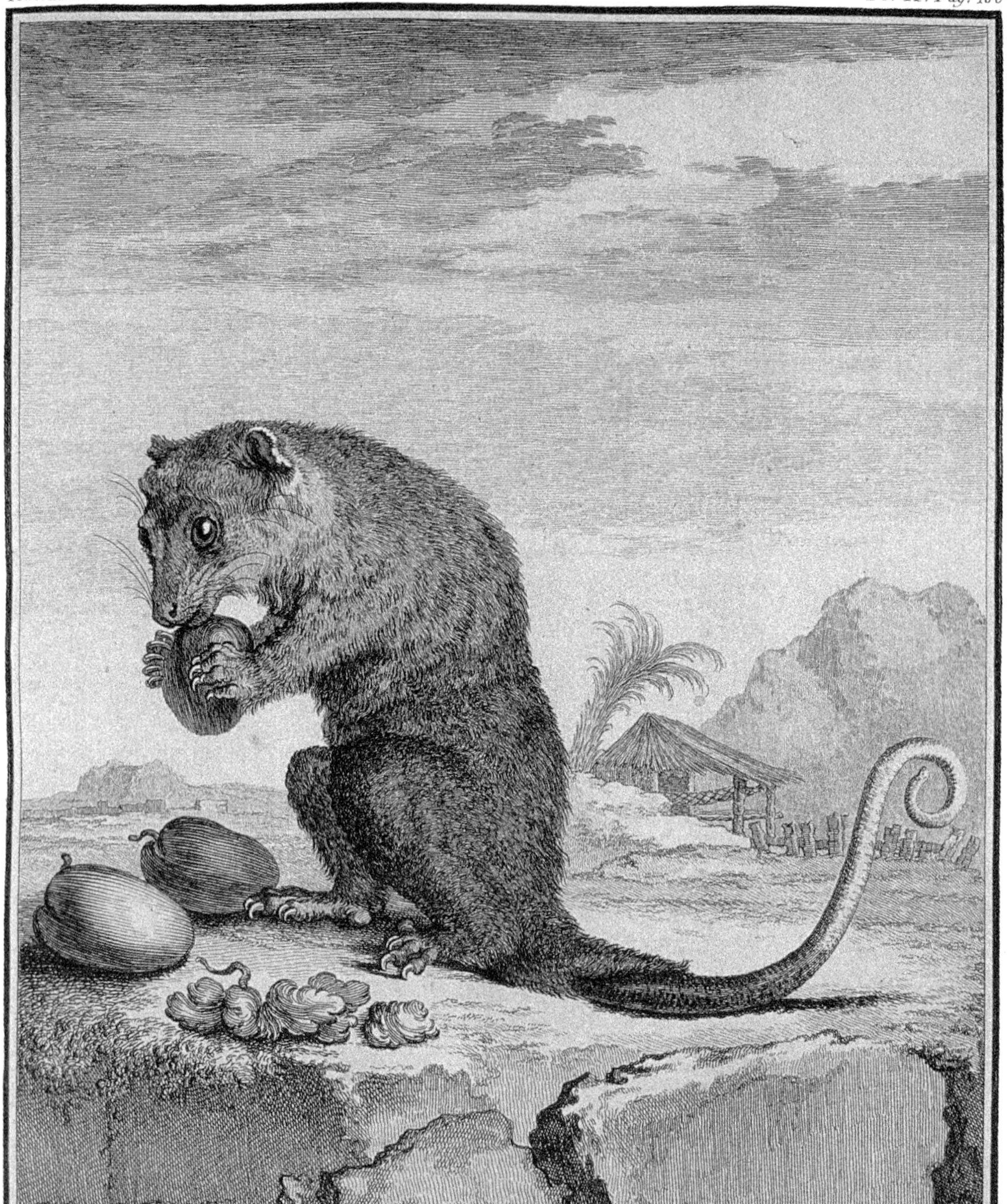

De Seve delin. C. Baquoy Sculp.

PHALANGER FEMELLE.

Tom. XIII. Pl. XI. Pag. 108.

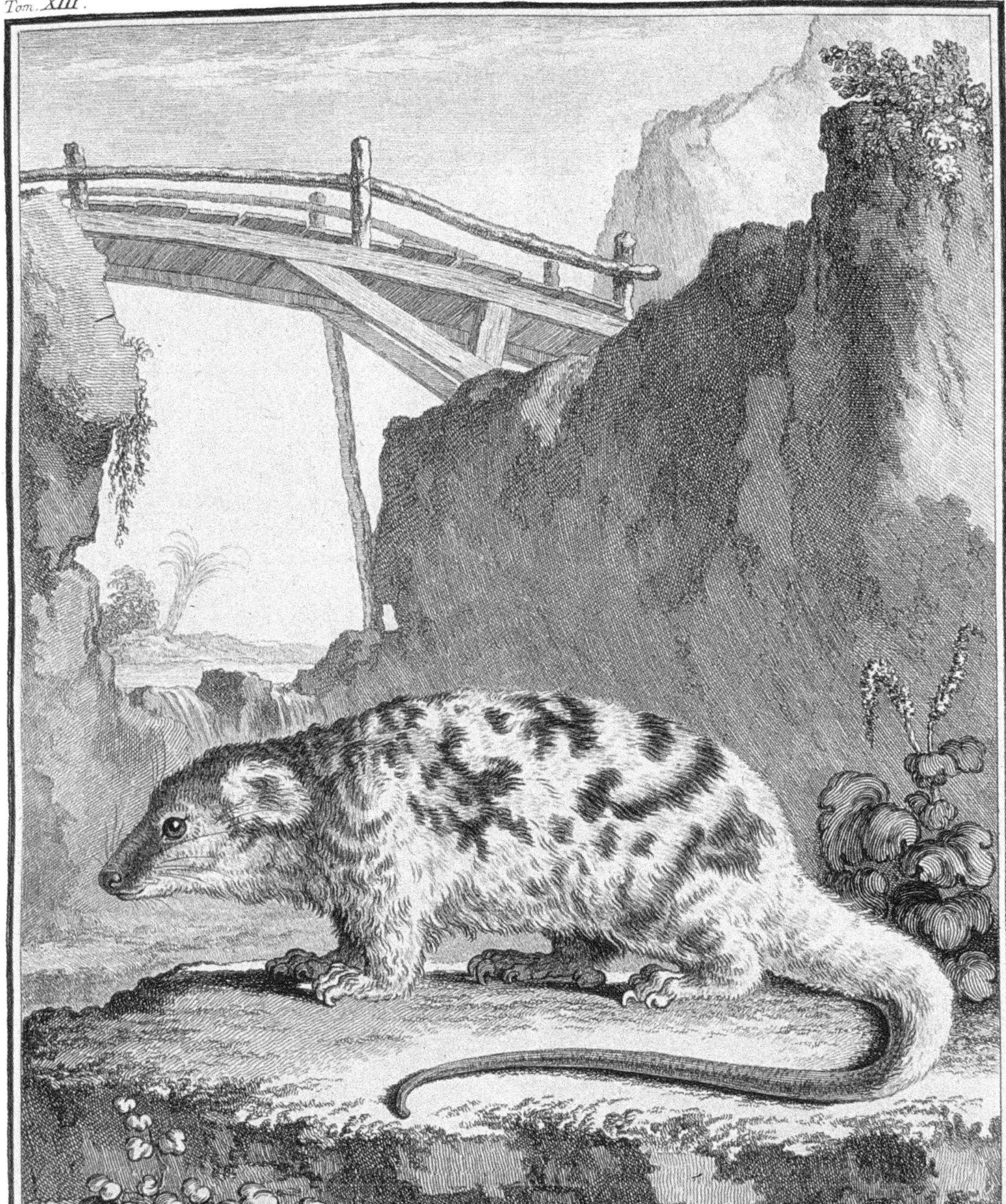

De Sève delin. C. Baquoy Sculp.

PHALANGER MÂLE.

Tom. XIII Pl. XII. Pag. 108.

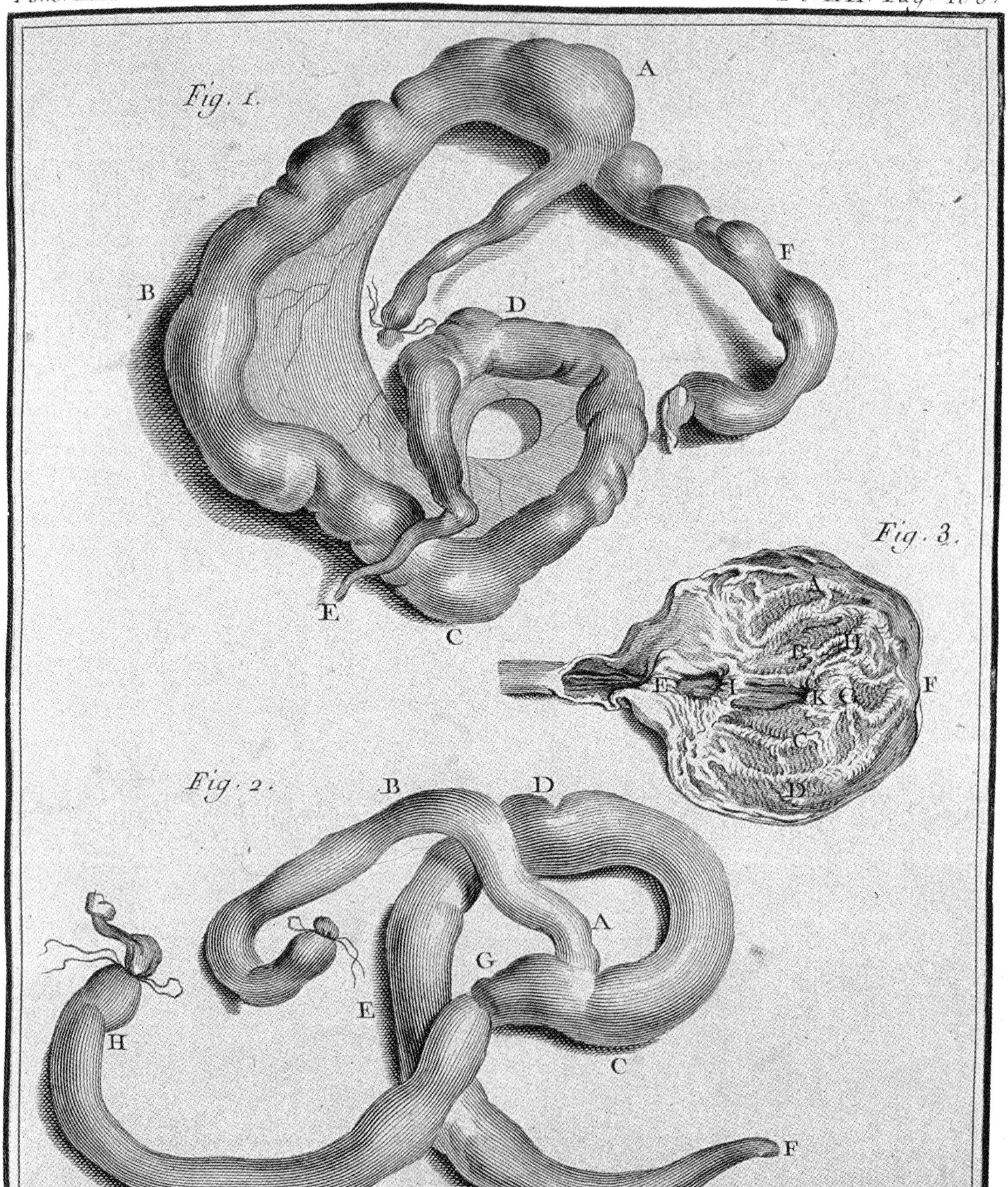


De Seve del. Chevillet Sculp.

*Tom. XIII.* *Pl. XIII. pag. 112.*

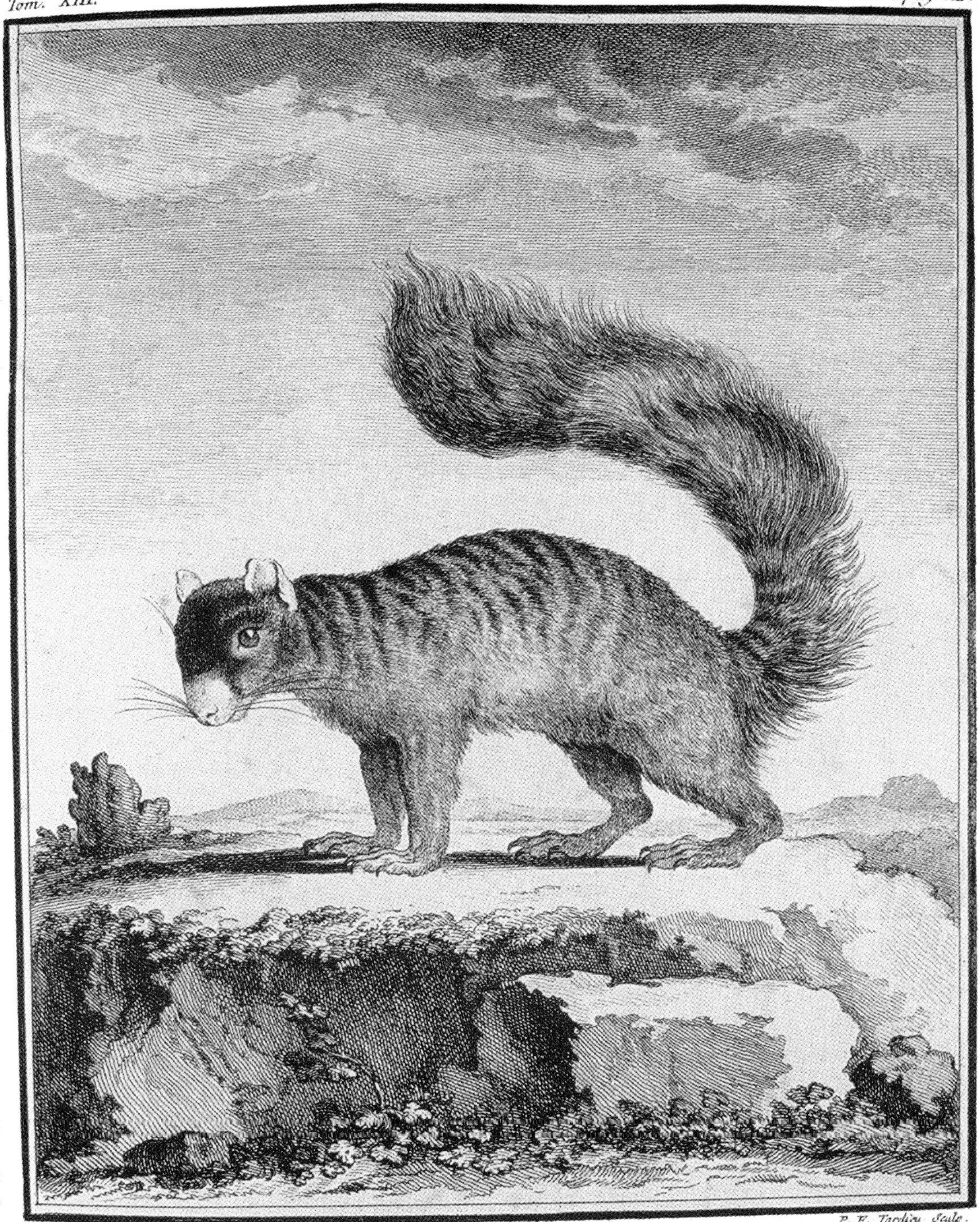

*De Seve del.* *P. F. Tardieu Sculp.*

LE COQUALLIN.

Tom. XIII. Pl. XIV. Pag. 134.

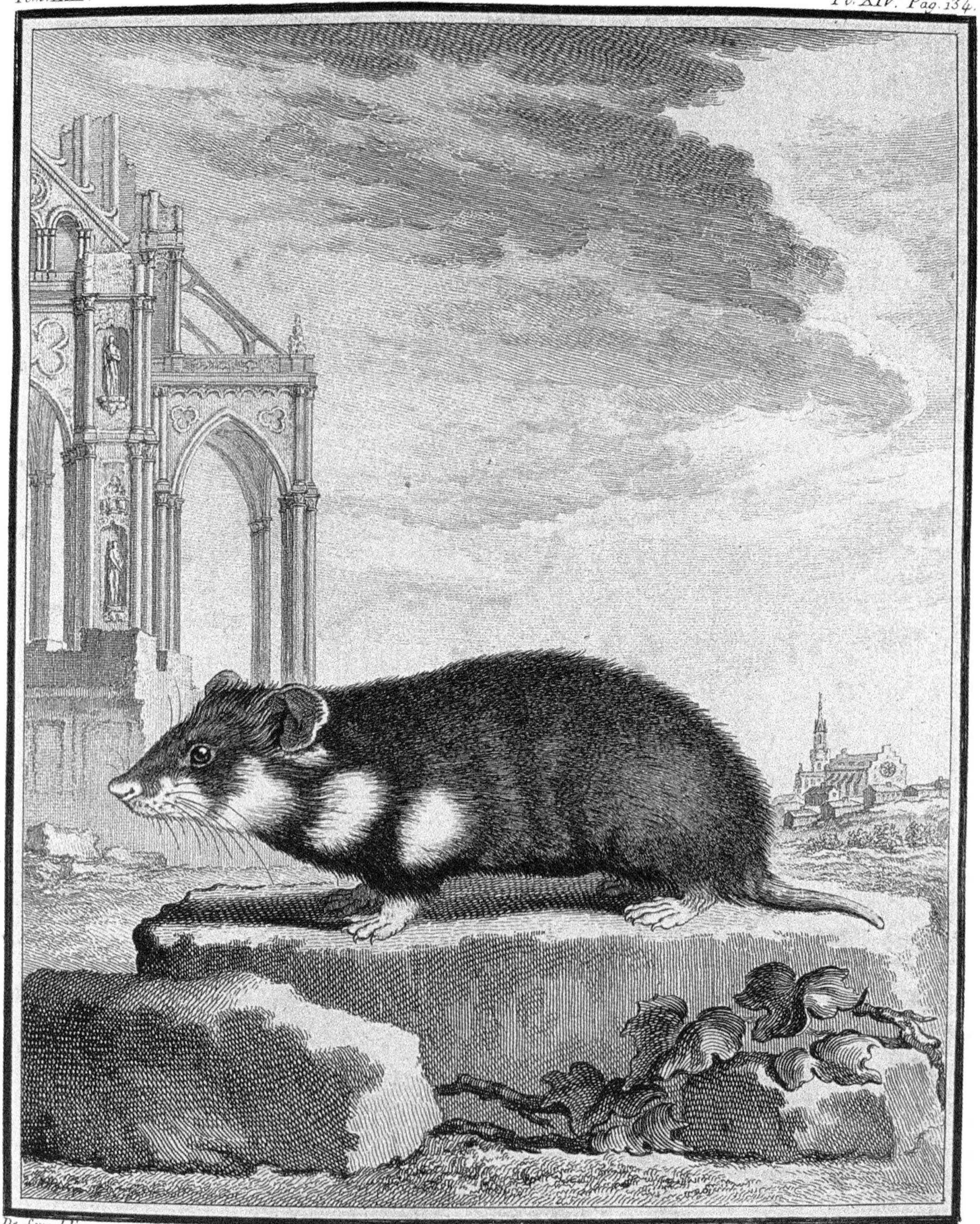

De Seve delin. C. Baquoy Sculp.

LE HAMSTER.

Tom. XIII. Pl. XV. pag. 134.

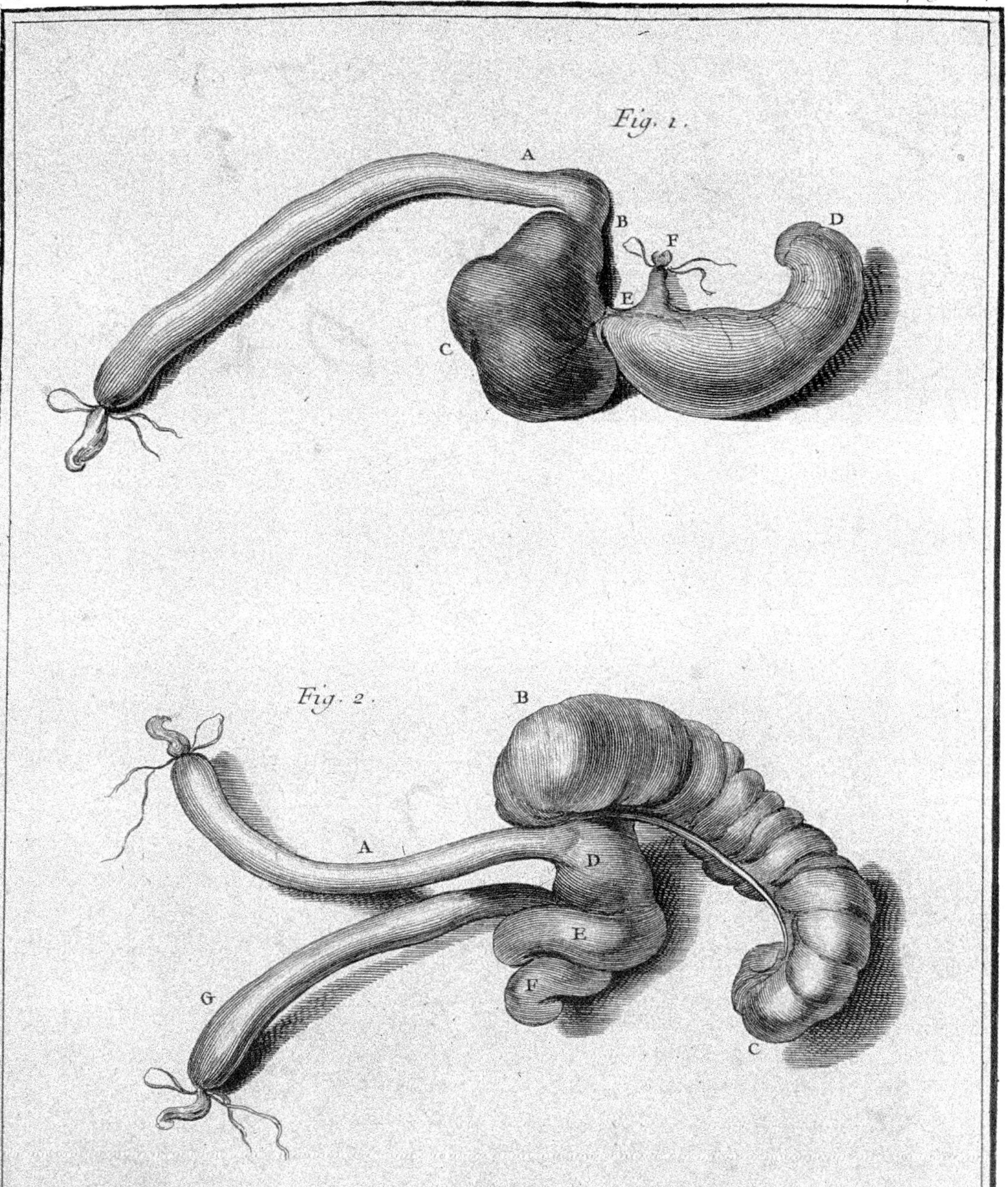


De Seve del. M.^lle Rousselet, f.^me Tardieu Sculp.

Tom. XIII

Pl. XVI. pag. 134.

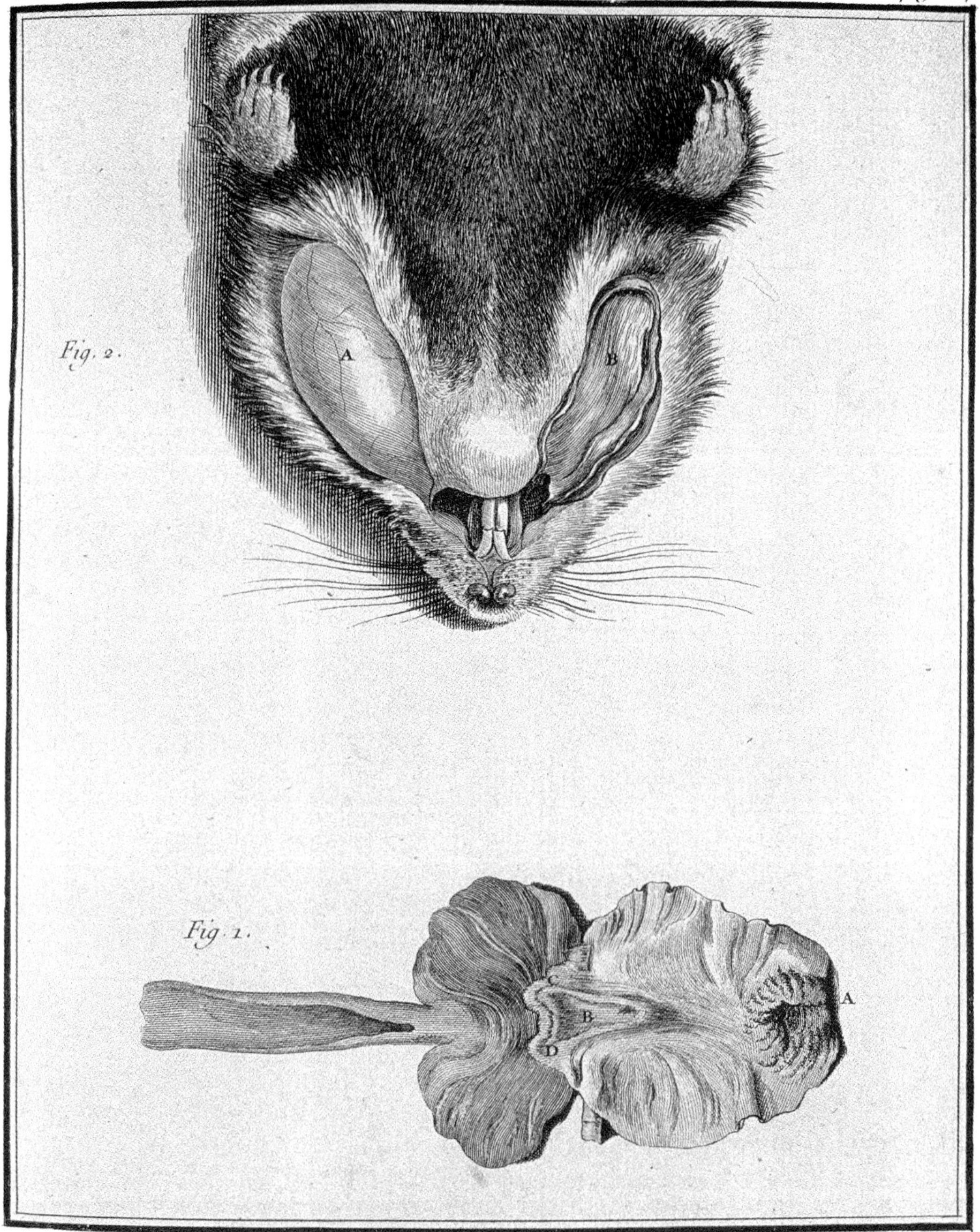


De Seve del.

Mme Rousselet f. me Tardieu Sculp

Tom. XIII. Pl. XVII. Pag. 134.

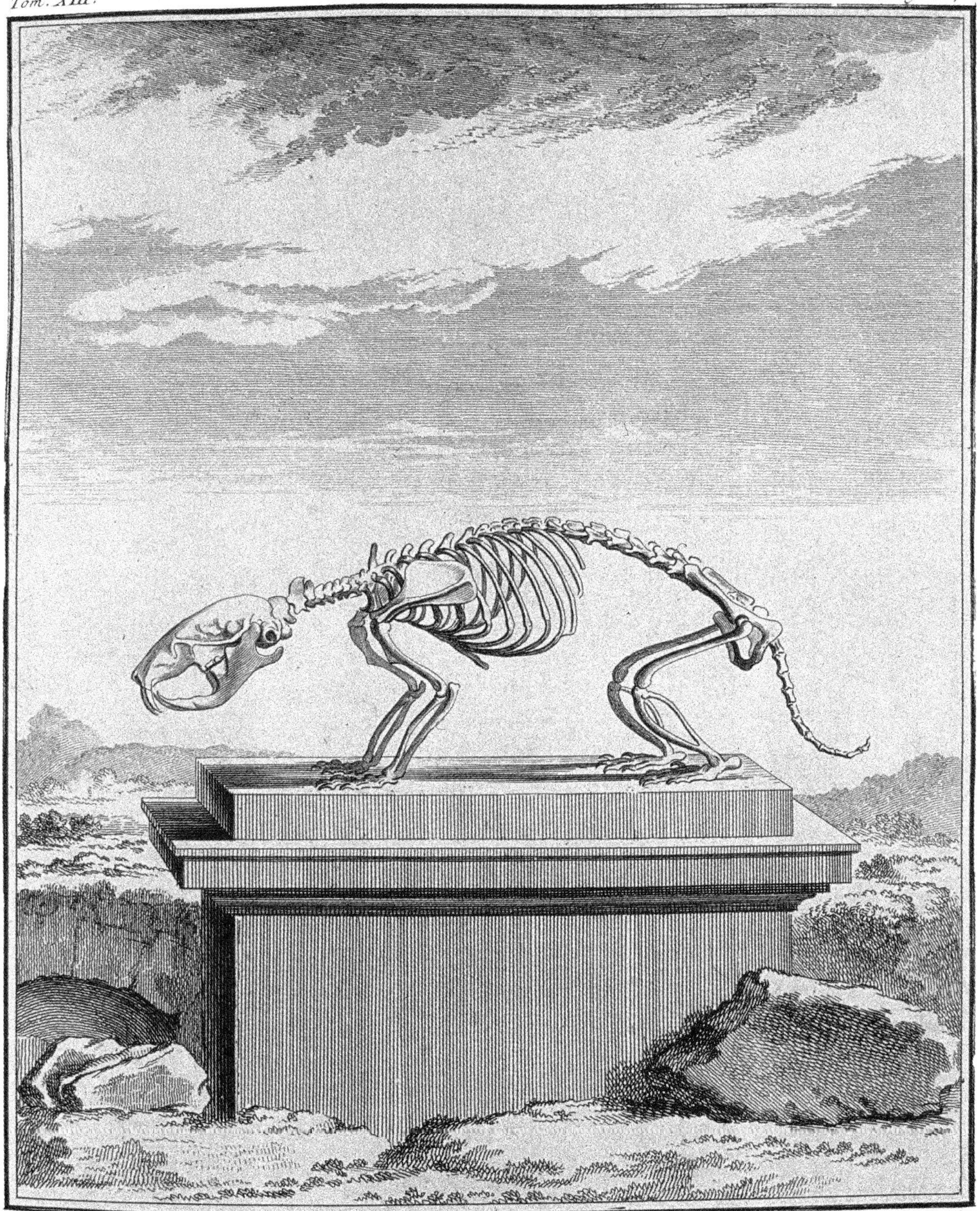

Deseve, del. L. Legrand, Sculp.

Tom. XIII. Pl. XVIII. Pag. 140.

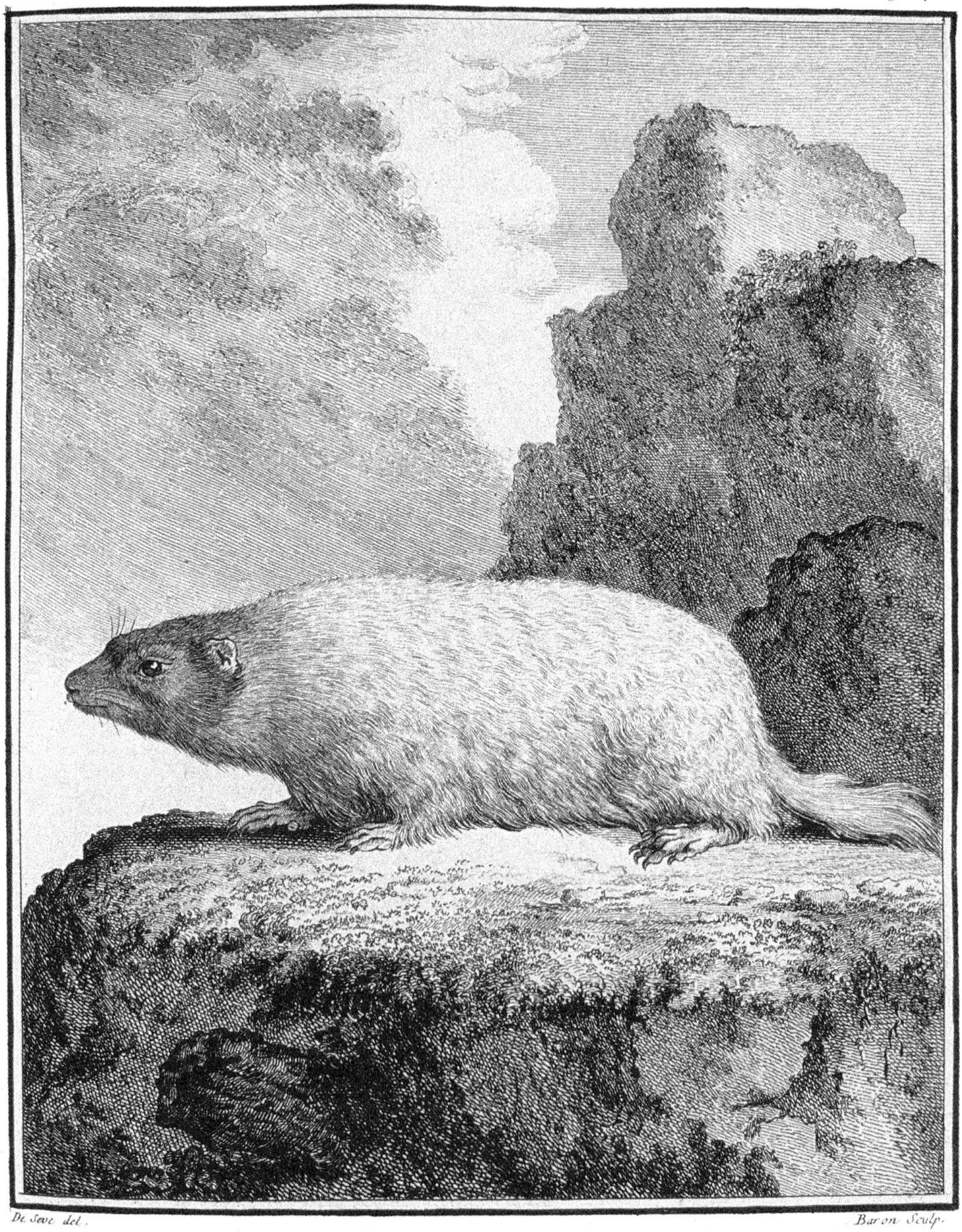

De Seve del. Baron Sculp.

LE BOBAK.

Tom. XIII. Pl. XIX. Pag. 162.

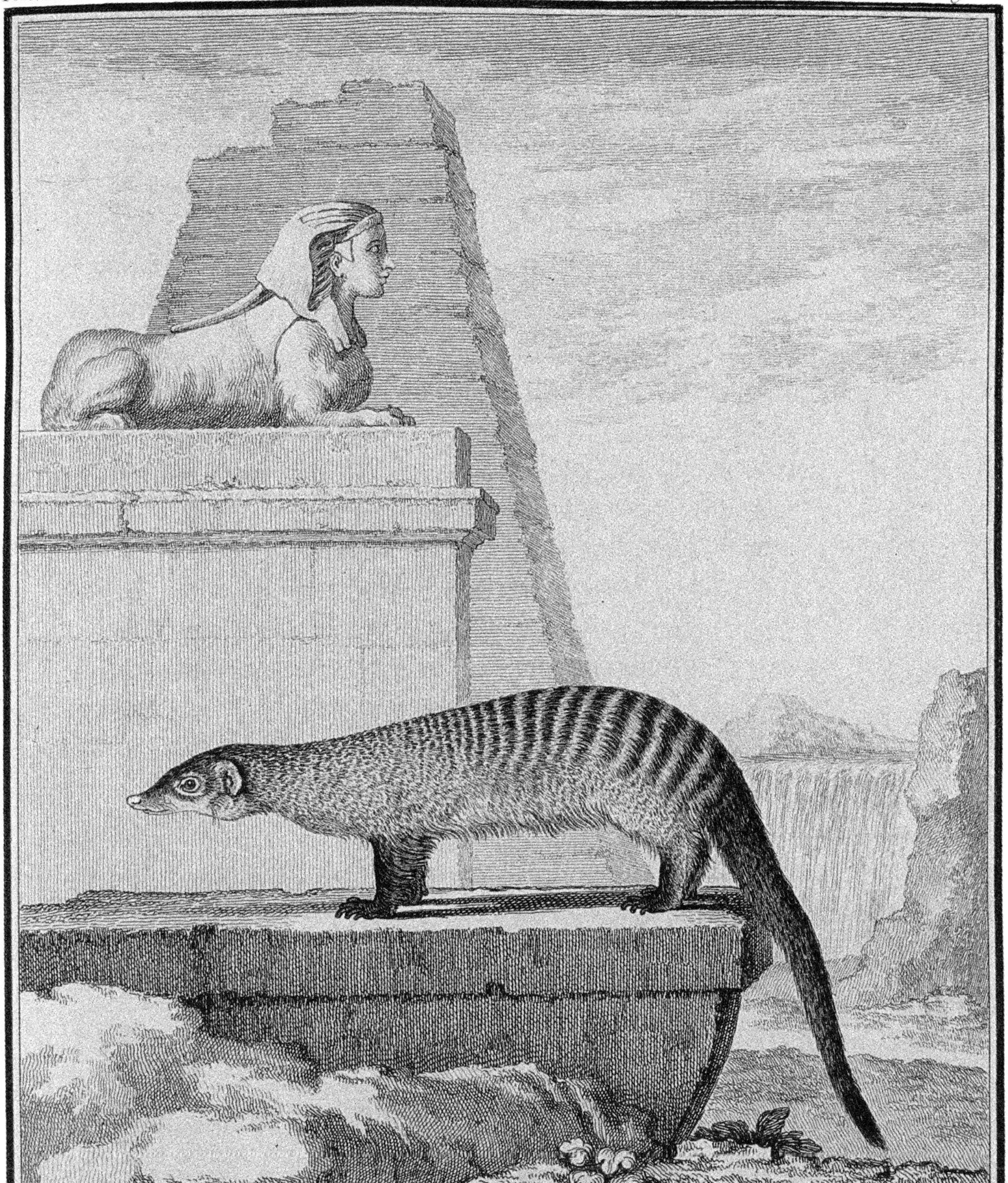

De Seve delin. C. Baquoy sculp.

LA MANGOUSTE.

Tom. XIII. Pl. XX. Pag. 166.

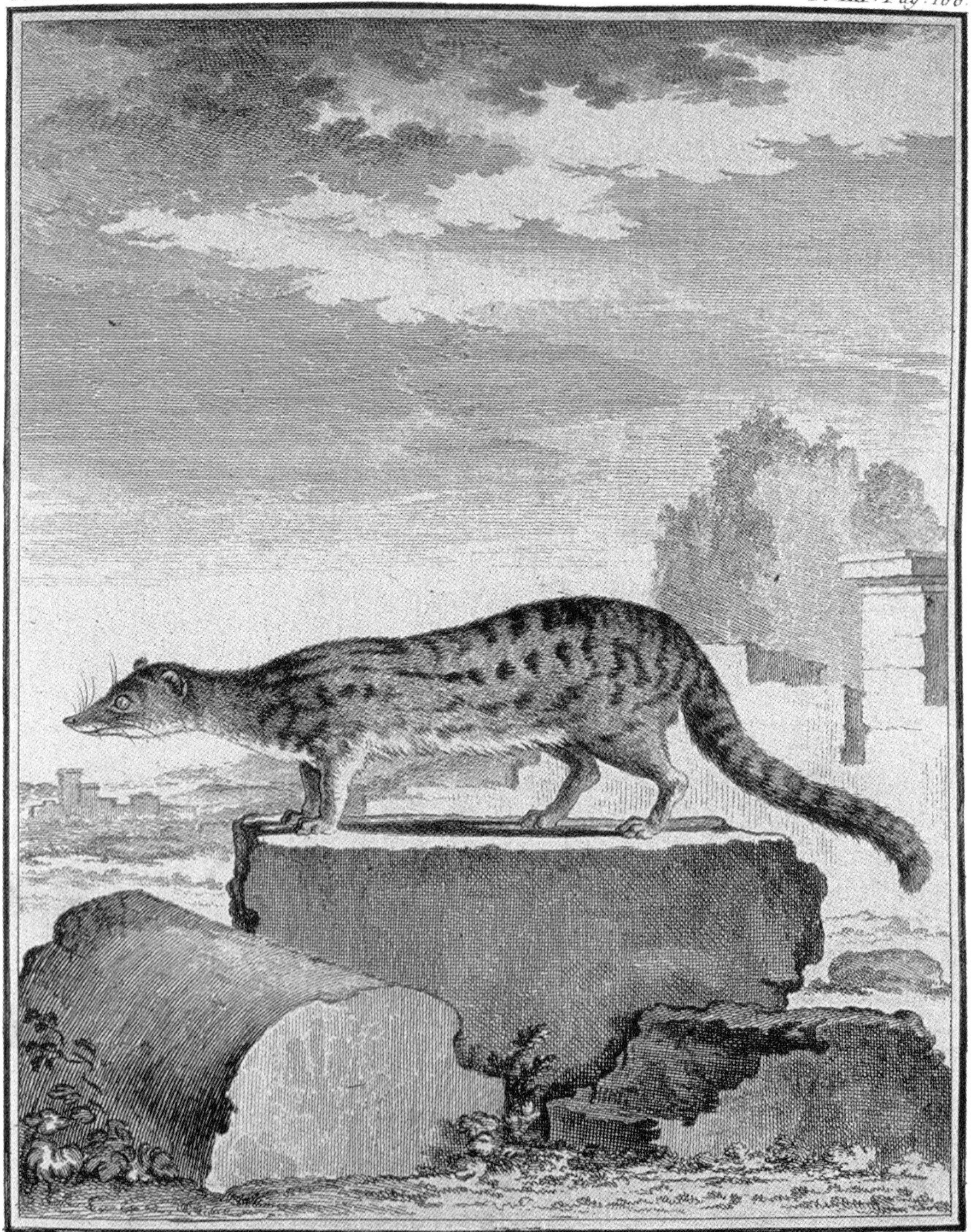

De Seve del. L. Legrand Sculp.

LA FOSSANE.

Tom. XIII. Pl. XXI. pag. 170.

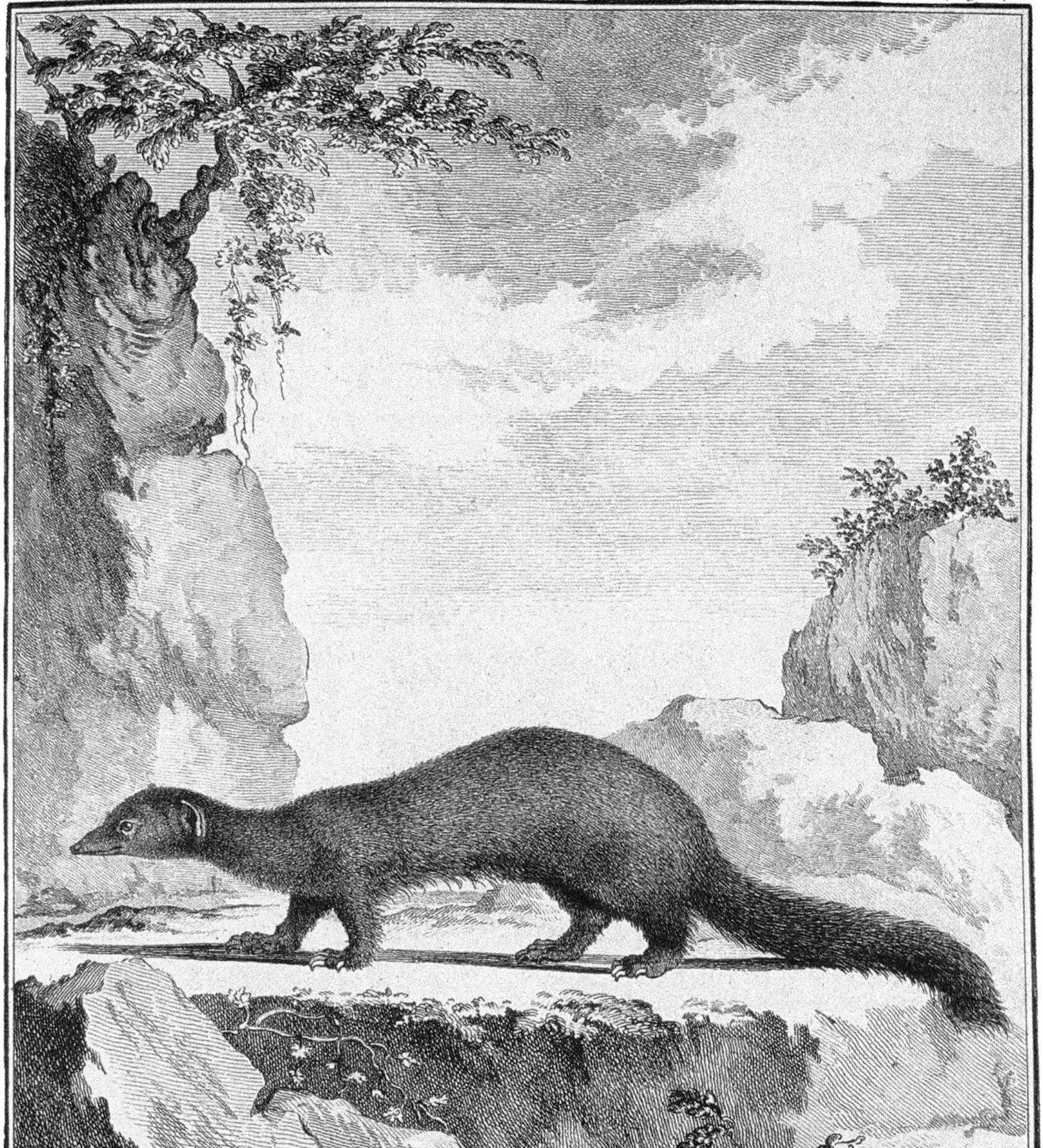

De Seve del. Mlle Rousselet, Fme Tardieu Sculp.

LE VANSIRE.

Tom. XIII. Pl. XXII. Pag. 196.

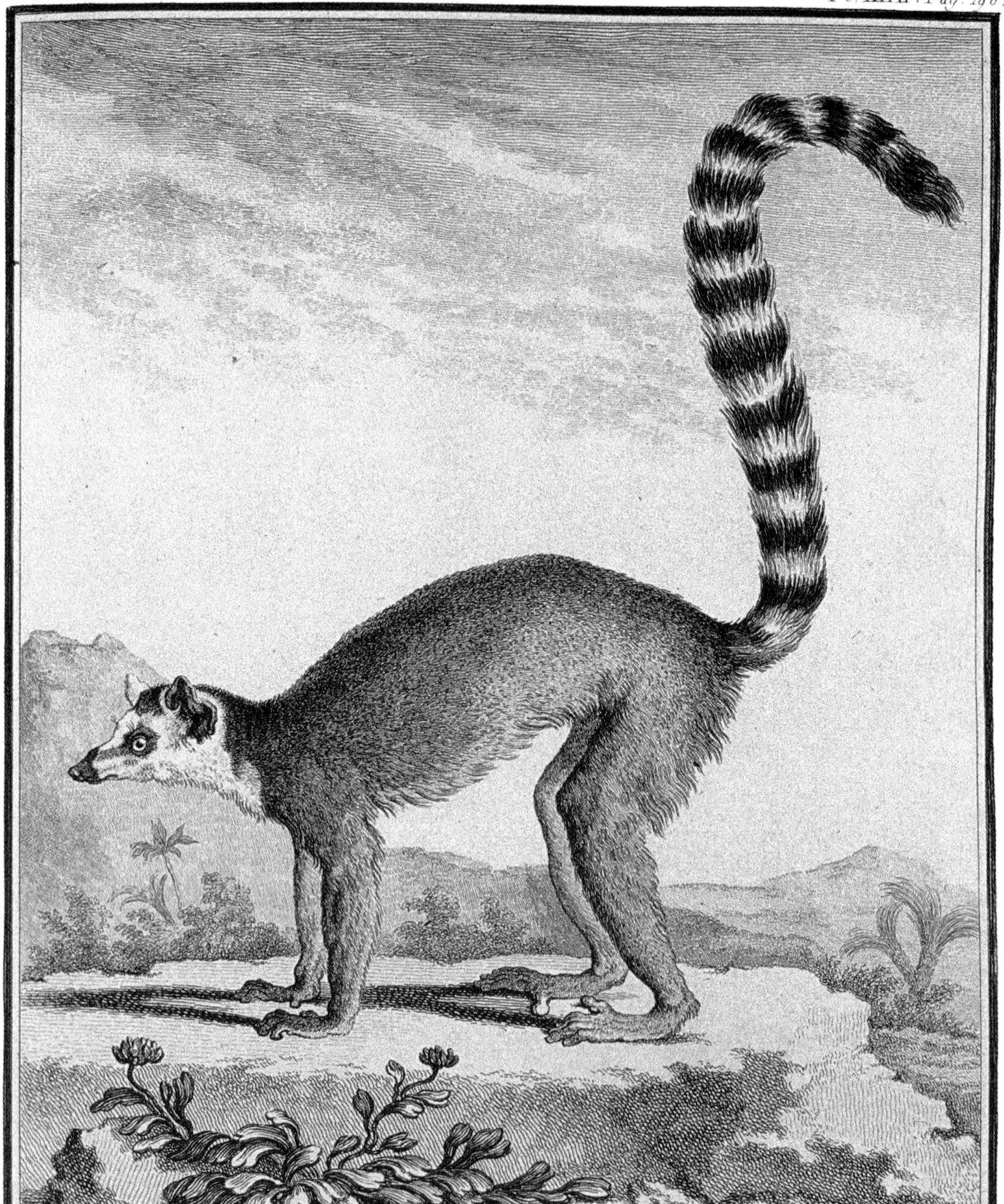

De Seve delin. C. Baquoy Sculp.

LE MOCOCO.

Tom. XIII. Pl. XXIII. Pag. 196.

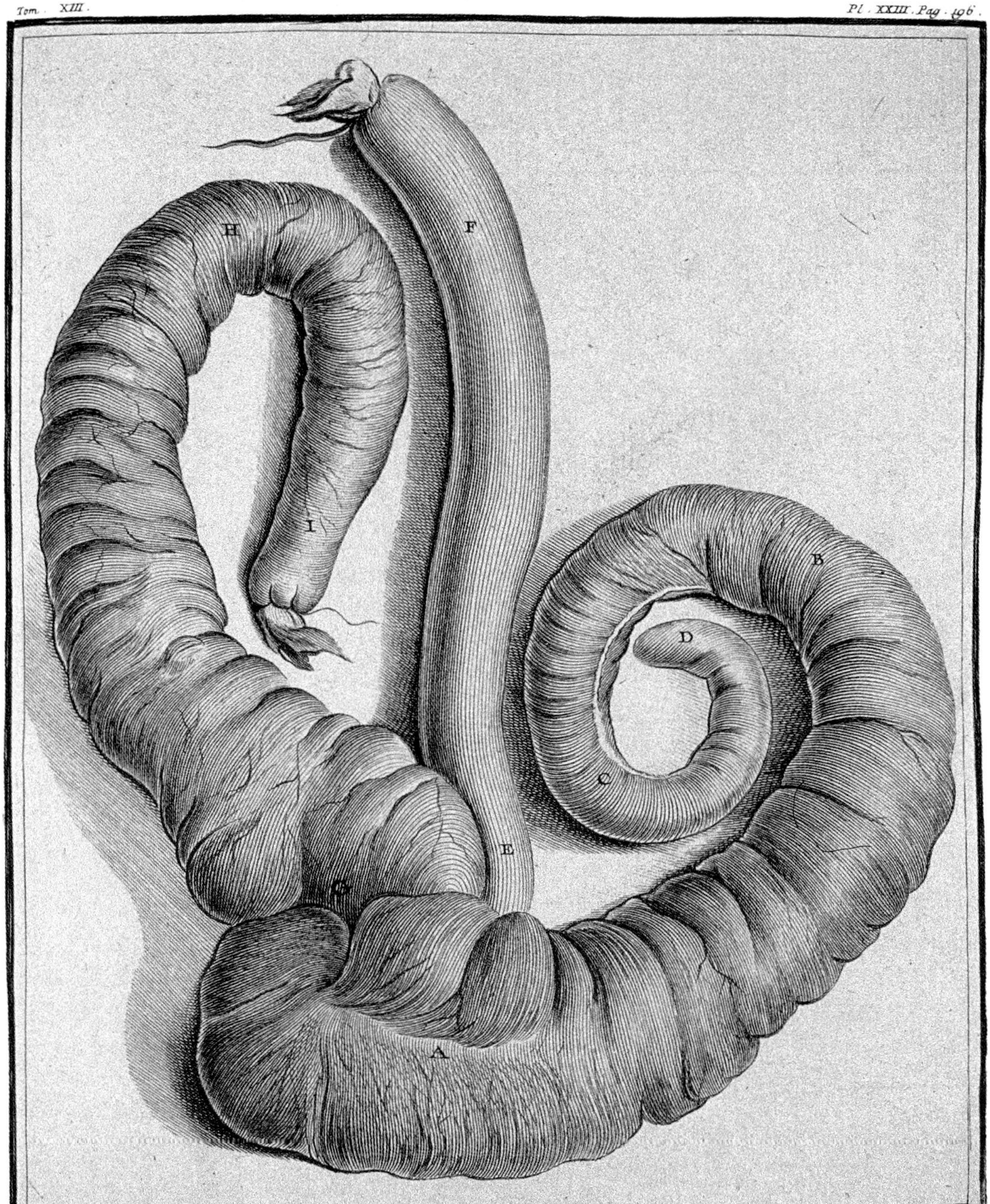


Buvée l'Am. del. de Pehrt Sc.

Tom. XIII.

Pl. XXIV. Pag. 196.

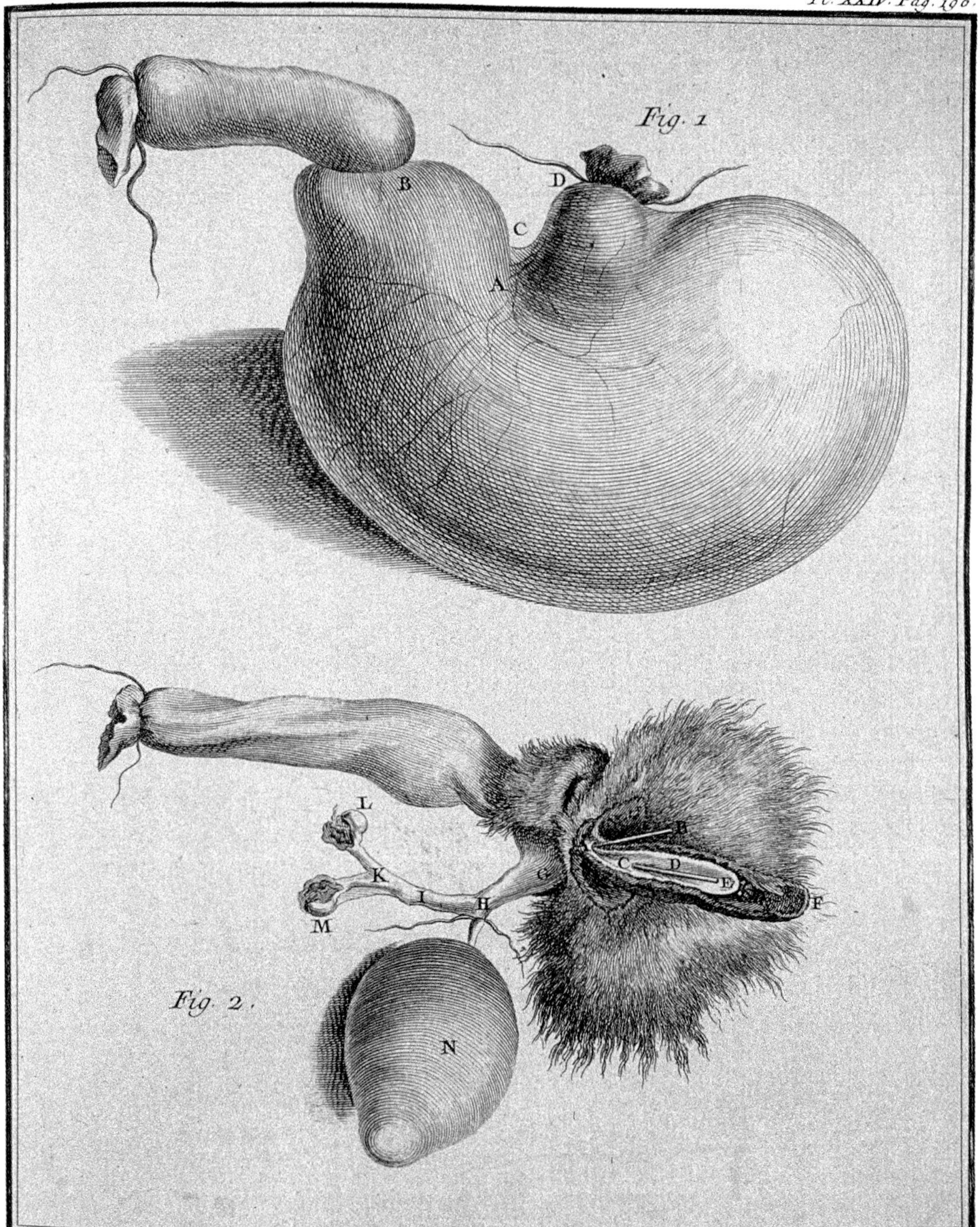


Buvée l'Amer. del.

L. Legrand. Sculp.

Tom. XIII. Pl. XXV. Pag. 196.

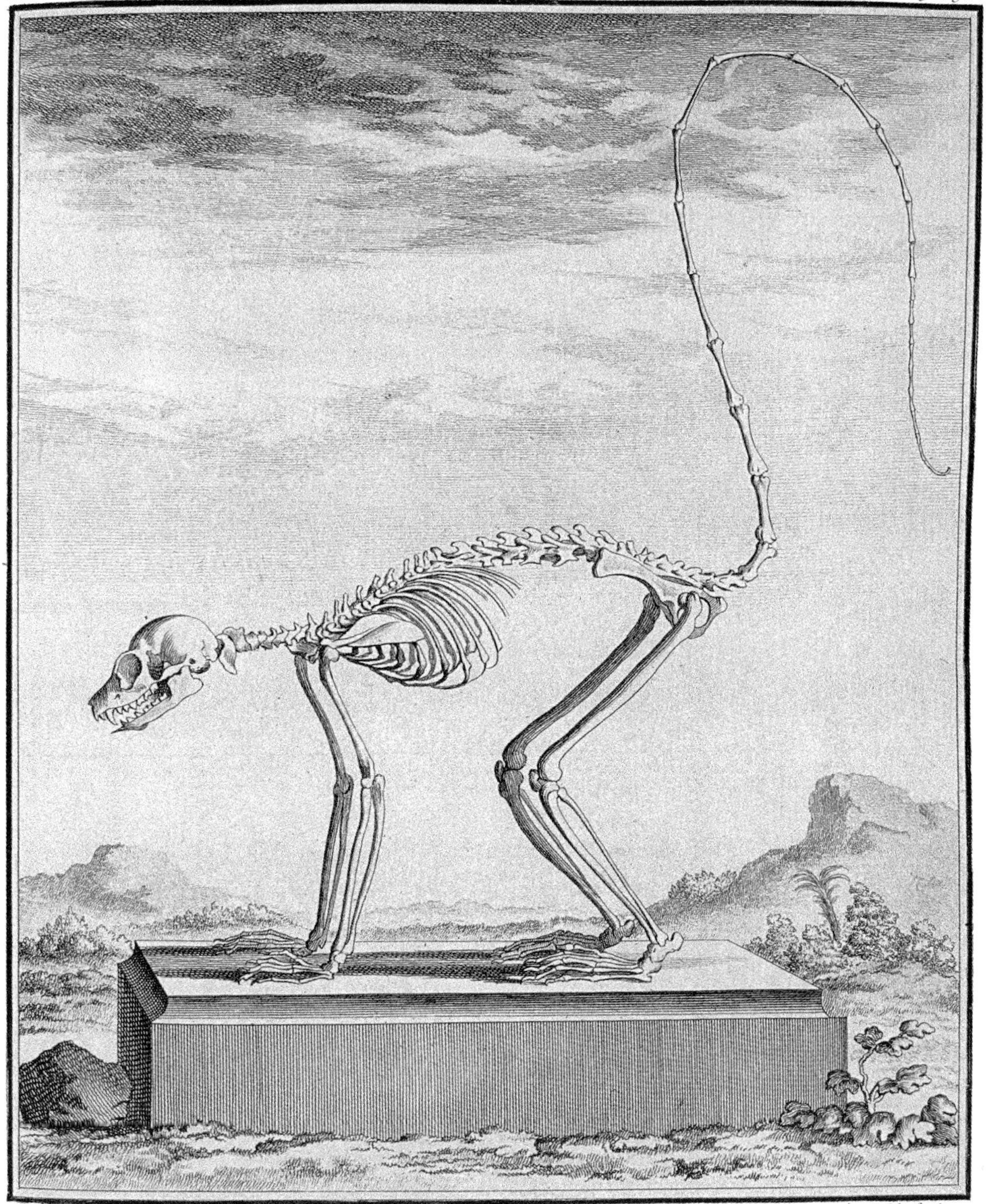

De Seve del. Florisset fils Sculp.

Tom. XIII. Pl. XXVI. Pag. 202.

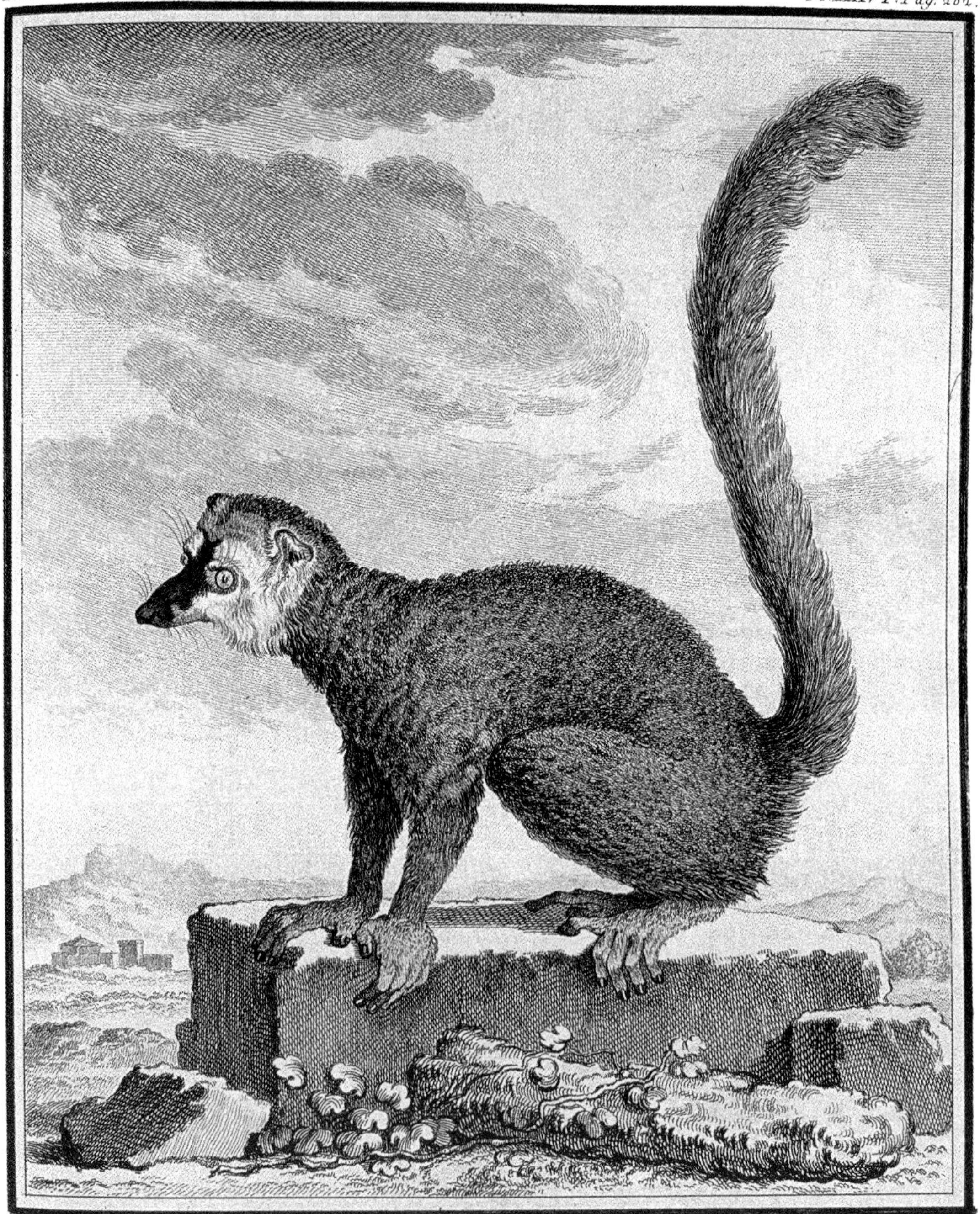

De Seve delin. C. Baquoy Sculp.

LE MONGOUS.

Tom. XIII.

Pl. XXVII. Pag. 208.

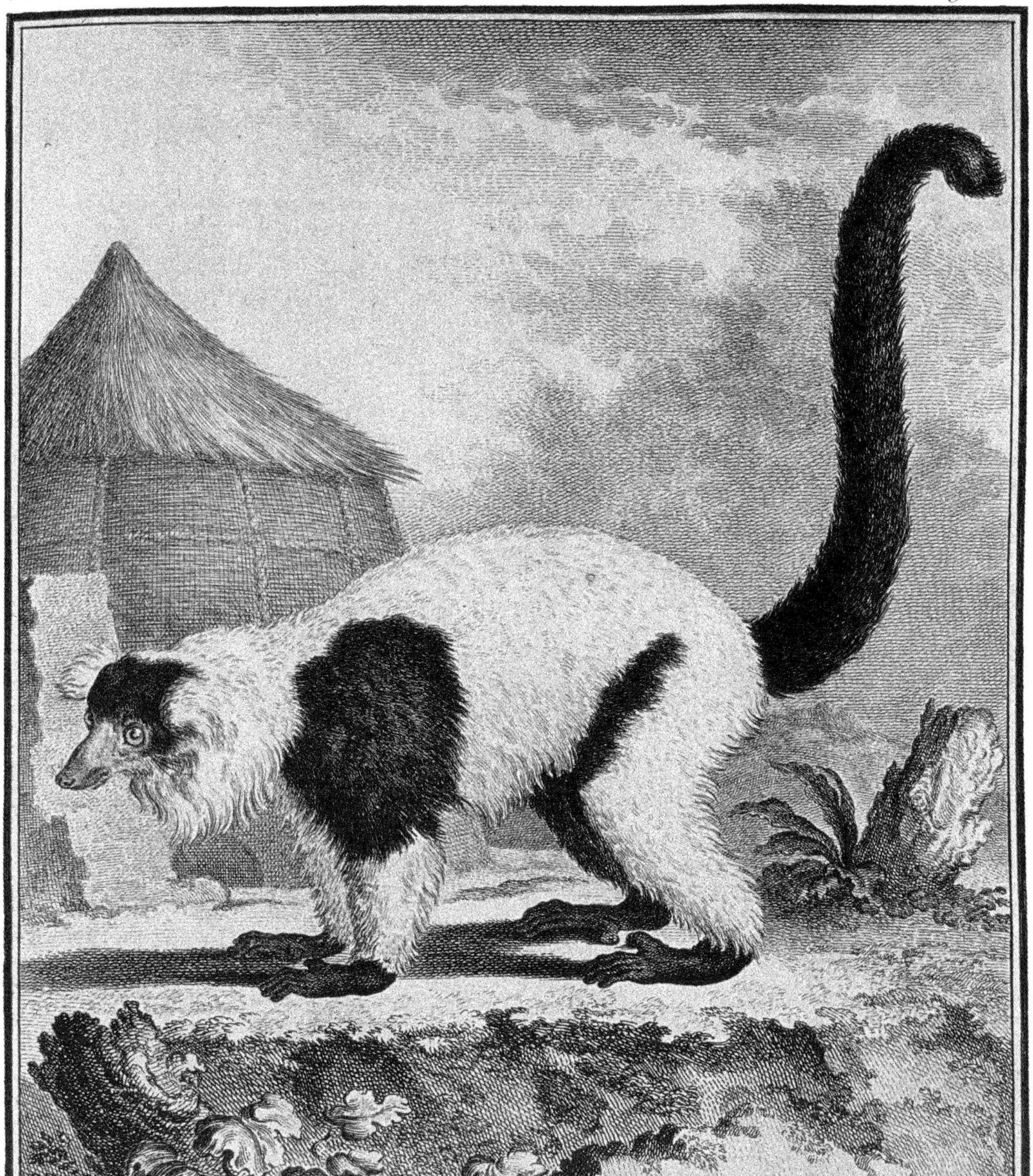

De Seve del.

Moitte Sculp.

LE VARI.

Tom XIII

Pl XXVIII pag. 208.

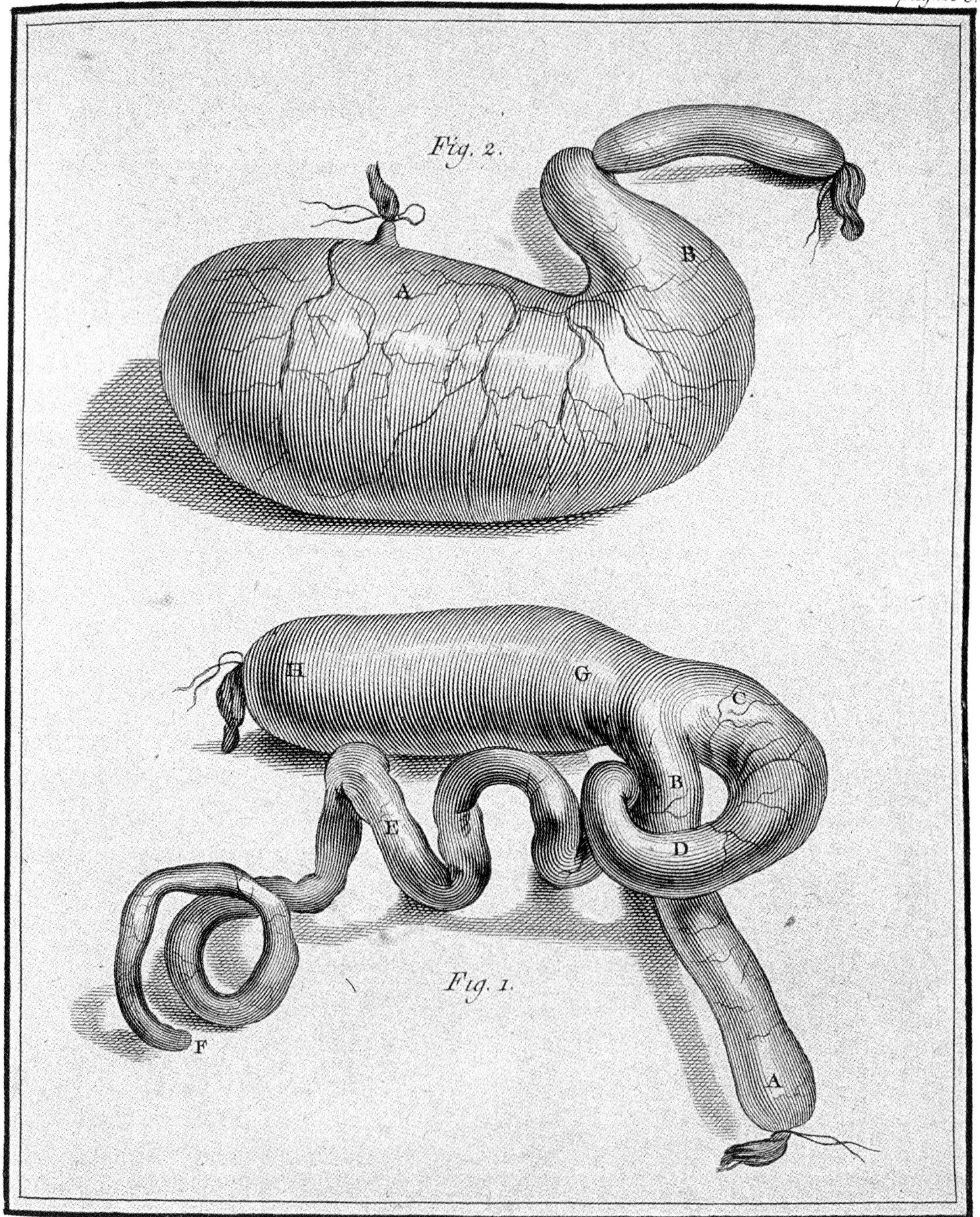


De Seve del.

Chevillet Sculp.

Tom. XIII Pl. XXIX. Pag. 208

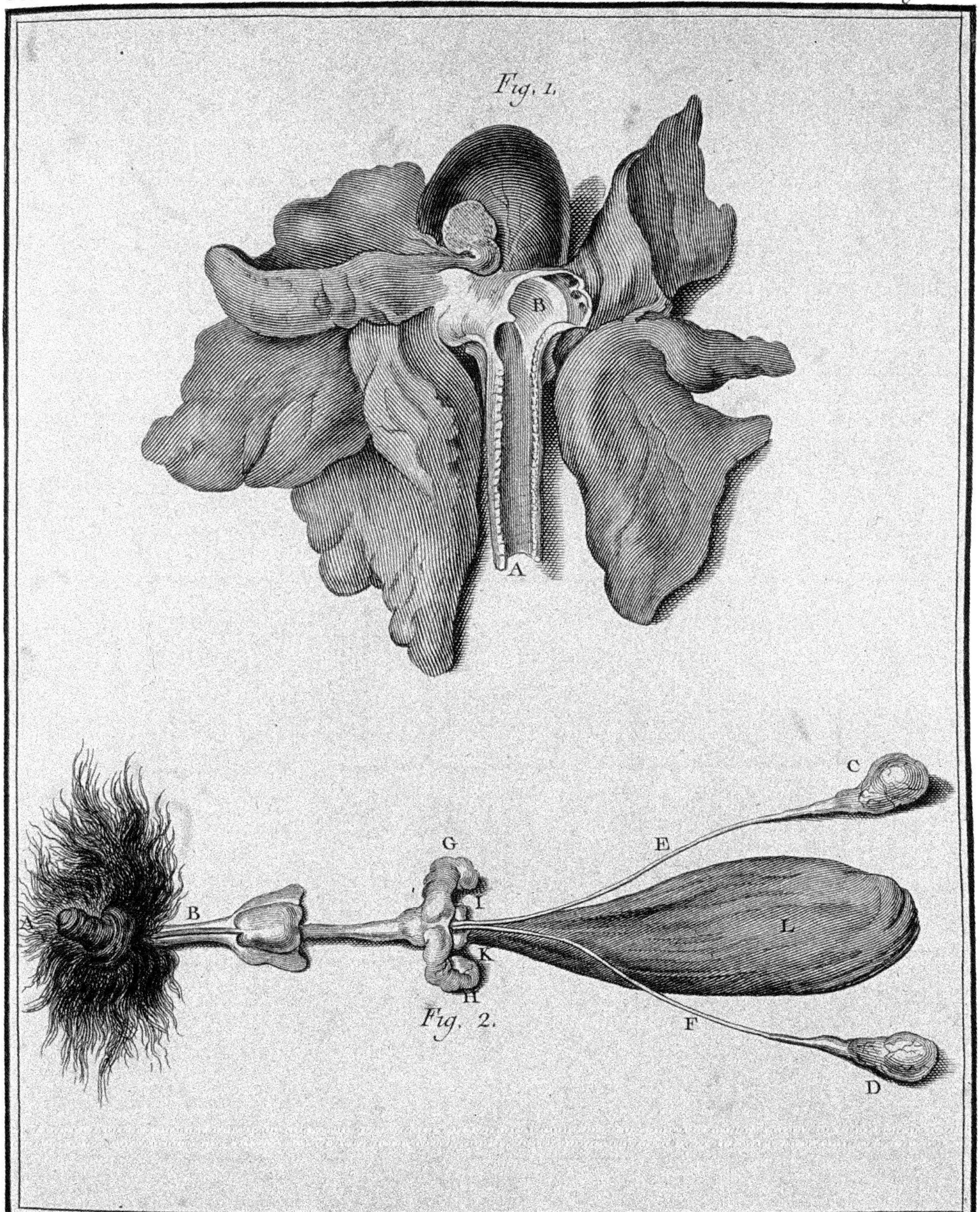


De Seve del. Chevillet Sculp.

Tom XIII.

Pl XXX pag. 220.

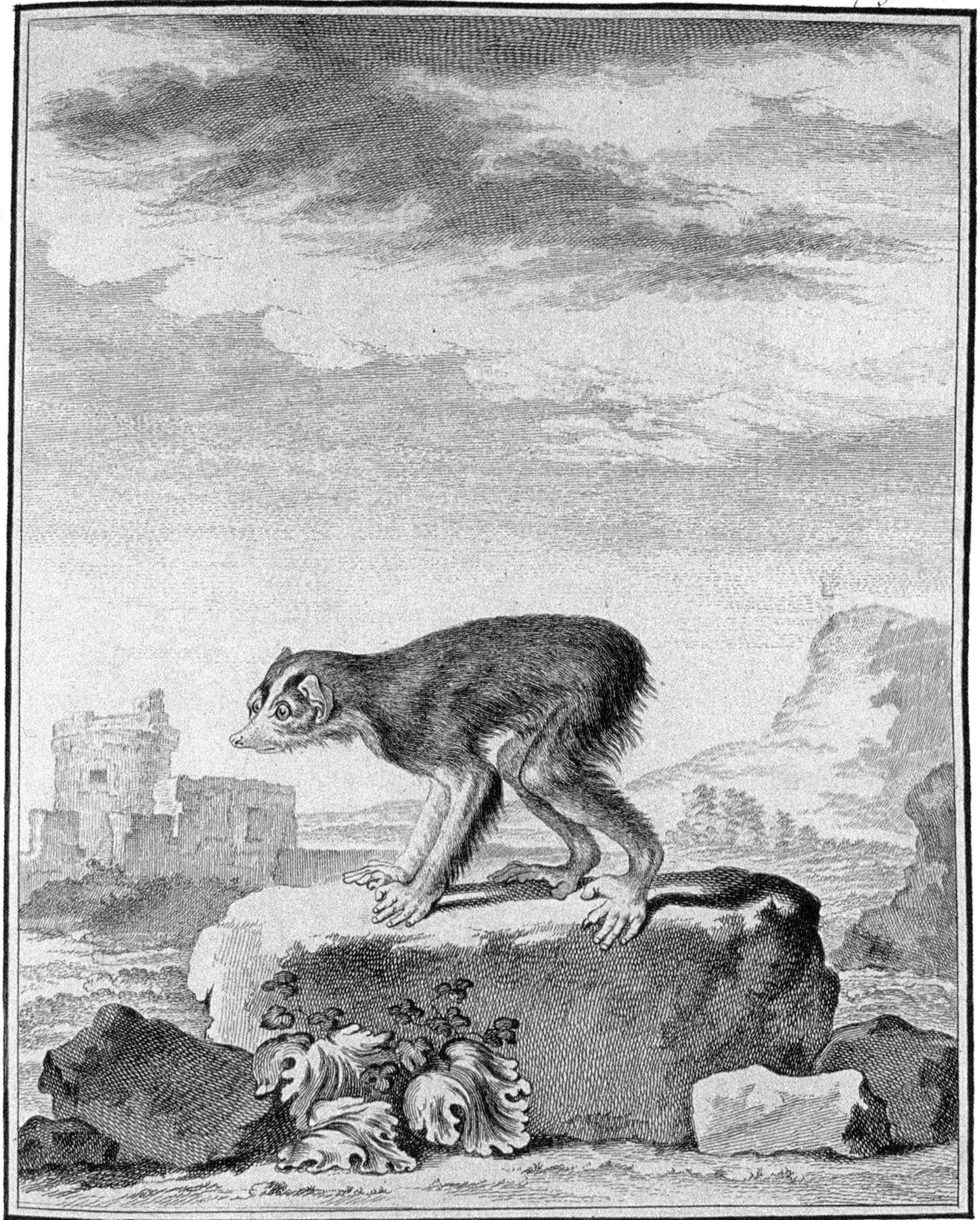

De Seve del.

Chevillet Sculp.

LE LORIS.

Tom. XIII. Pl. XXXI. pag. 220.

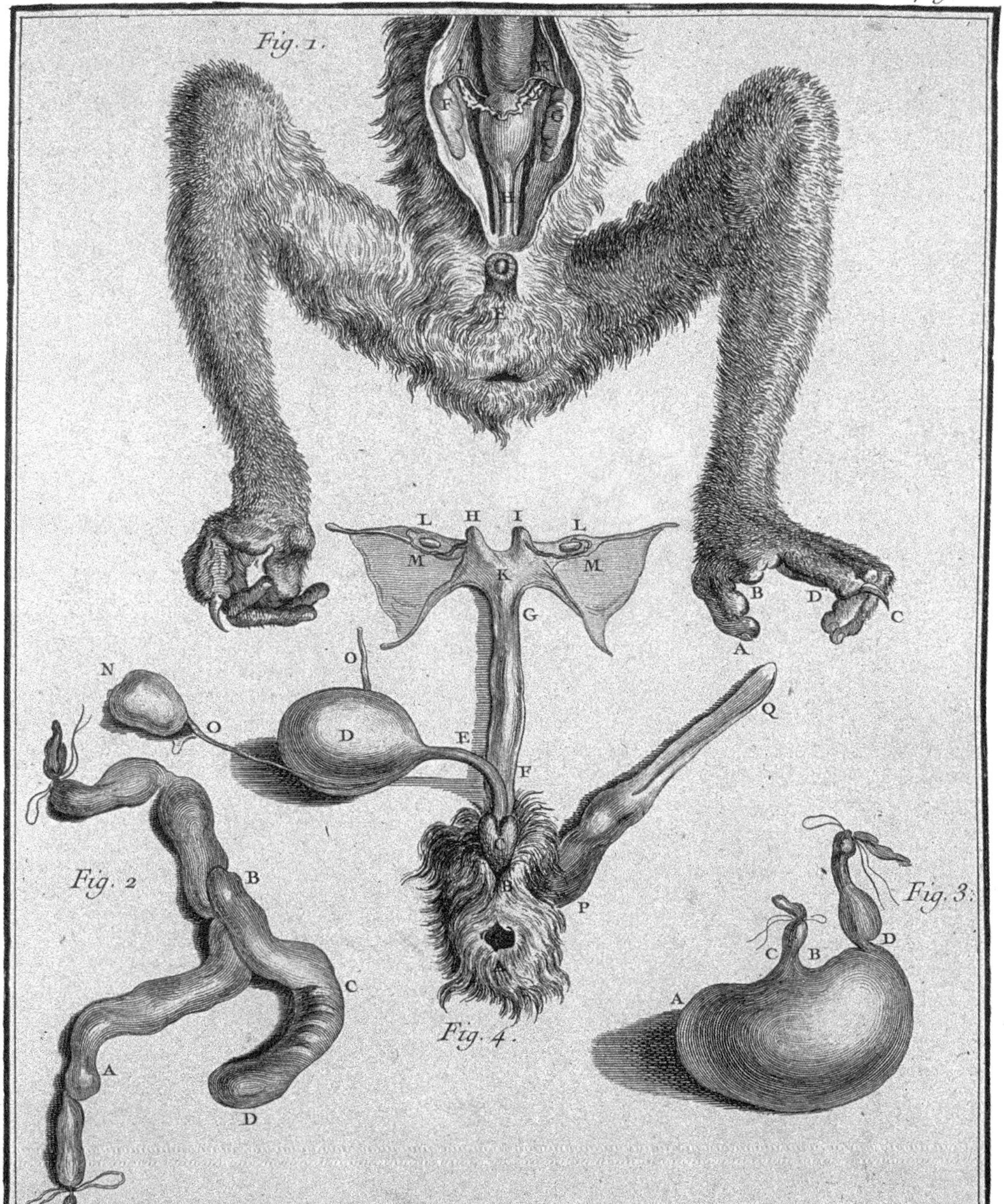


De Seve del. Mlle Roussselet, Fme Tardieu Sculp.

Tom. XIII. Pl. XXXII. pag. 224.

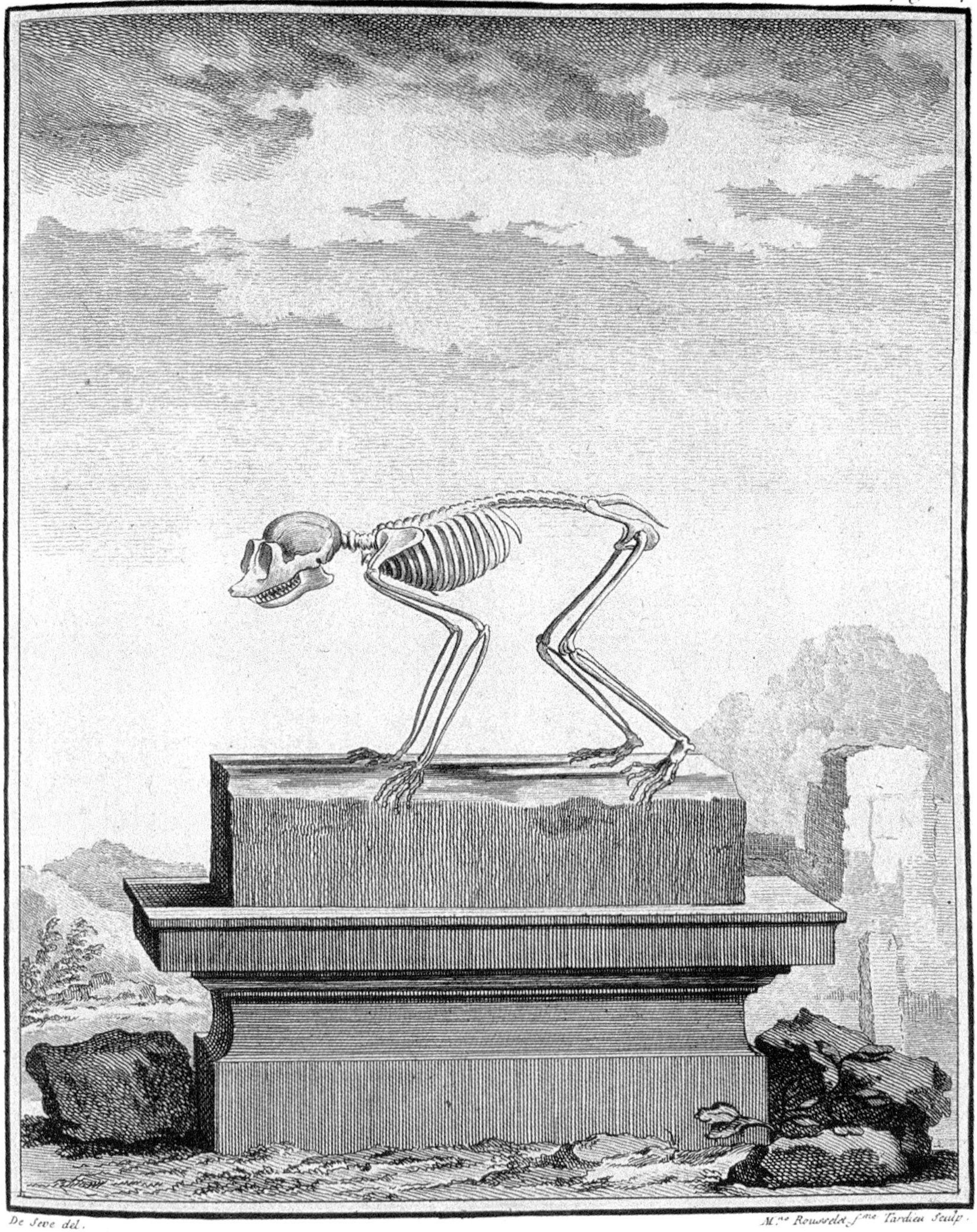

De Seve del. M.me Rousselet f.me Tardieu Sculp.

Tom. XIII. Pl. XXXIII. Pag. 232.

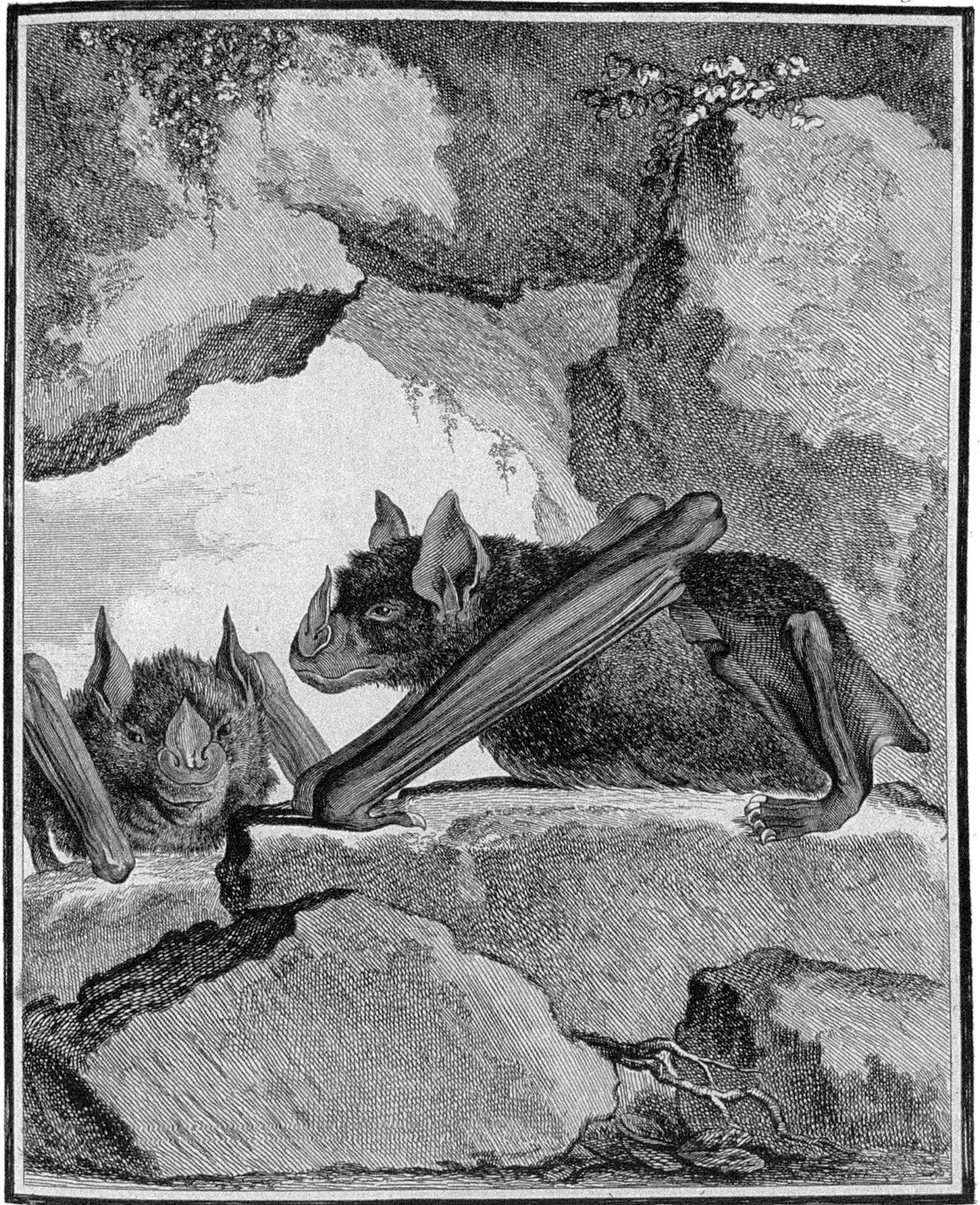

De Seve del. L. le Grand Sculp

LA CHAUVE-SOURIS FER-DE-LANCE.

Tom. XIII. Pl. XXXIV. Pag. 238.

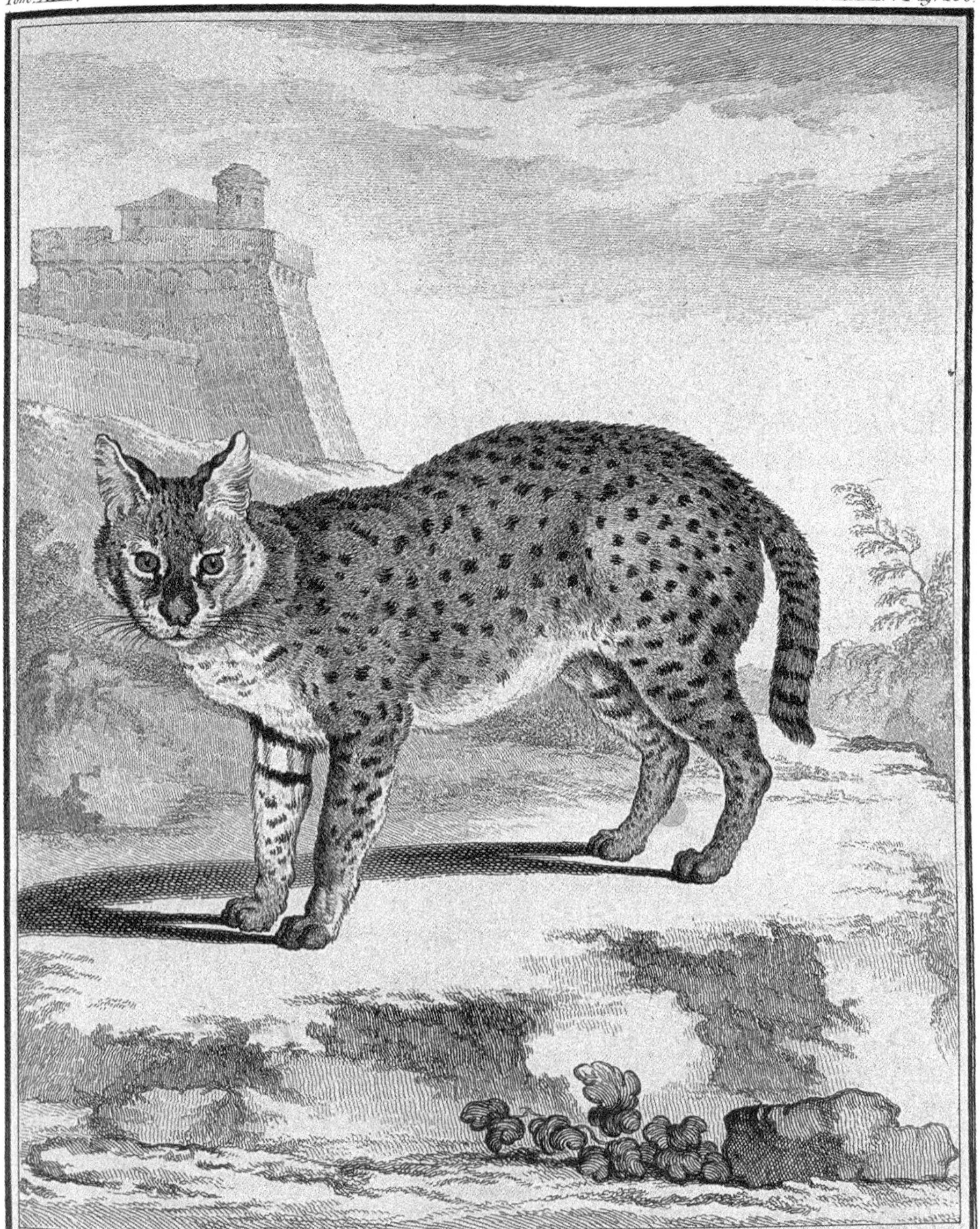

De Seve delin. C. Baquoy Sculp.

LE SERVAL.

Tom. XIII. Pl. XXXV. Pag. 246.

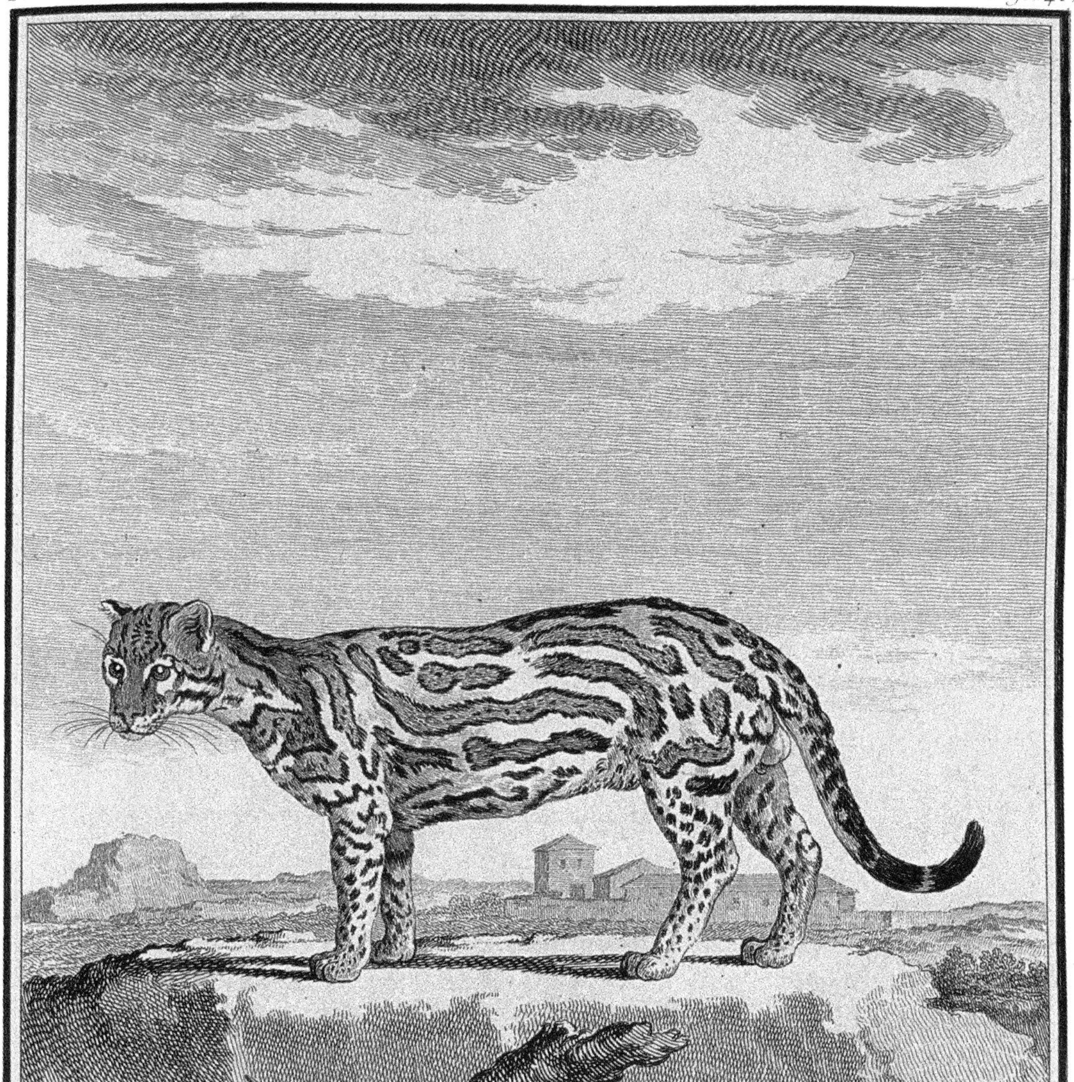

De Seve delin. C. Baquoy Sculp.

L'OCELOT MALE.

Tom. XIII. Pl. XXXVI. Pag. 246.

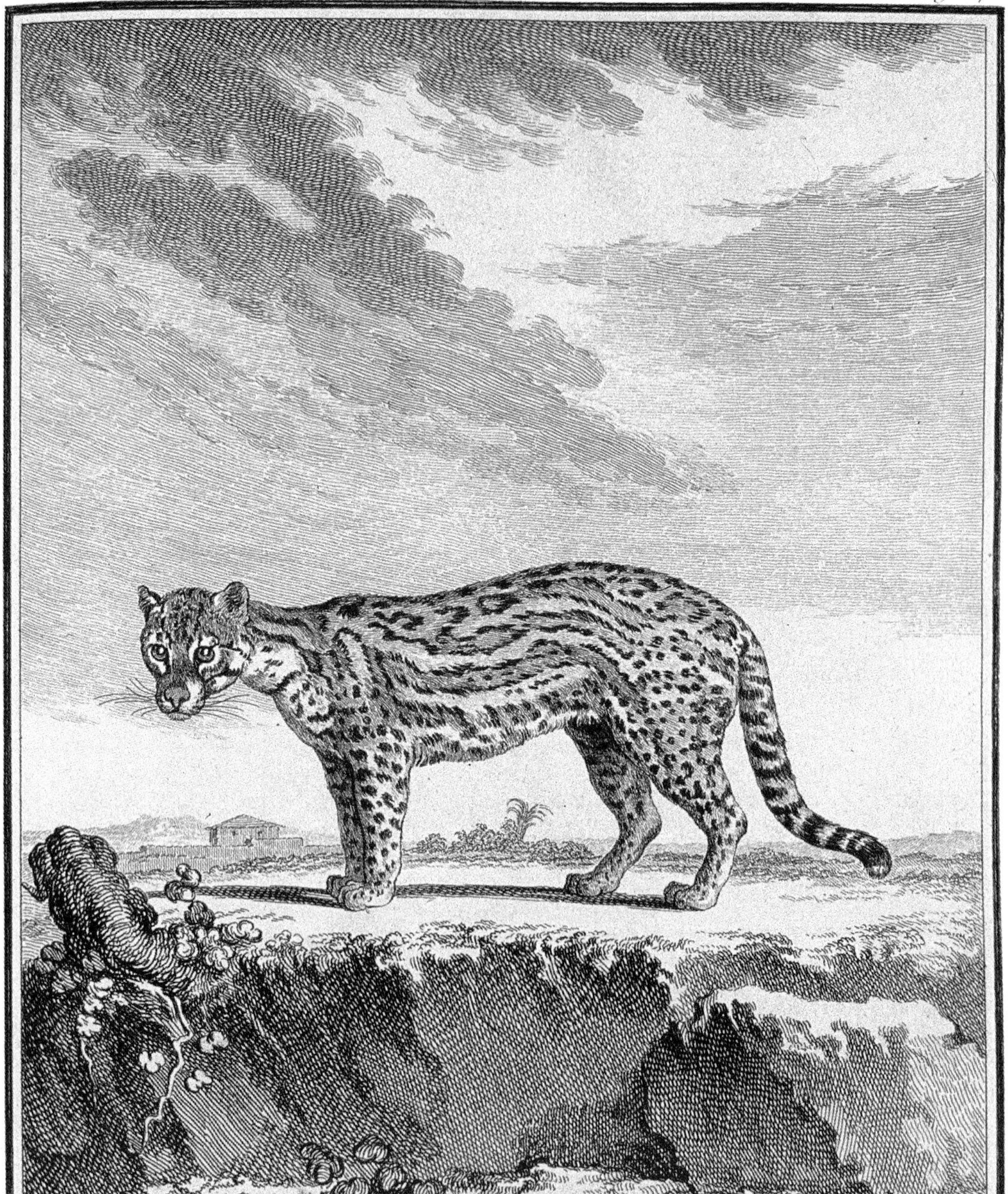

De Seve delin. C. Baquoy Sculp.

L'OCELOT FEMELLE.

Tom. XIII. Pl. XXXVII. Pag. 252

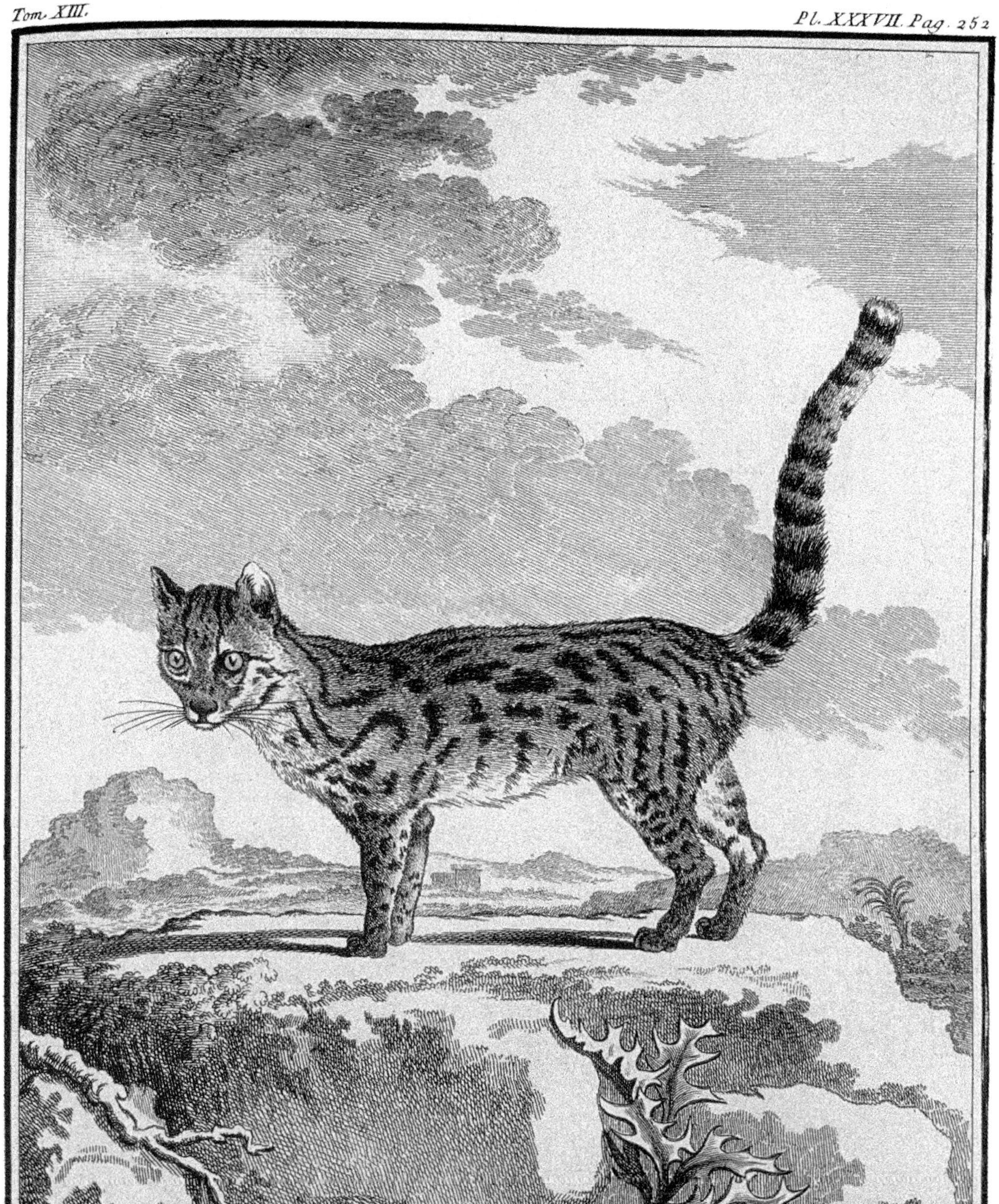

De Seve del. L. Legrand Sculp.

LE MARGAY.

Tom. XIII. Pl. XXXVIII pag. 302

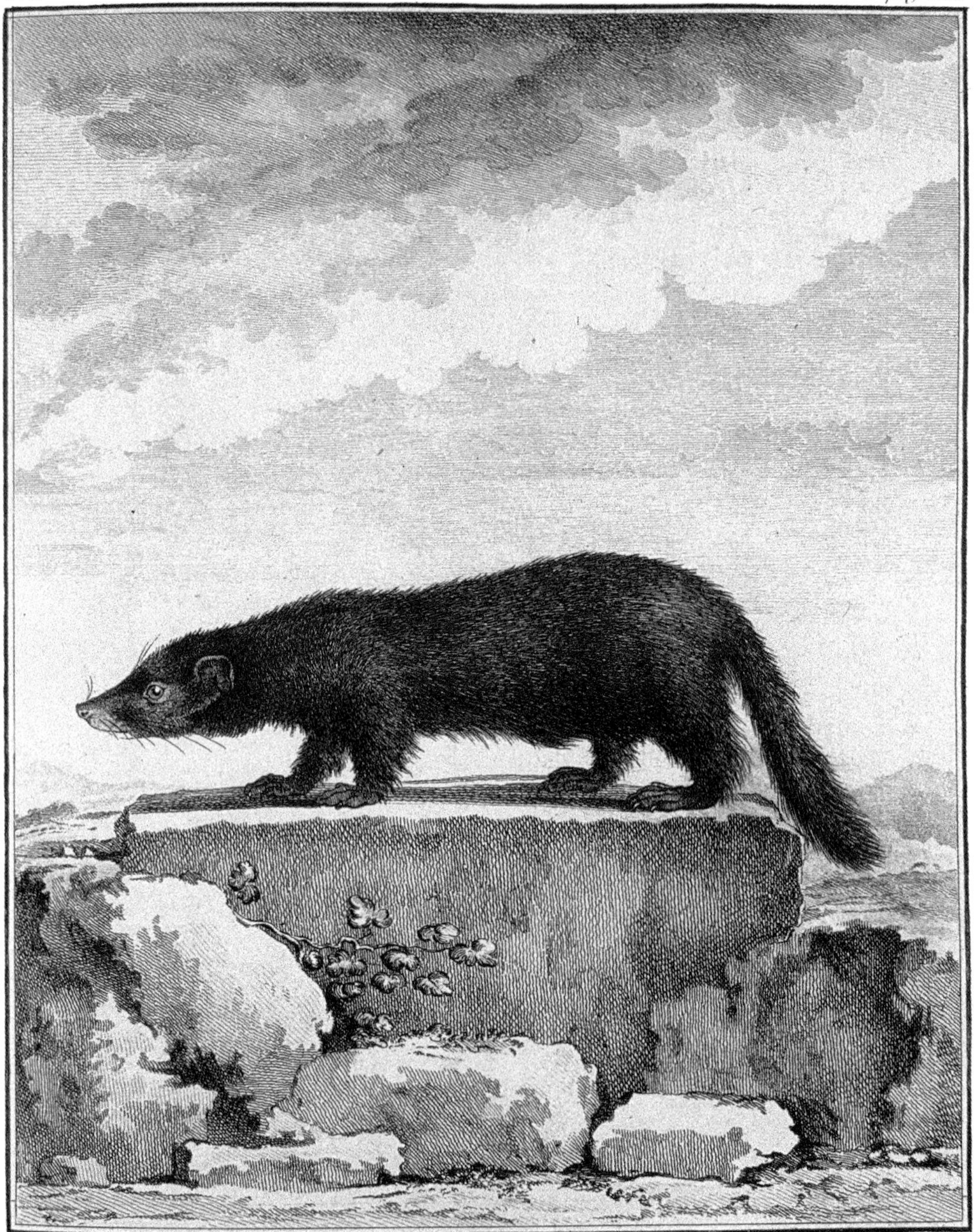

De Seve del. Mme Rousselet, Fme Tardieu Sculp.

LE COASE.

Tom. XIII. Pl. XXXIX. Pag 302.

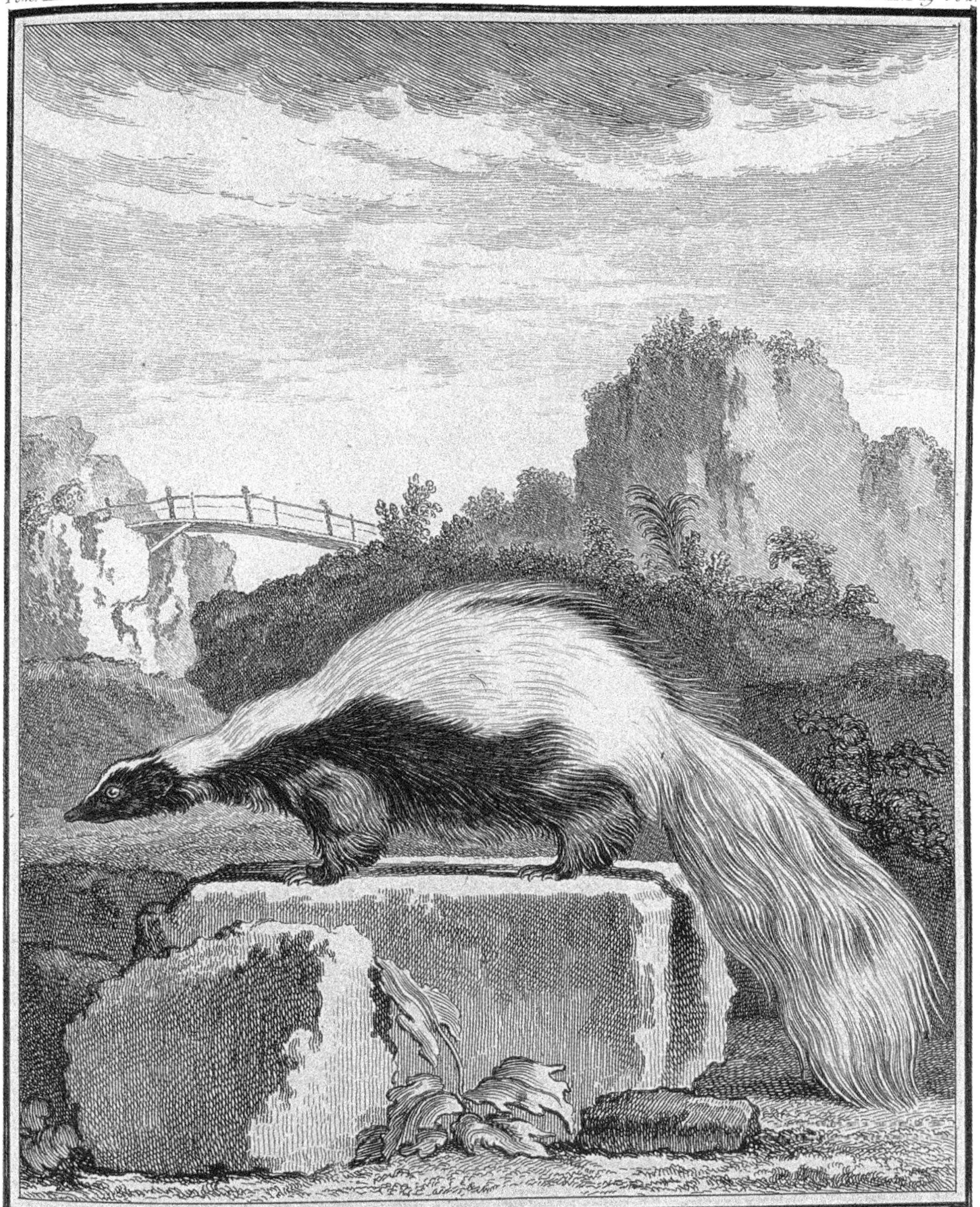

De Seve delin. C. Baquoy Sculp.

LE CHINCHE.

Tom. XIII. Pl. XL. pag. 302.

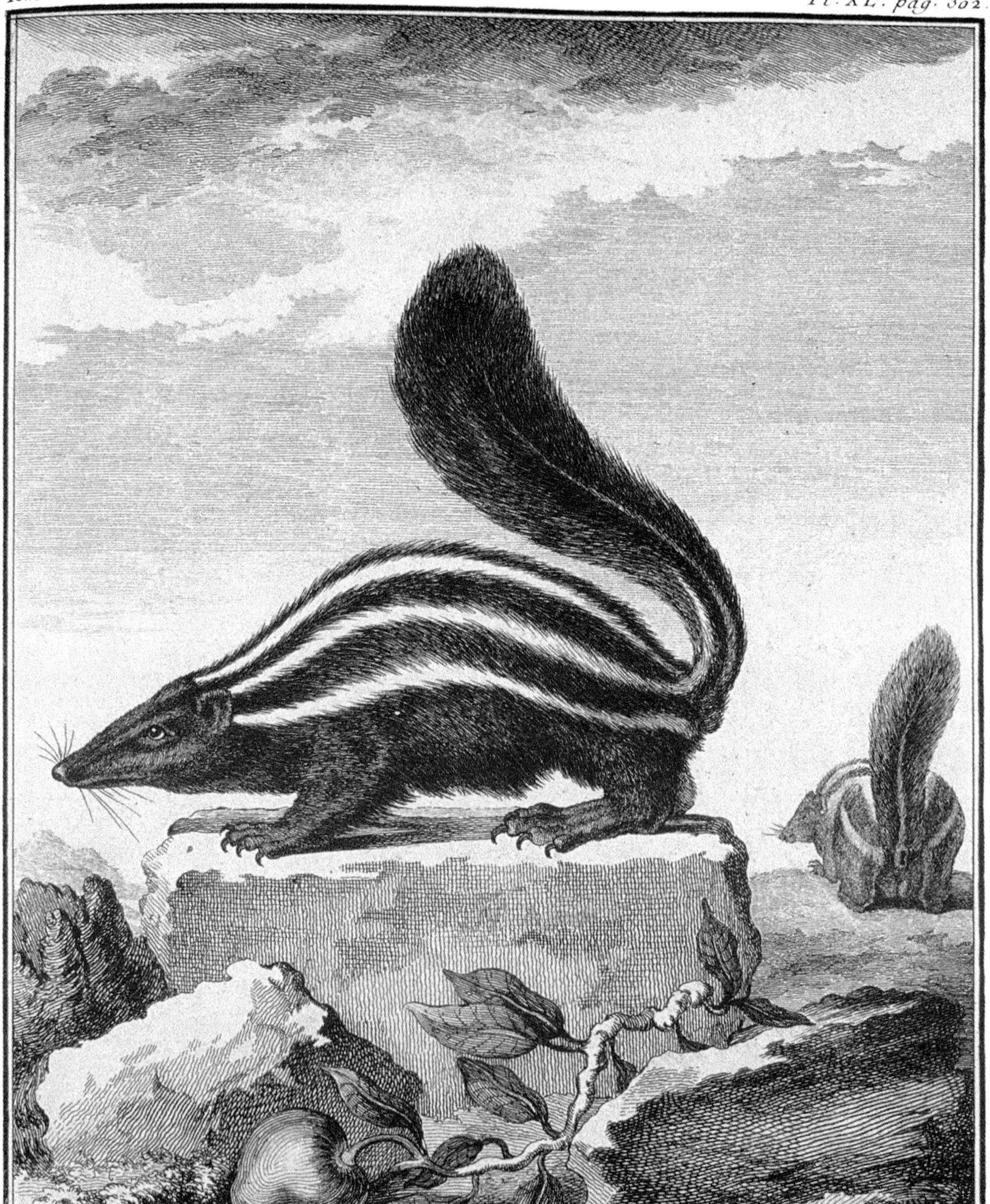

De Seve del. M.lle Rousselet, f.me Tardieu Sculp.

LE CONEPATE.

Tom. XIII. Pl. XLI. Pag. 302.

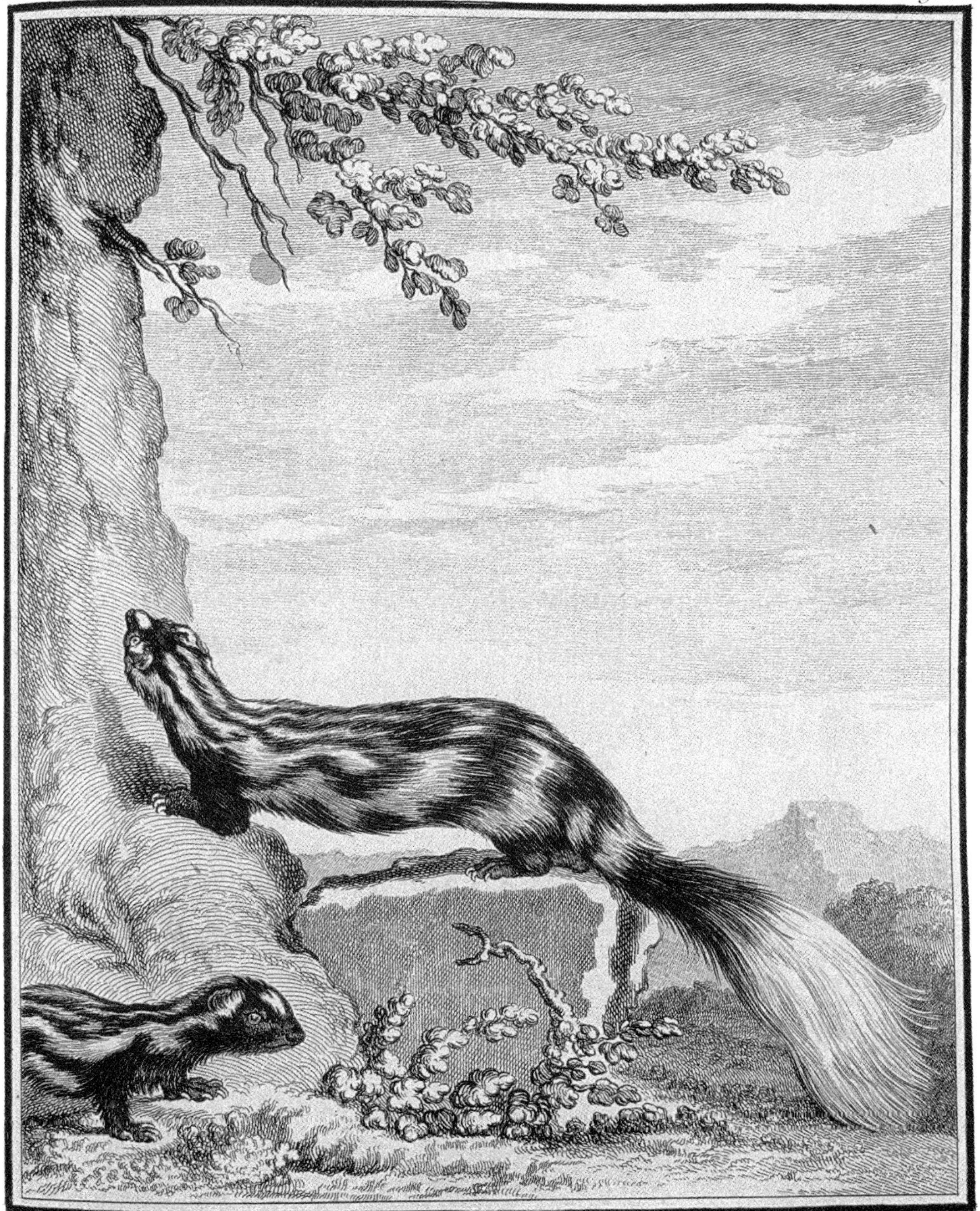

De Seve delin. C. Baquoy Sculp.

LE ZORILLE.

Tom. XIII. Pl. XLII. Pag. 308.

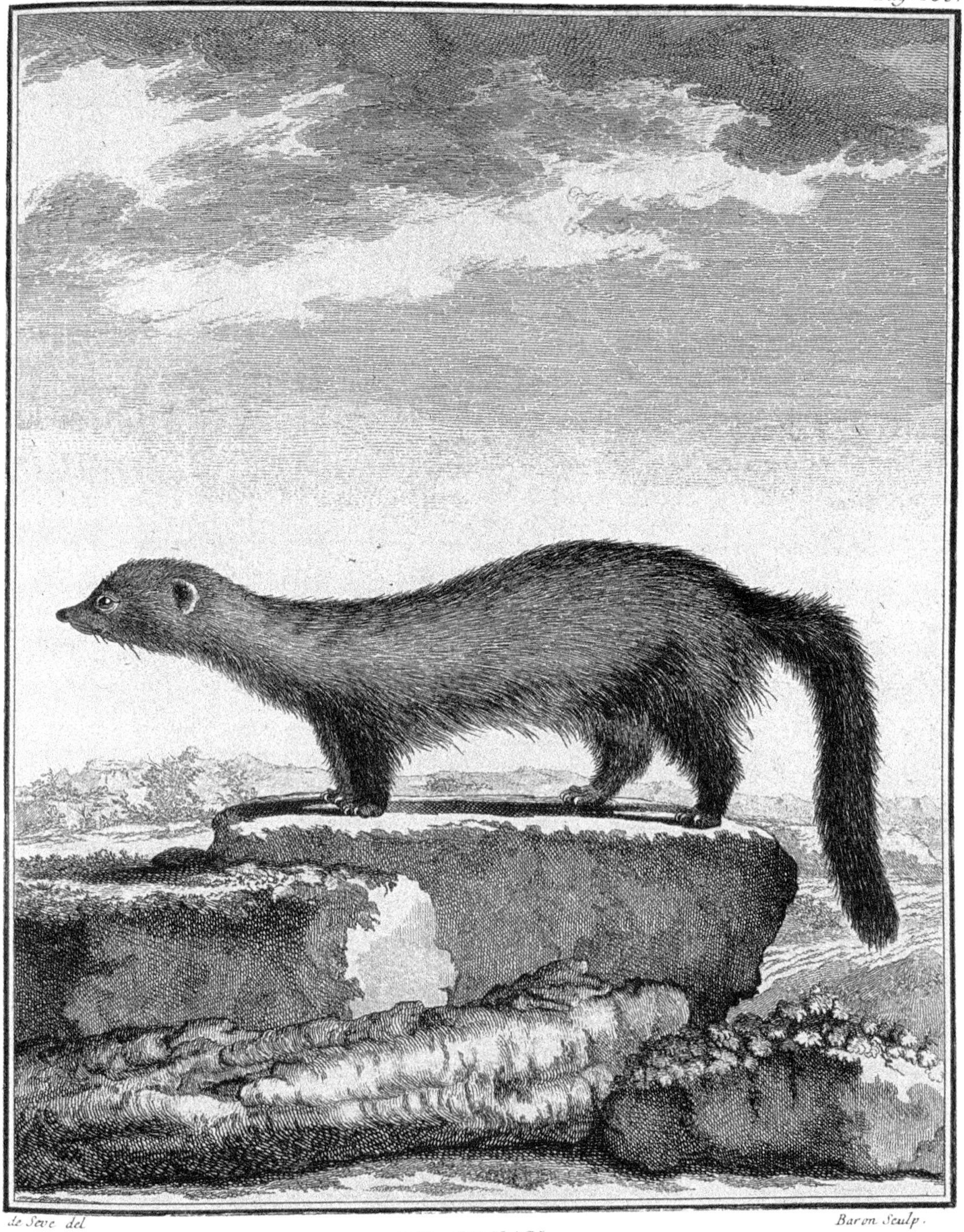

de Seve del. Baron Sculp.

LE PEKAN.

Tom. XIII. Pl. XLIII. Pag. 308.

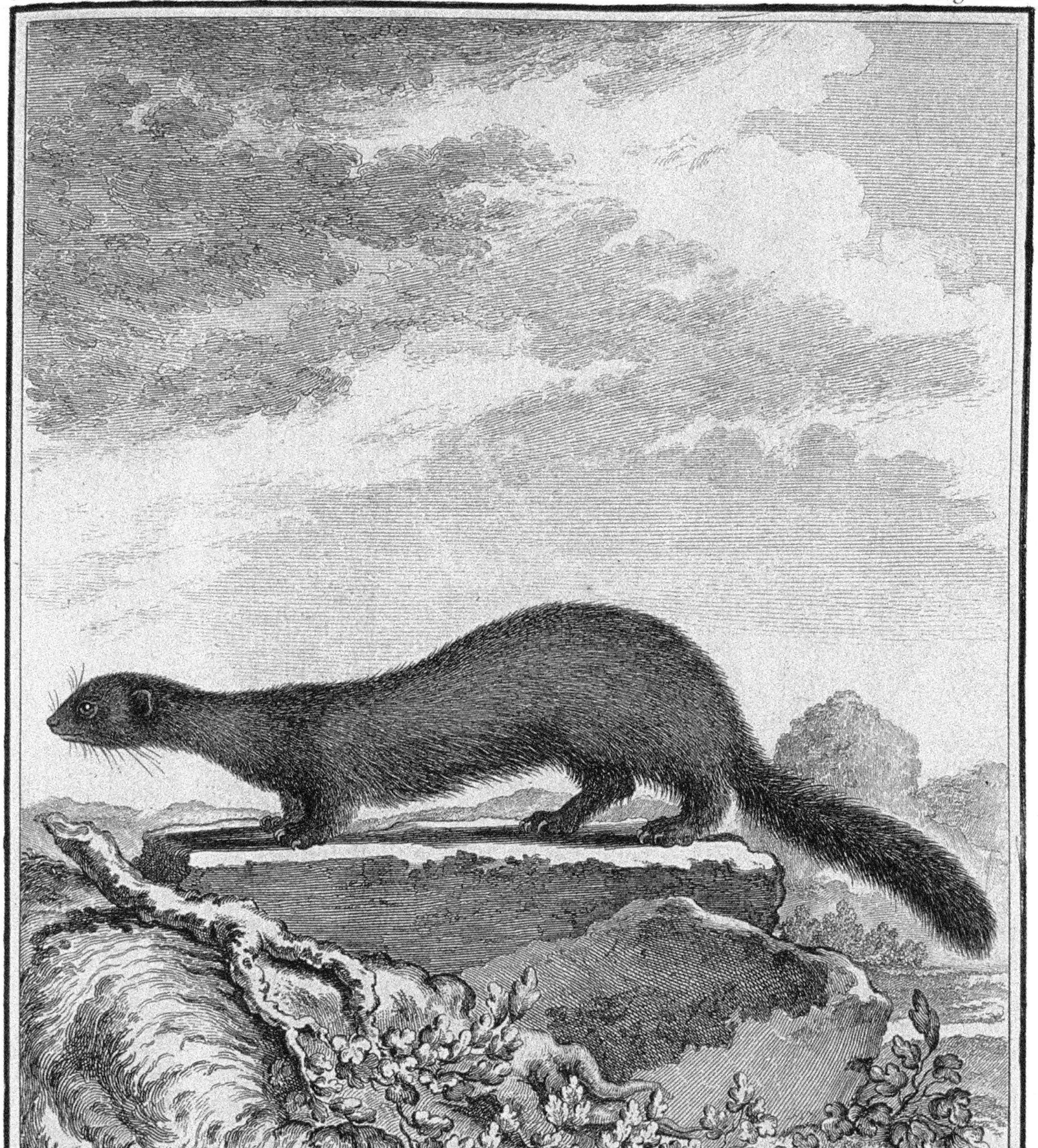

de Seve del. Baron Sculp.

LE VISON.

Tom. XIII. Pl. XLIV. Pag. 326.

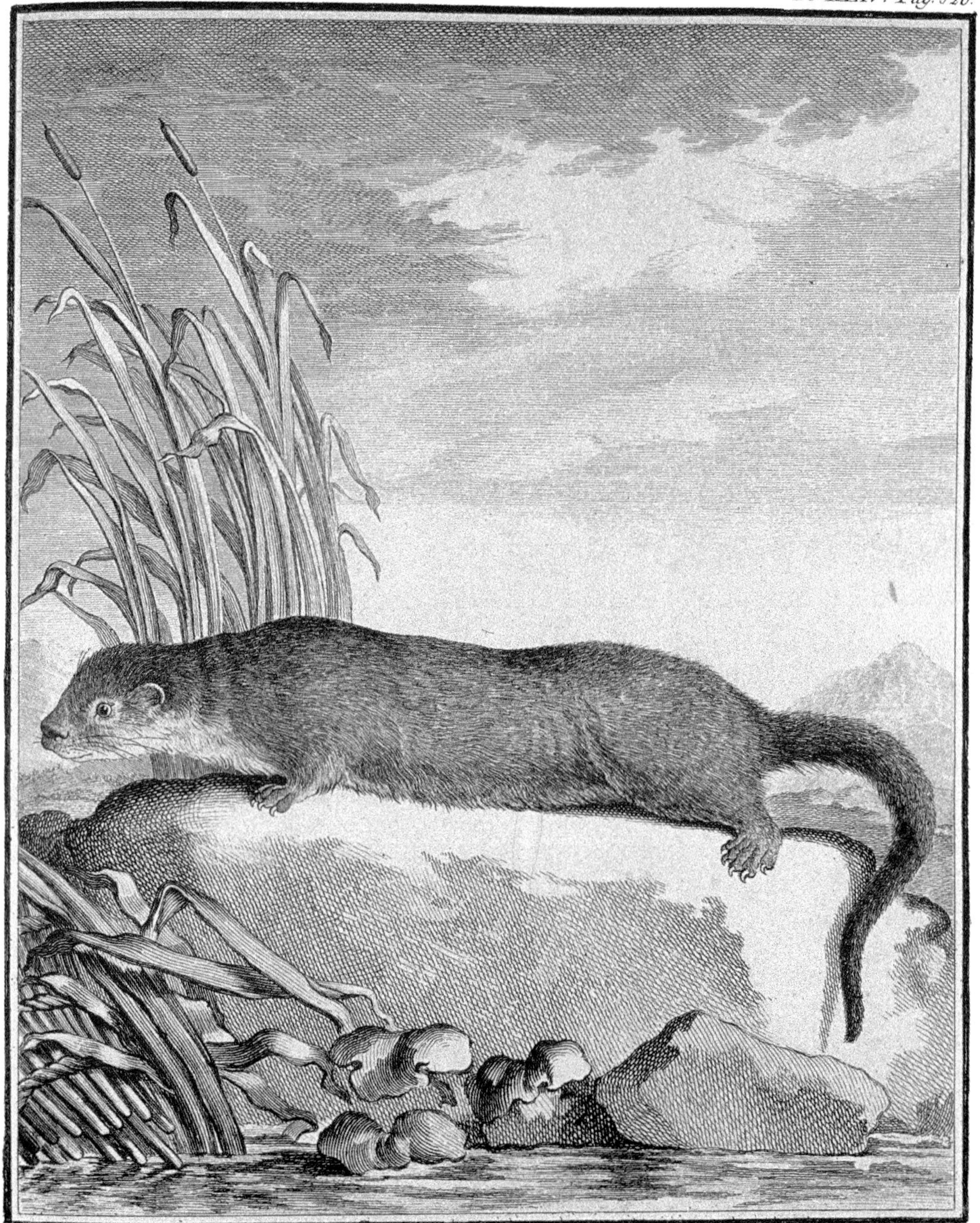

De Seve del. Baron Sculp.

UNE LOUTRE DE CANADA.

Tom. XIII. Pl. XLV. Pag. 414.

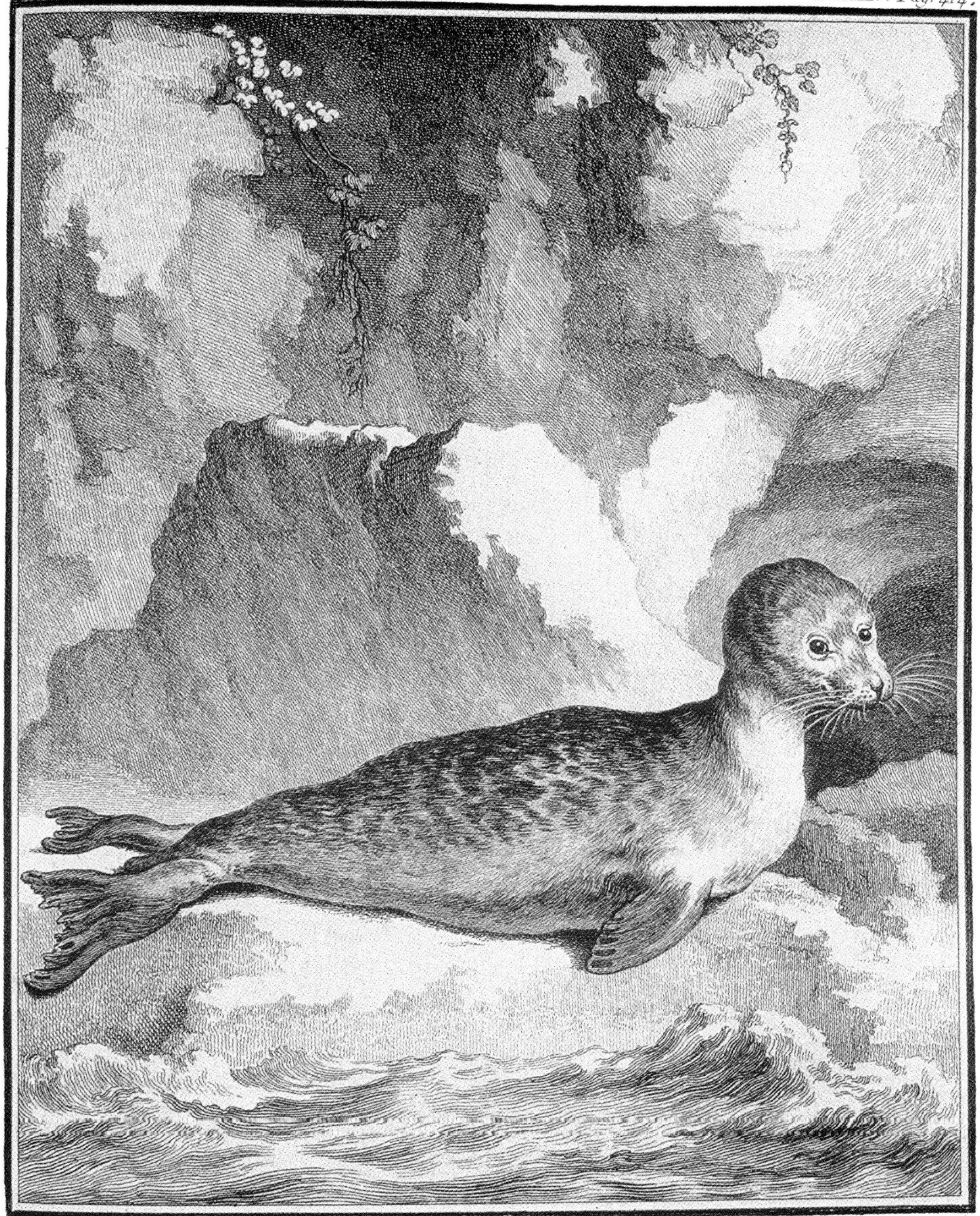

De Seve delin. C. Baquoy sculp.

LE PHOQUE.

Tom. XIII. Pl. XLVI. Pag. 414.

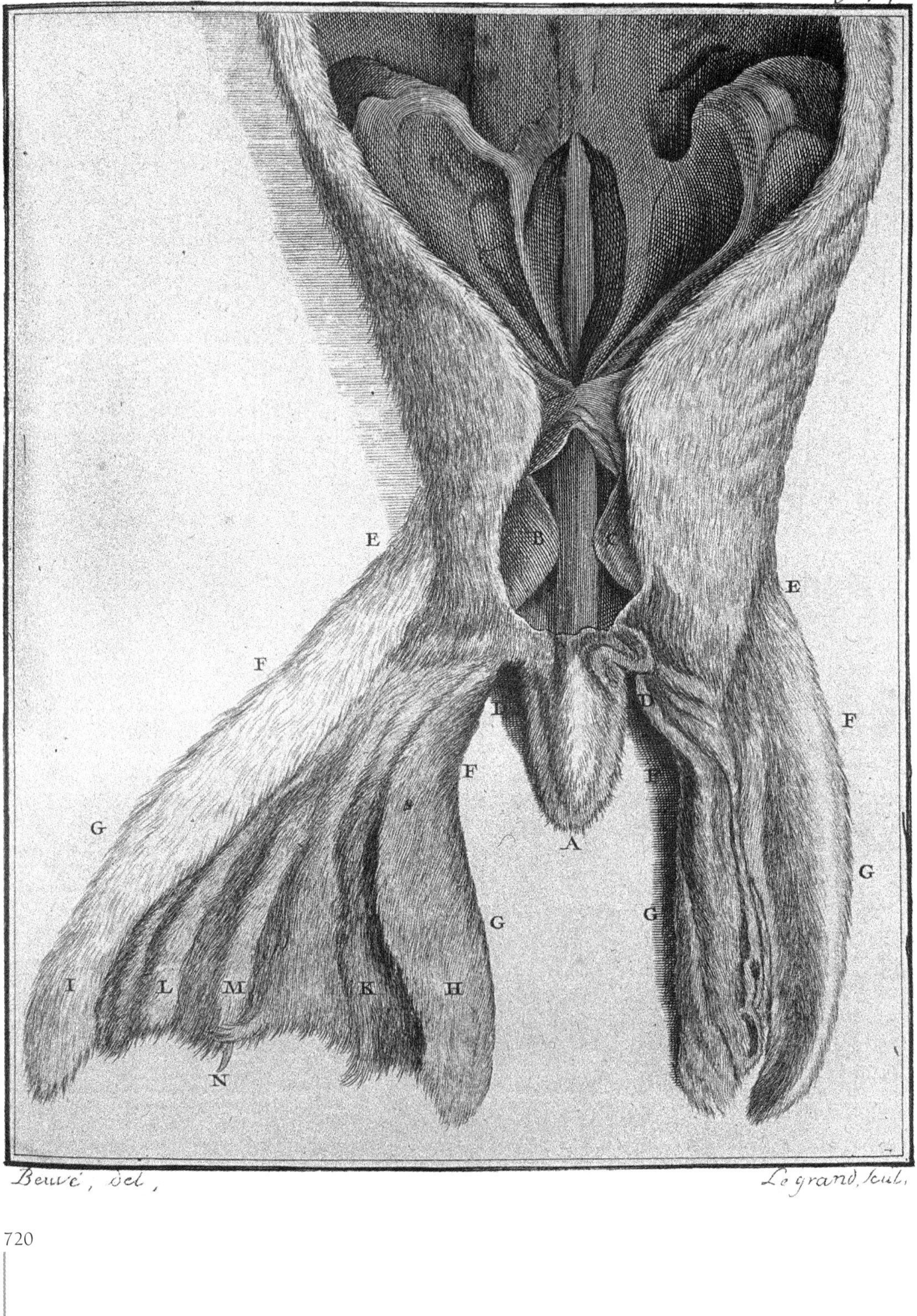


Beuvé, del. Le grand, sculp.

*Tom. XIII.* *Pl. XLVII. Pag. 414.*

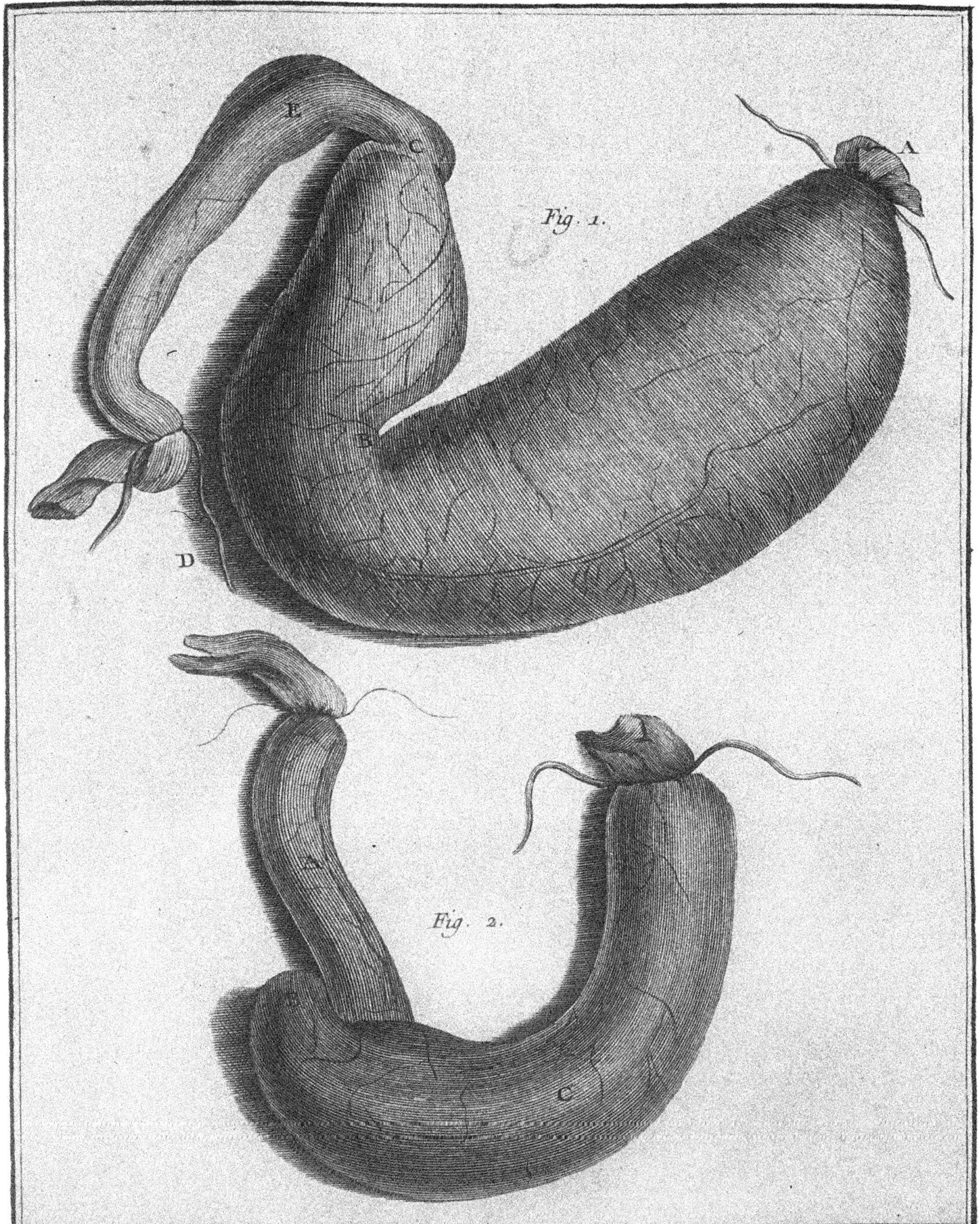


*Buvée l'Americain. del.* *Barron. Sculp.*

Tom. XIII. Pl. XLVIII. Pag. 414.

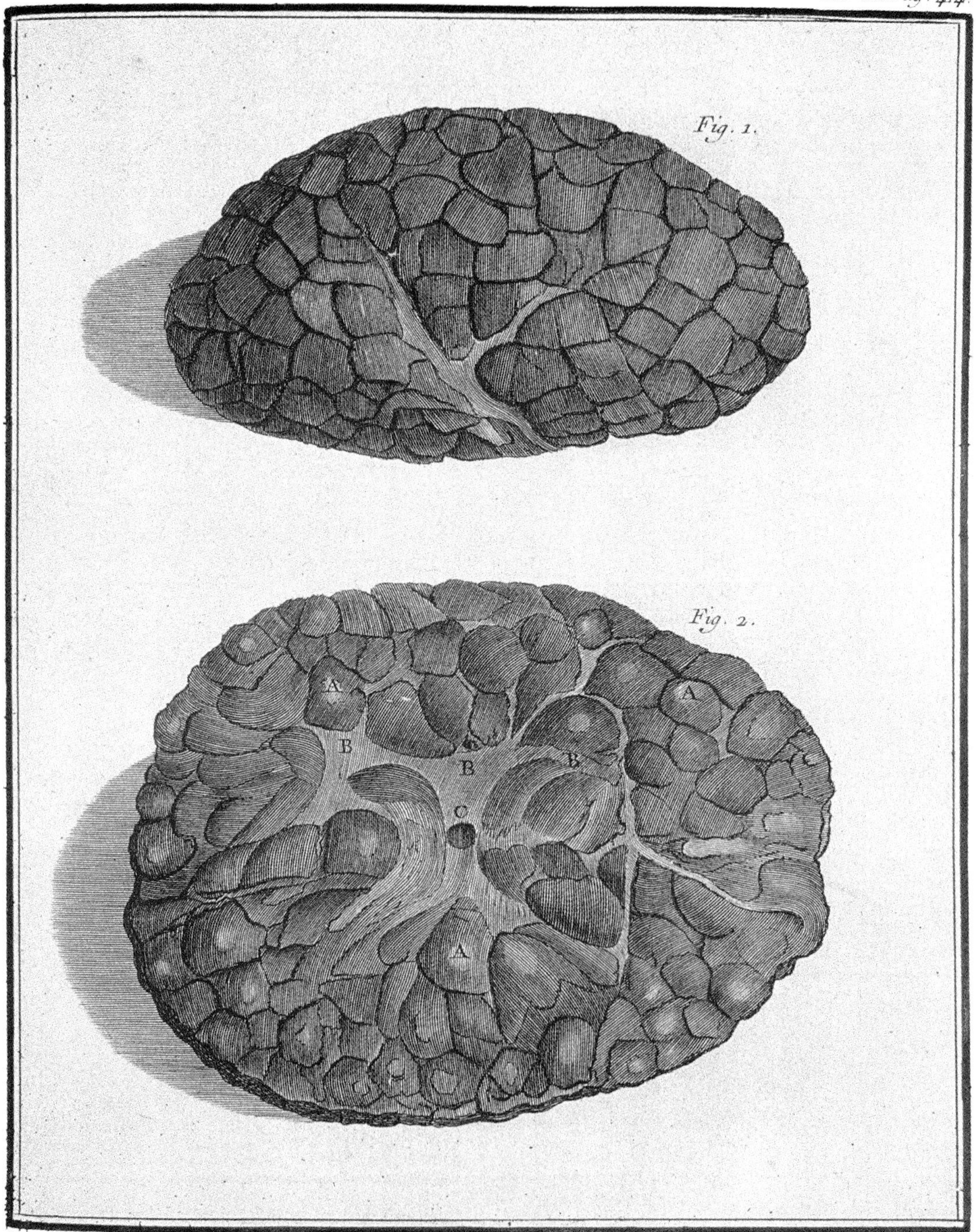


Buvée del. Baron f.

Tom. XIII.

Pl. XLIX. Pag. 414.

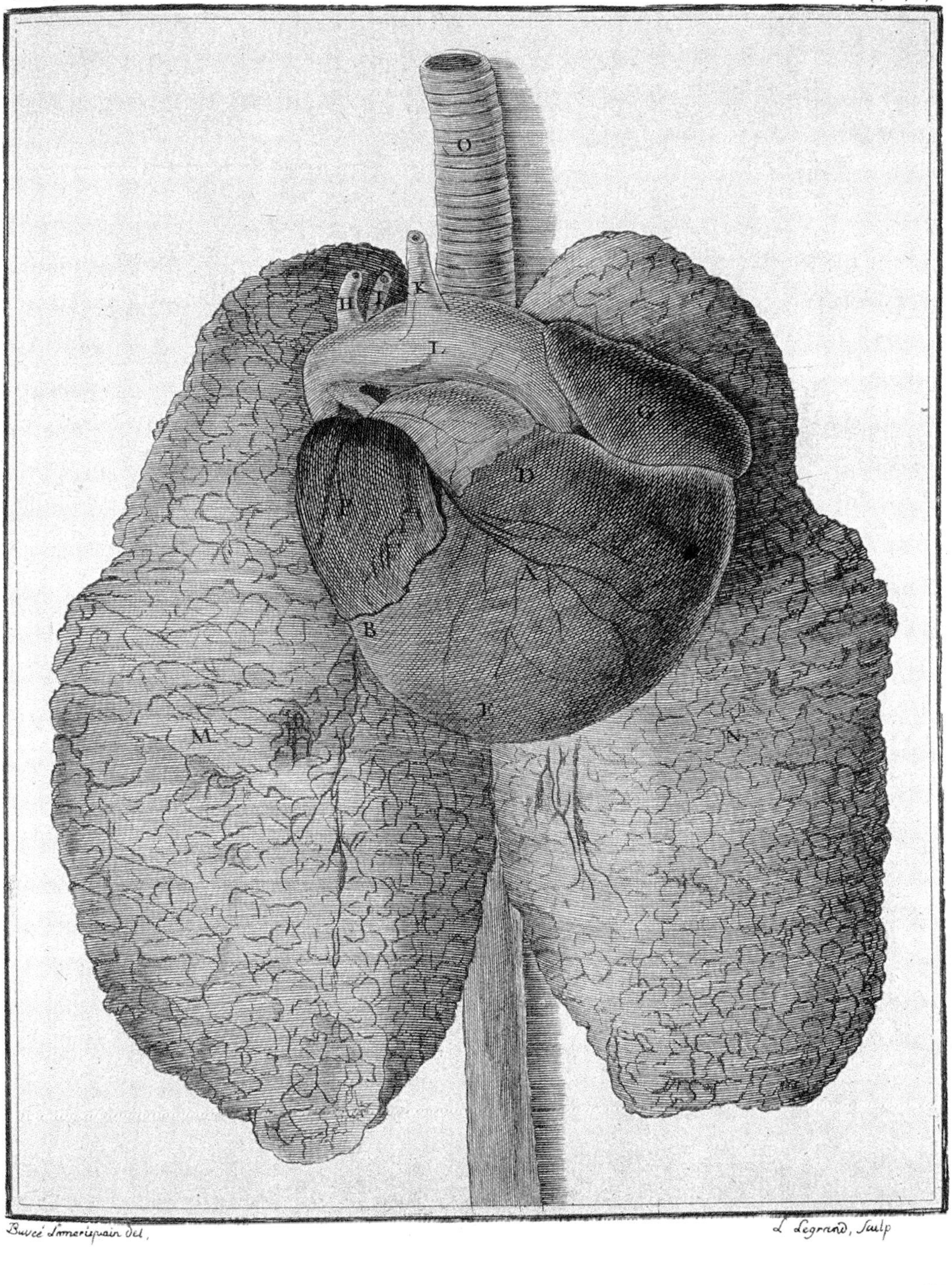


Buvée l'Américain del.

L. Legrand, Sculp

Tom. XIII. Pl. L. Pag. 414.

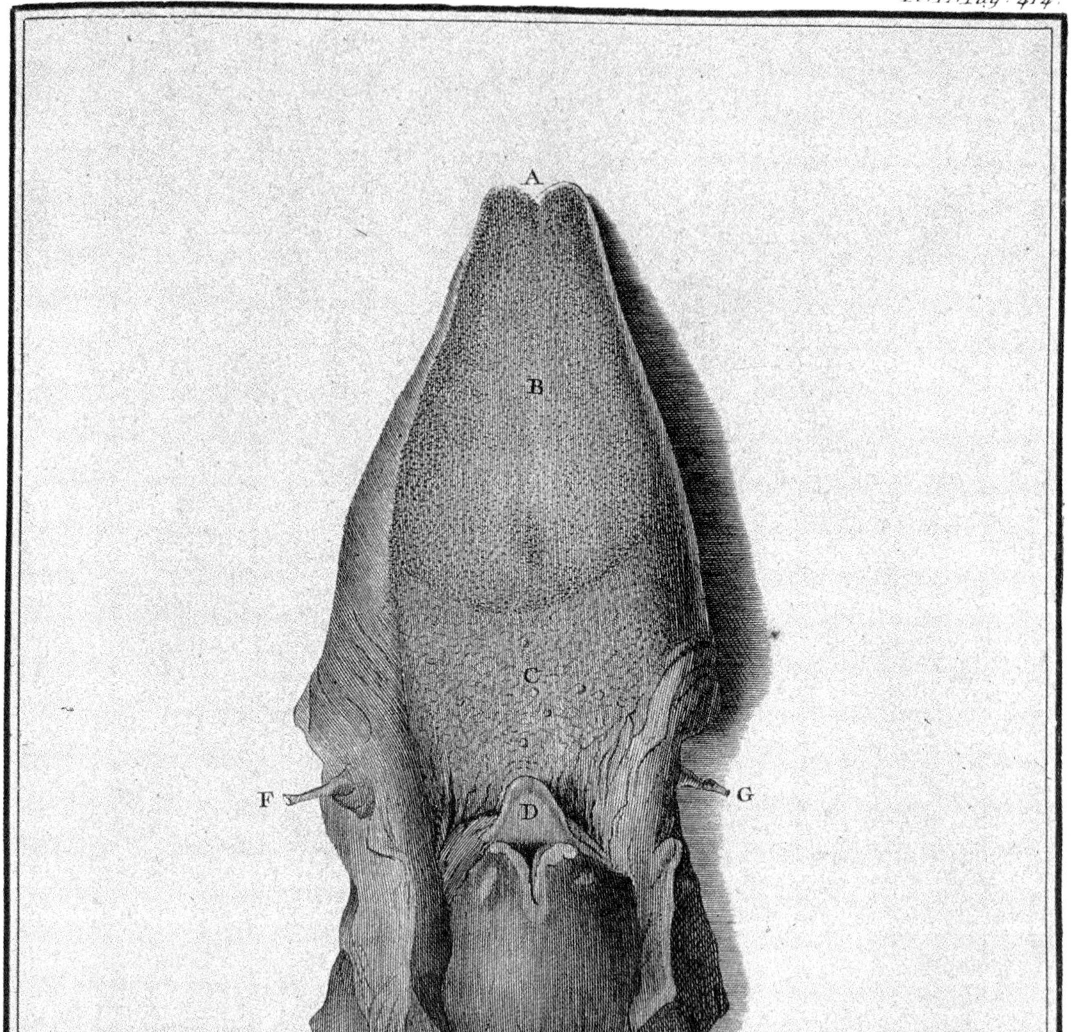


Busée Sam. del. L. Legrand Sculp.

Tom. XIII. Pl. LI. Pag. 414.

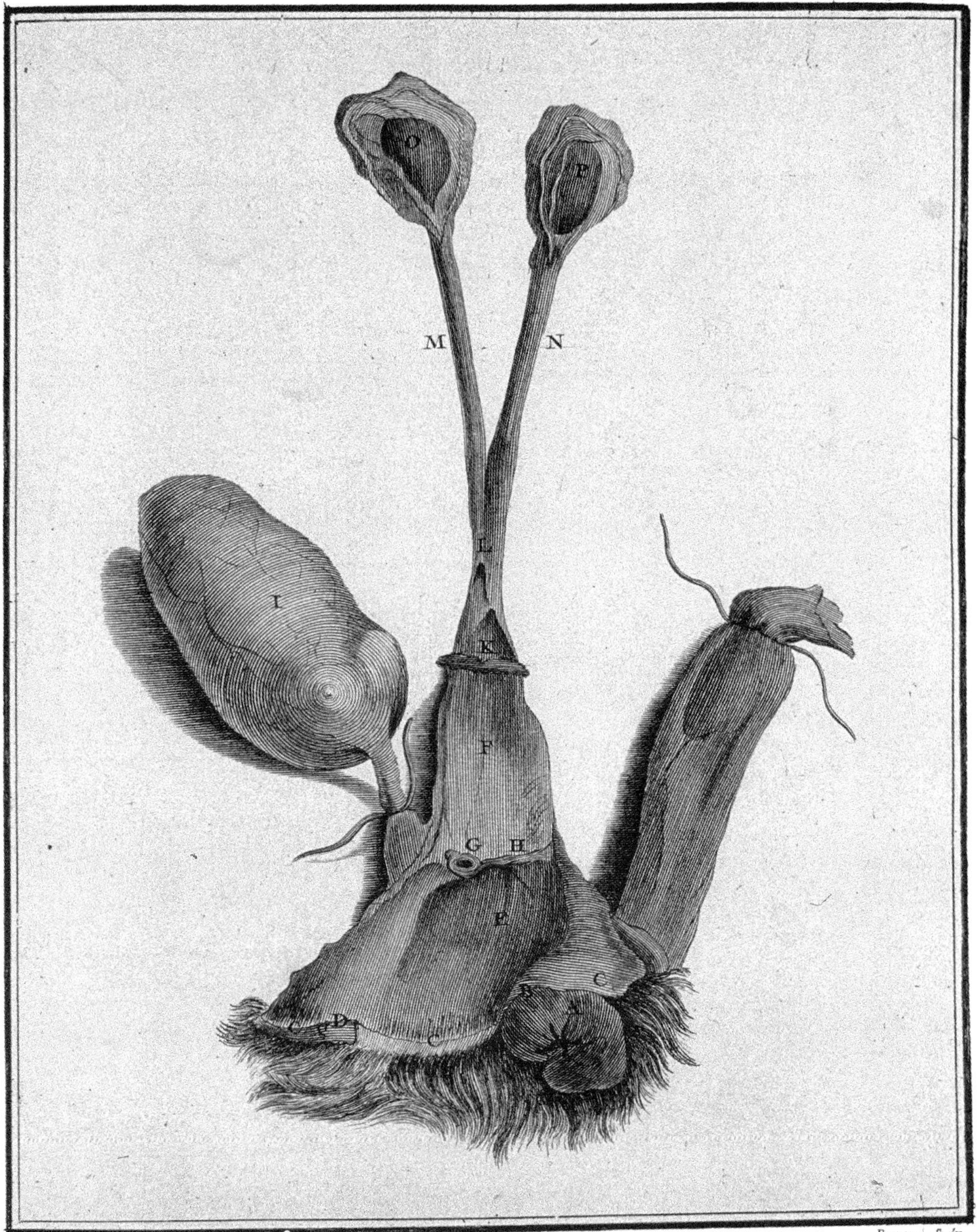


Buvée l'Americquain del. Baron Sculp.

Tom. XIII. Pl. LII. Pag. 414.

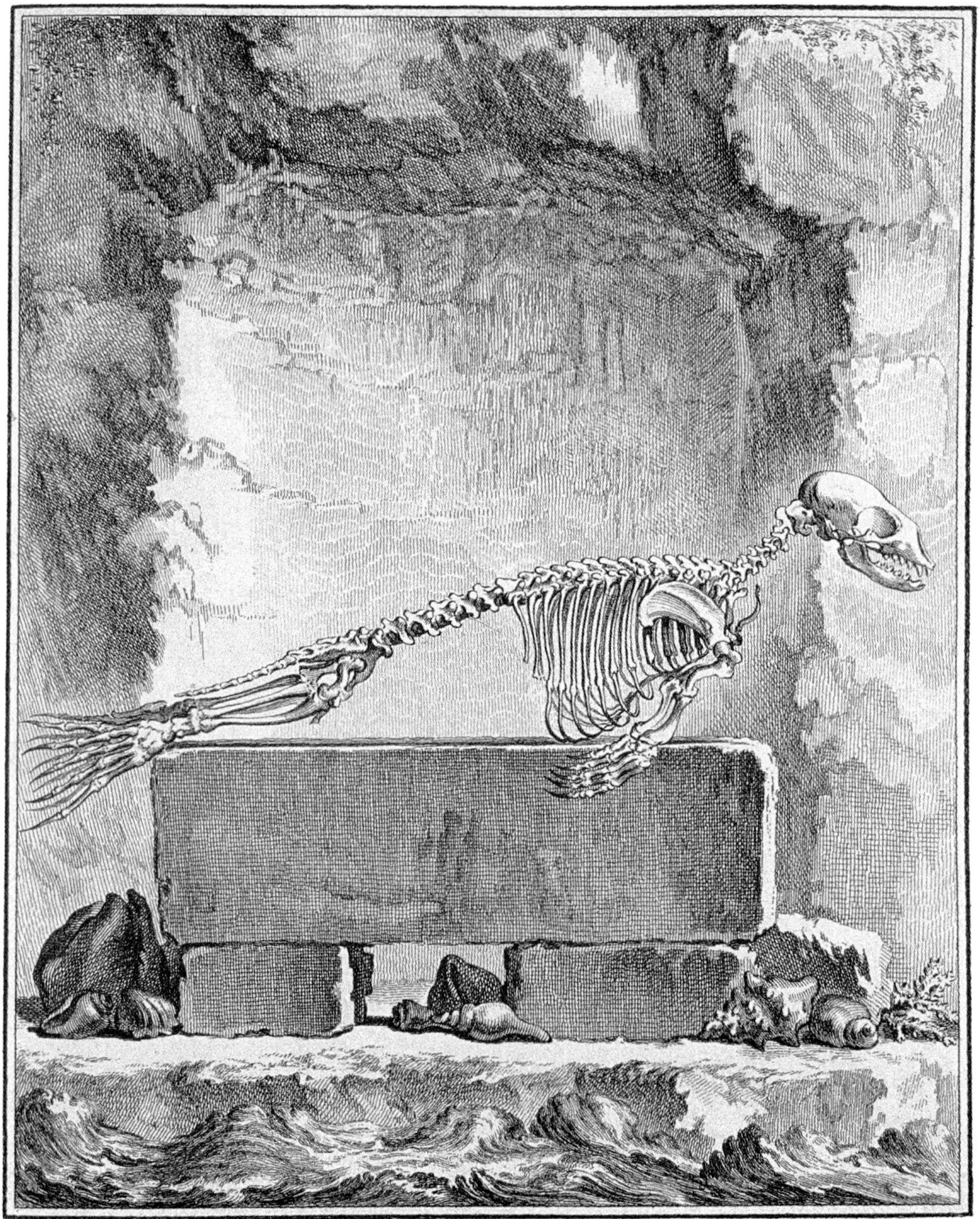

De Seve del. F.th Haußard Sculp.

Tom. XIII. Pl. LIII. Pag. 424

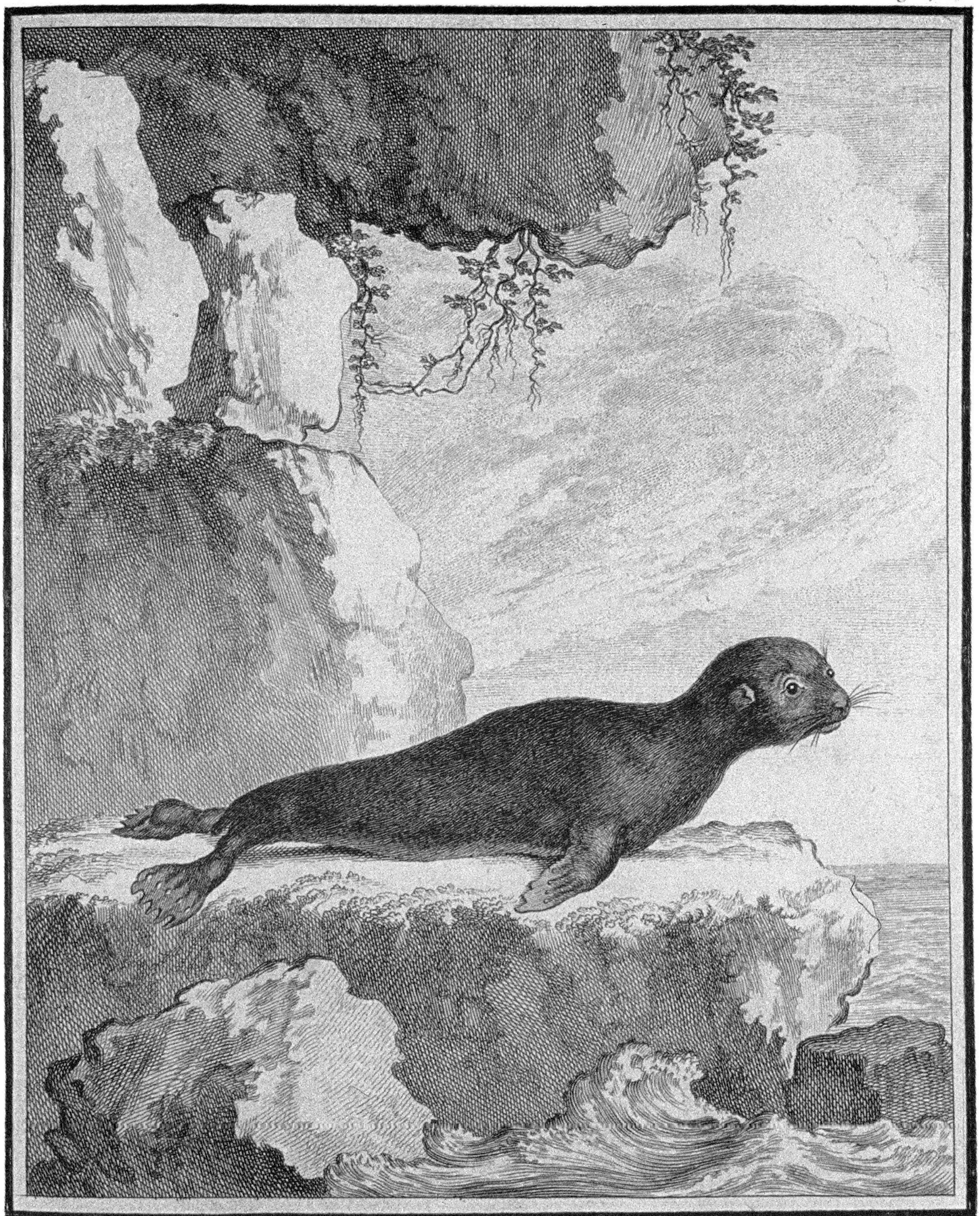

de Seve del. Chevillet Sculp.

LE PETIT PHOQUE.

Tom. XIII. Pl. LIV. Pag. 424.

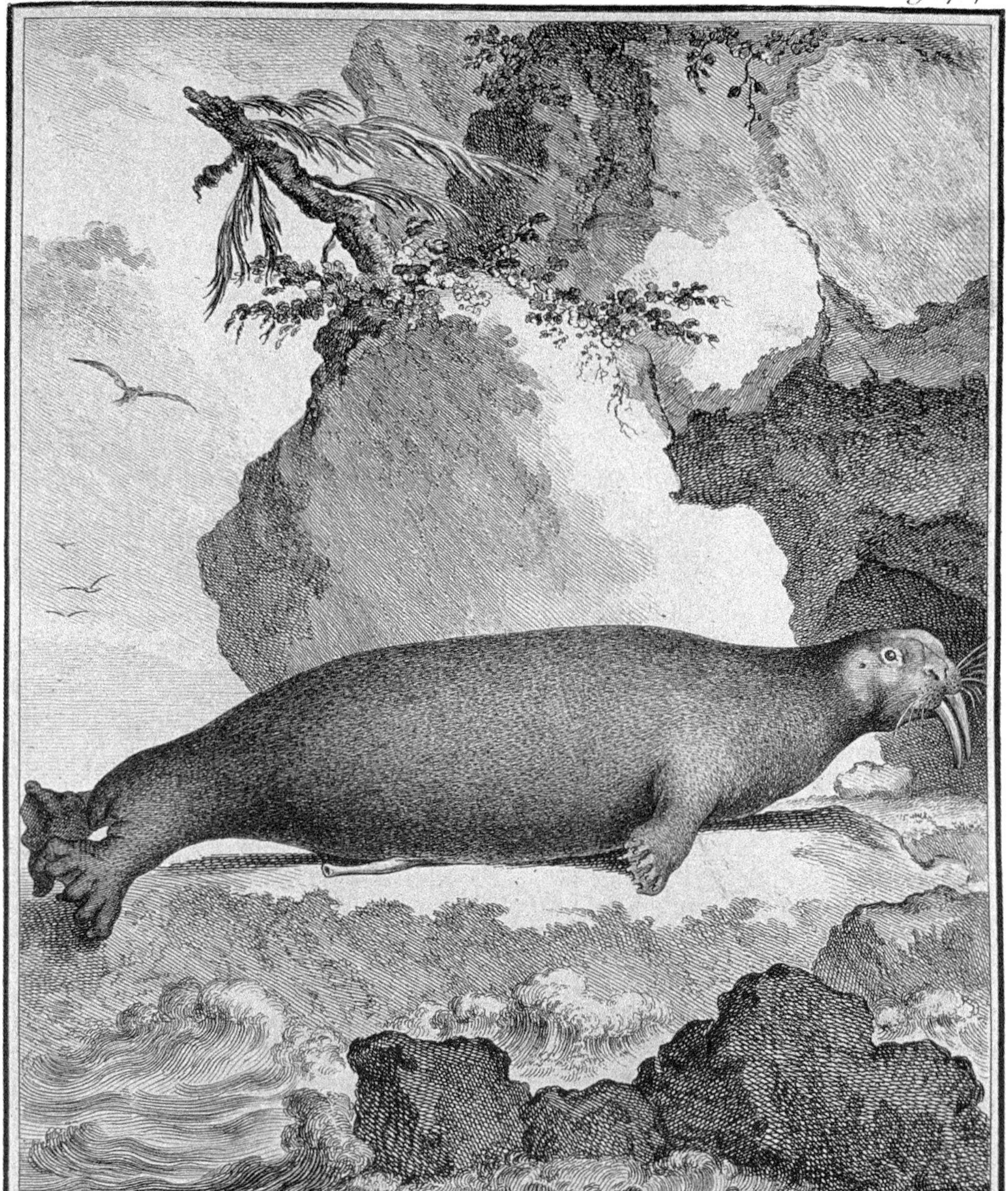

De Seve Del. Desehrt Scul.

LE MORSE.

Tom. XIII. Pl. LV. Pag. 424.

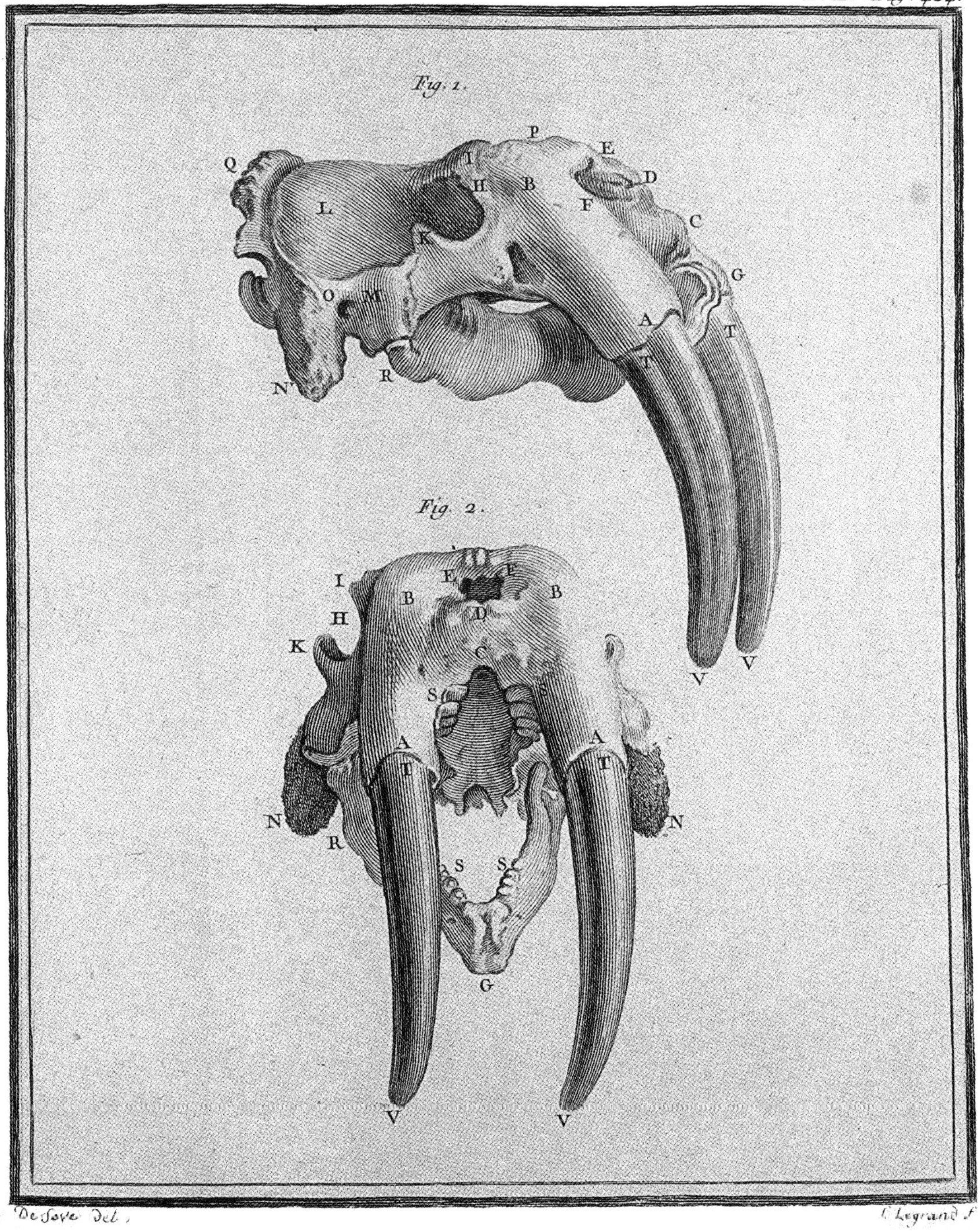


De Sève del. Legrand f.

Tom. XIII. Pl. LVI. Pag. 424.

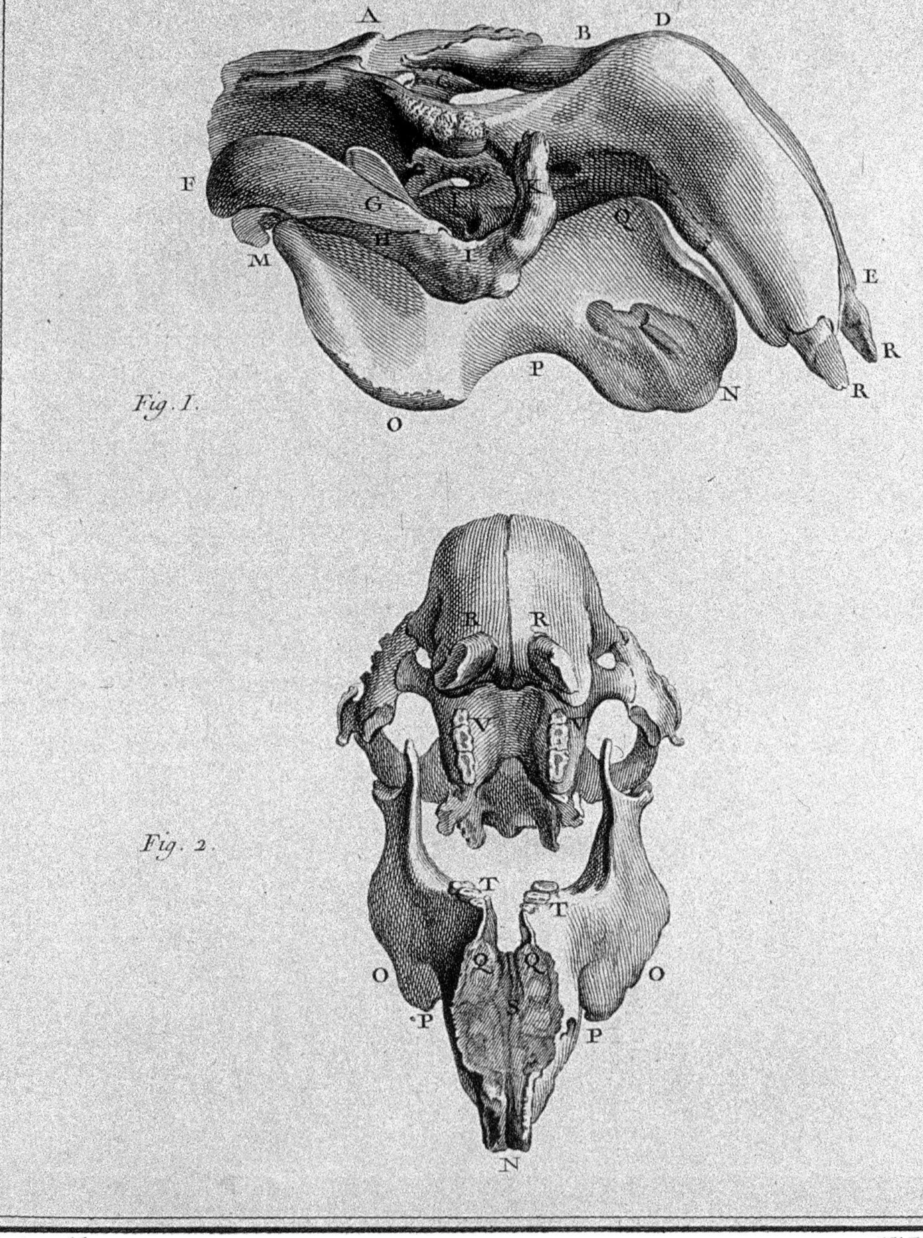


Fig. 1.

Fig. 2.

De Seve del. C^ne Haussard Sculp.

*Tom XIII* *Pl. LVII. Pag. 430*

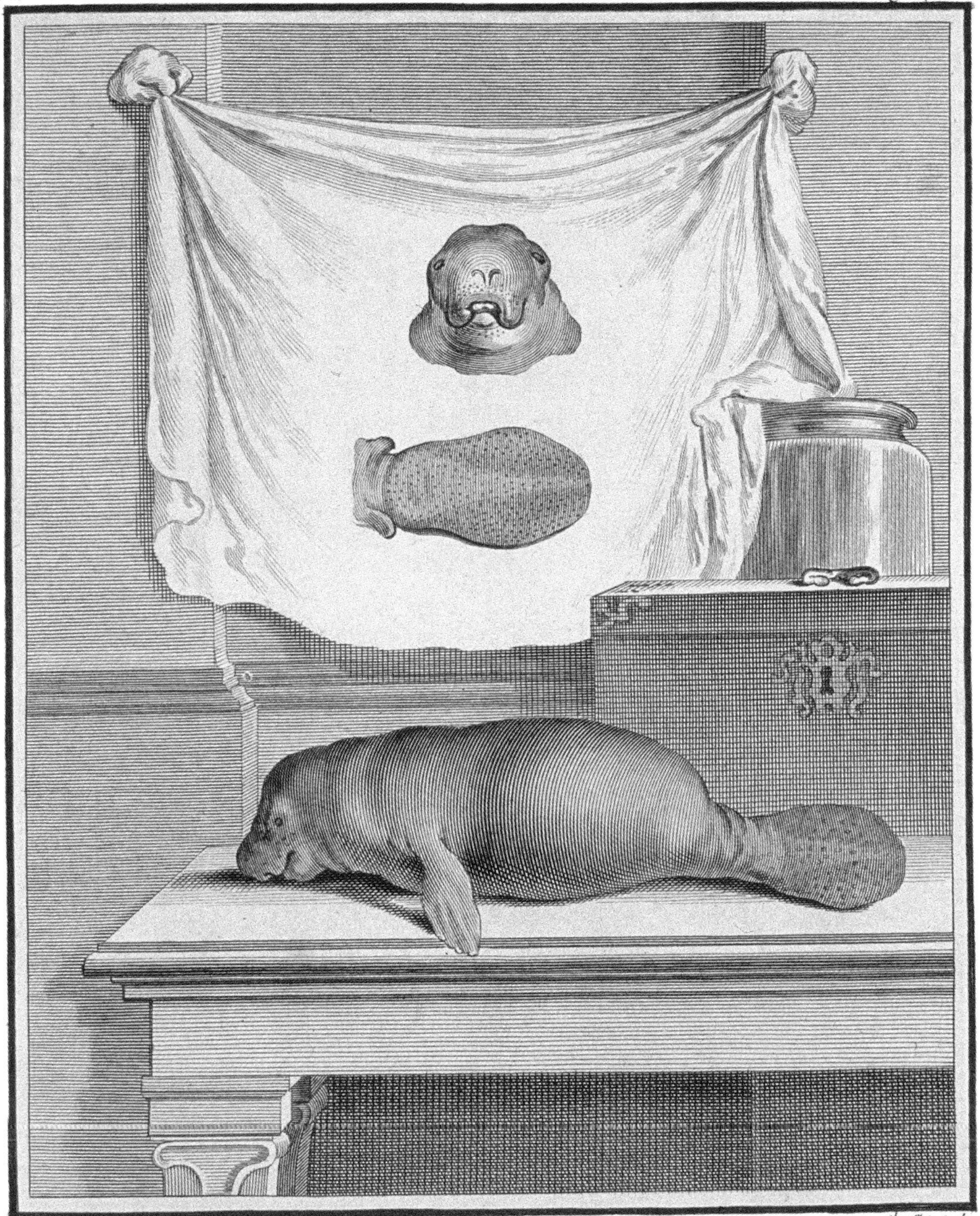

*De Seve del.* *Chevillet Sculp.*

LE LAMANTIN

Tom . XIII . Pl . LVIII . Pag . 430 .

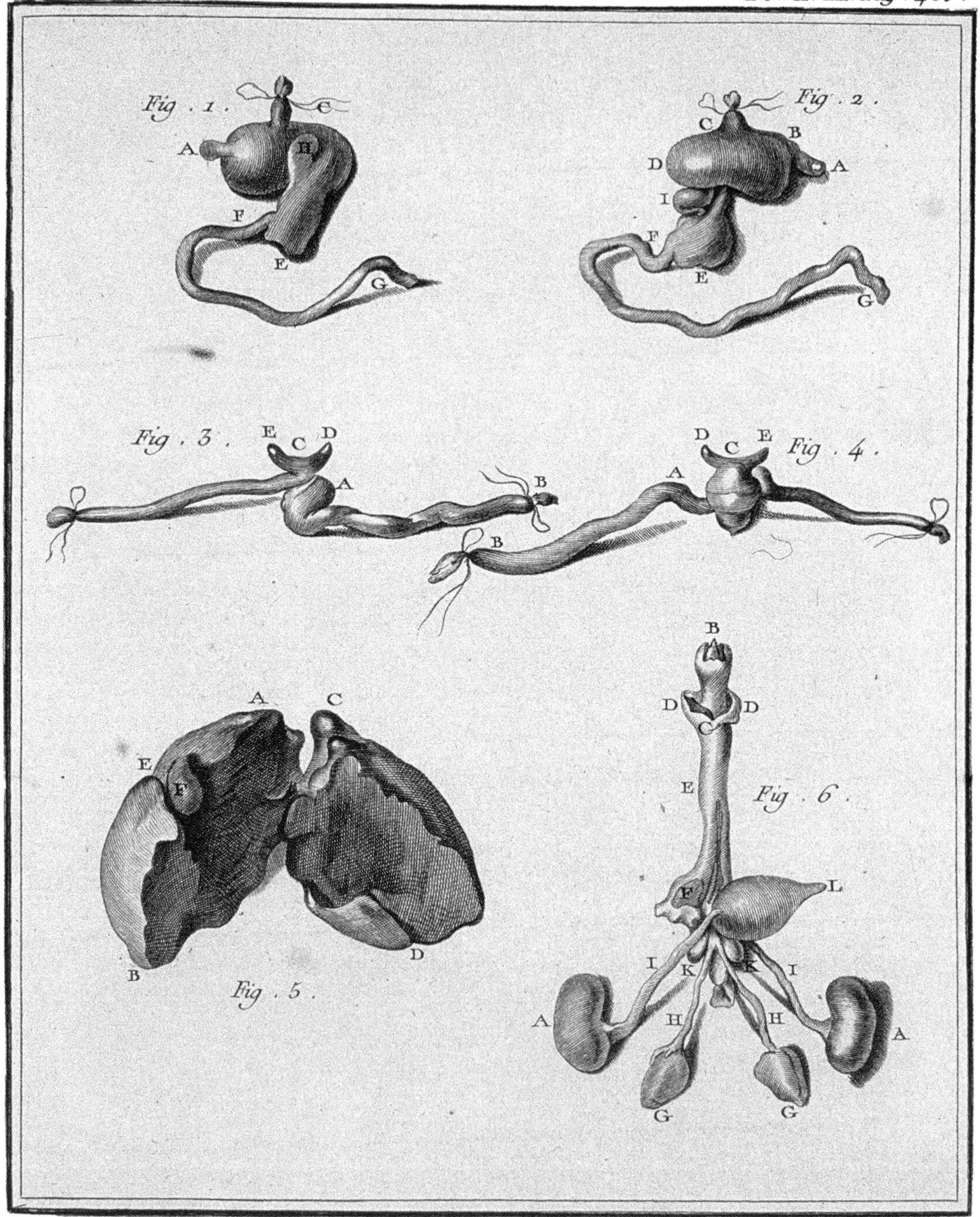


De Sève Del . Desehrt Sculp .

Tom. XIII — Pl. LIX Pag. 480.

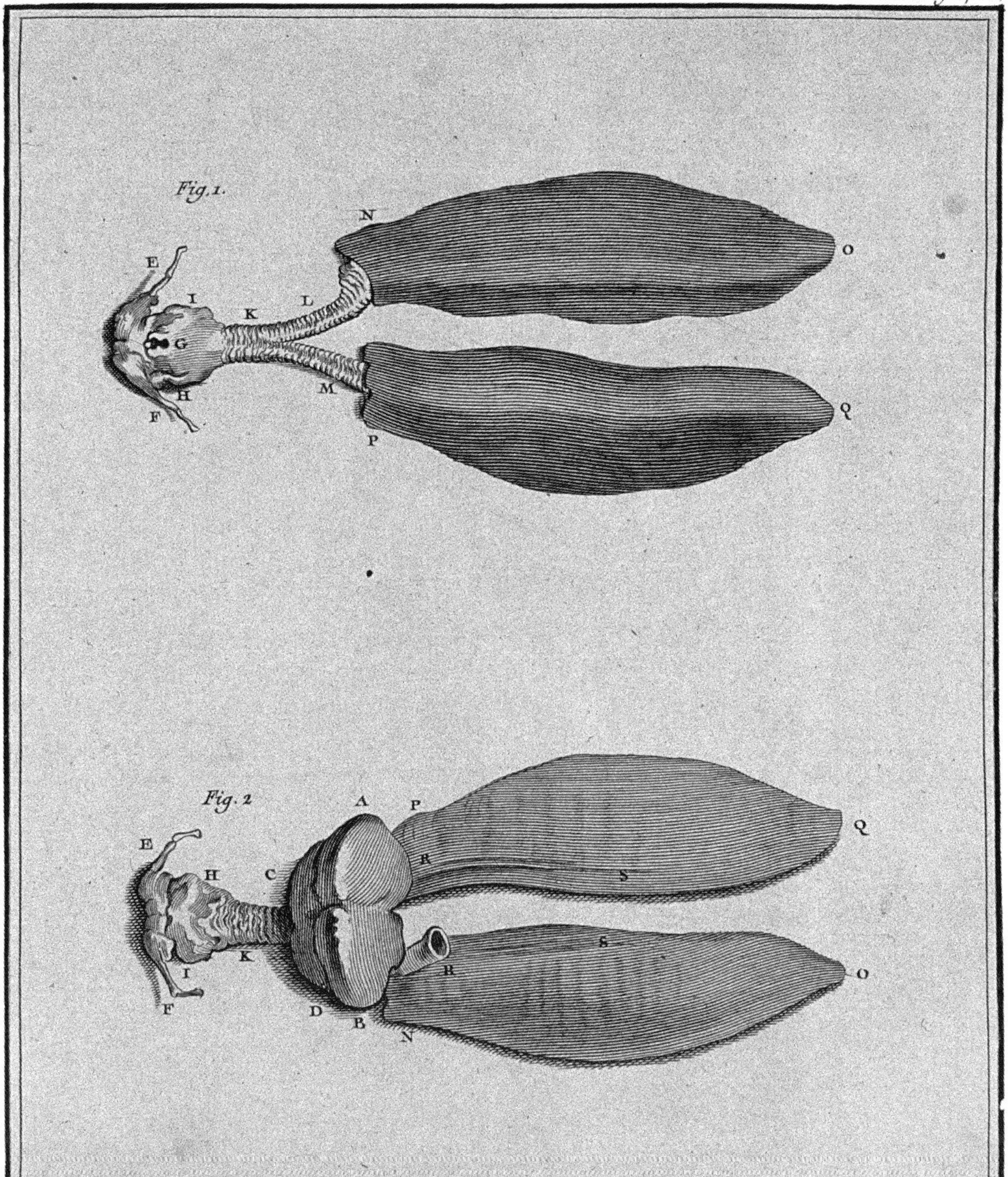


De Seve del. — Chevillet Sculp

# HISTOIRE NATURELLE,

## GÉNÉRALE ET PARTICULIÈRE,

*AVEC LA DESCRIPTION*

## DU CABINET DU ROI.

*Tome Quatorzième.*

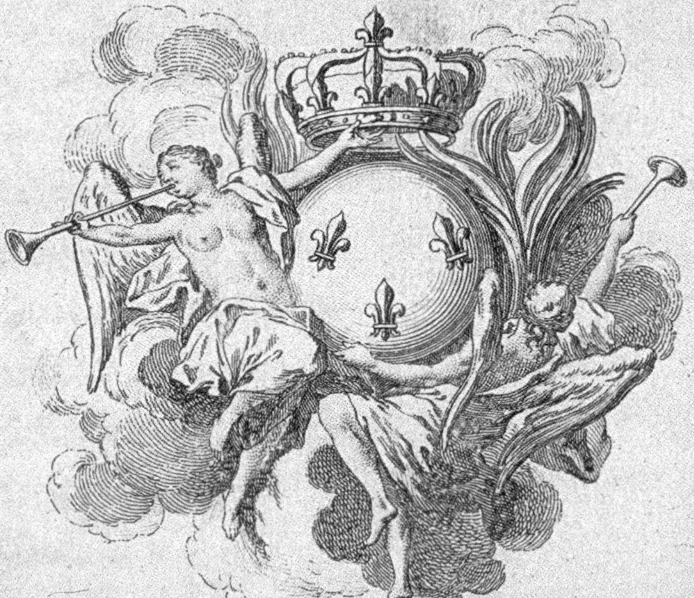

A PARIS,
DE L'IMPRIMERIE ROYALE.

M. DCCLXVI.

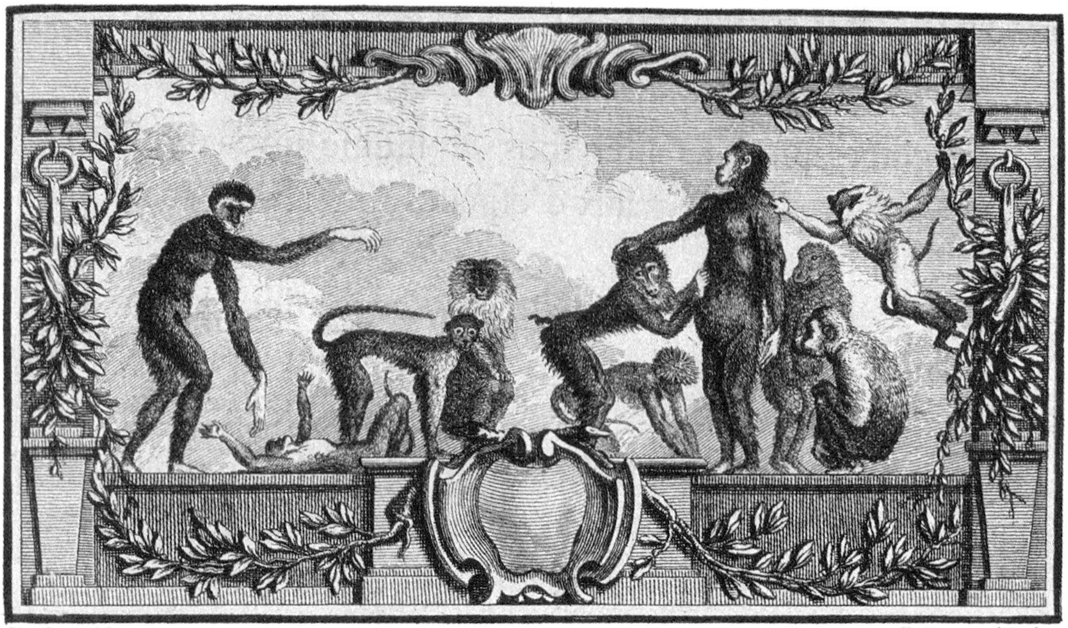
De Seve del    L. Legrand Sculp.

Tom. XIV. Pl. I. Pag. 82.

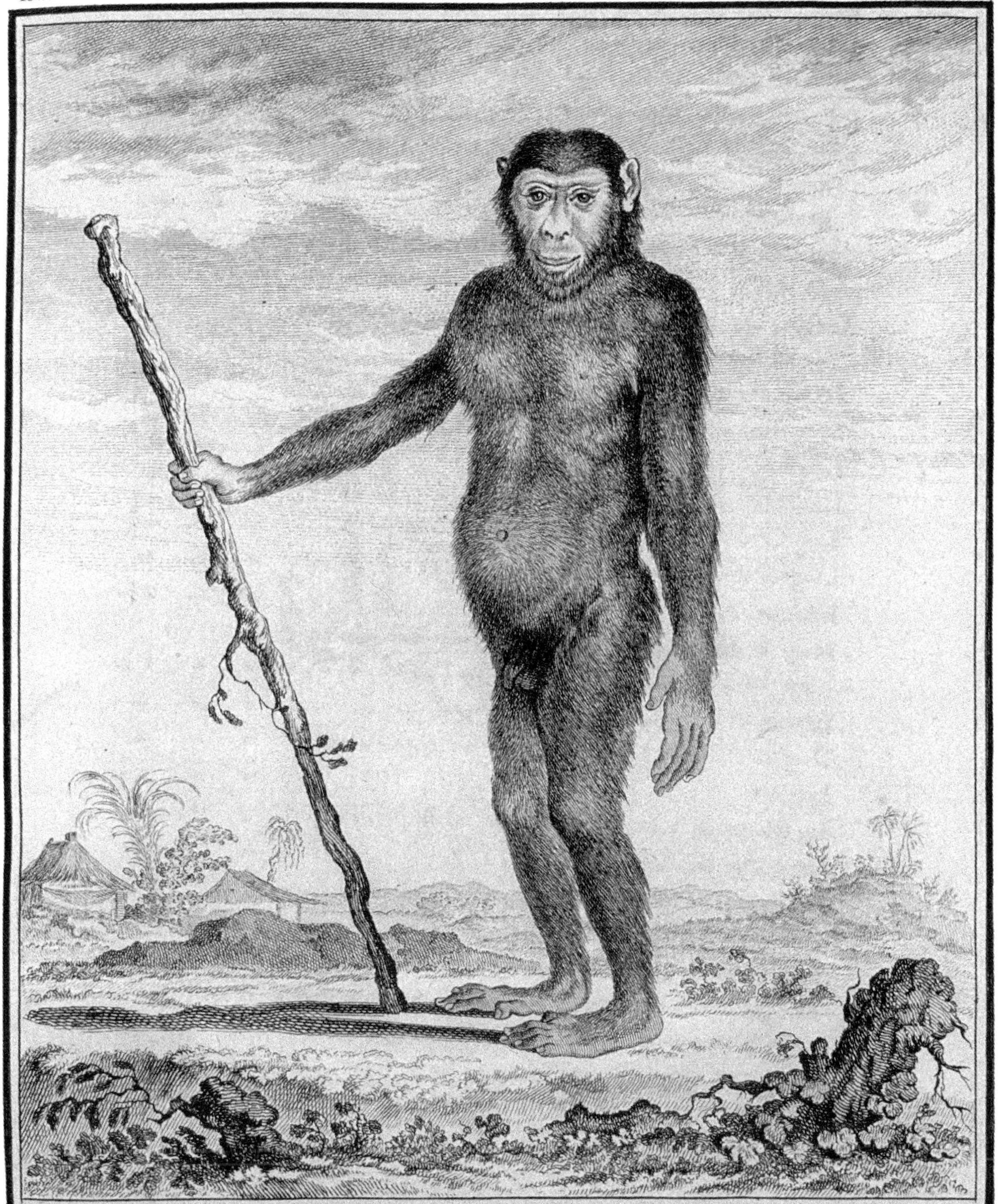

De Seve Del. Chevillet Sculp.

LE JOCKO.

Tom. XIV. Pl. II. Pag. 108.

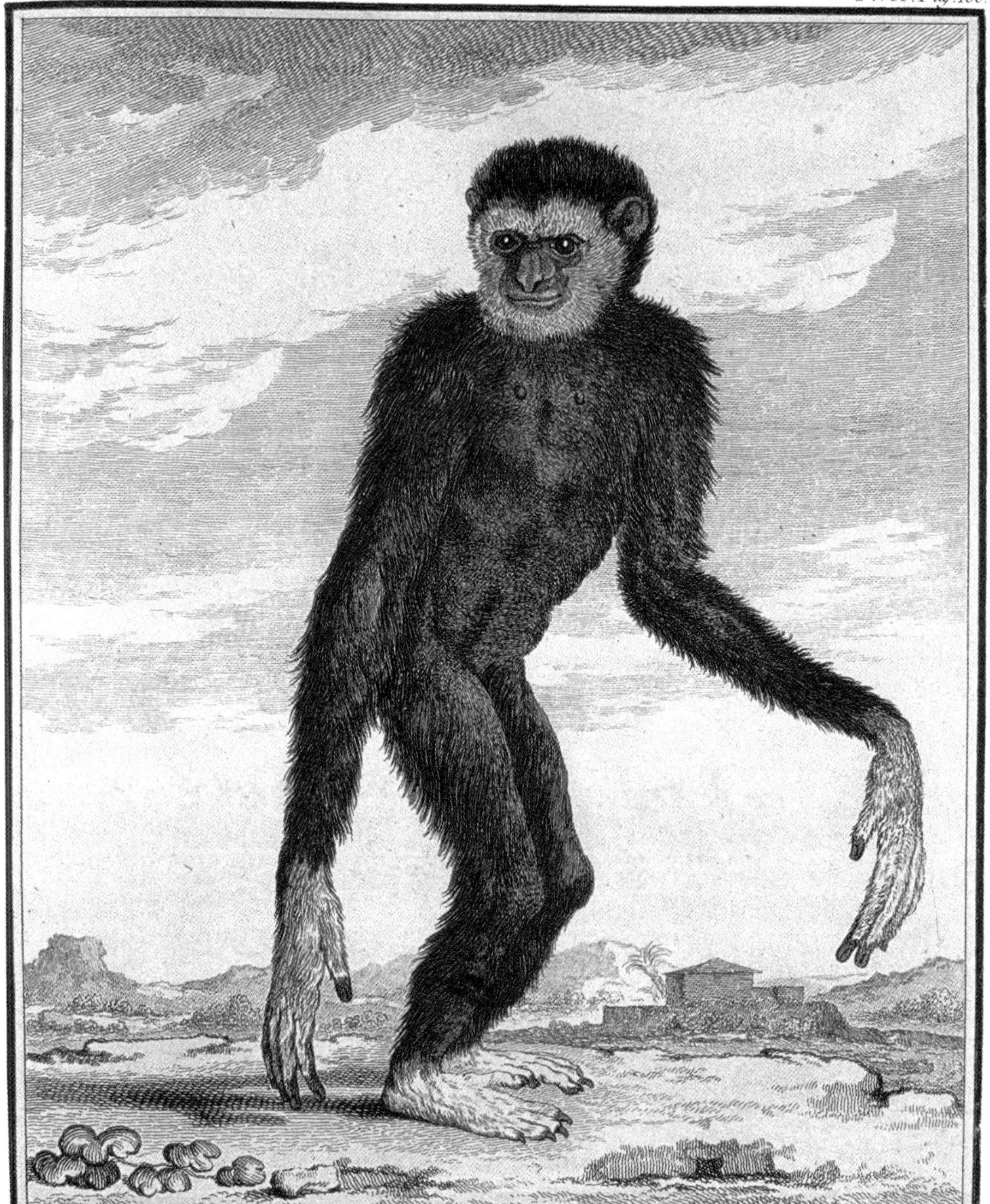

De Seve delin. C. Baquoy Sculp.

LE GRAND GIBBON.

Tom. XIV. Pl. III. Pag. 108.

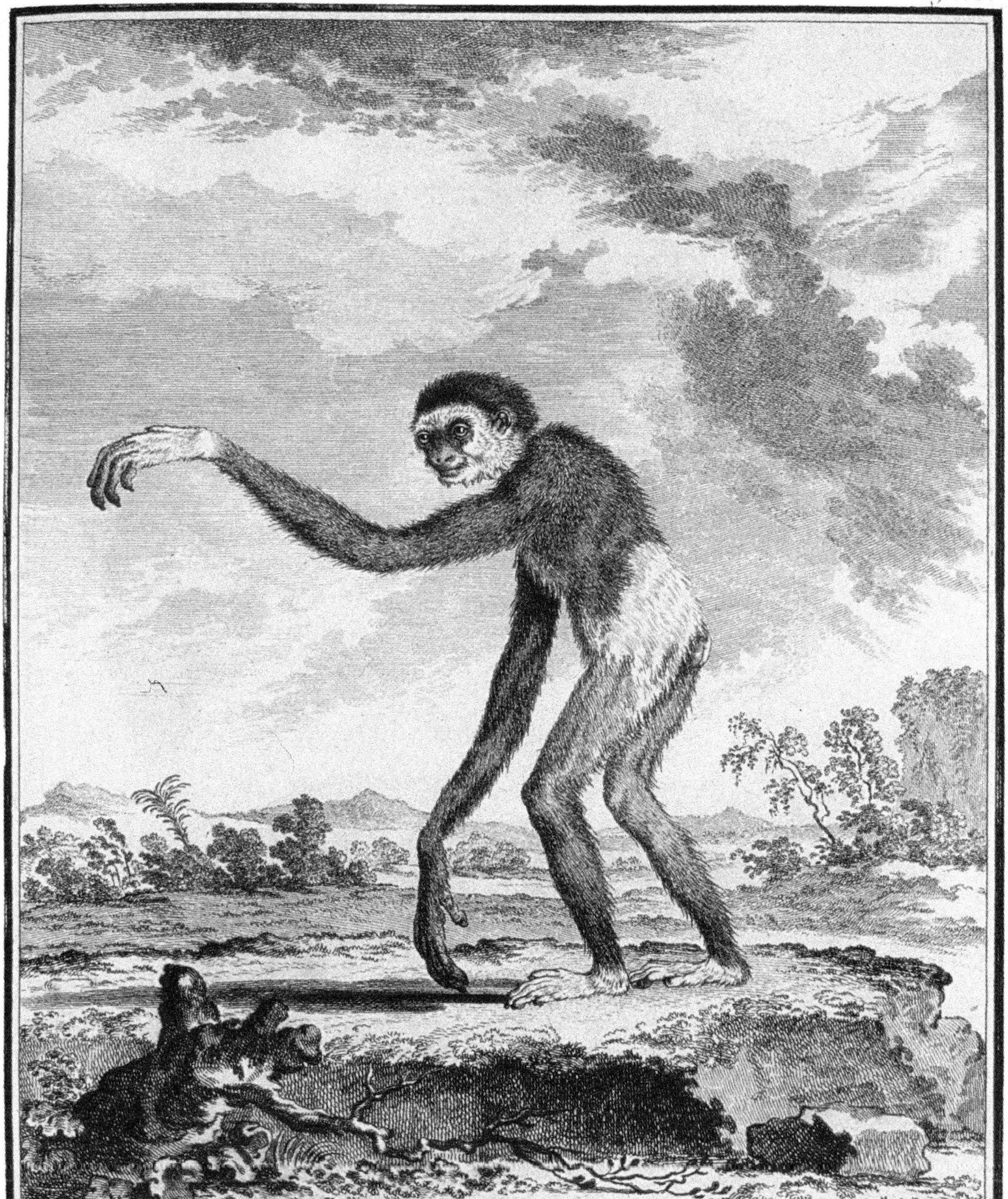

Desève. del. L. Legrand. Sculp.

PETIT GIBBON.

Tom. XIV. Pl. IV. Pag. 108.

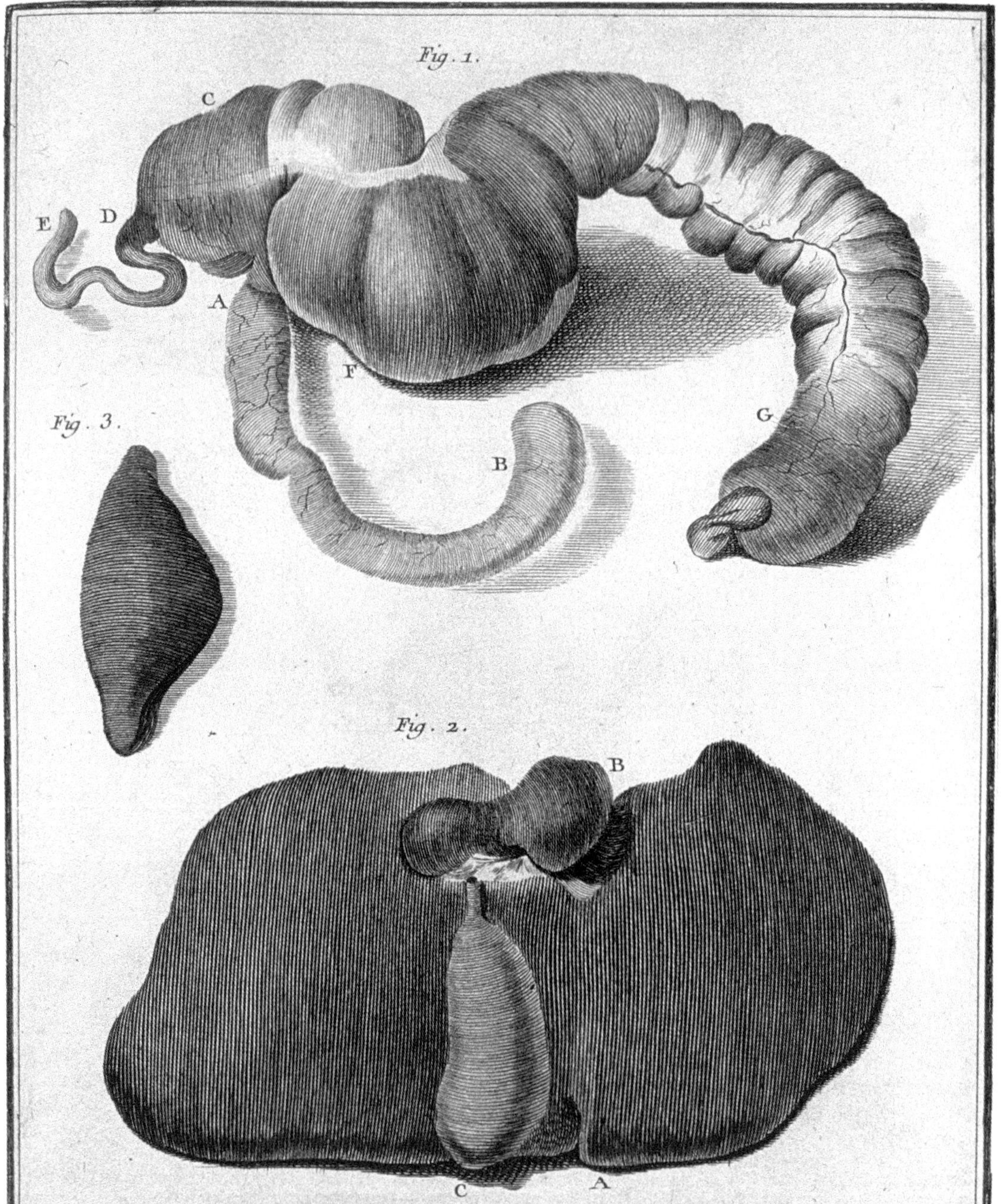


De Sève. del. Baron. Sculp.

Tom. XIV. Pl. V. Pag. 108.

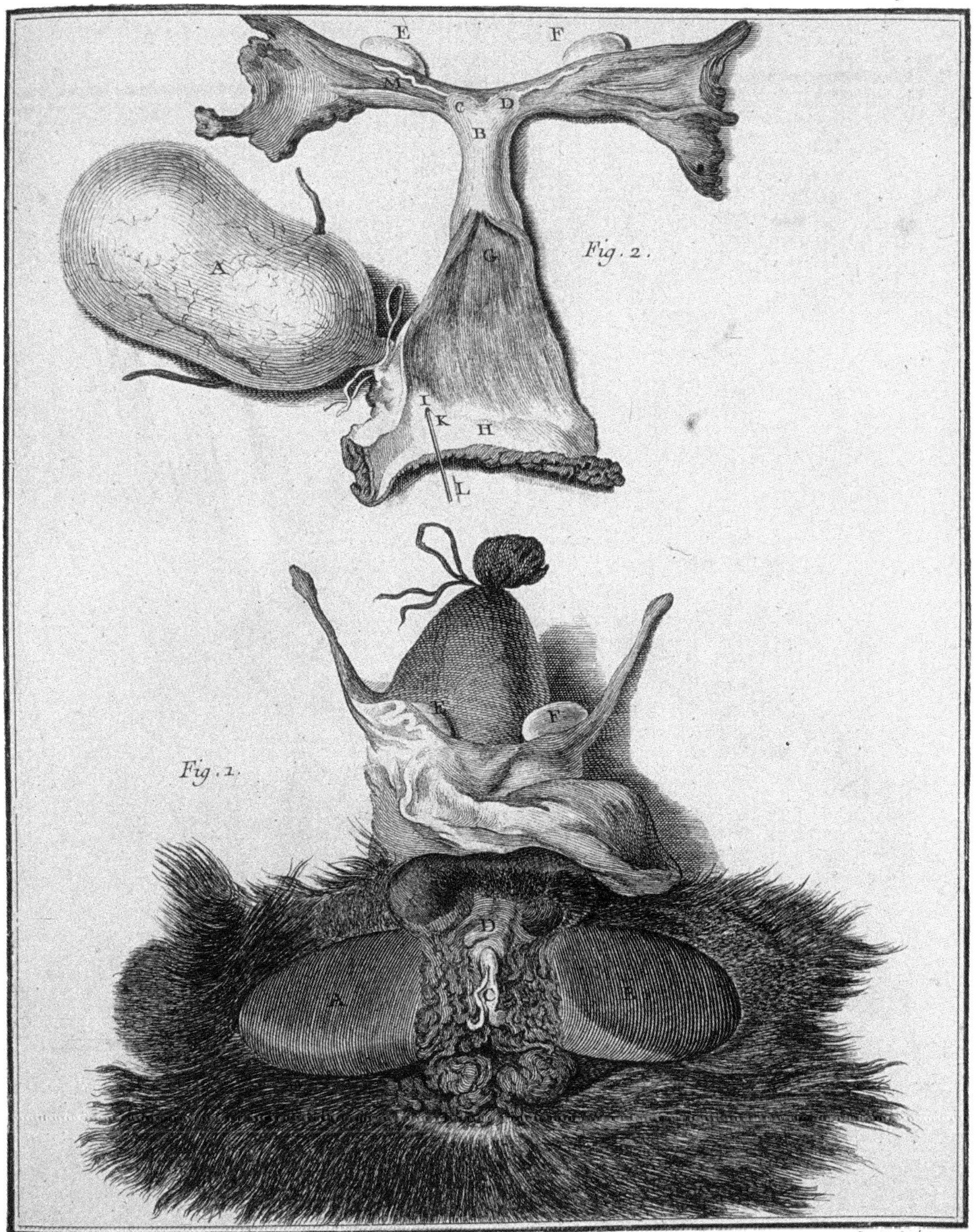


Deseve del. Baron Sculp.

Tom. XIV. Pl. VI. Pag. 108.

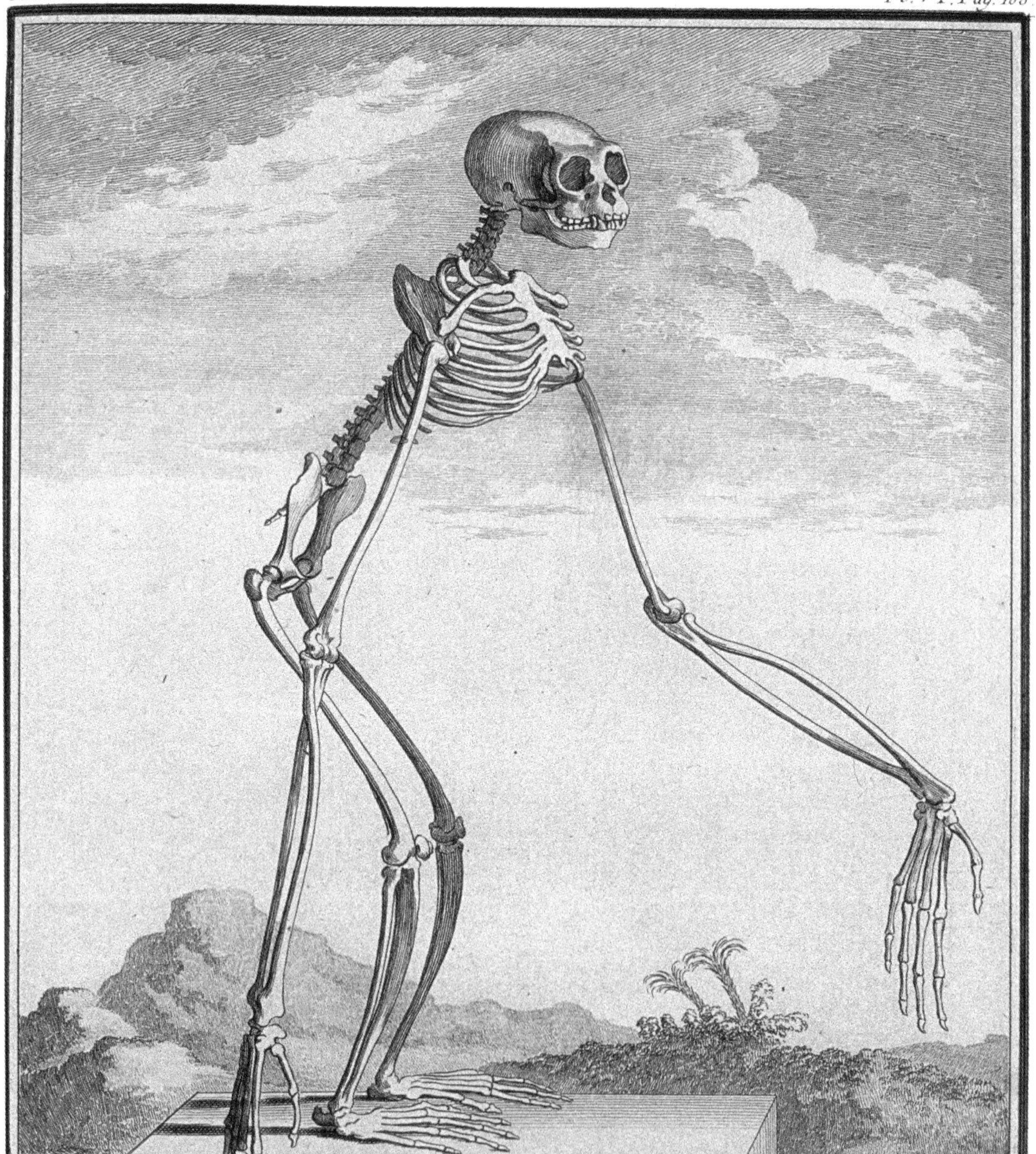

De Seve d. C. Baquoy Sculpsit

Tom. XIV. Pl. VII. Pag. 128.

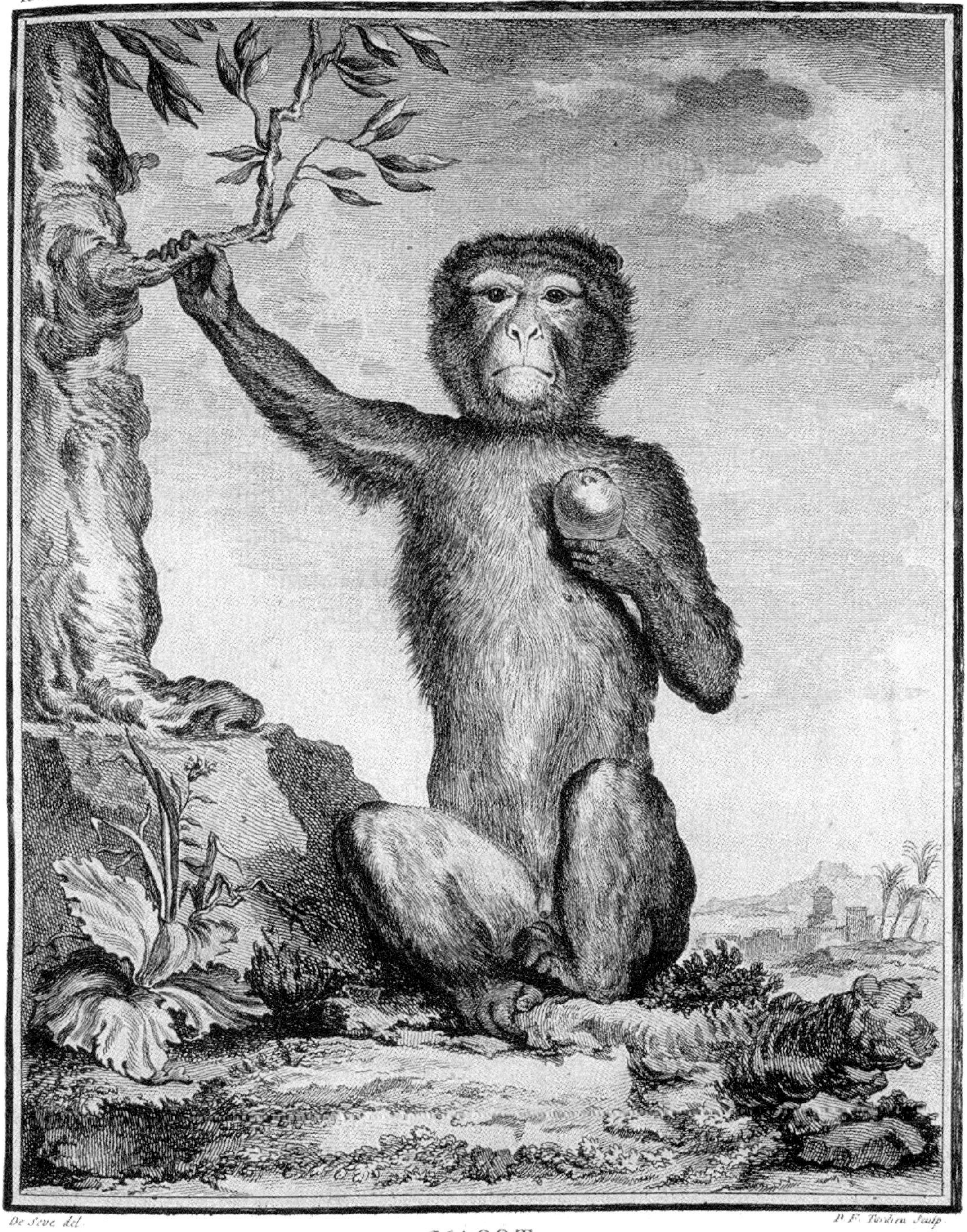

De Seve del. P. F. Tardieu Sculp.

MAGOT.

Tom. XIV.

Pl. VIII. Pag. 128.

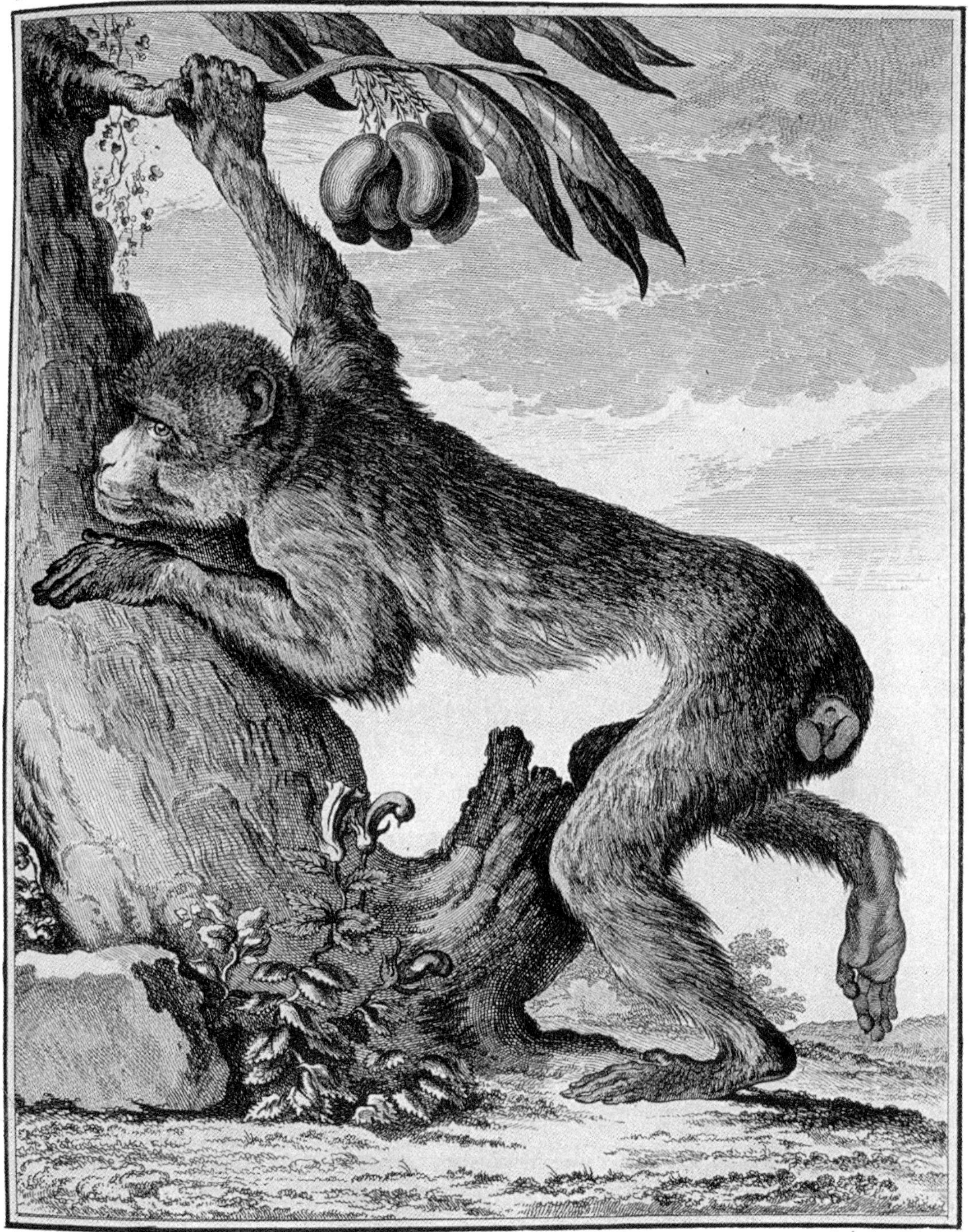

De Seve Del.

J. le Grand Sculp.

Tom. XIV. Pl. IX. Pag. 128.

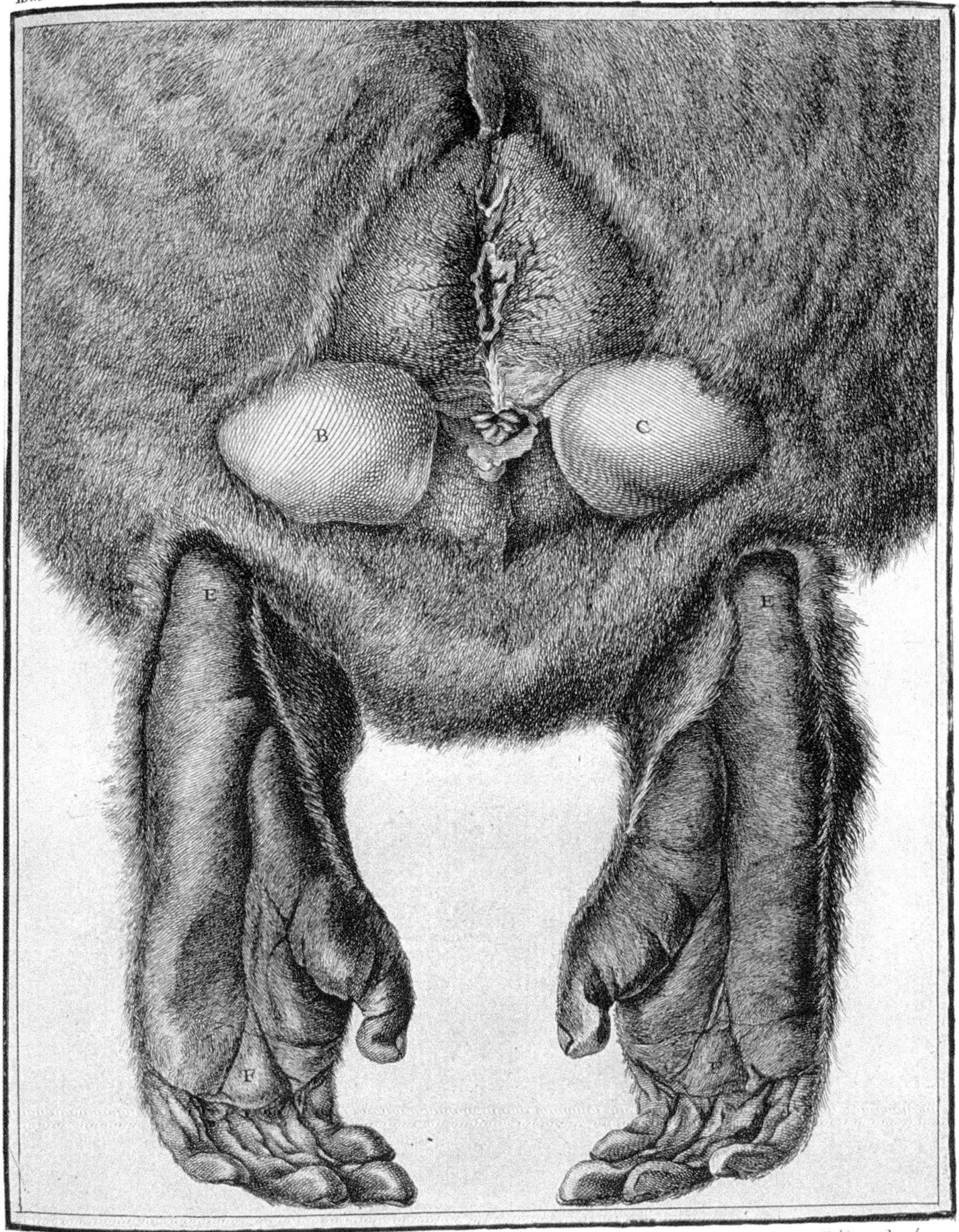


Buvez l'Ameriquain Del. Ravenet Filius Sculp.

Tom. XIV. Pl. X. Pag. 128.

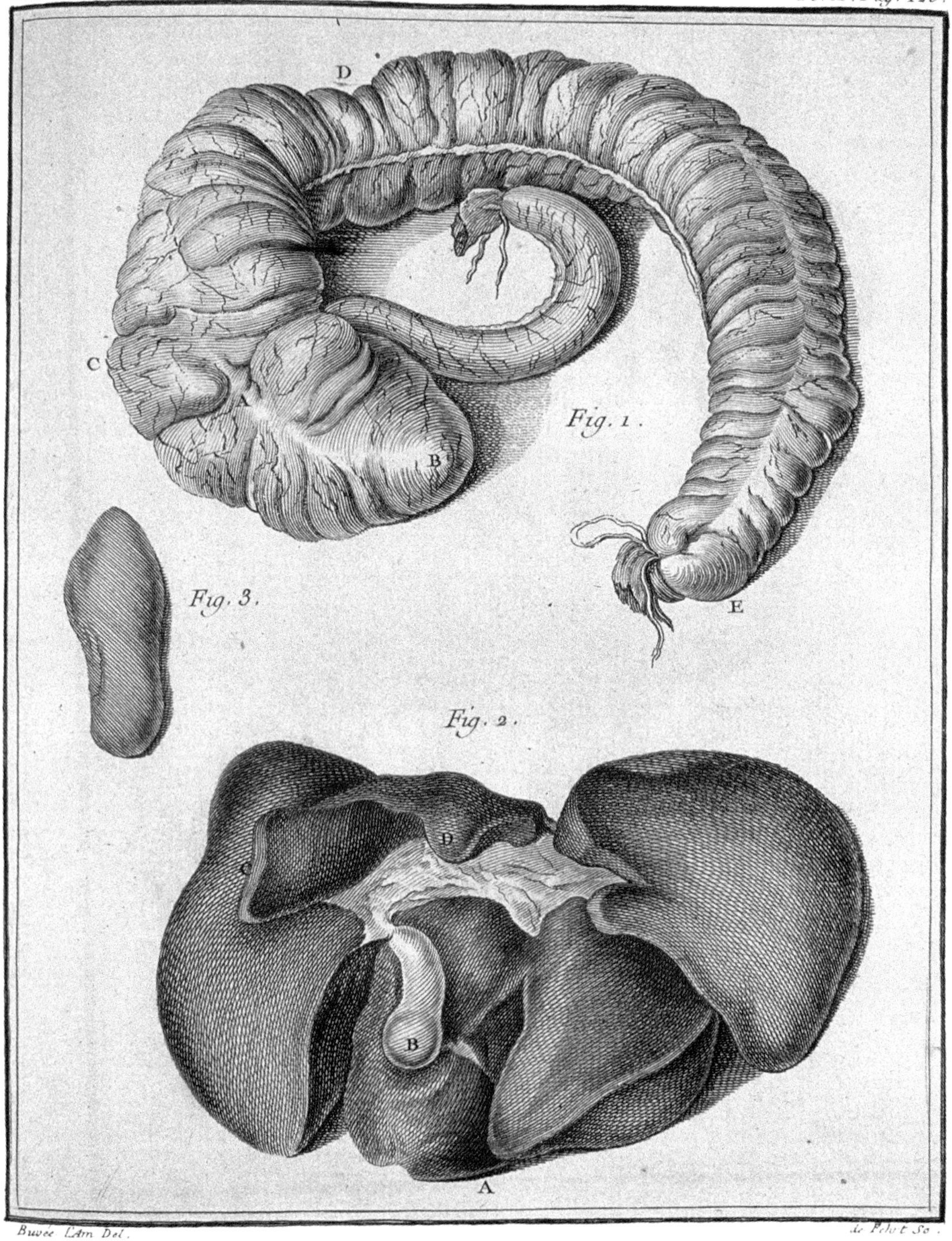


Buvée L'Am. Del. de Fehrt Sc.

*Tom. XIV.* *Pl. XI. Pag. 128*

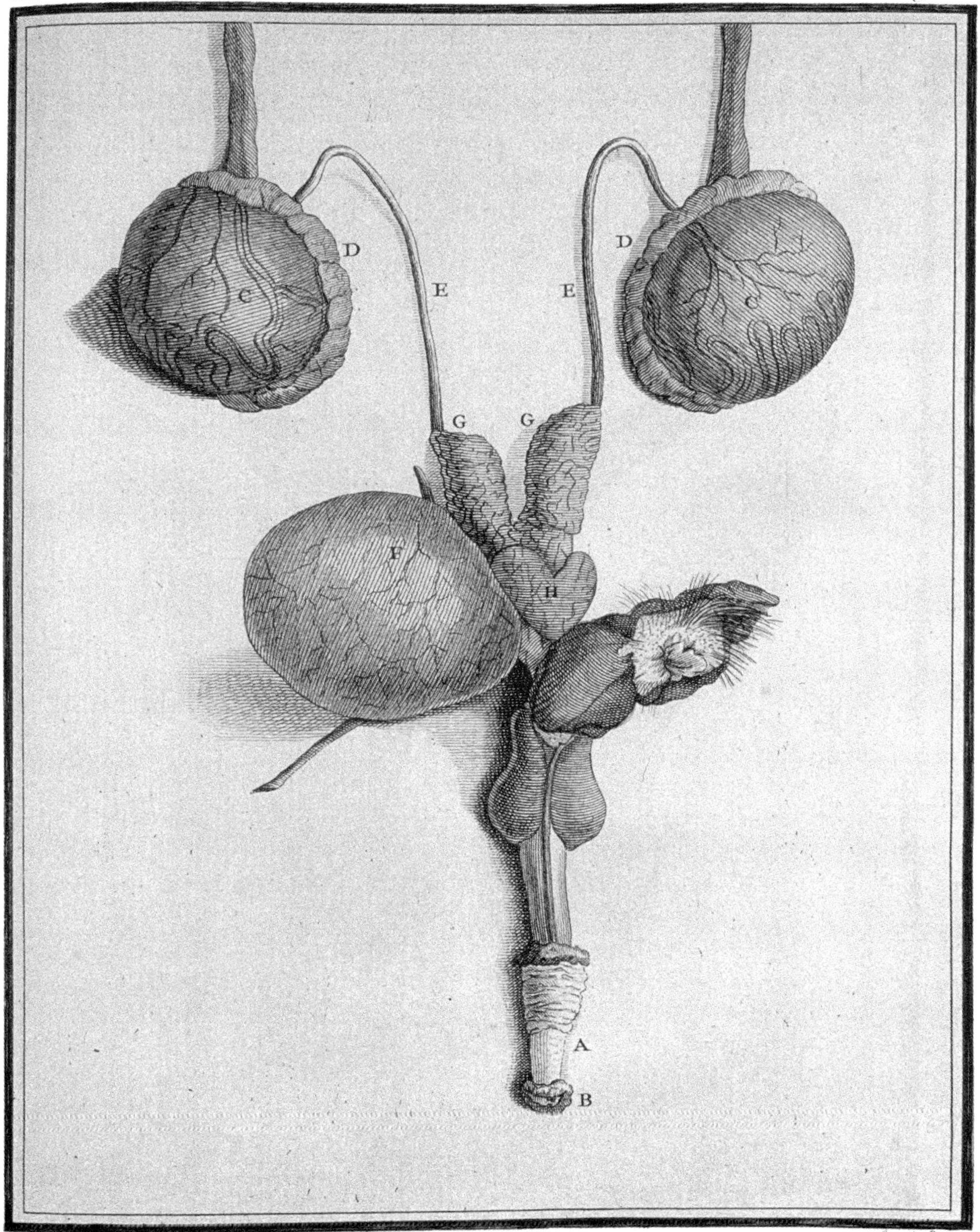


*Buvée Lamériquain* *Gaillard Sc.*

Tom. XIV. Pl. XII Pag. 128.

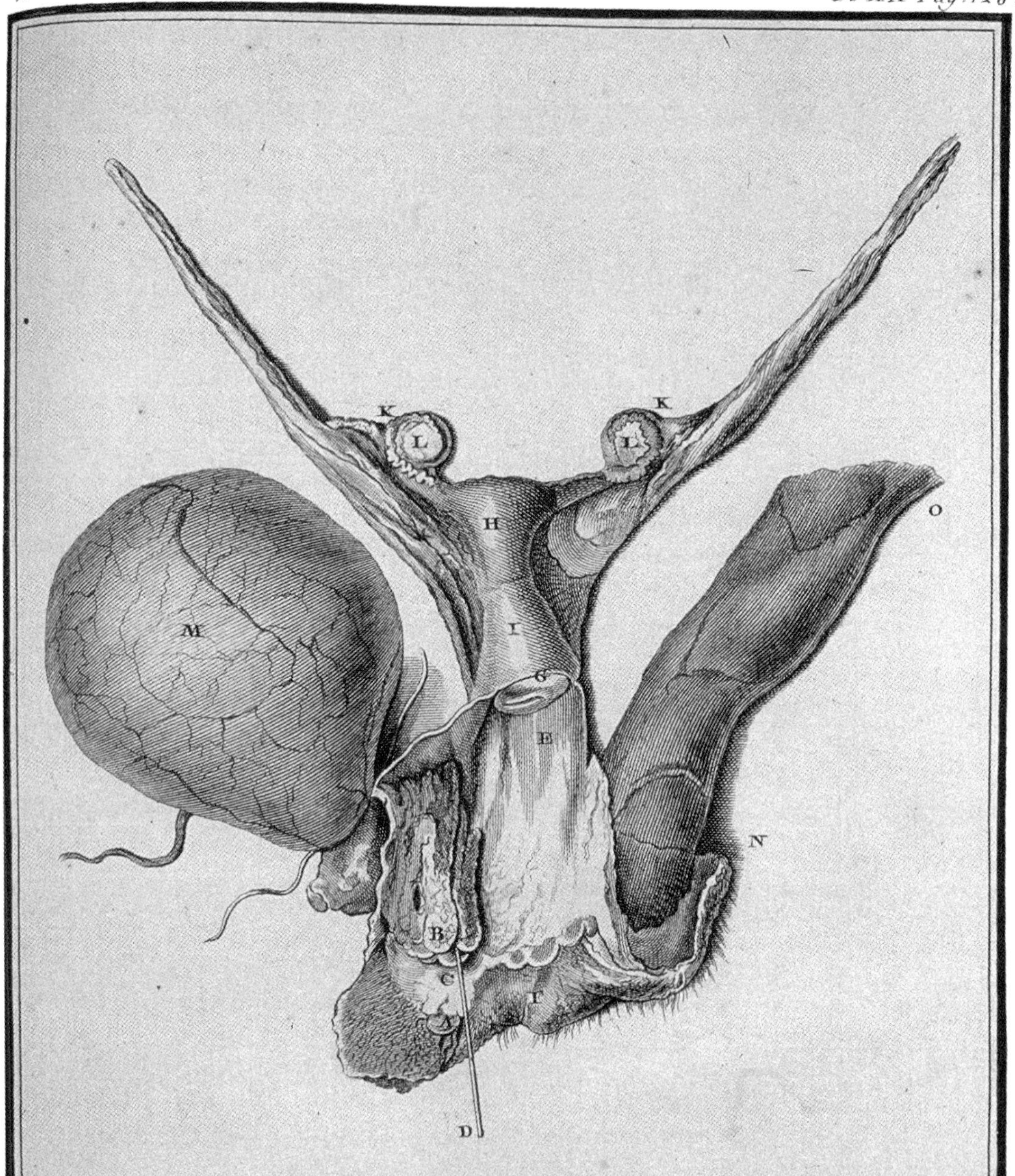


Buvée l'Ameriquain del. Chevillet Sculp.

Tom. XIV. Pl. XIII. Pag. 162.

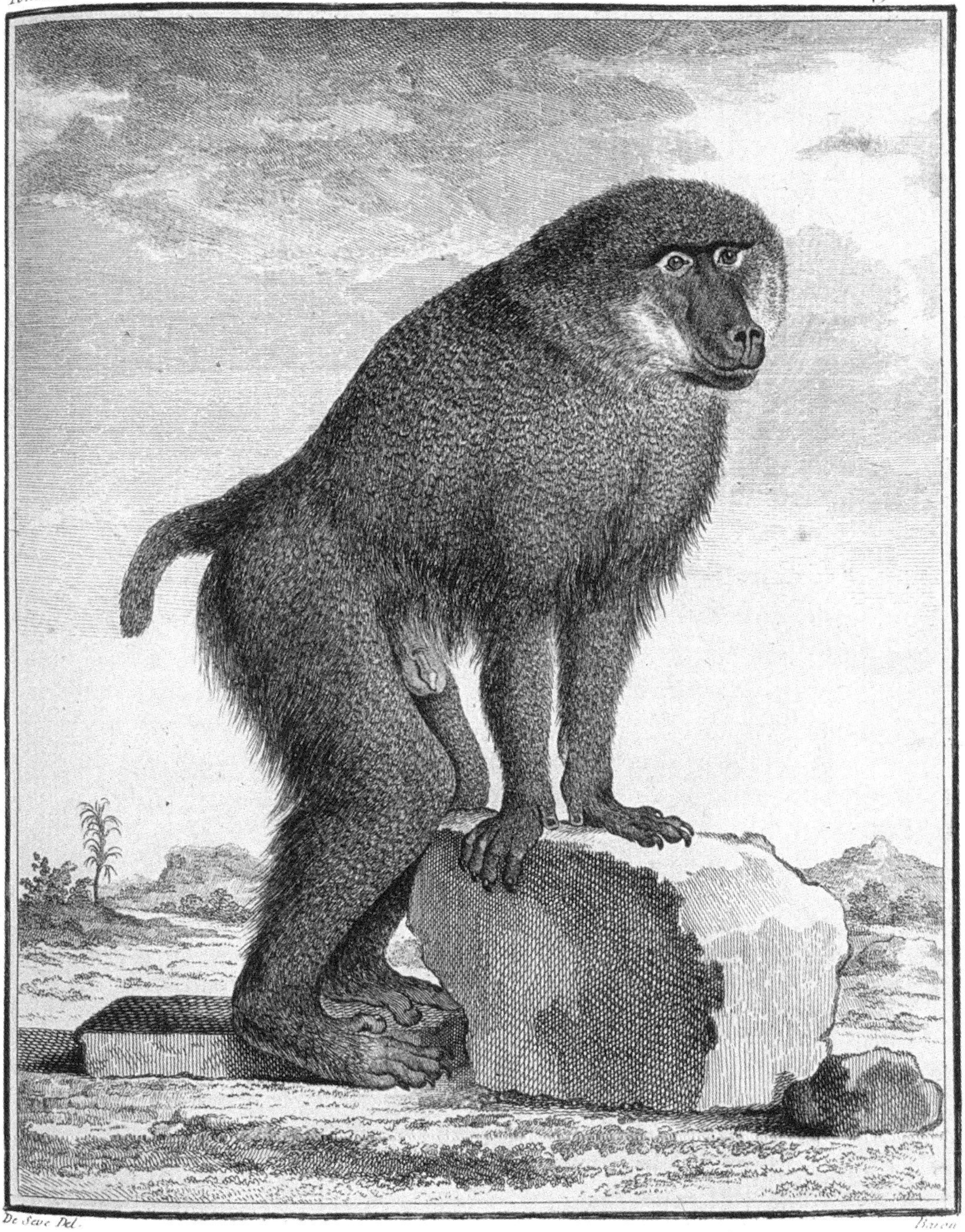

De Seve Del. Baron

GRAND PAPION.

Tom. XIV. Pl. XIV. Pag. 152.

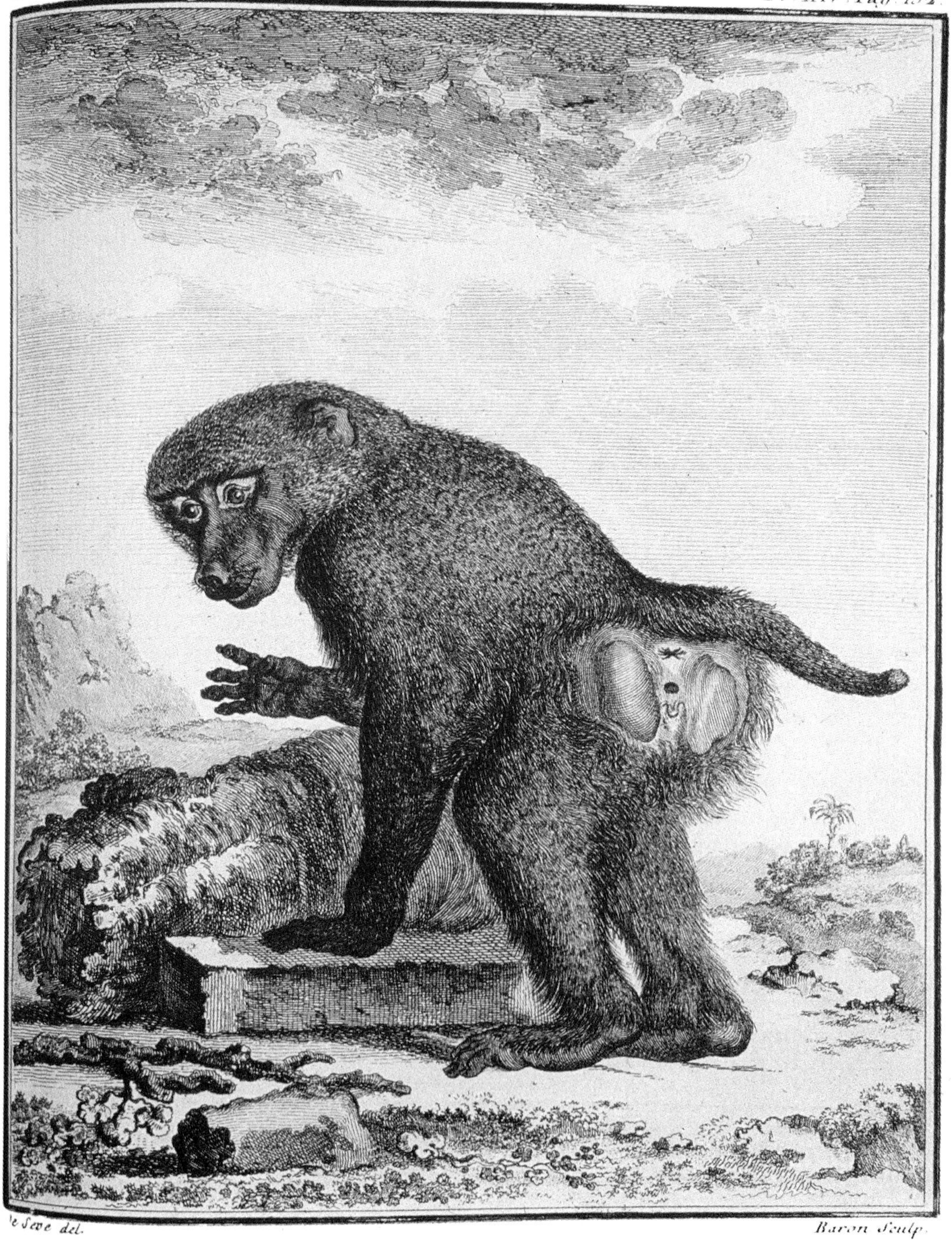

le Seve del. Baron Sculp.

PETIT PAPION.

Tom. XIV. Pl. XV. Pag. 150.

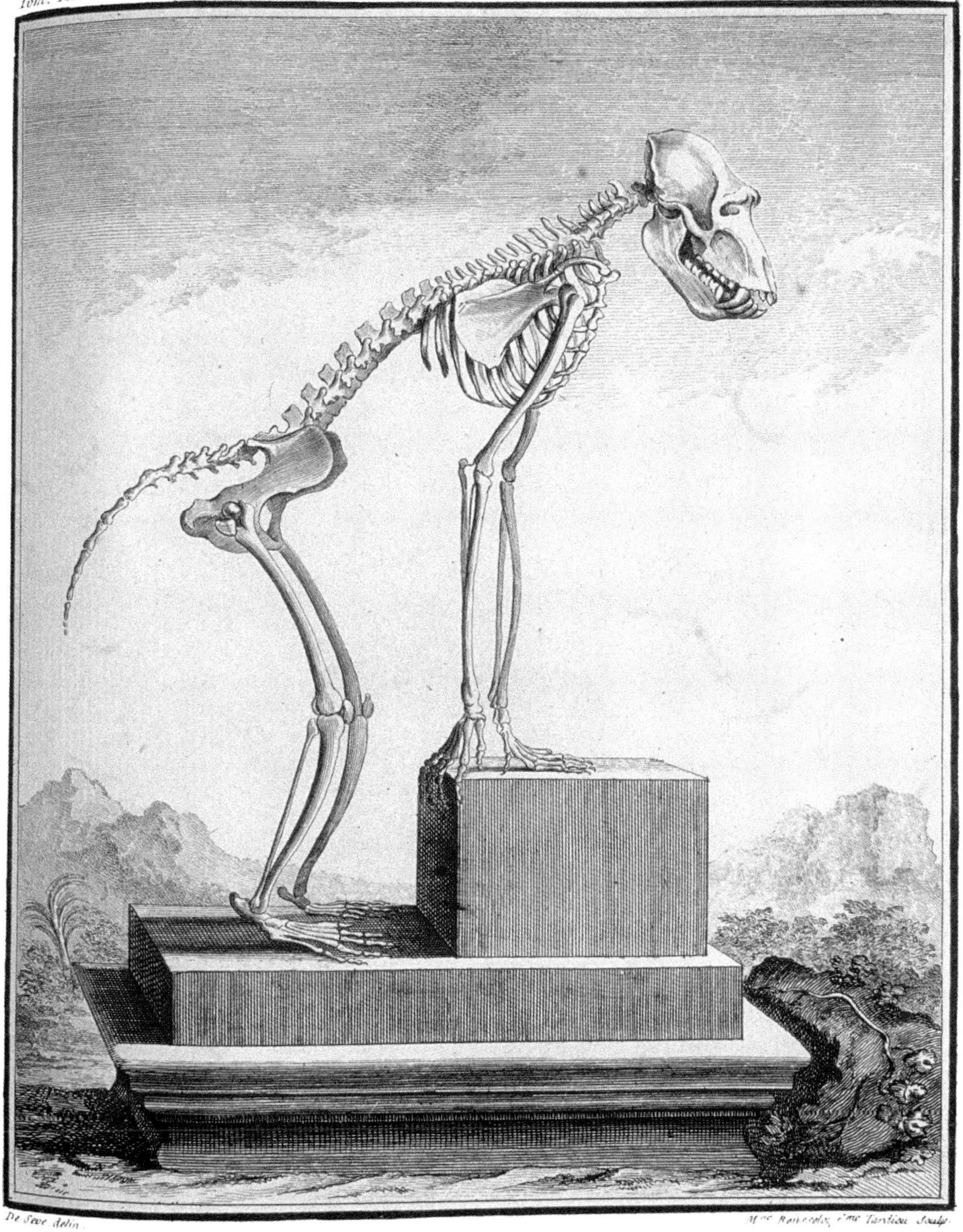

De Seve delin. Mme Rousselet, f.me Tardieu Sculp.

Tom. XIV. Pl. XVI. Pag. 168.

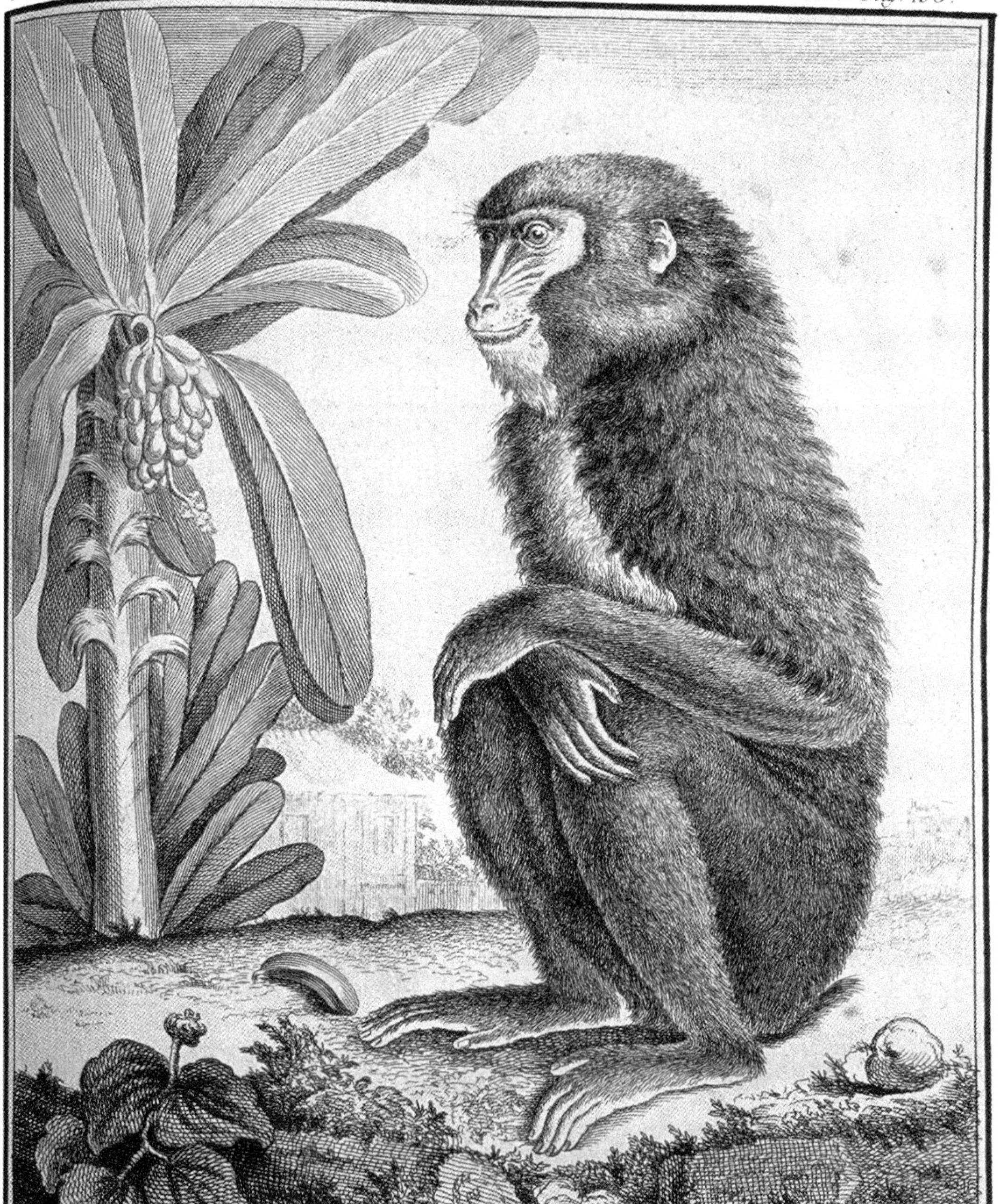

Buvée l'Américain del. Chevillet sculp.

MANDRILL MALE

Tom. XIV. Pl. XVII. Pag. 168.

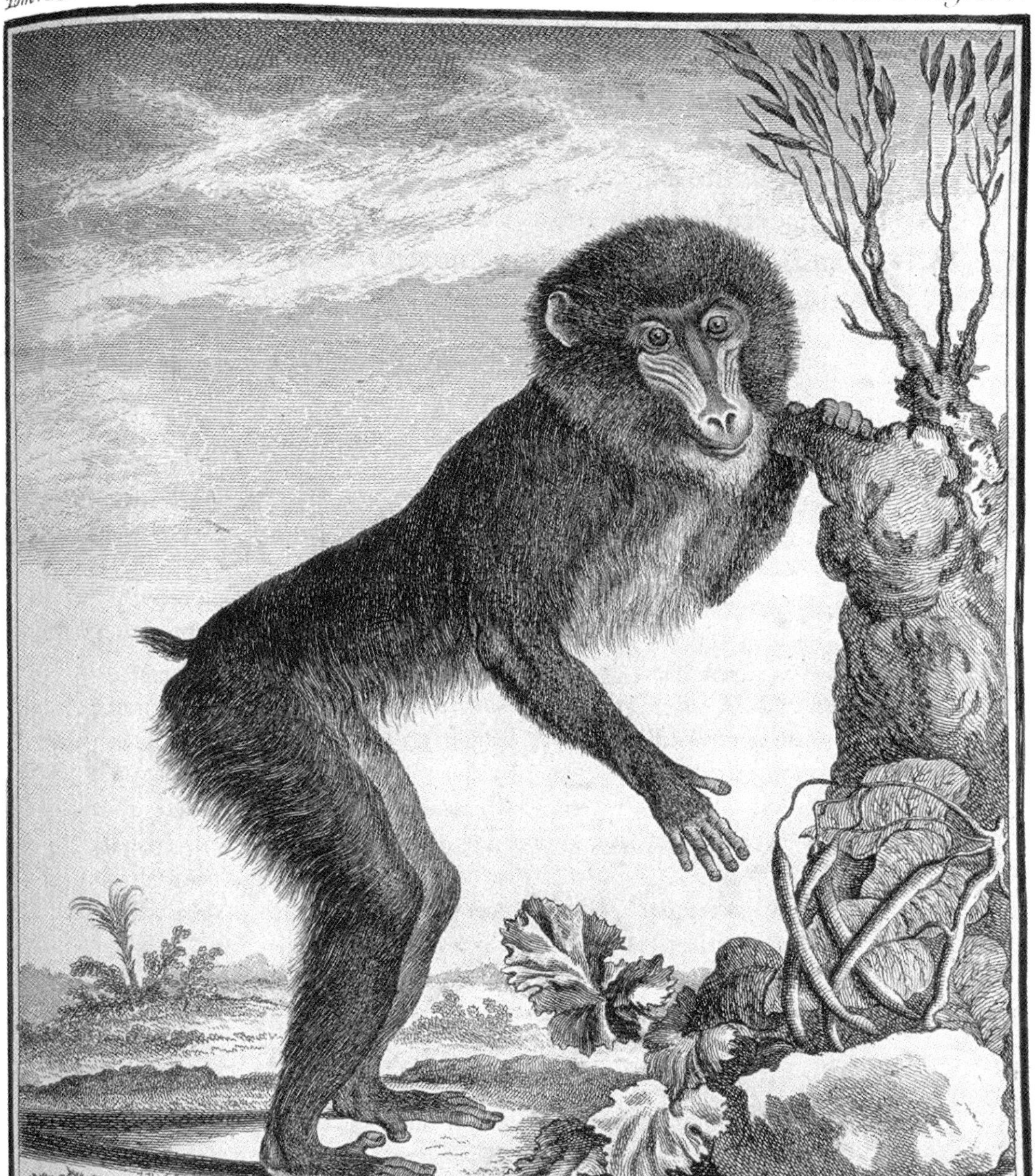

De Seve Del. Baron Sc.

MANDRILL FEMELLE.

Tom. XIV. Pl. XVIII. Pag. 172.

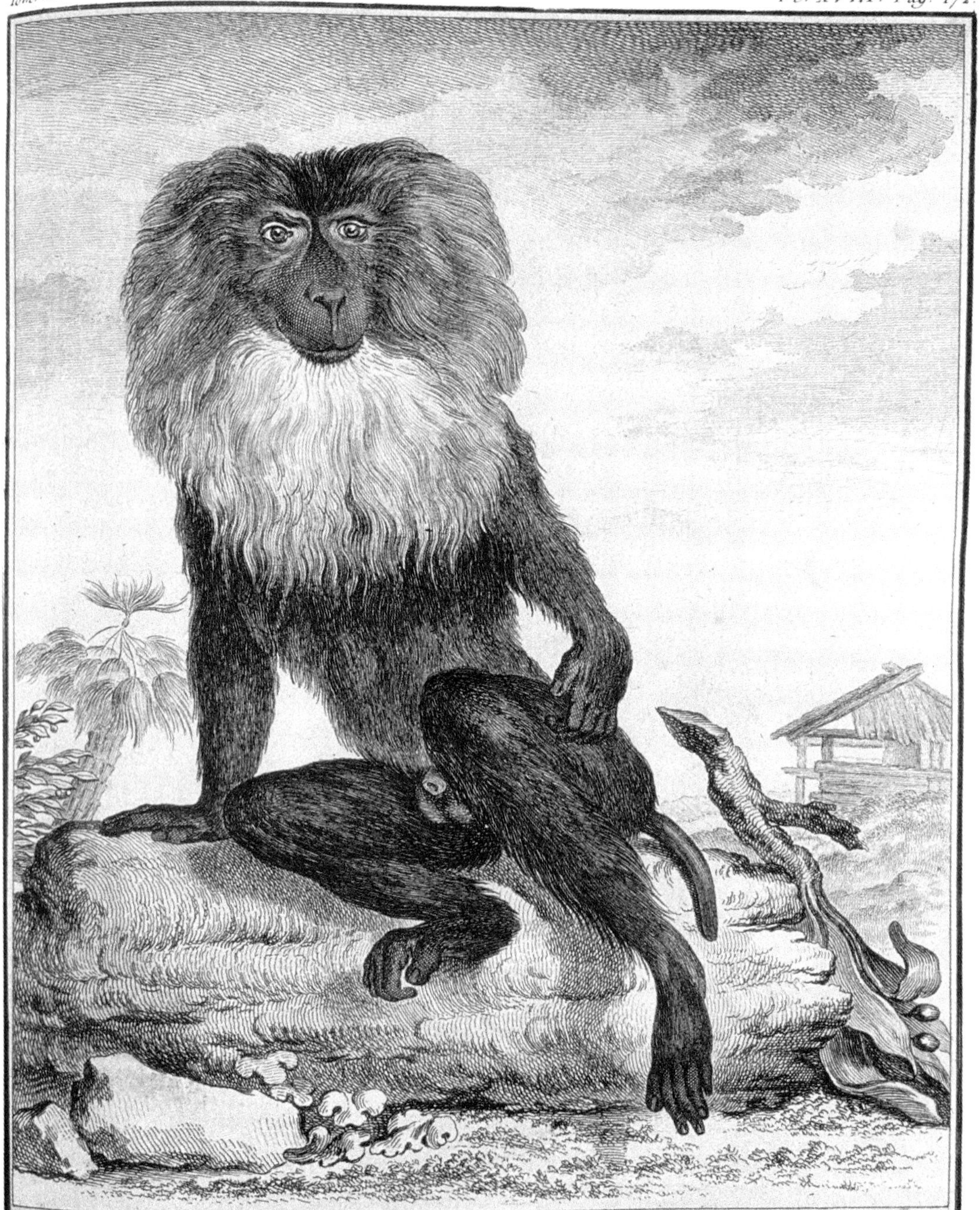

De Seve Del. Desehrt Scul.

OUANDEROU.

Tom. XIV

Pl. XIX. Pag. 186

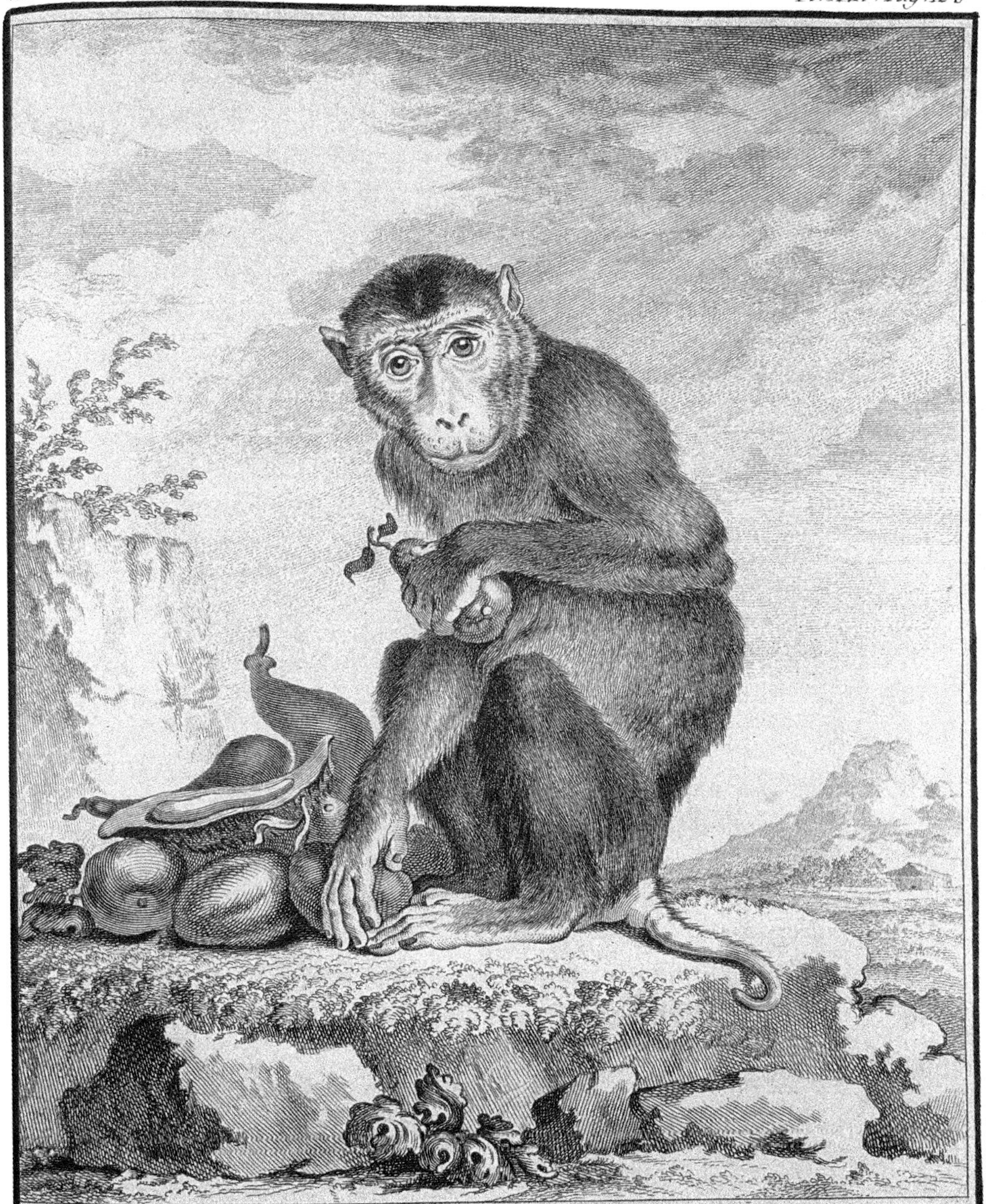

Seve del.

Chevillet Sculp.

MAIMON

Tom. XIV. Pl. XX. Pag. 206.

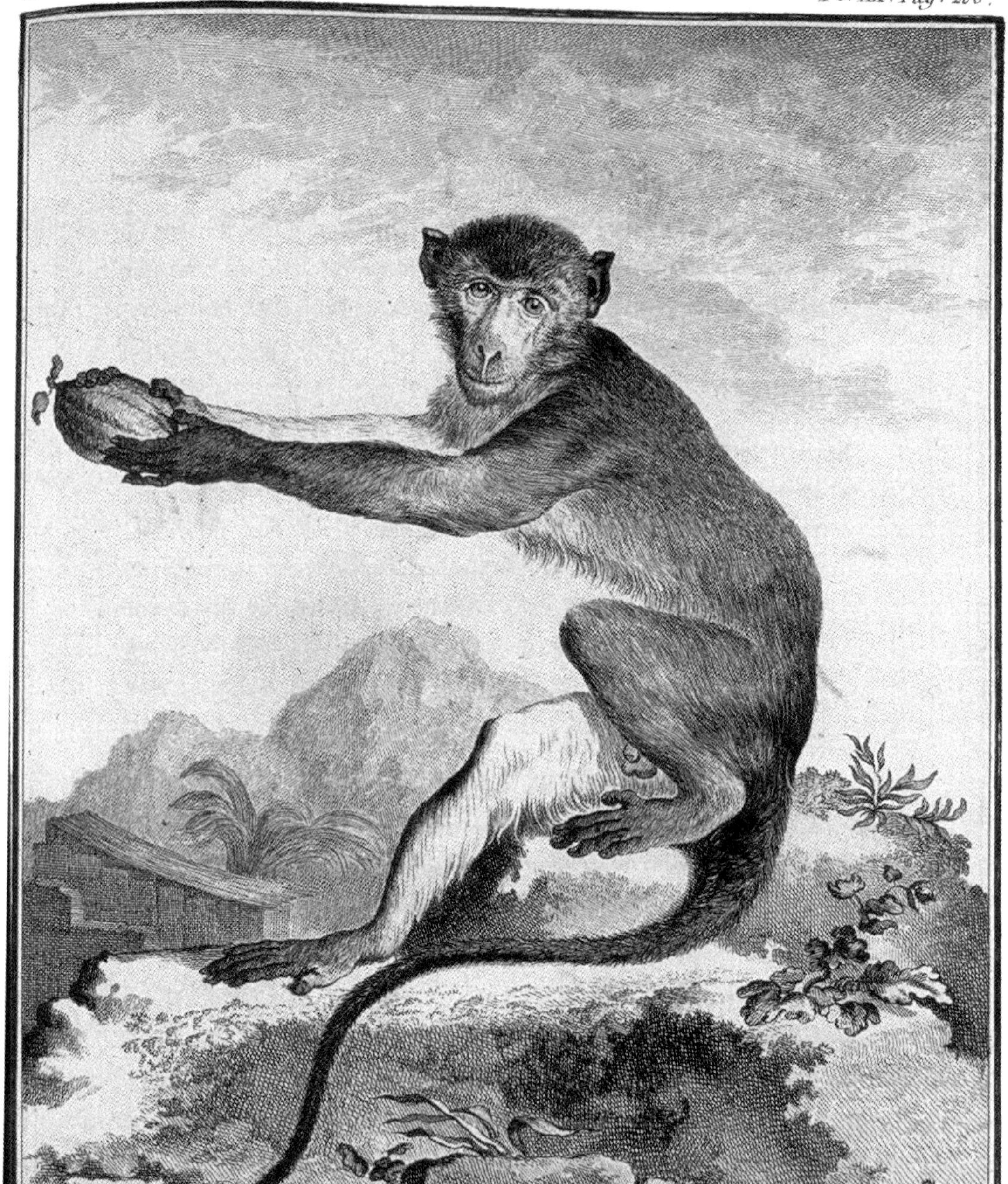

De Seve del. Baron Sculp.

MACAQUE.

Tom. XIV. Pl. XXI Pag. 206.

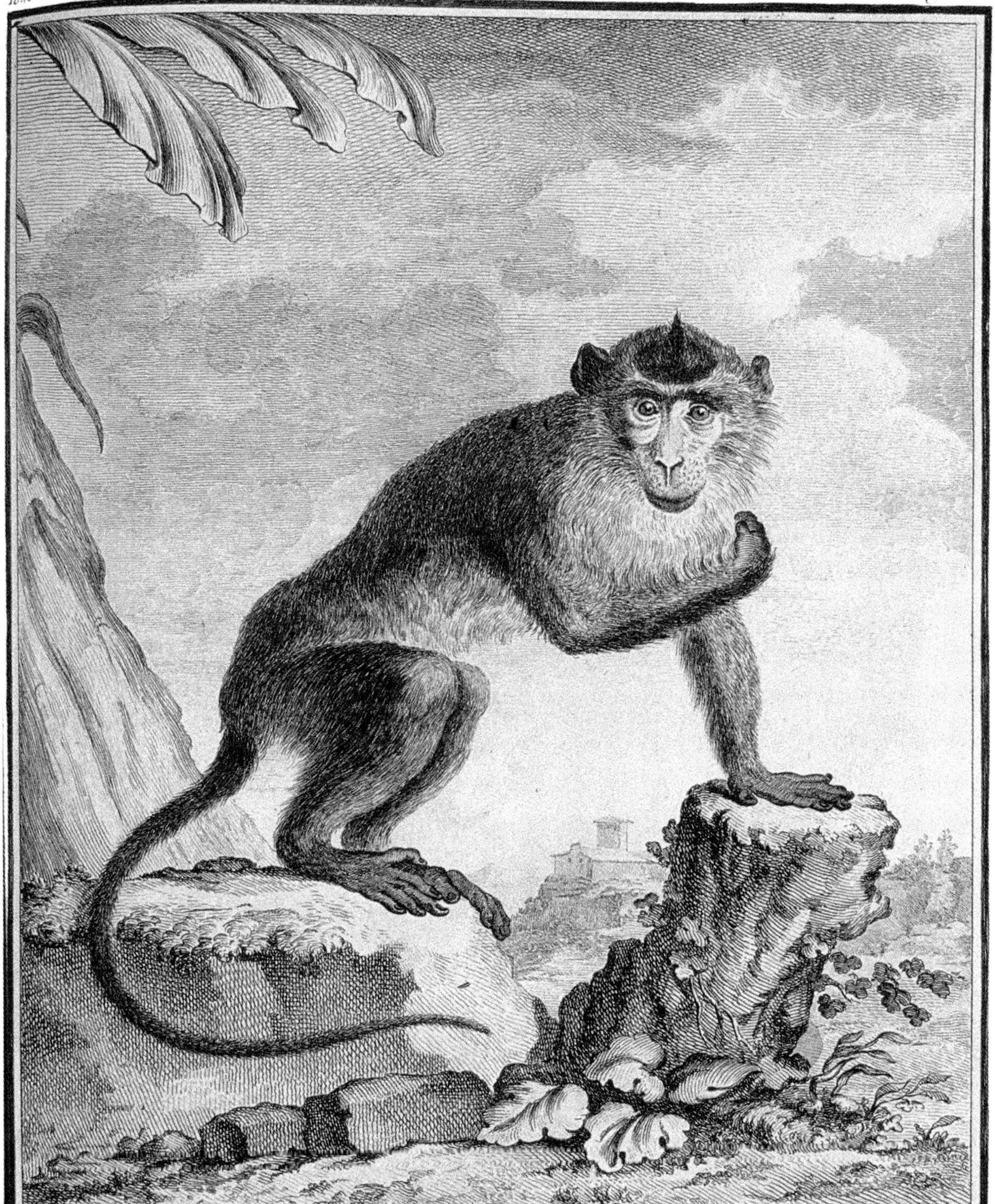

de Seve del. P. F. Tardieu Sculp.

L'AIGRETTE.

Tom. XIV. Pl. XXII. Pag. 206.

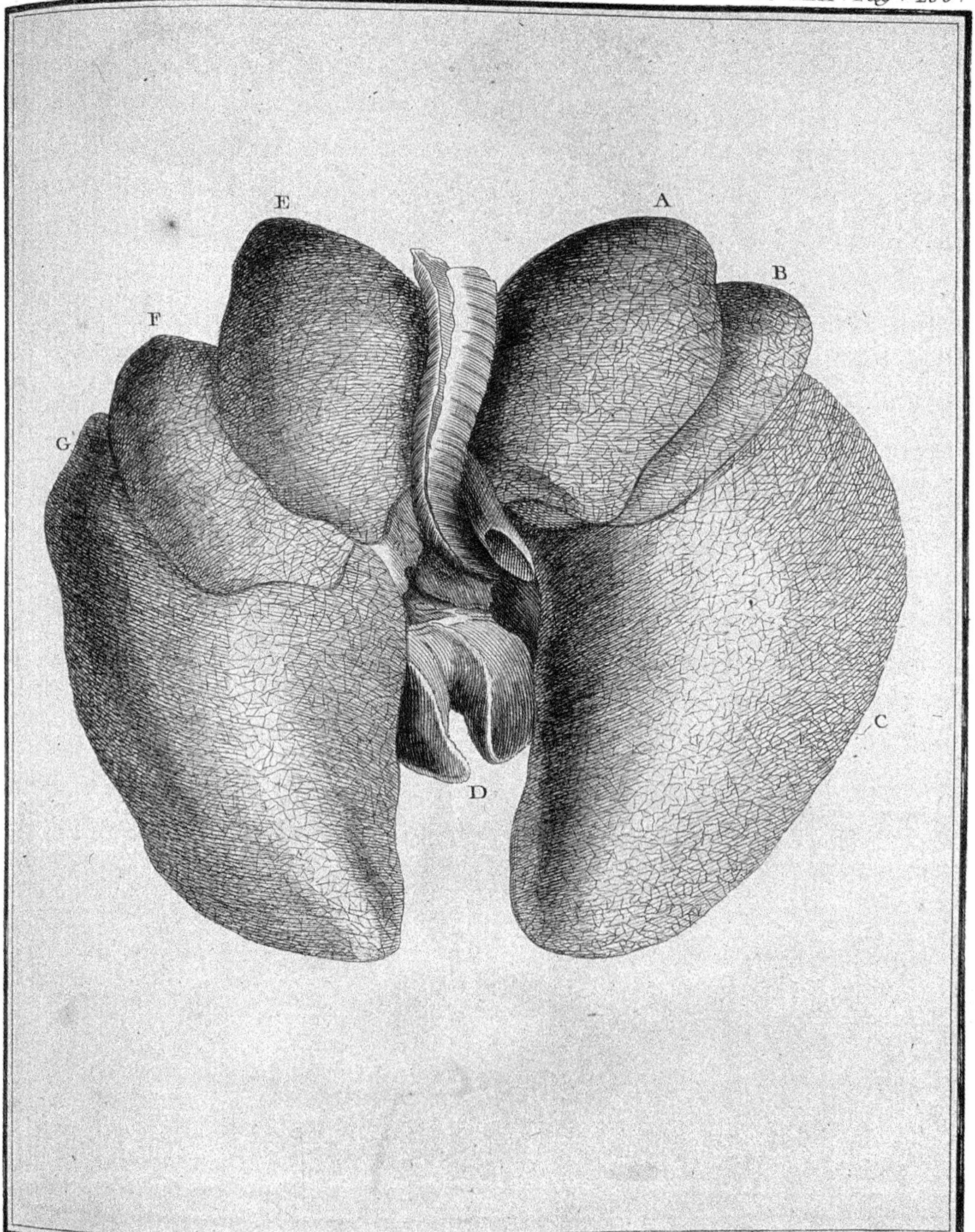


Buvée, Lamériquain del. L. Legrand Sculp.

*Tom. XIV.* *Pl. XXIII. Pag. 206.*

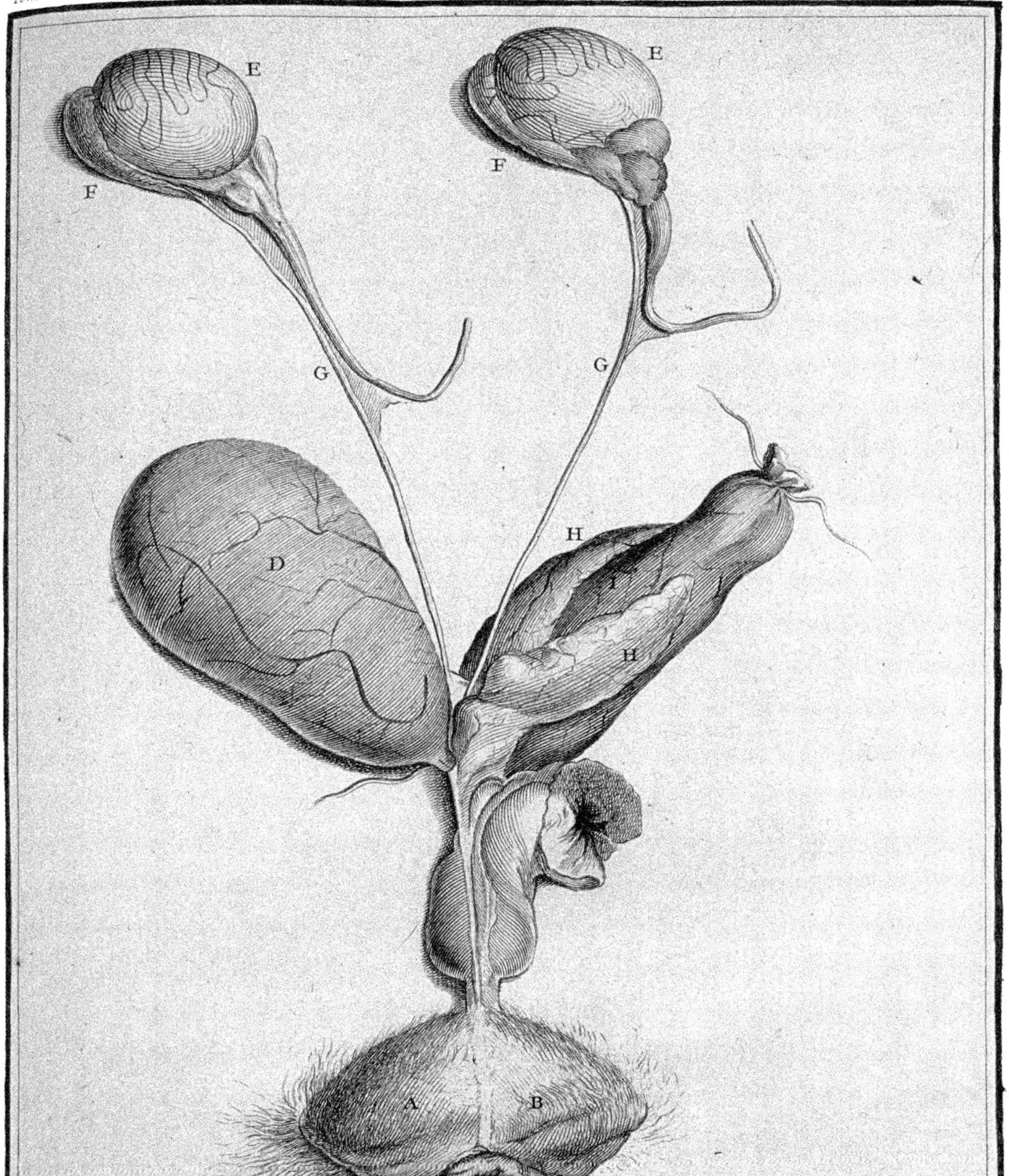


*Buvée l'Am. del.* *de Fehrt Sculp.*

Tom. XIV Pl. XXIV. Pag. 206.

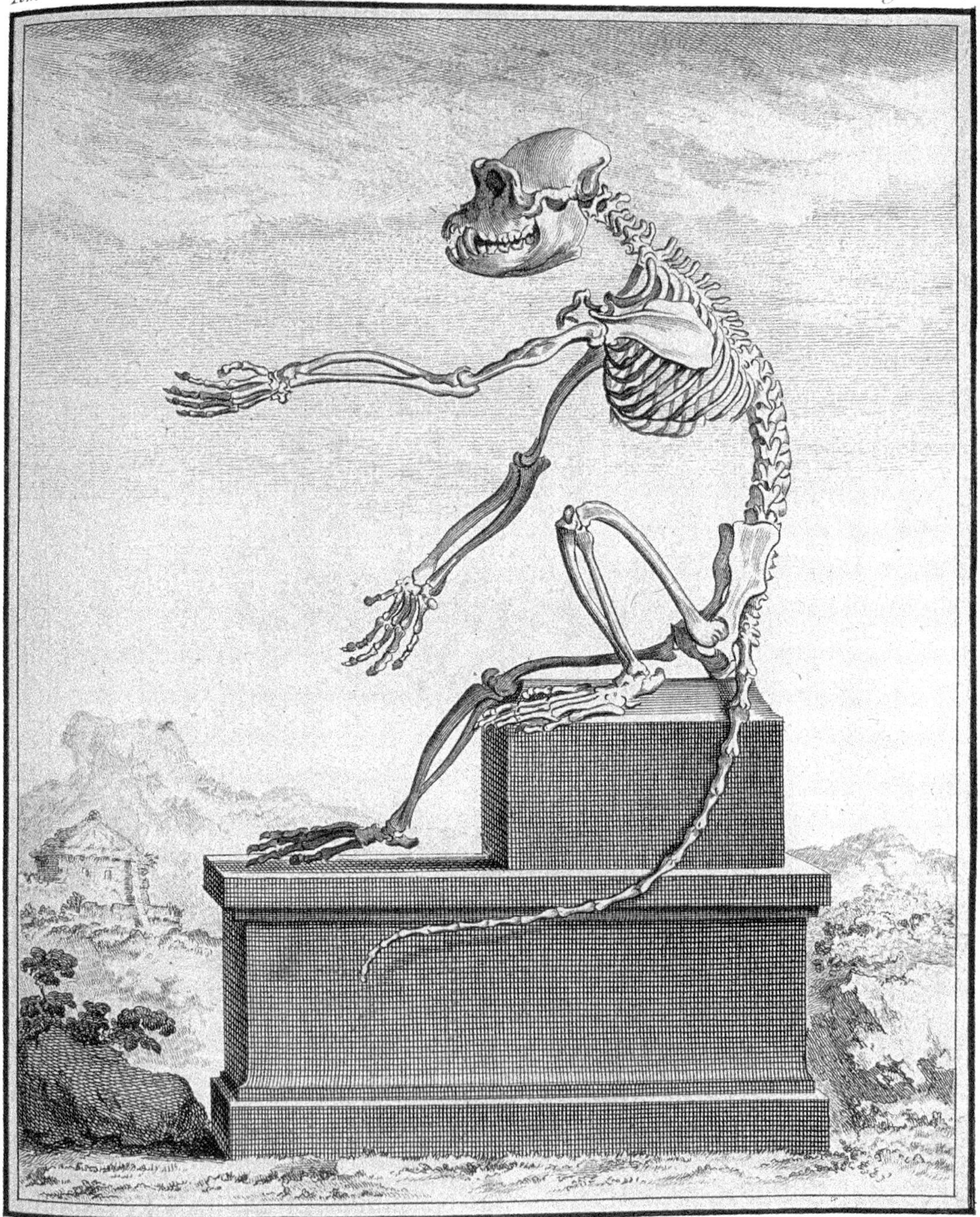

de Seve del. Chevillet sculps.

Tom. XIV. Pl. XXV pag 222.

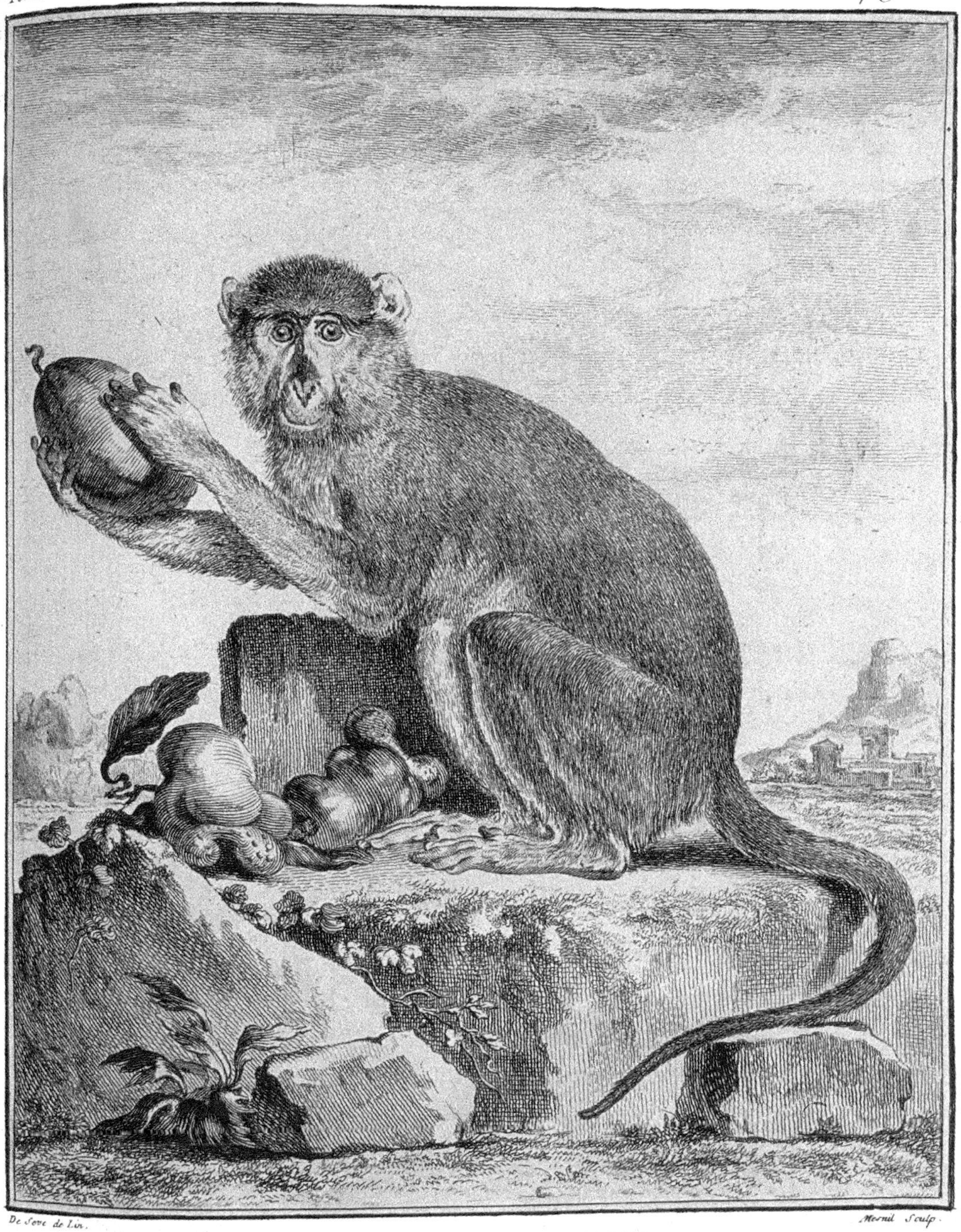

De Seve de Lin. Mesnil Sculp.

PATAS A BANDEAU NOIR.

Tom. XIV.

Pl. XXVI. Pag. 222.

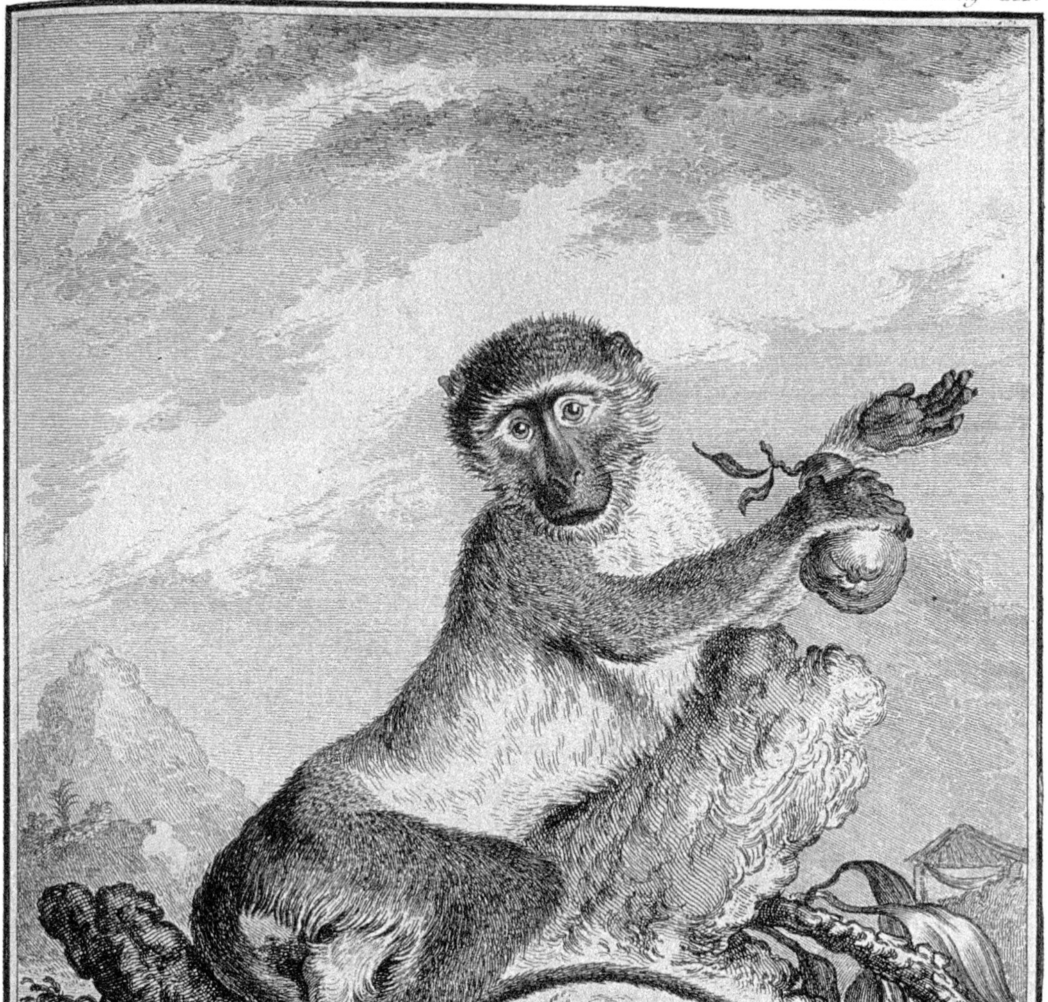

de Seve del.

Le Grand Sculp

LE PATAS A BANDEAU BLANC.

Tom. XIV. Pl. XXVII Pag. 222

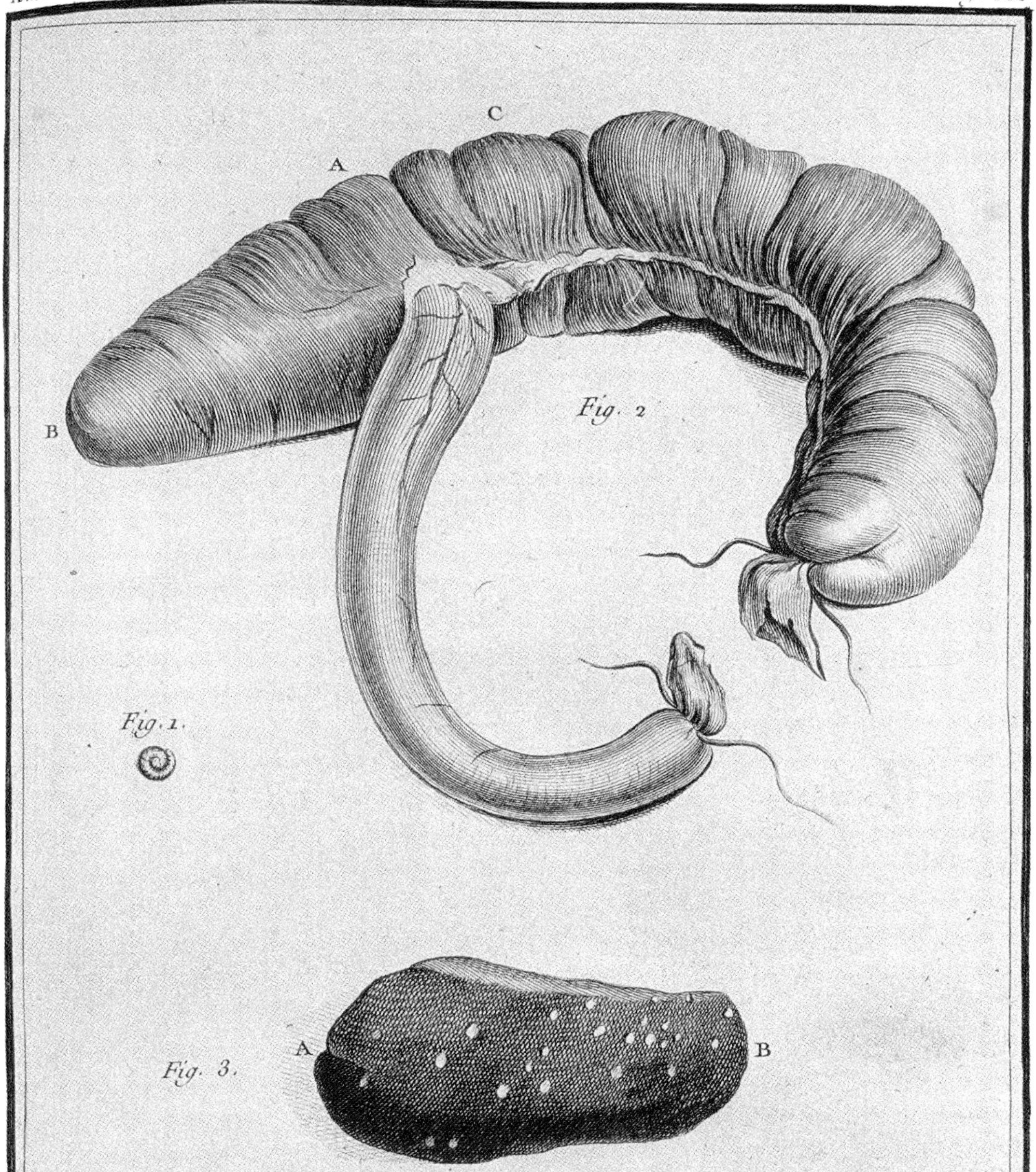


Buvée l'Am. del. de Fehrt Sculp

Tom. XIV. Pl. XXVIII. Pag. 222.

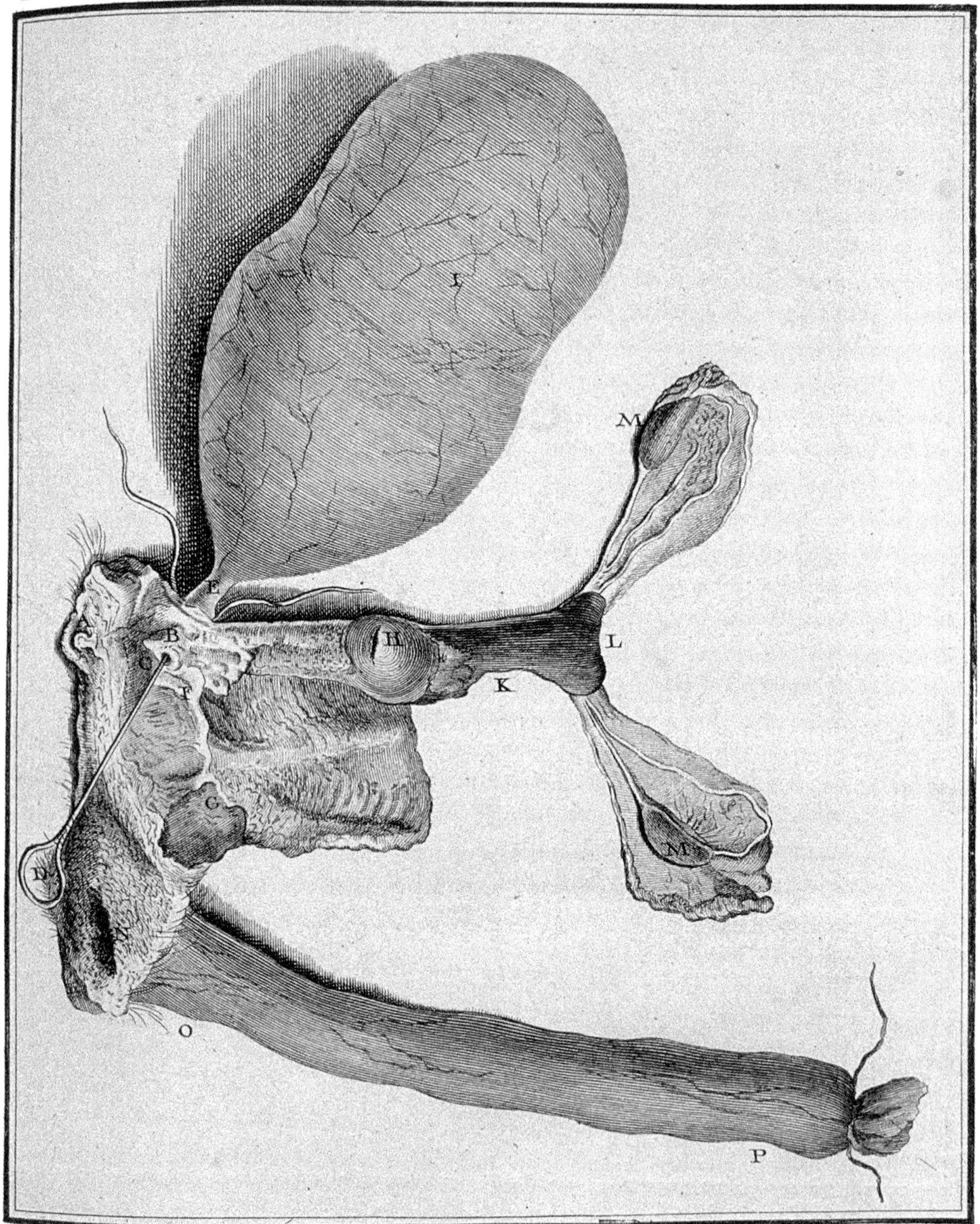


Buvée, l'américain del. Legrand Sculp.

Tom. XIV. Pl. XXIX. Pag. 240

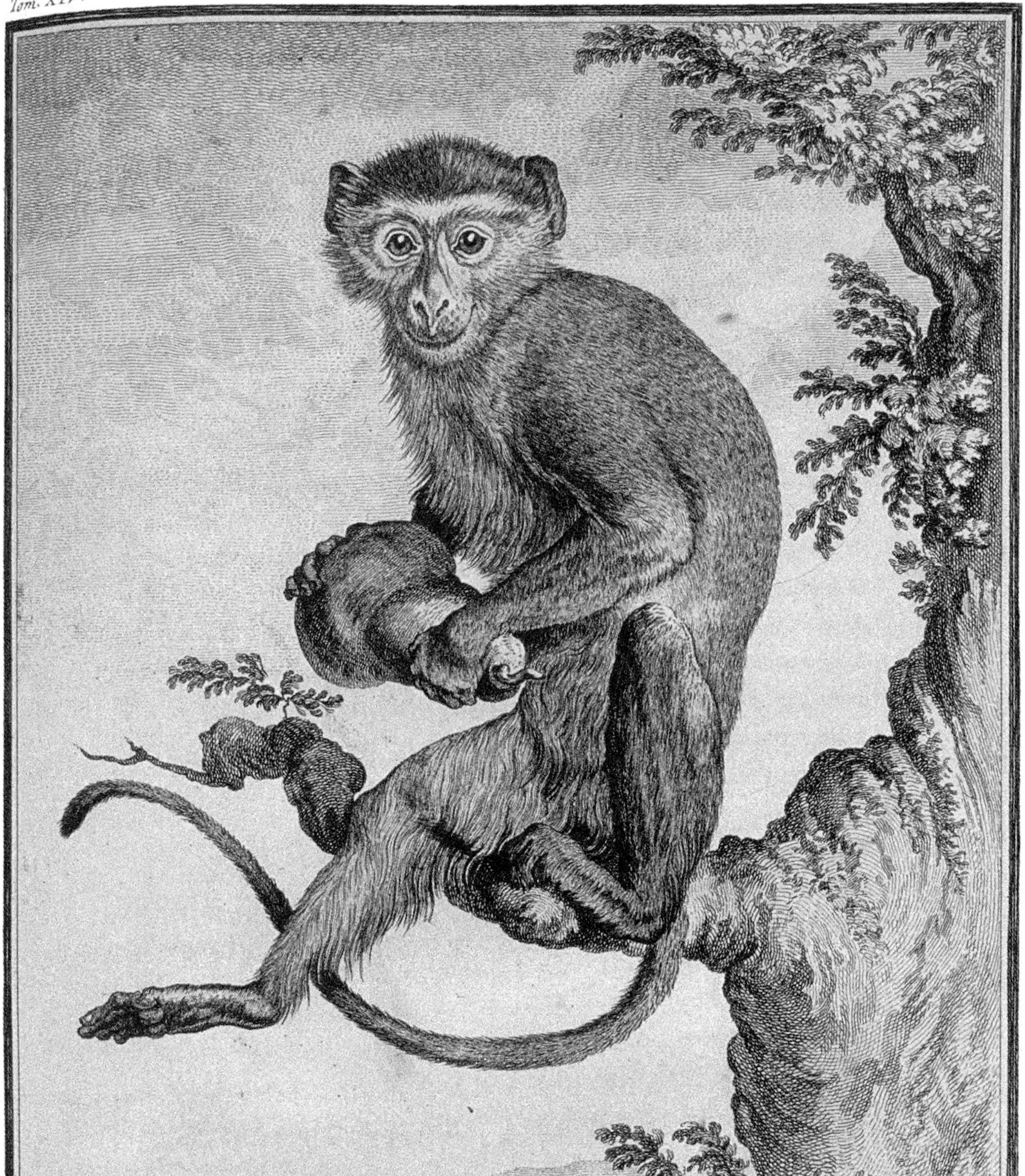

De Seve del. Lempereur Sculp.

MALBROUCK.

Tom. XIV. Pl. XXX. Pag. 242.

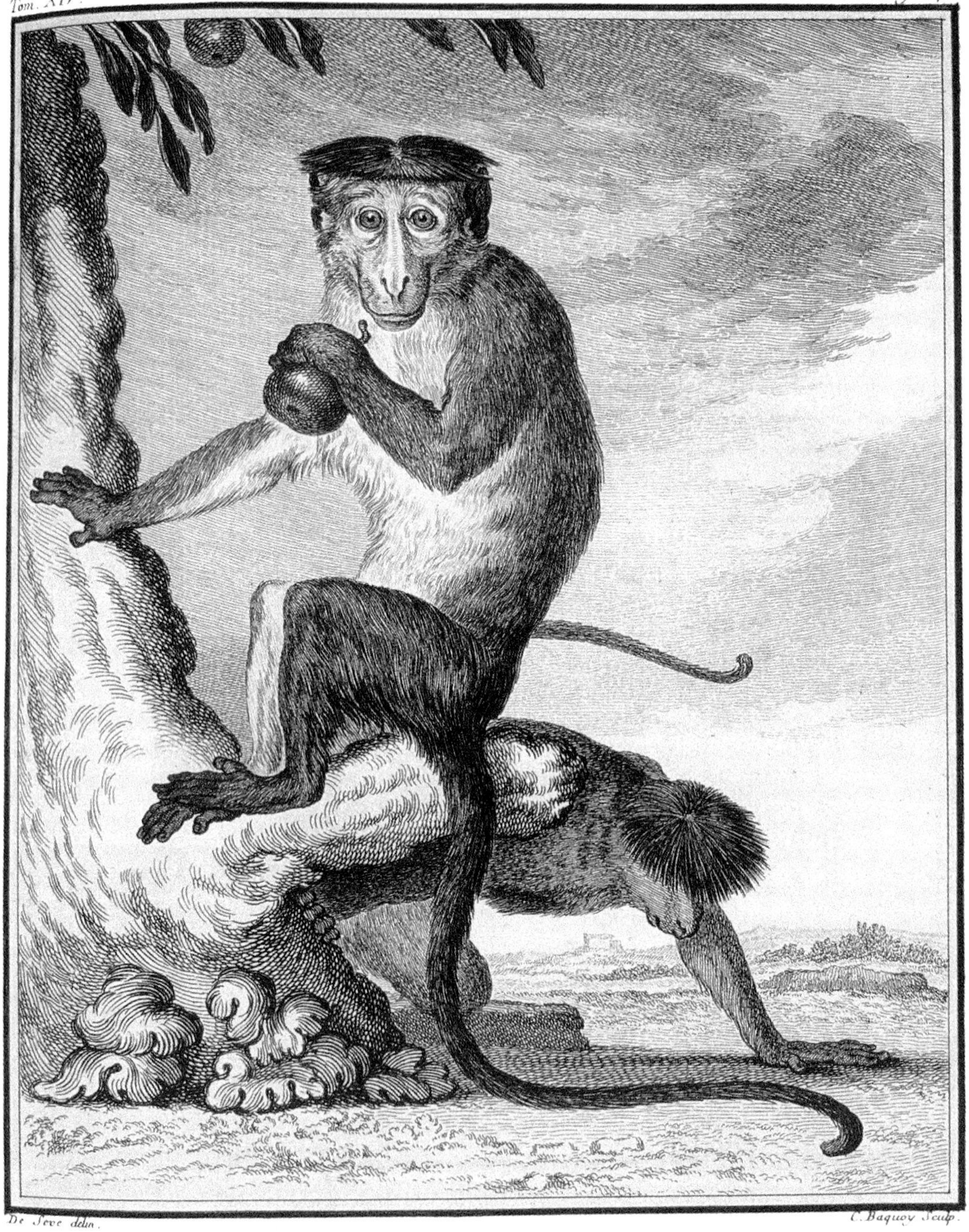

De Seve delin. C. Baquoy Sculp.

LE BONNET-CHINOIS.

Tom. XIV. Pl. XXXI Pag. 242.

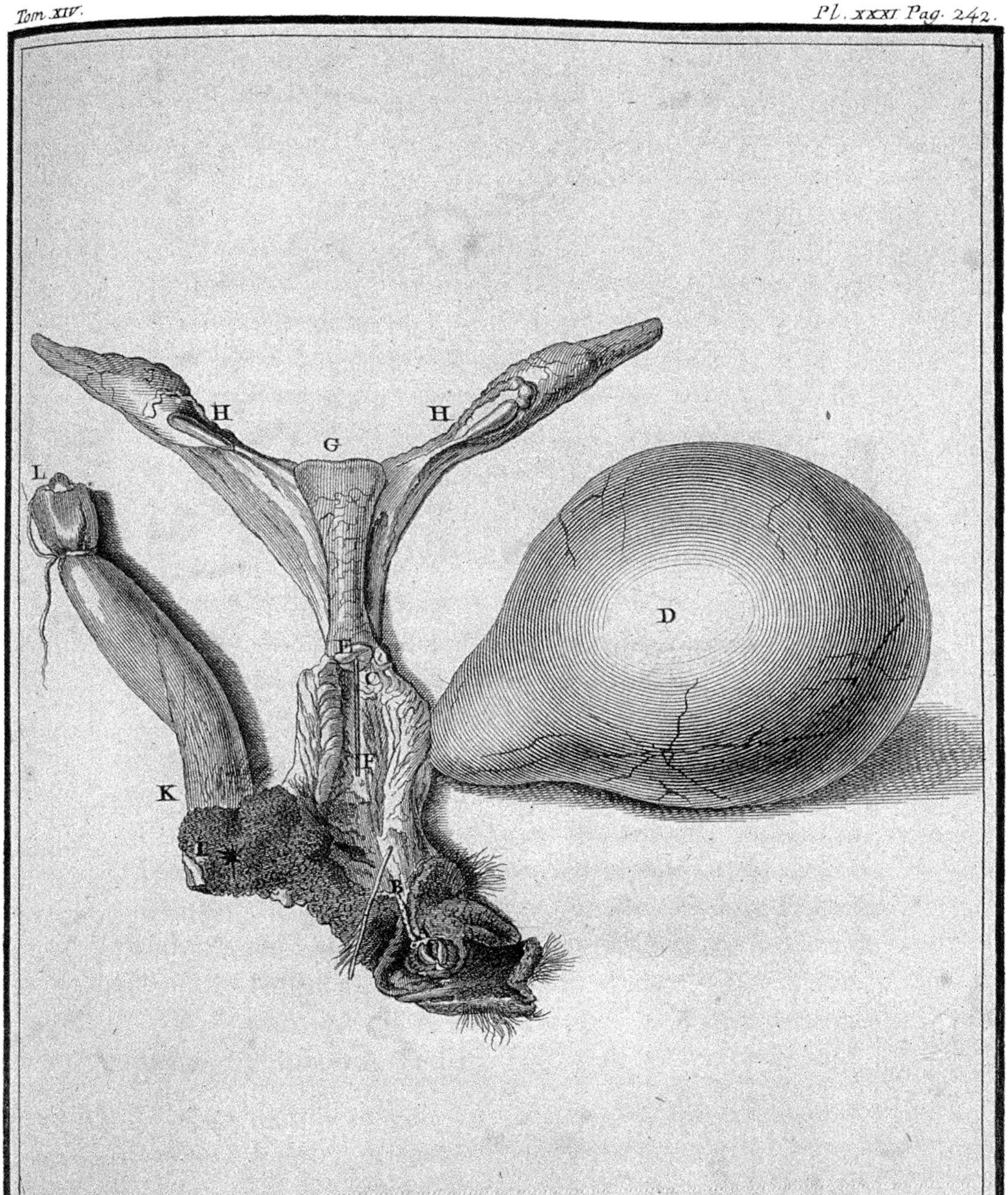


Buvée l'Amériq. del. Chevillet Sculp.

Tome XIV. Pl. XXXII. Page 256.

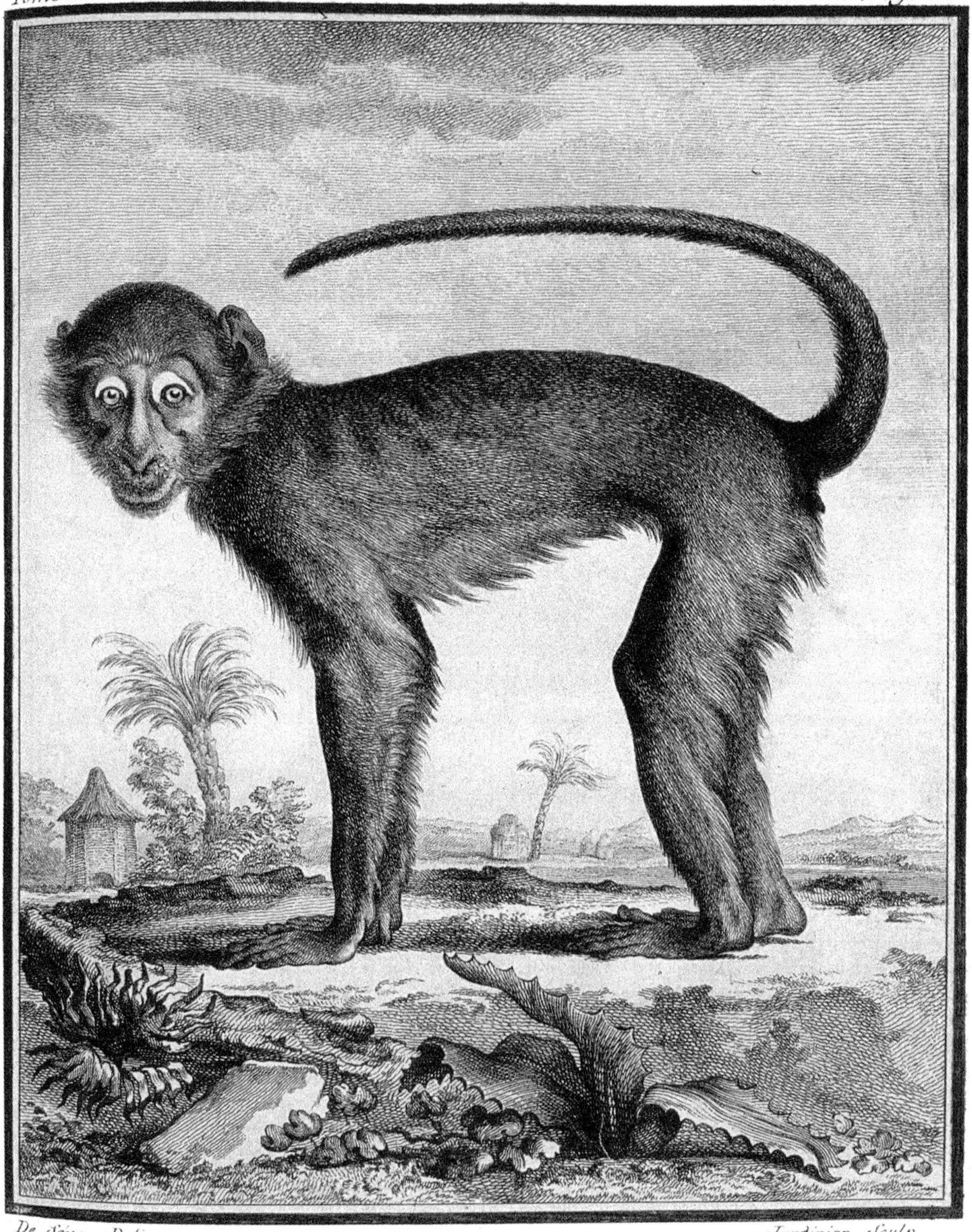

De Sève Delin. Jardinier Sculp.

LE MANGABEY.

Tome XIV. Pl. XXXIII. Page 256.

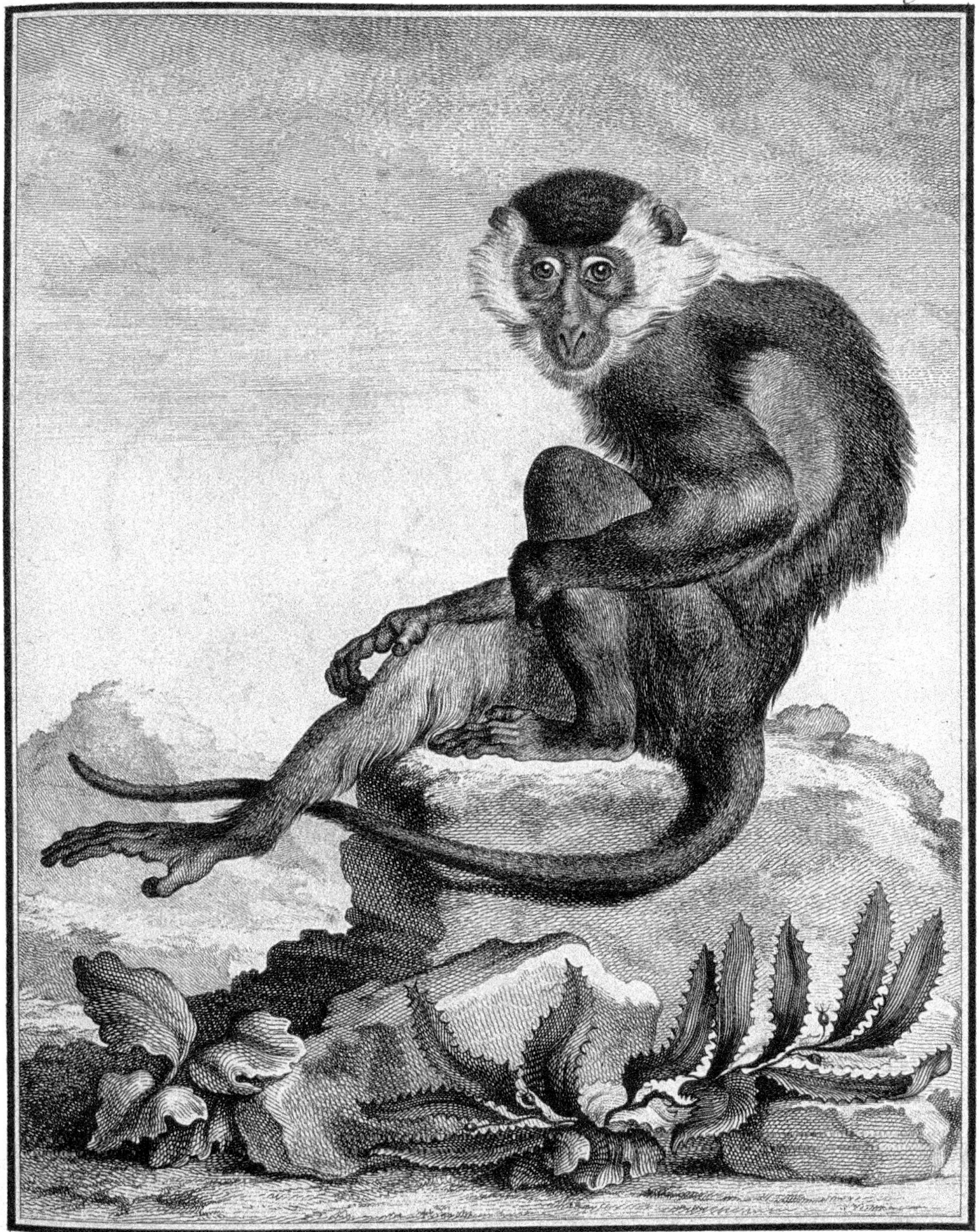

De Seve delin. Jardinier Sculp.

MANGABEY A COLLIER BLANC.

Tom. XIV        Pl. XXXIV Pag. 256.

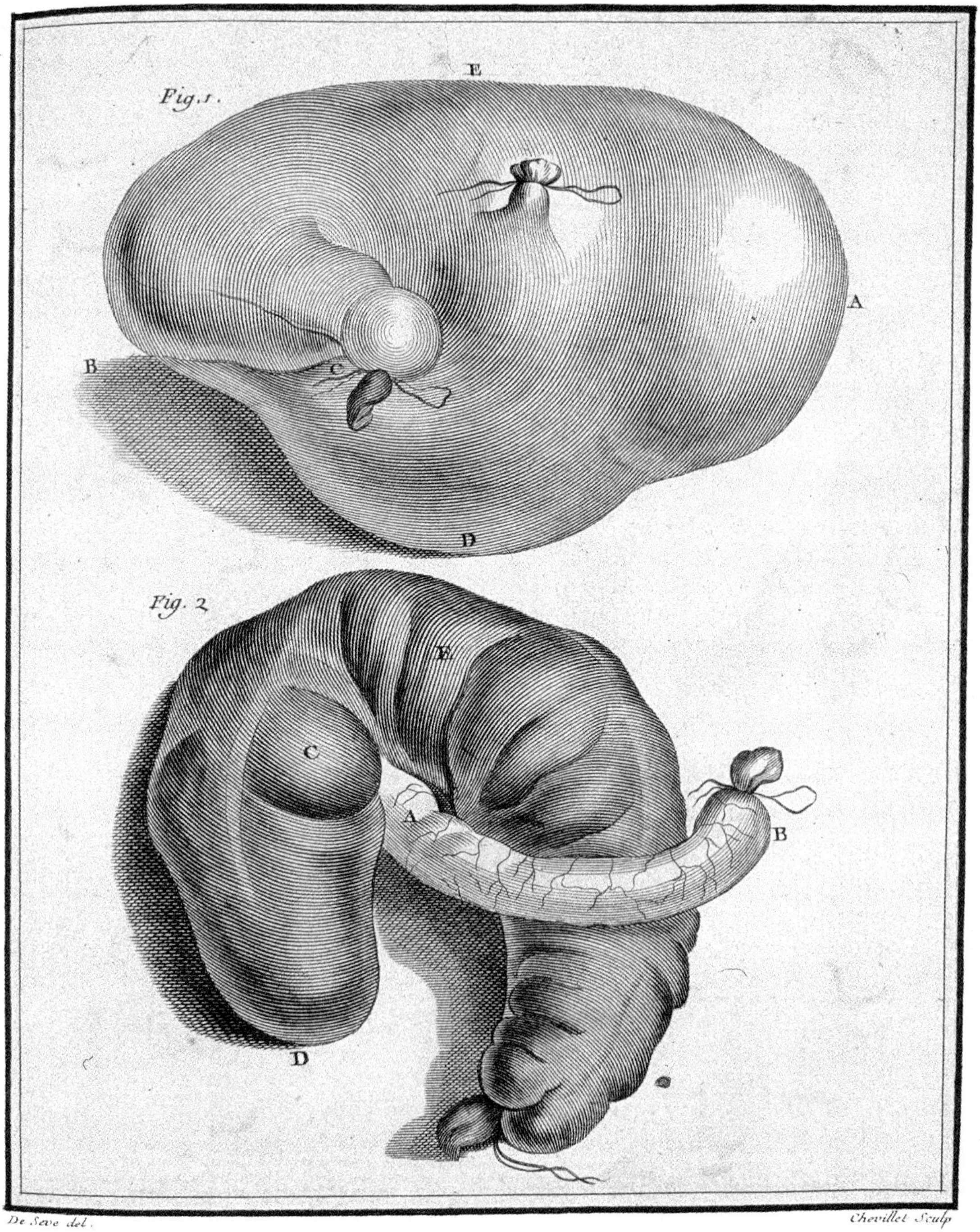


De Seve del.        Chevillet Sculp.

*Tom. XIV.* *Pl. XXXV. Pag. 256.*

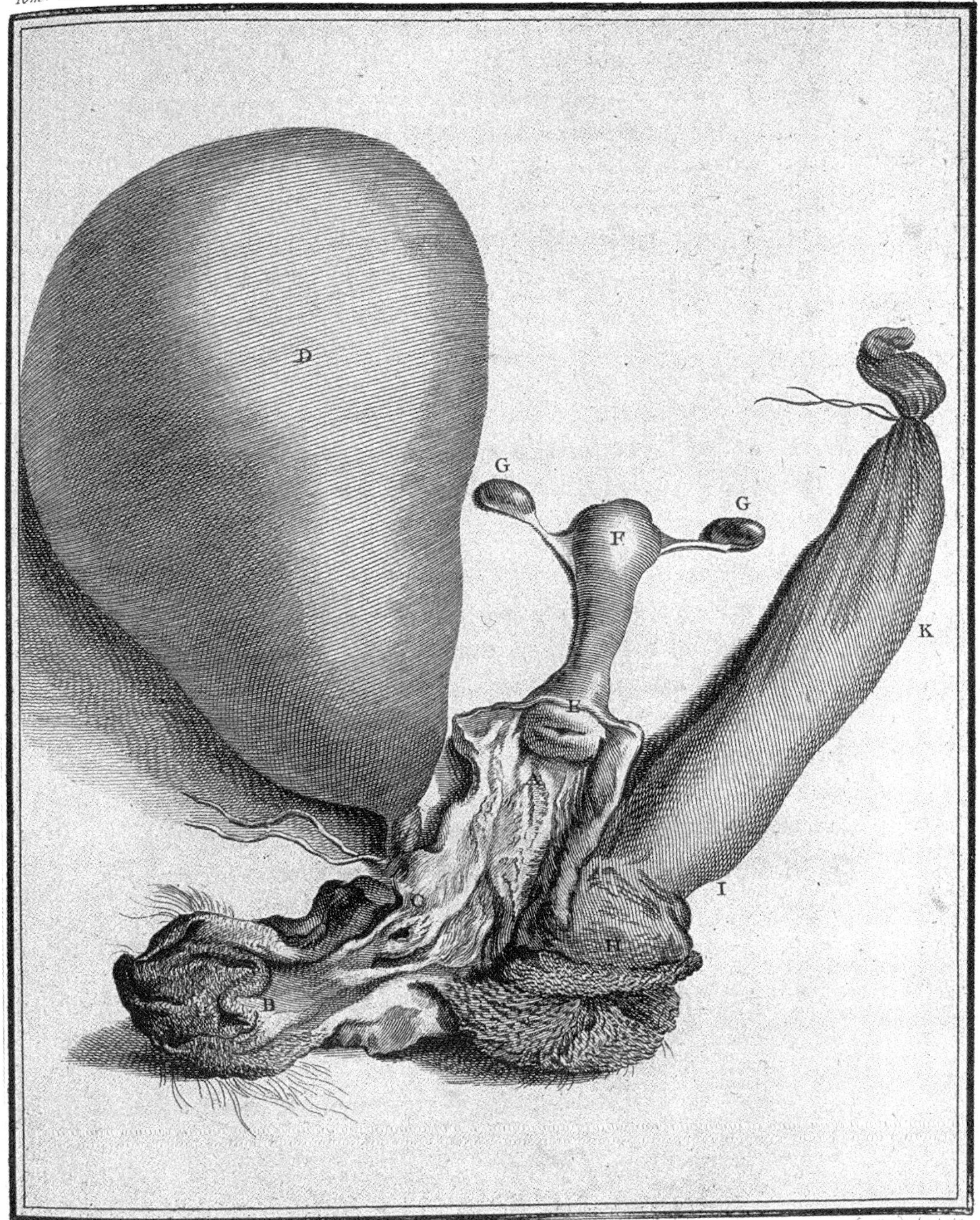


*De Seve delin.* *Guillard Sculpsit*

Tom XIV. Pl. XXXVI. pag. 270.

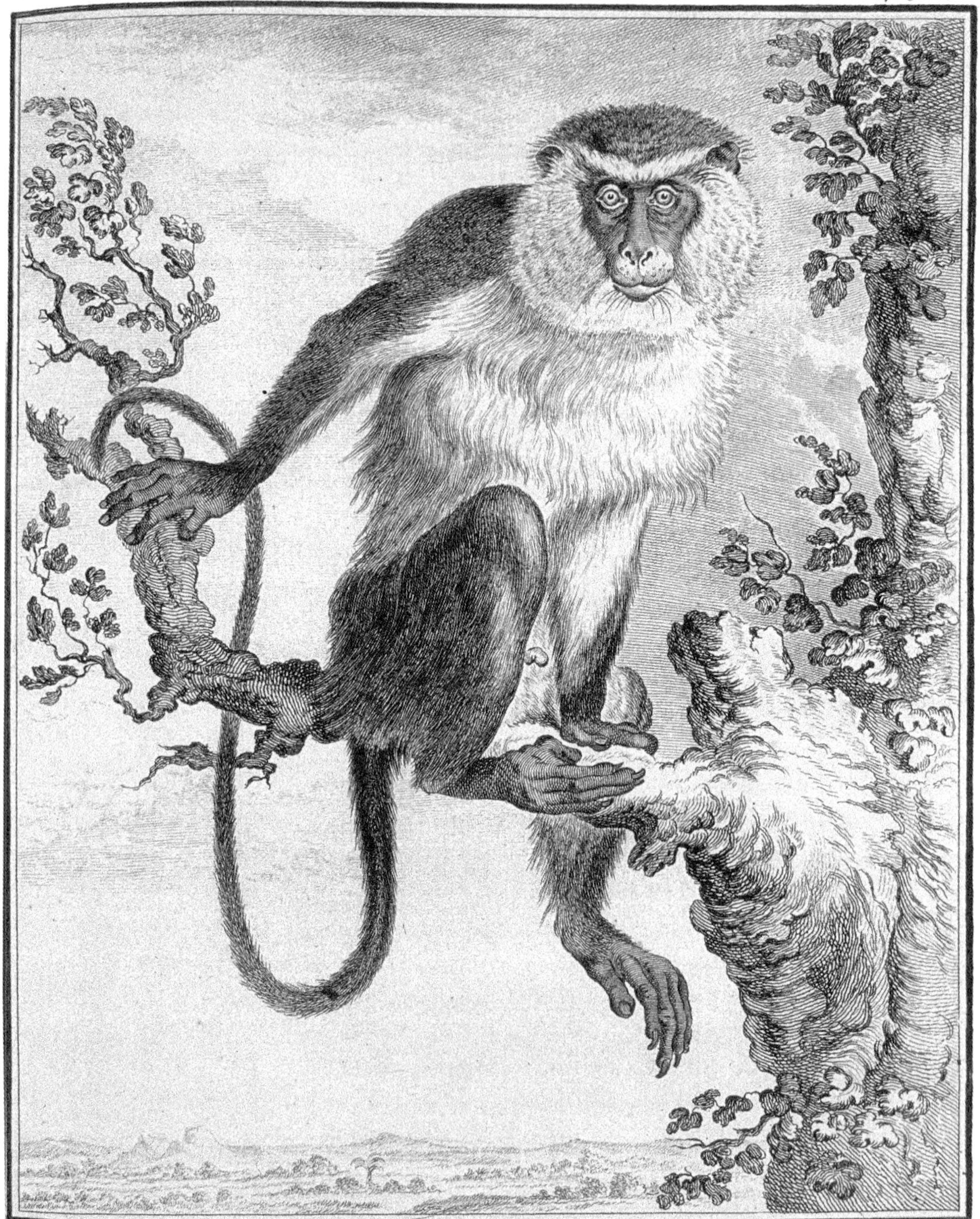

De Seve del. Chevillet Sculp.

LA MÔNE.

*Tom. XIV.* *Pl. XXXVII. Pag. 282.*

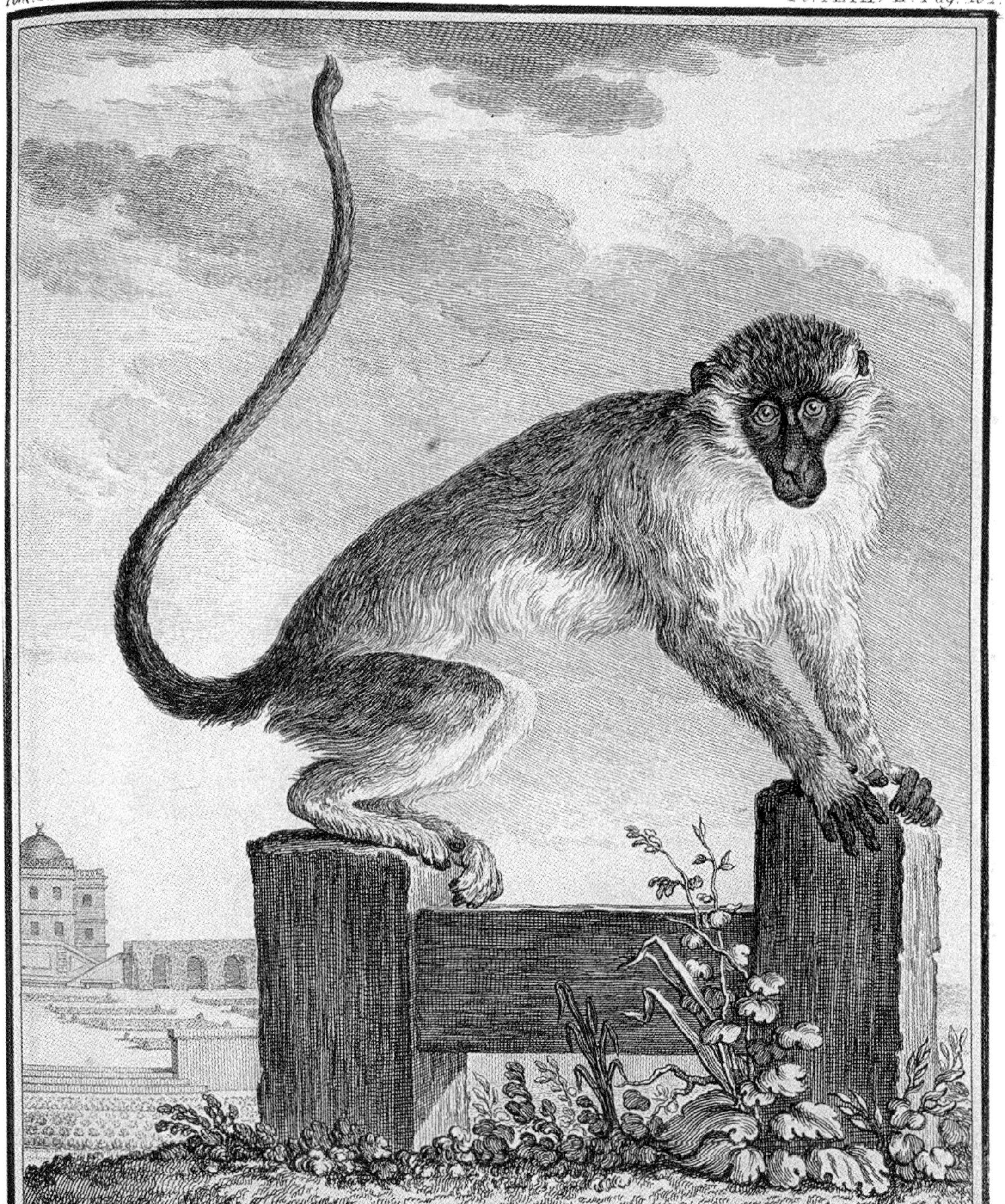

*De Seve delin.* *C. Baquoy Sculp.*

LE CALLITRICHE.

Tom. XIV.

Pl. XXXVIII. Pag. 282.

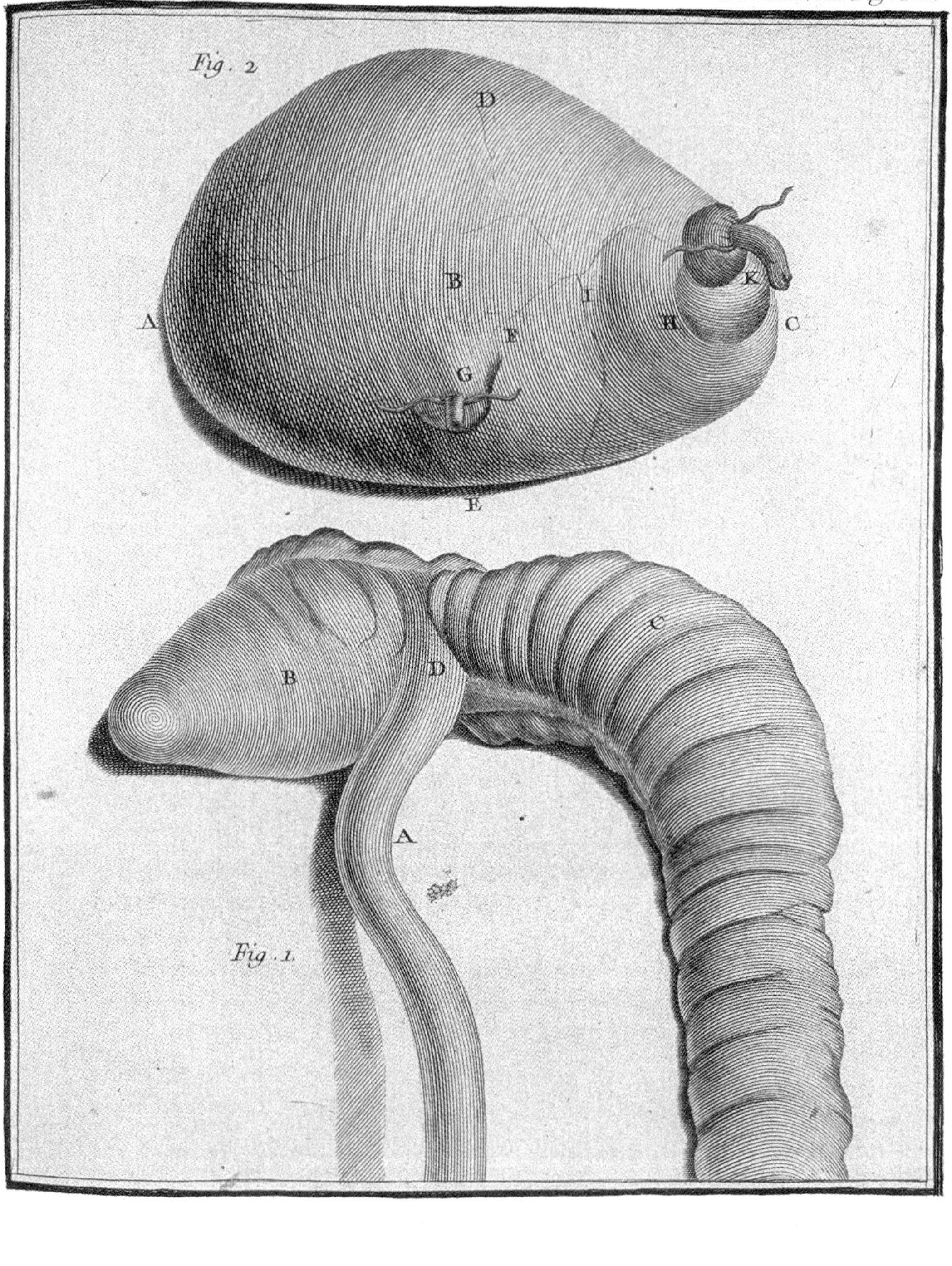

*Tom. XIV.* *Pl. XXXIX pag. 286.*

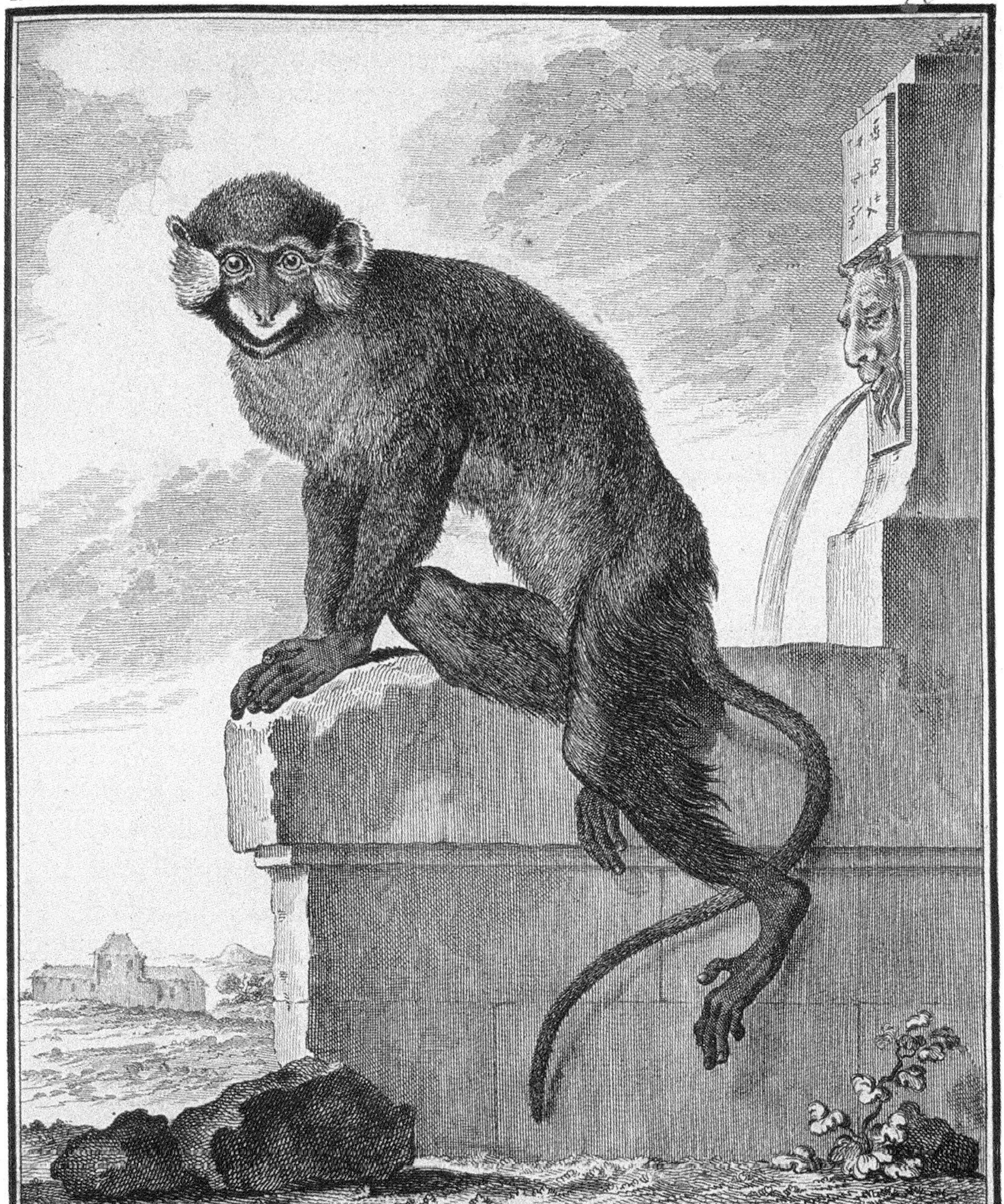

*De Seve delin.* *Le Charpentier Sculp.*

MOUSTAC.

Tom. XIV. Pl. XL. Pag. 296.

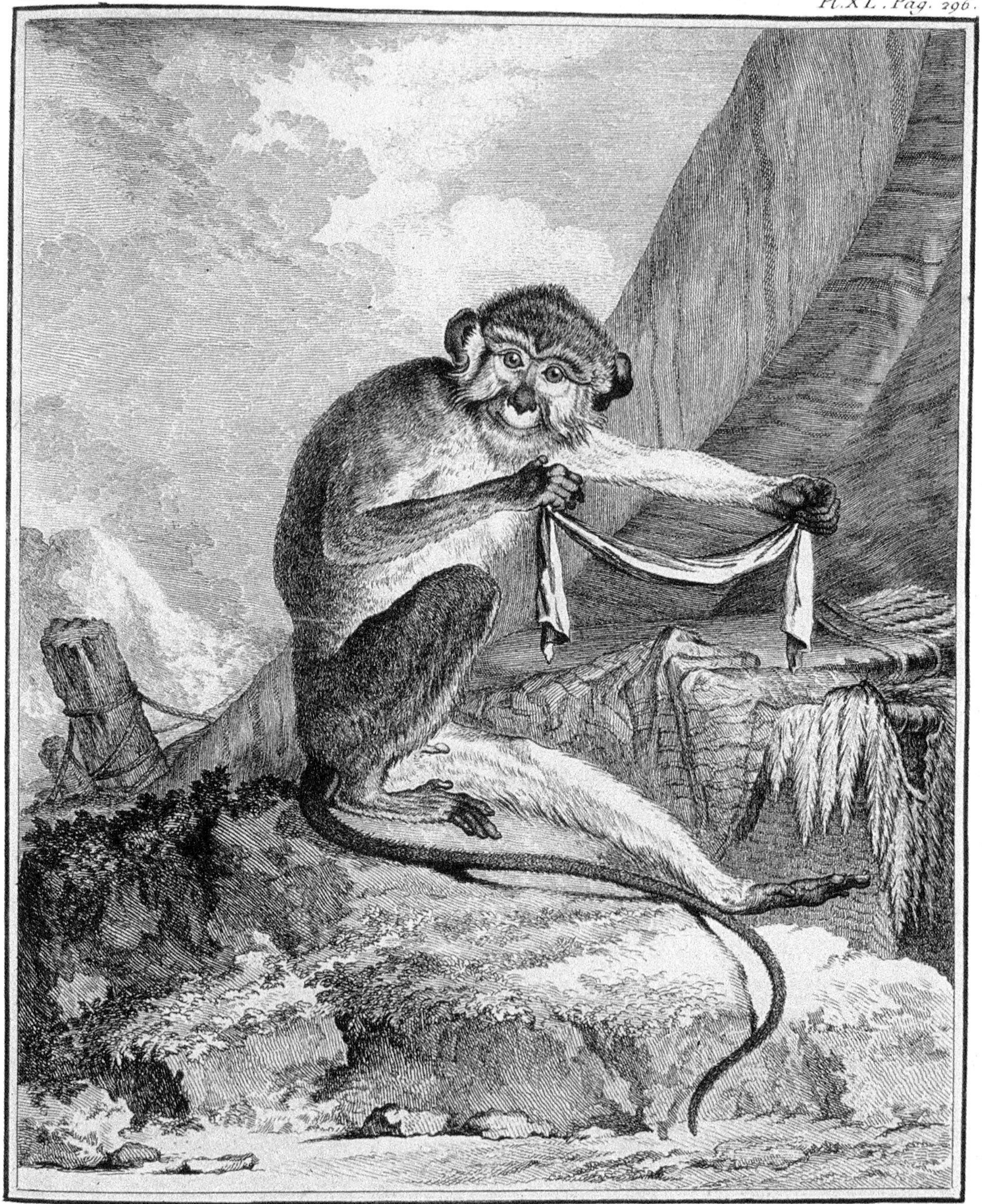

De Seve del. Mlle Rousselet f.me Tardieu Sculp.

TALAPOIN.

Tom. XIV. Pl. XLI. Pag. 302.

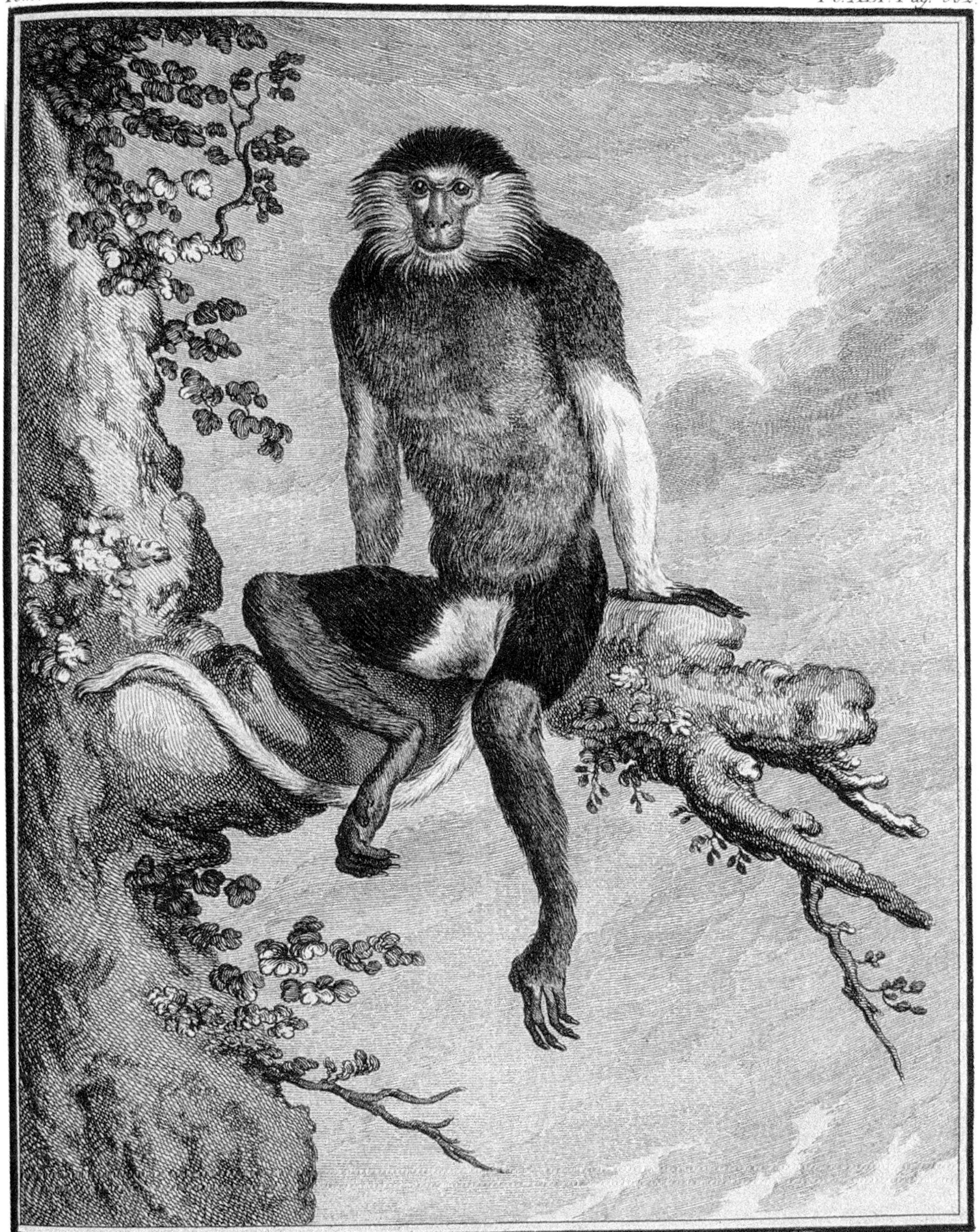

Seve delin. C. Baquoy Sculp.

DOUC

# HISTOIRE NATURELLE,

## GÉNÉRALE ET PARTICULIÈRE,

*AVEC LA DESCRIPTION*

## DU CABINET DU ROI.

*Tome Quinzième.*

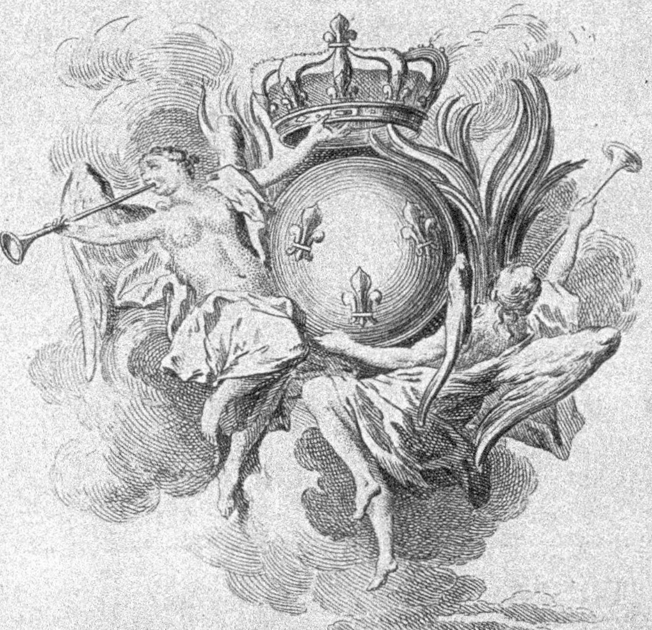

A PARIS,

DE L'IMPRIMERIE ROYALE.

M. DCCLXVII.

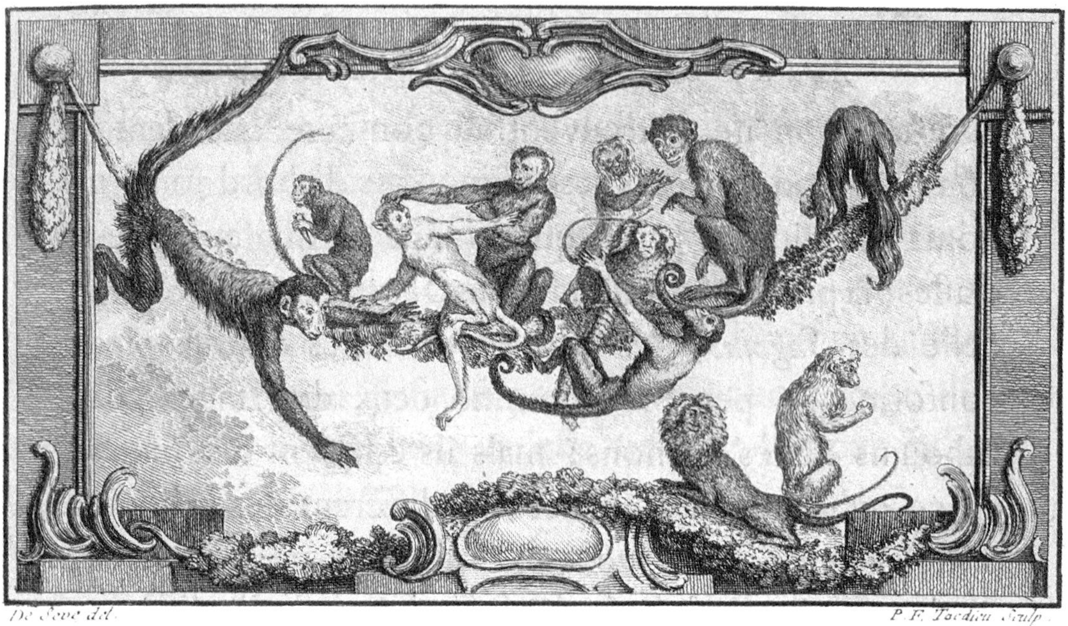
De Seve del.
P.F. Tardieu Sculp.

*Tome XV.* *Pl. I. pag. 36.*

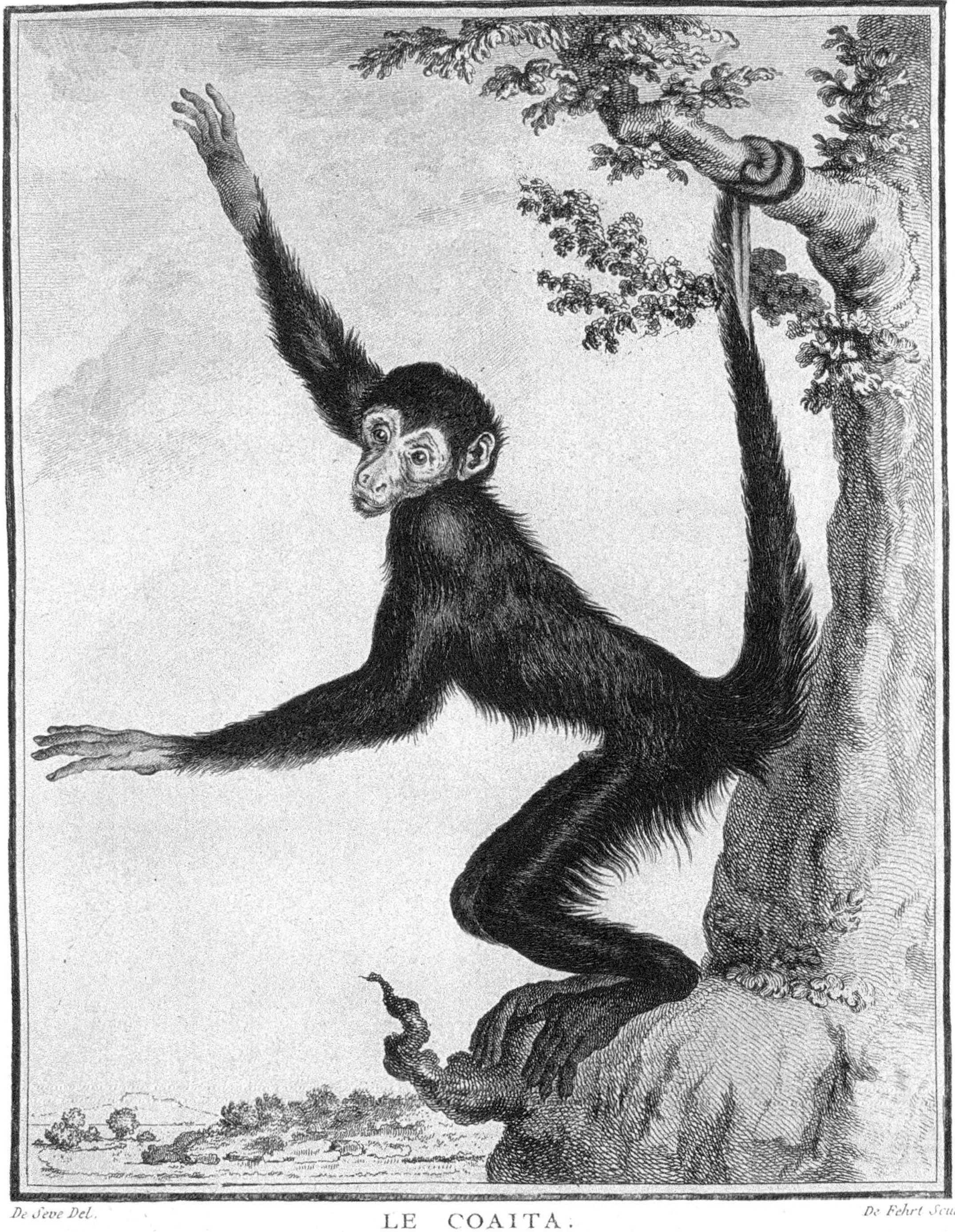

*De Seve Del.* LE COAITA. *De Fehrt Sculp.*

*Tom. XV.* *Pl. 11. pag. 36.*

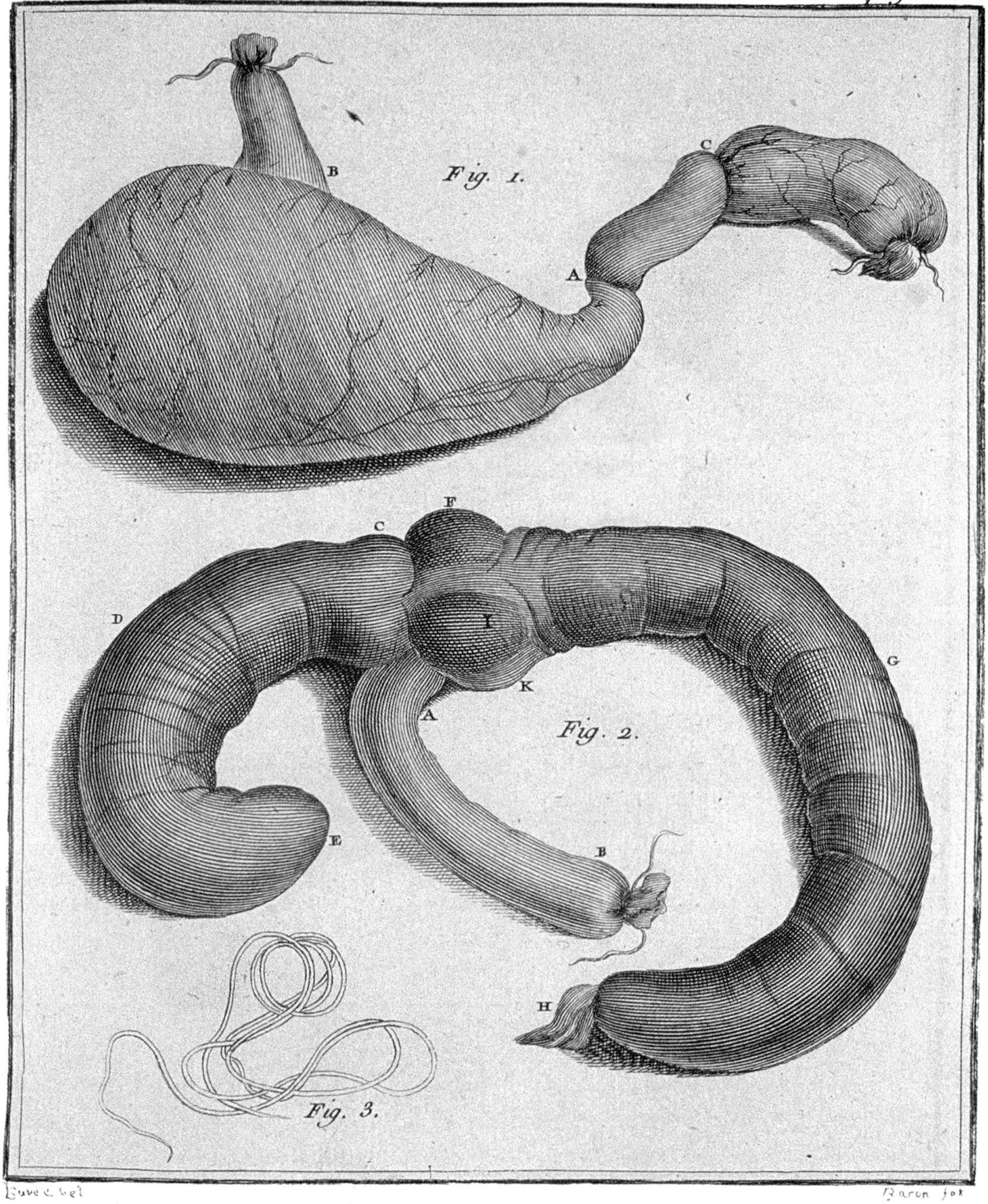


Buvée del. Baron sc.

Tom. XV. Pl. III. pag. 36.

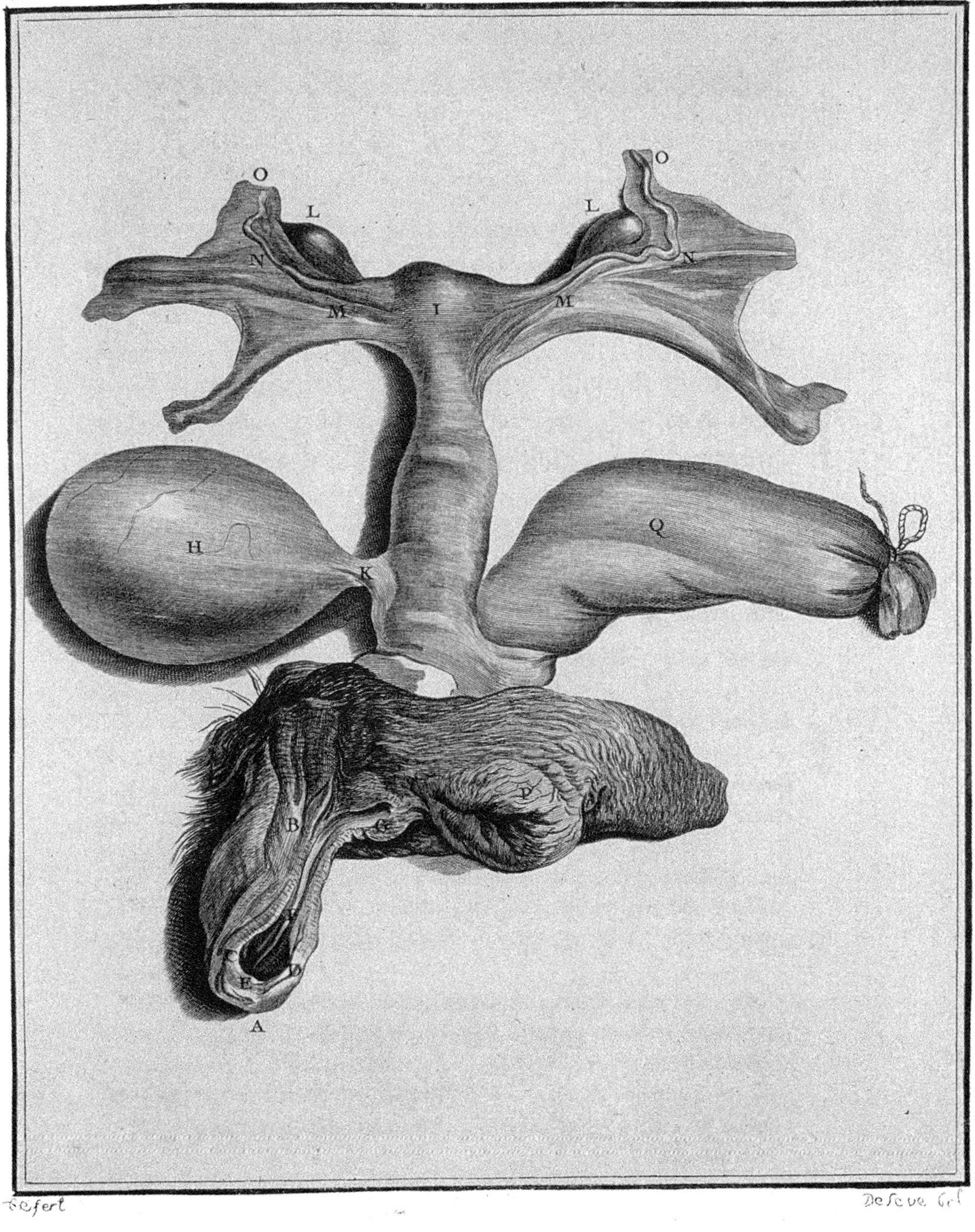


Sefert De Seve del.

Tom XV

Pl. IV. Pag. 50.

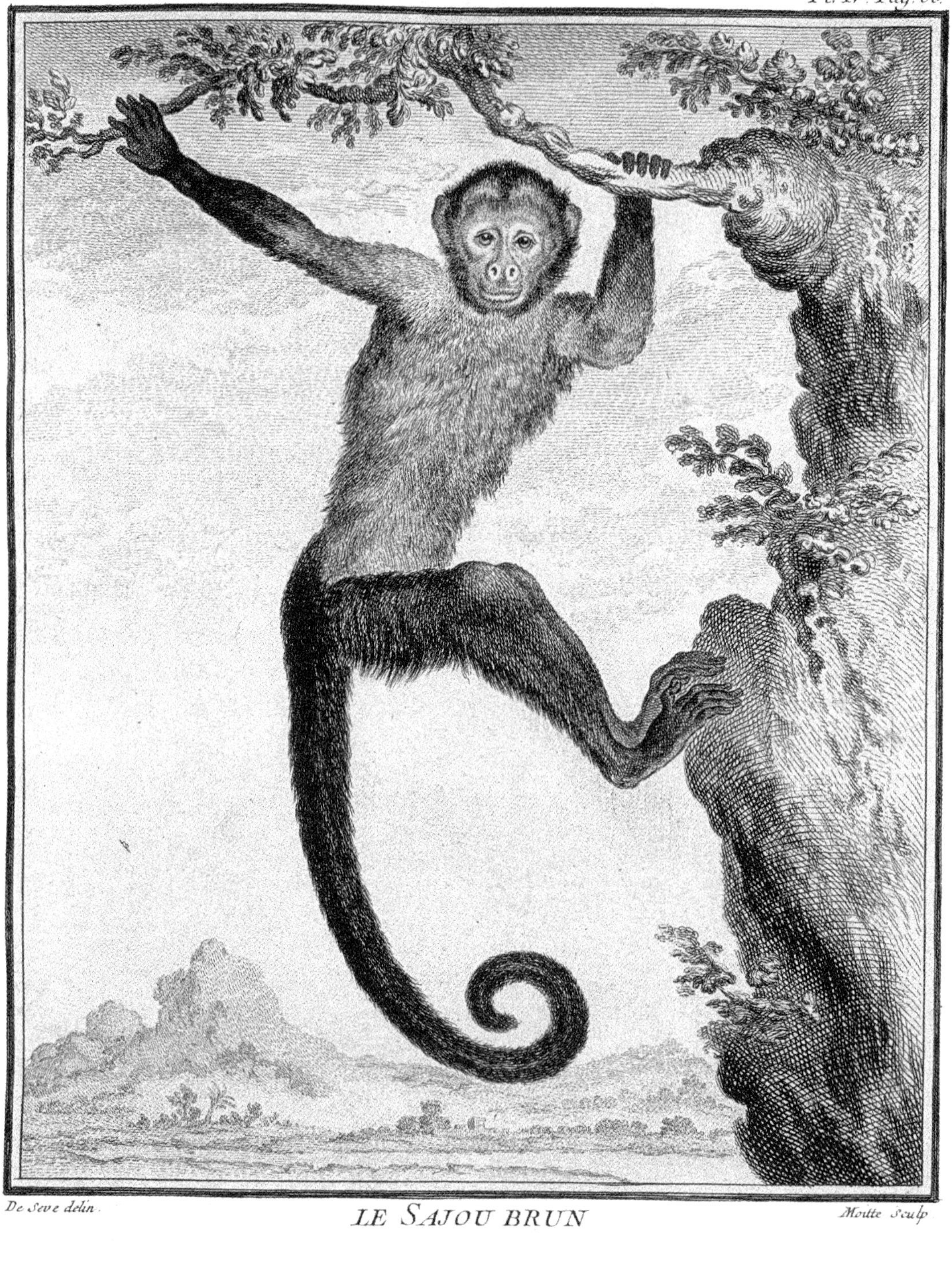

De Seve delin.

LE SAJOU BRUN

Moitte Sculp

Tom. XV. Pl. V. Pag. 50.

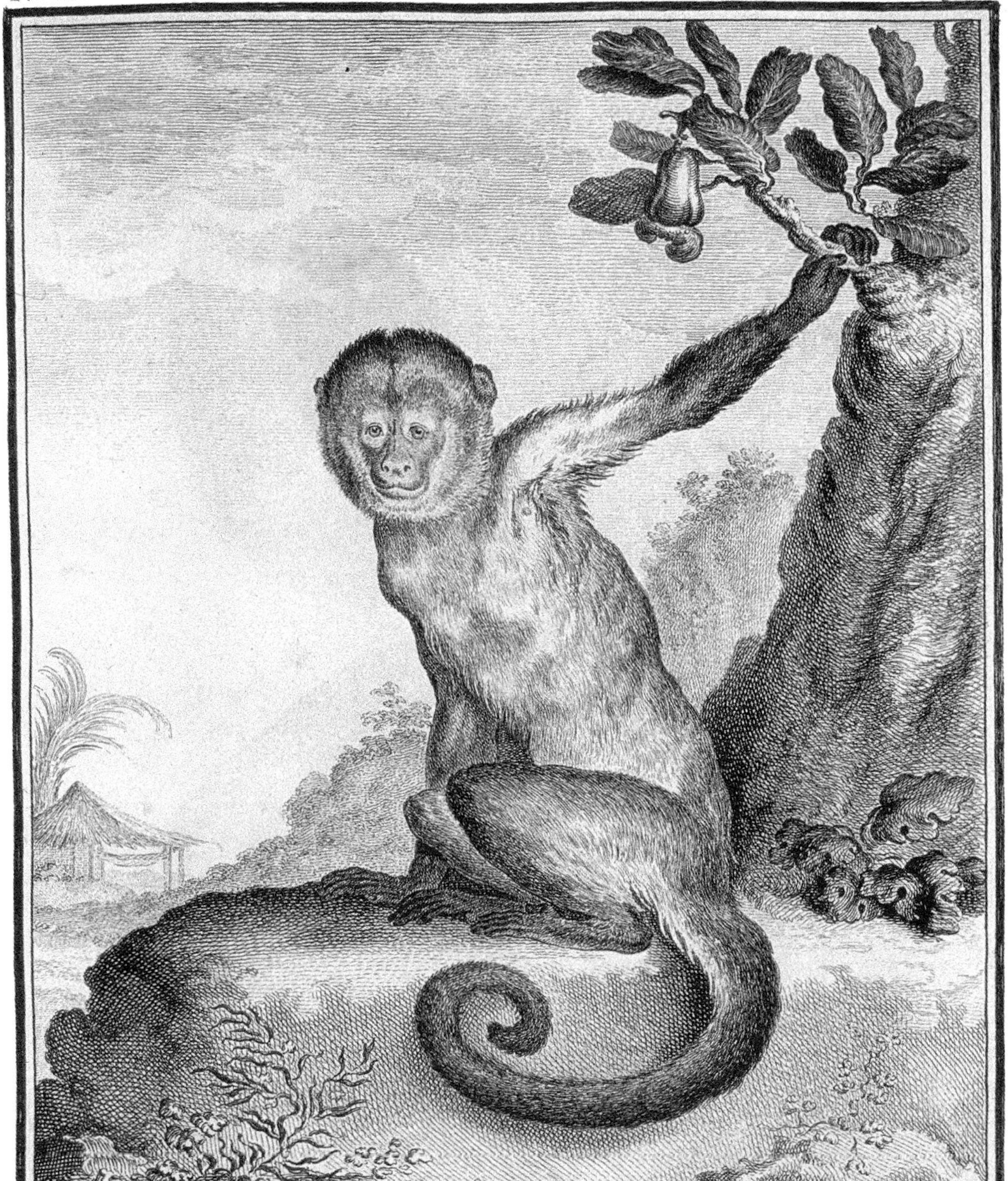

de Seve del. Moitte Sculp.

LE SAJOU GRIS.

Tom. XV. Pl. VI. pag. 50.

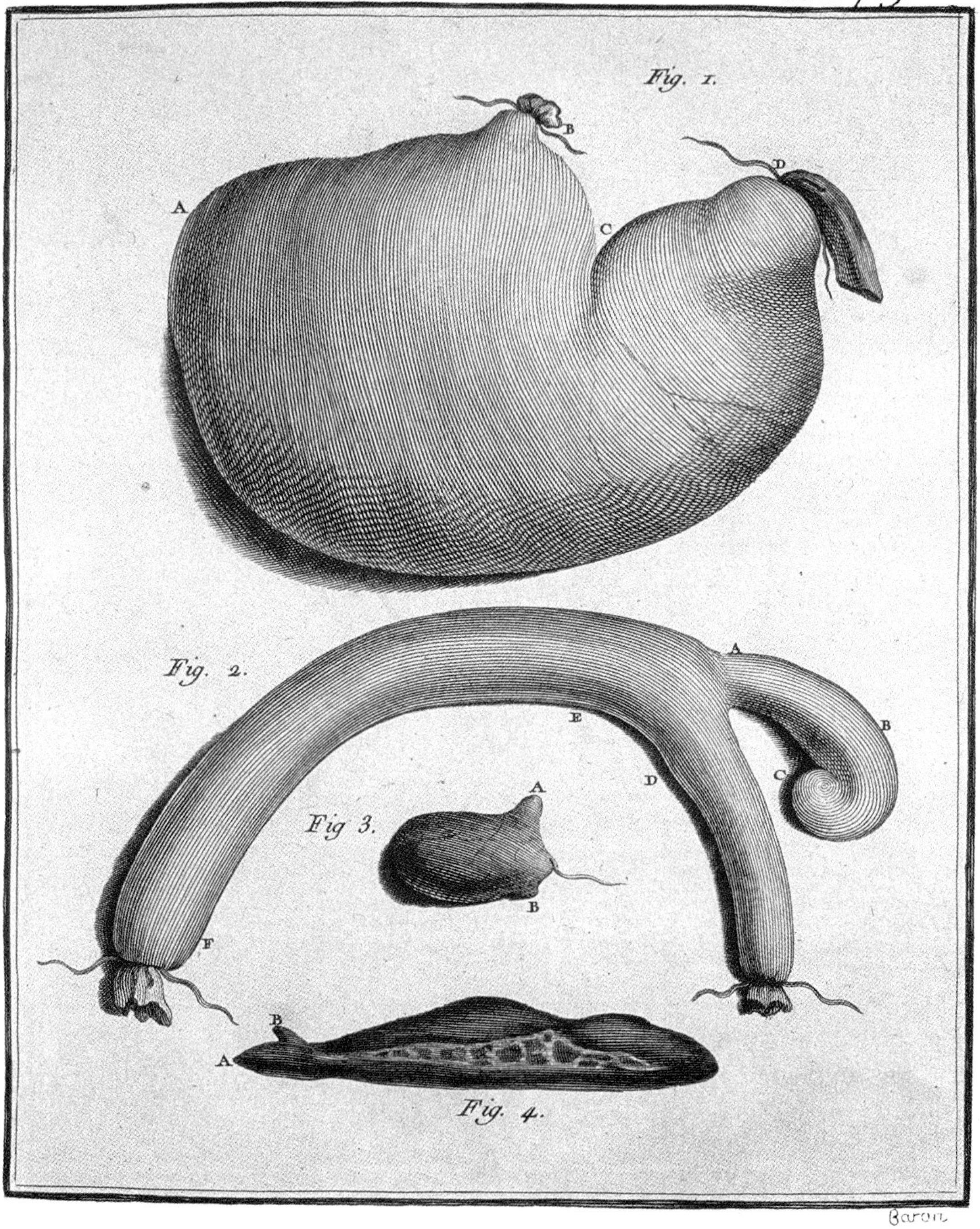


Baron

Tom XV. Pl. VII. pag. 50.

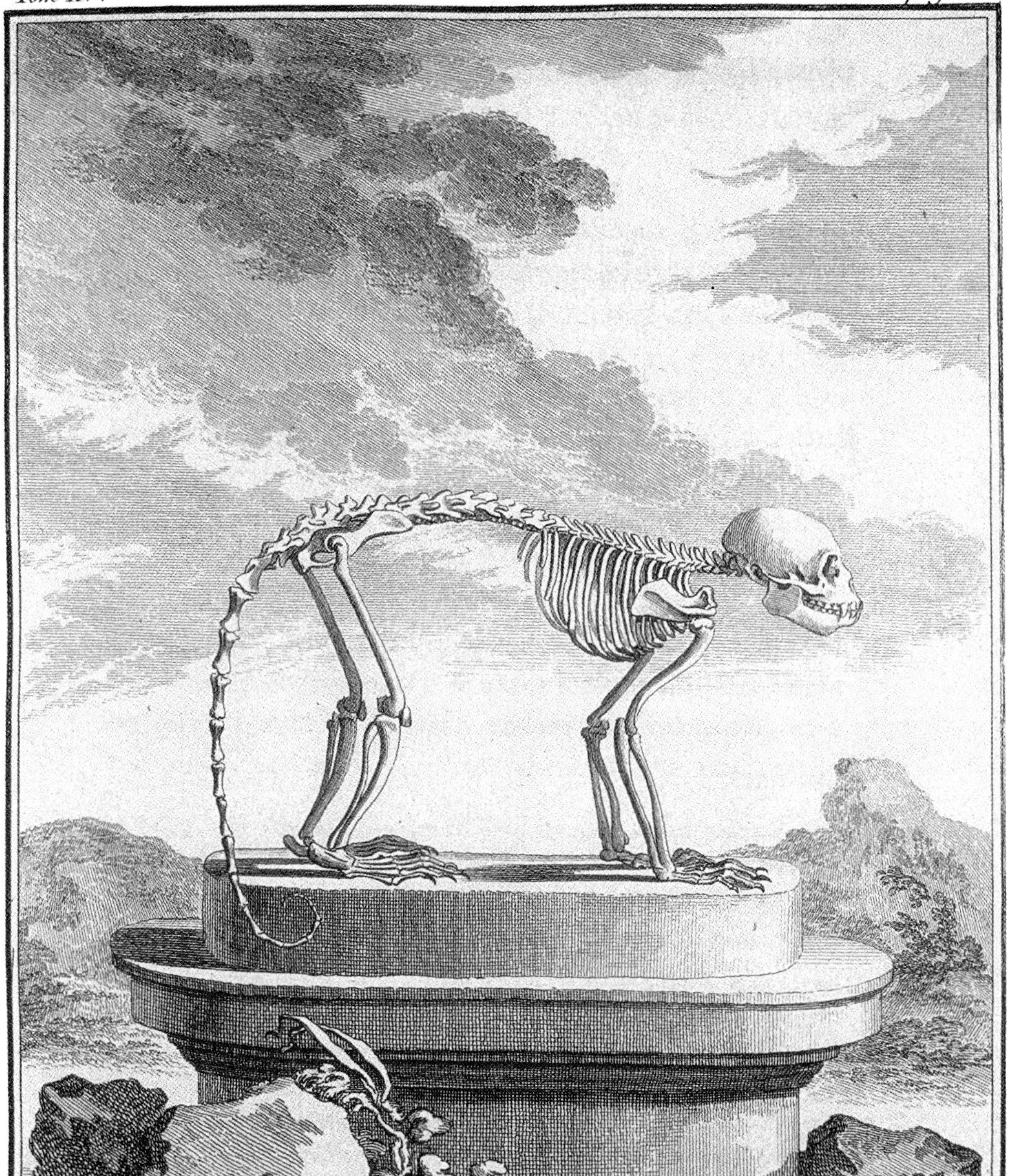

Deseve, del. L. Legrand Sculp.

Tome XV. Pl. VIII. Page 66.

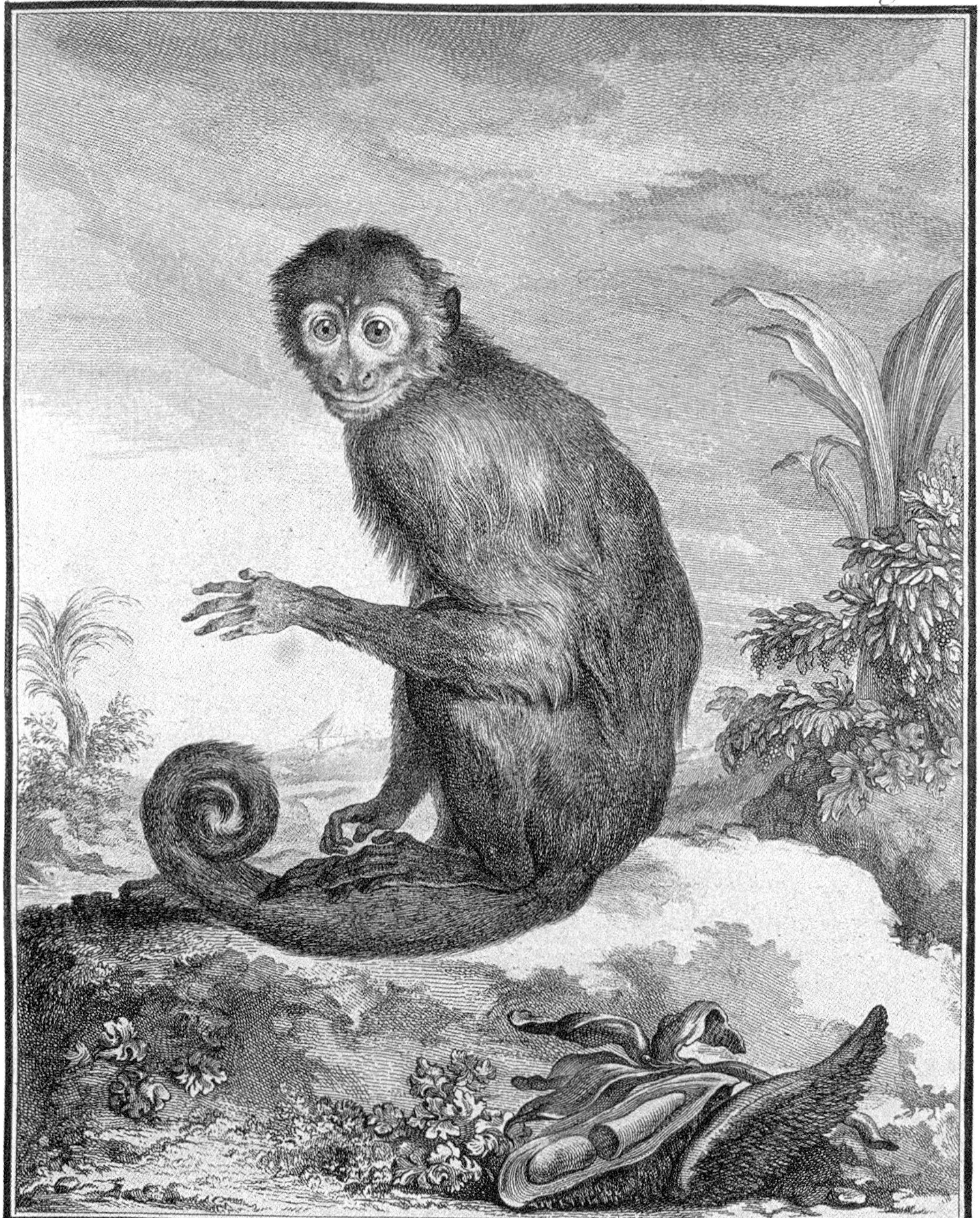

De Sève del. Jardinier Sculp.

LE SAÏ.

*Tom. XV.* *Pl. IX. Pag. 66.*

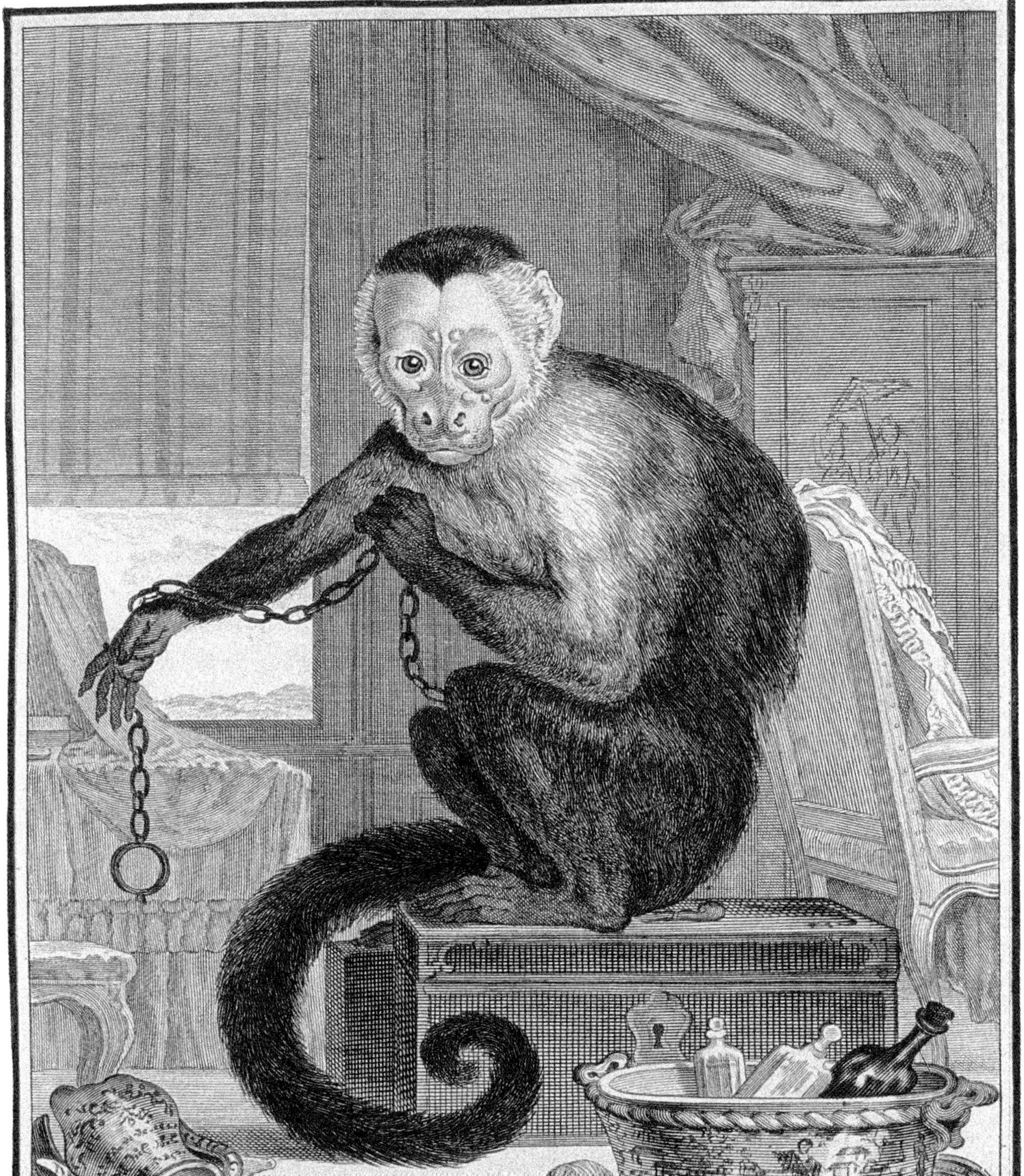

De Seve del. Chevillet Sculp.

LE SAI A GORGE BLANCHE

Tom. XV. Pl. X. Pag. 80.

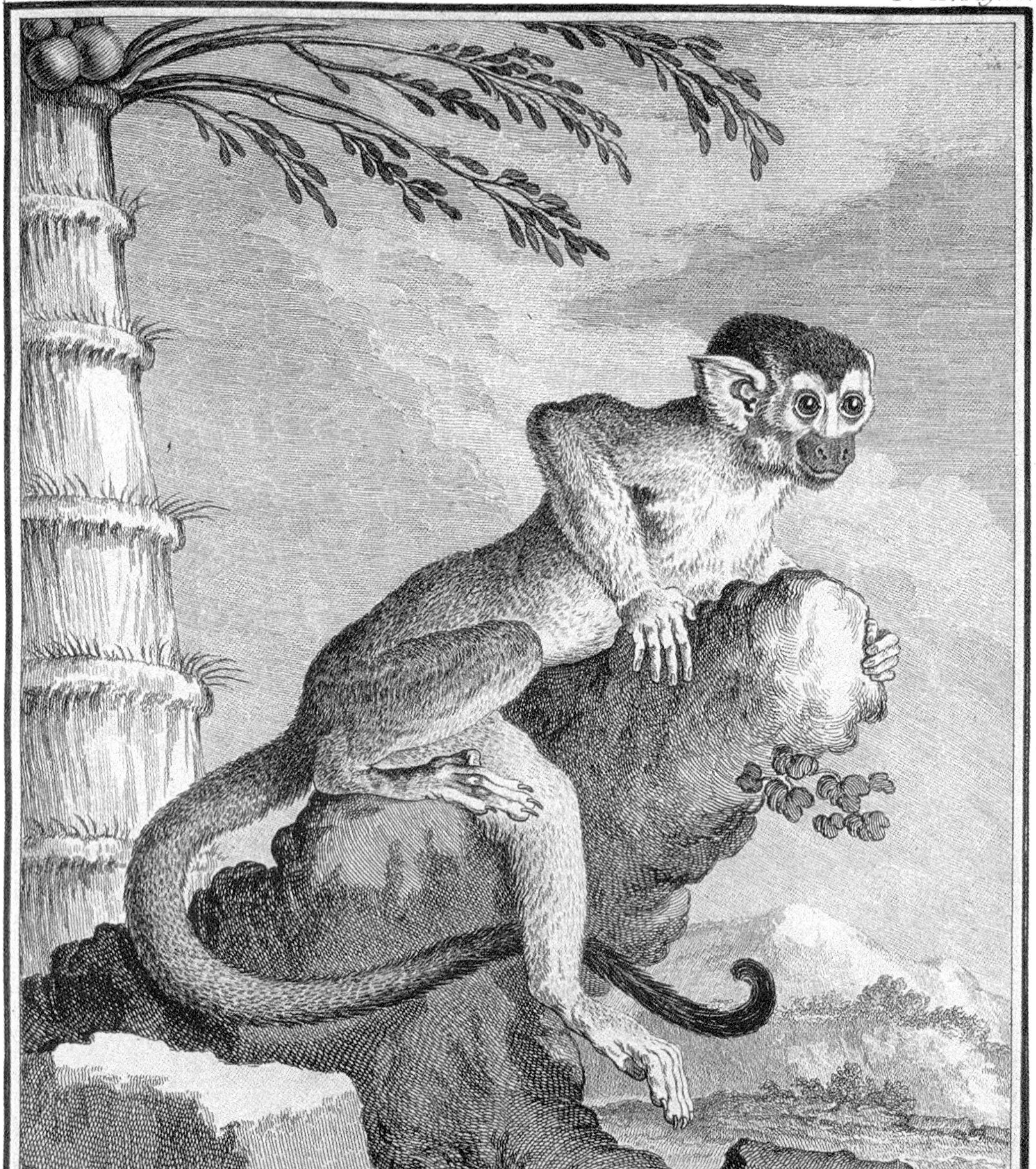

De Seve delin. C. Baquoy Sculp.

LE SAÏMIRI.

Tome XV.

Pl. XI. pag. 80.

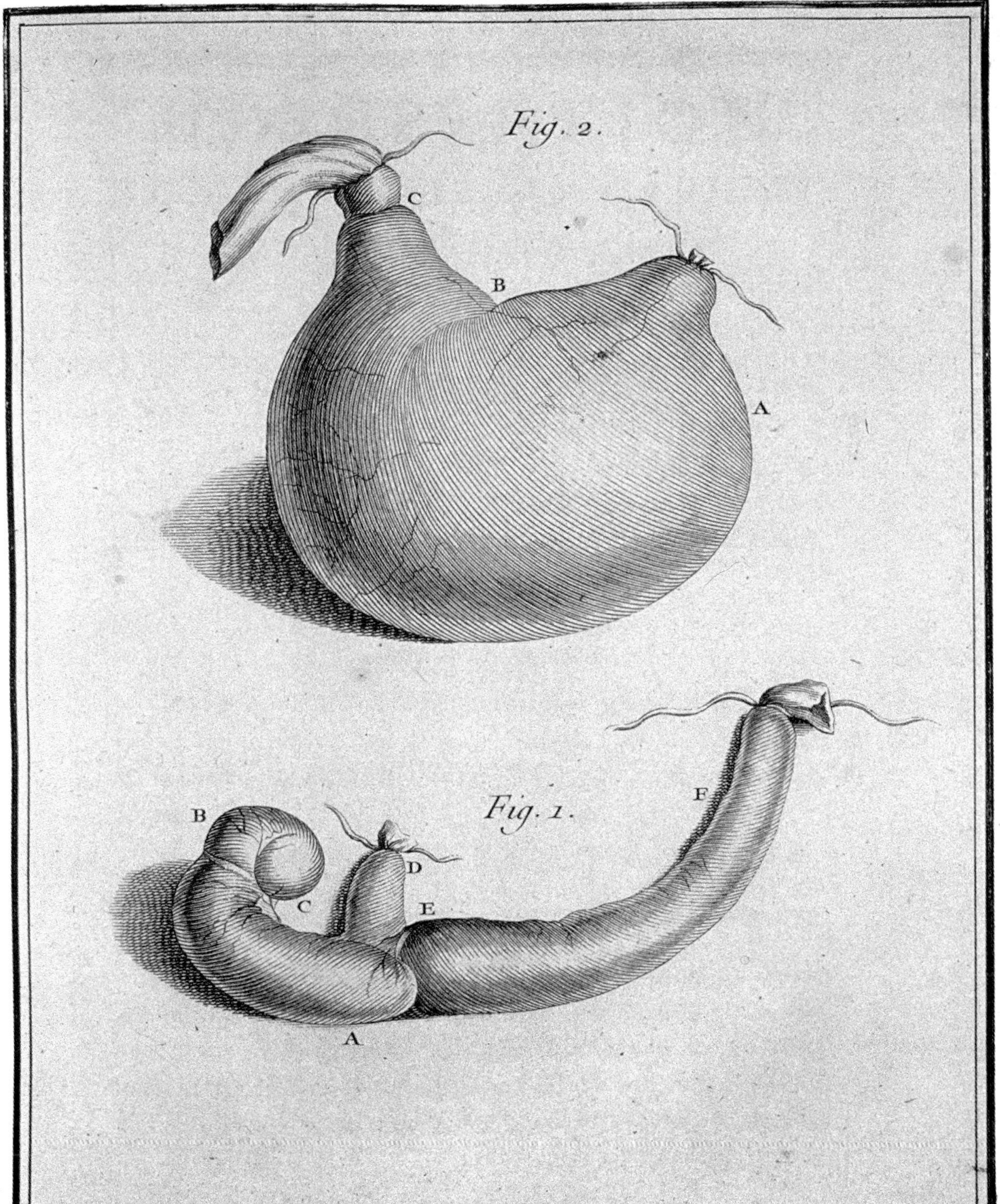


Buvée l'américain. Goulart sculp.

Tom. XV. Pl. XII. Pag. 90.

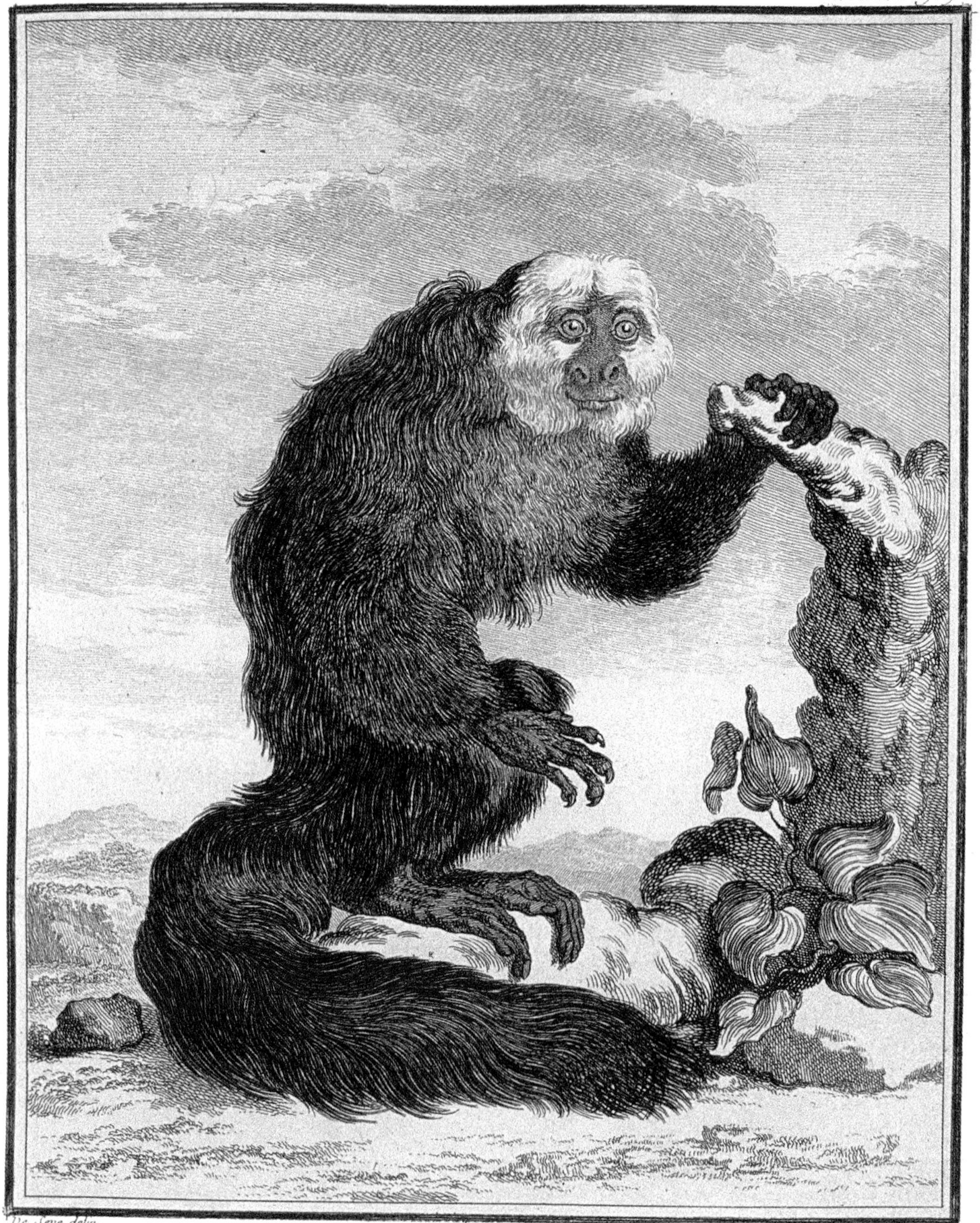

De Seve delin. C. Baquoy Sculp.

LE SAKI.

Tom. XV. Pl. XIII. pag. 94.

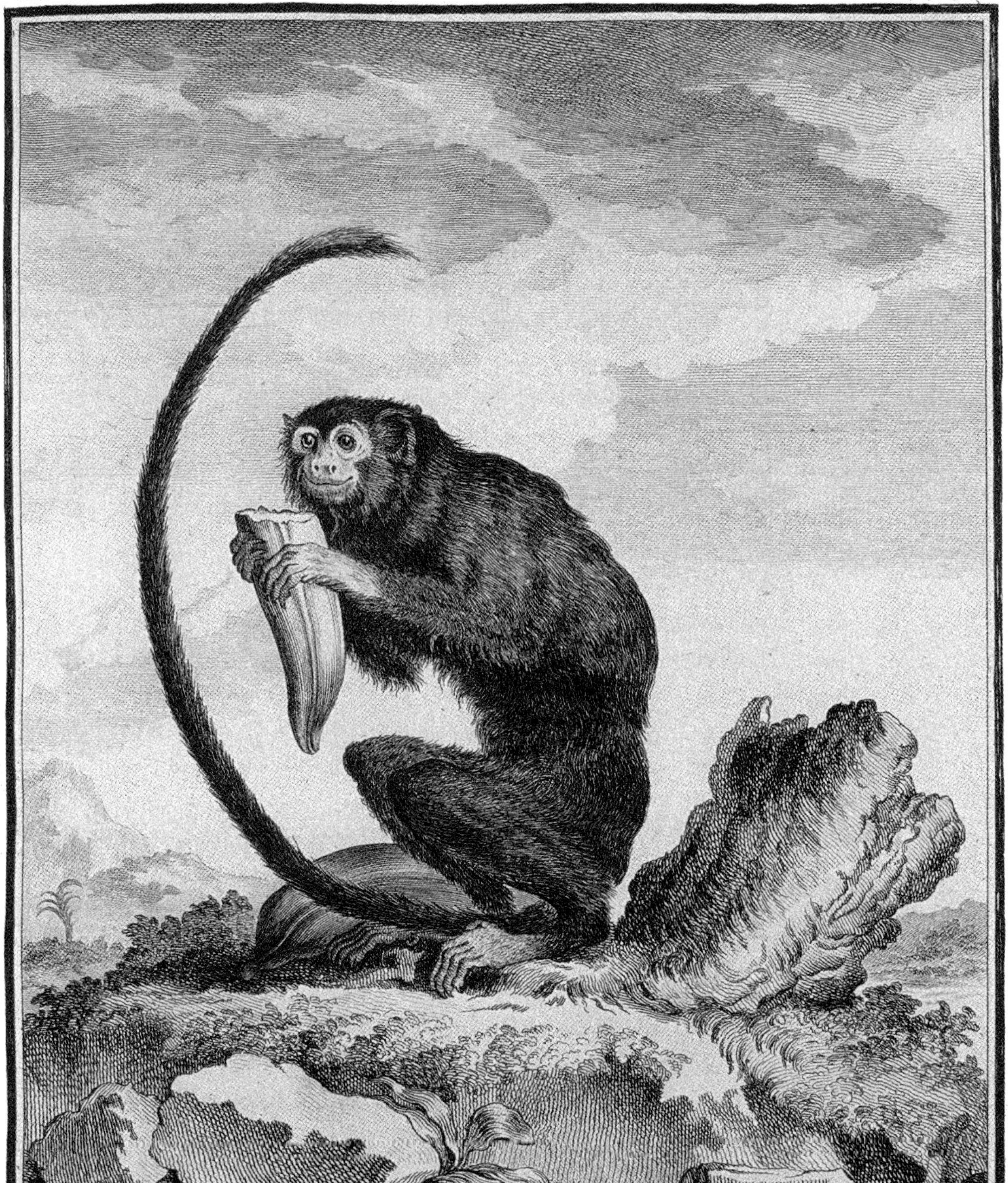

Deseve del. Mme. Rousselet, fme Tardieu Sculp.

LE TAMARIN.

Tome XV. Pl. XIV. Page 106.

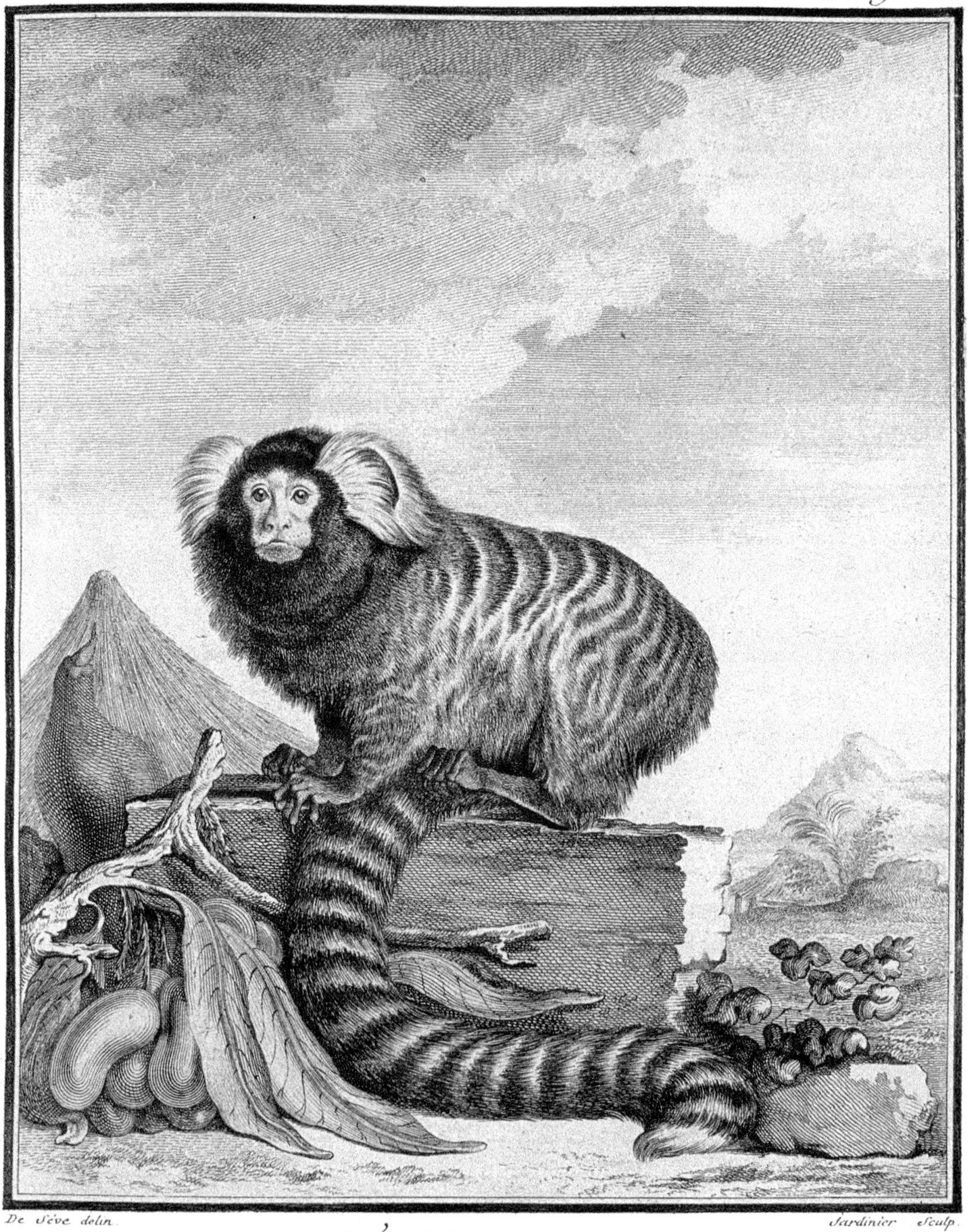

De Sève delin. Jardinier Sculp.

L'OUISTITI.

Tom. XV. Pl. XV. pag. 106.

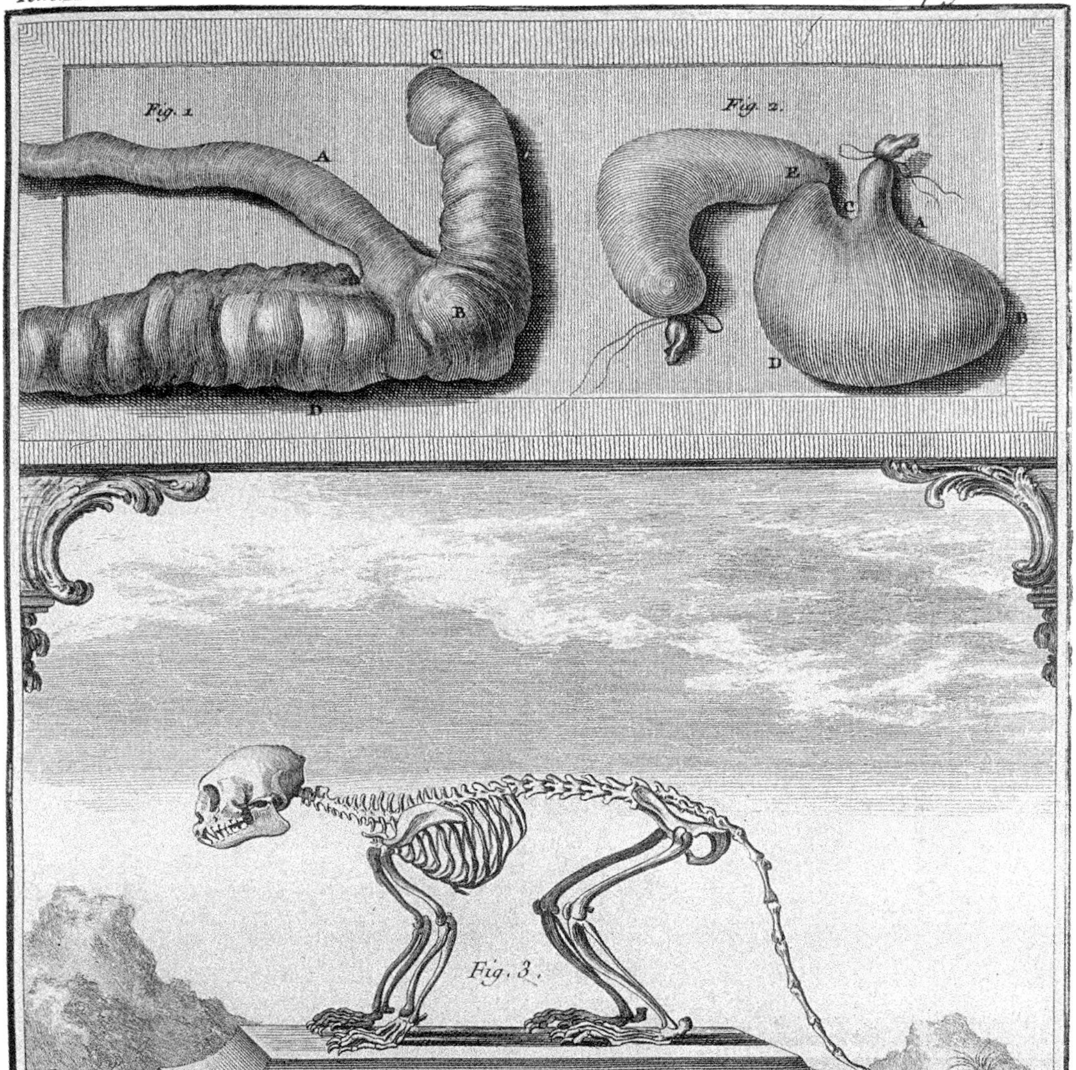


De Seve del. Baron sculp.

Tom. XV. Pl. XVI. Pag. 112.

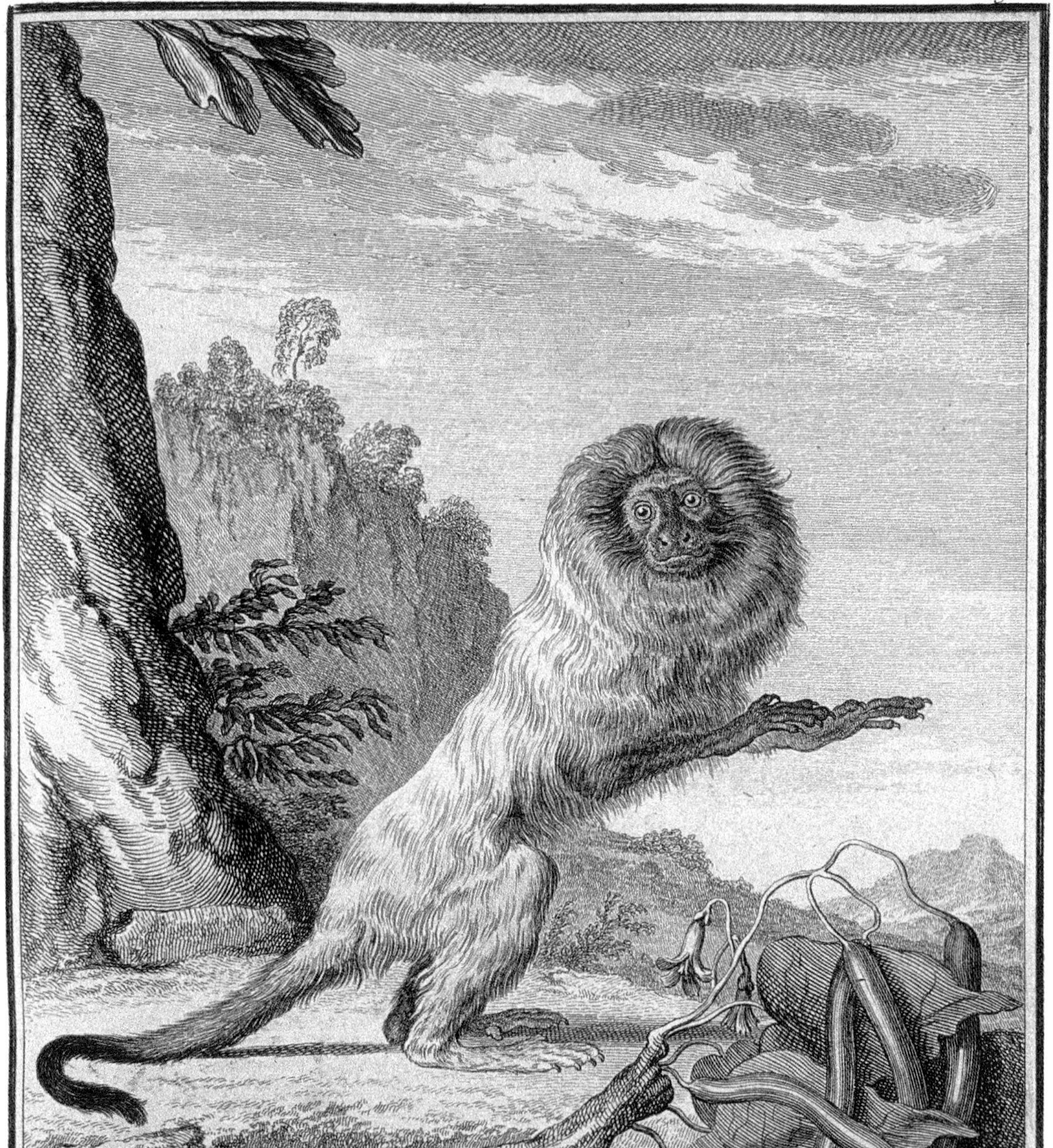

De Seve delin. C. Baquoy Sculp.

LE MARIKINA.

Tom. XV. Pl. XVII. Pag. 120.

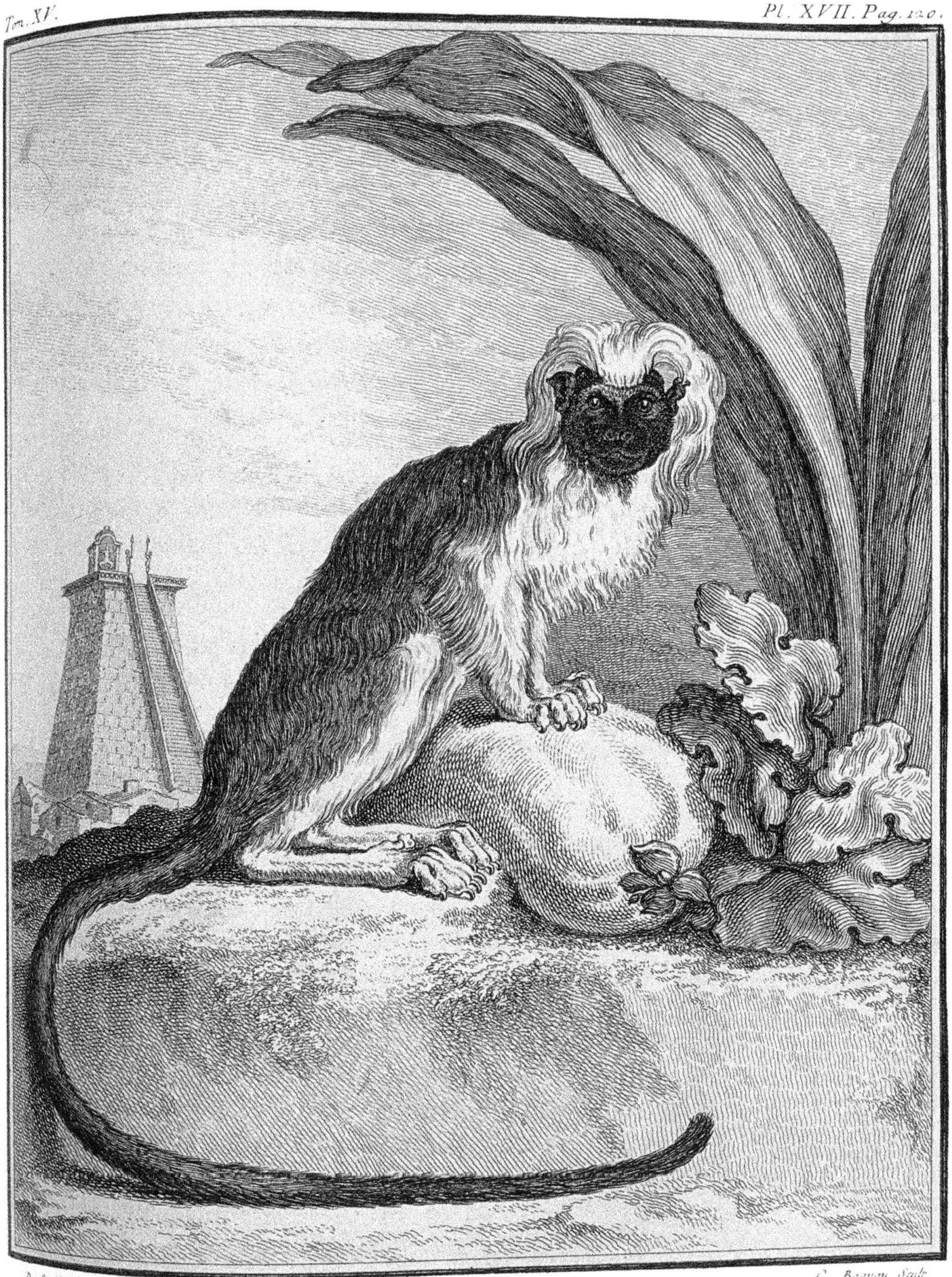

De Sève del. C. Baquoy Sculp.

LE PINCHE.

Tom. XV. Pl. XVIII. Pag. 124.

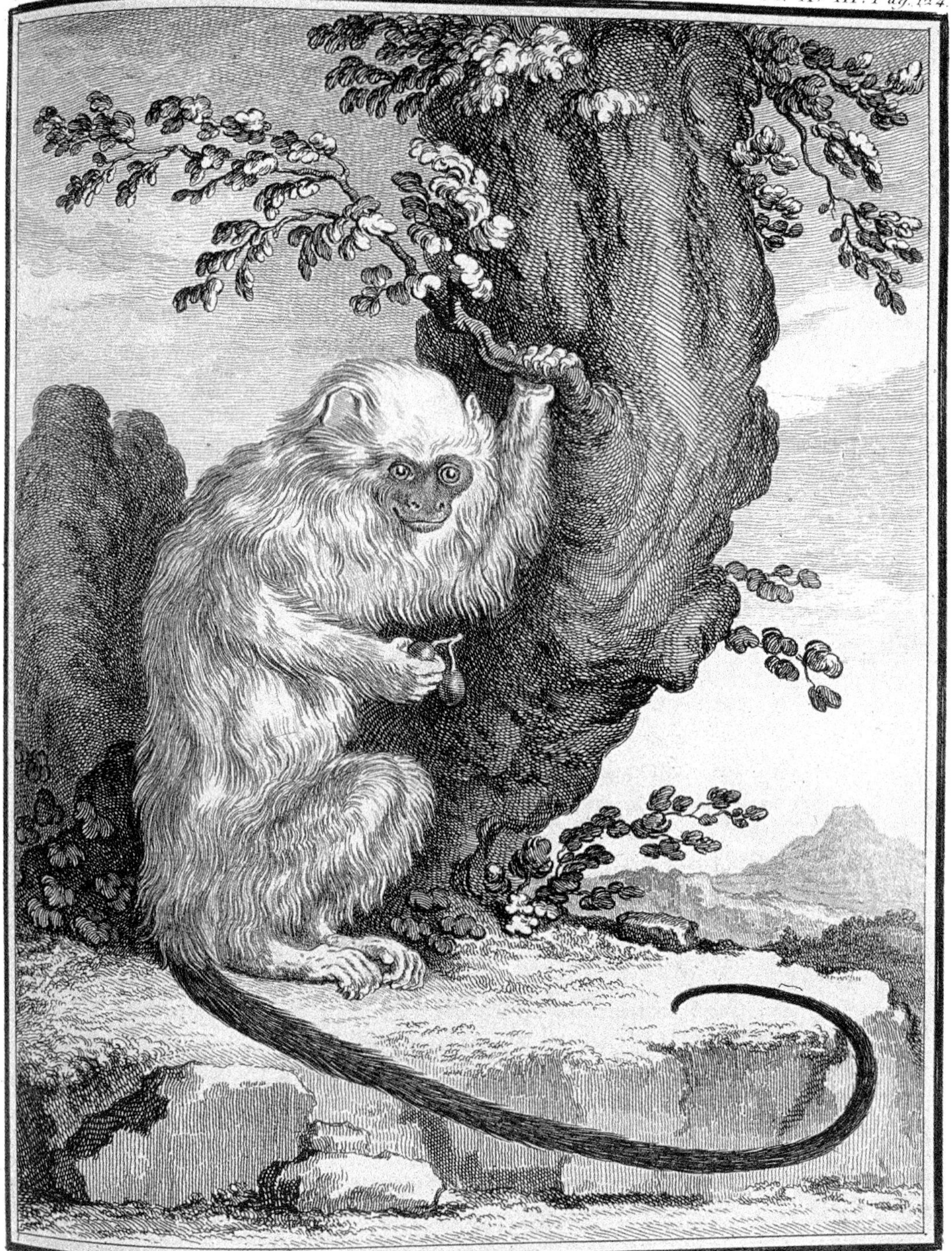

De Seve delin. C. Baquoy Sculp.

LE MICO

**ANNEXE 1.** Date des publications des volumes de la première édition in-quarto de l'imprimerie royale (notée IR).

*Histoire naturelle générale et particulière*

IR, t. I (1749)
IR, t. II (1749)
IR, t. III (1749)
IR, t. IV (1753)
IR, t. V (1755)
IR, t. VI (1756)
IR, t. VII (1758)
IR, t. VIII (1760)
IR, t. IX (1761)
IR, t. X (1763)
IR, t. XI (1764)
IR, t. XII (1764)
IR, t. XIII (1765)
IR, t. XIV (1766)
IR, t. XV (1767)

*Histoire naturelle des oiseaux.*

IR, t. XVI. *Oiseaux* I (1770)
IR, t. XVII. *Oiseaux* II (1771)
IR, t. XVIII. *Oiseaux* III (1775)
IR, t. XIX. *Oiseaux* IV (1778)
IR, t. XX. *Oiseaux* V (1778)
IR, t. XXI. *Oiseaux* VI (1779)
IR, t. XXII. *Oiseaux* VII (1780)
IR, t. XXIII. *Oiseaux* VIII (1781)
IR, t. XXIV. *Oiseaux* IX (1783)

*Histoire naturelle des minéraux*

IR, t. XXV. *Minéraux* I (1783)
IR, t. XXVI. *Minéraux* II (1783)
IR, t. XXVII. *Minéraux* III (1785)
IR, t. XXVIII. *Minéraux* IV (1786)
IR, t. XXIX. *Minéraux* V (1788)*.

*Suppléments*

IR, t. XXX. *Suppléments* I (1774)
IR, t. XXXI. *Suppléments* II (1775)
IR, t. XXXII. *Suppléments* III (1776)
IR, t. XXXIII. *Suppléments* IV (1777)
IR, t. XXXIV. *Suppléments* V (1778)
IR, t. XXXV. *Suppléments* VI (1782)
IR, t. XXXVI. *Suppléments* VII (1789)

*ce volume sort de l'imprimerie des bâtiments du Roi

**ANNEXE 2.** Table statistique de la répartition des illustrations.

| Volume | Gravures "générales" | Animaux en pied | Pièces anatomiques, squelette | Total gravures | Vignettes |
|---|---|---|---|---|---|
| IR I | 4 (dont 2 cartes) | | | 4 | 3 |
| IR II | 8 | | | 8 | 2 |
| IR III | | | 17 | 17 | 2 |
| IR IV | | 3 | 20 | 23 | 1 |
| IR V | 1 (carte) | 31 | 21 | 53 | 1 |
| IR VI | | 18,5 | 38,5 | 57 | 1 |
| IR VII | | 14, 5 | 33,5 | 48 | 1 |
| IR VIII | | 19,5 | 34,5 | 54 | 1 |
| IR IX | | 15 | 25 | 40 | 1 |
| IR X | | 27 | 30 | 57 | 1 |
| IR XI | | 16 | 27 | 43 | 1 |
| IR XII | | 25 | 33 | 58 | 1 |
| IR XIII | | 32 | 27 | 59 | 1 |
| IR XIV | | 24 | 17 | 41 | 1 |
| IR XV | | 12 | 6 | 18 | 1 |
| TOTAUX | 13 (dont 3 cartes) | 237,5 | 329,5 | 580 | 19 |

# Bibliographie

*L'essentiel de la bibliographie utilisée figure dans nos notes de bas de page. En complément des outils généraux, ouvrages de référence et dictionnaires, à la disposition du lecteur intéressé par Buffon ou par l'illustration naturaliste et ses artistes, nous reprenons ici quelques références traitant plus spécifiquement de l'illustration de l'*Histoire naturelle.

## Sources manuscrites inédites :

### Archives nationales

Dans les archives concernant le Secrétariat d'État de la Maison du roi ($O^1$-1 à 749), les dossiers $O^1$ -610 et 611 concernent l'imprimerie royale.

### Bibliothèque nationale, Département des estampes

Recueil des dessins originaux de De Sève et Buvée pour les quadrupèdes (cotes Jb 23 à 23c).

### Bibliothèque centrale du Muséum national d'histoire naturelle

Notes d'histoire naturelle, quelques-unes sont de la main de Buffon. Notamment, dessins qui ont été faits par les sieurs De Sève et Buvée, pour les 5e et 6e vol. jusqu'au 1er juin 1754 (ms 218).

Papiers de l'abbé Bexon (ms 863-864).

Notes manuscrites ayant servi pour la rédaction des œuvres de Buffon (ms 865).

### Médiathèque de l'agglomération troyenne

Gravure originale de De Sève, avec approbation signée (Fonds particulier, ms 4° 3179).

### Bibliothèque de l'Institut de France

Traité entre Messieurs de Buffon et Daubenton, et M. Durand pour l'histoire naturelle du Cabinet du roi (Fonds Decaisne, ms. 2439 (2). Vol. 8, fol. 344).

**Sources imprimées :**

Baigrie (Brian S.) (sous la dir.), *Picturing Knowledge : Historical and Philosophical Problems concerning the Use of Art in Science*, Toronto ; Buffalo : University of Toronto press, 1996, 389 p.

Bassy (Alain-Marie), "À l'heure des grandes synthèses. L'œuvre de Buffon à l'Imprimerie royale (1749-1789)", *in L'Art du livre à l'imprimerie nationale*, Paris : impr. nationale, 1973, pp. 171-189.

Chassagne (Annie), *La Bibliothèque de l'Académie royale des sciences au XVIII*e *siècle*, Paris : CTHS, à paraître (2007).

Droguet (Vincent), Salmon (Xavier), Véron-Denise (Danièle), *Animaux d'Oudry. Collection des ducs de Mecklembourg-Schwerin*, Paris : Réunion des musées nationaux, 2003, 207 p.

Ford (Brian J.), *Images of Science : a History of Scientific Illustration*, London : The British Library, 1992, 208 p.

Foucart-Walter (Elisabeth), *Pieter Boel 1622-1674, peintre des animaux de Louis XIV. Le fonds des études peintes des Gobelins [exposition, Musée du Louvre, Paris, 12 septembre-17 décembre 2001]*, Paris : Réunion des musées nationaux, 2001.

Grinevald (Paul-Marie), "Les Éditions de l'*Histoire naturelle*", *in* Gayon (Jean) (sous la dir.), *Buffon 88 : Actes du colloque pour le bicentenaire de la mort de Buffon, Paris, Montbard, Dijon, 14-22 juin 1988*, Paris : Vrin ; Lyon : IIEE, 1992, pp. 631-637.

Heilbrun (Georges),"Essai de bibliographie : description sommaire de l'édition originale de l'*Histoire naturelle générale et particulière avec la description du Cabinet du Roy*", *in* Bertin (L.), *et al.*, *Buffon : trente lettres inédites de Buffon*, Paris : Muséum national d'histoire naturelle, 1952, pp. 233-236 (Les Grands naturalistes français ; 1).

Hoquet (Thierry), "Une Animalité en pièces. Spécimens empaillés et bocaux d'organes dans les planches de l'*Histoire naturelle* de Buffon (1749-1767)", *in Animalités*, n° spécial de la *Revue d'esthétique*, n° 40, 2001, pp. 15-23.

Hoquet (Thierry), "La Comparaison des formes. Ordre et méthode dans l'*Histoire naturelle* de Buffon", *Corpus, Revue de philosophie*, n° 43, 2003, pp. 355-416.

Locquin (Jean), "Le Paysage en France au début du XVIII$^{e}$ siècle et l'œuvre de Jean-Baptiste Oudry (1686-1755)", *Gazette des beaux-arts*, 2$^{e}$ semestre 1908, pp. 353-380.

Néto (Isabelle), *L'Animal miroir de l'homme : petit bestiaire du XVIII$^{e}$ siècle, exposition Paris, Musée Cognacq-Jay, 30 janvier-12 mai 1996*, [préf. de La Vaissière Pascal de], Paris : Paris-musées, 1996, 120 p.

Nissen (Claus), *Die zoologische Buchillustration. Ihre Bibliographie und Geschichte.* Band I: *Bibliographie*, Stuttgart : A. Hiersemann, 1969, 2 vols.

Opperman (Hal), *J. B. Oudry : 1686-1755, exposition Galeries nationales du Grand Palais, Paris, 1$^{er}$ octobre 1982-3 janvier 1983*, Paris : Réunion des musées nationaux, 1982, 287 p.

Opperman (Hal), *J. B. Oudry : 1686-1755, Exhibition Kimbell Art Museum, Fort Worth, February 26-June 5, 1983], [The Nelson-Atkins Museum of Art, Kansas City, July 15-September 4]*, Fort Worth (Tex.) : Kimbell Art Museum, 1983, 222 p.

Pinault (Madeleine), *Dessin et sciences : XVII$^{e}$-XVIII$^{e}$ siècles : 82$^{e}$ exposition du Cabinet des dessins, Musée du Louvre, 22 juin-24 septembre 1984*, Paris : Musée du Louvre, Cabinet des dessins, 1984, 127 p.

Pinault-Sørensen (Madeleine), *Les Mots dans le dessin*, Paris : Réunion des musées nationaux, 1986.

Pinault-Sørensen (Madeleine), *Le Peintre et l'histoire naturelle*, Paris : Flammarion, 1990, 86 p.

Pinault-Sørensen (Madeleine), *Dessiner la nature : dessins et manuscrits des bibliothèques de France, XVII$^{e}$-XVIII$^{e}$-XIX$^{e}$ siècles : [exposition présentée par la Fondation électricité de France à l'espace Electra, 19 septembre-27 octobre 1996]*, Paris : Fondation électricité de France, 1996, 95 p.

Pinault-Sørensen (Madeleine), "Les Animaux du roi : de Pieter Boel aux dessinateurs de l'Académie royale des sciences", *in* Mazouer (Charles) (sous la dir.), *L'Animal au XVII$^{e}$ siècle : Actes de la 1ère journée (21 novembre 2001) du Centre de recherches sur le XVII$^{e}$ siècle européen (Université Michel de Montaigne-Bordeaux III)*, Tübingen : G. Narr, 2003, pp. 159-184.

Pinault-Sørensen (Madeleine), Sørensen (Bent), "Recherches sur un graveur de l'*Encyclopédie* : Defehrt", *Recherches sur Diderot et l'Encyclopédie*, n° 15, octobre 1993, pp. 97-112.

Pinon (Laurent), *Les Livres de zoologie de la Renaissance : objets de mémoire et instruments d'observation (1460-1605)*, Thèse de doctorat en Histoire [Chaix Gérard, dir.], Tours : Université François Rabelais, 2000.

Pinon (Laurent), *Livres de zoologie de la Renaissance : une anthologie (1450-1700)*, Paris : Klincksieck, 1995, 152 p. (Corpus iconographique de l'histoire du livre).

Planche-Touron (Marie-Claire), "Jacques de Sève illustrateur du théâtre de Jean Racine", *XVIIIe siècle*, n° 37, 2005, pp. 513-535.

Portalis (Baron Roger), *Les Dessinateurs d'illustrations au XVIIIe siècle*, Paris : D. Morgand & C. Fatout, 1877, 2 vols.

Sørensen (Bent), "L'Éléphant de Jacques François Joseph Saly", *Gazette des beaux-arts*, octobre 1995, pp. 139-148.

Stafford (Barbara Maria), *Body Criticism: Imaging the Unseen in Enlightenment Art and Medicine*, London ; Cambridge (Mass) : MIT Press, 1991 , 587 p.

# Remerciements

Confronté au domaine de l'histoire du livre et de la gravure, la calme assurance du philosophe et de l'historien des sciences se trouve souvent chahutée : j'ai eu parfois le sentiment qu'à chaque pas, s'ouvraient des abîmes : parce qu'il ne fallait plus croire ce que disent les seuls textes imprimés mais qu'il fallait laisser parler les archives et les dessins ; parce qu'il fallait toujours comparer les éditions et se pencher sur l'objet-livre dans sa matérialité. Comme on apprend à lire, pour faire ce livre, il fallait apprendre à voir.

Si ma vision s'est affinée, je le dois à plusieurs rencontres. Avant tout, cet ouvrage n'aurait peut-être jamais vu le jour sans l'invitation de Jean-Marc Drouin, qui me suggéra avec amitié d'approfondir la piste d'une analyse épistémologique de l'illustration. Ces réflexions ont également bénéficié, dans le cours de leur élaboration, de discussions suivies avec Annie Chassagne, Conservateur à la Bibliothèque de l'Institut de France, auteur d'un "corpus iconographique" sur la bibliothèque de l'Académie des sciences aux XVIIème et XVIIIème siècles.

Un premier état du manuscrit a bénéficié des critiques avisées de deux lecteurs : Laurent Pinon, Maître de conférences au Département d'histoire de l'École normale supérieure (Rue d'Ulm), m'a adressé d'utiles suggestions pour améliorer l'économie de mon propos ; Madeleine Pinault-Sørensen, du Département des Arts graphiques au Musée du Louvre, m'a prodigué de

vigoureuses mises en garde et indiqué une abondante bibliographie dans le domaine de l'histoire de l'art. Cette double lecture m'a permis plusieurs remaniements et corrections de mon texte, dont j'ai le sentiment qu'elles l'ont grandement amélioré. Que tous soient ici vivement remerciés.
J'assume toutefois seul l'entière responsabilité du texte final et des idées que j'y avance.

# Liste des illustrations

## Crédits photographiques

Bibliothèque centrale, Muséum national d'Histoire naturelle, Paris : pour l'ensemble de l'iconographie de ce volume. À l'exception de :

Bibliothèque Inguimbertine, Carpentras : page 120.

Bibliothèque de l'Institut de France, Paris : pages 179, 181.

Bibliothèque nationale de France, Paris : page 40.

Médiathèque de l'agglomération troyenne, Troyes : page 107.

# Index des noms

*"n" renvoie aux notes infrapaginales*

## E-F



## G



## H



## J



## K-L

## S



## T



## V



## W-Z

# Index des illustrations

*La graphie originale des noms figurant sur les planches a été respectée*
*Les noms en italique renvoient aux cinq animaux en pied non légendés*
** planches suivie de pièces anatomiques et/ou de squelettes*

## R



## S



## T



## U-V



## Z

Date de distribution : mars 2007
Distribué le 20 mars 2007
Achevé d'imprimer en mars 2007 par Bialec 54000 Nancy, France
Dépôt légal : mars 2007
N° d'impression : 63370